中国石油高技能人才培训丛书

仪表维修技师培训教程

（上册）

中国石油天然气集团公司人事部　编

石油工业出版社

内 容 提 要

本书为《中国石油高技能人才培训丛书》中的一本,分上、下两册。上册讲述了大型机组控制技术;执行器的结构、测试、安装、设计及故障分析;集散控制系统的配置、编程;可编程控制系统及其应用程序。下册讲述了现场总线控制系统的结构、特征;安全仪表系统的安全等级、应用程序;数据采集与监控系统及其应用;控制系统通信网络组成、特点及应用实例;先进控制技术的概念及工业应用;企业管理信息系统的组成、功能及应用。

本书主要用于仪表维修技师的培训,也可供工程技术人员参考。

图书在版编目(CIP)数据

仪表维修技师培训教程:全2册/中国石油天然气集团公司人事部编.北京:石油工业出版社,2011.12

(中国石油高技能人才培训丛书)

ISBN 978-7-5021-8595-4

Ⅰ.仪…

Ⅱ.中…

Ⅲ.仪表-维修-技术培训-教材

Ⅳ.TH707

中国版本图书馆CIP数据核字(2011)第157404号

出版发行:石油工业出版社

(北京安定门外安华里2区1号 100011)

网 址:www.petropub.com

编辑部:(010)64523580 图书营销中心:(010)64523633

经 销:全国新华书店

印 刷:北京中石油彩色印刷有限责任公司

2011年12月第1版 2018年4月第2次印刷

787×1092毫米 开本:1/16 印张:56.25

字数:1400千字

定价:120.00元(上、下册)

(如出现印装质量问题,我社图书营销中心负责调换)

《中国石油高技能人才培训丛书》
编　委　会

前　言

为加快高技能人才知识更新，提升高技能人才职业素养、专业知识水平和解决生产实际问题的能力，进一步发挥高端带动作用，在总结“十一五”技师、高级技师跨企业、跨区域开展脱产集中培训的基础上，中国石油天然气集团公司人事部依托承担集团公司技师培训项目的培训机构，组织专家力量，历时一年多时间，将教学讲义、专家讲座、现场经验及学员技术交流成果资料加以系统整理、归纳、提炼，开发出首批15个职业（工种）高技能人才培训系列教材，由石油工业出版社陆续出版。

本套教材在内容选择上，突出新知识、新技术、新材料、新工艺等“四新”技术介绍，重视工艺原理、操作规程、核心技术、关键技能、故障处理、典型案例、系统集成技术、相关专业联系等方面的知识和技能，以及综合技能与创新能力的知识介绍，力求体现“特、深，专、实”的特点，追求理论知识体系的通俗易懂和工作实践经验的总结提炼。

本套教材是集团公司加快适用于高技能人才现代培训技术和特色教材开发的有益尝试，适合于已取得技师、高级技师职业资格的人员自学提高、研修培训、传承技艺使用，也适合后备高技能人才超前储备知识使用，同时，也为现场技术人员和培训机构提供了一套实践参考用书。

《仪表维修技师培训教程》由中国石油辽阳石化机电仪培训中心组织编写，雷军任主编，参加编写的人员有金大勇、郑文革、李志峰、段立国、冯恩辉、汪春竹、王虎威、刘忠鹏、赵鑫、蒋国亮、荣小晶、于宏恩、崔高斌、郑友海、马鑫、韩广涛，参加审定的人员有中国石油炼油与化工分公司赵俊松、钟艳阳；大庆石化公司李迎涛、董佩峰；独山子石化公司彭守泉；大连石化公司张军；东北炼化抚顺工程建设公司张凤光、邓树伟等。

由于编者水平有限，书中错误、疏漏之处在所难免，请广大读者提出宝贵意见。

编者

2011 年 10 月

目　录

（上　册）

（下　　册）

第一章　大型机组控制技术

第一节　概　　述

随着现代工业的发展,大中型企业逐渐引进国内外生产的大型压缩机组和转动设备。为保证大型机器正常运转,所有机组都配有一套越来越先进的机组监测控制系统。其中最常见的监测控制系统有本特利公司开发的3500系列,德国黑马公司开发的HIMA H51q系统,Tricon公司开发的TriStation 1131控制系统,GE Fanuc公司GMR70三冗余容错控制系统以及Wood Ward公司开发的505调速器在汽轮机上的应用。所有这些控制系统都是为大型机组,如离心式压缩机和汽轮机服务的,如果生产过程超出安全操作规范,可以使其进入安全状态。

Tricon系统通过三重化冗余结构(TMR)实现容错能力,系统有三个完全相同的分支,每一个分支都能独立地执行控制程序,并与其他两路并行工作,专用的软件、硬件机制可对I/O进行"三取二表决"。

HIMA的H51q系统为CPU四重化结构(QMR - Quadruple Modular Redundant),即系统的中央控制单元共有四个微处理器,每两个微处理器集成在一块CU模件上,再由两块同样的CU模件构成中央控制单元。

以微处理器为基础的Wood Ward 505调速器是一种现场可组态,且与操作人员控制屏为一体式的汽轮机调速器综合性的操作人员控制屏。操作人员操作屏用于对505调速器进行编程组态、在线程序调整和操作汽轮机系统。

第二节　离心式压缩机的控制基础知识

一、离心式压缩机的结构

离心式压缩机按结构特点可分为水平剖分式、垂直剖分式、等温压缩式以及组合式等四种类型,其结构特点如下所述。

(一)水平剖分离心式压缩机

水平剖分离心式压缩机由定子和转子两部分组成,定子被通过轴心线的水平面剖分为上下两部分,通常称为上下机壳。上下机壳用连接螺栓连成一个整体,便于拆装检修。

上下机壳均为组合件,由缸体和隔板组成。隔板组装于缸体内,并构成气体流动需要的环形空间。缸体和隔板可用铸铁、铸钢和合金钢铸成。隔板还可由锻钢制成。

转子由主轴、叶轮、轴套以及平衡元件组成。主轴和轴套等元件多用合金钢锻制而成,叶轮多为焊接结构。该类型压缩机适用于低中压工艺,最高工作压力一般不大于5MPa。

(二)垂直剖分离心式压缩机

垂直剖分离心式压缩机,其缸体为筒形,两端盖用连接螺栓与筒形缸体连成一个整体,隔板与转子组装后,用专用工具送入筒形缸体。隔板为垂直剖分,隔板与隔板由连接螺栓连成一个整体。检修时需打开端盖,将转子和隔板同时由筒形缸体拉出,以便进一步分解检修。

筒形缸体、端盖、隔板和主轴多用碳钢或合金钢锻制而成。叶轮为碳钢或合金钢组焊件。该类压缩机最高工作压力可达70MPa。

(三)等温压缩离心式压缩机

对于多级压缩的离心式压缩机,如每一级压缩后对出口气体进行冷却,使其达到接近于入口温度后再进入下一级压缩,使该机在整个压缩过程中各级压缩前温度相等,称为等温压缩离心式压缩机。该类型机组运行效率较高。等温压缩离心式压缩机的结构形式较多。

(四)组合式压缩机

近年来压缩机市场出现了许多不同压缩类型的涡轮机械,置于一个壳体内,这里将其归为一类。组合式离心压缩机有一种形式,即在轴流式压缩机的末级,增加一级离心式叶轮,为单轴串联式结构,以提高轴流压缩机的出口压力。

二、基本工作原理及主要构件

离心式压缩机是按照动力学的原理,借叶轮高速旋转产生的离心作用来提高气体动能的机械。离心式压缩机是一种回转式机械。介质气体在高速旋转叶轮的作用下,获得速度能和压力能,通过扩压器的作用,速度能进一步转化为压力能,以利于气体压力的增加。由于石油、化工、化肥以及钢铁工业的发展,离心式压缩机的应用越来越广泛,离心式压缩机结构紧凑,重量轻,体积小,占地面积小,运行效率高,一般较往复式压缩机高5%~10%,流量大,这些特点正符合大型企业生产发展的需要。由于摩擦件少,因此,较往复式压缩机运行平稳、噪声小、维修工作量小。气缸内无润滑,介质气体不会受到润滑油的污染。离心式压缩机适于与汽轮机或燃气轮机直接连接,有利于能源的综合利用。

离心式压缩机有四种基本类型,每种类型又有繁多的品种和规格,有时因特殊需要,还需专门研制新的品种,以满足生产发展的需求。但是,就它们的组成而言,可概括为定子和转子两大部分,而每个部分又由一些基本的构件组成。

(一)定子

在离心式压缩机中,一般常将扩压器、弯道、回流器、蜗壳以及吸气室等称为定子。定子必须要有足够的刚度,以免在长期使用中产生变形;要有足够的强度,以承受气体介质的压力;中分面及出入口法兰结合面,要有可靠的密封性能,以免气体介质泄漏至机壳之外。除了这些组件外,为了减少机器向外漏气,在机壳的两端还装有前轴封和后轴封;为了减少机器的内部泄漏,在隔板内孔和叶轮盖进口外圆面处还分别装有密封装置。

1. 扩压器

气体从叶轮流出时速度很高,为了充分利用这部分速度能,常常在叶轮后设置流通面逐渐扩大的扩压器,以便将速度能转变为压力能。一般常用的扩压器是一个环形的通道,其中装有叶片的是叶片扩压器,不装叶片的便是无叶扩压器。

2. 弯道

为了把扩压器后的气流引导到下一级叶轮去继续进行压缩,在扩压器后设置了使气流由离心方向改变为向心方向的弯道。

3. 回流器

为了使气流以一定的方向均匀地进入到下一级叶轮进口,所以设置了回流器,在回流器中一般装有导叶。

4. 蜗壳

蜗壳将由扩压器(或直接由叶轮)出来的气体汇集起来引出机器。此外,在蜗壳汇集气体的过程中,由于蜗壳外径及流通截面的逐渐扩大,因此它也起着降速扩压的作用。

5. 吸气室

吸气室的作用是将需要压缩的气流由进气管(或中间冷却器出口)均匀地导入叶轮去增压。因此,在每一段的第一级前都设有吸气室。

(二)转子

转子是压缩机的关键组件,它通过旋转对气体介质做功,使气体获得压力能和速度能,以满足生产工艺的要求。转子由主轴、叶轮、平衡盘、推力盘以及定距套等件组成,转子是高速旋转组件,为了减少作用在止推轴承上的轴向力,常在轴的一端装有平衡盘,因此,要求装配在主轴上的叶轮、平衡盘等元件,必须有防止松动的技术措施,以免运行中产生位移,造成摩擦、撞击等故障。转子组装时要进行严格的动平衡试验,以便消除不平衡引起的严重后果。

叶轮又称为工作轮,是离心式压缩机对气体介质做功的唯一元件,气体介质在高速旋转的叶轮的推动下,随叶轮一起做旋转运动,从而获得速度能,从而由扩压器部分地转化为压力能,并在离心力的作用下由叶轮出口甩出,沿扩压器、弯道、回流器进入下一级叶轮进一步压缩增压,直至由压缩机出口排出,才算完成气体介质输送和增压的过程。

叶轮按结构特点可分为开式、半开式和闭式三种形式。开式叶轮结构最简单,由轮毂和叶片组成。叶片两侧面无前后盖板,气体的通道直接由机壳构成,气体流动损失较大,叶片与机壳易产生摩擦。因此,这种形式的叶轮在压缩机中应用较少。半开式叶轮与开式相比,结构有所改进,叶轮后面由轮盘封死,前面仍处于敞开状态,因此,这种叶轮流动损失仍然较大,使用效率低于闭式叶轮。闭式叶轮结构比较完善,由盖板、轮盘和叶片组成,气体被密闭于叶轮流道内流动,流动损失较小,效率较高,因此,在压缩机中得到广泛应用。气体进入叶轮后,在叶轮的推动下跟着叶轮转,由于叶轮对气体做功,增加了气体的能量,因此,气体流出叶轮时的压力和速度均有所增加。

在离心式压缩机的术语中,常用的还有"级"、"段"、"缸"和"列"。所谓压缩机的"级",是由一个叶轮及其相配合的固定元件所构成。压缩机的"段",是以中间冷却器作为分段的标志,如上述的离心式压缩机中,气流在第三级后被引入冷却器进行冷却,所以它是两段压缩机,一至三级是第一段,后面的四至六级是第二段。而压缩机的"缸",是将一个机壳称为一个缸,多机壳的压缩机就称为多缸压缩机。压缩机分成多缸的原因是:当设计一台离心式压缩机时,有时由于所要求的压力比较高,需要叶轮数目较多,如果都安装在同一根轴上,则会使轴的临界转数变得很低,结果使工作转数与第二临界转数过于接近,而这是不允许的。所谓临界转数就是使转机发生共振时的转数。另外,为了使机器设计得更为合理,压缩机各级需采用一种以上转数时,也需要分缸。一般压缩机每只缸可以有一至十个叶轮。多缸压缩机各缸的转数可以相同,也可以不同。至于压缩机的“列”,就是一至几个缸的压缩机排成一列的,称为压缩机的列。

三、离心式压缩机的特性参数

表征一台离心式压缩机特性的参数主要有下述几项。

(一)流量

流量是指压缩机在单位时间内的排气量。常用单位是容积流量 m^3/h,一般规定按压缩机入口的气体状态计算容积流量。

(二)出口压力

出口压力是指压缩机出口处的绝对压力。有时也用来表示压缩机使气体压力升高的程度。

$$压缩比 = \frac{p_m}{p_a} \tag{1-1}$$

式中 p_m——排气压力,MPa;

p_a——进气压力,MPa。

(三)转速

转速是指压缩机的转动速度,指每分钟内的转数,常用 RPM 来表示。

(四)功率

功率是指带动压缩机所需的功率。

(五)效率

效率是离心式压缩机转换能量的性能指标。

$$压缩机的效率 = \frac{气体获得的能量}{主轴加入的能量} = \frac{主轴加入的能量 - 能量损失}{主轴加入的机械能} \tag{1-2}$$

四、主要控制系统与保护

对离心式压缩机进行控制,主要目的就是确保特性参数在设计工况所要求的范围之内。通常采用的自动调节系统和安全连锁系统有下述几种。

(一)气量和出口气压调节系统

即压缩机的负荷调节系统。调节方法有多种,如出口节流法、入口节流法、采用可转动的入口导向叶片、改变转速等调节方法。一般用原动机(如蒸汽透平)的调速来实现,要求蒸汽透平的转速在一定的范围内可调,以便与压缩机的气压或气量调节范围相一致。

(二)防喘振调节系统

喘振是离心式压缩机的固有特性。喘振会严重损坏机体,进而产生严重后果。压缩机在喘振状态下运行是绝对不允许的。为了防止出现喘振工况,应设置防喘振控制系统。调节离心式压缩机的进气压力、排气压力及吸入气体流量,以维持压缩机在稳定的操作范围内正常运行。

(三)压缩机组的油路及真空冷凝系统的调节及连锁保护

密封油、控制油、润滑油等通常也设立相应的调节系统。有些机组的有膜密封系统,对油、气压差,油温,油压也设置相应的连锁保护系统。对用蒸汽透平驱动的压缩机组,其真空冷凝系统的调节与连锁保护也是十分重要的。

(四)压缩机外围设备的调节

为了保证压缩机各级在设计要求的状态下运行,通常对各段的吸入口温度、压力及各段入口分离器的液面均设置必要的检测及调节系统。

(五)压缩机组主轴的机械量测量及连锁保护

机组的转速通常都比较高,在高转速下,转子的微小缺陷和不平衡都会以轴的振动和轴向位移的形式反映出来,如果这一振动和位移的辐值大到一定程度就会危及机组的安全,因此,对机组轴振动和位移的实时监测和对其变化趋势做预测与分析,以尽量发现转子缺陷,这对机组安全长期的运转有着重要的意义。

由于离心式压缩机组的转子在高速旋转,为了保持其运动状态的平衡,需对主轴的振动及位移、轴向推力进行连续检测和监视,一旦超过允许极限就发出报警信号直至停机。这里的轴向推力是指主轴止推轴承所受到的比压,即单位面积上所受到的轴向力。在实际生产中,应该注意区别离心式压缩机的喘振与振动,这完全是两种性质不同的事。高速回转的机械,如汽轮机、鼓风机、离心式压缩机等在启动升速的过程中,当转速提高到某一数值时,即当机器的转子转速提高到某一转速时,转轴变成不稳定而开始剧烈振动,轴的形状也可能出现轻微的弯曲变形。但当转速再提高后,上述现象就消失,运转又平稳下来,而当继续升速到另一数值时,强烈的振动又重新出现,再超过这个转速,运转又变得平稳。出现强烈振动时的转速称为“临界转速”。

从物理学简谐运动的研究可知,任何物体或机件都具有一定质量和弹性,当它们在外力扰动下,就按一定节奏(频率)做自由振动,这个自由振动的频率称为固有频率或自由振动频率。与自由振动频率成倍数的值为谐振频率。离心式压缩机的叶轮和转轴也可看作是一个自由度的系统,它在外力作用下也可产生振动与共振。前面已提到的在某转速下发生剧烈振动,就是指压缩机转子在一系列谐振频率下产生的共振,产生共振时的转速就是临界转速。这个临界转速从理论上讲有几个,但在使用上只有第一临界转速与第二临界转速有实际意义。离心式压缩机的转轴分为柔性轴(或称挠性轴)和刚性轴两种,大多数采用柔性轴,而压缩机的转速范围在第一临界转速之间。在压缩机的升速过程中,当接近第一临界转速时,采取快速提高转速的办法,使压缩机在极短的时间内迅速跨越这一速度,以避免产生共振。在操作中应注意区别共振造成的振动与由喘振产生的振动;在压缩机喘振时既有气流压力、流量的剧烈波动,还有机器周期性的吼叫声;而由临界转速造成的共振纯粹是一种机械共振现象,它只产生在某一转速下,低于或高于此速度时,机器仍然运转平稳。在设计离心式压缩机时,对蒸汽透平或燃气透平及压缩机的运转速度等有所规定。

轴振动的监测是在轴端上,各安装两支测振探头,成90°夹角安装,通过专用的延伸电缆与前置放大器相连。这部分的功能具有将转子相对机壳的相对振动转化成与此成正比的电信号,该信号被送到控制盘的监控仪上用以指示轴承振动值。同时,监控仪可以设定报警值和连锁停机值,振动值大于报警值时,发出声光报警,提醒操作人员注意,分析引起振动大的原因,以决定停机还是采取别的措施,当振动值大于停机连锁值时,安保系统动作,自动停机并报警。

轴位移的监测方法与轴振动类似,只不过位移探头仅安装在压缩机的低压侧轴端方向,轴位移的监测对于保护转子和密封是非常重要的,对于易燃易爆的介质,它的测量更有着非同寻常的意义,它与振动仪表的另一个区别是在监控器上,振动信号指示的是振动的峰—峰值,而位移信号指示的是转子与探头间的相对位置,对透平压缩机组来说,轴向位置是最重要的测量参量。轴向止推轴承的故障也是最严重的故障,通过轴振动和轴位移的监测,可以进行预测性维修,并及时地发现机组存在的故障,采取措施保证机组安全运行。

(六)轴承温度监测与连锁保护

通过轴承温度可以判断机组是否运转正常。轴承温度是一个重要的参数,它反映了转子、轴瓦的运行状况,也反映了油品的质量。压缩机组的许多故障都可以从轴温上反映出来。对于轴温的测量,通常采用铂热电组和热电偶作为检测元件,然后通过相应的温度变送器送至二次仪表显示或进入计算机控制系统做进一步的数据、报警处理。报警处理一般分为两种,即设置成第一越限报警和第二越限连锁停车,在轴承温度超过第一限定值时,以声光或其他形式提醒操作人员注意,及时分析原因采取措施,如采取措施无效,轴温继续升高为第二限定值,即引起自动连锁停车,以保护机组安全。

第三节　离心式压缩机的控制方案

一、离心式压缩机的喘振与防喘振调节

(一)特性曲线及喘振

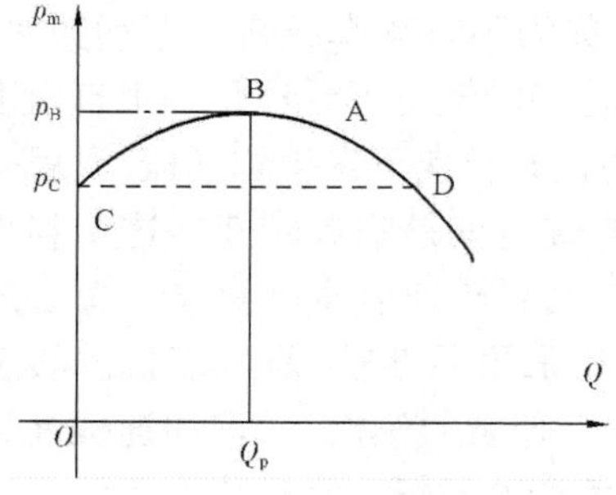

图1－1　离心式压缩机的出口压力—进口体积流量特性曲线

离心式压缩机的特性曲线通常有出口压力(或压缩比)—进口体积流量曲线;效率—流量曲线;功率—流量曲线。对于自动调节而言,主要关心的是压力—流量特性曲线。对某一确定的离心式压缩机在一定转速下可以用图1－1来表示其出口压力—进口体积流量特性曲线。

图中 Q_p 这一点是出口压力最大值所对应的流量,它决定了压缩机的运行下限。当压缩机的流量 $Q < Q_p$ 时,压缩机的运行将不稳定,图中特性曲线上B这一点就是它的喘振点,也称为临界点。应该注意到的是,在实际生产中由于被压缩介质的状态改变,及工艺装置管网特性

的变化，B 点会随着离心式压缩机压力—流量特性曲线的改变而移动，这一点在后面将进一步讨论。在图中，当压缩机的转数为 N，如果工作点在曲线上的 A 点，若要使压缩机减低负荷，当流量逐步减小到 Q_p 时，工作点将由 B 点突变到 C 点，这时压缩机的出口压力就由 p_B 减低到 p_C，但是与压缩机相连接的管路系统压力在这瞬间还是 p_B。也就是说，管路系统压力高于压缩机出口压力（即 $p_B > p_C$），于是气流倒流回压缩机，管路系统压力逐渐降低到 p_C，一旦当机内的压力与管网系统压力接近时，由于压缩机在连续运转，这时它又开始向管网系统输送流量，流量值由 Q_C 突变到 Q_D，工作点由 C 点迅速达到 D 点，这时 D 点的流量大于 A 点对应的流量值，流量超过系统要求，管路系统压力憋高，当压力逐渐憋高到 p_B 值后，工作点又到达 B 点。于是重复上述循环，气体从管网向机器倒流，喘振又重复循环发生。由于压缩机的运转速度很高，上述循环过程进行很迅速，这种工作点由 A→B→C→D→A 的反复循环突变飞速进行，似乎工作点在“飞动”，所以离心式压缩机的喘振现象也称为“飞动”，而把防喘振的措施称为“反飞动”。在喘振发生时，由于气体由压缩机忽进忽出，使压缩机的转子受到交变负荷，机体发生振动并波及到相连的管线，表现为流量计和压力表的指针大幅度摆动。如果与机体相连接的管网容量较小并且严密，可听到周期性的犹如哮喘病人“喘气”一样的噪声；而当管网容量较大时，喘振时会发出周期性间断的像牛叫般的噪声，并伴随有止逆阀的撞击声，进而造成压缩机各部件、轴承和密封环的损坏。严重的喘振将使压缩机及所连接的管网系统、设备发生强烈振动，甚至产生轴向窜动，打碎叶轮，烧坏轴瓦，使压缩机受到严重破坏。

喘振是所固有的特性。对每台离心式压缩机，都有它一定的喘振区。在运行中只能采取措施以防止压缩机发生喘振。同时需要注意的是：喘振现象的发生还与管网特性有关。管网的容量越大，喘振的幅度越大，频率越低；而管网的容量越小，喘振的幅度也小，频率则高。当然并非每次喘振都会造成严重损失，情况与当时的操作情况有很大关系。

（二）喘振的原因

假如在一台离心式压缩机的出口管上安装一台调节阀，压缩机是在某一转速 N 下运行时，而且压缩机入口工艺状况不变，那么逐步关小这个调节阀，就可以发现：当阀门关小到某一状态时，压缩机出口压力和流量大幅度变化，机器发出周期性吼叫声，这就是离心式压缩机产生喘振了。为什么离心机（风机）在吸入口气体流量小到一定程度会产生喘振呢？可以定性说明。

1. 冲角与流动分离

每台离心式压缩机都有使用范围（流量、压力、温度、气体种类等），也就是设计运行工况。当一台离心式压缩机制造完成后，它的叶轮流道的几何尺寸就固定不变了。如果压缩机是在设计流量下运转，气体将可以平顺地进入叶轮流道，而当气体的流量改变时，气体进入流道的方向就与叶片进口角度发生偏差，从而在叶轮中引起气流的边界层分离现象，使气流与叶片发生冲击，产生强烈的漩涡，使能量损失在漩涡上。当压缩机流量小于设计流量时，能量损失使压缩机出口压头下降，这是压缩机产生喘振的主要原因。而在流量大于设计流量时，能量损失少，气流边界层不易产生分离。所以，为了使进口气流速度方向与设计流量的进口角一致，就有在叶轮前采用可调进口导向叶片的办法，使流体在进入叶片前预先产生旋绕，以减少冲击损失，防止喘振的产生。

2. 扩展器中的喘振

喘振不仅在压缩机的叶轮级里产生,在压缩机的扩展器里也会出现类似的旋转脱离和喘振工况。由于气体流动速度的方向叶片进口角不一致,使叶轮流到内气流产生边界层分离,形成旋涡,就出现"喘振"现象。

3. 阻塞工况

上面叙述了流量过小时会产生喘振,那么流量过大会产生什么现象呢?

当流经离心式压缩机的流量增加,气体流速加大时,如果气体流速加大到315m/s(音速),压缩机的流量就再也不能增加,或者虽未达到音速,但叶轮对气体做的功,已全部用于克服流动损失,再也不能使气体压力升高,离心式压缩机的这种工况称为"阻塞工况"。

离心式压缩机的这种流量限制很像喷嘴,即使其背压进一步减低时,它的流量也不能再增加。由此可见,对每台压缩机都有它稳定运行的操作范围,它介于喘振区和阻塞区之间。

由于压缩机转子及机体本身设计方面的原因,对单级叶轮的离心式压缩机,喘振极限在额定流量的50%左右。对于多级离心式压缩机而言,喘振点流量随压缩机叶轮数的增加而升高,例如,对于8~10级叶轮的压缩机来说,喘振点流量约为设计额定流量的75%~80%。

4. 气体吸入状态的改变造成喘振

气流速度(即气体流量)的改变对压缩机喘振有影响,而压缩气体吸入状态(如相对分子质量、温度、压力等)的改变,往往也能造成压缩机喘振。这是因为每一台压缩机都有它一定的设计运行工况的缘故。

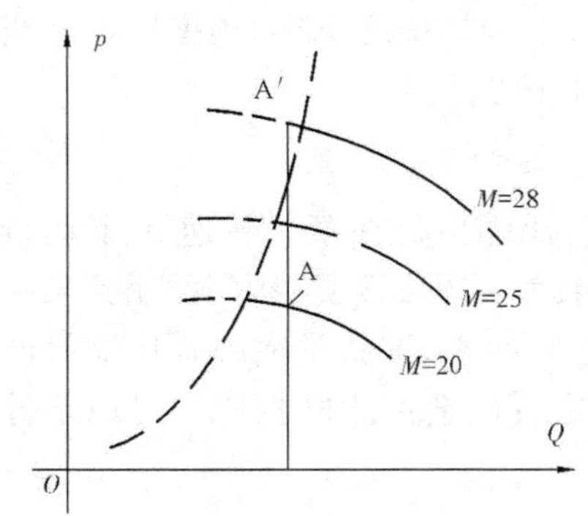

图1-2 相对分子质量改变时压缩机的特性曲线

如压缩机冬夏季发生喘振的频率不同,原因之一是吸入的空气中水的含量不同,也就是吸入气体的相对分子质量发生变化。如图1-2所示,在相同的转速下气体的相对分子质量由20改变为28时,相对分子质量增大,压缩机的特性曲线改变了。即使吸入的体积流量没有变化,但运行点却由A点变为A′点,压缩机运行进入喘振区,于是发生喘振。这就是由于吸入状态的改变,使机器的特性曲线不知不觉地变化了。所以,压缩机操作时,对气体的相对分子质量波动范围要有一个规定(例如,有的规定6%~10%),超出这个范围就可能出现喘振。

由于通过各级压缩后的体积流量减小,从离心式压缩机特性曲线图看就是运转点向左移,促使下一级叶轮在接近它的喘振点。如果相对分子质量增加得太厉害,就会引起压缩机的喘振。即使第一级的吸入体积流量对设计相对分子质量来说还远离预期的喘振点,但只要后面有一级叶轮发生喘振的话,整台机器就喘振起来了。

为了更清楚地说明气体组成对压缩机性能曲线的影响,有人曾对同一台压缩机用两种不同相对分子质量的气体进行试验,所测得的性能曲线完全不同,显然其喘振区域及喘振边界线也就有很大的差别了。对相对分子质量较大的气体而言,当转速相同时,其喘振极限气体流量较大。应该特别注意的是,被压缩气体相对分子质量(或组分)的改变在实际操作中往往不易被察觉，它不像气体的温度、压力都有仪表指示可以一看就知道。而相对分子质量一旦改变，即使原设计的防喘振调节系统仍在运行，但由于实际操作的特性曲线改变了，喘振仍然会发生。除气体相对分子质量变化的影响外，当压缩机吸入气体温度变化时，其性能曲线也将发生改变，如图 1-3 所示。图中表示出某压缩机在转速 $N=3100r/min$ 时，改变吸入气体温度时的一组性能曲线。

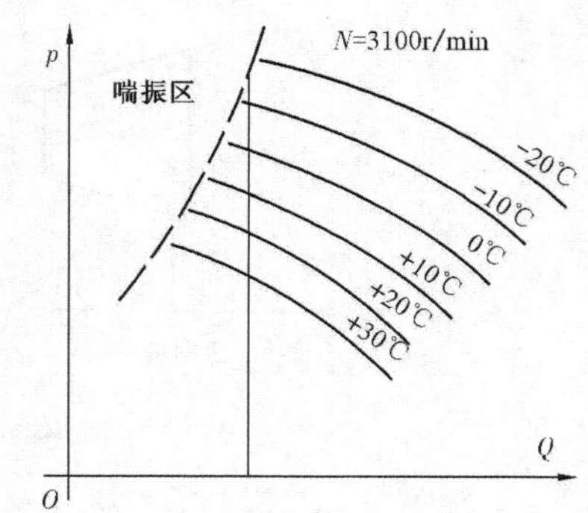

图 1-3 某压缩机在不同吸入气体温度下的性能曲线

此外，吸入气体压力变化时，对压缩机的运行也有重大影响。当吸入压力降低时，压缩机易进入喘振区。

除此之外，压缩机吸入口气体流路不畅，防喘振调节阀活动不灵等一些外在因素也会引起压缩机发生喘振。

总之，压缩机的流量虽然在一定的转速及工艺条件下有确定的值，但不是一个固定不变的数值，它还与被压缩气体的组分、入口温度、压力等因素密切相关。

（三）离心式压缩机的防喘振系统

如果将离心式压缩机在各种不同转速下的压力—流量曲线表示在同一坐标图上，则可以得到一组曲线，如图 1-4 所示。

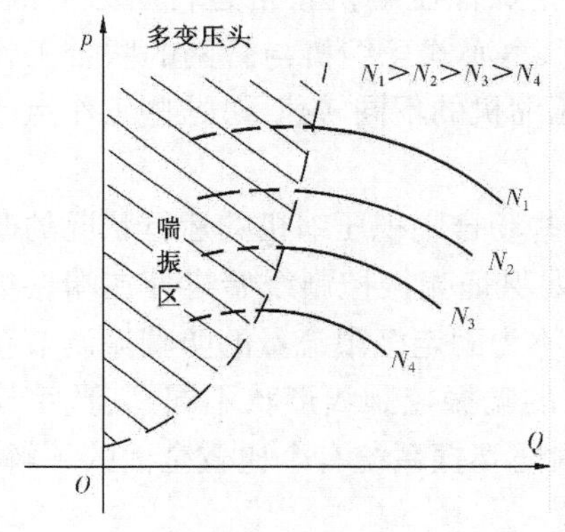

图 1-4 可变速压缩机工作特性曲线

若将各个不同转速下的喘振点连接起来，就可以得到该压缩机的喘振极限线。在这条喘振极限线的左侧区域就是此压缩机的喘振区。因此，为了使压缩机运行稳定，避免进入喘振工况，必须采取措施使离心式压缩机的工作点始终在喘振极限线的右侧，在实际生产中，压缩机总是和其他设备联合起来运行，如图 1-5 所示。

压缩机出口之后的管道和压力容器组成一个比较复杂的管网，由流体力学可知道，流体在管道中的压力降取决于流体的流动阻力，而阻力的大小与流速的平方成正比，对一定的管网而言，压力降与流过的流体流量的平方成正比，若用数学式表示则为

$$\Delta p = RQ^2 \tag{1-3}$$

式中 R——管网的阻力系数。

由于管网系统中要求有一定的静压力 p_s，所以整个管网的性能曲线可以用下式来表示，即

$$p_c = p_s + pQ^2 \tag{1-4}$$

用图形表示就是图 1-5 中的曲线 1，而压缩机以某转速 N 旋转时的特性曲线为 2，那么曲线 1 与 2 的交点就是在这种情况下离心式压缩机与管网的联合工作点 A，此时的流量为 Q_A，压头为 p_c。

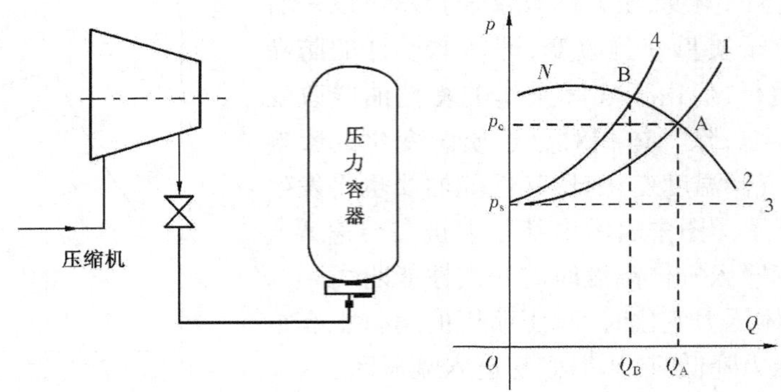

图 1-5 压缩机与管网特性

假如管网因某种原因阻力增大,例如,压力调节阀关小,与阻力系数有关的系数 R 就改变,于是曲线 1 就移到曲线 4 的位置,工作点就由 A 点移到 B 点,此时的流量为 Q_B。如果再加大阻力,流量就会进一步减小,那么由前面对喘振原因的分析就可以知道,压缩机就将会发生喘振。

为了防止压缩机发生喘振,采取的办法就是将压缩机出口的气体部分循环返回其入口。某些装置的离心式压缩机吸入的是常压下的空气,所以将其出口的压缩空气部分地排放就等于部分的循环至入口。这样做虽然浪费了部分能源,但这是保证压缩机正常运行所必需的。所以,在实际生产中,在尽量减小循环(排放)气量的前提下,离心式压缩机与管网的联合工作点与喘振极限线需要保持一定的距离,称为安全裕度。在压缩机的不同转速下,这些工作点的轨迹称为喘振控制线,也称为喘振保护线。

在一些场合,将旁路返回的气量值固定为某定值,而有些场合则视压缩机的运行状况的改变而使排放(返回)的气量随着运行工况不同而变化,但都要保证喘振控制线始终处在喘振极限线的右侧。使用这两种不同方法的防喘振调节系统分别称为固定极限流量的防喘振调节系统和可变极限流量的防喘振调节系统。而后者由于所采用的喘振控制线形状不同,其数字模型就各异,因而其防喘振调节系统的组成也就不同。为了对防喘振系统有个比较全面的了解,下面对它们进行简要的介绍。

1. 固定极限流量的防喘振调节系统

由前面的分析已知,在压缩机和管网一定的条件下,当压缩机的流量小于某一数值后,压缩机就会发生喘振。那么可采取办法,使压缩机的流量始终大于某一定值流量,从而避免进入喘振区运行,这种方法就称为固定极限流量防喘振调节,又称为最小流量控制。固定极限流量是使压缩机的入口流量保持大于最高转速下的临界流量,从而避免进入喘振区运行,但在低转速下效率太低,能量浪费太大。图 1-6 中的 Q_P,这一流量值就是固定极限流量值。当压缩机转速为 N_1,N_2,N_3 和 N_4 运行的任何时刻,其输出流量均大于 Q_P,因此,压缩机在转速小于 N_1 的情况下就不会发生喘振。

由图 1-6 可见,固定极限流量防喘振调节系统的喘振控制线是一条垂直于横坐标的直线,因此其数学模型为

$$Q = C \tag{1-5}$$

式中 C——常数。

调节系统如图1-7所示。图中FC是给定值为某固定数值C的防喘振调节器。压缩机正常运行时,FC的测量值大于给定值,FCV调节阀是关闭的。当压缩机打气量减至或小于该给定值时,循环(或排放)管线上的防喘振调节阀FCV打开,压缩机出口的气量经FC阀部分的返回其入口,压缩机的打气量又增大到大于Q_P值,从而保证了压缩机不会喘振。

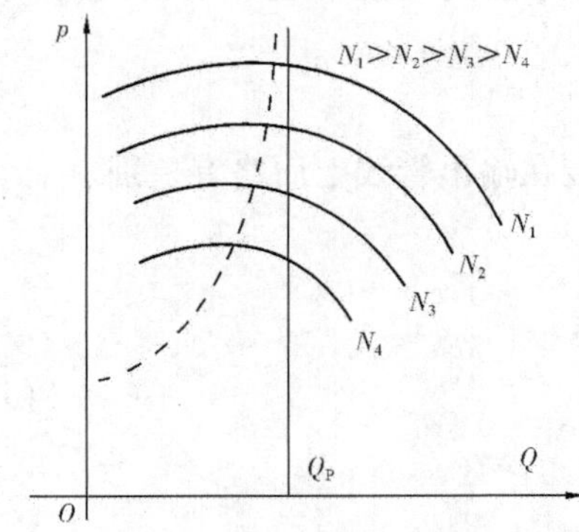

图1-6 固定极限流量防喘振特性曲线

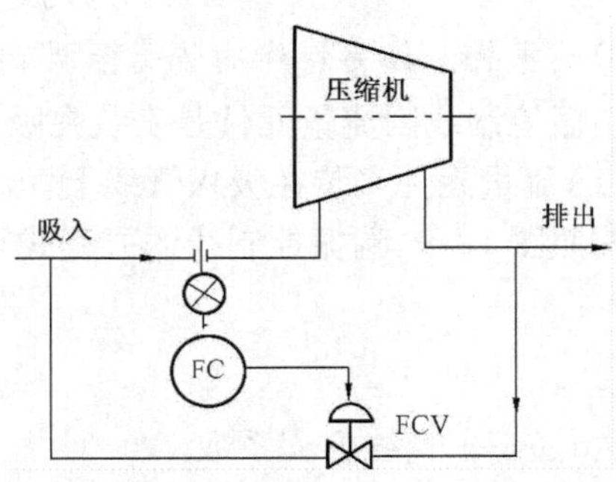

图1-7 固定极限流量防喘振调节系统

2. 可变极限流量防喘振调节系统

固定极限流量防喘振调节系统在压缩机低速运行时,如图1-6中的N_3,N_4转速下,能量浪费较大,不能适应工艺多方面要求。在实际生产中多使用可变极限流量防喘振调节系统。可变极限流量法是为了减少压缩机的能量损耗,在压缩机负荷经常波动的场合采用。

最常见的防喘振调节系统有两种,即喘振控制线为抛物线的防喘振调节系统和喘振控制线为斜线的防喘振调节系统,下面分别进行简要介绍。

1)喘振控制线为抛物线的防喘振调节系统

离心式压缩机的理论证明,喘振极限线是一条抛物线,坐标原点就是这条抛物线的顶点。因此,很自然的就可以想到在其右侧画一条与之平行的抛物线作为喘振控制线,如图1-8所示。理论计算可以得其数字模型为

$$\Delta p_a \geqslant C(p_m - ap_a) \tag{1-6}$$

式中 Δp_a——入口节流装置差压,Pa;

p_m——出口压力,Pa;

p_a——入口压力,Pa;

a——抛物线顶纵坐标值;

c——与气体的绝热指数等有关的系数。

因为Q_a正比于$\sqrt{\Delta p_a}$,所以进入压缩机的流量值可由差压变送器的差压信号Δp_a得到。而p_a和p_m可用压力变送器测得。然后在加减器中进行$(p_m - ap_a)$的运算,再由乘法器乘以某常数得到$C(p_m - ap_a)$的输出信号,然后这两个信号分别作为防喘振调节器FC的测量值和给

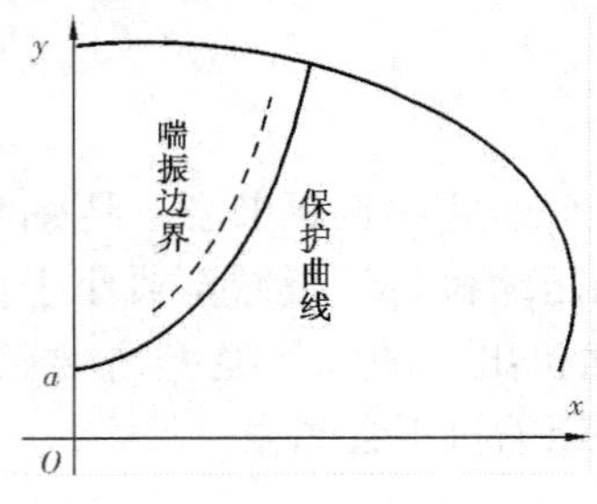

图 1-8　防喘振保护曲线

定值,在防喘振调节器 FC 得到 $\Delta p_a \geqslant C(p_m - ap_a)$ 的运算关系。如果出现 $Q_a < Q_p$ 的情况,那么就不能满足关系式 $\Delta p_a \geqslant C(p_m - ap_a)$,防喘振调节器 FC 将发出调节信号使防喘振调节阀门打开,使一部分气体经旁路阀循环,以保证 $Q_a > Q_p$,从而避免产生喘振。由图 1-8 可知,采用这种防喘振调节系统将使压缩机在不同的负荷下(即不同的转速)有不同的喘振极限流量,这种调节办法无疑能节省原动机做功,取得良好的经济效果。

2)喘振控制线为斜线的防喘振调节系统

喘振控制线因流量元件是安装在吸入管线还是安装在输出管线上而略有差别。

(1)流量元件安装在吸入管线上。

按照图 1-9,喘振控制线的方程式写为

$$y = a + bx \tag{1-7}$$

式中　a、b——直线方程系数。

为了不致产生喘振,就必须满足方程式 $y \leqslant a + bx$,根据压缩面的相似原理有

$$x = \frac{Q}{\sqrt{rZ_a RT_a}}$$

$$\sqrt{p_a} \leqslant C(p_m - a) \tag{1-8}$$

式中,C 是与气体的绝热指数 r、压缩系数 Z_a 等有关的系数,T_a 为入口温度。

(2)流量元件安装在输出管线上。

在工业装置上,往往不能在压缩机入口管线上测量流量。在入口管线上安装节流装置,在某些情况下会由此而造成的压力降可能使压缩机达不到预期的排出压力,因此就得增加压缩级。这是不经济的,应预避免,这样就应在出口管线上安装节流装置来测量流量。

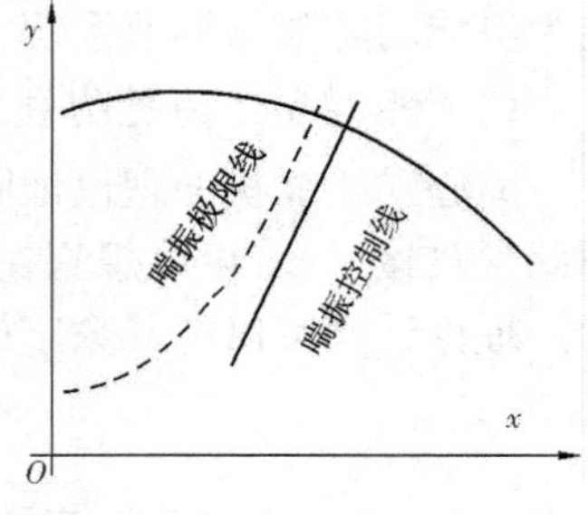

图 1-9　喘振控制线

根据流体的连续性原理,压缩机出口管线上的质量流量应该与进口管线的质量流量相等,即 $Q_m = Q_a$,下标 m、a 分别代表出口和入口,用孔板测量的质量公式为

$$Q = K\sqrt{\frac{\Delta p_a \cdot p}{T}} \tag{1-9}$$

$$K_a\sqrt{\frac{\Delta p_a \cdot p_a}{T_a}} = K_m\sqrt{\frac{\Delta p_m \cdot p_m}{T_m}} \tag{1-10}$$

由于孔板测量的质量流量相同,那么在整个测量范围内就有 $K_a = K_m$,于是得到

$$\Delta p_a = \Delta p_m \frac{p_m T_a}{p_a T_m} \tag{1-11}$$

这样,测量流量的节流装置安装在出口管线上时,防喘振的数字模型为

$$\Delta p_m \geqslant p \cdot \frac{T_a}{T_m} c(p_m - a) \tag{1-12}$$

式中 p——压缩比;

T_a,T_m——分别为入口、出口温度。

二、三参数动态防喘振控制系统

喘振是压缩机一种不稳定的工作状态,随着流量和出口压力的急速脉动而出现,在压缩机轴上产生一个高频反向推力,喘振严重时,足以引起机械的损坏。为防止喘振的发生,国际上有多家公司在传统的控制方案的基础上开发了比较先进的压缩机防喘振控制方案,近年来,国内一些压缩机生产厂家也整合了国外公司的机组控制方案,提出并开发了高效、安全的压缩机组控制方案。防喘振系统有多种方案,多种算法,各有优点,但就离心式压缩机而言,当前最先进、最有效的防喘振控制方案,首选三参数动态防喘振算法。压缩机入(出)口流量、出口压力、入口压力这三个参量,通过一个独特的喘振预测技术,即可预算出喘振的发生趋势,且这种技术不会因气体相对分子质量的变化而对喘振控制产生影响。

三参数动态防喘振系统有一套完美的防喘振技术,执行速度快,并能有效地应用复杂的控制算法将透平机速度控制与压缩机防喘振控制有机地耦合起来,较传统控制方法提高了系统的响应速度及稳定性。这种算法目前已大量地运行于工程实际中,事实证明,它有许多优点和独特的功能:

(1)如果发生了喘振将自动修正安全边界。

(2)工作点突然向喘振区移动,喘振设定值徘徊功能将迅速打开防喘阀。

(3)喘振控制器有适配增益和快开、慢关功能。

(4)比例功能可忽略控制器的调节,强制打开回流阀。

(5)速度控制器与喘振控制器可进行耦合控制,必要时进行解耦。

(6)使用软或硬手动控制功能有助于安装、故障检测与测试。

(7)可将等百分比阀进行线性化。

(8)当工作点接近喘振线时,阀门预置特性打开回流阀泄压进行调整。

(9)如果突然发生喘振或连锁停车,用开关量信号打开防喘阀。

(10)防喘振控制方案采用模块化设计,可根据实际情况对控制功能做适当增减。

三、透平—压缩机组的调速控制

原动机一般有电动机和汽轮机(即透平机)两种,大型石化装置的机组采用汽轮机做驱动的居多。其中蒸汽透平机做驱动,因其速度调节性能好,是普遍采用的方式。在蒸汽透平的速

度控制方面有许多优秀而成熟的方案,但这些方案都采用了单独的机械或电子调速器等专用的硬件,虽然调节性能也不错,但由于增加了硬件成本而造成了浪费,许多厂家经过不断研究与实践,开发出了软件调速器。这就是所说的蒸汽透平控制系统,即透平机速度调节系统。这一控制系统包含了许多控制功能,大体可分为下述两种。

(一)手动、自动启动功能

这一功能可实现蒸汽透平的自动、手动启动,可判断机组启动条件,接收启动指令及自动、手动设定后,可根据预先设定的启动逻辑(升速曲线)运行。在这一过程中可实现自动检测临界速度,并快速跃过。

(二)运行区速度调节功能

工艺过程中需要调节的参数主要有压力和流量两种,而这种调节可以靠机组转速的升降来实现,因此速度调节器最重要的功能是按照压力、流量或单纯的速度给定来调节机组的转速。这一调节以平稳、快速为原则,控制器一般采用了独特的算法来实现速度的快速跟踪和平稳过渡。

汽轮机启动模式一般分为停机模式、准备启动模式、升速模式、暖机模式、运行模式和超速试验模式。这一速度调节往往在同一区间内运行,即调速区(运行区)运行,在调节过程中不能跃出调速区,以避免可能的不稳定因素,如确需跃出调速器,可通过调速解除功能来实现。

为了使这一控制功能更完善,逻辑更清晰,往往将整个过程经过的几种模式,按顺序进行。图 1-10 所示为典型的汽轮机升速曲线。

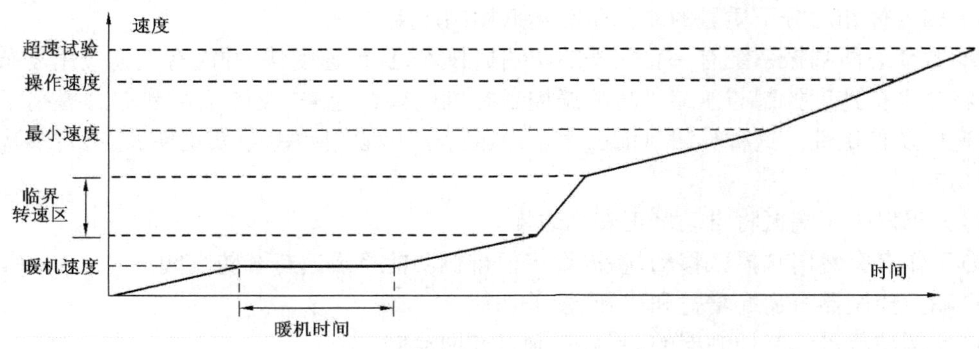

图 1-10 典型的汽轮机升速曲线

(1)停机模式:在不满足启动条件或机组连锁时进入此模式。

(2)准备启动模式:满足启动条件后进入模式。

(3)升速模式:在进入准备启动模式后,发出启动指令后进入此模式,在此模式中可实现速度的升、降,保持跃临界等功能。

(4)暖机模式:此模式为可选项,实现维持一恒定转速进行暖机,也可通过升速模式中的速度保持来实现。

(5)运行模式:速度进入运行区后,即实现调节功能,可通过自动设定(根据压力流量自动设定速度设定点)、手动的设定等来调节机组转速。

(6)超速试验模式:在机组试车时,按前述顺序启动后进入运行区,再发出超速试验指令,可进行机械超速跳闸和电子超速跳闸的试验。

原动机的状态同样影响着压缩机组的运行状况,因此,在原动机系统中,也需要设置监测回路,时刻监视机组的安全。汽轮机的监测点同样也包括轴温、轴振动、轴位移等,测量方法与上述的相同。电动机监测点有轴温、定子温度、电流值等;汽轮机一般还有汽轮机的进汽温度、压力、排汽压力和汽轮机控制油、调节油的压力等。

四、压缩机组的润滑油控制

一般压缩机的润滑系统由润滑油箱、主油泵、辅助油泵、油冷却器、油过滤器、高位油箱、阀门以及管路等部分组成。

(一)润滑油箱

润滑油箱是润滑油供给、回收、沉降和储存设备,内部设有加热设施,加热设施有电加热器和蒸汽加热器两种,可根据能源情况自行选择。加热器一般均安装于油箱中,以利于机组启动前润滑油的加热升温。加热器可根据工作需要随时启动和停运,操作方便灵活,保证机组启动时润滑油温度能升至35~45℃,以满足机组启动运行的需要。回油口与泵的吸入口设在油箱的两侧,中间设有过滤挡板,使流回油箱的润滑油,有杂质沉降和气体释放的时间,从而保证润滑油的品质。油箱侧壁设有液位指示器,用来监视油箱内润滑油的变化情况,以防机组运行中润滑油量出现突变,影响机组的安全运行。

(二)润滑油泵

润滑油泵一般均配置两台,一台主油泵,一台辅助油泵,机组运行所需润滑油,由主油泵供给。辅助油泵系主油泵发生故障或油系统出现故障时,使系统油压降低时自动启动投入运行,为机组各润滑点提供适量的润滑油品,所配油泵流量一般为200~350L/min,出口压力应不小于0.5MPa,润滑油经减压,使系统油压降至0.08~0.15MPa进轴承。一般来说,润滑油压力的测量采用压力表和压力开关以及压力变送器。压力表用于现场观测油压值,压力开关用于给出油压低或高的开关信号,用以连锁启动辅助油泵以及进行连锁停机,而压力变送器则是将油压信号变成电信号送到控制室进行监视。

(三)润滑油冷却器

润滑油冷却器用于返回油箱的油温有所升高的润滑油的冷却,以控制进油温度在35~45℃的范围内。油冷却器一般均配置两台,一台使用,另一台备用,当投入使用的冷却器,其冷却效果不能满足生产要求时,切换至备用冷却器维持生产运行,并将停用冷却器解体检查,清除污垢后组装备用。

(四)润滑油过滤器

润滑油过滤器装于泵的出口,用于进机润滑油的过滤,是保证润滑油质量的有效措施。为确保机组的安全运行,过滤器均配置两台,一台运行,一台备用。

(五)润滑油高位油箱

高位油箱是一种保护性设施,机组正常运行时,高位油箱的润滑油,由底部进入,再由顶部排出返回油箱。当主油泵发生故障而辅助油泵又未及时启动时,则高位油箱的润滑油将沿进油管靠重力作用流入润滑点,以维持机组惰走过程的润滑需要。高位油箱的储油量一般应维持不小于5min的供油时间。

五、机组的连锁保护系统

监测回路中的报警与连锁系统是机组的安保系统的一部分,安保系统还有其他的一些重要组成部分,主要有下述几个方面。

(一)启动连锁

为保证机组在开车时,不对机组造成伤害,可为机组的开车确定一些条件,只有这些条件都满足预定的指标时,才允许开车,这就是启动连锁系统。这些条件一般包括:

(1)防喘振阀全开,入口阀微开。

(2)润滑油温大于设定值。

(3)润滑油压大于设定值。

(4)润滑油箱液位正常。

(5)高位罐液位正常。

(6)汽轮机具备启车条件。

(7)压缩机无连锁或故障。

(二)事故报警

一般机组出现下列故障时,控制系统必须发出报警以提醒操作人员注意,分析原因,采取措施,努力使机组运行不往更坏的趋势发展。

(1)压缩机轴承温度高。

(2)原动机轴承温度高。

(3)压缩机轴振动大。

(4)汽轮机轴振动大。

(5)压缩机轴位移大。

(6)汽轮机轴位移大。

(7)润滑油箱液位低。

(8)润滑油压力低。

(9)润滑油经冷却器后油温高。

(10)润滑油过滤器压差大。

(11)密封系统故障。

(12)电源故障。

(13)汽轮机及汽轮机辅助系统的故障。

(三)停机连锁

当机组的故障报警没有消除,形势进一步恶化时,为保证机组安全设定停机值,达到此限定值时,即自动连锁停机。主要参数有:

(1)压缩机轴承温度过高。

(2)原动机轴承温度过高。

(3)压缩机轴振动过大。
(4)汽轮机轴振动过大。
(5)压缩机轴位移过大。
(6)汽轮机轴位移过大。
(7)润滑油压力过低。

六、压缩机综合控制系统

在石油化工装置中,由于生产装置越来越复杂,设计操作指标离安全临界点越来越近,造成发生故障的可能性增加,而人在危险时刻的判断和操作往往是滞后的、不可靠的。为完善机组和生产装置的安保系统,保证系统的最大安全性,往往在控制系统之外,独立地单设一套紧急停车系统(ESD),以便在控制系统失效时,能够及时地连锁机组与生产装置,避免事故的发生。这套 ESD 系统与机组控制系统一般都设计成相互独立,互不干扰的系统。这一设计理念系统硬件结构复杂,对保障机组与装置的安全起到了重要的作用。图 1-11 所示为机组控制模式硬件配置图。

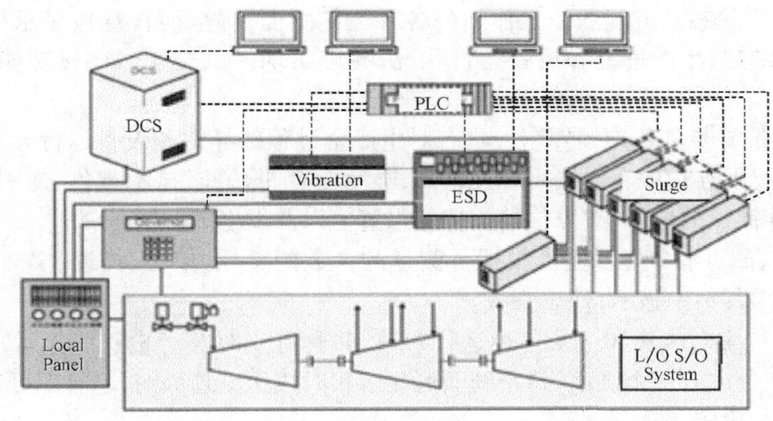

图 1-11 机组控制模式硬件配置图

然而,时至今日,控制系统硬件的可靠性与完善性已经有了长足的进步,最大无故障率已达到 99.999%,如再继续延用这一设计理念,显然是不合时宜的,势必造成系统的重复建设,形成极大的浪费。怎样解决这一问题呢?某些控制公司提出了全新的控制理念,即将 ESD 功能融入 ITCC 之中,充分利用 ITCC 硬件和软件资源,且将 ESD 的故障安全型设计方法引入 ITCC 之中,将 ITCC 与 ESD 巧妙地结合在一起,使其形成一个有机的整体,如图 1-12 所示。这样,不仅节约了资源又使系统功能更加完善,更加协调、安全。并且,由于这种方法减少了许多中间环节,故障率也就相应地大幅度下减。实践证明这种方法是行之有效的。

综合控制系统,具备实时和历史的数据处理功能,包括实时数据显示、过程报警显示及记录,还有实时趋势的显示,再有就是历史数据的显示与存储。这些功能随时可以调用,以便监测机组的运行状态,或预报运行趋势和做事故后故障分析。因此,这些功能实现菜单驱动,方便操作人员使用。主要有以下几种功能:

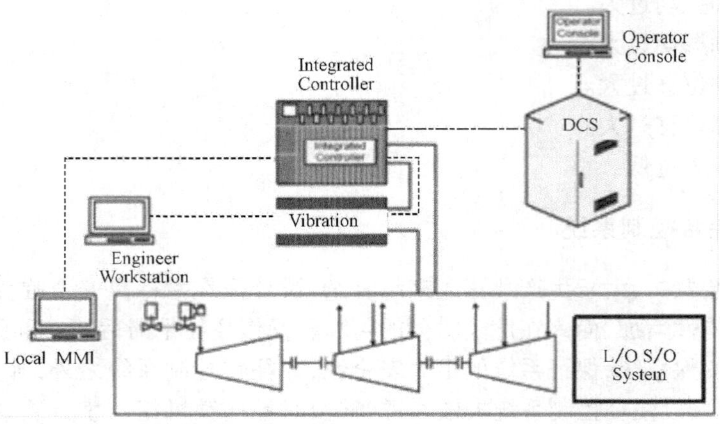

图 1-12 新型机组控制模式硬件配置图

(1)控制系统集成了压缩机的动态防喘振系统和透平转速调节系统,过程回路控制和ESD(紧急停车系统)等功能。

(2)机组操作状态及流程图。工作站的各种工艺画面,可全面直观地显示出系统全部的控制回路、工艺参数、生产过程和设备运行状况,并可实现人机交互(MMI)功能,方便有效地监控整个系统。

(3)系统的报警与紧急连锁停车。具有对生产全过程的异常和设备运行异常进行报警监视,以及紧急情况下连锁停车。当系统正常时,显示绿色、报警时显示黄色、连锁时显示红色,并显示报警或连锁点的位号、故障描述相应的报警值以及发生的时间等。

(4)棒状图、测点清单显示全部模拟量测量的参数的量程、单位、描述、实时值、设定值及当前报警状态,因其集中显示,便于查找。

(5)控制系统实时收集和记录各种运行参数,并具有实时及历史趋势显示功能。历史趋势按参数的类型分成若干个画面,每个画面可显示实时或历史趋势图,趋势图可以追溯查询以往数据,以便统一比较,统一分析。

第四节 大型机组监视控制系统实例

一、裂解气压缩机组的控制系统组成

裂解气压缩机组控制系统主要由 Micronet TMR 5009C、Bently3500、Protech 203 这三部分组成,以下逐一简介。

(一)Micronet TMR 5009C

Micronet TMR 5009C 是美国 WOODWARD 公司的产品,工作方式采用 3—2—0。

TMR——三重化冗余模块,系统采用三重化技术,所有重要控制回路都实现三重化,三重化的每个部分是独立的,但三个部分的功能又完全相同。三重化电路的输出信号在成为系统输出之前,经过一个三取二的表决芯片,当三个电路中有一路发生故障,输出错误信号,经过三

取二表决后该错误信号被屏蔽掉，系统仍然输出正确的信号（电压、电流或开关状态）。系统不会因为内部故障而对过程产生影响。

目前在石油、化工、冶金等应用广泛的大型机组综合控制系统，有 ICS Triplex 控制系统 TMR、CCC 控制系统 TMR、Tricon 控制系统 TMR、Wood Ward MicroNet™控制系统 TMR、GE GMR 控制系统等综合控制系统。

三重化实现：ICS Triplex 控制系统、CCC 控制系统、Tricon 控制系统为单卡内部实现三重化。Wood Ward MicroNet™控制系统、GE GMR 控制系统为外部硬件实现三重化。

裂解气压缩机采用了两个 Micronet TMR 5009C 机架，每个机架 18 个插槽。每六个插槽组成一个核心，一共有三个核心。这三个核心是彼此独立的。每个核心的第一个插槽安装的是核心电源板，第二个为 CPU 板，其余的四个插槽安装 IO 模块。

用到的模块有：5009TMR 电源、核心电源、CPU、MPU AI/O FTM、24/8 AI/O、48/24 DI/O、24/12 DI/O FTM。

机架模型如图 1－13 所示。

1. 5009C TMR 电源

5009C TMR 电源如图 1－14 所示。其结构特点如下：

（1）故障容错的供电结构。

（2）独立的输入，有三个输出，通过二极管三个处理核心：24V@6Amps。

（3）热替换。

（4）输入电压选项：18～36VDC；100～150VDC/；88～132VAC，47～63Hz；180～264VAC，47～63Hz。

（5）每个主电源有四个 LED 来指示电源是否工作正常（OK，输入故障，超温和电源故障）。

（6）在安装和取出 MicroNet TMR 主电源之前必须先切断其输入电源。

（7）在安装和取出 MicroNet 核心电源之前必须先取出该核心内的所有模块。对电源 LED 指示灯的说明：

① OK LED：该绿色指示灯亮表示电源正在工作并且无故障。

② Input Fault LED：该红色指示灯亮表示输入电压高于或低于要求的电压范围，如果指示灯变亮，应检查输入电压，如果长时间的工作在不正常的输入电压内可能会永久的损坏电源，一旦输入电压在要求的范围内则该指示灯不亮。

③ Power Supply Fault LED：当电源中的三个变压器之一不工作，该红色指示灯变亮，应检查外部设备与电源的连接是否有短路的地方，当短路被修好后，电源将恢复正常，如果没有发现短路的地方，通过去除输入 1min 来进行复位，如果输入恢复后电源依然不工作，检查电源是否被正确的安装在母板上，如果电源是正确的安装在母板上但仍然不工作则需更换电源。

2. 核心电源

MicroNet TMR 控制器的每个核心部分都有一个核心电源，安装在该部分的第一个槽中，核心电源将 24VDC 装换成 5VDC，用 10A 电流供电。核心电源还有一个 5V 的预充电电压模块。在前面板上有一个故障 LED 指示灯，如果 5V 或 5V 预充电有问题就会发光。核心电源如图 1－15 所示。

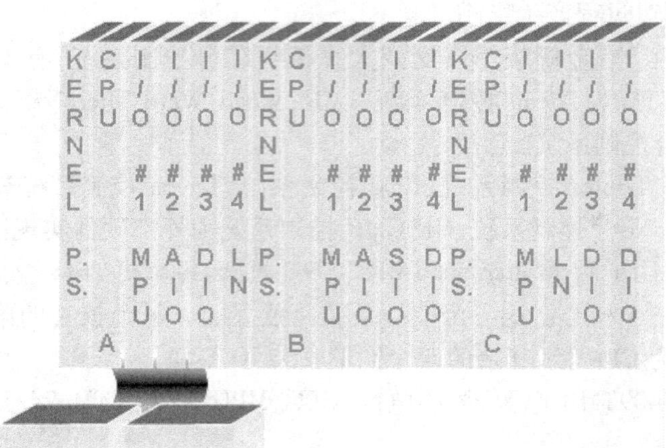
KERNEL P.S.
CPU A
I/O #1 MPU
I/O #2 AIO
I/O #3 DIO
I/O #4 LN
KERNEL P.S.
CPU B
I/O #1 MPU
I/O #2 AIO
I/O #3 SIO
I/O #4 DIO
KERNEL P.S.
CPU C
I/O #1 MPU
I/O #2 LN
I/O #3 DIO
I/O #4 DIO

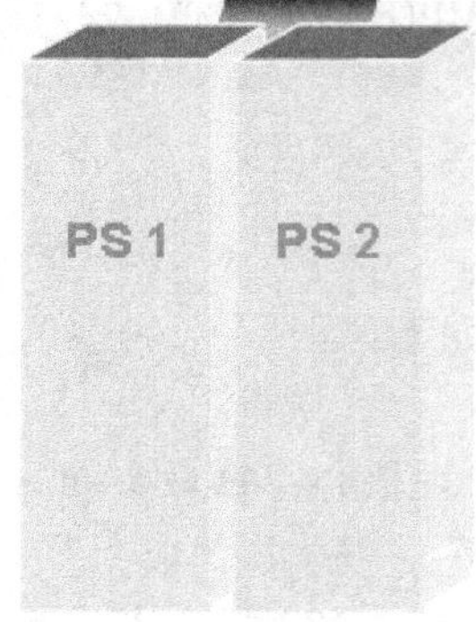
PS 1
PS 2

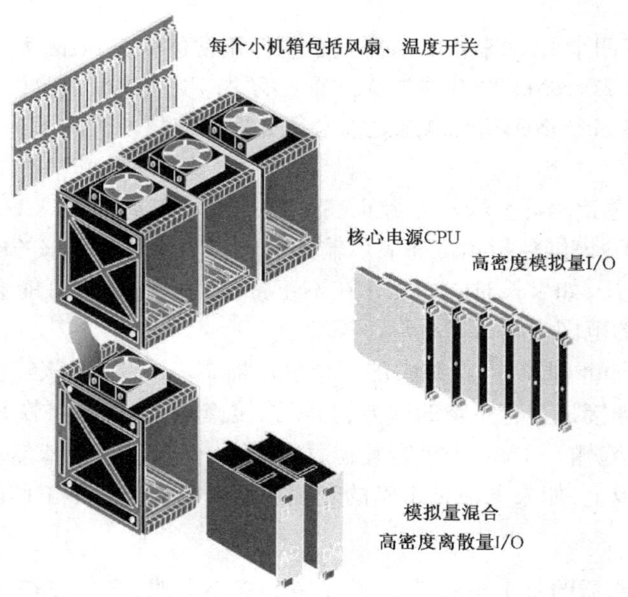
每个小机箱包括风扇、温度开关
核心电源CPU
高密度模拟量I/O
模拟量混合
高密度离散量I/O

图 1－13　机架模型

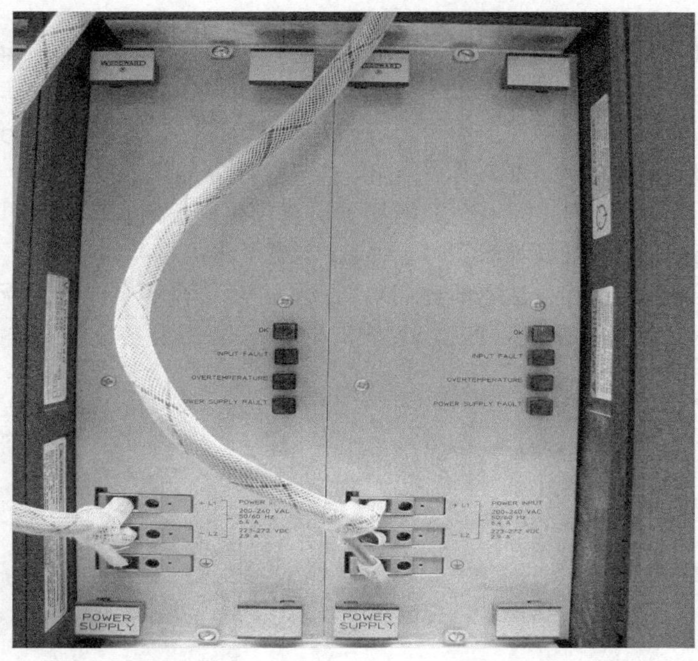

图 1 - 14　5009C TMR 电源

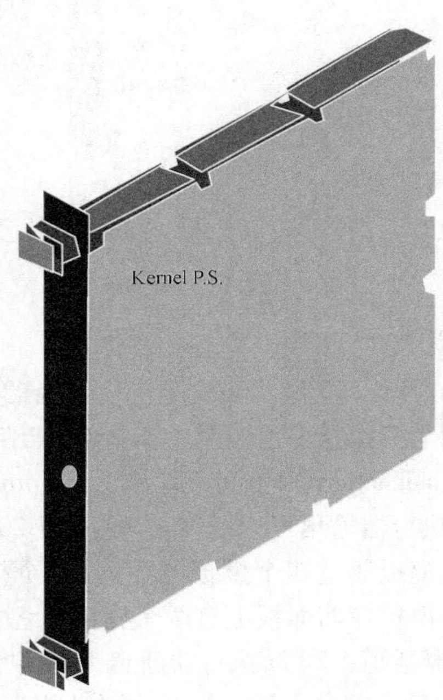

图 1 - 15　核心电源

1)CPU 模块

CPU 模块如图 1－16 所示。在一个 TMR 系统中,在诊断之后和开始运行应用程序之前 CPU 将一起同步。CPU 有一个 PCMCIA(个人电脑存储卡国际协会 Personal Computer Memory Card International Association)槽在前面板上,PCMCIA 槽用于下载应用文件到 CPU 模块。MicroNet 每个核心部分都有一个 CPU 模块,它位于核心部分的第二个槽内,电源模块的右侧。CPU 模块前面板有一个 PCMCIA 插槽,插槽用于下载应用程序到 CPU 模块中。CPU 模块包含一个电池,当控制系统断电时以驱动实时时钟,该电池是非用户可以替换的,在正常工作期间,板上的电路保持给电池充电,一旦电池充满电(最多三天),在不供电的情况下电池可以最少使时钟连续运行三个月。如果超过三个月实时时钟可能需要被复位。实时时钟的分辨率为 10ms。

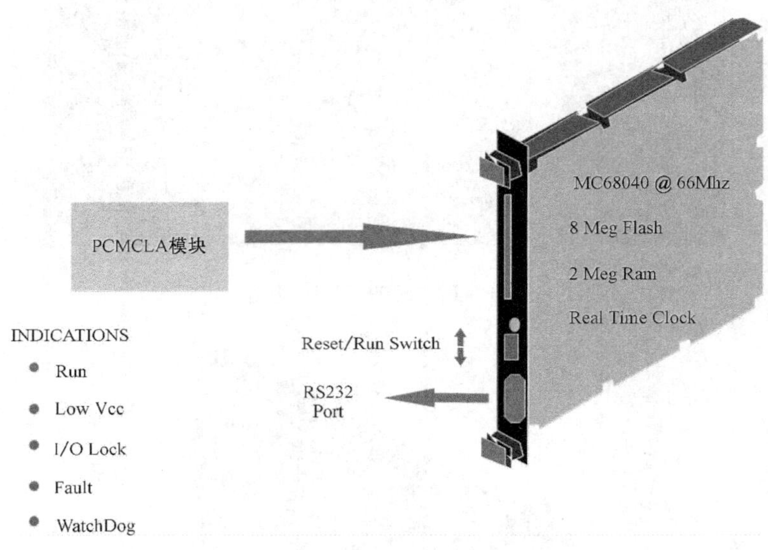

图 1－16　CPU 模块

2)MPU 与模拟量 I/O 模块

MPU 与模拟量 I/O 模块如图 1－17 所示。这是一个冗余的 I/O 混合卡,它由四个速度传感器输入,八个模拟量输入,四个模拟量输出及两个执行器输出组成。每个速度传感器的输入可以是来自一个磁性传感器(magnetic pick－up)或趋近式(proximity)探头的信号,每个模拟量输入必须是 4～20mA,每个执行器输出可以是 4～20mA 或 20～160mA。在此冗余系统,两个 MPU 和 MPU 与模拟量 I/O 模板通过四个模拟电缆(从每个模板出来的两个)与两个 FTM 连接,每个 MPU 和模拟量 I/O 模板在前面板上有两个辅助 D 型插头,顶部的辅助 D 型插头包括通道的前半部分(速度传感器通道 1 和 2,执行器通道 1,模拟量输出通道 1～4)以及底部的辅助 D 型插头包括 I/O 通道的后半部分。该模块的主要功能为:

(1)5ms 的刷新率。

(2)板载的处理器自动校验 I/O 通道。

(3)每个速度传感器的输入有低设定点和高设定点时间标签,为 5ms 的分辨率。

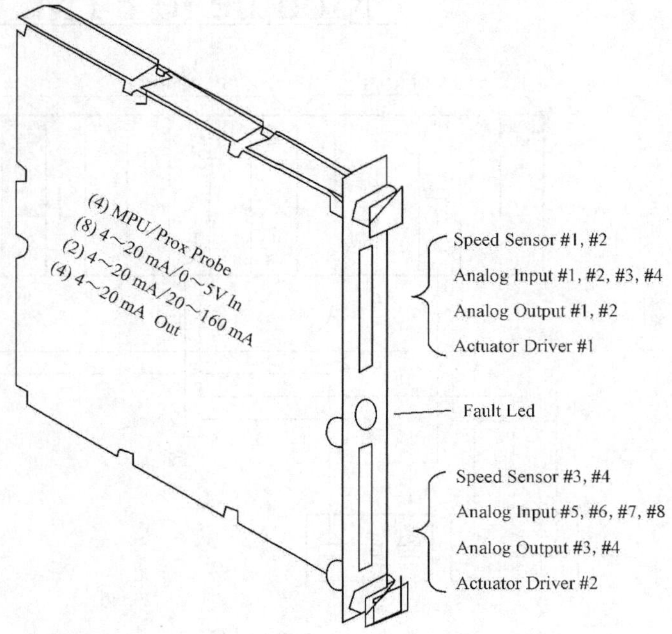

图 1－17 MPU 与模拟量 I/O 模块

(4)模拟输入有 16 位的分辨率。

(5)模拟输出有 11 位的分辨率。

模块到终端板的连接方式如图 1－18 所示。

3)24/8 模拟量 I/O 模块

24/8 模拟量 I/O 模块如图 1－19 所示。此冗余系统,有两个 24/8 模拟 I/O 模板通过四个高密度 62 根导线的模拟电缆(从每个模板出来两个)与两个 24/8 模拟 I/OFTM 相连(图 1－20),每个 24/8 模拟 I/O 模板有两个辅助 D 型插头,在前面板上,顶部的辅助 D 型插头包括前半部分的通道(模拟输入通道 1～12 和模拟输出通道 1～4)及底部辅助 D 型插头包括 I/O 通道的后半部分。

这是一个冗余的模拟卡,每个 24/8 模拟 I/O 模板包括 24 个模拟输入和 8 个模拟输出线路,对于 TMR 系统,每个模拟输入必须是 4～20mA。

(1)模拟量输入特点:

① 5ms 的刷新率。

② 输入范围:0～25mA,0～5V。

③ 输入阻抗:200Ω。

④ 有 16 位的分辨率。

⑤ 每个通道 100mA 保险。

(2)模拟量输出特点:

① 8 通道 5ms 刷新率。

② 电流输出:4～20mA,电流输出范围:0～25mA。

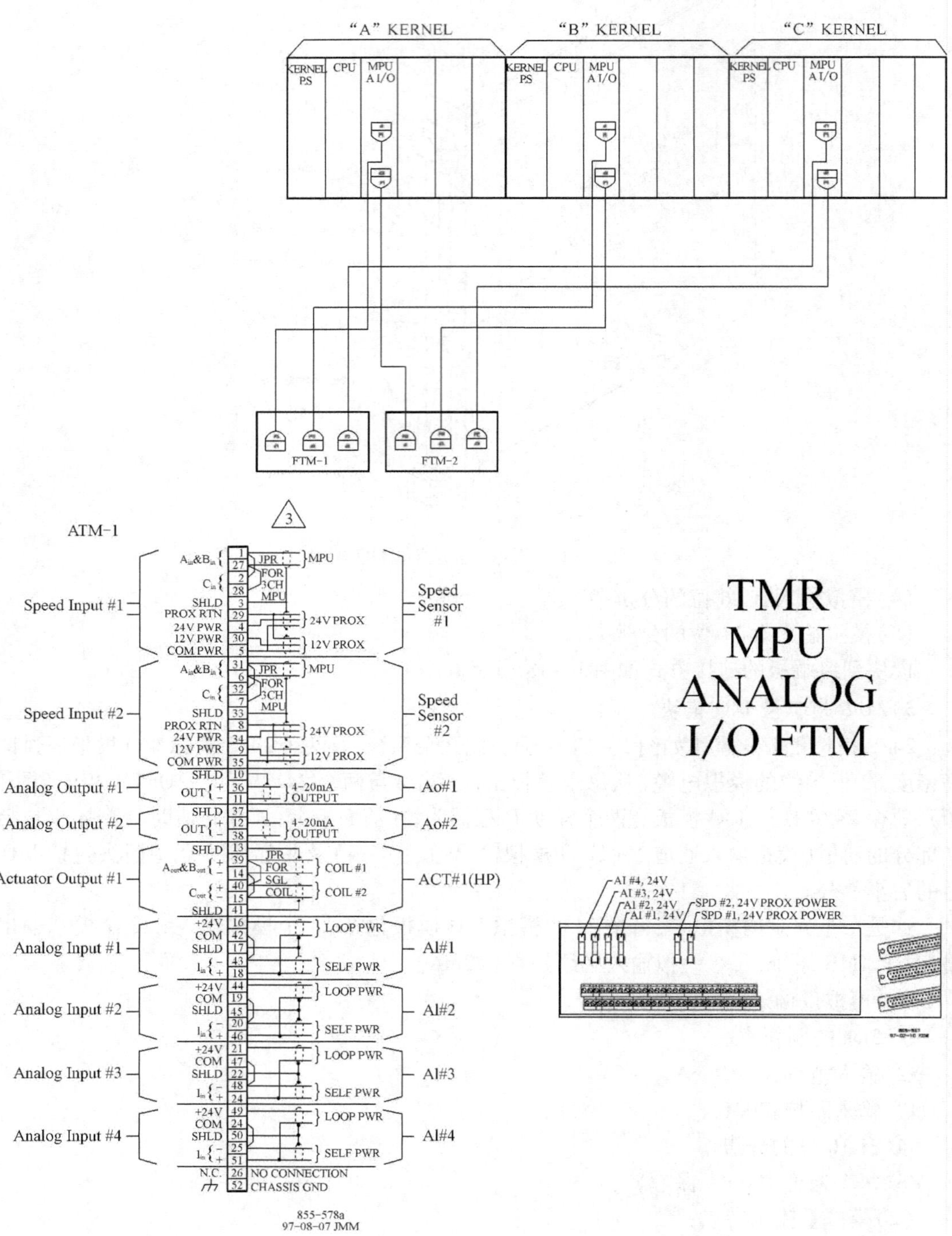

图 1－18　模块到终端板的连接方式

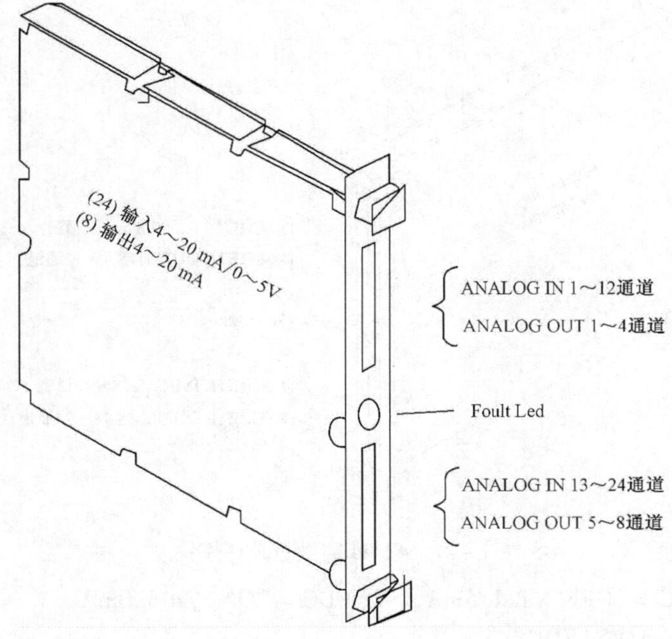

图 1－19　24/8 模拟量 I/O 模块

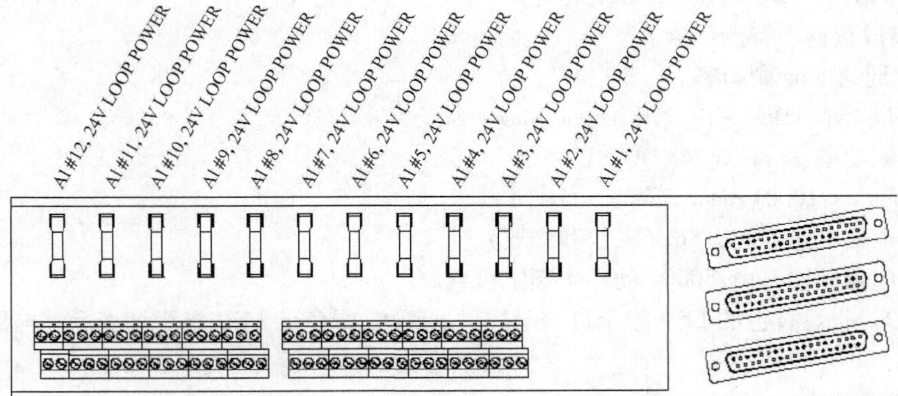

图 1－20　24/8 模拟 I/O FTM

③ 最大负载阻抗:600Ω(负载＋导线阻抗)。

④ 电流回读:10bits。

⑤ 分辨率:11bits。

4)48/24 离散量 I/O 模块

48/24 离散量 I/O 模块如图 1－21 所示。

(1)离散量输入特点:

① 48 通道 5ms 刷新率。

② 输入光电隔离。

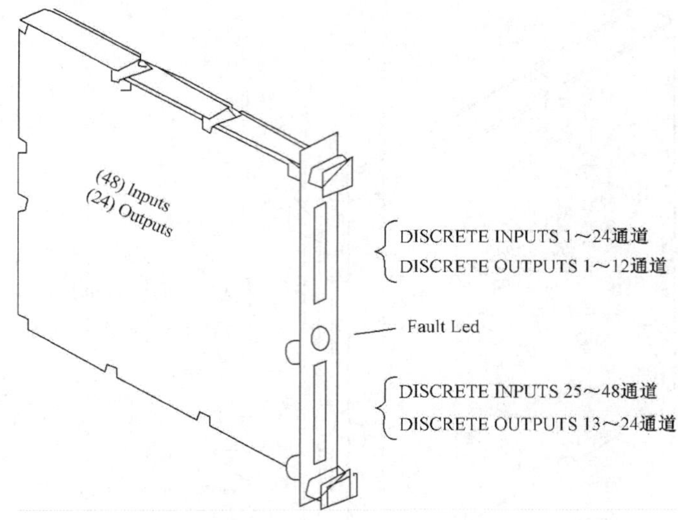

图 1-21 48/24 离散量 I/O 模块

③ 24V：<8VDC = "OFF", at 1.5mA, >16VDC = "ON", at 3.0mA。

④ 输入电流:4mA@24VDC。

⑤ 隔离电压:500VDC 对地。

⑥ 隔离的 24VDC 接点:400mA 最大。

(2)离散量输出特点:

① 24 通道 5ms 刷新率。

② Relay type:Dust - tight, magnetic blow - out。

③ 线圈功率:80mA@24VDC。

④ Isolation:1000Vrms。

⑤ 继电器响应时间:15ms(工作和释放)。

⑥ 继电器预期寿命:50000 动作@额定负载。

⑦ 状态指示:黄色的 LED 指示灯表示继电器励磁,绿色的 LED 指示灯表示继电器供电和控制供电。

5)SIO 通信模块

SIO 通信模块安装在 A、B 核心内的第三个插槽。每个 SIO 通信模块都有四个通信接口。接口 1、2 是 RS232 通信接口;接口 3、4 可以是 RS232、RS422、RS485 通信接口。接口与组态有关系,如果一个 Micronet 机壳内安装了 SIO 通信模块,则这个机壳内 CPU 模块上的通信接口不能作为 MODBUS 通信接口。CPU - C 上的通信接口可以作为 PIC 接口。

6)两个 Micronet TMR 5009C 机架控制任务分配

(1)机架一实现的控制是:速度控制;启动逻辑;吸入压力控制;入口压力控制;三返一、五返一防喘振控制;差压保护。

(2)机架二实现的控制是:机组本体的连锁停车逻辑;复水器液位控制;密封气控制;油泵逻辑;盘车逻辑;停车电磁阀测试逻辑;上位机通信。

机架一与机架二之间由 RS232 数据线相连，采用 MODBUS 协议实现数据共享。

图 1－22 所示为 5009C 的控制方框图；图 1－23 所示为速度控制方框图；图 1－24 所示为串级控制方框图；图 1－25 所示为抽补气控制方框图；图 1－26 所示为解耦控制方框图；图 1－27所示为防喘振控制方框图。

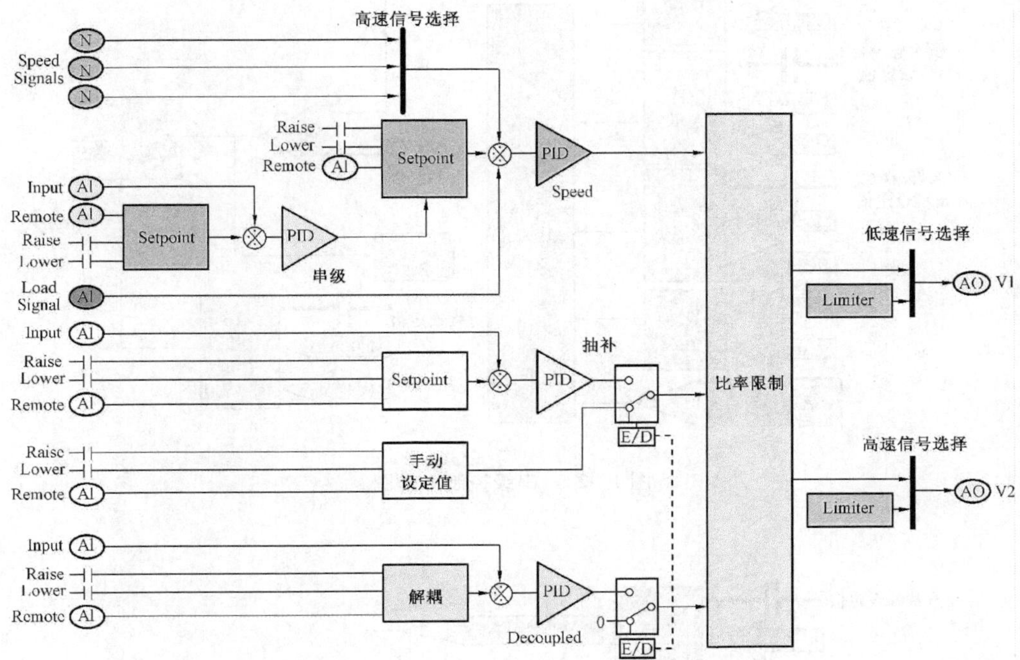

图 1－22 5009C 控制方框图

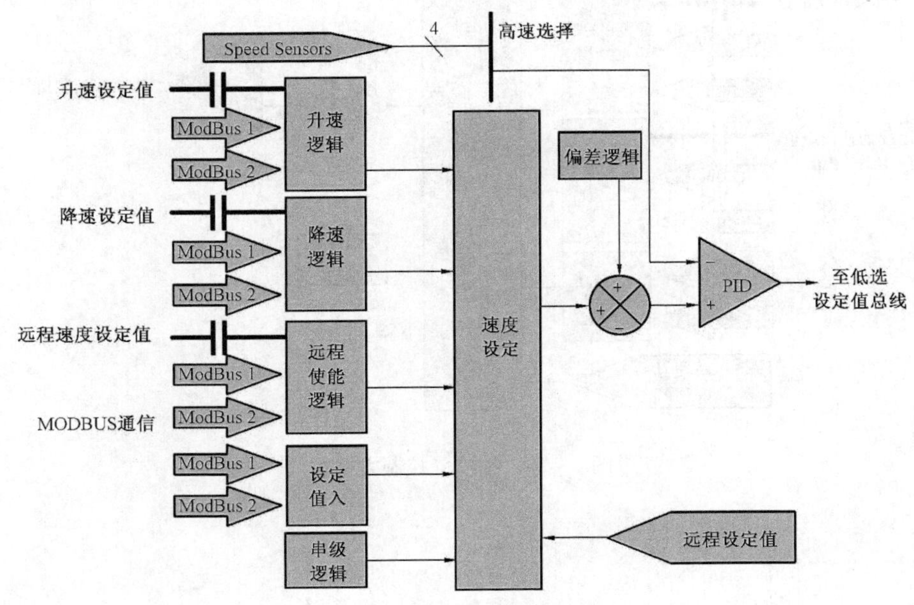

图 1－23 速度控制方框图

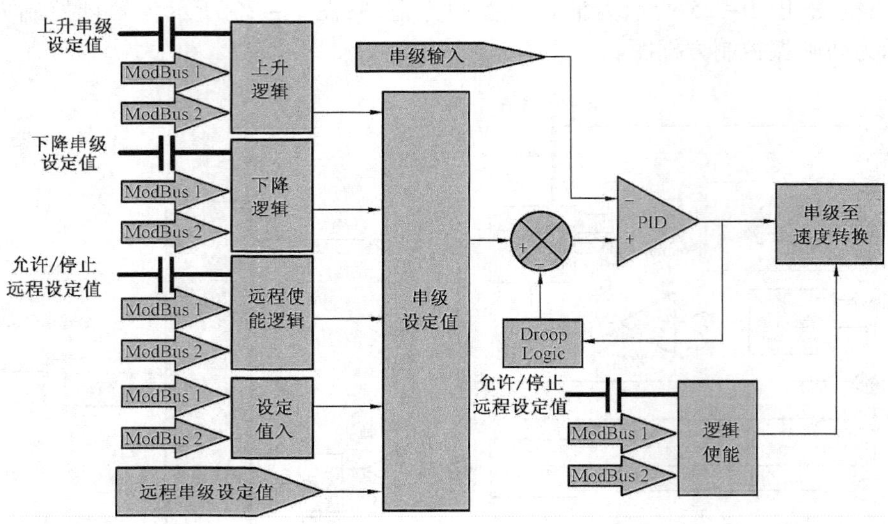

图 1－24　串级控制方框图

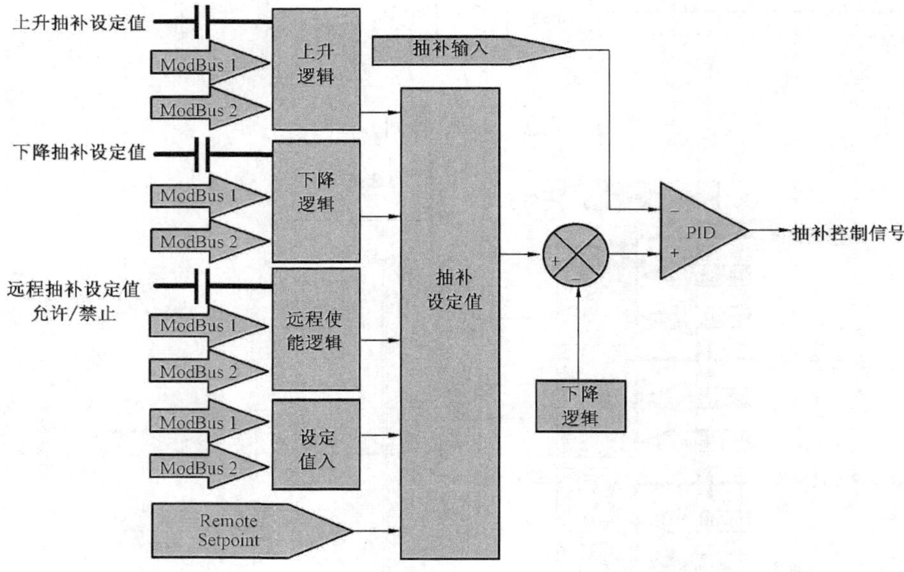

图 1－25　抽补气控制方框图

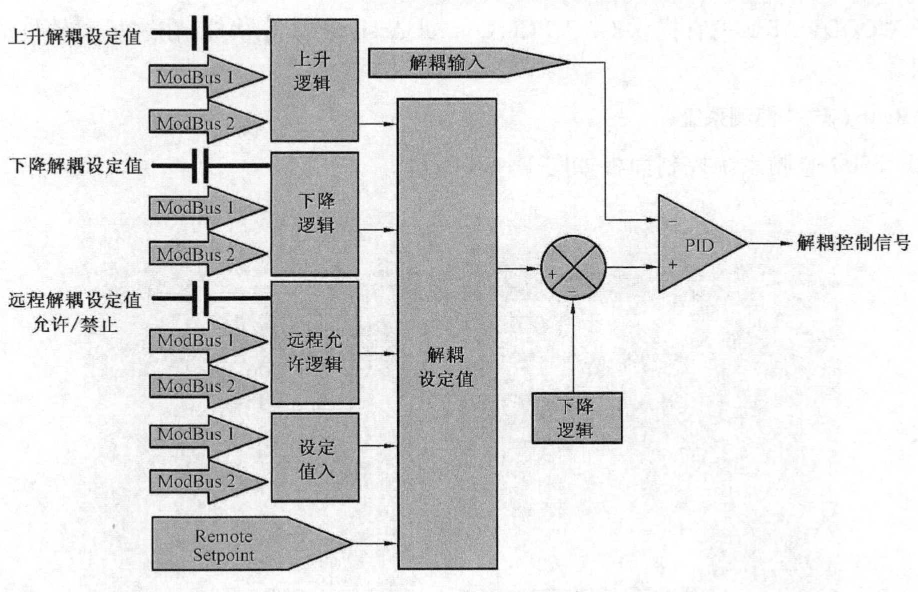

图 1－26　解耦控制方框图

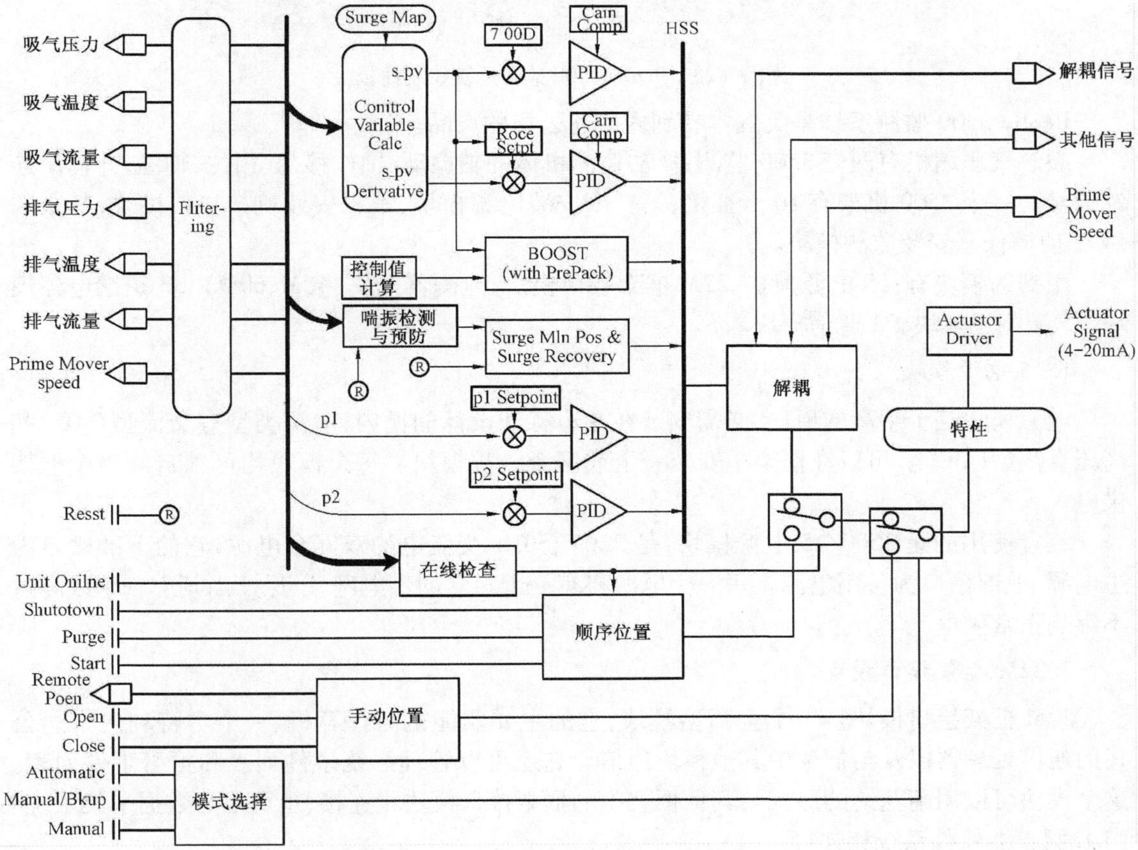

吸气压力
吸气温度
吸气流量
排气压力
排气温度
排气流量
Prime Mover speed
Fliter-ing
Surge Map
s_pv
Conitrol Varlable Calc
s_pv Dertvative
7 00D
Cain Comp
PID
Roce Sctpt
Cain Comp
PID
HSS
解耦信号
其他信号
Prime Mover Speed
BOOST (with PrePack)
控制值计算
喘振检测与预防
Surge Mln Pos & Surge Recovery
R
Actustor Driver
Actuator Signal (4-20mA)
解耦
特性
p1 Setpoint
p1
PID
p2 Setpoint
p2
PID
Resst
R
在线检查
Unit Onilne
Shutotown
Purge
Start
顺序位置
Remote Poen
Open
Close
手动位置
Automatic
Manual/Bkup
Manual
模式选择

图 1－27　防喘振控制方框图

由于 WOODWARD 没有提供 GAP、PCI、Control Assistance 等软件，在这里对软件应用部分不做说明。

(二)Bently 3500 监测系统

Bently 3500 监测系统控制面板如图 1－28 所示。

图 1－28　Bently 3500 监测系统控制面板

Bently 3500 监测系统是美国本特利内华达公司的产品。

裂解气压缩机有两套 3500 监测系统，监测机体的轴振动、轴位移、健相位、轴温，并输出连锁信号。一个 3500 机架有 16 个插槽，第一个安装电源模块，第二安装机架接口模块，其余的 14 个插槽任意安装监测模块。

用到的模块有：15 电源模块、22M 框架接口模块、监测器模块(40M、60M)、33 道继电器模块、25 键相位模块、92 通信模块。

1. 15 电源模块

电源模块是个半高的模块，必需安装在左边特殊设计的槽内，电源类型有交流型(AC)和高压直流型(DC)。可以在框架中安装一个或两个电源模块。每个模块均可独自对整个框架供电。

装置使用的是 3500/15 电源模块，是 220V、50Hz 交流电的双冗余电源，它的下部槽口为主电源，上部槽口为备用电源。每一个电源将有一个独立的供电网，以保证当其中一个故障时不影响正常供电。

2. 22M 框架接口模块

22M 框架接口模块是一个全高型模块，它的主要职能是与计算机、一个本特利内华达公司的通信处理器以及与框架中其他模块通信。它还可以管理系统事件列表和报警事件列表。这个模块可以用菊花链的形式与其他框架中的框架接口模块相连接，也可以与数据采集系统/DDE 服务器软件系统相连接。

3. 监测器模块(40M、60M)

40M 是轴振动、轴位移监测模块,四通道输入;60M 是温度监测模块。监测模块是一个全高型的,可以接收多种来自于振动、位移、速度、加速度、温度传感器的数据,在 3500 框架 3 ~ 15 槽任意安装。

4. 33 道继电器模块

33 道继电器模块是一个全高型模块,它可以在一个标准的(或无冗余的)监测系统中运行。它的功能是提供 16 个继电器输出。16 通道继电器模块上的每个继电器都有“报警驱动逻辑”功能。该功能可用“与”、“或”逻辑对其编程,并可利用来自框架中的任何一个监测器通道或监测器通道任意组合的报警输入(警告和危险)。使用框架组态软件对“报警驱动逻辑”进行编程以满足实际应用的需要。

5. 25 键相位模块

25 键相位模块是一个半高型、两通道输入模块,用来为 3500 框架中的监测器模块提供键相位信号。该模块接收来自涡流传感器或电磁式传感器的输入信号,并转换数字键相位信号,它可以指示出何时转轴上的键相位标记通过键相位探头。3500 系统可以接收四个键相位信号。一个键相位信号就是一个数字化时间信号,它可以用监测器模块和外部故障诊断设备用来测量诸如 1X 幅值和相位等向量参数。

6. 92 通信模块

通信通道模块是一个全高型模块,它允许外部设备(如一个 DCS 系统或一个 SIS 系统)从框架中取得信息并可对部分框架组态进行设置。可以有这样的几个模块安装在同一框架中,以支持备用的通信线路。通信通道模块可以菊花链的方式同其他通信通道模块相连接,然后在与 DCS 或 SIS 系统连接。

(三)Protech 203 超速保护器

ProTech203 超速保护器(图 1 - 29)是美国 WOODWARD 公司的产品,是一个数字式超速跳闸设备,工作方式采用 3 - 2 - 0。

在裂解气压缩机控制系统里 Protech 203 超速保护器是个独立的单元。它由三个相同的、独立的、能连续监测速度的速度传感器和跳闸继电器输出组成。它的功能有:显示每个速度监测器所监测的真实速度;显示三个速度监测器中的最高速度;能在线做超速测试;一个信号单元故障可以在线更换。

裂解气压缩机设置了两个超速保护,一个是 Protech 203;另一个在 Micronet 5009C 里面实现。Protech 203 的设定值低于 Micronet 5009C。

二、HIMA 安全控制系统在炉膛安全保护系统(FSSS)中的应用

炉膛安全保护系统(FSSS)的主要功能是防止锅炉炉膛爆炸事故发生,并对燃烧器进行控制和管理,它的作用贯穿于锅炉启动、运行和停炉的各个阶段,能够连续在线监控燃烧系统的大量参数和工况。

炉膛安全保护系统的安全度等级一般被定义为 SIL3(IEC61508《电气/电子/可编程电子

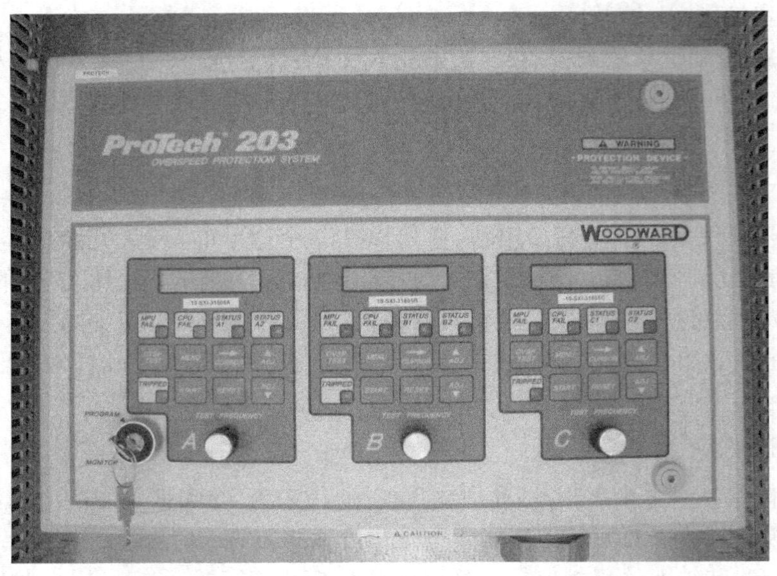

图 1－29 Protech 203 超速保护器

安全系统的功能安全》),此等级相当 DIN19250 标准的 RC6 级。

(一)HIMA 安全控制系统的特点

HIMA H51q 系列,是第三代经生产实践验证的 HIMA PES 系统。它能够利用个人计算机进行灵活的用户组态、监测和事件记录,为生产控制提供最安全的控制保障。

HIMA H51q 系统为 CPU 四重化结构(QMR－Quadruple Modular Redundant),即系统的中央控制单元共有四个微处理器,每两个微处理器集成在一块 CU 模件上,再由两块同样的 CU 模件构成中央控制单元。一块 CU 模件即构成 1oo2D 结构,HIMA 的 1oo2D 结构产品满足 AK6/SIL3 的安全标准。为了向用户提供最大的可利用性,采用双 1oo2D 结构,即 2oo4D 结构。在冗余结构的情况下,高速双重 RAM 接口(DPR)使两个中央单元通信,从而解决了无故障修复时间限制的难题。其容错功能使系统中的任何一个部件发生故障,均不影响系统的正常运行。与传统的三重化结构相比,它的容错功能更加完善。

HIMA H51q 系统支持 RS－485 Modbus RTU,Profibus DP,以太网 OPC 以及 Modbus TCP 等各种通信方式,可以与各主流 DCS 厂家实现无缝连接。

(二)安全控制系统在 FSSS 上的应用

炉膛安全保护系统主要实现连续监视炉膛压力、汽包水位、流化风压力、风机状态、床温等重要参数。

FSSS 的硬件设备主要由就地检测仪表、就地控制操作箱、控制设备以及 PLC 控制系统组成。控制系统采用德国 HIMA 公司的 H51q 系统,并与单元机组的过程控制系统 DCS 完成通信,在 DCS 操作站上完成整个系统的监视和控制。H51q 的电源模件和控制器模件都是冗余配置,所有的 I/O 模件都按照信号是否和安全相关的原则,被分为安全型和普通型。由于安全 I/O 模件的价格较昂贵,采用这种方式在一定程度上降低了整个系统的造价,提高了控制系统的经济性。

1. 安全控制系统主要配置原则

1)FSSS 系统的安全型 I/O 配置原则

(1)启动燃烧器和床枪燃油关断阀控制信号,已关闭状态信号。

(2)启动燃烧器和床枪雾化蒸汽阀控制信号,已关闭状态信号。

(3)启动燃烧器和床枪雾化吹扫阀控制信号,已关闭状态信号。

(4)启动燃烧器和床枪已插入信号。

(5)点火器点火控制信号,火检有火状态信号。

(6)点火丙烷气关断阀控制信号,已关闭状态信号。

(7)主燃油关断阀控制信号,已关闭状态信号。

(8)燃油回油阀控制信号,已关闭状态信号。

(9)主蒸汽压力、汽包水位、床温信号、炉膛压力、流化风压力、风量等。

(10)给煤机、石灰石给料机、一次风机、送风机和引风机分闸控制信号和已分闸状态。

2)FSSS 系统的普通型 I/O 配置原则

(1)启动燃烧器和床枪燃油关断阀,已打开状态信号。

(2)启动燃烧器和床枪雾化蒸汽阀,已打开状态信号。

(3)启动燃烧器和床枪雾化吹扫阀,已打开状态信号。

(4)启动燃烧器和床枪就地控制柜就地启动/停止信号,远方/就地选择状态信号。

(5)启动燃烧器和床枪伸进和回退控制信号,故障信号。

(6)点火器故障信号,火检故障信号。

(7)点火丙烷气关断阀已打开状态信号。

(8)主燃油关断阀已打开状态信号。

(9)燃油回油阀已打开状态信号。

(10)主汽压力、汽包水位、床温信号、炉膛压力、风量"多取中"后输出到 DCS 信号。

2. FSSS 系统配置

FSSS 使用的 HIMA H51q 型 PES 采用两个控制器冗余配置的方式,但与一般控制器不同的是在每一个控制器模块中采用了两个微处理器。这种单个的控制器可达到 RC6/SIL3 安全要求等级(实际上是一个控制器模块上的 1oo2D 结构)。这一模块冗余配置就可实现系统全部容错,成为 2oo4D 结构。基本原理如图 1-30 所示。

在控制器中有一个"看门狗(watchdog)"电路,实际上是一个特殊的定时器,其功能是当程序运行发生故障并经设定延时后,产生一个非屏蔽中断,使系统复位。在 2oo4D 结构中,任意控制器模块的一个微处理器在正常存储数据的存储器下运行,而另一个则在数据以取反的方式存储的存储器下运行,它们同步运行执行同一用户程序,通过硬件比较器监视比较,两存储器内数据应刚好相反,否则触发"看门狗",但这并不影响另外一个控制器的正常运行。故障控制器经过"看门狗"复位后使其回到安全状态,可通过 DPR 接受正常运行控制器的全部运行参数和中间变量,继续同步执行同一用户程序。这种 2oo4 D 结构保证了系统的可靠性,同时也具有很高的可用性。

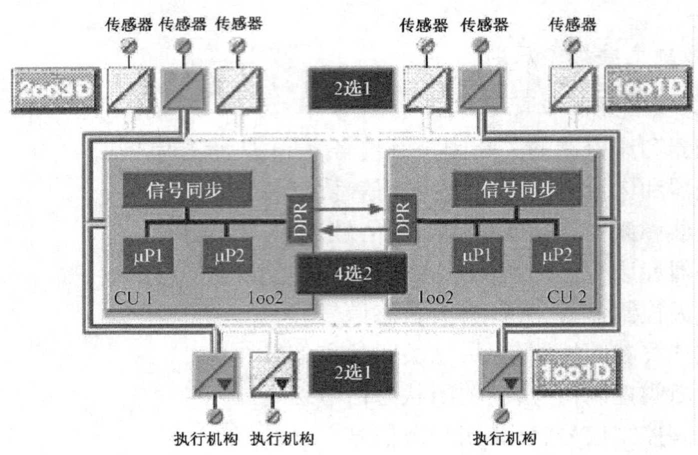

图 1-30 2oo4D 基本原理图

watchdog 信号不仅可以实现控制器故障时的切换,而且 watchdog 信号还在主机架的背板输出并连接到其他 I/O 机架,使每个机架内的输出模块都可以引入"看门狗"计时器信号,当 CPU 内部故障时令所有输出模块各通道切换到关状态,与安全相关的工艺设备被快速关断,保证了系统的安全。watchdog 信号的存在以及被引入到每一个 I/O 机架这一形式是 HIMA 安全控制系统与普通 PLC 的重要区别之一。

HIMA 的安全控制系统与普通 PLC 相比,整个控制系统的电源是由三块安装在主机架上的电源模块(第三块电源模块作为后备)经背板电缆把各个从机架连接起来统一供电的,进一步提高了电源的可靠性。HIMA 系统在每个从机架上都设置了四块用于提供开关量输入模块查询电压的电源分配模块,而对于普通 PLC 来说,开关量模块的查询电压是通过外部配电提供的,不属于 PLC 的一部分。由此可见,HIMA 安全控制系统具有更高的电源可靠性,安全控制系统的软件操作系统都是以嵌入的方式直接集成到控制器中。在运行过程中,操作系统除了以循环扫描的形式来处理用户程序外,还通过监视程序的代码版本号、运行版本号、数据版本号、区域代码号的更改来保证程序的安全性。H51q 系统的编程软件是 ELOP-II,用户程序的创建和修改必须按照绑定的 IEC61508、DIN 标准来执行,同时软件中还集成了源代码比较器、目标代码比较器和经过认证的编译器。这些工具在创建、下载和修改用户程序过程中分别对源代码和目标代码进行测试并标识出来。只有经过测试的应用程序才允许被下载到控制器中。

3. 安全控制系统主要配置原则

1)保证安全控制系统的独立性

根据 NFPA85 的要求,FSSS 应该具有独立的逻辑、I/O 和电源,并且在功能和逻辑上应与其他控制系统分开。为了保证这一独立性,安全系统应从以下几个方面来考虑:

(1)安全控制系统应独立于 DCS。DCS 仅仅通过少量硬接线和通信等方式与 PES 无缝连接,在其操作站上实现 FSSS 的监视和操作。

(2)安全控制系统采用独立的总电源,直接来自电气 UPS 和保安电源。同时,与 FSSS 相关的现场检测仪表和电磁阀的电源也应直接由控制系统内的配电装置提供。

(3)现场信号直接来自就地一次仪表,用于保护的重要信号应该单独设置。

2)冗余配置与安全相关的就地仪表

控制逻辑单元虽然是整个安全仪表系统的核心,但安全仪表系统还包括现场检测仪表和现场执行机构。在IEC61508标准中,安全仪表系统三个部分的典型故障几率,控制逻辑单元为15%,现场检测仪表为35%,执行机构为50%,由此可见保证现场仪表的可靠性是十分重要的。

3)充分考虑系统的"静态"特性

能自动调节回路不接入与安全保护相关的控制系统中,以保证装置能够"静态"监视生产过程,一旦有造成跳闸的可能,控制系统能马上采取措施使工艺过程处于安全状态。

4)采用"故障—安全(fail - safe)"原则

为了在系统设计中体现出"故障—安全"原则,逻辑组态应采用"正逻辑",同时与安全相关的输出通道和就地执行机构的电磁阀在正常工况下应处于带电状态,保证安全保护系统出现故障或满足跳闸条件时,使工艺过程处于安全状态。

HIMA的安全控制系统是根据相应安全标准研制开发的专门用于安全保护系统的控制设备,具有完善的测试手段,当检测到系统故障尤其是危险故障时能使系统回到安全状态,从而最大限度地保证了系统的可靠性和可用性。

三、WOODWARD 505数字式调速器在汽轮机上的应用

(一)505调速器概述

以微处理器为基础的505调速器是一种现场可组态,且与操作人员控制屏为一体式汽轮机调速器综合性控制屏。包括位于505面板上的一个两行(每行24字符)显示器和一个30键的键盘。操作人员操作屏用于对505进行编程组态、在线程序调整和操作汽轮机系统。容易理解的提示以英文显示在操作屏的两行显示器上,操作人员能在这同一个显示器上查看实际值和给定值。

505调速器能够通过两个ModBus®通信口直接与工厂的集散控制系统和或以CRT为基础的操作人员控制屏进行通信。这两个通信口支持采用ASC或RTU MODBUS传输协议的RS-232,RS-422或RS-485通信。505与工厂集散控制系统之间的通信也能够通过硬接线连接进行。因为所有的505 PID给定值都能通过模拟输入信号来控制而不会削弱接口分辨率和控制精度。

505调速器具有两个独立的控制通道,转速/负荷和辅助控制回路。这两个回路的输出与另外一个通道阀位限制器信号低选(LSS),LSS的输出将直接设定执行机构驱动器的输出。除了这两个通道外,转速/负荷回路还能受控于另一个控制回路,即串级控制回路。串级控制回路"串接"在转速回路中,因此,串级控制回路的输出将直接改变转速控制回路的给定值。辅助控制回路既可作为控制通道也可作为限制通道。所有这三个PID控制回路都可以选择模拟输入信号来远程调整它们的给定值。505调速器的附加功能包括频率控制、同步负荷分配(采用DSLC)、避开临界转速、暖机/额定转速控制和顺序自动启动。有两个能采用ModBus协

议来监视和控制汽轮机运行的串行通信口。

1. 转速控制

转速控制回路接受一个或两个来自电磁式传感器或有源转速探头的汽轮机转速信号。转速 PID 控制放大器将该信号与转速给定值相比较并给执行机构发出一输出信号(通过信号低选总线)。

转速回路的给定值可以通过调速器面板键盘,远程触点输入或通信线路的升或降指令来调整,也可以通过键盘或 ModBus 通信直接输入新的给定值。此外,也能够将模拟输入组态用于远程调整转速给定值。

2. 远程转速给定

505 调速器的其中一个 4～20mA 输入能组态用于控制转速给定值。一般,一个外部过程控制器与这个输入相连接,用于调整汽轮机的转速或负荷以控制相关过程的运行。

远程转速给定输入将直接作用于 505 调速器的转速给定值。远程输入信号改变转速给定值的最大速率是可编程的。当投入远程给定时,转速给定值以很慢的速率变化,直到两个设定值一致。此时,将允许转速给定值以最大速率变化。根据需要可以通过面板上的键盘,远程触点输入或通信线路投入和退出远程转速给定功能。

图 1－31 所示为 505 调速器功能概况,利用该图来组态调速器的功能以满足现场特定应用的要求。

3. 辅助控制

辅助控制通道能用来控制或者限制一个参数。辅助 PID 控制回路能用来控制或限制机组的负荷/功率、电厂的输入/输出值、进口压力、排汽压力、温度或其他与汽轮机负荷直接相关的过程参数。

辅助输入是一个 4～20mA 的电流信号。辅助 PID 控制放大器将这个输入信号与给定值相比较,并产生一个控制输出信号至 LSS(信号低选总线)。LSS 总线将最小的信号送至执行机构驱动器回路。

可以通过调速器面板键盘,远程触点输入或通信线路的升或降指令来调整辅助给定值,也能够从键盘或 ModBus 通信输入新的值来直接设置给定值。此外,也能将模拟输入组态用于远程调整辅助给定值。

4. 远程辅助给定

其中一个 420mA 的输入能被组态作为远程调整辅助给定值。远程辅助给定输入直接作用于辅助给定值。远程输入信号改变辅助给定值的最大速率是可编程的。当投入远程给定值时,辅助给定值以很慢的速率变化直到两个给定值一致。此时,将允许给定值以最大速率变化。可以根据需要通过面板上的键盘,远程触点输入或通信线路投入和退出远程辅助功能。

5. 负荷分配输入

505 调速器能利用一个模拟输入接受来自 Wood Ward 数字式同步器和负荷控制器(DSLC™)的负荷分配信号。这个和 DSLC 相连的信号允许调速器与任何其他使用 DSLC 的系统进行同步负荷分配。505 调速器的内部“求和接点”将这个信号与转速/负荷基准相加。除

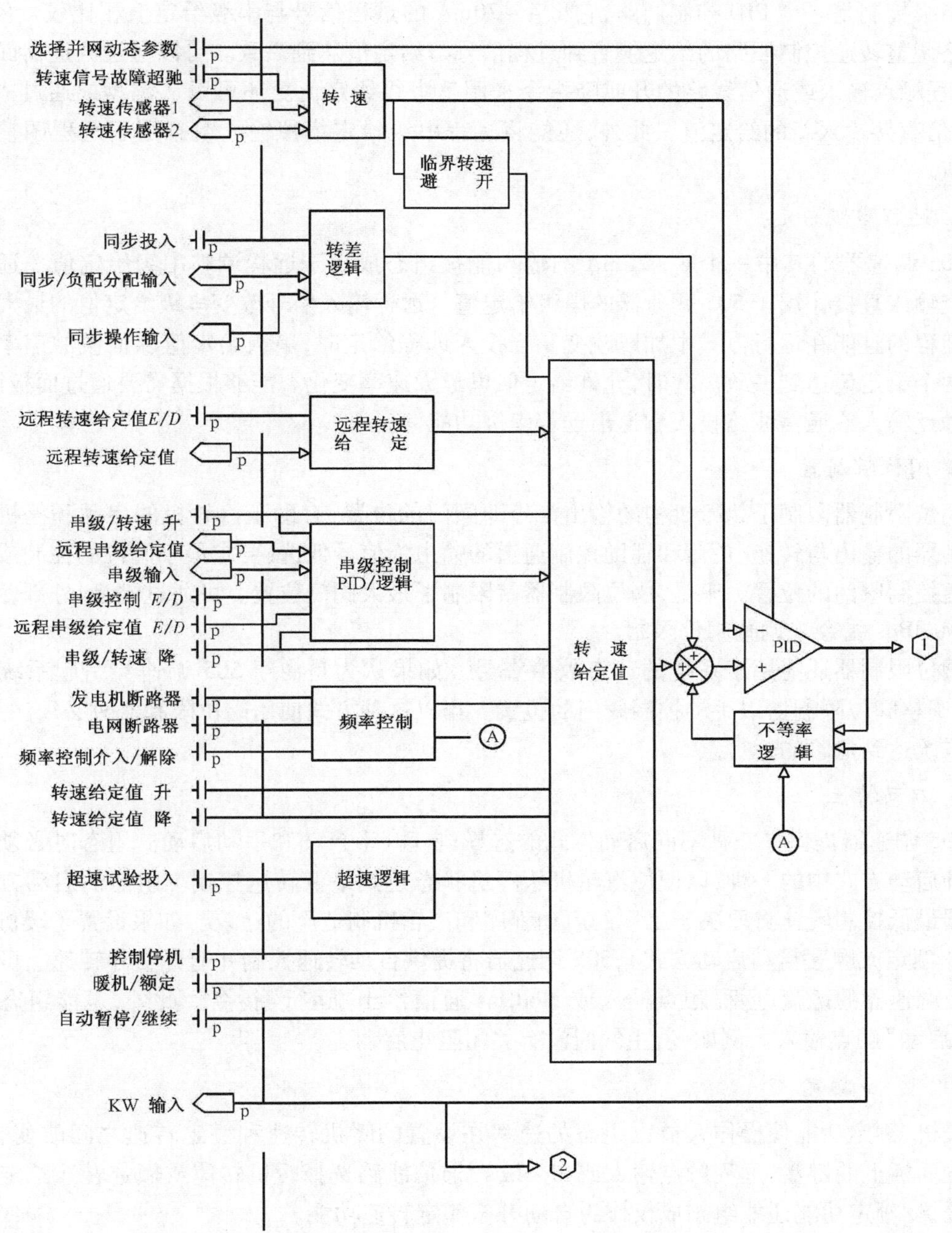

图 1－31 505 调速器功能概况

了负荷分配外，505 的 DSLC 输入还能用于使机组与发电厂总线或外部电网的同步。

6. 串级控制

串级控制能被组态成用于控制与汽轮机转速或负荷有关或受其影响的任何系统过程参数。通常，该控制回路用于控制汽轮机的进汽或排汽压力。

串级控制是一个 PID 控制回路,它将 4 ~ 20mA 的过程信号与串级给定值相比较。PID 控制回路调整转速控制回路的给定值直到过程信号与给定值达到一致。可以通过调速器面板键盘,远程触点输入或通信线路的升或降指令来调整串级给定值。还可以从键盘或通过 ModBus®通信直接输入新的给定值。此外,还能将远程串级给定模拟输入组态用于远程调整串级给定值。

7. 远程串级给定

505 调速器的其中一个 4 ~ 20mA 的输入能被组态成用于远程调整串级给定值。远程串级给定输入直接作用于 505 调速器的串级给定值。远程输入信号改变串级给定值的最大速率是可编程的且能在运行方式中加以改变。当投入远程给定时,串级给定值以很慢的速率变化直至两个给定值达到一致。此时,允许给定值以最大速率变化。能够根据需要通过面板键盘,远程触点输入或通信线路投入和退出远程串级功能。

8. 阀位限制器

阀位限制器限制了执行机构的输出信号即阀门的位置,有助于汽轮机的启动和停机。阀位控制器的输出与转速/负荷和辅助控制通道的输出为信号低选,要求最小阀位的控制或限制器通道控制阀门的位置。于是,阀位限制器就限制了最大阀门位置。可通过键盘、外部触点闭合或 ModBus 指令来调整阀位限制。

阀位限制器还能用于系统的动态故障查寻。如果认为是由于 505 调速器引起系统不稳定,则调整阀位限制器以手动控制阀门的位置。当以这种方式使用阀位限制器时必须注意,不得让系统达到危险的运行点。

9. 启动特性

505 调速器提供了三种不同启动方式的选择:自动、半自动和手动启动。组态时必须选择这三种启动方式中的一种,以便使汽轮机从停机状态达到最低转速控制。组态的启动方式和调速器最低控制转速将取决于工厂的启动程序和汽轮机制造厂的建议。如果设置了暖机转速(暖机/额定或顺序自动启动方式),505 调速器将提供自动转速控制并避开临界转速。可以通过 505 调速器的键盘,远程触点输入或 ModBus 通信给出“运行”指令。此外,也能组态一个“允许启动”触点输入。例如,若主气门没有关闭阻止启动。

10. 暖机/额定

暖机/额定功能使操作人员以组态的速率在设置的暖机转速和额定转速之间改变转速。能通过面板上的键盘,远程触点输入或 ModBus®通信线路选择暖机转速或额定转速给定值位置。暖机/额定功能还能组态成仅作为自动升至额定转速功能。

11. 顺序自动启动

顺序自动启动功能使操作人员能从设定的低暖机转速启动,并停留在该转速下直至设定的暖机时间结束,然后升至设定的高暖机转速并停留,直至设定的高暖机时间结束,最后升至设定的额定转速给定值。在暖机转速下的停留时间和加速率取决于汽轮机是“热态启动”还是“冷态启动”。“热态”和“冷态”由汽轮机的停机时间来确定。当汽轮机处于热态和冷态条件之间时,调速器使用热态和冷态数据点的内插值来确定合适的启动速率和停留时间。

如有必要，能通过编程和采用顺序自动启动的暂停/继续指令来暂停或继续顺序。自动启动程序可以通过505调速器的键盘，远程触点输入或 ModBus®通信线路来选择暂停或继续。此外，顺序自动启动能够组态成自动暂停在每个暖机给定值处。

12. 避开临界转速

在许多汽轮机中，由于汽轮机的振动过大或其他原因，要求避开某些转速或转速范围（或者尽可能快地通过）。在编程组态时可以选择两个临界转速避开带，这两个转速带可以是小于调速器下限转速的任意转速范围。必须对暖机/额定或顺序自动启动功能进行组态以执行临界转速避开功能。在临界转速范围内，505调速器以设定的临界转速速率改变转速给定值并且不允许转速给定值停留在临界转速避开带内。如果汽轮机在加速通过临界转速避开带时出现强烈的振动，选择降转速给定值指令将使机组转速回复到该转速避开带的下限处。

13. 键盘和显示器

505调速器的操作屏由调速器面板上的键盘和LED（发光二极管）显示器组成（图1-32）。LED显示器有两行，每行显示24个字符，用于以英文显示运行参数和故障查寻参数。此外，还有30个键，提供了505调速器面板上的全部控制操作。汽轮机的控制操作不需要附加的控制屏，每个汽轮机控制功能都能通过505调速器的面板执行。

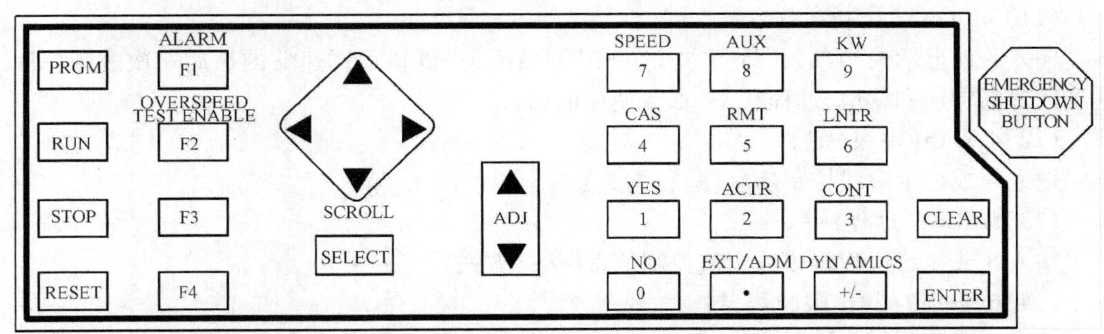

图1-32 505调速器的键盘和显示器

下面说明每个键的功能。

（1）SCROLL键。

键盘中央的大菱形键，在其四个角上带有箭头。

“＜”“＞”（左右翻动）使编程或运行方式下的功能块显示左移或右移。“∧”“∨”（上下翻动）使编程或运行方式下的功能块显示上下移动。

（2）SELECT键。

选择键用于505显示器上行或下行变量的选择控制。@符号用于指出哪一行（变量）能通过调整键来进行调整。只有当上、下行都为可调整变量（动态，阀门标定方式）时，SELECT键和@符号才起作用。当显示器只显示一个变量时，SELECT键和@符号的位置将不起作用。

（3）ADJ（调整）键。

在运行方式中，“∧”增大可调参数，“∨”减小可调参数。

（4）PRGM（编程）键。

当调速器处于停机状态时,用该键选择编程方式。在运行方式中,该键用于选择程序监视方式。在程序监视方式中,能浏览所编制的程序但不能改变。

(5)RUN 键。

从(CONTROLLING PARAMETR/PUSH RUN or PRGM)状态触发汽轮机运行即启动指令。

(6)STOP 键。

一旦给予确认,触发汽轮机控制停机(运行方式)。能够通过服务方式设定值(在“键选择”下)来取消“STOP”指令。

(7)RESET 键。

对运行方式的报警和停机做复位/清除。在停机后按该键还使调速器返回到(CONTROLLING PARAMETR/PUSH RUN or PRGM)状态。

(8)0/NO 键。

输入 0/NO 键或退出。

(9)1/YES 键。

输入 1/YES 或投入。

(10)2/ACTR(执行机构)键。

输入 2 或显示执行机构位置(运行方式)。

(11)3/CONT(控制参数)键。

输入 3 或显示控制参数(运行方式);按“下翻箭头”键显示调速器的最后一次跳闸原因、达到的最高转速和就地/远程状态(如果使用的话)。

(12)4/CAS(串级)键。

输入 4 或显示串级控制信息(运行方式)。

(13)5/RMT(远程)键。

输入 5 或显示远程转速给定值控制信息(运行方式)。

(14)6/LMTR(阀位限制器)键。

输入 6 或显示阀位限制器信息。

(15)7/SPEED 键。

输入 7 或显示转速控制信息(运行方式)。

(16)8/AUX(辅助)键。

输入 8 或显示辅助控制信息(运行方式)。

(17)9/KW(负荷)键。

输入 9 或显示 KW/负荷或第一级压力信息(运行方式)。

(18)CLEAR 键。

清除编程状态和运行状态下的输入值和使调速器退出现有方式。

(19)ENTER 键。

在编程方式下输入一个新值,在运行方式下允许输入具体的给定值。

(20)DYNAMICS(+/-)键。

在运行方式下访问控制执行机构位置的参数动态设定值。能够通过服务方式设定值(在“键选项”下)来禁止动态调整。该键还可改变所输入值的符号。

(21)(小数点)键。

给键盘输入的数值加上小数点。

(22)ALARM(F1)键。

当键的 LED 指示灯发亮时显示任何报警原因(最后/最新报警)。按下翻箭头(菱形键)显示另外的报警。

(23)OVERSPEED TEST ENABLE(F2)键。

允许转速基准高于最高控制转速给定值以进行电子或机械超速跳闸试验。

(24)F3(功能键)。

可编程功能键,用于可编程控制功能的投入或退出。

(25)F4(功能键)。

可编程功能键,用于可编程控制功能的投入或退出。

(26)EMERGENCY SHUTDOWN BUTTON 键。

壳体面板上的大红色八角按钮。这是调速器的紧急停机按钮。

(27)监视计时器/CPU 故障控制键。

监视计时器和 CPU 故障电路监视微处理器和微处理器存储器的运行。如果微处理器在上次复位后的 15s 内不能使计时器复位,CPU 故障控制将激活复位输出。这使 CPU 复位,释放所有继电器输出和断开所有电流输出。

(二)505 调速器在汽轮机上的应用

505 调速器采用了数字式信号低选(LSS)总线使三个信号中的最小信号去控制汽轮机的调节阀。这三个控制调节阀位置的信号分别为:转速 PID 输出、可编程辅助 PID 输出和阀位限制器输出。LSS 总线的输出直接设定了执行机构输出电流。

1. 汽轮机启动

505 调速器具三种可供选择的汽轮机启动方式(手动、半自动或自动)。必须选择三种方式中的一种,并进行组态以执行系统的启动。根据所选择的启动方式,发出“运行(RUN)”指令后,由 505 调速器自动或由操作人员手动控制转速给定值和阀位控制器输出。汽轮机启动完毕后,汽轮机的转速将被控制在最低控制转速。如果采用了暖机/额定功能,最低控制转速可以是暖机转速。如果采用了顺序自动启动,最低控制转速就为低暖机转速。如果既不采用暖机/额定功能,也不采用顺序自动启动,则最低控制转速就是调速器的下限转速。

可以从 505 的键盘,外部触点或通过 ModBus 通信来发出“运行”指令。如果组态了“外部运行(External Run)”触点,那么当该触点闭合时,发出“运行”指令。若该触点在启动前已经闭合,必须先断开再重新闭合以发出“运行”指令。

如果在发出“运行”指令时,调速器已经检测到汽轮机的转速,调速器立即和转速给定值与所检测到的转速达到一致,然后继续朝最低控制转速变化。在检测到的汽轮机转速大于最低控制转速的情况下,转速给定值将与该转速达到一致,转速 PID 将控制住这一转速,并等待操作人员作进一步的操作(顺序自动启动除外)。如果在发出“运行”指令时,检测到的汽轮机转速正好位于临界转速的避开范围内,转速给定值将与实际转速达到一致并升至临界转速避开范围的上限转速,然后等待操作人员的进一步操作。

1)允许启动

外部触点可以作为汽轮机的允许启动信号。当组态了这一功能,为了能够执行"运行"指令,该触点必须闭合。如果当给出"运行"指令时,该触点没有闭合,调速器就发出报警并显示"Start Perm Not Met"(没有满足允许启动要求)。在505能够接受"运行"指令前,不需要清除报警状态,但该触点必须闭合。调速器接受了"运行"指令后允许启动触点就不再影响运行。如果采用了这一功能,该触点输入通常与主气门的关闭限位开关相连,以便在汽轮机执行启动前,确认阀门处于关闭位置。

2)零转速信号超越

如果没有检测到转速信号,505调速器就触发停机(即磁电式转速传感器的电压小于1V或转速低于"故障转速值")。为了使调速器能在没有检测到转速的情况下仍能启动,必须超越这停机逻辑。能将调速器设置为手动或自动转速超越。为了得到进一步的保护,也可以采用定时超越。能够在服务方式中或通过ModBus通信来查看MPU超越逻辑的状态。超越逻辑对无源和有源探头都是适用的。

3)手动转速超越

如果给一个触点输入设置了"超越MPU故障(Override MPU Fault)"功能,只要该触点闭合,转速信号丢失监测逻辑就被超越,直到最大时间终止为止。断开该触点,使超越逻辑不起作用,而使转速信号丢失监测回路重新投入运行。一旦该监测回路重新起作用,那么只要检测到的转速下降到低于"故障转速"设定值,调速器就执行系统停机。

在该触点输入保持闭合的情况下,提供了最大超越极限时间作为附加保护。10min的最大极限时间适用于手动超越指令(作为服务方式中的缺省值)。从发出"运行"指令时开始计时,该时间终止时转速信号丢失,监测工功能重新起作用。如该时间终止时汽轮机转速仍然低于"故障转速"设定值,505调速器就执行系统停机。

4)自动转速超越

如果不选择手动转速超越,505调速器在汽轮机启动时就采用自动转速超越以超越转速信号丢失停机功能。当采用自动转速超越时,汽轮机跳闸时就退出转速信号丢失监测功能并保持这一状态直到汽轮机转速超过所设置的值("故障转速"设定值+250r/min)为止。一旦汽轮机的转速超过了该值后,转速信号丢失监测回路重新投入运行。这时如果汽轮机的转速下降至低于"故障转速"设定值,调速器就执行系统停机。

为了加强保护,可以在自动转速超越功能上加上时间限制。当所设置的时间终止时,转速超越定时器就使转速故障超越逻辑无效。如果是这样组态的话,该定时器从发出"运行"指令时开始计时。在装置启动时出现两个转速输入探头都发生故障的情况下,设置这一定时器将提供了一个附加保护。可以在服务方式中对该定时器进行编程。

2. 汽轮机启动方式

1)手动启动方式

当组态了手动启动方式时,采用下列启动操作程序:

(1)发一复位(RESET)指令(使所有报警和停机状态复位)。

(2)发出运行(RUN)指令(发指令时确认主气门关闭)。

这时,505 调速器将以“阀位限制器速率(Valve Limiter Rate)”,开启调节阀至其最大位置。转速给定值以“至最低转速速率(Rate To Min Rate)”从零变化至最低控制转速。

(3)以可控速率开启主气门。

当汽轮机转速升高至最低控制转速时,505 调速器的转速 PID 通过控制调节阀的开度来控制汽轮机的转速。

(4)将主气门开启至 100% 开度。

转速维持在最低控制转速下直到操作人员进行操作,如果组态了“顺序自动启动”则就由顺序自动启动程序开始控制。

“限制器最大极限值(Limiter Max Limit)”,“阀位限制器速率”和“至最低转速速率”的设定值都可以在服务方式中进行调整。

在手动启动方式中,按“RUN”键前主气门必须处于关闭位置。如果在给出运行指令时主气门处于开启状态,就有可能引起汽轮机转速失控,从而造成严重的人员伤亡事故。

2)半自动启动方式

当组态了半自动启动方式时采用下列启动操作程序:

(1)发一复位(RESET)指令(使所有报警和停机状态复位)。

(2)打开主气门(确认汽轮机没有加速)。

(3)发 RUN 指令。

此时,转速给定值将以“至最低转速速率”从零变化到最低控制转速给定值。

(4)以控制的速率提升 505 调速器的阀位限制器。

当汽轮机转速升高至最低控制转速时,505 调速器的转速 PID 通过控制调节阀的开度来控制汽轮机的转速。

(5)将阀位限制器提升至 100% 开度。

转速维持在最低控制转速下直到操作人员进行操作,如果组态了“顺序自动启动”则就由顺序自动启动程序开始控制。

阀位限制器将以“阀位限制器速率”开启,可以使用键盘、外部触点或 ModBus 通信指令来控制。“限制器最大极限值”,“阀位限制器速率”和“至最低转速速率”的设定值都可以在服务方式中进行调整。

3)自动启动方式

当组态了自动启动方式时采用下列启动操作程序:

(1)发一复(RESET)指令(使所有报警和停机状态复位)。

(2)打开主汽门(确认汽轮机没有加速)。

(3)发 RUN 指令。

505 调速器将以“阀位限制器速率”开启调节阀至最大位置。转速给定值以“至最低转速速率”升高至最低控制转速。当汽轮机转速升高且与转速给定值一致时,505 调速器的转速 PID 通过控制调节阀的开度来控制汽轮机转速。

转速维持在最低控制转速下直到操作人员进行操作,如果“组态了顺序自动启动”则就由顺序自动启动程序开始控制。

“限制器最大极限值”,“阀位限制器速率”和“至最低转速速率”的设定值都可以在服务方式中进行调整。能通过发出阀位限制器升或降指令,或者紧急停机指令来随时取消自动启动程序的执行。

避开临界转速。由于汽轮机的过分振动或其他一些原因,许多汽轮机都要求其转速能避开某些转速或转速范围(或尽可能快地通过这些转速)。在编程时可以设置两个临界转速范围,必须组态设置暖机/额定或顺序自动启动功能以执行临界转速避开功能。

转速给定值不能停留在临界转速范围内。如果转速在临界转速范围内时触发提升/降低转速给定值指令,转速给定值将升高或降低至(取决于提升或降低指令)临界转速范围的边界处。由于降低转速给定值指令优先于提升给定值指令,因此,当提升转速通过临界转速范围时触发了降低给定值指令则使给定值变化方向改变,并回到临界转速范围的下限。如果在临界转速范围内触发降低转速给定值指令,那么只有在汽轮机的转速回到临界转速范围的下限后才能执行其他指令。

在所设置的临界转速范围内不能直接输入转速给定值(使用 ENTER 键)。如果这样做的话,505 面板上的显示器将显示出错信息。

除了转速 PID 外,如果另一个控制参数控制汽轮机转速进入临界转速范围长达 5s,转速给定值立即变化至暖机转速设定值并报警 Stuck in Critical 停留在临界转速范围内。

在启动过程中如果转速 PID 不能在计算时间内使机组加速通过所设置的临界转速范围就触发"Stuck in Critical"(停留在临界转速范围内)的报警,那么就可使转速给定值立即回到暖机转速。"计算时间"通常是应加速通过临界转速范围时间的 5 倍(取决于临界转速速率设定值)。如果经常发生"停留在临界转速范围报警"可能是"临界转速速率"设置得太快而使汽轮机无法快速响应所致。

在编程方式的转速给定值(SPEED SETPOINT VALUES)条目下确定临界转速范围。两个临界转速范围的设定都必须低于"调速器下限转速",如果暖机转速设置在临界转速范围内,将会发出一条组态出错信息。给定值通过临界转速范围的速率由"临界转速速率"设定值来确定。"临界转速速率"可以与规定的汽轮机最大加速率相同,但不得高于此值。

3. 暖机额定

505 调速器配备了暖机/额定功能(图 1-33、图 1-34),该功能使 505 调速器能自动将汽轮机转速提升至额定转速。当不选择时,汽轮机转速自动降低至暖机转速(作为服务方式中的缺省值)。

暖机/额定功能能够和 505 调速器的任何启动方式一起使用(手动、半自动和自动)。发出"运行"指令后,转速给定值从零匀速提升至暖机转速设定值并维持这一转速。当发出"至额定转速"指令时,转速给定值以"暖机/额定速率"提升至额定转速给定值。在提升过程中,可以通过提升或降低转速指令或者输入一个有效的转速给定值来终止给定值的变化。

如果发电机断路器闭合,远程转速给定投入,串级 PID 或辅助 PID 处于控制状态(服务方式中的缺省值),则 505 调速器将抑制"至暖机转速"或"至额定转速"指令。不过,能够组态 505 调速器的"暖机优先(Idle Priority)"和"采用至暖机转速功能(Use Ramp to Idle Function)"服务方式设定值来改变缺省暖机/额定逻辑。

至额定转速的特性能够将暖机/额定功能改变成"至额定转速"功能(见服务方式)。采用这种组态时,转速给定值保持在暖机转速设定值直到发出"至额定转速"指令。指令发出后,

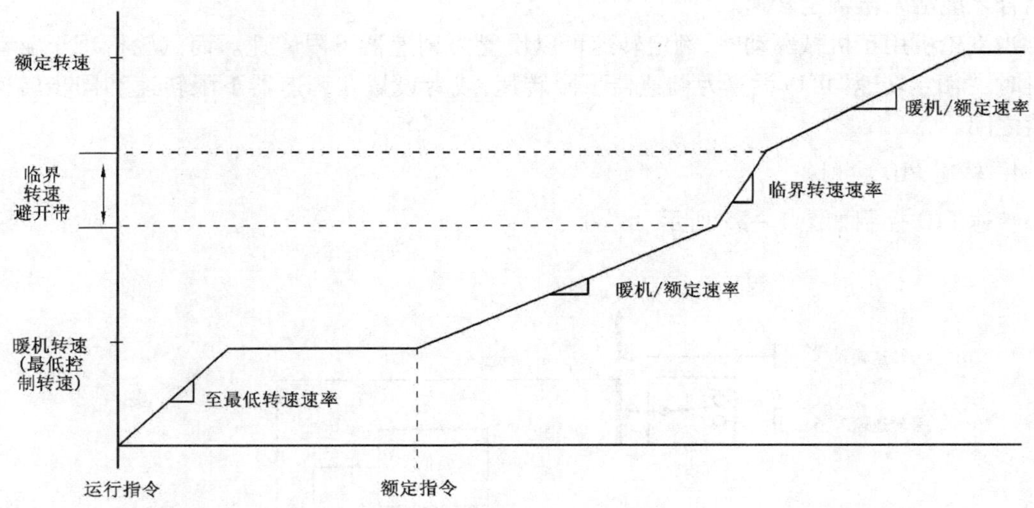

图1－33 暖机/额定启动

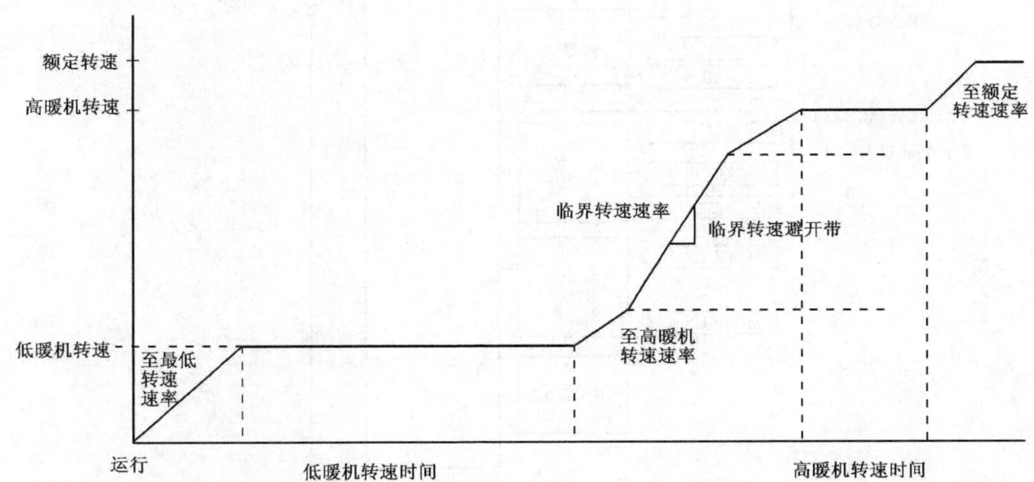

图1－34 顺序自动启动

转速给定值将提升至额定转速设定值，但是它将不能再返回到暖机转速设定值。当退出额定转速选择时，转速给定值停止提升而不是返回到暖机转速设定值。采用这种组态，因为不采用“至暖机转速”功能，所以就没有该选项。

可以从505调速器键盘触点输入或ModBus通信来选择“至暖机转速”或“至额定转速”指令。从这三个指令源所给出的最后一个将确定功能的执行。

如果将505调速器的一个触点输入组态成用于暖机转速或额定转速的选择，那么触点断开时为暖机转速，闭合时为额定转速。当跳闸状态被清除时，暖机/额定触点可以是断开也可以是闭合。若触点是断开的话，必须闭合才能触发至额定转速。若是闭合的话则必须先断开再闭合才能触发至额定转速。

当汽轮机用于机械驱动时,额定转速可以设置为调速器下限转速。而汽轮机用于驱动发电机时,“额定转速”可以设置为调速器下限转速,或者设置在调速器下限转速和同步转速设定值之间。

4. 转速 PID 控制

转速 PID 控制如图 1 – 35 所示。

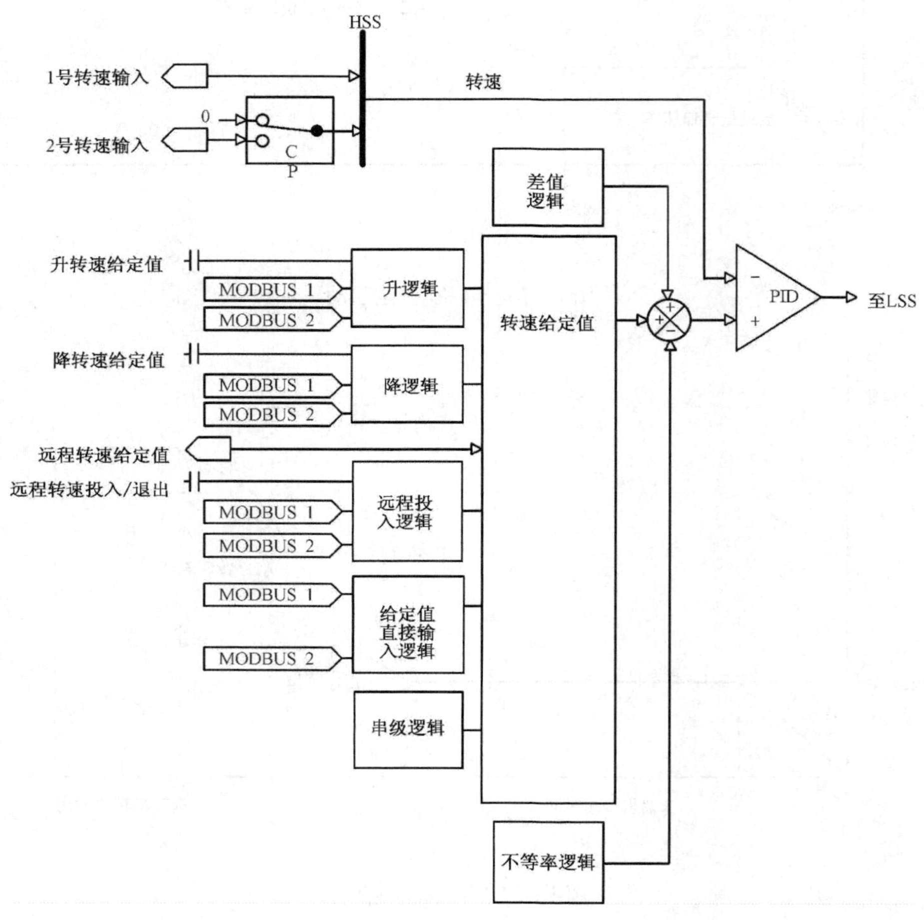

图 1 – 35 转速控制功能

转速 PID 根据组态和系统条件,按下列方式之一进行运行:

(1)转速控制。

(2)频率控制。

(3)机组负荷控制。

机组负荷控制分汽轮机调节汽阀阀位(505 LSS 输出值)控制和发电机负荷控制。

当组态为非发电机组应用时,505 的转速 PID 始终以转速控制方式运行。而当组态为发电机应用时，发电机和电网断路器的状态决定了转速 PID 的运行方式。发电机断路器触点断开时，转速 PID 以转速控制方式运行；发电机断路器触点闭合而电网断路器断开时，选择频率控制方式；而当发电机和电网断路器都闭合时则选择机组负荷控制方式。

① 转速控制：

在转速控制方式中，转速 PID 将汽轮机控制在恒定的转速或频率下而与其实际负荷（最大到机组的满负荷）无关。对于稳定性或者控制来说，采用这种设置时 PID 不采用不等率或第二参数。

② 频率控制：

当发电机断路器闭合而电网断路器断开时，转速 PID 以频率控制方式运行，机组将运行于恒定转速或频率而与其实际负荷（最大到机组的满负荷）无关，如图 1－36 所示。

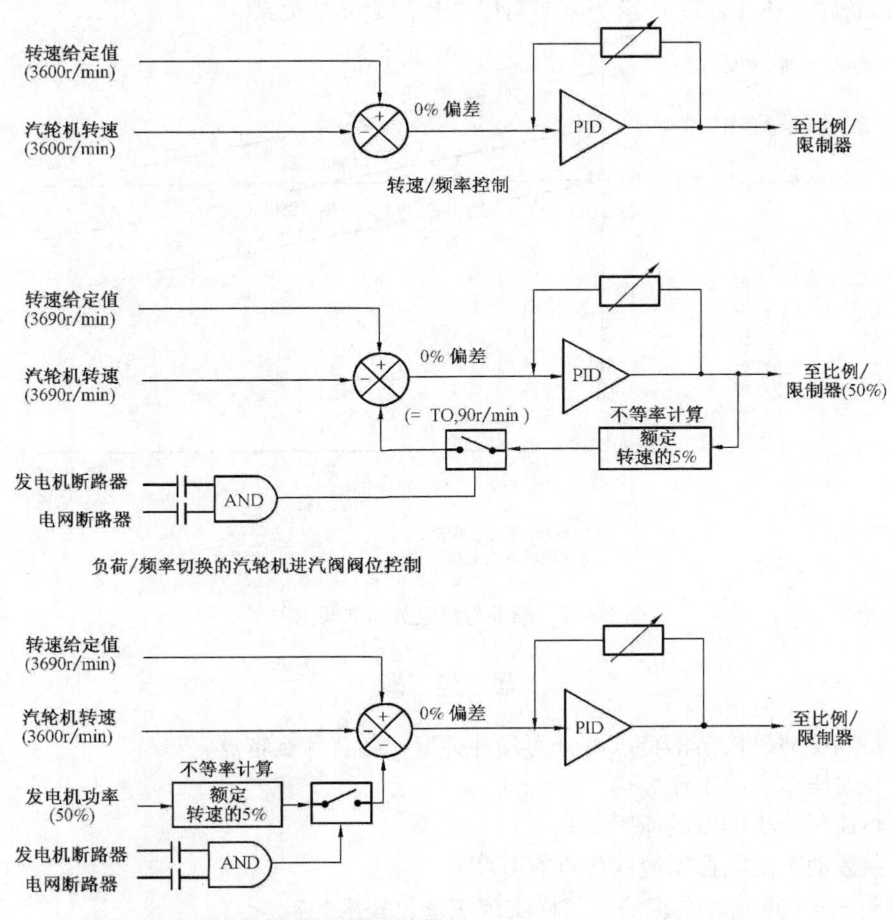

图 1－36 转速 PID 控制方式

当断路器的状态使转速 PID 切换到频率控制时，转速给定值立即阶跃变化至选择频率控制前最后一次检测到的转速。如果最后一次检测到的转速不同于“额定转速给定值”（同步转速），转速给定值将以 1r/min 的缺省速率（可在服务方式中调整）变化至“额定转速给定值”。

在频率控制中,可按需要通过升/降转速给定值指令来改变转速给定值,以便手动同步闭合电网断路器使机组并入一个无穷大电网。

能够组态一个继电器,使其在机组频率控制时激励作为指示。

③ 机组负荷控制:

当发电机断路器闭合时,505 的转速 PID 能够控制两个独立的参数:发电机孤立运行时为频率,发电机在并网运行时为机组的负荷。当发电机和电网的断路器触点都闭合时,转速 PID 以机组负荷控制方式运行。这种让一个 PID 来控制一个第二参数的方法称为有差调节(Droop)。

给转速 PID 两个参数控制使其能控制机组负荷且在电网频率发生变化时起稳定作用。采用这种设置,当电网频率降低或提高时根据机组的不等率设定值其负荷相应增加和减少,最终使电网更加稳定。图 1-37 所示为频率与机组负荷之间的关系。

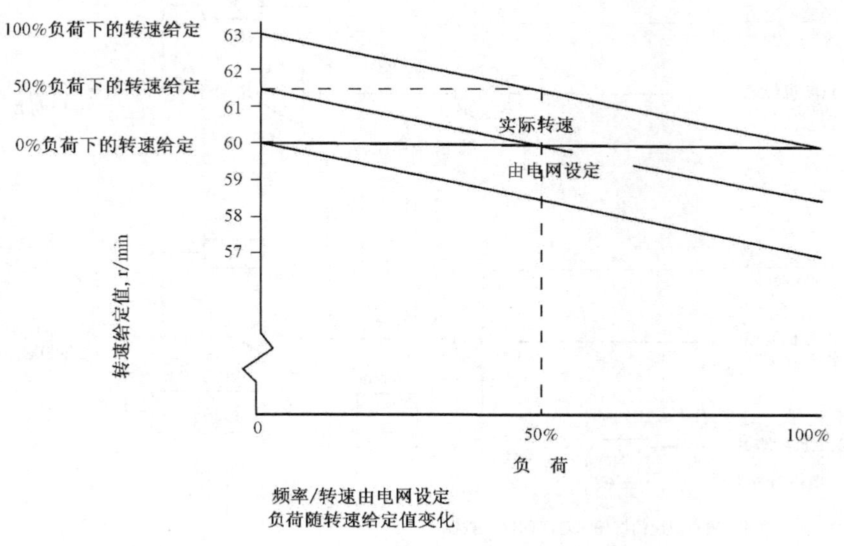

图 1-37 频率与机组负荷之间的关系

思 考 题

1. 离心式压缩机按结构特点可分为几种类型?各有什么特点?
2. 离心式压缩机的工作原理。
3. 离心式压缩机喘振的原因。
4. 三参数动态防喘振系统的优点有哪些?
5. TMR——三重化冗余模块是怎样实现三重化技术的?
6. Wood Ward 505 调速器怎样实现转速控制?

第二章　执　行　器

第一节　执行器的结构与特性

一、调节阀的结构

调节阀由执行机构和调节机构(阀)组成。执行机构起推动作用,而调节机构起调节流量的作用。调节阀是执行器的主要类型。执行器是一种直接改变操纵变量的仪表,是一种终端元件,除调节阀外,执行器还包括气动马达、气动机械手、电磁阀、电动调速泵等产品。

执行机构是将控制信号转换成相应的动作来控制阀内截流件的位置或其他调节机构的装置。信号或驱动力可以为气动、电动、液动或这三者的任意组合。阀是调节阀的调节部分,它与介质直接接触,在执行机构的推动下,改变阀芯与阀座之间的流通面积,从而达到调节流量的目的。

以压缩空气为动力源的调节阀称为气动调节阀(图 2-1);以电为动力源的调节阀则为电动调节阀(图 2-2),这两种是用得最多的调节阀。此外,还有液动调节阀、智能阀、电液调节阀等。

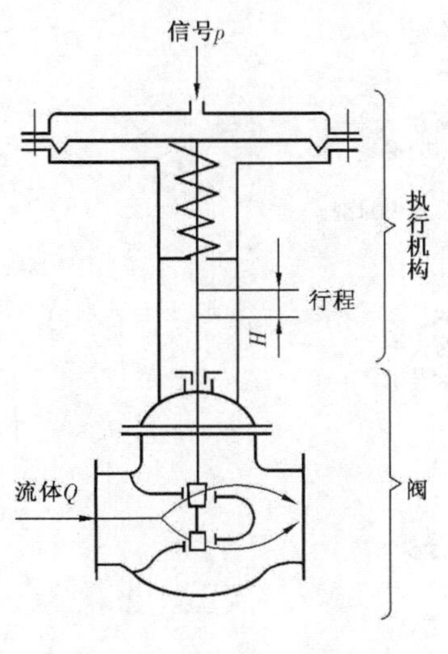

图 2-1　气动调节阀

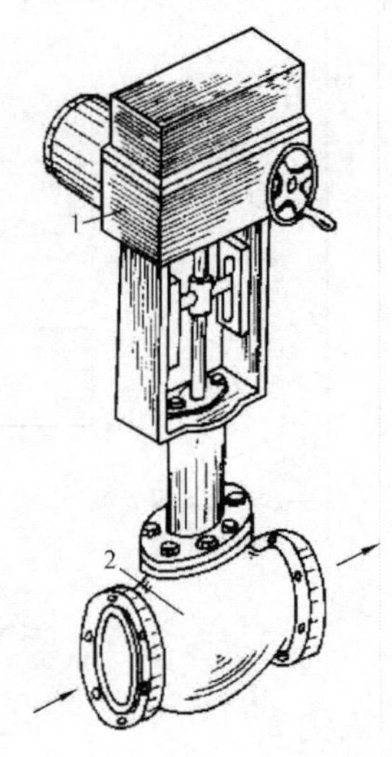

图 2-2　电动调节阀

1—执行机构;2—阀

调节机构是由阀体、上阀盖组件、下阀盖和阀内件组成的。上阀盖组件包括上阀盖和填料函。阀内件是指与流体接触并可拆卸的,起到改变节流面积和截流件导向等作用的零件的总称,例如,阀芯、阀座、阀杆、套筒、导向套等,都可以称为阀内件。

调节阀的产品类型很多,结构多种多样,而且还在不断地更新和变化。一般来说,阀是通用的,既可以和气动执行机构匹配,也可以与电动执行机构或其他执行机构匹配使用。

根据需要,调节阀可以配用各种各样的附件,使它的功能更完善,性能更好,这些附件有阀门定位器、手轮机构、电气转换器等。

调节阀的组成及分类可以用图 2-3 表示。

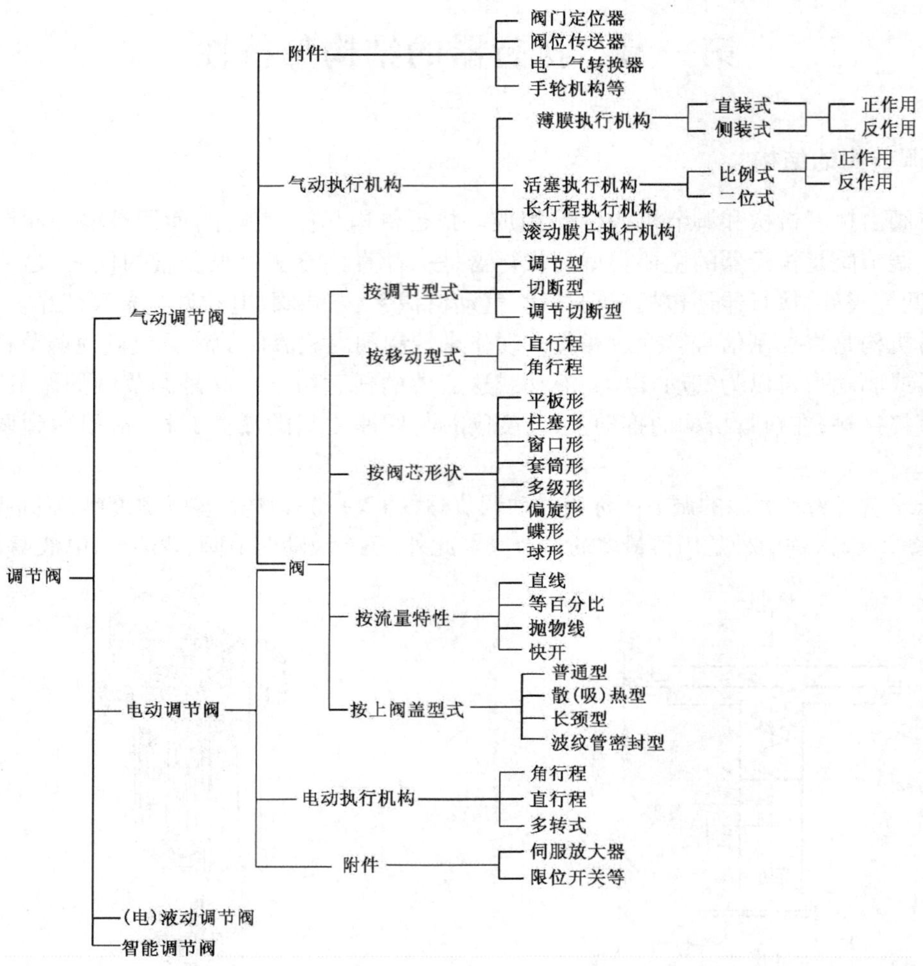

图 2-3 调节阀的组成及分类

二、执行机构

(一)传统的执行机构

1. 气动执行机构

1)气动薄膜执行机构

气动薄膜执行机构是一种最常用的机构,它的传统结构如图 2-4 所示。

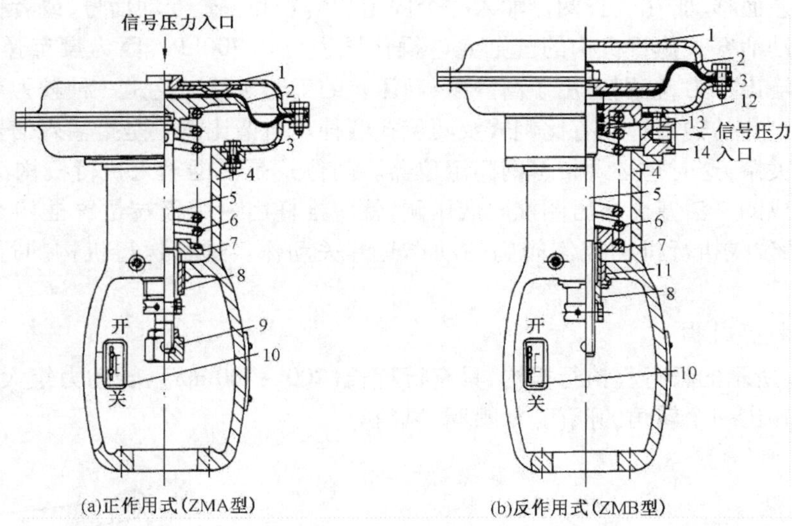

图 2-4　气动薄膜执行机构

1—上膜盖;2—波纹薄膜;3—下膜盖;4—支架;5—推杆;6—压缩弹簧;7—弹簧座;8—调节件;9—螺母;10—行程标尺;11—衬套;12—密封膜片;13—密封环;14—填块

气动薄膜执行机构分正作用和反作用两种形式,国产型号为 ZMA 型(正作用)和 ZMB 型(反作用)。信号压力一般是 20～100kPa,气源压力的最大值为 500kPa。信号压力增加时推杆向下动作称为正作用执行机构;信号压力增加时推杆向上动作称为反作用执行机构。正、反作用执行机构基本相同,均由上、下膜盖、波纹薄膜、推杆、支架、压缩弹簧、弹簧座、调节件、标尺等组成。在正作用执行机构上加一个装"O"形密封圈的填块,只要更换个别零件,即可变为反作用执行机构。

这种执行机构的输出特性是比例式的,即输出位移与输入的气压信号成比例关系。当信号压力通入薄膜气室时,在薄膜上产生一个推力,使推杆移动并压缩弹簧。当弹簧的反作用力与信号压力在薄膜上产生的推力相平衡时,推杆稳定在一个新的位置。信号压力越大,在薄膜上产生的推力就越大,则与它平衡的弹簧反力也越大,即推杆的位移量越大。推杆的位移就是执行机构的直线输出位移,也称为行程。

国产气动薄膜弹簧执行机构的行程规格有 10mm、16mm、25mm、40mm、60mm、100mm 等。薄膜的有效面积有 $200cm^2$、$280cm^2$、$400cm^2$、$630cm^2$、$1000cm^2$、$1600cm^2$ 六种规格。有效面积越大,执行机构的位移和推力也越大,可根据实际需要进行选择。

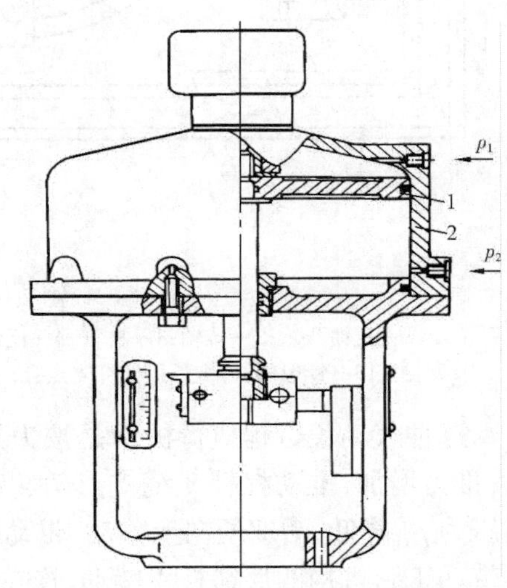

图 2-5　气动活塞执行机构

1—活塞;2—气缸

2)气动活塞式执行机构

气动活塞执行机构如图 2-5 所示。它的活塞随气缸两侧的压差而移动,在气缸两侧输入一个固定的信号和一个变动信号,或者在两侧都输入变动信号。气动活塞式执行机构的气缸允许操作压力可达700kPa,因为没有弹簧抵消推力,所以有很大的输出推力,特别适用于高静压、高压差的工艺条件。这是一种较为重要而常用的气动执行机构。它的输出特性有比例式及两位式两种。所谓比例式是指输入信号压力与推杆的行程成比例关系,这时它必须带有阀门定位器。两位式是根据输入执行机构活塞两侧的操作压力差来完成的。活塞由高压侧推向低压侧,就使推杆由一个极端位置推移到另一个极端位置。所以,两位式执行机构控制阀门的动作是开关动作。这种执行机构的行程一般为25~100mm。

3)长行程执行机构

如图2-6所示的长行程执行机构,具有行程长(200~400mm)、转动力矩大的特点,适用于输出力矩和输出一个转角的阀门,如蝶阀、风门等。

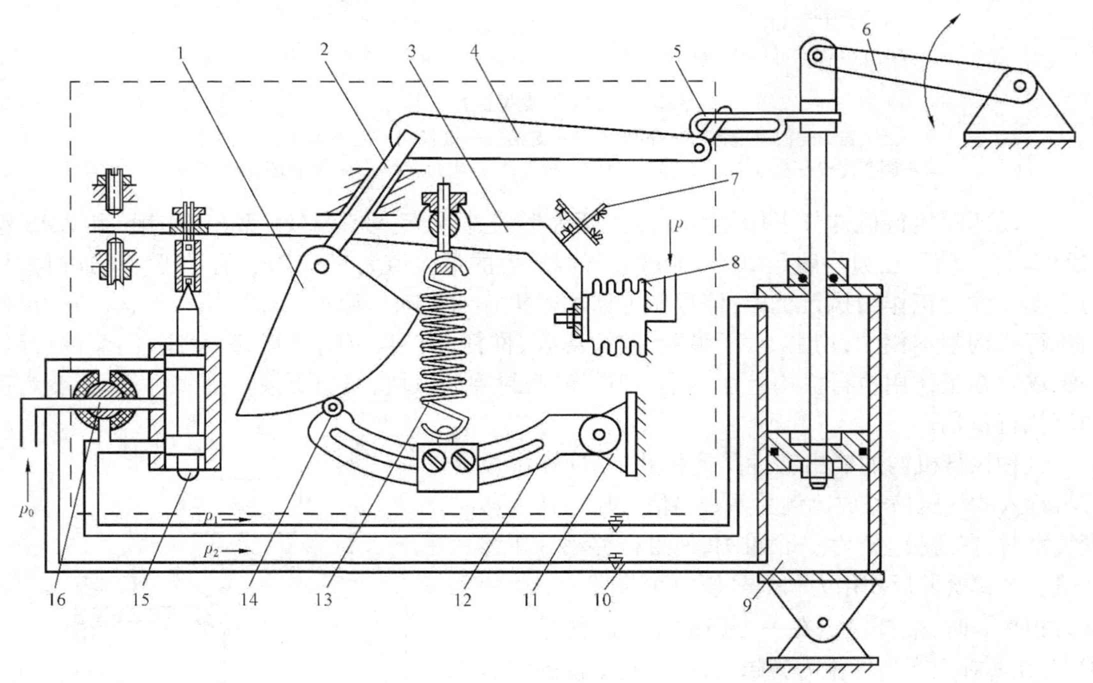

图2-6 气动长行程执行机构

1—反馈凸轮;2—转轴;3—杠杆;4—反馈杆;5—导槽;6—输出摇臂;7—杠杆支点;8—波纹管;9—气缸;10—针形阀;11—弧形杠杆支点;12—弧形杠杆;13—反馈弹簧;14—滚轮;15—滑阀;16—平衡阀

这种气动长行程执行机构是按力矩平衡原理工作的。当进入波纹管8的信号压力增加时,推力增加,推动杠杆3绕支点7转动,带动滑阀15向上移动,从而使下缸压力 p_2 增大,上缸压力 p_1 降低,活塞便向上移动,带动输出摇臂6输出角位移。这时,连在活塞杆上的导槽5也带动正弦机构的反馈杆4转动,连在同一转轴2上的反馈凸轮1转动,通过滚轮14把弧形杠杆12推向下转动,拉伸反馈弹簧13,增加杠杆3的拉力。当弹簧拉力与波纹管推力相平衡时,杠杆和滑阀一起又回到原来的平衡位置,仪表达到平衡状态。随着信号压力的增加,活塞位移和摇臂转角也相应成比例增加。针形阀 10 用以调节活塞的动作速度,平衡阀 16 作为自动与手动切换之用,在自动位置时,气源与滑阀接通;在手动位置时,切断气源,连通上、下气缸气路。大功率的长行程机构,所用的气缸直径很大,因此,最大的输出力可达 35kN,最大的输出力矩达到 6000N·m。

4)滚动膜片执行机构

滚动膜片执行机构的结构如图 2-7 所示,在圆筒形的缸体内装有滚动膜片和活塞等零件,滚动膜片实际上是一个位移量较大的杯形膜片,它是用丁腈橡胶制造的。压缩弹簧一端压在缸底,另一端穿过活塞杆顶在活塞底部。活塞上装有尼龙导向环,可保持活塞与气缸的对中性,活塞杆出口处装有丁腈橡胶防尘圈。当执行机构通入信号压力时,滚动膜片随压力的变化而产生位移,使活塞和推杆一起做往复运动。

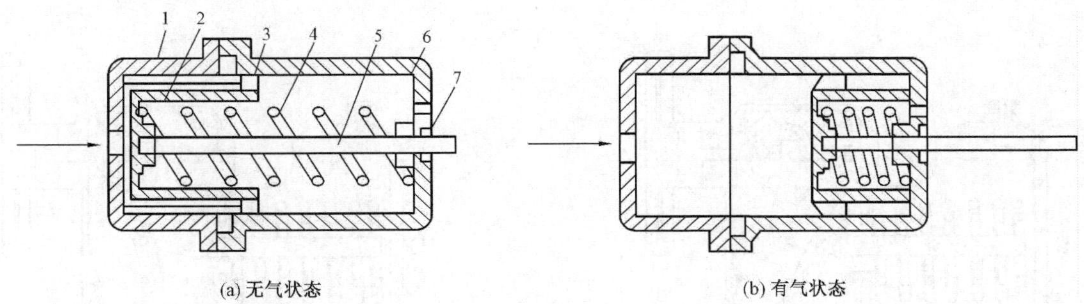

图 2-7 滚动膜片执行机构

1—滚动膜片;2—活塞;3—导向环;4—压缩弹簧;5—活塞杆;6—缸体;7—防尘圈

这种执行机构兼有薄膜执行机构和活塞执行机构的优点。与薄膜执行机构相比,膜片有效面积相同时有更大的行程;若与活塞执行机构相比,有摩擦力小、密封性好的优点。但滚动膜片的制造稍困难。

滚动膜片执行机构经常与偏心旋转调节阀配套使用。由于它的结构简单,可以用于一些小型、简易的执行动作。

2. 电动执行机构

电动执行机构的产品很多,但一般分为直行程、角行程、多转式三种。这些执行机构都是由电动机带动减速装置,在电信号的作用下产生直线运动和角度旋转运动。各种类型的电动执行机构,在基本结构的基础上,如果再增添一些附加部件就可以改变形式,具有新的功能。

三种不同类型的电动执行机构有不同的应用场合:

直行程电动执行机构——执行机构的输出轴输出各种大小不同的直线位移,通常用来推动单座、双座、三通、套筒等各种调节阀。

角行程电动执行机构——执行机构的输出轴输出角位移,转动角度范围小于 360°,通常用来推动蝶阀、球阀、偏心旋转阀等转角式的调节机构。

多转式电动执行机构——执行机构的输出轴输出各种大小不等的有效转圈数,用来推动闸阀或由执行电动机带动旋转式的调节机构,如各种泵等。

(二)侧装式气动执行机构

1. 结构及动作原理

侧装式气动执行机构也称为增力型执行机构,从国外刚引进时也称为艺 ΣF 系统执行机构,这是一种新颖的执行机构。它的结构特点在于把执行机构的薄膜式膜头装在支架的侧面,采用杠杆传动把力矩放大,扩大机构的输出力,所以也是一种增力式执行机构。根据动作方式的要求,只要调整部分零件的安装位置,就能实现正作用和反作用的变换。图 2-8 所示为它的结构和动作原理,在图 2-8(a)中,当气压信号输入气室后,产生水平方向的推力,使推杆 1 带动摇板 2 逆时针方向转动,再通过连接板 3 使连杆 4 带动阀芯向下移动,实现气关动作,即成为正作用执行机构。在图 2-8(b)中,连接板已被连接到摇板 2 的右侧,能够实现气开动作,即成为反作用式执行机构。

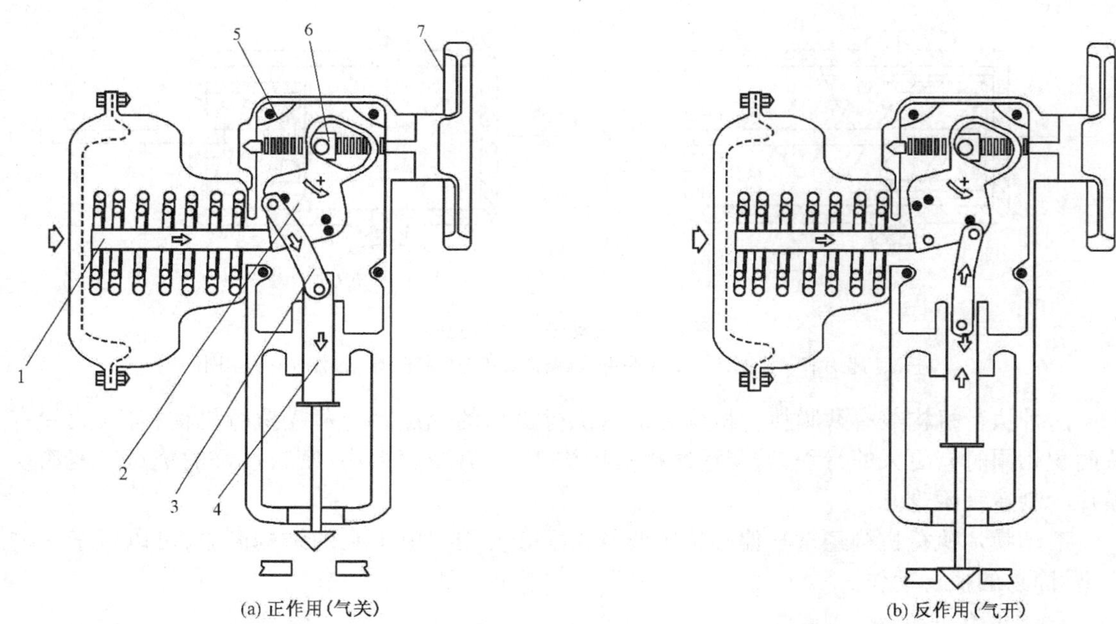

图 2-8 侧装式气动执行机构

1—推杆;2—摇板;3—连接板;4—连杆;5—丝杆;6—滑块;7—手轮

要改变正、反作用,只要改变连接销的位置就可以。连接销是用来连接摇板和连接板、连接板和连杆的。在实际操作中,只需打开面板及后盖,把摇板与连接板连接的连接销插入摇板中与原孔对称的另一边的孔中,并把连接板反装,其他零件不必改变就可以实现正、反作用的变换。

要改变行程也极其容易。只需打开面板及后盖,把摇板与连接板连接的连接销插入摇板中与原孔同一侧位置的另一个孔中,就能实现行程变换。

2. 增力原理

从图 2-9 可以看出:F_1 是推杆的水平作用力,F_2 是摇板连接销作用在连接板上的作用力,F_3 是连接板对阀杆的作用力。这三个力组成一个平衡力系,力的关系与位置角度有关。

从杠杆作用原理可知，只要旋转一个角度，就可以使上下方向的输出力 F_3 与原作用力 F_1 的比值增大，最大值可达到5倍。也就是说，这种机构能够克服更大的流体不平衡力，有更大的刚度。

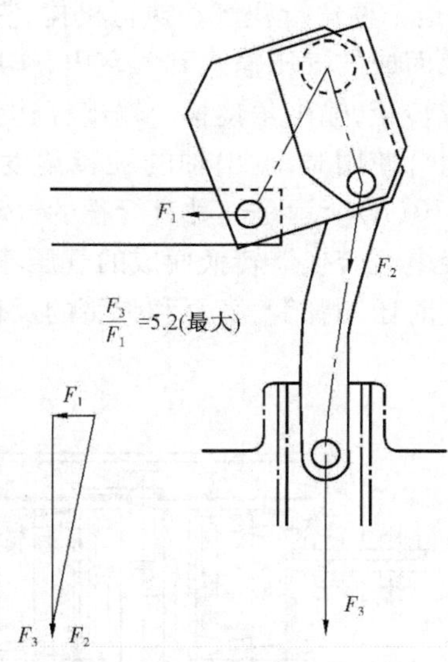

图2－9 气动执行机构增力原理图

3. 手轮机构

侧装式执行机构的手轮机构装在执行机构的另一侧(图2－8)，手轮7用花键与丝杆5连接，当手轮顺时针方向旋转时，丝杆也随之转动，带动滑块6，推动摇板2，使它朝逆时针方向转动，并通过连接板3使连杆4往下移动。反之，当手轮逆时针方向旋转时，连杆往上移动。

4. 产品型号编制说明

我国侧装式气动执行机构产品的型号由几个汉语拼音字母及阿拉伯数字组成，汉语拼音表示热工仪表分类、能源及结构形式，阿拉伯数字表示执行机构型号。

5. 产品系列参数

表2－1列出了部分产品系列参数。

表2－1 产品系列参数

执行机构型号		ZN_B^A-1	ZN_B^A-2	ZN_B^A-3
薄膜有效面积，cm^2		400	630	1000
行程，mm		16、25	25、40	40、60
配用调节阀 公称通径 DN，mm	直通单双座	40、50	65、80、100	125、150、200
	角形	25、32、40、50	65、80、100	125、150、200
	套筒型	40、50	80、100	125、150、200
	高压	10、15、25	32、40、50	65、80、100
信号		20～100kPa(配用气动阀门定位器) 0～10mA(配用电气阀门定位器)		
力放大倍数		3		

(三)轻型气动执行机构

轻型气动执行机构也称为精小型气动执行机构。这种新型产品具有重量轻、高度小、结构紧凑、装校简便、动作可靠、输出力大、节约能源等特点。它装上阀门之后，与传统的气动调节阀相比，高度减少30%，重量也减轻30%，流通能力却增加30%，可调范围扩大到50:1。

轻型气动多弹簧薄膜执行机构按作用方式可分为正作用式[图2－10(a)]和反作用式[图2－10(b)]两种，在组成调节阀之后，按照开关方式则分为气关式和气开式两种。图2－

10(a)是一种角行程气动执行机构,它的工作原理是由调节仪表来的信号压力或电信号,经电气转换而成的气压输入到气室内,作用于薄膜产生推力,使推出杆移动,再由直线—旋转机构转换成转矩,输出角位移。输出杆达到预定位置时,角行程的输出也一定。这种执行机构和定位器组合使用时,输出轴的旋转角度反馈给定位器,可达到使旋转角位置精确定位的目的。图2-10(b)所示是一种直行程的气动执行机构,它接受调节仪表来的气压信号,或者是把电信号经电气转换器转换而成的气压输入到气室内,作用在薄膜后产生的推力使输出杆移动,此推力同时压缩弹簧,直至和弹簧的反作用力相平衡,使输出杆达到预定位置为止。

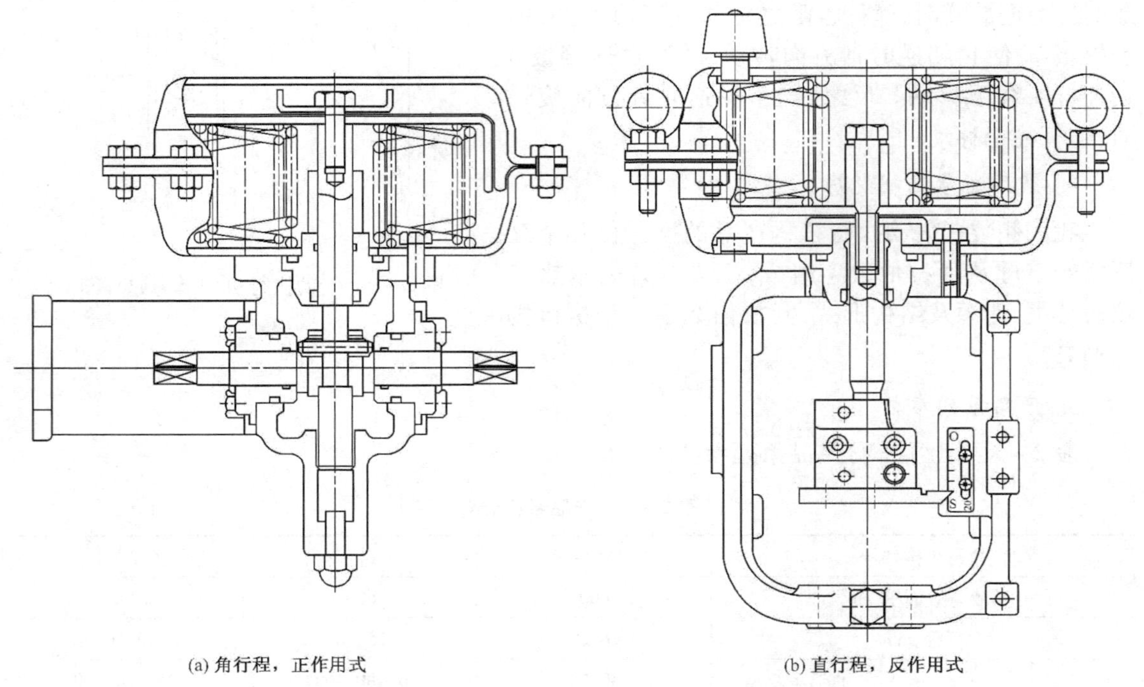

(a) 角行程,正作用式　　(b) 直行程,反作用式

图2-10　轻型气动执行机构

所有轻型的气动多弹簧薄膜执行机构都由膜片、压缩弹簧、托盘、推杆、支架、轴套、膜盖等主要零件组成,膜片是较深的盆形,采用丁腈橡胶作为涂层来增强涤纶织物的强度并保证密封性,可在-40~85℃的温度范围使用。压缩弹簧用多根组合的形式,代替老式结构的一根大弹簧,因此降低了高度。弹簧的数量可为4根、6根或8根。推杆的导向表面经过精加工,提高硬度,降低粗糙度,达到减小回差和增加密封性的效果。反作用式执行机构一般采用"O"形密封圈与推杆、轴套配合,结构简单,密封可靠。设计上省去压缩弹簧的调节机构,可一次装配而成,不必调整。推杆与阀杆的连接一般可用开缝螺母,装卸方便。

在轻型气动执行机构中,还可以使用双重式加强弹簧,把大弹簧套在小弹簧的外面,两个弹簧的工作高度相同,刚度却不相同,但总刚度是两个弹簧的刚度之和。这样,就能降低整个执行机构的总高度,使结构更紧凑。图2-11(a)所示为气开式结构,图2-11(b)所示为气关式结构。

由于轻型气动执行机构在结构上采用多根弹簧,弹簧都内装在薄膜气室中,因此,老式的笨重支架结构可以用两根轧制圆钢来代替，这种结构重量更轻，同样牢固、可靠。由于装有吊环螺栓，易于搬运及维修，也可以配用手轮。

这种结构执行机构的缺点是调节行程必须进行拆卸，在安装膜片室上盖之前就要进行调整。如果要求弹簧能用于高压差或大口径，要求有很大的作用力，又希望结构比较紧凑，可以使用一种双层膜头结构，如图 2－12 所示。这种结构虽然比较复杂，但很轻便，它的两个膜头有两个协同工作的膜片，接受同样的气压信号，产生的合力推动阀杆动作，所产生的作用力可以达到 30000～60000N。

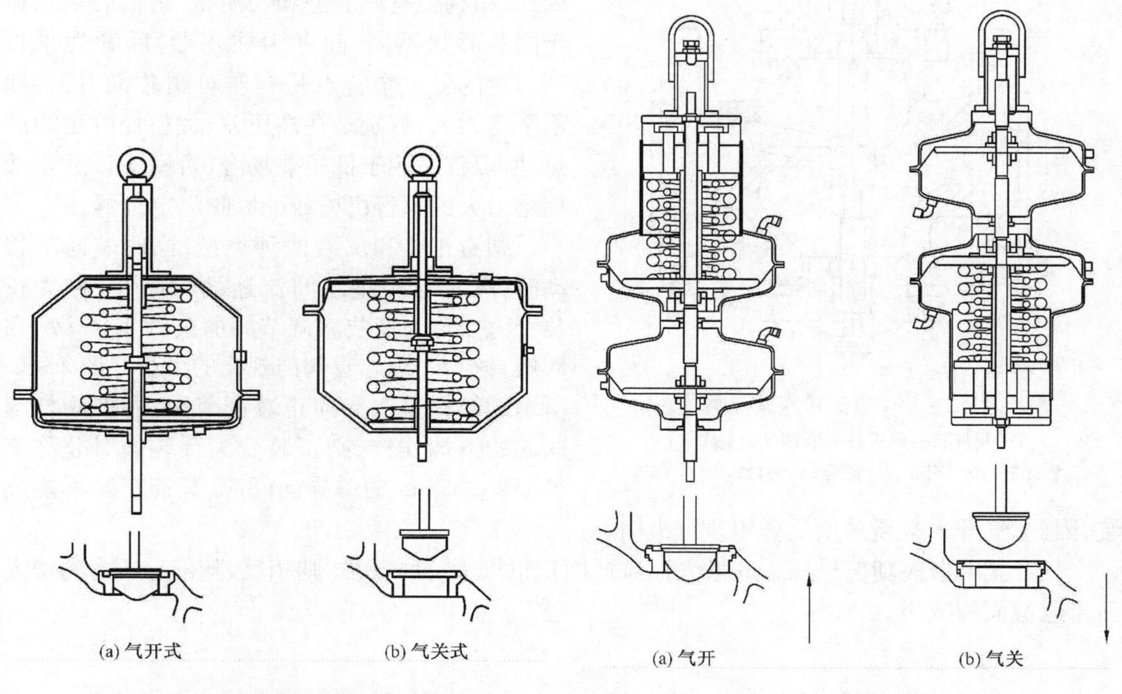

图 2－11 双重弹簧气动执行机构

图 2－12 双层膜头结构

（四）液动执行机构

液动执行机构在调节阀中的应用不如气动、电动执行机构广泛。从原理上讲，只要把气动执行机构的动力源改为液压动力就可以变成液动执行机构。

液动执行机构实际上是一种液压缸，它也是一种动力缸。用在液动执行机构的液压缸主要有单活塞杆液压缸和摆动式液压缸。

三、调节机构

（一）调节机构的主要类型

1. 直通单座调节阀

图 2－13 所示为常用的直通单座调节阀。它是由上阀盖、下阀盖、阀体、阀座、阀芯、阀杆、填料和压板等零部件组成的。阀芯和阀杆连接在一起，连接方法可用紧配合销钉固定或螺纹

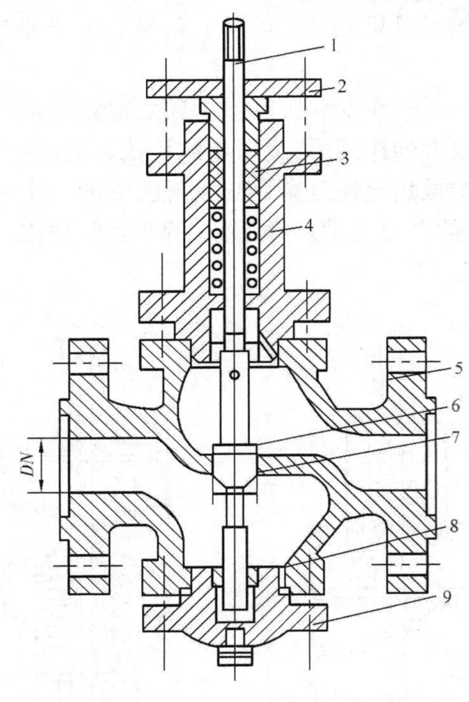

图 2－13　直通单座调节阀

1—阀杆；2—压板；3—填料；4—上阀盖；5—阀体；6—阀芯；7—阀座；8—衬套；9—下阀盖

连接销钉固定。上、下阀盖都装有衬套，为阀芯移动起导向作用；由于上、下都有导向作用，所以称为双导向。阀盖的斜孔连通它的内腔和阀后内腔，当阀芯移动时，阀盖内腔的介质很容易通过斜孔流入阀后，不会影响阀芯的移动。这种阀门的阀体内只有一个阀芯和一个阀座，特点是泄漏量小，易于保证关闭，甚至完全切断，因此，结构上有调节型和切断型，它们的区别在于阀芯形状不同，前者为柱塞形，后者为平板型。它的另一个特点是介质对阀芯推力大，即不平衡力大，特别是在高压差、大口径时更为严重，所以仅适用于低压差场合，否则应该适当选用推力大的执行机构或配以阀门定位器。

阀有正装和反装两种类型，当阀芯向下移动时，阀芯与阀座之间流通面积减小，称为正装；反之，称为反装。调节阀的公称直径 DN 和阀座直径 d_N 标志着阀门规格的大小。图 2－13 所示的结构是双导向正装调节阀，若把阀杆与阀芯的下端连接，则正装变为反装。对公称直径 $DN<25$mm 的单导向阀芯，只能正装不能反装，因此，气开式必须采用反作用执行机构。

气开式调节阀随信号压力的增大而流通面积也增大；而气关式则相反，随信号压力的增大而流通截面积减小。

2. 直通双座阀

直通双座阀(图 2－14)阀体内有两个阀芯和阀座，流体从左侧进入，通过阀座和阀芯后，由右侧流出。它比同口径的单座阀能流过更多的介质，流通能力约大 20%～25%。流体作用在上、下阀芯上的不平衡力可以互相抵消，所以不平衡力小，允许压差大。但因为上、下阀芯不容易保证同时关闭，所以泄漏量较大。另外，阀流的流路较复杂，在高压差流体中使用时，对阀体的冲刷及汽蚀损坏较严重，不适用于高粘度介质和含纤维介质的调节。

双座阀变正装为反装是很方便的，只要把阀芯倒装，阀杆与阀芯的下端连接，上、下阀座互换位置并反装之后就可以改变安装方式。

3. 角形阀

角形阀(图 2－15)阀体为直角形结构，它流路简单，阻力小，适用于高压差、高粘度、含有悬浮物和颗粒状物质流体的调节，可以避免结焦、堵塞，也便于自净和清洗。角形阀一般使用在底进侧出的场合，因为这样使用可使调节阀有较好的稳定性。但在高压差场合下，为了延长阀芯使用寿命，可采用侧进底出，但侧进底出在开度小时容易产生振荡。

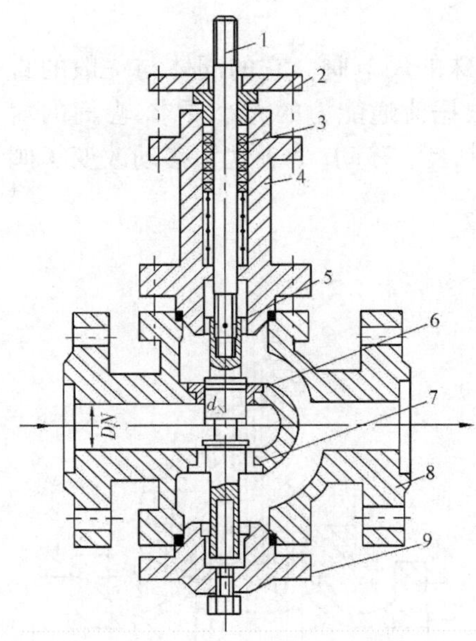

图 2-14 直通双座阀

1—阀杆;2—压板;3—填料;4—上阀盖;5—衬套;6—阀芯;7—阀座;8—阀体;9—下阀盖

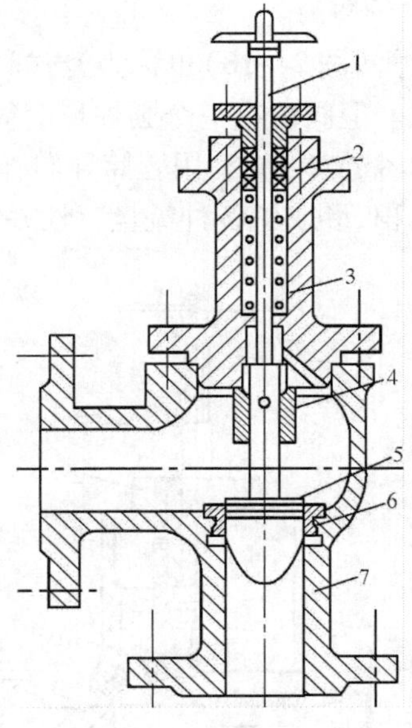

图 2-15 角形阀

1—阀杆;2—填料;3—阀盖;4—衬套;5—阀芯;6—阀座;7—阀体

4. 高压阀

高压阀(图 2-16)是一种适用于高静压和高压差调节的特殊阀门,多为角形单座,最大公称压力可达 32MPa。图 2-16 中所示的角形高压阀结构,上下阀体为锻造结构形式,填料箱与阀体做成整体,阀座与下阀体分开。这种结构加工简单,阀座容易配换。阀芯为单导向结构,只有正装式。因为不平衡力大,一般要配用阀门定位器。

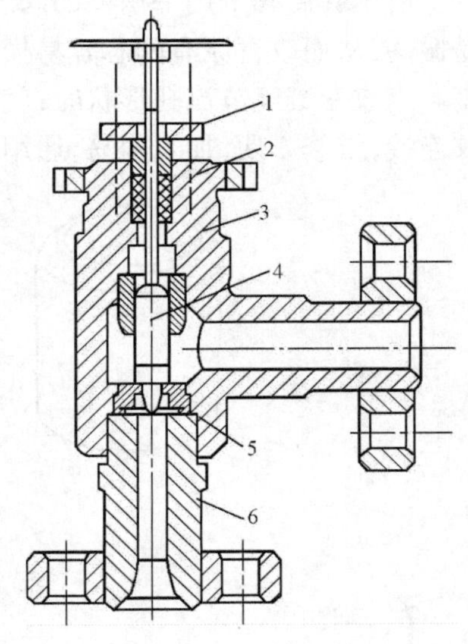

图 2-16 高压阀

1—压板;2—填料;3—上阀体;4—阀芯;5—阀座;6—下阀体

5. 隔膜阀

隔膜阀(图 2-17)用耐腐蚀衬里的阀体和耐腐蚀隔膜代替阀芯阀座组件,利用隔膜的移动起调节作用。隔膜阀的阀体采用铸铁或铸不锈钢并衬以各种耐腐蚀或耐磨材料。隔膜材料有橡胶和聚四氟乙烯。隔膜阀耐腐蚀性能强,适用于强酸、强碱等强腐蚀性介质的调节。它的结构简单,流路阻力小,流通能力较同口径的其他阀大;无泄漏量,能用于高粘度及有悬浮颗粒流体的调节。隔膜把流体与外界隔离,所以没有填料函流体也不会外漏。但是,由于隔膜和衬里的限制,耐压性、耐温性较差,一般只适用在 1MPa 压力和 150℃ 的温度以下。它的流量特性接近快开特性,在 60% 行程前近似为线性,60% 行程后的流量变化不大。

6. 套筒阀

套筒阀(图 2 - 18)也称为笼式阀,是一种结构特殊的调节阀。它的阀体与一般的直通单座阀相似。但阀内有一个圆柱形套筒,也称为阀笼,根据流通能力的大小要求,套筒的窗口可为 4 个、2 个或 1 个,利用套筒导向,阀芯可以在套筒中上下移动,由于这种移动改变了阀笼的节流孔面积,形成了各种流量特性并实现流量的调节。

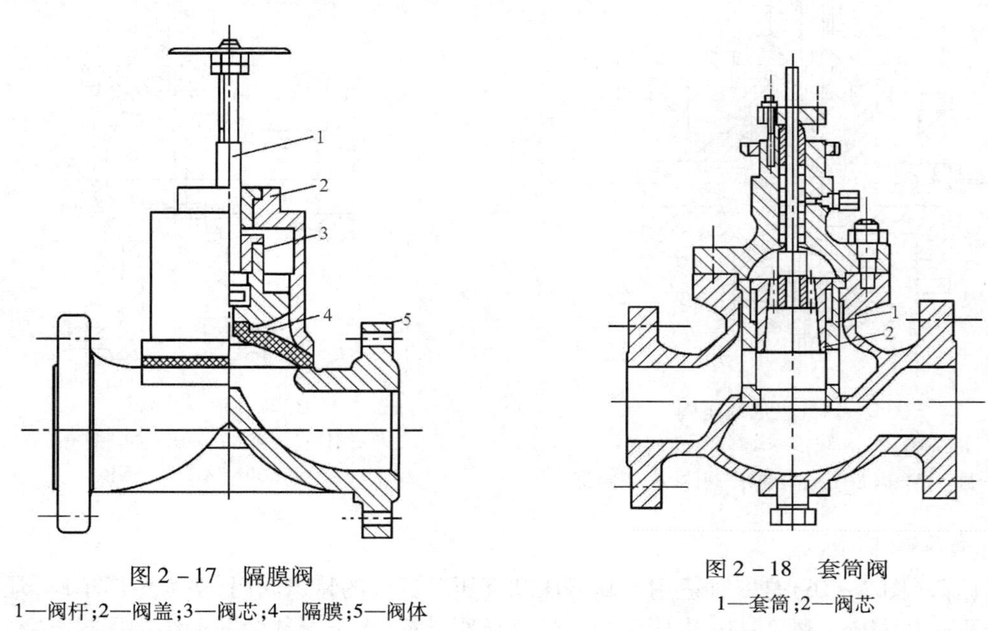

图 2 - 17 隔膜阀

1—阀杆;2—阀盖;3—阀芯;4—隔膜;5—阀体

图 2 - 18 套筒阀

1—套筒;2—阀芯

由于套筒阀采用平衡型的阀芯结构,阀芯和套筒侧面导向,因此不平衡力小,稳定性好,不易振荡,从而改善原有阀芯容易损坏的情况。这种调节阀的允许压差大,而且有降低噪声的作用。当改变套筒节流孔形状时,就能得到所需的流量特性(图 2 - 19)。这种阀的阀座不用螺纹连接,维修方便,加工容易,通用性强。

(a) 快开　(b) 线性　(c) 等百分比

图 2 - 19 不同形状的套筒

7. 三通阀

三通阀阀体上有三个通道与管道连接,按其作用方式,三通阀可分为分流型(把一种介质分成两路),如图 2 - 20(a)所示,合流型(把两种介质合成一路),如图 2 - 20(b)所示。

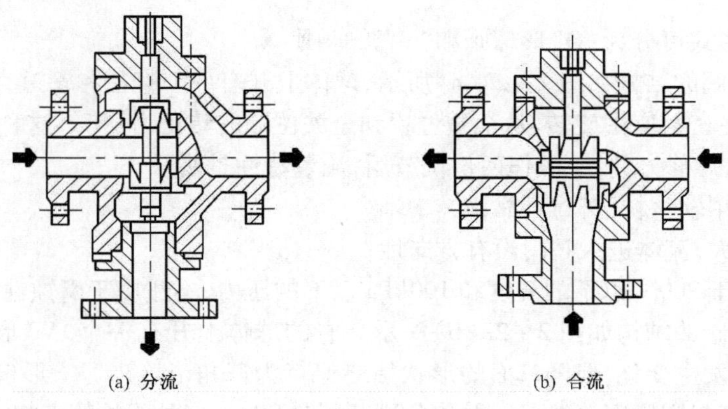

图 2-20 三通阀

8. 蝶阀

蝶阀(图 2-21)又称翻板阀,结构较简单,它由阀体、阀板、阀板轴和密封等部件组成。蝶阀阻力损失小,结构紧凑,寿命长,特别适用于低压差、大口径、大流量气体和带有悬浮物流体的场合,一般泄漏量较大;但也有高性能、低泄漏量的蝶阀结构。它的流量特性在转角 60°前与等百分比特性相似,60°后转矩增大,工作不稳定,特性变差,所以蝶阀常在 60°范围之内使用。

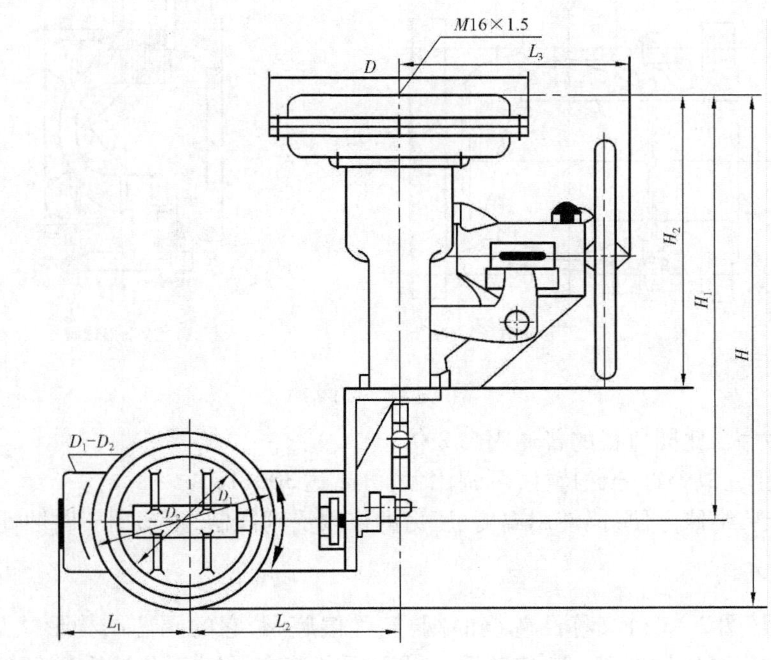

图 2-21 蝶阀

9. 球阀

球阀按阀芯形式可分为“O”形球阀和“V”形球阀。

(1)“O”形球阀的结构如图 2－22(a)所示,球体上开有一个直径和管道直径相等的通孔,阀杆可以把球体在密封座中旋转,从全开位置到全关位置的转角为 90°。这种阀的特点如下:

① 结构简单,维修方便,一般作两位调节用,流量特性是快开;

② 密封座采用软材料,密封可靠;

③ 流通能力大,流体进入阀门没有方向性;

④ 一般只适于 200℃以下的温度和 100kPa 以下的压力,不适用于腐蚀性流体。

(2)“V”形球阀的结构如图 2－22(b)所示。它的球体上开有一个“V”形口,随着球的旋转,开口面积不断发生变化,但开口面的形状始终保持为三角形。当“V”形口旋转到阀体内,球体和阀体中的密封圈紧密接触,开、关的角度范围是 90°。这种阀的特点如下:

① “V”形口与阀座之间有剪切作用,可以切断纤维状的流体,如纸浆、纤维、含颗粒的介质,关闭性能好;

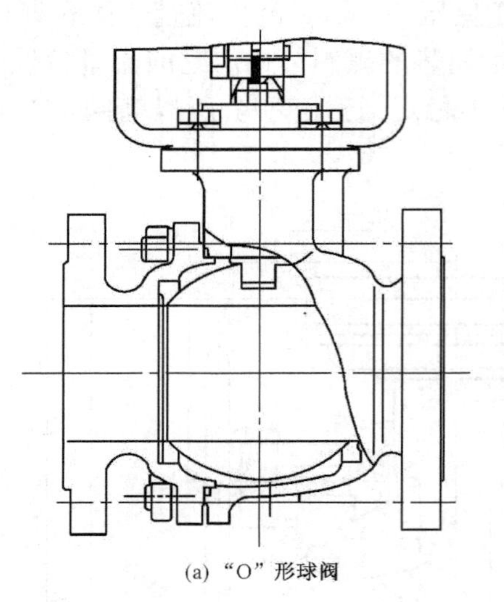

(a)“O”形球阀

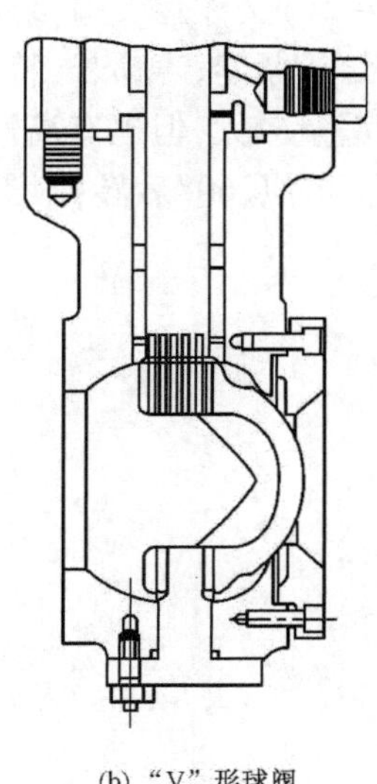

(b)“V”形球阀

图 2－22 球阀

② 流通能力大,比同口径的普通阀高 2 倍;

③ 流量特性近似等百分比特性,可调比大,可高达 300∶1;

④ 结构简单,维修方便,但使用温度、压力的极限受到限制,不适用于腐蚀性流体。

10. 偏心旋转阀

偏心旋转阀(图 2－23)又称凸轮挠曲阀,简称偏旋阀,它的阀芯结构形式如图 2－24 所示。它的动作过程可以用图 2－24 来说明。球面阀芯连在柔臂 7 上与轮毂 8 相连接,轮毂与转轴 4 用键滑配,球面阀芯的中心线与转轴中心偏离,转轴带动阀芯偏心旋转,由于这种偏旋运动,使阀芯向前下方进入阀座。工作时,转轴的运动是由气动执行机构来驱动的,推杆的运动偏心旋转阀的特点是阀芯与阀座闭合时依靠柔臂的弹性变形,自动对中,密封性好,泄漏量少,流路简单,流阻小,比同样口径的其他阀流通能力大,流体不平衡力小,允许压差大,可耐受较高温度。此外,它结构简单、体积小、重量轻、价格低。

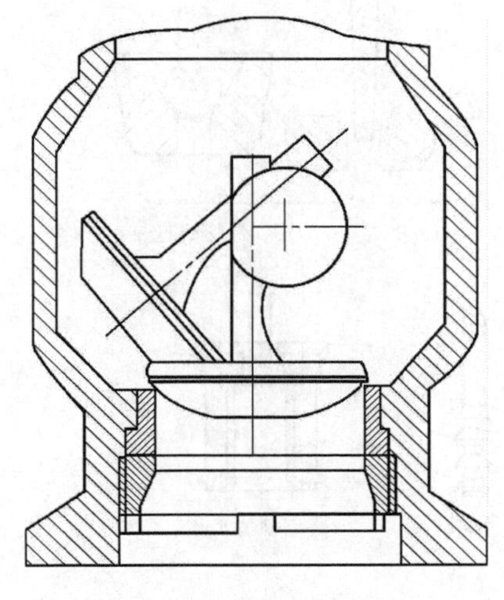

图 2-23 偏心旋转阀

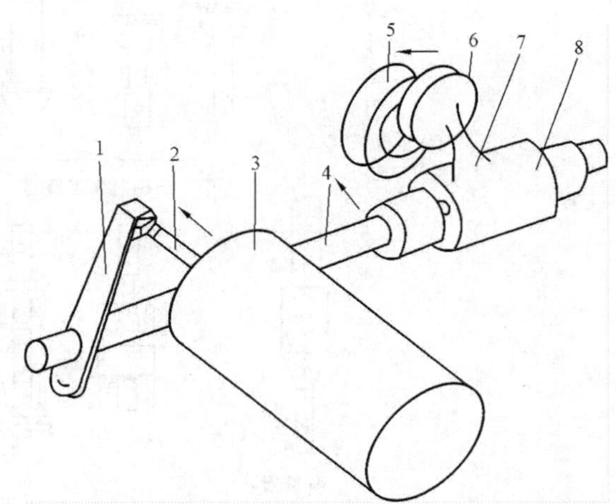

图 2-24 偏心旋转阀阀芯结构

1—曲柄;2—推杆;3—执行机构;4—转轴;5—阀座;6—阀芯;7—柔臂;8—轮毂

(二)阀芯结构

阀芯是阀内件最为关键的零件,为了适应不同的需要,得到不同的阀门特性,阀芯的结构形状是多种多样的,但一般可分为直行程和角行程两大类。

1. 直行程阀芯

(1)平板型阀芯如图 2-25(a)所示。这种阀芯的底面为平板形,其结构简单,加工方便,具有快开特性,可作两位调节用。

(2)柱塞型阀芯可分为上、下双导向和上导向两种。图 2-25(b)左侧两种用于双导向,特点是上、下可以倒装,倒装后可以改变调节阀的正、反作用。常见的阀特性有线性和等百分比两种,这两种特性所用的阀芯形状是不相同的。图 2-25(b)右侧两种阀芯都为上导向,它用于角形阀和高压阀。对小流量阀,可采用球形、针形阀芯,如图 2-25(c)所示,图中右侧为球形阀芯,左侧为针形阀芯,也可在圆柱体上铣出小槽[图 2-25(d)]。

(3)窗口型阀芯如图 2-25(e)所示。这种阀芯用于三通调节阀,图中左侧为合流型,右侧为分流型,由于窗口形状不同,阀门特性有直线、等百分比和抛物线三种。

(4)多级阀芯如图 2-25(f)所示。把几个阀芯串接在一起,好像"糖葫芦"一样,起到逐级降压的作用,用于高压差阀,可防止汽蚀和噪声。多级阀芯的结构也很多,有的阀芯可串成锥体形状。

(5)套筒型阀芯如图 2-25(g)所示,用于套筒型调节阀,只要改变套筒窗口形状,即可改变阀的特性。

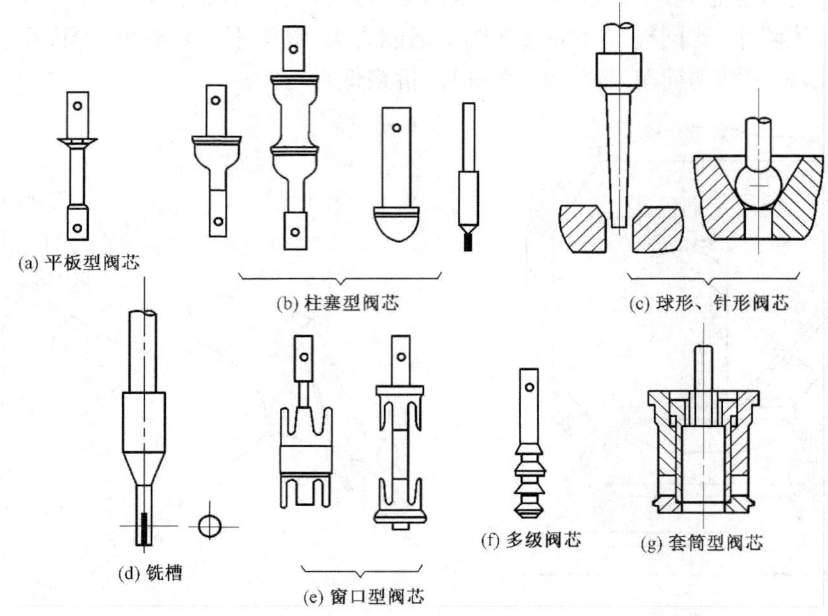

图 2-25　直行程阀芯

2. 角行程阀芯

这种阀芯通过旋转运动来改变它与阀座间的流通面积。偏心旋转阀芯如图 2-26(a)所示,用于偏旋阀。蝶形阀板如图 2-26(b)所示,有标准扁平阀板、翘曲的阀板和带尾部的阀板三种,用于蝶阀。球形阀芯如图 2-26(c)所示,用于球阀,"O"形阀芯上钻有一个通孔,用于"O"形球阀;"V"形阀芯的扇形球芯上有"V"形口或抛物线口,两边支承在短轴上,用于"V"形球阀。"V"形切口的球也可改良为"U"形切口,以增大流通能力。它的流量特性是改良的等百分比曲线。球的表面是在不锈钢母体材料上镀硬铬并抛光,所以十分坚硬耐磨。

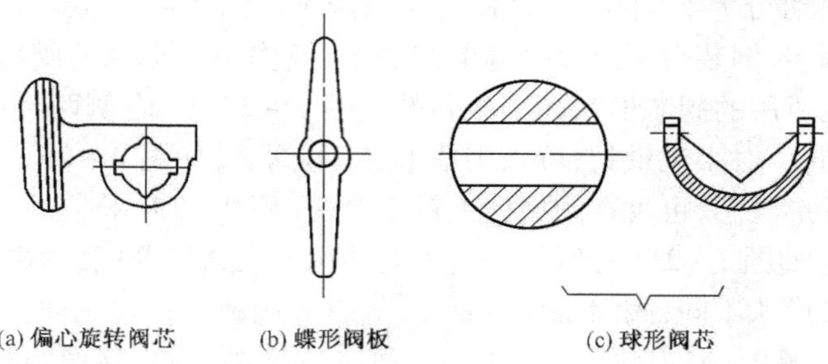

图 2-26　角行程阀芯

(三)自力式调节阀

自力式调节阀也称为直接作用调节阀,它不需要外部能源,直接利用被调介质的能量来推动调节机构,实现自动控制。自力式调节阀可以实现温度、压力、压差、流量等参数的调节。

1. 自力式温度调节阀

自力式温度调节阀的结构装置如图2－27所示。只要把温包插入到要调温的管路中，就可以感受温度的变化，控制阀门的开度。因为温包中充填有定量的易膨胀液体，液体的体积又和温度有关，可以成为调节阀的感测元件。图中，利用给定装置6和调节旋钮7，可改变充填有膨胀液的温包4的容积，使调节阀设定在一个适当的规定温度值。温包内的温度变化之后，液体体积有了变化，这一变化通过毛细管3以压力作用传送给活塞2，活塞2作用于阀门的阀杆，温度高时把阀门关小一点，温度低时，在弹簧力的作用下，把阀门开大一点。在这种温包装置中还装着压力计5，可读出温包中膨胀液的压力。实际上，组件4、5、6、7构成了调节阀的恒温器。自力式温度调节阀经常用于锅炉的温度调节，它能使温度和阀门开度之间保持线性的函数关系。

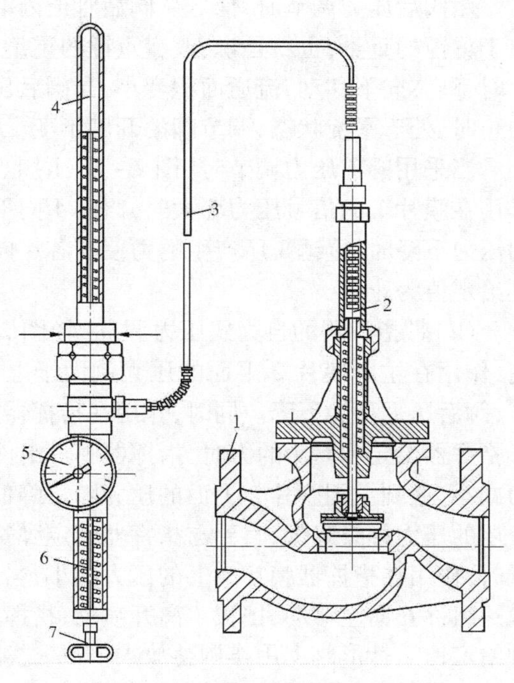

图2－27 自力式温度调节阀

1—阀门；2—活塞；3—毛细管；4—温包；5—压力计；6—给定装置；7—调节旋钮

2. 自力式压力调节阀

自力式压力调节阀有古老的重锤式及新型的带指挥器的自力式两种类型。

(1)重锤自力式压力调节阀根据作用方式，可分阀后压力调节和阀前压力调节两种，如图2－28所示。

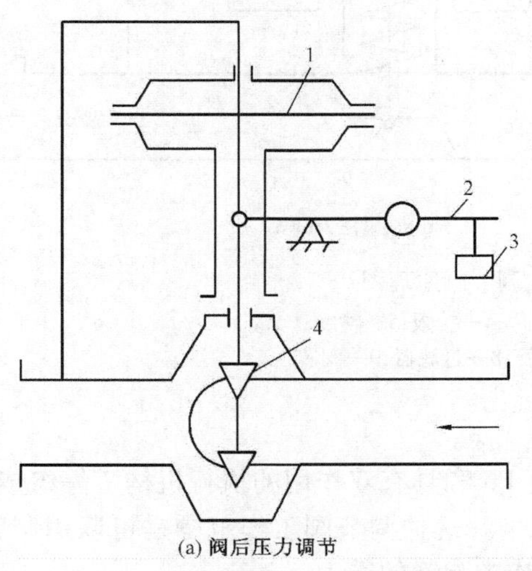

(a) 阀后压力调节

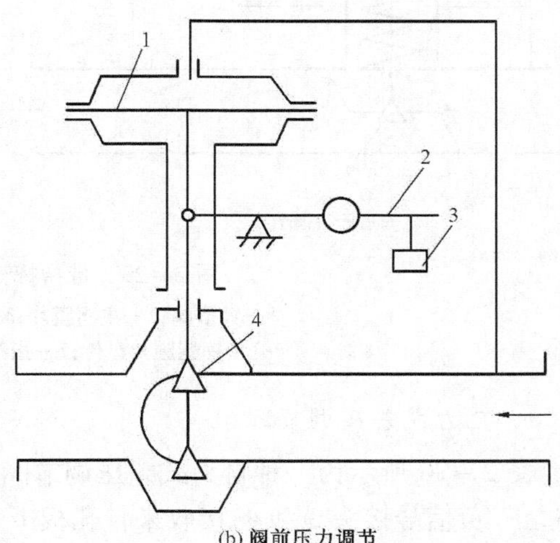

(b) 阀前压力调节

图2－28 带重锤的自力式压力调节阀原理图

1—主阀膜片；2—杠杆；3—重锤；4—阀芯

用阀后压力调节时,信号从阀后管道内取得,用以保持阀后压力的恒定。此压力的大小取决于重锤的重量,也就是说,改变重锤的重量,给定值就改变。当作用在主阀膜片 1 的压力增大时,阀芯向下移动,流通面积变小,当阀后压力作用在杠杆 2 的力矩等于重锤作用在杠杆的力矩时,处于平衡状态,调节阀的开度不变。

当采用阀前压力调节时[图 2-28(b)],信号来自阀前管道,用来保持阀前压力不变。当作用在膜片 1 的信号压力增大时,阀芯 4 向下移动,使流通面积增大,阀前压力就会下降,而阀前压力下降时,重锤 3 所产生的力使阀芯 4 向上移动,又使流通截面减小,直至阀前压力增高到给定值为止。

(2)带指挥器的自力式压力调节阀(图 2-29)采用阀后压力调节时,当被调介质压力升高,作用在主阀膜片 2 下面的压力就大于上面的压力,阀芯 9 向上移动,使流通截面减小,这样,阀后压力稍为下降。同时,作用在指挥器膜片 3 上的压力增大,当作用在膜片 3 上的力大于指挥器给定弹簧 7 的力时,指挥器膜片组件 6 向右移动,挡板 4 靠近喷嘴 5,指挥器的输出压力减小,通到主阀膜片 2 上面的压力随之降低,阀芯 9 继续向上移动,流通截面继续减小,被调介质的压力继续降低,直到与指挥器给定弹簧 7 的力相平衡为止;反之,当被调介质的压力降低时,作用在指挥器膜片 3 上的压力减小,当这个压力小于指挥器给定弹簧 7 的力时,指挥器膜片组件 6 向左移动,挡板 4 离开喷嘴,指挥器的输出压力增大,将阀芯 9 打开,阀后压力回升到给定值。针形阀 1 用作调整放大倍数,过滤器 8 能够滤去介质中的颗粒杂质,防止喷嘴被堵而失去作用。

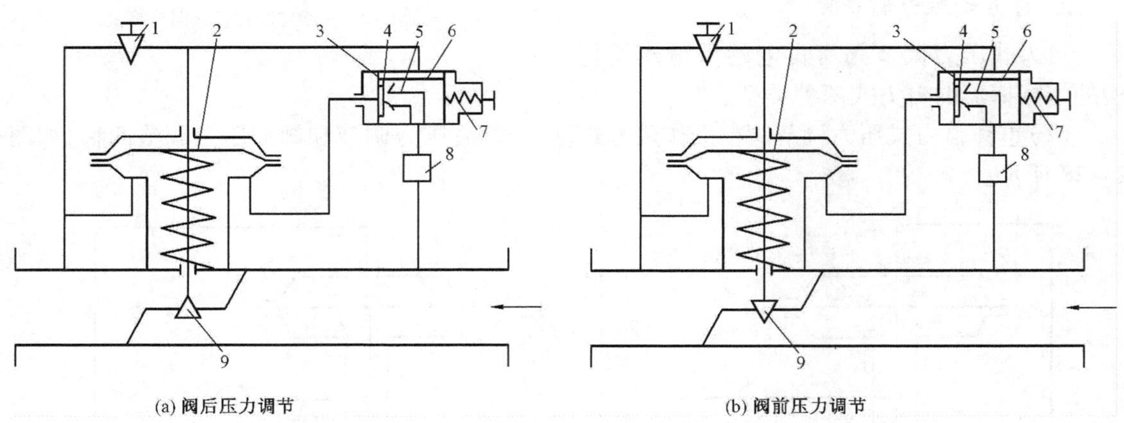

图 2-29 带指挥器的自力式调节阀原理图

1—针形阀;2—主阀膜片;3—指挥器膜片;4—挡板;5—喷嘴;6—指挥器膜片组件;7—指挥器给定弹簧;8—过滤器;9—阀芯

3. 自力式差压调节阀

图 2-30 所示为一种自力式差压调节阀,它由阀门 6 和具有双作用的执行机构 7 等组成,通过正、负信号接头 3 和 4,接收来自孔板 1 的差压信号。这种调节阀工作范围是可以用调节螺母 5 加以调节的,因为转动螺母 5 可以改变执行机构中弹簧的受力。

4. 自力式流量调节阀

自力式流量调节阀的动作原理如图 2－31 所示，从图中看出，在阀门的管道有一个靶板 9，直接受到流体的作用，流体对靶的作用力是可以计算出来的。

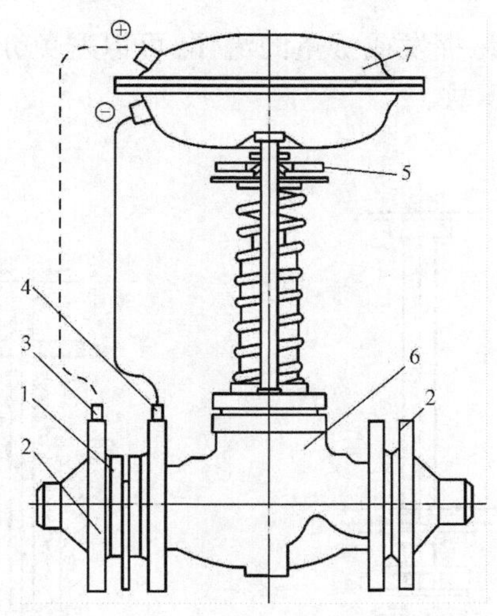

图 2－30　自力式差压调节阀

1—孔板；2—管法兰；3，4—正、负信号接头；5—调节螺母；6—阀门；7—执行机构

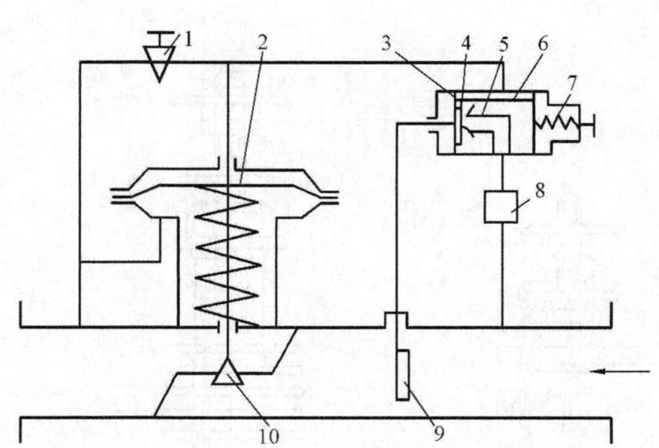

图 2－31　自力式流量调节阀原理图

1—针阀；2—主阀膜片；3—指挥器膜片；4—挡板；5—喷嘴；6—指挥器膜片组件；7—指挥器给定弹簧；8—过滤器；9—靶板；10—阀芯

从流体力学的计算公式可以知道作用力的大小与靶的面积成正比，而与体积流量的平方也成正比，即流量的变化对作用力的影响极大。

当靶的尺寸确定之后，流体对靶的作用力还与靶及靶室的几何形状、流体的密度、流体的雷诺数等因素有关。

当管道中的流量增大时，作用在靶板 9 上的力立刻增大，通过杠杆传到指挥器膜片 3 上的力大于指挥器给定弹簧 7 的力，使指挥器膜片组件 6 向右移动，挡板 4 靠近喷嘴 5，指挥器输出压力减小，通到主阀膜片 2 上的压力随之降低，阀芯 10 的流通截面减小，流量也就减少，直到这一流量作用在靶上的力传到指挥器内与给定弹簧 7 的力相平衡为止；当管道流量减小时，作用过程则相反。

四、上阀盖及其密封填料

(一)上阀盖的结构形式

上阀盖是装在调节阀的执行机构与阀之间的部件，其中装有填料函，能适应不同的工作温度和密封要求。我国生产的调节阀常见的结构形式有四种，如图 2－32 所示。

(1)普通型[图 2－32(a)]适用于常温场合，工作温度为－20～200℃。

(2)散(吸)热型[图 2－32(b)]适用于高温或低温，工作温度为－60～＋450℃，散(吸)热片的作用是散掉高温流体传给调节阀的热量，或吸收外界传给调节阀的热量，以保证填料在允许的温度范围之内工作。

(3)长颈型[图2-32(c)]适用于深度冷冻的场合,工作温度为-60~-250℃,它的上阀盖增加了一段直颈,有足够的长度,可以保护填料在允许的低温范围而不致冻结,颈的长短取决于温度的高低和阀口径的大小。

(4)波纹管密封型[图2-32(d)]适用于有毒性、易挥发或贵重的流体,可以避免介质的外漏损耗,防止有毒、易爆介质外漏而发生危险和伤人事故。

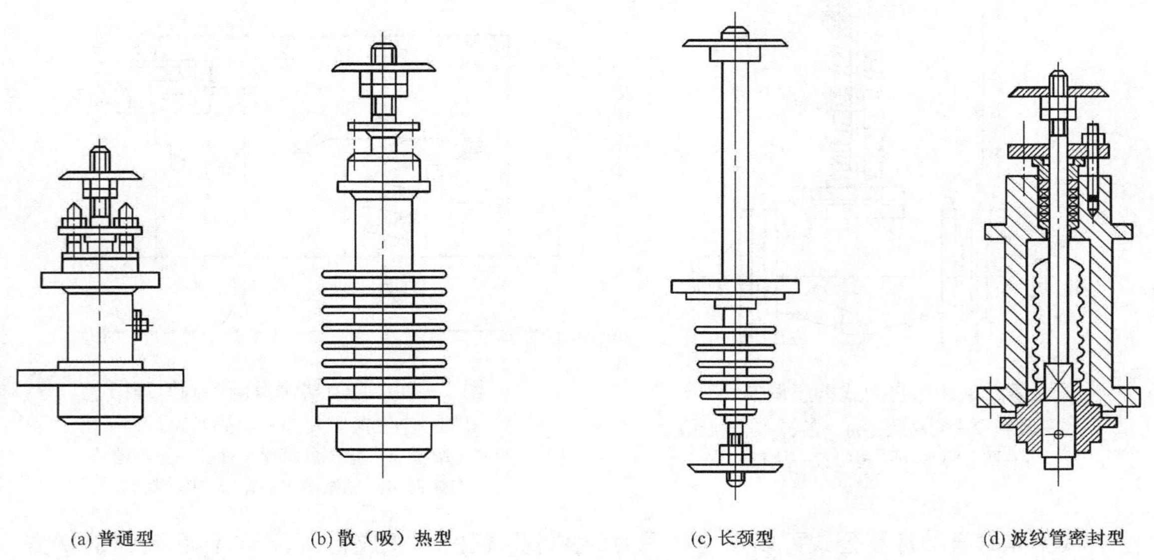

(a)普通型 (b)散(吸)热型 (c)长颈型 (d)波纹管密封型

图2-32 上阀盖外形图

上阀盖的结构多种多样,在达到使用目的的原则下,结构工艺越简单越好。图2-33所示为另外四种上阀盖结构。图2-33(b)和图2-33(c)的结构可以用于高、低温的场合或冷冻的工艺条件,但却没有散热片结构,制造工艺比较简单。

上阀盖中的密封件主要有如下的结构形式。

(1)普通型填料靠压盖压紧,结构简单实用,磨损之后还可以再调整并压紧。

(2)弹簧式填料函(图2-34)。由于有压缩弹簧的作用力,使密封圈的密封性能更好。

(3)有测试腔的双层填料函。这种结构只连接到进行热交换的上阀盖中,保证密封的可靠(图2-35)。

上阀盖与阀体之间可以用一个使压力均衡的接合件来连接,图2-36(a)所示的接合件适用于所有的上阀盖,图2-36(b)所示的接合件适用于套筒导向装置。

(二)密封填料

1. 密封理论

根据填料密封时的压力分布理论分析和各种填料设计的现场性能测试,可以得到下列公式

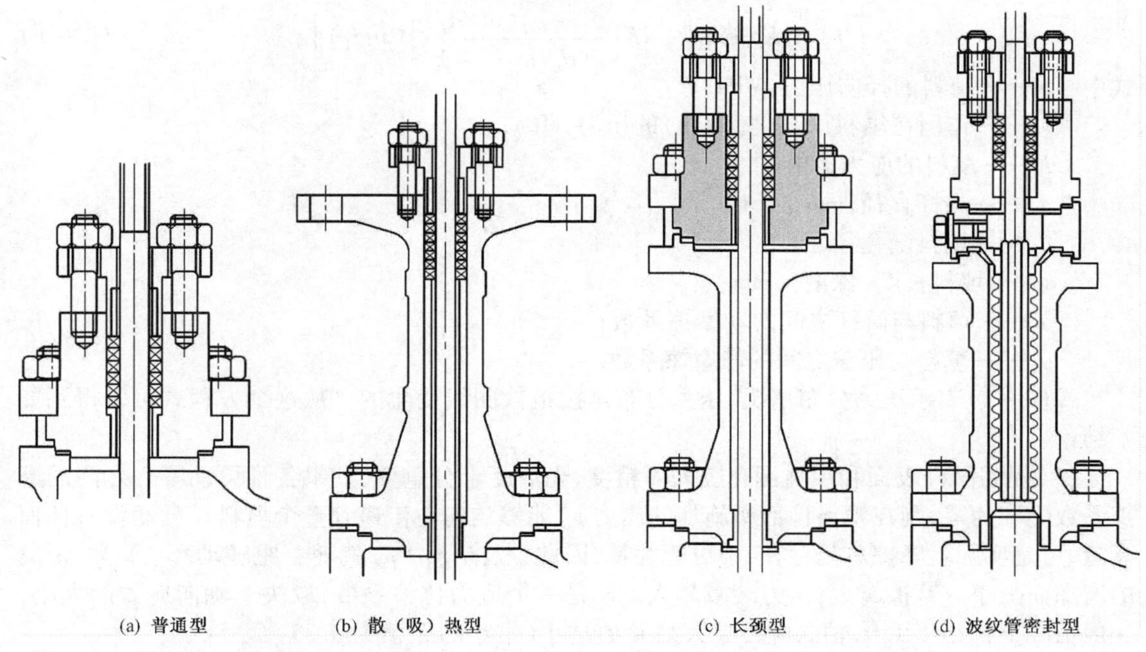

图 2－33　上阀盖的剖面图

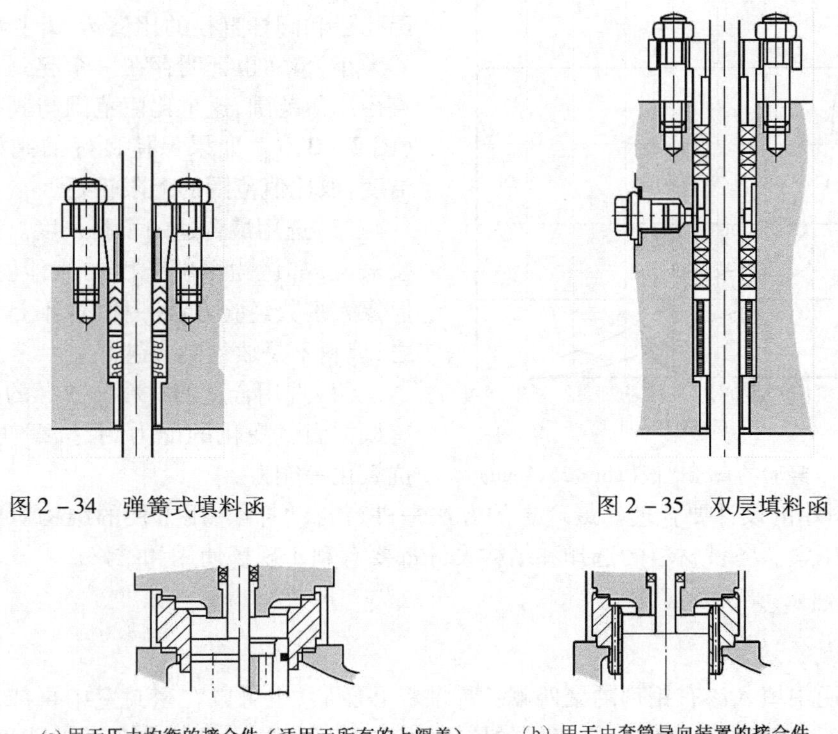

图 2－34　弹簧式填料函

图 2－35　双层填料函

图 2－36　改进上阀盖的接合件

$$p_r = Kp_0\exp\left\{-4K\left[\frac{\mu_1+\mu_2(d_0/d_1)}{(d_0/d_1)^2-1}\right](s/d_1)\right\} \tag{2-1}$$

式中 p_r——填料的径向压力,MPa;

p_0——作用在填料压盖(随动环)的压力,MPa;

K——填料的应力比值;

d_1——阀杆直径,mm;

d_0——填料函孔径,mm;

s——填料长度(深度),mm;

μ_1——填料与阀杆之间的动摩擦系数;

μ_2——填料与压盖之间的静摩擦系数。

式(2-1)表示压力分布情况,压力分布是按指数曲线变化的。从这个方程式可以得到如下结论:

(1)提高阀杆表面和填料函孔腔表面精度、光洁度十分重要,如果各种可动零件之间的摩擦系数之和为零,则在填料顶部所施加的压力 p_0 能够均匀地传递到整个填料长度而没有任何衰减,可是实际上摩擦总是存在,不可能为零,因此,径向压力 p_r 就随着距随动环(压盖)距离的增加而减小。摩擦越大,压力衰减越大。K 是一个应力比值系数,取决于轴向应力的大小,一般情况下都小于1.0,轴向应力越大则 K 值越小(最小的 K 值为0.37)。

由于被密封的压力 p_1 一旦超过填料压力,泄漏立刻开始,所以各种摩擦系数越小越好。

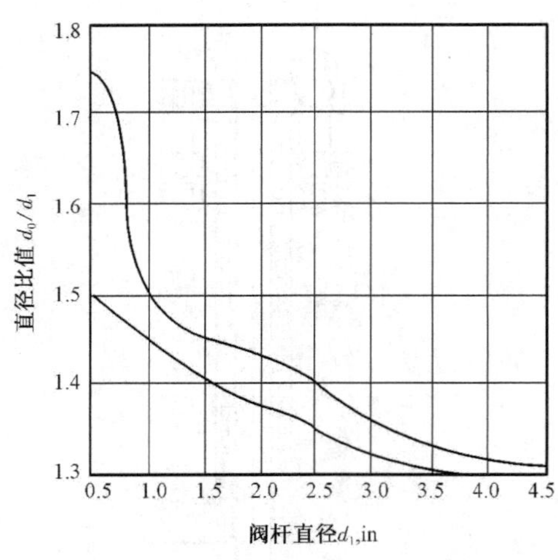

图2-37 经验的直径比值(1in=25.4mm)

(2)合理选用直径。式(2-1)说明填料函孔径和阀杆直径的比值 d_0/d_1 影响径向压力的大小,事实也证明存在一个起到良好密封的直径比值范围,这个比值范围与阀杆直径有关(图2-37)。如果保持良好的阀杆和孔的光洁度,取比值范围的上限较好。

(3)选用最合适的填料长度。从一般的经验来说,都认为填料长度的最佳值 $s=1.5d_1$。但像大多数经验方法一样,这不是绝对的。总之,填料不是放得越多越好。

(4)选用合适的材料。选择的材料必须具有抵抗温度变化的能力,有抗蠕变、抗松弛及抗氧化等能力。

(5)填料箱的设计要合理。最理想的方法是进行自动补偿,用方便的结构对磨损和松弛进行补偿和压紧。各种材料的选择和结构设计都要有利于现场使用和维修。

2. 填料的类型

1)聚四氟乙烯散料

在填料函中填入渗有钼剂的聚四氟乙烯散料并压紧,也可以在密封室中再加入聚四氟乙烯隔环。聚四氟乙烯润滑性好,有极好的抗化学腐蚀性能,物理性能和化学性能稳定,是一种很好的密封材料,但不能用于氧气、蒸汽和碱金属溶液,承受压力低。

2)聚四氟乙烯“V”形圈

填料结构制造成“V”形结构(图2－38),它是用聚四氟乙烯粉末压制成型或用聚四氟乙烯棒料切制而成的。在两端压紧的情况下,由于这种材料的摩擦系数小,有润滑作用,密封性好,60°“V”形结构用于普通阀,90°“V”形结构用于高压阀。这种密封材料的缺点是耐温差,不能用于200℃以上的高温,也不能用于熔融状态的碱金属,以及高温的氟、氟化氢等介质。

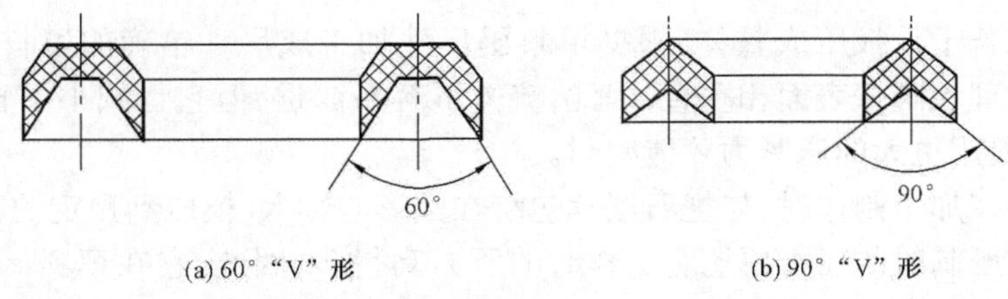

(a) 60°“V”形　　(b) 90°“V”形

图2－38　聚四氟乙烯填料的形状

3)石棉—聚四氟乙烯

把浸渍有四氟乙烯的石棉压制成环,使用时加入适当的润滑油或矿物脂,可用于高温、高压。

4)石棉—石墨

石棉—石墨可以用于高温、高压和非腐蚀介质系统。使用时石棉绳盘绕在阀杆周围,用压盖压紧,但必须安装注油器(图2－39),利用润滑油起到密封润滑作用。一些增强型的石棉—石墨填料适用于高温、高压(35MPa、600℃)的场合。在用聚四氟乙烯烃蜡处理后,能用于强酸。

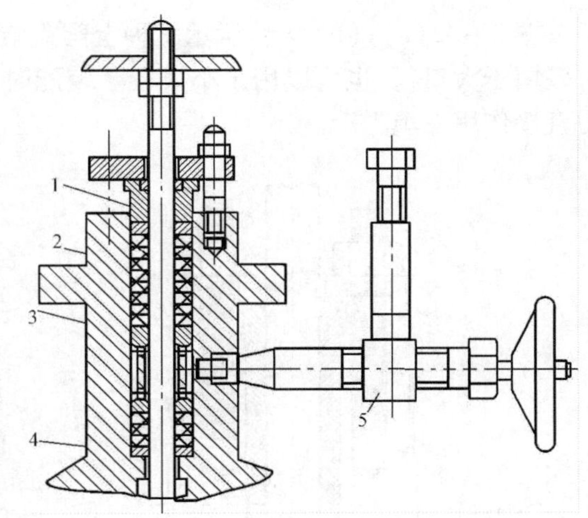

图2－39　石棉—石墨填料
1—填料压盖;2—填料;
3—填料套;4—衬垫;5—注油器

5)石墨环

石墨填料是一种新型填料,是一种全石墨产品。具有密封性好、润滑性好、化学惰性强、耐腐蚀、耐高低温(－200～600℃)等优点,缺点是摩擦力比较大,不能用于一些强氧化剂,如浓硫酸、浓硝酸等介质。

石墨填料一般用在不能使用聚四氟乙烯的高温场合,它是作为石棉的代用品而研制出来的。由于石棉粉尘及石棉加工、制作过程对人体和环境危害极大,目前已逐渐被淘汰。实际上石棉填料的优点是很多的,它耐用、不易损坏,在同样的密封作用时摩擦力也比较小,但是被石墨取代已成为必然。

石墨环的结构有三种类型,即丝状石墨、片状石墨和弯片状石墨(图2－40)。丝状石墨是编丝状结构,与其他两种结构相比弹性更好,更能包围住阀杆并净化阀杆表面。石墨材料很容易粘在阀杆上,使填料区产生阻力和刮痕,引起泄漏。而丝状石墨有利于克服这种故障。但丝状结构导致空隙,从易渗透性看,工作性能不十分理想。

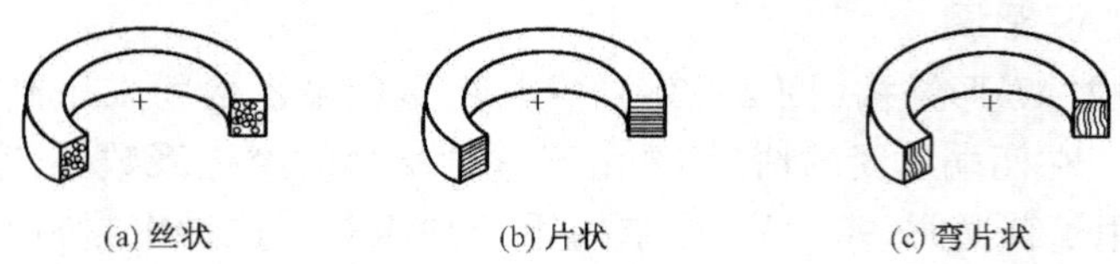

图 2－40　石墨环的结构形状

片状石墨把若干片板压成整体，根据填料函尺寸加工成尺寸精确的填料环，形成方形断面。填料环的纹理和阀杆表面相垂直，因此，流体不容易渗透，但它也减小了轴向压力与径向压力的比值，需要用更大的压紧力才能密封。

弯片状石墨在加工制作时，先把石墨片包绕在圆形心轴上，模压到预定的密度。片状石墨或弯片状石墨在压制时的压力要比它工作时的压力高得多，因此，它在填料函中不会再收缩。由于结构原因，其纹理和阀杆轴线平行，高温时也容易渗透。但由于加工容易，价格低廉，目前已被广泛应用。

3. 填料的安放形式

填料的安放形式是多种多样的，几种典型结构如下。

1）单层填料，没有弹簧

图 2－33（a），（b），（c）所示三种上阀盖结构中都采用这种结构，它是最简单的结构形式，可以用于大口径，也可以用于小口径。装配时利用螺母施力，通过压盖（或压盖加随动环）把力直接作用在填料上。

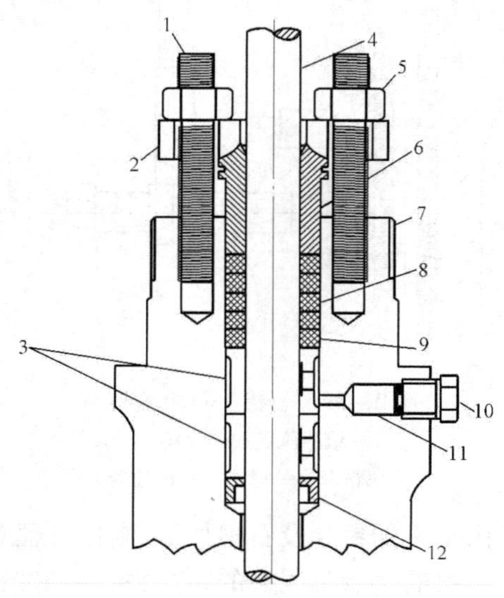

图 2－41　典型的石墨环填料结构

1—填料螺栓；2—填料法兰；3—间隔环；4—阀杆；5—填料螺母；6—随动杯；7—上阀体；8—弯片状石墨环；9—编丝状石墨环；10—螺塞；11—放漏接头；12—衬圈

2）单层填料，有弹簧

如图 2－34 所示的结构，是最常用的结构之一，常用于直通单、双座调节阀中，填料室下方的压力弹簧能把力作用在填料的下端面，填料的上、下端面都受到轴向压力作用，可以把径向压力成指数曲线变化的情况加以改善，提高密封性。

3）隔离式双层填料

如图 4－35 所示的结构，在双层填料之间有衬垫或间隔环，可以用于上阀盖较长的情况，也可以形成一个测试腔。低温或高温调节阀可以用这种结构。双层隔离有两种作用：一是中间空腔可以容纳从底部填料处所流过的泄漏量，而上面填料只作为辅助装置；二是可以从这一空腔把泄漏量用接管接到辅助储存系统，防止从压盖处流出来。

4）石墨环填料结构

图 2－41 所示为典型结构。石墨填料放在

阀杆(或转轴)的特定填料室中,对填料螺母施加力矩时,从法兰把轴向力传递到随动环,再传递到填料。填料是由两种石墨结构组成的:模压的弯片状石墨首先受到轴向力作用而密封住阀杆,在下边的丝状石墨环能产生防挤压作用,使填料部位的密封作用更完善。间隔环把空余部分填满。由于填料室钻孔时总要留下一个锥孔,最下面要放一个衬圈,使整个组件能安放在平面上。

第二节 智能阀门定位器

随着工业技术和计算机技术的发展,阀门定位器从最初的气动挡板力平衡式、线圈力平衡式、电气集成力平衡式阀门定位器,发展到加入微控制器的智能型电气阀门定位器,并向全数字化和使用现场总线技术方向发展。在实际工业控制工程中,生产对流量控制方面的要求越来越高,不但要求控制精度高、响应速度快,同时要求控制方式上多样化,这就对阀门定位器的性能提出了更高要求。

目前,智能型电气阀门定位器已经越来越广泛地应用在各种工业控制领域并发挥着重要的作用。例如,如美国 Fisher - Rosemount 公司生产的基于现场总线式 DVC 系列阀门定位器系统,德国 Siemens 公司生产的 SIPART PS2 系列阀门定位器等,依靠各自的特色和稳定、可靠的性能,已经被广泛应用于各大炼化企业中,成为生产过程控制中的重要组成部分。

在本节将以 Siemens 公司 SIPART PS2 系列、Fisher - Rosemount 公司的 DVC6000 系列智能阀门定位器、山武公司 YAMATAKE SVP3000 以及 ABB 公司的 TZID - C 为例,介绍智能阀门定位器的调校及故障处理。

一、智能阀门定位器的结构及原理

每种定位器在设计上都有它自己的独到之处,但在其基本原理上还是大致相同,只是在放大器的结构上采用了不同的处理方法,有普通式、三位式和压电阀式等几种,而且有很多厂商在双输出调节时采用外接辅助放大器来实现的。

智能阀门定位器的基本原理如图 2 - 42 所示。外部条件应具备 4 ~ 20mA 的信号源与可以驱动调节的气源,接通气源将减压阀压力调整为调节阀额定压力并给定大于 4mA 的控制信号驱动定位器的电路模块及微处理器。假设给定信号值为 8mA,电信号通过 A/D 转换模块将模拟信号转换为数字信号给微处理器,驱动 EPM(电气转换)模块控制,EPM 模块再将气信号给气动放大器,那么定位器产生气输出,调节阀动作,同时带动定位器的反馈杆动作,通过 VTD(位置传感器)将位移转换成 4 ~ 20mA 的电信号给 A/D 转换器,并由微处理器进行比较处理,当给定值等于控制量的时候,调节阀也就稳定下来。那么微处理器的给定值(比较值)初始化以后,针对不同行程的调节阀和不同的反馈杆安装位置,它都会产生相应的值。在这里需要说明的是 VTD 位置传感器的动作是靠反馈杆上的大齿轮带动传感器上的小齿轮,位置传感器转角并不是 360°,在最大值和最小值工作区间以外有一个小的缺口也就是定位器的盲区。因此,每款定位器都有它自己的转角要求。

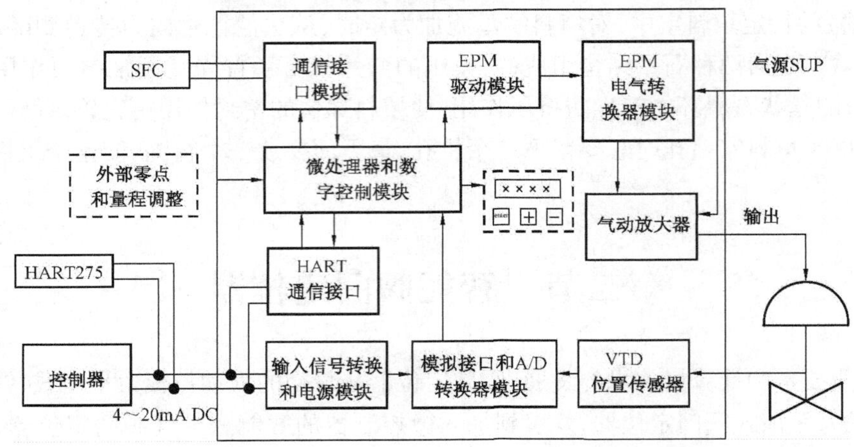

图2-42 智能定位器基本原理
(图中虚线框根据定位器厂家及型号选择,不代表全部型号)

二、安装与调试

智能定位器的安装工作是整个调校过程中比较重要的环节,很多的故障都源自于安装位置(包括反馈杆、反馈凸轮的安装位置和型号的选择)。安装定位器时一定要注意定位器的支架要牢固可靠,保证定位器与调节阀之间为刚性连接。反馈杆的位置也应符合该定位器厂商规定的标准范围内(各厂商都有不同的转角要求)。风管线的配置也要符合标准,选用与风管精密配合的卡套接头或快速接头,从而保证调节阀气源无泄漏。在接头密封时采用四氟乙烯带或固体、液体密封剂时要保证不要进入放大器内,在调节阀气源投用时应提前做好管线的吹扫工作(此项工作在新建装置的投运前尤为重要),并加装过滤器减压阀,保证压缩空气的干燥和清洁,可提高阀门定位器的使用寿命。因为现有智能式阀门定位器的气动放大器不同以往使用的气动和电—气阀门定位器的气动放大器,其结构多为紧密型压模封装(如ABB TZID-C)或采用压电阀结构(SIEMENS PS2)不可拆卸,一旦进入杂质将会堵塞放大器或使放大器损坏,导致无输出、输出振荡或无信号有输出现象导致无法正常工作。

另外,调节阀的阀杆安装长度、弹簧的预紧力大小、调节阀的额定风压及膜头尺寸都直接影响行程的大小,在安装前请首先确认调节阀开度大小是否满足额定行程或工作需要。

在使用BOOSTER时定位器都会出现振荡的现象,需要降低BOOSTER的灵敏度,直到振荡消除。

调节阀上装有辅助设施,如电磁阀等,在接线时一定要正确地连接电缆,切勿将24V或更高的电源压力接入到定位器的信号输入端子上,以免损坏定位器。特别要注意的是定位器工作环境的温度一般为-25~+80℃,超出这一范围将加速定位器内部元件的老化和损坏。

三、几种常用智能阀门定位器的调校方法

(一)西门子SIPART PS2系列智能阀门定位器

1. 定位器的校验

首先将定位器固定于执行机构上,并使用相应的配件连接反馈杆。此时,调节连接杆上驱

动销钉的位置，到达额定行程的位置或更高的一个刻度位置后用螺帽拧紧驱动销钉。连接相应的电气源，此时在定位器处于 P manual 方式，在显示屏上一行显示当前电位计的百分比电压值(P)，如图 2－43 所示，P37.5 显示屏下行 NOINI 在闪烁显示。

通过△和▽键移动执行机构达到每一个最终位置，来检查机械装置是否可在全部调整范围内自由移动。现在移动执行器，使反馈杆达到 50% 行程位置，显示屏将显示一个介于 P48.0 到 P52.0 之间的值。如果不是这种情况，调整摩擦夹紧单元直到杆水平并显示 P50.0 时为止。

1）直行程调节阀的自动初始化调校

(1) 首先，按住键 5s 以上进入组态菜单(图 2－44)，设备默认为直行程"WAY"，显示。

图 2－43　电位器百分比电压值

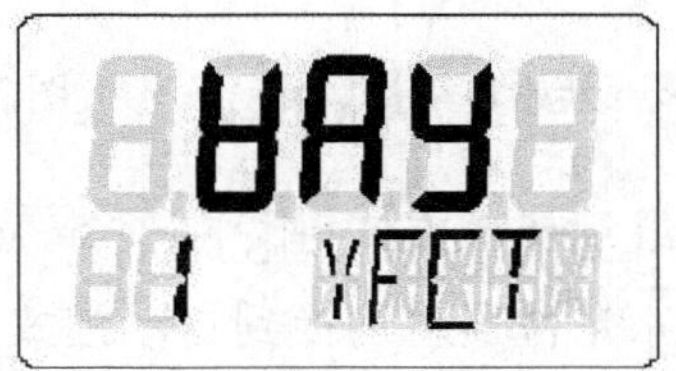

图 2－44　组态菜单

(2) 通过点击键，切换到第二个参数杠杆比率值设定显示(图 2－45)。

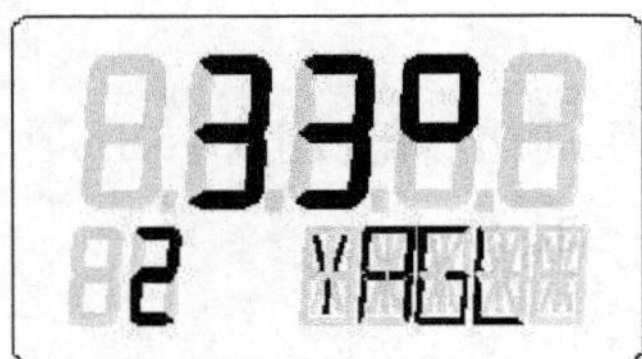

图 2－45　杠杆比率值

这里根据行程的长短，选择杠杆比率值的设定，行程为 20mm 以下选择 33°，行程为 20mm 以上选择 90°。

(3) 继续点击键，切换到第三个参数行程数值设定显示(图 2－46)。

注：这里如果希望初始化完成之后，显示行程数的话，点击△和▽键输入阀门的行程，否则阀门开度将以百分数的形式显示在液晶板上。

(4) 继续点击键，切换到第四个参数自动初始化显示(图 2－47)。

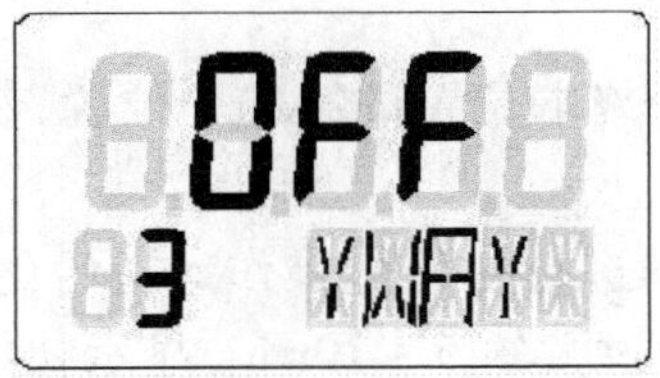

图 2－46　行程值设定

图 2－47　自动初始化菜单

按住△键超过5s,显示自动初始化开始(图2-48)。

初始化进行时,“RUN1”至“RUN5”,一个接一个出现于显示屏下行,经过大约10~15min,显示初始化完成(图2-49)。

此时,短促按压方式键,显示返回自动初始化菜单(图2-50)。

图2-48 开始自动初始化

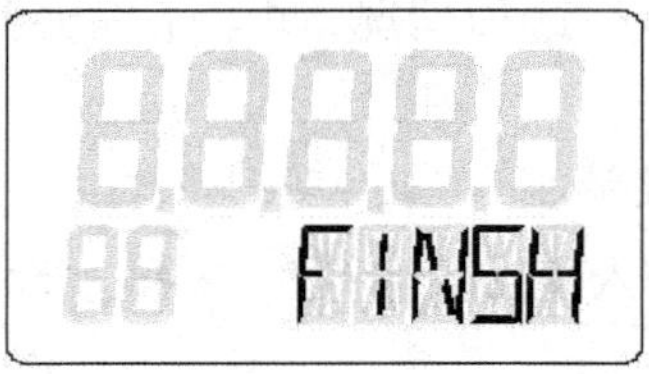

图2-49 自动初始化完成

图2-50 返回自动初始化菜单

(5)继续按压方式键超过5s,退出组态。此时,定位器将处于手动模式,继续短促按压方式键,定位器将切换到自动模式。

2)直行程调节阀的手动初始化调校

手动初始化与自动初始化调校步骤基本一致,其特点是不需硬性驱动执行机构到终点位置即可进行初始化,杆的开始和终止位置可手工进行设定。初始化剩下的步骤如同自动初始化一样自动进行。

手动初始化与自动初始化前三步设置相同。

此时,继续点击键,切换到第五个参数,显示手动初始化(图2-51)。

按住△键超过5s,显示手动初始化开始(图2-52)。

5s之后,显示改变为第一个终端位置(图2-53)。

图2-51 手动初始化菜单

图2-52 开始手动初始化

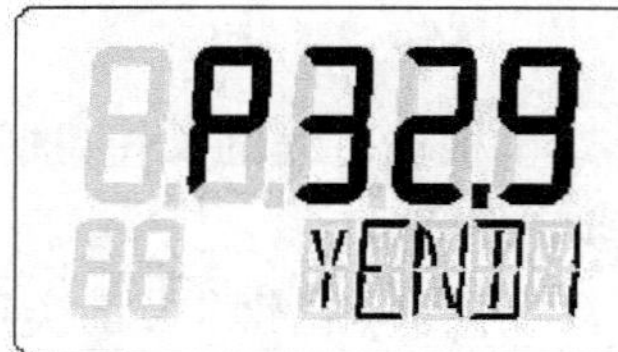

图2-53 第一个终端位置

按△键和▽键驱动执行机构到规定的两个终端位置的第一个位置,然后按键。用这种方法,当前位置被终点位置1取代并将切换到下一步。

同样,点击△键和▽键驱动执行机构到规定的两个终端位置的第二个位置,然后按键,显示第二个终端位置(图2-54)。

用这种方法,当前位置被终点位置2取代,并将自动进行初始化操作。初始化进行时,“RUN1”~“RUN5”,一个接一个出现在显示屏下行。经过大约5~10min,显示初始化完成(图2-55)。

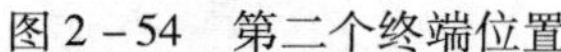
图 2－54 第二个终端位置

图 2－55 手动初始化完成

至此，手动初始化完成，点击键，退出手动初始化。继续按住键超过 5s，退出组态。此时，定位器将处于手动模式，点击键，定位器将切换到自动模式。

3）角行程调节阀的初始化调校

角行程定位器的初始化调校方法与直行程大体一致，只是第一个和第二个参数需要改动，其他过程均与直行程相同。

（1）首先，按住方式键 5s 以上进入组态菜单，设备默认为直行程“WAY”显示行程类型选择（图 2－56）。

点击▽键，将参数调整至“TURN”显示转角行程（图 2－57）。

（2）通过短按方式键，切换到第二个参数杠杆比率值设定，参数自动调整至“90°”显示（图 2－58）。

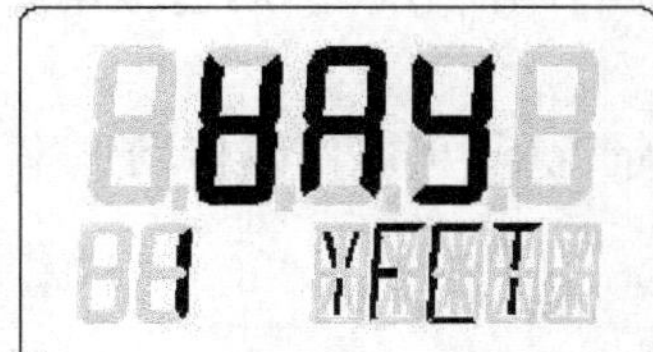

图 2－56 行程类型选择

图 2－57 转角行程显示

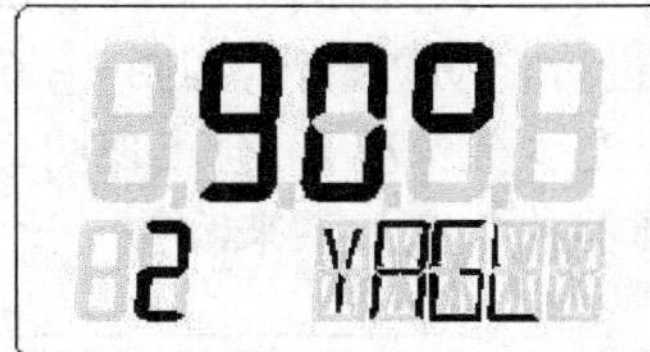

图 2－58 杠杆比率值设定

接下来的自动初始化及手动初始化步骤均与直行程定位器调校步骤相同，这里不做赘述。

在阀门定位器的初始化过程中，读者还可能需要进行电流范围调整、正反作用调整、定位器出厂化设置等功能。具体设置，请参考 SIPART PS2 6DR5 × × × － × ×系列智能阀门定位器组态目录。

2. 相关故障处理

在西门子定位器测初始化过程中，由于安装或者气源的问题，定位器无法完成初始化过程。总结起来通常会出现以下几种类型问题。

（1）初始化第一步（RUN1），出现“ERROR”如图 2－59 所示。

对于第一步出现 ERROR 故障，基本与定位器无关，需要从安装和气路等找原因，比如仪表风压太低，反馈没有拧紧，气路接反等。

（2）初始化第二步（RUN2），出现如图 2－60 所示故障。

对于上述故障，通过拨动“滑动夹紧装置调节轮”，使代码中出现“0”。P 后的开度值在 5 ~10 之间即可，然后退至第 4 步，进行自动初始化，如图 2－61 所示。

图 2－59　步骤一时错误显示

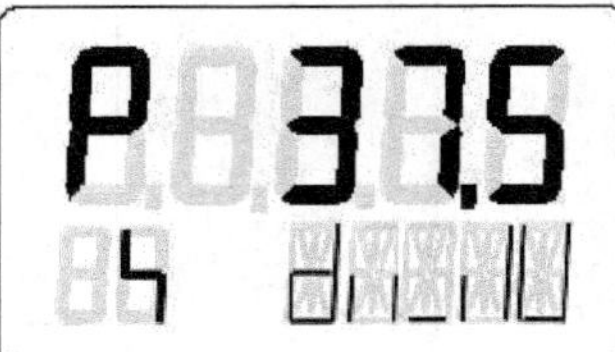

图 2－60　步骤二时错误显示

图 2－61　电压值百分比的正确范围

(3)初始化第二步(RUN2),出现“UP1”(图 2－62)。

对于上述故障,通过拨动“滑动夹紧装置调节轮”,使 P 后的开度值在 90～95 之间即可,如图 2－63 所示。

图 2－62　电压值百分比错误

图 2－63　正确的电压百分比值

对于角行程执行机构,底部出现“90_95”符号,不出现也不影响操作和精度,然后退至第 4 步,进行自动初始化,如图 2－64 所示。

在少数情况下,会出现图 2－65 所示交替出现的情况。在这种情况下,可以修改传动比率选择器的角度关系来改善。比如目前角度是 33°,将其改为 90°。

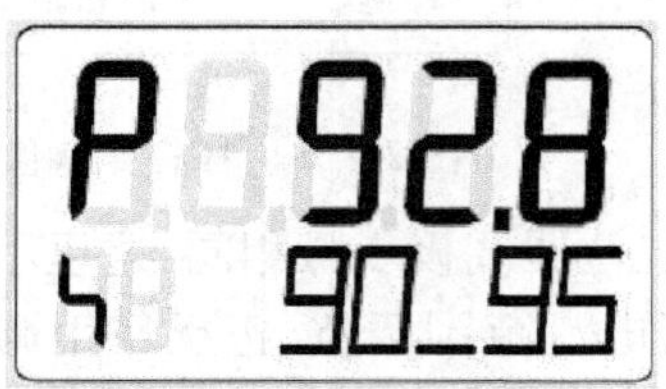

图 2－64　角行程时正确的电压百分比值

图 2－65　传动比率错误时的显示

(4)初始化第二步(RUN2),出现“MIDDL”(图 2－66)。

此时,实际阀位应在行程的两端,点击△键和▽键驱动执行机构到行程中间位置,然后退至第 4 步,进行自动初始化。

(5)初始化第二步(RUN2),出现“U－d <”(图 2－67)。

对于上述故障,通过拨动“滑动夹紧装置调节轮”,使 P 后开度值显示比较低的数值,或者将参数 2 的角度关系更改一下,然后退出重新初始化即可。

(6)初始化第三步(RUN3),出现“NOZZL”(图 2－68):

对于上述故障,定位时间太长,打开压电阀上的限流器到允许最高值。自动或手动方式只能向一个方向移动:压缩空气中含水,将定位器拆下放入 50 ~ 70℃的温箱中干燥。

(7)初始化过程中,出现“RANGE”(图 2 - 69):

出现以上代码的原因是由于所选终点位置超出允许的测量范围或者是测量跨度太小。这时通过调整滑动夹紧装置调节轮调整电位器显示值或调整反馈杆安装位置即可解决。

图 2 - 66 设置中间点位置

图 2 - 67 U - d < 错误显示

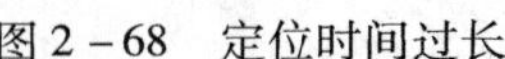

图 2 - 68 定位时间过长

图 2 - 69 超范围错误显示

(二)FISHER DVC6000 系列智能阀门定位器

1. DVC6000 进行自动行程检验的基本步骤

(1)确保 DVC6000 正确地安装在执行机构上。

(2)把 375 与 DVC6000 的通信线缆连接起来。

(3)给 DVC6000 提供 4 ~ 20mA 的电流,并给仪表供气。

(4)启动 375 手操器,进入仪表 Online(在线)菜单。

(5)把 DVC6000 仪表模式设置为 Out of Service(非投用状态)。

(6)利用 Setup Wizard(设置向导),对 DVC6000 进行基本设置。

(7)双作用执行机构需要对 DVC6000 的放大器进行调整。

(8)进行自动行程校验。

2. 使用 HART375 进行通信时菜单的使用说明

进入仪表 Online(在线)菜单。将 375 手操器与 DVC6000 的通信线路连接好,接线时注意信号发生器和 HART375 同时接到 LOOP 端子的“ + ”,“ - ”极上,并给仪表供电。打开 375 手操器,双击主菜单里的 HART Application(HART 应用)菜单,稍等片刻,如果 375 手操器可以找到仪表,它就会显示仪表的位号与该 HART 仪表的 Online(在线)菜单,如图 2 - 70 所示。如果 375 手操器找不到仪表,按照 375 手操器的提示解决问题,然后重新进入 HART 应用菜单。

1)Instrument Mode(仪表模式)

要设置校验仪表,Instrument Mode(仪表模式)必须处于 Out of Service(非投用状态)。要查看仪表模式,可以在 DVC6000 仪表的 Online(在线)菜单里或其他菜单里,选择 Instrument Mode(仪表模式),如果仪表模式为 In Service(投用状态),则在菜单里选择 Out of Service(非投用状态),并按 ENTER(回车),就可以把仪表设置为 Out of Service(非投用状态)。

2)Setup Wizard(设置向导)

在 DVC6000 仪表的 Online(在线)菜单里,选择 Configure/Setup(组态/设置),进入界面(图 2-71)。

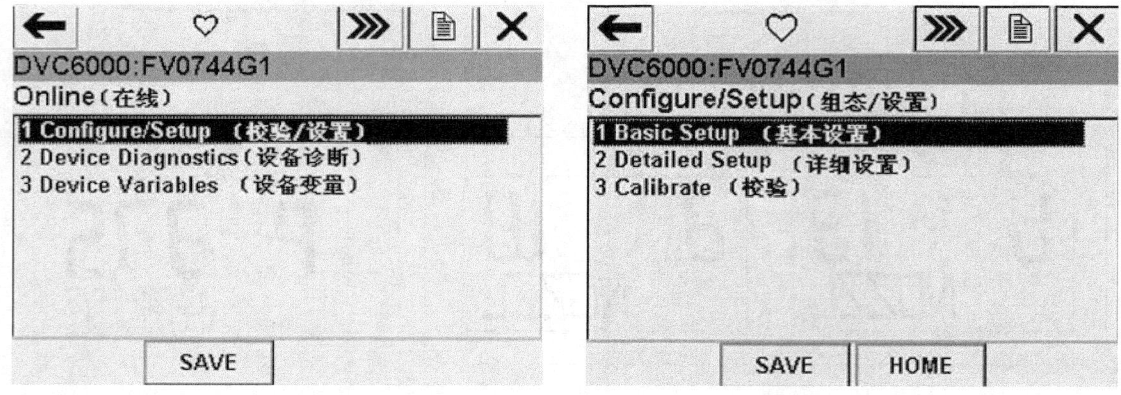

图 2-70 HART 仪表在线菜单

图 2-71 Configure/Setup(组态/设置)

选择 Basic Setup(基本设置),进入界面(图 2-72)。

再选择 Setup Wizard(设置向导),然后根据 375 手操器屏幕上的提示,按照下面的步骤对仪表进行设置。选择 Tvl/Pressure(行程/压力控制模式)如图 2-73 所示,推荐使用 Tvl/Press Man Recv(行程/压力手动复位),点击 ENTER(回车)。

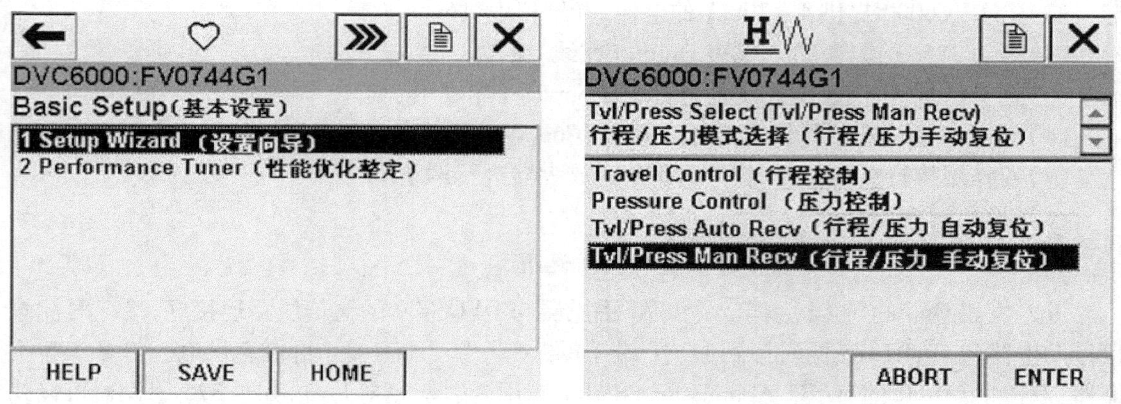

图 2-72 Basic Setup(基本设置)

图 2-73 Tvl/Pressure(行程/压力控制模式)

选择您需要的 Pressure Units(压力单位)如图 2 - 74 所示,点击 ENTER(回车)。

输入仪表 Max Supply Pressure(最大气源压力)如图 2 - 75 所示,请查询执行机构铭牌或规格表来填写,然后点击 ENTER(回车)。

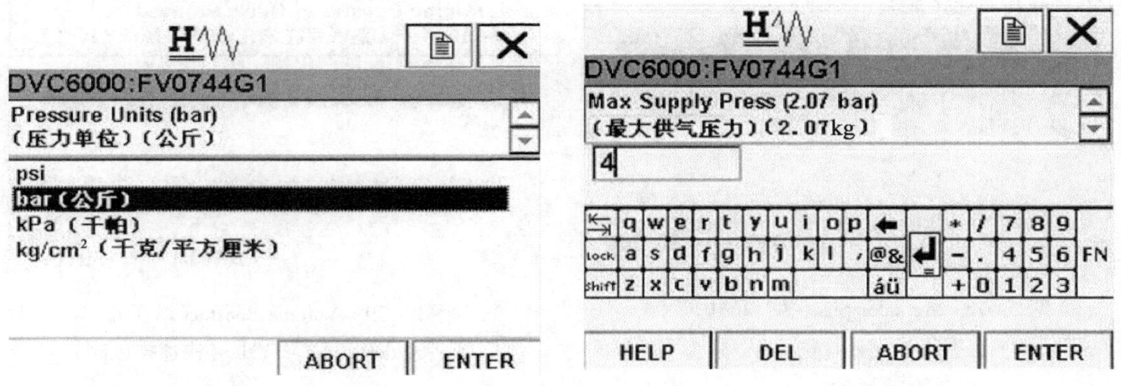

图 2 - 74 Pressure Unit(压力单位)

图 2 - 75 Max Supply Pressure(最大气源压力)

选择仪表所安装的 Actuator Manufacturer(执行机构制造商)如图 2 - 76 所示,点击 ENTER(回车)。如果使用的执行机构未在列表中,则选择 Other(其他),并参照其他厂家执行机构参数的设置。

选择 Actuator Model(执行机构型号)如图 2 - 77 所示,在执行机构铭牌上可以找到如果执行机构型号,未出现在列表中,选 Other(其他),点击 ENTER(回车)。

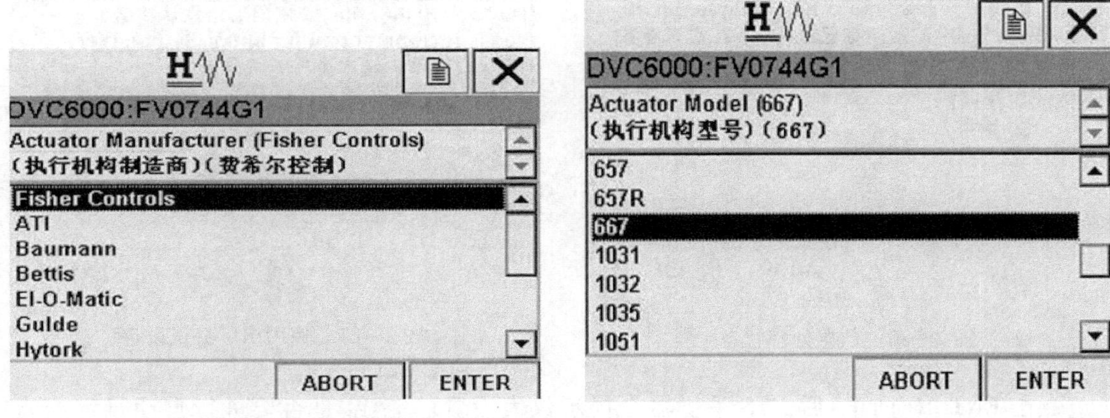

图 2 - 76 Actuator Manufacturer(执行机构制造商)

图 2 - 77 Actuator Model(执行机构型号)

选择 Actuator Size(执行机构尺寸)如图 2 - 78 所示,在执行机构铭牌上能够找到执行机构的大小,点击 ENTER(回车)。

如果阀门组件中存在 Volume Booster(增压器)或者 Quick Release Valve(快速排放阀)如图 2 - 79 所示,请选择 Yes(是),如果没有,就选择 No(否)。然后点击 ENTER(回车)。

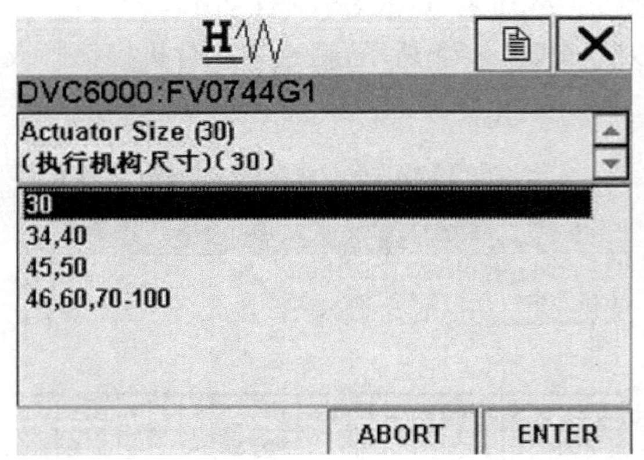

图 2-78 Actuator Size(执行机构尺寸)

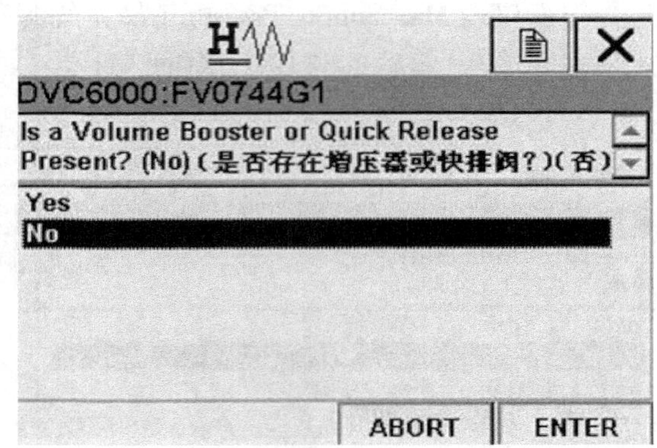

图 2-79 Volume Booster(增压器)或者 Quick Release Valve(快速排放阀)

如果填写完毕无误,选择 Send(发送),点击 ENTER(回车)如图 2-80 所示,把前面输入的数据发送至仪表,如果需要修改,点击 Edit(编辑)。

稍等片刻,屏幕会提示是否对 DVC6000 的其他组态参数使用工厂缺省设置。如果您选 Yes(是),375 手操器会把工厂缺省值下载到 DVC6000 里去。如果选择 No(否),则会保留 DVC6000 的当前设定值,如图 2-81 所示。

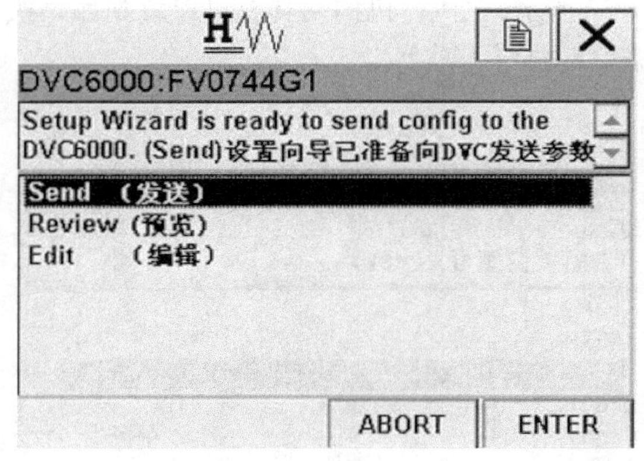

图 2-80 数据处理状态

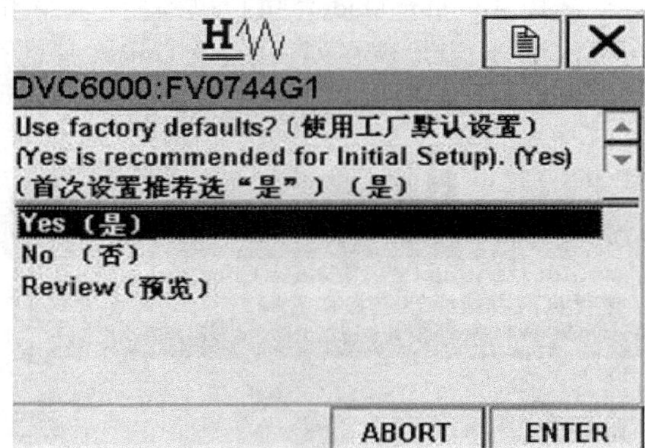

图 2-81 使用出厂默认设定

点击 ENTER(回车)后,375 手操器会提示仪表设置已完成,是否要进行自动行程校验?点击 OK,可以直接开始自动行程校验,如图 2-82 所示。

设置向导是根据所选择的执行机构的制造商以及型号来自动设置某些参数。如果您所使用的执行机构不在列表上且选择 Other(其他)作为执行机构的制造商及其型号,那么设置向导会提示您按照如下步骤输入参数:

(1)Actuator Style(执行机构类型)如图 2-83 所示,选择合适的执行机构类型,然后点击 ENTER(回车),进行下一步设置。

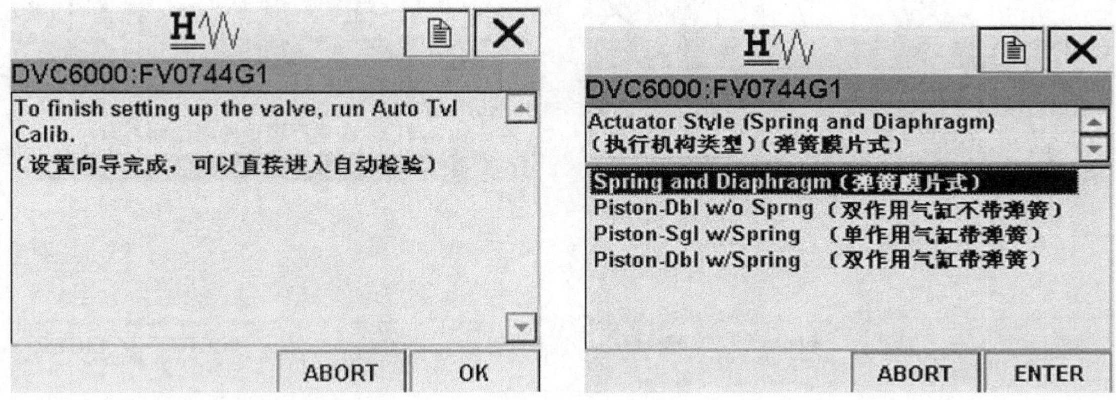

图 2 – 82　提示是否进行初始化

图 2 – 83　执行机构类型选择

(2) Valve Style(阀门类型)——选择合适的阀门类型，然后点击 ENTER(回车)，进行下一步设置，如图 2 – 84 所示。

(3) Zero Pwr Cond(断电时阀门位置)——选择 DVC6000 断电时，阀门的位置，即阀门失气时的位置，然后点击 ENTER(回车)，进行下一步设置，如图 2 – 85 所示。

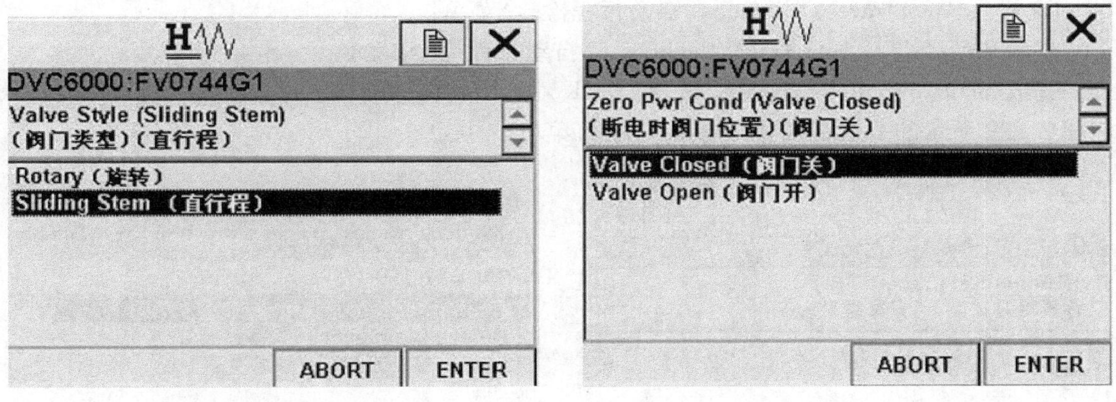

图 2 – 84　阀门类型选择

图 2 – 85　断电时阀门位置

(4) Feedback Conn(反馈连接类型)——选择 DVC6000 的反馈机构的类型，通常，如果是 DVC 的型号为 DVC6010，且安装在行程小于 4in 的直行程执行机构上，应该选择 SStem – Standard(直行程—标准)。否则应选择 Rot – All，SS – Roller(旋转式—全部，直行程—滚轮)。然后点击 ENTER(回车)，进行下一步设置，如图 2 – 86 所示。

(5) Travel Sensor Motion(行程传感器旋转方向)屏幕会提示您是否要让阀门动作以确定行程传感器的旋转方向。如果您选择 Yes(是)，仪表会自动让阀门走全行程以确定行程传感器的旋转方向。如果您选择 No(否)，那么您需要选择当执行机构输入气压信号增加时行程传感器的旋转方向：Count – clockwise(逆时针)或者 Clockwise(顺时针)，然后点击 ENTER(回车)，进行下步设置，如图 2 – 87 所示。

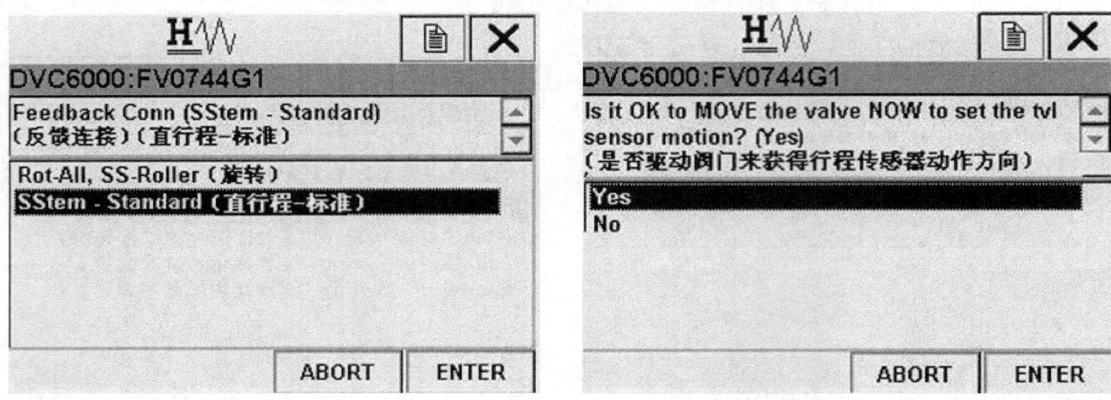

图 2-86 反馈类型选择　　　　图 2-87 行程传感器旋转方向

(6)Tvl Tuning Set(行程整定参数组)选择合适的整定参数组。如果不知道哪一组整定参数最合适时,请暂时先用一组较慢的整定参数,如 C 或 D,然后进行校验。在校验完成后,运行 Performance Tuner(性能整定)来获得一组优化的整定参数。点击 ENTER(回车)后,按照步骤进行。如果校验结束后定位器出现喘振,那么适当调小行程增益设定,如图 2-88 所示。

(7)Auto Travel Calibration(自动行程检验):

① 进入 Auto Travel Calibration(自动行程检验)菜单:

有两个途径进入 Auto Travel Calibration(自动行程检验)菜单:

完成 Setup Wizard(设置向导)后,点击 OK 就可以直接开始自动行程校验。也可以先进入如图 2-89 所示的 DVC6000 的 Online(在线)菜单。

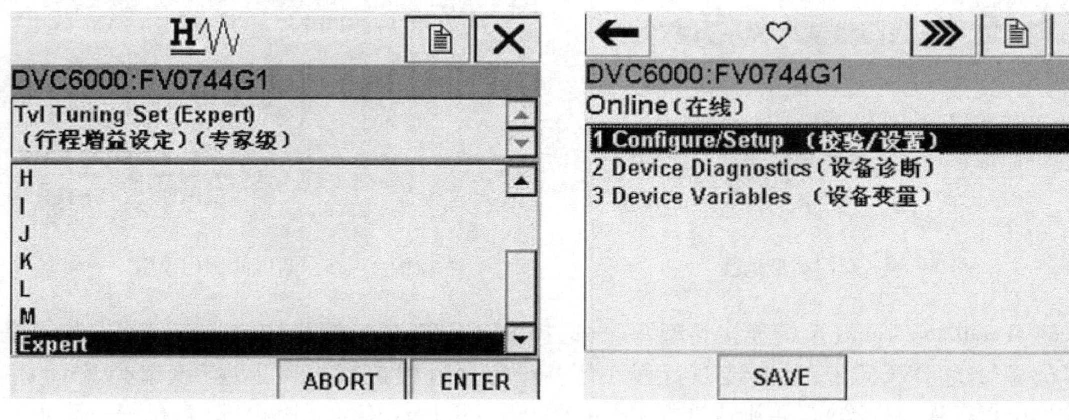

图 2-88 行程整定参数组　　　　图 2-89 online 菜单

再点击 Calibrate/Setup(校验/设置),进入如图 2-90 所示菜单。

点击 Travel Calibration(行程检验),进入如图 2-91 所示菜单。

进入 Auto Tvl Calib(自动行程校验),就可以开始自动行程校验。开始自动行程校验的第一个界面会出现一个警告。由于自动校验过程中阀门全开或全关,所以 375 会提示校验过程会引起阀门的突然动作,选择 Yes(是),点击 ENTER(回车),进入下一步。

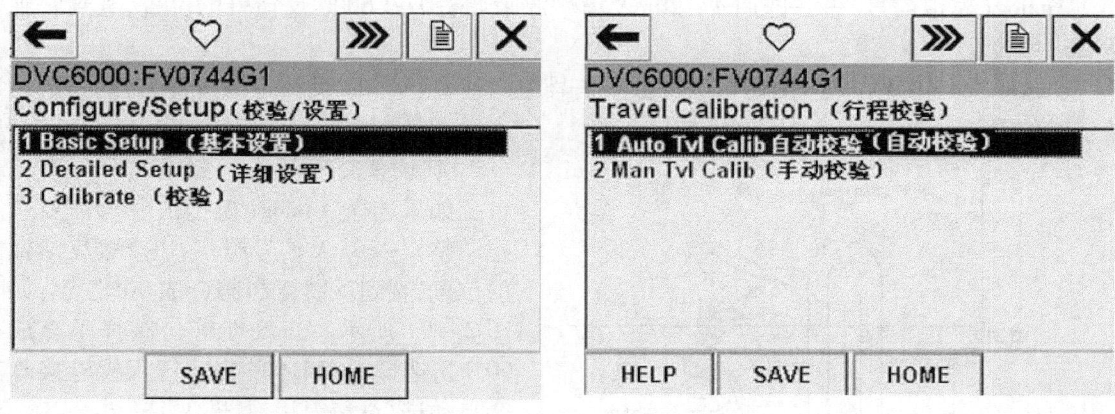

图 2-90 校验设置菜单　　图 2-91 行程校验菜单

如果在设置时选择的 Feedback Connection(反馈连接)是 Rotary - All(旋转式—全部),则校验过程会自动完成,不需要人工干预。当 Feedback Connection(反馈连接)是 SStem - Standard(直行程—标准型)时,375 手操器会要求用户对 DVC6000 的反馈臂进行交叉点调整。反馈臂的交叉点调整是为提高阀门控制精度而设计的。

② Select Crossover Adjust(选择交叉点调整方式):

屏幕会提示进行何种调整方式,有三个选项,如图 2-92 所示。

Manual(手动)——如果第一次校验该阀门,推荐选择 Manual(手动),手动调整反馈臂的交叉点。选择 Manual(手动),点击 ENTER(回车),需要进行一些人工操作。

Last Value(上次值)——DVC6000 会储存上次调整过的交叉点的位置。选择此项,就通知仪表会使用上次储存的位置,校验会自动进行。

Default(缺省值)——选择此项,一个工厂缺省的交叉点会被发送到仪表,且行程的校验过程会自动进行。

③ Select Crossover Adjustment Source(选择交叉点调整信号源):

交叉点调整的信号源有两个选项,如图 2-93 所示。

图 2-92 交叉点调整方式

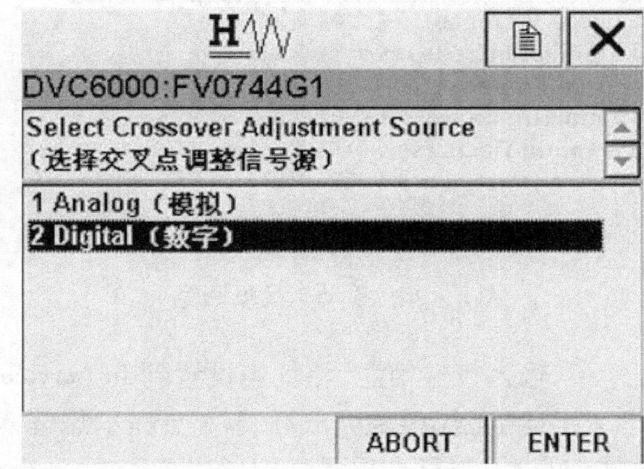

图 2-93 选择交叉点调整信号源

Analog(模拟信号)——即用4~20mA信号源来调整DVC6000反馈臂的位置,直到它到达要求的位置。

Digital(数字信号)——即用HART数字信号来调整DVC6000反馈臂的位置,直到它到达要求的位置。

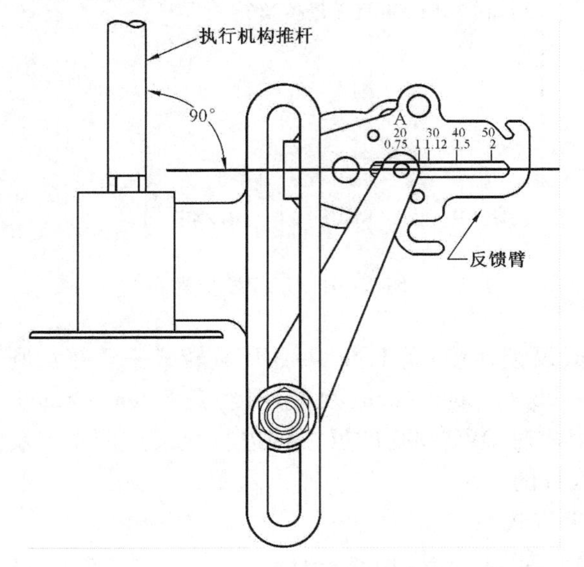

图2-94 反馈臂位置

④ 调整交叉点:

如果选择Analog(模拟信号),需要一边调整4~20mA信号源,一边观察反馈臂的位置,直到反馈臂与阀杆成90°位置,如图2-94所示。当反馈臂与阀杆垂直成90°时,选择DONE(完成),行程校验接着会自动进行,稍等片刻,进入下一步。

如果选择Digital(数字信号),选择增加或减小,可以使得反馈臂的位置升高或降低。当反馈臂与阀杆垂直成90°时,选择Done(完成),行程校验接着会自动进行,稍等片刻,进入下一步,如图2-95所示。

⑤ 校验Pressure Range(压力范围):

行程校验完成后,进入图2-96所示菜单,375手操器会提示是否需要设定DVC6000的输出压力范围。如要使用压力控制模式,则必须进行压力范围校验,选择Yes(是),进行压力范围校验。

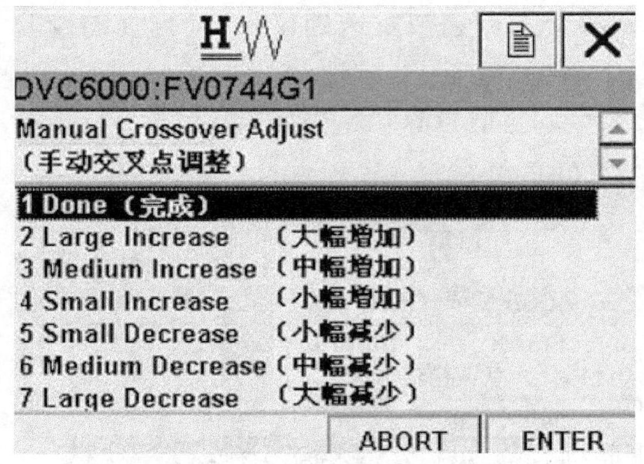

图2-95 手动交叉点调整

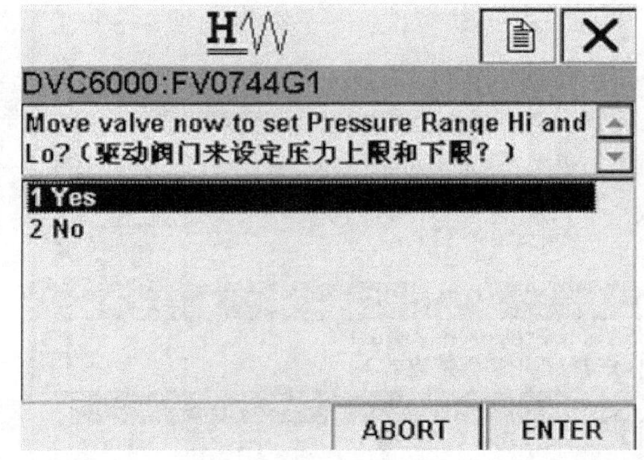

图2-96 压力范围设定

⑥ 输入校验信息,将仪表设置到In Service(投用状态):

当压力范围校验完成后,375会提示您输入校验的时间、地点,以及校验人员名字。输入这些信息后,屏幕会提示您把仪表置于In Service(投用状态)。如果您不需要进行其他校验工作,就选择 OK,把仪表设置到 In Service(投用状态),进入下一步。如果还要进行其他操作,如 Performance Tuner(性能优化整定)或 Stabilizing/Optimizing ValveResponse(稳定/优化阀门响应),应该依旧保持仪表的 Out of Service(非投用状态)。

⑦ 检查校验后阀门线性度:

把仪表设置到 In Service(投用状态)后,可以给仪表一些输入信号,比如 0%,25%,50%,75%,100% 等来检查校验后阀门的线性度和对控制信号响应的准确度。至此,阀门定位器的基本设置和自动校验完成了。

(三)YAMATAKE(山武)SVP3000 系列智能阀门定位器

1. 安装注意事项

直行程反馈杆转角 ±20°,超出转角定位器将不能正常工作。

风管线(选用软管)连接后,旋转手动 M/自动 A 切换旋钮至手动位置。调整减压阀压力使阀开度为 50%,此时调整定位器位置使反馈杆成水平位置。固定好定位器,恢复风压至工作压力,将手动 M/自动 A 切换旋钮旋转至自动位置。如果只进行简单初始化可在定位器本体上进行。

2. 校验

1)自动检测

给定电流信号为 18 ±1mA。用一字螺丝刀向"UP"或"DOWN"方向转动定位器上方的旋钮或按"UP"或"DOWN"键保持 3s 直至阀门动作自整定开始,松开按钮。

阀门自动进行全行程开—关来回两次,然后在大约 50% 开度处稍作停留,最终停留在对应输入信号 18 ±1mA 位置,整个过程大约 3min。

2)零位量程调整

(1)零位调整。

输入 4mA 信号,检查零点,若有偏差,用一字螺丝刀向"UP"方向转动定位器上方的旋钮或按"UP"键反阀杆向上,反馈杆向上。

用"一"字螺丝刀向"DOWN"方向转动定位器上方的旋钮或按"DOWN"键反馈杆向下,阀杆向下,使零点到合适位置。

(2)量程调整。

输入 20mA 信号,检查量程,若有偏差,用一字螺丝刀向"UP"方向转动定位器上方的旋钮或按"UP"键反阀杆向上,反馈杆向上。

用一字螺丝刀向"DOWN"方向转动定位器上方的旋钮,或按"DOWN"键反馈杆向下,阀杆向下,使量程到合适位置。

注意:在调整零点量程以后不要急于断电,保持 4 ~20mA 信号等待 20s 后再断电,用来保存整定后的数据。

3. YAMATAKE SVP3000 智能阀门定位器的一般故障处理

当检测和处理故障时需要配备 SFC 或 HART275。在与 SFC 通信时应串联 250Ω 电阻。

1)SVP3000 智能阀门定位器不工作

输入信号低于 3. 8mA,反馈转角超出 ±20°,适当增加反馈杆长度。

通信器中执行器的型号不匹配,一般设置为 PARAM0。

检查自动/手动开关是否处于自动位置。

2)阀门工作振荡

将摩擦系数设定值增加为重 HEAVY,然后将执行机构的尺寸减小,一般设置为 PARAM0。在使用一段时间后在定位器的挡板上会出现污物,将影响定位器的工作,这时需清洗挡板,准备厚度为 0.2mm 的硬纸片,拆下定位器后端的保护罩将纸片深入伸入喷嘴和挡板之间进行清洁。清洁结束后还要对 EPM 进行平衡调整。加入额定的气源压力并将输入信号设定为 50% 使用 SFC 观察 EPM 的驱动信号,用手调整在放大器与机体之间的一个白色齿轮,将 EPM 驱动信号调整 50% ±5% 的位置。

(四)ABB TZID – C 智能阀门定位器校验步骤

1. 安装

直行程:反馈杆转角应在 –28° ~ +28°。

角行程:反馈杆转角应在 –57° ~ +57°。

安装完毕后,按下 Mode 键点击↑键(或↓)到显示 1.3,长按 Enter(屏幕显示 3、2、1、0 后松开)。系统自动校验工作角度应控制在 0° ~100°。安装时应注意反馈杆的位置和行程驱动钉的位置,应使阀门 50% 行程时反馈杆水平,使行程驱动钉插入的标尺位置对应调节阀额定行程。否则初始化将会失败。

2. 组态

按住↑ + ↓,在点击 Enter(显示 3、2、1、0、finish),松开按钮进入组态模式。此时显示 P1.0 进入线性(LINEAR)和转角(ROTARY)状态,根据需要按↑键(或↓)选定其中一种模式。

3. 自动检测

按住 Mode + ↑至 P1.1 后松开,按住 Enter 显示 3、2、1、0。进入调整状态(10、20、30、…120、…200)当显示 COMPLETE(完成),此时点击↑键自整定结束。

4. 储存

按住 Mode + ↑(或↓)选择 P1.4NV – SAVE 模式,按住 Enter 显示 3、2、1、0 松开,退出组态模式。此时按住 Mode + ↑(或↓)至 1.1 模式即可自动操作。在每项主菜单下都有一项是保存设置为该主菜单下子菜单的最后一项。

5. 修改正反作用

按住 Mode + Enter 键,点击↑键(或↓)进入 P2.0;按住 Mode 点击↑键选择 P2.3,正作用选择(DIRECT)或反作用选择(REVERSE);按住 Mode + ↑选择 P2.7 退出,按 Enter 保存退出。

6. 分程控制

按住 Mode + Enter 键,点击↑键(或↓)进入 P2.0 模式,该模式为信号下限,出厂设置为 4mA。可根据需要,通过↑键(或↓)增加或减小下限信号值。按住 Mode + Enter 键,点击↑键(或↓)进入 P2.1 模式,该模式为信号上限,出厂设置为 20mA。

根据需要，通过↑键(或↓)增加或减小上限信号值。按住 Mode + ↑ 选择 P2.7，按 Enter 保存退出。

7. 修改旋转方向

按住 Mode + Enter 键，点击↑键(或↓)进入 P3.0；按住 Mode 点击↑键选择 P3.2，将旋转方向设定为顺时针(CLOCKW)，逆时针(CTCLOCKW)。

按住 Mode + ↑ 选择 P3.3，按 Enter 保存退出。

8. 行程范围设定

按住 Mode + Enter 键，点击↑键(或↓)进入 P3.0 模式，该模式为最小行程界限设定，可从 0…100% 进行修改，出厂值为 0%。按住 Mode + Enter 键，点击↑键(或↓)进入 P3.1 模式，该模式为最大行程界限设定，可从 0…100% 进行修改，出厂值 100%。

此项功能可以使阀门开关限位达到工艺要求，但在较重要场合不要设置此项功能。从安全上考虑使用定位器对调节阀进行限位存在不稳定因素，要使用可靠的机械限位。

按住 Mode + ↑ 选择 P3.3，按 Enter 保存退出。

9. 重新启动

在没进入组态模式前同时按住 Mode + Enter + ↑ + ↓ 四个键，显示 5、4、3、2、1、0，即可进入重新启动状态，恢复到出厂设置。

注意：上述操作步骤均需要进入组态模式后进行操作。按住 ↑ + ↓，在点击 Enter(显示 3、2、1、0、finish)后进入组态。每当保存结束后系统自动退出组态模式，如需要自动给定信号则按住 Mode + ↑(或↓)至 1.1 模式即可自动操作。

10. ABB TZID - C 一般故障的处理

(1)若定位器有信号无输出时要首先检查供气压力是否正常。

(2)当屏幕显示 ERROR10 时指示电源压力中断或大于 20ms。当屏幕显示 ERROR11 时指示电源压力下降低于最小压力。出现这两项错误时要检查信号线的配置。使用信号发生器校验时要选择输出电压大于 5V 的型号。

(3)当屏幕显示 ERROR12 时指示位置传感器出现故障，这时要用手动操作模式检查定位器的转角是否在 0° ~ 100°，相应调整定位器的安装位置。

第三节 执行器的测试与安装

一、执行器的测试

调节阀在出厂前要进行有关性能的测试，一般分为产品的出厂检验项目和形式的测试项目。出厂检验项目是产品出厂时应达到的性能检验，主要指标包括各项静特性(基本误差、始终点偏差、额定行程偏差、回差、死区、重复性、再现性误差等项)，还有气密性、密封性、泄漏性、耐压强度和外观等项。形式测试是为了提高产品质量和研究、开发产品时所确定的试验项目，例如，额定流量系数试验、流量特性试验、压力恢复系数试验、响应特性、阶跃过渡过程试验、噪声试验等。

(一)静特性测试

1. 静特性的各项指标

静特性是指阀门行程和输入信号之间的静态关系,因此也称为静态特性。下面是各种静特性的基本定义。

1)基本误差

在规定的参比条件下,实际行程的特性曲线与规定行程的特性曲线之间的最大差值称为基本误差。

2)始点、终点偏差

始点偏差也称为零点误差,终点偏差也称为终点误差。仪表在规定的使用条件下工作时,当输入是信号范围的上、下限值时,调节阀的相应行程值的误差称为始点、终点偏差。始点、终点偏差用调节阀额定行程的百分数表示(图2-97)。

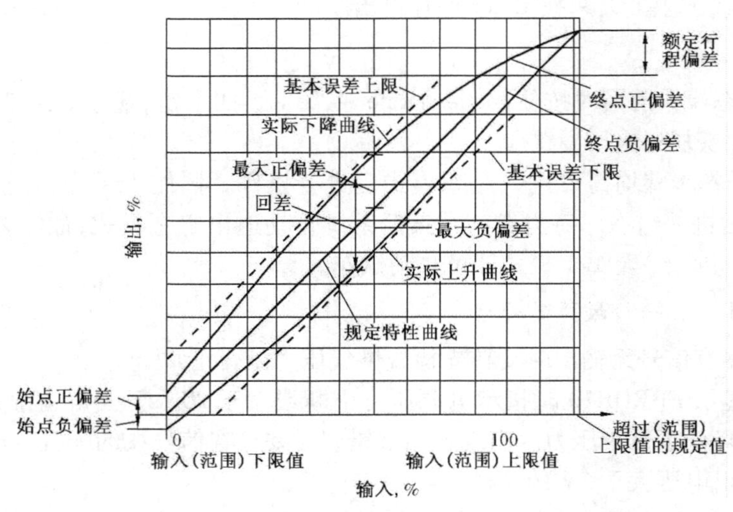

图2-97　静特性偏差

3)额定行程偏差

仪表在规定的使用条件下工作时,输入超过信号范围上限值的规定值时的误差称为额定行程偏差。

4)回差

同一输入信号上升和下降的两个相应行程值间的最大差值称为回差。

5)死区

输入信号正反方向变化不一致引起行程有任何可觉察变化的有限区间称为死区(图2-98)。

6)重复性

在同一工作条件下,对同一输入值按同一方向连续多次测量的输出值间的一致程度称为重复性。重复性能表示仪表随机误差的大小。调节阀的重复性是用全范围内各输入值所测得的最大重复性误差来确定的。重复性不包括回差及滞环(图2－99)。

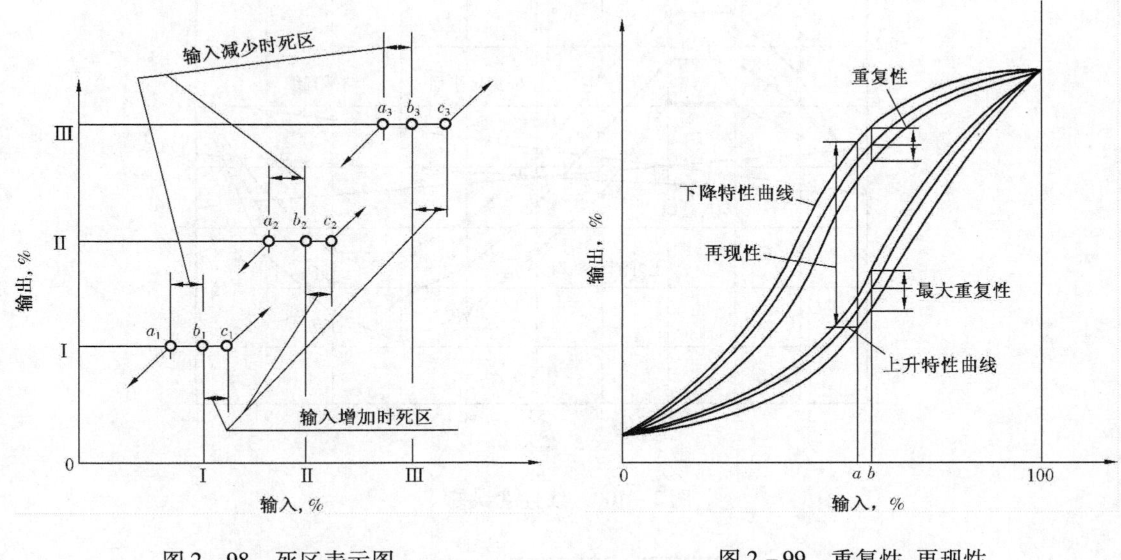

图2－98 死区表示图　　图2－99 重复性、再现性

7)再现性

在相同的工作条件和规定时间内,对同一输入值从两个相反方向上重复测量的输出值之间的一致性程度称为再现性(图2－99)。再现性包括死区、滞环、漂移和重复性。再现性由全范围内同一输入值重复测量的相应上升和下降的输出值之间的最大差值确定,并以量程的百分数表示。

8)线性度误差

校准曲线与适当的直线(独立直线、零基直线、端基直线)之间的最大偏差为线性度误差。在整个输入信号范围内,对上升和下降的两个方向进行两次以上的测定,在各个输入信号的测定点,求出各数据的平均值,用这些点画出来的平均曲线和直线之间的最大差值就是线性度误差。

图2－100中独立直线不连接上、下限,靠近曲线并使最大正、负偏差减至最小而且相等;零基直线连接上限值,靠近曲线并使最大正、负偏差减至最小而且相等;端基直线连接上、下限值。这样,线性度误差可分为独立线性度误差、端基线性度误差和零基线性度误差。

2. 静特性的测试装置及测试方法

图2－101所示为调节阀静特性的测试系统。供给气动执行机构或气动阀门定位器的气压信号可利用气动定值器设定,设定值从标准的压力表中读得。如果配用电气阀门定位器时,电流信号由直流电源稳压器设定,可由标准电流表知道电流的大小。

测试步骤如下:

(1)试验时,输入信号在正、反两个方向上缓慢变化时,让阀门在全行程(直线或转角)范围的动作连续、平稳。

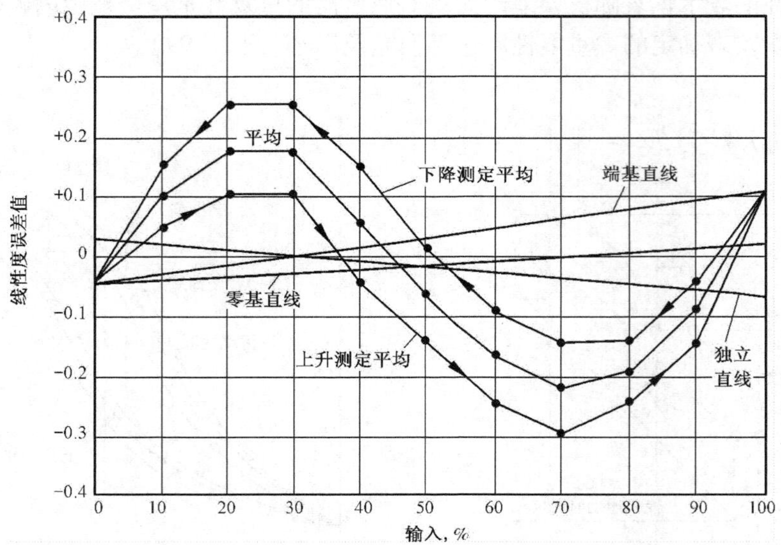

图 2 - 100　线性度误差

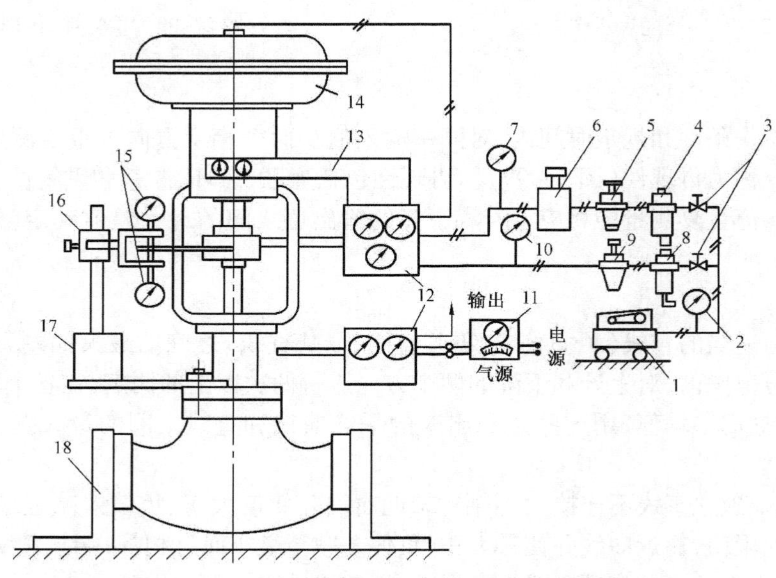

图 2 - 101　气动调节阀的静态特性测试原理图

1—空气压缩机;2、7、10—压力表;3—截止阀;4、8—过滤器;5、9—减压阀;6—气动定值器;11—直流电源稳压器;12—气动阀门定位器(或电气阀门定位器);13—定位器安装板;14—气动执行机构(或电动执行机构、气动或电动调节阀);15—千分表(或百分表);16—千分表架;17—磁性吸铁盘;18—调节阀固定台

(2)输入信号只能单向增大或减小,不允许输入信号超过设定点后又返回设定点。

(3)行程测定以阀芯全关位置作为基准。

(4)输入信号的测试设定点在全行程范围的 5%、10%、20%、…90%、100% 处,反向时为

100%、90%、…20%、10%、5%处，也可以按规定减少被测量点，但除非另有规定，试验点至少要包括信号范围的0%、25%、50%、75%、100%%五个点。

(5)按规定的次数测试之后，计算各种静特性的偏差值：

$$\text{基本误差}=\frac{\text{测试点的实测行程值}-\text{该测试点的理论行程值}}{\text{额定行程值}}\times 100\%$$

$$\text{始点偏差}=\frac{\text{输入信号为下限值时的实测行程}}{\text{额定行程}}\times 100\%$$

$$\text{终点偏差}=\frac{\text{输入信号为上限值时的实测行程}}{\text{额定行程}}\times 100\%$$

$$\text{额定行程偏差}=\frac{\text{输入信号超过上限值时的实测行程}-\text{额定行程}}{\text{额定行程}}\times 100\%$$

$$\text{回差}=\frac{\text{阀门开启方向某测试点的实测行程}-\text{阀门关闭方向该测试点的实测行程}}{\text{额定行程}}\times 100\%$$

$$\text{重复性}=\frac{\text{某方向某测试点的最大实测行程}-\text{同方向该测试点的最小实测行程}}{\text{额定行程}}\times 100\%$$

$$\text{再现性}=\frac{\text{阀门开启方向某测试点的实测行程}-\text{阀门关闭方向该测试点的实测行程}}{\text{额定行程值}}\times 100\%$$

$$\text{线性度误差}=\frac{\text{最大正(负)偏差}}{\text{额定行程值}}\times 100\%$$

$$\text{死区}=\frac{\text{某测试点的输入信号值}-\text{输出量有可见变化时的输入信号实测值}}{\text{输入信号范围}}\times 100\%$$

图2-102所示为电动执行机构的测试装置，其测试线路图如图2-103所示，可以进行电动执行机构的基本误差、回差、灵敏度、阻尼特性、输出力矩性能的测试。

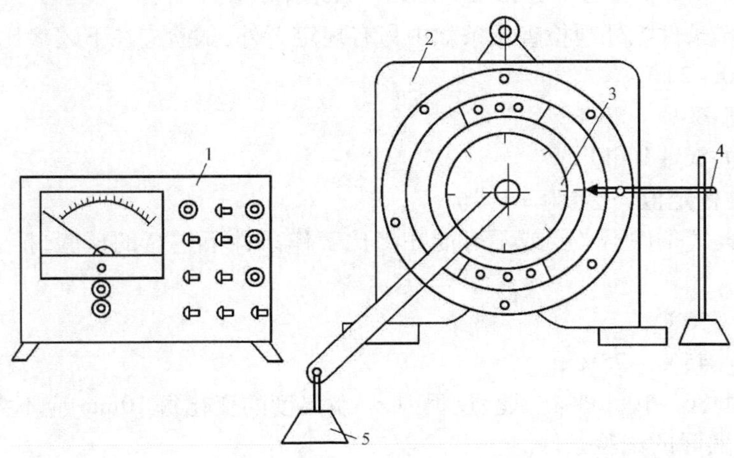

图2-102 电动执行机构测试原理示意图

1—电动执行机构检测仪；2—电动执行机构；3—量角器；4—指针；5—砝码

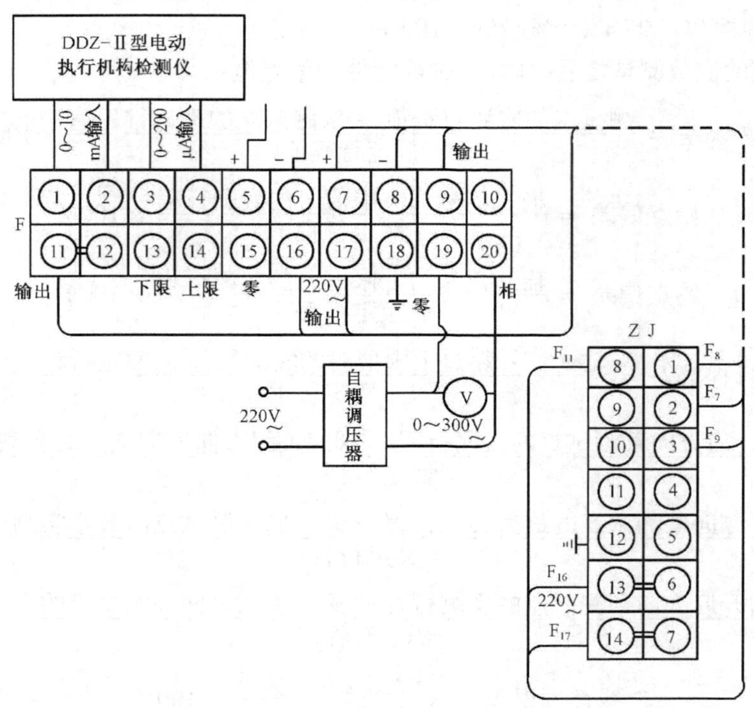

图 2-103 电动执行机构测试线路

3. 国家标准的有关规定

1)试验条件及说明

试验条件及说明,参照 GB/T 4213—1992《气动调节阀》。

(1)参比工作条件除外观检查及条款中另有规定者外,试验应在下述参比条件下进行:

① 温度:(20 ±2)℃;

② 相对湿度:60% ~70%;

③ 大气压力:86 ~106kPa;

④ 气源压力额定值,允差为 ±1%。

(2)推荐的大气条件不必要或不可能在参比工作条件下进行的试验,推荐在下述大气条件下进行:

① 温度:15 ~35℃;

② 相对湿度:45% ~75%;

③ 大气压力:86 ~106kPa 在试验过程中,环境温度的变化每 10min 应不大于 1℃,并需在试验报告中注明实际的试验条件。

2)静特性的规定

静特性的规定(见表 2-2)。

表 2-2 一些静态特性的规定偏差

项目			不带定位器					带定位器				
			A	B	C	D	E	A	B	C	D	E
基本误差限			±15	±10	±8	±6	±5	±4	±2.5	±2.0	±1.5	±1.0
回差			10	8	6	5	3	3.0	2.5	2.0	1.5	1.0
死区			8	6	5	4	3	1.0	1.0	0.8	0.6	0.4
始终点偏差	气开	始点	±6.0	±4.0	±4.0	±2.5	±2.5	±2.5	±2.5	±2.0	±1.5	±1.0
		终点	±15	±10	±8	±6	±5					
	气关	始点	±15	±10	±8	±6	±5					
		终点	±6.0	±4.0	±4.0	±2.5	±2.5					
额定行程偏差		调节型(金属密封)	+6	+4	+4	+2.5	+2.5	+2.5	+2.5	+2.5	+2.5	+2.5
		调节型(弹性密封) 切断型	实测行程大于额定行程									

注:1. 表中A类适用于特殊密封填料和特殊密封形式的调节阀;E类适用于一般单、双座的调节阀,B、C、D类适用于各种特殊结构形式的特殊用途的调节阀。

2. 弹簧压力范围在20~100kPa、40~200kPa和60~300kPa以外的调节阀只考核始点、终点偏差及额定行程偏差,切断型调节阀只考核额定行程偏差。

(二)气密性测试

1. 气密性的定义

薄膜式和活塞式执行机构的气室,在保证的试验气压下,在规定的时间内不漏气的性能称为气密性。

2. 气密性试验装置

进入执行机构气室的空气,一旦泄漏之后,就会消耗空气,消耗动力,而且空气压力不能保持给定值,使执行机构的推力减小,动作缓慢,因此,对气密性进行严格检查十分必要。气密性测试装置如图2-104所示。空气压缩机用于供气,空气经过滤器4过滤之后才被送到执行机构。利用大功率减压阀来设定供给执行机构8的试验压力,压力表7可读出压力值。当截止阀关闭之后,可封闭执行机构的空气压力,在规定时间内,不允许压力的降低量超过规定值。也可以在大功率减压阀给定试验压力后,在执行机构的各密封处涂上肥皂水,或者把执行机构浸入水中,在规定时间内观察有没有气泡漏出,以判断气密性的好坏程度。

3. 气密性的试验方法

气动执行机构的气密性试验有两种方法。第一种方法是当执行机构测试气室的压力达到试验压力之后,利用截止阀切断气源,观察并测试膜头中的气压变化,在规定时间之内不允许气压的下降值超过规定值。第二种方法是在执行机构的测试气室的压力达到试验压力之后,在各密封处涂肥皂水,不允许有泄漏气泡出现。

试验过程中,要检查的密封处有:

(1)上、下膜盖与薄膜的连接密封处。

(2)限位件、托盘与薄膜的连接密封处。

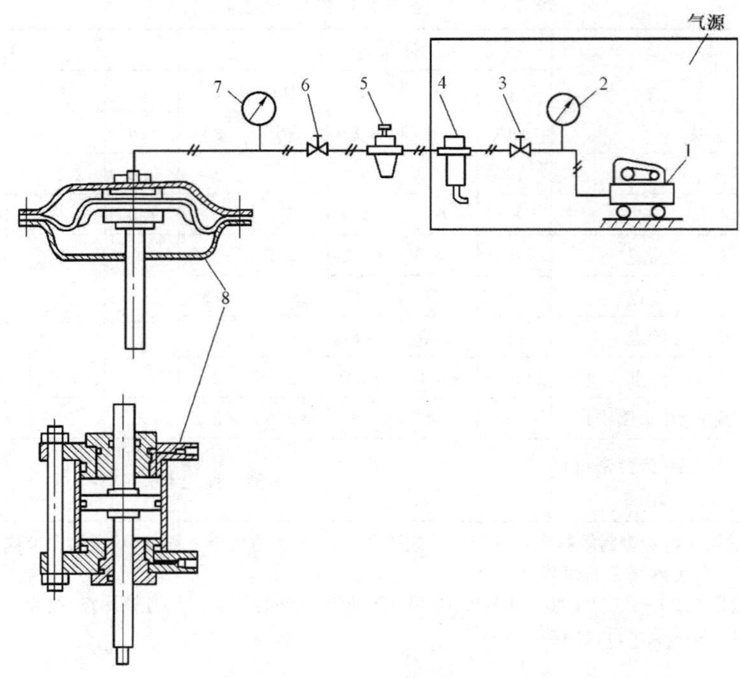

图 2－104　气密性测试原理图

1—空气压缩机;2、7—压力表;3、6—截止阀;4—过滤器;5—大功率减压阀;8—执行机构

(3)每个"O"形圈的密封处。

(4)每个气室的壁面,各个焊接点。

4. 国家标准的规定

根据国家标准 GB/T 4213—1992 的规定,在额定的气源压力下,5min 内薄膜气室内的压力下降不得大于 2.5kPa,气缸各气室内的压力下降不得大于 5kPa。

(三)密封性测试

1. 密封性的定义

调节阀的密封填料函及其他连接处,在规定的试验压力和时间内,不让介质(水、空气、氮气)泄漏的性能称为密封性。

2. 密封性的测试装置及方法

调节阀的密封试验,一般在阀组件和执行机构组件装配以后进行。调节阀整机装配之后,各种有相对运动的零件开始动作,阀杆可以往复运动,因此,可以检查出在压盖填料函处的渗漏。

试验流体一般使用水或空气,也可以用氮气。在特殊要求的场合,例如,对用于蒸汽、气体介质、易燃易爆、有毒液体等特殊介质的调节阀,也可以用非常容易渗漏的氮气做试验。

图 2－105 所示为进行密封性试验时的测试装置。输入执行机构使阀动作的信号是用大功率减压阀设定的。压力表中可读出压力大小。手动作用的三通阀可进行切换和换向,使阀

杆上下动作。

被测试的调节阀装在试验管路中，一端通入水（或空气）压力，一端用盲板、"O"形密封圈堵住。用水泵提供水压，或用空气压缩机、氮气罐提供气体压力。把压力作用到阀体内，在试验时间内，使阀杆动作次数为每分钟3次以上，用试验锤轻轻敲打阀体、上阀盖、下阀盖等部件，然后仔细检查填料函及各密封部位是否产生渗漏。如果用空气或氮气进行试验，可以用肥皂水涂在各个检查部位，观察有无气泡产生。也可以把调节阀浸在水中，看有无气泡逸出。用空气作试验介质的优点是测定的误差小，对装置无腐蚀作用，工作场所清洁。

调节阀在管路的安装，也可以采用专门的液压夹紧装置。

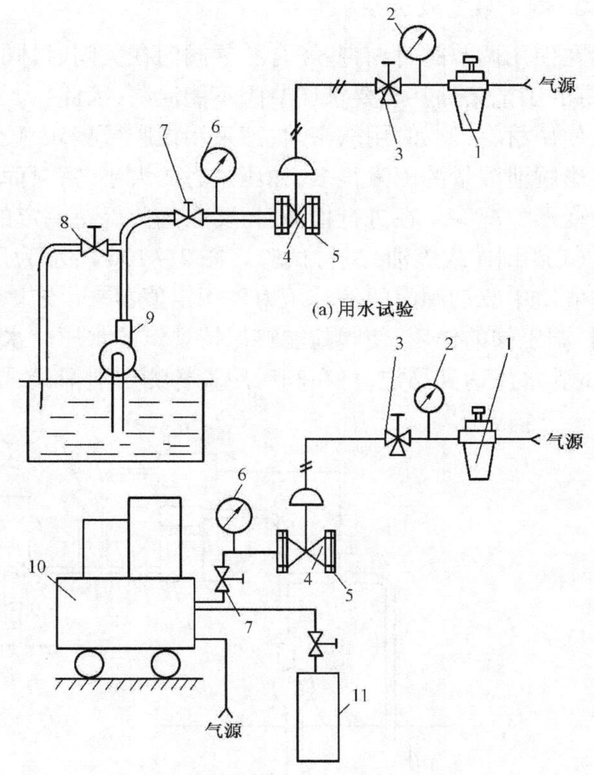

图2－105 密封性测试装置原理图

1—大功率减压阀；2、6—压力表；3—手动—通切换阀；4—被试调节阀；5—盲板；7、8—截止阀；9—水泵；10—高压空气发生器；11—氮气罐

3. 试验注意事项

（1）在阀门的进口侧输入试验压力，另一端一定要密封，要使试验压力保持稳定。

（2）试验过程中，阀杆动作次数为每分钟3次以上。

（3）试验期间要用试验锤轻轻敲打有关的部位，特别是密封部位。

（4）用水试验时不渗漏水珠，用空气试验时不冒泡（密封部位涂有肥皂水）。

4. 国家标准的规定

国家标准规定调节阀的填料函及其他连接处应保证在1.1倍公称压力下无渗漏现象。对调节阀应以1.5倍公称压力的试验压力，进行3min以上的耐压强度试验，试验期间不应有肉眼可见的渗漏。

（四）泄漏量测试

1. 泄漏量的定义

泄漏量是指在规定的试验条件下和阀门关闭的情况下，流过阀门的流体流量。

这里所指的试验条件包括执行机构有足够的推力，阀座和阀芯能够压紧，阀门前、后有一定压差，在室温下进行。

2. 测试装置及方法

在使用调节阀时,有些场合希望阀门在关闭时,阀芯和阀座之间的密封面的泄漏量越小越好,有的工艺条件甚至要求调节阀不能泄漏,因此,为了达到低泄漏量的目的,有多种多样的结构及使用材料,例如,用软密封,即采用橡胶或聚四氟乙烯等软材料作为密封面。

影响泄漏量的因素很多,如压紧力的大小、密封面的材料、密封面的磨损情况、阀内件的受力及变形情况等。在进行检测时,要在阀前保持一定的流体压力,在阀后测量泄漏量。

(1)用水(或煤油)进行试验。图 2 - 106 所示为用水作试验时的测试装置。输入到执行机构气室中驱动阀门的信号压力可用定值器来设定。由离心泵提供的水,通过稳压筒、压力调节器、调压阀的作用,使阀前能够保持规定的水压。水压的大小可由压力表读出。阀门关闭之后,试验水压达到稳定,可在阀后用量杯测定泄漏量,要记录测定时间。

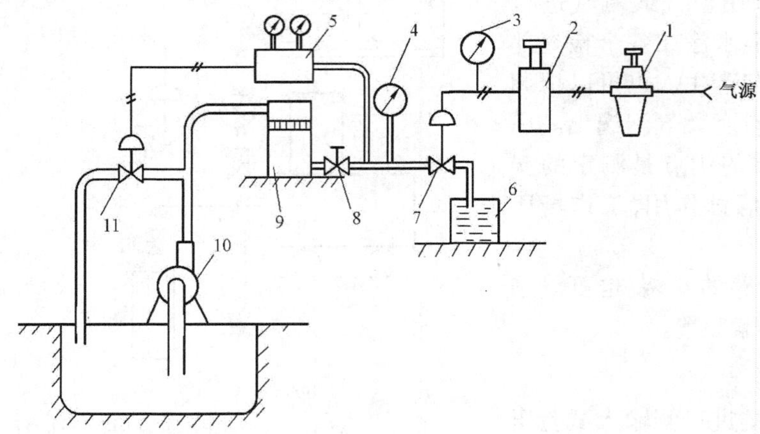

图 2 - 106 水泄漏量测试原理图

1—减压阀;2—定值器;3、4—压力表;5—压力调节器;6—量杯;7—被试调节阀;8—截止阀;9—稳压筒;10—离心泵;11—调压阀

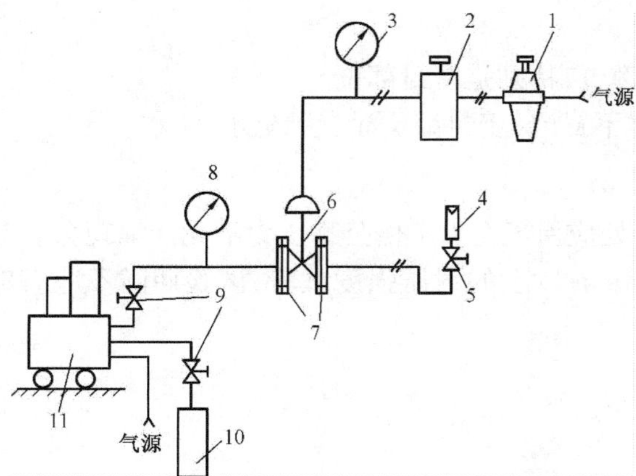

图 2 - 107 气体泄漏量测试原理图

1—减压阀;2—气动定值器;3、8—压力表;4—转子流量计;5、9—截止阀;6—被试调节阀;7—连接法兰板;10—氮气罐;11—高压空气发生器

如果泄漏量较大,可用大一点的容器。

(2)用空气(或氮气)进行试验。图 2 - 107 所示为用空气(或氮气)作试验时的测试装置。和图 2 - 106 所示装置的不同点在于:试验介质改用空气(或氮气),试验压力改用大功率定值器来设定,利用转子流量器测量气体的泄漏量。

3. 试验注意事项

(1)利用输入到阀前的带压流体(水或空气等)把阀座密封面上的脏物、尘土、油污冲刷掉。

(2)执行机构或阀门定位器通入试验气压之后,使阀门动作数次,把阀门关闭。

(3)在阀前试验压力达到稳定后,才能测定泄漏量。

4. 国家标准的规定

根据国家标准 GB/T 4213—1992,对泄漏量问题做如下规定:

(1)调节阀在规定试验条件下的泄漏量应符合表2-3和表2-4的规定。

表2-3 泄漏等级划分

泄漏等级	试验介质	试验程序	最大阀座泄漏量
Ⅰ	由用户与制造厂商定		
Ⅱ	L或G	1	5×10^{-3} ×额定容量,L/h
Ⅲ	L或G	1	10^{-3} ×额定容量,L/h
Ⅳ	L	1或2	10^{-4} ×额定容量,L/h
	G	1	
Ⅳ-S1	L	1或2	5×10^{-4} ×额定容量,L/h
	G	1	
Ⅳ-S2	G	1	$2\times10^{-4}\times\Delta p\times D$,L/h
Ⅴ	L	2	$1.8\times10^{-3}\times\Delta p\times D$,L/h
Ⅵ	G	1	$3\times10^{-3}\times\Delta p\times$(表2-4,规定的泄漏量)

注:1. Δp 以 kPa 为单位。

2. D 为阀座直径,以 mm 为单位。

3. 对于可压缩流体体积流量,绝对压力为101.325kPa和绝对温度为273K的标准状态下的测定值。

表2-4 调节阀泄漏量

阀座直径 mm	泄漏量	
	ml/min	每分钟气泡数
25	0.15	1
40	0.30	2
50	0.45	3
65	0.60	4
80	0.90	6
100	1.70	11
150	4.00	27
200	6.75	45
250	11.1	—
300	16.0	—
350	21.6	—
400	28.4	—

注:1. 每分钟气泡数是用外径6mm、壁厚1mm的管子垂直浸入水下5~10mm深度的条件下测得的,管端表面应光滑、无倒角和毛刺。

2. 如果阀座直径与表列值之一相差2mm以上,则泄漏系数可假设泄漏量与阀座直径的平方成正比的情况下通过内推法取得。

3. 在计算泄漏量的允许值时,阀的额定容量应按表2-5所列公式计算。

表 2-5 阀的额定容量计算

介质	条件	
	$\Delta p<\frac{1}{2}p_1$	$\Delta p\geqslant\frac{1}{2}p_1$
液体	$Q_1=0.1K_v\sqrt{\frac{\Delta p}{\rho/\rho_0}}$	
气体	$Q_g=4.73K_v\sqrt{\frac{\Delta p\cdot p_m}{G(273+t)}}$	$Q_g=2.9p_1K_v/\sqrt{G(273+t)}$

注：Q_1—液体流量，m^3/h；

Q_g—标准状态下的气体流量，m^3/h；

K_v—额定流量系数；

$p_m=\frac{p_1+p_2}{2}$，kPa；

p_1—阀前绝对压力，kPa；

p_2—阀后绝对压力，kPa；

Δp—阀前后压差，kPa；

t—试验介质温度，取20℃；

G—气体相对密度，空气＝1；

ρ/ρ_0—相对密度(规定温度范围内的水 $\rho/\rho_0=1$)

(2)调节阀的泄漏等级除Ⅰ级外，由制造厂自行选定，但单座阀结构的调节阀的泄漏等级不得低于Ⅳ级；双座阀结构的调节阀的泄漏等级不得低于Ⅱ级。

(3)泄漏量大于 5×10^{-3} ×额定容量时，应由结构设计保证，产品可以免测试。

(4)泄漏量应由下列代码加以规定：

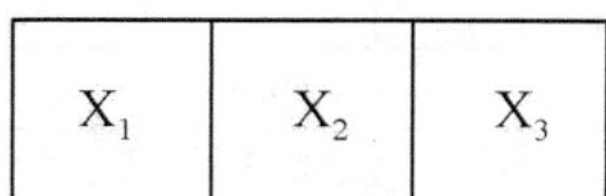

其中，X_1——泄漏等级Ⅰ～Ⅳ；

X_2——试验介质，G为空气或氮气，L为水；

X_3——试验程序1或2。

试验程序1时，试验介质压力应为0.35MPa，当阀的允许压差小于0.35MPa时，用设计规定的允许压差；试验程序2时，应为阀的最大工作压差。两种试验程序所用的均为5～40℃的清洁气体(空气和氮气)或水。

(五)空载全行程时间的测试

在使用调节阀的自控系统中，对调节阀的要求之一是反应灵敏，动作迅速，不允许产生振荡和不稳定状况。空载全行程时间是衡量这种特性的指标之一，是在静态条件下测定的。它与执行机构气室容积的大小、气体压力、进气流量等因素有关。如果气动执行机构的反应速度不能满足工艺条件的要求，就要考虑改用其他类型(例如，液动执行机构)的执行机构。

图2-108所示为测试这一指标的装置。输入到执行机构的压力信号，可以利用定值器来设定上、下限值，两个压力表显示出压力的大小。通过三通电磁阀的通电换向，先输入的下限

值信号压力使调节阀指针碰到上端行程开关，电源就断开，装置中的电秒表不计时；当三通电磁阀接通电源，使其换向，执行机构输入上限值信号压力，使阀移动，指针离开上端行程开关，这时电源接通，电秒表计时，一直到阀门走完全行程为止。当指针触及下端行程开关时，电源就断开，电秒表停止计时，读取电秒表上的值，就是走完全行程的时间。反行程的时间也可以这样测定。空载全行程时间应符合表2-6的要求。

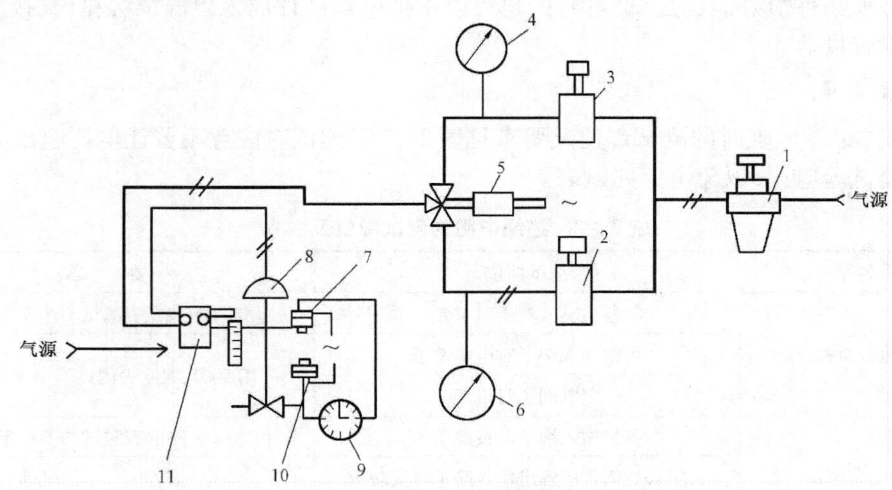

图2-108　空载全行程时间测试原理图

1—减压阀；2、3—气动定值器；4、6—压力表；5—三通电磁阀；
7、10—行程开关；8—被试调节阀；9—电秒表；11—气动阀门定位器

表2-6　空载全行程时间

输入信号压力 kgf/cm^2	执行机构型号				
	VA1	VA2	VA3	VA4	VA5
	行程，mm				
	14.3	31.8	50	75	100
	空载全行程时间，s				
0.2~1.0	1.9	4.1	9.2	10.0	41.5
1.0~2.0	1.8	4.3	10.3	21.2	41.5

注：$1kgf/cm^2 \approx 100kPa$。

(六)绝缘电阻和绝缘强度的测试

1. 测试方法

绝缘电阻是在电动执行机构或电气阀门定位器的输入端子、电源端子与外壳之间所测得的电阻值。它是反映电气元件安全性能的指标之一。而绝缘强度是电动执行机构或电气阀门定位器的输入端子、电源端子与外壳之间承受直流或某频率的正弦波交流电压后，在规定时间内不发生击穿、飞弧现象的性能，它也是反映电气元件安全性能的指标之一。

测试绝缘电阻的装置可由兆欧表和恒温恒湿箱组成。把要测试的电器部件放到恒温恒湿箱中，使箱内的温度及湿度达到规定的条件，保温、保湿几小时，使电器部件内、外表面的温度、

湿度均匀,然后再测量被测部位的电阻值。

测试绝缘强度的装置可由高压试验台(或摇表)、恒温恒湿箱、计时器组成。把要测试的电器部件放入恒温恒湿箱中,再用导线把被测部位与高压试验台的输出端连接起来,使箱内的温度、湿度达到规定条件,然后保持几个小时,使电器部件的内、外表面温度、湿度均匀之后,通入高压试验台的直流电压或某一频率的正弦波交流电压,在规定的时间内,没有击穿或飞弧现象。

如果环境条件恰好能满足试验条件,也可以不把电器部件放入恒温恒湿箱,直接测试绝缘电阻和绝缘强度。

2. 注意事项

(1)测试绝缘电阻时的测试部位及要求见表2-7。测试时注意不要让电压超出兆欧表所允许的直流试验电压,以免击穿兆欧表。

表2-7 绝缘电阻的测试部位及要求

产品名称	测试部位	要 求
电动执行机构	各组输入端子对机壳	用500V兆欧表测试不小于200MΩ
	各组输入端子对电源端子	用500V兆欧表测试不小于50MΩ
	电源端子对机壳	
电气阀门定位器	各组输入端子对接地端子	用1000V兆欧表测试均不小于40MΩ
	力矩马达组件的各组输入端子对安装板	用500V兆欧表测试均不小于100MΩ
	接线盒内部的接线端子与接线盒外壳	

(2)测试绝缘强度时的测试部位及要求见表2-8。操作时必须缓慢地升高压力到规定值,不能超压,在保压的时间内,观察是否有飞弧或被击穿的现象。

表2-8 绝缘强度的测试部位及要求

产品名称	测试部分	要 求
电动执行机构	输入端子与机壳之间	耐压500V,时间1min
	输入端子与电源端子之间	耐压500V,时间1min
	电源端子与机壳之间	耐压1500V,时间1min(电源电压为交流220V) 耐压2000V,时间1min(电源电压为交流380V)
电气阀门定位器	力矩马达的各组输入端子对安装板	耐压500V,时间30s

(3)操作时要注意安全,操作人员站在绝缘垫或绝缘板上,要戴绝缘手套。

(七)其他测试及检验规定

调节阀的试验项目很多,除了上述各种测试项目外,比较简单的出厂检验项目还有外观检验和耐压强度检验。

1. 外观检验

调节阀的气动(电动)执行机构和阀的外表应涂漆或其他涂料,不锈钢和铜阀体可以不涂漆,阀体上的箭头及文字涂红漆。表面涂层应光洁、完好,不得有剥落、碰伤及斑痕等缺点。紧固件不能松动和损伤。阀上应有标尺行程指针或其他阀位标志。

2. 耐压强度

调节阀在1.5倍公称压力的试验压力下，进行3min以上的耐压强度试验，试验期间不应有肉眼可见的渗漏。

3. 耐工作振动性

调节阀应进行振动频率为10～55Hz、幅值为0.15mm和振动频率为55～150Hz、加速度为$20m/s^2$的正弦扫频振动试验，并在谐振频率上进行30min的耐振试验。试验后调节阀的基本误差、回差、气密性和填料函及其他连接处的密封性仍应符合国家标准的要求。

4. 动作寿命

调节阀在规定条件下以加速动作进行寿命试验，试验后其基本误差、回差、气密性和密封性仍应符合国家标准。各类调节阀的动作次数可选用2500、4000、10000、20000、40000、100000、160000次。对$PN \leqslant 6.4$MPa，$DN \leqslant 300$mm配气动薄膜执行机构、聚四氟乙烯填料、非弹性密封的各类调节阀，其动作寿命次数不低于10万次。

各类气动调节阀的出厂检验和型式检验应按表2-9规定的项目和相应的试验方法进行。气动执行机构和阀单独出厂时也按表2-9中的相应规定进行检验。电动调节阀的出厂检验和型式检验应按表2-10规定的技术要求和相应的试验方法进行。

表2-9 各类气动调节阀出厂检验和型式检验规定

序号	项目	调节型		切断型		执行机构		阀		备注
		出厂检验	型式检验	出厂检验	型式检验	出厂检验	型式检验	出厂检验	型式检验	
1	基本误差	△	△			△	△			
2	回差	△	△			△	△			
3	死区	△	△			△	△			
4	始终点偏差	△	△							
5	额定行程偏差	△	△	△	△					
6	泄漏量	△	△	△	△					
7	填料函及其他连接处密封性	△	△	△	△			△	△	$DN>300$mm免试 质量>50kg时免试
8	气室密封性	△	△	△	△	△	△			
9	耐压强度	△	△	△	△			△	△	
10	外观	△	△	△	△	△	△	△	△	
11	额定流量系数		△		△				△	
12	固有流量特性		△						△	
13	耐工作振动性能		△		△		△			
14	动作寿命		△		△		△			

注：1. △为检验项目。

2. 在调节阀型式检验的有效期内，气动执行机构或阀单独出厂时可免于型式检验。

表 2-10 电动调节阀出厂检验和型式检验规定

序号	项目	调节型		切断型		备注
		出厂检验	型式检验	出厂检验	型式检验	
1	基本误差	△	△			
2	回差	△	△			
3	死区	△	△			
4	额定行程偏差	△	△	△	△	
5	泄漏量	△	△	△	△	
6	填料函及其他连接处密封性	△	△	△	△	
7	绝缘电阻	△	△	△	△	
8	绝缘强度	△	△	△	△	DN > 300mm 暂免试 质量 > 50kg 时暂免试
9	耐压强度	△	△	△	△	
10	外观	△	△	△	△	
11	额定流量系数		△		△	
12	固有流量特性		△			
13	机械振动影响		△		△	
14	长期运行稳定性		△		△	
15	外壳防护性		△		△	

注:△为检验项目。

在下列的情况下,调节阀应进行型式检验:

(1)新产品和老产品转厂生产的试制定型鉴定:

(2)正式生产后,由于结构、材料、工艺有较大改变,可能影响产品性能时;

(3)正常生产时,定期或积累一定产量后,应周期性进行一次检验;

(4)产品长期停产后,恢复生产时;

(5)出厂检验结果与上次型式检验有较大差异时;

(6)国家质量监督机构提出进行型式检验的要求时。

二、调节阀的安装

调节阀必须严格按照工程要求和控制系统要求进行安装,一旦阀门出现故障,将导致火灾、爆炸、中毒等严重事故和人身伤害,损失是无法计算的。

在安装调节阀之前,应该检查调节阀的质量,从外观检查开始,再检查运输过程中零件和附件有无丢失,有无合格证,必要时进行静态特性的检查或专项检查。在运输过程中被损坏的调节阀绝对不能使用。

(一)安装调节阀的准则

1. 确保安全性

1)防止泄漏

安装过程不允许阀门产生泄漏。调节阀在使用过程中,如果在填料函、法兰垫片等部位形成缝隙或小孔就可能产生泄漏。如果流体介质的操作条件非常苛刻,例如,高温、高压、流体有腐蚀性,那么损坏将越来越严重,泄漏越来越厉害。

防止泄漏的方法很多。在安装过程中,填料的选择、密封方法的选择、压力的降低、用密封性好的阀门,都是安装人员必须考虑的因素。

2)安装放空阀或排放阀

(1)任何一个管路设计和安装,在切断时都会不可避免地积留高压流体。如果积聚流体的潜在能量有很大危险性,应在调节阀的每一侧安装放空阀和(或)排放阀。

(2)对于积聚有大量高压物料的阀门,要考虑安装两个放空阀或排放阀。这样,在两个阀门之间只积聚少量物料,同时能逐步释放系统的压力。在这个过程中调节阀必须打开。

(3)在切断阀之间积留的大量高压流体可能会积聚相当大的力量,如果在泄放调节阀压力的操作中粗心大意,可能发生严重的人身事故。在系统切断之后,阀门中的系统压力还可以再保持一段时间,如果此时要维修这个阀门时并把它打开或取走,则必须有降低这个压力的安全措施,同时也必须有排出集聚的有害流体的措施。

(4)要选择一个能够限制流量的放空阀,这样可以保护操作人员。如果流体含有悬浮颗粒,容易堵塞放空阀,因此,为了安全放空,安装在管道顶部的阀门放空处要用大尺寸的排放阀。

3)管线安全

(1)管线中的砂粒、水垢、金属屑及其他杂质会损坏调节阀的表面,使其关闭不严,因此,在安装调节阀之前,全部安装管线和管件都要吹扫并彻底净化。

(2)如果被排放的流体是危险气体,放空管线要连接到安全地点,即使是不可燃气体,仍然要用放空管导出,避免吹出的气体夹带铁锈或其他杂物而伤害操作人员。如果排放的流体是危险性液体,就要考虑把排放管接到安全的容器中。操作期间,阀门可能很热,必须有预防措施,防止烫伤操作人员。

(3)在安装螺纹连接的管件时,要避免密封剂掉到安装管道中。因此,尽量少用密封剂,头两扣螺纹不要涂密封剂,可采用聚四氟乙烯密封条代替密封剂进行密封。

(4)在调节阀上游或下游附近的蒸汽管道应当保温。

(5)在压力波动严重的管道系统中,建议使用管道缓冲器。

2. 确保使用性能

安装调节阀时,要尽量使其性能不受动态影响。这种影响会破坏选择阀门时所考虑的各种因素。在考虑调节阀性能时,可以把调节阀当成一个可变孔板来考虑,阀门在管道中的最好安装方法如下:

(1)阀门的入口为直管段,这样流体进入阀门的压力稳定,阀门在每一开度都能保证有稳定不变的流量。图2-109所示的装置有良好的流动方式,而图2-110所示的配管方法不好,调节阀中的流体流动并不稳定。

(2)在图2-109的阀前、阀后安装有压力表,压力表显示的压力是稳定、真实的。从检查流动状态及系统故障的角度看,精确的测量很重要,有利于判断阀门的运转特性及故障状况。

(3)阀门入口的直管段越长,性能越好。直管段的经验长度应该是管道直径的10~20

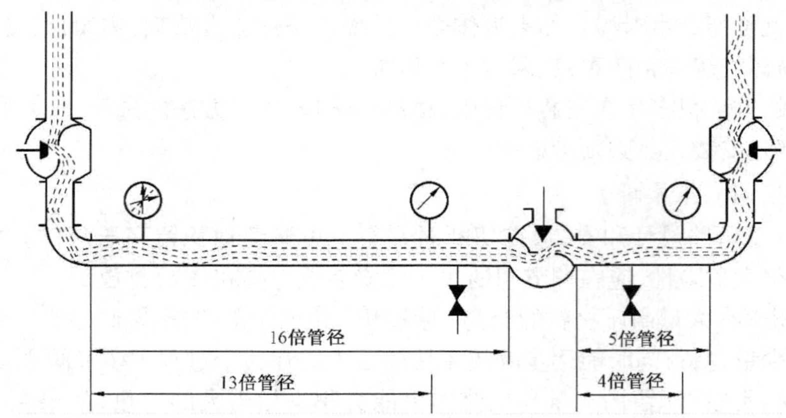

图 2-109 典型的上游和下游良好的配管

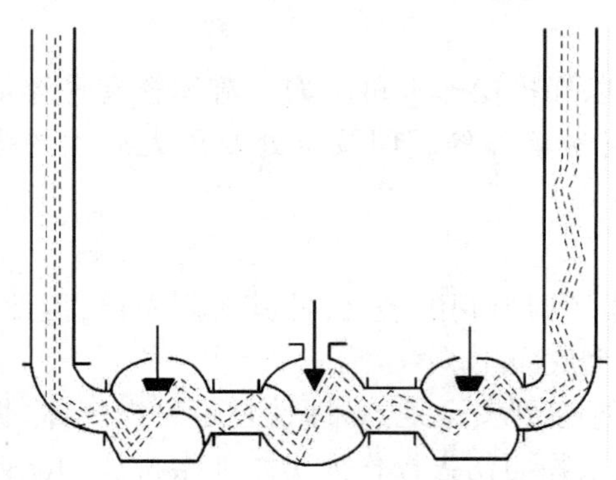

图 2-110 上游和下游不良的配管

倍。这对小的管道比较容易做到，当公称直径大于125mm 时就不容易做到。

(4)如果可能，出口配管的直管段也要足够长，应为管道直径的3~5倍。

3. 安装位置要好，易于接近

调节阀安装时，必须考虑到调节阀在现场维修或日常拆卸维修的可能性，维修费用的高低取决于接近阀门的方便性。尤其是一些高位置的阀门，更需要考虑维护调节阀所需的空间、间隙和方便性，安装时应从以下方面考虑：

(1)如果需要拆卸带有阀杆和阀芯的顶部组件，阀门的上方应留有足够的空隙；如果需要拆卸底部法兰和阀杆、阀芯部件，阀门的底部应留空隙。

(2)如果需要拆卸阀门附件，如手轮、阀门定位器、保位阀等，阀门的侧面应留空隙。

(3)为了拆卸阀体法兰上的螺栓，应留有足够的空隙。在设计用大小头连接调节阀入口和出口配管时必须考虑这个空隙尺寸。如果是大口径阀，或者是高空管道上的阀，若不考虑这个问题，维修时装卸阀门将非常困难。

如图 2-111 所示，H_1 和 H_2 就是提供拆卸用的空间。一般，$H_1 = H_0 + 300\text{mm}$，$H_2 = 2H_0 + 200\text{mm}$($H_1$ 的最小值为 450mm，H_2 的最小值为 500mm)。维修虽然很重要，但也并非头等大事，确保操作性能才是第一位的。

有的阀门很大，例如，一台有弹簧的气缸式执行机构大球阀，所占的空间很大，一方面要保证操作性能，另一方面还要安装美观，如果这种阀门装在某些容器的附近，间隙的大小问题就很突出。

球形阀和所有的直行程类阀门都要尽可能垂直安装，也就是说，执行机构应该装在阀的上方，因为在这样的位置上阀盖连接件的弯曲位移和受到的应力最小，导向件的变形量最小。要尽可能避免水平安装，如果不可避免，就一定要考虑到执行机构的重量、工作振动、加速度和作用力等因素的影响。

调节阀安装位置比较如图 2－112 所示，图中①是最佳安装位置，即垂直安装；⑤是最差位置，要尽量避免。

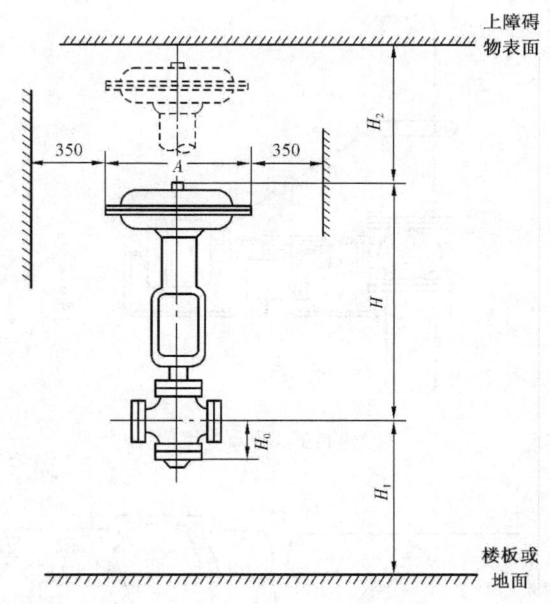

图 2－111　调节阀的维修空间

如果管道是垂直的，调节阀非水平安装不可，则要用吊钩或拉条把执行机构支撑在管道上（图 2－113）；或者用 U 形螺栓管卡和支板把调节阀支承起来（图 2－114）。这样就可以消除热膨胀的影响。但是，这种安装还是有一定危险的，特别是在工作条件恶劣的情况下。安装过程中一定要把阀门紧固在管道上，使阀门和管道连同执行机构都支撑在同一钢架上，这样安装的阀门应力最小。不管采用哪一种固定或支承形式，都要考虑到热应力和振动的影响。直行程阀门的执行机构如果装在填料函的下面，就可能出现介质漏入执行机构的问题。如果调节阀装在室外，受雨水和冰雪的作用将导致故障。因此，某些公司不允许采用图 2－112 所示的位置③和位置④进行安装。如果一定要翻转过来安装，要有合理的措施，防止执行机构被损坏。

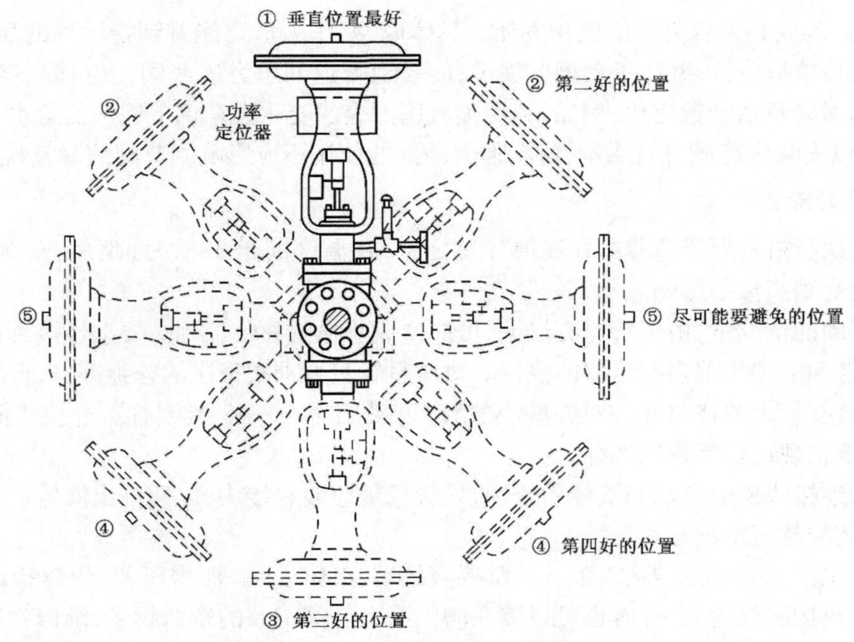

图 2－112　调节阀安装位置比较图

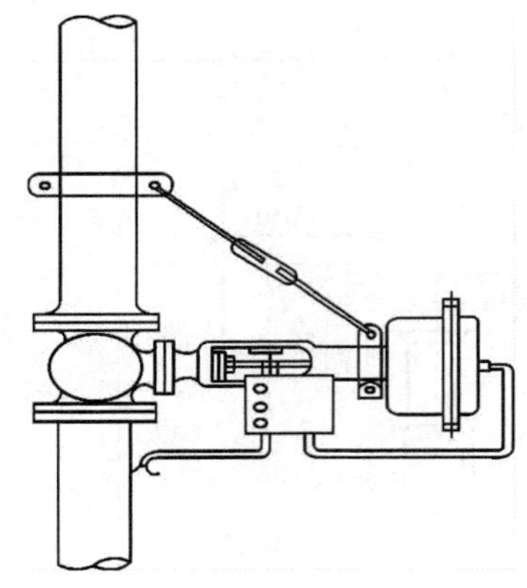

图 2 – 113　吊钩支撑

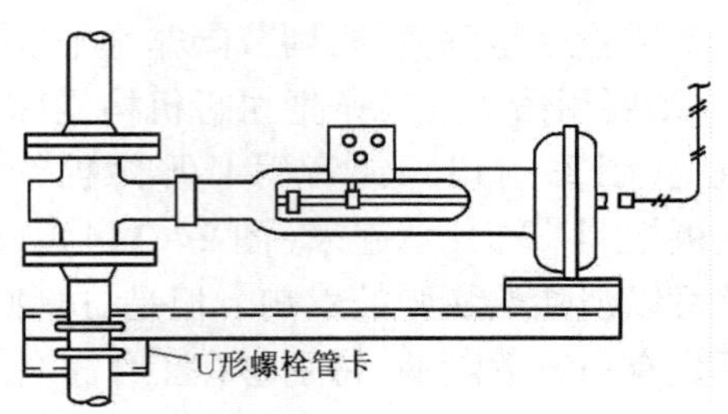

图 2 – 114　水平支撑

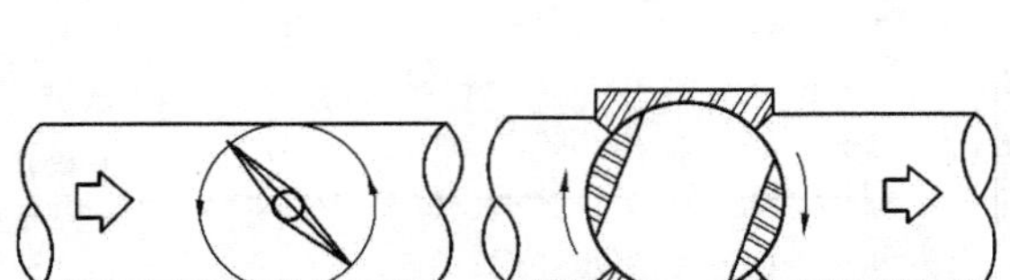

图 2 – 115　在水平管道中蝶阀和球阀的理想方向

安装旋转式阀门时，阀杆水平安装是理想的位置，这样可以防止管道低处的沉积物进入轴承。由于阀门关闭时流体中的固体颗粒沉积下来，因此，球阀和蝶阀的打开方向要有利于排开这些固体，也就是说，蝶阀的阀板和球芯转动时应该从底部向上转动(图 2 – 115)。旋转式阀门同样要装在有空间位置和维修方便的位置。

4. 手动操作方便

(1)阀门的安装位置要考虑操作方便。具体说，操作人员要能看到指示器的显示数据；能看到储罐的玻璃液位计，并能手动调节液位；能看到管道的压力表或阀杆位移刻度；能利用某些参数指示器来预估参数变化，例如，利用蒸汽压力表的变化数据调节锅炉的给水量。

(2)可以安装旁路阀进行手动操作，但旁路阀的使用不应影响调节阀的流量特性。

5. 环境的考虑

阀门的执行机构要避免暴露在高温环境之中，在温度高于 38℃时，膜片、密封件、定位器零件会明显受到高温的影响。

在有振动的情况下，由于管道有振动，可能造成管道的移位，因此，要求连接到执行机构的气管、液压管和电接头都要有足够的挠性。对塑料管只要求有很小的松弛部分，金属管要能经受振动，并具有较大的挠曲性。对一些小气管，可采用 $\phi6$ 或 $\phi8$ 紫铜管。电接头除了挠性要求之外，可根据现场实际情况选择。

所有的连接线要避免水和液体的侵蚀，导管低部应装有接头，以便排出液体。为了维修方便，拆卸和装配越简单越好。

阀门定位器、阀位传送器、极限开关都要直接装在阀门上。而增压器、快速排放阀要尽可能装在执行机构的气管上，有时也可以装在阀门附近。阀上装的东西越多，维修就越困难。造成阀门和管道振动的原因很多，传动件越多，越有可能产生振动，在使用电动调节阀时要加以注意。

(二)执行机构的安装方法

根据执行机构的不同类型和不同结构,安装方法可以分为直接安装和间接安装两种形式。

直行程电动执行机构、气动薄膜执行机构、气动活塞执行机构等类型都是直接装在阀的上部,一般都在制造厂就配套组装好,因此称为直接安装式。下面重点介绍间接安装形式。

间接安装式执行机构,例如,角行程电动执行机构、电信号气动长行程执行机构等类型,它们与阀门分别装配之后再通过某些机构安装起来,例如,执行机构的输出转臂通过连杆与阀的摆杆连接起来,如图 2-116 所示。

1. 角行程电动执行机构的安装

1)执行机构底座的制作

角行程电动执行机构和电信号气动长行程执行机构等类型一般都为箱式结构,是一个独立的部件,可以直接固定在地板或混凝土基础上,也可以固定在槽钢或角钢制成的座架上。安装这种执行机构时,要用螺栓将其固定在专门制作的底座上,如图 2-117 所示。这种底座结构有如下两种形式:

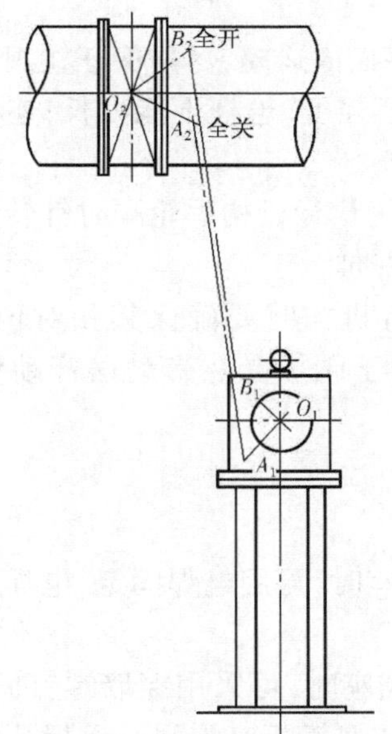

图 2-116 角行程电动执行机构和蝶阀的典型连接方式

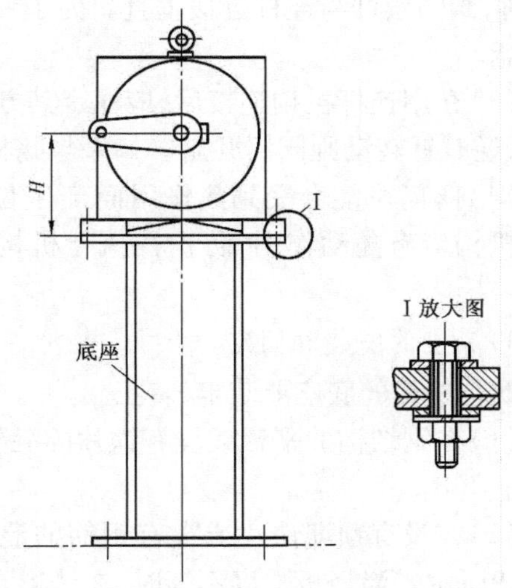

图 2-117 电动执行机构固定在底座上

(1)由钢板和型钢组成的底座这类底座由上、下钢板和支柱组成,电动执行机构固定在上钢板上,下钢板与地板或基础固定。组成底座的型钢可以是工字钢或槽钢。

(2)由型钢制成的底座这类底座由角钢或槽钢制成,型钢可以互相焊接或焊在别的金属构件上而组成各种底座,执行机构直接固定在支座上。安装图如图 2-118 所示。力矩小的执行机构可用角钢底座,力矩较大的执行机构可用槽钢焊接或螺栓连接底座。

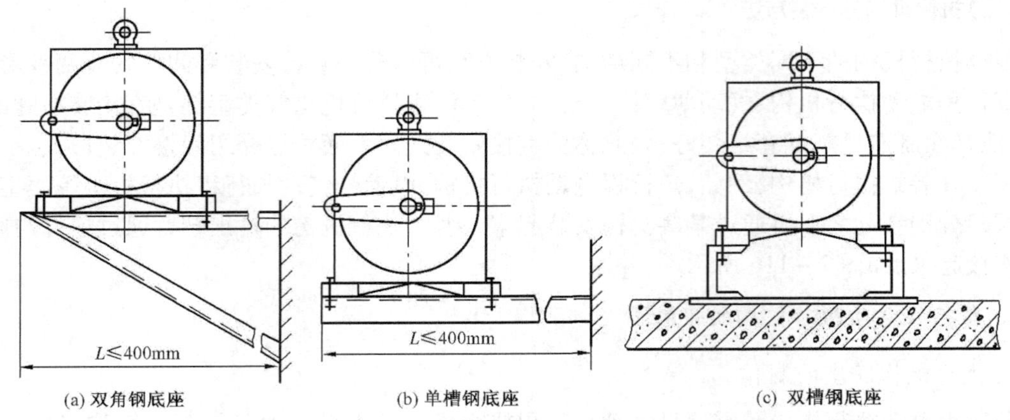

(a) 双角钢底座　(b) 单槽钢底座　(c) 双槽钢底座

图 2－118　电动执行机构安装在型钢底座上

2)安装位置的选择

(1)执行机构一般安装在阀的附近,要考虑操作和维修方便,不影响交通,占地面积越小越好。

(2)执行机构的转臂、阀的摆杆和连杆应该在同一个平面内运动,尽量保证在阀门开度为1/2 时,阀的摆杆与连杆近似垂直。为了使结构紧凑并保证强度,连杆不能太长,连杆长度做成可调。

(3)在用连杆机构连接后,应注意其方向性,一般规定为执行机构手轮顺时针转动时阀门关闭,逆时针转动则阀门开启。如果与此相反则标明手轮方向。

(4)阀门可能会受到热作用而产生位移,在安装执行机构时要确保其相对位置不变。执行机构应有随动作用,防止在执行机构尚未操作时,由于阀板受热带动摆杆动作而顶坏连杆。

3)底座的安装和固定

执行机构的底座要装牢、装正。

(1)在钢结构的平台或埋有铁片的混凝土台上安装底座时,可用电焊固定,电焊之后较难拆开。

(2)在没有预埋铁片或没有钢筋的混凝土楼板安装底座时,可采用穿墙螺钉固定,如图2－119所示。当楼板强度不够时,在楼板下可用两根槽钢或厚钢板来增强。楼板孔洞不宜过大,安装后用水泥填补。

(3)当混凝土基础较厚时,可埋入 J 形或 Y 形地脚螺栓,再用螺母拧紧,如图 2－120 所示。此外,也可用膨胀螺栓或其他固紧方法。

在执行机构安装好后,有的工作是非完成不可的,例如,为电动执行机构的减速箱注油,一般要保持油量在油标孔中心线上。如果用气动执行机构,必须净化、除尘、除油、除水。长行程执行机构的气缸在活塞运动时是摆动的,因此,与固定在气缸上的控制箱连接的气源管必须采用软管。

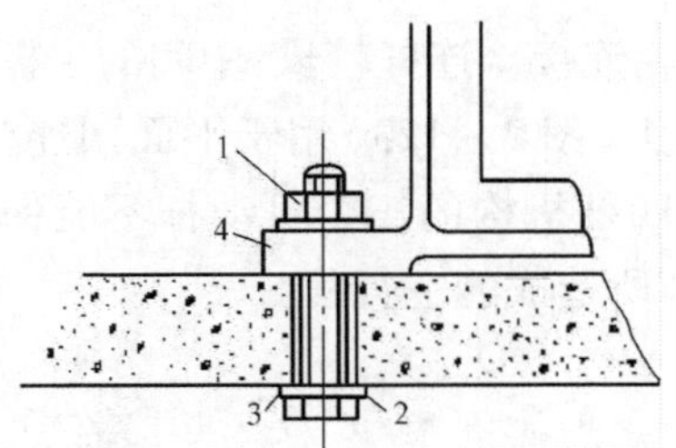

图 2-119 用穿墙螺栓固定底座
1—螺母;2—方形垫板;3—螺栓;4—底座

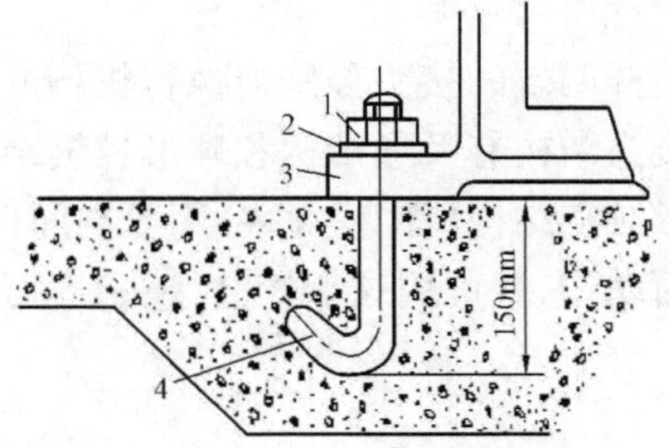

图 2-120 用地脚螺栓固定底座
1—螺母;2—垫圈;3—底座;4—地脚螺栓

2. 连杆的结构

1)四杆机构的应用

角行程执行机构和阀的典型连接方式如图 2-116 所示,实际上是一种铰链四杆机构的应用。铰链机构单独表示则如图 2-121 所示。这种机构中固定不动的杆 O_1、O_2 称为机架,与机架用回转副连接而且只能在某一角度内摆动的杆 O_1A_1(图中标为 2)即为执行机构的转臂;O_2A_2(图中标为 4)为阀的摆杆,也称为摇杆;连接 O_1A_1 和 O_2A_2 的杆 A_1A_2(图中标为 3)称为连杆。当执行机构的驱动轴 1 转动时,带动转臂转动,通过连杆把运动传递到阀门的连杆 3,使阀轴 5 旋转一个角度 α。可以用下面几个条件来判断四杆机构的应用是否理想。

(1)图 2-121 所示的四杆机构用来控制蝶阀的开启和关闭(图 2-122),它应该使阀有足够的转角 α。如果这个蝶阀所要求的转角 α 分别为 60°(全闭位置在 0°)和 45°(带止块),则执行机构转臂的转动角度必须达到 90°~120°。

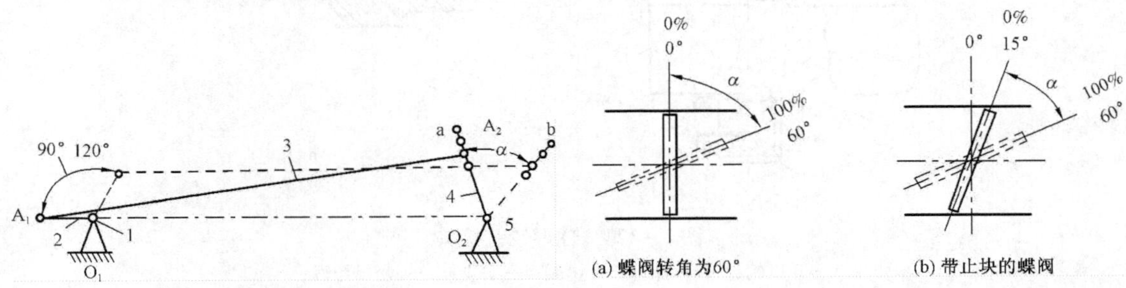

(a) 蝶阀转角为60°

(b) 带止块的蝶阀

图 2-121 用于蝶阀的四杆机构
1—驱动轴(角行程执行机构);2—转臂;
3—连杆;4—蝶阀摆杆;5—蝶阀轴;
a—阀“关闭”;b—阀“打开”;α—蝶阀转角

图 2-122 蝶阀的转角

(2)当执行机构作等速运动时,四杆机构的非线性误差应该最小。为了达到这一目的,在阀门开度为 1/2 时连杆最好与阀门的摆杆相垂直。为此,连杆的长度和摆杆的长度都应该可以调节。

(3)在传递功率时有较好的传动条件,即四杆机构传动力矩性能最好。

2)连杆的配置

连杆两端的接头分别与执行机构的转臂、阀的摆杆相连接。连杆较长,中间的主杆为连接管。接头结构有叉形结构和球形铰链结构两种,叉形接头(图2-123)用于平面四连杆机构,而球形铰链结构(图2-124)用于空间四连杆机构。当四杆机构的三个可动杆不能保证在一个平面动作,就可用球形铰链接头,还可以消除连接间隙所造成的空行程。

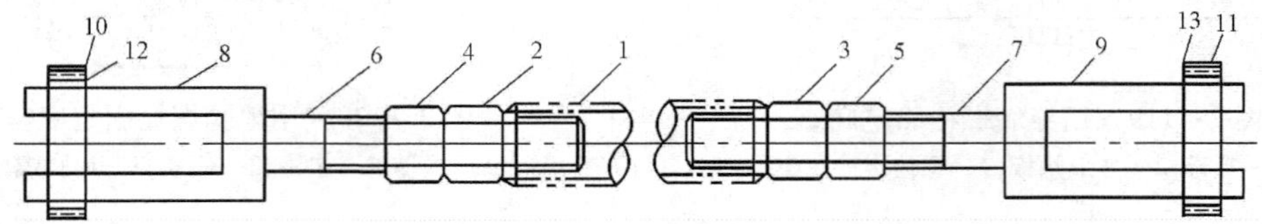

图2-123 叉形接头连杆

1—连接管;2、3—正、反扣固定螺母;4、5—正、反扣锁紧螺母;
6、7—正、反扣螺杆;8、9—执行机构侧和调节机构侧的连杆叉子;
10、11—锁轴;12、13—开口销子

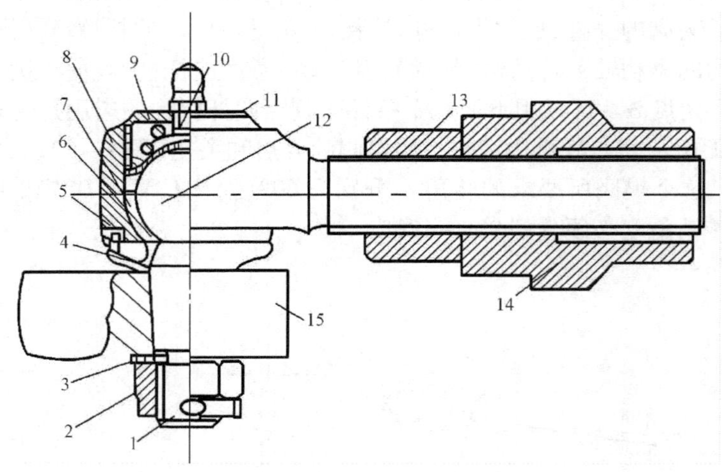

图2-124 球形铰链接头

1—开口销;2、13—螺母;3—垫圈;4—防尘罩;5—密封挡圈;
6—防尘套;7—球座;8—螺杆;9—弹簧;10—球碗;
11—弹簧座;12—球头销;14—调节螺母;15—执行机构或调节机构的摇杆

叉形接头中的端头螺杆,一为正扣(右螺纹),一为反扣(左螺纹有固定螺母和锁紧螺母)。螺杆焊在叉子上,叉子有销轴,安装时,转臂和摆杆分别插入两端叉口,用销轴连接。销轴两端都有开口销,防止脱落,拆卸方便。调节固定螺母时可以调节两个销轴之间的距离,即调节连杆的长度。

在球形铰链接头中,利用球头销12的锥销与转臂或摆杆的锥孔相连接,配合紧密,有自调对中性,间隙小。不管采用何种接头,既要求转动灵活,不应太紧或卡死,但也不能太松而产生间隙。

第四节 执行器的工程设计、计算与选型

一、调节阀的工程计算基础

(一)调节阀的节流原理和流量系数

调节阀是一个局部阻力可以改变的节流元件。当流体流过调节阀时,由于阀芯、阀座所造成的流通面积的局部缩小,形成局部阻力,它使流体的压力和速度产生变化,如图2-125所示。流体流过调节阀时产生能量损失,通常用阀前后的压差来表示阻力损失的大小。

如果调节阀前后的管道直径一致,流速相同,根据流体的能量守恒原理,不可压缩流体流经调节阀的能量损失为

$$H = \frac{p_1 - p_2}{\rho g} \qquad (2-2)$$

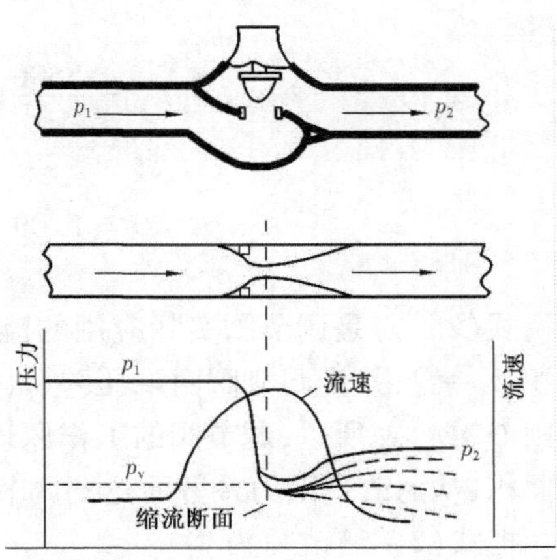

图2-125 流体流过节流孔时压力和速度的变化

式中 H——单位质量流体流过调节阀的能量损失,J;

p_1——调节阀阀前的压力,MPa;

p_2——调节阀阀后的压力,MPa;

ρ——流体密度,g/cm^3;

g——重力加速度,m/s^2。

如果调节阀的开度不变,流经调节阀的流体不可压缩,则流体的密度不变,那么,单位质量的流体的能量损失与流体的动能成正比,即

$$H = \xi \frac{w^2}{2g} \qquad (2-3)$$

式中 w——流体的平均流速,m/s;

g——重力加速度;

ξ——调节阀的阻力系数,与阀门结构形式、流体的性质和开度有关。

流体在调节阀中的平均流速为

$$w = \frac{Q}{A} \qquad (2-4)$$

式中 Q——流体的体积流量,m^3/h;

A——调节阀连接管的横截面积,cm^2。

综合式(2-2)、式(2-3)、式(2-4),可得调节阀的流量方程式为

$$Q = \frac{A}{\sqrt{\xi}}\sqrt{\frac{2}{\rho}(p_1 - p_2)} \tag{2-5}$$

式(2-5)可改写为

$$Q = \frac{A}{\sqrt{\xi}}\sqrt{\frac{2 \times 10\Delta p}{10^{-5}\rho}} \quad (\mathrm{cm^3/s})$$

$$= \frac{3600}{10^6}\sqrt{\frac{20}{10^{-5}}}\frac{A}{\sqrt{\xi}}\sqrt{\frac{\Delta p}{\rho}} \quad (\mathrm{m^3/h})$$

$$Q = 5.09\frac{A}{\sqrt{\xi}}\sqrt{\frac{\Delta p}{\rho}} \quad (\mathrm{m^3/h}) \tag{2-6}$$

式(2-6)是调节阀实际应用的流量方程。可见,当调节阀口径一定,即调节阀接管横截面积 A 一定,并且调节阀两端压差$(p_1 - p_2)$不变时,阻力系数 ξ 减小,流量 Q 增大;反之,ξ 增大则 Q 减小。所以,调节阀的工作原理就是按照信号的大小,通过改变阀芯行程来改变流通截面积,从而改变阻力系数而达到调节流量的目的。

把式(2-6)改写为

$$Q = C\sqrt{\frac{\Delta p}{\rho}} \tag{2-7}$$

$$C = 5.09\frac{A}{\sqrt{\xi}} = Q\sqrt{\frac{\rho}{\Delta p}} \tag{2-8}$$

式中,C 称为流量系数,它与阀芯和阀座的结构、阀前阀后的压差、流体性质等因素有关。因此,它表示调节阀的流通能力,但必须以一定的规定条件为前提。为了便于用不同单位进行运算,可把式(2-8)改写成一个基型公式,即

$$C = \frac{Q}{N}\sqrt{\frac{\rho}{\Delta p}} \tag{2-9}$$

式中,N 是单位系数。

在采用国际单位制时,流量系数用 K_v 表示。K_v 的定义为:温度为 278~313K(5~40℃)的水在 10^5Pa 压降下,1h 内流过阀的立方米数。

根据上述定义,一个 K_V 值为 32 的调节阀则表示当阀全开、阀门前后压差为 10^5Pa 时,5~40℃的水每小时能通过的流量为 $32\mathrm{m^3}$。我国过去曾用 C 表示流量系数,现在许多手册也仍然习惯采用这个 C 值,但压降单位却用 $1\mathrm{kgf/cm^2}$。

很多采用英寸制单位的国家用 C_v 表示流量系数。C_v 的定义为:在 40~60 ℉下的水,保持阀门两端压差为 1psi,阀门全开状态下每分钟流过的水的美加仑数。

K_V 和 C_v 的换算关系为

$$C_v = 1.167K_v \tag{2-10}$$

(二)压力恢复和压力恢复系数

在建立流量系数的计算公式时,都是把流体假想为理想流体,根据理想的简单条件来推导公式,没有考虑到阀门结构对流动的影响,也就是说,只把调节阀模拟为简单的结构形式,只考虑到阀门前后的压差,认为压差直接从 p_1 降为 p_2。而实际上,当流体流过调节阀时,其压力变化情况如图 2-125 和图 2-126 所示。根据流体的能量守恒定律可知,在阀芯、阀座处由于节流作用而在附近的下游处产生一个缩流(图 2-125),其流体速度最大,但静压最小。在远离缩流处,随着阀内流通面积的增大,流体的流速减小,由于相互摩擦,部分能量转变成内能,大部分静压被恢复,形成了阀门压差 Δp。也就是说,流体在节流处的压力急剧下降,并在节流通道中逐渐恢复,但已经不能恢复到 p_1 值。

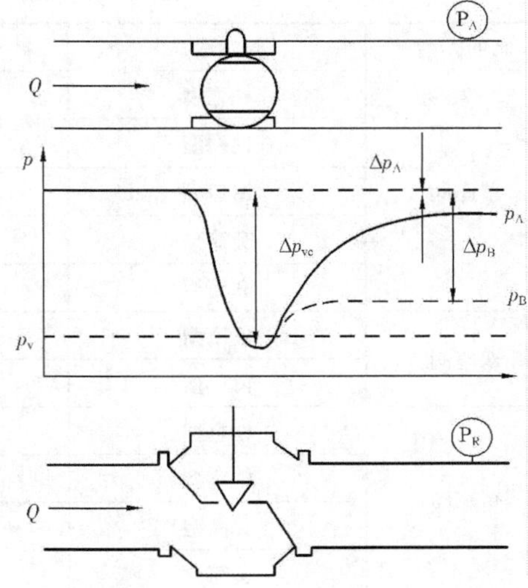

图 2-126 单座阀与球阀的压力恢复

当介质为气体时,由于它具有可压缩性,当阀的压差达到某一临界值时,通过调节阀的流量将达到极限,这时,即使进一步增加压差,流量也不会再增加。当介质为液体时,一旦压差增大到足以引起液体汽化,即产生闪蒸和空化作用时,也会出现这种极限的流量,这种极限流量称为阻塞流。阻塞流产生于缩流处及其下游。产生阻塞流时的压差为 Δp_T。为了说明这一特性,可以用压力恢复系数 F_L 来描述,即

$$F_L = \sqrt{\frac{p_1 - p_2}{p_1 - p_{vc}}} \tag{2-11}$$

$$\Delta p_T = F_L^2 (p_1 - p_{vc}) \tag{2-12}$$

式中,$\Delta p_T = p_1 - p_2$,表示此时产生阻塞流,p_1 和 p_2 是阀前、阀后的压力,p_{vc} 表示产生阻塞流时缩流断面的压力。

F_L 值是阀体内部几何形状的函数,它表示调节阀内流体流经缩流处之后动能变为静压的恢复能力。一般,$F_L = 0.5 \sim 0.98$。当 $F_L = 1$ 时,$p_1 - p_2 = p_1 - p_{vc}$,可以想象为 p_1 直接下降为 p_2,与原来的推导假设一样。F_L 越小,Δp 比 $p_1 - p_{vc}$ 小得越多,即压力恢复越大。

各种阀门因结构不同,其压力恢复能力和压力恢复系数也不相同。有的阀门流路好,流动阻力小,具有高压力恢复能力,这类阀门称为高压力恢复阀门,例如,球阀、蝶阀、文丘里角阀等。有的阀门流路复杂,流阻大,摩擦损失大,压力恢复能力差,则称为低压力恢复阀门,如单座阀、双座阀等。在图 2-126 中可以看出,球阀的压差损失 Δp_A 小于单座阀的压差损失 Δp_B。

F_L 值的大小取决于调节阀的结构形状,通过试验可以测定各类典型阀门的 F_L 值。计算时可参照表 2-11 选用。

表 2-11　压力恢复系数 F_L 和临界压差比 X_T

阀的类型	阀芯形式	流动方向	F_L	X_T
单座阀	柱塞型	流开	0.90	0.72
	柱塞型	流闭	0.80	0.55
	窗口型	任意	0.90	0.75
	套筒型	流开	0.90	0.75
	套筒型	流闭	0.80	0.70
双座阀	柱塞型	任意	0.85	0.70
	窗口型	任意	0.90	0.75
角形阀	柱塞型	流开	0.90	0.72
	柱塞型	流闭	0.80	0.65
	套筒型	流开	0.85	0.65
	套筒型	流闭	0.80	0.60
球　阀	O 形球阀(孔径为 0.8d)	任意	0.55	0.15
	V 形球阀	任意	0.57	0.25
偏旋阀	柱塞型	任意	0.85	0.61
蝶　阀	60°全开	任意	0.68	0.38
	90°全开	任意	0.55	0.20

(三)闪蒸、空化及其影响

在调节阀内流动的液体,常常出现闪蒸和空化两种现象。它们的发生不但影响口径的选择和计算,而且将导致严重的噪声、振动、材质的破坏等,直接影响调节阀的使用寿命。因此,在阀门的计算和选择过程中是不可忽视的问题。

当压力为 p_1 的液体流经节流孔时,流速突然急剧增加,而静压力骤然下降,当孔后压力 p_2 达到或者低于该流体所在情况下的饱和蒸汽压 p_v 时,部分液体就汽化成为气体,形成汽液两相共存的现象,这种现象称为闪蒸。产生闪蒸时,对阀芯等材质已开始有侵蚀破坏作用,而且影响液体计算公式的正确性,使计算复杂化。如果产生闪蒸之后,p_2 不是保持在饱和蒸汽压以下,在离开节流孔之后又急剧上升,这时气泡产生破裂并转化为液态,这个过程即为空化作用。所以,空化作用是一种两阶段现象,第一阶段是液体内部形成空腔或气泡,即闪蒸阶段;第二阶段是这些气泡的破裂,即空化阶段。

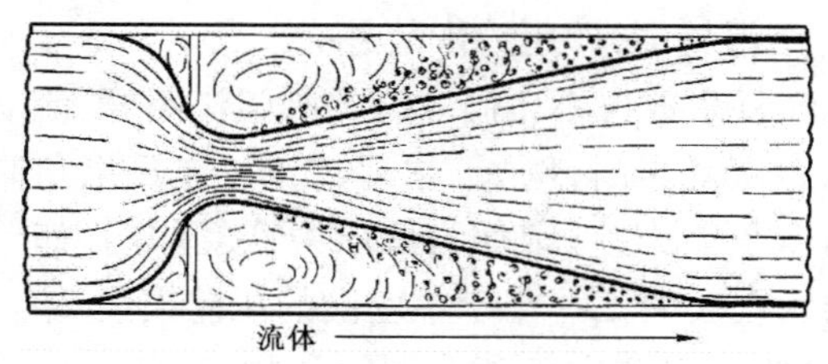

图 2-127　节流孔后的空化作用

图 2-127 就是一个在节流孔后产生空化作用的示意图。许多气泡集中在节流孔阀后,自然影响了流量的增加,产生了阻塞情况。因此,闪蒸和空化作用产生的前后的计算公式必然不同。在产生空化作用时,在缩流处的后面,由于压力恢复,升高的压力压缩气泡,达到临界尺寸的气泡开始变为椭圆形,

接着，在上游表面开始变平，然后突然爆裂，所有的能量集中在破裂点上，产生极大的冲击力（图 2－128）。

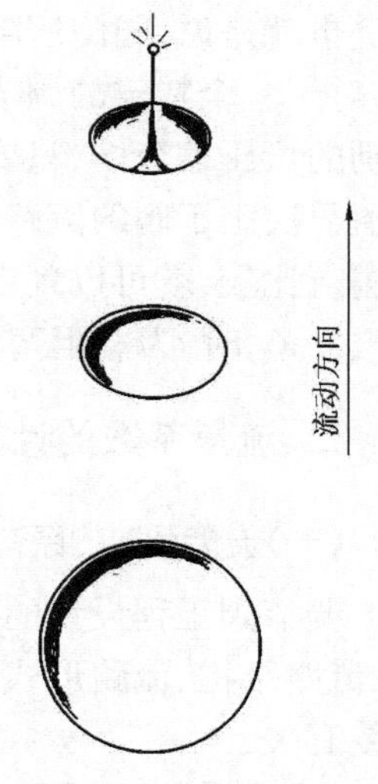

图 2－128 气泡的破裂图

（四）阻塞流对计算的影响

从上述分析可知，阻塞流是指不可压缩流体或可压缩流体在流过调节阀时所达到的最大流量状态（即极限状态）。在固定的入口条件下，阀前压力 p_1 保持一定而逐步降低阀后压力 p_2 时，流经调节阀的流量会增加到一个最大极限值，再继续降低 p_2，流量不再增加，这个极限流量即为阻塞流。阻塞流出现之后，流量与 $\Delta p(p_1-p_2)$ 之间的关系已不再遵循公式（2－8）的规律。

从图 2－129 可见，当按实际压差计算时，Q'_{max} 要比阻塞流量 Q_{max} 大很多。因此，为了精确求得此时的 K_v 值，只能把开始产生阻塞流时的阀压降 $\sqrt{\Delta p_T}$ 作为计算用的压降。液体是不可压缩流体，它在产生阻塞流时，p_{vc} 值与液体介质的物理性质有关，即

$$p_{vc} = F_F \cdot p_v \tag{2-13}$$

式中 p_v——液体的饱和蒸汽压力，kPa；

F_F——液体的临界压力比系数。

F_F 是阻塞流条件下缩流处压力与阀入口温度下的液体饱和蒸汽压力 p_v 之比，是 p_v 与液体临界压力 p_c 之比的函数（图 2－130），可用下式进行计算，即

$$F_F = 0.96 - 0.28\sqrt{p_v/p_c} \tag{2-14}$$

从式（2－13）可见，只要能求得 p_{vc} 值，便可得到不可压缩流体是否形成阻塞流的判断条件。显然，$F_L^2(p_1-p_{vc})$ 即为产生阻塞流时的阀压降，因此，当 $\Delta p \geqslant F_L^2(p_1-p_{vc})$ 即 $\Delta p \geqslant F_L^2(p_1-F_F p_v)$ 时为阻塞流情况。当 $\Delta p < F_L^2(p_1-p_{vc})$ 即 $\Delta p < F_L^2(p_1-F_F p_v)$ 时为非阻塞流情况。对于可压缩流体，引入一个称为压差比 X 的系数，即

$$X = \frac{\Delta p}{p_1}$$

Q
Q'_{max}
按非阻塞流条件计算得的流量
F_L
阻塞流
Q_{max}
C
$\sqrt{}$实际压差
$\sqrt{\Delta p_T}$
$\sqrt{\Delta p}$

图 2－129 流量与压差的关系

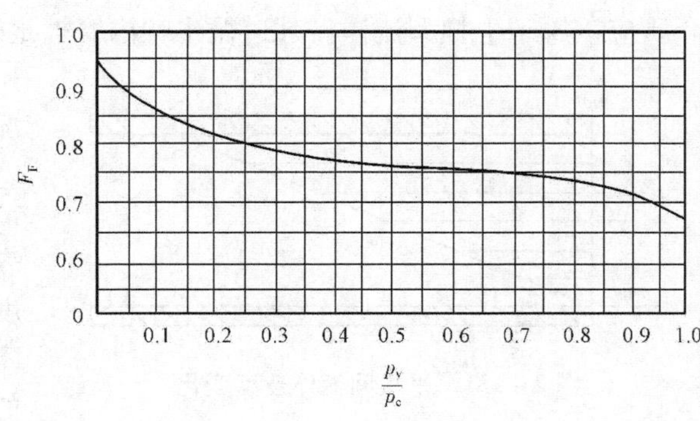

图 2－130 液体临界压力比 F_F 与 $\frac{p_v}{p_c}$ 的关系

也就是说,阀门压降 Δp 与入口压力 p_1 的比称为压差比。试验表明:若以空气作为试验流体,对于一个特定的调节阀,当产生阻塞流时,其压差比是一个固定常数,称为临界压差比 X_T。对别的可压缩流体,只要把 X_T 乘一个比热比系数 F_K,即为产生阻塞流时的临界条件。X_T 的数值只决定于阀的流路情况及结构,可以用表格查出来(表 2-11),只要把 X 和 $F_K \cdot X_T$ 两个值进行比较,就可以判定可压缩流体是否产生阻塞流。当 $X \geqslant F_K \cdot X_T$ 时,为阻塞流情况;当 $X < F_K \cdot X_T$ 时,为非阻塞流情况。

二、流量系数的计算

(一)流量系数的原有公式

调节阀工程设计的主要内容是调节阀流量系数的计算,流量系数是表征调节阀容量的大小、流路结构、流路形式、调节阀类型等综合因素对流通能力影响的特征参数,流量系数与下列因数有关:

(1)流体类型,例如,气体、液体或蒸汽等。

(2)调节阀类型,例如,直通单座调节阀、直通双座调节阀。

(3)流体工作状态,例如,工作温度、工作压力、流体成分、两端压降等。

(4)所需调节或节流的流量大小。

计算调节阀流量系数的常用方法有:

(1)国际电工委员会(IE:International Electro-technical Commission)推荐的计算方法。

(2)美国仪表协会(ISA:Instrument Society of American)推荐的计算方法。

(3)我国上海工业自动化仪表研究所推荐的计算方法。

(4)著名调节阀制造商推荐的计算方法。

本章介绍 IEC 推荐的计算方法。该标准的计算方法适用于牛顿型不可压缩流体(液体)、可压缩流体(气体和蒸汽)的调节阀流量系数计算。调节阀的流量系数随调节阀的开度的变化而变化。当调节阀从全关到全开时,其流量系数逐渐增大。因此,调节阀铭牌或说明书提供的流量系数 K_v 或 C_v 是调节阀全开时具有的流量系数,即该调节阀的最大流量系数,通常称为调节阀的额定流量系数。在确定调节阀的口径时,最主要的依据和工作程序就是计算流量系数,而计算流量系数的基型公式是以牛顿不可压缩流体的伯努利方程为基础的,流经调节阀的介质应该属于牛顿型流体。凡遵循牛顿内摩擦定律的流体都属牛顿流体。

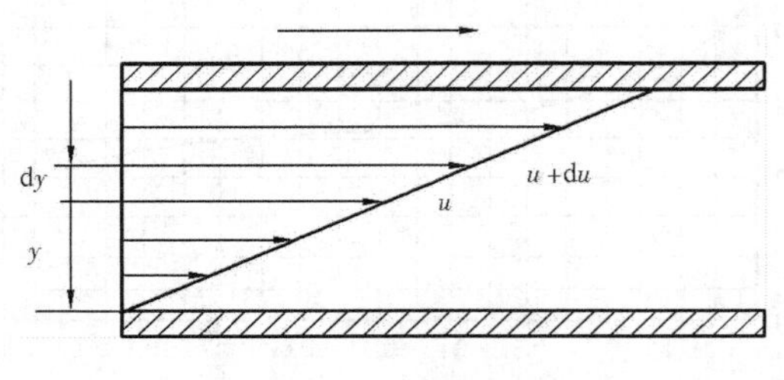

图 2-131　平板间流体速度变化

图 2-131 所示为两板之间流体的流动情况,若 y 处流体层的速度为 u,在其垂直距离为 dy 处的邻近流体层的速度为 $u+\mathrm{d}u$,则 $\frac{\mathrm{d}u}{\mathrm{d}y}$ 表示速度沿法线方向的变化率,也称速度梯度。实验证明两流体层之间单位面积上的内摩擦力(或称为剪应力)τ 与垂直于流动方向的速度梯度成正比,即

$$\tau = \mu \frac{du}{dy} \tag{2-15}$$

式中，μ 为比例系数，称为粘性系数，或称为动力粘度，简称为粘度，公式所表示的关系称为牛顿粘性定律，也就是牛顿内摩擦定律。

(二)不可压缩流体

在安装条件下，为了使流量系数计算公式(2-9)能适用于各种单位，并考虑到粘度、管道等因素的影响，可把公式演变为如下的形式，即

$$C = \frac{Q}{N_1 F_P F_R}\sqrt{\frac{\rho/\rho_0}{\Delta p}} \tag{2-16}$$

式中 F_P——管道的几何形状系数，无量纲量，当没有附接管件时，$F_P=1$；

F_R——雷诺数系数，无量纲量，在紊流状态时，$F_R=1$；

ρ/ρ_0——相对密度，在15.5℃时，$\rho/\rho_0=1.0$；

N_1——数字常数(表2-12)。

表2-12 数字常数

常数	流量系数 C			公式单位			
	A_v	K_v	C_v	Q	d,D	$p_1,p_2,p_v,\Delta p$	ρ
N_1	3.6×10^3	1×10^{-1}	8.65×10^{-2}	m^3/h	mm	kPa	kg/m^3
	3.6×10^4	1×10^0	8.65×10^{-1}	m^3/h	mm	bar	kg/m^3
N_2	1.23×10^{-12}	1.6×10^{-3}	2.14×10^{-3}	—	mm	—	—
N_4	3.72×10^2	7.07×10^4	7.6×10^4	m^3/h	—	—	—

注：使用本表提供的数字常数和规定的公制单位就能得出规定单位的流量系数。

在采用不同单位时，流量系数的代表符号各不相同，数字常数值也不同。目前，流量系数除用 K_v、C_v 外，还用 A_v。

根据计算理论，在计算液体流量系数时，按三种情况分别进行计算：非阻塞流、阻塞流、低雷诺数。在用判别式判定之后，用不同的公式进行计算。

1. 非阻塞流

在 $\Delta p < F_1^2(p_1 - F_F p_v)$ 的情况下，是非阻塞流，这时，流量系数计算公式为

$$K_v = \frac{10Q_L\sqrt{\rho_L}}{\sqrt{\Delta p}} \tag{2-17}$$

或

$$K_v = \frac{10^{-2}W_L}{\sqrt{\Delta p \rho_L}}$$

$$\Delta p = p_1 - p_2 \tag{2-18}$$

式中 Q_L——流过调节阀的体积流量,m^3/h;

W_L——流过调节阀的质量流量,kg/h;

Δp——调节阀阀前、阀后的压差,kPa;

p_1——阀前压力,kPa;

p_2——阀后压力,kPa;

ρ_L——液体的密度,g/cm^3。

在计算判别式时,F_F 可按式(2-14)计算,也可以用图 2-130 来确定。一些常用介质的临界压力 p_c 值可参阅表 2-13。

表 2-13 部分物料的临界压力 p_c 和临界温度 T_C

名称	分子式	p_c,100kPa	T_C,K	名称	分子式	p_c,100kPa	T_C,K
氩	Ar	49.7	150.8	氢	H_2	13.9	33.2
氯	Cl_2	77.9	417	水	H_2O	221	647.3
氟	F_2	53.1	144.3	氨	NH_3	114	405.6
氯化氢	HCl	83.9	324.6	二氧化碳	CO_2	74.7	304.2

几点说明如下:

(1)从我国的实际情况出发,采用法定计量单位,故式(2-16)中的 $N_1=1$;调节阀不用附接管件安装,$F_P=1$;存在紊流状态,$F_R=1$。在这种情况下得到式(2-17)和式(2-18)。

(2)这些方程式是以不可压缩牛顿流体的伯努利方程式为基础的,当遇到非牛顿流体、混合流体、泥浆或液态—固态输送系统时,则不能用这些公式计算。

(3)在用这些方程和关系曲线计算调节阀尺寸时,计算流量系数被假定为包括图 2-132 所示的两个取压孔之间的全部水头损失。

以上说明对阻塞流计算公式同样适用。

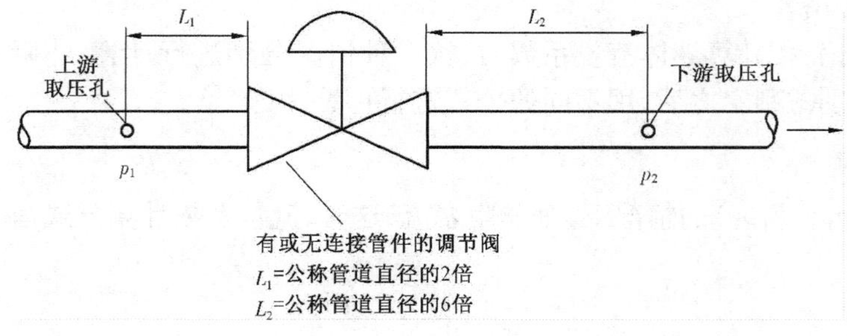

图 2-132 取压孔位置

2. 阻塞流

当 $\Delta p \geq F_L^2(p_1-F_F p_v)$ 时为阻塞流情况,这时,应把产生阻塞流的压差值 $F_L^2(p_1-F_F p_v)$ 代入式(2-17)、式(2-18)中进行计算,即

$$K_v = \frac{10Q_L\sqrt{\rho_L}}{\sqrt{F_L^2(p_1 - F_F p_v)}} \tag{2-19}$$

或

$$K_v = \frac{10^{-2}W_L}{\sqrt{\rho_L F_L^2(p_1 - F_F p_v)}} \tag{2-20}$$

3. 低雷诺数液体的计算

雷诺数 Re 是表明流体在管道内流动状态的无量纲量。管内流体流动的特性取决于四种参数(管径、粘度、密度和速度)的综合作用。由雷诺数的大小可以判断流体的流动状态是层流还是紊流。

流量系数 K_v 是在适当的雷诺数、紊流情况下测定的。随着雷诺数 Re 的增大,K_v 值变化不大。然而当雷诺数减小时,有效的 K_v 值会变小。在极端的情况下,雷诺数很低,例如,对粘性很大的流体,流体的流动已经成为层流状态,其流量与阀压降成正比,而不是与阀压降的开平方值成正比,这时如果还按式(2-17)、式(2-18)计算 K_v 值,误差一定很大。因此,对雷诺数偏低的流体,对 K_v 值计算公式要进行校正。修正后的流量系数为 K'_v,即

$$K'_v = K_v/F_R \tag{2-21}$$

式中 K_v'——修正后的流量系数;

K_v——按紊流条件时,即按式(2-17)~式(2-20)计算的流量系数;

F_R——雷诺数修正系数,可以按雷诺数 Re 的大小从图 2-133 中查得。

雷诺数 Re 可以根据阀的结构和粘度等因素,由下列公式求得。

对于具有两个平行流路的调节阀,如直通双座阀、蝶阀、偏心旋转阀,雷诺数为

$$Re = 49490\frac{Q_L}{\sqrt{K_v\nu}} \tag{2-22}$$

对于只有一个流路的调节阀,如直通单座阀、套筒阀、球阀、角阀、隔膜阀等,雷诺数为

$$Re = 70700\frac{Q_L}{\sqrt{K_v\nu}} \tag{2-23}$$

式中 ν——液体在流动温度下的运动粘度,mm^2/s(cst)。

从图 2-133 的曲线中可以看出,当雷诺数 Re 大于 3500 以后,修正量已经不大,所以雷诺数大于 3500 就不需要进行低雷诺数修正。如果要精确计算,则不受此限制。

(三)可压缩流体

可压缩流体的流动有非阻塞流和阻塞流两种情况,在这两种情况下所用的计算公式是不相同的。当 $X < F_K X_T$ 时,不会产生阻塞流,当 $X > F_K X_T$ 时则产生阻塞流。

根据国际电工委员会标准(IEC534—22《可压缩流体流量系数计算公式的分析与比较》),在安装条件下,可压缩流体流量系数的计算方程式为

$$C = \frac{W}{N_6 \cdot F_p \cdot y\sqrt{Xp_1\rho_1}} \tag{2-24}$$

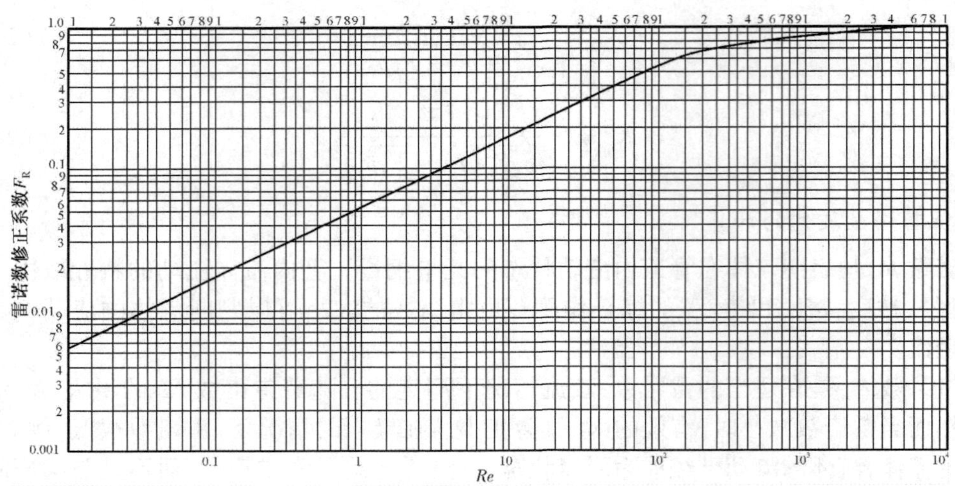

图 2-133 雷诺数修正系数 F_R

或
$$C = \frac{W}{N_8 F_p p_1 y}\sqrt{\frac{T_1 Z}{XM}} \quad (2-25)$$

或
$$C = \frac{Q}{N_9 F_p p_1 y}\sqrt{\frac{MT_1 Z}{X}} \quad (2-26)$$

式中 C——流量系数(包括 A_v、K_v、C_v);

W——质量流量,kg/h;

Q——体积流量,m^3/h;

F_p——管道几何形状系数,无量纲量;

y——膨胀系数,无量纲量;

X——压差比(压差与入口绝对压力之比),$X=\Delta p/p_1$,无量纲量;

p_1——阀前压力,kPa 或 bar(10^5Pa = 1bar);

ρ_1——流体在 p_1 和 T_1 时的密度,kg/m^3;

T_1——阀入口的绝对温度,K(℃ +273);

M——流体相对分子质量;

Z——压缩系数,无量纲量;

N_6、N_8、N_9——数字常数,其值见表 2-14。

表 2-14 数字常数

常数	流量系数 C			公式单位					
	A_v	K_v	C_v	W	Q	$p,\Delta p$	ρ	T	d,D
N_2	1.23×10^{-12}	1.60×10^{-3}	2.41×10^{-3}	—	—	—	—	—	mm
N_5	1.39×10^{-12}	1.80×10^{-3}	2.41×10^{-3}	—	—	—	—	—	mm

续表

常数	流量系数 C			公式单位					
	A_v	K_v	C_v	W	Q	$p,\Delta p$	ρ	T	d,D
N_6	1.14×10^5	3.16	2.73	kg/h	—	kPa	kg/m^3	—	—
	1.14×10^6	3.60×10^1	2.73×10^1	kg/h	—	bar	kg/m^3	—	—
N_8	3.95×10^4	1.10	9.48×10^{-1}	kg/h	—	kPa	—	K	—
	3.95×10^4	1.10×10^2	9.48×10^1	kg/h	—	bar	—	K	—
$N_9(T_g=273K)$	8.85×10^5	2.46×10^1	2.12×10^1	—	m^3/h	kPa	—	K	—
	8.85×10^7	2.46×10^3	2.12×10^3	—	m^3/h	bar	—	K	—
$N_9(T_g=288.5K)$	9.35×10^5	2.60×10^1	2.25×10^1	—	m^3/h	kPa	—	K	—
	9.35×10^7	2.60×10^3	2.25×10^3	—	m^3/h	bar	—	K	—

1. 气体

1)非阻塞流

当 $X<F_KX_T$ 时,是非阻塞流情况,如果采用法定计量单位制,则计算公式为

$$K_v=\frac{Q_g}{5.19p_1y}\sqrt{\frac{T_1\rho_NZ}{X}} \tag{2-27}$$

或

$$K_v=\frac{Q_g}{24.6p_1y}\sqrt{\frac{T_1MZ}{X}} \tag{2-28}$$

或

$$K_v=\frac{Q_g}{4.57p_1y}\sqrt{\frac{T_1GZ}{X}} \tag{2-29}$$

式中 Q_g——气体标准体积流量,$N\cdot m^3/h$;

ρ_N——气体标准状态下密度($273K,1.013\times10^2kPa$),$kg/N\cdot m^3$;

p_1——阀前绝对压力,kPa;

X——压差比($X=\Delta p/p_1$);

y——膨胀系数;

T_1——入口绝对温度,K;

M——气体相对分子质量;

G——气体的相对密度(空气为1);

Z——压缩系数。

压缩系数 Z 是比压力和比温度的函数。图2-134为压缩系数图。

比压力的定义是:实际入口绝对压力 p_1 与所述流体的绝对热力临界压力之比;而比温度的定义是入口温度 T_1 和绝对热力临界温度 T_2 之比。若比压力为 p_r,比温度为 T_r,则

$$p_r=\frac{p_1}{p_c} \tag{2-30}$$

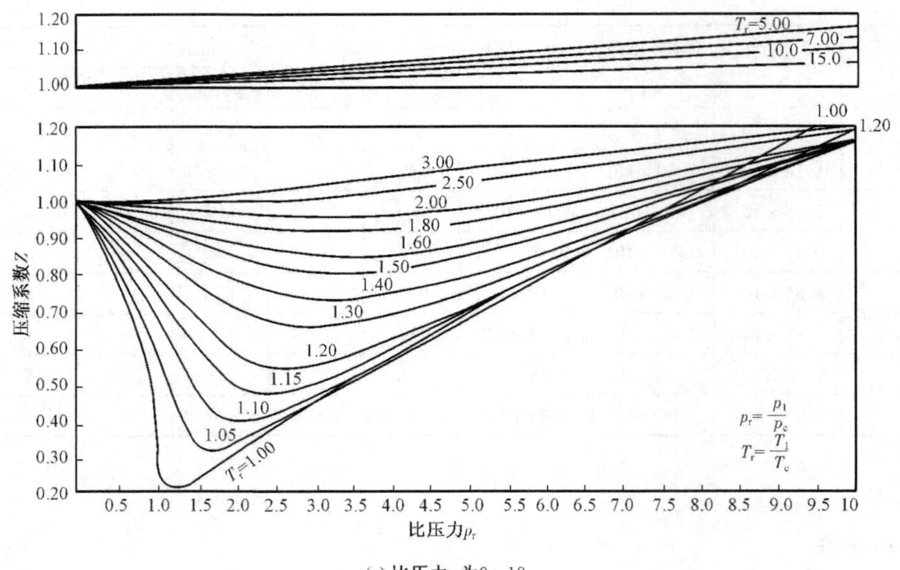

(a) 比压力p_r为0～10

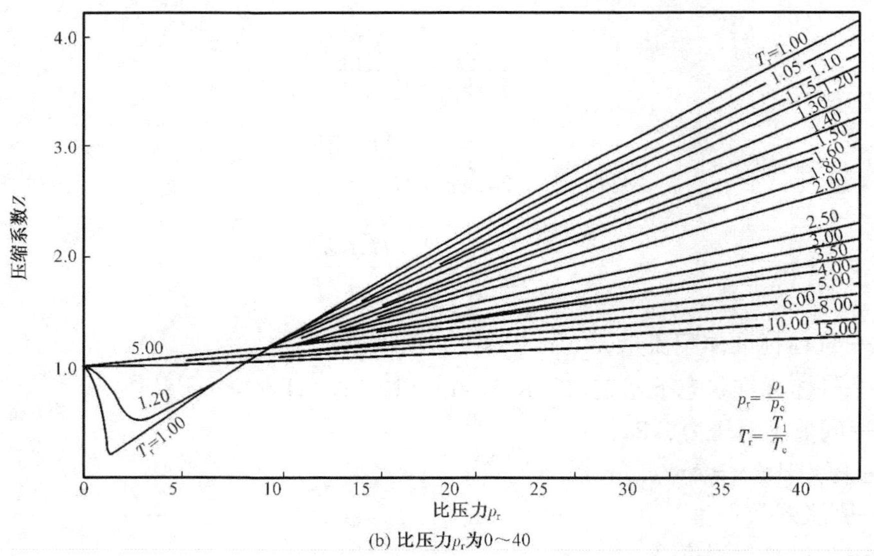

(b) 比压力p_r为0～40

图 2－134 压缩系数图

$$T_r = \frac{T_1}{T_c} \tag{2-31}$$

由于式(2－30)、式(2－31)及另一些计算方程都不包含上游条件时流体的实际密度这一项,而密度是根据理想气体定律由入口压力和温度导出的。在某些条件下,真空气体的性质与理想气体的偏差很大。在这些情况下,要引入压缩系数 Z 来补偿这个偏差。

膨胀系数 y 用来校正从阀的入口到阀后缩流处气体密度的变化,理论上 y 值和节流口面积与入口面积之比、流路形状、压差比 X、雷诺数、比热比系数 F_K 等因素有关。由于气体介质的流速较高，在可压缩流情况下，由于紊流几乎始终存在，所以雷诺数的影响极小，可以忽略。其他因素与 y 的关系可以表示如下，即

$$y = 1 - \frac{X}{3F_K X_T} \tag{2-32}$$

式中 X_T——临界压差比，查表2-11；

X——压差比；

F_K——比热比系数，空气的 $F_K = 1$。

对非空气介质则

$$F_K = \frac{k}{1.4}$$

式中，k 是气体的绝热指数。

2）阻塞流

当 $X \geqslant F_K X_T$ 时，即出现阻塞流情况。

如果阀前压力 p_1 保持不变，阀后压力逐步降低，气流就慢慢形成了阻塞流。即使这时阀后压力再降低，流量也不会增加。在压差比 X 达到 $F_K X_T$ 值时就达到极限值。使用公式时，X 值要保持在这一极限之内。因此，y 值只能在0.667～1.0（当 $X = F_K X_T$ 时）的范围内。

阻塞流情况下，流量系数的计算公式可简化为

$$K_v = \frac{Q_g}{2.9p_1}\sqrt{\frac{T_1 \rho_N Z}{kX_T}} \tag{2-33}$$

或

$$K_v = \frac{Q_g}{13.9p_1}\sqrt{\frac{T_1 MZ}{kX_T}} \tag{2-34}$$

或

$$K_v = \frac{Q_g}{2.58p_1}\sqrt{\frac{T_1 GZ}{kX_T}} \tag{2-35}$$

注意：X_T 值可通过空气试验来确定，也可以利用无连接管件调节阀的液体压力恢复系数 F_L 近似算得。

如果一个调节阀装有渐缩管或其他管件，X_T 值就会受到影响。这时的 X_T 值就标为 X_{TP}。

为达到规定的士5%的允差极限，阀和连接管件应作为一个整体进行试验。如果允许用估计值，可采用下面的公式，即

$$X_{TP} = \frac{X_T}{F_p^2}\left[1 + \frac{X_T \xi_1}{N_5}\left(\frac{C}{d^2}\right)^2\right]^{-1} \tag{2-36}$$

在式（2-36）中，X_T 为不装渐缩管或其他管件的调节阀的压差比，系数 ξ_1 是连接阀入口侧的渐缩管或其他管件入口速度头系数之和（$\xi_1 + \xi_{B1}$）。

式（2-36）中的数字常数 N_5 见表2-14。

2. 蒸汽

根据膨胀系数法，以质量流量为单位，可推导出下面的计算公式。

(1)当 $X < F_F X_T$ 时(非阻塞流)有

$$K_v = \frac{W_s}{3.16y}\sqrt{\frac{1}{Xp_1\rho_s}} \tag{2-37}$$

$$K_v = \frac{W_s}{1.1p_1 y}\sqrt{\frac{T_1 Z}{XM}} \tag{2-38}$$

(2)当 $X \geqslant F_F X_T$ 时(阻塞流)有

$$K_v = \frac{W_s}{1.78}\sqrt{\frac{1}{kX_T p_1 \rho_s}} \tag{2-39}$$

$$K_v = \frac{W_s}{0.62p_1}\sqrt{\frac{T_1 Z}{kX_T M}} \tag{2-40}$$

式中 W_s——蒸汽的质量流量,kg/h;

ρ_s——阀前入口蒸汽的密度,kg/m^3。

如果是过热蒸汽,应代入过热条件下的实际密度。

3. 两相流体

当调节阀的介质为气液两相的混合流时,过去一般都采用分别计算液体和气体(蒸汽)的 C 值,然后相加作为调节阀的总流量系数值。这种分别计算液体及气体的流量系数,然后相加的方法是基于两种液体单独流动的观点,没有考虑到它们的相互影响。实际上,当气相大大多于液相时,液相成为雾状,具有近似于气相的性质;当液相大大多于气相时,气相成为气泡而夹杂在液相中间,这时具有液相性质,此时用上述方法计算误差也较大,前者偏大而后者偏小。因此,两相流体流量系数的计算必须考虑到两相流动之间的互相影响,寻找有效而准确的计算方法。

按照新的膨胀系数法的理论,目前对两相流的流量系数计算多采用有效密度法或两相密度法。当液体和气体(或蒸汽)均匀混合流过调节阀时,液体的密度保持不变,而气体或蒸汽由于膨胀而使密度下降,因此,要用膨胀系数加以修正。由于质量流量与 $y\sqrt{X\rho_s}$ 成正比,如果这时气体的有效密度为 ρ_e,则

$$\sqrt{X\rho_e} = y\sqrt{X\rho_s} \tag{2-41}$$

即

$$\rho_e = y^2\rho_s \tag{2-42}$$

在其他条件相同的情况下,密度为 ρ_s 的可压缩流体的质量流量与密度为 ρ_e 的不可压缩流体的质量流量是一样的,因此,对均匀混合的气(汽)液两相介质可按混合介质的有效密度 ρ_e 进行计算。当两相流中为液体和蒸汽,而液体占绝大部分时,可以用阀入口(p_1 和 T_1 条件下)的两相流密度 ρ_m 来计算。

总之,计算的前提应该是:气(汽)液两相介质必须均匀混合,而且其中每一单相流体均未达到阻塞流条件,其计算公式如下:

(1)对液体与非液化性气体:

先决条件：液体 $\Delta p < F_L^2(p_1 - p_2)$，气体 $X < F_K X_T$，两个条件都能满足。

$$K_v = \frac{W_g + W_L}{3.16\sqrt{\Delta p \rho_e}} \tag{2-43}$$

其中

$$\rho_e = \frac{W_g + W_L}{\dfrac{W_g}{\rho_g y^2} + \dfrac{W_L}{10^3 \rho_L}} \tag{2-44}$$

或

$$\rho_e = \frac{W_g + W_L}{\dfrac{T_1 W_g}{2.64 y^2 p_1 \rho_N Z} + \dfrac{W_L}{10^3 \rho_L}} \tag{2-45}$$

或

$$\rho_e = \frac{W_g + W_L}{\dfrac{8.5 T_1 W_g}{M p_1 y^2 Z} + \dfrac{W_L}{10^3 \rho_L}} \tag{2-46}$$

(2)对液体与蒸汽：

当蒸汽占绝大部分的两相混合流体，用式(2-43)进行计算。对液体占绝大部分的两相混合流体，计算公式为

$$K_v = \frac{W_g + W_L}{3.16 F_L \sqrt{\rho_m p_1 (1 - F_F)}} \tag{2-47}$$

式中 ρ_m——两相流密度。

$$\rho_m = \frac{W_g + W_L}{\dfrac{W_g}{\rho_g} + \dfrac{W_L}{10^3 \rho_L}} \tag{2-48}$$

或

$$\rho_m = \frac{W_g + W_L}{\dfrac{T_1 W_g}{2.64 p_1 \rho_N} + \dfrac{W_L}{10^3 \rho_L}} \tag{2-49}$$

或

$$\rho_m = \frac{W_g + W_L}{\dfrac{8.5 T_1 W_g}{M p_1} + \dfrac{W_L}{10^3 \rho_L}} \tag{2-50}$$

三、调节阀的可调比

调节阀的可调比就是调节阀所能控制的最大流量与最小流量之比。可调比也称为可调范围，若以 R 来表示，则

$$R = \frac{Q_{max}}{Q_{min}} \tag{2-51}$$

要注意最小流量 Q_{min} 和泄漏量的含义不同。最小流量是指可调流量的下限值，它一般为

最大流量 Q_{max} 的 2% ~4%，而泄漏量是阀全关时泄漏的量，它仅为最大流量的 0.1% ~0.01%。

(一)理想可调比

当调节阀上压差一定时，可调比称为理想可调比，即

$$R=\frac{Q_{max}}{Q_{min}}=\frac{K_{vmax}\sqrt{\frac{\Delta p}{\rho}}}{K_{vmin}\sqrt{\frac{\Delta p}{\rho}}}=\frac{K_{vmax}}{K_{vmin}} \tag{2-52}$$

也就是说，理想可调比等于最大流量系数与最小流量系数之比，它反映了调节阀调节能力的大小，是由结构设计所决定的。一般总是希望可调比大一些为好，但由于阀芯结构设计及加工方面的限制，流量系数 K_{vmin} 不能太小，因此，理想可调比一般均小于500。目前我国统一设计时取 $R=30$。

(二)实际可调比

调节阀在实际工作时不是与管路系统串联就是与旁路阀并联，随管路系统的阻力变化或旁路阀开启程度的不同，调节阀的可调比也产生相应的变化，这时的可调比就称为实际可调比。

1. 串联管道时的可调比

如图2-135所示的串联管道，由于流量的增加，管道的阻力损失也增加。若系统的总压差 Δp_s 不变，则分配到调节阀上的压差相应减小，这就使调节阀所能通过的最大流量减小，所以，串联管道时调节阀实际可调比会降低。若用 R' 表示调节阀的实际可调比，则

$$R'=\frac{Q_{max}}{Q_{min}}=\frac{K_{vmax}\sqrt{\frac{\Delta p_{vmin}}{\rho}}}{K_{vmin}\sqrt{\frac{\Delta p_{vmax}}{\rho}}}=R\sqrt{\frac{\Delta p_{vmin}}{\Delta p_{vmax}}}$$

$$\approx R\sqrt{\frac{\Delta p_{vmin}}{\Delta p_s}}$$

令

$$s=\frac{\Delta p_{vmin}}{\Delta p_s} \tag{2-53}$$

则

$$R'=R\sqrt{s} \tag{2-54}$$

式中 Δp_{vmax}——调节阀全关时阀前后的压差约等于系统总压差，kPa；

Δp_{vmin}——调节阀全开时阀前后的压差，kPa；

Δp_s——系统的压差，kPa；

s——调节阀全开时阀前后压差与系统总压差之比，称为阀阻比，也称为压降比。

由式(2-54)可知，当 s 值越小，即串联管道的阻力损失越大时，实际可调比越小。它的变化情况如图2-136所示。

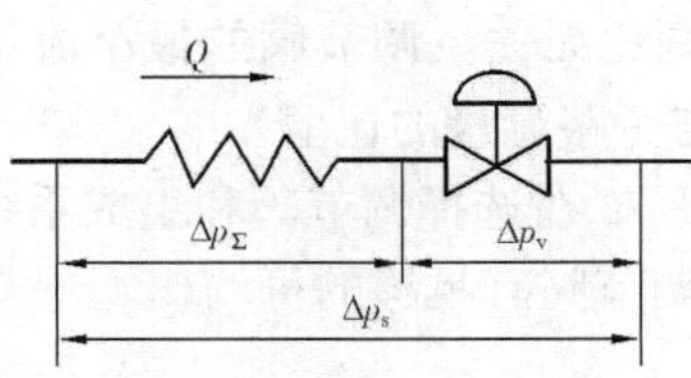

图 2－135 串联管道

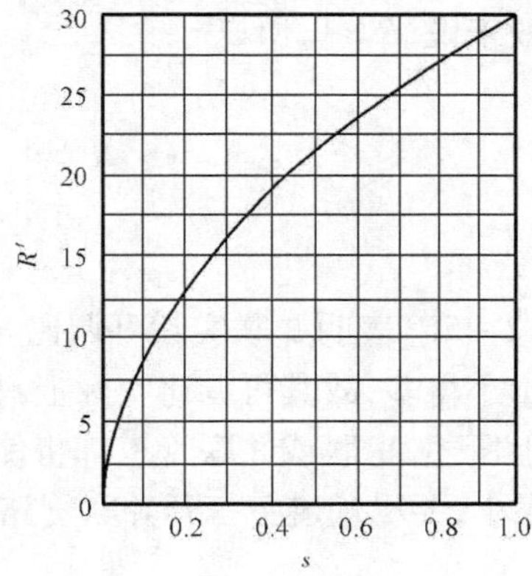

图 2－136 串联管道时的可调比

2. 并联管道时的可调比

如图 2－137 所示的并联管道，当打开与调节阀并联的旁路时，实际可调比为

$$R' = \frac{\text{总管最大流量}}{\text{调节阀最小流量} + \text{旁路流量}} = \frac{Q_{\max}}{Q_{1\min} + Q_2}$$

若令

$$x = \frac{\text{调节阀全开时的流量}}{\text{总管最大流量}} = \frac{Q_{1\max}}{Q_{\max}}$$

$$R' = \frac{Q_{\max}}{x\dfrac{Q_{\max}}{R} + (1 + x)Q_{\max}} = \frac{R}{R - (R - 1)x} \tag{2-55}$$

由式（2－55）可知：当 x 值越小，即旁路流量越大时，实际可调比就越小。它的变化如图 2－138 所示。从图中可以看出旁路阀的开度对实际可调比的影响极大。

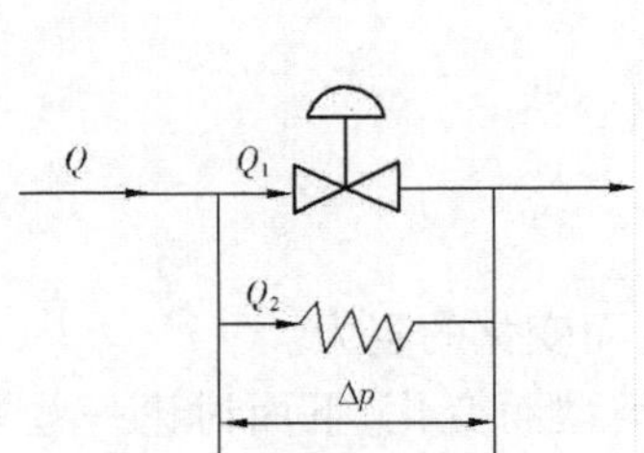

图 2－137 并联管道

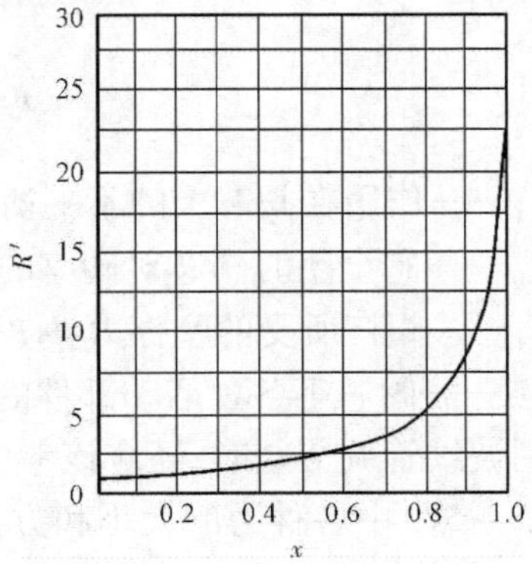

图 2－138 并联管道时的可调比

从式（2－55）可得

$$R' = \frac{1}{1 - \dfrac{R - 1}{R}x}$$

一般来说，$R \gg 1$，所以

$$R' = \frac{1}{1-x} = \frac{1}{1-\frac{Q_{1max}}{Q_{max}}} = \frac{Q_{max}}{Q_2} \quad (2-56)$$

式(2－56)表明并联实际可调比与调节阀本身的可调比无关。调节阀的最小流量一般比旁路流量小得多，故其可调比实际上只是总管最大流量与旁路流量的比值。

综上所述，串联或并联管道都将使实际可调比下降，所以在选择调节阀和组成系统时不应使 s 值太小，要尽量避免打开并联管路的旁路阀，以保证调节阀有足够的可调比。

四、调节阀选型

(一)执行机构的选择

1. 输出力的考虑

执行机构不论是何种类型，它的输出力都是用于克服负荷的有效力。而负荷主要是指不平衡力和不平衡力矩加上摩擦力、密封力、重量等有关的力作用。

为了使调节阀能正常工作，配用的执行机构要能产生足够的输出力来克服各种阻力，保证高度的密封或阀门的开启。

对双作用的气动、电液、电动执行机构，一般都没有复位弹簧。作用力的大小与它的运动方向无关，因此，选择执行机构的关键在于弄清最大的输出力或电动机的转动力矩。

对于单作用气动执行机构，输出力与阀门开度有关，调节阀上出现的力也将影响运动特性，因此，要求在整个调节阀的开度范围建立力平衡。如果执行机构的输出力为 F，它的力平衡方程式为

$$F = F_t + F_o + F_f + F_W \quad (2-57)$$

式中 F_t——作用在阀芯上的不平衡力，N；

F_0——阀全闭时阀芯对阀座的密封所附加的压紧力，N；

F_f——阀杆所受的摩擦力，N；

F_w——阀芯等各种活动部件的重量，N。

采用波纹管调节阀时，还应该考虑波纹管随阀门开度而变化的阻力。

式(2－57)中各种力的大小和方向将随执行机构的类型而变化，下面讨论一些典型的执行机构。

1)气动薄膜式执行机构的输出力

有弹簧的气动薄膜执行机构，由于薄膜室信号压力所产生的推力大部分被弹簧反力所平衡，因此，有效输出力比无弹簧型要小。

根据调节阀不平衡力的方向性，执行机构输出力有相应的两种不同的方向，设 $+F$ 表示执行机构向下的推出力，$-F$ 表示执行机构向上的输出力，如图 2－139 所示。

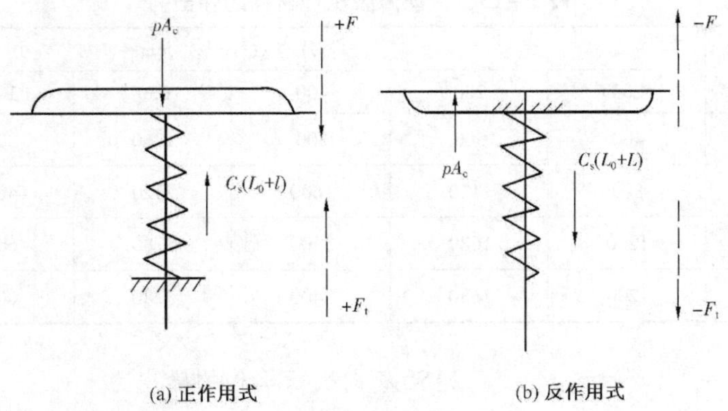

图 2-139 薄膜式执行机构输出力

无论是正作用式或反作用式的气动薄膜执行机构，它们的正向或反向输出力 $\pm F$ 均为信号压力 p 作用在薄膜有效面积 A_e 上的推力 pA_e。与弹簧的反作用力 $C_s(L_0+l)$ 之差，列式表示为

$$\pm F = pA_e - C_s(L_0 + l) \tag{2-58}$$

$$C_s = \frac{A_e p_r}{L} \tag{2-59}$$

式中 A_e——薄膜有效面积，m^2；

l——推杆位移量，m；

C_s——弹簧刚度，N/m；

p_r——弹簧范围，相当于使弹簧产生全行程变形量 L_0 所需加在薄膜上的压力变化范围，Pa；

L_0——弹簧预紧量，m。

$$L_0 = \frac{p_i A_e}{C_s} \tag{2-60}$$

式中，p_i 为弹簧的启动压力，相当于使弹簧产生预紧变形量 L_0 所需加在薄膜上的压力，弹簧在自由状态时，$p_i=0$，p_i 可根据需要在一定的范围内调节。

将式(2-59)、式(2-60)代入式(2-58)可得

$$\pm F = A_e\left(p - p_i - p_r\frac{l}{L}\right) = A_e p_F \tag{2-61}$$

式(2-61)中的 p_F 为有效的输出压力，是用来克服负荷的有效压力。增大 p_F 或增大有效面积 A_e 都可以提高执行机构的输出力 F。

目前，调节阀使用的弹簧范围有 20～60kPa、20～100kPa、40～200kPa、60～100kPa、60～180kPa 等多种，分别调整各种弹簧范围的启动压力，可使执行机构具有不同的输出力。不同的弹簧范围与不同有效面积的薄膜相配之后，可得到不同的输出力，见表 2-15，表中给出的输出力为近似值。

表 2－15　气动薄膜执行机构的输出力　　N

弹簧范围 p_r, 10^5Pa	膜片有效面积 A_e, cm^2					
	200	280	400	630	1000	1600
0.8(0.2～1)	400	560	800	1260	2000	3200
1.6(0.4～2)	800	1120	1600	2520	4000	6400
0.4(0.2～0.6)	1200	1680	2400	3780	6000	9600
0.4(0.6～1)	1200	1680	2400	3780	6000	9600

2)活塞式执行机构的输出力

常见的活塞式执行机构有单向和双向两种作用方式。双向活塞执行机构在结构上是没有弹簧的。由于没有弹簧反作用力,因此,它的输出力比薄膜执行机构大,常用来作大口径、高压差调节阀的执行机构。

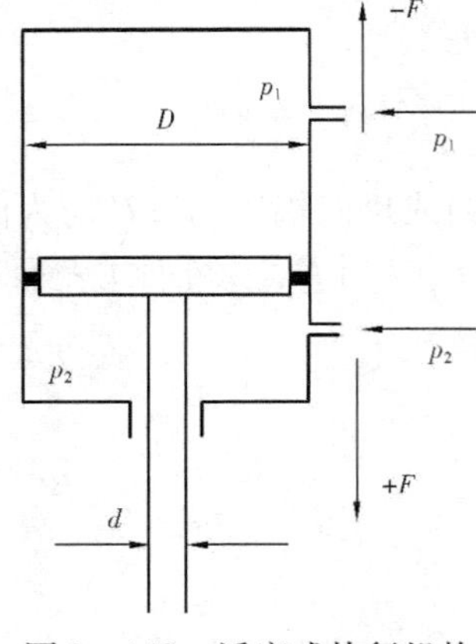

图 2－140　活塞式执行机构的输出力

图 2－140 所示为活塞式执行机构的受力情况,设:

F 为执行机构输出力,N;D 为活塞直径,m;d 为活塞杆直径,m;p_1、p_2 为上、下缸工作压力,Pa;Δp 为压差,Pa;η 为气缸效率(考虑到摩擦消耗,常取 $\eta=0.9$)。

当活塞向下动作时,输出力为 $+F$,因此有

$$+F=\left[\frac{\pi}{4}D^2p_1-\left(\frac{\pi}{4}D^2p_2-\frac{\pi}{4}d^2p_2\right)\right]\eta=\frac{\pi}{4}\eta(D^2\Delta p+d^2p_2)$$

因为活塞杆处于极端位置时,$p_2=0$,$p_1=p_0$,p_0 为最大工作压力,即阀门定位器的气源压力,因此有

$$+F=\frac{\pi}{4}\eta D^2p_0 \tag{2-62}$$

当活塞向上动作时,输出力为 $-F$,即

$$-F=\left(\frac{\pi}{4}D^2p_2-\frac{\pi}{4}d^2p_2-\frac{\pi}{4}D^2p_1\right)\eta=\frac{\pi}{4}\eta(D^2\Delta p+d^2p_2)$$

同样,当活塞杆处于另一极端位置时,$p_1=0$,$p_2=p_0$,即

$$-F=\frac{\pi}{4}\eta p_0(D^2-d^2)$$

又由于活塞的直径比活塞杆直径大很多,即 $D\gg d$,因此有

$$-F\approx\frac{\pi}{4}\eta D^2p_0 \tag{2-63}$$

综上所述可知,活塞式执行机构可用下式表示,即

$$\pm F = \frac{\pi}{4}\eta D^2 p_0 \tag{2-64}$$

式(2-64)说明活塞执行机构的输出力与活塞直径 D,最大的工作压力 p_0 和气缸效率有关。一般,p_0 和 η 都一定($p_0=500\text{kPa}, \eta=0.9$),因此,输出力的大小主要决定于活塞直径(表 2-16)。

表 2-16 活塞执行机构的输出力

活塞直径,mm	100	150	200	250	300	350
最大输出力,N	3530	7950	14140	22100	31800	43300

3)不平衡力和不平衡力矩

流体通过调节阀时,阀芯受到静压和动压的作用,产生使阀芯上下移动的轴向力和阀芯旋转的切向力。对于直线位移的调节阀来说,轴向力直接影响阀芯位移与执行机构信号力的关系,因此,阀芯所受到的轴向合力称为不平衡力。对于角位移的调节阀,如蝶阀、球阀、偏旋阀等,影响其角位移的是阀板轴受到的切向合力矩,称之为不平衡力矩。

影响不平衡力和不平衡力矩的因素很多,例如,阀的结构类型、口径,流体物理状态等。如果工艺介质及调节阀都已确定,不平衡力或不平衡力矩主要与阀前压力和阀门前后的压差有关,也与流体与阀芯的相对流向有关。

流体流向不同时,阀芯所受的不平衡力并不一样,图 2-141 所示为较大口径的单座阀正装阀芯在两种不同流向下、压差不变时不平衡力与位移行程之间的关系曲线。图中假定使阀杆受压的不平衡力为"+",使阀杆受拉伸的不平衡力为"一"。图中上面一种在流体流动时使阀芯打开,称为流开状态;下面一种在流体流动时使阀芯关闭,称为流闭状态。

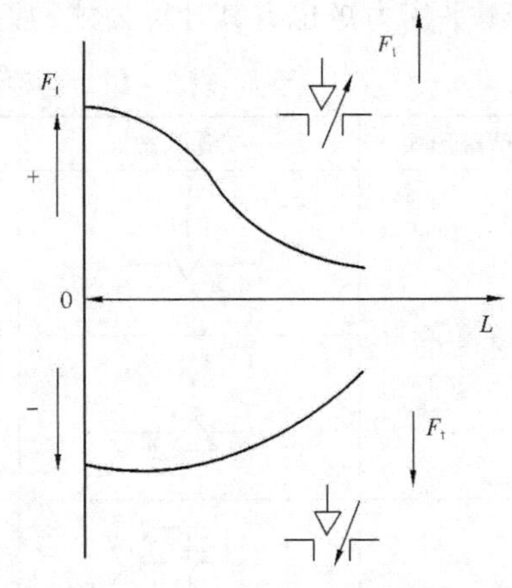

图 2-141 单座阀不平衡力与位移的关系

图 2-141 所示曲线表明:阀芯在全关位置时不平衡力 F_t,最大,随着阀芯开启而逐渐变小。由于中间位置动压难以用公式表示,因此,在选择执行机构计算作用力时,主要根据全关时来确定。

对于流开状态,即阀杆在流体流出端时[图 2-142(a)],不平衡力 F_t 为

$$F_t = p_1 \frac{\pi}{4} d_g^2 - p_2 \frac{\pi}{4}(d_g^2 - d_s^2) = \frac{\pi}{4}(d_g^2 \Delta p + d_g^2 p_2)$$

$$\Delta p = p_1 - p_2 \tag{2-65}$$

式中 d_g, d_s——阀芯、阀杆的直径,m;

p_1、p_2——阀前、阀后的压力,Pa;

Δp——压差,Pa。

从式(2-65)可以看出,F_t 始终为正值,阀杆处于受压状态。另外,若 d_g,Δp 和 p_2 越大,不平衡力 F_t 越大。因此,对于高压差、高静压、大口径的单座阀,不平衡力是较大的。

对于流闭状态,即阀杆在流体流入端时的不平衡力[图2-142(b)]为

$$F_t = \frac{\pi}{4}d_g^2 p_2 - \frac{\pi}{4}(d_g^2 - d_s^2)p_1 = -\frac{\pi}{4}(d_g^2\Delta p - d_s^2 p_1) \tag{2-66}$$

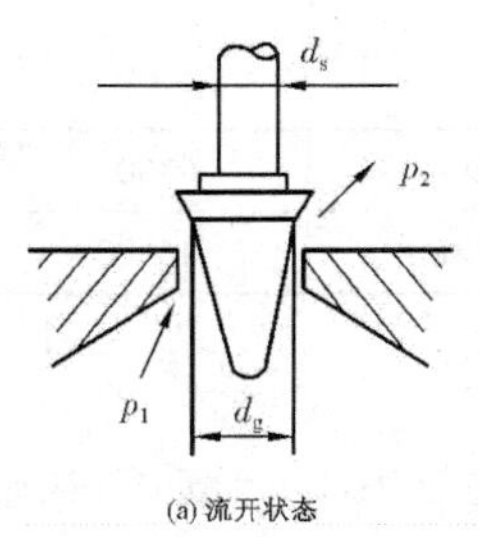

(a) 流开状态

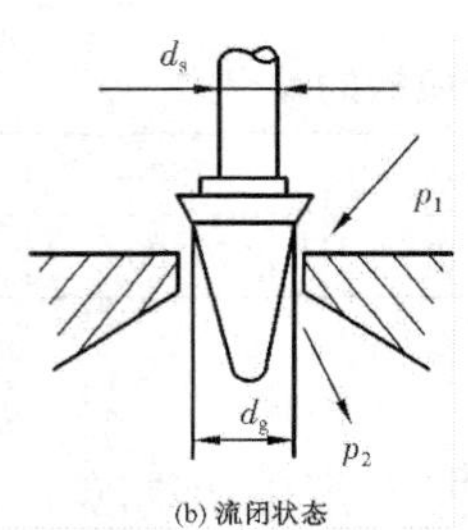

(b) 流闭状态

图2-142 单座阀阀芯

从式(2-66)可以看出,对于小流量阀及小口径高压阀,由于 $d_s \geq d_g$,故 F_t 为正值,阀杆受压;对于 DN25mm 以上的单座阀,因 $d_s \ll d_g$,F_t 为负值,因此阀杆受拉;阀口径在此两者之间,即 $d_s < d_g$ 时,从公式分析可知,F_t 可能为正,也可能为负,说明对同一个调节阀,在全行程范围内,有时由于 p_1 和 p_2 的变化,可能使阀杆所受到的不平衡力发生方向的变化。

对于双座阀、三通阀、隔膜阀等类型,都可按上述方法计算不平衡力。对蝶阀、偏旋阀、球阀的不平衡力矩也有其计算公式,常见的计算公式见表2-17。

表2-17 各种调节阀的不平衡力和允许压差计算公式

调节阀形式	工作状态	不平衡力(力矩)计算公式	允许压差计算公式($p_2 \approx 0$)
直通单座、角形	p_2 p_1	$F_t = \frac{\pi}{4}(d_g^2\Delta p + d_s^2 p_2)$	$p_1 - p_2 = \dfrac{F - F_0 - \frac{\pi}{4}d_s^2 p_2}{\frac{\pi}{4}d_g^2}$
	p_1 p_2	$F_t = -\frac{\pi}{4}(d_g^2\Delta p - d_s^2 p_1)$	$p_1 - p_2 = \dfrac{F - F_0 + \frac{\pi}{4}d_s^2 p_1}{\frac{\pi}{4}d_g^2}$
三通(分流)	p_2' p_1 p_2	$F_t = \frac{\pi}{4}[d_g^2(p_2 - p_2') + d_s^2 p_2']$	$p_2 - p_2' = \dfrac{\pm(F - F_0) - \frac{\pi}{4}d_s^2 p_2'}{\frac{\pi}{4}d_g^2}$
隔　膜	p_1 p_2	$F_t = \frac{\pi}{8}d_g^2(p_1 + p_2)$	$p_1 + p_2 = \dfrac{F - F_0}{\frac{\pi}{8}d_g^2}$
蝶　阀	p_1 p_2	$M = \xi D_g^3 \Delta p$	$p_1 - p_2 = \dfrac{M'}{D_g^2\left(\xi D_g + Jf\frac{d}{2}\right)}$

注:d_g—阀芯直径,m;　F—执行机构的输出力,N;　ξ—蝶阀的转矩系数;
d_s—阀杆直径,m;　F_0—全关时阀座的压紧力,N;　J—推力系数;
d_g—双座阀的阀芯直径,m;　M—蝶阀的不平衡力矩,N·m;　f—阀板轴与轴承的摩擦系数;
M'—蝶阀的输出力矩,N·m;　D_g—蝶阀口径,m。

4）允许压差的计算

从前面计算公式可以看出，调节阀两端的压差 Δp 增大时，其不平衡力或不平衡力矩也随之增大。当执行机构的输出力小于不平衡力时，它就不能在全行程范围内实现输入信号和阀芯位移的准确关系。由于对确定的执行机构，其最大输出力是固定的，故调节阀应限制在一定的压差范围内工作。这个压差范围称为允许压差，用 $[\Delta p]$ 表示。

调节阀一般均使用流开状态，所以允许压差也就是指阀门处于流开状态时的允许压差。制造厂所列的允许压差一般均为 $p_2=0$ 的数据，选用时需要注意。

执行机构的输出力 F 用于克服不平衡力、压紧力、摩擦力和各种活动部件的重量。在正常润滑的情况下，摩擦力 F_f 很小，各种活动部件的重量也不大，因此，在计算执行机构输出力时，一般可以把式（2－66）简化为

$$F = F_t - F_0 \tag{2-67}$$

也就是说，执行机构的输出力只用来克服不平衡力 F_t 和阀门全闭时的压紧力 F_0。必须注意的是：调节阀摩擦力的大小，要看阀门结构、填料的材质、调节阀工作压力的大小来决定可否忽略，对一些口径较大的阀门，例如 *DN*200 笼式阀，其摩擦力高达 1000N 以上，不能不考虑。

阀座压紧力 F_0 的大小，决定于阀芯与阀座是硬密封接触还是软密封接触，对硬密封接触的调节阀，F_0 一般取相当于 $p_0=5\text{kPa}$ 乘以薄膜有效面积 A_e 的力，然后把已确定的执行机构输出力 F 及各种具体结构和使用情况的调节阀的不平衡力 F_t 的计算公式代入，便能得到允许压差 $[\Delta p]$ 的计算公式。如图 2－142（a）所示的单座阀，若 $p_2=0$，它的允许压差计算公式求取如下。

由式（2－66）
$$F_t = \frac{\pi}{4}(d_g^2 \Delta p + d_s p_2)$$

由于 $p_2=0$，$\Delta p = p_1$ 得

$$F - F_0 = F_t = \frac{\pi}{4} d_g^2 p_1$$

$$[\Delta p] = p_1 = \frac{F - F_0}{\frac{\pi}{4} d_g^2} \tag{2-68}$$

当执行机构和调节阀的大小选定之后，就可以求出执行机构的输出力 F 和阀座压紧力 F_0，再代入式（2－68），便能计算出调节阀两端的允许压差 $[\Delta p]$。反过来，如果知道 $[\Delta p]$，就可以计算出执行机构的输出力。

各种调节阀的允许压差计算公式见表 2－17。

2. 选用执行机构的参考图表

在执行机构中，使用最多的是气动执行机构，其次是电动执行机构，液动执行机构应用较

少,而智能式执行机构可以说才刚刚进入市场。因此,选择执行机构对大多数厂家来说,着眼点就放在电动和气动执行机构的比较上。这不只是一个驱动能源的问题,而是涉及到可靠性、安全性、经济性诸方面的问题。

从使用能源及输出力大小(即推力的大小)的角度,选用时可参考图2-143。而从各项性能方面进行比较,可参考表2-18。表2-19、表2-20还列出电动执行机构的各项具体指标、输出力(力矩)及各种主要性能。

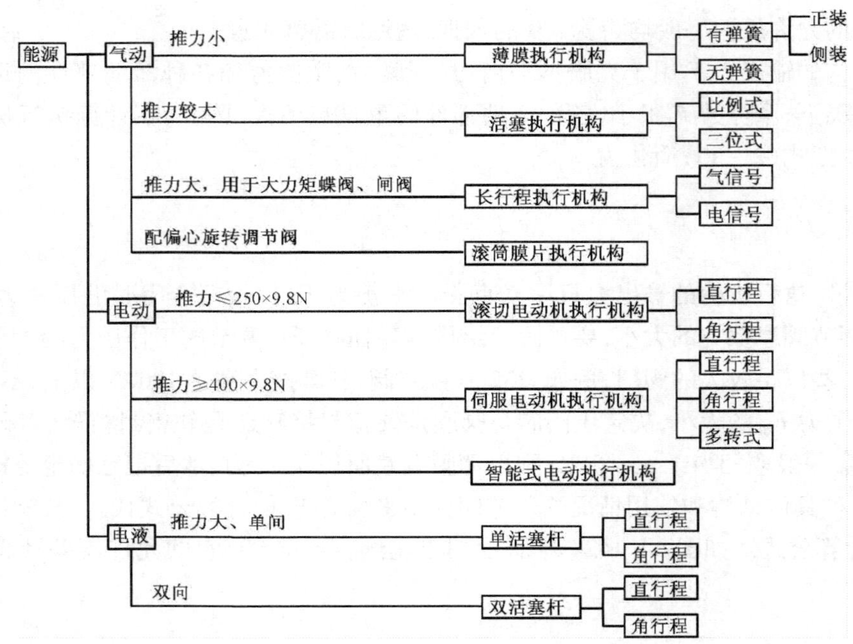

图2-143 执行机构类型选择图

表2-18 电动执行机构与气动薄膜执行机构的比较

序号	比较项目	电动执行机构	气动薄膜执行机构
1	可靠性	差(电器元件故障多)	高(简单、可靠)
2	驱动能源	简单、方便	另设气源装置
3	价格	高	低
4	推力	大	小
5	刚度	大	小
6	防火防爆	差(严加防护、防爆装置)	好
7	工作环境温度范围	小(-10~+55℃)	大(-40~+80℃)

表 2-19 DKZ 型电动执行机构主要技术参考数

规格	出轴推力,N(kgf)	出轴行程,mm	主要性能
1100	392(40)	10	1. 输入信号:4~20mA DC(Ⅱ型) 0~10 mA DC(Ⅱ型) 2. 输入电阻:250Ω(Ⅲ型)、200Ω(Ⅱ型) 3. 输入通道:3 个 4. 精度:±2.5% 5. 出轴移动速度:1.6mm/s 6. 电源电压:220V,50Hz 7. 使用环境温度: 伺服放大器:0~+50℃ 执行机构:-25~+60℃ 8. 使用环境相对湿度: (温度 25℃ ±5℃时) 伺服放大器:≤85% 执行机构:≤95%
1200		16	
1300		25	
2100	981(100)	10	
2200		16	
2300		25	
3100	2452(250)	10	
3200		16	
3300		25	
4300	6276(640)	25	
4400		40	
4500		60	
5400	15690(1600)	40	
5500		60	
5600		100	

表 2-20 DKJ 型电动执行机构主要技术参数

型号	出轴力矩,kg·m	电动机功率,W	出轴每转时间,s	主要性能
DKJ-210	10	10	100±20	1. 输入信号:0~10mA(直流)(Ⅱ型)、4~20mA(Ⅲ型) 2. 出轴有效位移:0°~90°(转角) 3. 输入通道:3 个 4. 输入电阻:200Ω(Ⅱ型)、250Ω(Ⅲ型) 5. 灵敏限:150μA(Ⅱ型)、240μA(Ⅲ型) 6. 非线性误差:≤±1.5%、≤±2.5% 7. 变差:≤1.5% 8. 纯滞后:≤1s 9. 电源电压:220V,50Hz 10. 使用环境温度: 伺服放大器 0~+45℃ 电动执行机构 -10~+55℃ 11. 使用环境相对湿度: 伺服放大器≤85% 电动执行机构≤95%
DKJ-310	25	25		
DKJ-410	60	60		
DKJ-510	160	160		

(二)调节机构的选择

1. 工艺条件的考虑

在选择阀门之前,要对控制过程进行细心的分析,收集足够的数据,了解系统对调节阀的要求,包括操作性能、可靠性、安全性等方面。

选择调节阀或选其较为适用,或选其成本较低,各有千秋。如果使用条件不高,有数种类型都可以使用,则以考虑成本高低为准则。如果条件较苛刻,则可供选择的类型不多。如果在极端的情况下,例如,操作介质是腐蚀性泥浆,在高压降条件下工作,操作介质含有较大的磨蚀性颗粒,且有闪蒸作用,则很难找到真正合适的阀门。

下面讨论在各种各样的工艺条件下,选择阀门时应该如何考虑,当碰到复杂的综合情况时,又应该如何解决。

1)闪蒸和空化

闪蒸和空化除了影响流量系数的计算外,还造成振动、噪声和对材料的破坏。

闪蒸和空化只产生在液体介质。空化作用的第一阶段是闪蒸,阀门的出口压力保持在液体的饱和蒸汽压之下,但对阀内件已经产生了侵蚀作用,由于在阀芯和阀座环的接触线附近流体的速度最高,因此,破坏也发生在这里。闪蒸破坏后的阀芯外表面有一道道磨痕。在空化的第二阶段,阀后压力升高到饱和蒸汽压以上,由于气泡的突然破裂,所有的能量集中在破裂点,产生极大的冲击力,可高达几千牛顿,因此,严重地冲撞和破坏阀芯、阀座和阀体,这种破坏作用称为汽蚀。这种作用如同砂子喷在阀芯表面,把固体表层撕裂,形成一个粗糙的、残渣般的外表面。

空化产生的破坏作用是十分严重的,在高压差恶劣条件的空化情况下,极硬的阀芯和阀座也只能使用很短的时间。在这种情况下,选择阀门应该有适当的方法和措施。

(1)从压差上考虑,避免空化的发生。由于没有一种材料能长期经受空化的破坏作用,因此,关键在于避免空化作用的产生。选择阀门时要选压力恢复系数小的阀门,例如,球阀、蝶阀等。

产生空化时的最小压差(临界压差)Δp_T 为

$$\Delta p_T = F_L^2(p_1 - p_{vc})$$

空化作用产生的同时产生阻塞流,阀门的压力恢复系数 F_L 小,则 Δp_T 也小。要使调节阀不产生空化,选用的 Δp 要小于 Δp_T。如果由于工艺条件的限制,必须使 $\Delta p > \Delta p_T$ 可以考虑使用两个调节阀串联起来使用,使每个调节阀的压差 Δp 都小于 Δp_T,这就能避免空化,避免汽蚀破坏。

必须指出,当阀上压差 Δp 小于2.5MPa时,即使产生汽蚀现象,对材质破坏的情况也并不严重,因此,不需要采取特殊措施。如果压差较大,就要设法避免和解决汽蚀问题。例如,对角形阀采用侧进流体时,阀芯的寿命就比底进流体时长,因此避免了密封面的直接破坏。另外,在阀前或阀后装限流孔板也可以吸收一些压降。

(2)从材料上考虑一般来说,材料越硬,抗蚀能力越强。人们长期以来一直在寻找具有高抗蚀性能的材料,但至今仍很难找到合适的材料能够长时间抵御严重空化作用而不受损坏。因此,在有空化作用的情况下,应该考虑到阀芯、阀座易于更换。目前,制造阀芯、阀座的材料很多,但若从抗空化的角度来考虑,国内外最广泛使用的是司太立合金(一种含钨、铬、钴的合金,硬度Rc45)、硬化工具钢(Rc60)和钨碳钢(Rc70)等。后者因硬度高而抗蚀能力更强。但从另一角度来看,钨碳钢又极易脆裂。当用司太立合金时,可在某些不锈钢基体(如1Cr18Ni9Ti)上进行堆焊或喷焊,形成硬化表面。按照不同的使用条件,硬化表面可局限于阀座、阀芯和阀座的密封线附近[图 2－144(a)、(b)];也可在整个表面[图 2－144(c)]或阀芯导柱处[图 2－144(d)]进行硬化处理。

(3)从结构上考虑可设计特殊结构的阀芯、阀座,以避免汽蚀的破坏作用。其基本原理是使高速液体在通过阀芯、阀座时每一点的压力都高于在该温度下的饱和蒸汽压,或者使液体本身相互冲撞,在通道间导致高度紊流,使调节阀中液体的动能由于相互摩擦而变为热能,因而减少气泡的形成。

图 2－145 所示为多级阀芯的调节阀结构。它采用逐级降压原理,把调节阀的总压差分成几个小压差,逐级降压,使每一级都不超过临界压差。

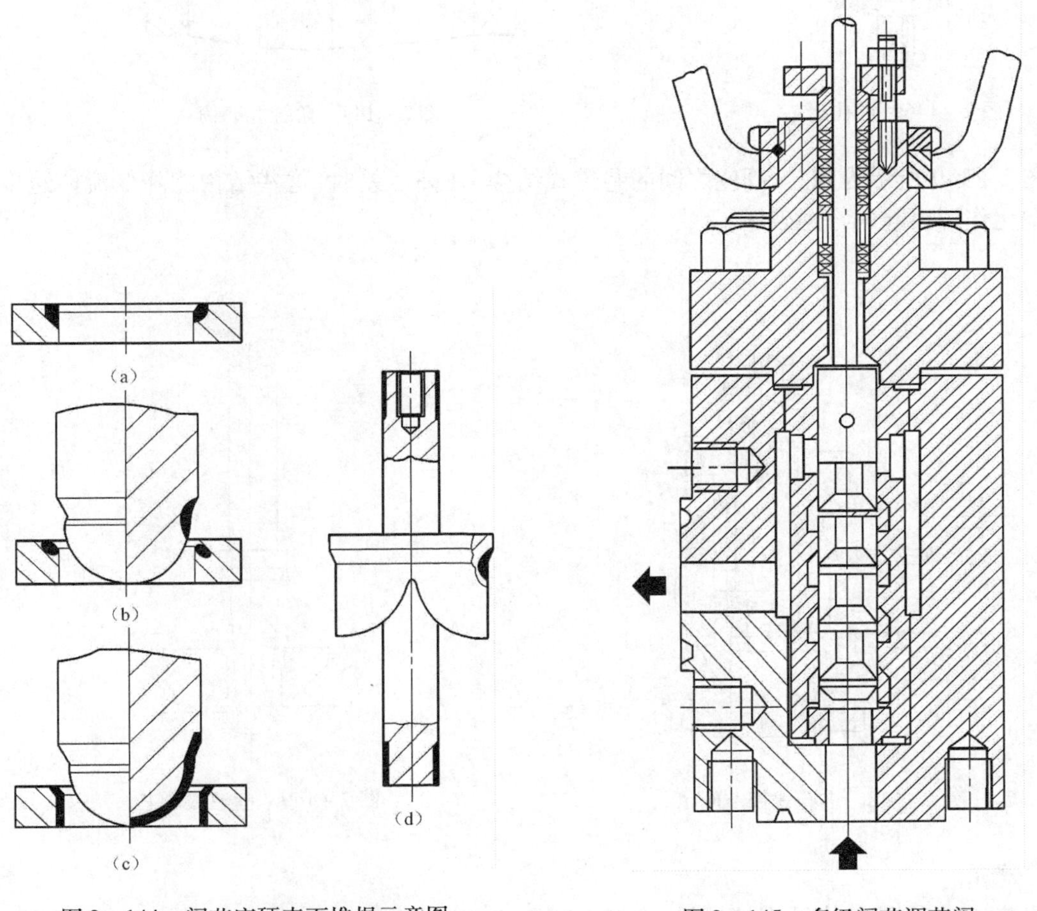

图 2－144　阀芯座硬表面堆焊示意图

图 2－145　多级阀芯调节阀

图 2－146 是带有锥孔的阀芯,图 2－147 是带有阶梯孔的套筒,图 2－148 是一种多孔式阀芯的调节阀。这些调节阀利用液流的多孔节流原理减少汽蚀的发生。这些调节阀的结构特点是在调节阀的套筒壁上或阀芯上开有许多形状特殊的孔,当液体从各对小孔喷射进去后,液体在套筒中心相互碰撞。碰撞时由于消耗了能量,起缓冲作用。另一方面,气泡的破裂发生在套筒中心,这样就避免了对阀芯和套筒的直接破坏。

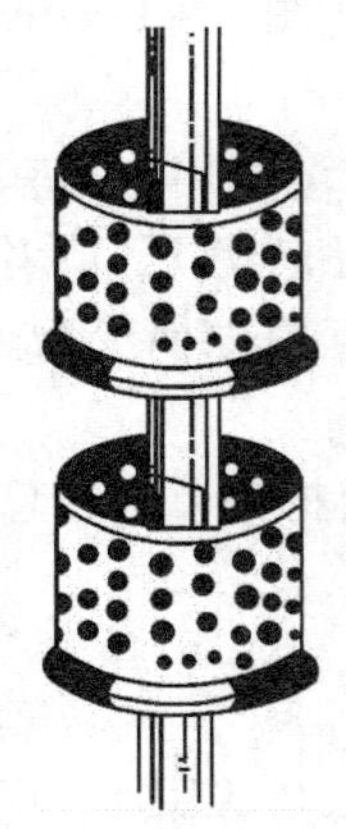

图 2－146　锥孔阀芯

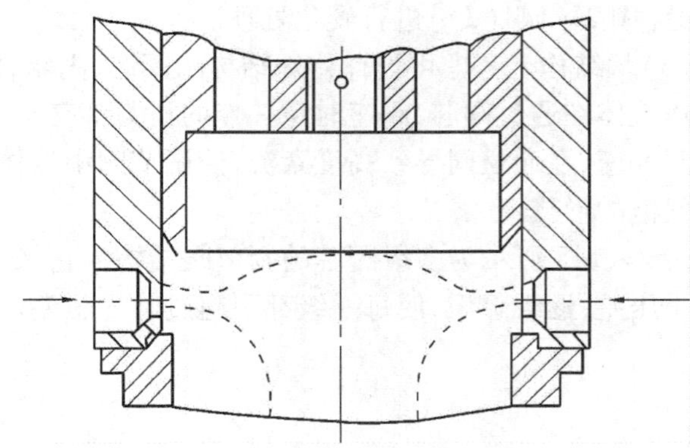

图 2－147　阶梯孔套筒

图 2－149 所示为阀芯、阀座之间的巷道式结构，在高压差时，这些结构能降低流体速度，防止空化作用引起的汽蚀破坏。

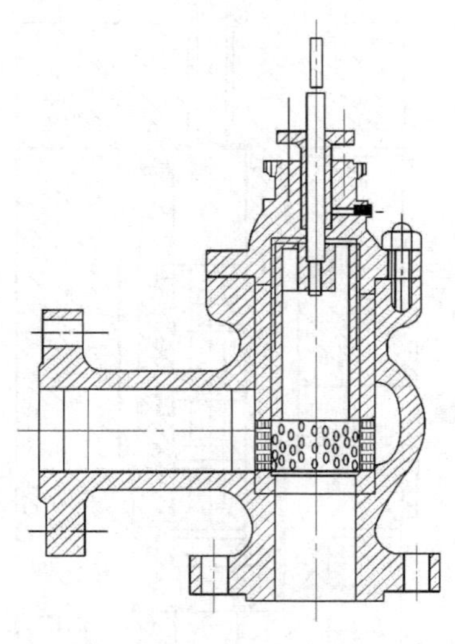

图 2－148　多孔式调节阀

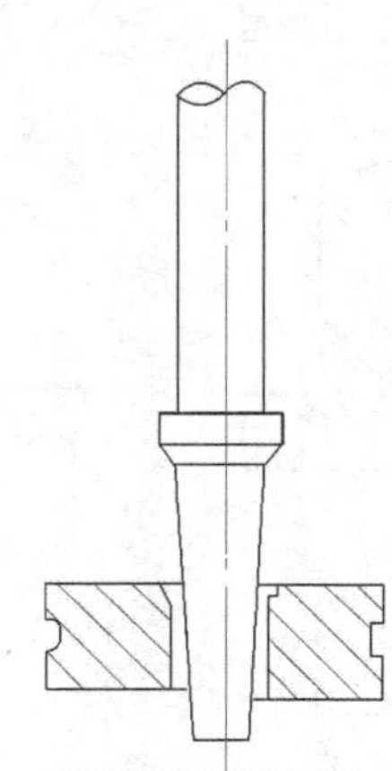

图 2－149　巷道式阀芯

2）磨损

阀芯、阀座和流体介质直接接触，由于不断节流和切断流量，当流体速度高，而且含有颗粒性物体时，磨损是非常严重的。

固体颗粒冲击的磨损作用和颗粒的动能有关，而动能的大小又取决于流体的流动速度和颗粒的大小。根据物理学的理论，磨损破坏程度和颗粒的质量成正比，而和流体的流速的平方成正比，可见速度的影响之大。

当流体介质是含有高浓度磨损性颗粒的悬浮液时，阀芯、阀座接合面每一次关闭都会受到严重的摩擦。由于颗粒一次次被压碎使磨损过大，时间稍长就会出现关不严的情况。

在选择阀门时要注意磨损的情况，应采取适当的措施和解决方法。

(1)流路为光滑流线型的阀体结构能防止颗粒的直接冲击，能避免涡流并减小磨损。使流体平行于阀座接合面和阀柱塞表面的流动状况是最理想的。流动方向的改变要缓慢。

(2)采用坚硬的阀内件，阀内件越硬，抗磨能力越大。阀内件的结构要有利于保护接合面。图 2－150 所示是一个结构比较合理的套筒，因为套筒能够沿着接合面分配磨蚀性流体。

(3)选择合适的材料，压降低时可采用弹性材料，压降高时可采用特殊结构的阀内件，使流速减缓下来。材料的选择取决于颗粒的大小和硬度、冲击角度、温度、速度、弹性等特性。金属的抗磨能力比不上陶瓷和陶瓷合金(如碳化硼、碳化钨、碳化硅、氮化硅)。陶瓷材料的致密性越高越好。

其他可用的方法还有：把硼渗到碳化钼和碳化钨中；表面层用化学蒸汽处理的氰化钛(TiCN)，电镀 TiB2。如果表面层厚度达到 60～25μm，就有极高的抗磨性。碳化物的比例越大，抗磨性越好。

有的抗磨材料虽然不是最好，但比稀有金属便宜，因此，从经济的角度可考虑使用，例如一些不锈钢、Inconel 及其合金。

有弹性衬里的阀门用得最多的是隔膜阀、蝶阀、球阀等类型。在苛刻的工作条件下，可以用特殊的角形阀，如图 2－151 所示的弯管阀结构，可避免排出口的磨损作用。在有磨损的工艺条件下，阀门结构一定要合理，要利用流体的附着和脱离原理，保护接合面部分，减少其磨损，消除排出口的涡流。阀座接合面要狭窄一些，这样，容易把附着在上面的固体颗粒压碎。

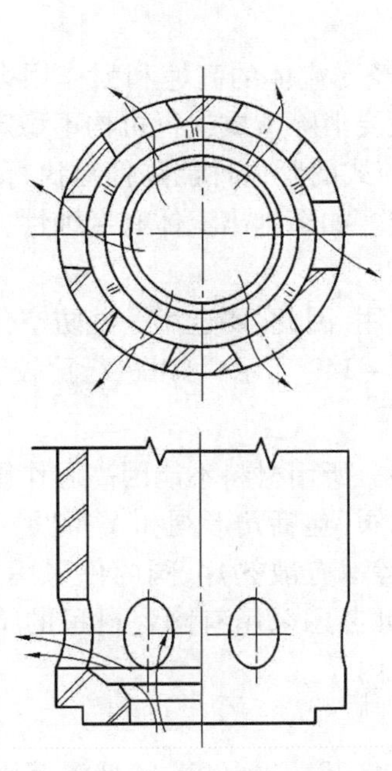

图 2－150 结构合理的套筒

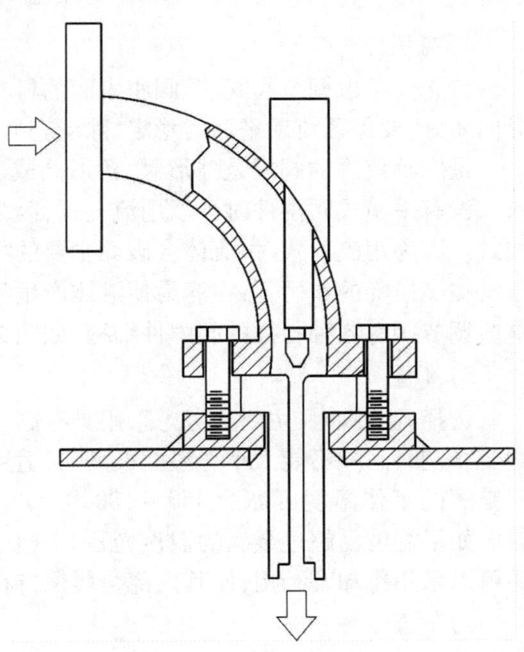

图 2－151 长弯管排浆阀

3)腐蚀

在腐蚀流体中操作的调节阀要求其结构越简单越好,因为便于添加衬里,特别是较为贵重的特殊衬里。阀门类型的选择应能适用于所用的腐蚀介质。可选用隔膜阀、夹紧阀(图2－152)、加衬蝶阀、球阀等类型。蝶阀可以用铸造合金制造或进行电镀处理;小型球阀和角阀可以用整体棒料或加强的聚四氟乙烯(TFE)制造;角阀可以衬有耐腐材料。如果镀层太薄,则耐腐层太薄而不起作用。如果介质是极强的有机酸和无机酸,则可以用价格昂贵的全钦调节阀。

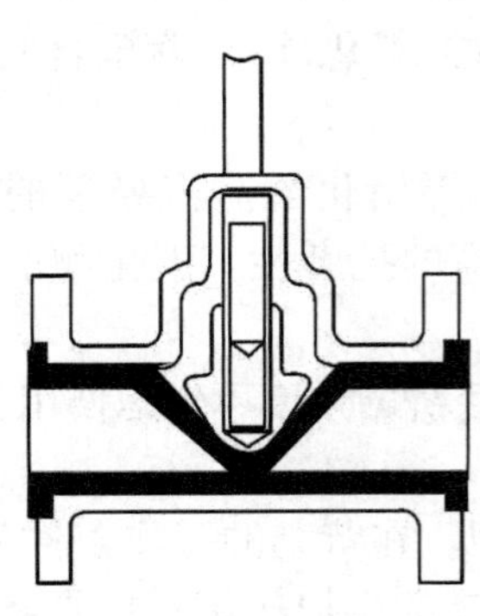

(a)单动压杆式夹管阀

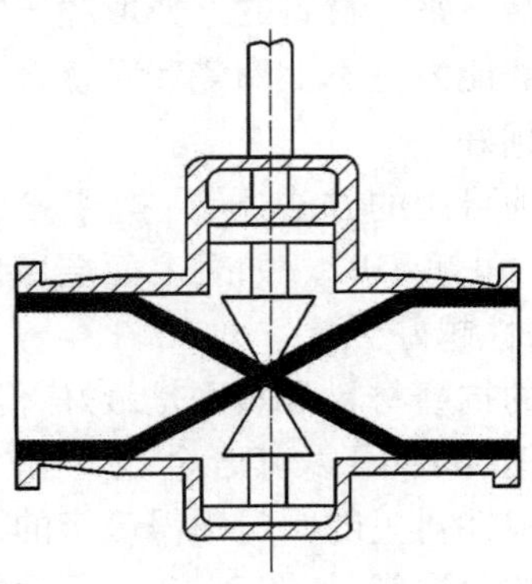

(b)双动压杆式夹管阀

图2－152 夹紧阀

4)高压降

首先要考虑调节阀阀芯、阀座表面的材料,它必须能经受流体的高速和大作用力的影响。导向要好,要保证流动平面的稳定,除动态力的影响外,还要消除造成执行机构不稳定的因素。

最广泛使用的阀门是球形阀、角形阀或Y形阀。平衡式的阀内件能降低对执行机构的要求。没有平衡式阀内件时可以用流开式,因为它最为稳定。如果排出流体有侵蚀性,最好用流闭式。因为用流开式时,流体会破坏主要的零件。

在高压降的作用下,很容易使液体产生闪蒸和空化作用,因此,要选用一些防空化调节阀,这些调节阀有各种各样的阀内件结构,如图2－146～图2－149所示,可以进行比较和选择。

5)高温

选择调节阀时,主要要考虑采用具有高温强度的材料。所用材料不能因高温作用而粘结、塑变、蠕变,间隙不能太小。温度极高时,适用的阀型有球阀(包括角形阀和Y形阀)、蝶阀(高温蝶阀的工作温度可高达450～1000℃)。阀体结构可考虑有散热片,阀内件采用热硬性材料。如果温度已超过金属的温度范围(1090～1200℃),可考虑采用有陶瓷衬里的特殊阀门,还可以采用冷却套结构,使其内部金属保持在应力范围之内。

6)低温

当温度低于－30℃时,应保护阀杆填料不被冻结。在－30～－100℃的低温范围,要求材料不脆化,阀内件有令人满意的冷冲击强度。必须用特殊的手段保持阀门的热容量,使其免受冷却载荷的作用。图2－153所示结构有不锈钢上阀盖,装有高度绝缘的冷箱,从上阀盖中可以取出阀芯和阀座,维修很方便。

球形阀、Y 形阀、角形阀、蝶阀、球阀可以利用特制的真空套，减少热传递。用于深度冷冻（-100～-260℃）的液态氨、液态氮或液态氢时，上阀盖的颈长可达 300mm。

7）粘性流体

对于粘性极高的液体，阀门的流路结构越简单越好，这样，容量损失不会太大，有助于实现预定的设计要求。适用于粘性流体的阀门有全球阀、V 形球阀、蝶阀和隔膜阀等，还有偏旋阀。这些阀一般都适用于高粘度液体的操作。夹紧阀的应用场合虽然有限，但用于极粘的泥浆液时性能却很好，它的 K_v，值是随系统静压的变化而变化的。

粘性流体有凝固、快速结晶、结冰等危险，所以，在操作粘性流体时，可以利用有加热套的调节阀。图 2-154 所示的夹套阀中，阀体和阀盖的外围有一个夹套，夹套的空间可通蒸汽或热水。如果是高温工作的调节阀，可采用耐热填料，例如，石棉—石墨或者石棉聚四氟乙烯。

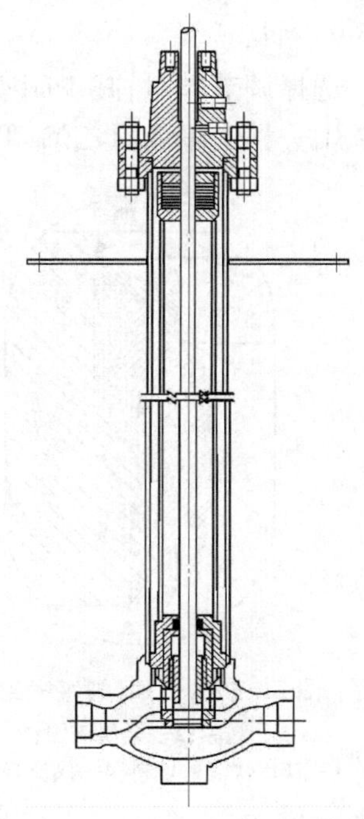

图 2-153　带冷箱的低温阀

8）堵塞

堵塞是由于固体颗粒或纤维物通过节流孔所造成的。在开度很小时，阀门会像过滤器一样被堵住。可调性最佳而且形状最理想的孔形是在所有开度时能成为方形或等边三角形（如一些 V 形球阀或 V 形柱塞阀）。如果由于某些原因，各种解决方法不能令人满意，那么，节流孔两侧的压降可以用顶箱（图 2-155）或串联孔的办法降低下来。把两个或更多的阀门串联安装，用一个共同的信号操作，可实现串联节流。标准的球阀有两个串联孔，虽然形状不理想，但在较低的流量和较小的颗粒时，能把颗粒挤碎。如果颗粒较大而且流体又有磨蚀性的情况下，除了堵塞，还有磨损，就为选择阀门产生了双重难题。在用泵驱动时，可考虑变速驱动。

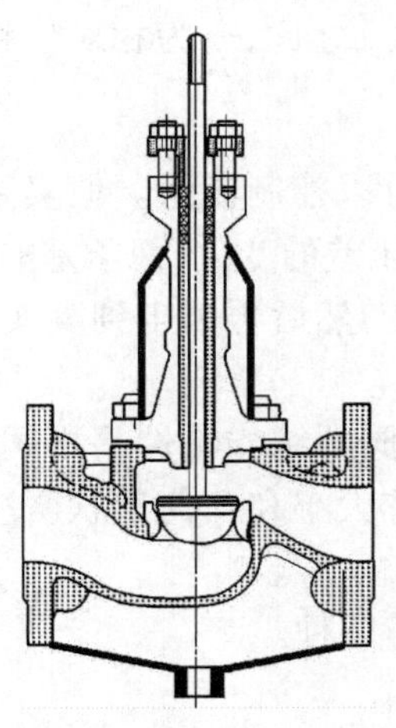

图 2-154　带加热套的调节阀

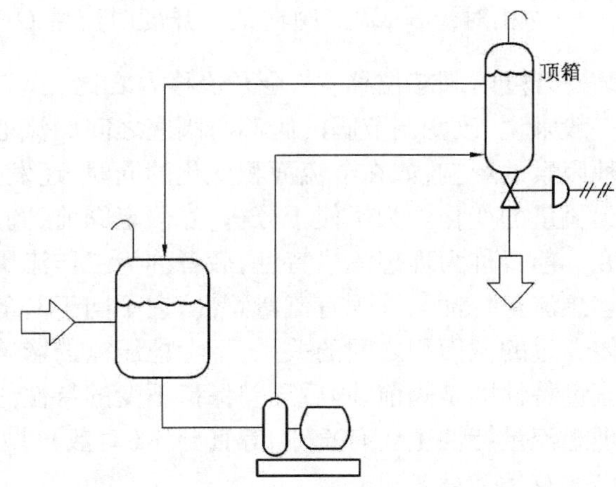

图 2-155　防堵的顶箱

9)阀座泄漏

选择调节阀时,减少阀座泄漏量的最佳方法之一是考虑采用弹性材料制造的软阀座,也可以选用一种由聚四氟乙烯(TFE)或石墨加工的软密封座。为了保证强度,常对材料进行增强处理。没有增强处理过的 TFE 在防漏力的作用下,会产生冷却流动作用。这些材料还受到压差、速度、耐磨性的限制。解决问题的方法之一是用一个金属座套把 TFE 挡住,保护起来,使它只实现密封作用(图 2-156)。此阀用于锅炉给水泵,防空化,低噪声,操作流体达 250℃,入口压力达 40MPa。如果调节阀阀芯、阀座要求金属—金属之间的密封,为保证紧密关闭,最好设计出密封斜角,执行机构的作用力要足够大。

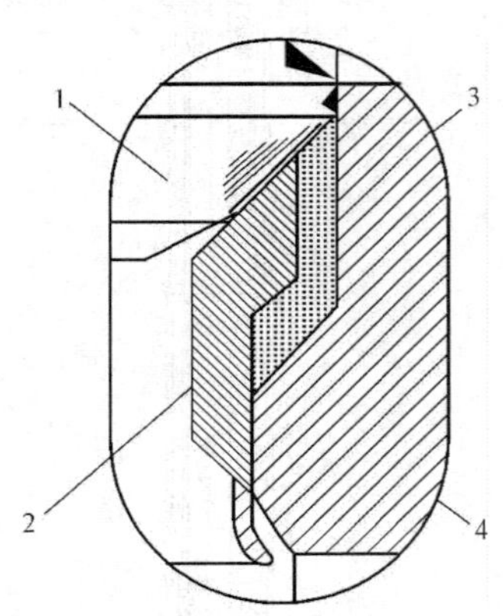

图 2-156 TEF 阀座密封

1—阀芯;2—金属座圈;
3—TFE 软密封填料;4—阀座环室

球形阀、蝶阀、球阀、偏旋阀、隔膜阀、夹紧阀等类型都可以采用弹性材料和聚四氟乙烯阀座。球阀可以采用石墨阀座。球形阀可以做成最紧的金属—金属之间的密封座。

当所选用的阀门阀内件的特殊材料仍不能满足工艺要求时,就很难找到合适的阀门,必须改变工艺条件或采用适当的对策了。

(三)调节阀流量特性的选择

1. 理想流量特性

调节阀的流量特性是指介质流过阀门的相对流量与相对位移(阀门的相对开度)间的关系,其数学表达式为

$$\frac{Q}{Q_{\max}} = f\left(\frac{l}{L}\right) \tag{2-69}$$

其中,$\frac{Q}{Q_{\max}}$为相对流量,调节阀在某一开度时流量 Q 与全开流量 $Q_{\max}$之比;$\frac{l}{L}$为相对位移,调节阀在某一开度时阀芯位移 l 与全开位移 L 之比。

一般来说,改变调节阀的阀芯与阀座之间的流通截面积,便可以控制流量。但实际上,由于多种因素的影响,如在节流面积变化的同时,还发生阀前、阀后压差的变化,而压差的变化又将引起流量的变化。为了便于分析,先假定阀前、阀后的压差不变,然后再引申到真实情况进行研究。前者称为理想流量特性,后者称为工作流量特性。

理想流量特性又称固有流量特性,它不同于阀的结构特性。阀的结构特性是指阀芯位移与流体通过的截面积之间的关系,不考虑压差的影响,纯粹由阀芯大小和几何形状所决定,而理想流量特性则是阀前、阀后压差保持不变的特性。

理想流量特性主要有直线、等百分比(对数)、抛物线及快开等四种。

1)直线流量特性

直线流量特性是指调节阀的相对流量与相对位移成直线关系,即单位位移变化所引起的流量变化是常数,其数学表达式为

$$\frac{\mathrm{d}\left(\frac{Q}{Q_{\max}}\right)}{\mathrm{d}\left(\frac{l}{L}\right)} = K \tag{2-70}$$

式中 K——常数，即调节阀的放大系数。

整理后得

$$\frac{Q}{Q_{\max}} = \frac{1}{R}\left[1 + (R-1)\frac{l}{L}\right] = \frac{1}{R} + \left(1 - \frac{1}{R}\right)\frac{l}{L} \tag{2-71}$$

其中，$\frac{Q}{Q_{\max}}$与$\frac{l}{L}$之间呈直线关系，以不同的$\frac{l}{L}$代入式(2－71)，求出$\frac{Q}{Q_{\max}}$的对应值，在直角坐标上得到一条直线，如图2－157所示。从图中可以看出，直线特性调节阀的曲线斜率是常数，即放大系数是一个常数。要注意的是，当可调比R不同时，特性曲线在纵坐标上的起点是不同的。当$R=30$ $\frac{l}{L}=0$时，$\frac{Q}{Q_{\max}}=0.33$。为了便于分析和计算，假设$R=\infty$即可调比无穷大，则特性曲线以坐标原点为起点，这时位移变化10%所引起的流量变化总是10%，但相对流量的变化量是不同的。以行程的10%、50%及80%三点为例，若位移变化量都是10%，则：

在10%时，流量相对变化值为：$\frac{20-10}{10}\times 100\% = 100\%$

在50%时，流量相对变化值为：$\frac{60-50}{50}\times 100\% = 20\%$

在80%时，流量相对变化值为：$\frac{90-80}{80}\times 100\% = 12.5\%$

可见，直线特性的阀门在开度小时流量相对变化值大，灵敏度高，不易控制，甚至发生振荡；而在大开度时，流量相对变化值小，调节缓慢，不够及时。

直线流量特性的阀芯形状如图2－158中2所示。

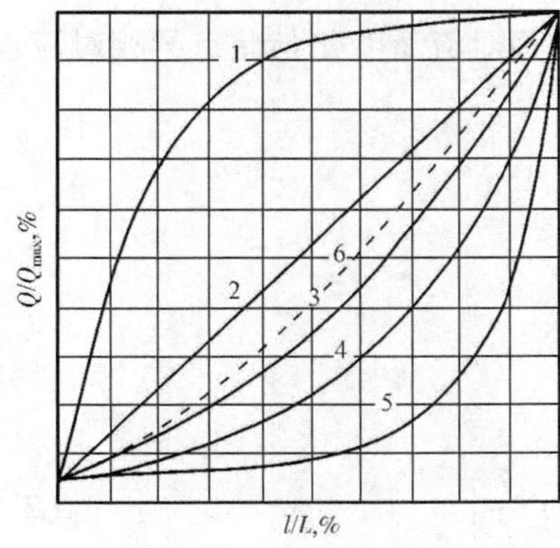

图2－157 理想流量特性

1—快开；2—直线；3—抛物线；4—等百分比；5—双曲线；6—修正抛物线

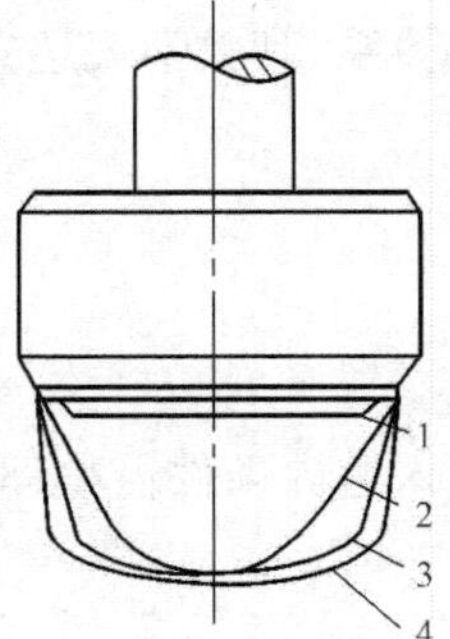

图2－158 不同流量特性的阀芯形状

1—快开；2—直线；3—抛物线；4—等百分比

2)等百分比(对数)流量特性

等百分比流量特性也称为对数流量特性。它是指单位相对位移变化所引起的相对流量变化与此点的相对流量成正比关系。即调节阀的放大系数是变化的,它随相对流量的增大而增大,其数学表达式为

$$\frac{d\left(\frac{Q}{Q_{max}}\right)}{d\left(\frac{l}{L}\right)} = K\frac{Q}{Q_{max}} \tag{2-72}$$

$$\ln\frac{Q}{Q_{max}} = K\frac{l}{L} + C$$

$$K = \ln R$$

整理后得

$$\frac{Q}{Q_{max}} = e^{\left(\frac{l}{L}-1\right)\ln R}$$

或

$$\frac{Q}{Q_{max}} = R^{\left(\frac{l}{L}-1\right)} \tag{2-73}$$

从式(2-71)看出相对位移与相对流量成对数关系,所以也称对数流量特性,在半对数坐标上可以得到一条直线,而在直角坐标上则得到一条对数曲线,如图2-157中4所示。

为了和直线流量特性进行比较,同样以行程的10%、50%和80%三点进行研究,当行程变化10%时流量变化分别为1.91%、7.3%和20.4%,而它们流量相对变化值却都为40%。

等百分比流量特性在小开度时,调节阀放大系数小,调节平稳缓和;在大开度时,放大系数大,调节灵敏有效。从图2-157还可以看出,等百分比特性在直线特性下方,因此,在同一位移时,直线阀通过的流量要比等百分比大。

3)抛物线流量特性

抛物线流量特性是指单位相对位移的变化所引起的相对流量变化与此点的相对流量值的平方根成正比关系,其数学表达式为

$$\frac{d\left(\frac{Q}{Q_{max}}\right)}{d\left(\frac{l}{L}\right)} = K\left(\frac{Q}{Q_{max}}\right)^{\frac{1}{2}} \tag{2-74}$$

积分后代入边界条件再整理得

$$\frac{Q}{Q_{max}} = \frac{1}{R}\left[1 + (\sqrt{R}-1)\frac{l}{L}\right]^2 \tag{2-75}$$

式(2-75)表明相对流量与相对位移之间为抛物线关系,在直角坐标上为一条抛物线,如图2-157中3所示,它介于直线及对数曲线之间。

为了弥补直线流量特性在小开度时调节性能差的缺点,在抛物线基础上派生出一种修正抛物线特性,如图2-157中6所示,它在相对位移30%及相对流量20%这段区间内为抛物线

关系，而在此以上的范围是线性关系。

抛物线特性的阀芯形状如图 2－158 中 3 所示。

4）快开流量特性

快开流量特性在开度较小时就有较大的流量，随开度的增大，流量很快就达到最大；此后再增加开度，流量变化很小，故称快开特性，其特性曲线如图 2－157 中 1 所示。

快开特性的数学表达式为

$$\frac{\mathrm{d}\left(\frac{Q}{Q_{\max}}\right)}{\mathrm{d}\left(\frac{l}{L}\right)} = K\left(\frac{Q}{Q_{\max}}\right)^{-1}$$

积分后得
$$\frac{Q}{Q_{\max}} = \frac{1}{R}\left[1 + (R^2 - 1)\frac{l}{L}\right]^{\frac{1}{2}} \tag{2-76}$$

快开特性的阀芯形式是平板形的，如图 2－158 中 1 所示。它的有效位移一般为阀座直径的 1/4，当位移再增大时，阀的流通面积就不再增大，失去调节作用。快开特性调节阀适用于快速启闭的切断阀或双位调节系统。

除上述流量特性外，还有一种双曲线流量特性，如图 2－157 中 5 所示，这种特性较为少用。

各种阀门都有自己特定的流量特性，如图 2－159 所示。隔膜阀的流量特性接近于快开特性，所以它的工作段应在位移的 60% 以下。蝶阀的流量特性接近于等百分比特性。选择阀门时应该注意各种阀门的流量特性。

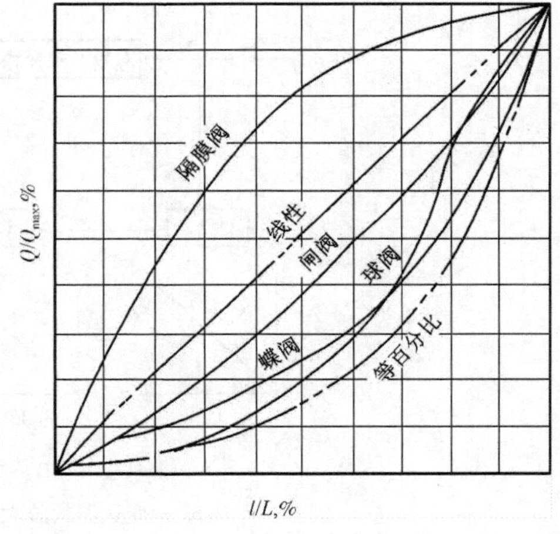

图 2－159　各种阀门的流量特性

对隔膜阀和蝶阀，由于它的结构特点，不可能用改变阀芯的曲面形状来改变其特性，因此，要改善其流量特性，只能通过改变阀门定位器反馈凸轮的外形来实现。

2. 工作流量特性

在实际生产过程中，调节阀的阀前、阀后的压差总是变化的，这时的流量特性称为工作流量特性。因为调节阀往往与工艺设备、管道等串联或并联使用，流量因阻力损失的变化而变化，在实际工作中因阀门前后压差的变化而使理想流量特性畸变成工作特性。

3. 流量特性的选择准则

生产过程中常用的调节阀的理想流量特性有直线、等百分比和快开三种。抛物线流量特性介于直线与百分比之间，一般可用等百分比特性来代替，而快开特性主要用于二位调节及程序控制中，因此，调节阀的特性选择实际上是指如何选择直线和等百分比流量特性。

调节阀流量特性的选择可以通过理论计算，但所用的方法和方程都很复杂，而且由于干扰的不同,高阶响应方程计算就更繁杂。因此,目前对调节阀流量特性的选择多采用经验准则。一般可从如下几个方面来考虑。

1)从调节系统的调节质量分析并选择

图 2-160 表示一个热交换器的自动调节系统,它是由对象、变送器、调节仪表和调节阀等环节组成的。

很明显,系统总的放大系数 K 为

$$K = K_1K_2K_3K_4K_5 \qquad (2-77)$$

K_1、K_2、K_3、K_4、K_5 分别为变送器、调节仪表、执行机构、阀、调节对象的放大系数。在负荷变动的情况下,为使调节系统仍能保持预定的品质指标,希望总的放大系数在调节系统的整个操作范围内保持不变。通常,变送器、调节仪表(已经整定)和执行机构的放大系数是一个常数,但调节对象的放大系数总是随着操作条件、负荷的变化而变化,所以对象的特性往往是非线性的。因此,要适当地选择阀门特性,以阀的放大系数的变化来补偿对象放大系数的变化,使系统总的放大系数保持不变或近似不变,从而提高调节系统的质量。

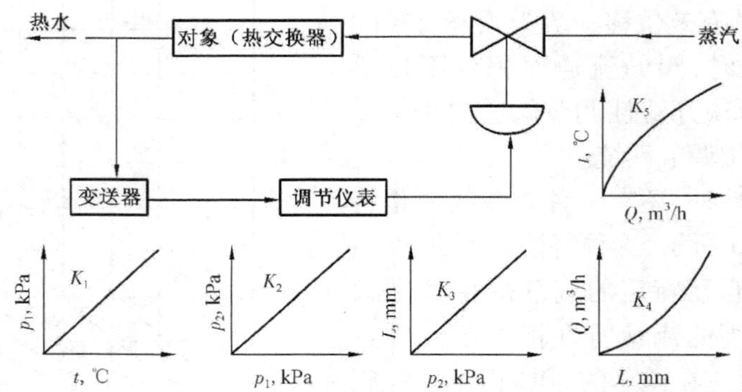

图 2-160 热交换器的自动调节系统

K_1—变送器的放大系数;K_2—调节仪表的放大系数;
K_3—执行机构的放大系数;K_4—阀的放大系数;K_5—调节对象的放大系数

因此,阀门流量特性的选择原则应为

$$K_4K_5 = 常数 \qquad (2-78)$$

对于放大系数随负荷的增大而变小的对象,假如选用放大系数随负荷加大而变大的等百分比特性调节阀,便能使两者抵消,合成的结果使总放大系数保持不变,近似于线性。当调节对象的放大系数为线性时,则应采用直线流量特性的阀门,使系统总的放大系数保持不变。对与传热有关的温度对象,当负荷增加而放大系数减少时,选用等百分比特性调节阀比较合适。

2)从工艺配管情况考虑并选择

调节阀总是与管道、设备等连在一起使用,由于系统配管情况的不同,配管阻力的存在使调节阀的压降发生变化,因此,阀的工作特性与阀的理想特性也不同,必须根据系统的特点来选择所希望的工作特性,然后再考虑工艺配管情况,选择相应的理想特性,可参照表 2-21 选定。

表 2-21 工艺配管状况表

配管状况	$s=1\sim0.6$		$s=0.6\sim0.3$		$s<0.3$
阀的工作特性	直线	等百分比	直线	等百分比	使用低 s
阀的理想特性	直线	等百分比	等百分比	等百分比	值调节阀

从表 2-21 可以看出：当 $s=1\sim0.6$ 时，所选的理想特性与工作特性一致。当 $s=0.6\sim0.3$ 时，若要求工作特性是线性时，理想特性应选等百分比的，这是因为理想特性为等百分比的阀，当 $s=0.6\sim0.3$ 时，已经畸变的工作特性接近于线性；当要求的工作特性为等百分比时，其理想曲线应比它更凹一些，此时，可通过阀门定位器凸轮外廓曲线来补偿或采用双曲线特性来解决。当 $s<0.3$ 时，直线特性已严重畸变为快开特性，不利于调节，即使是等百分比理想特性，工作特性也已经严重偏离理想特性，接近于直线特性，虽然仍能调节，但它的调节范围已大大减小，所以一般不希望 s 值小于 0.3。确定阀阻比 s 的大小应从两方面考虑，首先应考虑调节性能，s 值越大，工作特性畸变越小，对调节有利；但 s 值越大说明调节阀上的压差损失越大，会造成不必要的动力消耗，从节省能源的角度考虑，极不合算。一般设计时取 $s=0.3\sim0.5$。对于高压系统，考虑到节约动力，允许 s 为 0.15。对于气体介质，因阻力损失小，一般 s 值都大于 0.5。

为了节能并改善控制质量，已经生产出低 s 值调节阀，也称低压降比调节阀，它利用特殊的阀芯轮廓曲线和套筒窗口形状，使调节阀在 $s=0.1$ 时，其安装流量特性（即工作流量特性）为线性或等百分比，以补偿对象的非线性特性或非等百分比特性。

3）从负荷变化情况分析和选择

直线特性调节阀在小开度时流量相对变化值大，过于灵敏，容易振荡，阀芯、阀座也易于破坏，在 s 值小、负荷变化幅度大的场合不宜采用。等百分比特性调节阀的放大系数随阀门行程的增加而增加，流量相对变化值是恒定不变的，因此，它对负荷波动有较强的适应性，无论在全负荷或半负荷生产时都能很好地调节；从制造的角度考虑也不困难。所以，在生产过程中等百分比特性调节阀是用得最多的一种。

根据调节系统的特点选择工作流量特性见表 2-22。

表 2-22 工作流量特性选择

系统及被调参数	干 扰	流量特性	说 明
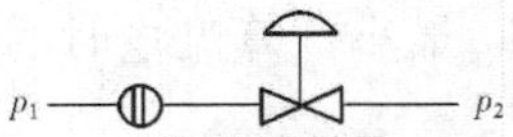 p_1 p_2 流量控制系统	给定值	直线	变送器带开方器
	p_1,p_2	等百分比	
	给定值	快开	变送器不带开方器
	p_1,p_2	等百分比	
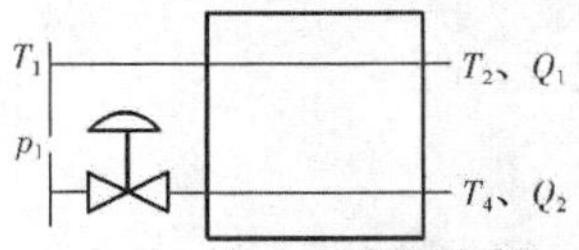 T_1 T_2、Q_1 p_1 T_4、Q_2 p_1、T_2 温度控制系统	给定值 T_1	直线	
	p_1,p_2,T_3,T_4,Q_1	等百分比	

续表

系统及被调参数	干　扰	流量特性	说　明
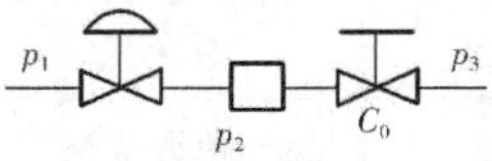 p_1 p_2 C_0 p_3 压力控制系统	给定值 p_1, p_3, C_0	直线	液体
	给定值 p_1, C_0	等百分比	气体
	p_3	快开	
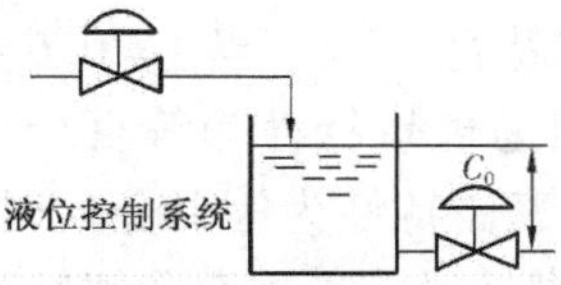 C_0 液位控制系统	给定值	直线	
	C_0	直线	
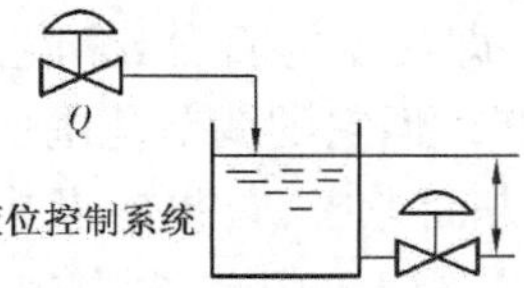 Q 液位控制系统	给定值	等百分比	
	Q	直线	

如果由于缺乏某些条件，按表 2－22 选择工作流量特性有困难时，可按下述原则选择理想(固有)流量特性：

(1)如果调节阀流量特性对系统的影响很小，可以任意选择。

(2)如果 s 值很小或由于设计依据不足，阀口径选择偏大时，则应选择等百分比特性。

(四)调节阀口径的选择

调节阀口径的选择和确定主要依据流量系数。从工艺提供数据到算出流量系数，到阀口径的确定，需经过下述几个步骤。

(1)计算流量的确定根据现有的生产能力、设备的负荷及介质的状况决定计算流量 Q_{max} 和 Q_{min}。

(2)计算压差的决定根据已选择的调节阀流量特性及系统特点选定 s 值，然后决定计算压差。

(3)流量系数的计算按照工作情况判定介质的性质及阻塞流情况，选择合适的计算公式或图表，根据已决定的计算流量和计算压差，求取最大和最小流量时的 K_v 最大值和最小值。根据阻塞流情况，必要时进行噪声预估计算。

(4)流量系数 K_v 值的选用根据已经求取的 K_v 最大值，进行放大或圆整，在所选用的产品型号标准系列中，选取大于 K_{vmax} 值并与其最接近的那一级 K_v 值。

(5)调节阀开度验算一般要求最大计算流量时的开度不大于 90%，最小计算流量时的开度不小于 10%。

(6)调节阀实际可调比的验算一般要求实际可调比不小于 10。

(7)阀座直径和公称直径的决定验证合适之后，根据 K_v 值来确定。

下面详细说明上述的某些步骤。

1. 计算流量的确定

在计算 K_v 值时要按最大流量 Q_{max} 来考虑。但也要注意富裕量不能过大。如果不知道

Q_{max}值,可按正常流量进行计算。目前的设计往往过大地考虑裕量,使计算的 K_v 值偏大,阀门口径选得偏大。这不但造成经济上的浪费,而且使阀门经常在小开度工作,使可调比减小,调节性能变坏,严重时甚至会引起振荡,因而大大降低了阀门的寿命。

在选择最大计算流量时,应根据对象负荷的变化及工艺设备的生产能力来合理确定。对于调节质量要求高的场合,更应从现有的工艺条件来选择最大流量。但是,也要注意不能片面强调调节质量,以致负荷变化或生产力稍有提高,调节阀就不能适用而需更换。也就是说,应当兼顾当前与今后在一定范围内扩大生产能力这两方面的因素,合理地确定计算流量。如果按近期的生产需要考虑,可选择最大流量。如果考虑扩大生产的需要,可选用 K_v 值可以改变的调节阀。

另一方面,调节阀在制造时,K_v 值就有 ±(5~10)% 的误差,调节阀所通过的动态最大流量大于静态最大流量。从经济角度出发,应该考虑到流量值的影响。因此,最大计算流量可以取为静态最大流量的 1.15~1.5 倍。

当然,也可以参考泵和压缩机等流体输送机械的能力来确定最大计算流量。有时,可综合各种方法来确定。

为了避免盲目性,下面介绍一种根据正常情况的流量条件进行放大的方法。令

$$n = \frac{Q_{max}}{Q_n} \tag{2-79}$$

$$m = \frac{K_{vmax}}{K_{vn}} \tag{2-80}$$

式中 n——流量放大倍数;

m——流量系数放大倍数;

Q_{max}——最大流量;

Q_n——正常条件的流量;

K_{vmax}——最大流量系数;

K_{vn}——正常条件下的流量系数。

从调节阀的基本流量方程可求出

$$\frac{Q_{max}}{Q_n} = \frac{K_{vmax}\sqrt{\Delta p_{Q_{max}}}}{K_{vn}\sqrt{\Delta p_n}} \tag{2-81}$$

简化为

$$n = m\sqrt{\frac{\Delta p_{Q_{max}}}{\Delta p_n}}$$

设系统的压力损失总和为 Δp_s,式(2-81)右边分子、分母各除 Δp_s 后整理得

$$m = n\sqrt{\frac{s_n}{s_{Q_{max}}}} \tag{2-82}$$

式(2-82)中的 $s_{Q_{max}}$ 是最大流量情况下的阀阻比。如果要求得 m 值,必须求 $s_{Q_{max}}$。而这与工艺对象有关,有下述常见的两种情况。

1)调节阀的上下游都有恒压点

对这种工艺对象,主要是系统的摩擦力影响了阀的压降,因此,只要知道正常的阀压降 Δp_n 和正常的阀阻比 s_n,由于上下游有恒压点,根据总摩擦阻力不变和阻力损失与流量平方成正比两个条件,可以得到

$$\Delta p_s = \Delta p_{Q_{max}} + \left(\frac{Q_{max}}{Q_n}\right)^2 (\Delta p_s - \Delta p_n)$$

两边除以 Δp_s,整理后得

$$s_{Q_{max}} = \frac{\Delta p_{Q_{max}}}{\Delta p_s} = 1 - n^2(1 - s_n) \tag{2-83}$$

2)调节阀装于风机或离心泵出口,阀下游有恒压点

这种工艺对象中阀压降随流量变化的原因,除系统摩擦阻力的影响外,还要考虑到风机及泵的出口压力也随流量而变化。当流量增加时,离心式风机或泵的出口压头都会变化,当流量从 Q_n 增大到 Q_{max}时,如果它的压降为 Δh,那么,系统的总压力降中还要考虑 Δh 这一项。

计算公式为

$$s_{Q_{max}} = \left(1 - \frac{\Delta h}{\Delta p_s}\right) - n^2(1 - s_n) \tag{2-84}$$

求出 $s_{Q_{max}}$之后,便可以求出流量系数放大倍数 m。

对其他类型的工艺对象,不再一一讨论。

2. 计算压差的确定

要使调节阀能起到调节作用,就必须在阀前、阀后有一定的压差。阀上的压差占整个系统压差的比值越大,则调节阀流量特性的畸变就越小,调节性能可以得到保证。但是,阀前、阀后产生的压差越大,即阀上的压力损失越大,所消耗的动力也越多。因此,必须兼顾调节性能及能源消耗,合理地选择计算压差。系统总压差是指系统中包括调节阀在内的与流量有关的动能损失,包括由弯头、管路、节流装置、热交换器、手动阀等局部阻力所造成的压力损失。

选择调节阀上的计算压差主要是根据工艺管路、设备等组成系统的压降及其变化情况来选择的,其步骤如下:

(1)选择系统的两个恒压点。把调节阀阀前、阀后最接近的两个压力基本稳定的设备作为系统的计算范围。

(2)计算系统内各项设备或管件的局部阻力(调节阀除外)所引起的压力损失总和 Δp_{Σ}。按最大流量分别进行计算,求出它们的压力损失总和。

(3)选取 s 值。s 值是调节阀全开时阀的压差 Δp_r 和系统的压差损失总和 Δp_s 之比,这个阀阻比(或称压降比)的数学表达式为

$$s = \frac{\Delta p_v}{\Delta p_v + \Delta p_{\Sigma}} \tag{2-85}$$

一般不希望 s 值小于0.3,常选 s=0.3~0.5。对于高压系统,考虑到节约动力消耗,允许

降低 s 值到 0.15。如果 s 值小于 0.15，只能选用新型的低 s 值调节阀。对于气体介质，由于阻力损失较小，调节阀上压差所占的分量较大，s 值一般都大于 0.5，但在低压及真空系统中，由于允许压力损失较小，所以 s 值仍在 0.3 ~ 0.5 之间为宜。

(4) 求取调节阀计算压差 Δp_v 按求出的 Δp_Σ 及选定的 s 值，由下式求 Δp_v，即

$$\Delta p_v = \frac{s\Delta p_\Sigma}{1-s} \tag{2-86}$$

考虑到系统设备中静压经常波动影响阀上压差的变化，使压差值进一步下降，例如，锅炉的给水系统，锅炉压力波动就会影响调节阀上压差的变化。此时计算压差还应增加系统设备中静压力的 5% ~10%，即

$$\Delta p_v = \frac{\Delta p_\Sigma}{1-s} + (0.05 \sim 0.1)p \tag{2-87}$$

在计算三通阀时，计算流量是以三通阀分流前或合流后的总流量作为计算流量。而计算压差为三通阀的一个通道关闭，另一个通道流过计算流量时的阀两端压差。当用热交换器旁路调节系统时，取阀上计算压差等于热交换器的阻力损失。

必须注意，在确定计算压差时，要尽量避免空化作用和噪声。

五、调节阀材料的选择

调节阀材料的选择是十分重要的，因为调节阀直接与各种流体介质接触，从干净的空气到各种腐蚀性介质，从纯净的介质到含有颗粒的多相流体，温度可从绝对零度（-273℃）到高温 500℃以上，压力可从真空到高压 350MPa 或更高。大多数阀门在使用时都没有什么特殊要求，但也有许多阀门在使用时是有特殊要求的，例如，铸铁和碳钢是最一般、最常用的材料，但在腐蚀的工作条件下就不能用，要考虑使用特殊合金、特殊金属或某些非金属材料。调节阀材料一般可以分成三类：

(1) 用于承受压力的零部件材料，例如，阀体、上阀盖、下法兰、连接螺栓等。

(2) 用于阀内件的金属材料，例如，阀芯、阀座、套筒等。

(3) 各种非金属材料，例如，弹性材料、橡胶、塑料、垫片、衬里、陶瓷等。

(一) 承受压力的零部件材料

这一类零部件主要以阀体、上阀盖、下法兰及受力螺栓为代表。选择材料的依据是压力、温度、腐蚀性、磨损等特性。可供选择的材料如下所述。

1. 铸铁

铸铁耐压而不抗拉，所以制作螺栓是绝对不行的。同理，铸铁阀体和阀盖只能用于低压（$PN \leqslant 16$kPa）和常温（-20 ~ +250℃）的情况。有的国家已经很少用铸铁阀体。在下述的工作条件下，阀体和阀盖不能选用铸铁材料：

(1) 在介质为水蒸气或含水分大的湿气中。

(2) 在易燃易爆的流体中。

(3) 在环境温度低于 -10℃ 的场合。

(4)阀内流体在伴热蒸汽中断时会产生冻结的场合。

我国常用的铸铁牌号是灰铸铁 HT20－40。

2. 碳钢铸件

铸钢是阀体、阀盖最为广用的材料,用得最多的牌号是 ZG25B,还有一些含铬、镍、钼的合金钢。这些钢号的温度和压力标准都应该达到国家标准的要求。

3. 不锈钢

不锈钢可以用于强化学腐蚀介质中。钢中若含有微量的铬、镍等金属元素,就有抗腐蚀能力。在腐蚀流体和复杂情况下工作的调节阀,选材料要慎重。

4. 抗温度变化的合金钢

在钢中如果含有镍、铜、铬等元素,就具有抗低温的能力;如果含有钼、硅等元素,就有抗高温的能力。例如,蒙乃尔合金(含 Ni70%、Cu29%)、哈斯特莱合金(含 Ni51%,Mo16%、Crl6%),其使用温度都可以为－273～＋650℃。

5. 特殊合金和贵金属

对于腐蚀性非常强的酸类(如硫酸、磷酸等)介质,要使用特殊合金,例如,Hastelloy,蒙乃尔合金、奥氏体不锈钢等。

在硝酸和沸腾的盐酸介质中,可用钽合金。在高温的浓盐水及强酸中可以用钛调节阀,所有零件都是用贵金属钦制成的。抗海水腐蚀的合金有软金属合金,如 $AIMO_3$。

6. 塑料

对于强腐蚀介质,例如,氯气、硫酸、强碱,阀体可以用塑料制造,其他零件也可选用塑料,例如,聚四氟乙烯。这就是所谓全塑料阀,已为化工、石油等工业所广用。

(二)阀内件的材料

阀内件主要是阀芯、阀座、阀杆、套筒、导向衬套、填料函等零件。这些零件的表面绝对不能有损坏,不能有压痕、沉渣、氧化和塑变,否则调节阀就无法实现调节功能。

选择调节阀阀内件材料的主要依据是耐磨性、耐腐性和耐温性。

1. 耐磨性

阀芯和阀座材料的磨损会引起阀门的泄漏,从而改变流量特性。如果磨损很严重,会形成一条新的小流路,甚至把阀内件的薄壁穿透。

磨损的基本形式可能是固体颗粒的研磨、高速流体的冲击、空化产生的汽蚀等作用。为了提高耐磨性,必须增大表面硬度。在有闪蒸和空化的情况下,应该采取有效的方法:在材料方面,当阀内件较小时,可以用整体的特殊硬质合金,也可以用特殊的方法在母体材料上堆焊或喷焊这些特殊合金。

2. 耐腐性

流体介质的腐蚀性如何是选择材料的重要因素。与不同流体接触而发生反应时应根据实际情况适当地选择材料。此外,材料的适应性还与浓度、温度、压力、杂质等因素有关。

在考虑腐蚀性时还要注意下面几点:

(1)对强腐蚀介质,选择耐腐材料必须根据介质的种类、浓度、温度、压力等具体条件来进行选择。

(2)阀内件与阀体应分别对待,阀体内壁节流速度小,允许其腐蚀率可以大一些,大约为1mm/年,而阀内件受流体高速冲刷,腐蚀会使泄漏加剧,其腐蚀率要控制在0.1mm/年之内。

(3)选择耐腐蚀材料要参照一些比较成功的应用实例,必须了解工艺条件。许多工厂都有比较成功的阀内件材料应用经验,要注意收集这些经验并加以使用。

3. 耐温性

(1)耐高温材料是指阀内件材料的工作温度要高于250℃以上。用于高温的阀内件材料应该考虑的特性有抗拉强度、屈服限、蠕变(450℃以上)、热硬性、冲击强度和抗老化。同时还要考虑到抗锈蚀、热处理温度及塑性变形。在高温下工作的材料,其屈服限和抗拉、抗压强度都降低。在450℃以上还会发生"蠕变",即材料在承受的载荷下连续地变形。当应力低于此给定温度下的屈服强度时还发生塑变。由于温度的升高,会使可动零件之间间隙变小、卡住和粘结。温度的循环变化对阀门的密封垫、阀座垫片及导向衬套都会产生不良影响。

热硬性很重要,它使材料保持高温硬度,防止阀座的密封面受损,还能防止塑变。材料还必须有抗锈蚀能力,以防高温时阀内件表面层被分层剥落。塑变是和温度、配用的材料、表面光洁度、硬度和载荷有关的。高温会使金属退火或软化,增加塑变趋势,而塑变的不良影响是阀门被卡住,接合面损伤,操作力增大。

(2)耐低温材料是指在低温工作的材料要保证其低温性能,主要是保证其冷冲击强度。阀内件必须有足够的冷冲击强度,才能防止裂断。碳和铬的合金钢在低于-20℃时会很快失去抗冲击强度,所以使用温度分别限制在-30℃和-50℃。含镍量为3.5%的镍钢可以使用到-1000℃,含镍量9%的镍钢可以使用到-192℃。奥氏体不锈钢、镍、蒙乃尔合金、哈氏合金、钦、铝合金及青铜可以使用到更低的温度(-273℃)。

第五节 执行器的故障分析与处理

在调节阀使用过程中经常会出现各种形式的故障,这些故障的产生直接影响到工艺流程的控制和生产装置的平稳运行。本节主要介绍调节阀在应用过程中的故障形式和处理方法。

一、执行机构的主要故障元件

不同类型的调节阀及不同部位有一些关键元件,这些元件也是容易出现故障的元件。

(一)气动执行机构

1. 膜片

对薄膜式气动执行机构来说,膜片是最重要的元件,在气源系统正常的情况下,如果执行机构不动作,就应该想到膜片是否破裂、是否没安装好。当金属接触面的表面有尖角、毛刺等缺陷时就会把膜片扎破,而膜片绝对不能有泄漏。另外,膜片使用时间过长,工作环境温度过高,材料老化也会影响使用。

2. 推杆

要检查推杆有无弯曲、变形、脱落。推杆与阀杆连接要牢固,位置要调整好,不漏气。

3. 弹簧

要检查弹簧有无断裂。制造、加工、热处理不当都会使弹簧断裂。有些弹簧在过大的载荷作用下,也可能断裂。

(二)电动执行机构

1. 电动机

检查电动机是否能转动,是否容易过热,是否有足够的力矩和耦合力。

2. 伺服放大器

检查伺服放大器是否有输出,是否能调整。

3. 减速机构

各厂家的减速机构各不相同。因此,要检查其转动零件——轴、齿轮、蜗轮等是否损坏,是否磨损过大。

4. 力矩控制器

根据具体结构检查力矩控制器失灵原因。

(三)阀的主要故障元件

1. 阀体

要经常检查阀体内壁的受腐蚀和磨损情况,特别是用于腐蚀介质和高压差、空化作用等恶劣工艺条件下的阀门,必须保证其耐压强度和耐腐、耐磨性能。

2. 阀芯

因为阀芯起到调节和切断流体的作用,是活动的截流元件,因此受介质的冲刷、腐蚀、颗粒的碰撞最为严重,在高压差、空化情况下更易损坏,所以要检查它的各部分是否破坏、磨损、腐蚀,是否需要维修或更换。

3. 阀座

阀座接合面是保证阀门关闭的关键,它受腐受磨的情况也比较严重。而且由于介质的渗透,使固定阀座的螺纹内表面常常受到腐蚀而松动,要特别检查这一部位。

4. 阀杆

要检查阀杆与阀芯、推杆的连接有无松动,是否产生过大的变形、裂纹和腐蚀。

5. 导向套

导向套与阀芯导向部分的间隙是最容易被忽视的,在检修时要对其间隙进行测量。因为导向间隙过大会使阀芯与阀杆的连接在较大压差下折断。导向间隙根据阀门工作温度选取。

6. 连接件

要检查连接件内螺纹是否完好,当阀杆旋入或夹紧时能否满足调节阀动作需求。

7. 填料

检查聚四氟乙烯或者其他填料是否老化、缺油、变质,填料是否压紧。

8. 垫片及“O”形圈

垫片及“O”形圈这些易损零件不能裂损、老化。

9. 上、下阀盖平衡孔

检查上、下阀盖的平衡孔是否堵塞。

调节阀的检修和日常维护是延长调节阀使用寿命的一个重要环节。在检修时通过对故障现象的查找和判断,能够快速地确认故障位置,提高检修效率。当调节阀采用石墨—石棉为填料时,大约三个月应在填料上添加一次润滑油,以保证调节阀灵活好用。如发现填料压帽压得很低,则应补充填料,如发现聚四氟乙烯填料硬化,则应及时更换;应在巡回检查中注意调节阀的运行情况,检查阀位指示器和调节器输出是否吻合;对有定位器的调节阀要经常检查气源,发现问题及时处理;应经常保持调节阀的清洁以及各部件完整好用。

二、故障产生的原因和处理方法

(一)提高寿命的方法

1. 大开度工作

让调节阀一开始就尽量在最大开度工作,如90%。这样,汽蚀、冲蚀等破坏发生在阀芯头部上。随着阀芯破坏,流量增加,相应阀再关一点,这样不断破坏逐步关闭,使整个阀芯全部充分利用,直到阀芯根部及密封面破坏不能使用为止。大开度工作,使节流间隙大,冲蚀减弱,这比一开始就让阀在中间开度和小开度上工作提高寿命1~5倍以上。

2. 减小 s,增大工作开度

减小 s 即增大系统除调节阀外的损失,使分配到阀上的压降降低,为保证流量通过调节阀,必然增大调节阀开度。同时,阀上压降减小,使汽蚀、冲蚀也减弱。具体办法有:

(1)阀后设孔板节流消耗压降。

(2)关闭管路上串联的手动阀,至调节阀获得较理想的工作开度为止。对于一开始阀处于小开度工作时,采用此法十分简单、方便、有效。

3. 缩小口径,增大工作开度

通过把阀的口径减小来增大工作开度,具体办法有:

(1)换一台小一挡口径的阀,如 $DN32$ 换成 $DN25$;

(2)阀体不变更,更换小阀座直径的阀芯阀座。

4. 转移破坏位置

把破坏严重的地方转移到次要位置,以保护阀芯阀座的密封面和节流面。

5. 增长节流通道

增长节流通道最简单的方法就是加厚阀座,使阀座孔增长,形成更长的节流通道。一方面可使流闭型节流扩大延后,转移破坏位置,使之远离密封面的作用;另一方面,又增加了节流阻力,减小了压力的恢复程度,使汽蚀减弱。有的把阀座孔设计成台阶式、波浪式,就是为了增加阻力,削弱汽蚀。这种方法在引进装置中的高压阀上和将老的阀加以改进时经常使用。

6. 改变流向

流开型向着开方向流,汽蚀、冲蚀主要作用在密封面上,使阀芯根部和阀芯阀座密封面很快遭受破坏;流闭型向着闭方向流,汽蚀、冲蚀作用在节流之后,阀座密封面以下,保护了密封面和阀芯根部,延长了寿命。故作流开型使用的阀,当延长寿命的问题较为突出时,只需改变流向即可延长寿命1~2倍。但在改变流向时执行机构必须具有足够的推力和弹簧的反作用力,否则阀门全部关闭时会产生开启困难的现象。

7. 改用特殊材料

为抗汽蚀(破坏形状,如蜂窝状小点)和冲刷(流线型的小沟),可改用耐汽蚀和冲刷的特殊材料来制造节流件。这种特殊材料有6YC-1,A4钢,司太莱、硬质合金等。为抗腐蚀,可改用更耐腐蚀,并有一定机械性能、物理性能的材料。这种材料分为非金属材料(如橡胶、四氟、陶瓷等)和金属材料(如蒙乃尔、哈氏合金等)两类。

8. 改变阀结构

采取改变阀结构或选用具有更长寿命的阀的办法来达到提高寿命的目的,如选用多级式阀、反汽蚀阀、耐腐蚀阀等。

(二)调节阀经常卡住或堵塞的防堵(卡)方法

1. 清洗

管路中的焊渣、铁锈、渣子等在节流口,导向部位,下阀盖平衡孔内造成堵塞或卡住,使阀芯曲面、导向面产生拉伤和划痕,密封面上产生压痕等。这经常发生于新投运系统和大修后投运初期。遇此情况,必须卸开进行清洗,除掉渣物,如密封面受到损伤还应研磨;同时将底塞打开,以冲掉从平衡孔掉入下阀盖内的渣物,并对管路进行冲洗。投运前,让调节阀全开,介质流动一段时间后再纳入正常运行。

2. 外接冲刷

对一些易沉淀、含有固体颗粒的介质采用普通阀调节时,经常在节流口、导向处堵塞,可在下阀盖底塞处外接冲刷气体和蒸汽。当阀产生堵塞或卡住时,打开外接的气体或蒸汽阀门,即可在不动调节阀的情况下完成冲洗工作,使阀正常运行。

3. 安装管道过滤器

对小口径的调节阀,尤其是超小流量调节阀,其节流间隙特小,介质中不能有一点点渣物。遇此情况堵塞,最好在阀前管道上安装一个过滤器,以保证介质顺利通过。带定位器使用的调节阀,定位器工作不正常,其气路节流口堵塞是最常见的故障。因此,带定位器工作时,必须处理好气源,通常采用的办法是在定位器前气源管线上安装空气过滤减压阀。

4. 增大节流间隙

如介质中的固体颗粒或管道中被冲刷掉的焊渣和锈物等因过不了节流口造成堵塞、卡住等故障,可改用节流间隙大的节流件——节流面积为开窗、开口类的阀芯,套筒,因其节流面积集中而不是圆周分布的，故障就能很容易地被排除。如果是单座阀或双座阀就可将柱塞形阀芯改为“V”形口的阀芯，或改成套筒阀等。例如，某化工厂有一台双座阀经常卡住，推荐改用套筒阀后，问题马上得到解决。

5. 介质冲刷

利用介质自身的冲刷能量，冲刷和带走易沉淀、易堵塞的东西，从而提高阀的防堵功能。常见的方法有：改作流闭型使用；采用流线型阀体；将节流口置于冲刷最厉害处，采用此法要注意提高节流件材料的耐冲蚀能力。

6. 直通改为角形

直通为倒S流动，流路复杂，上，下容腔死区多，为介质的沉淀提供了地方。角形连接，介质犹如流过90°弯头，冲刷性能好，死区小，易设计成流线型。因此，使用直通的调节阀产生轻微堵塞时可改成角形阀使用。

（三）调节阀外泄的解决方法

1. 增加密封油脂

对未使用密封油脂的阀，可考虑增加密封油脂来提高阀杆密封性能。

2. 增加填料

为提高填料对阀杆的密封性能，可采用增加填料的方法。通常是采用双层、多层混合填料形式，单纯增加数量，如将3片增到5片，效果并不明显。

3. 更换石墨填料

大量使用的聚四氟乙烯填料，因其工作温度在－40～＋250℃范围内，当温度上下限变化较大时，其密封性便明显下降，老化快、寿命短。柔性石墨可以克服这些缺点，使用寿命长。

4. 改变流向，置p_2（阀后压力）在阀杆端

改变流向也就是将压力较低一端置于阀后，降低了填料发生外漏的可能。

5. 更换密封垫片

更换密封垫片可采用石墨缠绕垫片或高强石墨垫片。

（四）调节阀振动的解决方法

1. 增加刚度

对振荡和轻微振动，可增大刚度来消除或减弱，如选用大刚度的弹簧，改用活塞执行机构等办法都是可行的。

2. 增加阻尼

增加阻尼即增加对振动的摩擦，如套筒阀的阀塞可采用“O”形圈密封，采用具有较大摩擦力的石墨填料等，这对消除或减弱轻微的振动还是有一定作用的。

3. 增大导向尺寸，减小配合间隙

轴塞形阀一般导向尺寸都较小，所有阀配合间隙一般都较大，有0.4～1mm，这对产生机械振动是有帮助。因此，在发生轻微的机械振动时，可通过增大导向尺寸，减小配合间隙来削弱振动。

4. 改变节流件形状

因调节阀的所谓振源发生在高速流动、压力急剧变化的节流口,改变节流件的形状即可改变振源频率,在共振不强烈时比较容易解决。具体办法是将在振动开度范围内阀芯曲面车削0.5~1.0mm。如某厂家属区附近安装了一台自力式压力调节阀,因共振产生啸叫影响职工休息,将阀芯曲面车掉0.5mm后,共振啸叫声消失。

5. 更换节流件

更换流量特性,对数改线性,线性改对数;更换阀芯形式。例如,将轴塞形改为"V"形槽阀芯,将双座阀轴塞型改成套筒型;将开窗口的套筒改为打小孔的套筒。如某氮肥厂一台*DN*25双座阀,阀杆与阀芯连接处经常振断,被确认为共振后,将直线特性阀芯改为对数性阀芯,问题得到解决。又如某航空学院实验室用一台*DN*200套筒阀,阀塞产生强烈旋转无法投用,将开窗口的套筒改为打小孔的套筒后,旋转立即消失。

6. 更换调节阀类型

不同结构形式的调节阀,其固有频率自然不同,更换调节阀类型是从根本上消除共振的最有效的方法。例如,一台阀在使用中共振十分厉害(严重时可将阀破坏),强烈地旋转(甚至阀杆被振断、扭断),而且产生强烈的噪声(高达100多分贝),把它更换成一台结构差异较大的阀,立刻见效,强烈共振奇迹般地消失。又如,某维尼纶厂新扩建工程选用一台*DN*200套筒阀,上述现象都存在,*DN*300的管道随之跳动,阀塞旋转,噪声100多分贝,共振开度20%~70%,考虑共振开度大,改用一台双座阀后,共振消失,投运正常。

7. 减小汽蚀

对因空化气泡破裂而产生的汽蚀振动,应在减小空化上想办法。

(1)让气泡破裂产生的冲击能量不作用在固体表面上,特别是阀芯上,而是让液体吸收。套筒阀就具有这个特点,可以将轴塞型阀芯改成套筒型阀芯。

(2)采取减小空化的办法,如增加节流阻力、增大缩流口压力、分级或减压等。

8. 避开振源波击

外来振源波击引起阀振动,这显然是调节阀正常工作时所应避开的,如果产生这种振动,应当采取相应的措施。

(五)调节阀稳定性较差时的解决办法

1. 改变不平衡力作用方向

在稳定性分析中,已知不平衡力作用方向与阀关闭方向相同时,即对阀产生关闭趋势时,阀稳定性差。对阀工作在上述不平衡力条件下,选用改变其作用方向的方法,通常是把流闭型改为流开型,一般来说都能有效地解决阀的稳定性问题。

2. 避免阀自身不稳定区

有的阀受其自身结构的限制,在某些开度上工作时稳定性较差:

(1)双座阀,开度在10%以内,因上阀芯处流开,下阀芯处流闭,带来不稳定的问题。

(2)不平衡力变化斜率产生交变的附近,其稳定性较差。例如蝶阀,交变点在70%开度左右；双座阀在80%～90%开度。遇此类阀时，在不稳定区工作必然稳定性差，避免在不稳定区工作即可。

3. 更换调节阀

稳定性好的阀其不平衡力变化较小，导向好，常用的球形阀中，套筒阀就有这一大特点。当单座阀、双座阀稳定性较差时，更换成套筒阀稳定性一定会得到提高。

4. 增大弹簧刚度

执行机构抵抗负荷变化对行程影响的能力取决于弹簧刚度，刚度越大，对行程影响越小，阀稳定性越好。增大弹簧刚度是提高阀稳定性的常见的简单方法，如将20～100kPa弹簧范围的弹簧改成60～180kPa的大刚度弹簧，采用此法主要是配合安装了定位器的阀门，否则，使用的阀门要另外配上定位器。

5. 降低响应速度

当系统要求调节阀响应或调节速度不应太快，而阀的响应和调节速度又较快，如流量需要微调，而调节阀的流量调节变化却很大，或者系统本身已是快速响应系统而调节阀却又带定位器来加快阀的动作，这都是不利的，将会产生超调、振动等。对此，应降低响应速度，办法有：

(1)将直线特性改为对数特性；

(2)带定位器的可改为转换器、继动器。

6. 改变流向

对液体介质，由于流闭型不平衡力的作用是将阀芯压闭的，有促关作用，又称抽吸作用，加快了阀芯动作速度，产生轻微水锤，引起系统喘振。对这些现象的解决办法是把流向改为流开，喘振即可消除。类似这种因促关而影响到阀不能正常工作的问题，也可考虑采取这种办法加以解决。

7. 克服流体破坏

克服流体破坏最典型的阀是双座阀，流体从中间进，阀芯垂直于进口，流体绕过阀芯分成上下两束流出。流体冲击在阀芯上，使之靠向出口侧，引起摩擦，损伤阀芯与衬套的导向面，导致动作失常，高流量还可能使阀芯弯曲、冲蚀、严重时甚至断裂。解决的办法有：

(1)提高导向部位材料硬度。

(2)增大阀芯上下球中间尺寸，使之呈粗状。

(3)选用其他阀代用，如用套筒阀，流体从套筒四周流入，对阀塞的侧向推力大大减小。

8. 克服流体产生的旋转力使阀芯转动

对“V”形口的阀芯，因介质流入的不对称，作用在“V”形口上的阀芯切向力不一致，产生一个使之旋转的旋转力。特别是对$DN \geqslant 100$mm的阀更强烈。由此可能引起阀与执行机构推杆连接的脱开，无弹簧执行机构可能引起膜片扭曲。解决的办法有：

(1)将阀芯反旋转方向转一个角度，以平衡作用在阀芯上的切向力。

(2)进一步锁住阀杆与推杆的连接，必要时，增加一块防转动的夹板。

(3)将“V”形开口的阀芯更换成柱塞形阀芯。

(4)采用或改为套筒式结构。

(5)如系共振引起的转动,消除共振即可解决问题。

9. 调整蝶阀阀板摩擦力

为克服开启跳动采用“O”形圈、密封环、衬里等软密封的蝶阀,阀关闭时,由于软密封件的变形,使阀板关闭到位并包住阀板,能达到十分理想的切断效果。但阀要打开时,执行机构要打开阀板的力不断增加,当增加到软密封件对阀板的摩擦力相等时,阀板启动。一旦启动,此摩擦力就急剧减小,为达到力的平衡,阀板猛烈打开,这个力同相应开度的介质作用的不平衡力矩与执行机构的打开力矩平衡时,阀就停止在这一开度上。这个猛烈而突然起跳打开的开度可高达30%~50%,这将产生一系列问题。同时,关闭时因软密封件要产生较大的变化,易产生永久变形或被阀板挤坏、拉伤等情况,影响寿命。解决办法是调整软密封件对阀板启动的摩擦力,这既能保证达到所需切断的要求,又能使阀较正常地启动。具体办法有:

(1)调整过盈量。

(2)通过限位或调整执行机构预紧力、输出力的办法,减少阀板关闭过度给开启带来的困难。

(六)在高温和低温下阀工作不正常的解决方法

1. 统一线膨胀减小双座阀泄漏量

双座阀在常温试验时,泄漏量不太大。可是,一投入高温使用泄漏量将猛增。这是因为双座阀固定在阀体上的阀座密封面的线性膨胀与阀芯双密封面的线性膨胀不一致造成。如一个*DN*50的双座阀,阀芯为不锈钢,阀体为碳钢,在室温70°F的温度中使用时,阀座密封面与阀芯密封面线膨胀差0.06mm,使泄漏量增加可达10倍以上。解决办法有:

(1)选用阀体与阀芯均为同种材质的,即不锈钢阀。但不锈钢阀比碳钢阀价格高了三倍以上,经济性差。

(2)选用套筒阀代之,因密封面在套筒上,套筒与阀塞是同种材料。

2. 阀座用密封焊

当温度高达750°F时,螺纹连接的阀座在与阀体连接的密封面和螺纹处引起泄漏,并能将螺纹冲蚀,产生阀座掉落的危险,遇到这种故障,应对阀座进行密封焊,以防止松动和脱落。

3. 对衬套定位搭焊

作为对阀芯、阀塞,阀杆导向的衬套,绝大部分场合是静配合。调节阀在室内组合,在高温、低温下工作,因线膨胀不一而造成配合直径产生微小变化,衬套的配合偶尔会遇到过盈量最小,或衬套与阀芯因异物卡住在阀芯运动的拉动下,衬套会脱落。发生这种故障,可对衬套进行定位搭焊,以保证衬套永不脱落。

4. 增大衬套导向间隙

在高低温下,当轴径与衬套内孔径的线膨胀不一,且轴的膨胀大于衬套内孔的膨胀时,轴的运动或转动将产生卡跳现象,如高温蝶阀。如果这时阀的实际工作温度又符合阀的工作温度要求时,可能就是制造厂的质量问题。对解决问题来讲,自然是增加导向间隙。简单的办法是把导向部位的轴径车小0.2~0.5mm,并应尽量提高其光洁度。

5. 填料背对背安装

对深冻低温阀，在冷却时因管线内形成真空，若从填料处向阀体内泄时，可将双层填料的上层或填料的一部分改为背对背安装，来阻止大气通过阀杆密封处内泄。

(七)调节阀的动作迟钝现象及原因

1. 阀杆仅在单方向动作时迟钝

(1)气动薄膜执行机构中膜片破损泄漏。

(2)执行机构中"O"形密封泄漏。

2. 阀杆在往复动作时均有迟钝现象

(1)阀体内有粘物堵塞；

(2)聚四氟乙烯填料变质硬化或石墨—石棉填料润滑油干燥。

(3)填料加得太紧，摩擦阻力增大。

(4)由于阀杆不直导致摩擦阻力大。

(5)没有定位器的气动调节阀也会导致动作迟钝。

(八)电动调节阀的常见故障

电动调节阀与气动薄膜调节阀相比，具有动作灵敏可靠、信号传输迅速和传送距离远等特点，便于使用在气源安装不方便的场合。电动调节阀的故障现象如下所述。

1. 电动机不转

原因：电动机线圈烧坏。例如，由于使用环境不良，进水或渗透有腐蚀性的气体而造成短路或电动机转子卡死不动，电动机线圈就发热、烧坏。

判断故障方法：用万用表测量电动机引出线和零线之间的电阻，正常值约为160Ω，如偏差过大或过小，就证明线圈已烧坏。

2. 两个微动开关位置不当

当调节阀动作时，带动反馈连杆移动，行程至零点和满度时，微动开关应关闭，使电流不会流过电动机，从而达到保护电动机的目的。如微动开关位置过开，使阀杆动作已达零点或满度时仍不能断开，电流继续通过电动机，但此时电动机已无法转动，将会造成电动机堵转烧坏。处理方法是移动微动开关位置，使之与阀杆行程位置相对应。

3. 分相电容失效或被击穿

分相电容如果坏了，电动机不会启动。

4. 电动调节阀一动作就引起保险丝熔断

原因：电动机线圈漆包线绝缘漆脱落，线圈绕组与阀体短路；分相电容容量过大。

根据制造厂家的出厂标准，各种规格型号的调节阀使用的分相电容有相应的容量。如DKZ－200型的分相电容为630V、3μF。分相电容过大，启动电流就大。

判断方法：将交流电流表与电动机引出线串接，测出其电流数值。

5. 电动操作器一投入自动，调节阀就处于全开或全关位置

原因：调节阀反馈线路部分故障，无反馈电流输出。

处理方法:检查有无提供反馈线路的电源;检查反馈线圈(差动变压器)的初级和次级是否断路;检查差动变压器的初级电压和次级电压是否正常。如以上各项都正常,则检查电压及电流转换电路。电动执行机构常见故障和解决办法见表2-23。

表2-23 电动执行机构常见故障和解决方法

常见故障	产生原因	预防和排除的方法
电动机不启动	没有输入电源	接通电源
	断线或导线接触不良	改换电线或正确接好导线
	电源电压不符或电压低	用仪器检查电压
	热保护动作(周围温度高或使用频率高)	降低周围温度,降低使用频率或灵敏度
	电力电容器被击穿	更换电力电容器
	输入信号错误	更换输入信号选择
在自动运行中自行停止	因过大负载而过载保护	检查调节阀排除过负载
	热保护动作	
	调节阀里面咬住异物	即使手动操作也很费劲,拆卸阀
	填料压盖过分拧紧	试一试松动压盖
手动操作费劲	填料压盖过分拧紧	
	阀门内部发生意外	拆卸阀门检查
没显示开度信号	开度信号线接触不良或断线	检查开度信号线的连接
开度信号达不到全闭	电位器安装不良	检查电位器安装情况
用限位开关电动机不停止	上下限给定凸轮调整不良	重新调整
	限位开关接触不良	更换限位开关
控制灵敏度降低 电动机力矩减少	电动机电压不足	用仪器检查电压,使之正常
	电源电压低或不符	
振荡	灵敏度过高	调整灵敏度电位器,降低灵敏度

三、实际检修案例分析

(一)某延迟焦化装置FCV2415填料外漏案例分析

1. 概述

类　型:单座阀。

规　格:$DN$50,PN2.5MPa。

2. 存在问题

焦化装置调节阀FCV2415,工作介质为焦油。这台调节阀的送检频率较高,平均两个月就要送修一次,而且每次的故障都相同,就是填料发生外漏。

3. 原因分析

以前都是用传统方法更换聚四氟乙烯填料绳,配合石墨填料绳,但效果不佳。原因应该是介质温度太高聚四氟乙烯填料开始老化,失去了原有的密封性能。

决定填料密封性能的因素有:

(1)填料阀杆的光洁度。

(2)填料与阀杆,填料与填料函内壁的贴合程度。

(3)填料的长短。

(4)压紧力的大小。

但在检修时发现阀杆的光洁度非常好,填料的长短也十分合适,石墨填料也无破损。但取出两个石墨绳填料后发现聚四氟乙烯填料绳已经变硬,并且缩小。这样可以判定是聚四氟乙烯填料失去弹性,体积缩小,导致整个填料函内的填料整体高度降低,压紧力小于原有的压紧力,因此填料失去了原有的密封性能。

4. 处理方法及结果

本次检修采用石墨环填料,它的耐高温能力强,且强度高,适用于高温场合。但是石墨环填料不能过多,否则容易抱死阀杆,为此在填料函中加入一个能够填补间隙的不锈钢环,操作方法是先将三根石墨填料加入填料函内再放入不锈钢环,然后再加入三根石墨填料,如图2-161所示,这样不仅减少了不必要的填料而且还减小了填料的摩擦力。检修后该调节阀的外漏现象明显好转。检修周期达到原先的五倍。

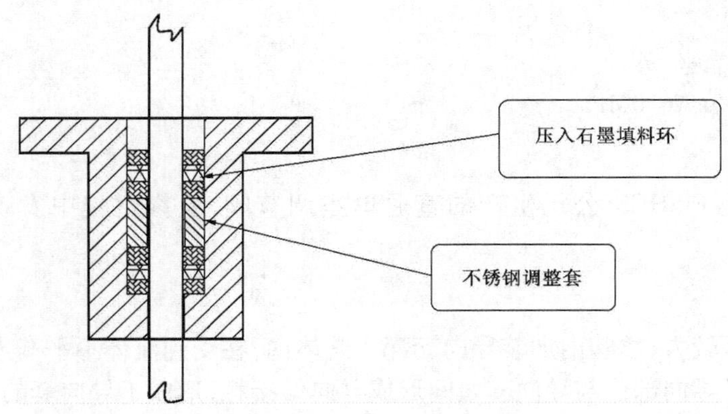

图2-161 填料压入的方法

5. 经验总结

在此之前的检修工作中没有认真细致地了解介质的工作温度就去选择填料,导致了检修周期的缩短。在今后的检修工作中要首先核实现场工况后再进行检修。

(二)某PTA装置1209泵4台高压球阀内漏案例分析

1. 概述

类　型:球阀。

规　格:*DN*100,*PN*15MPa。

2. 存在问题

PTA装置1209泵的四台高压球阀发生内漏,设备工作压力12.0MPa。

3. 原因分析

阀门工作压力较大,当全部关死时阀门前后压差大。导致球体向一侧有偏移,所受摩擦力不均匀,致使球体有严重磨损。还有阀座间隙小,导致阀杆产生扭曲变形,使阀杆与球体连接部位出现变形,间隙过大导致阀门开关不到位。

4. 处理方法及结果

更换变形的阀杆,调整阀座间隙,经测量球体直径和两端阀座之间距离,以及阀座密封面角度后,可在阀座两侧均匀地增加 0.20mm 的石墨纸垫片,增大两密封面之间的距离,减小阀座与球体之间的正压力。但还要保证密封性能,将原有的近似于线密封的阀座密封面加宽,这样以减轻阀座对球面的切削力。然后,将磨损的球体表面涂镀硬质合金以提高其表面的耐磨性。

5. 经验总结

阀座间隙是装配工作的一个重要数据,两端阀座的间隙调整好就不会在球体表面产生过大的正压力。改变阀座的密封面角度能够降低切削力,这样阀杆的作用力就不会产生过大的扭矩,使阀杆不会产生扭曲和变形现象。

(三)某调节阀 LV2403 阀芯脱落案例分析

1. 概述

类　型:直通单座。

规　格:*DN*50,*PN*6.0MPa。

2. 存在问题

这台调节阀是 FISHER 公司生产的直通单座调节阀,检修过程中发现销钉折断,阀杆脱落。

3. 原因分析

由于工作压差较大,故阀内加装导向套深入阀体内,在受到流体不平衡力的作用时阀杆向一侧偏离导致阀杆导向部位与导向套之间形成异向偏接触,形成了导向套的偏心磨损,在一侧间隙加大,导向间隙达到一定程度后将失去导向作用,阀芯在导向套中产生振荡。频繁的振荡使销钉达到材料的疲劳强度,两个销钉折断。在检修过程中发现阀芯与阀杆脱落。

4. 处理方法及结果

将上阀盖导向套取出重新加工,使导向套和阀芯导向的间隙在 0.2mm 内,同轴度为 0.02mm。加工内孔时提高车床的转速,减少切削量,使表面粗糙度达到 *Ra*1.6,提高了光洁度,减小了阀杆运行时的摩擦力。检修结束后提高了阀芯阀座的同心度,降低了阀芯的振动。但这样的处理方法仍不能从根本上解决问题,只是保证使用到下一个检修周期。对调节阀产生这样的损坏是调节阀结构不合理造成的,当压差较大时应该首选套筒阀或球阀。如果介质温度较高不宜选择软密封,就要优先选择套筒阀。

5. 经验总结

虽然无法判定是上次检修未发现的隐患还是工艺情况造成的故障,在检修中都要对上下导向套和连接销进行重点检查。但从调节阀结构上进行分析故障原因也是检修工作的一个重点项目,不能单单只对现有故障进行检修,还要对故障原因进行判断,将信息反馈给用户,在今后装置的扩建和改造过程中,在调节阀的选型上,避免结构不合理的情况出现。

(四)某脱硫装置 FCV1205 上阀盖外漏案例分析

1. 概述

位　号:直通单座。

规　格:$DN$40,PN4.0MPa。

2. 存在问题

在检修过程中发现调节阀阀盖密封处出现外漏,解体以后经检查发现阀体及导向部分有明显的凹痕。

3. 原因分析

密封面表面出现凹痕,降低了上阀盖的密封性能,凹凸不平导致齿型垫片密封不严。

4. 处理方法及结果

将上阀盖密封面及阀体密封面车削成平面,更换垫片为高强石墨垫片。更换原因有两个:一是因为高强石墨耐高温,且密封性能好;二是上阀盖无内圈限位,且阀体上的法兰凹槽较浅,如果使用缠绕垫片会在压紧后产生垫片开裂和定心不准。采用高强石墨垫片。即不改变阀体结构也提高了密封性能。

5. 经验总结

结合实际工况和阀的结构类型选择合适的垫片材质,并对调节阀的密封部位重点检查。

(五)某调节阀 PCV2038B 内漏案例分析

1. 概述

类　型:直通单座。

规　格:$DN$50,PN3.0MPa。

2. 存在问题

调节阀 PCV2038B 为单座阀(风关),调节阀送检原因是内漏,在检修时将阀芯密封面车削并与阀座进行研磨回装后进行泄漏量试验并未发现泄露,故检修完成调节阀出室。两天后该阀又送回,原因还是内漏,怀疑是定位器的故障。经校验后并未发现异常。

3. 原因分析

在无载荷情况下阀门行程满足全关要求,排除了定位器输出量程小于额定行程的可能。经分析,可能的原因就是阀芯作用面积太大,造成阀前后压差过高,导致阀门在全关时被介质顶开,阀门前后压差达 1.7MPa。建议改变流向,将流开型改为流闭型以增加密封性能,但现场仪表已经试验过这种方法,出现了阀门关闭后打不开的现象,根据结构原理和使用特性分析,单座阀在压差大的场合下是不适用的。因此,采用单座阀是选型上的缺陷。

4. 处理方法及结果

为保证使用,临时将调节的工作气压加大到 0.3MPa,问题得到解决,但是阀门膜片的耐用度将受到严重影响。建议该装置重新选择套筒式调节阀,因为套筒型阀芯为平衡型结构,可克服较大的压差。问题得到解决,重新选择了调节阀结构类型。

5. 经验总结

检修时要首先了解阀门使用环境的工作情况,仔细查找故障隐患。分析故障原因时要结合阀门的特性综合分析,并形成可行性意见,为新建、改建装置时选择调节阀提供参考依据。

(六)某调节阀 FCV6208 阀芯脱落案例分析

1. 概述

类　型:双座阀。

规　格:*DN*100,*PN*4.0MPa。

2. 存在问题

调节阀 FCV6208 阀芯脱落,导致检修后两天返修。

3. 原因分析

在第一次检修时按照检修委托单的检修内容进行检修,处理内漏。经车削、研磨等方法处理后内漏消除,但是在准备回装时发现原有阀芯与阀杆的连接处采用三点焊接加固,但焊点已经出现开裂。所以在检修时准备将已经开焊的焊点进行补焊加工,由于工作的不细心,焊接后将阀杆取回,发现阀芯和阀杆已经满焊,原以为会增加连接的强度,所以就开始回装。但过了两天该阀又送回,说明没有流量,可能是阀杆脱落。这时发现焊接后阀杆内的残余应力没有经去应力退火,在载荷下折断。

4. 处理方法及结果

将阀芯取出重新加工内孔和螺纹,再换上新的阀芯,利用两根成 90°的销钉进行铆接,即增加了连接强度又避免了焊接后产生的残余应力无法消除的隐患。

5. 经验总结

在故障处理时考虑问题过于简单,没有对采用的方法进行论证就盲目检修。在检修方法的采用上要深入分析原因,并结合工艺条件找出最合理、最优化的解决方案。

(七)某化工厂蝶阀开关不到位案例分析

1. 概述

类　型:蝶阀。

规　格:*DN*100,*PN*2.0MPa。

2. 存在问题

调节阀在开关过程中存在不到位的现象,也就是说蝶阀的旋转不能满足 0°~90°的要求。该调节阀为风开阀两位式,在联校期间发现全开位置没有达到 90°,在线进行调整,将执行机构两端的限位螺栓向外旋,进行调整,阀门开度满足 90°。但全关时阀门并没有回到关位。

3. 原因分析

当对执行机构进行调整时,还是按照传统的活塞式执行机构进行调整的,也就是说传统的活塞式执行机构的限位螺栓只能限制活塞向外位移的距离，要调整位移时需两端同时调整，但尚不了解 FLOWSERVE 公司已将执行机构的限位形式做了改进，如图 2 - 162 所示。在图的右侧限位螺栓能够限制活塞向外位移的距离；在图的左侧与右侧的结构形式有所不同，从它的结构上可以看出左侧的限位可以限制活塞向内的位移。

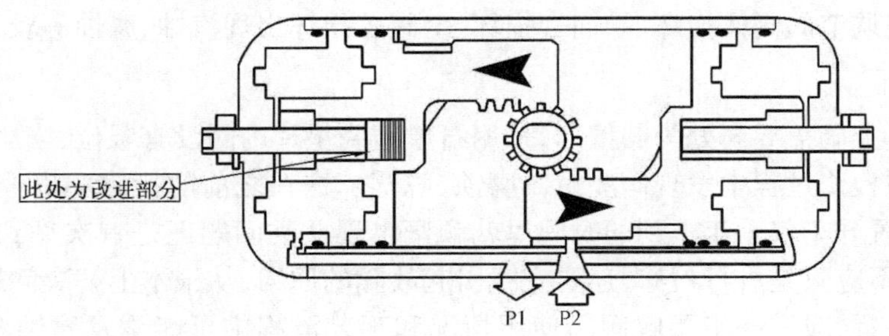

图 2 - 162 执行机构的限位形式

4. 处理方法及结果

将压缩空气由 P2 端通入执行机构将阀门打开，然后将左侧螺栓向内旋转，然后切断 P2 端气源，将压缩空气由 P1 端通入执行机构使调节阀关闭，检查调整后的转角是否满足要求。

5. 经验总结

对结构形式的不了解导致第一次调整出现阀门不能全关的现象。但通过此次检修发现这种形式的执行机构安装在软密封蝶阀上就能够显示出它的优势，因为软密封特别是橡胶密封的同轴蝶阀在关闭时如果达到 0°，那么在开启时就会产生开启跳动。实际上软密封蝶阀在工作时不达到 0°的位置也能够保证其密封性能。通过对执行机构的限位就能够消除开启跳动。另外，检修时如果要对气缸活塞进行拆卸一定要做好标记，不要将两端活塞装反，否则会出现气缸内转轴旋转方向发生改变。

（八）校验时损坏夹板螺纹案例分析

1. 故障现象

有一台调节阀（气开）校验调节阀时，需要调整阀杆位置，将校验信号降到零，然后松开阀杆夹板，刚一松就听到砰的一声，发现夹板螺纹已经打坏，只好重新加工夹板，装配好后再校验。

2. 故障分析及处理

故障原因是：校验用定值器将信号降到 0. 2MPa，但作用在活塞上的压力还有上百千克，一松夹板，这上百千克的压力作用在膜头阀杆上，松动了的夹板，托不住推杆，因此将螺纹打坏。正确的操作应该把薄膜气室内通入一定的压缩空气使调节阀的阀芯离开阀座，这时压缩空气就将弹簧的作用力抵消。此时再松夹板推杆也不会下移。

（九）某乙二醇装置 FCV4401 调节阀外漏案例分析

1. 概述

类　型：直通单座。

规　格:$DN50$,$PN3.0$MPa。

2. 存在问题

处理时发现调节阀上阀盖外漏,阀杆动作时有不到位的现象。在以往乙二醇装置调节阀故障处理时这样的问题已经是共性问题。在多年的检修过程中也从未遇到过新装置开车不到一年就分别出现调节阀阀体损坏、导向套损坏、上阀盖损坏出现汽蚀、腐蚀等较为严重的问题。

3. 原因分析

外漏原因是上阀盖导向处为圆锥形,采用石墨缠绕垫片内圈没有限位,当压紧上阀盖时垫片变形开裂。在检修过程中发现阀座螺纹腐蚀、脱落。这在之前的检修中也经常遇到这类问题,只是在新装置开车仅一年不到的时间里就频繁出现此类问题还是首次见到。对调节阀出现这样的问题,不应只是进行检修,还要查找引起故障的原因,从根本上解决问题。

对乙二醇装置,应进一步了解阀门使用情况和工艺流程中可能诱发腐蚀和损坏的原因。在PID图中找出这一年之中送检的调节阀,发现了一个共性的问题,就是在管路和调节阀连接处有很大程度的缩径。从这一点上可以判断出汽蚀的原因是管路直径远远大于阀门的公称直径,使流速急剧增加,使液体达到饱和时就会有大量的气体析出,形成气泡。气泡破裂的位置与调节阀的流向有着直接的关系,当采用直通单座调节阀时,由于介质低进高出,故气泡破裂点的位置应靠近上阀盖。如果采用套筒阀流向为高进低出,气泡破裂的位置应在阀体底端。与检修过的阀门故障位置进行比对,也充分证实了阀体的损坏是由汽蚀造成的。那么阀座的脱落是什么原因造成的呢?经过对《介质化学分析单》的分析,从中看出其介质pH值偏弱碱性,按其腐蚀程度不会有这么快的速度。但在产品检测中心的一份报告中指出,低纯度的乙二醇溶液为电解质溶液,那么两种不同材质的金属(特别是电位差较高的金属)接触后浸泡在电解质溶液中就会产生电势差,从而造成电化学腐蚀。因此,在不锈钢的阀座和碳钢阀体的螺纹连接处出现了腐蚀,而在阀座本体和阀芯上却没有发生损坏。

4. 处理方法及结果

将上阀盖锥形导向车削成圆柱形使垫片,内圈有限位,对阀座的处理为焊接后车削找正,加工出新的内螺纹。在阀座拧入部分的螺纹上附着一层绝缘胶,隔离两种金属之间的直接接触,以消除由于电势差产生的电流。处理后经一段时间的使用效果良好。但在阀体已经严重损坏的调节阀上建议采用同种材质的阀体和阀内件。建议尽量采用316L不锈钢材质。

(十)定位器有输出,调节阀却无动作案例分析

1. 故障现象

有一台气开型直通单座调节阀,额定气源压力为0.14MPa,定位器已输出0.14MPa,但调节阀仍无动作。

2. 故障分析及处理

故障原因:

(1)阀体内的物料结晶导致阀杆没有位移空间。

(2)阀芯阀座间有异物卡住。

(3)阀杆弯曲。

(4)膜片破裂。

(5)填料老化将阀杆抱死。

以上五种原因在解体时都做了相应的检测,但并没有发现哪个部位存在缺陷。接下来的分析就是在检修过程中最容易被忽视的环节,也就是平衡孔的清洁程度。因为平衡孔一旦堵塞将会在上阀盖导向容腔内形成真空,也会使调节阀无法动作。在检查过程中发现这台阀并没有设计平衡孔,而且没有留出在加工平衡孔的角度和位置,存在较大的设计缺陷。这样一来就要对阀芯的形状进行调整,在圆柱形的阀芯导向位置铿削出一个平面,或者用机加工手段在阀芯导向部位切削出一条凹槽,如图2-163所示。

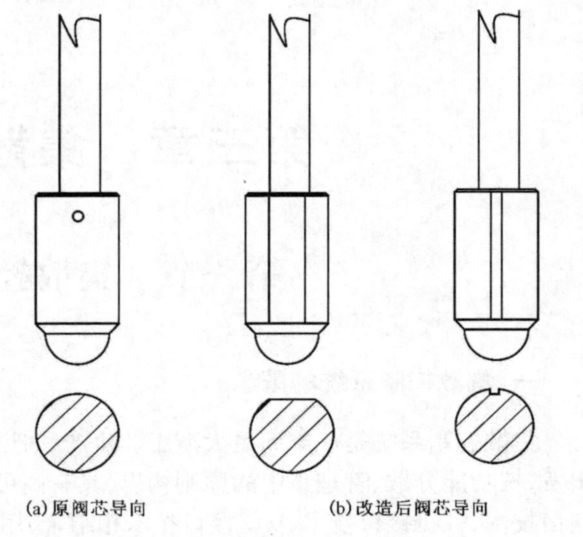

图2-163 阀芯导向部分改造

思 考 题

1. 直行程调节阀有哪些结构形式?
2. 角行程调节阀有哪些结构形式?
3. 什么是调节阀的基本误差?
4. 调节阀安装应遵循哪些准则?
5. 调节阀外漏的处理方法?
6. 有一台正在运行中的气闭单座阀老是关不死,一般由哪些原因造成?

第三章　集散控制系统

第一节　集散控制系统概述

一、集散控制系统的概念

集散控制系统是一类满足大型工业生产和日益复杂的过程控制要求，从综合自动化角度出发，按功能分散、管理集中的原则构思，具有高可靠性指标，将微处理器、微计算机技术、数字通信技术、人机接口技术、I/O 接口技术相结合，用于数据采集、过程控制和生产管理的综合控制系统。

集散控制系统 DCS(Distributed Control System)目的在于将过去一台大型计算机完成的功能，分解为两部分：由几十台甚至几百台微处理器来承担控制功能，每一台微处理器只负责控制几个回路，甚至只控制一个回路，即使某一微处理器发生故障，所能影响的范围有限，不会对整个系统造成严重后果；控制室的计算机只负责监督、显示、操作、报警、管理和优化计算，它与各微处理器之间用通信网络连接起来，传递信息，从而构成一个完整的控制系统。

二、集散控制系统的特点

集散控制系统采用标准化、模块化和系列化设计，由过程控制级、控制管理级和生产管理级所组成一个以通信网络为纽带的集中形式操作管理，控制相对分散，具有配置灵活、组态方便的多级计算机网络结构。

(一)DCS 系统是一个分布式计算机系统

DCS 系统采用分布式系统结构有以下优点：

(1)数据可以“就地储存，就地处理”，减轻了网络通信的负荷，缩短了处理时间，增加了数据的可靠性和安全性。

(2)增加了系统工作的可靠性和抗干扰、抗故障能力，使得在任一单元失效的情况下，仍然保持系统的完整性，即使全局性通信或管理站(操作站)失效，局部站仍能维持工作。

(3)扩展性好。硬件和软件采用开放式、标准化、模块化设计，可适应不同用户各种大小不等的系统规模要求，也可根据生产要求，改变系统的配置规模。配置规模和控制方案的改变，皆无需修改或从新开发软件，只是使用组态软件对组态进行修改即可。

(4)便于资源共享、并行处理。

(二)DCS 系统是集各种新技术于一体的新型系统工程技术的产物

DCS 系统既不同于分散的模拟仪表控制系统，又不同于集中式计算机控制系统，它是吸收了两者的长处，并在它们的基础上发展起来的一门新型的系统工程技术，具有很强的发展潜力和显著的优越性。

(三)DCS 系统是实时多任务系统

通俗地讲,所谓实时,就是及时,即系统对于生产过程中发生的事件具有快速响应和反应能力,从工程的角度上看问题,如果缺乏这种能力,作为控制系统就不能满足实际生产的需求。

(四)DCS 系统是可灵活组态的系统

随着 DCS 系统规模的扩大,其硬件系统可以进行组态配置;其应用软件系统,如流程图画面、操作画面、趋势画面、报警画面的生成,控制方案的组成,实时数据库历史数据的构造等都是使用组态软件工具,通过填表、图形方式(或少量专用语言编程)生成的,灵活性、扩展性和可维护性好,这是常规模拟仪表控制系统所无法比拟的。

第二节 Honeywell TPS 系统

一、Honeywell TPS 系统构成与特点

Honeywell 集散控制系统的发展:1975 年美国霍尼维尔(HONEYWELL)公司首先推出了 TDC－2000 集散控制系统。其后又推出更为成熟的 TDC－3000 集散控制系统。1995 年发布 TPS 集散控制系统,其实质是给 TDC－3000 穿上了一个 WINDOW 外衣,使其成为控制系统中的经典。目前,霍尼维尔最新一代产品是 PKS 系统。TPS 的英文全称是 Total Plant Solution System,中文名为“全厂一体化解决方案系统”。它是 Honeywell 公司推出的第四代集散控制系统的典型代表。它在硬件上采用了开放的工作站,使用 RISC 替代 CISC,采用了客户机/服务器的结构(C/S)。在网络结构上增加了工厂信息网(Intranet),并可与国际信息网 Internet 网联网。操作平台采用 WINDOW2000Prpfessinal 的图形界面,系统软件更加丰富。它在信息管理、通信等方面提供了综合的解决方案。

(一)TPS 系统的特点

1. 网络特点

TPS 系统(图 3－1)与大多数其他 DCS 系统相比有一个明显的特征,它有三层网络 PCN、LCN 和 UCN。与生产管理相关的设备挂在 PCN 上,与操作管理相关的模件都挂在 LCN 上,而与控制直接相关的模件都挂在 UCN 上。

2. 硬件特点

TPS 系统 UCN 网络上的设备为控制运算功能集中、输入输出处理分散的多层结构,较好地体现了集散系统的“集散”特性。以 APM(过程控制管理站)为例,其控制器 APMM 是由一组插件构成,各部分都有自己的 CPU 并完成相应的功能。从通信角度看,APMM 对上与 UCN 网连接,对下挂有输入、输出子系统。这些子系统由一块块输入、输出卡组成,每块卡都有自己的 CPU 并完成输入、输出信号的预处理或其他处理。这些输入、输出卡大多数再通过备自的标准多芯信号线连接到的 FTA(Field Temination Assemblies)终端板上。少数输入、输出卡要通过适配器再连到相应的终端板上。

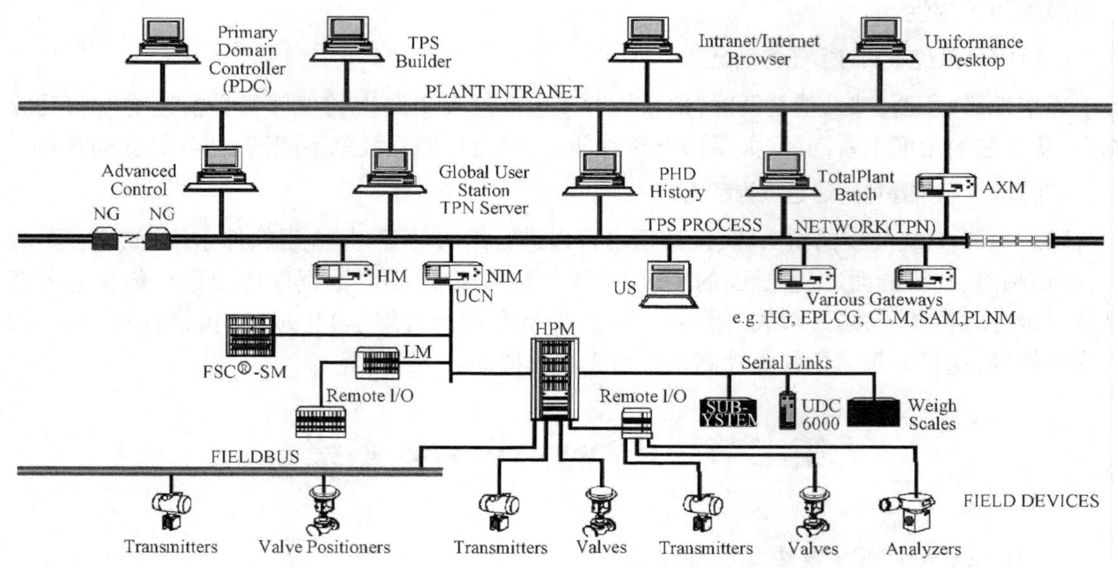

图 3-1 TPS 系统图

TPS 系统 LCN 网络上的设备均为模件式结构,这种模件式结构有两个特点。第一个特点是各种模件的硬件组成部分有较强的通用性,其主要功能插件的尺寸不仅完全一样且不少插件可以通用互换。这样整个 LCN 网络上设备所需的插件种类就比较有限,给用户使用维护管理带来方便。第二个特点是 LCN 设备硬件体系较好地体现了 DCS 的“集中分散”原则,每个模件完成一定的功能,但又相互联系,共同完成 LCN 网络上的完整任务。因此,从根本上造成了该系统在 LCN 网络上有较高的资源效率。也就是说,需要系统有什么功能就配什么模件,需要这种功能有多大负载能力就配多大或多少这种模件。

(二)TPS 系统的硬件结构

1. TPS 系统的网络

TPS 系统的网络分为三种。

1)工厂控制网络

PCN(plant control network),开放的网络系统,可以访问过程网络数据。

2)TPS 过程网络

TPN(TPS process network),TPS 的主干网,PCN 上的节点通过 TPN 来访问过程网络的数据,原称 LCN(local control network)。LCN 网就是本地控制网,采用的是双电缆冗余通信方式,数据传输速率为 5Mb/s,时钟号为 12.5kHz。LCN 网节点之间最大传输距离用同轴电缆时为 300m,用光纤时为 2km。当用光纤连接两段 LCN 同轴电缆时要用光纤扩展器对。

3)过程网络

过程网络有以下三种形式。

(1)万能控制网 UCN(universal control network)。

UCN 网是 TPS 系统的高速控制网络。它通过 NIM 节点实现与 TPN(LCN)的通信和协议转换，因此，它既能实现 UCN 网上节点与 LCN 网上节点的通信，又能实现 UCN 网内各节点之间的点对点（Peer－to－Peer）通信。UCN 网络为拓扑结构，网络采用的物理介质也是 75Ω 同轴电缆，物理层也为令牌总线，数据传输速率也为 5Mb/s。它的结构符合 ISO 开放系统标准。

（2）数据大道（data hiway）。

（3）可编程控制器数据大道（PLC data hiway）。

① TPN（LCN）网的网络拓扑结构是总线型，通信机制是令牌传输。一条 TPN（LCN）网最多可挂 64 个 TPN（LCN）节点，20 条 UCN 网一条 UCN 网最多可挂 32 对 UCN 节点。TPN（LCN）网络上的节点包括：GUS 全方位用户工作站（Global User Station）；NIM 网络接口模件（Network Interface Module）；US 万能工作站（Universal Station）；HM 历史模件（History Module）；AM 应用模件（Application Module）；A_XM 应用模件$_X$（Application Module x）；NGTPN 网关（Network Gateway）；CG 计算机接口模件（Computer Gateway）；PLNM 工厂网络接口模件（Plant Network Gateway）；U_XS 万能工作站$_X$（Universal Station x）；APP 应用处理平台（Advanced Processing Platform）。

② 一个 UCN 网最多可挂 32 个冗余节点对或非冗余节点，其中最多可包含四个冗余节点对或非冗余 NIM 节点。UCN 网络上的节点包括：HPM 性能过程管理器（High Performance Process Manger）；APM 先进过程管理器（Advanced Process Manger）；LM 逻辑管理器（Logic Manger）；SM 安全管理器（Safety Manger）；PM 过程管理器（Process Manger）。

2. LCN 网络节点及地址设定

1）LCN 网络节点

（1）GUS（Global User Station）全局用户操作站。

全局用户操作站（GUS），是 TPS 系统的人机接口。它采用了高分辨彩色图像显示器（CRT）技术、窗口技术（Windows）及智能显示技术等，每个 GUS 工作站都能存取 TPS 系统范围广泛的数据。用户可以设计从简单到复杂的各种用户显示画面，以供操作者富有特色的操作。每个 GUS 操作站都带三种属性：操作员属性（供操作人员监视生产过程和 TPS 系统本身工作状况）；工程师属性（供工程师进行系统组态及软件更新）；万能属性（供维护人员跟踪系统运行并诊断系统故障）。GUS 操作站是一个集高科技于一身的控制产品，为用户提供了优秀的人机接口。

GUS 硬件包括：主机箱 Pentium 主板、LCNP 主板、硬盘、光盘驱动器 CD－ROM、软盘驱动器 3in、ZIP/TAP 可选驱动器、彩色监视器、IKB 集成键盘或 PC 键盘、鼠标或球标、键锁、MAU 盒及 MAU 电缆。

GUS 软件：Base Software、Personality Software、Display Server、Display Builder、Safeview、TPS DDE、File Transfer、TPS Builder、Mutipled Display、Display Translater、Display Migration。

TPN（LCN）软件：TPN Network Software。

（2）NIM（Network Interface Software）网络接口模件。

网络接口模件 NIM 提供 TPN（LCN）网络访问 UCN 网络的接口，转换 TPN（LCN）网络的通信技术和协议到 UCN 网络的通信技术和协议。它既是 TPN（LCN）网络上的节点，又是 UCN 网络上的节点。

特性:每条TPN(LCN)网络允许10个冗余NIM对;每条UCN网络允许三个冗余NIM对,每个NIM允许处理8000个有名点;每秒流通量为1200个参数;支持组态功能、通信功能、报警功能等;支持其他LCN设备的数据采集请求;支持命令处理、NIM冗余处理、系统时钟广播等功能。

硬件:K4LCN板。

EPNI板硬件结构如图3-2所示。

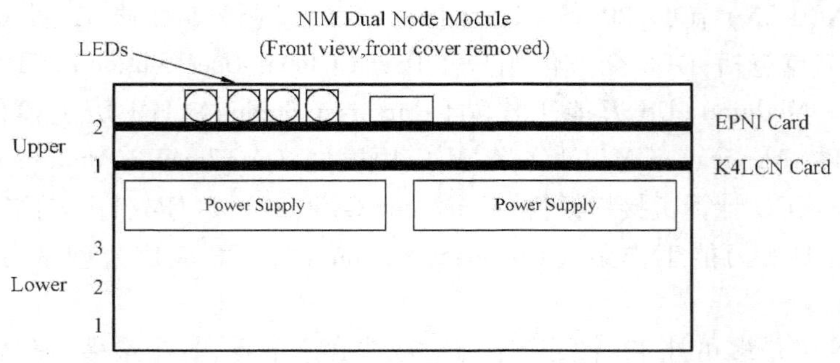

图3-2 NIM硬件结构图

软件:NMO在线操作属性软件。

(3)HM(History Module)历史模件。

历史模件HM是文件服务器。它支持TPN(LCN)网络的系统活动、历史数据存储。系统事件存储用于系统性能的观测、调整和故障排除;过程历史数据用于生产过程监控。HM可看作是大容量存储器,可以快速存取大量数据,可存放:系统文件;历史数据;用户文件(包括用户程序、流程图、报表、区域数据库等);Checkpoint文件;过程报警、过程信息等;日志、维护信息。

硬件:K4LCN板;SPC板(现在为SBHM板)。

软件:

HMI:离线初始化属性软件,用于HM本身硬盘初始化和硬盘故障或磁盘表面故障修复期间的数据恢复,并且不响应节点的请求。

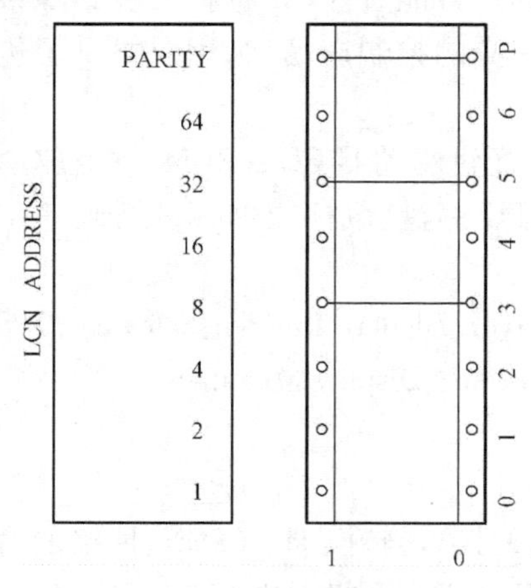

图3-3 LCN地址设定示意图
(例子中的地址为40)

HMO:在线操作属性软件,用于支持所有系统活动,提供文件服务功能及历史数据存储。

(4)AM(Application Module)应用模件。

应用模件AM的功能是实现复杂控制,并通过HPM/APM/LM/SM实现。除一组标准的算法外,允许用户使用CL程序开发用户的算法和控制策略。

硬件:K4LCN板。

软件:AMO在线操作属性软件。

2)LCN网络节点的地址设定

LCN网络节点地址的设定,除GUS外都在K4LCN板上设定,如图3-3所示,并遵循以下原则:

(1)跳线拔出有效。

(2)拔出的数目为奇数。

(3)P 为奇偶校验位,拔出的跳线数目为偶数时将 P 拔出凑成奇数。

3. UCN 网络节点及地址设定

1)UCN 网络节点

(1)HPM(High Performance Process Manger)高性能过程管理器。

HPM 外观如图 3－4 所示。

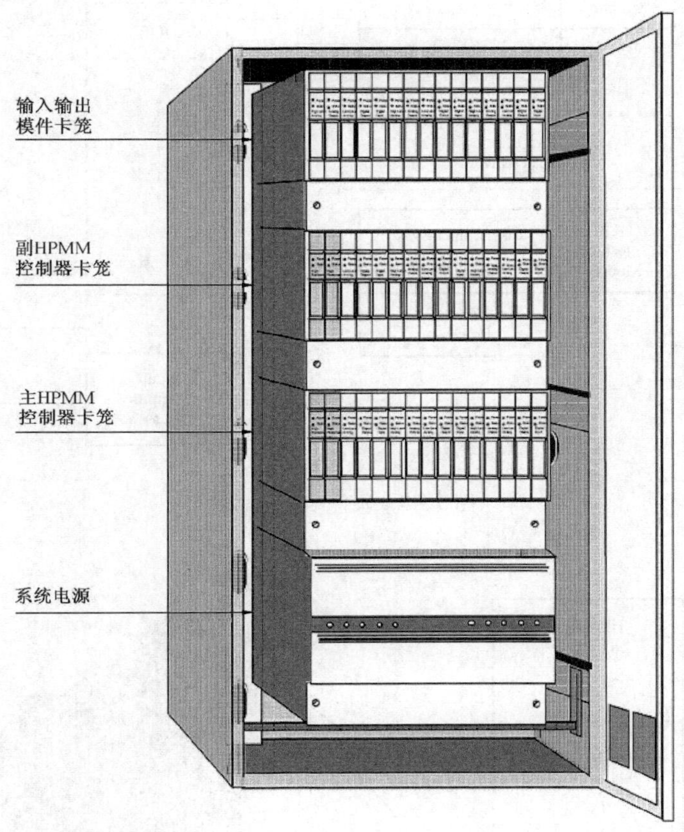

图 3－4 HPM 外观图

高性能过程管理器(HPM)是一个控制设备,通过 UCN 网络连接到 TPS 系统中,用于扫描和控制 TPS 系统过程数据,它具有快速的内部处理器和大内存容量。

HPM 与 PM、APM 相比,增加了更多的灵活性,具有高效扫描以及控制能力。

HPM 最主要的特征是快速的内部处理和更大的内存能力,以及能够通过 UCN 网络点对点通信,共享数据的控制能力。

HPM 的硬件结构如图 3－5 所示。

① HPMM:是一组硬件,是 HPM 的心脏,完成控制处理和通信功能,所有 IOP 共享 HPMM(图 3－6、图 3－7)。包括的卡件有:

High Performance UCN Interface Module:高性能 UCN 接口卡。

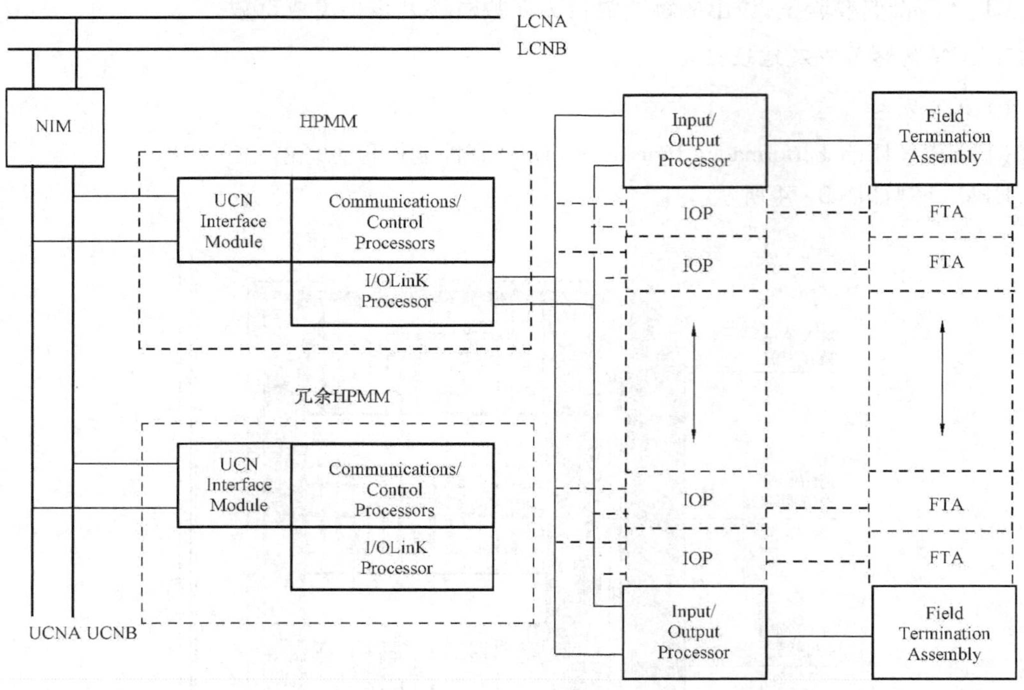

图 3－5 硬件结构示意图

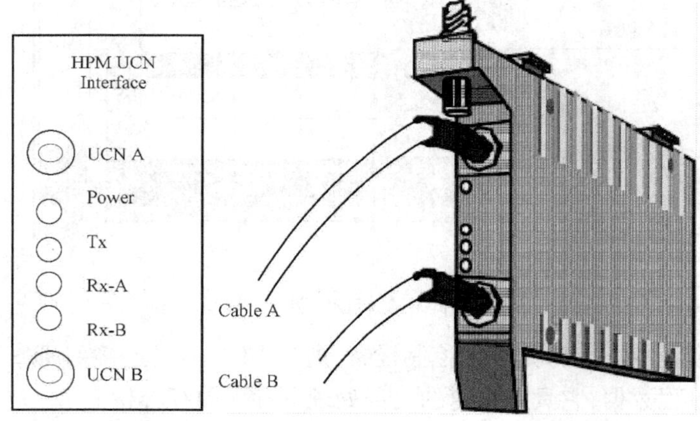

图 3－6 High Performance UCN Interface Module 图

High Performance Comm/Control Card:高性能通信/控制卡。

High Performance I/O Link Card:高性能 I/O 连接卡。

② IOP:IOP 卡是一个微处理器控制卡,即智能化输入/输出卡,维护用户定义的数据库。HPMM 支持 40 对冗余的 IOP。

功能:输入线性化、工程单位转换、报警处理、开关量输入时间、开关量输出脉宽调制(脉冲设定)、输出线性化、输出故障保持/清除。

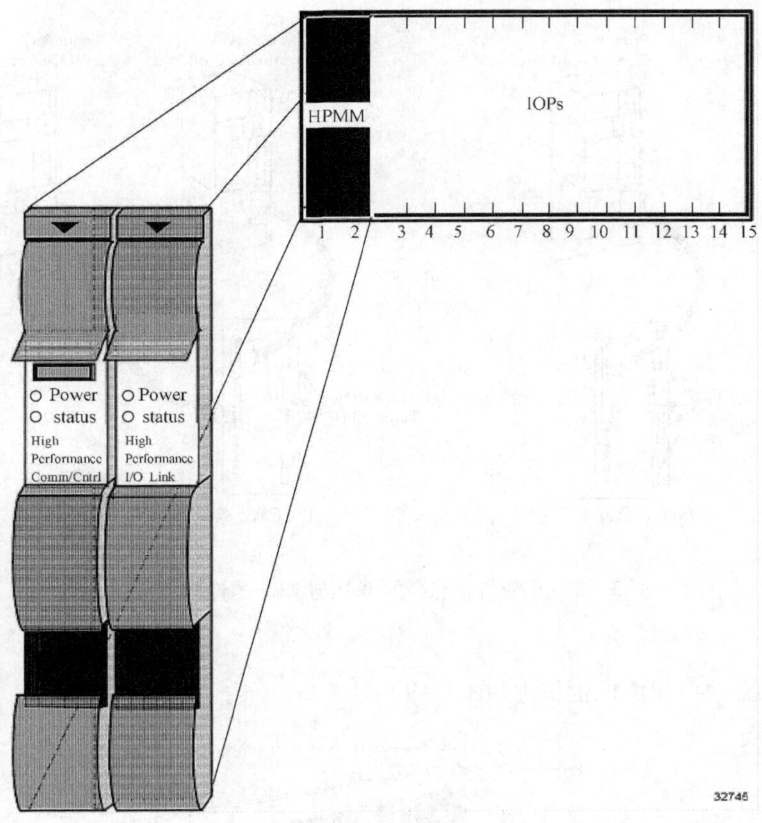

图 3-7 High Performance Comm/Control Card 和 High Performance I/O Link Card 图

IOP 的种类包括:

HLAI	高电平模拟量输入卡(冗余)	16 点
LLAI	低电平模拟量输入卡	8 点
LLMUX	多路低电平模拟量输入卡	16 点
AO	模拟量输出卡(冗余)	8/16 点
DI	数字量输入卡(冗余)	32 点
DO	数字量输出卡(冗余)	16/32 点
PI	脉冲量输入卡	8 点
STI	智能变送器接口(冗余)	16 点
SI	串行信号接口卡	2 通道
SDI	串行设备接口卡	2 通道
DISOE	SOE 开关量输入卡	32 点

③ FTA:是现场接线端子板,它与现场设备的信号线相连,每个 IOP 通过 FTA 电缆与 FTA 端子板连接。冗余与非冗余的 IOP 与 FTA 的连接如图 3-8 所示。

功能:信号隔离、浪涌保护、限流、状态指示、旁路手动操作装置(模拟量和开关量)、电流

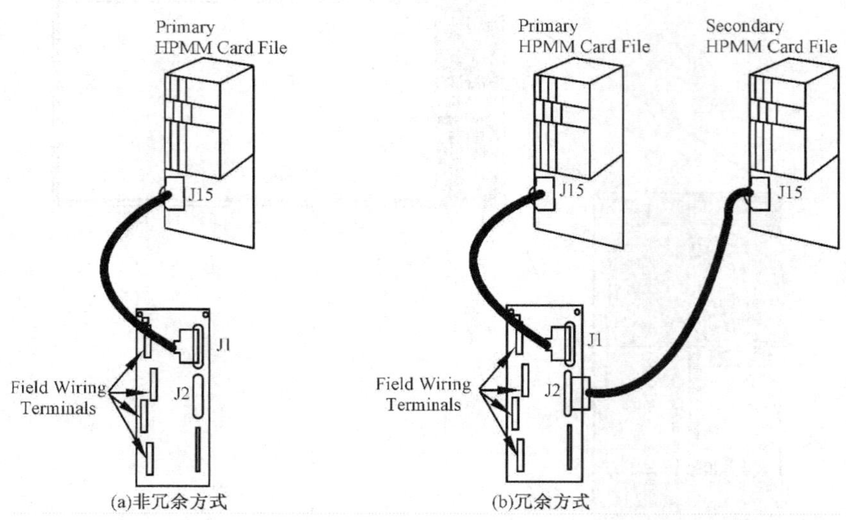

图 3-8 冗余与非冗余的 IOP 与 FTA 的连接示意图

隔离/本质安全。

④ 电源系统:为 HPM 机柜供电(图 3-9)。

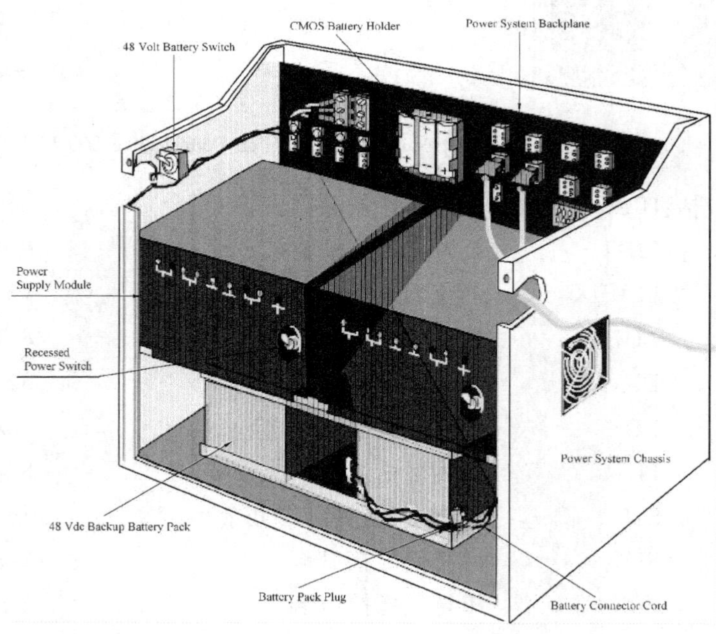

图 3-9 MU-PSR04 型标准电源系统

电源性能:可选冗余电源、120VAC 或 240VAC 输入、单或冗余电源故障诊断、带故障诊断的 3.6VDC 电池备份、可选带断开开关的 48VDC 蓄电池备份。

电源电缆：每路卡件箱连接两根电源电缆、接收 24VDC、3.6VDC 和 6VAC 三种电源（图3－10）。

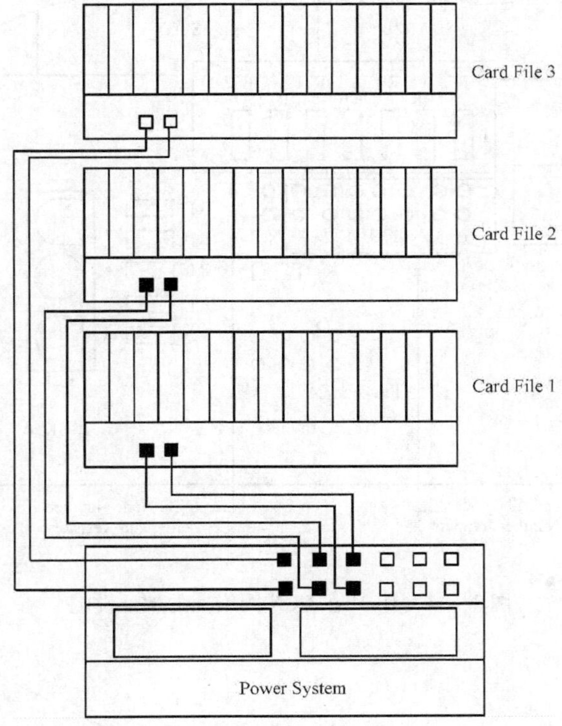

图 3－10 典型的三个卡件箱的电源电缆连接图

LM：逻辑管理器

SM：实现工厂安全停车

NIM：网络接口模件（在介绍 LCN 节点已经介绍）

2）UCN 网络节点的地址设定

（1）原则：UCN 网络节点地址的设定遵循以下原则：

① 插入有效。

② P 为奇偶校验位，插入数目必须为奇数。

③ 主设备 UCN 地址为奇数。

④ 主、副设备硬件地址相同。

（2）HPM 的 UCN 网络地址的设定。

在 HPM 卡笼箱的线路板上，有一小块插跳线的地方，用于设置卡笼和 HPM 的地址，如图 3－11 所示。

3）NIM 的 UCN 网络地址的设定

NIM 既是 LCN 网络上的设备，又是 UCN 网络上的设备，它在 LCN 网络上的地址在 K4LCN 板上设定，在 UCN 网络上的地址设定如图 3－12 所示。

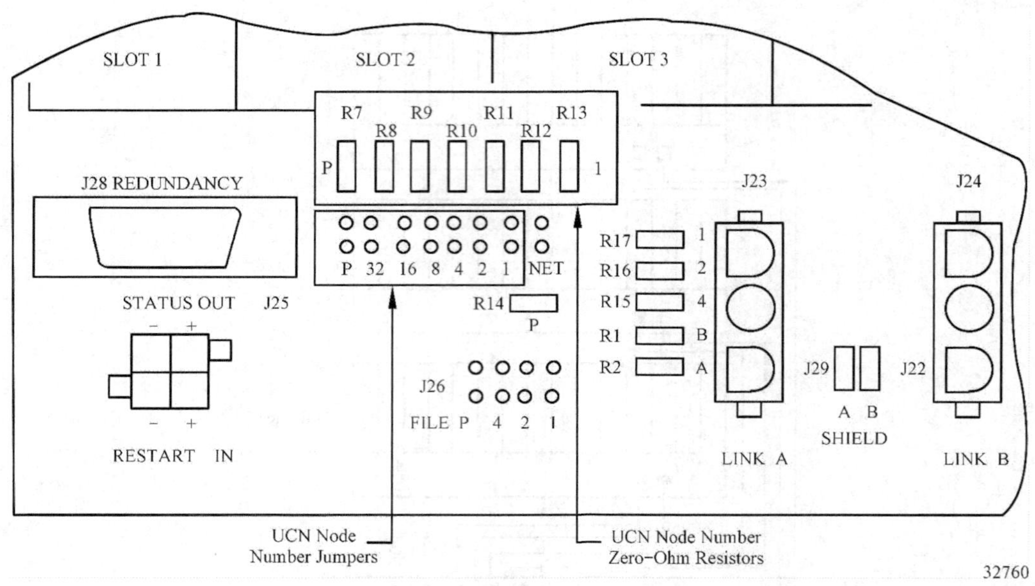

图 3－11 HPM 在 UCN 网络上的地址设定

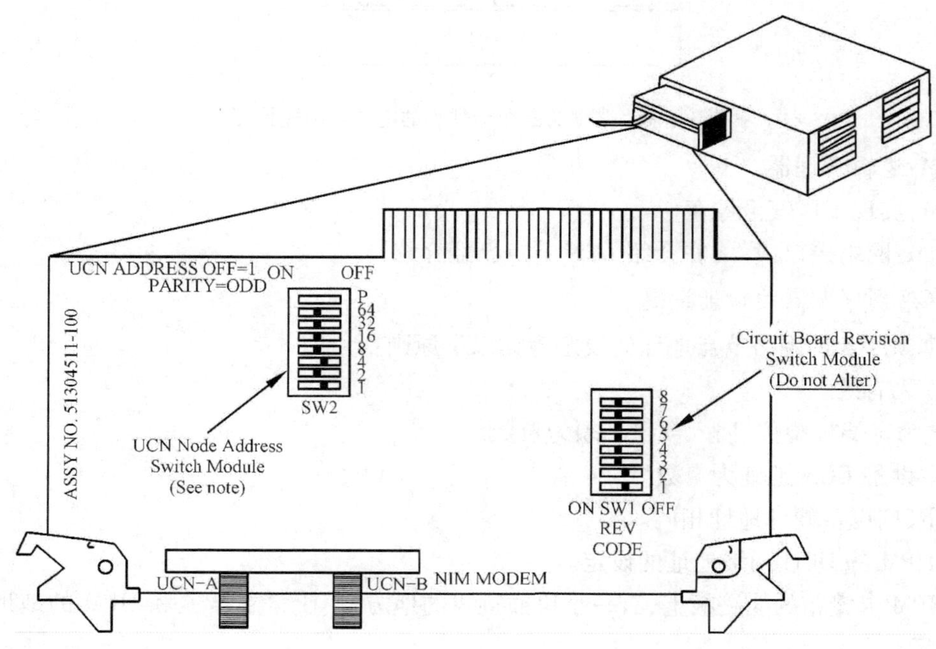

图 3－12 NIM 在 UCN 网络上的地址设定

二、Honeywell TPS 系统编程与组态

(一)TPS 系统组态简介

在设备上电、硬件检测之后,就可以进行 TPS 系统组态了,TPS 系统组态包括网络组态即 NCF 组态,对历史模件 HM 进行初始化,建立 UCN 网络即 UCN 节点组态,Box 点组态也就是对 HPM/APM 的软硬件作规划,建立过程点,绘制流程图,组态自定义键,建立历史组,作自由格式报表,生成区域数据库以及系统调试等内容。

(二)命令处理器

命令处理器 Command Processor(图 3 - 13)允许用户操作存储在虚拟软盘和 HM 硬盘中的数据。其功能类似于 WINDOWS 中的资源管理器。

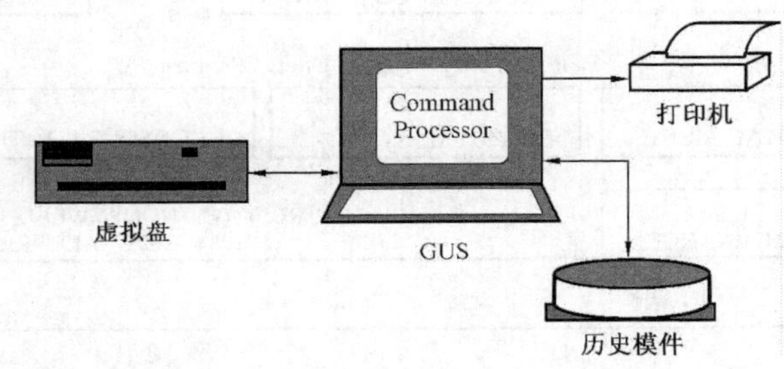

图 3 - 13 命令处理器示意图

1. 菜单

Native Window 窗口→工程师主菜单→Command Processor(图 3 - 14)。

2. 文件系统

文件系统结构如图 3 - 15 所示。

文件系统:以卷、目录及文件构成。

卷:存储文件和目录的空间,卷名为四个字符。HM 单盘或单盘冗余可以建立 15 个卷,虚拟软盘只能建立一个卷。

目录:存储文件的空间,目录名为四个字符,63 个目录/卷。目录为单层结构不能嵌套。

文件:存储数据或程序代码的空间,文件名为八个字符,扩展名为两个字符;9995 个文件/卷。

驱动器:驱动器包括以下两种:

HM 硬盘驱动器:NET 或 PN:nn(nn 为 HM 的地址)。

虚拟软盘驱动器:$ Fnn(nn 为 1 ~20)。

3. 基本命令结构

命令结构:命令______路径______可选项。

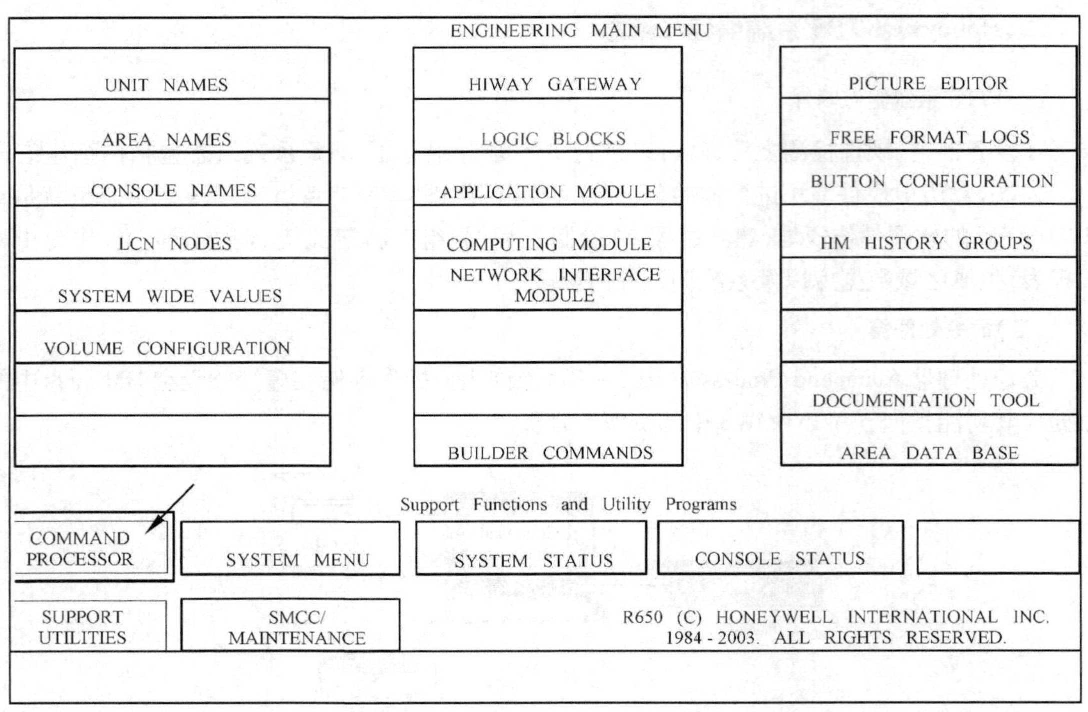

图 3-14 工程师主菜单→Command Processor

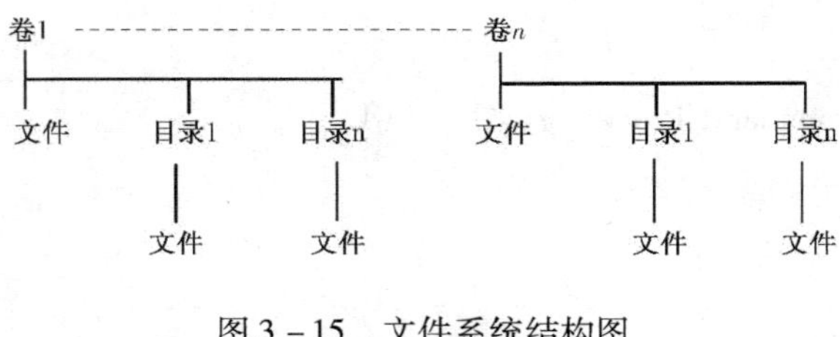

图 3-15 文件系统结构图

命令:命令处理器需要完成的动作(任务)。

路径:缩简的地址指针。指示数据存储的地方,所有的路径必须是唯一的。驱动器名称 > 卷名/目录名 > 文件名、扩展名,可选项:完成多个任务,对一定的命令有效。

4. 基本命令

以下以创建虚拟盘为例子介绍命令使用,首先在 native windows 中的 toolbar - > access - > mount emulate disk 设定虚拟盘的大小;分配的原则:选动态分配,确定并将虚拟盘放入作托盘。一张虚拟盘首先必须经过格式化才能被使用。

CR(creat a new volume):格式化一张虚拟盘并创建一个卷。

例:CR $ F1 > TEST - F

CD(Creat Directory):在某个卷下创建一个目录。

例:CD $ F1 > TEST NEW

LV(List Volume):列 HM 硬盘或 GUS 虚拟软盘或 US 软盘中所有卷和目录名。

例:LV NET 列出历史模件中的内容。

LS ＄ F1 – D 查看刚刚建好的虚拟盘下的内容，LS（List File Attributes）：列 HM 硬盘或 GUS 虚拟软盘或 US 软盘中文件的属性。

例：LS NET > USER > IDF. DB

LS NET > USER > *. *

LS ＄ F1 > TEST > *. DB

CP（Copy File）：拷贝文件。

例：CP NET > &d01 > *. *　F1 > NEW > = – D，– D 为显示全部的细节。

DL（Delete File）：删除文件。

例：DL NET > USER > IDF. DB

DL NET > USER > *. *

DD （Delete Directory）：删除目录。

例：DD NET > FAST IDF1

RN（Rename File）：重新命名文件。

例：RN NET > USER > IDF. DB IDFA

MV（Move File）：移动文件。

例：MV NET > USER > IDF. DB IDFA

CPV（Copy Volume）：拷贝整个卷文件。

例：CPV NET > FT ＄ F1 > TT

FCOPY（Floppy Copy）：GUS 虚拟软盘或 US 软盘整盘拷贝。

例：FCOPY ＄ F2 ＄ F1

SP（Set Pathname）：设置用户路径。

例：SP NET > USER

PT（File Protect）：文件保护。

例：PT NET > USER > IDF. *

UNPT（File Unprotect）：文件解保护。

例：UNPT NET > USER > IDF. *

（三）Builder Command

Builder Command 在过程点的读、写、下装、删除等操作中使用，尤其在批量改点、文件的整理、列表等操作中，更是非常方便。

1. 菜单

Native Window 窗口→工程师主菜单→Builder Command（图 3 – 16）。

Builder Command 画面如图 3 – 17 所示。

2. 命令

系统命令和系统状态的关系如图 3 – 18 所示。

Write to IDF：将 GUS/US PED 画面建立的一个点（组态的数据）存到 HM 硬盘某文件中。

Read to PED：将 HM 硬盘某文件中的一个点（组态的数据）读到 GUS/US PED 画面中。

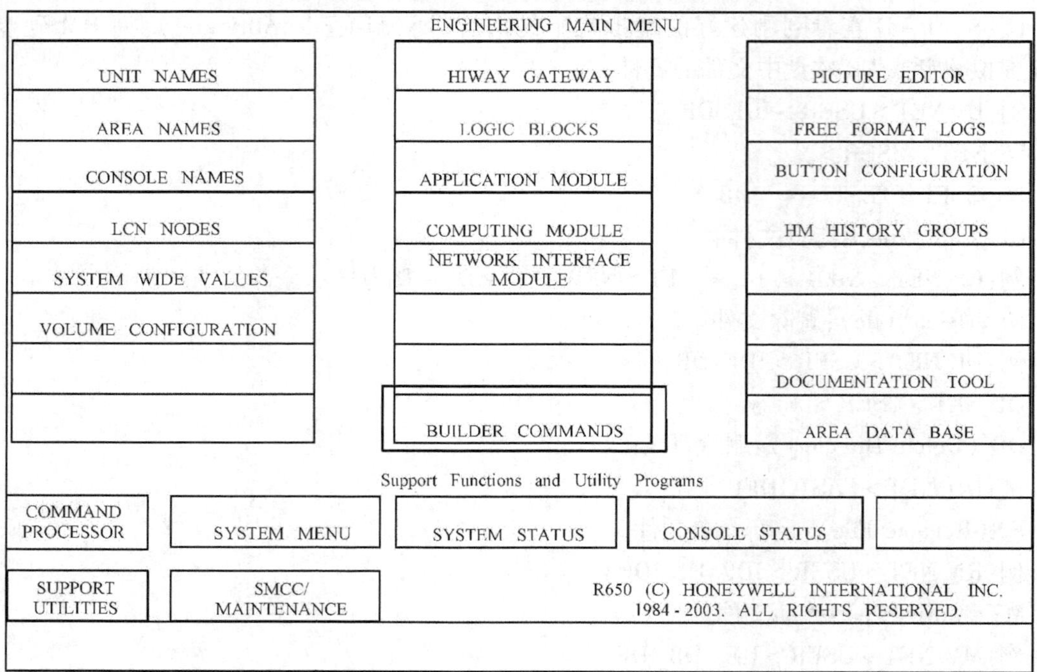

图 3 - 16 工程师主菜单→Builder Command

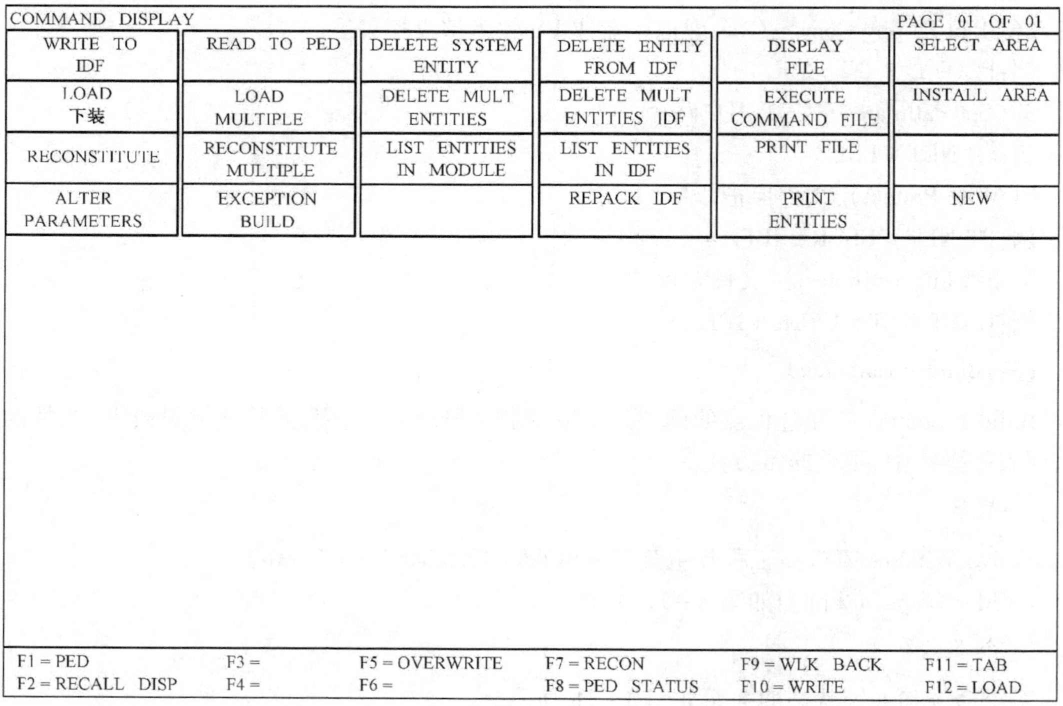

COMMAND DISPLAY					PAGE 01 OF 01
WRITE TO IDF	READ TO PED	DELETE SYSTEM ENTITY	DELETE ENTITY FROM IDF	DISPLAY FILE	SELECT AREA
LOAD 下装	LOAD MULTIPLE	DELETE MULT ENTITIES	DELETE MULT ENTITIES IDF	EXECUTE COMMAND FILE	INSTALL AREA
RECONSTITUTE	RECONSTITUTE MULTIPLE	LIST ENTITIES IN MODULE	LIST ENTITIES IN IDF	PRINT FILE	
ALTER PARAMETERS	EXCEPTION BUILD		REPACK IDF	PRINT ENTITIES	NEW
F1 = PED F2 = RECALL DISP	F3 = F4 =	F5 = OVERWRITE F6 =	F7 = RECON F8 = PED STATUS	F9 = WLK BACK F10 = WRITE	F11 = TAB F12 = LOAD

图 3 - 17 Builder Command 画面

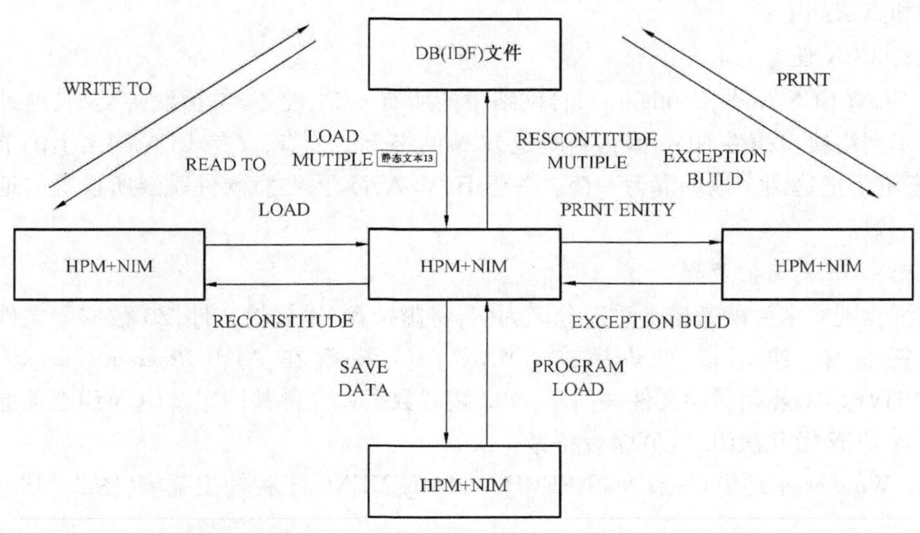

图 3－18 系统命令和系统状态的关系

Load：将 GUS/US PED 画面建立的一个点（组态的数据）装载到 HPM/APM/LM 中。

Load Multiple：将 GUS/US PED 画面建立的多个点（组态的数据）一起装载到 HPM/APM/LM 中。

Reconstitute：将 HPM/APM/LM 中运行的某个点（组态的数据）读到 GUS/US PED 画面中。

Reconstitute Multiple：将 HPM/APM/LM 中运行的多个点（组态的数据）读到 HM 硬盘某文件中。

List Entites in IDF：列出 HM 硬盘某文件中所有点的位号。

List Entites in Module：列出 HPMM/APMM 或某个 I/O 模件中所有点的位号。

Delete SYS Entites：删除 HPM/APM/LM 中的某个点。

Delete Entity from IDF：删除 HM 硬盘某文件中的某个点。

Delete Mult Entities：删除 HPM/APM/LM 中的多个点。

Delete Mult Entities IDF：删除 HM 硬盘某文件中的多个点。

Display File：显示某文件的内容。

Print File：打印某文件的内容。

Exception Build：批量建点。

Alter Parameters：修改某些参数的内容。

Select Area：选择某区域数据库进行组态。

Install Area：安装区域数据库。

（四）Honeywell TPS 系统 UCN 节点及 BOX 点组态

1. UCN 节点组态

当现场需要在线增加一个控制柜时，应首先需要做 UCN 网络节点组态和 BOX 点组态。

基本步骤和方法如下:

1)组态 UCN 设备

组态 UCN(UCN Node Configuration)网络中的所有 UCN 设备,包括设备类型、地址及其他信息。关于网络接口模件 NIM,因为它既是 LCN 网络上的节点,又是 UCN 网络上的节点。因此,要注意不要把这两个地址混为一谈。关于 HPM/APM,要注意硬件跳线所设置的地址应与网络地址一致。

2)组态 UCN 网络的步骤

以系统在现有卡件的基础上重新分区为例,将虚拟盘 Z1 属性文件,Z6 数据库文件分别放在左、右托盘中,组态以手动模式(MANNAL)装载在 NIM Program load 中,选择 ALTERNATIVE&01 装载属性文件并回车,&02 装载数据库文件并回车。UCN 组态的原则是使用几个设备 UCN 做几次组态(冗余设备做 2 次)。

Native Window 本地窗口→ENGINEERING MAIN MENU 工程师主菜单(图 3-19)。

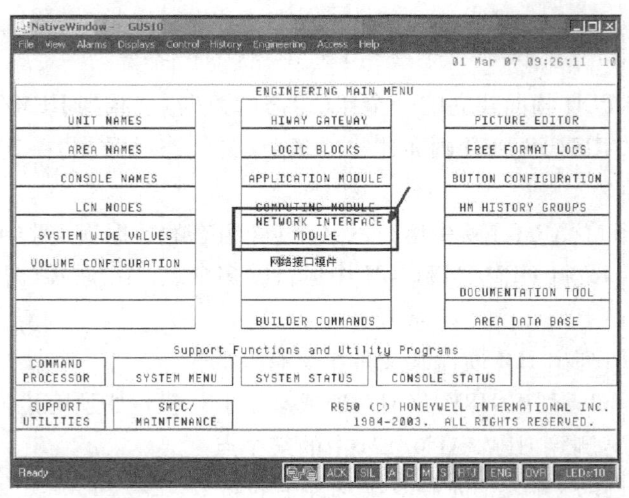

图 3-19 工程师主菜单→Network Interface Module

组态 UCN 设备的结果是创建了网络数据点,文件名为:$ NMxxNyy 其中:xx 为 UCN 网络号 1~20,yy 为 UCN 设备地址号 1~64,选 Network Interface Module →选 UCN NODE CONFIGURATION,组态 UCN 网络首先添加 NIM 网络号 03,节点号 01,添加 HPM 网络号 03,节点号 09,使冗余再做一次 10 的组态;同理建立 APM 点 网络号 03,节点号 15 和 16,其他参数缺省存储并退出(图 3-20)。

3)UCN 网络组态后的显示

UCN 网络组态后,所有组态的节点可在图 3-21 中看到。

2. BOX 点组态

1)BOX 点组态说明

BOX 点组态即组态 APM/HPM 控制策略(Node Specific Configuration)。组态 APM/HPM

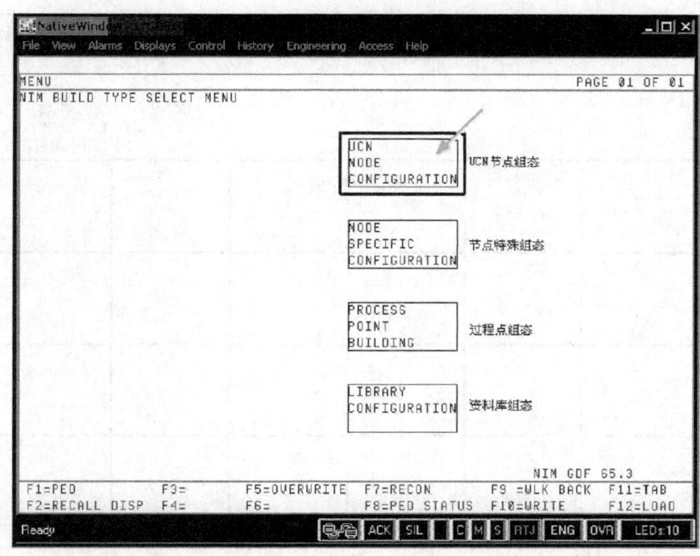

图 3－20 Network Interface Module→UCN NODE CONFIGURATION 画面

控制策略是对 APMM/HPMM 的控制点类型及个数、控制点扫描周期、APM/HPM 的 I/O 卡件的配置进行组态，即创建 BOX 数据点。

2）BOX 点组态步骤

Native Window 本地窗口→ENGINEERING MAIN MENU 工程师主菜单→Network Interface Module→Node Specific Configuration（图 3－22）。

对 APMM/HPMM 的控制性能和 I/O 模件组态。首先 HPM 状态必须为 IDLE 启动，在 HM 下装载属性文件，在 &02 下载数据库文件，系统提示 DATA BASE－＞ABORT REQUEST，按照卡件箱的 IOP 卡的顺序组态创建 BOX 数据点，文件名为：$ NMxxByy，其中：xx 为 UCN 网络号1～20，yy 为 APM/HPM 地址号 1～64。

组态完卡键显示为 DB INVALD－＞VAILDATE IOP DB，记得此时的所有 BOX 点组态完成选择 SAVE DATA 所有信息被存放在历史模件中。

3）APMM/HPMM 的控制性能

硬点 I/O 无需规划，软点 HPM 上的点需要工程人员组态分配，分配的原则是按照 HPM 处理能力 PU（PROCESS UNIT）来划分的，一个 HPM 最大 PU 为 800 个。出于稳定因素考虑 HPM 安全工作上限 80 即 640 个 PU 数。

（五）建立过程点

HPM 是构成 TPS 系统的基础，它直接承担输入数据、控制运算、输出数据的功能。HPM 功能可分两部分：输入输出功能、控制运算功能。这些功能的表现形式是“点”（Point）或“槽”（Slot），以下统称为点。点的外部表现形式是一张张表格，组态人员通过填表，在系统内部建立数据点，使全系统共享。

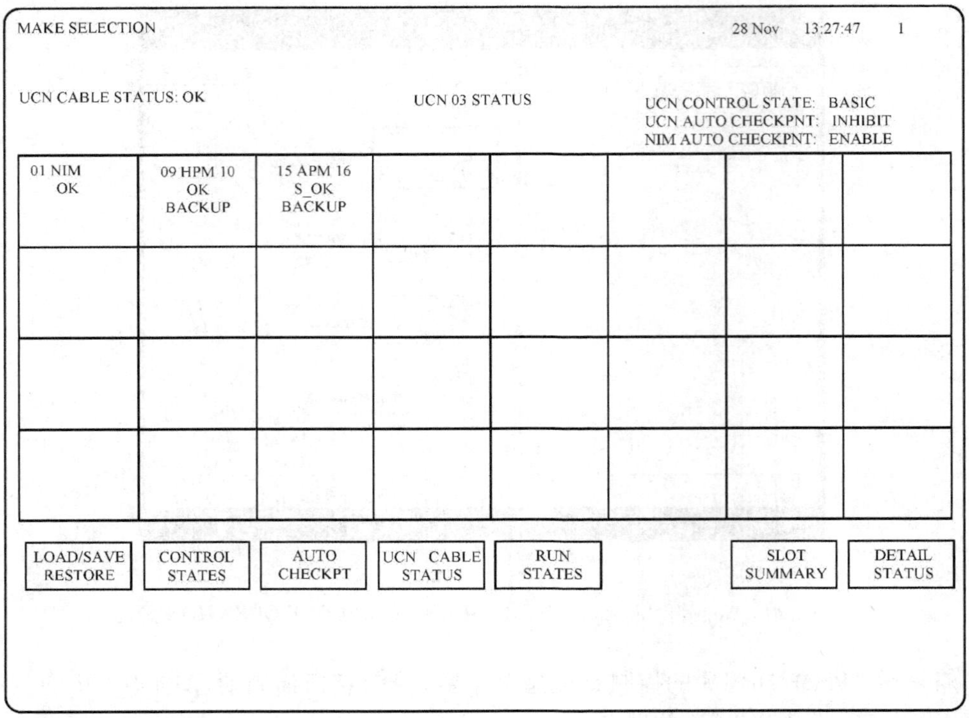

MAKE SELECTION 28 Nov 13:27:47 1

UCN CABLE STATUS: OK

UCN 03 STATUS

UCN CONTROL STATE: BASIC
UCN AUTO CHECKPNT: INHIBIT
NIM AUTO CHECKPNT: ENABLE

01 NIM OK	09 HPM 10 OK BACKUP	15 APM 16 S_OK BACKUP					

LOAD/SAVE RESTORE | CONTROL STATES | AUTO CHECKPT | UCN CABLE STATUS | RUN STATES | SLOT SUMMARY | DETAIL STATUS

图 3-21 UCN 状态显示

1. 过程点的建立

控制方案的组态(即建立过程点)是 DCS 组态工作中一个极其重要的方面。控制方案组态质量的高低,不仅影响着控制系统的调节性能,而且影响着控制系统的可靠性。因此,有必要对控制方案的组态做较为深入的探讨和分析,以便进一步提高 TPS 系统的应用水平。建点实际上是将变送器、调节阀、开关信号与控制器上的通道建立起联系。常规控制点将变送器和调节阀联系起来组成一个调节回路;数字组合点将开关信号与控制信号连接组成回路控制泵或程控阀的动作。这些是最基本也是最常用的。以现场需要增设一液位控制回路 LC463 为例,由于一个控制回路需要由现场变送器、调节单元、现场执行机构组成,系统信号流程走向如图 3-23 所示。因此,在建点组态过程中需要建三个点:模拟量输入点、常规控制点和模拟量输出点。下面简述建立过程点的过程与方法。

首先进入工程师主菜单,点击 NETWORK INTERFACE MODULE 进入下一级菜单,然后点击 PROCESS POINT BUILDING -> 进入下一级菜单,各种点的类型都列在其中,如果要建模入点 -> ANALOG INPUT,进入点组态的详细画面,在其中按要求填写相应项,回车确认。如有错误,所填字母或数字变红。填写完成后要将其 LOAD 和 WRITE TO IDF,LOAD 和 WRITE TO IDF 点 ENGINEER,下拉菜单出现 CMD MENU(或主菜单下的 BUILDE COMMANDS),进入指令菜单,分别选中,进行写和下装的操作(图 3-24)。

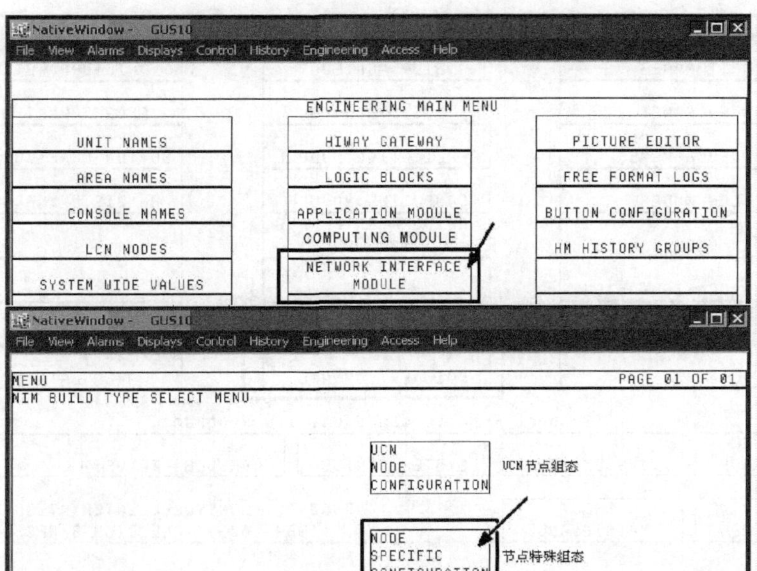

图 3－22 Network Interface Module →UCN NODE CONFIGURATION 画面

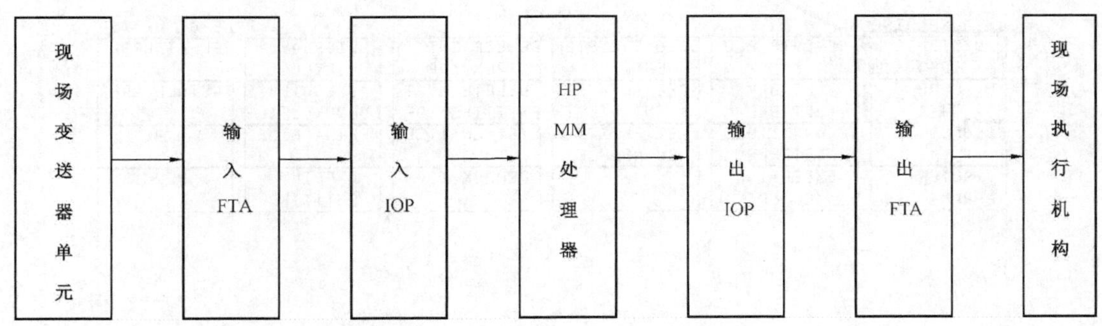

图 3－23 信号流程图

状态 IDF 中的过程点如图 3－25 所示。网络接口模块如图 3－26 所示。过程点的建立如图 3－27 所示。过程点列表如图 3－28 所示。

模拟量输入举例(LT463)如下：

1) Analog Input 模拟量输入点

模拟量输入点对来自现场传感器的 PV 进行信号处理，转换成 HPM 的数据点，以便系统共享。包括高电平模拟量输入点(HLAI)及低电平模拟量输入点(LLAI/LLMUX)。

HLAI 可接收 1～5V 及变送器 4～20mA 信号。

LLAI 可接收热电偶、热电阻及 5V 以下电压信号。

LLMUX 可接收热电偶、热电阻信号。

功能：现场输入信号类型选择 SENSRTYP(1～5V、0～100mV、RTD、TC)、PV 特性化处理

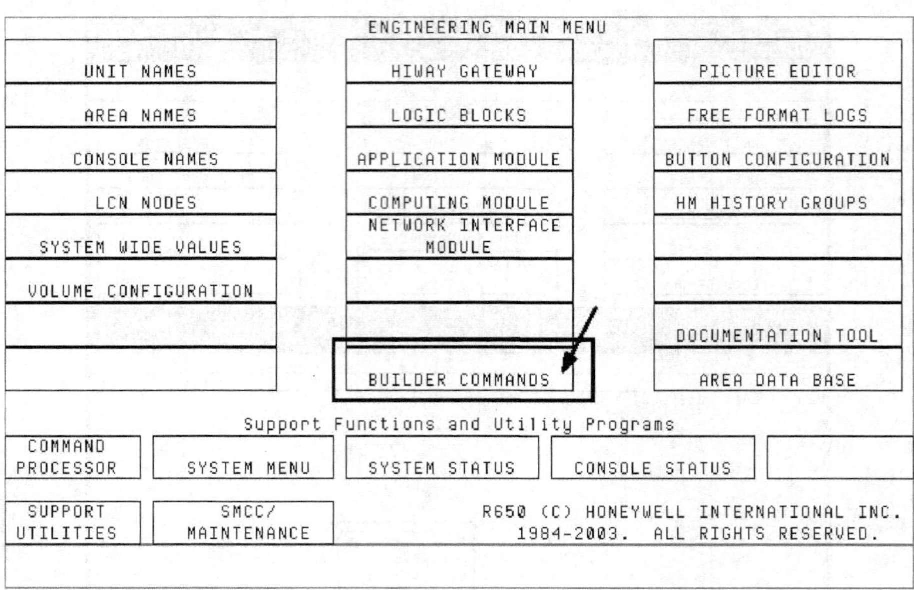

图 3-24 Build Commands

COMMAND DISPLAY PAGE 01 OF 01

WRITE TO IDF写入IDF
READ TO PED
DELETE SYSTEM ENTITY
DELETE ENTITY FROM IDF
DISPLAY FILE
SELECT AREA
LOAD 下装
LOAD MULTIPLE
DELETE MULT ENTITIES
DELETE MULT ENTITIES IDF
EXECUTE COMMAND FILE
INSTALL AREA
RECONSTITUTE
RECONSTITUTE MULTIPLE
LIST ENTITIES IN MODULE
LIST ENTITIES IN IDF
PRINT FILE
ALTER PARAMETERS
EXCEPTION BUILD
REPACK IDF
PRINT ENTITIES
NEW

F1=PED F3= F5=OVERWRITE F7=RECON F9 =WLK BACK F11=TAB
F2=RECALL DISP F4= F6= F8=PED STATUS F10=WRITE F12=LOAD

图 3-25 状态 IDF 中的过程点

PVCHAR(线性、开平方、RTD、TC)、工程单位转换、PV 值量程检查、PV 滤波 TF、PV 输入方式选择 PVSOURCE(AUTO/MAN/SUB)、PV 报警检查及设置:PV 坏值报警(BadPV)、PV 高低限报警、PV 高高/低低限报警、PV 正/反向变化速率超限报警等。

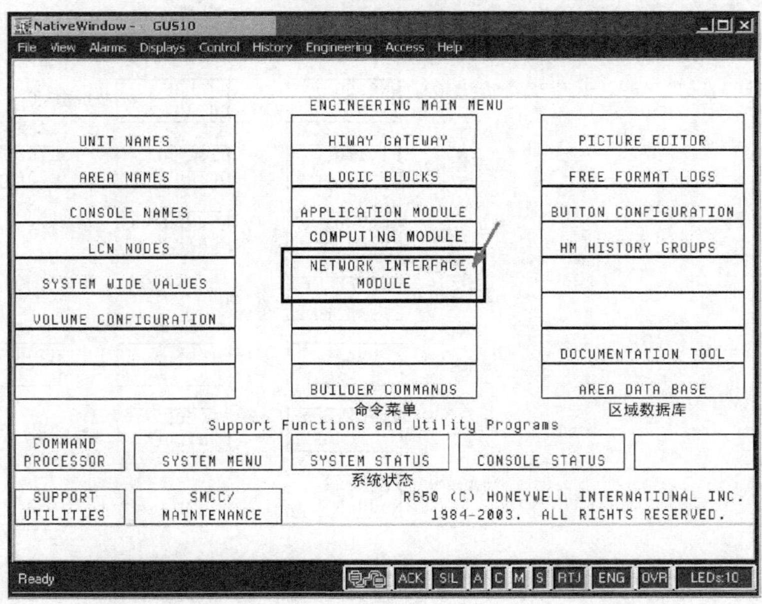

图 3－26　网络接口模块

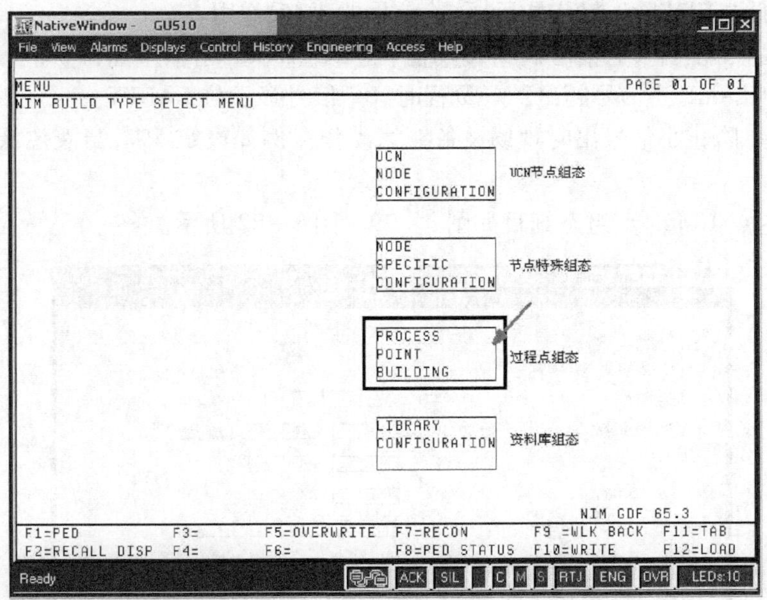

图 3－27　过程点的建立

节点的类型：选择方式用于指示的选全点，进 PID 点的模拟量点选半点，报警功能在 PID 完成。

单元号：在以后讲到的区域数据库中，使用与历史组有关。

网络号：与系统带有几条 UCN 网络有关。

传感器类型：1～5V 默认 4～20mA 信号，在卡键的内部装有 250Ω 的内置电阻，传输 1～

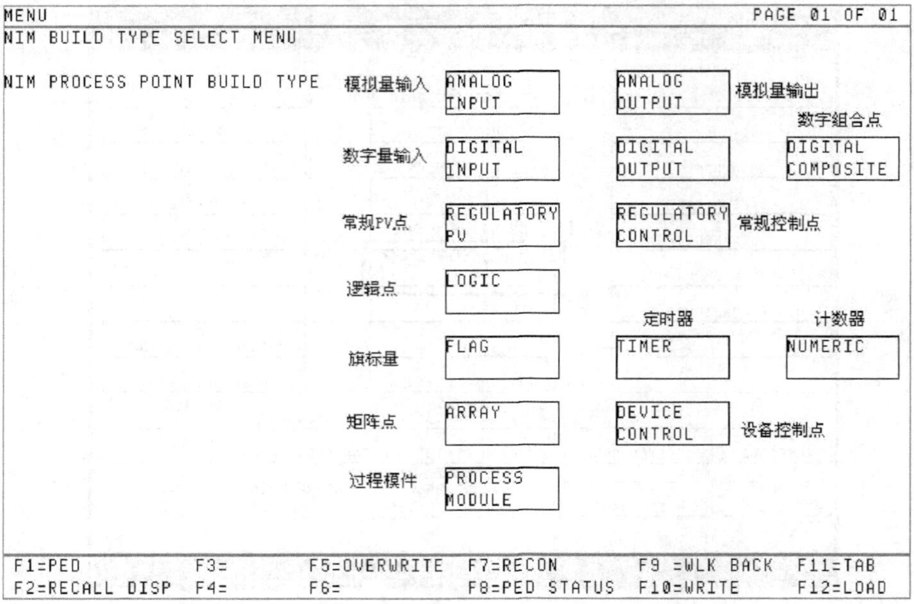

MENU PAGE 01 OF 01
NIM BUILD TYPE SELECT MENU

NIM PROCESS POINT BUILD TYPE

模拟量输入 ANALOG INPUT
ANALOG OUTPUT 模拟量输出
数字量输入 DIGITAL INPUT
DIGITAL OUTPUT
数字组合点 DIGITAL COMPOSITE
常规PV点 REGULATORY PV
REGULATORY CONTROL 常规控制点
逻辑点 LOGIC
旗标量 FLAG
定时器 TIMER
计数器 NUMERIC
矩阵点 ARRAY
DEVICE CONTROL 设备控制点
过程模件 PROCESS MODULE

F1=PED F3= F5=OVERWRITE F7=RECON F9 =WLK BACK F11=TAB
F2=RECALL DISP F4= F6= F8=PED STATUS F10=WRITE F12=LOAD

图 3－28 过程点列表

5V 信号需要把此电阻移除。输入指示:传输信号的正/反作用。

测量的箱位功能:即 PV 信号的钳位功能,当 NOCLAMP 当信号超出扩展量程时,显示扩张量程的满值,CLAMP 当信号超出扩展量程时,PV 信号显示位 BADPV。

小信号切除:防止小信号出时现场设备频繁动作。例如设定 5%,当液位低于 5% 时系统一律视为 0。

模拟量输入点 LT463 点组态细目如图 3－29～图 3－32 所示。

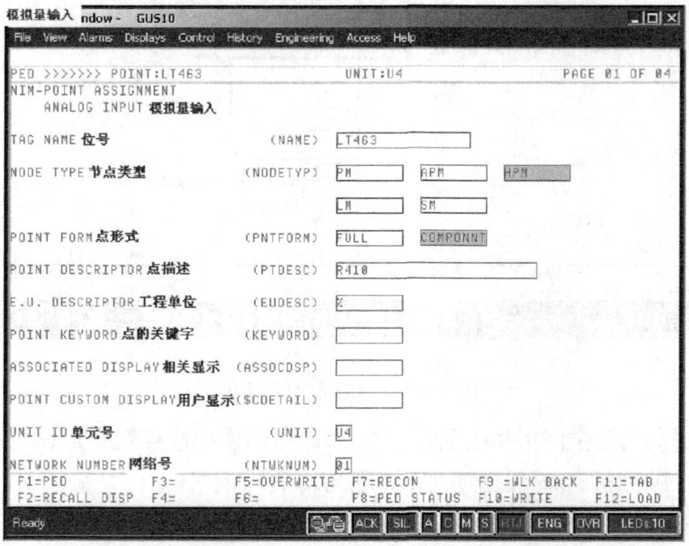

模拟量输入 ndow - GUS10
File View Alarms Displays Control History Engineering Access Help

PED >>>>>>> POINT:LT463 UNIT:U4 PAGE 01 OF 04
NIM-POINT ASSIGNMENT
ANALOG INPUT 模拟量输入

TAG NAME 位号 (NAME) LT463
NODE TYPE 节点类型 (NODETYP) PM APM HPM
LM SM
POINT FORM 点形式 (PNTFORM) FULL COMPONNT
POINT DESCRIPTOR 点描述 (PTDESC) R410
E.U. DESCRIPTOR 工程单位 (EUDESC) %
POINT KEYWORD 点的关键字 (KEYWORD)
ASSOCIATED DISPLAY 相关显示 (ASSOCDSP)
POINT CUSTOM DISPLAY 用户显示 ($CDETAIL)
UNIT ID 单元号 (UNIT) U4
NETWORK NUMBER 网络号 (NTWKNUM) 01
F1=PED F3= F5=OVERWRITE F7=RECON F9 =WLK BACK F11=TAB
F2=RECALL DISP F4= F6= F8=PED STATUS F10=WRITE F12=LOAD
Ready ACK SIL A C M S IRTJ ENG OVR LEDs:10

图 3－29 模拟量输入点 LT463 点组态细目(一)

图 3－30 模拟量输入点 LT463 点组态细目(二)

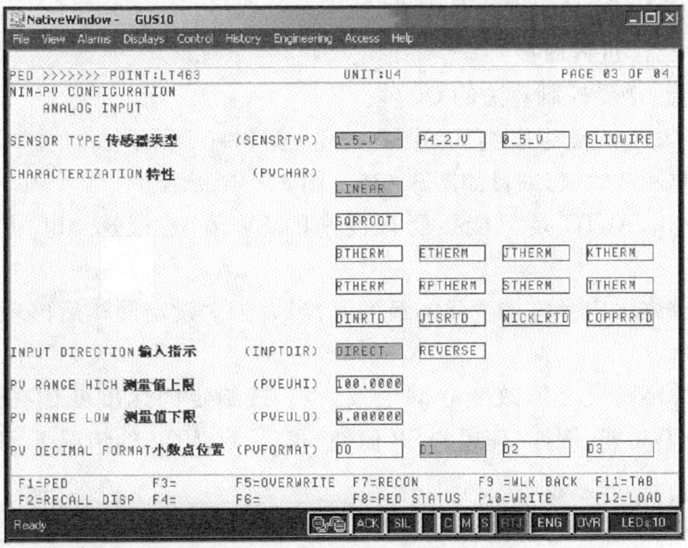

NativeWindow - GUS10

File View Alarms Displays Control History Engineering Access Help

PED >>>>>>> POINT:LT463 UNIT:U4 PAGE 03 OF 04

NIM-PV CONFIGURATION

ANALOG INPUT

SENSOR TYPE 传感器类型 (SENSRTYP) 1_5_V P4_2_V 0_5_V SLIDWIRE

CHARACTERIZATION 特性 (PVCHAR) LINEAR

SQRROOT

BTHERM ETHERM JTHERM KTHERM

RTHERM RPTHERM STHERM TTHERM

DINRTD JISRTD NICKLRTD COPPRRTD

INPUT DIRECTION 输入指示 (INPTDIR) DIRECT REVERSE

PV RANGE HIGH 测量值上限 (PVEUHI) 100.0000

PV RANGE LOW 测量值下限 (PVEULO) 0.000000

PV DECIMAL FORMAT 小数点位置 (PVFORMAT) D0 D1 D2 D3

F1=PED F3= F5=OVERWRITE F7=RECON F9 =WLK BACK F11=TAB

F2=RECALL DISP F4= F6= F8=PED STATUS F10=WRITE F12=LOAD

Ready

ACK SIL C M S ENG OVR LEDs:10

图 3－31 模拟量输入点 LT463 点组态细目(三)

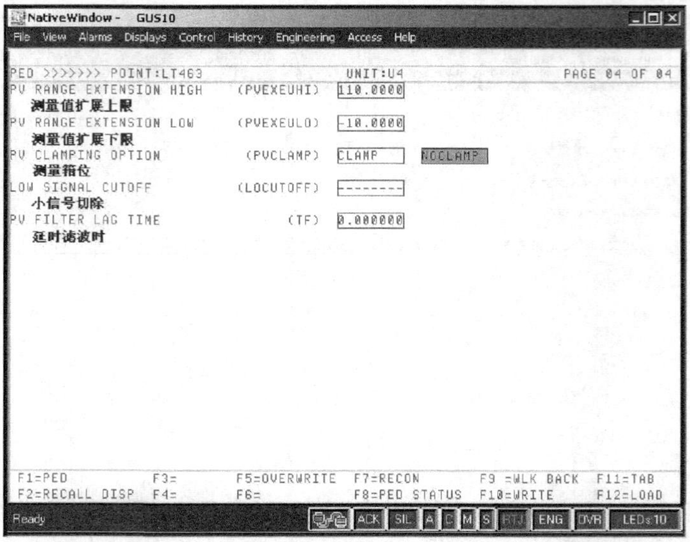

图 3－32　模拟量输入点 LT463 点组态细目(四)

2)模拟量输出(LV463)

Analog Output 模拟量输出点:将 OP 值转换成 4～20mA 信号并通过 FTA 输出至执行机构,操作阀门和执行机构之类的设备。功能:输出正/反作用选择、输出特性化处理、IOP 故障时输出响应(掉电或保持)、AO 点的形式(Point Form)选择。

Full 全点:手操器(过程遥控)。

Component 半点:接受控制算法的 OP 值。

模拟量输出点 LV463 点组态细目如图 3－33～图 3－35 所示。

常规控制点(LC463)组态细目如图 3－36～图 3－46 所示。

PV 源选择:ONLYAUTO 是只能接受现场来的 PV 值,建议选 ALL 方便调节可以手动给定。

设定允许值:首先设定允许的变化的最大值,当大于次设定回车后出现警告,再次回车设定被系统接受。

设定值选项:NONE 设定值改变立即生效。TV 按给定的速度变化在点的细目中设定。ASP 提供额外的报警功能,例如,理想的 SP 值使 300 设定为 20 的情况下 SP 大于 320 或小于 280 产生报警。

算法方程:EqA:P、I、D 作用于偏差。

EqB:P、I 作用于偏差,D 作用于 PV。

EqC:I 作用于偏差,P、D 作用于 PV。

EqD:只有积分控制。

PV 跟踪:建议选 TRACK。这是 PID 重要参数,其目的是使系统实现无扰动切换。调节器在手动情况下 SP 自动跟踪 PV 变化。当 PID 从手动切换到自动的时候,实现无扰动切换。

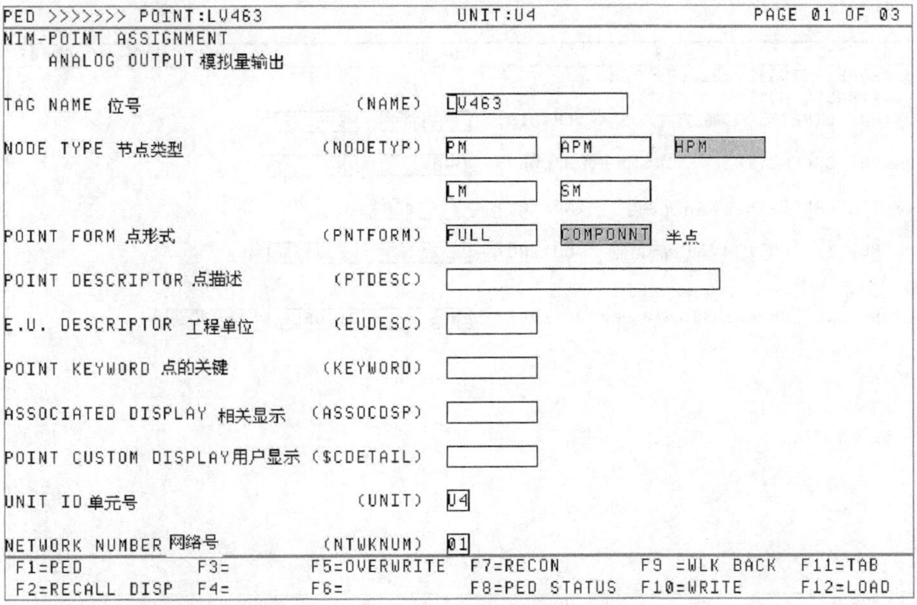

```
PED >>>>>>> POINT:LV463                    UNIT:U4                 PAGE 01 OF 03
NIM-POINT ASSIGNMENT
    ANALOG OUTPUT 模拟量输出

TAG NAME 位号                        (NAME)       LV463

NODE TYPE 节点类型                   (NODETYP)    PM      APM      HPM

                                                  LM      SM

POINT FORM 点形式                    (PNTFORM)    FULL    COMPONNT 半点

POINT DESCRIPTOR 点描述              (PTDESC)

E.U. DESCRIPTOR 工程单位             (EUDESC)

POINT KEYWORD 点的关键               (KEYWORD)

ASSOCIATED DISPLAY 相关显示          (ASSOCDSP)

POINT CUSTOM DISPLAY用户显示         ($CDETAIL)

UNIT ID单元号                        (UNIT)       U4

NETWORK NUMBER 网络号                (NTWKNUM)    01
 F1=PED          F3=     F5=OVERWRITE  F7=RECON       F9 =WLK BACK  F11=TAB
 F2=RECALL DISP  F4=     F6=           F8=PED STATUS  F10=WRITE     F12=LOAD
```

图 3－33 模拟量输出点 LV463 点组态细目(一)

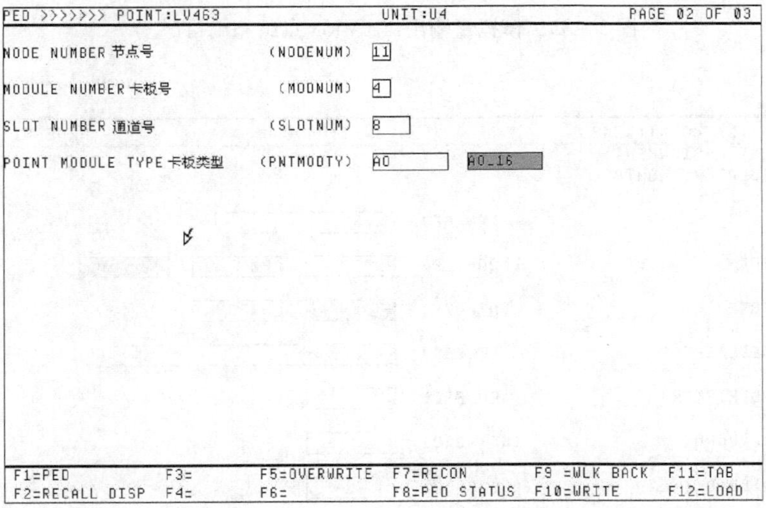

```
PED >>>>>>> POINT:LV463               UNIT:U4               PAGE 02 OF 03
NODE NUMBER 节点号                (NODENUM)    11

MODULE NUMBER 卡板号              (MODNUM)     4

SLOT NUMBER 通道号                (SLOTNUM)    8

POINT MODULE TYPE 卡板类型        (PNTMODTY)   AO      AO_16

 F1=PED          F3=    F5=OVERWRITE  F7=RECON       F9 =WLK BACK  F11=TAB
 F2=RECALL DISP  F4=    F6=           F8=PED STATUS  F10=WRITE     F12=LOAD
```

图 3－34 模拟量输出点 LV463 点组态细目(二)

当在控制室需要看到一些机泵的运行状态以及阀位的开关状态时需要建立数字输入点(DI 点),当在需要通过程序或逻辑关系来控制一些机泵运行以及电磁阀的开关时需要建立数字输出点(DO 点),下面简述其建点过程。

3)数字输入点(PMF109)

DI 点的功能:PV 输入方式选择(AUTO/MAN/SUB)、状态报警检查、输入正/反向选择 INPTDIR。

```
PED >>>>>>> POINT:LV463                    UNIT:U4                    PAGE 03 OF 03
NIM-OPERATING CONFIGURATION
    ANALOG OUTPUT
OUTPUT DIRECTION 输出方向          (OPTDIR)   [DIRECT]   [REVERSE]

OUTPUT CHARACTERIZATION 输出字符 OPCHAR)   [OFF]      [ON]

OP TOLERANCE IN % 输出允许值       ($OPTOL)    [0.000000]

OUTPUT INDICATION 输出指示方向     (OUTIND)   [DIRECT]   [REVERSE]

                  开度报警
OPEN LINE ANNUNCIATION          ($OLDEVDS)  [ENABLE]   [DISABLE]  [NOOTDETC]

 F1=PED           F3=        F5=OVERWRITE  F7=RECON       F9 =WLK BACK  F11=TAB
 F2=RECALL DISP   F4=        F6=           F8=PED STATUS  F10=WRITE     F12=LOAD
```

图 3-35 模拟量输出点 LV463 点组态细目(三)

```
PED >>>>>>> POINT:LC463                    UNIT:U4                    PAGE 01 OF 11
NIM-POINT ASSIGNMENT
    REGULATORY CONTROL

TAG NAME                            (NAME)  [LC463]

NODE TYPE                        (NODETYP)  [PM]       [APM]      [HPM]

POINT FORM                       (PNTFORM)  [FULL]     [COMPONNT]

POINT DESCRIPTOR                  (PTDESC)  [R410]

E.U. DESCRIPTOR                   (EUDESC)  [%]

POINT KEYWORD                    (KEYWORD)  [ ]

ASSOCIATED DISPLAY              (ASSOCDSP)  [ ]

POINT CUSTOM DISPLAY            ($CDETAIL)  [ ]

UNIT ID                             (UNIT)  [U4]

NETWORK NUMBER                   (NTWKNUM)  [01]

NODE NUMBER                      (NODENUM)  [11]
 F1=PED           F3=        F5=OVERWRITE  F7=RECON       F9 =WLK BACK  F11=TAB
 F2=RECALL DISP   F4=        F6=           F8=PED STATUS  F10=WRITE     F12=LOAD
```

图 3-36 常规控制点(LC463)组态细目(一)

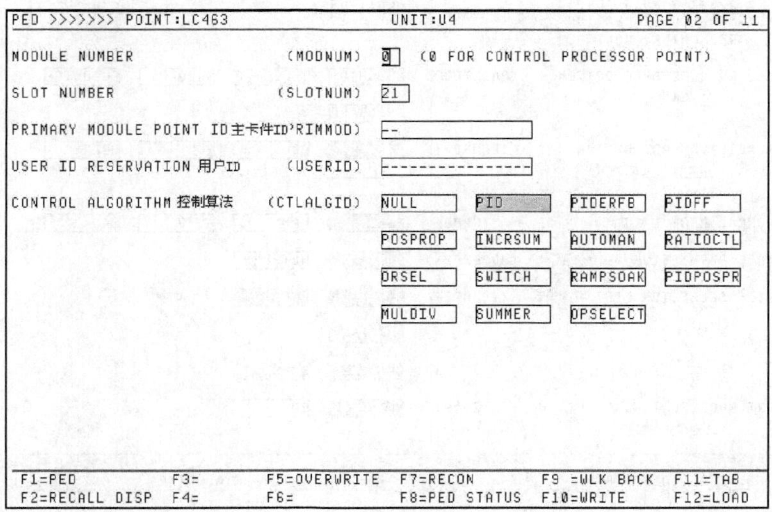

图 3 – 37 常规控制点(LC463)组态细目(二)

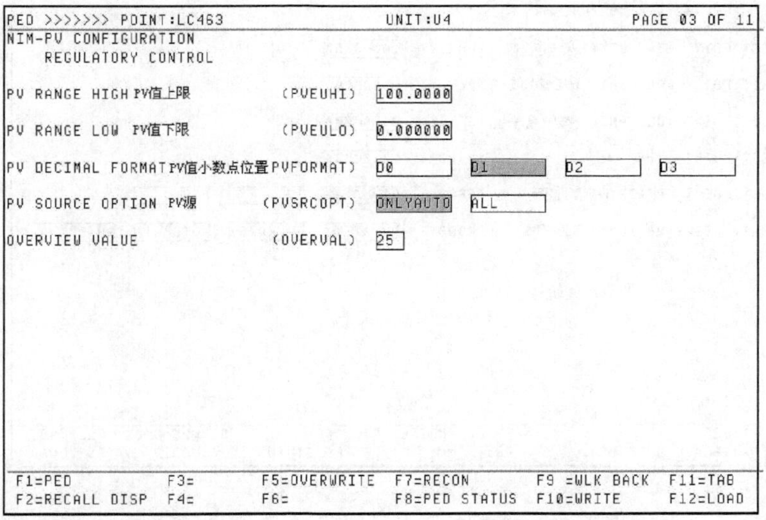

```
PED >>>>>>> POINT:LC463                UNIT:U4               PAGE 03 OF 11
NIM-PV CONFIGURATION
     REGULATORY CONTROL

PV RANGE HIGH PV值上限          (PVEUHI)   100.0000

PV RANGE LOW  PV值下限          (PVEULO)   0.000000

PV DECIMAL FORMAT PV值小数点位置 (PVFORMAT) D0        D1        D2        D3

PV SOURCE OPTION PV源          (PVSRCOPT) ONLYAUTO  ALL

OVERVIEW VALUE                 (OVERVAL)  25

F1=PED          F3=    F5=OVERWRITE  F7=RECON       F9 =WLK BACK  F11=TAB
F2=RECALL DISP  F4=    F6=           F8=PED STATUS  F10=WRITE     F12=LOAD
```

图 3 – 38 常规控制点(LC463)组态细目(三)

DI 类型选择 DITYPE。

数字输入点组态细目如图 3 – 47、图 3 – 48 所示。

数字输入的类型:STATUS 状态型不做任何处理,LATCHED 因为系统的最快扫描时间 0.25s,为了防止信号变化被系统遗漏将信号保持 1.5s ACCUN 累加信号的变化次数。

4)数字输出点(PMR109)

数字输出点组态细目如图 3 – 49、图 3 – 50 所示。

PED >>>>>>> POINT:LC463
UNIT:U4
PAGE 04 OF 11
NIM-MODE CONFIGURATION
REGULATORY CONTROL
BAD PV MODE SHED OPTION (BADCTLOP)
坏值选项
NO_SHED
SHEDHOLD
SHEDLOW
SHEDHIGH
SHEDSAFE
REMOTE CASCADE OPTION (RCASOPT)
遥控串级选项
NONE
DDC
SPC
DDCRSP
RSP
NORMAL MODE 正常模式 (NMODE)
NONE
MAN
AUTO
CAS
MODE PERMISSIVE 模式允许否 (MODEPERM)
PERMIT
NOTPERM
MODE SELECTION LIST 可选模式 ($MODESEL)
MAN
PROG
AUTO
CAS
BCAS
EXT MODE SWITCHING OPTION (EXTSWOPT)
外部模式切换
NONE
EMS
F1=PED F3= F5=OVERWRITE F7=RECON F9 =WLK BACK F11=TAB
F2=RECALL DISP F4= F6= F8=PED STATUS F10=WRITE F12=LOAD

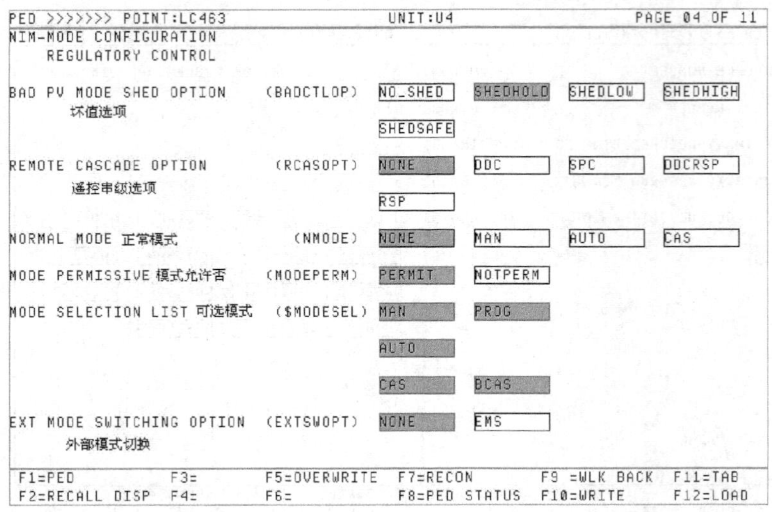

图 3-39 常规控制点(LC463)组态细目(四)

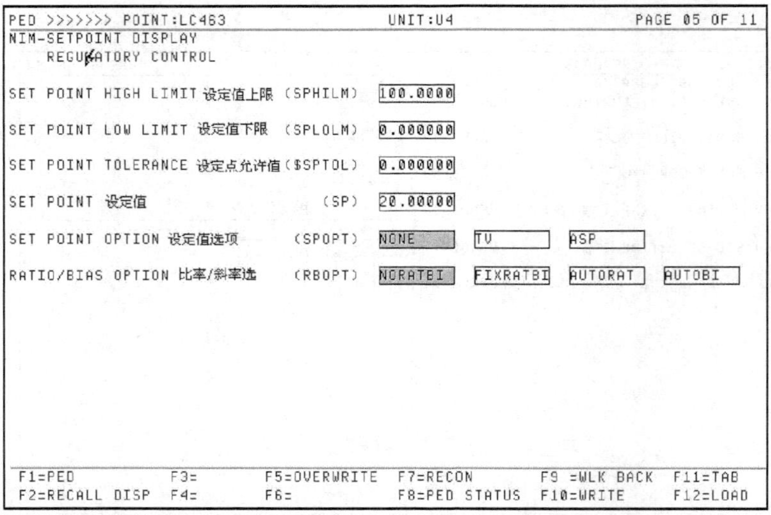

PED >>>>>>> POINT:LC463
UNIT:U4
PAGE 05 OF 11
NIM-SETPOINT DISPLAY
REGULATORY CONTROL
SET POINT HIGH LIMIT 设定值上限 (SPHILM)
100.0000
SET POINT LOW LIMIT 设定值下限 (SPLOLM)
0.000000
SET POINT TOLERANCE 设定点允许值($SPTOL)
0.000000
SET POINT 设定值 (SP)
20.00000
SET POINT OPTION 设定值选项 (SPOPT)
NONE
TV
ASP
RATIO/BIAS OPTION 比率/斜率选 (RBOPT)
NORATBI
FIXRATBI
AUTORAT
AUTOBI
F1=PED F3= F5=OVERWRITE F7=RECON F9 =WLK BACK F11=TAB
F2=RECALL DISP F4= F6= F8=PED STATUS F10=WRITE F12=LOAD

图 3-40 常规控制点(LC463)组态细目(五)

数字输出类型:STATUS 实时值输出,PWM 脉宽值输出。

数字组合点(DC 点)是一种多输入、多输出点,它提供对马达、泵、电磁阀等离散型设备的控制操作面板。

5)数字组合点(PM109)

Digital Composite 数字组合点:

(1)DC 点的状态。

一个 DC 点可操作及显示现场设备的两个或三个状态。

```
PED >>>>>>> POINT:LC463                    UNIT:U4                     PAGE 06 OF 11
NIM-REG CONTROL PID ALGORITHM

ALGORITHM FORM 算法类型          (PIDFORM)  INTERACT   IDEAL

ALGORITHM EQUATION TYPE算法方程(CTLEQN)  EQA        EQB        EQC        EQD

PV TRACKING OPTION PV跟踪        (PVTRACK)  NOTRACK    TRACK

CONTROL ACTION 控制方向          (CTLACTN)  REVERSE    DIRECT

GAIN OPTION 增益选项             (GAINOPT)  LIN        GAP        NONLIN     EXT

OVERALL GAIN VALUE 增益值              (K)  2.000000

INTEGRAL TIME IN MINUTES 积分时间     (T1)  0.100000

DERIVATIVE TIME IN MINUTES 微分时间(T2)    0.000000

NUMBER OF INPUT CONNECTIONS(NOCINPTS)  1  (VALID RANGE: 1 OR 2)
     输入连接个数
                              INPUT CONNECTIONS 输入连接
                              ------------------

                                   SOURCE 源              DESTINATION 目标
 F1=PED          F3=     F5=OVERWRITE  F7=RECON        F9 =WLK BACK   F11=TAB
 F2=RECALL DISP  F4=     F6=           F8=PED STATUS   F10=WRITE      F12=LOAD
```

图 3－41　常规控制点(LC463)组态细目(六)

```
PED >>>>>>> POINT:LC463                    UNIT:U4                     PAGE 07 OF 11
INPUT                  POINT.PARAMETER                    PARAMETER
                          CISRC(N)                        CIDSTN(N)
                    输入参数
  1                 LT463.PV                              PVAUTO

 F1=PED          F3=     F5=OVERWRITE  F7=RECON        F9 =WLK BACK   F11=TAB
 F2=RECALL DISP  F4=     F6=           F8=PED STATUS   F10=WRITE      F12=LOAD
```

图 3－42　常规控制点(LC463)组态细目(七)

两个状态：STATE1、STATE0。

三个状态：STATE1、STATE0、STATE2。

其中 STATE0 为 DC 点的缺省，安全输出状态。通过组态的 MOMSTSTE 参数可定义某状态的命令输出为瞬时状态。

(2) DC 点的输入、输出连接。

一个 DC 点最多可连接三个输出、两个输入，它们可以是同一个 HPM 内的 I/O 点或 FLAG 标志寄存器。输入、输出连接可按控制方案需要组态，彼此相互独立。

(3) DC 点的连锁参数。

```
PED >>>>>>> POINT:LC463                    UNIT:U4                         PAGE 08 OF 11
NIM-OUTPUT CONFIGURATION
    REGULATORY CONTROL
             输出连接数
NUMBER OF OUTPUT CONNECTIONS(NOCOPTS) [1]
             输出目标点
OUTPUT   DESTINATION POINT_ID.PARAMETER
                (CODSTN(N))

  1        [LV463.OP           ]

OP HIGH LIMIT VALUE IN%输出上限 OPHILM)  [105.0000]

OP LOW LIMIT VALUE IN %输出下限 OPLOLM)  [-6.90000]

SAFE OUTPUT VALUE 输出安全值    (SAFEOP)  [--------]
     OP最小变化值
OP MINIMUM CHANGE IN %        (OPMCHLM)  [0.000000]
     OP最小变化速
OP ROC LIMIT IN %/MIN         (OPROCLM)  [--------]

OP TOLERANCE IN % OP允许值     ($OPTOL)  [0.000000]

OUTPUT INDICATION 输出指示     (OUTIND)  [DIRECT] [REVERSE] 正/反

 F1=PED          F3=      F5=OVERWRITE  F7=RECON       F9 =WLK BACK  F11=TAB
 F2=RECALL DISP  F4=      F6=           F8=PED STATUS  F10=WRITE     F12=LOAD
```

图 3-43　常规控制点(LC463)组态细目(八)

```
PED >>>>>>> POINT:LC463                    UNIT:U4                         PAGE 09 OF 11
NIM-ALARMING DISPLAY
    REGULATORY CONTROL

AUXILIARY UNIT 辅助单元     ($AUXUNIT)  [--]

ALARM DELAY OPTION 报警延时 ($ALDLOPT)  [NONE    ] [OFFDLYLO] [OFFDLYHI] [OFFDLYEM]

                                                   [ONDLYLO ] [ONDLYHI ] [ONDLYEM ]

DELAY TIME 延时时间           (DLYTIME)  [0   ]
    OP坏值报警
BAD OP CONN ALARM OPTION     (BADOCOPT)  [ON      ] [OFF     ]
    OP坏值报警优先级
BAD OP CONN ALARM PRIORITY   (BADOCPR)  [NOACTION] [JOURNAL ] [LOW     ] [HIGH    ]

                                         [EMERGNCY] [PRINTER ] [JNLPRINT]
    输出报警死区
OUTPUT ALARM DEADBAND IN %    (OPALDB)  [5.000000]
    输出高报
OUTPUT HIGH ALARM TRIP POINT (OPHITP)  [--------]
    输出低报
OUTPUT LOW ALARM TRIP POINT  (OPLOTP)  [--------]
    输入报警死
PV ALARM DEADBAND IN %        (PVALDB)  [HALF    ] [ONE     ] [TWO     ] [THREE   ]
 F1=PED          F3=      F5=OVERWRITE  F7=RECON       F9 =WLK BACK  F11=TAB
 F2=RECALL DISP  F4=      F6=           F8=PED STATUS  F10=WRITE     F12=LOAD
```

图 3-44　常规控制点(LC463)组态细目(九)

DC 点提供多种外部逻辑连锁接口参数,可处理及显示相关连锁条件。允许连锁参数 P0、P1、P2,当某一参数为 ON 时,对应状态的操作命令无效。

超驰(强制)连锁参数:I0、I1、I2。

当某一参数为 ON 时,强制输出对应状态命令。

优先级:I0、I1、I2。

旁路参数 BYPASS 及安全连锁参数 SI0

当 BYPASS = ON 时,允许连锁参数及强制连锁参数被旁路。

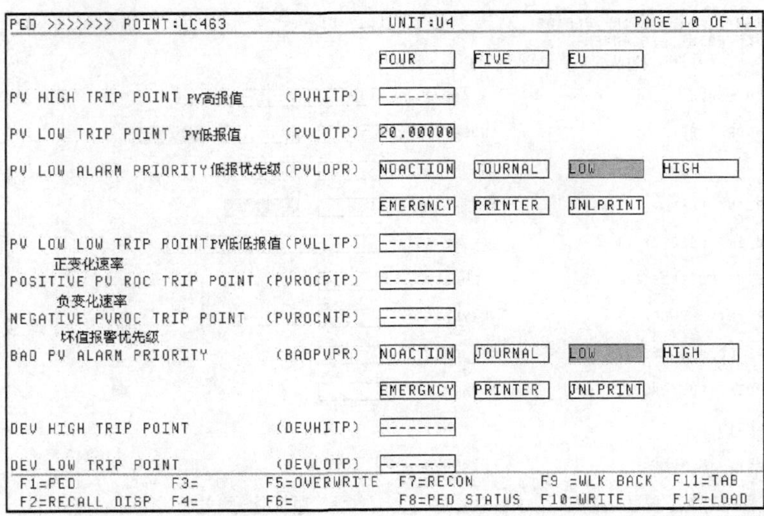

图 3-45 常规控制点(LC463)组态细目(十)

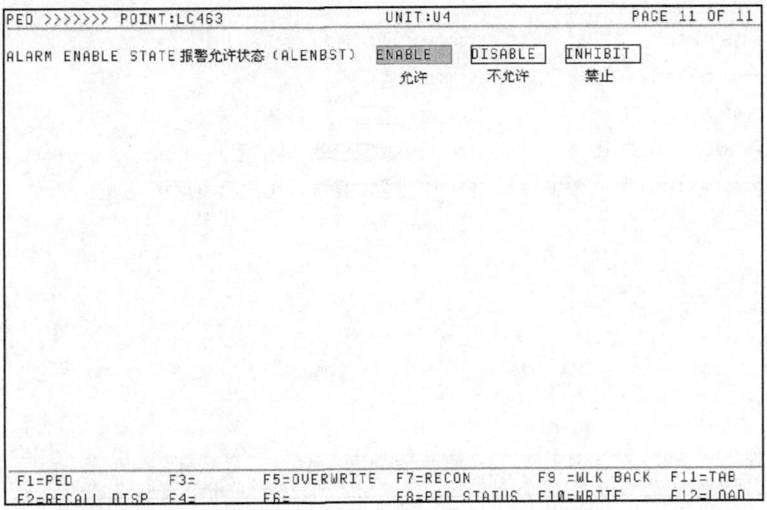

PED >>>>>>> POINT:LC463 UNIT:U4 PAGE 11 OF 11

ALARM ENABLE STATE 报警允许状态 (ALENBST) ENABLE DISABLE INHIBIT

允许 不允许 禁止

F1=PED F3= F5=OVERWRITE F7=RECON F9 =WLK BACK F11=TAB

F2=RECALL DISP F4= F6= F8=PED STATUS F10=WRITE F12=LOAD

图 3-46 常规控制点(LC463)组态细目(十一)

当 SI0 = ON 时,强制输出 STATE0 且不被 BYPASS 旁路。

(4) DC 点的报警设置。

OFFNORMAL:异常状态报警。

COMMAND DISAGREE:命令不一致报警。

当 DC 点的状态输出变化,而实际状态在 FBTIME(1 ~ 1000s)时间后与输出变化不一致时,产生该报警。

COMMAND FAIL:命令失败报警。

```
PED >>>>>>> POINT:PMF109              UNIT:U1                 PAGE 01 OF 02
NIM-POINT ASSIGNMENT
    DIGITAL INPUT

TAG NAME                        (NAME)     [PMF109    ]

NODE TYPE                    (NODETYP)     [PM    ]  [APM   ]  [HPM   ]

                                           [LM    ]  [SM    ]

POINT FORM                   (PNTFORM)     [FULL  ]  [COMPONNT]

POINT DESCRIPTOR              (PTDESC)     [                ]

E.U. DESCRIPTOR               (EUDESC)     [      ]

POINT KEYWORD                (KEYWORD)     [      ]

ASSOCIATED DISPLAY          (ASSOCDSP)     [      ]

POINT CUSTOM DISPLAY        ($CDETAIL)     [      ]

UNIT ID                         (UNIT)     [U1]

NETWORK NUMBER               (NTWKNUM)     [01]
 F1=PED           F3=      F5=OVERWRITE  F7=RECON        F9 =WLK BACK  F11=TAB
 F2=RECALL DISP   F4=      F6=           F8=PED STATUS   F10=WRITE     F12=LOAD
```

图 3－47　数字输入点组态细目(一)

```
PED >>>>>>> POINT:PMF109              UNIT:U1                 PAGE 02 OF 02
NODE NUMBER                  (NODENUM)     [9]

MODULE NUMBER                 (MODNUM)     [12]

SLOT NUMBER                  (SLOTNUM)     [19]

PM MODULE TYPE 卡件类型      (PNTMODTY)     [DI    ]  [DISOE  ]

DIGITAL INPUT TYPE 数字输入类型 (DITYPE)    [STATUS]  [LATCHED]  [ACCUM  ]

 F1=PED           F3=      F5=OVERWRITE  F7=RECON        F9 =WLK BACK  F11=TAB
 F2=RECALL DISP   F4=      F6=           F8=PED STATUS   F10=WRITE     F12=LOAD
```

图 3－48　数字输入点组态细目(二)

当 DC 点的状态输出变化，而实际状态在 FBTIME(1～1000s)时间后未变到某一组态状态时，产生该报警。

UNCOMMANDED CHANGE：无命令状态变化报警。

当 DC 点的状态输出未变化，而实际状态发生变化时，产生该报警。

数字整合点(PM109)组态细目如图 3－51～图 3－59 所示。

6)逻辑点的建立

逻辑点属于系统的内部点，其数量在 NCF 组态初始时设定。以 12－2 4－4 为例，其中 12

```
PED >>>>>>> POINT:PMR109                    UNIT:U1                     PAGE 01 OF 02
NIM-POINT ASSIGNMENT
   DIGITAL OUTPUT

TAG NAME                          (NAME)    [PMR109      ]

NODE TYPE                      (NODETYP)    [PM     ]  [APM    ]  [HPM    ]

                                            [LM     ]  [SM     ]

POINT FORM                     (PNTFORM)    [COMPONNT]

POINT DESCRIPTOR                (PTDESC)    [                    ]

E.U. DESCRIPTOR                 (EUDESC)    [      ]

POINT KEYWORD                  (KEYWORD)    [      ]

ASSOCIATED DISPLAY            (ASSOCDSP)    [      ]

POINT CUSTOM DISPLAY          ($CDETAIL)    [      ]

UNIT ID                           (UNIT)    [U1]

NETWORK NUMBER                 (NTWKNUM)    [01]
 F1=PED          F3=        F5=OVERWRITE   F7=RECON        F9 =WLK BACK   F11=TAB
 F2=RECALL DISP  F4=        F6=            F8=PED STATUS   F10=WRITE      F12=LOAD
```

图 3－49　数字输出点组态细目(一)

```
PED >>>>>>> POINT:PMR109                    UNIT:U1                     PAGE 02 OF 02
NODE NUMBER                    (NODENUM)    [9]

MODULE NUMBER                   (MODNUM)    [22]

SLOT NUMBER                    (SLOTNUM)    [13]

POINT MODULE TYPE 卡件类型      (PNTMODTY)   [DO     ]  [DO_32  ]

DIGITAL OUTPUT TYPE数字输出类型   (DOTYPE)    [STATUS ]  [PWM    ]

 F1=PED          F3=        F5=OVERWRITE   F7=RECON        F9 =WLK BACK   F11=TAB
 F2=RECALL DISP  F4=        F6=            F8=PED STATUS   F10=WRITE      F12=LOAD
```

图 3－50　数字输出点组态细目(二)

为输入的连接数,24 为中间逻辑块的数量,4 为输出的个数。

有三种模式可供选择,即:[12－24－4],[12－16－5],[12－8－12]

逻辑模块的输入:

L1—L12:输入连接的设定,输入的形式为:点名＋参数。

参数举例:HH,L,PVFL,SO,PVSTS 等数字标识位。

NN1—NN8:逻辑点内部数字寄存器,用于逻辑点内部模拟量的比较。

```
PED >>>>>>> POINT:PM109                      UNIT:U1                    PAGE 01 OF 10
NIM-POINT ASSIGNMENT
    DIGITAL COMPOSITE

TAG NAME                          (NAME)     PM109

NODE TYPE                      (NODETYP)     PM        APM       HPM

                                             LM        SM

POINT FORM                     (PNTFORM)     FULL      COMPONNT

POINT DESCRIPTOR                (PTDESC)     R103 OUT

E.U. DESCRIPTOR                 (EUDESC)

POINT KEYWORD                  (KEYWORD)

ASSOCIATED DISPLAY            (ASSOCDSP)

POINT CUSTOM DISPLAY          ($CDETAIL)

UNIT ID                           (UNIT)     U1

NETWORK NUMBER                 (NTWKNUM)     01
 F1=PED          F3=     F5=OVERWRITE  F7=RECON        F9 =WLK BACK  F11=TAB
 F2=RECALL DISP  F4=     F6=           F8=PED STATUS   F10=WRITE     F12=LOAD
```

图 3-51　数字整合点(PM109)组态细目(一)

```
PED >>>>>>> POINT:PM109                      UNIT:U1                    PAGE 02 OF 10

NODE NUMBER 节点号                      (NODENUM)     9

SLOT NUMBER 通道号                      (SLOTNUM)     16

PRIMARY MODULE POINT ID                 (PRIMMOD)     --

USER ID RESERVATION                      (USERID)     ----------------

NUMBER OF STATES 状态数                 (NOSTATES)    2         3

NUMBER OF INPUTS 输入个数               (NODINPTS)    0         1         2

NUMBER OF OUTPUTS输出个数               (NODOPTS)     0         1         2         3

 F1=PED          F3=     F5=OVERWRITE  F7=RECON        F9 =WLK BACK  F11=TAB
 F2=RECALL DISP  F4=     F6=           F8=PED STATUS   F10=WRITE     F12=LOAD
```

图 3-52　数字整合点(PM109)组态细目(二)

FL1—FL6:逻辑点内部标志量寄存器,为固定数值或者在规定条件下,数值固定常用的 F1 为 1,F2 为 OFF。

FL7—FL12:用户自定义标志量寄存器。

逻辑模块的输出:

LOSRC　逻辑输出参考源:可以为 L1—L12,NN1—NN8,FL1—FL12,或 SO1—SO24 等参数。

LOENBL 逻辑输出控制参数:L1—L12,FL1—FL12,SO1—SO16,相当于控制输出可否的开

PED >>>>>>> POINT:PM109 UNIT:U1 PAGE 03 OF 10
NIM-STATE CONFIGURATION
DIGITAL COMPOSITE

PV TEXT OPTION PV文本选项	(PVTXTOPT)	OFF	ON		
MOVING PV TEXT 动作中文本	(MOVPVTXT)	MOVING			
BAD PV TEXT 坏值文本	(BADPVTXT)	BAD			
STATE 1 DESCRIPTOR 状态1描述	TATETXT(1))	RUN			
STATE 0 DESCRIPTOR 状态0描述	;TATETXT(0))	STOP			
STATE 1 BOX COLOR 状态1指示色	(BOXCLR(1))	RED	GREEN	WHITE	BLACK
		CYAN	YELLOW	BLUE	MAGENTA
STATE 0 BOX COLOR 状态0指示色	(BOXCLR(0))	RED	GREEN	WHITE	BLACK
		CYAN	YELLOW	BLUE	MAGENTA
MOMENTARY STATES 瞬时状态	(MOMSTATE)	NONE	MOM_0	MOM_1	
LOGIC SOURCE 逻辑源	(LOGICSRC)	--			

F1=PED F3= F5=OVERWRITE F7=RECON F9 =WLK BACK F11=TAB
F2=RECALL DISP F4= F6= F8=PED STATUS F10=WRITE F12=LOAD

图 3-53 数字整合点(PM109)组态细目(三)

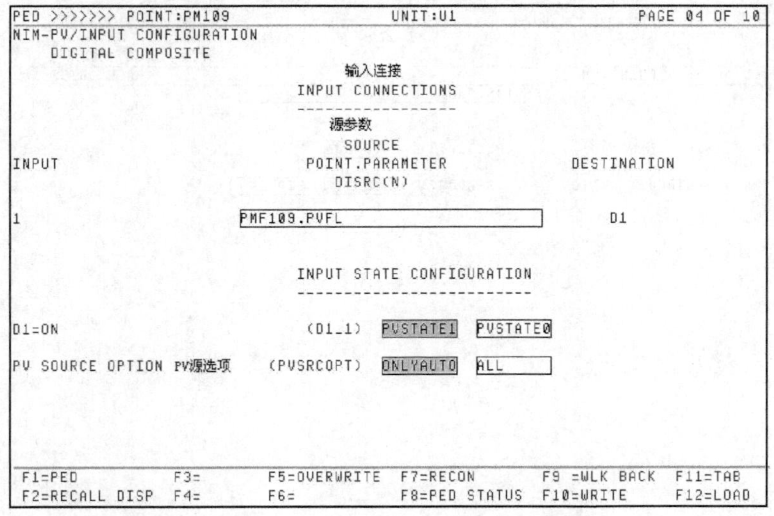
PED >>>>>>> POINT:PM109 UNIT:U1 PAGE 04 OF 10
NIM-PV/INPUT CONFIGURATION
DIGITAL COMPOSITE

输入连接
INPUT CONNECTIONS

源参数
SOURCE

INPUT	POINT.PARAMETER DISRC(N)	DESTINATION
1	PMF109.PVFL	D1

INPUT STATE CONFIGURATION

D1=ON	(D1_1)	PVSTATE1	PVSTATE0
PV SOURCE OPTION PV源选项	(PVSRCOPT)	ONLYAUTO	ALL

F1=PED F3= F5=OVERWRITE F7=RECON F9 =WLK BACK F11=TAB
F2=RECALL DISP F4= F6= F8=PED STATUS F10=WRITE F12=LOAD

图 3-54 数字整合点(PM109)组态细目(四)

关 1 为允许输出,0 为否。

逻辑计算块:

无计算块(NULL),与门(AND),或门(OR),非门(NOT)等。

比较功能:等于(EQ),不等于(NE),大于(GT)等。

延迟(DELAY),ON 延迟(ONDLY),OFF 延迟(OFFDLY)等。

下面以例子说明逻辑块的应用。

PED >>>>>>> POINT:PM109
UNIT:U1
PAGE 05 OF 10
NIM-OUTPUT CONFIGURATION
DIGITAL COMPOSITE
输出状态组态
OUTPUT STATE CONFIGURATION
OUTPUT1
OUTPUT2
STATE1
ON
OFF
(ST1_OP1)
ON
OFF
(ST1_OP2)
STATE0
ON
OFF
(ST0_OP1)
ON
OFF
(ST0_OP2)
输出连接
OUTPUT CONNECTIONS
目标参数
OUTPUT
DESTINATION POINT_ID.PARAMETER
DODSTN(N)
1
PMR109.ONPULSE
F1=PED
F2=RECALL DISP
F3=
F4=
F5=OVERWRITE
F6=
F7=RECON
F8=PED STATUS
F9 =WLK BACK
F10=WRITE
F11=TAB
F12=LOAD

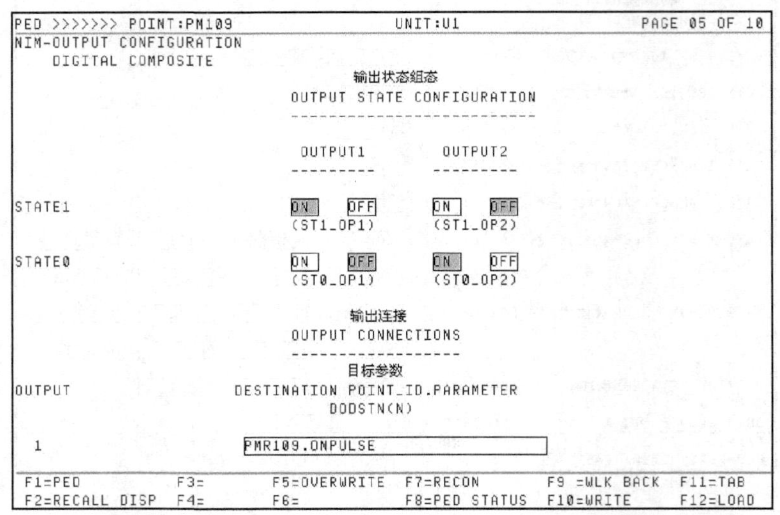

图 3－55　数字整合点(PM109)组态细目(五)

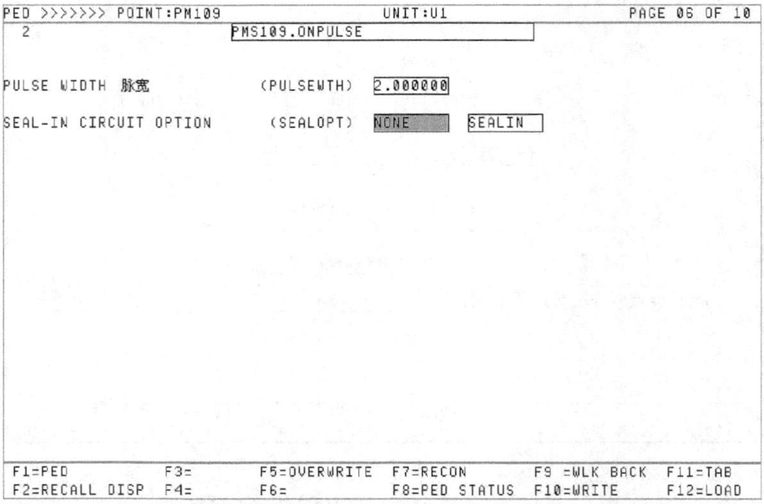

PED >>>>>>> POINT:PM109
UNIT:U1
PAGE 06 OF 10
2
PMS109.ONPULSE
PULSE WIDTH 脉宽
(PULSEWTH)
2.000000
SEAL-IN CIRCUIT OPTION
(SEALOPT)
NONE
SEALIN
F1=PED
F2=RECALL DISP
F3=
F4=
F5=OVERWRITE
F6=
F7=RECON
F8=PED STATUS
F9 =WLK BACK
F10=WRITE
F11=TAB
F12=LOAD

图 3－56　数字整合点(PM109)组态细目(六)

[例]　逻辑三取二。

输入分别为　L1:LIC100. PVHIFL;L2:LIC101. PVHIFL;

L3:LIC102. PVHIFL。连接方式如图 3－60 所示。

每个计算块的都有三个输入口　S1,S2,S3,计算块的块号可以在其后显示 S1(1)为第一

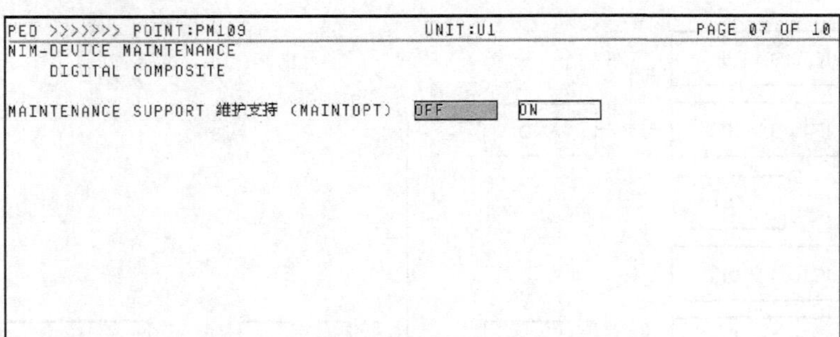
PED >>>>>>> POINT:PM109 UNIT:U1 PAGE 07 OF 10
NIM-DEVICE MAINTENANCE
DIGITAL COMPOSITE

MAINTENANCE SUPPORT 维护支持 (MAINTOPT) OFF ON

F1=PED F3= F5=OVERWRITE F7=RECON F9 =WLK BACK F11=TAB
F2=RECALL DISP F4= F6= F8=PED STATUS F10=WRITE F12=LOAD

图 3－57 数字整合点(PM109)组态细目(七)

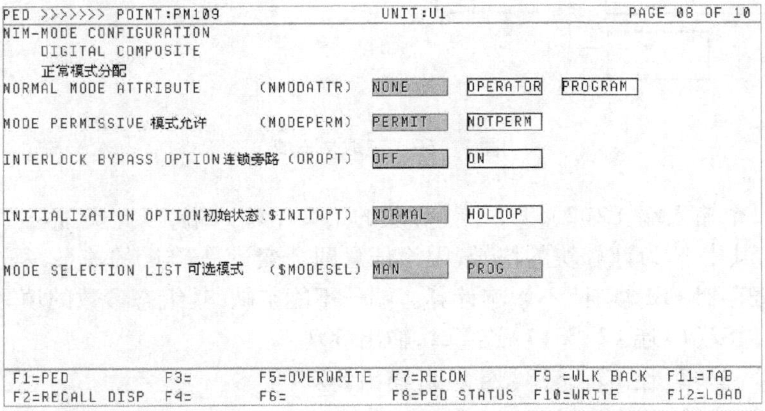

PED >>>>>>> POINT:PM109 UNIT:U1 PAGE 08 OF 10
NIM-MODE CONFIGURATION
DIGITAL COMPOSITE
正常模式分配
NORMAL MODE ATTRIBUTE (NMODATTR) NONE OPERATOR PROGRAM

MODE PERMISSIVE 模式允许 (MODEPERM) PERMIT NOTPERM

INTERLOCK BYPASS OPTION 连锁旁路 (OROPT) OFF ON

INITIALIZATION OPTION 初始状态 ($INITOPT) NORMAL HOLDOP

MODE SELECTION LIST 可选模式 ($MODESEL) MAN PROG

F1=PED F3= F5=OVERWRITE F7=RECON F9 =WLK BACK F11=TAB
F2=RECALL DISP F4= F6= F8=PED STATUS F10=WRITE F12=LOAD

图 3－58 数字整合点(PM109)组态细目(八)

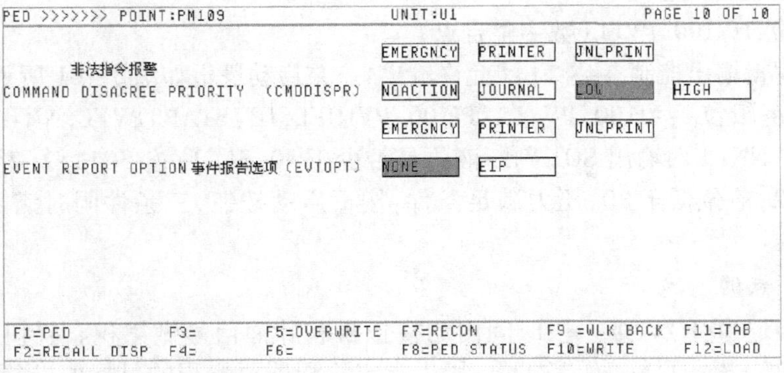

PED >>>>>>> POINT:PM109 UNIT:U1 PAGE 10 OF 10
EMERGNCY PRINTER JNLPRINT
非法指令报警
COMMAND DISAGREE PRIORITY (CMDDISPR) NOACTION JOURNAL LOW HIGH

EMERGNCY PRINTER JNLPRINT

EVENT REPORT OPTION 事件报告选项 (EVTOPT) NONE EIP

F1=PED F3= F5=OVERWRITE F7=RECON F9 =WLK BACK F11=TAB
F2=RECALL DISP F4= F6= F8=PED STATUS F10=WRITE F12=LOAD

图 3－59 数字整合点(PM109)组态细目(九)

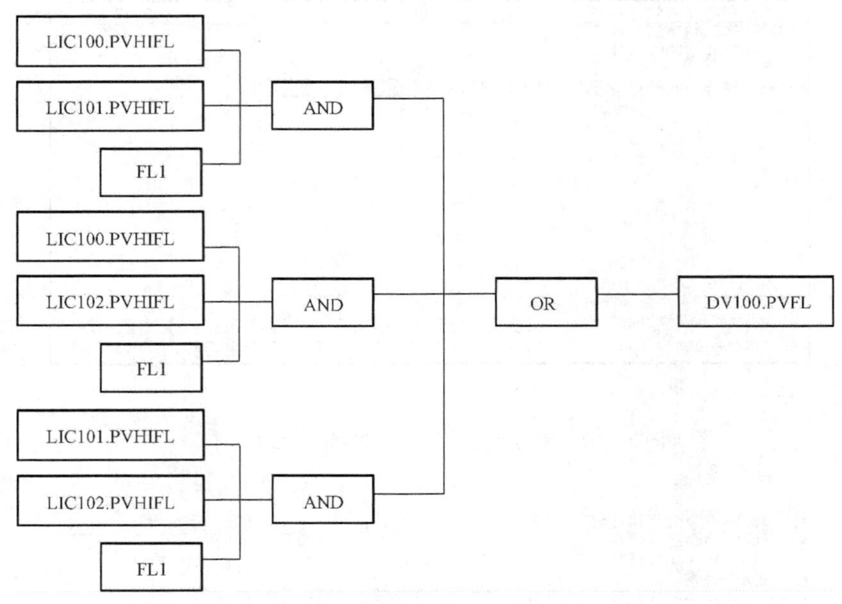

图 3-60 三取二选择

个计算块的第一个输入端,S2(2)第二个计算块的第 2 个输入端,以此类推。每个计算块有一个输出 SO(N),其中 N 为计算块的块号,因为任意两个变量是"与"的关系,每个块的 S3 用内部固定标志量寄存器 FL1 填补,不影响计算。端子不能空缺,其组态参数的填写为:

S1(1)连 L1,S2(1)连 L2,S3(1)连 FL1,输出 SO1

S1(2)连 L1,S2(2)连 L3,S3(3)连 FL1,输出 SO2

S1(3)连 L2,S2(3)连 L3,S3(3)连 FL1,输出 SO3

S1(4)连,SO1S2(4)连 SO2,S3(4)连 SO3,输出 SO4

LOSRC 逻辑输出参考源:SO4。

输出目标位:DV100. PVFL(数字整合点)。

LOENBL 逻辑输出控制参数:FL1(允许输出)。泵启动逻辑如图 3-61 所示。

泵启动的逻辑:L1:LI100. PV,L2:PI100. PVHIFL,L3:STARTPVFL,NN(1):30,S1(1)连 L1,S2(1)连 NN(1),输出 SO1 判断液位是否少于 30,S1(2)连 SO1,S2(2)连 L2,S3(3)连 L3,输出 SO2,液位低于 30,压力满足条件,按下启动按钮,三条件同时满足,给 DC 点送启动信号。

7)常规 PV 点的创建

累积器(TOTALIZR)以第一段时间内的模拟量和脉冲信号做累积。累积的时间可以选"时","分","秒";累积目标值(AVTV),用以指定累积器要累积的目标值,当到达此目标时,标志量为 1,其设定可以由 US 站和 CL 程序来给定:

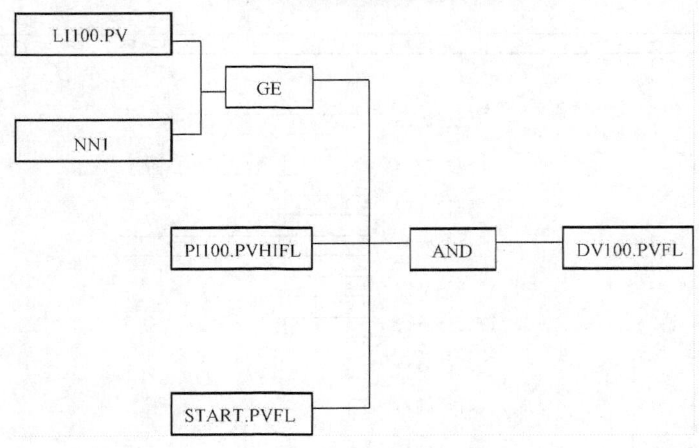

图 3－61 泵启动逻辑

等式：	坏值处理	热启动
A：	使用零代替坏值	继电器继续工作
B：	使用最后的好值	继电器继续工作
C：	设定坏值，停止	继电器继续工作
D：	使用零代替坏值	停止
E：	使用最后的好值	停止
F：	设定坏值，停止	停止

2. CL/HPM 程序

CL 语言全称为 Control Language，即控制语言，是 HPM 的一种十分重要的控制功能。它可以实现复杂的控制算法，如比值、累积、温压补偿等，也可以进行常规运算、连锁控制、顺序控制等。它还有一些功能，如操作员操作开关阀或对现场设备的操作动作，完全可以用 CL 程序实现，即操作员能进行的动作，CL 语言完全可以实现。CL 语言类似于计算机的 BASIC 语言，是一种较为古老的编程语言。同其他计算机语言一样，需要经过编程、编译、下装、调试等过程。每个程序都要有一个对应的程序点，称为 PM（PROCESS MODULE）点，它是系统与驻留在该程序点顺控槽内的 CL/HPM 程序的接口。PM 点是 HPM 的软点，即先建 PM 点，再编程序。通过程序点可以实现：① 操作远或另一个顺序程序可以启动或停止某一程序及监视程序的当前状态；② 向系统报告顺序报警（顺序错误、故障及相关报警），可给顺序报警指定优先级。

利用 CL 语言编制的顺序控制程序，可以访问来自局部数据库的和来自同一 UCN 上任一 HPM 的数值。一个程序可连接多个程序，但不能同时运行多个程序。下面介绍建立 PM 点以及编制 CL 程序的过程，其画面如图 3－62 所示。

（1）建立程序点。

步骤：MAIN MENU→NETWORK INTERFACE MODULE→PROCESS POINT BUILDING→PROCESS MODULE（例：REACT001）→填写参数→LOAD。

（2）编辑 CL 源程序。

步骤：ENGINEER MAIN MENU→COMMAND PROCESSORED→输入编辑命令，如 ED NET > USER > REACTOR. CL（图 3－63）。

```
PED >>>>>>> POINT:                    UNIT:          UNENTERED    PAGE 01 OF 08
NIM-POINT ASSIGNMENT
    PROCESS MODULE

TAG NAME                       (NAME)      REACTOR1

NODE TYPE                      (NODETYP)   PM     APM     HPM

POINT FORM                     (PNTFORM)   FULL

POINT DESCRIPTOR               (PTDESC)

ASSOCIATED DISPLAY             (ASSOCDSP)

POINT CUSTOM DISPLAY           ($CDETAIL)

UNIT ID                        (UNIT)      U5

NETWORK NUMBER                 (NTWKNUM)   01

NODE NUMBER                    (NODENUM)   11

SLOT NUMBER                    (SLOTNUM)   01

PRIMARY MODULE POINT ID        (PRIMMOD)   --------
 F1=PED          F3=      F5=OVERWRITE   F7=RECON         F9 =WLK BACK   F11=TAB
 F2=RECALL DISP  F4=      F6=            F8=PED STATUS    F10=WRITE      F12=LOAD
```

图 3－62　建立 CL 程序的步骤

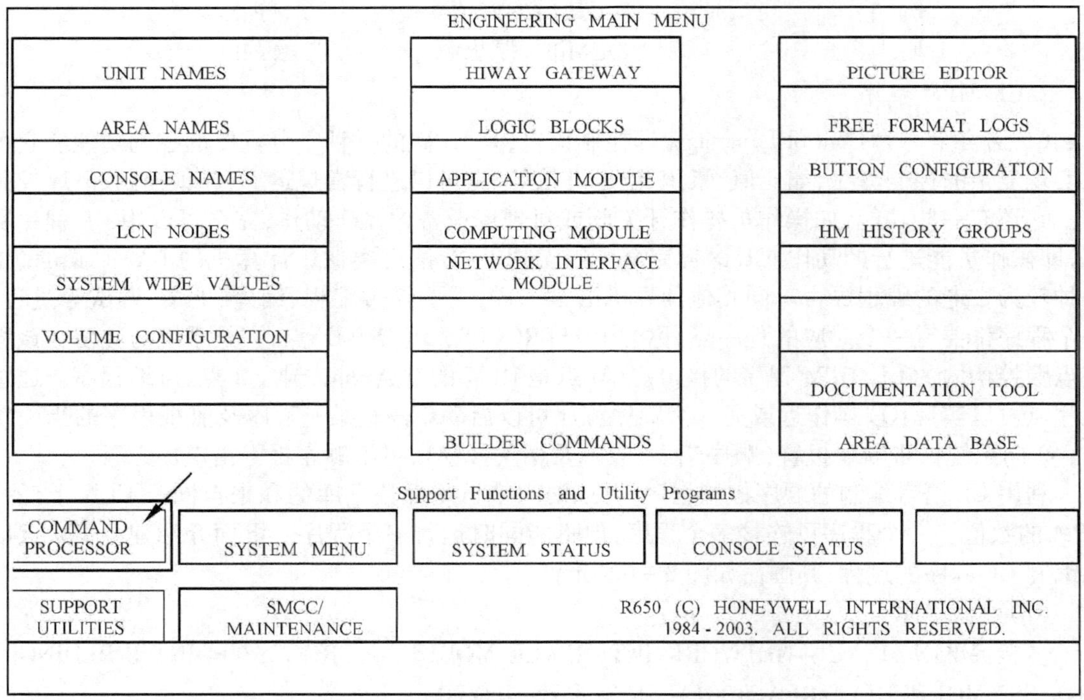

图 3－63　工程师→命令处理器

(3)编译、修改 CL 程序。

CL NET > USER > REACTOR. CL - UL

若编译出错,则产生错误文件:REACTOR. LE

读错误文件:PR NET > USER > REACTOR. LE

若编译成功,则产生清单文件:REACTOR. LS

读清单文件:PR NET > USER > REACTOR. LS

同时产生目标文件:UPPSSXXX. NO,其中:

U:UCN NO

PP:HPM NO

SS:程序点槽号

XXX:NIM LIBRARY INDEX 2 ~ 999

例如:11501998. NO

同时给出目标文件的大小,即 BLOCK SIZE。

(4)存盘退出:CTL + F1,CTL + F2。

(5)将目标文件拷贝到 HM 的 &Enu 下,nu 为 UCN 网络号。

例如:CP NET > USER > 11501998. NO NET > &E01 > = - D

(6)将 CL 程序装载到 HPM 的内存。

调出程序点的细目画面→LOAD/SAVE→LOAD→DEFAULT SOURCE→EXECUTE COMMAND→程序名:REACTOR→START→EXEC→LOAD→START→ENTER。

PM 点运行画面如图 3 - 64 所示。PM 点细目画面如图 3 - 65 所示。

异常处理程序:一个 CL 程序可包括主程序、异常处理程序和子程序。异常处理程序位于主程序之后,子程序之前。每个 CL/HPM 程序中可有多个异常处理程序。异常处理程序可由操作员或事件启动、程序启动,当异常处理程序被启动时,不执行主程序而跳转,执行异常处理程序,并按照用户编制的程序来执行一些校正动作。

异常处理程序包括三种:hold、shutdown、emergency。它们的优先级由低到高依次是:hold→shutdown→→emergency,其中 hold、shutdown 可返回主程序,而 emergency 程序执行完后即 END。异常处理程序的编制与主程序类似,但需要 hander、restart、resume 等语句,hander 用来定义异常处理程序类型。

程序执行方式 MODE 有三种:

AUTO:正常程序执行方式。

SEMI - AUTO:仿真运行,程序调试执行方式,遇到 PAUSE 语句,程序停止运行,重新 START,程序再自动执行。

SINGLE - STEP:单步运行,程序调试执行方式,遇到 STEP 语句,程序停止运行,重新 START,程序再自动执行。

3. 复杂回路的建立

对于复杂控制回路,在组态过程中应遵循以下原则:

(1)保证控制方案组态的正确性。所谓控制方案组态的正确性就是要正确的实现控制方案,使控制系统具有设计方案所指定的功能,这是对控制方案组态最基本的要求。

MESSAGES PAGE 1
DEV ADDR:HPM U02/P23/SS011
PHASE TIME: 0 00:00:00 STATEMENT: 1 USERID: ----------------
ENABLED: PRIMMOD: ----------------
STSMSG: NONE

UNIT	MODULE	SEQUENCE	OPER	EXEC	MODE	PHASE	STEP	MSG
N9	PM1	A	NORM	RUN	AUTO	A1	B1	

SUB-ROUTINE1: ABNORMAL-SQ1:
SUB-ROUTINE2: ABNORMAL-SQ2:
MESSAGES >
RETURN STOP START ENTER

图 3-64 PM 点运行画面

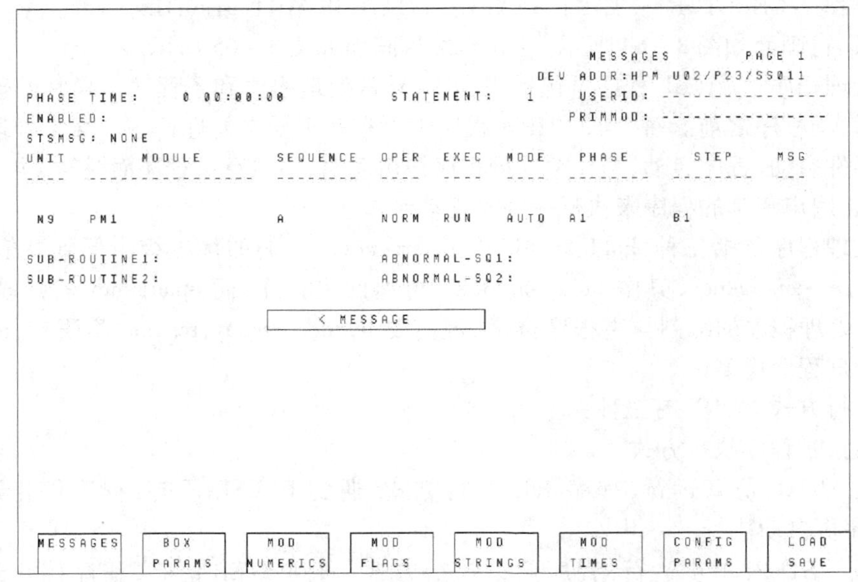

图 3-65 PM 点细目画面

(2)保证控制系统操作的可靠性。操作可靠性具有两个方面的含义:① 在任何情况下,控制系统的切换操作(如:串级、自动、手动三种方式的切换,选择性切换等)都是无扰动的;② 操作的误动作不会影响控制系统的正确运行或切换操作。操作可靠性也是评价方案组态的一个重要指标。保证控制系统的操作等效性，确保在不同的操作画面上（操作组画面、点细目画面或流程图画面等），采用相同的实质性步骤对同一控制系统进行操作，可以得到同样的效果，则称控制系统具有等效性。操作等效性是评价控制方案组态的又一指标。尽可能地保证控制系统的简化性在满足上述原则的前提下，应使控制方案的实现尽可能的简化，以减少所占用的HPM处理单元（PU），更充分地发挥设备潜力。

1）串级调节系统

在组态复杂回路时，要注意控制点之间的连接方式。每种类型的常规控制点都有初始化功能，但初始化功能的实现还取决于控制点之间的连接方式。控制点之间的连接方式有两种，一种为“推（Push）”，另一种为“拉（Pull）”。所谓“推”，就是由上游点强制将输出送至下游点，组态时是在上游点填写相应的输出连接参数。所谓“拉”，就是由下游点从上游点取输出值，组态时是在下游点填写相应的输入连接参数。对于控制信息传递通道上相邻的两个控制点而言，当上游点的输出是“推”至下游点时，若下游点不能接受输出信号（如：下游点处于手动方式），则上游点处于初始化状态。一旦下游点恢复接受输出信号，初始化功能就保证这种恢复是无扰动的。反之，当上游点的输出是被“拉”进下游点时，即使下游点不能取输出信号，上游点不会处于初始化状态。一旦下游点恢复取输出信号，这就无法保证这种恢复是无扰动的，影响了控制系统操作的可靠性。因此，在组态时，控制点之间的连接尽可能采用“推”的方式，以保证控制系统的无扰动切换功能。更确切地说，输出信息应当从第一个控制点起依次向下“推”出，直至输出点为止。串级调节系统组态示意图如图3－66所示。

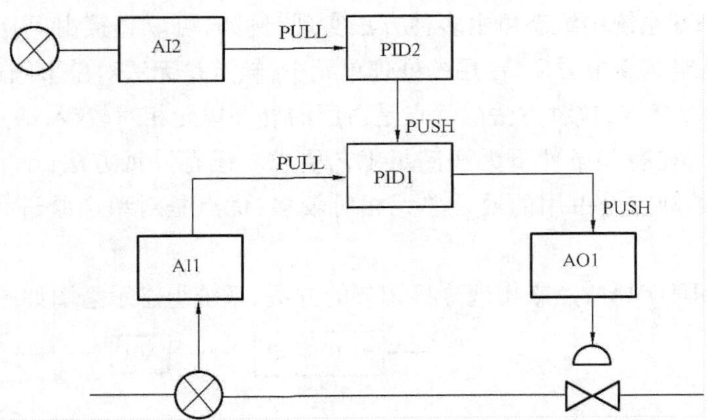

图3－66　串级调节系统组态示意图

控制点连接说明：

PID2 点输入连接（INPUT CONNECTION）：AI2. PV

PID2 点输出连接（OUTPUT CONNECTION）：PID1. SP

PID2 点正常方式（NORMAL MODE）：AUTO

PID1 点输入连接（INPUT CONNECTION）：AI1. PV

PID1 点输出连接（OUTPUT CONNECTION）：AO1. OP

PID1 点正常方式(NORMAL MOD):CASCADE

2)选择调节系统

A、B、C 或 D 被连接到 E,系统组态示意图如图 3－67 所示。

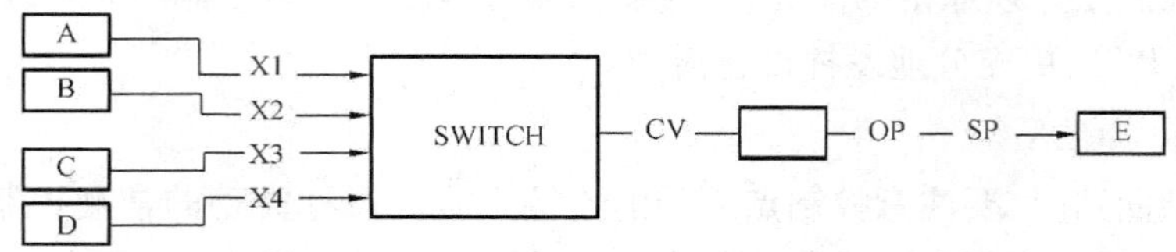

图 3－67 选择调节系统组态示意图

控制点连接说明:

A 点输出连接(OUTPUT CONNECTION):SWITCH. X1

B 点输出连接(OUTPUT CONNECTION):SWITCH. X2

C 点输出连接(OUTPUT CONNECTION):SWITCH. X3

D 点输出连接(OUTPUT CONNECTION):SWITCH. X4

SWITCH 点输入连接个数(INPUT CONNECTION NO.):0

SWITCH 点输出连接(OUTPUT CONNECTION):E. SP

SWITCH 点正常方式(NORMAL MOD):CASCADE

3)分程调节系统

分程调节在 TPS 系统中组态可由多种方法实现,例如,可以直接由 PID 点输出到 AO 点,这种方法的优点是组态简单方便,占用的处理单元少,缺点是无法对单个阀进行操作。也可以通过逻辑点连接到 AO 点,这种方法的优点是占用的处理单元相对较少,缺点是在对单个阀进行操作时仍欠灵活,在有些条件下无法满足工艺要求。还有一种方法,是利用 AUTOMAN 点来实现,这种方法的缺点是占用的处理单元相对较多,优点是对单个阀进行操作时非常灵活方便。

下面介绍用 AUTOMAN 点来实现分程调节的方法,系统组态示意图如图 3－68 所示。

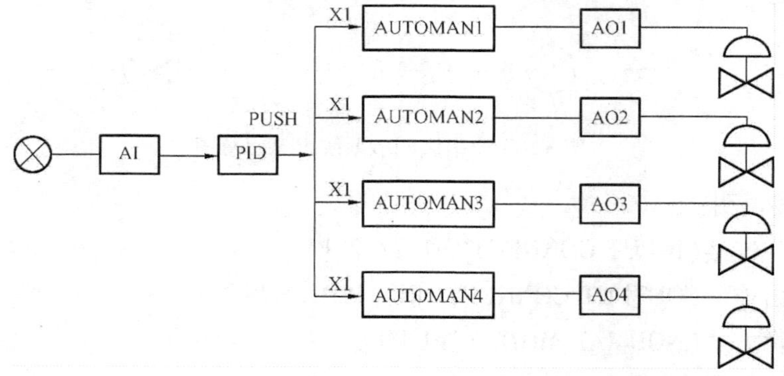

图 3－68 分程调节系统组态示意图

控制点连接说明：

PID 点输入连接(INPUT CONNECTION)：AI. PV

PID 点输出连接个数(OUTPUT CONNECTION NO.)：4

PID 点输出连接(OUTPUT CONNECTION)：OP1—AUTOMAN1. X1， OP2—AUTOMAN1. X2，OP3—AUTOMAN1. X3，OP4—AUTOMAN1. X4

PID 点正常方式(NORMAL MOD)：AUTO

AUTOMAN 点正常方式(NORMAL MOD)：CASCADE

AUTOMANn 点输入连接个数(INPUT CONNECTION NO.)：0

AUTOMAN 点输出连接(OUTPUT CONNECTION)：AOn. OP

4)比值调节系统

比值调节系统组态示意图如图 3－69 所示。

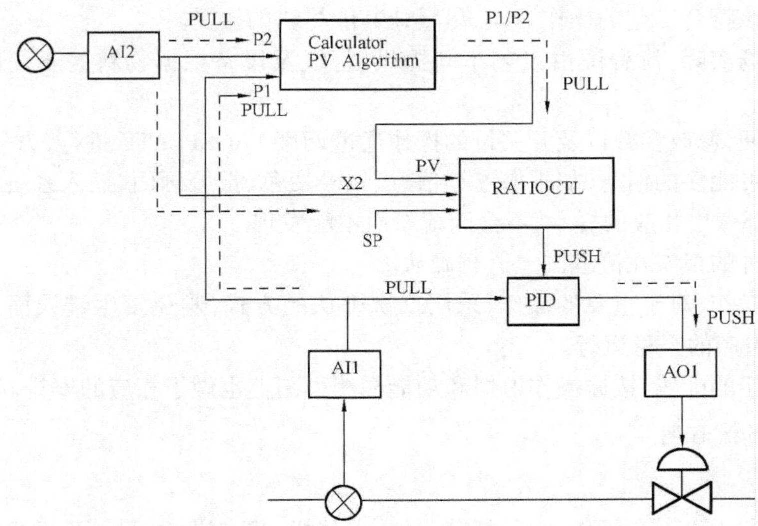

图 3－69 比值调节系统组态示意图

控制点连接说明：

RATIOCTL 点输入连接个数(INPUT CONNECTION NO.)：2

RATIOCTL 点输入连接(INPUT CONNECTION)：PVAUTO—Calculator. PV，X2—AI2. PV

RATIOCTL 点输出连接(OUTPUT CONNECTION)：PID. SP

RATIOCTL 点正常方式(NORMAL MOD)：AUTO

PID 点输入连接(INPUT CONNECTION)：AI1. PV

PID 点输出连接(OUTPUT CONNECTION)：AO1. OP

PID 点正常方式(NORMAL MOD)：CASCADE

Calculator 点输入连接个数(INPUT CONNECTION NO.)：2

Calculator 点输入连接(INPUT CONNECTION)：P1—AI1. PV，P2—AI2. PV

(六)绘制流程图

1. GUS 作图概述

1)流程图的作用

在 DCS 系统中流程图与常规仪表控制时的流程图不可同日而语。常规控制系统中的流程图只是一个工艺过程的简单示意,既无准确性,更无可操作性。而 DCS 系统中的工艺流程图可以提供如下的信息和操作:显示实际的工艺流程,可以精确到每一条管线,每一块仪表;显示输入、输出数值,相当于常规仪表的调节器和指示记录仪;提供报警信息提示;报警的确认和消除;程序控制的监控和操作;面板的调用及参数的修改;连锁按钮的操作。

总之,可以通过运行在 WINDOW2000 下的流程图实现所有要求的功能,而不需要在流程图和 NATIVE WINDOW 之间进行频繁的改变。

2)设计理念

(1)首先应该符合工艺的操作习惯,尽量让其能尽快的接受。

(2)符合现场实际,流程图由工艺车间提供,管线及设备根据物料的不同而填充不同的颜色。

(3)操作方便,修改参数以及开关量的操作通过调用 FACEPLATE 进行,方便快捷。

(4)提供尽可能多的信息,如报警连锁信息、位号变色、报警画面、插入系统提供的报警控件、设备变色等都做出相应的提示,不会因疏忽而不能发现。

(5)对于各种的报警在流程图上进行确认。

(6)避免误操作,对于重要的操作,采用二次确认的方式,避免发生错误而又无法挽回的现象,保证工艺生产的平稳运行。

(7)连锁按钮的配置,按原操作习惯和功能在流程图上也做了相应的安排。

2. 绘制 GUS 流程图

1)静态作图

在 DISPLAY BUILDER 画面中,包括菜单栏、工具栏、状态栏、Display 作图界面和脚本编辑界面。基本图形和作图工具都在工具栏内。基本图形有 LINE(线)、RECTANGLE(矩形)、ROUND RECTANGLE(圆角矩形)、ELLIPSE(椭圆形)、OPEN POLYGON(折线)、CLOSED POLYGON(封闭折线)、BEZIER CURVE(曲线)、CLOSED BEZIER CURVE(封闭折线)、ARC(弧)、TEXT(文本)。基本作图工具有 MOVE、COPY、DELETE、PASTE、CUT、GROUP、UNGROUP、BRING FORWARD/TO FRONT、SEND BACKWORD/TO BACK、FLIP HORIZEONTAL/VERTICAL、ROTATE LEFT/RIGHT、GRID、SNAP TO GRID,可以对图形进行选择、组合、解组合、翻转、移动、缩放等操作,得到理想的图形。流程图上的一个图形就是一个 OBJECT,背景为图底,其缺省名称为 DISPLAY,也为一个 OBJECT。PROPERTY 是指 OBJECT 在颜色、角度、大小等方面的特征值,不同类型的 OBJECT,其 PROPERTY 不同。例如,画一个椭圆形的储罐,双击该图形,即出现其 PROPERTY 的设置窗口。或单击鼠标右键,弹出工具菜单,选 PROPERTIES,其中的 LINE 用于设定椭圆的外边线的颜色和粗细,FILL 用于设定椭圆的填充色以及所代表某一参数的值,如果该填充代表 LIC463 的 PV 值,则在动态填充的表达式内填写

LCN. LC463. PV，这样一来，当流程图运行时，椭圆内的填充色与其测量值相一致，使操作员一目了然。画静态图相对来说比较简单，就是按工艺的要求，将设备和管线用规定的颜色和形状画出来，设定好其属性是关键。

2）脚本编辑

（1）概述。

各种功能在流程图上的实现，即是一个将系统功能表层化的过程，这一过程要通过编辑脚本（SCRIPT）来完成。脚本是附着于某一图形对象上的由特定事件触发执行的一组代码。通过编写脚本代码定义流程图对过程变化的实时显示及过程操作接口。GUS DISPLAYBUILDER SCRIPTING LANGUAGE 与 VISUAL BISIC 相似，它与 VB 具有相同的语法结构和大部分函数，并增加了针对流程图的特殊函数。这一步骤的实现是流程图功能实现中的一个重点和难点。

GUS 的 SCRIPT 是由一个个子程序组成，每个子程序与某一特定的 EVENT 相关。当 EVENT 发生时，与其相关的子程序被激活。EVENT 的类型有：

系统事件：由 GPB 应用程序本身产生的事件。

On Data Change：过程数据改变事件。

On Display Shutdown：流程图关闭事件。

On Display Startup：流程图启动事件。

On Periodic Update：周期发生事件。

操作员事件：由操作员对流程图内某一对象操作产生的事件，包括：操作鼠标事件，如 On L Button Click；操作键盘事件，如 On Display Fwd。

编写 SCRIPT 的步骤：

① 移动光标，指向相应的 OBJECT，单击 MOUSE 右键，则弹出工具菜单；

② 选 EDIT SCRIPT，出现 SCRIPT 编辑窗口；

③ 移动光标到 EVENTS 浏览框，单击 MOUSE 左键，拉出 EVENTS 清单，移动光标到所需的 EVENT，单击 MOUSE 左键相应的子程序函数出现在 SCRIPT AREA（编辑区）；

④ 编写 SCRIPT；

⑤ 调试 SCRIPT；

⑥ 关闭 SCRIPT 编辑窗口，如果打开多个 SCRIPT 编辑窗口，则依次关闭；

⑦ 测试流程图，选 DISPLAY RUN，则系统显示 VALIDATE 流程图，检查 LCN 上的参数是否存在，如无错误，则出现提示：LCN on – line validation detected no errors. 按 OK，出现流程图的运行窗口；

⑧ 测试流程图功能，关闭流程图；

⑨ 保存流程图，选 FILE→SAVE AS WITH VALIDATION，弹出对话框，填写文件名称，选 OK。

（2）常用脚本介绍。

① Sub OnLButtonClick：用于调另一幅流程图。

INVOKEDISPLAY“MENU”

End Sub

② Sub OnDisplayStartup：用于调出画面时使画面最大化。

WINMAXIMIZE

End Sub

③ Sub OnLButtonClick:用于点击左键调出输入点的细目画面。

DETAIL(DISPDB. ENT01)

End Sub

④ Sub OnRButtonClick:用于点击右键调出所选组画面。

group1,0

End Sub

⑤ Sub OnDataChange:用于依据开关量值决定图素颜色。

If LCN. 11DI1. PVFL = TRUE Then

ME. FILLCOLOR = MAKECOLOR(255,0,0)

Else

ME. FILLCOLOR = TDC_GREEN

End If

End Sub

⑥ Sub OnLButtonClick:用于子图,调用 FACEPLATE。

DISPLAY. PARAMS. FACEPLATE. TAGNAME = TAINLINE. [Name]

DISPLAY. PARAMS. FACEPLATE. visible = true

End Sub

⑦ Sub OnDataChange:用于依据模拟量值设定图素颜色。

If LCN. FRC100. BADPVFL = fALSE Then

If LCN. FRC100. PV > = 320 Then

ME. LINECOLOR = MAKECOLOR(54,191,0)

Else

ME. LINECOLOR = MAKECOLOR(221,221,221)

End If

Else

ME. LINECOLOR = MAKECOLOR(221,221,221)

End If

End Sub

⑧ Sub Click:用于运转开关。

LCN. ST100. OP = "START"

End Sub

⑨ Sub Click:用于停止开关。

LCN. FVL21765. OP = "CLOSE"

End Sub

⑩ Sub OnDataChange:用于控制流程图上位号或其他图素的报警显示状态。

x = collector["ackstat(li24888)"]

```
Select Case x
Case "UNAKALRM"
If ( LCN. LI24888. PVHHFL = TRUE Or LCN. LI24888. PVLLFL = TRUE) Then
ME. BLINK = TRUE
ME. TEXTCOLOR = TDC_RED
Else
ME. BLINK = TRUE
ME. TEXTCOLOR = TDC_YELLOW
End If
Case "AKDALRM"
If( LCN. LI24888. PVHHFL = TRUE Or LCN. LI24888. PVLLFL = TRUE) Then
ME. BLINK = FALSE
ME. TEXTCOLOR = TDC_RED
Else
ME. BLINK = FALSE
ME. TEXTCOLOR = TDC_YELLOW
End If
Case"NOALARM"
ME. BLINK = FALSE
ME. TEXTCOLOR = TDC_BLUE
End Select
End Sub
```

⑪ Sub OnDataChange:用于显示所调用参数的实时值。

```
ME. TEXT = DISPLAY. PARAMS. POINT. PV
End Sub
```

⑫ Sub OnLButtonClick:用于左键单击调出参数点。

```
DISPDB. [ $ CZ_ENTY] = DISPLAY. PARAMS. POINT
End Sub
```

3)典型实例

(1)泵的不一致信号的实现。

首先画好泵的图形"Ω",即画 OBJECT,然后对其编脚本,要求当泵运行时显示绿色,泵停止时,显示红色;当泵出现不一致时,其发生闪烁,确认之后,闪烁消失,并使输出与输入相一致;单击左键调出 FACEPLATE 进行泵的启停操作。脚本如下:

```
Sub OnPeriodicUpdate
X = COLLECTOR["ACKSTAT(PM116B)"]
SELECT CASE X
CASE "UNAKALRM"
ME. BLINK = TRUE
```

```
IF LCN. PM116B. PV = " RUN " THEN ME. FILLCOLOR = TDC _ GREEN ELSE
ME. FILLCOLOR = TDC_RED
CASE"AKDALRM"
ME. BLINK = FALSE
LCN. PM116B. OP = LCN. PM116B. PV
CASE"NOALARM"
ME. BLINK = FALSE
IF LCN. PM116B. PV = " RUN " THEN ME. FILLCOLOR = TDC _ GREEN ELSE
ME. FILLCOLOR = TDC_RED
END SELECT
End Sub
PUBLIC FP AS OBJECT
Sub OnLButtonClick
FP. TAGNAME = "PM116B"
APPACTIVATE "FACEPLATE"
End Sub
```

(2)翻页按钮。

按流程图上的翻页按钮,将图转到主菜单页。脚本如下:

```
Sub OnLButtonClick
INVOKEDISPLAY"C:\PICS\PIC16"
End Sub
```

(3)报警变色。

当R105罐的液位高连锁时,填充色变红,低报警时,填充色变黄,正常时为绿色。脚本如下:

```
Sub OnDataChange
If LCN. LC104. PVLOFL = FALSE Then
If LCN. LC104. PVHHFL = TRUE Then
ME. FILLCOLOR = TDC_RED
Else
ME. FILLCOLOR = TDC_GREEN
End If
Else ME. FILLCOLOR = TDC_YELLOW
End If
End Sub
```

(4)连锁件SV、SR件的操作按钮。

① SV件为安全锁定按钮,当工艺参数发生报警连锁时,不能进行正常的输出,此时,按下此按钮,将连锁旁路,继续生产,当工艺条件恢复正常后,连锁自动投用。解锁时,按钮颜色发生改变,以便做出提示,正常时颜色恢复。由于解除连锁必须慎重,所以用确认窗口,以免发生误操作。AC400解锁按钮脚本如下:

ASH401 解锁

```
Dim A As String
Sub OnLButtonDoubleClick
A = ASKBOX["解除连锁?（Y）",""]
If UCASE $(A) = "Y" Then
LCN. fl2401. PV = "ON"
SLEEP 2000
LCN. FL2401. PV = "OFF"
End If
End Sub
Sub OnPeriodicUpdate
If LCN. fl2403. PV = "ON" Then
ME. BUTTONNORMALCOLOR = TDC_GREEN
Else
ME. BUTTONNORMALCOLOR = MAKECOLOR(0,119,191)
End If
End Sub
```

② SR 件为报警复位按钮，当报警消除后，必须按下该按钮之后，将报警复位后，工艺才可以进行正常的操作。如果未复位，按钮变色，复位后恢复原色。脚本如下：

K103 高温
SR_按钮

```
Dim A As String
Sub OnLButtonDoubleClick
A = ASKBOX["复位?（Y）",""]
If UCASE $(A) = "Y" Then
LCN. THRB13. PV = "ON"
SLEEP 2000
LCN. THRB13. PV = "OFF"
End If
End Sub
Sub OnPeriodicUpdate
If LCN. THRB14. PV = "ON"Then
ME. FILLCOLOR = MAKECOLOR(146,191,0)
Else
ME. FILLCOLOR = MAKECOLOR(58,110,165)
End If
End Sub
```

上述例子都是非常简单的小例子,而对于生产装置中的大型程控程序,采用了顺控表的形式加以实现,即直观又便于操作。

(七)组态自定义键

1. 自定义键概述

1)一般说明

每个操作员键盘都有自定义键,不同种类的键盘自定义键有所不同,但自定义键组态的步骤是相同的。自定义键作用就是调出规定的显示,以帮助操作员快速响应过程变化。每个区域数据库有一个自定义文件。如果是01区的按键组态文件,文件名BUTTON01,则该文件路径及名称为&D01 > BUTTON01。后缀名,后缀.KS为源文件,后缀.OS为目标文件。

2)组态自定义键的几点注意事项

(1)按键组态与区域相对应,在Area Datebase中的Path Name Catalog项,Button File名称一定要与按键组态文件一致。如果是上述例子中的文件名称,在此处应填上:

&D01
BUTTON01

(2)每次在按键组态更改后,都要进行区域更换。

3)按键组态的操作

按键组态的几个命令与PICTURE EDITOR的命令基本一致,如:

(1)读按键组态文件:R NET > &D01 > BUTTON01。

(2)写按键组态文件:W NET > &D01 > BUTTON01。

(3)删除:DEL N(键号)。

(4)拷贝:COPY N M(键号) 从N拷到M。

(5)编译:COM NET > &D01 > BUTTON01。

2. 自定义键组态步骤

1)进入组态画面

工程师主菜单→Button Configuration,如图3-70所示。

2)填写组态内容

(1)选中一个键号,出现键功能定义窗口。

(2)在Action中输入Actor语句,在Lamp SpecificData中输入相应的内容。

Action:包括一个或多个Actor语句,定义该键按下时应有的响应。例如,如果定义该键按下时调图名为"R101"的流程图,则Action处应填写SCHEM("R101"),如果定义该键按下时调组号为"1"的操作组,则Action处应填写GROUP(1,0),其中0表示进入该组后没有位号被选中。如果定义该键按下时调位号为"TIC1"的点的细目,则Action处应填写DETAIL("TIC1");如果定义该键按下时调位号为"UCN"状态画面,则Action处应填写UCN_STAT。

(3)在所需的文件全部定义完成后,存储及编译,生成目标文件。

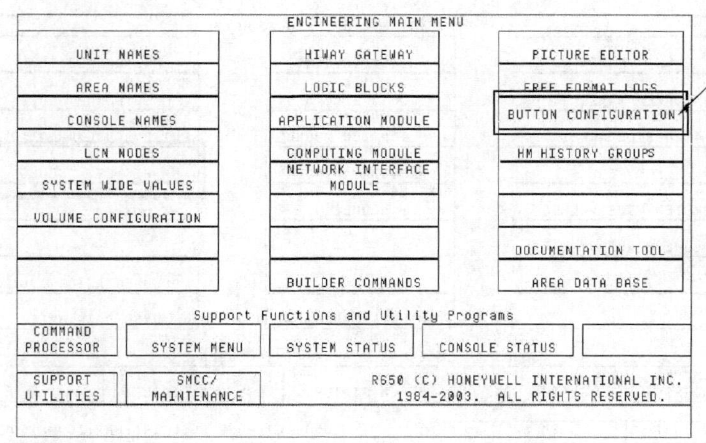

图 3－70 工程师主菜单→Button Configuration

(4)将自定义键文件的目标文件及其路径指定到区域数据库中。自定义键配置文件的源文件的扩展名为.KS,可用“W”命令存盘生成,读出已有自定义键文可使用“R”命令,具体方法见前面介绍的按键组态操作。

自定义键配置文件的目标文件由编译命令 COM 生成,扩展名为.KO。

3)用 COM 命令编译自定义键文件

输入命令,如 COM NET > &D01 > BUTTON01。

4)更换区域

在[Console Status]画面→选择相应的操作站→选择[AREA CHG]选择要装入的区域,如[01 AREA01]→[Default Source]→[Execute Command]→等待,此时,屏幕上显示 AREA CHANGE IN PROGRESS。

(八)创建历史组

1. 一般说明

历史组是 HM 要采集的过程数据的集合。在 NCF 组态中,定义了进行历史采集的单元,每个单元包含历史组数、数据的采集速率和要采集的数据类型。每个历史组最多可包括 20 个参数,可以是 PV、OP、SP 和点的任何实数型参数。

2. 创建步骤

1)进入组态画面

Native Window 窗口→工程师主菜单→HM History Group,如图 3－71 所示。

2)组态数据

(1)输入单元名称Ⓐ。

(2)输入历史组号Ⓑ。

(3)输入点名及参数Ⓒ。

(4)按回车键确认输入数据,同时生成该历史组的系统点,存入 IDF 中间数据文件 $

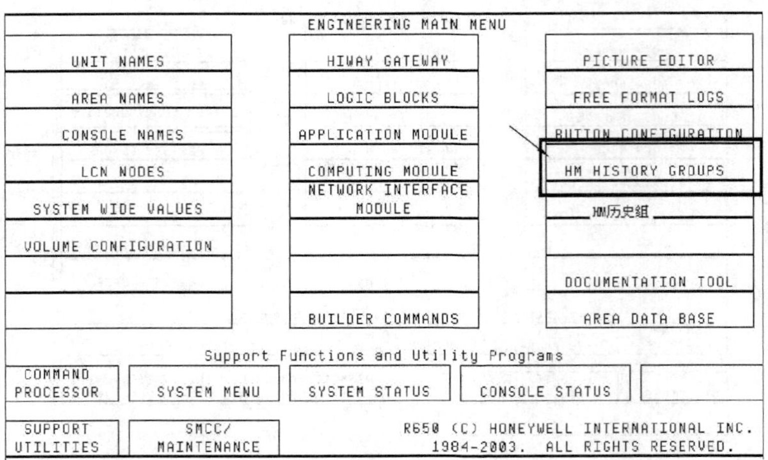

图 3－71 工程师主菜单→HM History Group

CHnn(×××),其中:nn:单元号,×××:历史组号。

历史组内的数据若重复或错误,回车后该框会变红,数据无法下装。只有写进历史组的数据才可以有趋势记录,因此,一般只将模拟量作历史组,便于观察其控制曲线。历史组组态画面如图 3－72 所示。

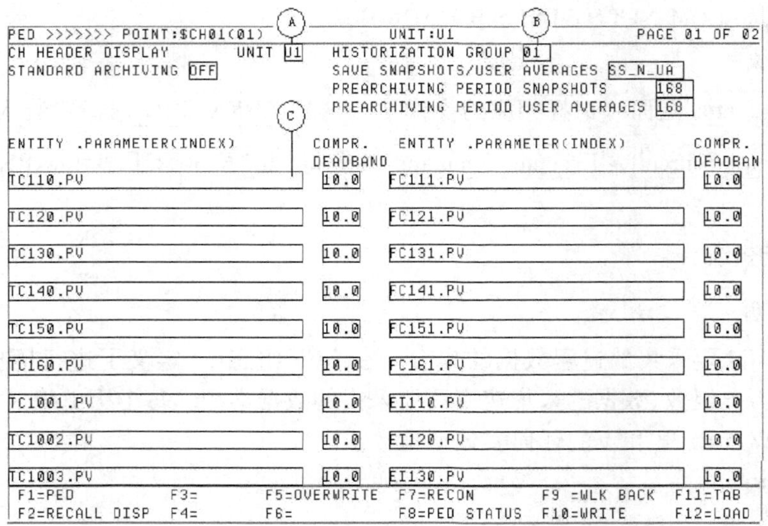

图 3－72 历史组组态画面

3)下装 HM 系统

将历史组下装到 HM 系统中(CTL＋F12)。

4)修改历史组

如果要修改历史组,输入单元号和组号回车后(CTL＋F7)调出以前的组进行修改,修改后存储并退出。

3. 启动历史采集

System Status→HM→Node Status→HIST Collect→Enable Collect。

4. 访问过程点的 PV 历史数据

(1)System Menu→Process Variable Retrieval。

(2)选择历史数据类型。

(3)输入点名。

(4)设定开始/结束时间和日期。

(5)显示/打印历史数据。

(九)生成区域数据库

为了便于操作员监控其负责的区域,必须提供一些必要的信息,这些信息就包含在区域数据库文件中。区域数据库用以划分操作员的可操作内容,目的是为了操作员的调用,操作员可以对分配到该区域数据库内的单元、趋势、报表、报告、日志、组、报警、流程图、按键、信息等进行操作和处理。每对(个)LCN 最多可分配 10 个区域,每个区域对应一个区域数据库文件,分别为 Area01. DA ~ Area10. DA。创建区域数据库的步骤:

(1)进入区域数据库组态画面。

按工程师键盘上的 CTL + HELP 键,进入工程师主菜单→选中 Area Database,进入区域数据库组态画面,如图 3 - 73 所示。

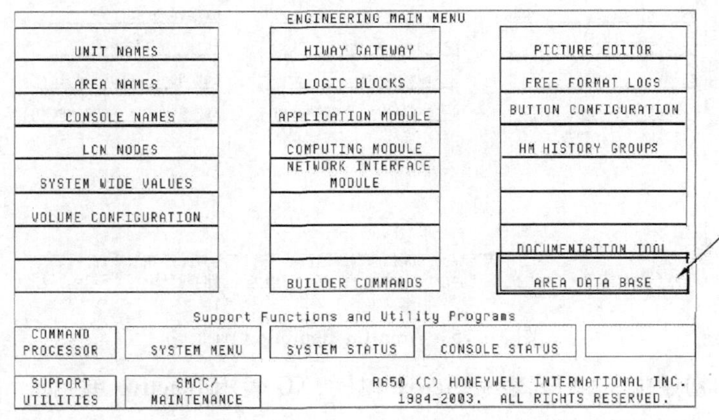

图 3 - 73 工程师主菜单→Area Database

(2)选择相应的区域数据库。

按工程师键盘上的 COMND 键→选择 Select Area→选择区域序号(1 ~ 10)→回车,系统自动产生相应的 area01→10. WA 文件,如图 3 - 74 所示。

(3)按 CTL + F9,重新回到 Aera Data Base 组态画面,如图 3 - 75 所示。

(4)选择各组态项,进行组态。

① Unit Assignment:

说明:该组态项指定所选区域包含的过程单元名。指定 Area Alarm Summary、Unit Alarm Summary 和 Alarm Annunciator。三个报警画面中,显示单元报警的位置。指定 Initially As-

COMMAND DISPLAY PAGE 01 OF 01

WRITE TO IDF	READ TO PED	DELETE SYSTEM ENTITY	DELETE ENTITY FROM IDF	DISPLAY FILE	SELECT AREA
LOAD	LOAD MULTIPLE	DELETE MULT ENTITIES	DELETE MULT ENTITIES IDF	EXECUTE COMMAND FILE	INSTALL AREA
RECONSTITUTE	RECONSTITUTE MULTIPLE	LIST ENTITIES IN MODULE	LIST ENTITIES IN IDF	PRINT FILE	
ALTER PARAMETERS	EXCEPTION BUILD		REPACK IDF	PRINT ENTITIES	NEW

REFERENCE PATH NAME NET>TEST>

The pathname must take the form logical_device_id>&Dnn>AREAnn, where 'nn' denotes an area number 01-10.
Give path OR select area number and give logical device id for data base.

AREA NUMBER 1 2 3 4 5 6 7 8 9 10 OTHER

current AREA DATA BASE pathname NET>&D01>AREA01

F1=PED F3= F5=OVERWRITE F7=RECON F9 =ULK BACK F11=TAB
F2=RECALL DISP F4= F6= F8=PED STATUS F10=WRITE F12=LOAD

图 3－74 Display Builder 中区域选择画面

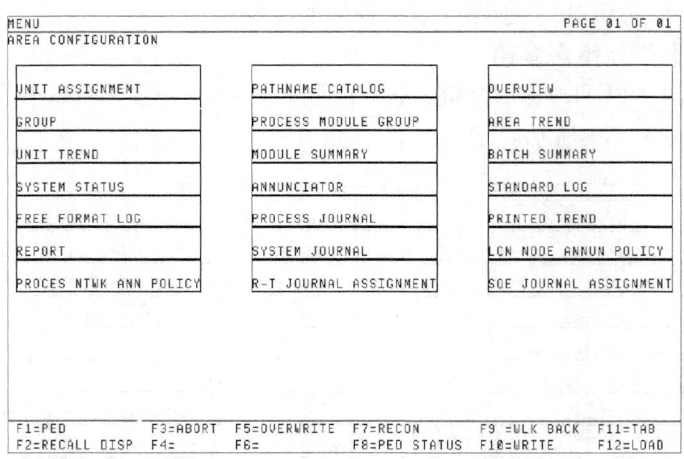

图 3－75 Area Configuration 画面

signed 过程单元的初始配置，YES 表示 Active 单元，NO 表示 Inactive 单元。

步骤：

a. 在 Aera Data Base 组态画面中→选择 UNIT ASSIGNMENT，如图 3－76 所示。

b. 在 1～36 个 BOX 上选中相应的 BOX→在 Unit ID 中输入过程单元名→在 INITIALLY ASSIGNED 中选择 YES→下装（CTL＋F12）。分配每个 US 所能监控的单元。

② Pathname Catalog：

说明：该组态项指定用户自定义键文件所在卷名和文件名，以便区域数据库装入 GUS/US 内存时，将该文件也一起装入；指定流程图和自由格式报表文件的路径名；指定 GUS/US 内存的流程图和自由格式报表的文件名。

步骤：

a. 在 Aera Data Base 组态画面中→选择 PATHNAME CATALOG，如图 3－77 所示。

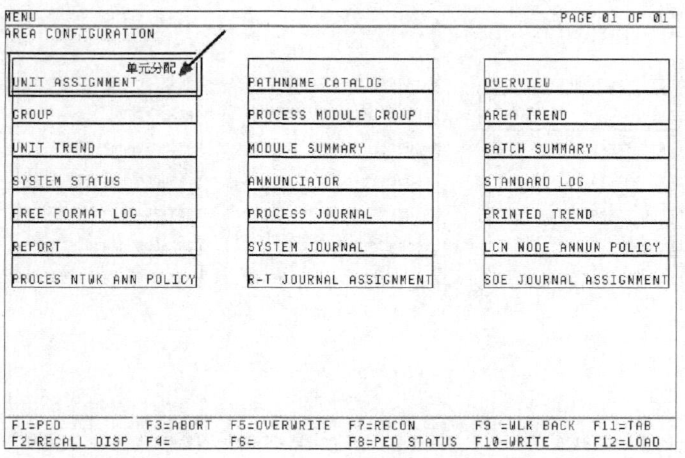

图 3－76 Area Configuration 画面→UNIT ASSIGNMENT

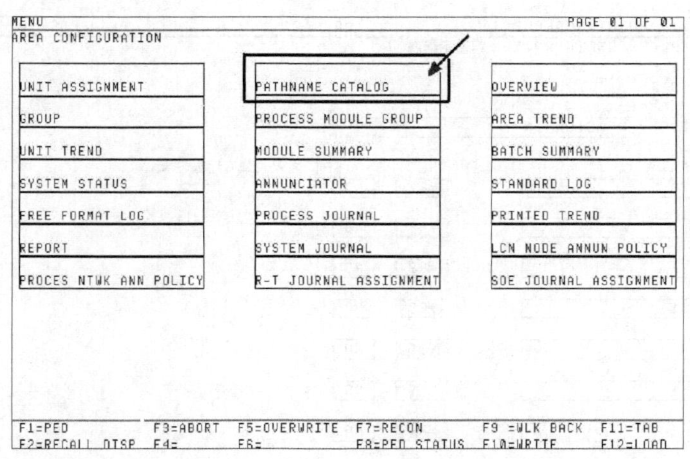

图 3－77 Area Configuration 画面→PATH NAME CATALOG

b. 在相应位置分别填上按键组态的卷名和文件名及流程图、自由格式报表路径名等内容→下装（CTL + F12）。

过程：

a. 在 Aera Data Base 组态画面中→选择 GROUP，如图 3－78 所示。

b. 指定组号、过程点名及是否需要趋势图→若需要，还可定义 Associate 和 Help→下装（CTL + F12）。

③ Unit Trend：

说明：每个 Aera Data Base 最多可定义 36 个 Unit Trend。该画面可组态某一单元最多 24 点的 PV 实时值或历史值趋势。趋势显示区：12；2 个参数/显示区。时间：2h 或 8h。

操作组组态画面如图 3－79 所示。

步骤：

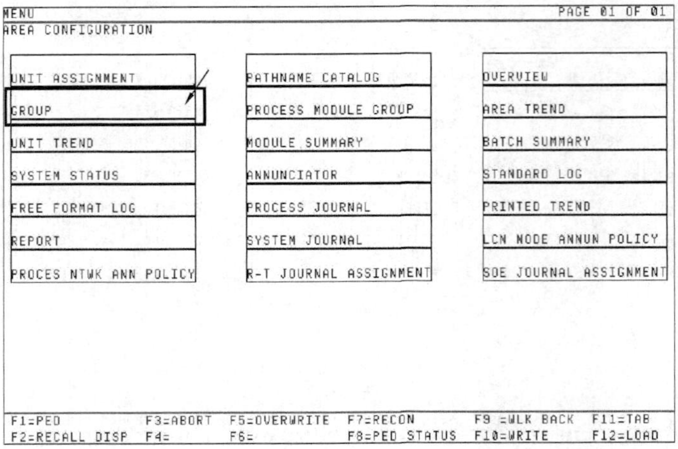

MENU PAGE 01 OF 01
AREA CONFIGURATION

UNIT ASSIGNMENT	PATHNAME CATALOG	OVERVIEW
GROUP	PROCESS MODULE GROUP	AREA TREND
UNIT TREND	MODULE SUMMARY	BATCH SUMMARY
SYSTEM STATUS	ANNUNCIATOR	STANDARD LOG
FREE FORMAT LOG	PROCESS JOURNAL	PRINTED TREND
REPORT	SYSTEM JOURNAL	LCN NODE ANNUN POLICY
PROCES NTWK ANN POLICY	R-T JOURNAL ASSIGNMENT	SOE JOURNAL ASSIGNMENT

F1=PED F3=ABORT F5=OVERWRITE F7=RECON F9 =WLK BACK F11=TAB
F2=RECALL DISP F4= F6= F8=PED STATUS F10=WRITE F12=LOAD

图 3－78 Area Configuration 画面→GROUP

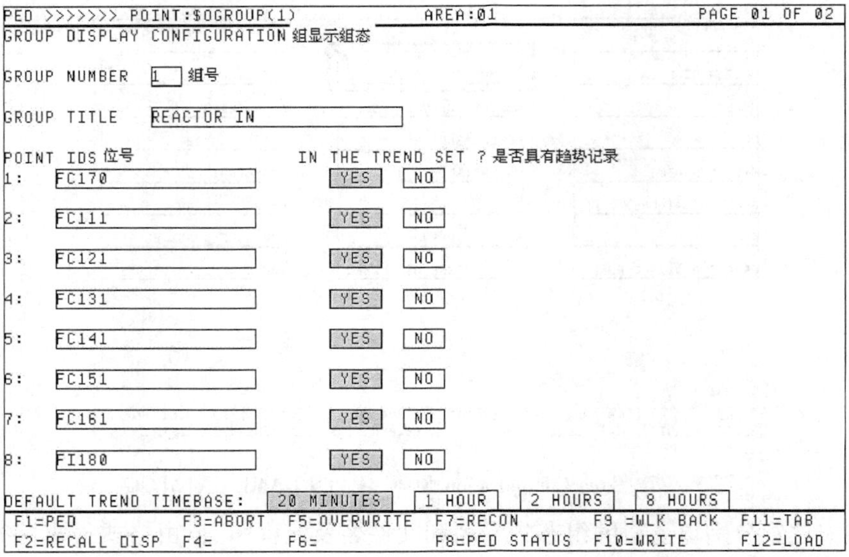

PED >>>>>>> POINT:$OGROUP(1) AREA:01 PAGE 01 OF 02
GROUP DISPLAY CONFIGURATION 組显示組态

GROUP NUMBER 1 组号

GROUP TITLE REACTOR IN

POINT IDS 位号		IN THE TREND SET ？是否具有趋势记录	
1:	FC170	YES	NO
2:	FC111	YES	NO
3:	FC121	YES	NO
4:	FC131	YES	NO
5:	FC141	YES	NO
6:	FC151	YES	NO
7:	FC161	YES	NO
8:	FI180	YES	NO

DEFAULT TREND TIMEBASE: 20 MINUTES 1 HOUR 2 HOURS 8 HOURS

F1=PED F3=ABORT F5=OVERWRITE F7=RECON F9 =WLK BACK F11=TAB
F2=RECALL DISP F4= F6= F8=PED STATUS F10=WRITE F12=LOAD

图 3－79 操作组组态画面

a. 在 Aera Data Base 组态画面中→选择 UNIT TREND。

b. 输入单元名→选择 Trend Timebase→输入点名。

c. 定义 Unit Trend 的相关显示。

d. 下装(CTL＋F12)。

过程:

a. 在 Aera Data Base 组态画面中→选择对应的组态(Logs/Trends/Journals/Reports)。

b. 输入相应的组态内容,如名称、格式等。

c. 下装(CTL＋F12)。

④ 完成所有需要组态的内容后,安装区域数据库,如图 3-80 所示。步骤如下:

```
COMMAND DISPLAY                                              PAGE 01 OF 01
WRITE TO      READ TO PED     DELETE SYSTEM   DELETE ENTITY   DISPLAY        SELECT AREA
IDF                           ENTITY          FROM IDF        FILE
LOAD          LOAD            DELETE MULT     DELETE MULT     EXECUTE        NSTALL AREA
              MULTIPLE        ENTITIES        ENTITIES IDF    COMMAND FILE
RECONSTITUTE  RECONSTITUTE    LIST ENTITIES   LIST ENTITIES   PRINT FILE
              MULTIPLE        IN MODULE       IN IDF
ALTER         EXCEPTION                       REPACK IDF      PRINT          NEW
PARAMETERS    BUILD                                           ENTITIES

              REFERENCE PATH NAME NET>TEST>

The pathname must take the form logical_device_id>&Dnn>AREAnn, where 'nn'
denotes an area number 01-10.
Give path OR select area number and give logical device id for data base.

AREA NUMBER    1  2  3  4  5  6  7  8  9  10  OTHER

     current AREA DATA BASE pathname NET>&D01>AREA01

F1=PED          F3=    F5=OVERWRITE  F7=RECON         F9 =WLK BACK  F11=TAB
F2=RECALL DISP  F4=    F6=           F8=PED STATUS    F10=WRITE     F12=LOAD
```

图 3-80　Display Builder 中区域安装画面

按工程师键盘上的 COMND 键→选择 Install Area→回车。

区域数据库安装完毕后,工作文件 Areann. WA 自动删除,生成区域数据库文件 Areann. DA。

⑤ 进行换区操作,将新组态的区域数据库文件装入 GUS 内存。

三、Honeywell TPS 系统安装、测试与维护

Honeywell TPS 系统的测试和维护包括在线控制方案的修改以及通过系统状态等画面对整个系统的运行情况进行分析检查和判断,使系统处于正常的运行状态。TPS 系统可在线修改一些组态方案,如添加控制回路、修改流程图、操作组、总貌画面等。不中断 APM/HPM 的运行且不影响没修改的控制功能。

系统运行状态显示:可在站群状态画面(Console Status)和系统状态画面(System Status)等画面中,查看相关信息,查看 LCN 和 UCN 网络上各节点的状态及 LCN、UCN 电缆状态,可以显示 APM/HPM 和 I/O 模块的运行状态,如果运行状态异常,还可以通过相关的操作显示异常的原因,从而使问题得到正确的处理。

(一)在线修改

在线修改工作在日常维护过程中有时需要做,尤其是有一些改造项目,要求在不影响正常生产的情况下进行组态、调试、投运。因此,了解哪些工作可以在线做,哪些工作只能在离线情况下才能做,对于确保系统的正常运行至关重要。对于控制方案的修改,如过程点的增减和组态内容的更改、流程图的增减修改、区域数据库内容的修改等,不会影响系统运行。而有些组态可能会对系统造成一定的影响,如对于 HPM 的 BOX 组态内容的修改,需要在 HPM 处于 IDLE 状态下才能下装,可能会对工艺过程造成影响,如果改动较大,还可能对已组态的点造成影响。如果对于以下的任何一种改变,都需要对历史模件进行初始化,不能进行在线组态:如软件版本升级、增加更多的用户空间、HM 更换后连续历史或日志分配的空间尺寸变更、CHECKPOINT 空间尺寸增加、给已存在的 LCN 网络增加非操作站的节点等。

(二)系统运行状态显示

LCN 网络上的节点状态如图 3－81 所示。

```
MAKE SELECTION

HPM AUTO CHECKPNT: INHIBIT    HPM 29 STATUS/UCN 10    HPM CONTROL STATE  :BASIC
IOL PERIODIC SWAP: ENABLE     HPMM 29 P  HPMM 30 S    UCN CBL STS HPMM 29: A/B
                                 OK       BACKUP                  HPMM 30: A/B
WRITE LOCKOUT : OFF
```

01 AO OK	02 HLAI OK	03 LLAI OK	04 DO OK	05 DISOE OK	06	07	08
09	10	11	12	13	14	15	16
17	18	19	20	21	22	23	24
25	26	27	28	29	30	31	32
33	34	35	36	37	38	39	40

```
LOAD/SAVE  CONTROL  AUTO     IOL CABLE  RUN           SLOT     DETAIL
RESTORE    STATES   CHECKPT  COMMANDS   STATES        SUMMARY  STATUS

HPM CKPT   HPM CKPT                                   CANCEL   ENTER
ENABLE     INHIBIT
```

图 3－81 LCN 节点显示

1. 系统状态画面

在 R500 之后的版本的系统状态显示可提供的功能包括选择节点、装载节点、查看状态信息、调出其他显示、Shutdown 节点、Dumping 节点、设定时间日期等功能。在画面中，显示在 NCF 中组态的节点名称、地址和状态，在画面左上角，显示的 SYS VERS 是当前运行的软件版本号，显示的 NCF VERS 是系统 NCF 组态最后改变的时间。CABLE 1:/CABLE B:显示 LCN 电缆的状态，如果状态正常，状态为 OK，显示绿色，否则状态为 SUSPECT，显示黄色。反白背景表示该电缆处于激活状态。

2. 站群状态画面

该画面显示 GUS 操作站及其外设(打印机、驱动器和记录笔)的状态，可以显示站群号、站号、型号、状态、区域、外设(包括指定的打印机编号、Zip 或活动硬盘编号、记录笔编号)、访问权限等信息。

3. 装载节点

此处只介绍从 NET 装载，不涉及从软盘装载。

1)历史模件

历史模件具有自启动功能，上电后，节点自启动，状态会从 POWER—ON 和 QUALIFIED，变化为 READY，最后变为 OK、WARNING 或 SEVERE，这些状态取决于历史模件。

2)GUS

(1)在系统状态画面中选择节点，按 LAOD 操作键盘上的 LOAD 键或屏幕上的 LOAD 选项。

(2)出现提示符:W,N,1,2,3,4,X?，输入 W，回车。

(3)出现提示符:OPR,UNP,X? 输入O或U,回车。

(4)出现提示符:NCF? N,1,2,3,4,X?,输入N,回车。

(三)网络接口模件

在系统状态画面中选择NIM节点,点击NODE STATUS,点击AUTO LOAD NET,回车,NIM开始装载,状态就由POWER—ON变为OK。

1. 节点状态说明

节点状态包括OK、BACKUP、OFF、PWR_ON、QUALIFY、READY、FAIL。各自代表的含义如下:

OK:节点自检通过,已装载程序,运行正常。

BACKUP:节点自检通过,是另一个网络节点的备份。

OFF:节点不在TPN网络上或电源关闭。

PWR_ON:电源上电,但还未自检通过或未装载程序。

QUALIFY:自检测试已经完成。

READY:节点已装入程序,在OK状态前完成系统通信。

FAIL:电源上电,但节点故障。

2. UCN网络上的节点状态

1)节点状态

UCN网络上的节点状态显示如图3-82所示,该显示可以查看过程网络上的UCN设备,如果它们不在OK状态,出现红色和黄色的信息,选择设备框和右下角的DETAIL STATUS可获得更多信息。UCN设备状态及含义如下:

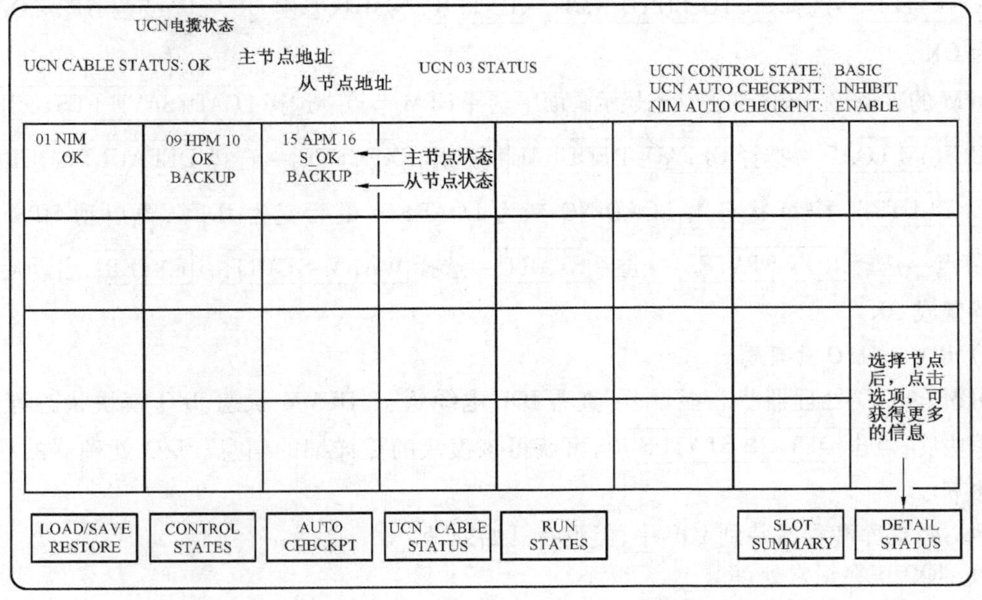

图3-82 UCN网络状态显示

OK:运行正常。

BACKUP:设备在备份上操作,运行正常。

IOIDL:一个或多个 I/O 处理器在 IDLE 状态,没有故障。

IDLE:HPMM 或 LM 处于 IDLE 状态。

PARTFAIL:部分故障,HPMM 有一个或多个软件故障。

PF_IOIDL:有一个或多个部分故障和一个或多个 I/O 处理器在 IDLE 状态。

PF_IDLE: HPMM 或 LM 处于 IDLE 状态,有一个或多个部分故障。

OFFNET:HPMM 或 LM 不响应 UCN 网络(不存在、电源掉电状态或有硬件故障不能响应。

POWERON:HPMM 或 LM 响应 UCN 网络,但还未运行自检,这是发生在 HPMM 上电的短暂状态,处于自检测完成之前。

ALIVE:HPMM 或 LM 响应 UCN,但没有装载。

LOADING:HPMM 正在被装载。

NOTCONFG:节点类型与 UCN 网络上该地址的设备类型不相符。

NOSYNCH:备份 HPMM 正在运行,但它的数据库与主 HPMM 不同步。

FAIL:HPMM 严重故障,不能访问 I/O 处理器的数据。HPMM 控制功能终止,整个 HPMM 故障。

COMMFAIL:NIM 不能与其他节点通信。

UNKNOWN:当主 NIM 处于 COMMFAIL 状态时,在该 UCN 上的所有其他节点处于 UNKNOWN 状态,直到主 NIM 建立通信。

PMMIDL:HPMM 处于 IDLE 状态。

2)节点装载

NIM 的装载:在系统状态画面中选择节点[NIM],此时 NIM 处于 PWR_ON 状态→选择[NODE STATUS]→选择[AUTO LOAD NET]→[ENTER],NIM 状态由 QUALIF 变为 NET LOAD,最后变为 OK。

HPM 的装载:在 UCN 网络状态显示画面中选择 HPM 节点→选择[LOAD/SAVE RESTORE]→选择[PROGRAM LOAD]→选择[DEFAULT SOURCE]→选择[EXECUTE]→选择[DEFAULT SOURCE]→选择[EXECUTE]。HPM 状态由 LOADING 变为 LOADED,最后变为 IDLE,再启动 HPM,选择 HPM 节点→选择[RUN STATES]→选择[START]→选择[WARM START]→[ENTER],启动后 HPM 状态就变成 OK。

3)HPM 的 I/O 处理器

HPM 的 I/O 处理器状态显示,可查看 IOL 电缆状态、HPMM 状态、I/O 模块状态等信息。选择模块后,点击[DETAIL STATUS]项,可获得该模块的更详细的信息。I/O 处理器的状态及含义如下:

IDL:数据库和程序装到 IOP 中,但没有开始处理。

OK:IOP 正在正常处理。

SF:IOP 正在处理,但在硬件中检测到软件故障。

NR:IOP 不响应 I/O LINK。

CFG:IOP 型号有一个组态错误。

I/O 处理器在 HPM 装载后或重新安装后处于 IDLE 状态,需要启动,方法是:选择模块→选择[RUN STATES]→选择[START]→选择[WARM START]→[ENTER]。

系统安装流程如图 3-83 所示。

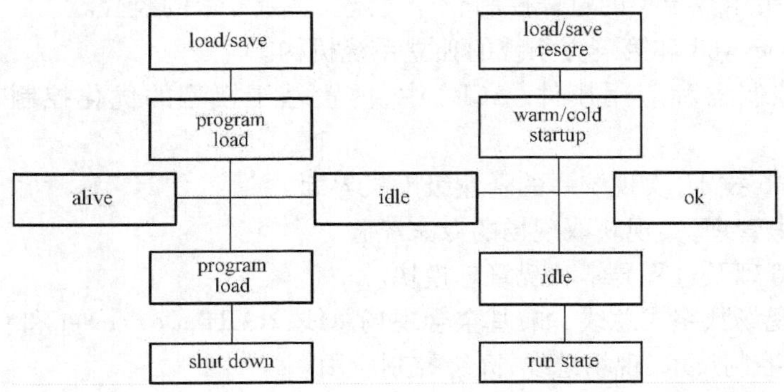

图 3-83 系统安装流程图

第三节 Honeywell Experion PKS 系统

一、Experion PKS 系统介绍

Experion PKS 过程知识系统是 Honeywell 最新一代的过程自动化系统,它将人员与过程控制、经营和资产管理融合在一起。Experion PKS 为用户提供了远高于集散控制系统的能力,包括嵌入式的决策支持和诊断技术,为决策者提供所需信息;安全组件保证系统安全环境独立于主控系统,提供了系统的安全、可靠性。

(一)Experion PKS 系统的特点

(1)全局数据库。一次输入控制处理器与监控系统服务器所需信息,无需多次对不同层次的数库分别组态。

(2)Honeywell HMIWeb 技术。HMIWeb 技术是基于 Web 结构的人机界面,可以集成过程控制数据和商业应用数据。HMIWeb 以 HTML(超文本链接标示语言)为显示画面的基本格式,提供 IE 浏览器访问过程画面的功能。

(3)全局在线文档。帮助用户快速访问存有系统资料信息的 Knowledge Builder, Knowledge Builder 是 HTML 的文档资料,为用户提供在线帮助和在线技术支持,避免了用户在各处查找大量资料的不便。

(4)实时数据库。采用客户机/服务器结构,正常情况下由服务器为客户机提供所需要的实时数据,在服务器故障情况下,某些客户机可直接从控制器读取所需要的实时数据。

(5)先进的系统框架。包括完整的基础架构,报警/事件管理子系统,便于组态的报表子系统,扩展的历史数据采集以及多种类型的系统标准趋势等。

(6)良好的开放性。支持最先进的开放技术和标准,包括 ODBC,AdvanceDDE,Visual Basic,OPC(OLE for Process Control)等,使系统开放通信的实施极为方便。

(7)严格的安全性。多种渠道保证系统的安全性。

(二)Experion PKS 系统的优点

(1)融入霍尼韦尔数十年的过程控制、资产管理、领域专家的经验。

① 适用于 Honeywell 和第三方系统的独立系统机构。

② 在 C200 控制器和应用模件(ACE)中,内置基于模型的优化控制算法(Profit Loop PKS)。

③ 由 HMI Web 技术,实现统一的企业级人机界面。

④ PKS 的知识管理,实现获取现场的专家经验。

⑤ 包含资产管理及过程异常状况管理模块。

⑥ 集成多种现场数字式总线,如:基金会现场总线,HART,DeviceNet 和 ControlNet。

(2)融合最新控制技术,现场总线,高级控制应用。

(3)融合通信网络技术,计算机,数字视频等最新技术。

(4)融合 TDC2000/TDC3000/TPS 和 PlantScape 各自的技术优势,连续发展,保护用户投资。

(5)集成有大量基于知识应用的平台,强大的可组态功能,满足各类工业生产的复杂应用。

(6)简化使用。预制好大量的标准画面,节省大量的工程时间。

(7)安全、可靠、开放、适合各种规模。

(三)Experion PKS 系统的主要组成设备

1. Experion 高性能服务器

(1)可选择冗余配置。

(2)从控制器读取数据后送给操作站。

(3)系统组态设备。

(4)存储系统数据库。

2. Experion 操作站

(1)基于 Honeywell HMIWeb 技术。

(2)多种类型可选择。

(3)实时过程监控。

3. Experion 控制器

(1)可选择冗余配置。

(2)50ms 或 5ms 的控制执行环境。

(3)设计新颖的 C 系列输入、输出子系统。

4. Experion 应用控制器(ACE)

(1)基于 Windows2000/2003 Server 操作系统。

(2)500ms 的控制执行环境。

(3)与过程控制器相同的控制算法库,并独有用户算法功能块。

(4)OPC 标准的数据访问客户端集成接口。

5. Experion 仿真控制器(SIM)

(1)完全仿真控制器。

(2)无需特殊硬件技持。

6. Experion 过程控制网络

(1)容错型以太网,采用 Honeywell 的专利技术,是一种高性能的工业以太网解决方案。

(2)ControlNet 是一种实时的、确定性的过程控制网络,可以通过单个或冗余的传输介质,提供确定性的数据通信,是一种优化的过程控制网络。

二、Honeywell Experion PKS 系统结构

(一)Experion PKS 系统体系结构图

Experion PKS 系统结构如图 3 - 84 所示。

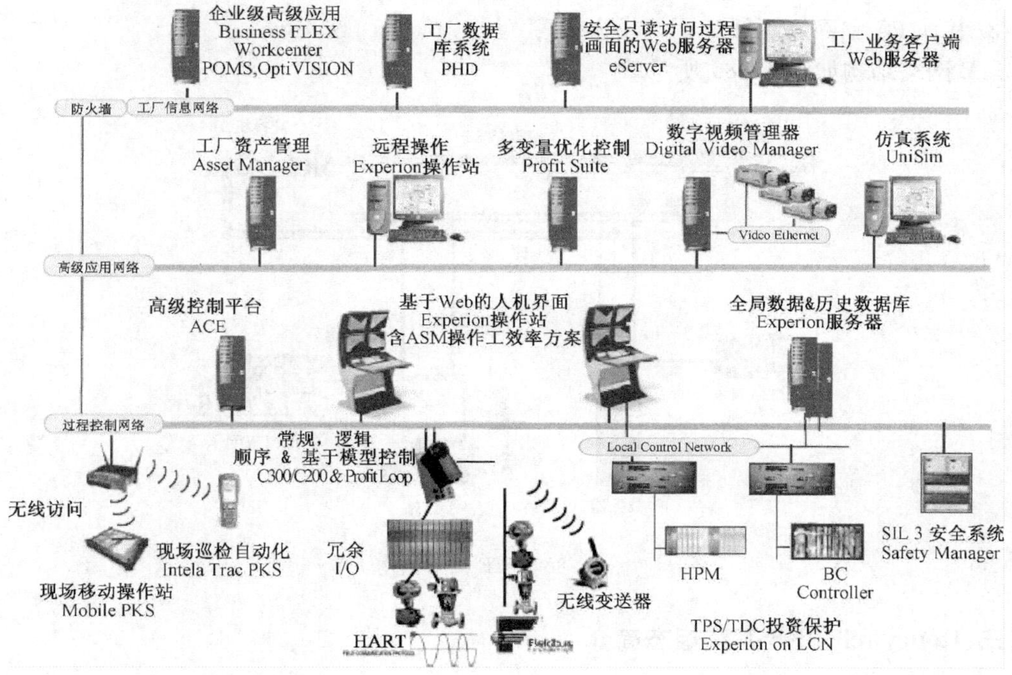

图 3 - 84 PKS 系统结构图

(二)容错以太网、服务器和工作站的功能介绍

(1)容错以太网(FTE)是 Experion PKS 的控制网络,FTE 不但提供了容错的特点,也提供了快速网络的应用,以及工业以太网的控制应用的安全性。

(2)窜错以太网(FTE)是冗余网络结构(物理)的单网(逻辑),这种冗余的结构是通过

Honeywell 的 FTE 驱动,以及商用的网络设备实现的。

(3)用在 Experion PKS 中的主干网络。

(4)Honeywell 专利技术(与 CISCO 技术完美结合),为 PKS 量身定制开发的 FTE 驱动与 CISO 交换技术完美结合,突破以太网的瓶颈,实现了优先级选择。

(5)使得商用的 100Mbps 以太网实现容错。

① 允许所有的单点故障,以及一些多点故障,以先进的多路由选择替代双网结构的传统冗余模式网络。

② 快速切换,切换时间约为 1s。传统的双网结构切换时间约为 20～30s。

(6)安全:

① 对外仅服务器才是可见的。

② 通过专用设备对信息进行过滤。

(7)易于实现,组态简单,也可以连接标准的以太网设备。

(8)FTE 可连接:

① EPKS 服务器、操作站、ACE 等。

② TPS GUS、APP、PHD。

③ 其他 PC 和网络硬件。

FTE 网络结构如图 3－85 所示。

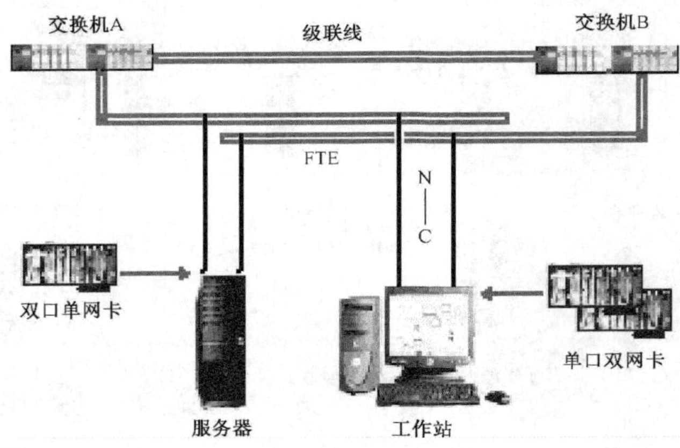

图 3－85 FTE 网络结构

三、Honeywell PKS 系统组态简介

在设备上电、硬件检测之后,就可以进行系统组态了。PKS 系统组态包括软件登陆,系统硬件的组态,CM 回路的建立,SCM 回路的构建等。

(一)软件登陆

1. 打开 Configuration Studio 组态软件

点击开始菜单→program→Honeywell Experion PKS→Configuration Studio(图 3－86)。

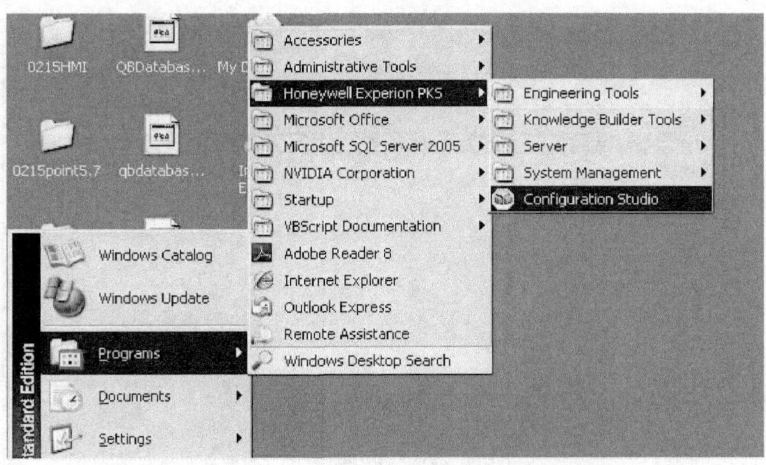

图 3-86 组态软件路径

2. 选择连接的内容

为服务器组，用以连接 Enterprise Module 数据库后（简称 EMDB）。

组态用于在 FTE 网络内部添加硬件设备，如服务器、操作站等。

为特定服务器用以连接 Enterprise Rource 数据库（简称 ERDB）。

选择特定服务器登陆（图 3-87），输入用户名和密码：

User Name 用户名：mngr。

Password 密码：mngr1。

Domain 域：Tradition Operator Security。

3. 登陆组态工作室

选择 Contral Strategy→Configure Process Contral Strategy，成功进入 Quick Builder（图 3-88）。

4. 工具栏介绍

工具栏说明如图 3-89 所示。

工具栏的功能按照顺序分别为：打开 Tree Window 窗口；关闭已打开的控制图或 Tree Window；移动至左；移动至右；保存控制图；删除选中的目标；复制；粘贴；打印选中的页面和文档；显示程序信息；显示帮助信息；Point 选择命令；画连接线；建立连接参数；模块内容；将模块赋值到控制器执行环境（CEE）；将被选的目标参数下载；将被选的目标参数上传；替换名字；QVCS 管理器；SCM 出发单步动作 FIELDBUS DD 输入；现场总线描述导入；无线设备描述导入；改变控制域大小。

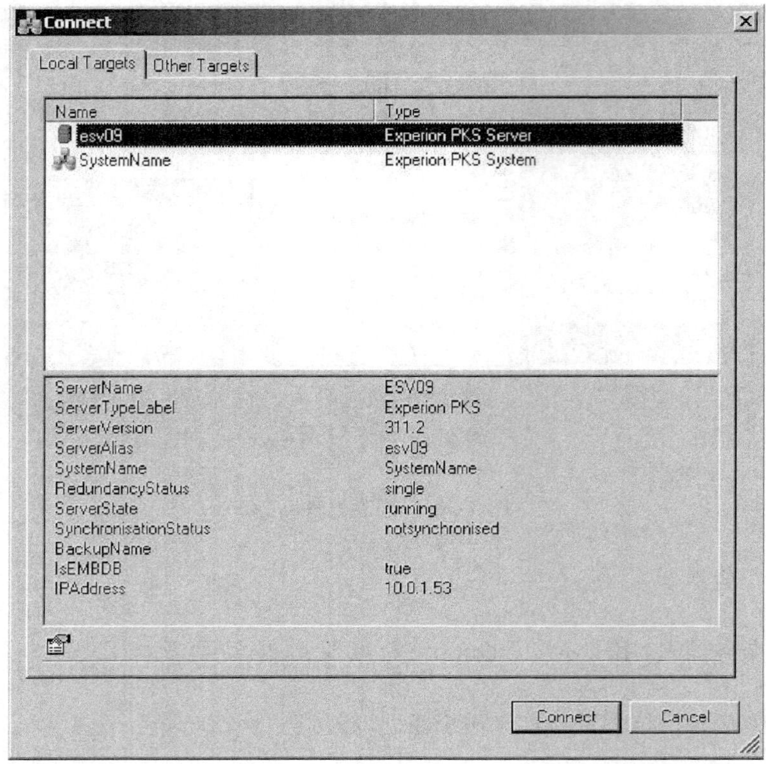

图 3－87　选择登陆服务器

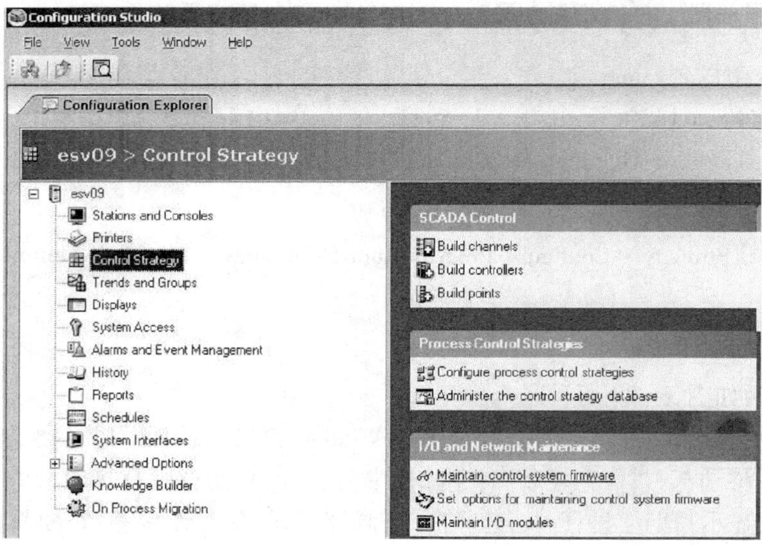

图 3－88　进入组态软件

1 2 3 4 5 6 7 8 9 10 11 12 13 14 15 16 17 18 19 20 21 22 23 24 25 26 27

图 3－89 工具栏说明

(二)新建控制器

1. 配置系统控制器

配置系统控制器画面如图 3－90 所示。

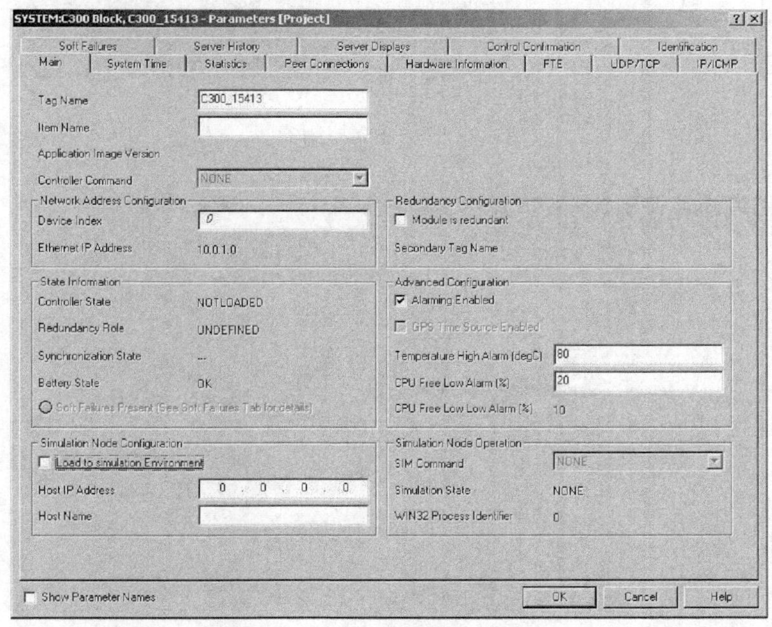

图 3－90 配置系统控制器画面

如果控制器为冗余控制器，则必须以 A/B 结尾，如果不冗余则没有要求。

如果控制器为仿真控制器，则不能删除图 3－91 中的冗余选项。

2. 配置 I/O LINK

配置 I/O(图 3－92)。

选择 C 系列卡件：模拟量输入、输出，数字量输入、输出，热电偶、热电阻。

添加 C 系列卡件到控制器的 I/O LINK 中(图 3－93)。

配置卡件(图 3－94)。

3. 分配通道

卡件分配通道(图 3－95)，点击工具栏的“＝”进行分配。

4. 激活卡件

下装并激活卡件(图 3－96)。下装成功，在 Monitoring 标签内出现蓝色的模块 Active→

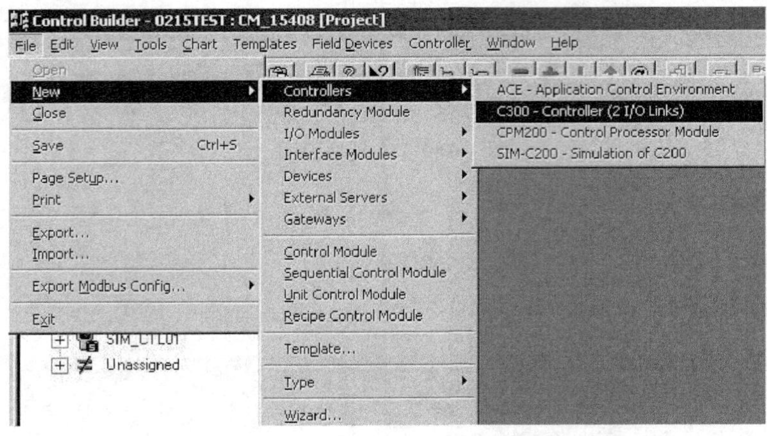

图 3－91　建立控制器

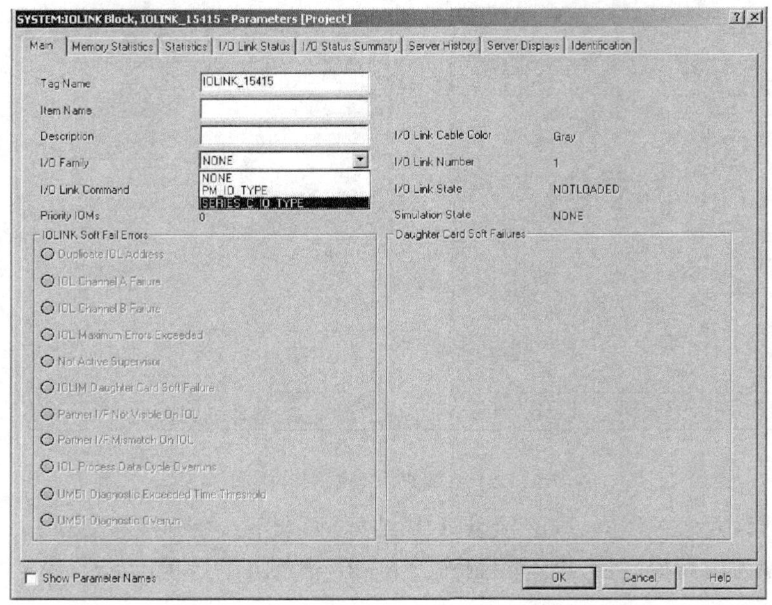

图 3－92　配置 I/O

Select items，在监视窗口观察卡件为绿色正常状态。

5. 卡件颜色的对应规则

CM 在不同的情况下的颜色标记：

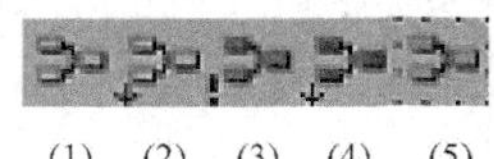

(1)　(2)　(3)　(4)　(5)

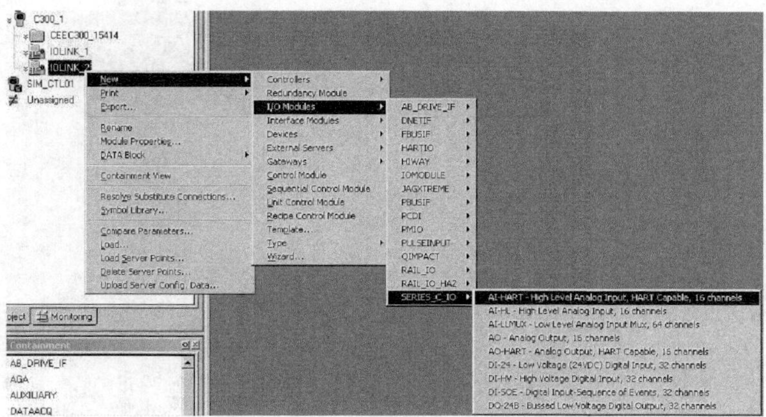

图 3－93　添加 C 系列卡件

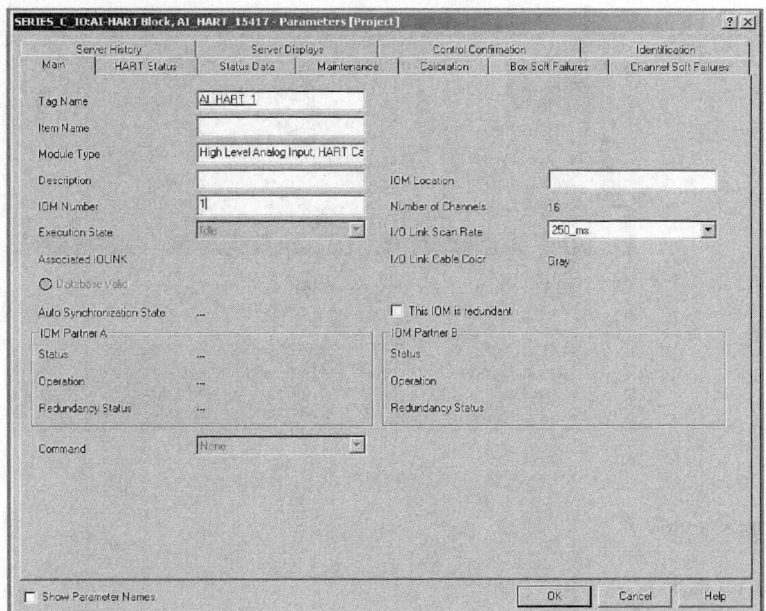

图 3－94　配置卡件

(1)——在 Project Tree 内；

(2)——已装载，但没在监控；

(3)——通信失败；

(4)——待激活状态（EXECSTATE = Inactive）；

(5)——激活（EXECSTATE = Active）。

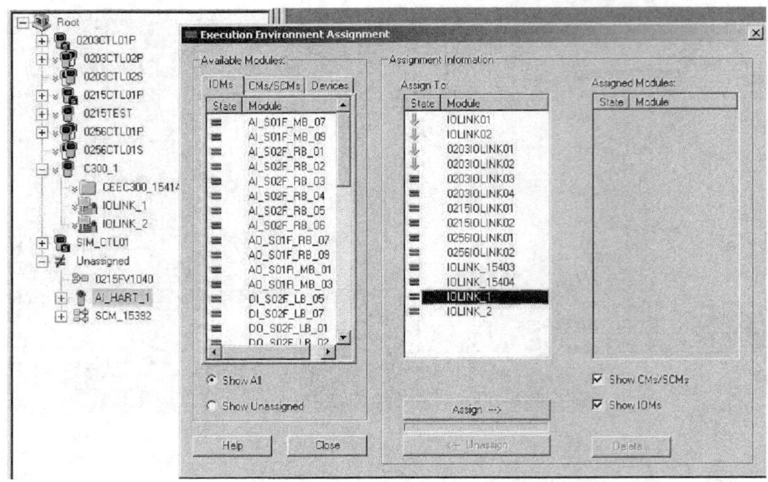

图 3 – 95　卡件分配通道

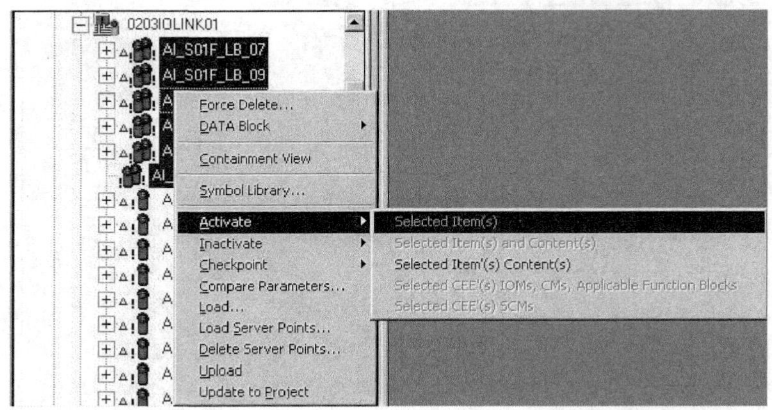

图 3 – 96　下装并激活卡件

(三)CM 回路的构建

1. 建立 CM 的方法

(1)toolbar 上的文件新建 CM 模块 Project 可通过工具栏上的新建按钮建立(图 3 – 97)。

(2)点击 Library 标签内的 System 左边 + 号,出现 CONTROLMODULE。拖放 Control Module 到 Project 的 Root(图 3 – 98)。

2. 定义 CM 模块的属性

配置 CM 模块的属性(图 3 – 99),包括:回路名称、描述、工程单位、关键字、区域等属性。

双击模块进入回路编辑。

配置卡件属性如图 3 – 100 所示。

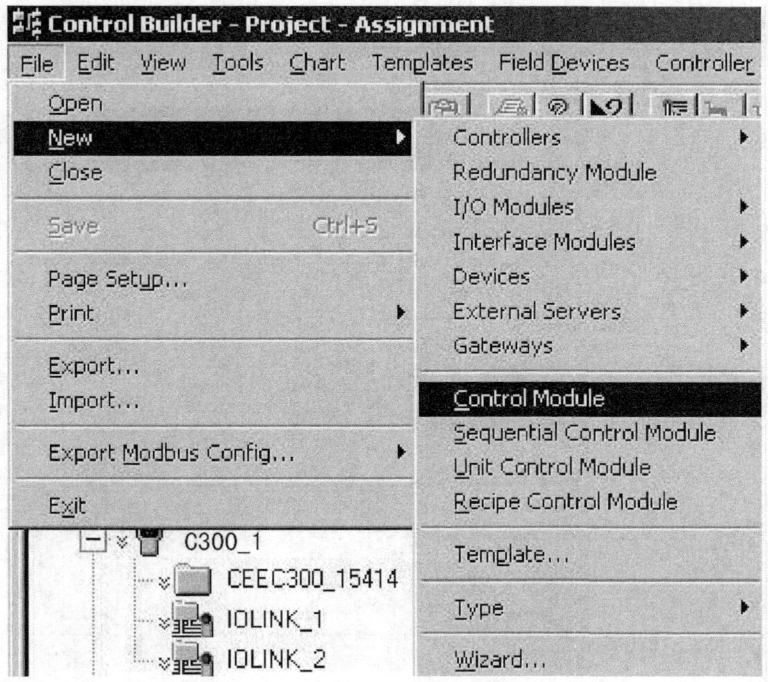

图 3 – 97　建 CM 模块

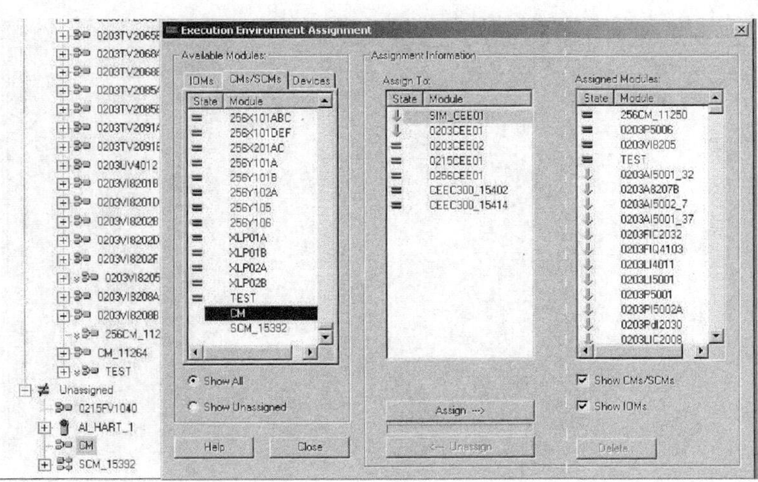

图 3 – 98　CM 模块分配运行环境

1) 从 I/OLink 中选择卡件通道拖拽至 CM 中

卡件分为三大类。A 系列卡件无需手动激活。PM 和 C 系列卡件需手动激活。在 Library 中找对应的控制模块，添加数据采集块 DACA 数据采集块、PID 数据采集块、调节块。AO 输出通道如图 3 – 101 所示。

SYSTEM:CONTROLMODULE Block, TEST - Parameters [Project]

Projected Parameters | Block Pins | Configuration Parameters | Monitoring Parameters | Block Preferences | Template Defining
Main | Arbitration | Server History | Server Displays | Control Confirmation | Identification | Dependencies

Tag Name TEST
Item Name TEST
Description TEST
Engr Units
Keyword
Parent Asset
Unit Text
Version

Execution
Execution Period DEFAULT
Execution Order in CEE 10
Execution Phase -1
CEE Restart Option ALWAYSCOLD

Alarming
Enable Alarming Option
Journal Only Option

SCM Relationship
SCM Option NONE
SCM Name
Mode Attribute Reference

Fieldbus Specific
Execution Order in LINK 10
Stale Count 3
FF Execution Period 1s

Show Parameter Names
OK Cancel Help

图 3－99　配置 CM 属性

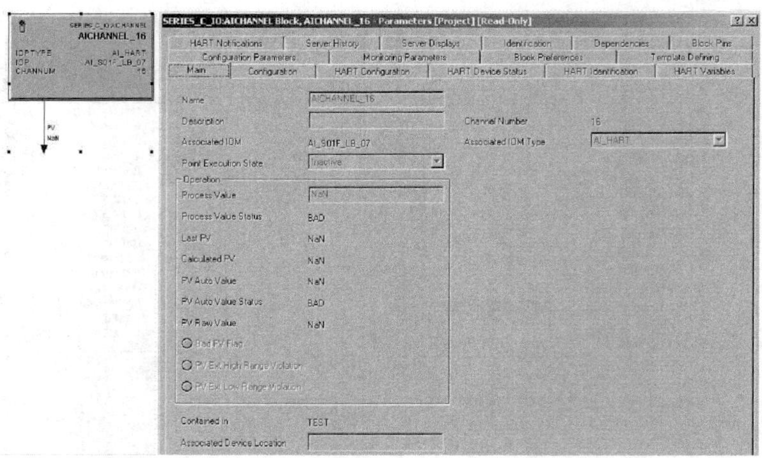

图 3－100　配置卡件属性

2)DACA 数据采集块的设定

双击 DACA 数据采集块进入其细目,设定数据块的系统调用名称如图 3－102 所示。将 DATAACQA 更名为 DACA。

在 DACA 的 MAIN 页签中仪表位号、点描述、工程单位、量程上下限、PV 特性、工作模式。ALARMS 中设定报警值和报警优先级(图 3－103)。DACA 相当于 TPS 中的指示表,用以采集

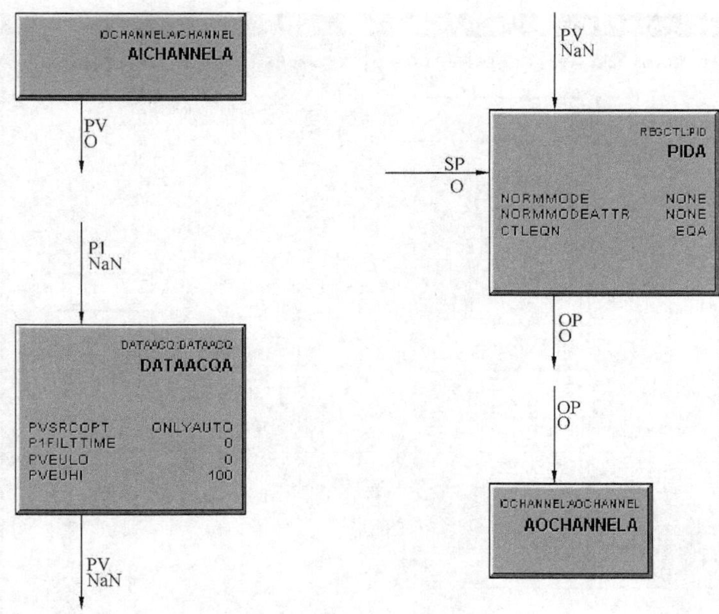

图 3 - 101　建立单回路

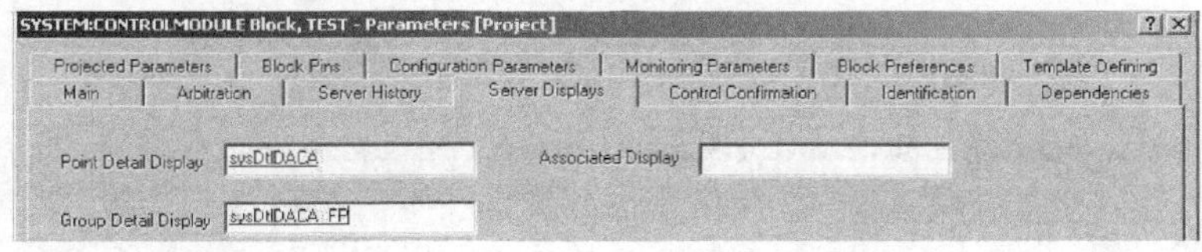

图 3 - 102　设置 DACA 数据采集块

物理通道的信号并加以转换。设置 DACA 数据采集块细目(图 3 - 104)。

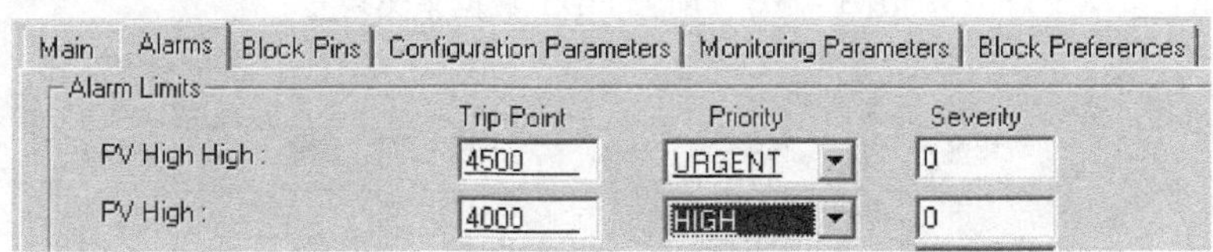

图 3 - 103　设置报警

3) PIDA 数据采集块设定

双击 PIDA 数据采集块进入其细目,设定数据块的系统调用名称,如图 3 - 105 所示。

双击 PIDA 数据采集块,输入以下内容:

仪表位号、工程单位、执行顺序、量程上下限(要与 DACA 块对应)、积分时间、微分时间比、例增益等参数(图 3 - 106)。

在 DATAACQ 块底部的 PV 引线上双击,光标变为十字状。

点击 PIDA 块的 PV 引线,就连接了两个引脚。

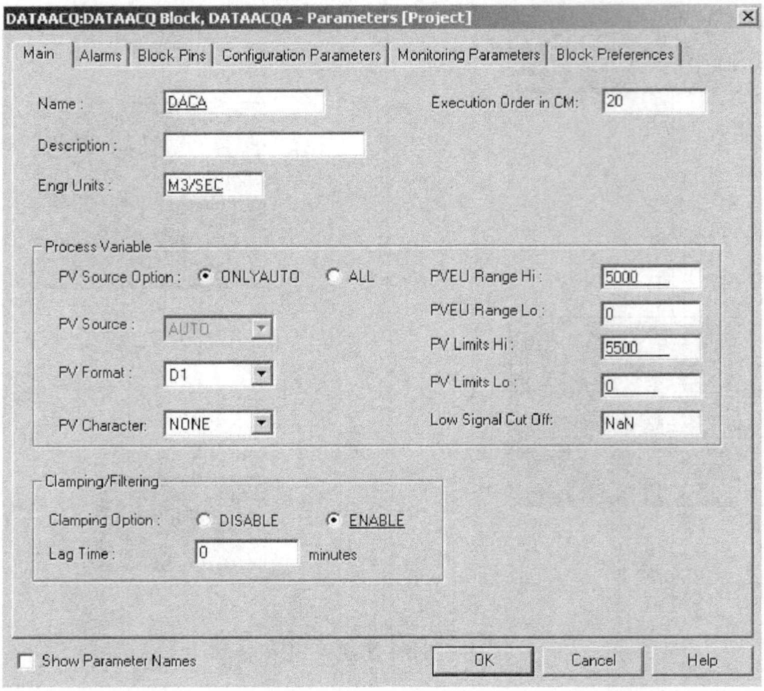

图 3－104　设置 DACA 数据采集块细目

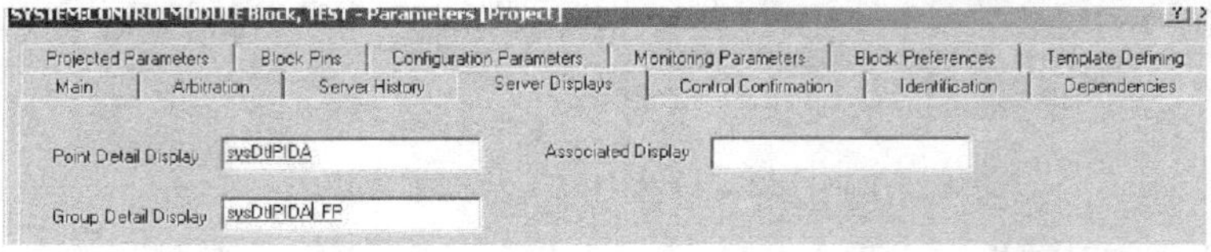

图 3－105　配置 PIDA 数据采集块

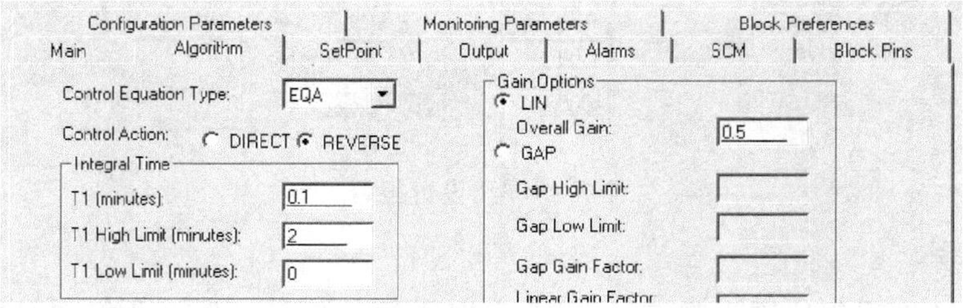

图 3－106　PIDA 数据采集块参数设置

用同样方法完成其他的连接。

关闭并保存 CM。

下载到监视窗口中,激活所选择 CM 模块及其中的内容,回路生效。

3. 建立设备控制回路

建立设备控制回路,拖拽 DICHANNEL、DOCHANNEL、DEVCTLA 进入 CM(图 3-107);设定设备控制点的名称、描述、工程单位、输入状态信号的数量、输出信号的数量、设备控制点具有的状态、执行的顺序、操作模式等细目。

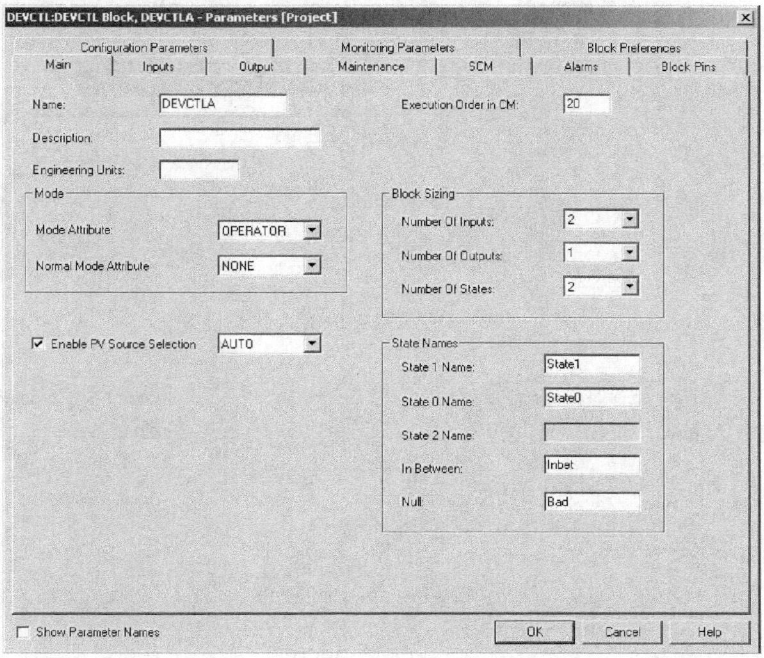

图 3-107 DEVCTLA 块主参数设置

下面以输入、输出两种工作状态为例,建立设备控制回路。

(1)点击 Inputs 标签,在下拉菜单框内选择:

Number of Digital:

在 Inputs->Input 1:无勾选,选中 Closed;勾选,选中 OPEN(图 3-108)。

(2)点击 Outputs 标签,并输入以下内容(图 3-109):

Number of Digital Outputs:

Output 1—OPEN state:选中;

Output 1—CLOSE state:不选。

将各功能块连接好并调整其位置。

关闭设备控制回路并保存(图 3-110)。

调用并激活。

4. 顺序控制功能块(SCM)

顺序控制模块(SCM)是一个由 Transitions 和 Steps 组成的 Control Builder 程序,通过它与 CM 块的组成,完成一个顺序控制过程(图 3-111)。这里简单说明 SCMs 的操作设置和原理。目的:懂得 SCM 的组成;SCM 的执行过程;SCMs 适用规则。

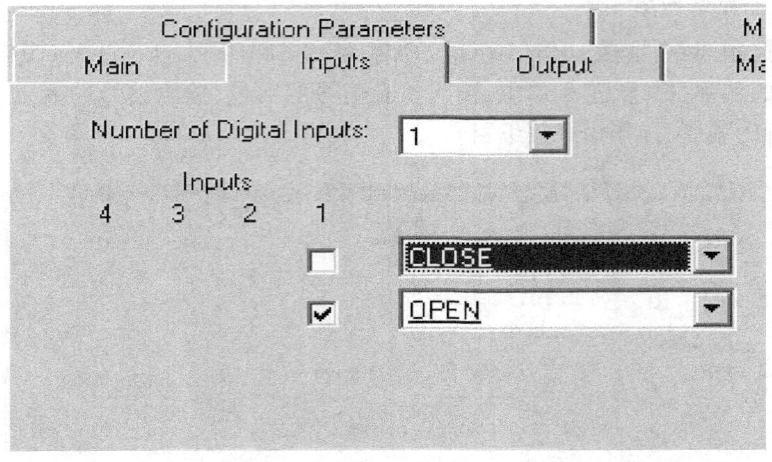

图 3 - 108　DEVCTLA 块输入状态设置

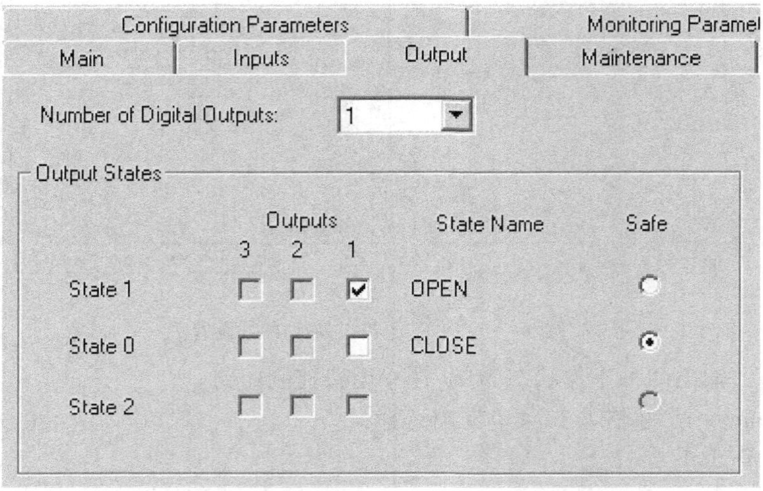

图 3 - 109　DEVCTLA 块输出状态设置

第一个方法：

File > New > Sequential Control Module(图 3 - 111)。

第二个方法：

Library 标签内展开 system 目录，双击 SCM(图 3 - 112)。

第三个方法：

Library 标签内展开 system 目录，打开第二个 Tree View 选 project 标签。将 SCM 从 Library 标签拖拉到 Project。(图 3 - 113)

双击进入 SCM 模块(图 3 - 114、图 3 - 115)。

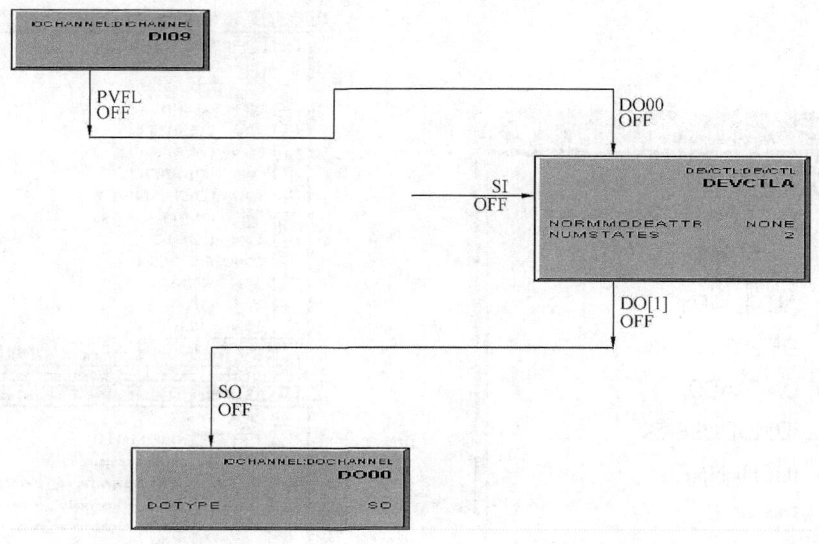

图 3－110　简单控制回路

1）建立 SCM

第一步：确保 SCM 没有被打开。

第二步：在工具条上选择 Assign 按钮。

第三步：选中 SCM 和要分配的 CEE。

第四步：点击 Assign 按钮。

第五步：点击 Close 完成分配，就可以进行控制策略的组态（图 3－116）。

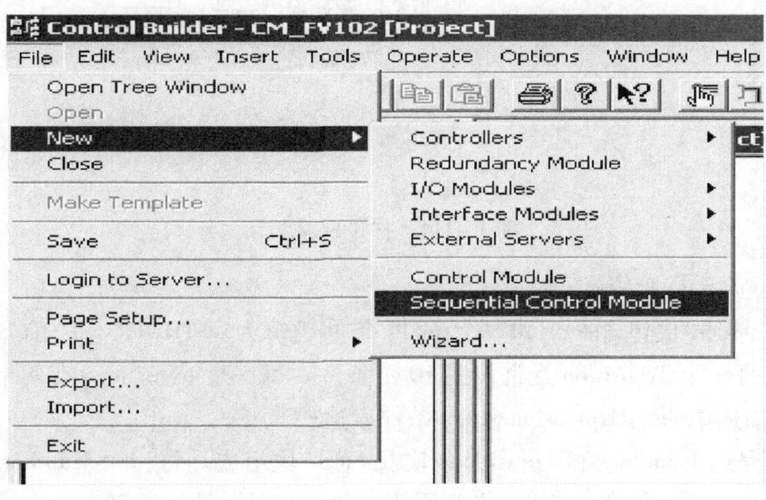

图 3－111　建立顺序控制回路

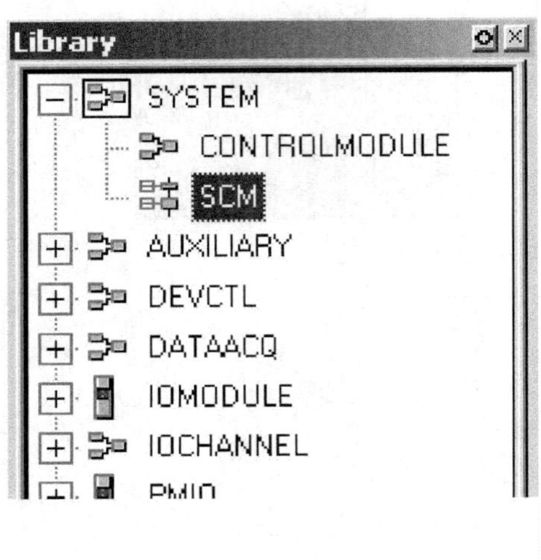

图 3－112　建立后的 SCM

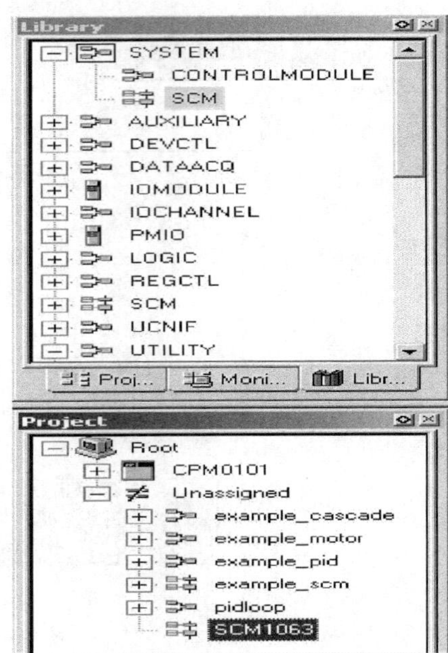

图 3－113　建立 SCM 模块并在 Unassigned 中查找

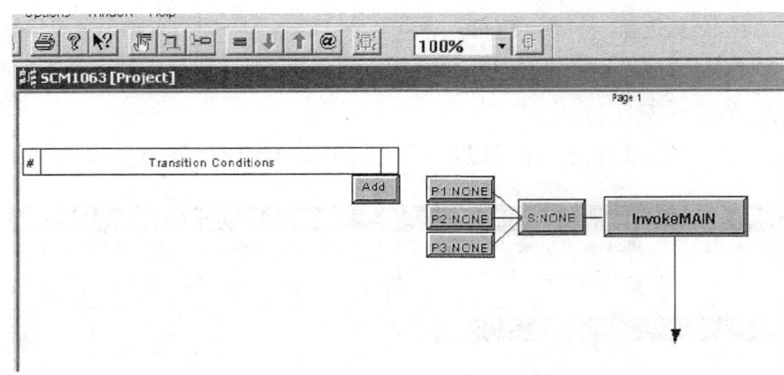

图 3－114　打开 SCM 模块

2)条件(transition)介绍

每一个 transition 块包含一个和数个条件[条件逻辑为真 TRUE(＝1)前 SCM 继续运行](图 3－117)。每一个 Transition 允许设置 10 个条件。每一个 transitions 有两个框格部分:Description view(描述说明),Expression view(条件表达式)。

一个 SCM 是由 Handlers 和 Transitions 块及 Steps 块组成。每一个 Handler 的内部结构联系到组态过程的 steps。每个 Handler 必须用 Transition 开始,然后跟随着 step,再是 Transition,直到结束。按顺序开始执行程序,完成 Step 的每一条任务,然后检查它的转换(Transition)条件,条件满足,进行到下一个 Step(图 3－118)。

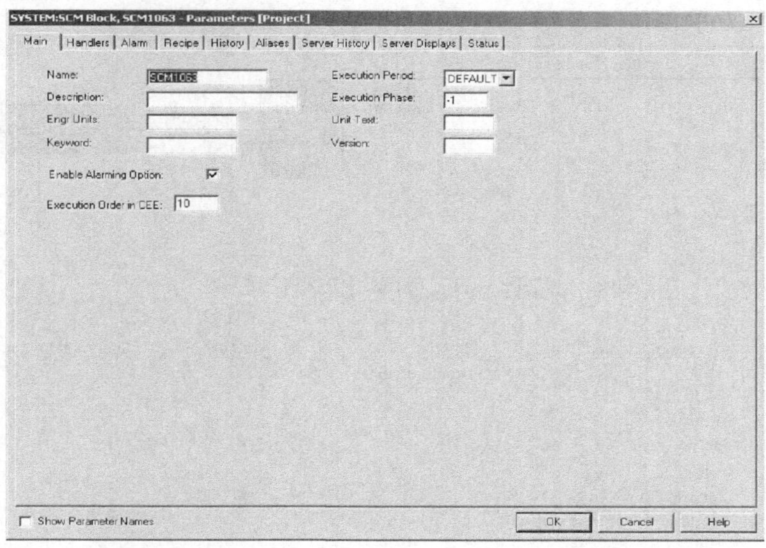

图 3－115 SCM 模块配置

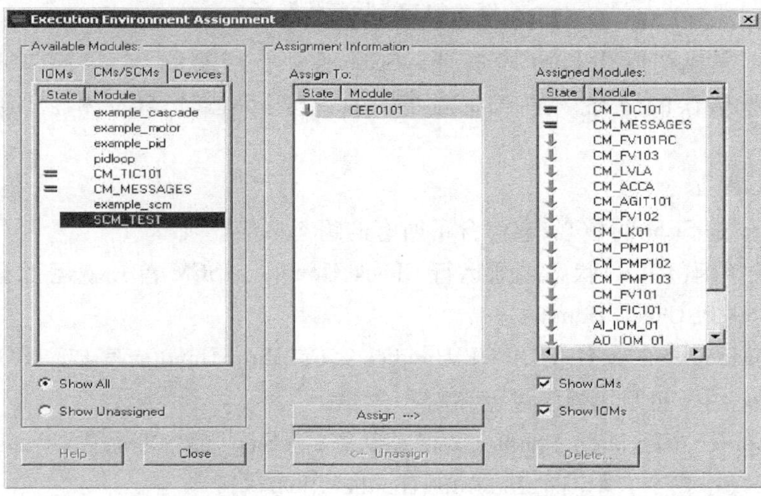

图 3－116 SCM 模块分配运行环境

一次只有 Handler 的一个类型能被组态，任何时候只有一个 Handler 被允许激活。

Handler 集中类型如下：

(1)内部 Handler。

Null Handler 不能被配置。Null Handler 为系统调用，当 Check，Interrupt，Hold，Restart，Stop 或 Abort Handler 没有被组态，例如，当一个 Main Handler 完成，它通过 Check Handler 返回到 Idle(空闲)状态，如果没有配置 Check Handler，Null Handler 就被调用。

Edit Handler 不能被配置。当 SCM transitions 从关闭状态到激活状态时，Edit handler 被执

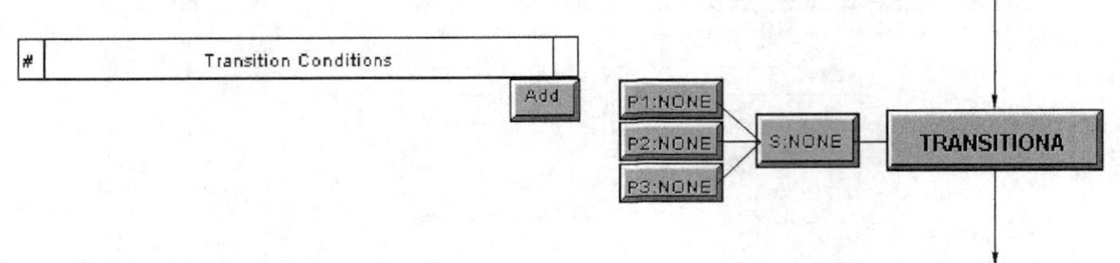

图 3－117　SCM 中的条件块

Types of handlers	Internal (Non configurable)	Normal	Abnormal
Null	×		
Edit	×		
Main		×	
Check		×	
Interrupt		×	
Restart			×
Hold			×
Stop			×
Abort			×

图 3－118　执行状态

行。Edit Handler 完成初始化和 SCM 验证。SCM 验证在所有的 SCM 中的 Handlers，Steps，Transitions 中寻找错误的组态。在 SCM 处于生效、空闲状态时，SCM 和它的组件已经被检查了。

(2)普通 Handlers。

Main Handler 是 SCM 的核心，它包含了所有的组态内容。

SCM 在进入空闲(IDLE)状态之前运行 Check Handler。SCM 首先就运行 Check Handler，SCM 在返回后也进入 Check Handler。

满足 Check Handler 的条件是：STOP Handler 完成；Main Handler 完成；ABORT Handler 完成；Check Handler 用于初始化顺序过程和(或)复位。

Interrupt Handler 中断 Main Handler 的活动状态，当 Steps 的中断条件(Transition's 条件被满足时发出一个操作指令)满足时，Interrupt Handler 开始执行。

(3)异常 Handlers。

Restart Handler 使 Main/Interrupt Handler 从 Hold 状态返回到活动状态。main handler 重新启动。

Stop Handler 动作优先于 Main/Interrupt，Restart 或 Hold Handlers。Abort Handler 优先于 Stop Handler，通过 Stop Handler 能够自动进入到 Check Handler。

Hold Handler 动作优先于 Main 和(或)Interrupt Handlers。Stop 和 Abort Handlers 优先于 Hold Handler。通过 Hold Handler 能够进入 Restart，Stop 或 Abort Handler。

Abort Handler 动作优先于 Main/Interrupt，Restart，Hold 或 Stop Handlers。Abort Handler 不能被优先，从 Abort Handler 只能够进入 Check Handler(图 3－119)。

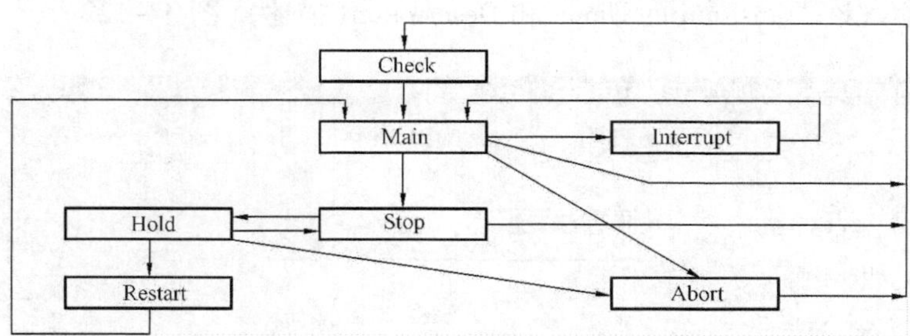

图 3－119 顺序控制结构图

每一个 Handler 都必须以 Transition 开始。

Handler 的第一个 transition 是自动加入的，可以通过以下验证：选中 transition；下拉 edit 菜单；“Set Invoke Transition”已选定。一个 handler 必须有一个 Invoke Transition。

假如用 Default Invoke Transition，Handler 需要一个开始运行的命令，使 Invoke Transition 有一个判断为真的表达式或命令，当其为 true 时自动运行。

当增加了一个 Transition 后，没有任何条件表达式，你必须点击 Add 按钮，增加一个条件（图 3－120）。

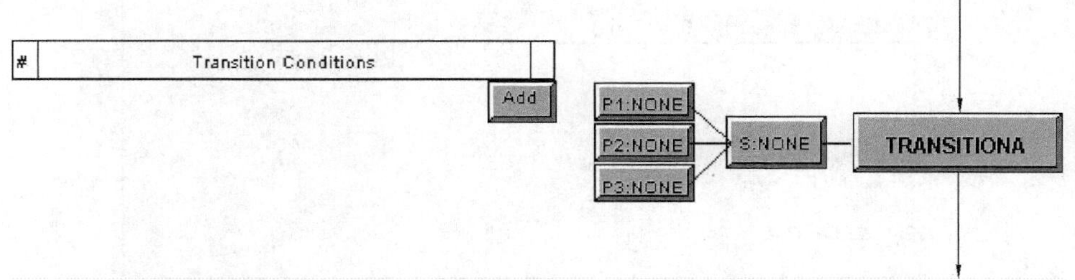

图 3－120 条件块添加

接着出现一个条件描述框，在 Add 按钮边上出现了一个 Del 按钮（图 3－121）。

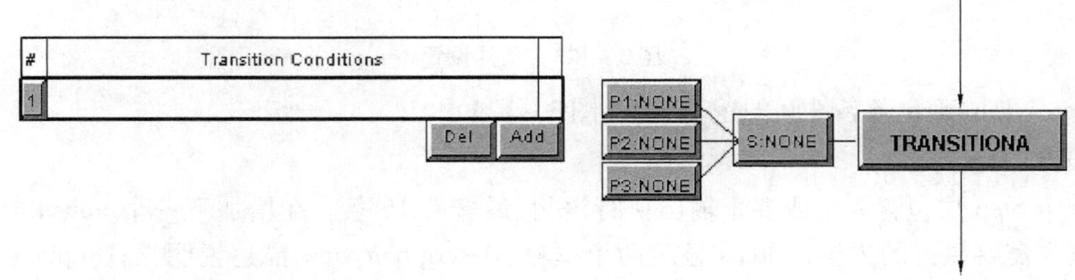

图 3－121 添加条件

需要在参数组态窗口设置条件的逻辑关系。

参数设定：

在 Parameter 窗口有 Main，Cond. #1 Gates 等标签。

Main Tab:输入该 Transition 的 Name 和 Description(描述)(图 3 – 122)。

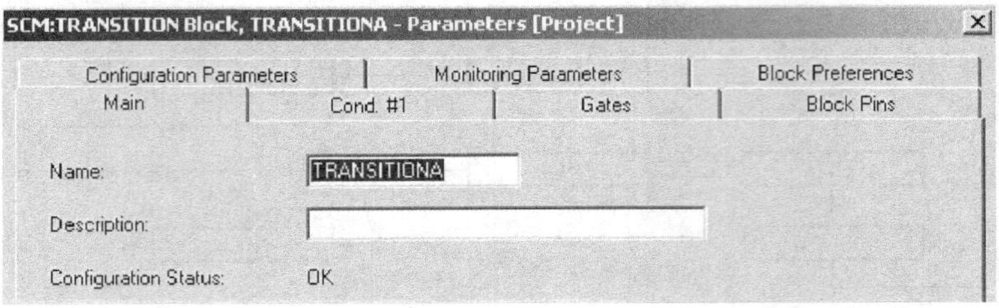

图 3 – 122　条件块命名

Cond #Tab:编辑条件表达式(图 3 – 123)。

Description field:对条件的描述(最多 23 字符)。

Condition Expression field:编辑逻辑表达式。

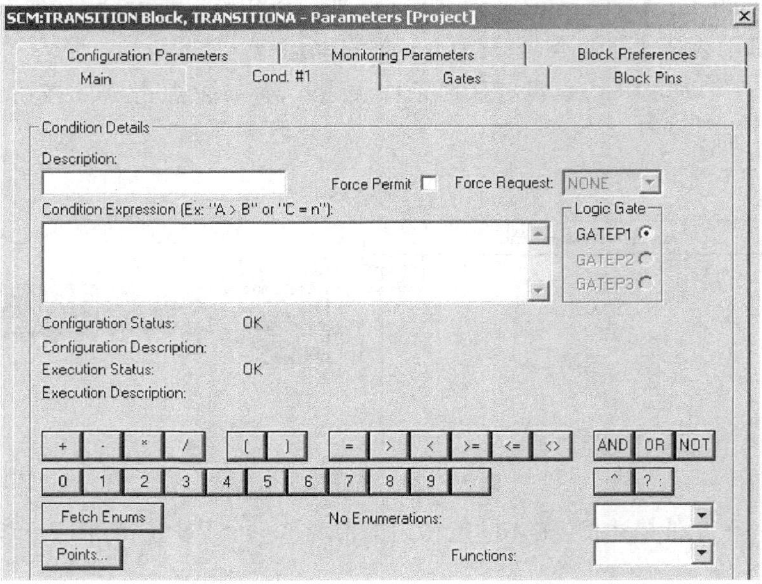

图 3 – 123　条件设置

Gates Tab:确定各条件间的逻辑关系(图 3 – 124)。

3)步(Step)介绍

一个 Step 块包含一个或多个输出执行语句,最多有 16 条。在增加下一个 transition 前尽可能输入需要执行的内容。Steps 显示两个框格;Description view 描述说明框;Output view 执行输出框(图 3 – 125)。

参数设定:

在 Parameter 窗口有 Main,Out#1 ~ 16,Stop Condition 和 Interrupt Condition 等标签。

Main Tab:输入该 Step Transition 的 Name, Description, Minimum Wait Time, Maximum Active Time 和 Update Restart Address 等(图 3 – 126)。

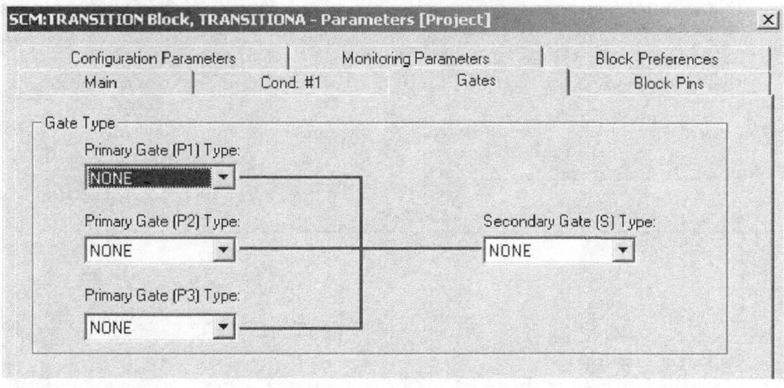

图 3－124　连接条件逻辑

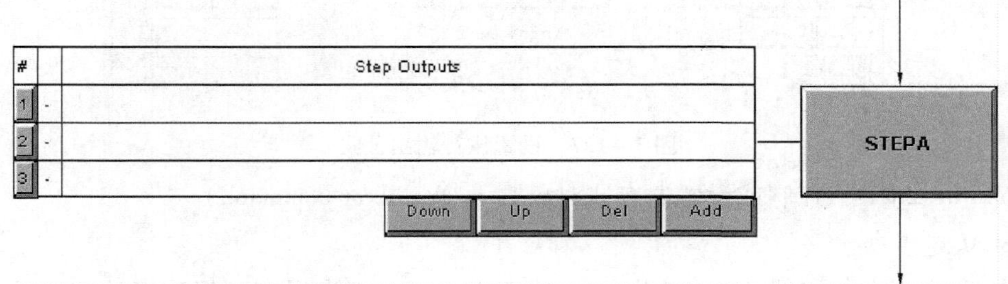

图 3－125　动作执行块

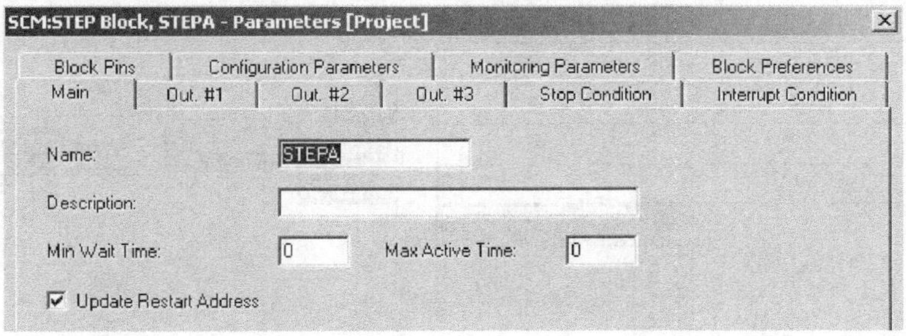

图 3－126　执行块主参数设置

Min Wait Time：在进入下一个 Transition 前最小等待的时间。

Max Active Time：设置 Step 超时报警时间。如果所有的表达式（Output Expressions）在指定的时间内没有完成，这个报警将会被触发。

Out#Tab：每个 Step 块有最多 16 条 Outputs（图 3－127）。

Output Description：Out #1 的描述说明，如“FV101 DEVCTL to PGM”（不超过 23 字符）。

Output Expression：需要执行的任务，所选择的点的对象引用不能在 Project 之外。格式如下：

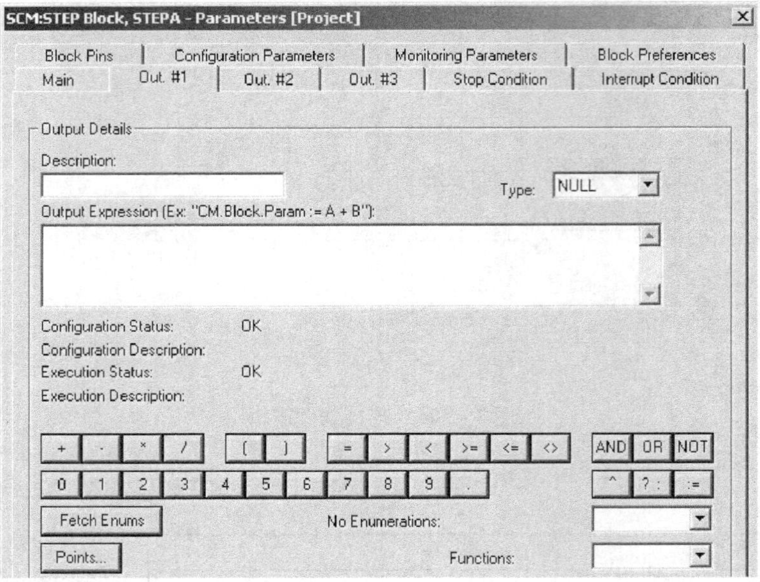

SCM:STEP Block, STEPA - Parameters [Project]

Block Pins | Configuration Parameters | Monitoring Parameters | Block Preferences

Main | Out. #1 | Out. #2 | Out. #3 | Stop Condition | Interrupt Condition

Output Details

Description:

Type: NULL

Output Expression (Ex: "CM.Block.Param := A + B"):

Configuration Status: OK

Configuration Description:

Execution Status: OK

Execution Description:

+ - * / ( ) = > < >= <= <> AND OR NOT

0 1 2 3 4 5 6 7 8 9 . ^ ? : :=

Fetch Enums | No Enumerations:

Points... | Functions:

图 3－127　设置执行输出公式

(Point or object—控制或设置的点或对象):=(Value or command)

4)SCM 连接线

点中 Transition 的引线，双击该引线，光标变为 + 号。将光标点到想连接的 Step/Transition 引线上，完成连接。再双击其他需连接的块，完成连接。连接时须按 Transition/Step/Transition/Step……的顺序(图 3－128)。

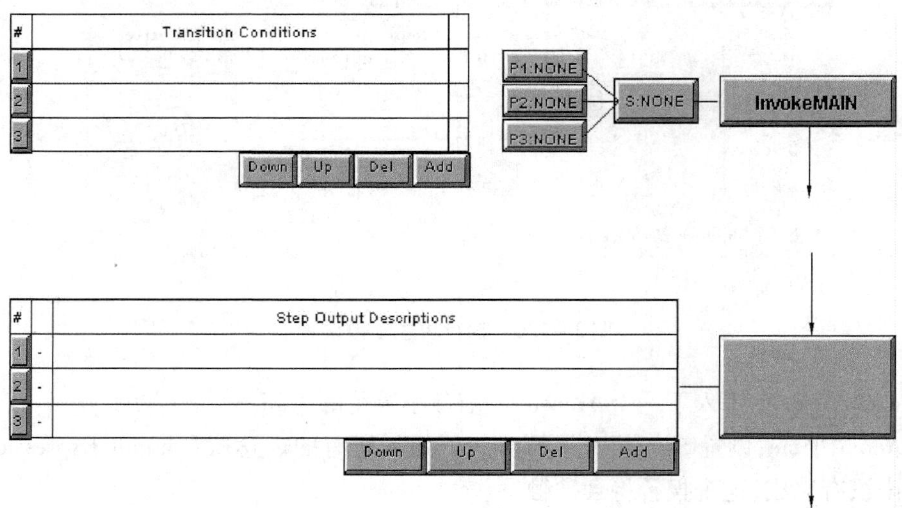

图 3－128　连接条件块、执行块顺序

四、PKS 系统 Cisco 交换机的安装与配置

准备工作：确认用于连接电脑和交换机的通信线；确认计算机上已装有 HyperTerminal 通信工具；确认交换机配置文件是否存在。

(1)如果已经安装了 FTE 驱动包，则文件存在于如下目录：

C:\Program Files\Honeywell\FTE_Driver\Switch Configuration(图 3－129)。

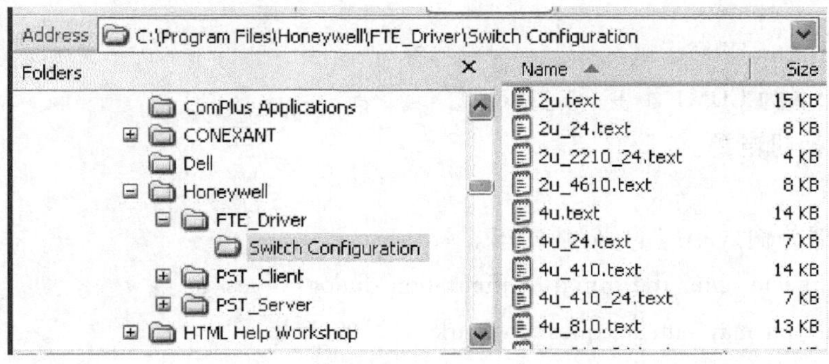

图 3－129 系统下的安装包路径

(2)如果没有安装 FTE 驱动包，则可在 Honeywell 提供的软件中 Common Components 光盘中查找如下目录：

光驱：\Packages\FTE_Driver\Switch_Configuration_Files(图 3－130)。

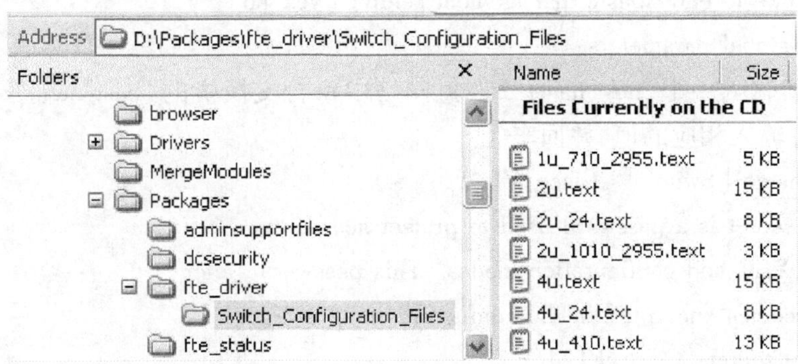

图 3－130 光盘下的安装包路径

连接交换机(先不要打开交换机电源)：

① 将通信电缆连接于交换机的通信配置接口和计算机的串口。

② 点击 Start > Programs > Accessories > Communications > HyperTerminal，运行 HyperTerminal。

③ 在 Connection Description 对话框中，为这一连接输入一个名称(自己识别方便即可)，点击“ok”。

④ 在 Icon 对话框,点击相应的图标并确认。

⑤ 在 Connect To 对话框,选择正在被使用的串口,并确认。

⑥ Properties 对话框的配置端口如下:

Bits per second: 9600

Data Bits:8

Parity:NONE

Stop bits:1

Flow control:Xon/Xoff

通信端口默认为 COM1 不变;点击“ok”。

(3)打开交换机电源。

配置交换机:

① 在如下部分输入相应的值,并回车。

Would you like to enter the initial configuration dialog? [yes/no]: y

At any point you may enter a question mark ‘?’ for help.

Use ctrl - c to abort configuration dialog at any prompt.

Default settings are in square brackets ‘[ ]’.

Basic management setup configures only enough connectivity
for management of the system, extended setup will ask you
to configure each interface on the system

Would you like to enter basic management setup? [yes/no]: y

Configuring global parameters:

② 为交换机输入一个“host name”,同意网络中每台交换机的“host name”都必须是不同的。在如下部分输入相应的值,并回车。

Enter host name [Switch]: Cisco_FTE4

The enable secret is a password used to protect access to
privileged EXEC and configuration modes. This password, after
entered, becomes encrypted in the configuration.

Enter enable secret: Cisco_FTE1

The enable password is used when you do not specify an
enable secret password, with some older software versions, and
some boot images.

Enter enable password: FTE4

The virtual terminal password is used to protect
access to the router over a network interface.

Enter virtual terminal password: FTE4

Configure SNMP Network Management? [no]: N

第四节 CENTUM－CS3000 系统配置

一、CENTUM－CS3000 系统概述

（一）CENITUM－CS 简介

CENTUM－CS 是日本横河电机株式会社生产的集散控制系统（以下简称 CS），该系统主要由工程师站（EWS）、信息指令站（ICS）、双重化现场控制站（FCS）、通信接口单元（ACG）、双重化通信网络 V－net 等组成。系统构成如图 3－131 所示。

工程师站 EWS 负责完成系统组态。信息指令站 ICS 负责监视、操作和记录等，是 CS 系统的人机接口装置。

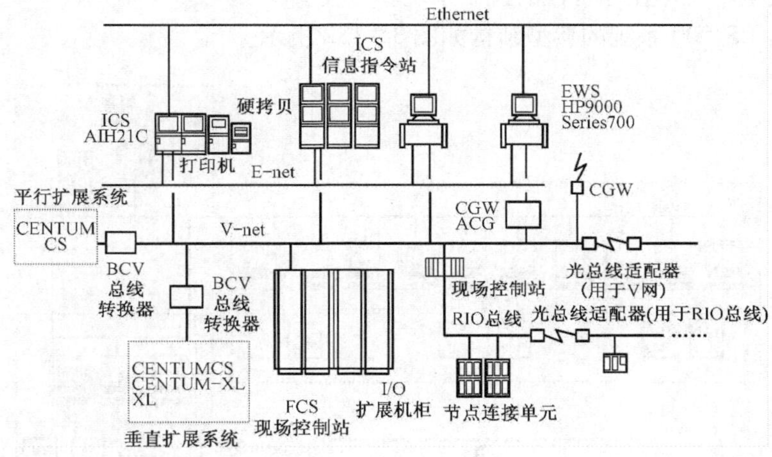

图 3－131 CENTUM－CS 系统构成图

现场控制站 FCS 完成对现场信号的处理，对现场设备实行常规控制和复杂控制，是 CS 系统实现自动控制的重要部分。通信门单元 ACG 负责网络转换，可与上位计算机通信，用于上位计算机数据采集或设定 FCS 的数据。V－net 是操作站与控制站连接的双重化冗余实时通信网络，通信方式为令牌方式，通信速率为 10Mbps，一个 V－net 总线上最多可连接 64 个站，其中信息指令站 ICS 最多只能有 16 个站。

CENTUM－CS 系统的主要特点见表 3－1。

表 3－1 CENTUM－CS 系统的特点

开放性	采用标准的网络和接口，便于与其他厂家的设备或系统相连，支持 FDDI、Ethernet、Fieldbus、RS232C、RS422、RS485 等
标准操作系统	采用软件 UNIX 操作系统，支持 X－Window、Motif 等技术
全冗余技术	控制系统处理采用“成对后备”（4CPU）处理技术和全冗余技术，确保了控制的高可靠性
扩展与兼容	系统设计易于扩展及与老系统兼容

(二)CENTUM－CS3000 简介

CENTUM－CS3000 控制系统是日本横河电机株式会社推出的操作站基于 Windows 系统的集散控制系统，主要由 HIS 操作站、FCS 控制站、ACG 通信网关、BCV 总线转换器、双重化冗余控制网等组成，是针对中、大型生产过程的综合控制集散系统。

HIS 操作站依照安装的横河软件的不同具有不同的功能，如工程师站、历史信息站、操作站等，FCS 控制站完成现场信号的数据采集，常规控制、复杂控制的运算，对现场设备的控制等。各站间控制数据、监测信息的数据交换通过 V－net 网的信息总线完成，操作站之间的信息交换通过 Ethernet 网完成。最大系统配置可多达 16 个域，每个域最多由 64 个站构成。操作站是基于 Windows 操作系统，在具有高可靠性的同时具有高开放性，通过 Ethernet 相连，可方便地进行现场过程实时数据与企业级监视管理系统通信，如 ERP 和 MES 系统。CENTUM－CS3000 系统同时具有高兼容性，可与横河以往的控制集散系统共同工作，读取数据，达到资源共享，从而形成全厂一体化综合性的控制系统。

CENTUM－CS3000 系统的典型结构如图 3－132 所示。

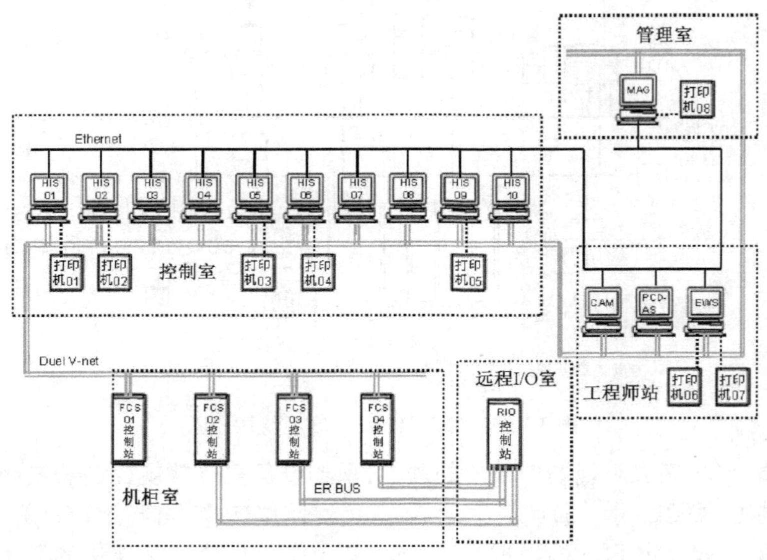

图 3－132 CENTUM－CS3000 系统典型结构图

二、CENTUM－CS3000 系统硬件及配置

CENTUM－CS3000 系统硬件构成见表 3－2。

表 3－2 CENTUM－CS3000 系统硬件构成

域的概念	由一条控制总线连接的站的集合
域的最小配置	一个 FCS、一个 HIS
域的最大配置	一个域中可有 HIS、FCS、BCV 设备，总共最多 64 个站，其中 HIS 最多 16 个，8 操作站以上需服务器(Server PC 用于存放项目数据)

(一)操作站 HIS

操作站 HIS(Human Interface Station)用于运行操作和监视,采用了微软公司的 Windows 2000 或 Windows XP 作为操作系统和横河公司指定的工业用高性能计算机。每个操作界面、站都是一个独立的计算机主机,都能互相备份,互为冗余,并能在线诊断故障、报警、切换和维修提示。

HIS 标准型有如下四种类型:封闭式单显示器 HIS;封闭式双显示器 HIS;开放式单显示器 HIS;开放式双显示器 HIS。

PC 可选用 IBM PC/AT 兼容机。选用通用 PC 做 HIS 时,必须配备 VF701 卡/VI701,可选配操作员键盘。

VF701 卡置于 PC 机的 PCI 槽上,作为控制总线的接口卡,用于将 PC 型 HIS 接入 V - net 控制网。图 3 - 133 所示为 VF701 卡的正面图,图 3 - 134 所示为 VF701 卡的地址设定开关示意图。

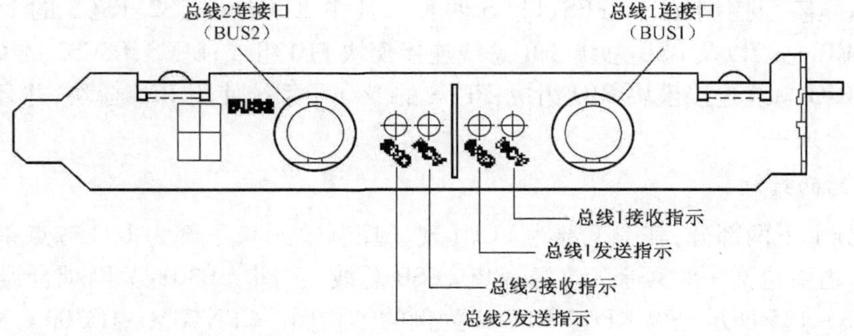

图 3 - 133 VF701 卡的正面图

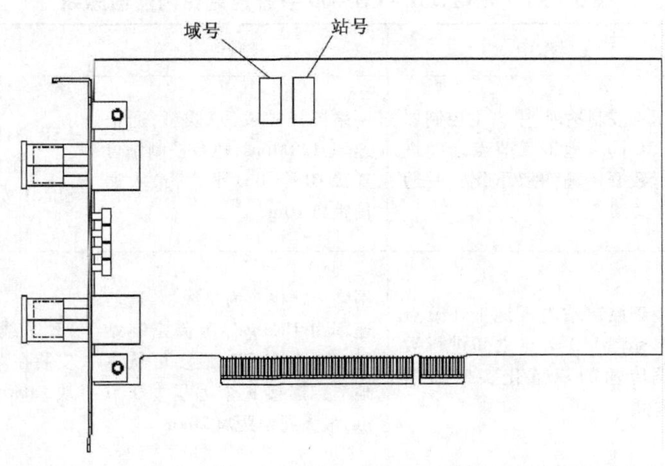

图 3 - 134 VF701 卡的地址设定开关

操作员键盘采用防尘防水平面触摸键,使用九针 RS232 插头或 USB 接口,可发出七种电子报警音响。

(二)工程师站 EWS

工程师站 EWS(Engineering Station)用于设计组态、仿真调试及操作监视。它能够存储系统所有的组态数据,并提供了一个直觉性、目标向导性的图形用户界面环境,供开发及综合所有的应用数据到数据库。这个数据库包括所有在线连接在网络上的站点、网络、工位号的定义、报警和故障的定义、控制方案的组成及流程图的制作。工程师站采用 Windows 2000 或最新的 Windows XP 作为操作系统的横河指定的高性能计算机。

(三)现场控制站 FCS

FCS 控制站(Field Control Station)主要完成控制功能和与 PLC 等子系统的通信功能。根据功能、容量不同,分为标准型、扩展型、紧凑型现场控制站。安装方式有机柜安装和 19in 机架安装两种。

因为 I/O 子系统的不同,标准型现场控制站有 LFCS、KFCS 两种;扩展型控制站有 LFCS2、KFCS2 两种;紧凑型控制站有 SFCS、FFCS 两种。其中 KFCS、KFCS2、FFCS 的 I/O 子系统由 ESB 总线和 ER 总线以及 ESB 总线、ER 总线连接模块 FIO 组成;LFCS、LFCS2 的 I/O 子系统由 RIO 总线及 RIO 总线连接模块 RIO 组成;FFCS 的 I/O 子系统使用 RIO 模块,并且和现场控制单元 FCU 组合成一体。

1. 控制站的结构

控制站分上下两部分,其中上部为 FCU(现场控制单元),下部为 I/O 节点单元。FCU 为全冗余结构,主要包括一对冗余的电源、CPU、ESB 总线接口卡 SB301、V 网耦合器和 ESB 总线耦合器。图 3-135 所示是以 KFCS/KFCS2 为例的结构图。CENTUM-CS3000 系统控制站内通信总线的作用、特点及连接方式见表 3-3。

表 3-3 CENTUM-CS3000 系统控制站内通信总线

总线名称	作用	特点	连接方式
ESB 总线(Extended Serial Backbord Bus)	用于控制站内,中央主控制器 FCU 同本地 I/O 节点之间进行数据传输的双重化实时通信总线	网络拓扑构成:总线型,通信速率:128Mbps,每台控制站可连接 10 个 I/O 节点,最大通信距离 10m	ESB 总线的主控端模块 SB301 安装在 FCU 上,受控端模块 SB401 安装在本地节点上
ER 总线(Enhenced Remote Bus)	用于控制站内本地 I/O 节点与远程 I/O 节点之间进行数据传输的双重化实时通信总线	网络拓扑构成为总线型,通信速率为 10Mbps,每台控制站最多有 4 个 ER,最多可从本地节点连接 9 个远程 I/O 节点,最大通信距离 20km	ER 总线的主控端模块 EB401 安装在本地节点上,受控端模块 EB501 安装在远程节点上

(1)控制站内的现场控制单元 FCU 与本地节点和远程节点的连接方式,如图 3-136 所示。

(2)FCU 指示灯的含义及站地址的设置。

① FCU 的指示灯设置如图 3-137 所示,其含义见表 3-4。

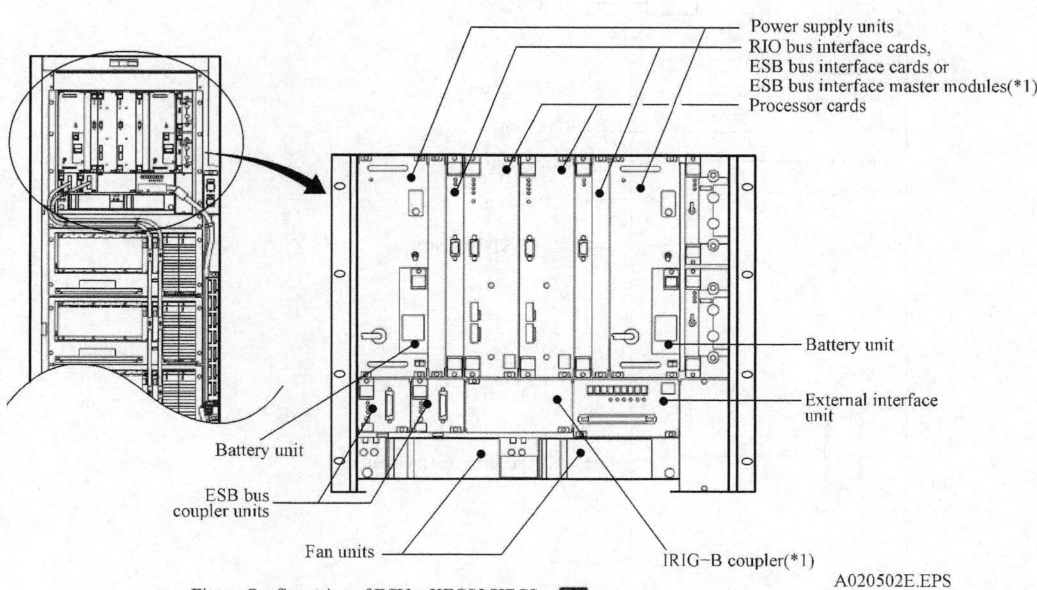

图 3-135 KFCS/KFCS2 结构图

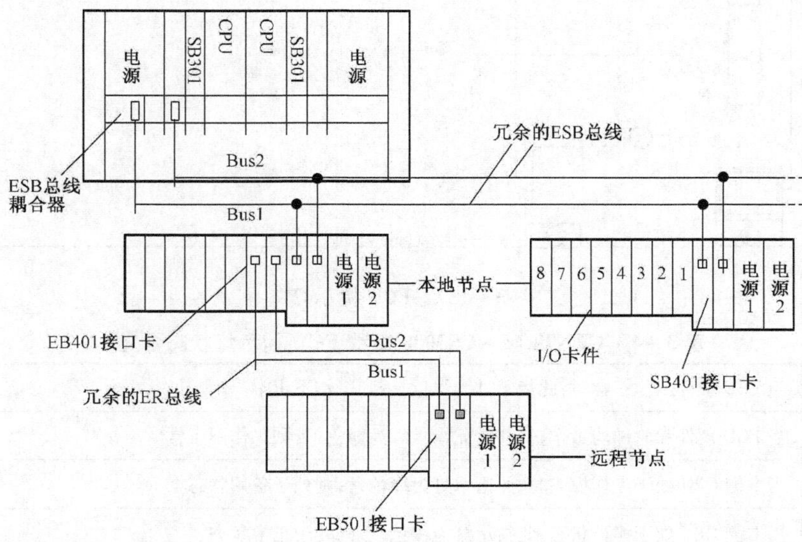

图 3-136 FCU 与本地节点和远程节点的连接方式

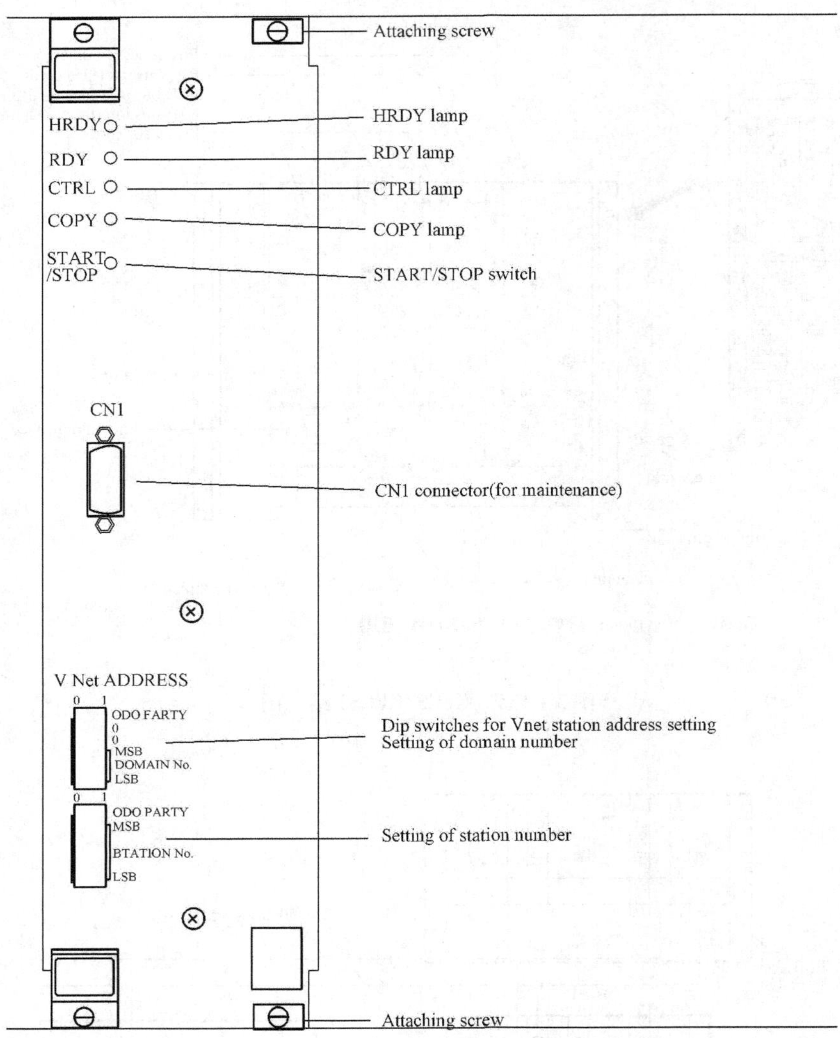

图 3-137 FCU 指示灯

表 3-4 CENTUM-CS3000 系统 FCU 指示灯状态含义

HRDY	当 FCU 硬件工作正常时,此指示灯为绿色,否则工作不正常
RDY	当 FCU 硬件和软件均工作正常时,此指示灯为绿色,否则工作不正常
CTRL	当本侧 CPU 处于工作模式时,此指示灯为绿色,否则处于备用状态
COPY	当本侧 CPU 处于拷贝状态,此指示灯为绿色,否则处于正常状态

② FCU 域地址的设置。

DIP 开关的第一位(Bit 1)用于奇校验,使共八位所含“1”的位数为奇数;第二位和第三位一直为“0”;第四位到第八位用于二进制表示域 1~域 16,详见图 3-138。

A domain stands for a range of stations connected by a single train of the V net.

Set the domain number to a value from 1 to 16.

To set a domain number,set the dip switches as follows.

Bits 2 and 3 must always be zeros(os).

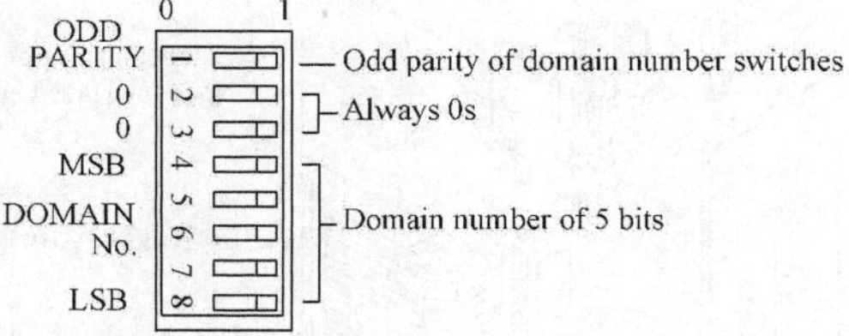

MSB:Most significant bit
LSB:Least significant bit

A060211E.EPS

Figure Domain Number Setting Switches:LFCS2/LFCS,KFCS2/KFCS

Table Domain Number and Dip Switch Positions:LFCS2/LFCS,KFCS2/KFCS

Domain No.	1	2	3	4	5	6	7	8	9	10	11	12	13	14	15	16
Bit 1	0	0	1	0	1	1	0	0	1	1	0	1	0	0	1	0
Bit 2	0	0	0	0	0	0	0	0	0	0	0	0	0	0	0	0
Bit 3	0	0	0	0	0	0	0	0	0	0	0	0	0	0	0	0
Bit 4	0	0	0	0	0	0	0	0	0	0	0	0	0	0	0	1
Bit 5	0	0	0	0	0	0	0	1	1	1	1	1	1	1	1	0
Bit 6	0	0	0	1	1	1	1	0	0	0	0	1	1	1	1	0
Bit 7	0	1	1	0	0	1	1	0	0	1	1	0	0	1	1	0
Bit 8	1	0	1	0	1	0	1	0	1	0	1	0	1	0	1	0

图 3－138 FCU 域地址的设置

2. 控制站的作用

控制站用于过程 I/O 信号处理,完成模拟量调节、顺序控制、逻辑运算、批量控制等实时控制运算功能。

3. 控制站的特点

处理器采用了 4CPU 冗余容错技术(pair&spare 成对热后备)的现场控制站,实现了在任何故障及随机错误产生的情况下进行纠错,并连续不间断地控制;CPU 硬件采用了 VR5432 的 RISC 处理器,32MB 误码校正存储器,可进行 64 位浮点运算,具有很强大的控制运算功能。

(四)过程 I/O、Node 的硬件构成

I/O 卡件类型主要分三种:模拟量卡件、数字量卡件和通信卡件。

RIO 型 Node 是由 NIU 节点接口单元和 IOU 输入、输出单元组成,其结构如图 3－139 所示。

RIO 型 Node 及卡件结构如图 3－140 所示。

RIO 型 FCS 卡件简介如下:

(1)卡件接线方式:单点、多点端子型,多点接插型,如图 3－141 所示。

(2)RIO 型 FCS 卡件类型见表 3－5。

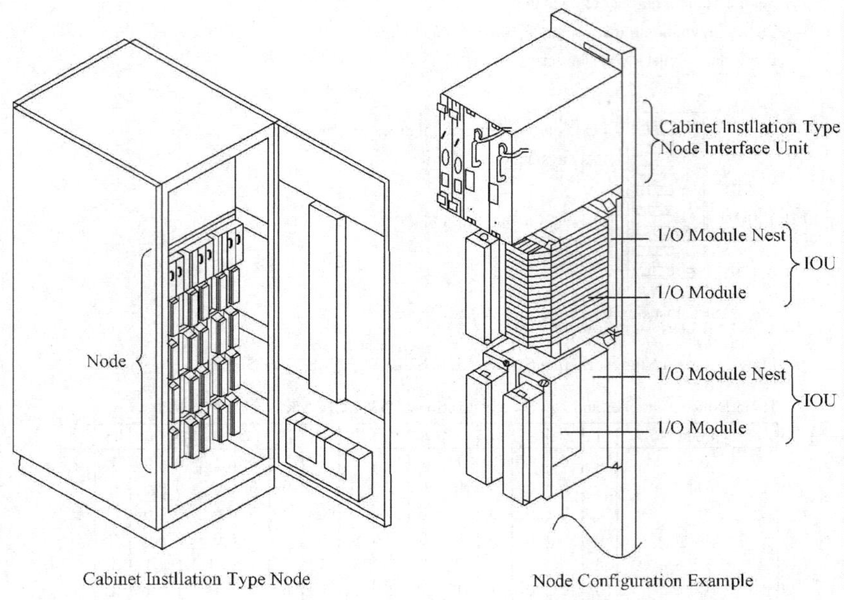

图 3-139 NIU 节点接口单元和 IOU 输入、输出单元

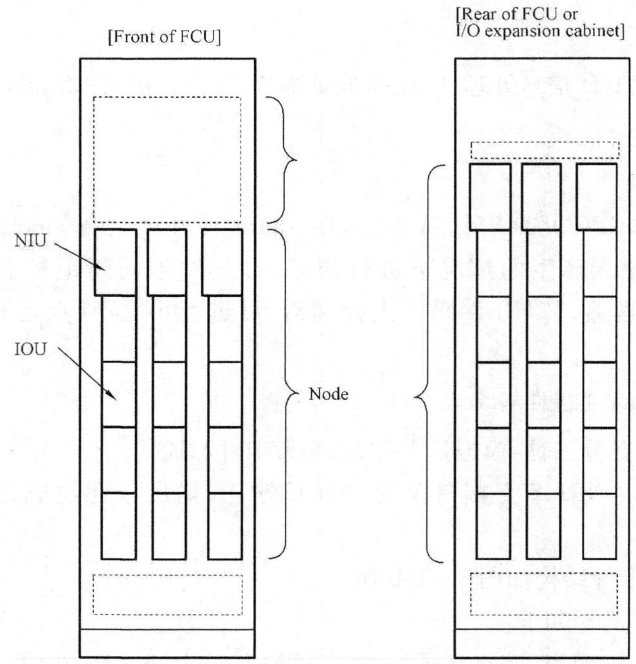

图 3-140 RIO 型 Node 及卡件结构

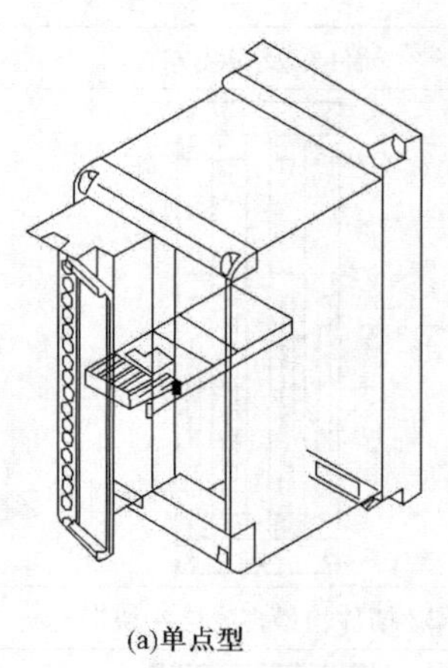
(a)单点型

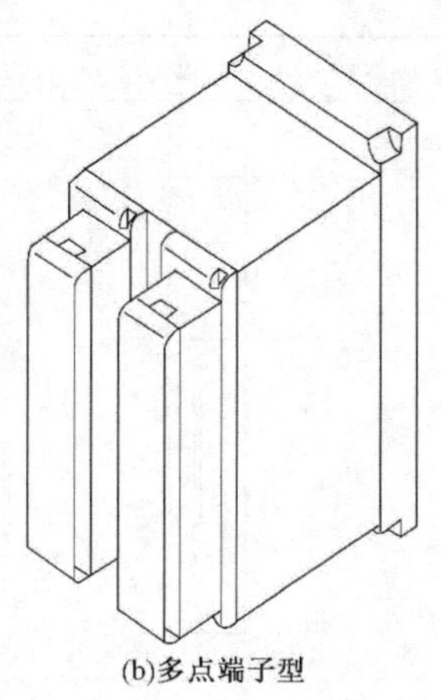
(b)多点端子型

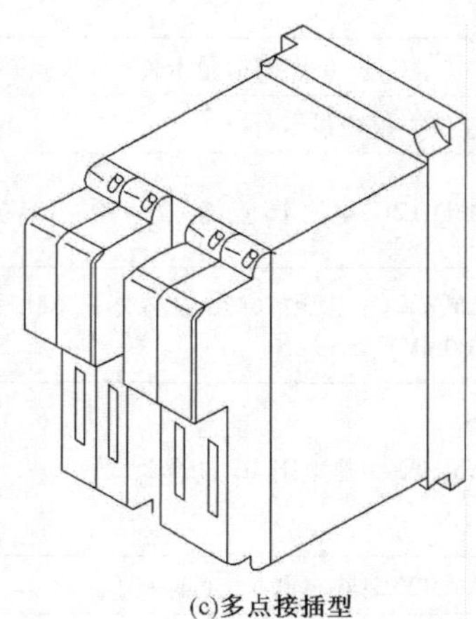
(c)多点接插型

图 3-141 RIO 型 FCS 卡件接线方式

表 3-5 CENTUM-CS3000 系统 RIO 型 FCS 卡件

单点模拟量卡件	外型	插件箱及安装方式
AAM21:RTD 输入		
AAM10:电流、电压输入		
AAM21:RTD 输入		
AAM21/RJ:mV(-50~150mV)T/C 输入		
APM11:脉冲输入(0~10kHz)		
AAM51:电流、电压(0~10 V)输出		插件箱最多安装 16 块卡
16 点端子类模拟量卡件		
AMM12T:电压多点输入		
AMM22T:热电偶多点输入		AMN31 插件箱最多安装 2 块卡
AMM32T:热电阻多点输入		AMM32T、AMM42T 只能安装 1 块卡
AMM42T:2 限制变送器输入		AMM32T 不能安装在 1 槽

续表

单点模拟量卡件	外型	插件箱及安装方式
连接类模拟量卡件		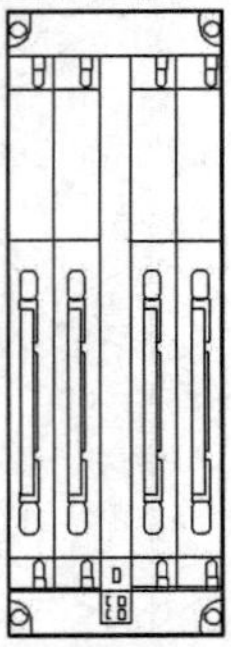
AMM12C:电压 16 点输入(－10～10V)		
AMM22C:电压 16 点输入(－100～100mV)		
AMM32C:热电阻 16 点输入		
AMM25C:热电偶 15 点输入		AMN32 插件箱最多安装 4 块卡
端子类接点卡件	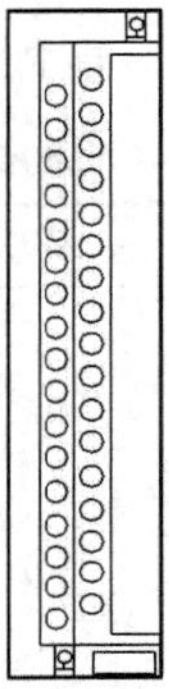	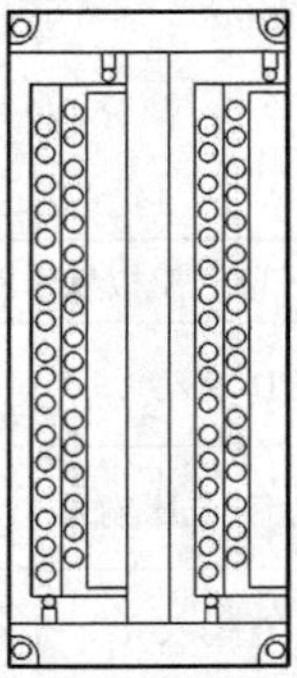
ADM11T:16 点接点输入		
ADM12T:32 点接点输入		
ADM51T:16 点接点输出		
ADM52T:32 点接点输出		AMN31 插件箱最多安装 2 块卡
连接类接点卡件	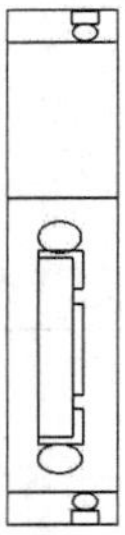	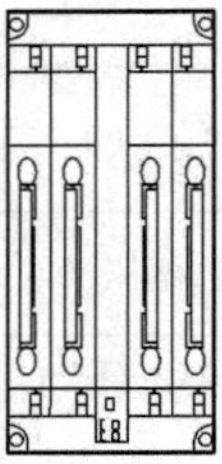
ADM11C:16 点接点输入		
ADM12C:32 点接点输入		
ADM51C:16 点接点输出		
ADM52C:32 点接点输出		AMN32 插件箱最多安装 4 块卡
继电器卡件	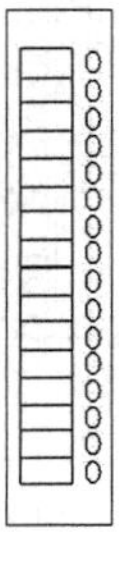	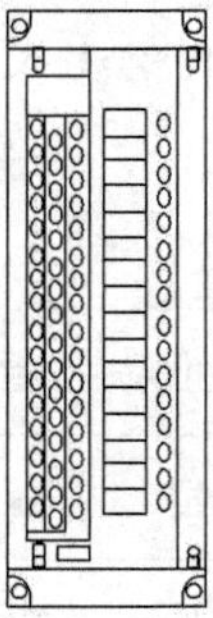
ADM15R:16 点继电器输入		
ADM55R:16 点继电器输出		AMN21 插件箱安装 1 块卡

(3)FIO 型 FCS 卡件类型见表 3－6。

表 3－6 CENTUM－CS3000 系统 FIO 型 FCS 卡件

模拟 I/O 模件<非隔离类型>	
AAI141	16 通道,4~20mA 电流输入
AAV141	16 通道,1~5V 电压输入
AAI841	8 通道,4~20mA 电流输入,8 通道,4~20mA 电流输出
AAB841	8 通道,1~5V 电压输入,8 通道,4~20mA 电流输出
模拟 I/O 模件<隔离(系统和现场)>	
AAT141	16 通道,mV,TC 输入(TC:JIS R,J,K,E,T,B,S,N/mV:－100~150mV)
AAR181	12 通道,RTD 输入(RDT:JIS Pt100Ω)
模拟 I/O 模件<通道隔离>	
AAI135	8 通道,4~20mA 电流输入
AAI835	4 通道 4~20mA 电流输入,4 通道 4~20mA 电流输出,共 8 通道
AAP135	8 通道,0~10kHz 脉冲输入
数字 I/O 模件<通用类型>	
ADV151	32 通道,接点输入,可双重化
ADV161	64 通道,接点输入,可双重化
ADV551	32 通道,接点输出,可双重化
ADV561	64 通道,接点输出,可双重化
数字 I/O 模件<AC 输入模件>	
ADV141	16 通道,100~120V AC 输入,可双重化
ADV142	16 通道,220~220V AC 输入,可双重化
数字 I/O 模件<继电器输出模件>	
ADR541	16 通道,继电器输出,(24~100V DC,100~200V AC),可双重化

注:FIO 型的所有模拟量卡件均可实现双重化,数字量卡件也可实现双重化。

(五)控制站内的现场控制单元

现场控制单元 FCU 与本地节点和远程节点的连接见表 3－7。

表 3－7 FCU 与本地节点和远程节点的连接

名　称	作　用	特　点	相关数据
V－NET 网络	用于系统内操作站、工程师站与现场控制站之间进行数据传输的双重化实时通信总线	网络拓扑构成为总线型,通信速率为 10Mbps,每个域内最大可连接 64 个操作站	操作站、工程师站和上位管理机通过 VF701 卡与 V－NET 网络进行连接;现场控制站通过总线耦合器接入网络;最大站节点为 64/域;传输速率为 10mbit/s;连接电缆使用 YCB111/YCB141(同轴电缆)

续表

名　称	作　用	特　点	相关数据
Ethernet 网络	用于连接操作站、工程师站和上位管理机的通信网络	在一个域内最大可连接 16 个操作站	一个域内最多 16 个 HIS,且一个用于组态
RIO BUS(用于 RIO 型)	I/O 通信 BUS,用于 FCS 处理器与 NODE 间的连接		最大连接设备为 8 Node/FCU;传输速率为 2mbit/s;传输介质为双绞线、光纤;传输距离,使用双绞线时 750m,使用光纤可达 20km

(六)现场控制站与子系统的通信

DCS 与 ESD 或 PLC 子系统通信可采用 MODBUS 通信协议。在 FCS 的节点接入一侧需要安装串行接口模件,DCS 一侧是主控端。支持 MODBUS 通信的接口模件有 ALR111 和 ALR121 两种,ALR111 用于 RS232C 接口通信,ALR121 用于 RS422 或 RS485 接口通信。配置方式如图 3-142 所示。

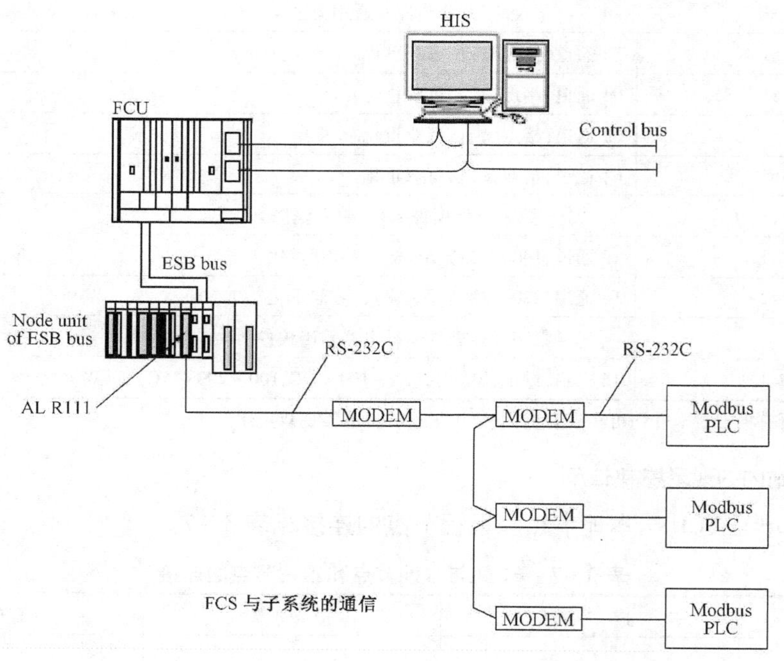

图 3-142　MODBUS 通信配置图

三、CENTUM-CS3000 系统软件及组态

(一)系统软件构成

1. 软件构成

系统软件构成见表 3-8。

表 3－8　CENTUM－CS3000 系统软件构成

CS 3000 software CD－ROM(LHSKM02)(1)(＊1)	CS3000 应用软件光盘(1 张)
CS 3000 electronic document CD－ROM(1)	CS3000 电子文档光盘(1 张)
CS 3000 key－code floppy disk(1 or more)	CS3000 钥匙软盘(1 张或更多)
CS 3000 system ID licence(LHSDM01)	CS3000 系统 ID 授权书
Windows Service Pack	操作系统

2. 常用软件包组成

系统常用软件包组成见表 3－9。

表 3－9　CENTUM－CS3000 系统软件包组成

软件	名称	功能	用途
Operation and Monitoring Software(操作和监视软件)	LHS1100	Standard Operation and Monitoring Function	此类软件包用于操作和监视目的
	LHS4410	Control Drawing Status Display Package	
	LHS4420	Logic Chart Status Display Package(＊1)	
	LHS6510	Long－tem Data Archive Package	
	LHS6530	Report Package	
Engineering Software(工程软件)	LHS5100	Standard Builder Function	此类软件包用于工程组态
	LHS5150	Graphic Builder	
	LHS5420	Test Function	
	LHS5426	FCS Simulator Package(＊2)	
	LHS5427	HIS Simulator Package(＊2)	
	LHS5450	Multiple Project Connection Builder(＊2)	
	LHS5490	Self－documentation Package	
Basic Software(基本软件)	LFS1100	Control Function for Standard Field Control Station(for RIO)	基本软件用于定义控制站的基本控制特性，如控制点数等信息
	LFS1120	Control Function for Compact Field Control Station(for RIO)	
	LFS1300	Control Funtion for Standard Field Control Station(for FIO)(＊1)	
	LFS1130	Control Function for Enhanced Field Control Station (for RIO)(＊2)	
	LFS1330	Control Function for Enhanced Field Control Station (for FIO)(＊2)	
	LFS1350	Control Function for Compact type Field Control Unit (for FIO)(＊3)	

3. 系统软件安装步骤

(1)安装 WINDOWS NT/2000/XP。

(2)安装 PC 机常用设备硬件驱动程序。

(3)安装横河 VF701/VI701 专用网卡适配器及协议。

(4)设置 Ethernet 及 Vnet IP 地址。

(5)安装 CS3000 应用软件及电子手册。

(6)设置 CS3000 自动登陆方式。

(二)工程功能组态介绍

下面主要介绍项目的生成和组态菜单,以及基本的项目组态。

1. 新建一个项目的步骤

1)进入组态窗口

System view 是 CS3000 的组态应用软件,用图 3 - 143 所示的方法可以进入组态窗口。

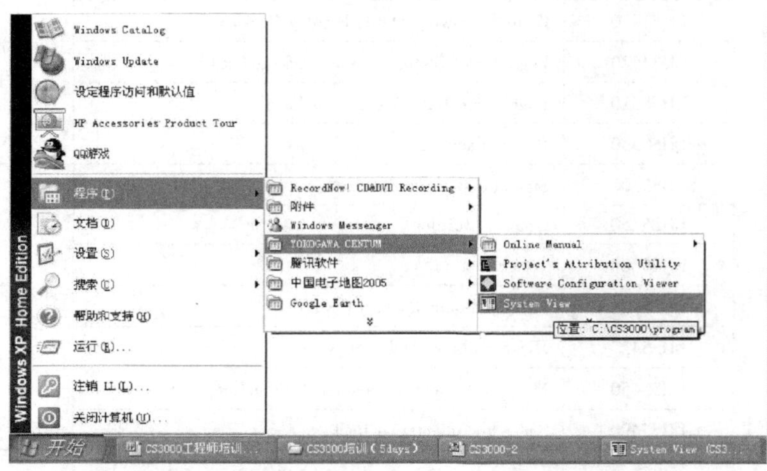

图 3 - 143　进入组态软件

2)新建一个项目

在 System view 下选 SYSTEM/Create New/Project(图 3 - 144),进入新建项目对话框(图3 - 145)。

输入新项目的用户名、组织、项目信息,注意项目信息(Project Information)是必填项,可根据项目属性填入一些信息,此项如留空则新建项目不能继续进行。

完成上述步骤后点击 OK,在图 3 - 146 所示对话框输入新项目名称及保存路径。

在 Constant 项设置新项目域号(Domain - Number)及控制总线是否冗余(图 3 - 147)。

3)建立现场控制站

右键点选项目名/Create New/FCS,进入建立现场控制站对话框,填入站类型、数据库类型、域号、站号等信息(如图 3 - 148)。

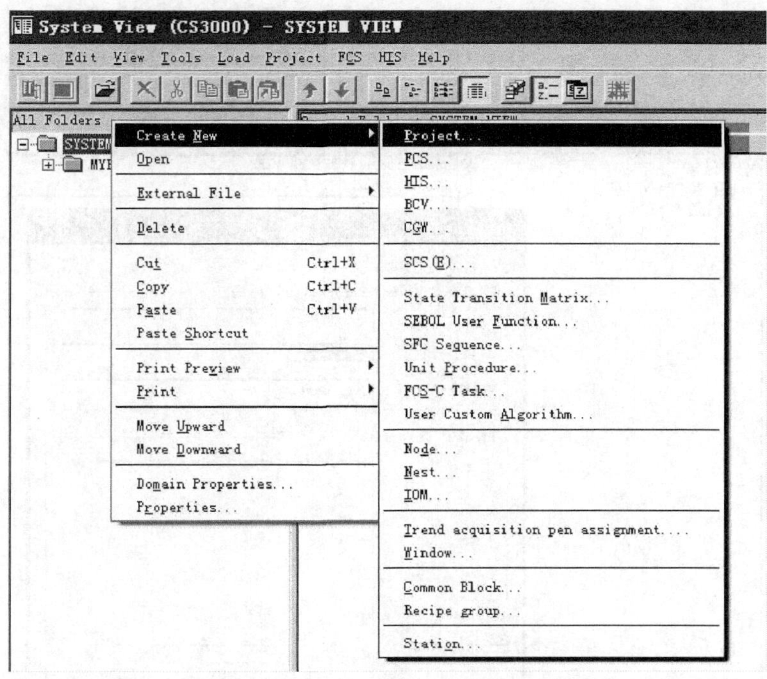

图 3－144　新建项目

4）建立操作站

右键点选项目名/Create New/HIS，进入建立操作站对话框，填入站类型、域号、站号等信息（图 3－149）。

注：新建项目后，会自动的继续出现新建第一个控制站和操作站的操作画面。

2. 虚拟测试及使用方法

（1）控制站测试。在屏幕左侧菜单树中选中要测试的 FCS 站，在 FCS 菜单下选 Test Function（图 3－150）。

（2）操作站测试。在屏幕左侧菜单树中选中要测试的 HIS 站，在 HIS 菜单下选 Virtual HIS（图 3－151）。

3. 系统下装方法及注意事项

（1）下装项目公共项，如图 3－152 所示。

（2）下装控制站相关内容，如图 3－153 所示。

（3）下装操作站相关内容，如图 3－154 所示。

（4）系统下装注意事项：

① 控制站第一次必须离线下装；

② 操作站不存在离线下装，始终为在线下装；

③ 调试期间控制站所有修改内容均为在线下装，非异常情况不用离线下装。

System View (CS3000) - SYSTEM VIEW
File Edit View Tools Load Project FCS HIS Help
All Folders
SYSTEM VIEW
MYPJT
Opened Folder : SYSTEM VIEW
Name
Type
Outline
Set Project Information
CS3000 Software Information
Model
CS3000
User
Laixianwei
Organization
Laixianwei
Project Information
OK
Cancel

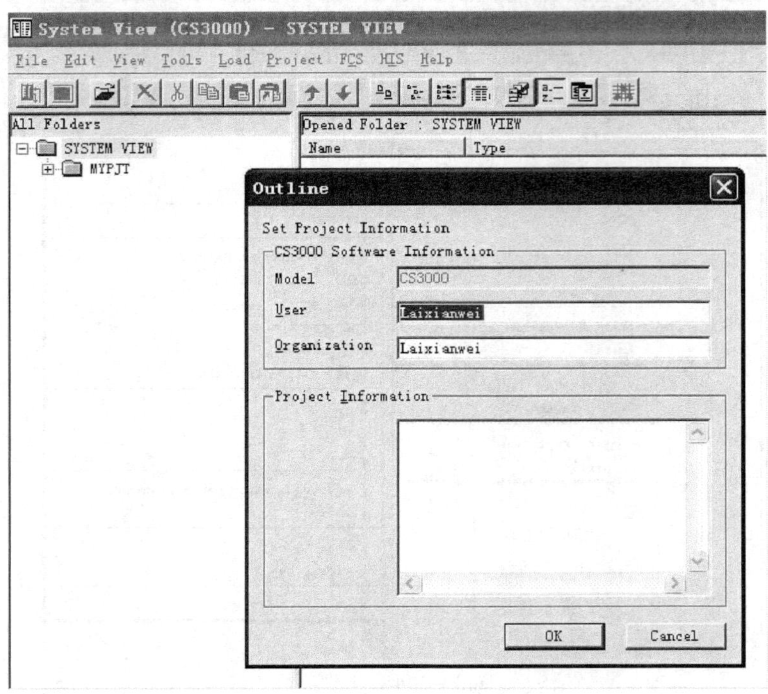

图 3－145　新建项目对话框

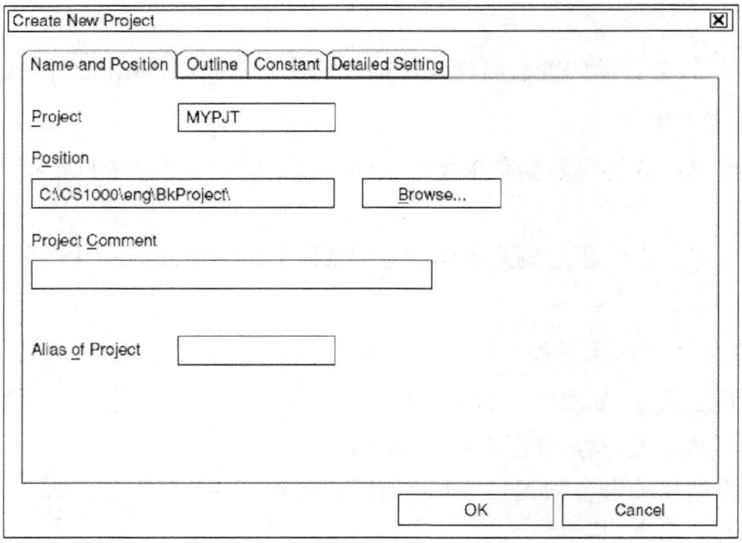

Create New Project
Name and Position
Outline
Constant
Detailed Setting
Project
MYPJT
Position
C:\CS1000\eng\BkProject\
Browse...
Project Comment
Alias of Project
OK
Cancel

图 3－146　新项目名称及保存路径

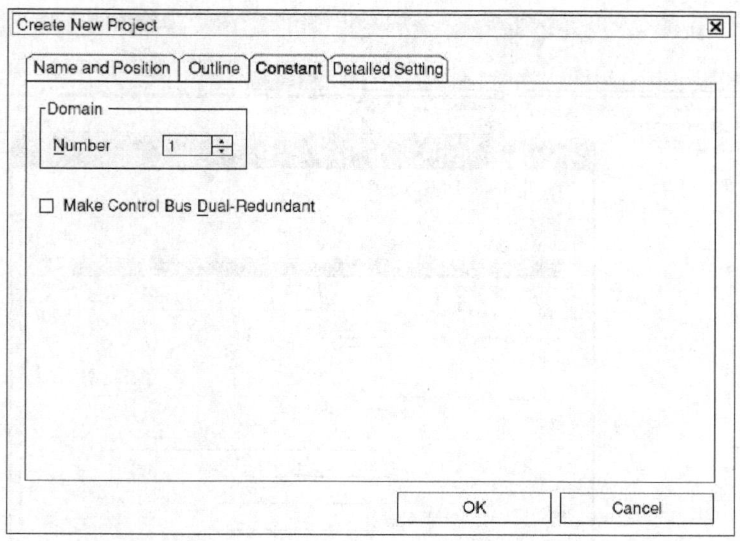

图 3－147 域号及控制总线

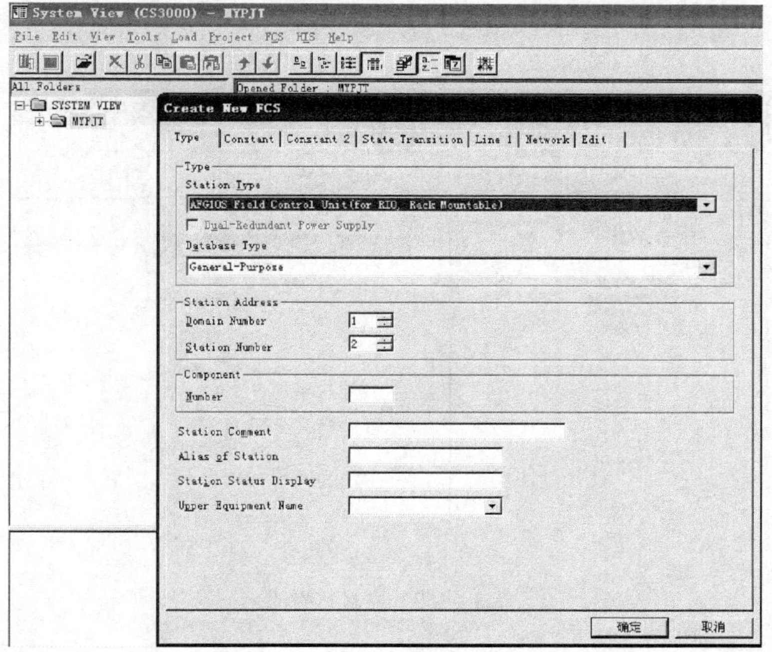

图 3－148 建立 FCS

4. 调整参数的概念及其备份方法

1）调整参数所包含的内容

（1）报警参数。

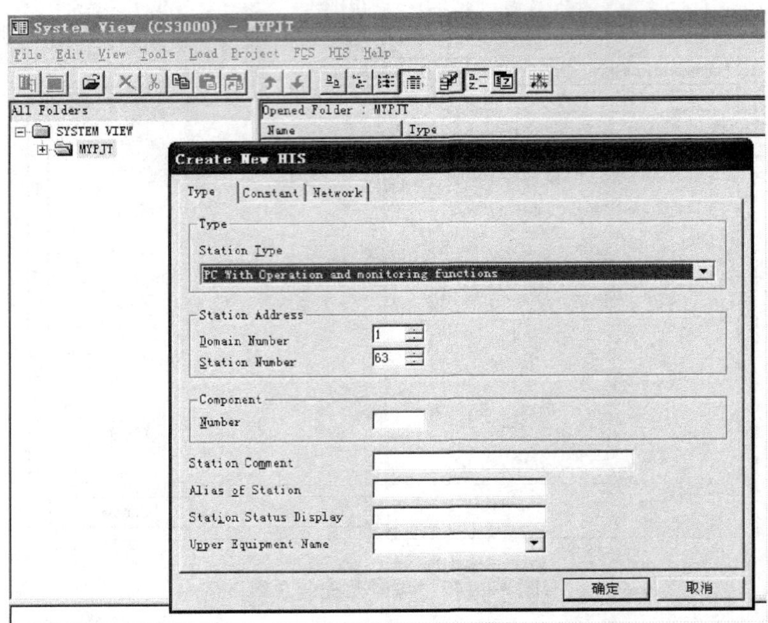

图 3－149　建立 HIS

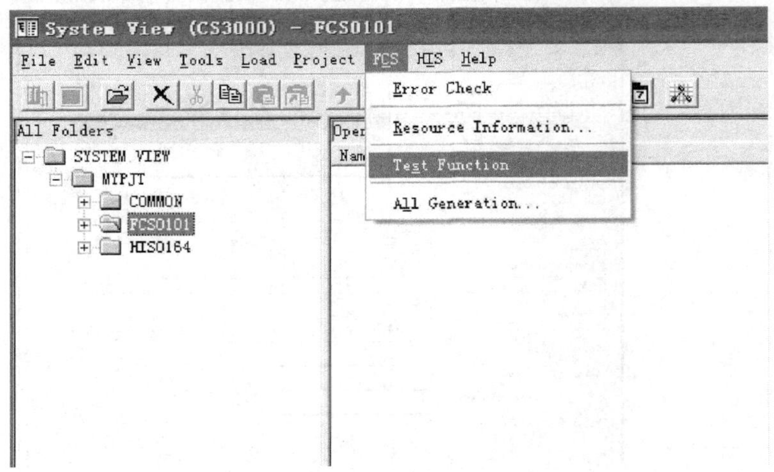

图 3－150　控制站测试

(2)PID 调节参数。

(3)曲线函数。

(4)仪表模式。

(5)在监视窗口下可以修改的其他参数。

2)调整参数的备份方法

在系统组态窗口保存调整参数,如图 3－155 所示。

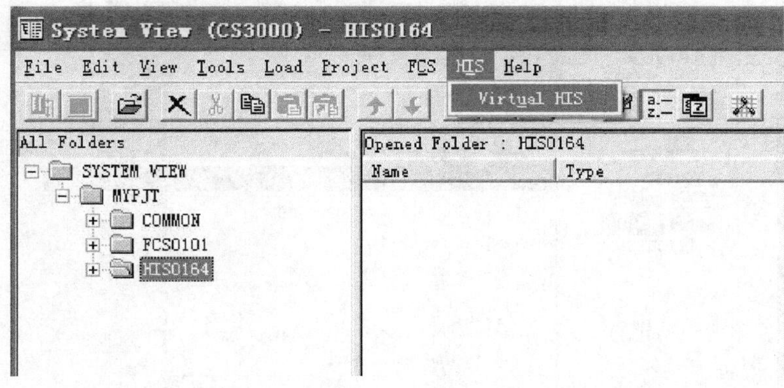

图 3-151 操作站测试

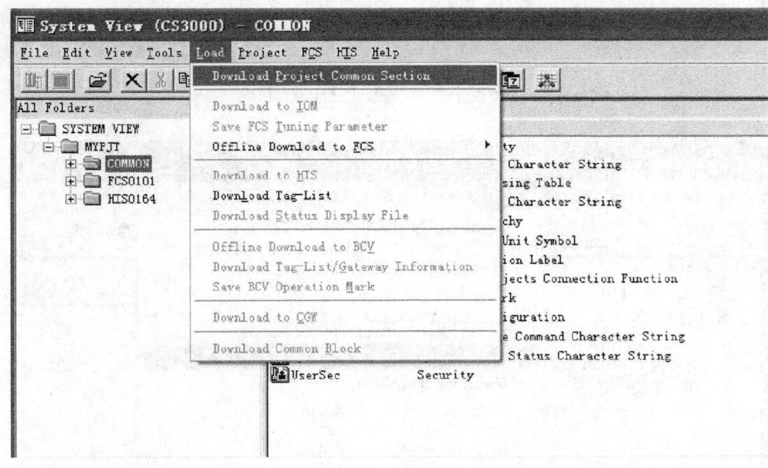

图 3-152 下装项目公共项

5. COMMON 项组态

(1)用户安全级别。主要定义用户名、密码、用户组名称、安全级别、自动登录时间等信息。打开方式如图 3-156 所示。

(2)开关标记。该项设置内有系统默认的开关标记名称,并可根据实际需要自定义标记名称,如图 3-157 所示。

打开编辑窗口后,按图 3-158 对自定义系统标记以外的标记,可以定义 Label1、Label2、Label3、Label4。

(3)报警级别定义。打开方式如图 3-159 所示。

打开报警级别定义窗口后按图 3-160 可以定义下列设置:

报警级别:高、中、低、记录、参考。

功能:CRT、PRT、Historical File。

报警重要度对应的报警状态见表 3-10。

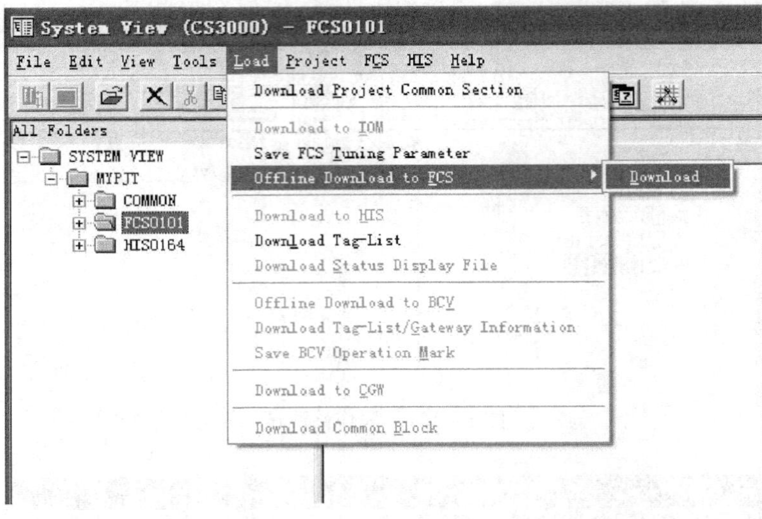

图 3-153　下装控制站

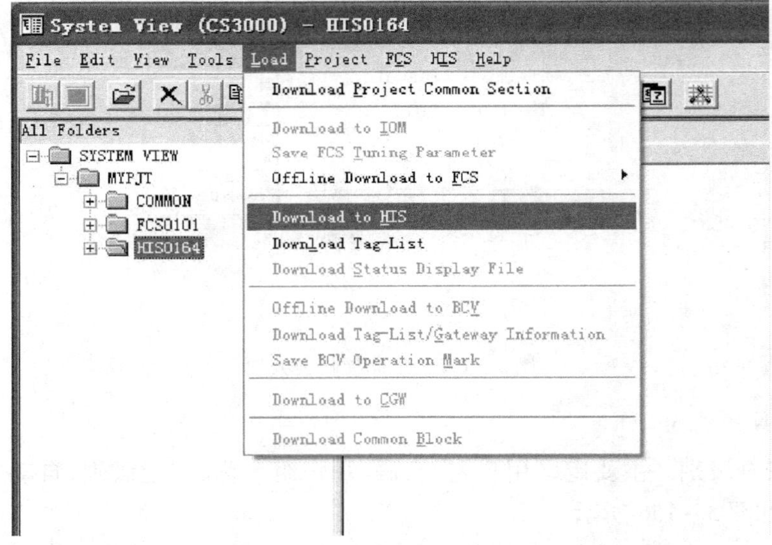

图 3-154　下装操作站

表 3-10　CENTUM-CS3000 系统报警状态

报警重要度	报警显示闪烁动作	再警告报警
重	锁定	有再警告
中	锁定	无再警告
轻	非锁定	无再警告
记录	自确认	无再警告
参考	自确认	无再警告

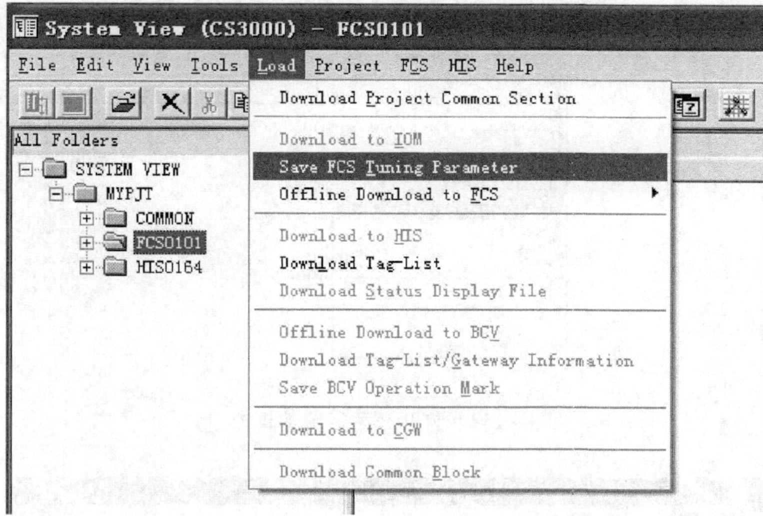

The tuning parameters can be saved from System View. However, when either the Control Drawing Builder or the Function Block Detail Builder has been started, the tuning parameters for the function block being displayed on the builder cannot be saved.

1. In System View, select the FCS folder under the project folder.
2. Select [Save FCS Tuning Parameter] from the [Load] menu ou the tool bar.
3. The [Confirm to Save FCS Tuning Parameter] dialog box is displayed. Click the [OK] button to save the tuning parameters.

图 3 - 155　调整参数的备份

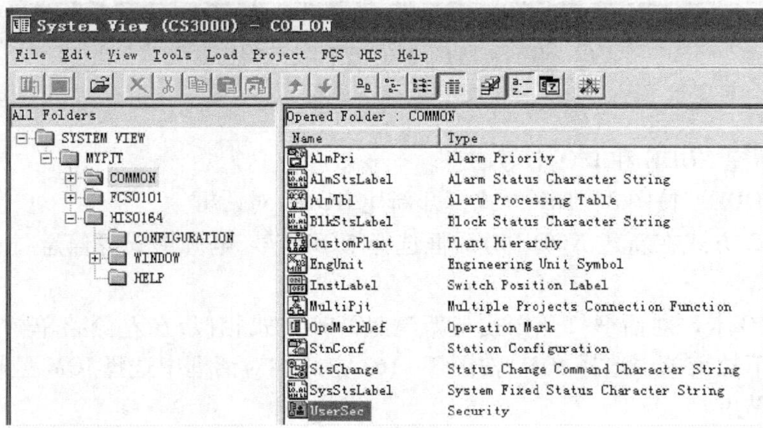

图 3 - 156　用户安全级别

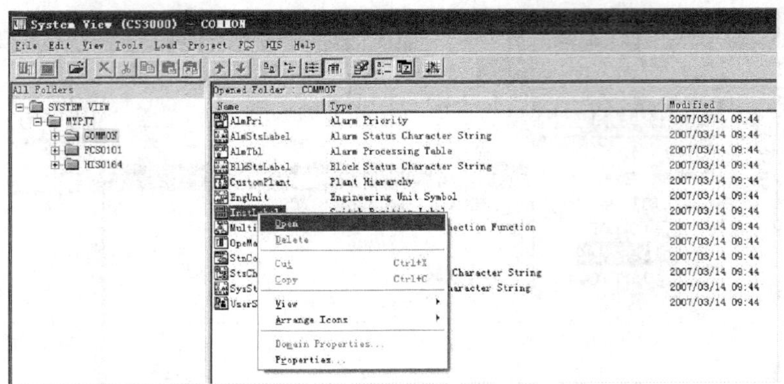

图 3－157　打开开关标记编辑窗口

Switch Position Label Builder - [Pjt:MYPJT File:InstLabel.edf]

Label 1

Specify Switch Position Label of Label 1.

No.	Label 1	Label 2	Label 3	Label 4
1				
2	ON		OFF	ON
3	RUN		STOP	RUN
4	OPEN		CLOSE	OPEN
5	HIGH	MIDDLE	LOW	HIGH
6	RIGHT	MIDDLE	LEFT	RIGHT
7	DIRECT	STOP	REVERS	DIRECT
8	START	HOLD	STOP	START
9	3	2	1	0
10	STOP	PAUSE	START	STOP
11	UP		DOWN	UP
12	RUN	PAUSE	STOP	RUN2
13	START	PAUSE	RESTART	START2
14				
15				
16				

图 3－158　自定义开关标记名

6. FCS 组态

这里介绍新建 NODE 和 I/O 卡等信息。

(1)新建 NODE。按图 3－161 方式打开新建 NODE 对话框。

按图 3－162 方式在新建 NODE 对话框选择 NODE 号、电源形式等信息，按 OK 键完成新建 NODE 操作。

(2)新建 I/O 卡。对话框打开方式与新建 NODE 方式相似，在左侧菜单树下右键单击新建的 NODE，在下拉菜单中选择 IOM，按图 3－163 方式在对话框中选择 IOM 型号、安装位置等信息，按 OK 键结束。

(3)组态报警信息。打开方式如图 3－164 所示。

报警信息组态共 500 条，按图 3－165 方式可以答应报警信息的信息内容、工位名、标签、仪表级别等内容。

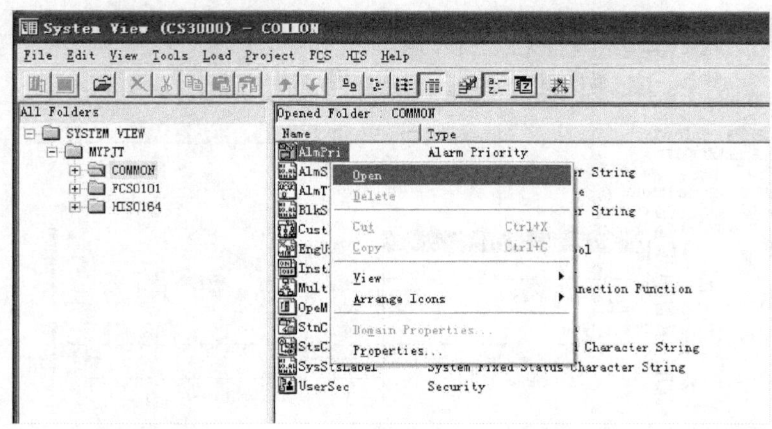

图 3－159　打开报警级别定义窗口

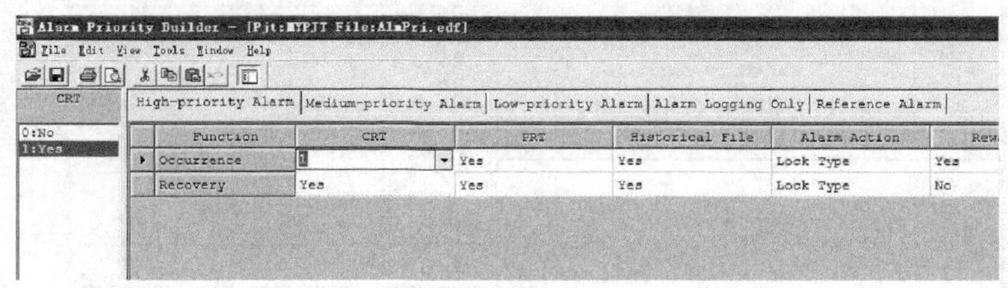

图 3－160　报警级别定义

(4)组态操作指导信息。打开方式如图 3－166 所示。

操作指导信息共 200 条,按图 3－167 方式可以定义信息内容、字体颜色等。

7. HIS 组态

HIS 组态包括的内容:流程图组态、总貌窗口组态、控制分组组态、趋势定义、功能键定义、帮助窗口定义、操作站常量定义等。HIS 组态的主要界面如图 3－168 所示。

(1)HIS 安全级别。HIS 安全级别主要定义 HIS 属性、监视范围、监视和操作范围、监视窗口范围、确认范围、过程信息范围、系统信息范围等,如图 3－169 所示。

(2)趋势定义。主要定义趋势格式、采样周期、保存时间、趋势注释等内容,如图 3－170 所示。

8. HIS 设置

HIS 设置是在操作维护环境下进行的,主要是对 HIS 相关的打印机、蜂鸣器、窗口显示、窗口切换、报警设置、多媒体、历史趋势保存等内容进行设置。

(1)打印机的设置。按图 3－171 可以设置信息打印、报表打印、彩色、黑白、等内容。

(2)蜂鸣器的设置。图 3－172 为不同类别的报警设置了声音大小、声音类型、蜂鸣器类型等,还可以选择蜂鸣设备,如 BEEP、操作员键盘、声卡。

(3)窗口显示设置。按图 3－173 可选满屏/窗口方式显示、显示字体、工位名长度等。

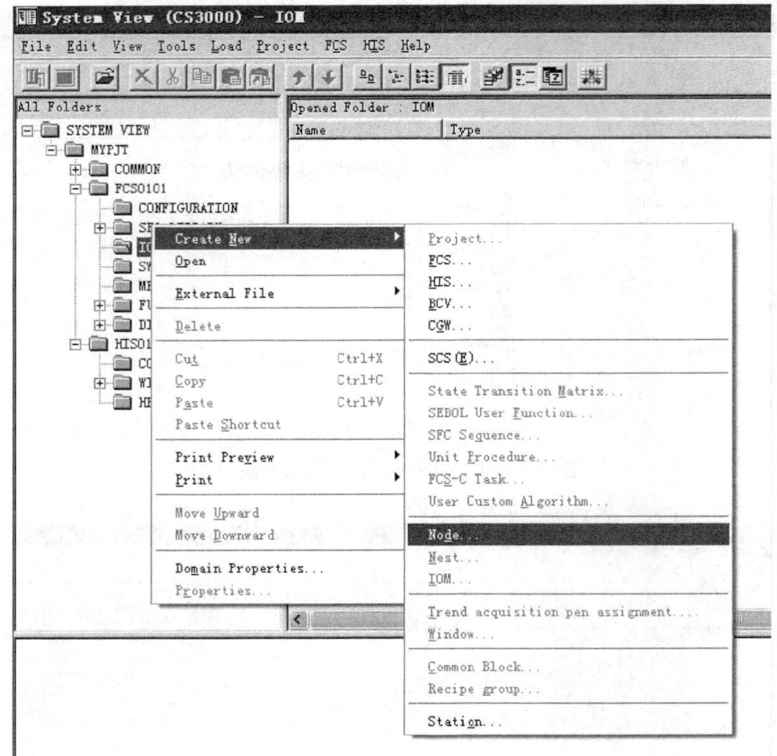

图 3－161　打开新建 NODE 对话框

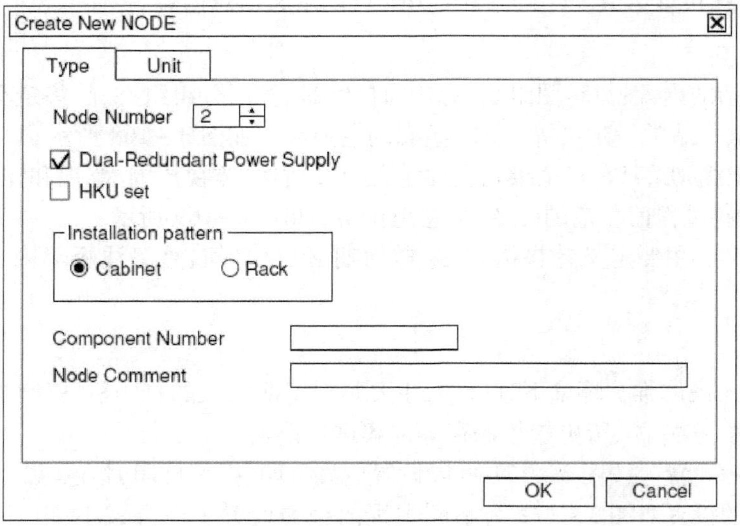

Create New NODE

Type | Unit

Node Number 2

☑ Dual-Redundant Power Supply

☐ HKU set

Installation pattern

◉ Cabinet ○ Rack

Component Number

Node Comment

OK | Cancel

图 3－162　新建 NODE

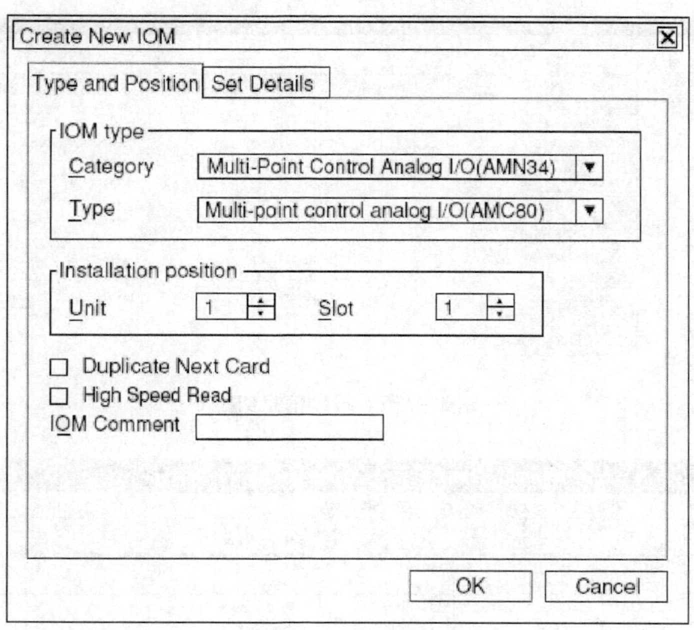

图 3－163 新建 I/O 卡

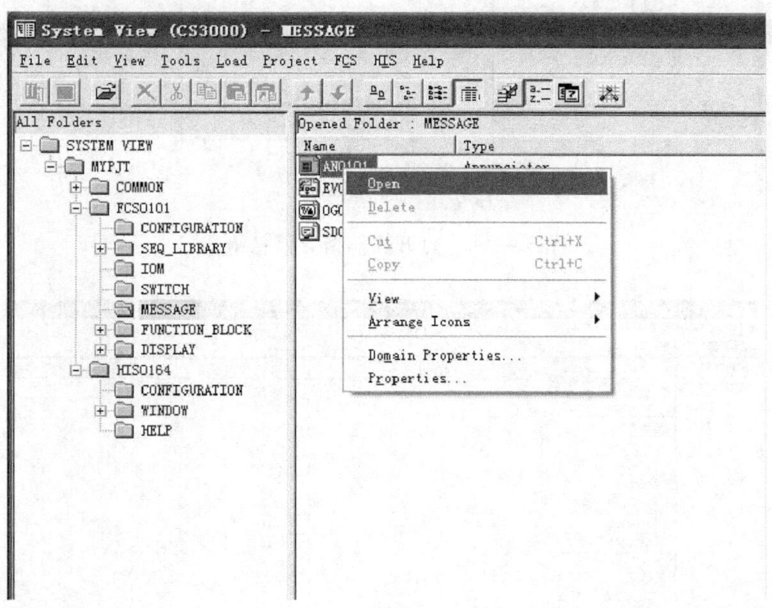

图 3－164 打开报警信息组态

（4）窗口切换设置。按图 3－174 可选系统信息窗口调用设置、报警窗口自动切换等。

（5）报警设置。按图 3－175 设置报警模式选择、报警确认方式、报警高级过滤等。

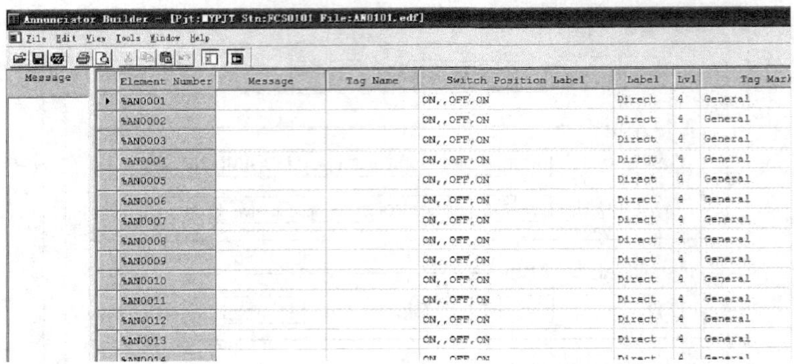

图 3－165　报警信息组态

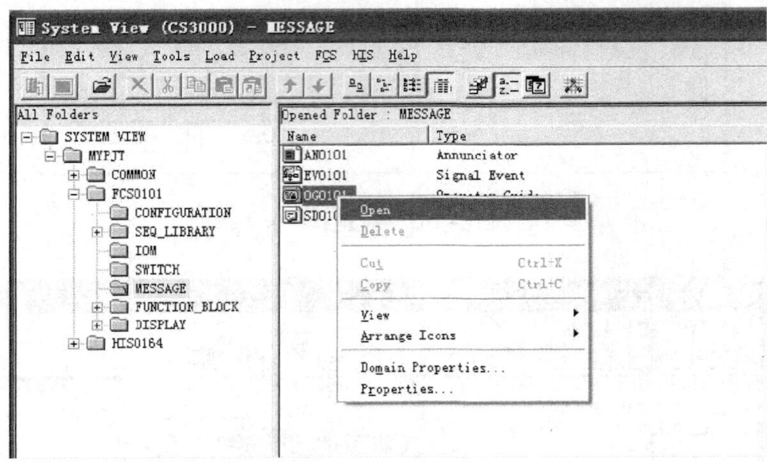

图 3－166　打开操作指导信息组态

Operator Guide Builder - [Pjt:MYPJT Stn:FCS0101 File:OG0101.edf]

File Edit View Tools Window Help

Element Number	Message	Color
%OG0001		White
%OG0002		White
%OG0003		White
%OG0004		White
%OG0005		White
%OG0006		White
%OG0007		White
%OG0008		White
%OG0009		White
%OG0010		White
%OG0011		White
%OG0012		White
%OG0013		White
%OG0014		White
%OG0015		White
%OG0016		White
%OG0017		White

图 3－167　操作指导信息组态

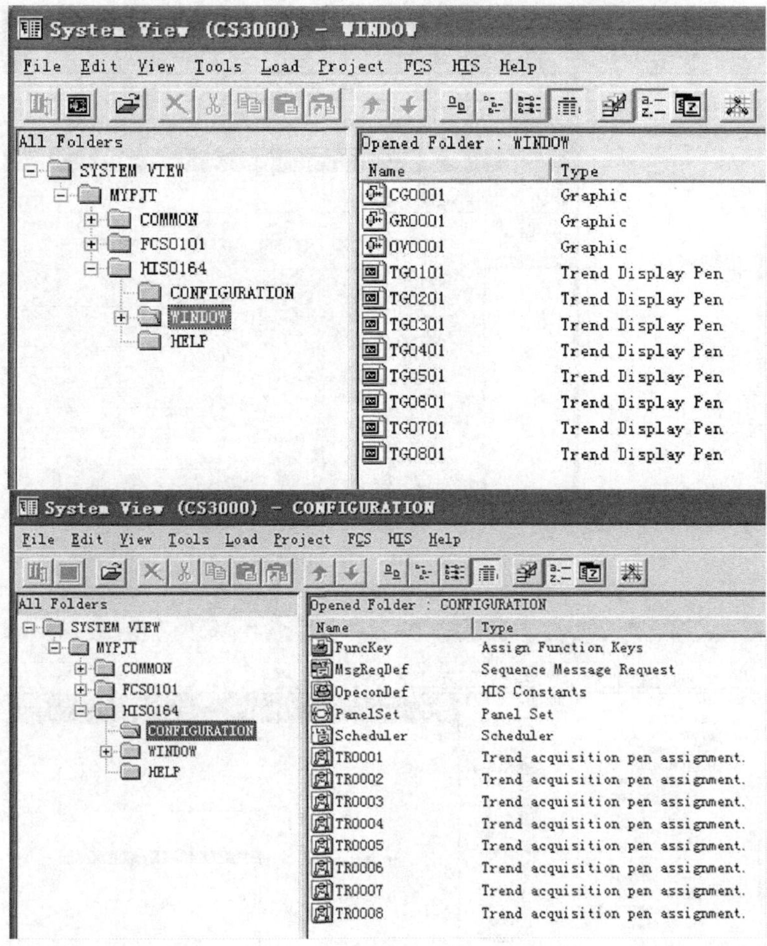

图 3－168　HIS 组态的界面

(6)多媒体设置。按图 3－176 设置各种自定义报警声音。

(7)历史趋势保存定义。按图 3－177 定义硬盘上历史趋势保存路径。

(8)操作员键盘介绍。图 3－178 所示为操作员键盘的外观图、功能键说明图。操作员键盘为横河专用的键盘,主要由字符键、数字键、功能键、自定义键组成,还包括报警喇叭、声音调节旋钮、用户切换锁(用钥匙可以切换 OFF/ON/ENG 用户)。

(三)FCS 组态(常规控制功能)

1. 功能块的调用和连接方法

(1)控制图 FCS 共 200 页,打开方法如图 3－179 所示。

(2)控制图属性。按图 3－180 可以编辑控制图注释,用来表示该图的作用等。

(3)控制图窗口。图 3－181 显示的是打开的空白控制图,在这里可以进行控制功能组态。

(4)功能块调用。按图 3－182“选择功能块键”,弹出 Select Fuction Block 对话框,选定

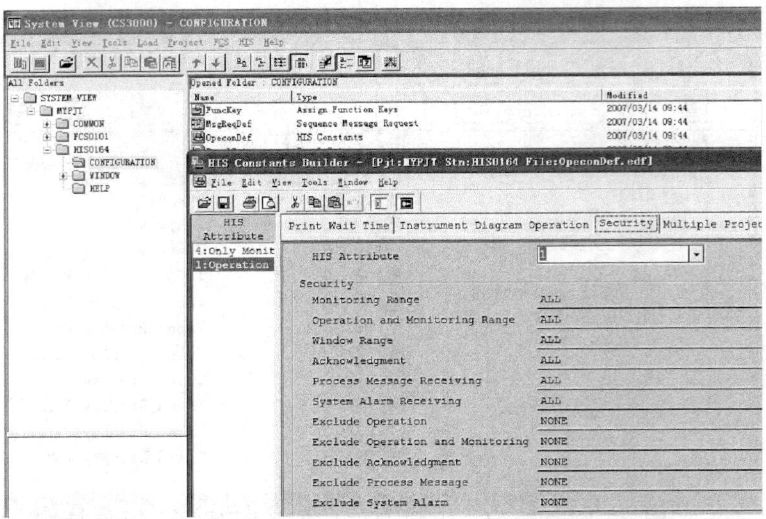

图 3-169 HIS 安全级别组态

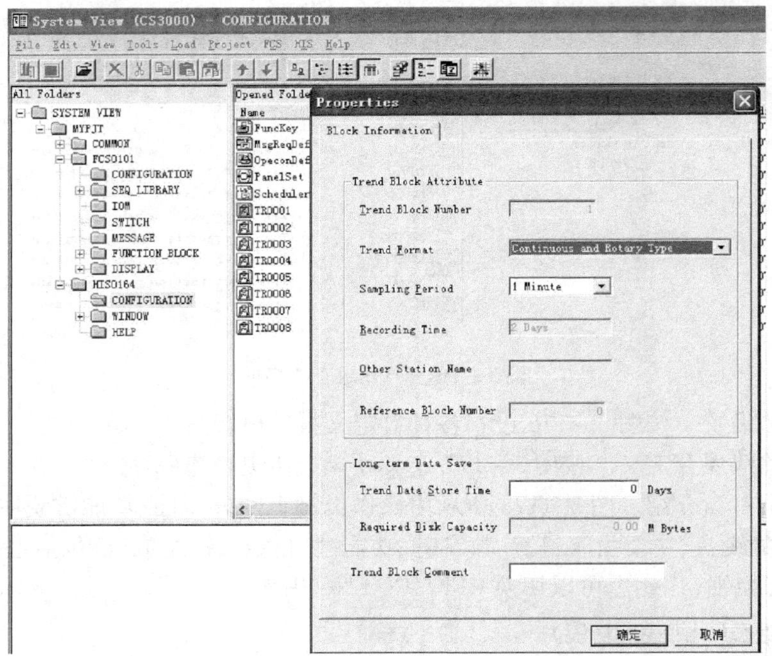

图 3-170 趋势定义

后，按 OK 键，然后放置在控制图的合适位置上。

(5)功能块连线。按图 3-183 方式按功能块连线键，在起始功能块和目的功能块的相关交叉点之间用鼠标点击连接。

(6)功能块属性输入。按图 3-184 可以输入位号、注释、零点、量程等信息。

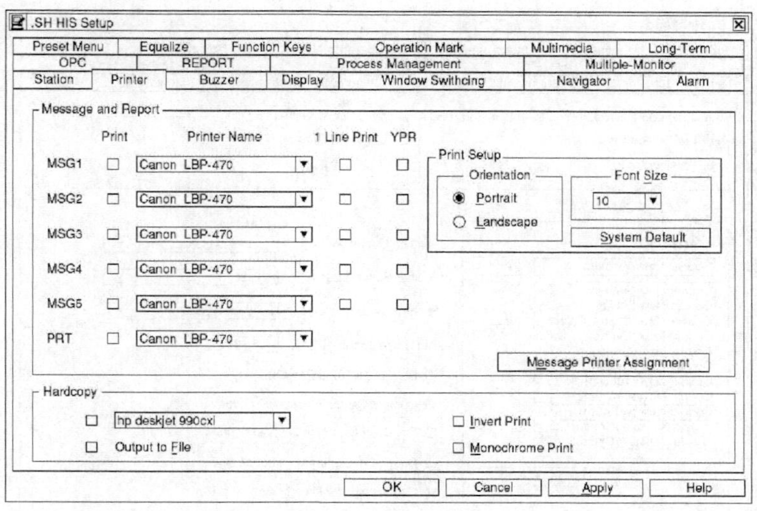

图 3－171　打印机的设置

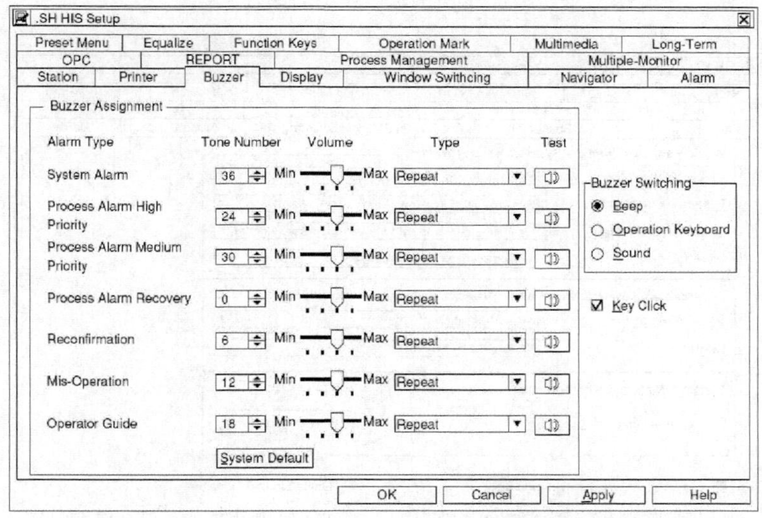

图 3－172　蜂鸣器的设置

2. 控制图基本操作

(1)控制图可以保存(Save)和下装(Load)(图 3－185),将控制图保存在项目中,下装是将控制图下装到 FCS 控制器当中,实际应用时 Save 和 Load 有如下区别:

① 非在线修改只能 Save;

② 在线修改可选 Save 和 Load;

③ Load 过程包含 Save。

(2)Work 文件的产生、应用及消除。

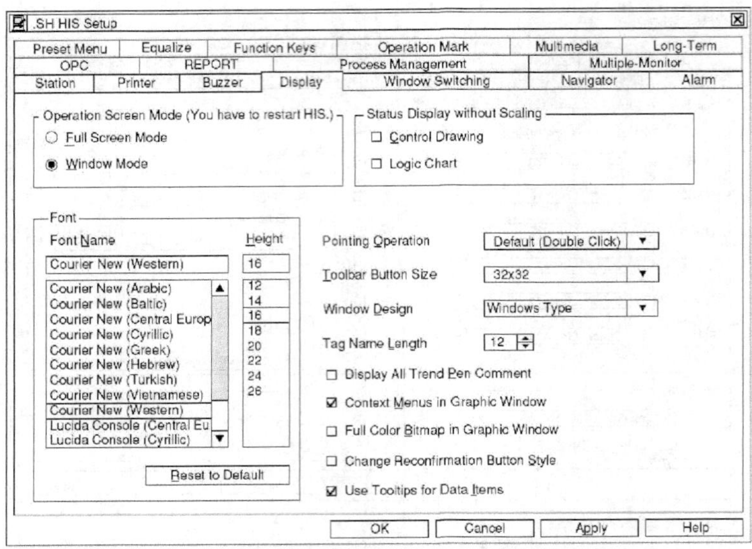

图 3－173 窗口显示的设置

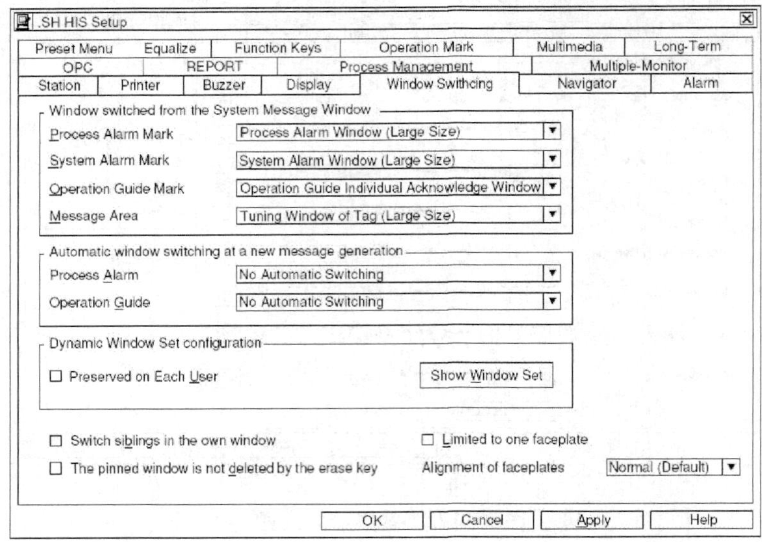

图 3－174 窗口切换设置

① Work 文件的产生，当控制图编辑有错误不能正确保存时，可以选择保存 Working File 建立 Work 文件用以保存当前状态，产生如图 3－186 所示的 Work 文件。

② Work 文件的消除。打开此页控制图，消除错误内容，正确保存后，Work 文件自动消除。

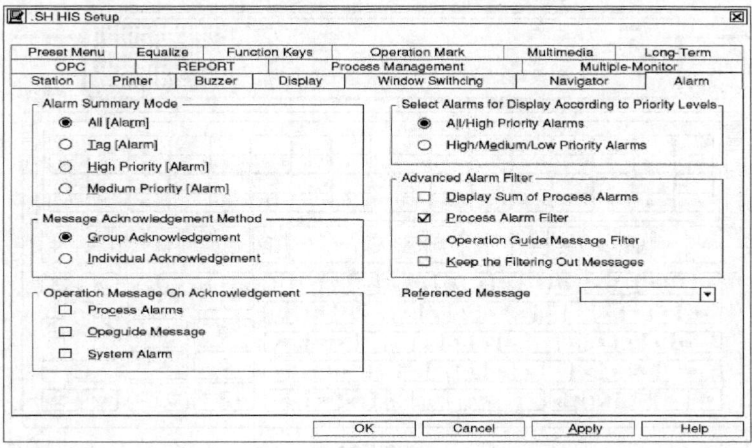

.SH HIS Setup
Preset Menu
Equalize
Function Keys
Operation Mark
Multimedia
Long-Term
OPC
REPORT
Process Management
Multiple-Monitor
Station
Printer
Buzzer
Display
Window Swithcing
Navigator
Alarm
Alarm Summary Mode
All [Alarm]
Tag [Alarm]
High Priority [Alarm]
Medium Priority [Alarm]
Select Alarms for Display According to Priority Levels
All/High Priority Alarms
High/Medium/Low Priority Alarms
Advanced Alarm Filter
Display Sum of Process Alarms
Process Alarm Filter
Operation Guide Message Filter
Keep the Filtering Out Messages
Message Acknowledgement Method
Group Acknowledgement
Individual Acknowledgement
Operation Message On Acknowledgement
Process Alarms
Opeguide Message
System Alarm
Referenced Message
OK
Cancel
Apply
Help

图 3－175　报警设置

.SH HIS Setup
OPC
REPORT
Process Management
Multiple-Monitor
Station
Printer
Buzzer
Display
Window Swithcing
Navigator
Alarm
Press Menu
Equalize
Function Keys
Operation Mark
Multimedia
No.
Replay Times
Source Station
Multimedia File
Priority
Comment
Test
001 Once (ALL) canyon.mid Middle
002 Once (ALL) canyon.mid Middle
003 Once (ALL) Middle
004 Once (ALL) Middle
005 Once (ALL) Middle
006 Once (ALL) Middle
007 Once (ALL) Middle
008 Once (ALL) Middle
009 Once (ALL) Middle
010 Once (ALL) Middle
OK
Cancel
Apply
Help

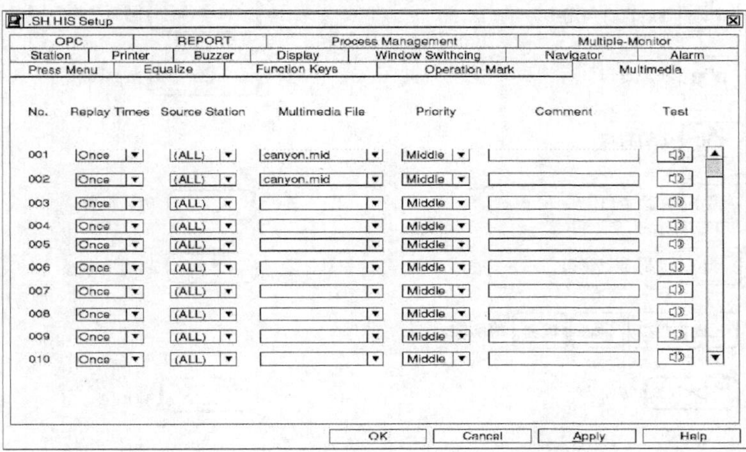

图 3－176　多媒体设置

.SH HIS Setup
OPC
REPORT
Process Management
Multiple-Monitor
Station
Printer
Buzzer
Display
Window Swithcing
Navigator
Alarm
Press Menu
Equalize
Function Keys
Operation Mark
Multimedia
Long-Term
Folder for database
Browse...
(Reboot computer required)
Warning
OK
Cancel
Apply
Help

图 3－177　历史趋势保存定义

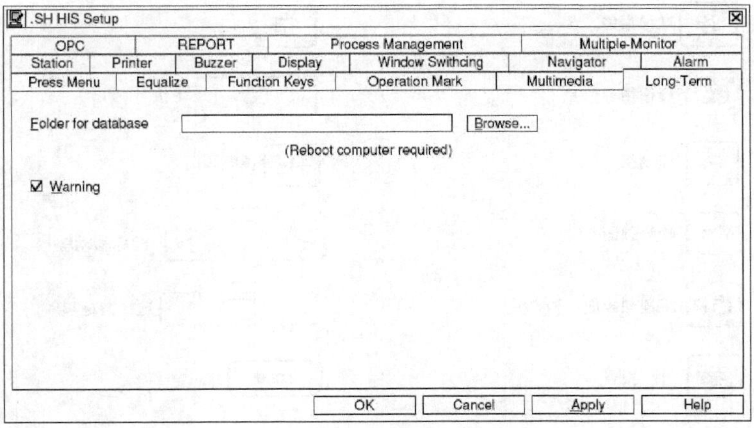

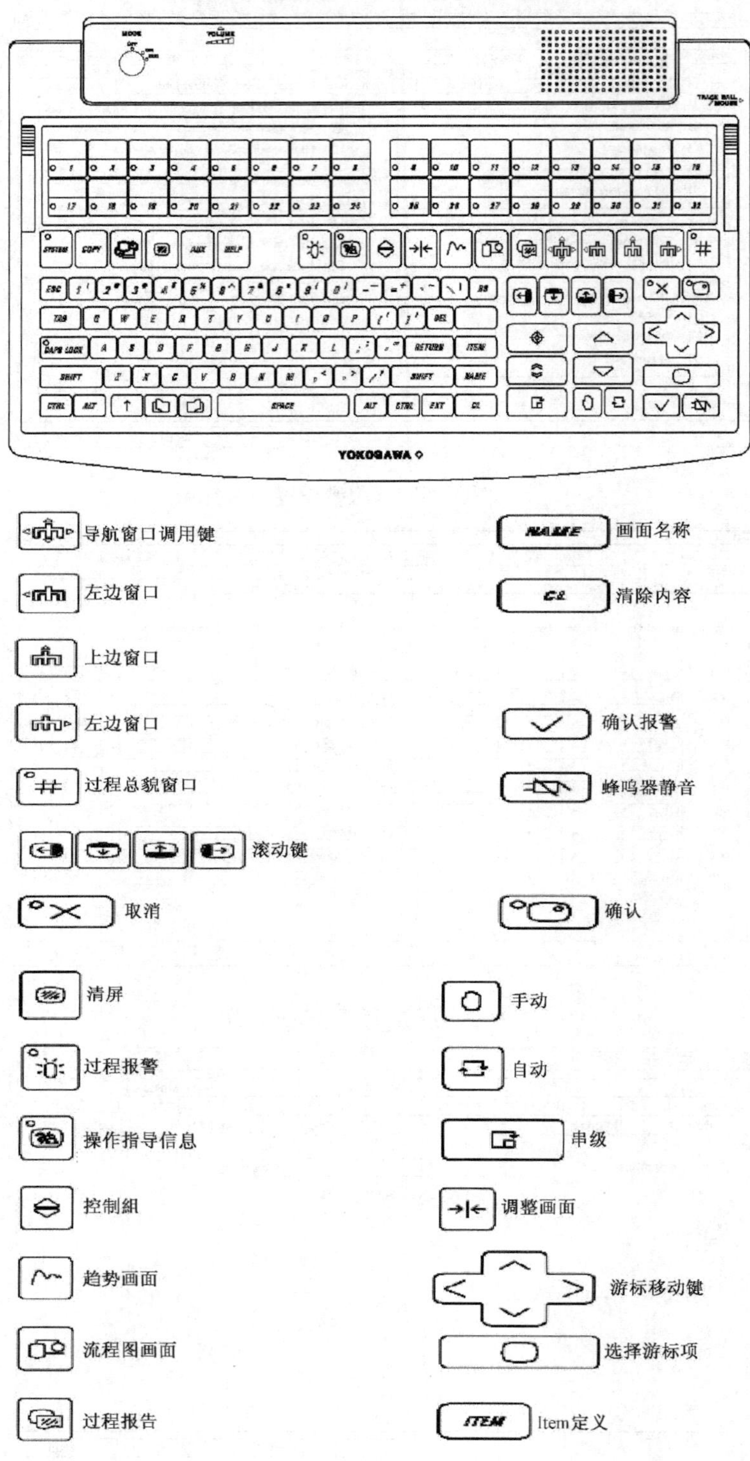
YOKOGAWA
导航窗口调用键
左边窗口
上边窗口
左边窗口
过程总貌窗口
滚动键
取消
清屏
过程报警
操作指导信息
控制組
趋势画面
流程图画面
过程报告
NAME
画面名称
CL
清除内容
确认报警
蜂鸣器静音
确认
手动
自动
串级
调整画面
游标移动键
选择游标项
ITEM
Item定义

图 3－178 操作员键盘

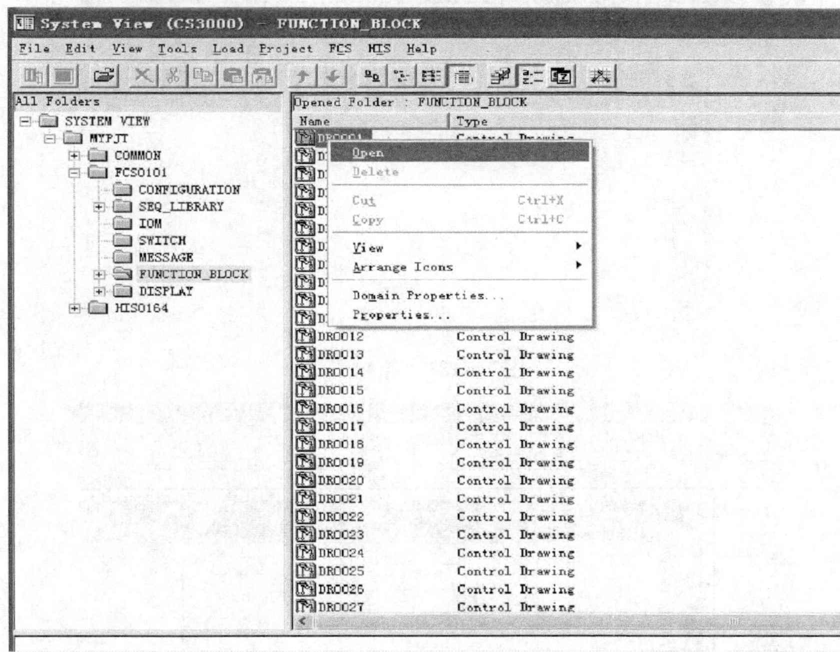

图 3－179 打开控制图

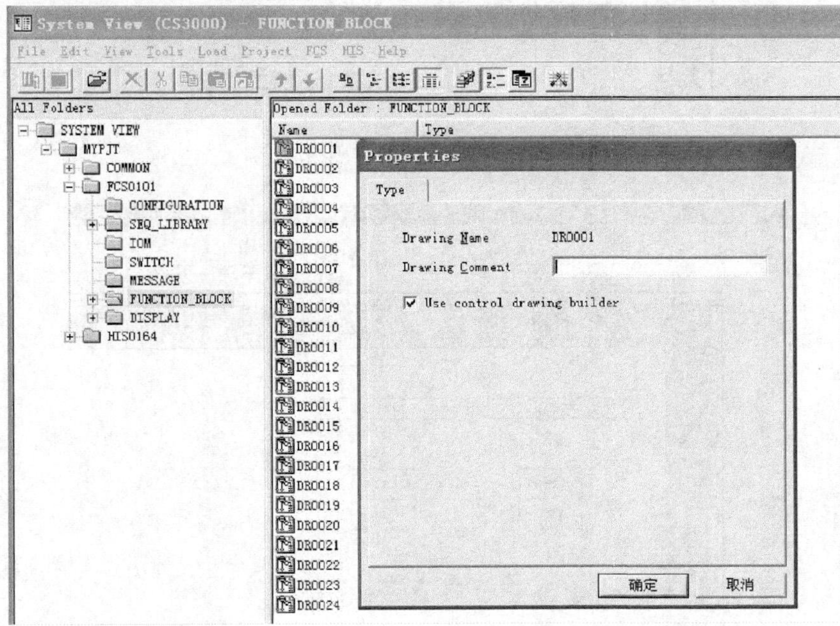

图 3－180 控制图属性

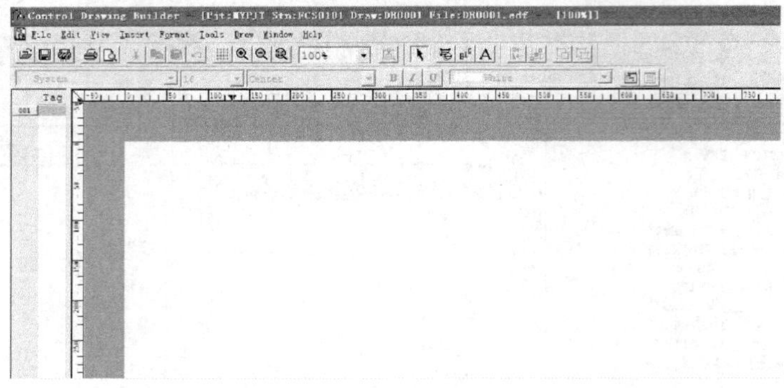

图 3 – 181　控制图

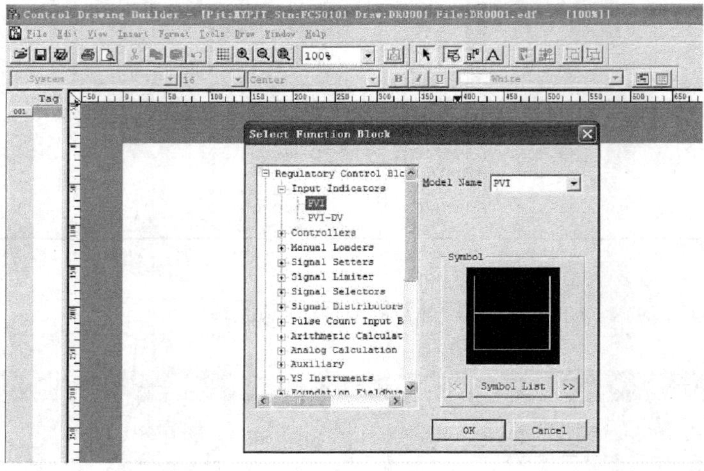

图 3 – 182　功能块调用

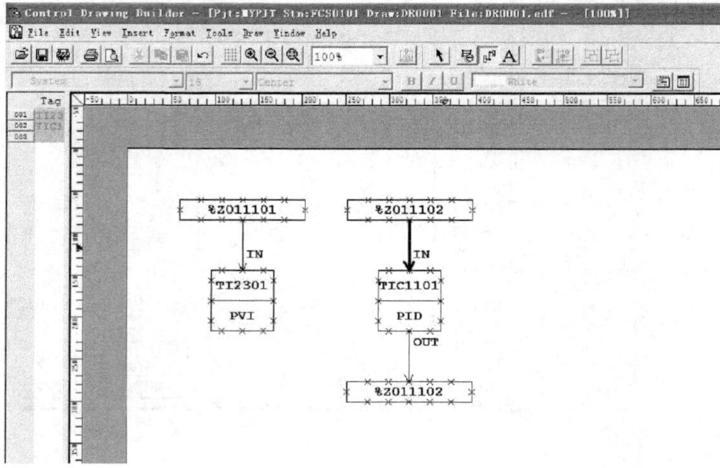

图 3 – 183　功能块连线

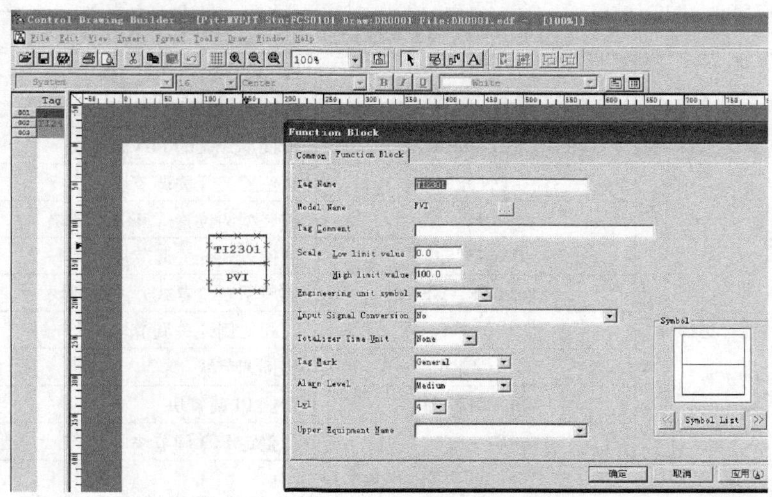

图 3－184 功能块属性

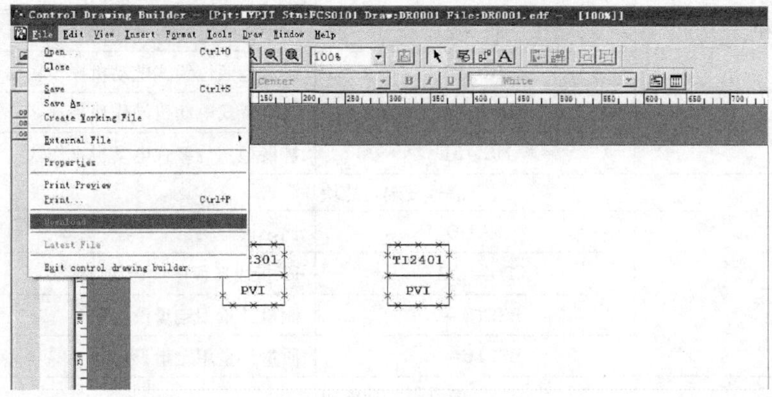

图 3－185 控制图的保存和下装

3. 功能块简介

功能块是完成控制功能的基本单元,提供功能块的相互作用完成诸如指示、调节、顺序、逻辑等控制功能。

CENTUM－CS 3000 常见功能块介绍见表 3－11。

表 3－11 CENTUM－CS3000 常见功能块介绍

输入指示功能块		
功能块种类	型号	名 称
输入指示	PVI	指示块
	PVI－DV	带偏差报警的指示块

续表

调节功能块		
调节	PID	PID 调节块
	PI - HLD	采样 PI 调节块
	PID - BSW	带批量开关的 PID 调节块
	ONOFF	两位置式开关调节块
	ONOFF - E	扩展型两位置式开关调节块
	ONOFF - G	三位置式开关调节块
	ONOFF - GE	扩展型三位置式开关调节块
	PID - TP	时间比例开关调节块
	PD - MR	比例调节块
	PI - BLEND	智能 PI 调节块
	PID - STC	自整定 PID 调节块
手操输出功能块		
手动操作	MLD	手动操作块
	MLD - PVI	带输入指示的手动操作块
	MDL - SW	带输入切换的手动操作块
	MC - 2	两位置式电动机操作块
	MC - 2E	扩展型两位置式电动机操作块
	MC - 3	三位置式电动机操作块
	MC - 3E	扩展型三位置式电动机操作块
信号设定功能块		
信号设定	RATIO	比率设定块
	PG - L13	13 折线形程序设定块
	BSETU - 2	流量计量用定量设定块
	BSETU - 3	质量计量用定量设定块
信号限幅功能块		
信号限制	VELLIM	变化率限制块
信号选择功能块		
信号选择	AS - H/M/L	自动选择块(高/中/低)
	SS - H/M/L	信号选择块(高/中/低)
	SS - DUAL	双重化信号选择块
信号分配功能块		
信号分配	FOUT	串级信号分配块
	FFSUM	前馈信号加法块
	XCPL	非干扰操作输出加法块
	SPLIT	分流控制信号分配块
脉冲计数功能块		
脉冲计算	PTC	脉冲计算块

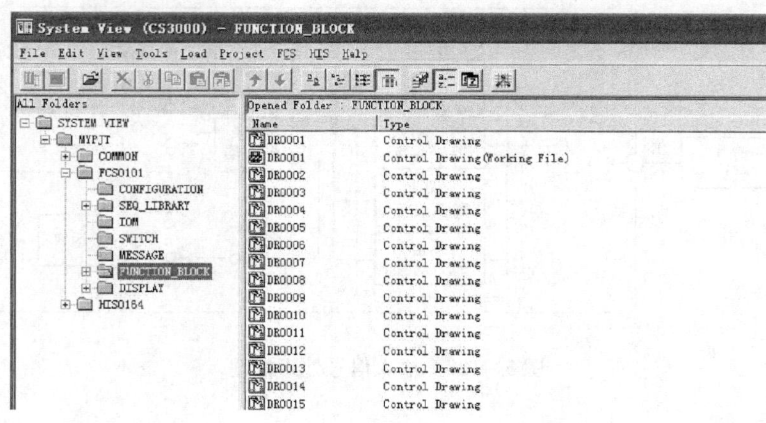

图 3－186 Work 文件

4. 常规功能块内部基本结构

常规功能块内部基本结构如图 3－187 所示。

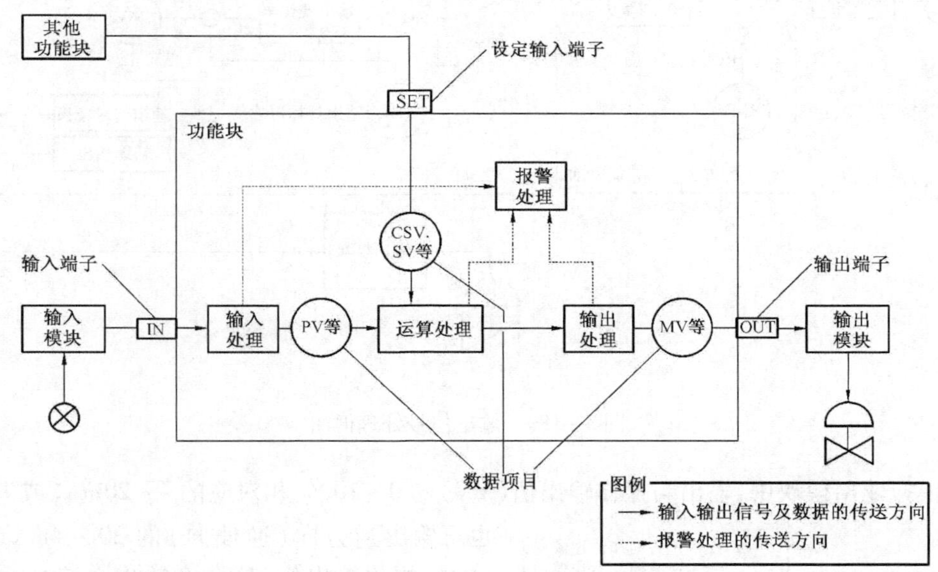

图 3－187 功能块内部基本结构

(1)输入信号处理,包括输入信号转换、数字滤波、累计、PV 超程、校正,如图 3－188 所示。

在连续控制块中,对输入信号进行下图所示的输入处理,将处理的结果,即所得到的值作为测量值(PV)。

(2)输出信号处理如图 3－189 所示,可连续控制功能块通用输出处理。在连续控制块中,对于因控制运算得来的值进行如图 3－189 所示的输出处理,并将处理的结果即所得的值作为操作输出值(mV)进行写出。

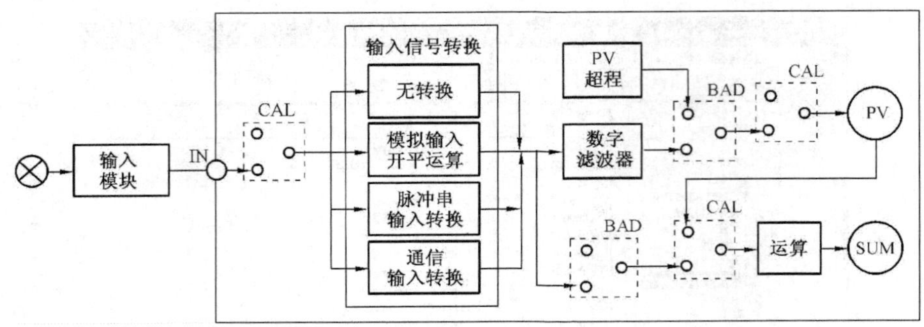

图 3-188 输入信号处理框图

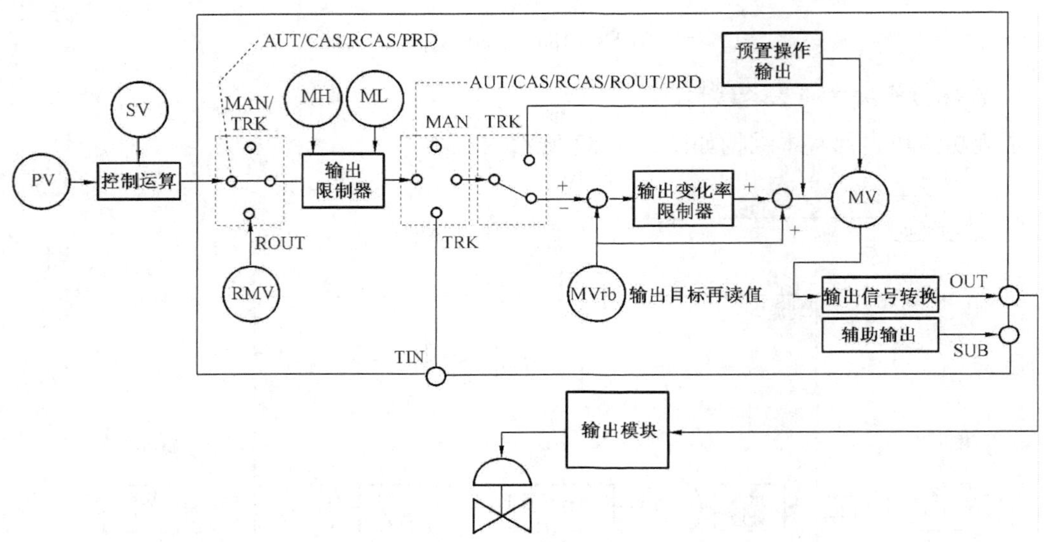

图 3-189 输出信号处理框图

在模拟输出模块中,输出与操作输出值(MV)的0~100%相对应的4~20mA(或1~5V),也可输出逆方向(逆偏向)的20~4mA(或5~1V)。操作输出值(MV)和输出电流的关系如图3-190所示。另外,用虚线表示逆方向(逆偏向)设定时的输出电流。输出方向的设定在IOM组态的详细设定中进行。

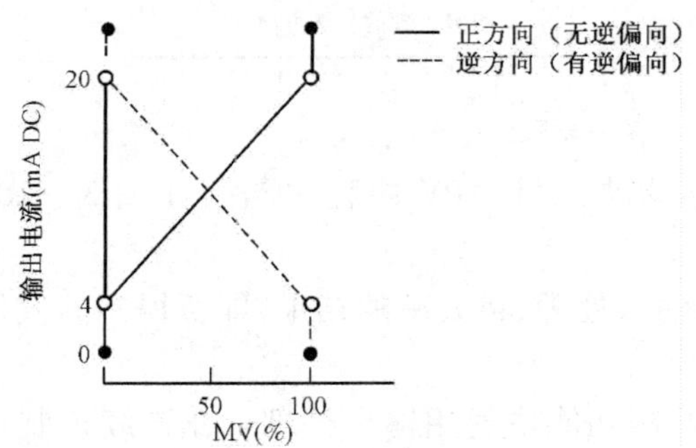

图 3-190 输出信号转换示意图

(3)功能块报警功能是从测量值(PV)、操作输出值(MV)等的值检测出过程的异常,在反映到功能块的报警状态上的同时,将检测的结果汇总后,作为信息通知给操作监视功能。报警处理存在于各功能块中。报警处理主要由检测过程异常的“报警检测功能”和通知检测结果的“报警通知功能”构成，如图 3－191 所示。

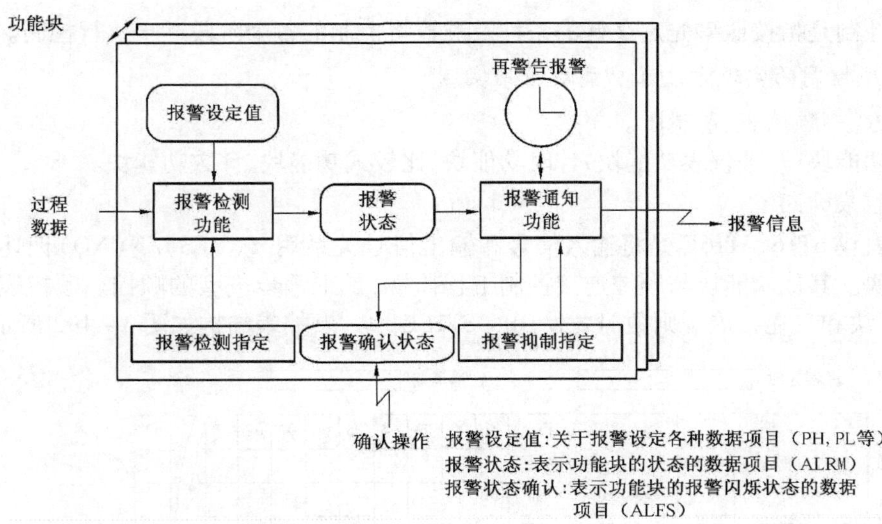

图 3－191 功能块报警处理

报警检测功能：对测量值（PV）、操作输出值（MV）等检测过程的异常功能，在报警检测功能中进行报警检查（表 3－12）。

表 3－12 报警检查一览表

输入开路报警检查	偏差报警检查
输入值不良报警检查	输出开路报警检查
输入上上限/下下限报警检查	输出错误报警检查
输入上限/下限报警检查	输出上限/下限报警检查
人力变化率报警检查	连接状态不良报警检查

所有报警可分为系统报警和过程报警两大类。

① 系统报警。系统报警信息是将 FCS 的系统内部引起的异常从 FCS 发送到操作监视功能上的信息。在这里就系统报警中的有关功能块的信息进行说明。系统报警信息为输入、输出模块的故障或用户定义的运算式中发生的运算异常等。这些因控制站系统内部原因出现的异常作为信息发送，与功能块的报警检测指定或者报警抑制无关。功能块在发生异常时和恢复正常时必须发送系统报警信息。

② 过程报警。过程报警信息是将通过报警检测功能检测出各种过程报警从功能块发送到操作监视功能的信息。功能块的报警检测功能检测到的测量值（PV）或操作输出值（MV）等的异常发生及其恢复正常的情况都可作为信息发送。

(四)FCS 组态(顺序控制功能)

1. 顺序控制的概念

顺序控制是指按照事先定义好的条件及顺控将控制的各个阶段逐步执行控制。

2. 顺序控制的实现方法及功能块应用实例

实现方法:顺控表、逻辑图。

辅助功能块:开关仪表功能块、计时功能块、比较式功能块、计数功能块。

1)顺控表介绍

顺控表块 ST16、ST16E 是将输入信号和输出信号关系用 Y(YES)/N(NO)记述的判定表形式功能块。其他功能块与顺控连接控制工程监视,是工程步进型的顺控。顺控表块中有基本的 ST16 块和只在扩展规则数时才使用的 ST16E 块。顺控表结构如图 3-192 所示。

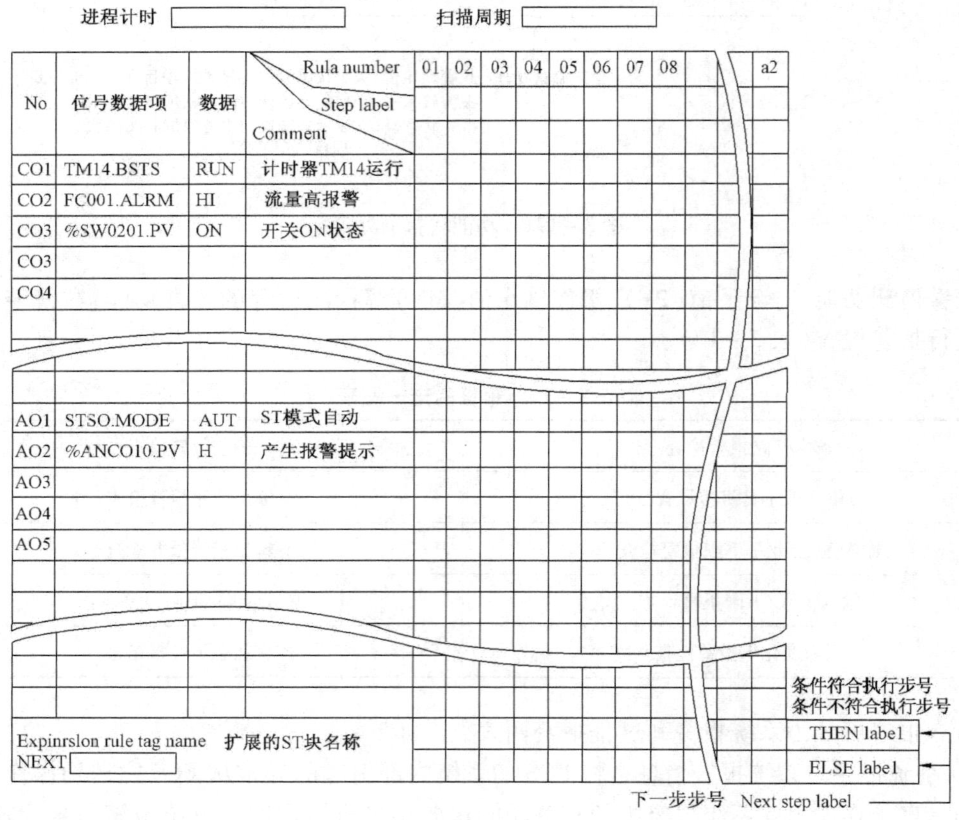

图 3-192 顺控表结构图

启动方式 TC/TE 的区别:

T:周期执行。

C:条件变化时输出。

E:条件成立时始终输出。

顺控表填写范例,即基本 AND、OR 的逻辑回路范例如图 3-193 所示。AND 回路在两个条件同时信号成立时,可以进行操作;OR 回路在两个条件中任意一个成立时,即可以进行操作。

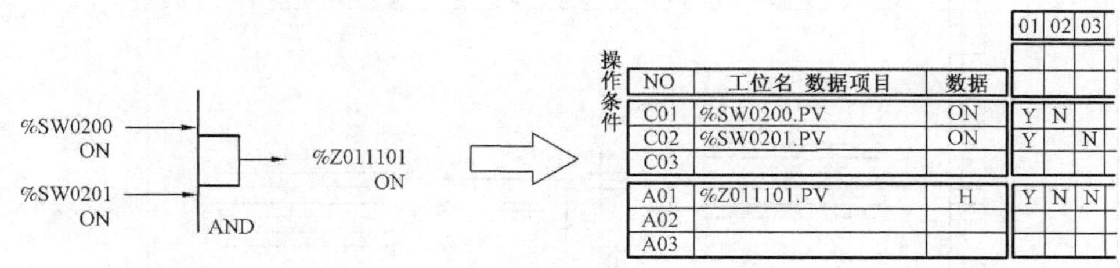

(a) AND回路范例

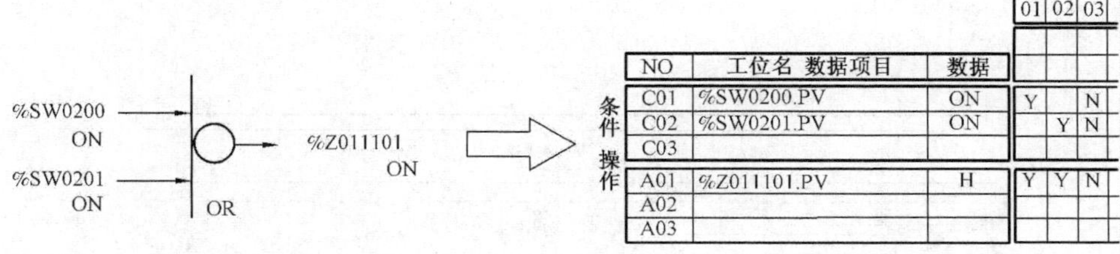

(b) OR回路范例

图 3－193 顺控表填写范例

2)逻辑图打开方法及样式

逻辑图打开方法及样式如图 3－194 所示。

逻辑图组态逻辑元素:“逻辑与”和“逻辑或”如图 3－195 所示。

AND:逻辑积。针对复数的输入点数,输出是 1 点。被连接的全部输入如果是真的状态,输出就变为真。输入点数最大是 21 点。

OR:逻辑或。针对复数的输入点数,输出是 1 点。被连接的输入中至少有 1 个是真的场合,输出就变为真。输入点数最大是 21 点。

RS 触发器逻辑块如图 3－196 所示。

SRS1－R(1 输出)、SRS2－R(2 输出)为触发器(复位侧优先)。针对设置(S)和复位(R)的两个输入,输出变为图 3－196 中所示真值表的情况。可以换算两个逻辑运算元件。

3. 工程实例

用顺控表完成如下功能(图 3－197)。

(1)顺控表填写(图 3－198)。

(2)逻辑图填写(图 3－199)。

四、CENTUM－CS3000 系统的安装、测试与维护

(一)CENTUM－CS3000 系统安装

1. 安装前应具备的条件

(1)机柜基础型钢已安装完毕。

(2)室内施工均完毕且杂物清理干净。

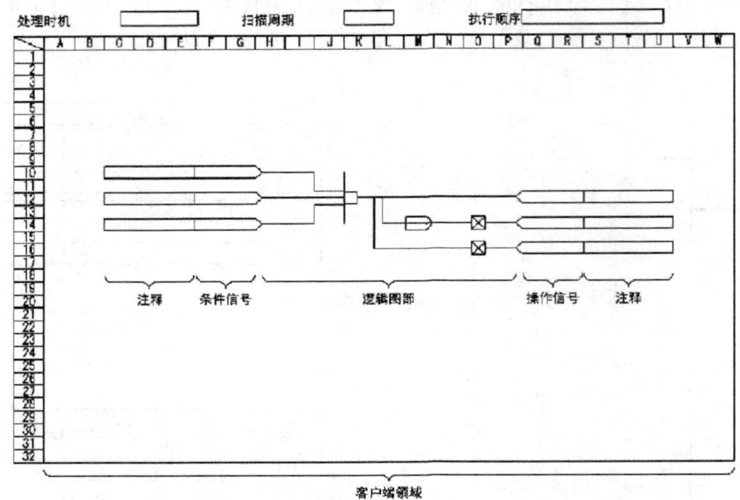

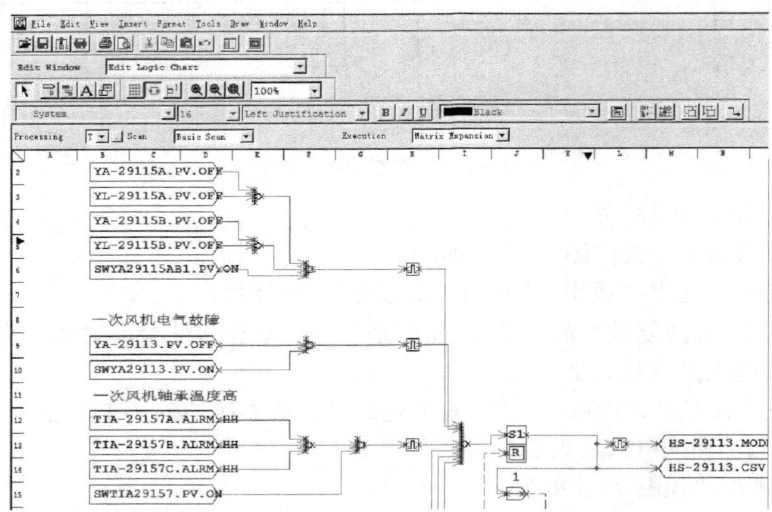

图 3 - 194 逻辑图组态

(3)空调系统安装调试完毕,已处于正常运行状态,室内温度、湿度均达到系统要求。

(4)UPS 不间断电源及室内照明已全部施工完毕,投入正常运行。

(5)接地极及接地系统总线已施工完毕,接地电阻符合设计规定。

(6)控制室已具备封闭式管理条件,室内附属公用设施齐全。

(7)卫生清扫工具、吸尘器、灭火器具及防鼠器具等已准备就绪。

2. 安装注意事项

(1)安装前首先检查设备外观良好,无变形、破损、油漆脱落、受潮、锈蚀等缺陷。

(2)设备安装应由远及近。在控制室和机房内搬运或移动时,不得损坏地面,就位后应及时固定。

(3)机柜和操作台的安装应符合设计规范的规定及要求。

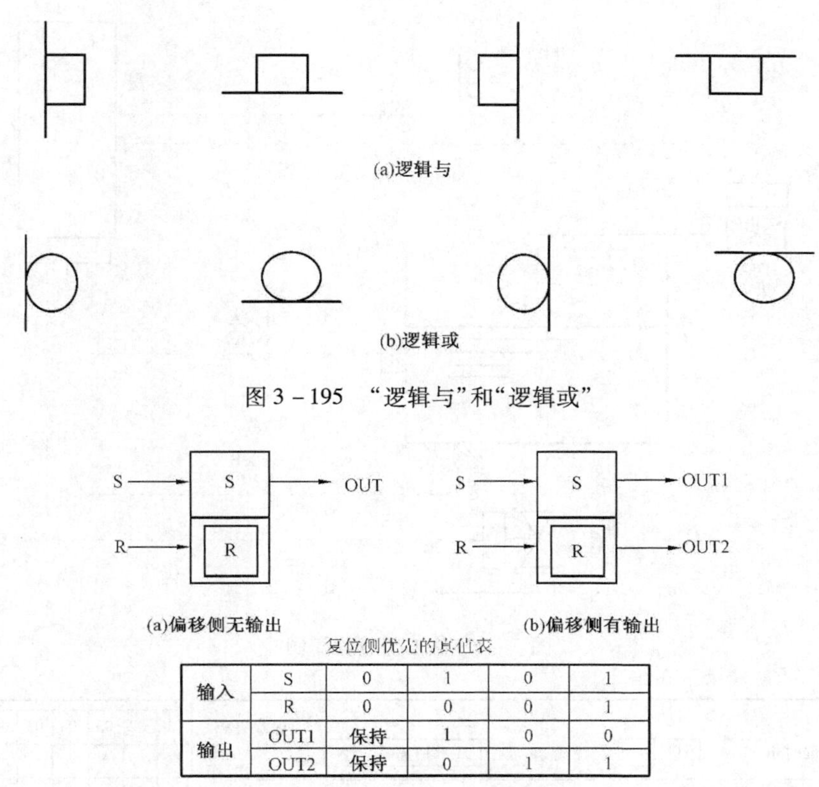

图 3－195 “逻辑与”和“逻辑或”

复位侧优先的真值表

输入	S	0	1	0	1
	R	0	0	0	1
输出	OUT1	保持	1	0	0
	OUT2	保持	0	1	1

图 3－196 RS 触发器

(4)检查资料齐全,软件媒体包装应完好无损,系统资料应包括系统硬件配置图、系统安装手册、系统操作手册、系统软件组态手册等。

(5)检查机柜组件及配线,确认盘内所有的接线符合设计及制造厂相关图纸的要求。

(6)系统电缆的型号、尺寸,及其附件和工具应齐全,外部绝缘层应无损坏,绝缘电阻符合制造厂标准。

(7)系统模件之间、节点之间及相关终端之间电缆连接要正确,网络通信电缆、总线电缆之间连接要正确。

(8)安全接地和工作接地应与设计要求和系统设备技术要求一致。

(9)应根据电源接线图检查电源输入、输出回路至各系统设备电源控制开关的正确性,确认电源电压等级和波纹系数符合系统设备技术要求。

(10)系统硬件检查时应记录出厂设置的 DIP 开关缺省位置及硬件地址开关位置。

(11)系统安装后应经常保持室内清洁,定期用吸尘器除尘,如需拖洗地面,不宜过湿。

(二)CENTUM－CS3000 系统的调试

1. 系统调试前应检查确认的内容

(1)确认配电盘内空气开关置于(OFF)状态。

(2)确认空气开关铭牌、位号。

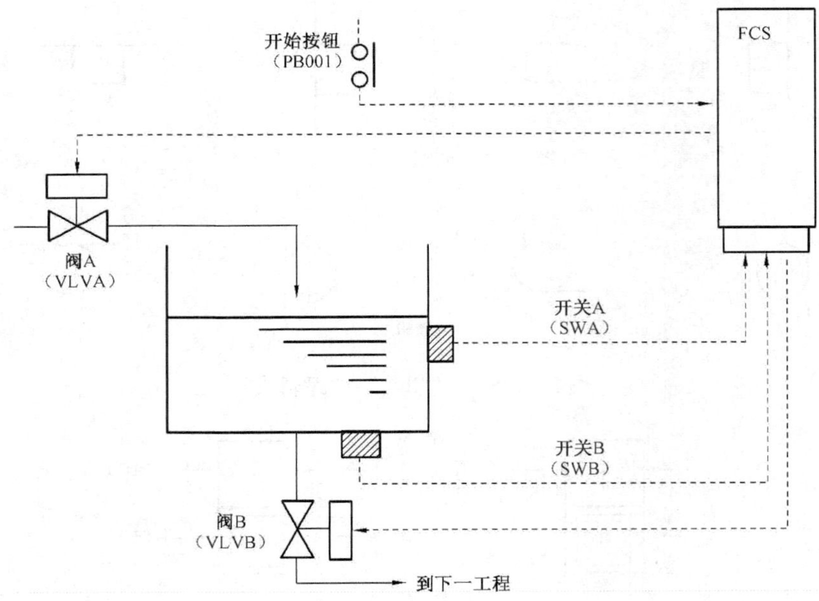

图 3－197　工艺过程简图

处理时机 TC …… 扫描周期 基本扫描

No	工位名 数据项目	数据	注释	规则号码	01	02	03	04	05	06
				STEP	A		A			
					1		2			
C01	PB001.PV	ON	开始按钮		Y		Y			
C02	SWA.PV	ON	开关A（级别HI）		N	Y	Y			
C03	SWB.PV	ON	开关B（级别LO）					Y		
C04										
C05										
C06										
A01	VLVA.PV	H	阀门A		Y	N				
A02	VLVB.PV	H	阀门B				Y	N		
A03										
A04										
A05										
A06										
			下次步标签	THEN		A		A		
						2		1		
				ELSE						

图 3－198　顺控表组态

(3)确认全部机柜、操作站、电源开关置于(OFF)状态。

(4)分别将空气开关置于(ON)状态,同时确认相应的设备电源开关置为(ON)状态。

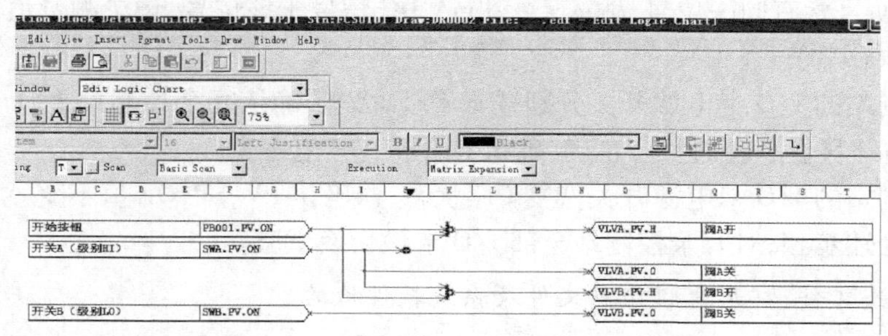

图 3－199　逻辑图组态

2. 系统设备性能检查应符合的要求

(1)所有相关的 CENTUM－CS3000 系统硬件设备、电源开关置于(ON)状态。

(2)从工程师站下装系统软件、应用软件及数据库。

(3)启动操作站,确认系统正常。

(4)向各台操作站、控制站下装系统软件及数据库文件,启动 V－NET 及以太网上所有节点并确认系统状态显示正常。

3. 系统启动检查应符合的要求

(1)对于系统,应用列表命令确认,显示硬盘子目录所有文件。

(2)对于节点,应在系统状态显示画面上确认各节点状态显示正确。

(3)对于控制站,应在组显示或细目显示画面上确认各控制站显示正确。

(4)对于操作站,应确认图形显示(流程图)、组显示、趋势显示、细目显示、报警总貌显示。

(5)对于打印机,应按打印键,确认能打印一屏画面。

(6)对于冗余电源,应分别切换,确认系统运行正常。

4. 系统网络通信试验应符合的要求

(1)在系统状态显示画面上确认全部网络通信节点状态 OK。

(2)在系统状态显示画面上确认网络通信的冗余电缆状态显示为正常。

(3)检查网络通信的冗余电缆相互切换,且不影响网络通信正常运行。

5. 系统控制站冗余试验应符合的要求

(1)在操作站上调出系统状态显示画面,确认控制站状态(OK),在另一台操作站上调入一组显示画面含有同一位号,送 4～20mA DC 信号于该位号,记录测量值(PV),给定值(SP)和输出值(OP)值。

(2)主控制站电源开关置于 OFF 状态,确认冗余的控制站自动投入控制运行,且 PV,SP,OP 值保持不变。

(3)主控制站电源开关恢复 ON 状态,再确认 PV,SP,OP 值不变。

(4)对冗余控制站重复上述步骤,其结果应与主控制站相同。

6. 系统冗余控制站 I/O 卡试验应符合的要求

(1)在操作站上调出控制站细目显示画面,确认全部 I/O 卡件状态 OK。在另一个操作站上调出一组画面且含有同一位号,输入4~20mA DC信号于该位号,记录测量值(PV),给定值(SP)和输出值(OP)值。

(2)主控制站的I/O卡电源开关分别置于OFF状态,确认冗余控制站I/O卡自动投入控制运行,控制站细目显示画面状态正确,确认PV,SP,OP值不变。

(3)主控制站的I/O卡电源开关恢复ON状态,再确认PV,SP,OP值不变。

(4)重复上述步骤,对冗余控制站全部I/O卡做切换试验。

7. 系统组态文件、梯形逻辑组态文件及系统软件检验

(1)区域名组态,确认区域名显示屏全部工序名称。

(2)单元名组态,确认单元号,控制画面上的单元分配显示。

(3)单元/区域控制盘面,确认单元号,控制画面上的单元分配显示。

(4)网络通信节点地址的分配,在系统状态画面显示中,确认每个节点地址。

(5)控制站I/O卡的分配,在系统状态画面中的卡排列显示,确认控制站I/O卡的分配地址。

8. 系统回路试验检查流程图和报警汇总

(1)检测回路——模拟输入应按下述要求进行:

① 输入4~20mA DC信号至相应位号的模拟输入卡;

② 增大、减小输入信号,确认在细目、组、流程图中PV值响应;

③ 确认细目上的该回路信号描述;

④ 确认细目上的该回路量程;

⑤ 输入信号高、低报警值,确认流程图显示画面上的PV值变化及颜色变化;

⑥ 输入量程信号和切断输入信号,确认在流程图画面上PV值是否有“——”或BAD状态信息。确认在报警总貌画面上的报警信息和报警打印机的打印结果,同时确认报警笛音响效果;

⑦ 对于带选择开关的回路的检查,重复上述步骤。

(2)检测回路——数字输入应按下述要求进行:

① 输入ON—OFF开关信号至相应位号的数字输入卡;

② 在该试验回路显示的细目画面上,确认仪表位号的描述;

③ 改变输入状态,在流程图画面上确认颜色、符号的变化;

④ 当该点组态为事故报警方式时,在事故报警画面上确认是否显示事故报警记录;

⑤ 对于带预选开关回路的点检查,重复上述步骤。

(3)单回路控制检查按下述要求进行:

① 输入4~20mADC信号至相应位号的模拟输入卡;

② 连接毫安表至相应位号的模拟输出卡;

③ 在细目画面上,确认被试验控制点的PV值和SP值;

④ 将控制方式置于“手动”状态,增加、减少输入信号值,确认PV值显示是否相应和流程图画面是否变化,同时确认SP跟踪PV值(工艺要求时);

⑤ 将控制方式置于“自动”,改变SP值,确认控制作用(正作用或反作用);

⑥ 改变输入报警值,确认流程图画面上的 PV 值是否响应,以及报警总貌画面中报警信息是否显示,同时确认报警音响效果;

⑦ 改变输入信号使其低于测量下限或高于测量上限,确认在流程图显示画面中 PV 值为“——”或“BAD”状态;

⑧ 在流程图总貌画面中显示报警信息,在打印机上打印报警信息;

⑨ 调节器控制方式改变为手动,调节器输出值保持不变,同时确认报警音响效果。

(4)串级控制主调节器按单回路控制的要求试验完成之后,串级副回路调节器应按下列要求:

① 将副调节器控制方式置于自动或手动,确认主调节器操作功能无效;

② 将副调节器控制方式置于串级控制(CAS),主调节器控制方式置于手动,增加、减少主调节器的输出,确认副调节器设定点 SP 是否发生变化;

③ 将主调节器控制方式置于自动,当主调节器的设定点改变,确认副调节器的控制作用方向是否正确。

(5)运算回路检查应确认 PV 值运算模块,如流量补偿、累积、平均值、线性化处理等校验。

(6)串行接口数据点检查,应确认经由串行接口通信来的数据是否正常,并检查下列内容:

① 检查确定相关的通信设备的 DIP 开关,跳线的设置能否满足通信协议要求;

② 检查串行通信电缆的连接是否正确,螺钉是否紧固;

③ 在操作站上检查串行数据点相应的流程图显示画面、报警功能总貌画面、细目显示画面,在现场输入模拟信号或利用现场通信设备上的强制功能,强制输入模拟信号,检查相应流程图上的显示、报警功能及报表打印功能。

④ 当串行通信发生故障时,DCS,PLC,终端设备,通信设备应具有相应的故障提示信息及报警打印功能,而此时 DCS 仍可独立正常运行。

(7)流程图画面检查应根据流程图画面设计原则进行,流程图画面应符合以下要求:

① 操作流程图显示功能键,能调出所需的流程图画面;

② 操作组显示菜单键,在显示屏上选择所需的流程图题头,应能调出所需流程图,并确认以下项目:

a. 题头,仪表位号,描述;

b. 过程处理变化量、设定点、控制方式、工程单位;

c. 触标、线段和字符颜色;

d. 软键功能、功能键分配;

③ 检查每一流程图的控制组,确认组态是否符合工艺操作要求,在流程图画面上,选择组(GROUP)键后应能调出控制组画面,并确认以下项目:

a. 控制组画面题头,仪表位号,名称;

b. 某一控制组画面的连接(前后翻页键);

c. 标准控制组通用功能;

(8)启动报表打印程序,分别打印出班表、日报、月报、年报,确认其符合工艺要求,确认相关打印机运行正常。

(9)系统软件及应用软件备份应包括下列各项(全部硬盘文件备份):

① 操作系统软件备份;

② 子图库备份;

③ 控制程序备份;

④ 控制组态备份;

⑤ 梯形逻辑(LADDER)控制软件备份;

⑥ 流程图组态备份。

(三)CENTUM－CS3000 系统维护与常见故障处理

1. 工作环境

(1)相对湿度范围:20% ~80%(无凝露)。

(2)温度变化率:运行时在 ±10℃/h 之内,停机时在 ±200℃/h 之内。

(3)系统供电要求:支持电压:220 ~240V AC ±10%;24V DC ±10%;支持频率:50/60Hz ±3Hz。

(4)接地要求:系统接地电阻不大于 100Ω(系统完全浮空时);绝缘电阻 500V DC 时为 20MΩ。

2. 日常清洁工作

每月清洁一次操作台、显示器、键盘、打印机、操作站和控制站的风扇及过滤网等。保持光盘驱动器的卫生,不要将异物放入光盘驱动器中,定期清洗,保持机房内的环境卫生。

3. 控制站的日常检查

控制站 FCS 硬件的检查可通过本地站状态显示画面的硬件显示状态来维护,同时也可通过硬件指示灯的状态来辅助判断,本地站状态显示画面可以显示本站的下列情况:

(1)FCS 站配置情况。

(2)FCS 站状态。

(3)相连接的站的状态。

(4)通信总线状态。

(5)通信端口连接状态。

在上述 FCS 显示信息项中,可以查看如下所述的有关的硬件项。

1)温度状态(显示在屏幕左边中部的文字信息栏中)

TEMP

HDD:HDD 周围温度。

CPU:CPU 周围温度。

AIR IN:吸入空气温度。

AIR OUT:排出空气温度。

BATIERY:电池温度。

2)风扇状态(显示在屏幕左边中下部的文字信息栏中)

FAN

NEST(L,R):卡槽风扇(1,2)。

DOOR(L,c,R):门风扇(1,2,3)。

3)电池状态(显示在屏幕左边最下部的文字信息栏中)

BATTERY

XLOW 当电池容量低时,将显示红色的"XLOW";当电池处于正常状态时,将显示"NR"。

4)镜像硬盘状态显示

在 SCN 图中,HDD 显示区将用颜色和标记指示镜像硬盘的状态:

绿色:正常(上);红色不正常(X 标记);黄色标记:备用(△标记)。

5)通信口状态

在卡槽配置图下方,显示下述连接状态:

RS—232C 4 channels:Printer,ERUC

CENTRO 1 channel:Hard copy

即有关打印机和硬拷贝机的状态。

6)V－net 总线状态

在卡槽配置图上方,将显示 V－NET 总线状态。当总线状态正常时,显示为绿颜色,不正常时,将显示为红色的"X"。

通常 FCS 日常维护可在线实施,即不必关掉 FCS 就可更换组件或维护。表 3－13 列出了可以在线维护的部件,其他部件需要离线维护和实施。对需要定期更换的部件,参照横河公司的标准进行定期更换。

表 3－13 允许在线维护的部件

类型号或部件号	解 释
S9628UK	V－net 支路插头(双冗余 V－net 情况下)
AIP 501	V－net 双冗余单元(双冗余 V－net 情况下)
AIP 423 AIP 424	硬盘单元(对具有镜像硬盘配置的情况下)
AIP 601	风扇单元
S9581UK	电源后备电池
S9518VK	电源支路熔断丝(5A)
S9528VK	风扇熔断丝(1.6A)
A1418EF	风扇熔断丝
S9725VM	继电器(端子板单元)
S9726VM	继电器(分配板单元)
AIP 801	工程师键盘(选件)
AIP 811	鼠标(选件)
YLM 511	磁带机(当在线端口使用时)(选件)

4. HIS 的日常检查

CENTUM - CS3000 系统具有良好的系统诊断功能,用于诊断检查系统卡件的性能及运行情况。对于系统可能出现的故障能够及时查出,并在系统报警窗口 El 中给出相应的信息提示,作为历史信息存储到硬盘上,提供相应的信息代码。各种信息代码(4 位数字)的格式见表 3 - 14。

表 3 - 14 信息类型代码表

信息类型	报警类型	信息代码
控制站报警	系统报警	00 × ×
其他系统报警	系统报警	01 × ×
HIS 操作站报警	系统报警	02 × ×
其他系统报警	系统报警	03 × ×
系统状态信息	系统报警	04 × ×
系统操作命令	系统报警	05 × ×
系统操作记录	系统报警	06 × ×
控制站报警	系统报警	07 × ×
其他	系统报警	08 × ×
过程报警	过程报警	11 × ×
声明信息	过程报警	12 × ×
打印信息	过程报警	13 × ×
状态改变报告	过程报警	14 × ×
过程操作记录	过程报警	16 × ×
操作指导信息	过程报警	17 × ×
信息查询	过程报警	18 × ×
应用启动信息	过程报警	19 × ×
现场总线信息	过程报警	3 × × ×

5. FCS 的日常检查

双重化现场控制站 FCS 的 El 日常维护可通过巡检 FCS 各卡件的状态指示灯及在 FCS 上调用有关画面进行日常检查。FCS 中每一卡件(单元)都有指示灯表示它的操作状态。当 FCS 上电时,绿色灯亮表示卡件运行正常(通信状态时灯将闪烁)。表 3 - 15 和表 3 - 16 列出了每个灯的状态指示。

表 3-15 FCS 各指示灯状态指示

卡件或名称	灯	ON(亮)	OFF(不亮)	说明
电源单元	RDY	正常	不正常	指示单元状态
	HRDY	正常	不正常	指示卡件硬件状态
	RDY	正常	不正常	指示卡状态
处理器板	CTRL	处于控制状态	处于备用状态	在双冗余 FCU 中,只有一个卡的灯亮
	COPY	程序拷贝状态	正常	只有程序拷贝正在处理时此灯才亮,正常状态时不亮
	HRDY	正常	不正常	指示卡件硬件状态
RIO 总线	RDY	正常	不正常	指示卡状态
接口板	CTRL	处于通信状态	备用状态	在双冗余 FCU 中,只有一个卡的灯亮
	RCV	处于接收状态	处于非接收状态	在正常通信状态此灯亮
V-net 双单元	SND	正常(闪烁亮)	不正常	在正常通信状态此灯亮
	SND-L	处于通信状态	备用状态	任一灯亮表示通信状态正常
	SND-R	处于通信状态	备用状态	通信状态正常
	RCV	处于接收状态	处于非接收状态	在正常通信状态此灯亮
RIO 总线	SND	正常(闪烁亮)	不正常	在正常通信状态此灯亮
冗余单元	SND-L	处于通信状态	备用状态	任一灯亮表示通信状态正常
	SND-R	处于通信状态	备用状态	通信状态正常

表 3-16 外部接口单元指示灯状态指示

卡件或名称	灯	ON(亮)	OFF(不亮)	说 明
风扇	N1	不正常	正常	当风扇发生转动报警时红灯亮
	N2	不正常	正常	当风扇发生转动报警时红灯亮
外部接口单元	D1	不正常	正常	当风扇发生转动报警时红灯亮
	D2	不正常	正常	当风扇发生转动报警时红灯亮
	D3	不正常	正常	当风扇发生转动报警时红灯亮
	D4	不正常	正常	当风扇发生转动报警时红灯亮

CENTUM-CS(CS3000)系统正常运行时,操作站始终监视着 FCS 的状态。因此,当 FCS 产生故障,或 FCS 从故障状态恢复到正常状态时,操作站就会发出报警声音或在操作站画面上显示信息,以提示操作人员。FCS 状态显示画面中包括所有卡件和部件的运行状态指示、V-net使用状态指示、FCS 内部风扇和温度情况、系统运行资源使用情况、卡件冗余状态。

6. ACG 的日常检查

ACG 是系统的通信中枢,有些数据采集系统通过 ACG 端口采集数据,在这种情况下不能关停 ACG 设备,日常维护检查 ACG 上各 LED 指示灯的显示状态,对照系统资料中的对照表,判断各端口的运行状况是否正常。

定期查看备用电池的标签,有效时间是否到期,如果到期,可带电或关停 ACG 后进行更换。

7. 常见故障处理

故障处理的一般程序:CS(CS3000)系统具有自诊断功能,系统每秒对系统软件、硬件及其卡件、通道等进行检查,一旦出现故障,操作站发出系统报警信息,报告故障发生时间、故障点的物理位置、故障原因、类别等,并在 CRT 上显示这些信息,发出音响,打印信息及存入硬盘。

当系统出现故障时,可按操作员键盘上[SYSTEM]键,再用触屏或鼠标调用相关站,即可调出对应操作站或控制站的系统维护画面。它可以显示出系统各个站的状态和各个站的所有 I/O 卡件。当任何一个站或 I/O 卡件发生故障时,则在系统维护画面上以色变闪烁的形式表现出来,同时有报警声音输出。工作人员可根据上述信息判断故障原因,制定处理对策。对可在线更换的部件,可以在线更换,需要离线更换的部件,必须离线停电后再更换。

8. 防静电处理

在处理任何含半导体集成电路的卡件时,都要注意防静电,以防静电造成的故障出现。

单独存放或要携带卡件时,应将卡件放在防静电袋中。

当把卡件安装到相应的位置或从相应位置拆卸取出时,应使用一个含 1MΩ 接地电阻的防静电护腕,护腕的接地线接地。

在工作中处理卡件时,要在带有 1MΩ 接地电阻的工作台上进行,工作人员必须带防静电护腕。塑料等易带电物质应远离工作面。

在没有使用护腕和防静电工作台时,不要触摸卡件上的部件,如印刷电路板、接头和针等。

9. FCS 故障处理

对于 CPU 卡的故障处理,应首先判断 CPU 卡的状态:CPU 卡上的 HRDY 灯亮,表示 CPU 自检正常;RDY 灯亮表示 CPU 硬件和软件均正常,不亮则表示 CPU 卡硬件或软件异常;CTRL 灯亮表示 CPU 卡处于控制状态,灯灭表示处于备用状态;COPY 灯亮表示备用侧 CPU 卡正从控制侧 CPU 卡中拷贝数据库,灯灭表示拷贝结束或是非双重化的 FCU。更换 CPU 卡之前,先保存 FCS 的内容。

1)单 FCU 中卡件和部件的故障处理

单 FCU 时,无法在线更换 FCU 中的卡件和部件,在更换前首先保存内存中的内容,再关掉电源。

更换电源单元时,从电源分配板上拔下要拆卸电源单元的电缆连接头。松开螺钉,卸下电源单元,把 BATIERYON/OFF 开关拨至 OFF 位置,装上新电源单元,将电源单元的电缆连接头插入电源分配板的连接插槽中,将电源 BATTERY ON/OFF 开关拨至 ON 位置,送电启动。

更换 CPU 卡或 RIO 总线接口板时,首先要检查和设定要安装卡件的区域号和站号,如果与其他站的卡件相同,可能会导致故障产生。

2)双 FCU 中卡件和部件的故障处理

双 FCU 中的任一卡件都可在线更换,为了安全最好保存调节参数和内存中的内容。机柜式双重化现场控制站 AFM20D 的 CPU 为成对后备,其内存为 ECC 存储器,带有后备电池,可保证 DCS 全部失电后，数据保存至少 72h 不丢失。后备电池的充电时间为 48h。首先判断要拆卸的卡件或组件所在侧的控制状态，当处于控制侧时，按动处理器板上的 START/STOP 开关，使它进入备用状态(Standby)，并确认另一侧的处理器板，RIO 总线接口板是否从备用状态(Standby)进入控制状态。如果更换的是 CPU 卡，要核对卡件的区域号和站号，更换后，Copy 灯开始闪烁，以指示开始从另一侧拷贝程序。

10. 通信卡件的故障处理

更换 V－net 和 RIO 总线双部件等通信卡件，必须根据不同情况采取不同的方法处理。

1)停电情况下的更换

停电时可以任意更换这些双部件。然而，如果还有仍在工作的站点与 V－net 相连，则不能同时断开 V－net 的两条电缆，以确保总线畅通。

2)工作情况时的更换

单一通信总线时，如果不能停止 FCU，则不能更换双部件。在更换前必须关掉电源或将双部件通信开关拨到 DSBL 位置。更换双冗余通信总线时，检查不更换的部件是否处于正常状态，ENBL/DSBL 开关是否处于 ENBL 位置。将要更换的双部件上的 ENBL/DSBL 开关拨到 DSBL 位置，更换 V－net 电缆的连接部件后，将双部件安装到 FCU 中，将安装好的双部件 ENBL/DSBL 开关拨到 ENBL 位置。

11. 故障 I/O 卡件的更换

FCS 的 I/O 卡件，可在线更换，带电插拔。卡件更换完后执行 I/O load 操作。

12. FCS 故障处理

FCS 的故障同样通过系统维护功能进行处理，如果 SCN 中 CPU 卡有严重问题出现，则软件系统不可用，这时需要通过硬件指示灯和其他站状态显示画面来判断故障，及时处理，在最短时间内恢复系统运行，保障工作人员使用。FCS 站比较常见的故障是操作键盘故障和硬盘故障。

13. 操作键盘故障的处理

操作键盘故障的处理，必须拔下信号线处理，否则可能导致电路板损坏。拔下信号线可导致 FCS 关闭，在不影响操作的情况下，可在短时间内更换电路板组件，对于个别按键不好用的情况，只能更换整个部件后拆下处理。

14. 单 FCS 硬盘的更换

单配置的 FCS 硬盘系统不能在线更换，必须关掉系统维护面板的电源开关，关闭系统。

(1)关闭电源开关后，等待至少 1min 后，再开始更换硬盘工作。

(2)用改锥松开固定硬盘单元上部和下部的螺钉，用手握住硬盘单元上下两个按钮，取出硬盘。由于硬盘是精密设备，更换时不要使硬盘脱手滑落。取出硬盘后，应把它放入防静电袋中。

(3)双手握住备用硬盘单元的上下两个按钮，慢慢插入 SCN 槽中，拧紧硬盘单元上下的固定螺钉。

(4)打开系统维护面板的电源开关，启动系统，更换新硬盘后必须进行系统安装。

15. 镜像硬盘的故障处理

镜像硬盘配置是为了增强系统的可靠性,在 SCN 中安装了两个相同的硬盘,两个硬盘单元的内容完全一样。因此,如果其中一个硬盘单元出了故障,系统仍可以用另一个硬盘正常工作。镜像配置的硬盘可以在线方式更换。

(1)在本地站状态显示画面中,将要更换的硬盘切换到离线状态(OFFLINE)。

(2)在从 SCN 取出硬盘之前,确认硬盘单元的 READY TOREMOVE 灯闪亮。在插入硬盘之前,也要确认 SCN 背板上的 READY TO INSERT 灯闪亮。

注意:不要同时取出两个硬盘。

(3)更换硬盘单元后,使用本地站状态显示画面中的功能,将两个硬盘等值化(Equalize)。

16. HIS 故障处理

操作站故障处理方法参照普通电脑故障处理方法。

操作站死机、操作站响应很慢或者不响应、操作画面显示不全、鼠标移动不响应,将相应的操作站重新启动。

历史趋势功能失效、操作站调历史趋势曲线、画面响应很慢或者不响应,将相应的操作站重新启动。

操作站或工程师站有故障不能重启,查找故障原因,如属微机部件故障,更换相应微机配件。需要重装操作系统时,重新安装操作系统及应用软件。

第五节　艾默生 Delta V 控制系统

一、系统概述

(一)简介

DeltaV 系统是艾默生充分应用计算机、网络、数字通信等最新技术于 1996 年推出,是彻底采用完全数字化结构的一套全新系统。作为 Plant Web 工厂管控网机构体系的核心部分,是全球首个数字式自动化系统。

(二)DeltaV 系统的特点

1. 数字化、智能化过程控制系统

DeltaV 系统使数字化、智能化工厂变得更为容易,因为 DeltaV 系统基于数字结构设计,完全集成了兼容多种总线的智能化工厂能力,包括 HART、FUNDATIONTM 现场总线、高速离散总线(Profibus DP,AS - i 和 DeviceNet)、嵌入式的先进控制以及批量管理软件。这种智能化现场无缝集成方案为各种系统应用奠定了基础,例如,智能设备管理系统(AMS)可快速而简单地实现现场设备的量程设定、组态和诊断,从而提高了过程效率并减少过程变化。

2. 可变的规模

DeltaV 系统规模和功能均灵活可变,规模可变的 DeltaV 系统可以根据应用需求选择系统规模,也可以根据项目的需要在系统运行后对 DeltaV 系统进行扩展,更好地满足企业生产中对生产规模不断扩大的要求。

3. 开放的互操作性

艾默生先后推出 HART、FF 现场总线、OPC 等专门技术,将其发展成基金会,形成引领世界自动化产品的行业标准,并长期致力于这些基金会行业标准的不断完善和发展。DeltaV 系统完全遵循这些技术并融入到系统中,使 DeltaV 系统具备良好的、开放的可互操作,提高了系统的运行效率。

4. 点对点概念

DeltaV 控制系统网络采用以太网技术,实现系统控制网中各工作站、各工作站与控制器、各控制器之间点对点的通信,使实时数据可方便地在所有站点之间调用,避免某个站点故障对系统的影响。同时容易实现对整个系统的报警管理、用户和功能的全局安全性管理、系统和设备诊断等功能。

5. 完整信息交换及集成

DeltaV 系统提供开放的可互操作的信息交换,包括实时过程数据、实时报警和事件数据、实施批量处理数据、过程数据的历史记录、系统组态数据等。通过采用 OPC 技术,使 DeltaV 系统和其他支持 OPC 的系统之间可方便地交换数据,为建立信息化企业打下坚实的基础。

6. 集中式组态数据库

单一的集中式 DeltaV 组态数据库集成了 HART、FUNDATIONTM 现场总线、Profibus DP 总线,AS - i 总线、DeviceNet、先进控制以及批量管理,使 DeltaV 系统能够方便灵活地协调控制策略组、过程图表、历史记录、事件记录、批量编辑和数据输入等各个方面,并在创建控制策略时,面板的操作和历史数据的采集可自动完成,使组态变得简单容易。

7. 直观的一体工程软件

DeltaV 的文件浏览管理器类似于微软的文件浏览管理器,鼠标拖放、鼠标右键点击操作等功能方便易用;DeltaV 文件浏览管理器包含预定义控制策略库、经严格测试的数字总线设备库、DeltaV 系统在线帮助和自动产生控制策略文档等功能,以及电子表格方式批量编辑功能,可以简便地完成组态工作。

8. 先进的报警管理

DeltaV 系统可接受来自智能现场设备的数据,显示生产过程中的质量、状态和故障诊断信息,并可明确指出报警是出现在过程中还是设备上。采用 EEMUA 191 标准的 DeltaV 报警管理系统,通过操作员抑制报警避免了不必要的报警,还可通过设置条件报警删除无用的报警。

9. 预测性维护

DeltaV 系统和 AMS 管理系统的组合将被动维修转化为预测性维修,智能现场设备具备的预测维护报警信息可传送到 DeltaV 系统,降低系统的维护工作,并减少意外停车。AMS 智能设备管理系统可方便地获得关键设备信息,并对设备进行标定、组态及为预测性维护提供高级诊断。

10. 嵌入的先进控制

利用 DeltaV 内嵌的先进控制,使系统的监控、分析、调节至最佳性能,并使先进控制的实现变得前所未有的方便。仿真软件可以在离线状态下进行培训、组态及仿真运行。

11. 优越性能的批量控制

DeltaV 批量控制建立在 S88.01 标准的基础上,满足 S88.01 控制模型所定义的设备控制、单元监控、过程管理、配方管理、生产计划、生产信息管理等功能,为连续及混合过程中的批量处理和复杂顺序控制增添了类单元和阶段逻辑功能。

12. 远程访问

DeltaV 系统支持远程访问应用,在确保系统安全性的基础上,远程用户可以通过局域网、拨号、无线网络连接等方式,对生产过程进行监视或控制,从而满足用户对过程的远程组态、操作、诊断、维护等要求。

13. 模块化硬件

DeltaV 系统的模块化硬件设计及任意安装的位置实现了硬件简单灵活的安装方式;符合空气污染 G3 标准和危险区域 Class 1, Div2 区标准的设计,使 DeltaV 硬件几乎可以安装在任何地方;硬件的自动识别和即插即用功能使得安装极为容易;控制器和卡件带电插拔可随时进行维护和系统扩展。

(三)DeltaV 系统构成

DeltaV 系统是构建在 PlantWeb 架构上的全数字化自动控制系统。通过全厂智能化信息无缝集成的方案来实现各种高级系统应用,从而提高过程控制的效率。DeltaV 系统结构由工作站、控制器和 I/O 子系统组成,各工作站及各控制器之间用以太网方式连接,如图 3-200 所示。

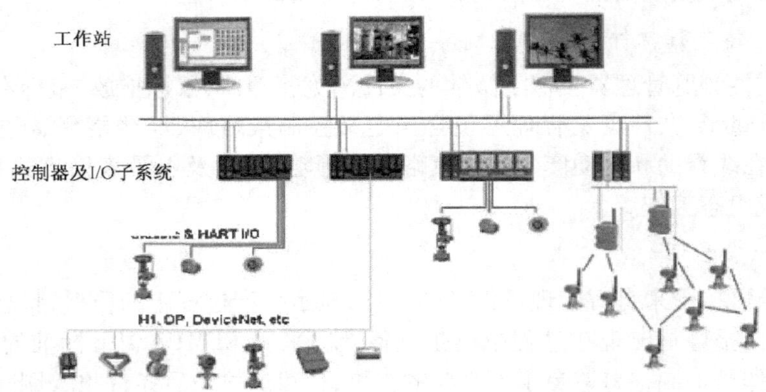

图 3-200 DeltaV 系统构成

DeltaV 系统工作站是 DeltaV 系统的人机界面,通过这些系统工作站,企业的操作人员、管理人员可随时了解、管理并控制整个企业的生产和计划。所有工作站采用最新的 INTEL 芯片及 32 位 Windows 操作系统,彩色 LCD。

DeltaV 系统的所有应用软件均为面向对象的 32 位操作软件,满足系统组态、操作、维护及集成的各种需求。可以快速调出 DeltaV 系统的 Books-on-line(在线帮助手册),随时提供有用的系统帮助信息。

DeltaV 工作站上的组态指导给出了用户具体的组态步骤,用户只要运行并按照它的提示进行操作,很快就可以使用户掌握组态方法。

DeltaV 系统工作站主要分为:Professional Plus 工作站、操作员工作站、应用工作站。

1. Professional Plus 工作站(主工程师站)

每个 DeltaV 系统只有一个 Professional Plus 工作站,通常称为主工程师站。该工作站负责全局数据库的组态及组态数据库的维护。Professional Plus 配置有系统组态、操控、维护及诊断等软件包,具备了工程师站和操作员站的所有功能。另外,系统允许配置若干台 Professional 站作为普通工程师站。

Professional Plus 工作站的主要功能特点包括:

(1)相关过控单元的操作界面。

(2)全局数据库的浏览、查找及组态。

(3)事件报警记录的浏览。

(4)控制策略的组态及系统设定。

(5)各个控制器、工作站、I/O 卡件及整个网络的诊断。

2. 操作员工作站

DelatV 的操作员工作站为用户提供了一个功能强大的操作环境,用内嵌式的组件以便各项数据的输入与读取。报警浏览表、流程图或模块详细信息等都会有直观的统一界面。系统预先定制了标准的操作面板及详细面板,以此来统一对所有模块的操作。系统将通过对报警的分级、显示及管理,使得操作员可以准确无误地关注到最重要的报警信息,并可以直接通过报警栏处理最高级别的报警。

各项内嵌式的功能,如报警优先级和用户名权限的设定,有效提高了工厂在运行中的可利用率。而简单灵活的用户操作界面也使各项特殊的工艺操作要求得到最大程度的满足。

3. 应用工作站

应用工作站可用于存放历史数据库,同时可作 OPC 服务器,并可通过第三块网卡以以太网的方式连接到其他系统,实现系统间的实时数据交换等功能,作为系统对外的接口。此外,应用工作站也可以配置各种优化或管理软件来实现其他特定的功能,用作批量管理站、Web Server 站等。

DelatV 应用站的主要功能特点包括:

(1)OPC 服务器直接访问系统数据库为客户端软件的应用提供快速、准确、可靠的数据。

(2)历史数据库用于存放记录模拟及数字量的文本参数。

(3)用户可以从 Microsoft Excel 表格中直接读取实时或是存储于历史数据库中的连续历史记录数据,并用于计算及分析。

(四)控制器及 I/O 子系统

控制器及 I/O 子系统包含控制器、供电模块和各类卡件。卡件负责现场信号采集及处理,由控制器执行控制策略。DeltaV 系统支持将控制策略下装到现场总线设备中执行,使控制风险更加分散并提高回路的集成度。DeltaV 系统可根据应用场合的需要采用冗余系统控制网络、冗余控制器、冗余电源、冗余卡件等冗余措施。控制器和卡件将安装在底板上,各类卡件可根据需要随意安装在底板上,无需特定的卡件安装在特定的位置上。图 3 - 201 所示为控制器及 I/O 子系统的简单安装图。

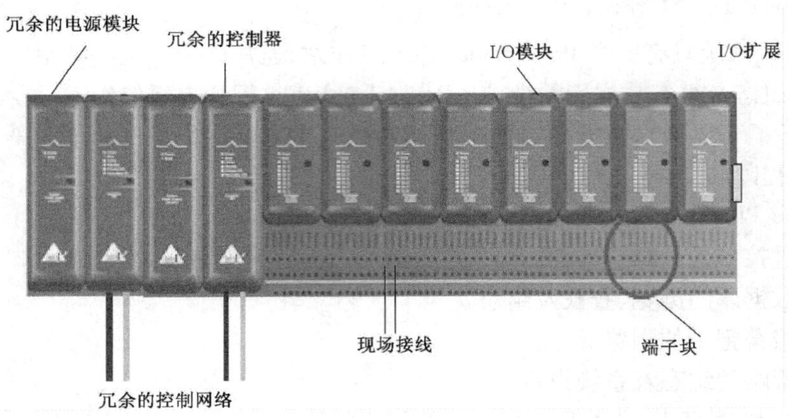

图 3 - 201　控制器及 I/O 子系统

DeltaV 系统的电源和控制器模块安装在一个两槽宽的底板上,在其右侧是一个八槽宽的底板,供各种 I/O 模块任意槽位的安装,模块下方的接线端子模块可以很方便地实现模块与现场设备的连接;通过在八槽宽底板右侧的扩展端口连接扩展电缆,以实现底板的扩展。DeltaV 系统的一个控制器可最多支持八个 I/O 底板的扩展。

对于冗余配置的控制器,在工作时会有一个处于激活状态,而另一个待机状态的控制器会拥有相同的设置,并会映射在线控制器的所有操作。一旦在线控制器发生故障,待机状态的控制器将会自动切换到激活状态,并且系统可以在故障控制器被替换后自动执行初始化,使系统恢复冗余配置。当网络发生故障的时候,控制器会保留最后收到的有效数据。

1. 控制器

控制器的特点包括:

(1)自动分配地址。每个控制器作为一个网络节点对于整个 DeltaV 系统具有唯一性,一旦上电,系统会自动分配网络地址,无需拨动开关或做另外的设置。

(2)自动 I/O 检测。控制器能够检测到所有安装在子系统上的 I/O 接口通道。一插入 I/O 卡件,控制器就能精确地知道 I/O 卡件所连接的现场设备的常用属性。这就减少了组态有关的无价值工作量,大大提高了工作效率。

(3)数据保护。将数据下装到控制器时,DeltaV 系统会保存下装信息。同样,用户在线改变控制器组态时,系统也保存这些组态更改。这样,系统将保存所有下装到控制器的数据的完整记录及所有曾做过的在线更改。

(4)冷启动。当系统因故障断电时,控制器可以在一定时间内保存在线数据和所有组态设置,使得在重新上电后无需初始化就可以直接启动正常工作。

(5)数据通道。控制器可以将智能 HART 信息从现场设备传送到控制网络中的任何节点。即通过先进的设备管理软件,如艾默生过程控制公司的设备管理系统(AMS)实现现场HART设备或基金会现场总线设备的智能信息的远程管理。

(6)安装。即插即用的系统结构使系统可以从一个控制器逐步扩大,还可以远程安装在Class 1 Div 2环境中。

表3-17为控制器的性能指标。

表3-17 控制器性能指标

供电、安装与内存	
供电要求	系统配套2线制电源
电阻保护	30A非替换电阻
能耗	5.0~7.0W
安装	紧靠电源模块右侧插槽
内存	48M
主控制网络接口类型	8针RJ45连接器
冗余控制网络接口类型	8针RJ45连接器
LED指示灯ON状态说明	
电源为绿色	直流电源工作正常
错误为红色	存在错误
控制器ACTIVE绿色	此控制器以主控制器模式工作
控制器STANDBY绿色	此控制器以冗余制器模式工作
PR. CN为黄色闪烁	主控制器通信正常
SEC. CN为黄色闪烁	冗余控制器通信正常
除电源外的其他指示灯闪烁	控制器通过用户接口以软件方式初次启动
除电源、选择、奇偶效验外指示灯闪烁	固件版本正在更新中
环境要求	
工作温度	-40~70℃(-40~158℉)
储存温度	-40~85℃(-40~185℉)
相对湿度	5%~95%

2. I/O子系统

DeltaV系统的所有I/O卡件均为模块化设计,可即插即用、自动识别、带电插拔。系统可以要提供两大类I/O卡件:一类是传统I/O卡件;另一类是现场总线接口卡件。这两大类卡件可任意混合使用。图3-202和图3-203为I/O卡安装示意图。

1)传统I/O卡件

传统I/O卡件是模块化的子系统,它可安装在离物理设备很近的现场。传统I/O卡件配备了现场接线保护键,以确保I/O卡件能正确地插入到对应接线板上。

传统I/O子系统,所有与I/O有关的部件都安装在I/O卡件底板(安装在DIN导轨上)上;可给现场设备供电(24VDC,4~20mA或220VAC);I/O接口卡件包括I/O卡件和I/O接

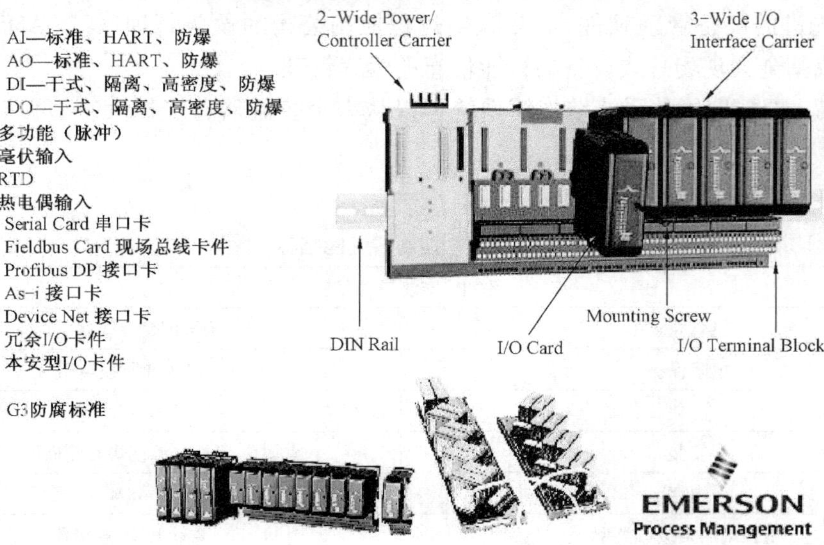

图 3－202　I/O 卡安装示意图(一)

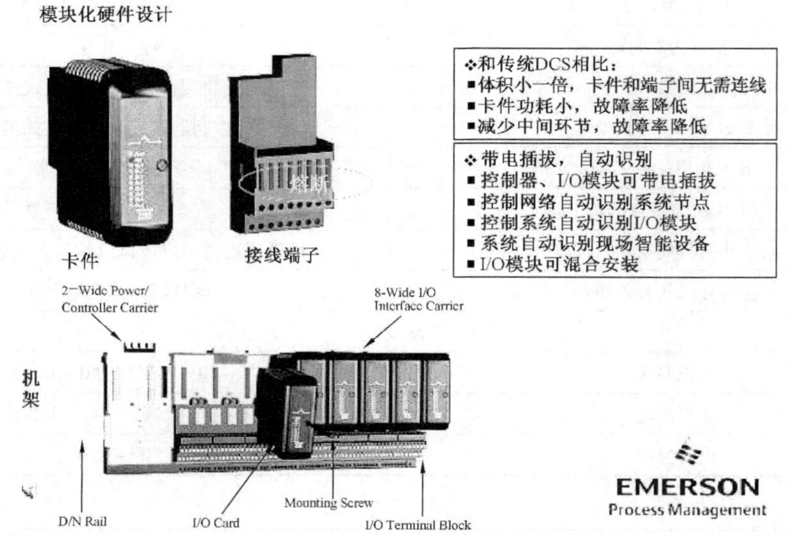

图 3－203　I/O 卡安装示意图(二)

线板;各种模拟和开关量 I/O 卡,外观和体积相同,便于插入 I/O 卡件底板中;各种安装在 I/O 卡件底板上的 I/O 接线板,可在安装 I/O 卡件前先完成接线。图 3－204 为传统 I/O 卡件在底板上的安装图。

传统 I/O 卡件的功能特点:

(1)整个系统模块化。传统 I/O 所有卡件完全模块化设计并都可以带电安装。当系统规模扩大时,可以在线加入扩展的 I/O 卡件。

(2)自动识别。系统将自动识别所有在线卡件的类别及通道状态,并作为记录保存在组

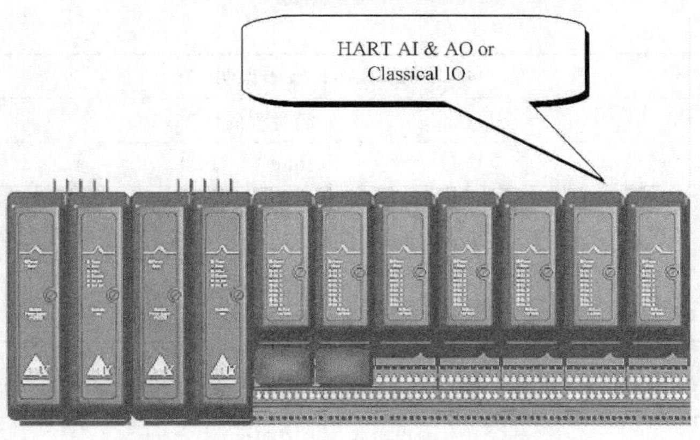

图 3－204　传统 I/O 卡件安装图

态数据库中。

(3)减少系统占地面积。DeltaV 对 I/O 卡件的设计明显减少设备占地面积并增加控制室的可用空间,可将 I/O 卡件底板安装到现场。

(4)保护键。传统 I/O 卡和接线板都设置有 I/O 功能保护键。这些保护键能够保证 I/O 卡件都插到相应接线板中。这种安全设计使传统 I/O 卡件最初的安装变得非常快捷有效,需要更换 I/O 卡件时,功能保护键可以确保安装正确。

传统 I/O 卡件的性能指标见表 3－18 ~ 表 3－27。

表 3－18　4 ~ 20mA,HART AI 卡(8 通道)

4 ~ 20mA,HART AI 卡说明	
通道数目	8
标称的信号范围(满量程)	4 ~ 20mA
满信号范围	1 ~ 23mA,有超限检测
现场电路电源,每块卡	在 24VDC(±10%)时最大为 300mA
超出温度范围的精度	满量程的 0.1%
分辨率	16bit
重复性误差	满量程的 0.05%
通信支持	HART pass－through 要求/响应 HART 变量报告 现场设备状态报告

表 3－19　4 ~ 20mA,HART AI 卡(16 通道)

4 ~ 20mA,HART AI 卡说明	
通道数目	16
标称的信号范围(满量程)	4 ~ 20mA
满信号范围	2 ~ 22mA
现场电路电源,每块卡	在 24VDC(±10%)时最大为 600mA

续表

4~20mA,HART AI 卡说明	
超出温度范围的精度	满量程的 0.2%
分辨率	16bit
重复性误差	满量程的 0.05%
通信支持	HART pass - through 要求/响应 HART 变量报告 现场设备状态报告

表 3-20 热电阻输入卡

热电阻输入卡说明	
通道数目	8
传感器类型	2 线,3 线或者 4 线,Pt100,Pt200,Pt500,Ni120,Cu10,或用户定义
信号量程	根据传感器类型可选
分辨率	16bit
重复性误差	满量程的 0.05%

表 3-21 热电偶输入卡

热电偶输入卡说明	
通道数目	8
分辨率	16bit
精度	0.1% (over minimum range, excluding sensor contribution)
传感器类型	B,E,J,K,N,R,S,T,非线性
单位	℃;F
mV 量程	-100~100mV
冷端补偿	集成的带冷端补偿的接线端子,同时,一个输入通道可组态为采用外部的冷端补偿
开路检测	Yes

表 3-22 4~20mA,HART AO 卡

4~20mA,HART AO 卡	
通道数	8
额定的信号范围(满量程)	4~20mA
满信号范围	1~23mA
超出温度范围的精度	满量程的 0.25%
分辨率	14bit
输出允许	21.6VDC 电源供应给 700Ω 负载时为 20mA
通信支持	HART pass - through 要求/响应 HART 变量报告 现场设备状态报告

表 3-23 32 通道,24VDC,干触点 DI 卡

32 通道,24VDC,干触点 DI 卡说明	
通道数	32
ON 时测到的值	>2mA
OFF 时测到的值	<0.25mA
输出阻抗	5kΩ(近似)
现场电路电源,每块卡	24VDC 时为 150mA

表 3-24 8 通道,24VDC,干触点 DI 卡

8 通道,24VDC,干触点 DI 卡说明	
通道数	8
ON 时测到的值	>2.2mA
OFF 时测到的值	<1mA
输出阻抗	5kΩ(近似)
现场电路电源,每块卡	24VDC 时为 40mA

表 3-25 32 通道,24VDC,高位 DO 卡

32 通道,24VDC,高位 DO 卡说明	
通道数	32
输出范围	24VDC
输出额定值	每个通道持续为 0.15A;每块 I/O 接口卡最大 3.2A
OFF 状态下的泄漏	最大为 0.1mA
现场电路电源,每块卡	每块 I/O 接口卡 24VDC 时为 3.2A

表 3-26 8 通道,24VDC,高位 DO 卡

8 通道,24VDC,高位 DO 卡说明	
通道数	8
输出范围	2~60VDC
输出额定值	每个通道持续为 1A;每块 I/O 接口卡最大 3.0A
OFF 状态下的泄漏	最大为 1.2mA
现场电路电源,每块卡	每块 I/O 接口 24VDC 时为 3A
可组态的通道类型: 离散输出 瞬时输出 连续脉冲输出	输出: 输出保持在控制器最近的状态 输出活动的时间为预组态的时间周期(100ms~100s) 输出激活为预组态基本时间周期(100ms~100s)的一个百分数,分辨率为 5ms

表 3-27 4 通道,24VDC,高位 DO 卡

多功能卡(现主要用作脉冲卡)说明	
通道数	4
输入阻抗	3~25mA 在 5~24VDC
ON 时测到的值	4.8VDC
OFF 时测到的值	1.0VDC
精度	0.1% reading(0.1Hz~50kHz 用于方波信号;10Hz~50kHz 用于正弦波)
OFF 状态下的泄漏	最大为 1.2mA
分辨率	32bit
最小脉冲宽度	10μs
最大输入电压	26.4VDC
本地总线电流(12VDC 标称值)	250mA maximum

2)FF 现场总线接口卡(H1)

基金会现场总线(FF)和 HART 通信协议提供了最智能化的和可靠的预测性维护功能。基金会现场总线设备通过与数字自动化系统的双向通信还可以提供预测性的报警、确认信息、基于现场的控制、诊断和设备信息,同时具备以毫秒为单位捕捉数据的功能。

H1 卡可以通过总线方式将现场总线设备信号连接到 DeltaV 系统中,一个 H1 卡可以连接两个 FF 网段(Segment),每个 FF 网段最多可连接 16 个现场总线设备,DeltaV 系统可自动识别其设备类型、生产厂家、信号通道号等信息。图 3-205 为现场总线接口卡在底板上的安装图。

图 3-205 现场总线接口卡安装图

FF 现场总线标准的优势:

(1)为设备具体功能提供的标准,因此设备的功能不需要在主机里编程组态。

(2)自动指定设备地址,节省时间、提高效率。

(3)从设备本身发出报警,且报警发生的时间记录可达到千分之一秒。

(4)基金会现场总线是点对点通信总线,而其他总线要求所有的通信通过主机进行。

(5)不需在 DeltaV 系统中为每个新设备改编程序。

3)设备总线

设备总线是相对于现场总线较为简单的数字总线,但同样可以实现一部分诊断功能。图 3－206 为设备总线接口卡在底板上的安装图。

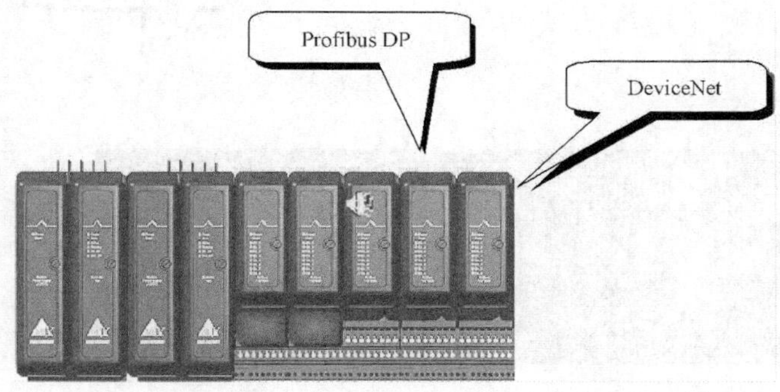

图 3－206　设备总线接口卡安装图

每块 Profibus DP 卡支持一个 Profibus 网段,每个 Profibus 网段最多可连接 64 个 Profibus 设备。

Profibus DP 主要应用有:马达启停;变速马达驱动;秤重单元接口;数字控制阀门;电磁阀。

每块 DeviceNet 卡支持一个 DeviceNet 网段,每个 DeviceNet 网段最多可连接 61 个 DeviceNet 设备。

DeviceNet 主要的应用有:马达启停;变速马达驱动;数字控制阀门;电磁阀。

4)传感器总线

每块 AS－i(传感器总线)卡支持两个 AS－i 网段,每个 AS－i 网段最多可连接 31 个 AS－i 设备。图 3－207 为传感器总线接口卡在底板上的安装图。

图 3－207　传感器总线接口卡安装图

AS－i(传感器总线)的应用有:马达启停;电磁阀;开关阀;限位开关;串口通信卡。

DeltaV 系统配置有 Serial Interface 卡(串口通信卡)可支持 Modbus 及 DH + 通信协议,其预装为 Modbus RTU 及 Modbus ASCII 协议,最高的通信速率为 115kbit/s。串口通信卡可插在 I/O 底板的任何一个空槽上,用于与第三方进行通信。图 3 - 208 为串口通信卡在底板上的安装图。

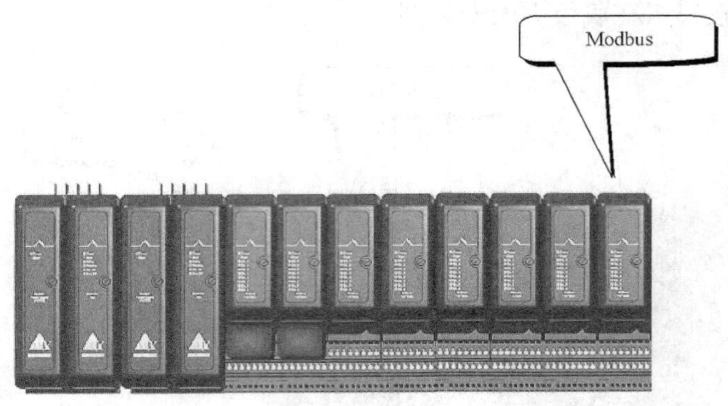

图 3 - 208 串口通信卡安装图

每块串口通信卡有两个通信接口,支持 RS232、RS422/485 半双工、RS422/485 全双工通信。DeltaV 串口通信卡可作冗余,设备的两个通信口独立连接到冗余的串口通信卡上,实现通信冗余。串口通信卡的性能指标见表 3 - 28。

表 3 - 28 串口通信卡

串口卡的给定参数	
串口的数量	2
串口卡的数据位	32(每块卡 16 位)
适用接口类型	RS232/RS422/RS485 半双工 RS422/RS485 全双工
隔离	2 个接口都彼此隔离,要求有外部接地
通信给定参数	
波特率	300、1200、2400、4800、9600、19200、38400、57600、115200
奇偶效验	奇效验、偶效验、无
数据位	7 或 8
停止位	1 或 2
重试次数	0 ~ 255
信息超时提示	100 ~ 255. 000ms
发送延时	0 ~ 255000ms
系统启动发送输出	在 DeltaV 用户可以指定在系统接口初始化阶段是否发送输出
环境给定参数	
工作温度	- 40 ~ 70℃(- 40 ~ 158℉)
储存温度	- 40 ~ 85℃(- 40 ~ 185℉)
相对湿度	5% ~ 95%

3. 系统网络结构

DeltaV 的网络构架的设计是基于对整个工厂的生命周期的考虑,因此,构建在模块化理念的系统结构中,一个独立的工作站节点就可以涵盖了整个工厂网络的设计要求,从控制到仿真以及各系统的集成等。网络的集成有以下几个特点:

(1)DeltaV 的网络将构建在星形结构下。

(2)DeltaV 的控制网络是一个相对独立的局域以太网。

(3)网络节点可以是工作站、DeltaV 控制器。

(4)所有在网络上的节点必须通过 DeltaV 的认证,其中包括交换机及有关 PC。

(5)所有的外部连接必须通过 DetlaV 的工作站。

(6)每个 DeltaV 网络都必须有且只有一个主工程师站。

1)基本网络结构

以太网是连接各工作站及各控制器的网络连接方式,同时也是 DeltaV 系统的控制网络。现场智能设备或常规设备的信号将接入 DeltaV 卡件,具备 HART、FUNDATIONTM 现场总线、Profibus DP 总线、AS-i 总线、DeviceNet 总线及 RS485 串口通信的设备也将连接到 DeltaV 的各总线卡件上,基本网络结构如图 3-209 所示。

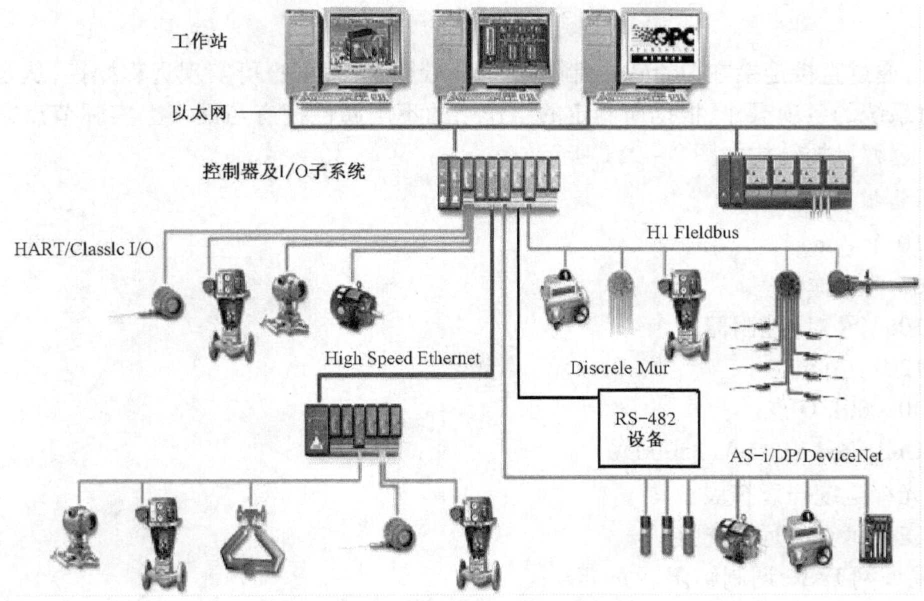

图 3-209 基本网络结构

2)扩展网络结构

DeltaV 系统通过应用站节点可以延伸至企业的工厂网,将过程数据及有关历史记录数据上传至上层应用中,如优化分析、实验室分析、工厂生产调度管理等。企业的工厂网作为外部网络将不会遵循 DeltaV 的网络协议,应用站或主工程师站作为系统与外部网络的唯一接口将利用 OPC 的方式进行数据的传递。扩展网络结构如图 3-210 所示。

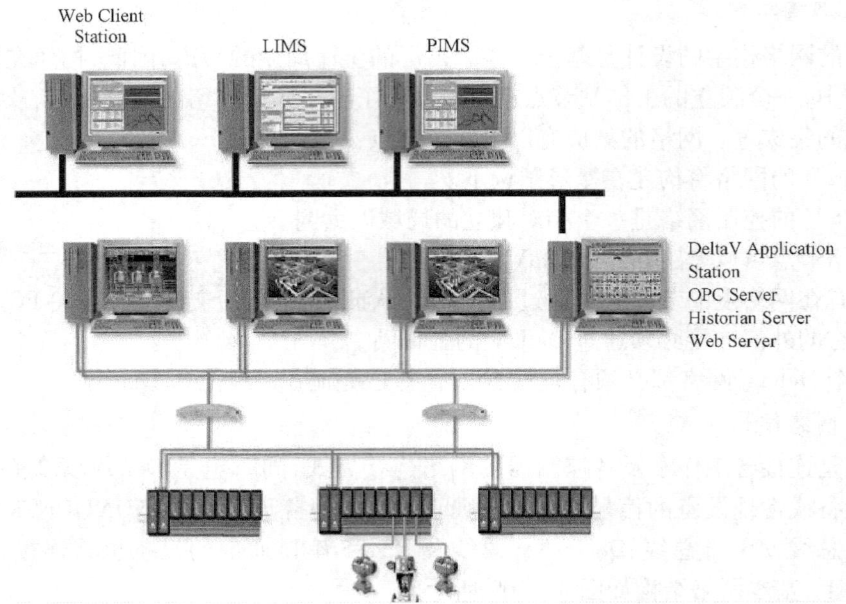

图 3-210 扩展网络结构

另外,通过直接连接在 DeltaV 控制网上的终端服务器,用户可实现远程操控,从客户端直接执行对系统的各项操作,根据所制定的工作站的不同属性拥有与网络上实际节点完全相同的功能。远程操控结构如图 3-211 所示。

3)网络扩展能力

(1)10 个 Zone。

(2)60 个工作站。

(3)100 个(对)控制器。

(4)120 个节点。

(5)30,000I/O 点。

(6)Unlimited SCADA(25000)。

(7)光纤电缆任意扩展。

(8)安全可靠的远程连接:

① 局域网 LAN,调制解调器 modem;

② 其他远程连接方式。

4)DeltaV 控制网络

(1)DeltaV 系统的控制网络是以 100M 以太网为基础的局域网(LAN)。

DeltaV 系统的控制网络可以是冗余的或单网,图 3-212 所示为典型的冗余控制网络。

在 DeltaV 系统中,控制网络采用的设备包括交换机、以太网线及光缆。DeltaV 系统的节点包括工作站和控制器,各节点到交换机的距离小于 100m 时,用以太网线连接各节点到交换机上,不需要增加任何额外的中间设备;各节点到交换机的距离大于 100m 时,需要用光缆进

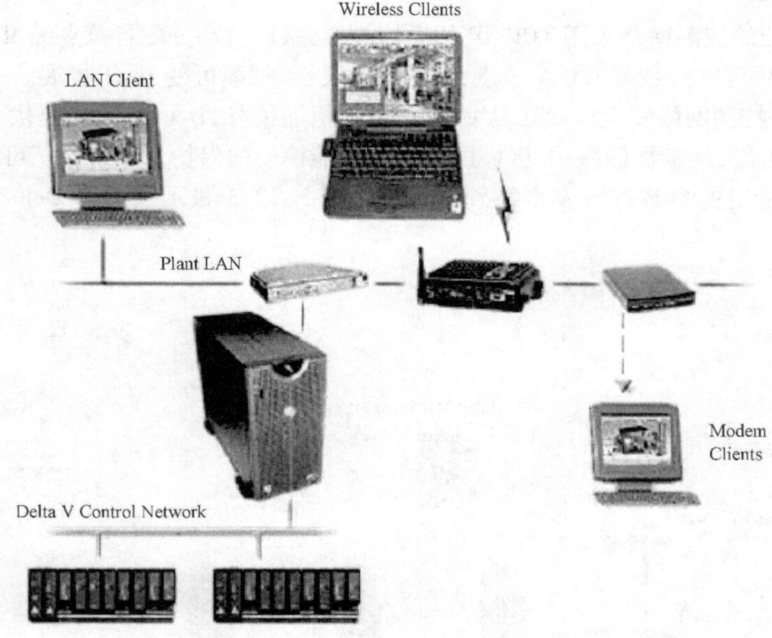

图 3－211 远程操控结构

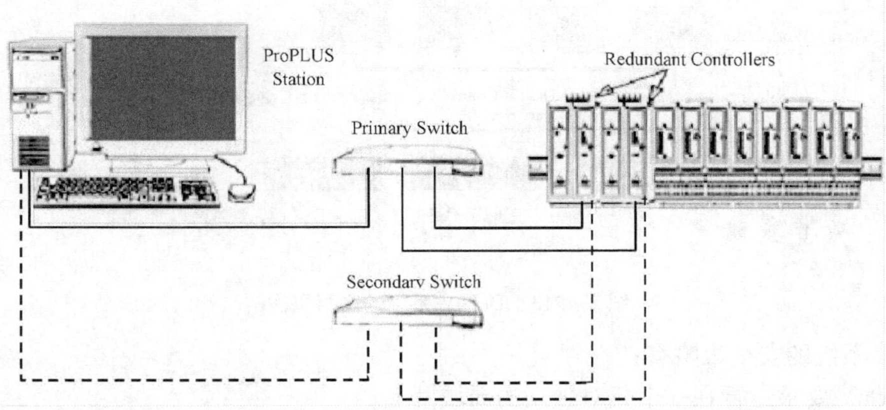

图 3－212 典型的冗余控制网络

行扩展。

DeltaV 系统的控制网络考虑到通信的完整性，往往采用冗余的方式，并建立两条完全独立的控制网络，即主控制网络和副控制网络。主、副控制网络中的交换机、以太网线及工作站和控制器的网络接口也完全是独立的。

每个 DeltaV 控制器都有主、副两个网络接口，在采用冗余控制器的配置时，每对控制器会有两个网络接口连接到主交换机上，另外两个网络接口连接到副交换机上。DeltaV 系统的各工作站都配有三块以上的网卡，其中两块用于建立控制网络，另一块用于备用或连接其他系统,如工厂网络等。

DeltaV 系统的控制网络采用 TCP/IP 的通信协议,系统自动分配各节点的 IP 地址。

每套 DeltaV 可支持最多 120 个节点,系统结构灵活、规模可变、易于扩展。

(2)DeltaV 控制网络安全。除了从物理上对机柜加锁外,DeltaV 系统提供了各个级别的网络安全防护机制,从参数的保护、区域的保护到功能模块的保护。系统甚至可以对某个特定的用户或某个特定的参数进行安全级别的设定。图 3-213 显示了整个 DeltaV 系统的网络层次。

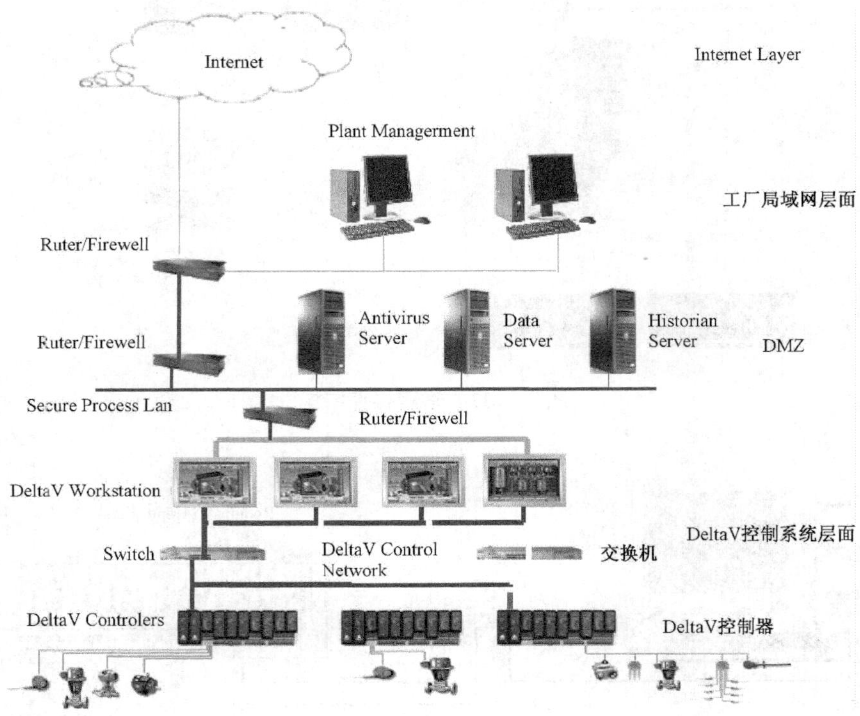

图 3-213 DeltaV 系统的网络层次

DeltaV 系统的安全策略有:

① DeltaV 要求运行在一个相对独立的局域网上。

② DeltaV 的工作站将采用 Emerson 通过认证的特定机型。另外,在系统运行的时候,可以禁止光驱或 USB 接口,从而防止外部设备对系统的感染。

③ DeltaV 在开发的全过程中都融入了安全的设计思路,致使许多软件的运用都内嵌在系统操作软件中。

④ 用户权限的设定,每个进入系统的用户都必须拥有一个唯一的用户名及相应的登陆密码。系统可以按照用户名来对不同的人员进行分级管理,包括操作区域的设定、操作权限的控制等。

⑤ DeltaV 有专门认证的防病毒软件。DeltaV 将会有专人小组按月对微软的操作系统安全性进行测试。

⑥ 根据 DeltaV 的组网方式及结构可以清楚地看到最基本的安全防护。另外，Emerson 针对 DeltaV 系统编写了一本网络安全手册，帮助用户在系统搭建的过程中更好地运用 DeltaV 的安全策略。

二、DeltaV 用户软件和组态

DeltaV 用户软件主要包括 OPERATE、CONFIGURATION STUDIO、DIAGNOSTICS 三部分。

(一) OPERATE 软件

OPERATE 软件包括 RUN(运行)和 CONFIGURE(组态)两部分，RUN 用于操作员监视和控制工艺过程；CONFIGURE 用于建立和编辑 DeltaV 流程图。图 3－214 显示了 OPERATE 软件启动方式。

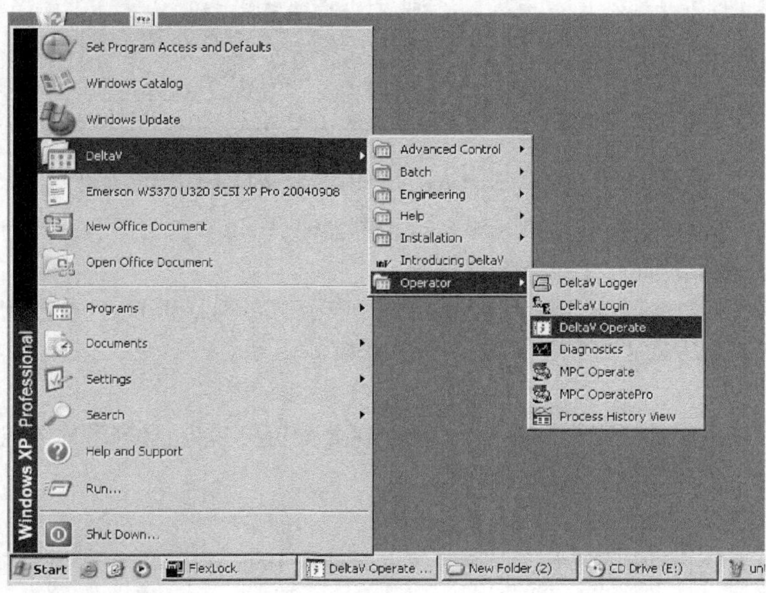

图 3－214 OPERATE 软件启动方式

(二) CONFIGURATION STUDIO 软件

CONFIGURATION STUDIO 软件为组态软件，主要由 DeltaV Explorer 浏览器和 DeltaV Control Studio 组态工作室两部分组成。图 3－215 显示 DeltaV Explorer 和 DeltaV Control Studio 启动方式。

1. DeltaV Explorer 浏览器及组态

DeltaV 浏览器是系统组态的主要导航工具。它用一个视窗来表现整个系统，并允许直接访问到其中的任一项。通过这种类似于 Windows 浏览器的外观，可以定义系统组成(例如区域、节点、模块和报警)、查看整体结构和完成系统布局。

DeltaV 浏览器还可提供向数据库中快速增加控制模块的方法，可以将控制模块从模块库中拖放到某个工厂区域，并定义符合您应用要求的模块参数。

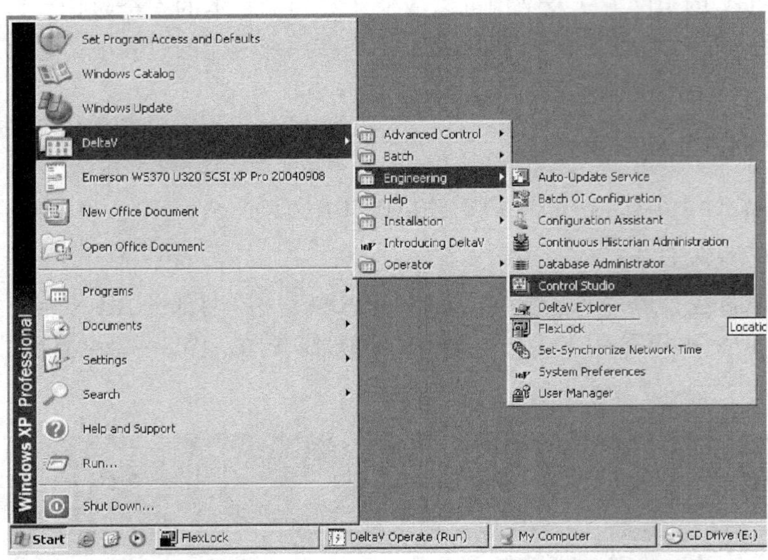

图 3 - 215 DeltaV Explorer 和 DeltaV Control Studio 启动方式

在系统中插入 I/O 卡件、智能现场设备或控制器时,DeltaV 浏览器会采用内置的自动识别功能来建立组态,极大地简化了组态定义过程。

DeltaV 系统可通过多种方式组态,如浏览器中交互式的对话框组态、在控制方案组态工作室用图形化方式组态等。下面简单介绍 DeltaV 系统的组态。

1)建立区域

简单地讲区域用来定义操作和控制的范围,在分配历史趋势、报警事件等组态时都要用的区域的概念,图 3 - 216 显示如何建立区域。

2)建立控制器

控制器可由系统自动识别,也可在离线组态时使用 DeltaV Explorer 浏览器建立,图 3 - 217 显示如何建立控制器。

3)建立 I/O 卡

I/O 卡可由系统自动识别,也可在离线组态时使用 DeltaV Explorer 浏览器建立,图 3 - 218 显示如何建立 I/O 卡,右击 I/O 卡点击属性进行 I/O 卡属性设置,图 3 - 219 显示 I/O 卡属性对话框,根据要求选择相应的 I/O 卡类型。

4)通道的组态

通道的组态主要输入通道的位号(Device Tag)等信息,有两种方式可以编辑 I/O 通道,如图 3 - 220 所示由左侧结构树点击 I/O 通道进行组态,也可点击图 3 - 221 菜单上的 (I/O 组态)按钮进行组态。

5)建立控制模块

控制模块(CM)相当于 DeltaV 系统的内部点,需要建立在相应的区域内,图 3 - 222 显示如何建立控制模块(CM)。

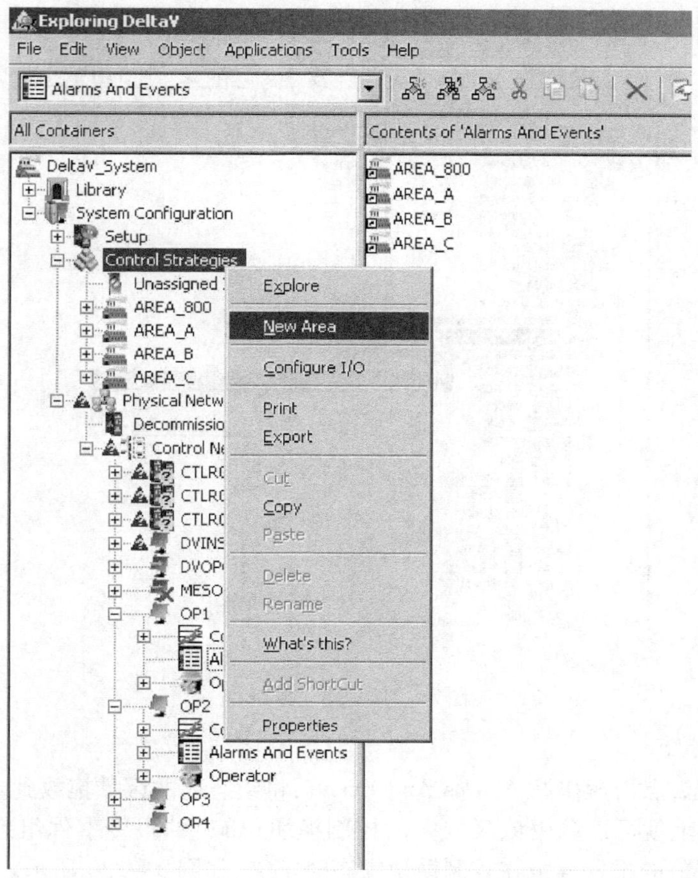

图 3－216 建立区域

6)组态控制模块

控制模块(CM)组态是在 Control Studio 组态工作室软件下进行的,可以由 WINDOWS 的开始菜单直接进入 Control Studio 组态工作室,也可以如图 3－223 所示由 DeltaV Explorer 浏览器进入组态,因此将 Control Studio 组态工作室的控制模块(CM)组态放在这里讲。

(1)纯指示控制模块(CM)组态,需要在功能块库中将 AI 功能块拖入到组态画面中,主要输入 I/O 通道、量程、单位、报警上/下限等信息,界面如图 3－224 所示。

(2)PID 调节控制模块(CM)组态,需要在功能块库中将 PID 功能块拖入到组态画面中,主要输入 I/O 通道、量程、单位、正反作用、报警上/下限等信息,界面如图 3－225 所示。

7)分配(assign)控制模块

组态完的控制模块(CM)需要分配到相关的控制器中,方式如图 3－226 所示。

8)历史趋势组态

历史趋势组态,点击操作站 Continuous Historian,将组态完的区域拖放到 Continuous Historian 画面上,该操作站上就可以调用该区域内的控制模块(CM)的历史趋势,如图 3－227 所示。历史趋势属性对话框如图 3－228 所示。

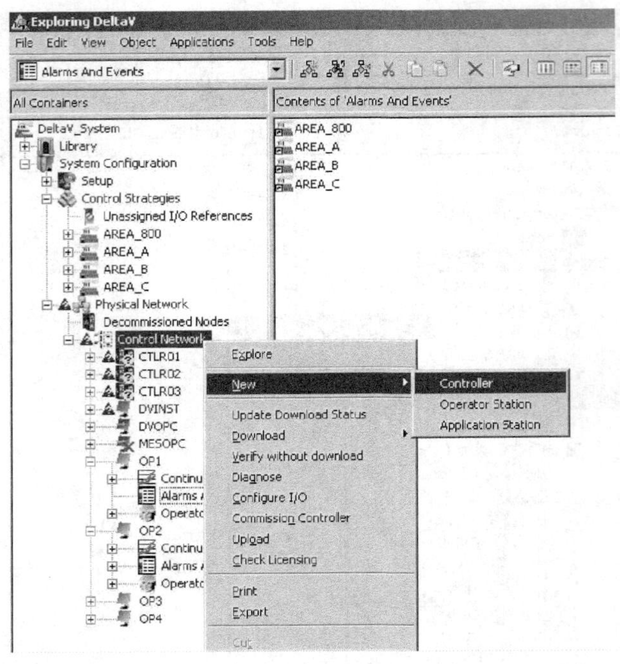

图 3－217 建立控制器

9)报警事件组态

报警事件组态,点击操作站 Alarms And Events,将组态完的区域拖放到 Alarms And Events 画面上,该操作站上就可以调用该区域内的控制模块(CM)的报警事件组态,如图 3－229 所示。控制模块(CM)的报警等级在控制模块组态时定义,如图 3－230 所示。

10)第三方通信组态

以 MODBUS RTU 通信为例,首先应建立硬件组态,先建立串行通信卡,并激活,如图 3－231所示;然后,选择通信协议(图 3－232);最后,设置端口形式、波特率、奇偶校验、数据位、停止位等(图 3－233);卡件建立完后要设定通信数据形式、起始地址、数据长度(图 3－234)。

硬件组态完成后,在 Control Studio 组态工作室建立通信用的控制模块(CM),如图 3－235 所示。

11)控制网设置

控制网设置,不是 DeltaV 软件的内容,由于与组态相关,所以在这里介绍。点击 WINDOWS 菜单条的网络图标进行设置,主要设置 IP 地址和子网掩码等,如图 3－236 所示。

2. DeltaV Control Studio 组态工作室

系统提供的 IEC61131 图形化控制策略,所有的控制策略用标准图形完成,同时可以用面向对象的语言 VB 编程实现您希望实现的任何策略。DeltaV 组态工作室软件可以简化系统组态过程。利用标准的预组态模块及自定义模块可方便地学习和使用系统组态软件。

DeltaV 组态非常直观,标准的微软视窗提供的友好界面能更快地完成组态工作。组态工作室还配置了一个图形化模块控制策略(控制模块)库、标准图形符号库和操作员界面。拖放

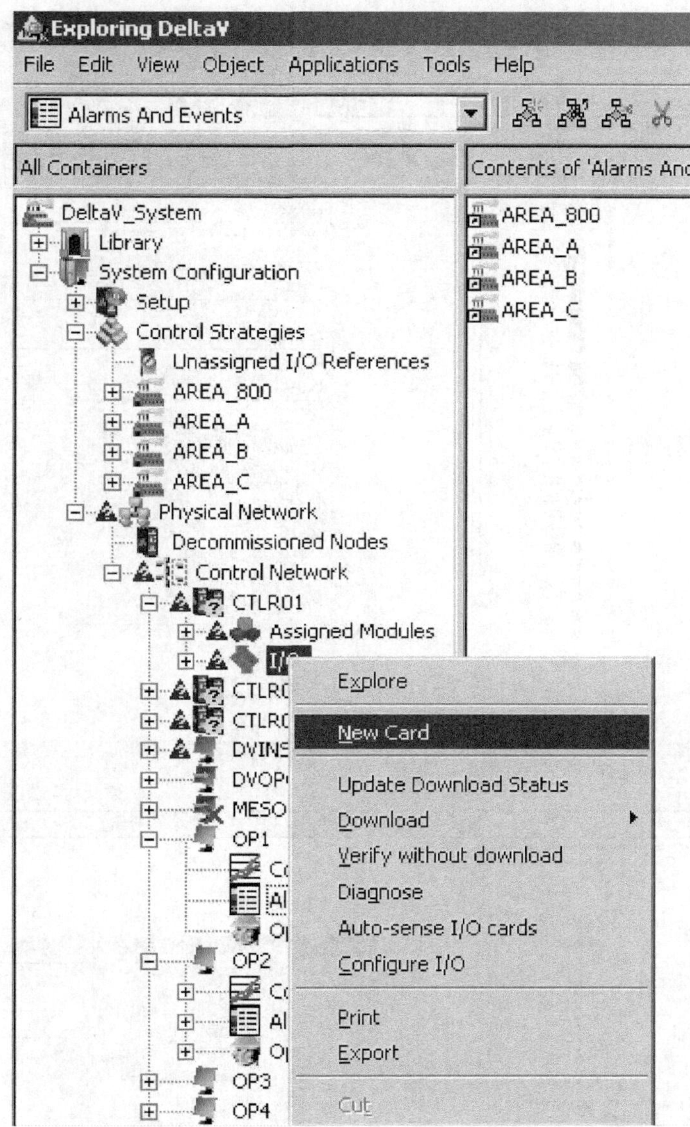

图 3－218 建立 I/O 卡

式、图形化的组态方法简化初始工作并使维护更为简单，组态界面如图 3－237 所示。

DeltaV 系统预置的模块库完全符合基金会现场总线的功能块标准，从而可以在完全兼容现在广泛使用的 HART 智能设备、非智能设备的同时，在不修改任何系统软件和应用软件的条件下兼容 FF 现场总线设备。连接到控制网络中的 DeltaV 控制器、I/O 和现场智能设备能够自动识别并自动地装入组态数据库中。单一的全局数据库完全协调所有组态操作，从而不必进行数据库之间的数据映像，或者通过寄存器或数字来引用过程和管理信息的操作。模块化的、可重复使用的控制策略 DeltaV 系统基于模块的控制方案，集中了所有过程设备的可重复使用的组态结构。模块通常定义为一个或多个现场设备及其相关的控制逻辑，如回路控制、马

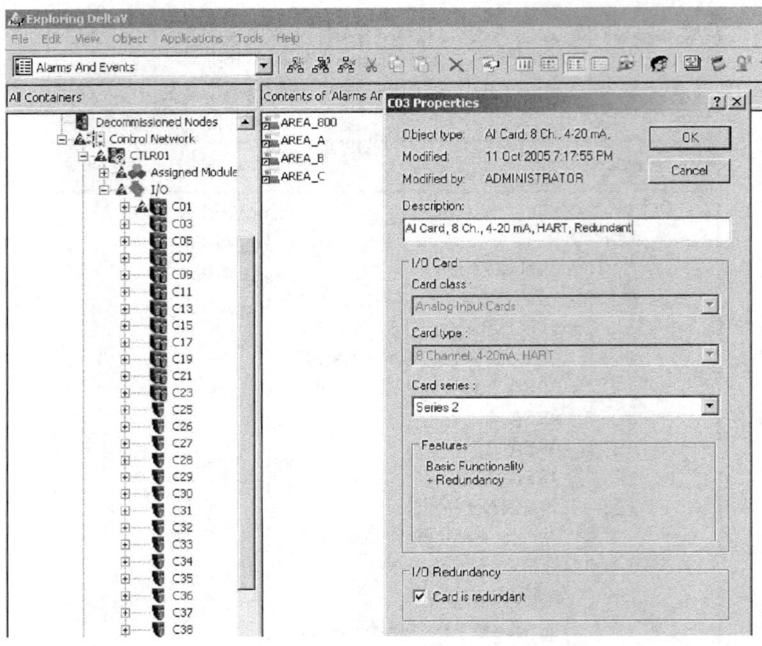

图 3-219　I/O 卡属性设置

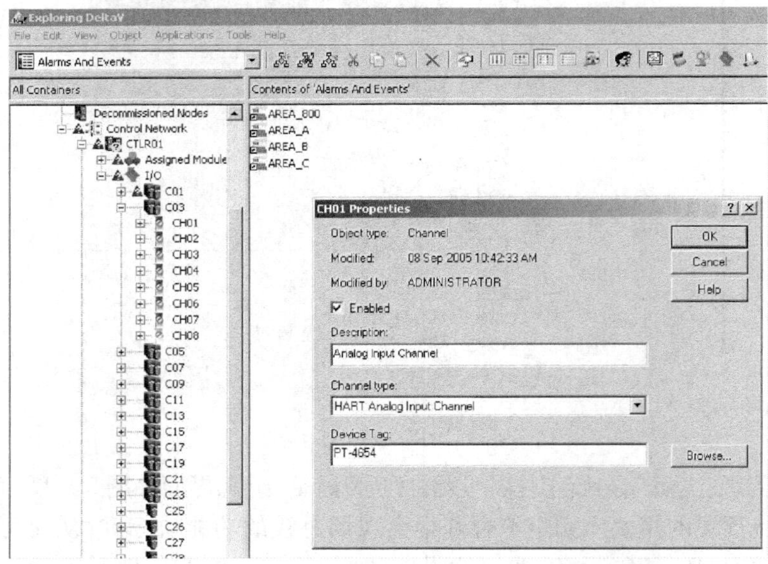

图 3-220　通道的组态(一)

达控制及泵的控制。

每个模块都有唯一的位号。除了控制方案外,模块还包括历史数据和显示画面定义。模块系统中通过位号通信。对一个模块的操作和调试完全不影响其他模块。DeltaV 的模块功能可以让用户以最少的时间完成组态。DeltaV 系统具有部分下装、部分上装的功能,即将组态好

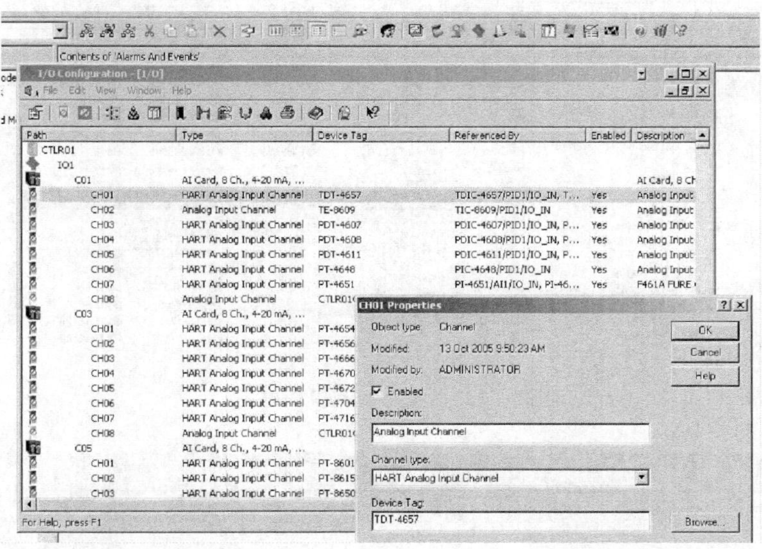

图 3-221 通道的组态(二)

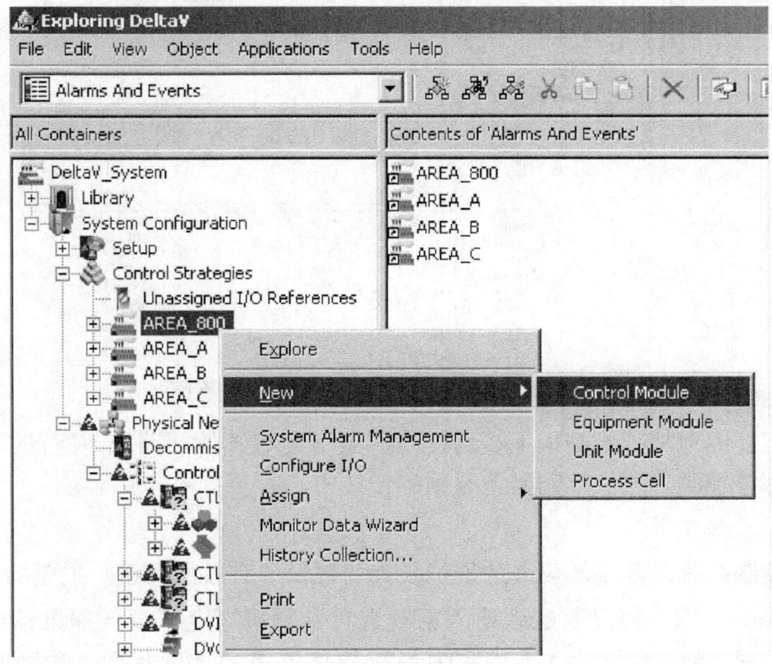

图 3-222 建立控制模块(CM)

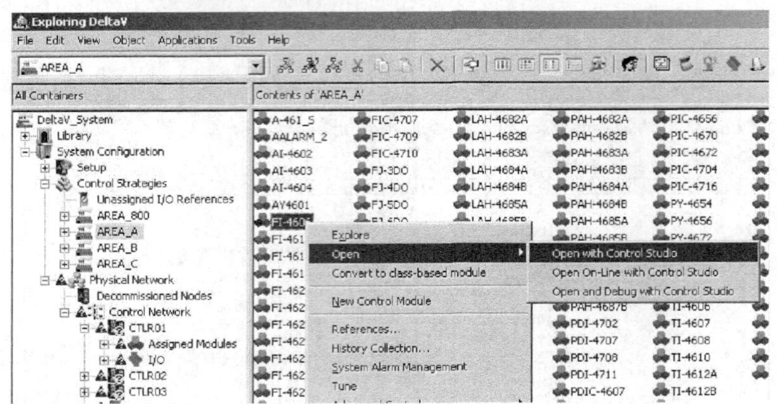

图 3 - 223 组态控制模块(CM)

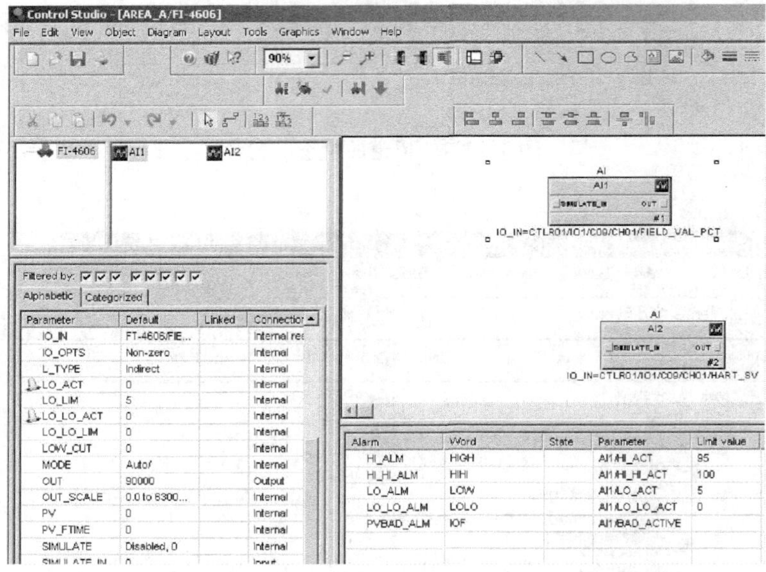

图 3 - 224 纯指示控制模块(CM)组态界面

的部分控制方案在线地从工作站中下装到控制器而不影响其他回路或方案的执行。同样,也可以在线地将部分控制方案从控制器上装到工作站中。

1)系统维护诊断工具

DeltaV 对控制系统以及现场仪表的维护及查错提供了有效的策略。主要的工具有 DeltaV Diagnostics Explorer。用户可以通过诊断浏览器查看全系统以至仪表的深度诊断。可以快速了解网络通信状况、控制器及 I/O 卡件和现场智能化仪表的运行状况。诊断软件界面如图 3 - 238所示。

另外,Control Studio Online 可以帮助操作员和工程师检验控制策略的在线运行状况,用于控制策略的优化及维护,如图 3 - 239 所示。

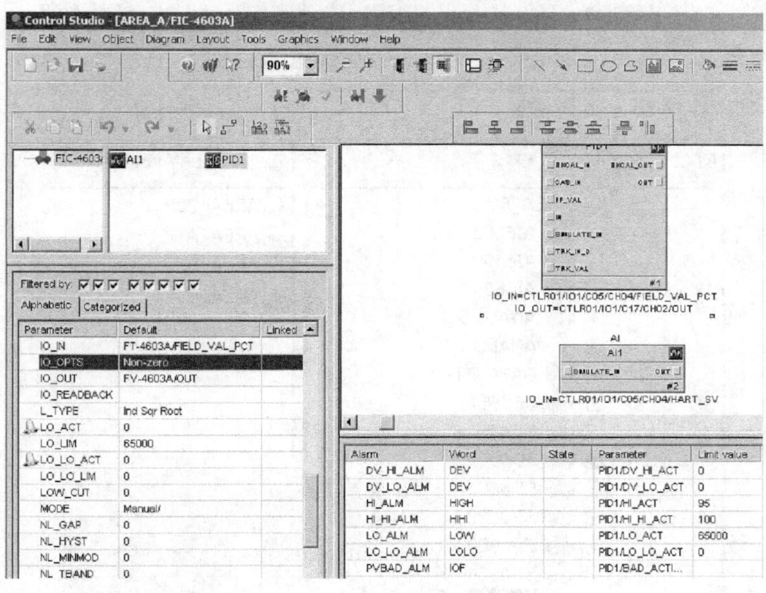

图 3－225　PID 调节控制模块(CM)组态界面

2)事件报警记录

DeltaV 的事件报警记录包括报警状态切换、用户自定义事件、操作员登录/退出、控制策略下装等。DeltaV 系统将帮助用户采集最完整的数据及相对应的时间标签,尽可能最真实地反映出实际的状况。同时,允许历史浏览软件直接从事件记录中调用数据,使用户可以在浏览历史记录的同时结合事件报警记录来分析实际的工况。

所有发生的事件都会被系统记录,包括有用户切换、回路参数调整、控制策略的下装、报警(新报警、确认报警、被清除的报警)以及设备状态。事件记录将按时间顺序显示并通过不同的颜色来区别事件的类别,如图3－240 所示。

3)连续历史记录

连续历史记录软件是用于历史数据的储存、调用及整合。所存储的数据不仅可以供系统内部程序调用,同时还可以通过 OPC 的方式被外部程序读取。构建在 PlantWeb 结构上的 DeltaV 连续历史记录同样也采集现场智能化仪表的数据。作为一个至关重要的组件,连续历史记录被集成在从组态到安装再到实际运行的各个环节中。

用户可以通过过程历史浏览软件读取连续历史记录库中的数据。同时,用户还可以读取实时数据、趋势图及存储于报警事件库中的事件记录,如图 3－241 所示。

4)报表软件

DeltaV 的报表软件是基于 Excel 格式的。可以同时将实时数据及历史数据嵌用在一张工作表格中。另外,报表软件中还支持对恢复数据的查询及历史记录的过滤等功能。不仅可以在报表中显示连续历史数据的原始值,还可以嵌入各种运算或累计值。报表画面格式如图 3－242 所示。

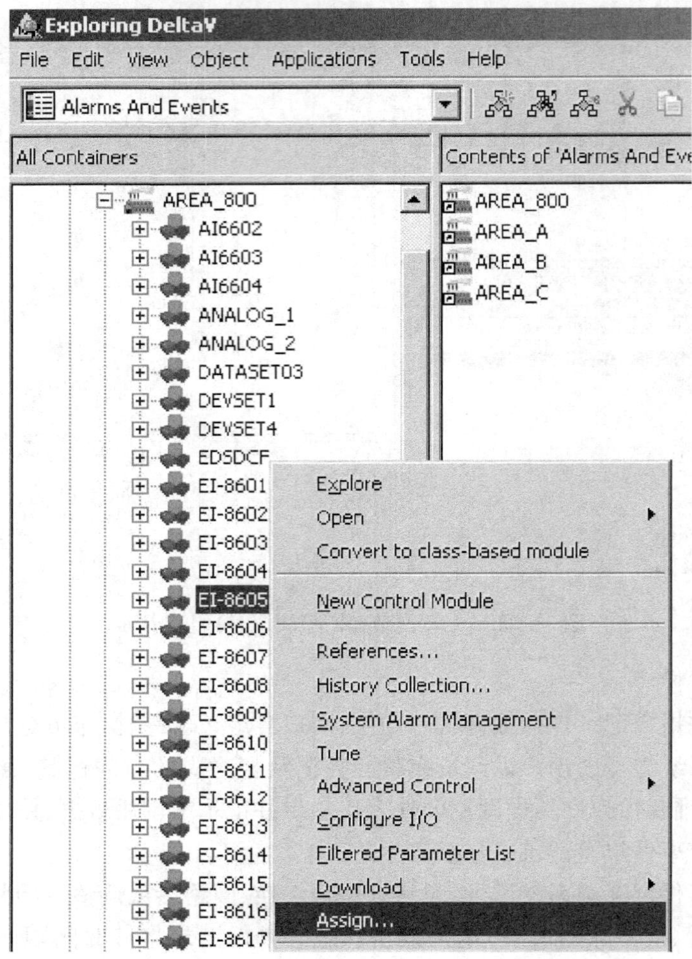

图 3－226 分配(assign)控制模块(CM)

5)报警管理

数字化的自动控制系统可以同时获取系统本身及现场仪表的有效数据,显示运行状态及诊断分析。这些是实现精确报警管理的根本。DeltaV 的报警管理策略是建立在 EEMUA 191 上的,DeltaV 支持以下功能:

(1)操作员报警旁路。

(2)旁路报警的时间标签及历史记录。

(3)在报警栏及报警总表中隐藏被旁路的报警。

(4)旁路报警清单的维护。

报警源会在第一时间被分级管理并打上时间标签。这使得所有报警可以按照级别、确认状态及时间在不同的工作站上显示。每一个控制模块都可以有自定义的报警设置。在 DeltaV 环境中用户可以非常简单地定义报警。可以结合报警的发生及现场的过程状态来建立条件报警。同时,用户还可以动态地改变报警优先级或根据实际工艺要求来使能报警。

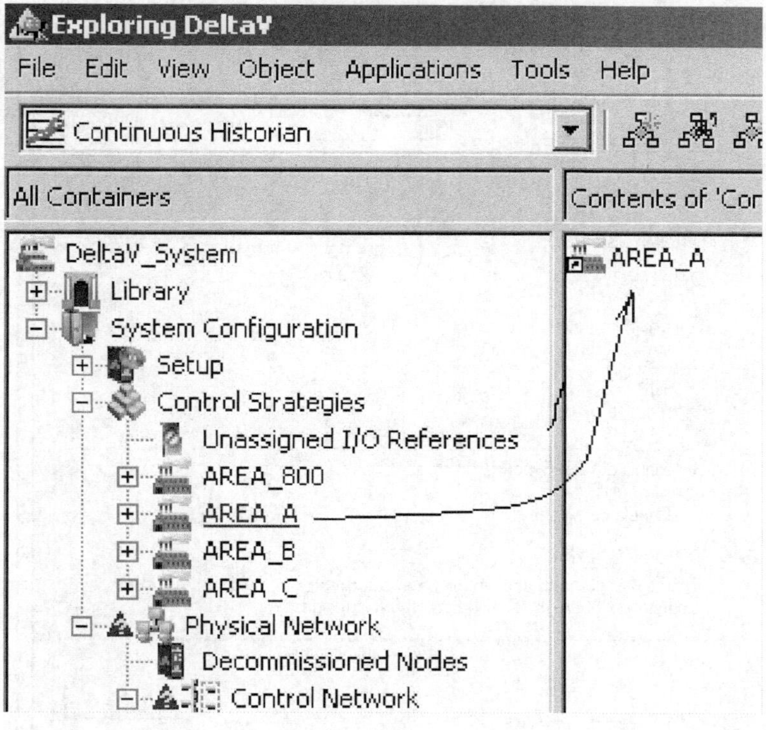

图 3－227 历史趋势

报警的分级管理可以帮助操作员在第一时刻关注到最重要的报警信息。系统设计了报警浏览工具可以让操作员直观地查找到特定区域的报警信息。

所有的报警是由控制器中的功能块生成的。在生成的同时，控制器会在报警发布到整个网络之前打上时间标签。随后网络上的工作站会接受到所属区域的相关报警信息，并存储在本站的报警清单列表中。同时，为防止操作员的误操作，系统提供四种防止干扰报警的策略：禁止区域报警；禁止功能块报警；旁路报警；条件报警。

6）报警分析

通过报警分析，用户可以轻易地查找出发生频率较高的报警。

根据经验，在多数情况下 40% 的报警仅仅是由 10 个控制模块产生的。因此，只要真正处理完这几个关键报警，就可以大大提高系统的报警负荷。

DeltaV 的报警分析会直接从事件报警记录数据库及连续历史数据库中读取数据。用户可以直接调用出月报表、周报表，而无需做额外的组态或设置。同样，用户还可以对某一特定区域进行 12 个月周期的分析。通过分析报表，可以非常直观地找出工艺过程中发生的症结，从而，提高全厂报警记录考核的绩效。

7）先进控制

DeltaV 的先进控制是建立在坚实的控制基础上。高效益和高效率的结构体系是利用智能现场设备的预测信息避免意外停车和过程偏差，并精确确定故障区域的基础。唯有 DeltaV 系统能够接收现场智能设备丰富的信息资源，并将它们发送到需要的地方。这意味着精确控制

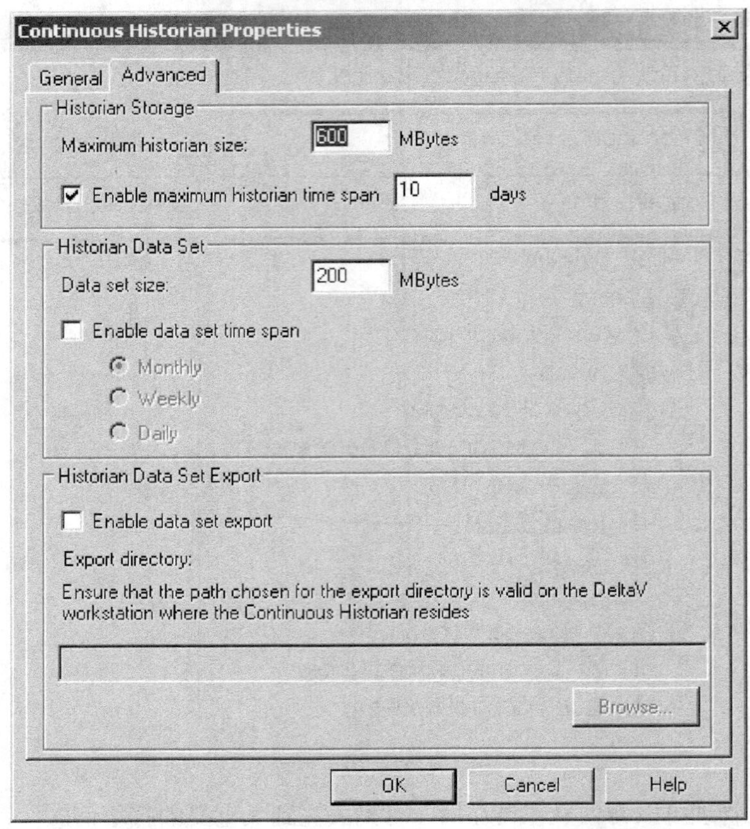

图 3-228 历史趋势属性

能够根据过程生产状态自动调节。没有这一坚实的基础,您需要花费更多的时间和精力来维护操作。

8) DeltaV 批量

从配方表到设备控制,到先进控制;从简单的顺序控制到多产品、多流水线的配方,DeltaV 批量软件拥有齐全的各项批处理控制的功能,其中包括:

(1)过程控制和单元监控。控制和单元监控集成到 DelatV 控制硬件和软件中,并且内置在单元模块、单元和控制模块中。

(2)过程管理。DeltaV 批量执行器与批量控制操作员界面相结合,提供了完整的过程管理。

(3)配方管理。在 DeltaV 工作环境下,DeltaV 配方工作室具有配方创建和管理功能,操作非常方便。

(4)生产规划和进度安排。DeltaV 任务管理程序将任务创建和管理很好地结合起来,可本地化地与生产计划系统协同工作。

(5)生产信息管理。DeltaV 批量历史数据管理集成历史数据,便于数据分析和记录保存。

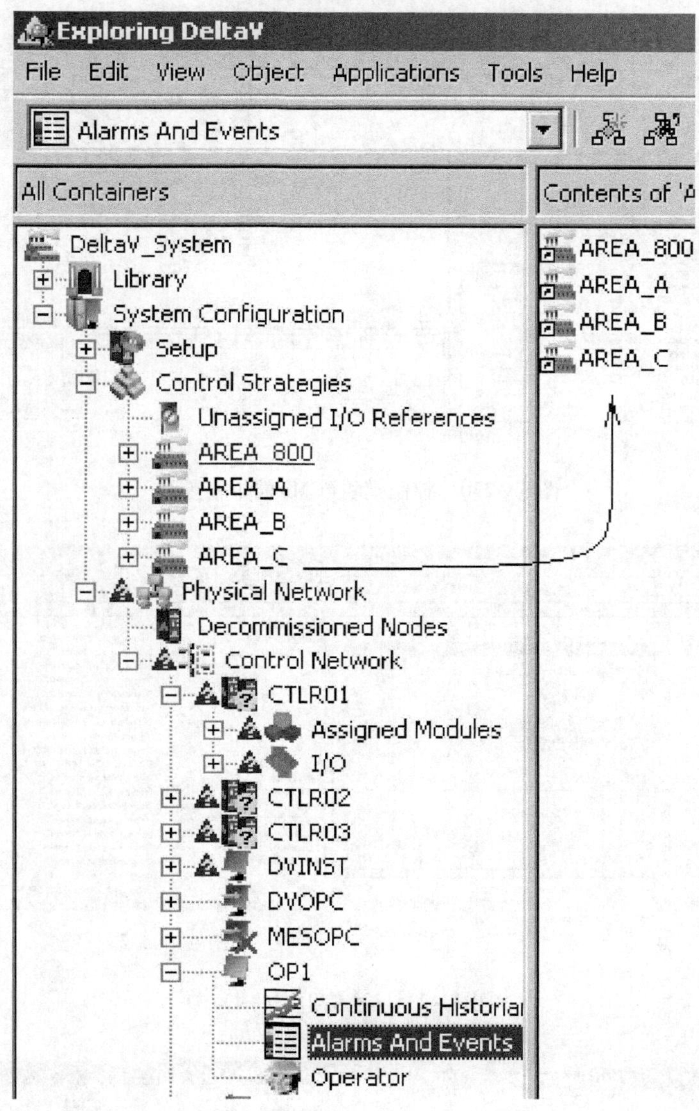

图 3-229 报警事件

三、Delta V 系统安装、测试与维护

(一)Delta V 系统安装

1. 安装准备

1)安装工具

(1)标准电子工具(万用表、钳子、剥皮钳、螺丝刀等)。

(2)标准安装工具(螺丝刀、带标准转头的电转)Standard installation tools。

(3)以太网电缆工具(压线钳、电缆测试器)。

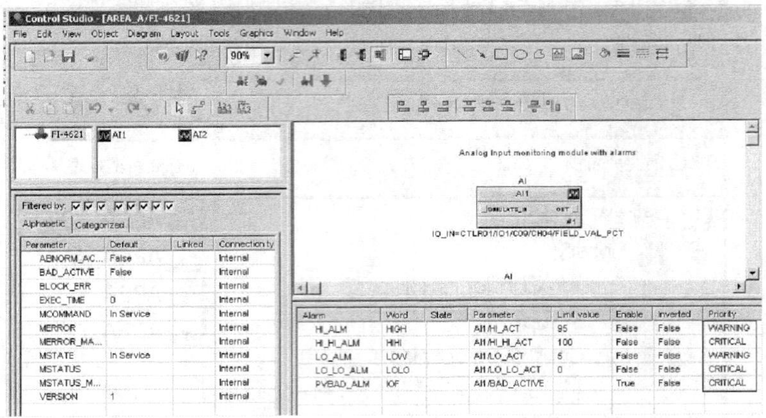

图 3－230　控制模块(CM)的报警等级

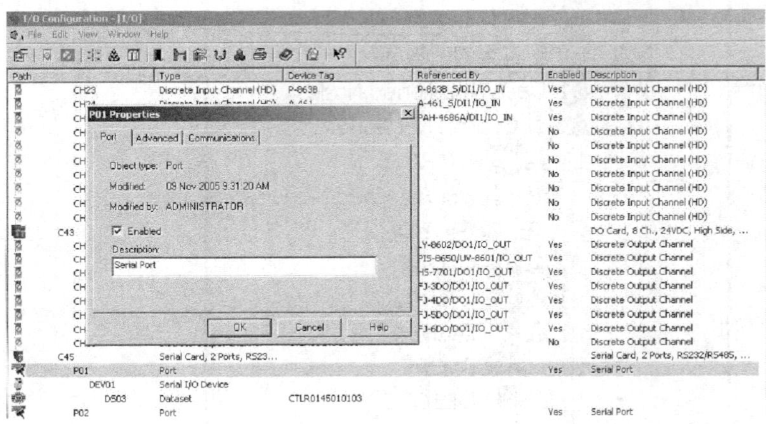

图 3－231　通信组态(一)

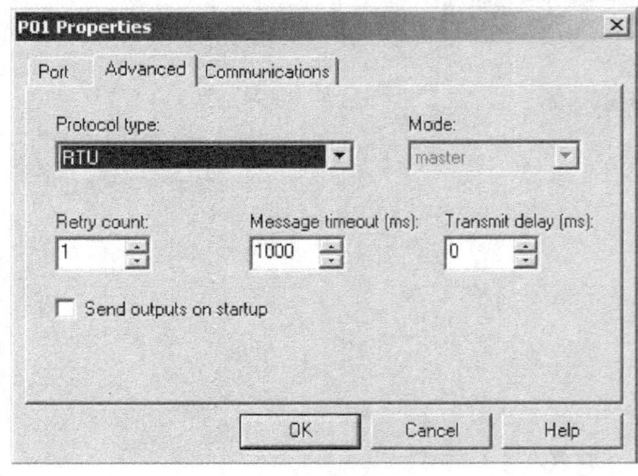

图 3－232　通信组态(二)

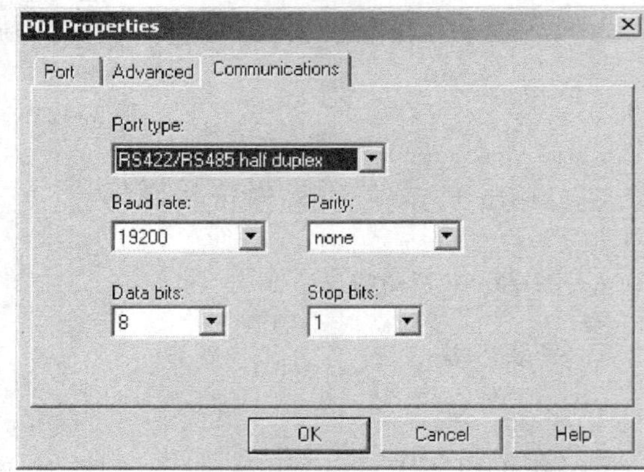

图 3－233　通信组态(三)

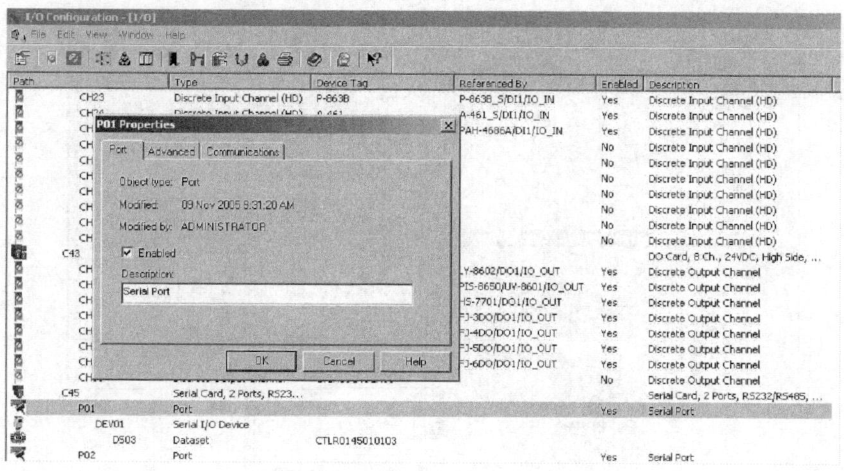

图 3－234 通信组态(四)

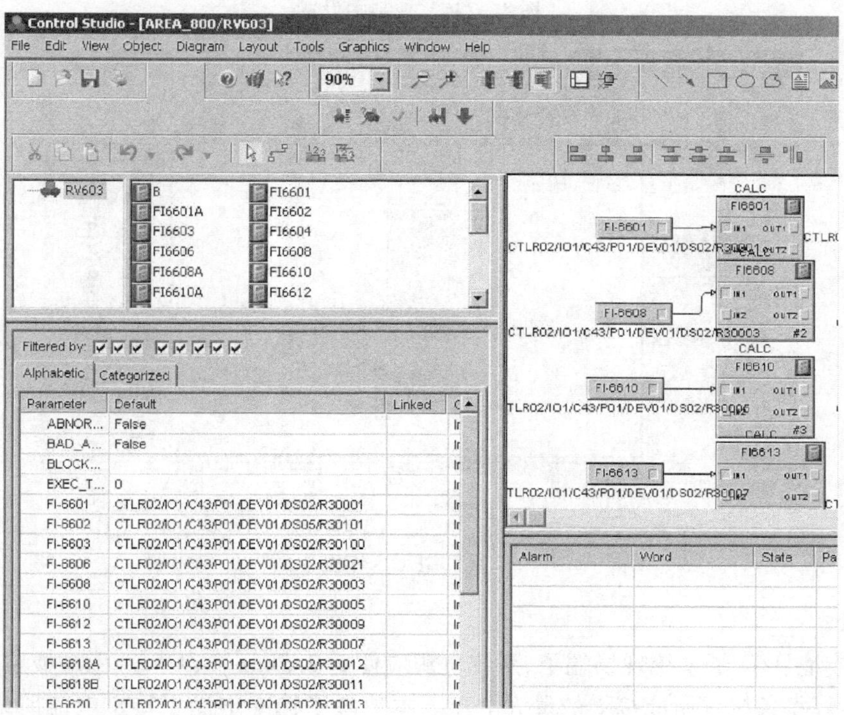

图 3－235 通信 CM 组态

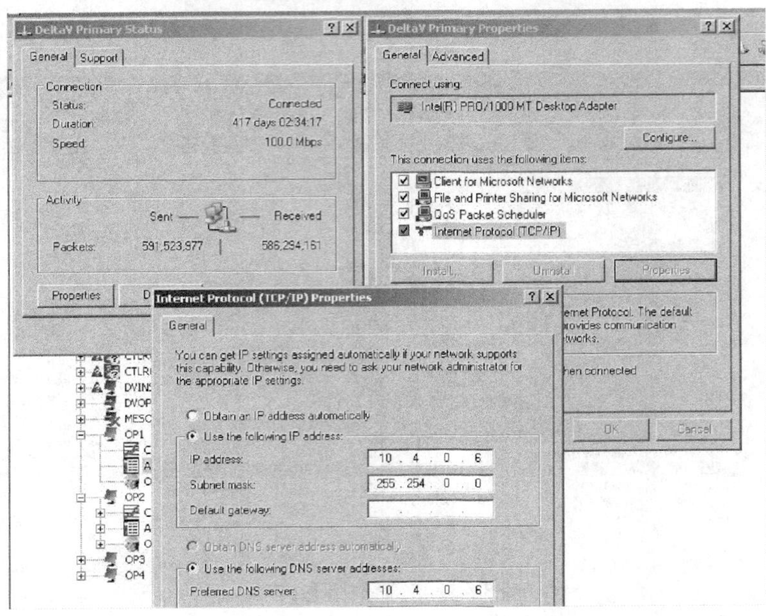

图 3－236 控制网设置

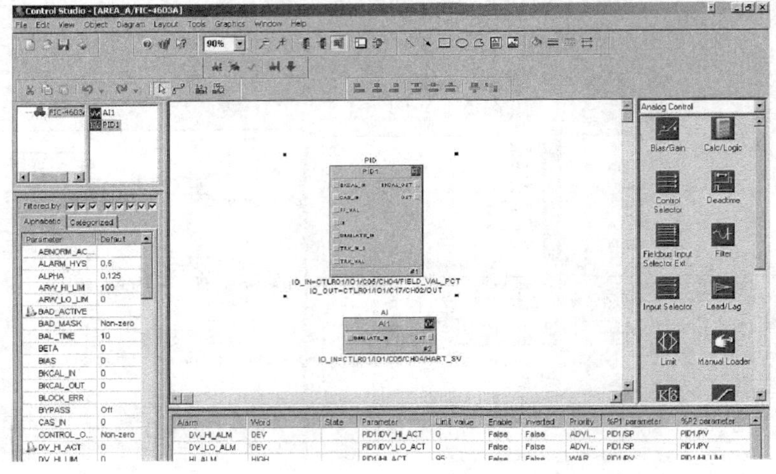

图 3－237 组态工作室界面

2)接线指导

电源、接地、I/O 子系统现场端子、系统电源应使用 2.5mm(12AWG)标准或实心接线。选择接线要计算每条接线所能接受的最大电流。本地电子标准定义了特定电流所要求的线径。为降低感性噪声,低电平信号使用对屏接线。I/O 底板有带屏蔽条和不带屏蔽条两种。

3)扭力限制

在安装 DIN 导轨和 DeltaV 设备时,不要超过安装螺钉的最大扭力限制,详见表 3－29。

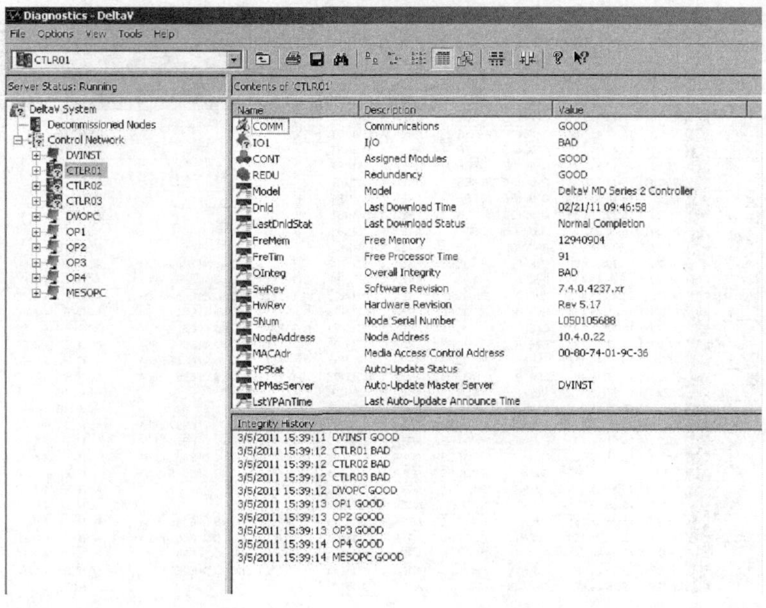

图 3－238 诊断软件

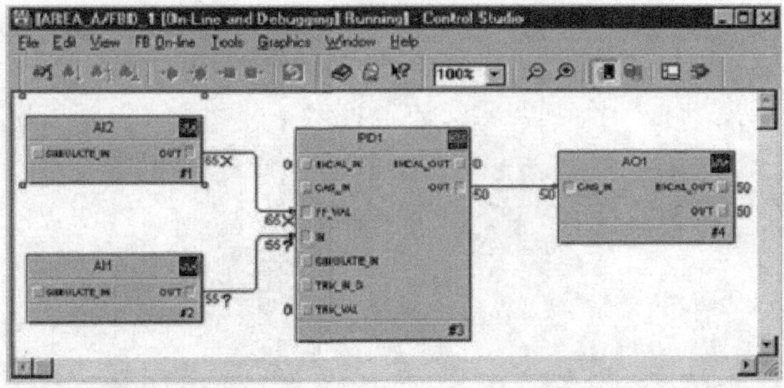

图 3－239 Control Studio Online

表 3－29 扭力限制数据

名 称	在安装时螺钉的扭矩限制
电源	2. 84N · m(25lbf · in)
DIN 导轨锁	1. 32N · m(12lbf · in)
I/O 模件现场终端	0. 45N · m(4lbf · in)
I/O 模件现场保护	0. 11N · m(1lbf · in)
I/O 卡件	0. 11N · m(1lbf · in)
控制器	0. 11N · m(1lbf · in)
媒体转换器	0. 11N · m(1lbf · in)
系统电源	0. 11N · m(1lbf · in)

Process History View - [Event1]

File Edit View Events Window Help

		Date/Time*	Event Type	Category	Area	Node	Uni	Module	Module Description	Par	State	Level
1		3/5/2011 15:43:39.171	CHANGE	USER	AREA_A	DVINST					REMOTE	
2		3/5/2011 15:42:45.656	CHANGE	USER	AREA_A	DVINST					REMOTE	
3		3/5/2011 15:42:34.015	CHANGE	USER	AREA_A	DVINST					REMOTE	
4		3/5/2011 15:42:24.234	CHANGE	USER	AREA_A	DVINST					REMOTE	
5		3/5/2011 15:42:18.203	CHANGE	USER	AREA_A	DVINST					REMOTE	
6		3/5/2011 15:39:12.312	CHANGE	USER	AREA_A	DVINST					REMOTE	
7		3/5/2011 15:39:11.500	CHANGE	USER	AREA_A	DVINST					REMOTE	
8		3/5/2011 15:39:06.062	CHANGE	USER	AREA_A	DVINST					REMOTE	
9		3/5/2011 15:38:54.906	CHANGE	USER	AREA_A	DVINST					REMOTE	
10		3/5/2011 15:38:41.466	EVENT	PROCESS	AREA_C	CTLR03		TI-7719	KONG QI E863-E864		ACTIVE	4-INFO
11		3/5/2011 15:38:41.466	EVENT	PROCESS	AREA_C	CTLR03		TI-7719	KONG QI E863-E864		ACTIVE	4-INFO
12		3/5/2011 15:38:36.466	EVENT	PROCESS	AREA_C	CTLR03		TI-7719	KONG QI E863-E864		ACTIVE	4-INFO
13		3/5/2011 15:38:36.466	EVENT	PROCESS	AREA_C	CTLR03		TI-7719	KONG QI E863-E864		ACTIVE	4-INFO
14		3/5/2011 15:37:51.465	EVENT	PROCESS	AREA_C	CTLR03		TI-7719	KONG QI E863-E864		ACTIVE	4-INFO
15		3/5/2011 15:37:51.465	EVENT	PROCESS	AREA_C	CTLR03		TI-7719	KONG QI E863-E864		ACTIVE	4-INFO
16		3/5/2011 15:37:46.465	EVENT	PROCESS	AREA_C	CTLR03		TI-7719	KONG QI E863-E864		ACTIVE	4-INFO
17		3/5/2011 15:37:46.464	EVENT	PROCESS	AREA_C	CTLR03		TI-7719	KONG QI E863-E864		ACTIVE	4-INFO
18		3/5/2011 15:37:13.312	CHANGE	USER	AREA_A	DVINST					REMOTE	
19		3/5/2011 15:37:12.515	CHANGE	USER	AREA_A	DVINST					REMOTE	
20		3/5/2011 15:37:11.464	EVENT	PROCESS	AREA_C	CTLR03		TI-7719	KONG QI E863-E864		ACTIVE	4-INFO
21		3/5/2011 15:37:11.463	EVENT	PROCESS	AREA_C	CTLR03		TI-7719	KONG QI E863-E864		ACTIVE	4-INFO
22		3/5/2011 15:37:06.464	EVENT	PROCESS	AREA_C	CTLR03		TI-7719	KONG QI E863-E864		ACTIVE	4-INFO
23		3/5/2011 15:37:06.463	EVENT	PROCESS	AREA_C	CTLR03		TI-7719	KONG QI E863-E864		ACTIVE	4-INFO
24		3/5/2011 15:35:51.378	EVENT	SYSTEM	AREA_A	CTLR03				AC	ACTIVE	4-INFO
25		3/5/2011 15:35:49.877	EVENT	SYSTEM	AREA_A	CTLR03				AC	ACTIVE	4-INFO
26		3/5/2011 15:35:31.461	EVENT	PROCESS	AREA_C	CTLR03		TI-7719	KONG QI E863-E864		ACTIVE	4-INFO
27		3/5/2011 15:35:31.460	EVENT	PROCESS	AREA_C	CTLR03		TI-7719	KONG QI E863-E864		ACTIVE	4-INFO
28		3/5/2011 15:35:26.461	EVENT	PROCESS	AREA_C	CTLR03		TI-7719	KONG QI E863-E864		ACTIVE	4-INFO
29		3/5/2011 15:35:26.460	EVENT	PROCESS	AREA_C	CTLR03		TI-7719	KONG QI E863-E864		ACTIVE	4-INFO
30		3/5/2011 15:35:23.671	CHANGE	USER	AREA_A	DVINST					REMOTE	

图 3－240　事件报警记录画面

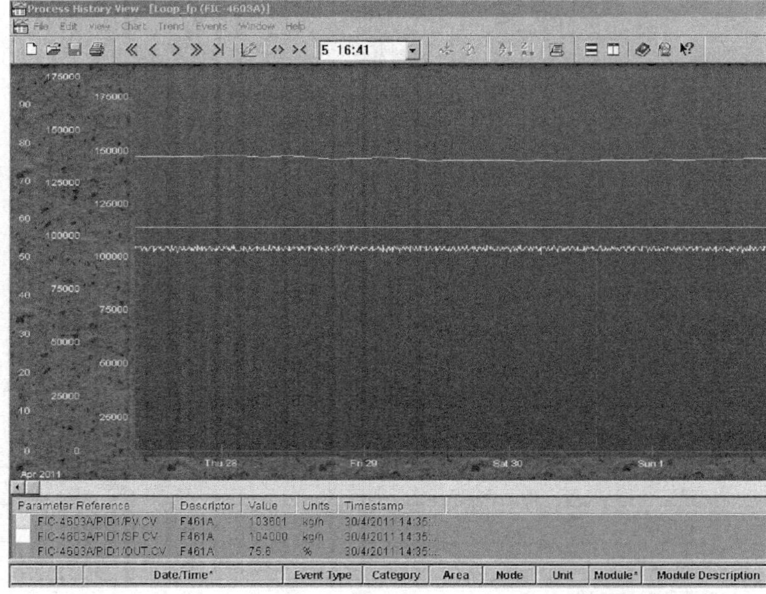

图 3－241　实时数据、趋势图、事件记录

2. 安装系统

1）安装 DIN 导轨和底板

（1）DIN 导轨安装空间要求如图 3－243 所示。

图 3－244 显示的位置应避免使用 DIN 导轨安装螺钉。

Microsoft Excel - px reporter2

File Edit View Insert Format Tools Data Window DeltaV Help

A18 =A17+1

	A	B	BM	BN	BO	BP	BQ	BR	BS	BT	BU
1	1/5/2007 0:00	Start Date & T									
2	17/11/2007 0:00	End Date & Ti									
3		1	64	65	66	67	68	69	70	71	72
4		FI6601A	PI7701	PI7803	TI7803	FIC7601	AI7702A	AI7701	FI7602A	FI7602B	FI7602C
20	16-May-2007	393.79	1.2	1.2	392.8	225812.9	-124.8	81.9	176923.1	176495.7	177029.9
21	17-May-2007	393.79	1.2	1.2	392.8	225812.9	-124.8	81.9	176923.1	176495.7	177029.9
22	18-May-2007	393.79	1.2	1.2	392.8	225812.9	-124.8	81.9	176923.1	176495.7	177029.9
23	19-May-2007	393.79	1.2	1.2	392.8	225812.9	-124.8	81.9	176923.1	176495.7	177029.9
24	20-May-2007	393.79	1.2	1.2	392.8	225812.9	-124.8	81.9	176923.1	176495.7	177029.9
25	21-May-2007	393.79	1.2	1.2	392.8	225812.9	-124.8	81.9	176923.1	176495.7	177029.9
26	22-May-2007	393.79	1.2	1.2	392.8	225812.9	-124.8	81.9	176923.1	176495.7	177029.9
27	23-May-2007	393.79	1.2	1.2	392.8	225812.9	-124.8	81.9	176923.1	176495.7	177029.9
28	24-May-2007	393.79	1.2	1.2	392.8	225812.9	-124.8	81.9	176923.1	176495.7	177029.9
29	25-May-2007	393.79	1.2	1.2	392.8	225812.9	-124.8	81.9	176923.1	176495.7	177029.9
30	26-May-2007	393.79	1.2	1.2	392.8	225812.9	-124.8	81.9	176923.1	176495.7	177028.9
31	27-May-2007	393.79	1.2	1.2	392.8	225812.9	-124.8	81.9	176923.1	176495.7	177029.9
32	28-May-2007	393.79	1.2	1.2	392.8	225812.9	-124.8	81.9	176923.1	176495.7	177029.9
33	29-May-2007	393.79	1.2	1.2	392.8	225812.9	-124.8	81.9	176923.1	176495.7	177029.9

图 3－242　报表画面

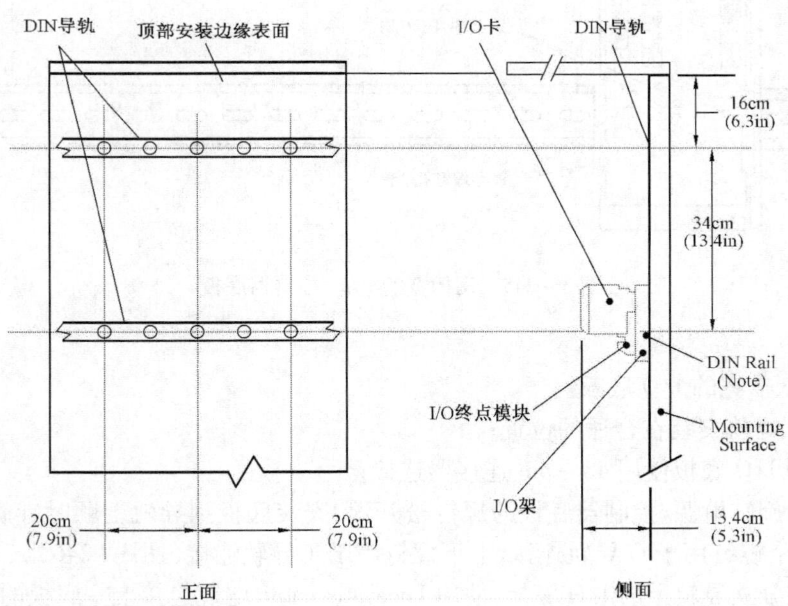

图 3－243　DIN 导轨安装空间

多个底板可以使用一个导轨一个接一个连接，也可以使用分立导轨用 DeltaV LocalBus Cable 电缆连接。

（2）安装两槽宽的电源/控制器底板（图 3－245）。

① 将 DIN 导轨安装在合适的位置；

② 相邻的电源/控制器底板使用 48－pin 连接器连接；

③ 逆时针旋转电源/控制器底板的螺钉松开锁，安装底板到导轨上，顺时针旋转螺丝将锁

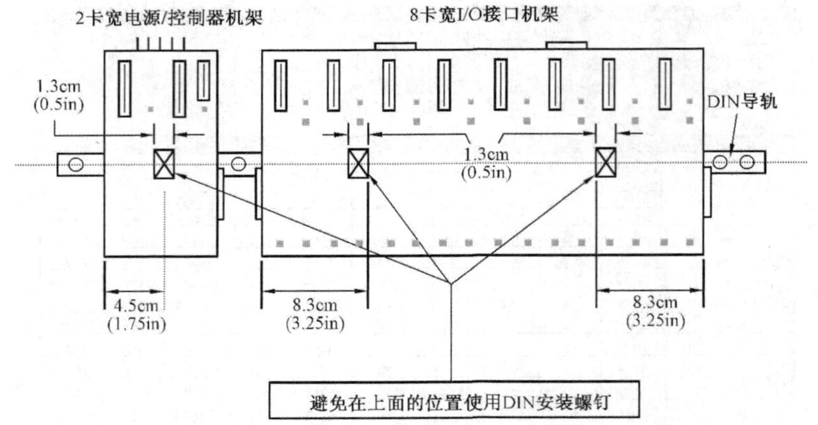

图 3-244　DIN 导轨安装螺钉

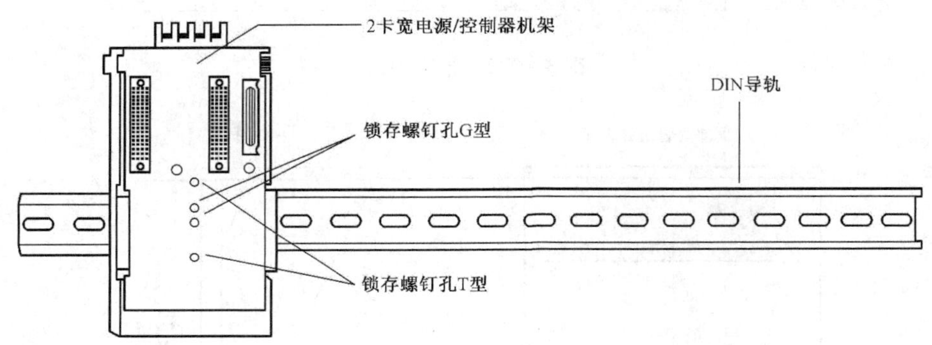

图 3-245　两槽宽的电源/控制器底板

锁紧。

(3)安装八槽宽的 I/O 底板。

① 将 DIN 导轨安装在合适的位置;

② 相邻的 I/O 底板使用 48-pin 连接器连接;

③ 逆时针旋转电源/控制器底板的螺钉松开锁,安装底板到导轨上顺时针旋转螺钉将锁锁紧。中间两个螺钉用于 G 导轨连接,上下螺钉用于 T 导轨连接(图 3-246);

④ 安装在分立导轨上的 I/O 底板,使用 LocalBus cable 电缆连接上一底板的右侧 48-pin 连接器和下一底板的左侧 48-pin 连接器;

⑤ 使用 120 VAC—12 VDC 系统电源,底板接地线安装如图 3-247 所示;

⑥ 使用 12 VDC Passthrough 系统电源,底板接地线安装如图 3-248 所示。

2)连接总线型现场电源

I/O 底板上每一对插槽有四个总线型现场电源端子,两个为供电,另两个为电源返回。

3)安装 I/O 卡

先将 I/O 端子板安装在 I/O 底板上,接好线,再将 I/O 卡安装到 I/O 底板上,如图 3-249

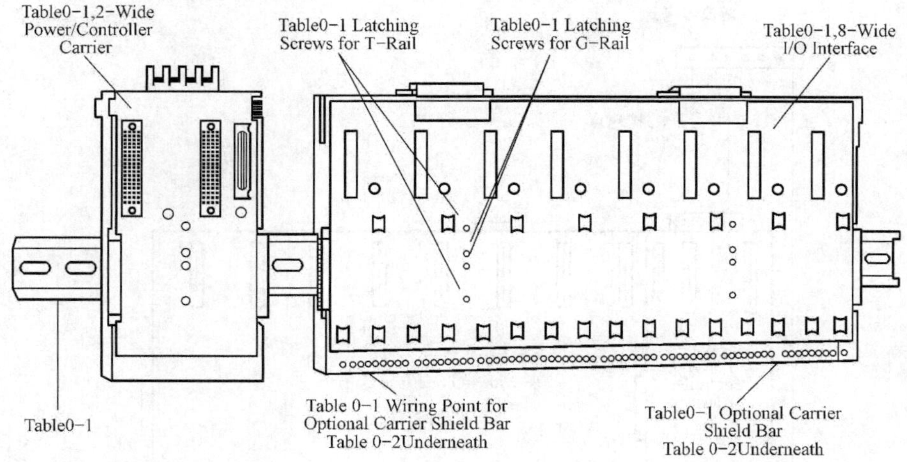

图 3 - 246 八槽宽的 I/O 底板

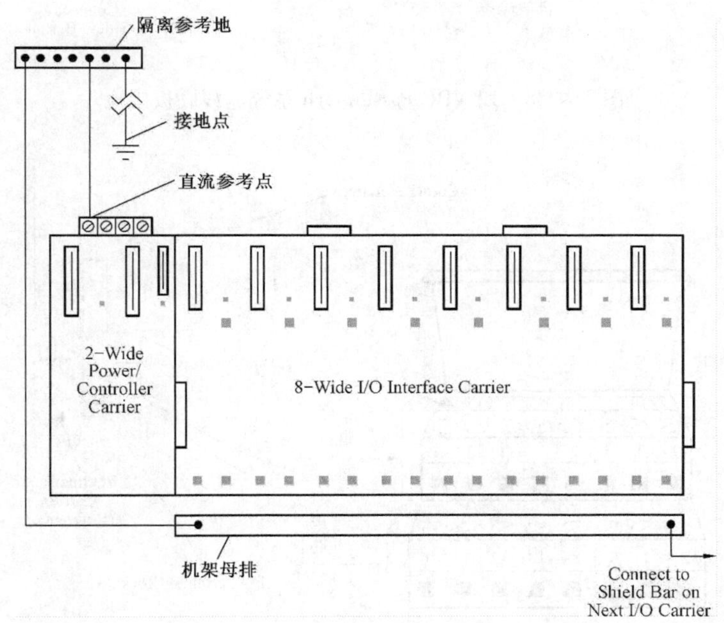

图 3 - 247 120 VAC—12 VDC 系统电源底板接地

所示。

4) 安装 DeltaV 控制器

单控制器系统,控制器要安装在底板的右侧槽位上。使用 UPS 电源可以在电源短时间停电时给控制器提供电源。

5) 安装 DeltaV 系统电源

系统电源可以使用交流和直流电源供电,通过电源卡将电源等级转换为系统使用的电源

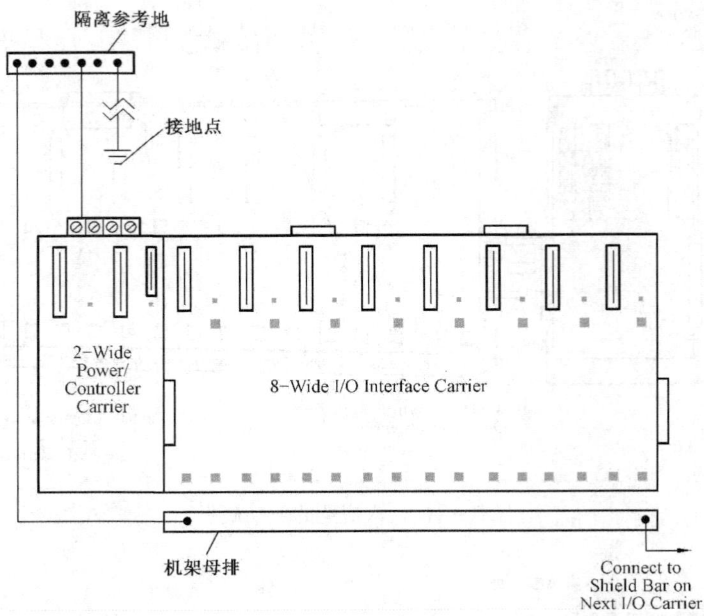

图 3-248　12 VDC Passthrough 系统电源底板接地

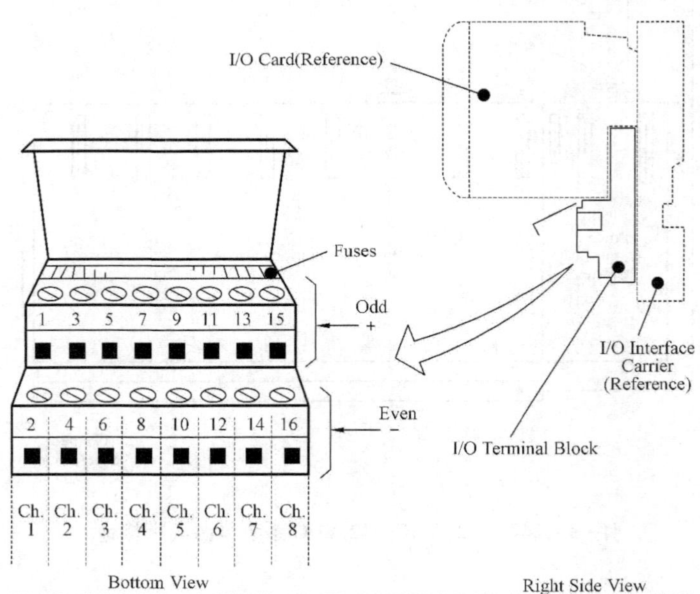

图 3-249　安装 I/O 卡

等级 12VDC。系统电源可以冗余配置，下面以单电源为例介绍接线。

(1)交流供电接线如图 3-250 所示。

(2)12VDC 直流供电接线如图 3-251 所示。

(3)双直流供电接线如图 3-252 所示。

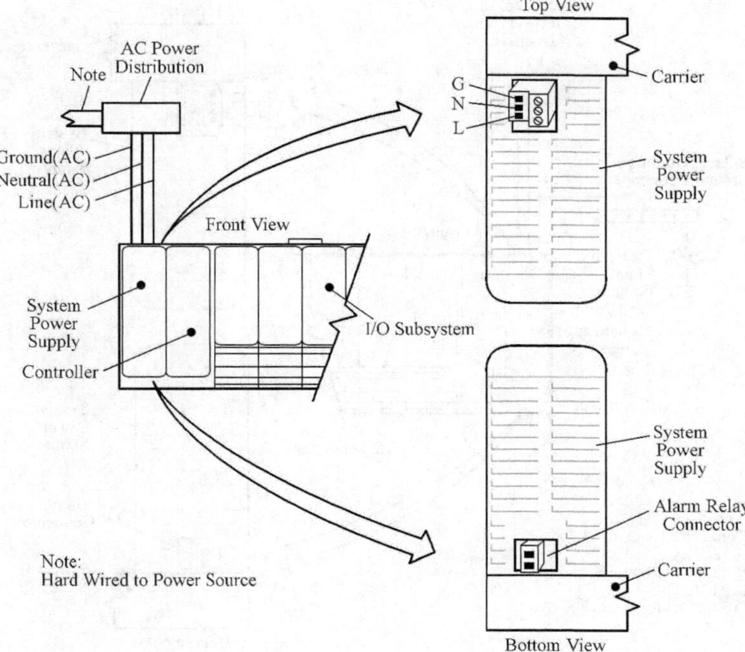

图 3－250　交流供电

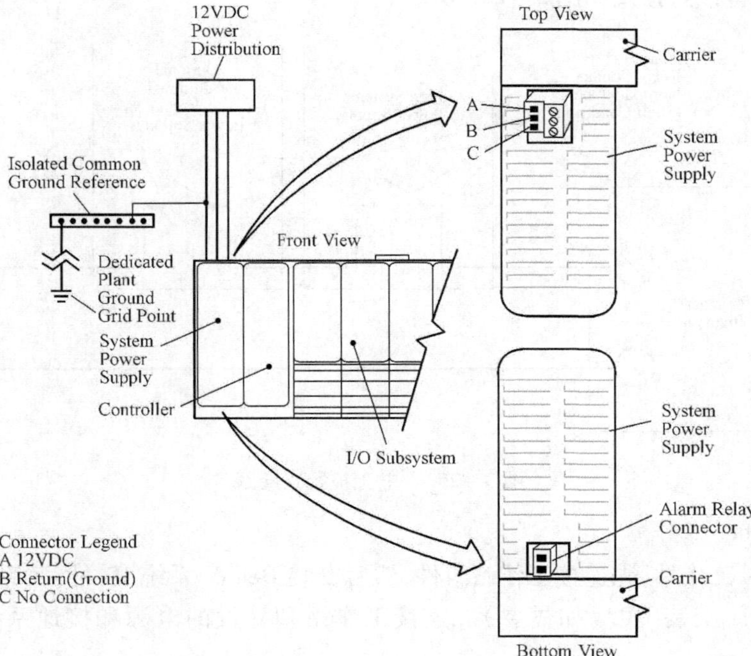

图 3－251　12VDC 直流供电

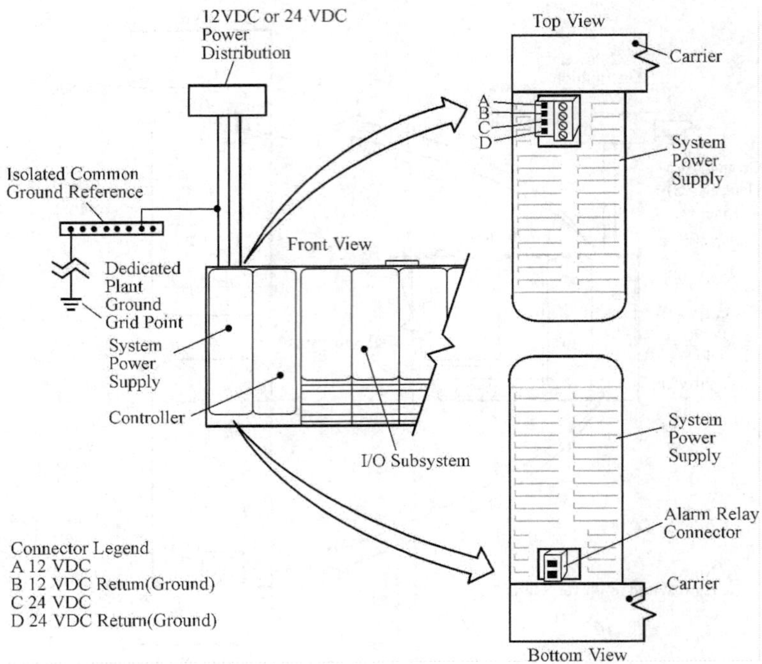

图 3-252　双直流供电

(4)电源报警接点接线如图 3-253 所示。

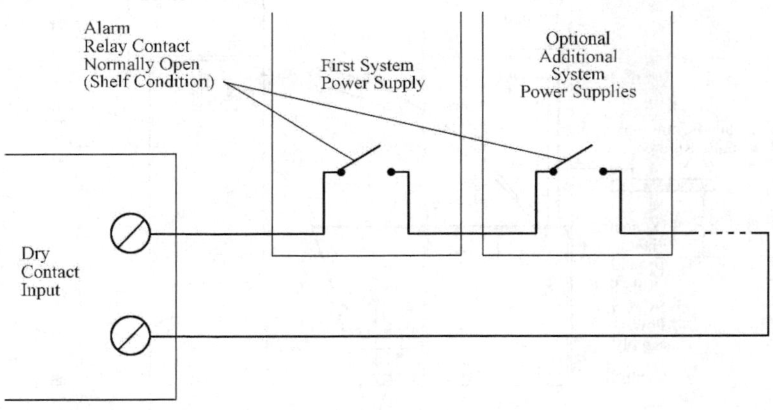

图 3-253　电源报警点接线

6)安装 DeltaV 工作站

安装 DeltaV 工作站,先连接工作站组件,然后安装 DeltaV 系统 ID 号(每系统一个),安装打印机(如需要),安装 UPS(如需要)。连接工作站和外设的电源和接地系统如图 3-254 所示。

安装完硬件,按照 DeltaV 系统光盘的信息,安装工作站软件。

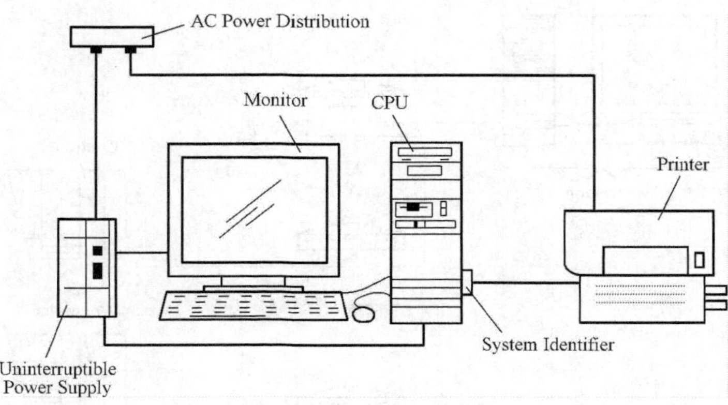

图 3－254 DeltaV 工作站

7）安装 DeltaV 不间断电源（UPS）

DeltaV 工作站使用 UPS 作为电源备份，当 AC 主电源故障时，可以使工作站继续操作和保持当前数据。

UPS 必须垂直于水平表面。UPS 为非机架和导轨安装型，推荐 UPS 每个设备安装一个。

8）设置 DeltaV 控制网

（1）控制网安装要求：

① 所有等级 5 的双绞线和光缆要由有经验的 LAN 安装人员来制作、安装、测试；

② DeltaV 最大可以使用四个 HUB 串联使用；

③ 关于等级 5 的双绞线：

a. 所有屏蔽的等级 5 电缆最大长度 100m（328ft），外径 0.89～0.99mm（0.035～0.040in）；

b. 所有电缆两端使用 RJ－45 连接头；

c. 级联 HUB 使用的电缆一头为非屏蔽的，另一头为屏蔽的连接器；

d. 非屏蔽的 RJ－45 连接器用于工作站连接；

e. 屏蔽的连接器 RJ－45 连接器用于控制器连接和所有的 HUB 到 NODE 的连接；

f. 所有电缆要经过 Microtest PentaScannerTM 测试工具测试；

g. 不支持以太网墙壁插孔、插孔板等；

④ 光缆使用 62.5/125μm 多模、渐变折射率、玻璃硅型光纤，最大长度 2000m（6560ft）；

⑤ 光缆使用媒体转换器（多模或单模）要符合媒体转换器制造商要求。

（2）安装 HUB，如图 3－255 所示。

（3）安装控制网电缆。

① 制作和测试控制网电缆；

② 单控制网，非屏蔽端连在工作站的控制以太网口上，屏蔽端连在主 HUB 上；

③ 冗余控制网，主网非屏蔽端连在工作站的主控制以太网口上，屏蔽端连在主 HUB 上，副网非屏蔽端连在工作站的副控制以太网口上，屏蔽端连在副 HUB 上；为区分主、副网应将网线以颜色区分，主网黄色，副网黑色；

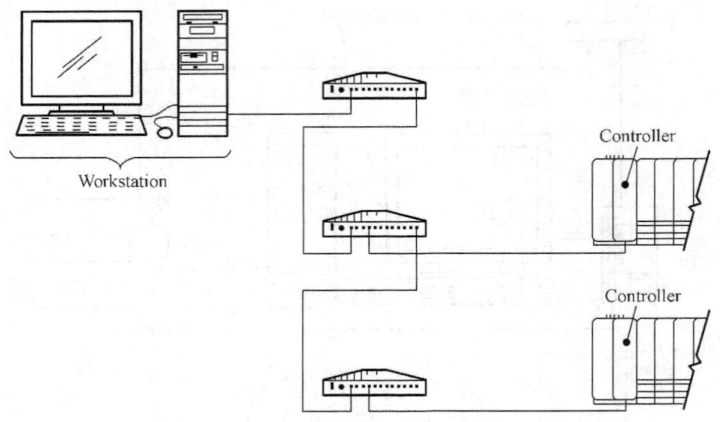

图 3-255 安装 HUB

④ RJ-45 连接器在控制器的底部,前面为主网,后面为副网。

(4)光纤扩展控制网。

光纤扩展控制网最大距离为 2000m(6560ft),如图 3-256 所示。

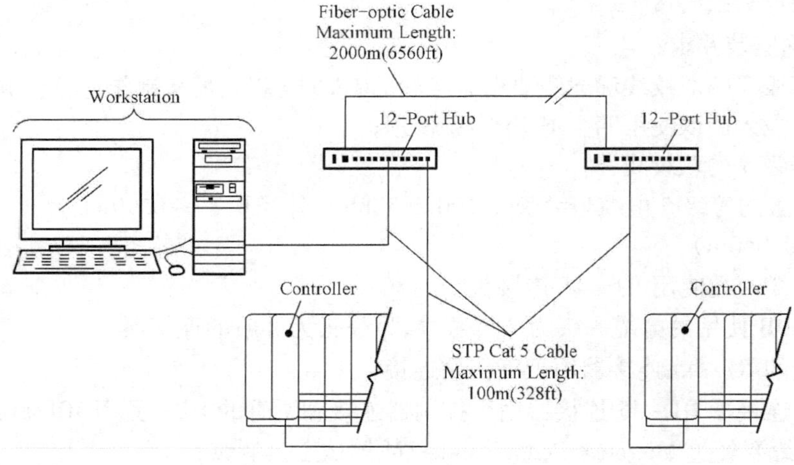

图 3-256 光纤扩展控制网

(二)Delta V 系统测试

Delta V 系统测试可以使用标准的 DCS 测试方法和步骤,这部分内容可以参照本章第四节 CENTUM-CS300 系统测试部分。

(三)Delta V 系统维护

1. 诊断及处理

Delta V 系统内含硬件和软件自诊断功能,可以显示故障原因。

1)硬件的诊断及处理

(1)电源卡(System Passthrough Power Supply DC/DC And System Power Supply AC/DC),其运行状态诊断见表3-30。

表3-30 电源卡诊断表

LED	正常工作状态	故障指示	可能的原因	正确的措施
Green - power	on	off	电源没有供上,电源线问题	检查供电电源和接线情况
			卡件内部故障	更换卡件
Red - Error	off	on	输出超过限制范围	确认负荷的计算
		on;then off	过电压状态,卡件不能工作	检查供电电压
		Hashing	控制器没有 commission	Commission 控制器

(2)控制器(M5 Plus Controller),其运行状态诊断见表3-31。

表3-31 控制器诊断表

LED	正常工作状态	故障指示	可能的原因	正确的措施
Green - power	on	off	系统电源没有供电,电源接线问题	检查供电电源和接线
			卡件内部故障	更换卡件
Red - Error	off	on(连续)	卡件内部故障	更换卡件
		on 1s 后所有 LED 全部 on	卡件通过 RE - SET 不能修复软件的错误	列出问题的详细情况联系客户支持
		Hashing	控制器没有 commission	接 Commission 控制器
Green - Active	on	off	控制器是副控制器,控制器没有 corrmfission,卡件内部故障	如果 GreenStandy - byis on 正常,接 Commission 控制器,更换卡件
		Hashing	控制器没有组态	下载控制器组态
Green - Standy - by	off	on	控制器是副控制器	
		Hashing	控制器没有组态	下载控制器组态
Yeuow - Pri. CN	通信正常,指示灯闪烁	通信不正常,指示灯不闪烁	主控制网络与控制器的通信不畅	检查主控制网络电缆连接器和 HUB 连接器
Yellow - See, CN	通信正常,指示灯闪烁	通信不正常,指示灯不闪烁	副控制网络与控制器的通信不畅	检查副控制网络电缆连接器和 HUB 连接器

(3)模拟量输入卡(AI 8channel 4~20mA,AI 8channel 4~20mA HART,AI 8channel 1~5V DC),其运行状态诊断见表3-32。

表 3－32 模拟量输入卡诊断表

<table>
<tr><th>LED</th><th>正常工作状态</th><th>故障指示</th><th>可能的原因</th><th>正确的措施</th></tr>
<tr><td rowspan="2">Green－Power</td><td rowspan="2">on</td><td rowspan="2">off</td><td>系统电源没有供电,电源接线问题</td><td>检查供电电源和接线</td></tr>
<tr><td>卡件内部故障</td><td>更换卡件</td></tr>
<tr><td rowspan="5">Red－Error</td><td rowspan="5">off</td><td rowspan="3">on(连续)</td><td>现场没有电源</td><td>检查现场电源和接线</td></tr>
<tr><td>卡件没有被控制器检测到</td><td>检查控制器的操作</td></tr>
<tr><td>卡件自检测失败</td><td>更换卡件,联系技术服务</td></tr>
<tr><td rowspan="2">Fashing</td><td>卡件没有被控制器检测到</td><td>检查控制器的操作</td></tr>
<tr><td>地址冲突</td><td>用好的卡件更换怀疑的卡件,确认冲突源,将坏的卡件返回厂家检修</td></tr>
<tr><td rowspan="7">Yellow－Ch. 1to Ch. 8</td><td rowspan="7">on</td><td rowspan="3">off</td><td>输入超出范围</td><td>检查输入信号和接线</td></tr>
<tr><td>现场没有电源</td><td>检查现场电源和接线</td></tr>
<tr><td>卡件内部故障</td><td>更换卡件</td></tr>
<tr><td rowspan="4">Fashing</td><td>输入超出范围</td><td>检查输入信和接线</td></tr>
<tr><td>现场没有电源</td><td>检查现场电源和接线</td></tr>
<tr><td>通道组态带 HART,但没有 HART 通信</td><td>检查 HART 输入信号和接线</td></tr>
<tr><td>通道组态带 NAMUR 设定,但信号超过设定</td><td>比较输入信号值与 NAMUR 设定</td></tr>
</table>

(4)模拟输出卡(AO 8channel 4～20mA,AO 8channel 4～20mAHART),其运行状态诊断见表 3－33。

表 3－33 模拟输出卡诊断表

<table>
<tr><th>LED</th><th>正常工作状态</th><th>故障指示</th><th>可能的原因</th><th>正确的措施</th></tr>
<tr><td rowspan="2">Green－Power</td><td rowspan="2">on</td><td rowspan="2">off</td><td>系统电源没有供电,电源接线问题</td><td>检查供电电源和接线</td></tr>
<tr><td>卡件内部故障</td><td>更换卡件</td></tr>
<tr><td rowspan="4">Red－Error</td><td rowspan="4">off</td><td>on(连续)</td><td>卡件自检测失败</td><td>更换卡件,联系技术服务</td></tr>
<tr><td rowspan="3">Flashing</td><td>控制器没有检测到卡件</td><td>检查控制器操作</td></tr>
<tr><td>卡件自检测失败</td><td>更换卡件,联系技术服务</td></tr>
<tr><td>地址冲突</td><td>用好的同型号卡件更换怀疑的卡件,确认冲突源</td></tr>
</table>

续表

LED	正常工作状态	故障指示	可能的原因	正确的措施
Yellow - Ch. 1 to Ch. 8	on	off	没有输出负载	检查输出的接线
			现场没有电源	检查现场电源和接线
			卡件内部故障	更换卡件
		Fashing	没有输出负载	检查输出的接线
			现场没有电源	检查现场电源和接线
			通道组态带 HART,但没有 HART 通信	检查 HART 输入信号和接线
			卡件内部故障	更换卡件

(5)数字量输入卡(DI 8 - channel,24V DC isolated anddry contact,120V AC isolated and dry contact,and 230V AC isolated and dry contact),其运行状态诊断见表 3 - 34。

表 3 - 34 数字量输入卡诊断表(一)

LED	正常工作状态	故障指示	可能的原因	正确的措施
Green - Power	on	off	系统电源没有供电,电源接线问题	检查供电电源和接线
			卡件内部故障	更换卡件
Reammrror	off	on(连续)	控制器没有检测到卡件	检查控制器操作
			卡件自检测失败	更换卡件,联系技术服务
		Flashing	控制器没有检测到卡件	检查控制器操作
			地址冲突	用好的同型号卡件更换怀疑的卡件,确认冲突源,联系技术服务

(6)数字量输入卡(DI 32 - channel,2dV DC dly contact),其运行状态诊断见表 3 - 35。

表 3 - 35 数字量输入卡诊断表(二)

LED	正常工作状态	故障指示	可能的原因	正确的措施
Green - Power	on	off	系统电源没有供电	检查供电电源和接线
			卡件内部故障	更换卡件
Red - Error	off	on(连续)	通信错误	检查连接电缆和外部设备
		Flashing	地址冲突	用好的同型号卡件更换怀疑的卡件,确认冲突源,联系技术服务

(7)数字量输出卡(DO,120V AC/230V AC isolated and high side,and 24V DC isolated and high side),其运行状态诊断见表 3 - 36。

表 3-36 数字量输出卡诊断表(一)

LED	正常工作状态	故障指示	可能的原因	正确的措施
Green - Power	on	off	系统电源没有供电．电源接线问题	检查供电电源和接线
			卡件内部故障	更换卡件
Red - ELTot	off	on(连续)	控制器没有检测到卡件	检查控制器操作
			卡件自检测失败	更换卡件,联系技术服务
Red - Error	off	Flashing	控制器没有检测到卡件	检查控制器操作
			地址冲突	用好的同型号卡件更换怀疑的卡件确认冲突源,联系技术服务

(8)数字量输出卡(DO,32 - channel,24V DC,high - side),其运行状态诊断见表 3-37。

表 3-37 数字量输出卡诊断表(二)

LED	正常工作状态	故障指示	可能的原因	正确的措施
Green - Power	on	off	系统电源没有供电	检查供电电源和接线
			卡件内部故障	更换卡件
Red - Error	off	on(连续)	通信错误	检查通信电缆和外部设备
		Flashing	地址冲突	用好的同型号卡件更换怀疑卡件确认冲突源,联系技术服务

(9)RTD 卡(Ohm and Thennocouple),其运行状态诊断见表 3-38。

表 3-38 RTD 卡诊断表

LED	正常工作状态	故障指示	可能的原因	正确的措施
Green - Power	on	off	系统电源没有供电,电源接线问题	检查供电电源和接线
			卡件内部故障	更换卡件
Red - Error	off	on(连续)	控制器没有检测到卡件	检查控制器操作
			卡件自检测失败	更换卡件,联系技术服务
		Flashing	控制器没有检测到卡件	检查控制器操作
			地址冲突	用好的同型号卡件更换怀疑的卡件,确认冲突源,将坏的卡件返回检修
Yellow - Ch. 1 to Ch. 8	on	off	通道没有组态	激活通道并下载卡件
			卡件内部故障	更换卡件
		Flashing	无效的组态	检查组态内容
			输入超出范围	检查输入信号和接线
			卡件内部故障	更换卡件

(10)串行通信卡(Serial Card,2 Port,RS232/RS485),其运行状态诊断见表3-39。

表3-39 串行通信卡诊断表

LED	正常工作状态	故障指示	可能的原因	正确的措施
Green - Power	on	off	系统电源没有供电,电源接线问题	检查供电电源和接线
			卡件内部故障	更换卡件
Red - Error	off	on(连续)	控制器没有检测到卡件	检查控制器操作
			卡件自检测失败	更换卡件,联系技术服务
		FLashing	控制器没有检测到卡件	检查控制器操作
			地址冲突	用好的卡件更换怀疑的卡件,确认冲突源,将坏的卡件返回检修
Yellow - Port 1 and Port 2	on	off	没有通信	检查连接电缆和外部设备
		Flashing	Port 口通信错误	检查连接电缆和外部设备

(11)Media 转换器,其运行状态诊断见表3-40。

表3-40 Media 转换器诊断表

LED	正常工作状态	故障指示	可能的原因	正确的措施
Green - Power	on	off	系统电源没有供电,电源接线问题	检查供电电源和接线
Red - Error	off	on	卡件内部故障	更换卡件
Green - Pri. F Lnk	on	off	光纤电缆连接不正确	检查光纤电缆连接器
Green - Pri. C Lnk	on	off	双绞线连接不正确	检查电缆接线
Green - Sec. F Lnk	on	off	光纤电缆连接不正确	检查光纤电缆连接器
Green - Sec. C Lnk	on	off	双绞线连接不正确	检查电缆接线

(12)Asi-接口卡,其运行状态诊断见表3-41。

表3-41 Asi-接口卡诊断表

LED	正常工作状态	故障指示	可能的原因	正确的措施
Green - Power	on	off	系统电源没有供电,电源接线问题	检查供电电源和接线
			卡件内部故障	更换卡件
Red - Error	off	on(连续)	控制器没有检测到卡件	检查控制器操作
			卡件自检测失败	更换卡件,联系技术服务
		FLashing	控制器没有检测到卡件	检查控制器操作
			地址冲突	用好的同型号卡件更换怀疑的卡件,确认冲突源,将坏的卡件返回检修
Yellow - Port 1 and Port 2	on	off	没有通信	检查通信电缆和外部设备
		Flashing	通信错误	检查通信电缆和外部设备

(13)多功能卡(Muhifunction Card),其运行状态诊断见表3-42。

表3-42 多功能卡诊断表

LED	正常工作状态	故障指示	可能的原因	正确的措施
Green - Power	on	off	系统电源没有供电,电源接线问题	检查供电电源和接线
			卡件内部故障	更换卡件
Red - Error	off	on(连续)	控制器没有检测到卡件	检查控制器操作
			卡件自检测失败	更换卡件,联系技术服务
		FLashing	控制器没有检测到卡件	检查控制器操作
			地址冲突	用好的同型号卡件更换怀疑的卡件,确认冲突源,联系技术服务

(14)Profibus DP Card,其运行状态诊断见表3-43。

表3-43 Profibus DP卡诊断表

LED	正常工作状态	故障指示	可能的原因	正确的措施
Green - Power	on	off	系统电源没有供电,电源接线问题	检查供电电源和接线
			卡件内部故障	更换卡件
Red - Error	off	on(连续)	控制器没有检测到卡件	检查控制器操作
			卡件自检测失败	更换卡件,联系技术服务
		Flashing	控制器没有检测到卡件	检查控制器操作
			地址冲突	用好的同型号卡件更换怀疑的卡件,确认冲突源,将坏的卡件返回厂家检修
Yellow -. Port 1 and Port 2	On	OH	没有通信	检查电缆连接器和外部设备
			Port口不能运行	启动Port口
			Port口没有组态	对Port口进行组态
		Hashing	Port口通信错误	检查电缆连接器和外部设备

(15)H1卡,其运行状态诊断见表3-44。

表3-44 H1卡诊断表

LED	正常工作状态	故障指示	可能的原因	正确的措施
Green - Power	on	off	系统电源没有供电	检查供电电源
			卡件内部故障	更换卡件
Red - Error	off	on	控制器没有检测到卡件	检查控制器操作
			卡件自检测失败	更换卡件,联系技术服务

续表

LED	正常工作状态	故障指示	可能的原因	正确的措施
Yellow—Port 1 and Port 2	on	off	没有通信	联系技术服务
			Port 口不能运行	启动 Port 口
		Flashing	Port 口通信错误，Port 口总线上没有一个组态的功能块	检查通信状态，对 Port 口总线进行功能块的组态

2）软件的诊断及处理

Delta V 系统的 Diagnostics 的运行，可以及时捕捉并记录下事件的发生。在 Delta V 系统中，Diagnostics 的界面是一个图形界面，当被打开后，可以看到树形的系统概貌，控制网络中的区域和节点，选择节点和子系统，可以看到子系统中的重要信息，也可以对运行中的节点和子系统进行一些专门的检测。节点和子系统的信息在树形的视窗上可以看到，典型的形式是，对于控制器、通信卡件、I/O 卡件、控制子系统和操作站，有通信、报警和事件子系统。在控制网络层树形视窗中显示了所有节点完整性一览和通信状况。诊断信息及故障处理方法见表 3－45～表 3－51。

表 3－45　软件诊断表

图形符号	描　述
×	表示节点不能通信，如果连接不好，或控制器停电，或控制器 decommission，都可引起这种现象，在控制器 commission 时，也可能出现几秒钟这种现象
!	表示节点或操作站的下载不完整
?	表示节点能正常通信，但完整性有问题，引起这种现象的原因可以是 I/O 的组态与实际安装的 I/O卡件不匹配，或是节点组态为冗余而实际连接却不是如此
▲(黄)	表示节点没有组态，引起这种现象的原因是从来没有下载，对于控制器来说，出现这种现象可能是电源故障或是该节点冷启动不成功

表 3－46　控制器故障判断(一)

故 障 原 因	采取的措施
节点与 HUB 没有通信	检查控制器的 LED
控制网络网线不能正常工作	测试控制器与 HUB 之间的网线，如果网线不能正常工作，修理或更换
节点与网络连接不正确	确认网线连接到正确的 HUB 口和控制器
与安装底座的连接不牢靠	将控制器从安装底座上移开至少 15s，再重新安装上底座，此时这个控制器将在 Decommissioned Controllers 项下显示
Delta V 系统的 Explorer 与运行数据库没有连接，或是 Delta V 系统的 Database Server 没有运行	退出 Delta V 系统的 Explorer 并重新启动与运行数据库的连接

表 3-47 控制器故障判断(二)

故障原因	采取的措施
节点没有与 HUB 通信	检查控制器的 LED,检查控制器网线,确认 HUB 与控制器之间连接正确
控制网线不能正常工作	测试控制器与 HUB 之间的网线,如果网线不能正常工作,修理或更换
检查控制器的错误	通过选择 Delta V 的 Explorer Controller Propertiesl Controller IF lash 15ights,确认控制器正常
控制主网和副网连接出现交叉	用 Delta V 的 Explorer Node Propertiesf Identify Controller 激活控制器的 LED,如果 LED 闪烁,就用 Delta V Diagnostics 检查节点的完整性并确认没有连接的状态返回,确认主控制网络网线正确地连接到了控制器、操作站和 HUB 的主控网的接口上,确认副控制网络网线正确地连接到了控制器、操作站和 HUB 的副控网的接口上

表 3-48 操作站故障判断(一)

故障原因	采取的措施
操作站没有正确的 set up	确认操作站正常供电,通过检查 Control I Panell Services 并确认 Delta V Services 正在运行
节点没有与 HUB 连接	检查控制网络网线并确认已正确地与 HUB 和操作站相连接
控制网线不能正常工作	测试控制器与 HUB 之间的网线,如果网线不能正常工作,修理或更换
操作站地址设定为缺省值或不正确的地址	检查 IP 地址并确认地址与 Delta V Explorer 的节点地址相匹配,如果地址不正确,操作站重新设定,用 3Com 的安装盘来确认操作站的控制网卡的 N 插槽的运行特性已经关闭

表 3-49 操作站故障判断(二)

故障原因	采取的措施
节点安装的信息不完整	点击带此显示的节点,点击鼠标右键,然后点击安装 Setup Data,这样将数据库中的 Setup Data 传输到物理节点上,也可以上传操作站节点的安装信息,这样操作站就有了管理新节点的所有信息

表 3-50 节点故障判断(一)

故障原因	采取的措施
节点正在通信但完整性存在问题	多数完整性问题应该是硬件的问题,检查节点的 LED 显示并正确处理硬件问题

表 3-51 节点故障判断(二)

故障原因	采取的措施
节点从来没有 download 或是组态数据丢失	Download 节点

2. 大修

大修是指装置停工期间对系统进行全面彻底的清洁、系统的诊断和测试。

1)大修前的准备

根据系统平时运行的具体状况,制定出大修的检修方案;准备好所需的各种工具、器具和备件;编排出切实可行的大修工作进度时间表;同时进行系统的最新备份工作。

2)大修内容

(1)彻底的清洁工作。

清洁工作应包括卡件、电源块的清理,接线、电缆的清理,机柜的整体清理,机柜间环境的清理,工程师站、操作站的清理,鼠标、键盘、显示屏的清理等。检查卡板、接插件、接线端子、电缆等有无损伤,标记是否完整清晰,如有损伤或标记不清、缺少的,应及时修理、更换或补上标记。内部插座等难以清洗的部位要用中性清洗剂进行清洗,清洗后让其自然干燥。控制网络线检查和网线接头的清洁工作。

(2)供电检查。

供电检查包括电源电压的检测、直流稳压电源的检测、电源电缆线的检查、电源保险的检查或更换、接地线的检查或清理紧固等。

(3)系统的调试、诊断。

根据 Diagnostics 诊断信息,采取措施,消除存在的问题;根据生产需要修改组态内容和操作界面;进行冗余系统的切换试验,包含单控制网络下的系统运行状况检查、控制器的切换、I/O冗余卡件的切换、单电源工作下的系统运行状况试验等。进行 Professional Plus 工程师站和 OS 操作站工业 PC 机的检查和诊断。

(4)仪表回路的测试。

包括对 I/O 模件进行精度测试、控制回路状态的切换、与现场变送器和调节阀的联校、操作界面的切换、与其他仪表系统之间的通信状况及数据读取情况等。

3)备品、备件的上机测试

为保证备品、备件的可靠性,在大修期间,要对库存备件进行一次在线性能测试,并做好测试记录。

4)大修资料整理归档

对检修结束最终版应用软件进行备份,填写系统检修记录,对检修内容,硬件变更、软件内容变更、检修建议等进行归档。

第六节　西门子 SIMATIC PCS 7 系统

一、PCS 7 概述

西门子 SIMATIC PCS 7 系统是现代 DCS 的一个实例(分布式控制系统),它采用了当前的 LAN(局域网)技术、西门子 PLC(可编程序控制器)和现场总线技术。整个系统由大量的硬件组件组成,包括仪表、执行机构、模拟和数字信号模块,控制器、通信处理器、工程师站和操作员站等。所有硬件组件由 PCS 7 软件工具支持和组态。

软件系统高度地满足了各种工业场所不同自动化任务的设计、组态和调试方面的要求,如化工、石化、制药、水处理和电厂等行业。建立和设计一个 PCS 7 项目需要具备系统的基本知识。本节主要讲解系统功能的基础知识,以及组态和配置自动化任务的步骤。

(一)系统简介

西门子 SIMATIC PCS 7 系统为工业自动化和控制提供了很大范围的硬件、软件、组态、配置和诊断工具。本节概述了系统的结构和功能,并说明了系统中所使用的缩写。

1. PCS 7 系统结构

图 3-257 显示了一个典型的 PCS 7 系统,图中 ES 为工程师站,OS 为操作员站,AS 为自动化站。

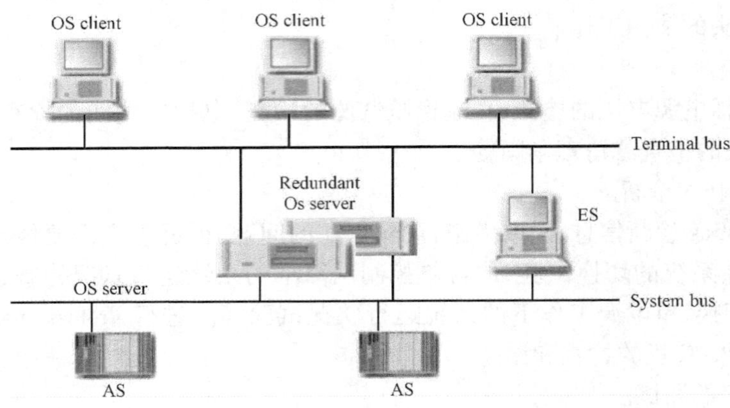

图 3-257 PCS 7 系统结构

2. ES 工程师站

PCS 7 项目是在 PCS 7 工程师站上设计的。工程师站安装有 PCS 7 组态工具,可以和自动化站和操作员站进行通信。PCS 7 ES 提供了强大的组态工具,例如,提供 SIMATIC 管理器、Plant Hierarchy(工厂层级)、Hardware Configuration Environment(硬件配置环境)等。

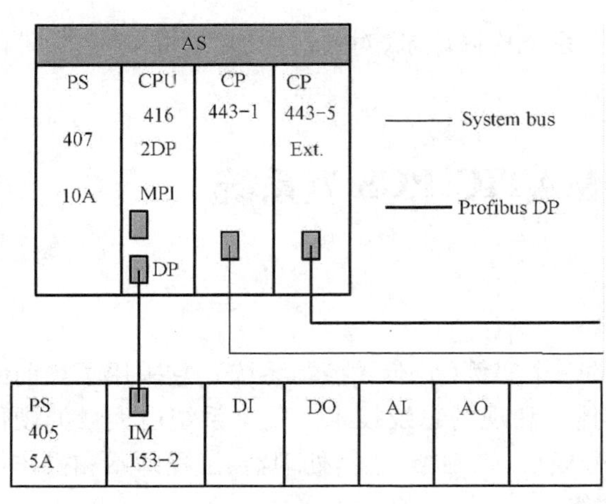

图 3-258 自动化站

3. AS 自动化站

一个自动化站可由电源(PS)、中央处理单元(CPU)、通信处理器(CP)、输入和输出模块组成。图 3-258 是一个连接到分布式 I/O 的自动化系统典型例子。

每个 CPU 有一个由 System Functions(系统功能,用 SFC 或 SFB 表示)所支持的操作系统。

4. 现场设备

PCS 7 系统的一个很大的优点是:采用现场总线技术把各种现场设备和仪表无缝集成于它们的中央控制系统中。西门子公司本身和各种设备供应商提供了多系列遵守 Profibus 协议的驱动器、变送器、传感器和仪表。Profibus 支持本质安全型仪表,并具有 HART 和 AS 模块的接口。

5. OS 操作员站

OS 可以是指 OS 服务器、OS 客户机、OS 项目。“服务器”通常是指物理机器。一个 OS 项目可以是 Single - user(单用户)项目、Multi - user(多用户)项目或者 Client(客户机)项目。“单用户或多用户系统”是指一个 OS 项目的类型。

1)OS 组态

OS 组态是在一个 ES 中实施的,它包含了下列功能:

图形对象的设计(按钮、幻灯、趋势、面板等);数据归档(变量和消息)以及长期数据存储的设计;报表的设计;系统和过程数据的打印输出等。

2)单用户项目

一个单用户项目是用于一个独立的操作站,适合于在一台 PC 上运行服务器和客户机功能的小系统场合。

3)多用户项目

一个多用户项目是用在服务器/客户机环境中,项目数据库位于服务器中,而客户机可以访问数据库。

4)OS 服务器

OS 服务器与 AS 和 OS 客户机进行通信。一台服务器最多可以被 32 台客户机所访问。OS 客户机的操作员也能够发出指令并将其输入到 AS 中。如果一个项目需要几台 OS 服务器,那么,服务器根据工厂层级而排列,可将一个或多个层级分配给一个服务器。这一点与 SCADA 系统有着根本上的区别。

5)冗余服务器

冗余服务器位于 OS 级。PCS 7 提供其他级的冗余,例如,AS 级、系统总线级和外围设备级等。冗余服务器功能上与服务器相同,与服务器并行运行。在正常工作时,过程数据服务器完全是并行运行的。每台服务器有着自己的过程连接和数据归档。AS 把过程数据和消息发送到双方冗余服务器中。如果一个服务器发生故障,客户机将自动从故障服务器切换到正常运行的服务器上。故障服务器恢复在线后,冗余功能将履行故障期间的归档同步,传送丢失的数据到故障服务器来填补由于故障而产生的归档缺口,该运行均衡了服务器。

6)OS 客户机

OS 客户机基于 Windows 客户机/服务器技术与 OS 服务器之间的网络连接。客户机不能直接访问系统总线和 AS。它们是通过 OS 服务器进行项目数据的访问。

6. 系统总线

PCS 7 系统总线是基于 IEEE 标准 802. 3,数据传输率为 10 或 100Mbps 的工业以太网。多达 1024 个站可以被连接到工业以太网上。传输媒体可以是:三同轴电缆(屏蔽同轴电缆)、ITP(Industrial Twisted Pair 工业双绞线)、光缆(FOC)。

对于性能要求极高的中型和大型系统,系统总线采用 Fast Industrial Ethernet 快速工业以太网(以后简称为 Fast Ethernet 快速以太网)。快速以太网是标准以太网的进一步发展,其基本特性与一般的以太网标准相似。它们都使用相同的数据格式、CSMA/CD(带有冲突检测的载波侦听多路存取)访问程序、玻璃纤维光缆以及双绞电缆(非三同轴电缆)。

快速以太网的网络结构主要基于光学数据的传输。工业以太网 OSM(Optical Switch Modules 光学交换模块)使您能够使用工业双绞线(传输速度为 10/100 Mbps)和以玻璃光纤(传输速度为 100Mbps)为快速以太网主干的交换技术,对工业以太网网络进行配置。

一个工业以太网 OSM 具有六个工业双绞线接口(ITP 端口)和两个光学接口。由此,您可以把多达六个 ITP 终端或其他 ITP 网络连接到 ITP 端口上。

7. 从组态到运行

项目组态完成后,把程序(AS 专用数据块:DB、FC、FB 和 OB 等)从 ES 下载到 AS 中去执行。项目的 OS 部分(OS 专用数据:图片、消息和文件归档)被下载到 OS 服务器和客户机中,然后在服务器和客户机上激活 OS 项目,项目就处于 PCS 7 运行系统的控制之下。

二、PCS 7 软件系统

(一)基本数据

PCS 7 系统的能力与过程对象、变量和数据归档的处理有关。一个过程对象(PO)指的是一个功能块(FB)和它的操作面板。下列公式用于近似计算 PCS 7 系统的项目数据容量。

1 个过程对象(如电动机、阀门和控制回路)≈ 1 个功能块 + 操作面板 ≈ 50 个 OS 变量

表 3-52 PCS 7 系统能力数据

系统总线节点数量	1024
访问一台 OS 服务器的客户机数量	32
OS 服务器数量	12
一个 AS 的 PO 数量	约 500,取决于扫描周期
一个项目中的 PO 数量	60000
OS 服务器的归档	800 个数值/s,10 个消息/s
中央归档服务器的归档	5000/s 个数值

(二)软件授权

工程师站(AS + OS)系统容量是根据过程对象的数量标定,而 OS 实时运行软件的容量是基于变量的数目标定。软件包的容量等级如表 3-53 所列,每一授权包含了一个用于 512 个变量的归档授权。

表 3-53 PCS 7 工程师站和 OS 运行软件授权

ES	OS
250PO	8k
2000PO	64k
3000PO	100k
5000PO	150k
8500PO	256k

可以基本的对 512 个变量归档授权进行扩展,见表 3-54。

表 3－54 PCS 7 文件归档软件包授权

512～1500
1500～5000
5000～30000
30000～80000

第七节 和利时集散控制系统(DCS)

一、系统概述

HOLLiAS MACS－S DCS 是杭州和利时自动化有限公司(简称杭州和利时)于 2005 年正式推出的大型分布式控制系统。该系统采用了 ProfiBus－DP 现场总线,内部集成基于 HART 标准协议的 AMS 系统,智能化仪表可以方便地和系统相连。该系统采用成熟的先进控制算法,符合 IEC61131－3 标准,软件系统采用分布式数据库技术,支持 OPC、DDE、ActiveX 技术,并且方便集成 SIS、PLC、MES、ERP 系统,以及众多知名厂家控制系统的驱动接口,可在智能现场仪表设备、控制系统、企业资源管理系统之间进行无缝信息流传送,能方便地实现工厂智能化、管控一体化,为工厂自动控制和企业管理提供全面的解决方案。

(一)系统结构

HOLLiAS MACS－S 系统网络由三部分组成:管理网(MNET)、系统网(SNET)、控制网(CNET),如图 3－259 所示。

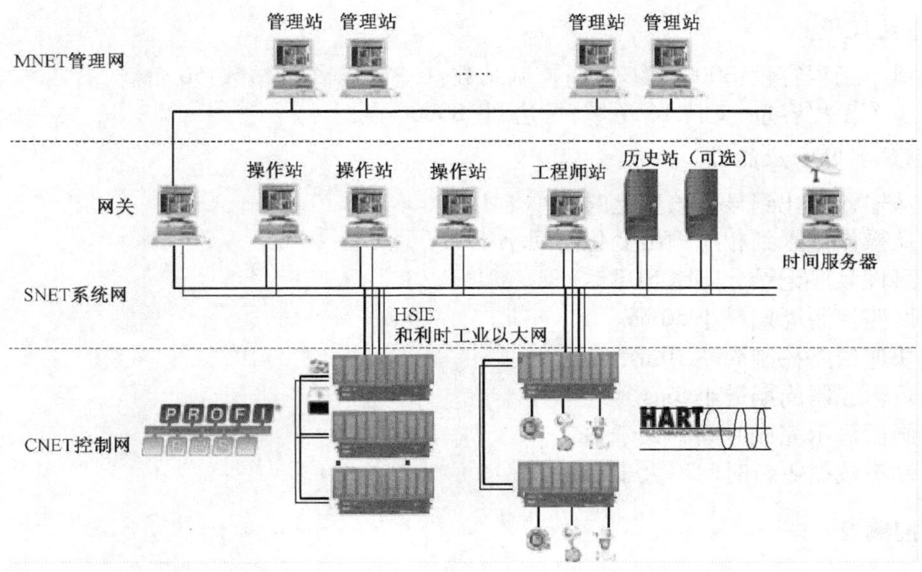

图 3－259 HOLLiAS MACS－S 系统

(二)系统特点

系统具有安全性、可靠性、开放性、易用性和成熟性等特点,主要如下:

(1)系统网络采用确定性实时以太网通信协议,保证网络安全。

(2)控制器 CPU 采用工业级芯片,基于实时操作系统,内置软件防火墙。

(3)功能丰富的 HMI 人机界面,方便易用的控制软件;软件支持用户自定义功能块功能、脚本语言和离线调试。

(4)采用多种冗余结构(系统网络、控制网络、控制器、电源模块、I/O 模块等冗余);系统基于恶劣的工业环境设计,抗干扰性符合工业环境下的国际标准系列 IEC61000。

(5)智能设备管理(故障诊断、精度校正、带电插拔等),完善的系统诊断信息,在线电子维护手册,维护简单方便。

(6)过程 I/O 单元采用的智能化设计方法,将部分控制或采集运算分散到各 I/O 单元,提高了可靠性。

(7)系统兼容各种现场总线,支持 HART、ProfiBus - DP、ProfiBus - PA、MODBUS 等通信协议接口。

(8)操作站采用 WINDOWS 通用操作系统平台。

(9)现场控制站的从站均为带有智能 CPU 单元,每个单元均可进行周期性自诊断。

(10)系统支持修改算法及硬件无扰下装。

(11)系统防腐蚀能力满足 ISA S71.04 标准 G3 等级要求。

(12)系统具有四重隔离技术:系统总线和模块之间采用光电隔离;系统电源和模块电源之间采用 DC/DC 隔离;网络具有物理层和协议层双重隔离;全系列模块的各个通道之间完全电气隔离,独立 A/D。

(三)系统性能

1. 系统规模

(1)单个工程容量:30000 物理点;控制站数:16 个;操作员站数:50 台。

(2)多个工程容量:支持 16 个域,可达到 480000 点。

2. 系统实时响应能力

(1)从输入变化到显示该变化时间小于 1s。

(2)从操作键入到相应输出变化时间小于 1s。

(3)事件顺序记录分辨率 SOE≤1ms。

(4)回路控制周期最小 50ms。

(5)快速回路控制周期 10ms。

(6)逻辑控制周期最小 5ms。

(7)画面显示完成时间不大于 1s。

(8)动态数据更新时间不大于 1s。

二、控制站

(一)控制站主要功能

HOLLiAS MACS - S 控制站能满足大型石油化工装置过程控制的功能要求,具备连续过程控制、批量控制和顺序控制的功能。

HOLLiAS MACS－S 系统功能具有数据采集、控制运算、控制输出、设备和状态监视、报警监视、远程通信、实时数据处理和显示、历史数据管理、日志记录、事故顺序识别、事故追忆、控制调节、报表打印、高级计算，以及信息组态、调试、打印、下载、诊断、PID 参数自整定、支持远程 I/O 站等功能。具有强大的控制运算功能，能够完成模拟量反馈控制、开关量的顺序控制，并且能够实现更复杂的控制功能。系统具有 IEC61131－3 标准六种组态编程语言：FBD：功能块图；CFC：连续功能图；SFC：顺序功能图；ST：结构化文本；IL：指令列表；LD：梯形图。

（二）模块典型特点

全系列模块采用 SMT 表面贴先进生产技术，并且具有下述功能：

（1）控制器：超低功耗：典型值 5W，最大 7.5W，24VDC，128MB 表面贴 DRAM，1MB 带掉电保持的 SRAM，具有全隔离网络接口等。

（2）I/O 模块：内嵌微控制器的智能 I/O，支持带电热插拔，冗余双通信收发器，每路独立的 ADC 或 DAC，免跳线、软件选量程、防混卡销设计等。

（3）电源模块：采用分布式、均流冗余设计。

（三）常用 I/O 模块一览表

常用 I/O 模块一览表见表 3－55。

表 3－55 常用 I/O 模块一览表

型号	模块名称	端子模块	冗余端子	说明
1	模拟量输入			
SM410	8 通道冗余模拟量输入模块	—	SM3330	冗余 4 ~ 20mA 输入，2 线/4 线制
		SM3310	SM3340	1 ~ 5V 输入
SM481	8 通道电流型输入模块	SM3480	—	4 ~ 20mA 输入，2 线/4 线制
SM482	8 通道电流型输入模块	SM3310		4 ~ 20mA，4 线制电流信号输入
SM413	8 通道电压型输入模块	SM3310	—	1 ~ 5V 输入
SM620	8 通道脉冲量输入模块	SM3310	—	电压型脉冲，计数、测频功能
SM432	8 通道 RTD 输入模块	SM3432	—	Cu50/Pt100
SM434	8 通道 RTD 冗余输入模块		SM3434	Cu50/Pt100
SM472	8 通道可冗余热电偶输入模块	SM3471	SM3340	带冷端补偿
		SM3470	—	
2	模拟量输出			
SM511	8 通道模拟量输出模块	SM3510	—	4 ~ 20mA 输出
SM520	8 通道冗余模拟输出模块	—	SM3340	4 ~ 20mA
3	开关量输入			
SM610	16 通道可冗余 24VDC 开关量输入模块	SM3610	SM3620	两块 SM610 配一块 SM3620 组成冗余输出单元
		SM3611		
		SM3614		

续表

型号	模块名称	端子模块	冗余端子	说明
SM618	16 通道 48VDC 触点型开关量输入模块	SM3610	—	触点查询电压 48V
		SM3612		
4	开关量输出			
SM711	16 通道可冗余开关量输出模块	SM3710 SM3713	SM3720	配置交流继电器型开关量输出端子模块与现场设备连接,SM3710 触点容量 1A;SM3713 触点容量 4A
		SM3711		配置直流继电器型开关量输出端子模块与现场设备连接,继电器最大开关容量:1A,110VDC
		SM3712		配置交、直流固态继电器型开关量输出端子模块与现场设备连接,开关容量范围:0 ~ 60V,0 ~ 5A(直流),48 ~ 220V,0.06 ~ 5A(交流)
		SM3714		配置小型交、直流继电器型开关量输出端子模块与现场设备连接,开关容量:500mA,30VDC
5	SOE 功能			
SM611	SOE 输入模块,16 通道触点型/15 通道触点型 +1 通道对时信号输入	SM3610	—	触点查询电压 24V
		SM3613		SM3613 的接线端子提供 16 路对时脉冲信号转发输出,由 SM611 模块的第 16 路通道接入 SOE 对时脉冲信号
SM619	SOE 输入模块,16 通道触点型/15 通道触点型 +1 通道对时信号输入	SM3610	—	触点查询电压 48V
		SM3612		
		SM3613	—	SM3613 的接线端子提供 16 路对时脉冲信号转发输出,由 SM619 模块的第 16 路通道接入 SOE 对时脉冲信号
6	通信模块			
SM020	串口通信模块	SM3330	SM3330	两口(一口为 RS485,另一口为 RS232),可冗余配置,冗余时两个模块配一个端子模块,并支持多设备链接
7	HART 模块			
SM412	8 通道带 HART 冗余模拟量输入模块	—	SM3412	冗余 4 ~ 20mA 输入,支持 HART,2 线/4 线制
		—	SM3340	冗余 1 ~ 5V 输入
SM480	8 通道带 HART 模拟量输入模块	SM3480	—	信号输入范围 4 ~ 20mA,支持 HART,2 线/4 线制
SM522	6 通道带 HART 冗余模拟量输出模块	—	SM3340	4 ~ 20mA,支持 HART
SM512	8 通道带 HART 模拟量输出模块	SM3510	—	4 ~ 20mA 输出,支持 HART

(四)机柜配置

机柜配置如图 3－260 所示。

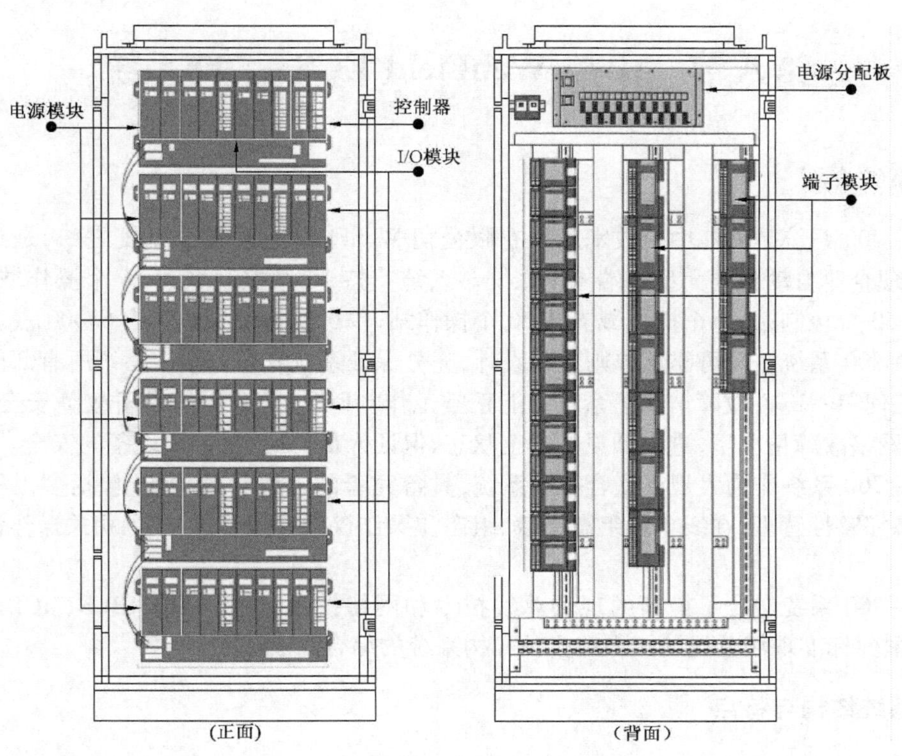

图 3－260 机柜配置图

三、操作员站

操作站主机通常采用 DELL Precision T5400，显示器采用 DELL 22in LCD，操作员站除通用配置外，也可以做一机双屏、专用操作员键盘等适应于工艺操作的专业配置。

操作站主要功能有：模拟流程图显示；交互特性提供模拟常规盘装仪表的操作面板；实时和历史趋势曲线的监视和查询；报警监视列表；参数成组监视；设备日志、操作日志、SOE 日志和全日志的查询；事故追忆查看；工艺报表的定时和即时打印；用户管理；语音报警提示等。操作员站还具有工程师站的功能。操作站具备不同级别和不同操作区域或数据集合的操作权限等。

四、工程师站

工程师站主机通常采用 DELL Precision T5400，显示器采用 DELL 22 in LCD。工程师站主要用于系统管理和组态维护及修改，可兼作操作站。工程师站主要功能有：画面组态和编辑；功能点组态和定义；控制回路组态；报警、趋势图等定义和编辑；通信定义和组态；设备定义和组态；数据库定义和组态；报表生成等。工程师站具有组网能力或多终端能力及在线下装功能,采用双网卡配置,可以通过交换机与全厂管理网络相连。常用软件 HOLLiAS MACS - S 包含组态和监控两部分,有操作员站运行监控软件 S - Plantview,工程师站运行组态软件 S - ConMaker。

第八节　中控 WebField ECS - 700 系统

一、系统介绍

ECS - 700 系统是浙江中控技术股份有限公司 WebField 系列控制系统之一,是致力于帮助用户实现企业自动化的大型高端控制系统。系统支持 16 个控制域和 16 个操作域,每个控制域支持 60 个控制站,每个操作域支持 60 个操作站,单域支持位号数量为 65000 点。

ECS - 700 系统按照可靠性原则进行设计,充分保证系统安全可靠。系统所有部件都支持冗余,在任何单一部件故障情况下系统仍能正常工作。ECS - 700 系统具备故障安全功能,输出模块在网络故障情况下,进入预设的安全状态,保证人员、工艺系统或设备的安全。

ECS - 700 系统作为大规模联合控制系统,具备完善的工程管理功能,包括多工程师协同工作、组态完整性管理、在线单点组态下载、组态和操作权限管理等,并提供相关操作记录的历史追溯。

ECS - 700 系统融合了最新的现场总线技术和网络技术,支持 PROFIBUS、MODBUS、FF、HART 等国际标准现场总线的接入和多种异构系统的综合集成。

二、系统结构与特点

(一)系统结构

ECS - 700 系统由控制节点(包括控制站及过程控制网上与异构系统连接的通信接口等)、操作节点[包括工程师站、操作员站、组态服务器(主工程师站)、数据服务器等连接,在过程信息网和过程控制网上的人机会话接口站点]及系统网络(包括 I/O 总线、过程控制网、过程信息网、企业管理网等)等构成。

企业管理网连接各管理节点,通过管理服务器从过程信息网中获取控制系统信息,对生产过程进行管理或实施远程监控。

过程信息网连接控制系统中所有工程师站、操作员站、组态服务器(主工程师站)、数据服务器等操作节点,在操作节点间传输历史数据、报警信息和操作记录等。对于挂在过程信息网上的各应用站点可以通过各操作域的数据服务器访问实时和历史信息、下发操作指令。

过程控制网连接工程师站、操作员站、数据服务器等操作节点和控制站,在操作节点和控制站间传输实时数据和各种操作指令。

扩展 I/O 总线和本地 I/O 总线为控制站内部通信网络。扩展 I/O 总线连接控制器和各类通信接口模块(如 I/O 连接模块、PROFIBUS 通信模块、串行通信模块等),本地 I/O 总线连接控制器和 I/O 模块,或者连接 I/O 连接模块和 I/O 模块。扩展 I/O 总线和本地 I/O 总线均冗余配置。

ECS－700 系统可以灵活方便地组建大规模系统以及实行全厂级的分域管理。

图 3－261 所示简单描述了 ECS－700 系统中的数据流向，控制网上的实时数据同时送到了操作站和服务器。由于操作站从服务器查询历史数据时需要占用大量的网络带宽，所以 ECS－700 的历史数据通信通过过程信息网进行，从而极大地减小了过程控制网的网络负荷，过程控制网的实时性和稳定性得以提高。

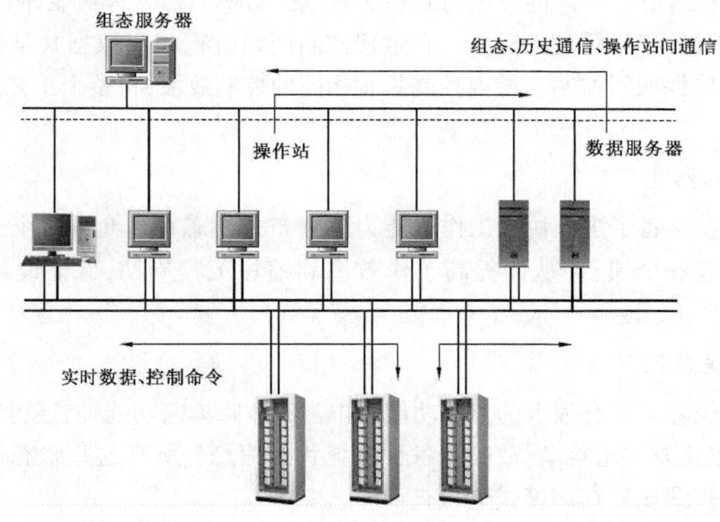

图 3－261 ECS－700 系统中的数据流向

（二）系统特点

ECS－700 系统基于国际标准和行业规范进行设计和研制，保证了系统的可用性、可靠性和开放性。系统具有下述特点。

1. 开放性

融合各种标准化的软件、硬件接口，兼容符合现场总线标准的数字信号和传统的模拟信号，提供符合 MODBUS、HART、FF 和 PROFIBUS 等标准协议的开放接口。

2. 安全性

系统安全性和抗干扰性符合工业使用环境下的国际标准。全系统包括电源模块、控制器、I/O 模块和通信总线等，均实现冗余。I/O 模块具有通道级的故障诊断，具有完备的故障安全功能。系统具备组态单点在线下载和在线更改功能，确保现场安全连续运行。

3. 易用性

控制站采用 19in 国际标准机械结构，部件采用标准化的组合方式，方便在各种应用环境下的安装。控制柜采用双面垂直结构，独特的柜内布局兼顾混装灵活性、I/O 容积率以及维护方便性。I/O 模块功能选择通过软件配置实现，无需跳线设置。精致封装的 I/O 模块及模块基座均采用免螺钉的快速装卸结构。软件采用最新人机工程设计技术，符合工业控制操作习惯。

4. 实时性

系统提供快速逻辑控制功能,支持 20ms 的高速扫描周期。系统具有顺序事件记录功能,精度达到 1ms。

5. 强大的联合控制

ECS－700 系统具有矩阵式的分域控制和实时数据跨域通信管理功能,满足用户对大型生产工艺过程分段控制、集中管理的需求。在过程控制网络进行域间数据共享而不是通过服务器进行域间访问,确保域间控制与域内控制具有相同的控制效果,将整个工艺过程作为一个整体进行控制管理。

6. 高效的多人组态

ECS－700 系统具备了多人协同工作的能力。分布式组态平台允许多个工程师在各自权限范围内同时管理一个项目,从而提高工作效率和缩短工程周期,保证设计的一致性和安全性。

7. 完备的系统监控

ECS－700 系统除了具有强大的报警功能和丰富的故障诊断功能外,还可以全面地实时监控超量程、强制、禁止开关量抖动、故障等各种系统状态信息。所有这些状态信息都记录在历史数据库中,可以按照多种查询模式进行查询。

三、系统硬件、软件配置与要求

(一)系统硬件配置

ECS－700 系统最大可有 16 个控制域和 16 操作域。每个控制域内最大有 60 个控制节点,操作域内最大有 60 个操作节点。

单控制域内位号最大数量为 65000 个,单操作域内位号的最大数量为 65000 个。系统可以跨域进行控制站间的通信,每个控制站可以接收其他 16 个控制站的通信数据。

单历史数据服务器最大历史记录 10000 点,每个操作域内可有多个历史数据服务器,操作站可以透明访问多个历史数据服务器的历史数据。

1. 控制站

控制站是系统中直接从现场采样 I/O 数据,进行控制运算的核心单元,完成整个工业过程的实时控制功能。

1)控制站结构

控制站硬件主要由机柜、机架、I/O 总线、供电单元、基座和各类模块(包括控制器模块、I/O连接模块和各种信号输入/输出模块等)组成,如图 3－262 所示。

机柜正面可装配一对控制器单元(或 I/O 连接模块单元)和 I/O 机架,每个机架上可装配八个各类 I/O 模块基座,每个基座上可装配两个 I/O 模块。控制站内的各种模块都可以冗余配置,保证实时过程控制的可靠性。

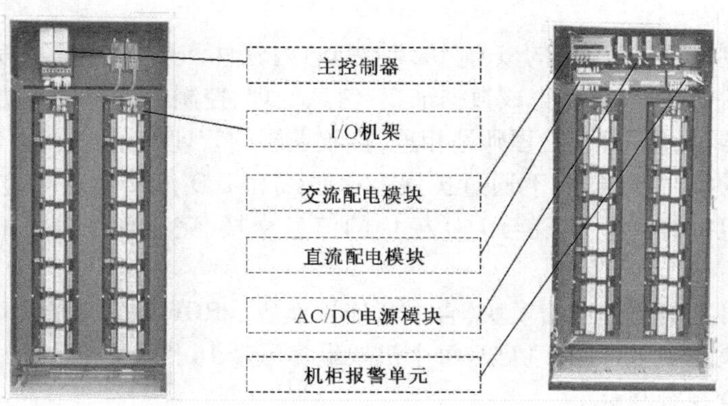

图 3-262 控制站组成

控制站可配备模块,见表 3-56。

表 3-56 控制站模块列表

型号	模块名称	描 述
FCU711-S	控制器	单控制域最多60对控制器,每对控制器最多支持2000个I/O位号
COM711-S	I/O连接模块	每对I/O连接模块最多可以连接64块I/O模块,可冗余
COM721-S	PROFIBUS主站通信模块	将符合PROFIBUS-DP通信协议的数据连入到DCS中
COM741-S	串行通信模块	将用户智能系统的数据通过通信的方式连入DCS,支持4路串口的并发工作,可冗余
AI711-S	模拟信号输入模块	实现8路电压(电流)信号的测量功能并提供配电功能,可冗余
AI711-H	模拟信号输入模块	8路输入,点点隔离,可冗余,可接入HART信号
AI712-S	模拟信号输入模块	实现8路电压(电流)信号的测量功能并提供配电功能,单路A/D,可冗余
AI721-S	热电偶输入模块	实现8路热电偶(毫伏)信号的测量功能并提供冷端补偿功能,可冗余
AI731-S	热电阻输入模块	实现8路热电阻(电阻)信号的测量功能并提供二线制、三线制和四线制接口,可冗余
AO711-S	电流信号输出模块	实现8路电流信号的输出功能,可冗余
AO711-H	电流信号输出模块	8路输出,点点隔离,可冗余,可输出HART信号
DI711-S	数字信号输入模块	24V查询电压,可支持16路无源触点或有源(24V)触点输入,可冗余
DI712-S	数字信号输入模块	48V查询电压,可支持16路无源触点或有源(48V)触点输入,可冗余
DI713-S	数字信号输入模块	16路输入,点点隔离,可输入SOE信号,前8通道具有低频累计功能
DO711-S	数字信号输出模块	可支持16路晶体管输出及单触发脉宽输出,可冗余
PI711-S	脉冲信号输入模块	可支持6路0~5V、0~12V、0~24V这三挡脉冲信号的采集功能,统一隔离
AM711-S	PAT模块	支持4路信号采集(PAT:Position Adjusting Type)
AM712-S	FF接口模块	将符合FF协议的智能仪表设备信息接入到控制器中
LNK711	时钟信号分配器	单路秒脉冲输入(TTL、干触点、RS485),16路差分输出

2)控制器

控制器是控制站软件、硬件的核心,协调控制站内软件和硬件的关系,完成各项控制任务(图 3-263)。控制器可以自动完成数据采集、信息处理、控制运算等各项功能,通过过程控制网络与数据服务器、操作员站、工程师站相连,接收上层的管理信息,并向上传递工艺装置的特性数据和采集到的实时数据;向下通过扩展 I/O 总线和 I/O 连接模块相连(或通过本地 I/O 总线与 I/O 模块直接相连),实现与 I/O 模块的信息交换,完成现场信号的输入采样和输出控制。

控制器最多可扩展七对通信模块(含 I/O 连接模块、PROFIBUS 模块和串行通信模块等)。每对 I/O 连接模块最多可带四个机架,每个机架最多可带 16 个 I/O 模块。

3)控制站 I/O 硬件模块

控制站 I/O 硬件模块如图 3-264 所示。

(1)I/O 模块基本功能:

图 3-263 控制器

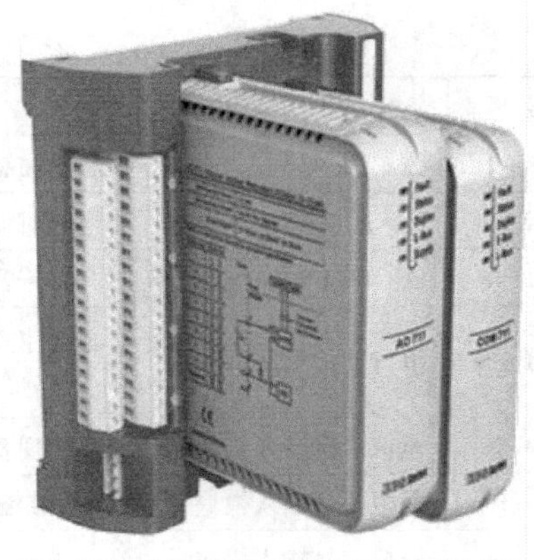
图 3-264 控制站 I/O 硬件模块

① 具备冗余功能,其中单个模块还支持供电冗余和通信冗余;

② 通道之间及通道与系统之间的电气隔离;

③ 具备通道级故障自诊断和模块热插拔功能;

④ 设备管理功能;

⑤ EMC 三级抗干扰能力;

⑥ 精致外壳封装;

⑦ 免螺钉的快速装卸结构;

⑧ 模块基座具备防混插组件;

⑨ 弱电信号端子、模块一体化,强电信号由分离式端子板预处理;

⑩ 模块免跳线设计,通过选择不同的端子接线方式即可方便实现不同信号输入。

(2)模拟信号输入模块指标:

① 八路信号输入;

② 支持电压、电流信号输入；
③ 支持 HART 信号输入；
④ 超量程显示；
⑤ 自由量程设定；
⑥ 短路、断路检测功能；
⑦ 最快扫描周期 50ms/8 通道；
⑧ 0.1% 精度；
⑨ 支持单路 AD 功能、高精度（可达 0.02%）采集。

（3）热电偶输入模块指标：
① 八路信号输入；
② 支持就地补偿和远程补偿两种冷端补偿方式；
③ 超量程显示；
④ 自由量程设定；
⑤ 断线检测功能；
⑥ 0.1% 精度。

（4）热电阻输入模块指标：
① 八路信号输入；
② 支持二线制、三线制、四线制；
③ 超量程显示；
④ 自由量程设定；
⑤ 断线检测功能；
⑥ 0.1% 精度。

（5）模拟信号输出模块指标：
① 八路信号输出；
② 支持 HART 信号输出；
③ 自由量程设定；
④ 超量程输出功能；
⑤ 外配电检测功能；
⑥ 通道开路自检功能；
⑦ 通道输出自检功能；
⑧ 故障安全功能。

（6）数字信号输入模块指标：
① 十六路信号输入；
② 支持有源、无源触点信号接入；
③ 支持 NPN/PNP 信号接入；
④ 信号防抖和滤波功能；
⑤ 查询电压自检功能；
⑥ 输入信号锁存功能；

⑦ 通道间、通道对地绝缘电压500V；

⑧ 支持SOE功能。

(7)数字信号输出模块指标：

① 十六路信号输出；

② 支持晶体管、单触发脉宽信号输出；

③ 输出通道自检功能；

④ 外配电自检功能；

⑤ 故障安全功能。

(8)脉冲信号输入模块指标：

① 六路信号输入；

② 支持脉冲累积测量和频率测量；

③ 频率自由量程设置功能；

④ 外配电自检功能；

⑤ 最小脉宽10μs；

⑥ 最小分辨率0.2Hz。

2. 硬件互联接口

ECS－700系统提供符合MODBUS、HART、FF和PROFIBUS协议的接口模块，能够将第三方的设备无缝接入到系统中来，同时提供设备管理功能。

1)串行通信模块

(1)四路隔离RS232/RS485信号输入。

(2)支持MODBUS RTU协议。

(3)最大可连接64个从站设备。

(4)支持冗余功能。

(5)波特率200bps～57.6kbps。

(6)最大通信距离1000m。

2)PROFIBUS协议接口模块

(1)支持PROFIBUS－DP通信。

(2)支持DP repeater。

(3)支持MPI通信。

(4)支持PROFIBUS－PA设备接入。

(5)通信波特率9.6kbps～1.5Mbps。

(6)最大可连接64个DP、MPI从站。

(7)最大支持32个MPI任务，每个MPI站最大支持16个MPI任务。

(8)最大连接距离1200m，通过光纤可扩展至40km。

(二)系统软件配置

(1)软件包配置清单见表3－57。

表3-57 软件包配置清单

组态软件列表	
系统结构组态软件	VFSysBuilder
组态管理软件	VFExplorer
硬件组态软件	VFIOBuilder
位号组态软件	VFTagbuilder
功能块图组态软件	VFFBDBuilder
梯形图编程软件	Ladder Diagram
域变量组态软件	
功能块组态软件	
流程图脚本编辑器	VBScript
流程图绘制软件	
监控软件列表	
实时监控软件	VisualField
历史报警离线浏览软件	HAViewer
历史趋势离线查看器	SCTrdHisView
故障诊断软件	
监控用户授权软件	VFAccess
报表制作软件	VFRptCfg

(2)软件运行时硬件配置要求见表3-58。

表3-58 硬件配置要求一览表

硬 件	性能指标
CPU	Intel双核处理器2.66GHz以上
内存	≥1G
显示适配器(显卡)	显示模式1024×768,增强色(16位),刷新频率85Hz
主机硬盘	推荐配置80G硬盘
显示器	20in LCD以上
网卡	2~3块10M/100M网卡
软件	描述
操作系统	Windows2000中文专业版+SP5补丁 Windows XP中文专业版+SP2补丁

四、系统安装、测试

(一)系统控制柜安装

系统控制柜由标准机柜CN011、可拆卸的侧板、主控制器单元、机架单元、配电及电源单元、接地铜排及机柜附件(如交换机安装结构、小封板)等组成,其中标准机柜 CN011 由框架、顶盖、底盖、绝缘底座、前后门等组成。机柜内可组装主控制器模块、基座及 I/O 模块、电源模块、配电单元、交换机及远程光纤模块等。

机柜采用正、背面对称结构(图 3 - 265、图 3 - 266),正面头部安装主控制器模块,背面头部安装电源及配电模块;单面垂直两列 I/O 机架、三组线槽,可实现 I/O 基座及模块免螺钉安装。空余机架位可安装交换机、基座封板、远程光纤模块等,具有灵活的混装结构。

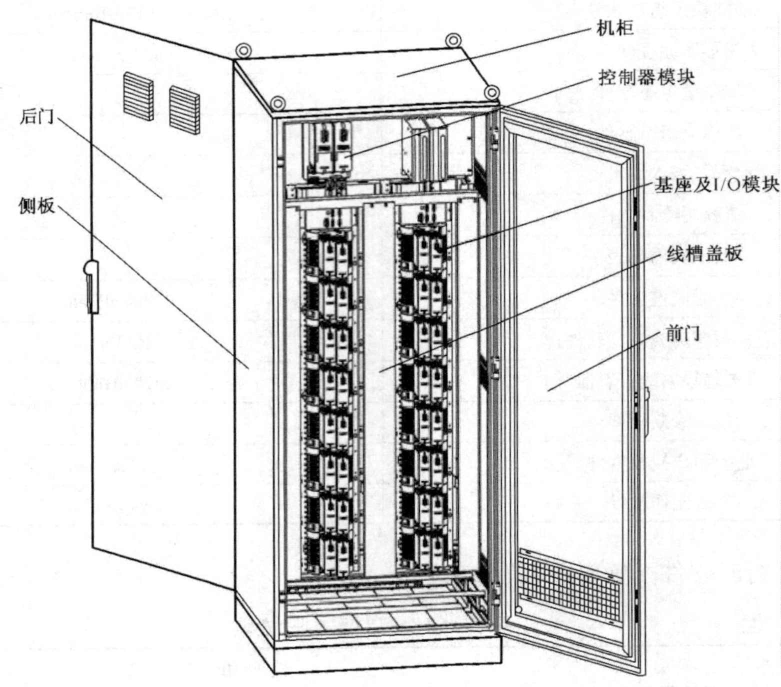

图 3 - 265 机柜正面布置图

(二)系统测试

测试在系统通电一周后开始进行,所有设备包括 DCS 控制台、DCS 机柜(安装有各种模件和电缆)、数据总线、辅助模件等全部组装好以后,就开始进行整体功能的测试。

系统试验包括系统硬件和软件功能的演示,有如下内容:

(1)检查系统资料是否完整。

(2)检查所有的图纸是否完整、正确和清楚。

(3)检查设备的外观、喷漆、电线的外壳和接头。

(4)检查所有的设备是否完整,是否按照设备清单打上标记,是否按照图纸布置机柜和端子,检查出厂流水号。

(5)确认所有的量程、图表、铭牌等是否正确。

(6)检查所有的连接电线、插头和插座、接线端子、印刷电路板等是否有清晰的标记。

(7)检查电源单元接线是否正确,标记是否清楚,电源输入电压是否正确。

(8)根据图纸检查电源和接地情况。

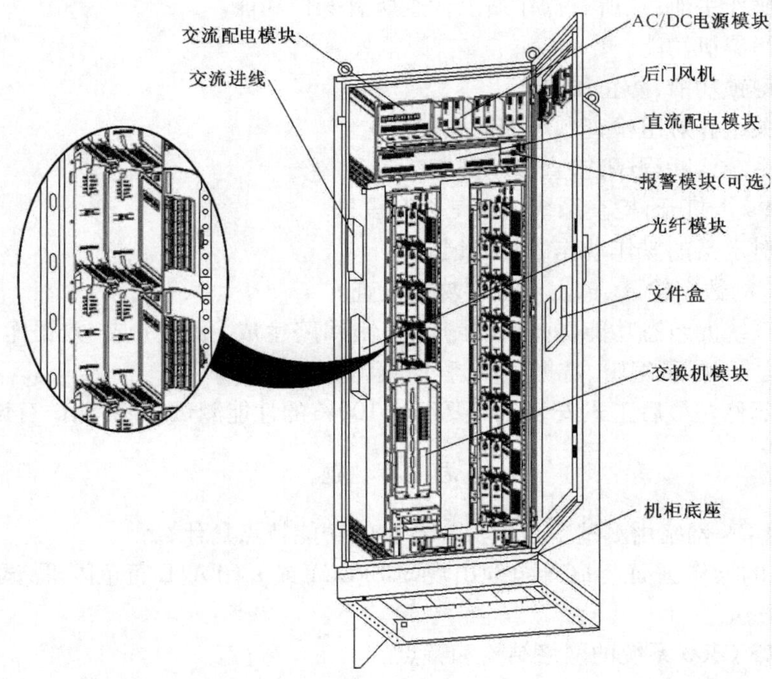

图 3－266　机柜背面布置图

(9)断开交流电源,检查直流输出端与机柜是否为开路。

(10)检查机柜是否牢固接地,检查本安接地。

(11)接上交流电源,检查各直流电压是否正确。

(12)检查所有的冷却风扇,以及叶片开关或温度开关的功能。

(13)对所有电源系统,断开主电源时,次电源自动接上,系统操作不受任何影响,并有“主电源故障”报警。

(14)检查通信线端子板的端电阻。断开一条通信线,冗余的通信线自动接上,系统操作不受任何影响,并有“主通信线故障”报警。

(15)检查控制器的冗余,拔出主控制器,检查控制的连续性以及是否有控制不再冗余报警。

(16)通过模拟各种故障,检查系统自诊断功能。

(17)检查控制回路的运行情况。对简单控制回路,可将控制输出与测量输入接在一起,从回路操作显示画面上可以手动调节输入和输出。稳态时的输入与输出应相同,偏差为零。对复杂控制回路以及高级控制策略,由卖方在出厂验收之前向买方以书面形式提出检查这些回路运行情况的方法。

(18)对9%的模拟输入送入信号,检查显示结果并抽查精度,再送入超限信号,检查系统的变送器越限报警,并检查输入开路或短路报警。

(19)对5%的报警点进行分级报警检查,并检查报警打印。

(20)检查趋势画面,所有趋势点都已有历史数据。

(21)根据操作手册,在所有操作站上检查所有操作功能。

(22)检查拷屏机功能。

(23)检查键锁功能,防止误操作。

(24)用开关组和灯组检查顺序控制功能。

(25)运行系统诊断程序,检查诊断功能。

(26)关机 9s 再打开,检查系统组态是否有丢失。

(27)检查对定义的操作动作的打印记录。

(28)对 5% 的数字输入、输出点进行功能检查。

(29)检查系统的组态功能,如画面生成、控制回路生成、报表生成、数据库生成等。检查系统的编程能力,如屏幕编辑、数据存取、程序编译等。

(30)所有部件在最后正式安装前都要经过 100% 的性能测试,并对测试有详细的记录。

思 考 题

1. LCN 和 UCN 网络由哪些节点组成?各自的功能特点是什么?

2. 在 LCN 的操作画面上 LCN 电缆出现 SUSPECT 或 ISOLATE 黄色闪烁,试分析故障产生的原因及处理方法。

3. 简述 PKS C300 系统的网络结构和特点。

4. 如何进行 PKS 系统网络交换机的安装与配置?

5. CS3000 系统的 I/O 卡件主要分哪三种?

6. 简述 CS3000 系统软件安装步骤。

7. 简述 DeltaV 系统基本网络结构,并画出基本网络结构图。

8. 简述什么是 DeltaV 系统组态软件、主要组成部分以及如何打开。

9. 在 SIMATIC 管理器中,有几个用于项目的视图?

10. 如何创建 Tag Type(标签类型)?

11. HOLLiAS MACS - S 系统网络由哪几部分组成?

12. HOLLiAS MACS - S 控制站的主要功能有哪些?

13. 中控 WebField ECS - 700 系统控制站硬件包括哪些内容?

14. 中控 WebField ECS - 700 系统 MPI 通信的配置原则是什么?

第四章 可编程控制系统

第一节 可编程控制系统概述

可编程控制器(PLC)具有逻辑计算、计时、计数及顺序控制功能,实现生产过程自动检测与控制、报警连锁保护的自动化控制装置。

一、可编程控制器的产生与发展

(一)可编程控制器的产生

可编程控制器在早期的设计中,采用了计算机的设计思想,但是只能代替继电器实现逻辑(开关量)控制,主要用于顺序控制,所以被称为可编程逻辑控制器(Program - mable Logic Controller)简称 PLC。

国际电工委员会(International Electrotechnical Commission,IEC)颁布的 PLC 的定义为:可编程控制器是一种数字运算操作的电子系统,专为在工业环境下的应用而设计。它采用可编程序的存储器,用来在其内部存储执行逻辑运算、顺序控制、定时、计数和算术运算等操作的指令,并通过数字的、模拟的输入和输出来控制各种类型的机械或生产过程。

可编程控制器是专为工业环境应用而设计制造的计算机。它具有丰富的输入、输出接口,并且具有较强的驱动能力。但可编程控制器并不针对某一具体的工业应用,在实际应用时,其硬件应根据具体需要进行选配,软件则由技术人员根据实际的控制要求或生产工艺流程进行设计。

(二)PLC 的发展过程

1. 第一代 PLC(20 世纪 60 ~70 年代中期)

早期的 PLC 作为继电器控制系统的替代物,其主要功能只是执行原先由继电器完成的顺序控制和定时控制等任务。

2. 第二代 PLC(20 世纪 70 ~80 年代后期)

20 世纪 70 年代,微处理器的出现使 PLC 发生了巨大的变化。各个 PLC 制造商先后开始采用微处理器作为 PLC 的中央处理单元(Central Processing Unit,CPU),使 PLC 的功能大大增强。软件方面,指令的系统中增加了算术运算、数据传送和处理、通信、自诊断等功能。在硬件方面,除了原有的开关量 I/O(Input/Output)以外,还增加了模拟量输入/输出模块、远程 I/O 模块和各种特殊功能模块,如高速计算模块、PID 模块、定位控制模块和通信模块等,同时扩大了存储器容量和各类继电器的数量,并提供一定数量的数据寄存器,进一步增强了 PLC 的综合性能。

3. 第三代 PLC(20 世纪 80 年代后期至今)

20 世纪 80 年代后期为了进一步提高 PLC 的处理器速度,各制造厂家还开发了专用芯片,PLC 的软件、硬件功能发生了巨大变化,体积更小,成本更低,I/O 模块更丰富,系统的软件和硬件资源更多,处理速度更快,指令功能更强,即使是小型 PLC,其功能也大大增强,在有些方面甚至超过了早期的大型 PLC 的功能。

(三)PLC 的发展方向

随着相关技术,特别是超大规模集成电路技术的迅速发展及其在 PLC 中的广泛应用,PLC 中采用更高性能的微处理器作为 CPU,功能进一步增强,逐步缩小了与工业控制计算机之间的差距。同时 I/O 模块更丰富,网络功能进一步增强,以满足工业控制的实际需要。编程语言除了梯形图外,还可以采用指令表、顺序功能图以及高级语言,如 BASIC 和 C 语言等。另外,还普遍采用了表面帖装技术,不仅成本降低,体积减小,而且还进一步提高了系统的综合性能。

现代 PLC 的发展有两个主要趋势。其一是向体积更小、速度更快、功能更强、价格更低的微小型方面发展;其二是向大型网络化、高可靠性、良好的兼容性和多功能方面发展,趋向于当前工业控制计算机(Industrial Personal Computer,IPC,即工控机)的性能。

二、PLC 的分类

PLC 的分类方法有多种,如按规模(即 I/O 点数)可分为大、中、小型,按结构可分为整体式和组合式。在实际应用中通常都按 I/O 点数来分类。

(一)根据 I/O 点数分类

输入、输出点数表明 PLC 可以从外部接收多少个变量,即 PLC 的输入、输出端子数。一般来说,点数多的 PLC 功能较强。

1. 小型 PLC

I/O 点数在 256 点以下的 PLC 称为小型机。其特点是体积小,结构紧凑,整个硬件融为一体,是实现机电一体化的理想控制器,也是一种在实际控制中应用最为广泛的机型。

2. 中型 PLC

中型 PLC 采用模块化结构,其 I/O 点数一般在 256 ~ 1024 点之间。中型 PLC 在逻辑运算功能的基础上增加了模块量的处理、算术运算、数据通信等功能,可完成既有开关量又有模拟量的复杂控制。

3. 大型 PLC

I/O 点数在 1024 点以上的 PLC 称为大型机。大型 PLC 的软件、硬件功能极强,功能更加完善,具有数据处理、模块调节、联网通信、监视、存储、打印和自诊断等功能,可以进行中断控制、智能控制、远程控制等。

(二)根据结构分类

从结构形式上,PLC 可以分为整体式和模块式两类。一般小型 PLC 多为整体式结构。在小型 PLC 上,CPU、电源、I/O 单元等都集中配置在一起,有些产品则全部装在一块电路板上,结构紧凑，体积小，重量轻，容易装配在设备的内部，适合于设备的单机控制。整体式 PLC 的缺点是很多主机的 I/O 点数固定，使用不够灵活，维修也不够方便。

模块式 PLC 的各个部分以单独的模块分开配置，如 CPU 模块、电源模块、输入模块、输出模块及其他高性能模块等都是各自独立模块。一般大、中型 PLC 多为模块式结构。模块式 PLC 通常由机架底板连接各模块，底板上有若干插座，也有的 PLC 为串行连接，没有底板。在实际使用时，可根据具体的需要将配置的各种模块直接插入机架底板即可。这种结构的 PLC 配置灵活，装配方便，易于扩展，可根据控制要求灵活配置各种模块，构成各种功能不同的控制系统。其缺点是结构相对复杂，价格较高。

（三）根据生产厂家分类

PLC 的生产厂家很多，各个厂家生产的 PLC 在 I/O 点数、容量、功能等方面各有差异。目前能配套生产大、中、小、微型 PLC 系统，较有影响并在中国市场占有较大份额的公司有：

（1）德国西门子（SIEMENS）公司。德国西门子公司有 S5 系列的产品，如 S5 – 95U、S5 – 100U、S5 – 115U、S5 – 135U 及 S5 – 155U。S5 – 135U 和 S5 – 155U 为大型机，控制点数可达 6000 多点，模拟量可达 300 多路。最近还推出了 S7 系列，如 S7 – 200（小型）、S7 – 300（中型）及 S7 – 400 机（大型），性能比 S5 系列大有提高。

（2）美国施奈德公司系列产品中的 Unity Quantum PLC 系列产品，单机架控制系统最大 2592 个 I/O 点，多站点控制系统可配置网络服务功能，最大 64000 个 I/O 点。在通信选件的支持下具有至工厂级和现场总线网络的连接性。支持超过八个工业标准的网络。

美国 AB（Alien – Bradley）公司的 PLC – 5 系列有 PLC – 5/10、PLC – 5/11…PLC – 5/250 多种型号。另外，它也有微型 PLC，SLC – 500 即为其中的一种。有三种配置可供选择，I/O 点数分别为 12/8、18/12 及 24/16。

美国 GE 公司、日本 FANAC 公司合资生产的 GE – FANAC 90 – 70 系列产品具有用软设定代替硬设定、结构化编程、多种编程语言等特点，它有 914、781/782、771/772、731/732 等多种型号。另外，还有中型机 90 – 30 系列，其型号有 344、331、323、321 多种。

（3）日本 OMRON 公司。它生产的 CPM1A、P、H、CQM1、CVM、CV、Ha、F 型机中，大、中、小、微型均有，特别在中、小、微型方面更具特长，在中国及世界市场都占有相当大的份额。

日本三菱公司。小型机有 FI 系列和 FXZ 系列，中、大型机 A 系列有 AIS、AZC、A3A 等。

日本日立公司。E 系列为箱体式，基本箱体有 E – 20、E – 28、E – 40、E – 64，其 I/O 点数分别为 12/8、16/12、24/16 及 40/24。另外，还有扩展箱体，规格与主箱体相同，其中 EM 系列为模块式的，可在 16 ~ 160 点之间组合。

日本东芝公司。主要产品有 EX 小型机、EX – PLUS 小型机和 EX100 系列模块式 PLC。

日本松下公司。FPI 系列为小型机，结构也是箱体式的，尺寸紧凑。FP3 为模块式的，控制规模也较大，工作速度很快，执行基本指令仅需 0. 1μs。

日本富士公司。NB 系列为箱体式的，小型机 NS 系列为模块式的。

（4）国内生产的产品。国内 PLC 厂家规模多不大，如无锡华光公司生产有多种型号与规格的 PLC，如 SU、SG 等。

三、PLC 的特点与应用

(一)PLC 的特点

PLC 把微型计算机技术和继电器控制技术融合在一起,具有计算机的功能完备、灵活性强、通用性好以及继电器、接触器控制系统简单易懂、维修方便等特点,主要体现在以下几个方面:

(1)编程简单易学。

(2)可靠性高。

(3)功能强。

(4)安装简单,维修方便。

(5)采用模块化结构。

(6)接口模块丰富。

(7)系统设计与调试周期短。

(二)PLC 的应用

经过了长期的工程实践,PLC 的上述特点越来越为广大技术人员所认识和接受,已经广泛地应用到了石油、化工、机械、钢铁、交通、电力、轻工、采矿、水利、环保等各个领域,包括从单机自动化到工厂自动化,从机器人、柔性制造系统到工业控制网络等。从功能来看,PLC 的应用范围大致包括下述几个方面。

1. 逻辑(开关量)控制

逻辑控制是 PLC 最基础的功能,也是最为广泛的应用,PLC 具有与、或、非、异或和触发器等各种各样的逻辑运算功能。采用 PLC 可以方便地实现各种开关量控制,用以取代继电器控制系统,实现逻辑控制和顺序控制。PLC 既可用于单机或多机控制,又可用于自动化生产线的控制,根据操作按钮、各种开关及现场其他输入信号或检测信号的作用,PLC 可以控制执行机构完成相应的控制功能。

2. 定时控制

PLC 具有定时控制功能,可为用户提供几十个甚至上千个定时器。时间设定值既可以由用户在编程时设定,也可以由操作人员在工业现场通过人—机对话装置实时地设定,实现具体的定时控制。

3. 计数控制

PLC 具有计数控制功能,可为用户提供几十个甚至上千个计数器。计数器的设定方式同定时器一样。计数器分为普通计数器、可逆计数器、高速计数器等类型,以实现不同用途的计数控制。一般计数器的计数频率较低,如需对频率较高的信号进行计数,则需要借助于 PLC 中的高速计数器或选用高速计数频率可达 50kHz,甚至更高,也可选用具有内部高速计数器的 PLC。目前的 PLC 一般可以提供计数频率达 10kHz。计数器的实际计数值也可以通过人—机对话装置实时地读出或修改,便于实际应用。

4. 步进控制

PLC 具有步进(顺序)控制功能。在新一代的 PLC 中,可以采用 IEC 规定的用于顺序控制的标准化语言——顺序功能图(SFC)编写用户程序,使 PLC 在实现按照时间或输入状态的顺序控制相应输出的场合更简便。

5. 模拟量处理与 PID 控制

PLC 具有 A/D 和 D/A 转换模块,转换的位数和精度可以根据用户的实际需要进行选择,因此,能够进行模拟量处理与 PID 控制。PLC 可以接输入和输出模拟量信号。模拟量一般为 4~20mA 的电流、1~5V 的电压。为了既能完成对模拟量的 PID 控制,又不加重 PLC 的 CPU 负担,一般选用专用的 PID 控制模块实现 PID 控制。此外,还有温度测量模块,可以直接连接各种热电偶等温度传感器模块。

6. 数据处理

PLC 具有数据处理能力,可进行算术运算、逻辑运算、数据比较、数据传送、数制转换、数据移位、数据显示和打印、数据通信等功能,如加减、乘、除、开方、与、或、异、求反等操作。新一代的 PLC 还能进行三角函数和浮点运算处理,数据处理的能力很强,便于实现复杂的控制。

7. 数据通信和联网功能

现在的 PLC 都具有 RS-232、RS-422、RS-485 或现场总线等通信接口,可进行远程 I/O 控制,两台或多台 PLC 可实现联网和通信。外部设备与一台或多台 PLC 之间可以实现数据传输。通信口按标准的硬件接口和相应的通信协议完成通信任务的处理。

四、PLC 的性能指标

PLC 的性能指标是指反映 PLC 性能高低的一些相关的技术指标,主要包括输入、输出点数,处理速度(扫描时间),存储器容量,定时器、计数器以及其他辅助继电器的种类和数量、指令的各种运算处理能力等。下面予以简要介绍。

PLC 的规模一般以 I/O 点数(开关量即输入、输出信号的总和)表示,即输入继电器与输出继电器的数量之和。I/O 点数通常是实际应用中最关心的一个技术指标。根据输入、输出的点数一般可分为小型、中型和大型三种。通常一体式的主机都带有一定数量的输入和输出继电器。如果不能满足要求,还可以用相应的扩展模块来扩展 I/O 点数。

(一)存储器容量

在 PLC 的应用系统中,存储器容量是指保存用户程序的存储器大小,一般以“步”为单位。一步为一条基本指令占用的存储空间,即 2B。小型 PLC 一般只有几千步到几十千步,大型 PLC 则能达到几百千步的存储容量。

(二)处理速度

PLC 的处理速度一般用基本指令的执行时间来衡量,一般取决于所采用的 CPU 的性能。早期的 PLC 一般为 1μs 左右,现在的速度则快得多,如西门子公司的 S7-200 系列 PLC 的执行速度为 0.8μs,欧姆龙公司的 CPM2A 系列 PLC 达到 0.64μs,三菱公司的 FX 系列 PLC 则达到 0.08μs,1000 步基本指令的运算只需要 80μs,大型的 PLC 的工作速度则更高。因此,PLC 的处理速度可以满足绝大多数的工业控制要求。

(三)软元件的种类和数量

软元件的种类和数量从一个方面反应了 PLC 的性能,一般 PLC 都有一定数量的辅助继电器、数据寄存器、定时器和计数器等软元件。各种软元件的种类和数量,特别是定时器最大时限(最大的定时时间)大约为 3276s。为了满足高精度的控制要求,PLC 的时钟精度在不断提高。

(四)处理数据的范围

PLC 处理的数值为 16 位二进制数,对应的十进制数范围是 0 ~ 9999 或 32768 ~ 32767。在高精度的控制系统中,可以处理 32 进位的二进制数,对应的十进制数范围是 - 2147483648 ~ 2147483647。在过程控制等应用中,为了实现高精度运算,必须采用浮点运算。现在新型的 PLC 都支持浮点数的处理,可以满足更高的控制要求。

(五)指令种类及条数

指令系统是衡量 PLC 软件功能高低的主要指标。PLC 的指令系统一般分为基本指令和高级指令(也称为功能指令和应用指令)两大类,不同的 PLC 其基本指令都大同小异,相对比较稳定。高级指令则随 PLC 的发展而越来越多,功能也越强。PLC 具有的指令种类及条数越多,则其软件功能越强,编程就越灵活,越方便。另外,各种智能模块的多少,功能强弱也是说明 PLC 总体性能高低的一个重要标志。智能模块越多,功能越强,系统的配置和软件的开发也就越灵活。

五、PLC 控制系统的构成及工作方式

(一)PLC 控制系统的构成

PLC 是基于计算机技术和自动控制理论发展而来的,它既不同于普通计算机,又不同于一般计算机控制系统,PLC 实质上是一种专用于工业控制的计算机,其硬件结构基本上与微型计算机相同。作为一种特殊形式的计算机控制装置,PLC 在系统结构、硬件组成、软件构成、I/O 通道以及用户界面诸多方面都有其特殊性。PLC 控制系统的基本结构如图 4 - 1 所示。

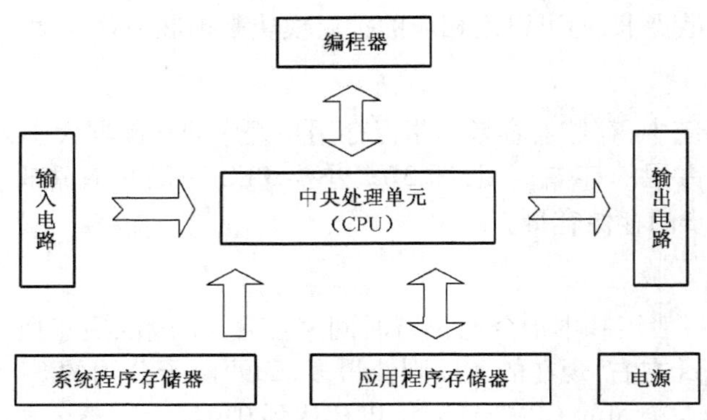

图 4 - 1 PLC 控制系统的基本结构

PLC 从组成形式上一般分为整体式和模块式两种,但在系统硬件结构上基本相同。整体式 PLC 一般由 CPU 板、I/O 板、显示面板、内存和电源等组成,一般按 PLC 性能又分为若干型号,并按 I/O 点数分为若干规格。模块式 PLC 一般由 CPU 模块、I/O 模块、内存模块、电源模

块、底板或机架等组成。无论哪种结构类型的 PLC，都属于总线式的开放结构，其 I/O 能力多数可根据用户需要进行扩展与组合。

1. 中央处理器

与通用计算机中的中央处理器（CPU）一样，PLC 中的 CPU 也是整个系统的核心部件，主要由运算器、控制器、寄存器及实现它们之间联系的地址总线、数据总线和控制总线构成。此外，还配置有外围芯片、总线接口及有关电路。CPU 在很大程度上决定了 PLC 的整体性能，如整个系统的控制规模、工作速度和内存容量等。

CPU 中的控制器控制 PLC 工作，由它读取指令，解释并执行指令。工作的时序（节奏）则由振荡信号控制。

CPU 中的运算器用于完成算术或逻辑运算，在控制器的指挥下工作。

CPU 中的寄存器参与运算，并存储运算的中间结果。它也是在控制器的指挥下工作。

作为 PLC 的核心，CPU 的功能主要包括以下几个方面：

（1）CPU 接收从编程器或计算机输入的程序和数据，并送入用户程序存储器中存储。

（2）监视电源、PLC 内部各个单元电路的工作状态等。

（3）诊断编程过程中的语法错误，对用户程序进行编译。

（4）在 PLC 进入运行状态后，从用户程序存储器中逐条读取指令，并分析、执行该指令。

（5）采集由现场输入装置送来的数据，并存入指定的寄存器中。

（6）根据程序进行处理，根据运算结果，更新有关标志位的状态和输出。

（7）状态或数据寄存器的内容。

（8）根据输出状态或数据寄存器的有关内容，将结果送到输出接口。

（9）响应中断和各种外围设备（如编程器和打印机等）的任务处理请求。

当 PLC 处于运行状态时，首先以扫描的方式接收现场各个输入装置的状态和数据，并分别存入相应的输入缓冲区。然后从用户程序存储器中逐条读取用户程序，经过命令解释后，按指令的规定执行逻辑或数据运算，将运算结果送入相应的输出缓冲区或数据寄存器内。在所有的用户程序执行完毕之后，最后将 I/O 缓冲区的各输出状态或输出寄存器内的数据传送到相应的输出装置。如此循环运行，直到 PLC 处于编程状态，用户程序停止运行。

CPU 模块的外部表现就是具有工作状态的显示、运行指示、输入、输出指示和故障指示等。总线接口用于连接 I/O 模块或特殊功能模块，内存接口用于安装存储器，外设接口用于连接编程器等外部设备，通信接口则用通信。此外，CPU 模块上还有许多设定开关，用以对 PLC 进行设定，如设定工作方式和内存区等。

为了进一步提高 PLC 的可靠性，近年来，大型 PLC 中还采用了双 CPU 结构，构成冗余系统，或采用三 CPU 的表决式系统。这样，即使某个 CPU 出现故障，整个系统仍能正常运行，确保系统的可靠。

2. 存储器

存储器（内存）主要用于存储器程序及数据，是 PLC 不可缺少的组成单元。PLC 中的存储器一般包括系统程序存储器和用户程序存储器两部分。系统程序存储器用于存储器整个系统的监控程序，一般采用只读存储器（ROM），具有掉电不丢失信息的特性。用户程序存储器用于用户根据工艺要求或控制功能设计的控制程序,早期一般采用随机存取存储器(RAM),需要后备电池在掉电后保存程序。目前则倾向于采用电可擦除的可编程只读存储器(EEPROM)或闪存(Flash Memory),免去了后备电池的麻烦。有些小型PLC的存储器容量固定,不能扩展,多数PLC则可以扩展存储器。

1)PLC常用存储器的类型

(1)RAM是一种读、写存储器,也成为随机存取存储器,存取速度最快,但掉电后信息就会丢失,需要锂电池作为后备电源。

(2)EPROM一种可擦除的只读存储器。在一断电的情况下,存储器内的所有内容保持不变。在紫外线连续照射下(约20min)可擦除存储器原来的内容,然后可以重新写入。由于EPROM擦写不方便,目前已被EEPROM所取代。

(3)EEPROM是一种可擦除的只读存储器,擦除时间很短,不需要专用的擦除设备。使用编程器可以很方便地对其中所存储的内容进行修改。

2)PLC中存储空间的分配

虽然各种PLC的CPU的最大寻址空间各个相同,但是根据PLC的工作原理,其存储器空间一般包括系统程序存储区、系统RAM存储区(包括I/O缓冲区和系统软元件等)和用户程序存储区三个部分。

(1)系统程序存储区。

系统程序存储区中存放着相当于计算机操作系统的系统程序,包括监控程序、管理程序、命令解释程序、功能子程序、系统诊断子程序等,在ROM中,用户不能直接存取。系统程序和硬件一起决定了PLC的性能。

(2)系统RAM存储区。

系统RAM存储区包括I/O缓冲区以及各类软元件,如工作寄存器、内部继电器、定时器、计数器、数据寄存器、变址寄存器等。

(3)I/O缓冲区。

由于PLC在投入到运行状态后,只是在输入采样阶段才依次读入各个输入信号的状态和数据,在输出刷新阶段才将输出的状态和数据送至相应的外设。因此,它需要一定数量的存储单元(RAM)来暂时存放I/O的状态和数据,这些单元称为I/O缓冲区。一个开关量I/O占用存储单元中的一位(bit),一个模拟量I/O占用存储单元中的一字(16位二进制数)。整个I/O缓冲区可以看作是由开关量I/O缓冲区两个部分组成的。

(4)系统软元件存储区。

除了I/O缓冲区以外,系统RAM存储区还包括PLC内部各类软元件(内部继电器、定时器、计数器、数据寄存器和工作寄存器等)的存储区。该存储区又分为具有掉电保存的存储区域和掉电不保存的存储区域。前者在PLC断电时,由内部的锂电池供电,数据不会丢失;后者在PLC断电时,数据被清零。

① 内部继电器。与开关量输入、输出一样,每个内部继电器占用系统RAM存储区中的一位,但不能直接驱动外部负载,只供用户在编程中使用。其作用类似于继电器控制系统中的中间继电器。另外,不同的PLC还提供数量不等的特殊内部继电器,具有不同的特殊功能。

② 数据寄存器。与模拟量 I/O 一样，每个数据寄存器占用系统 RAM 存储区中的一个字(16 位二进制数)，主要用于模拟量处理、数据运算和通信等。另外，PLC 还提供数量不等的特殊数据寄存器，用于存储系统中某些特定的数据或信息。

③ 定时器和计数器。PLC 提供了许多定时器和计数器，数量从几十个到几千个不等，用于满足工业生产中定时控制和计数控制的要求。

④ 工作寄存器。工作寄存器存放用户根据实际控制要求或生产工艺流程编写的具体控制程序。不同类型的 PLC，其存储容量各不相同。

3. 输入、输出模块

输入模块和输出模块通常称为 I/O 模块单元或 I/O 单元。PLC 提供了各种工作电平、连接形式和驱动能力的 I/O 模块。有各种功能的 I/O 模块供用户选用，如电平转换、电气隔离、串/并行转换、开关量输入、输出、模/数(D/A)转换以及其他功能模块等。按 I/O 点数确定模块的规格及数量，I/O 模块可多可少，但其最大数受 PLC 所能管理的配置能力，即底板或机架槽数的限制。

PLC 的对外功能主要是通过各种 I/O 接口模块与外界联系而实现。输入模块和输出模块是 PLC 与现场 I/O 装置或设备之间的连接部件，起着 PLC 与外部设备之间传递信息的作用。I/O 模块分为开关量输入(Digital Input, DI)、开关量输出(Digital Output, DO)、模拟量输入(Analog Input, AI)和模拟量输出(Analog Output, AO)等模块。通常 I/O 模块上还有 I/O 接线端子排和状态显示，以便于连接和监视。I/O 模块既可通过底板总线与主控制模块放在一起，构成一个系统，又可通过插座用电线引出远程放置，实现远程控制及联网。

开关量模块按电压高低分为 AC220V、AC110V、DC24V；按隔离方式分为继电器输出、晶闸管输出和晶体管输出等类型。

模拟量模块按信号类型分为电流型(4 ~ 20mA、0 ~ 20mA)、电压型(0 ~ 10V、0 ~ 5V、-10 ~ 10V)等规格；按精度分为 12 位、14 位、16 位等规格。

4. 智能模块

除了前面介绍的通用 I/O 模块外，PLC 还提供了各种各样的特殊功能模块，如热电阻、热电偶、高速计数器、位置控制、运动控制、以太网、现场总线、远程 I/O 控制、温度控制、中断控制、PID 控制、打印机等专用型或智能型的 I/O 模块，用以满足各种特殊功能的控制要求。I/O 模块的类型、品种与规格越多，系统的灵活性越高。模块的 I/O 容量越大，系统适应性就越强。

5. 编程设备

常见的编程设备有简易手持编程器、智能图形编程器和基于 PC 的专用编程软件。编程设备用于输入和编程用户程序，对系统做一些设定，监控 PLC 及 PLC 所控制的系统的工作状况。编程设备在 PLC 的应用系统设计与调试、监控运行和检查维护中是不可缺少的部件，但不直接参与现场的控制。

6. 电源

PLC 中不同的电路单元需要不同的工作电源，如 CUP 和 I/O 电路采用不同的工作电源。因此，电源在整个 PLC 系统中起着十分重要的作用。如果没有一个良好、可靠的电源，系统是无法正常工作的。PLC 的制造商对电源的设计和制造十分重视。

PLC 一般都配有开关式稳压电源,用于给 PLC 的内部电路和各模块的集成电路提供工作电源。有些机型还向外提供 24V 的直流电源,用于给外部输入信号或传感器供电,避免了由于电源污染或电源不合格而引起的问题,同时也减少了外部连线,方便了用户。有些 PLC 中电源与 CPU 模块合二为一,也有些是分开的,按输入类型分为 220V 或 110V 的交流输入,24V 的直流输入。对于交流输入的 PLC,电源电压为 AC 100 ~240V。一般交流电压波动在 -15% ~10% 的范围内。对于直流输入的 PLC,电源的额定电压一般为 DC 24V。当电源在额定电压的 -15% ~10% 范围内波动时,PLC 都可以正常工作。

(二)PLC 控制系统的工作方式

PLC 采用循环扫描的工作方式。其工作过程大致可分为三个阶段:输入采样、程序执行、输出刷新。工作方式如图 4 -2 所示。

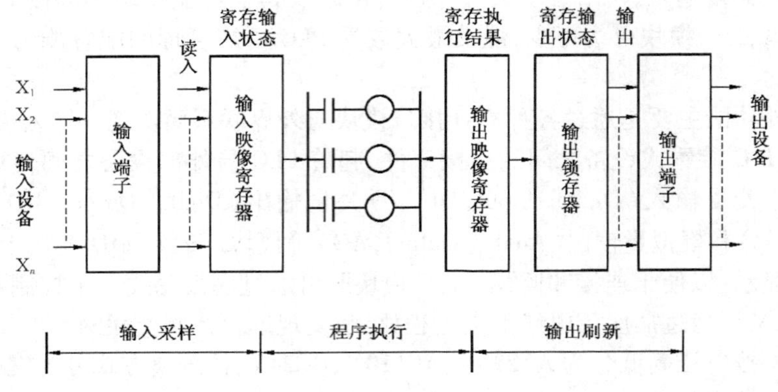

图 4 -2　PLC 控制系统的工作方式

在输入采样阶段,PLC 以扫描方式顺序读入所有输入端的通断状态,并将此状态存入输入影像寄存器。在程序执行阶段,PLC 按先左后右,先上后下步序,逐条执行程序指令,从输入映像寄存器和输出映像寄存器读出有关元件的通断状态,根据用户程序进行逻辑运算、算术运算,再将结果存入输出映像寄存器中。在输出刷新阶段,PLC 将输出映像寄存器的通断状态转存到输出锁存器,向外输出控制信号,去驱动用户输出设备。

上述三个阶段的工作过程称为一个扫描周期,然后 PLC 又重新执行上述过程,周而复始进行。扫描周期一般为几毫秒到几十毫秒。

由上述工作过程可见,PLC 执行程序时所用到状态值不是直接从输入端获得,而是来源于输入映像寄存器和输出映像寄存器。因此,PLC 在程序执行阶段,即使输入发生变化,输入映像寄存器的内容也不会改变,要等到下一个周期的输入采样阶段才能改变。同理,暂存在输出映像寄存器中的内容,等到一个循环周期结束,才输送给输出锁存器,所以,全部输入、输出状态的改变需要一个扫描周期。

与 PLC 的工作方式不同,传统的继电器控制系统是按并行方式工作,或者说是同时执行,只要形成电流通路,可能有几个继电器同时动作,而 PLC 是以扫描方式循环、连续、顺序地逐条执行程序。任何时刻,它只能执行一条指令,也就是说,PLC 是以串行方式工作的。PLC 的这种串行工作方式可避免继电器控制系统中触点竞争和时序失配问题。

第二节 SIEMENS S7 可编程控制器

一、S7－300 可编程控制器

(一)概述

1. S7－300 系统结构

S7－300 可编程控制器采用模块化设计,可以从 S7－300PLC 模板中选择相应部件适当地组合以构成要求的自动化系统,其各种模块如图 4－3 所示。S7－300PLC 模板包括以下部件:

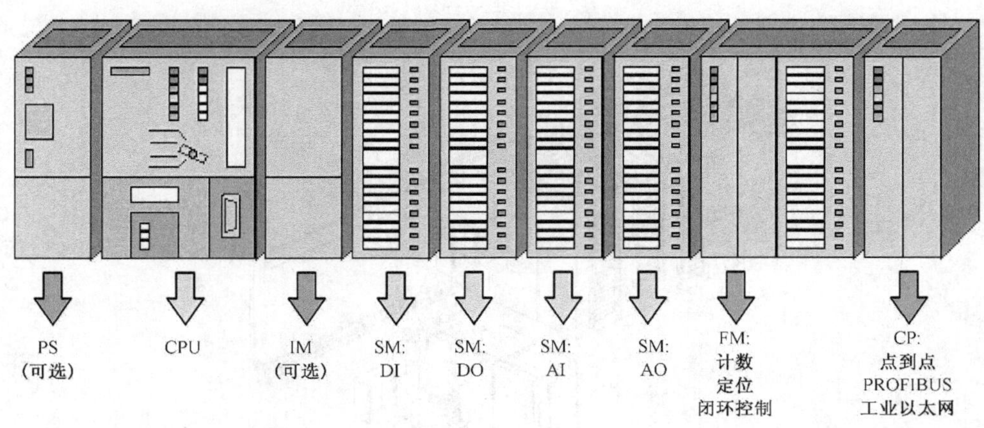

图 4－3 S7－300PLC 模块

(1)各种性能范围的 CPU:(执行用户程序)如 CPU314、CPU315、CPU312。

(2)数字量和模拟量输入、输出模板(使不同级别的过程信号电平和 S7－300 的内部信号相匹配):SM321;DI32×24VDC(数字量输入模板)

SM322;DO32×24VDC(数字量输出模板)

SM323;DI16/DO16×24VDC/0.5A(数字量输入、输出模板)

SM331;AI8×12 位(模拟量输入模板)

SM332;AO4×12 位(模拟量输出模板)

(3)功能模板:用于时间要求苛刻、存储器容量要求较大的过程信号处理任务,如位置或闭环控制、仿真模板 SM374、PID 模板等。

(4)CP 通信处理器:解决中央处理单元的通信任务。

(5)连接 S7－300PLC 到 120/230VAC 电源的电源模板:将动力系统,电压(120/230VAC)转换为 24VDC,用于 S7－300 和直流 24V 负载电路的负载电源,如 PS307(2A)、PS307(5A)、PS307(10A)。

(6)在多机架安装中连接机架的接口模板:内部连接 S7－300 的各个机架排,如 IM360、

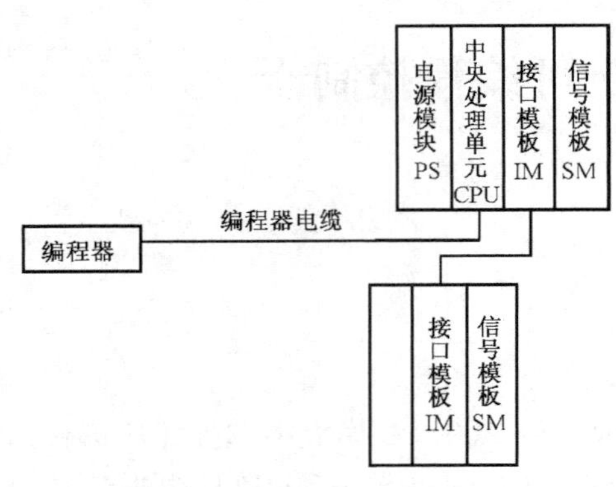

图 4-4 可编程控制器的结构

IM361、IM365。

2. 组建 S7-300 所需的部件

1)可编程控制器的结构

S7-300PLC(包括主机架和扩展机架)可编程控制器的结构如图 4-4 所示。主机架和扩展之间通过接口模板(IM)进行连接,编程器通过编程器电缆与 PLC 进行通信。

2)机架上的模板安排

机架导轨、各种模板、总线连接器连接情况如图 4-5 所示。模板通过固定螺钉固定在机架上。

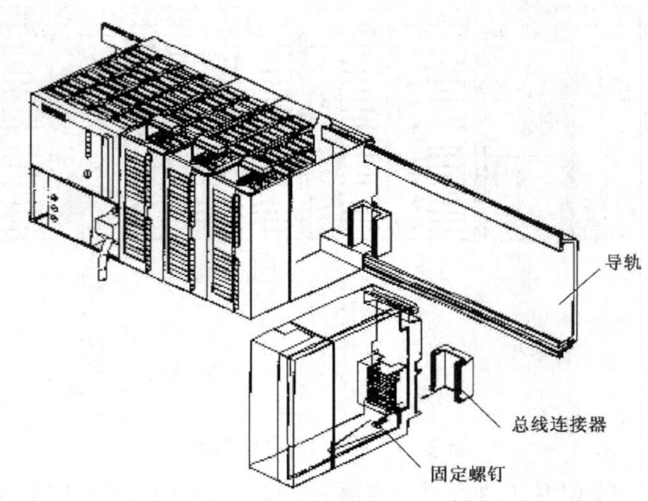

图 4-5 模板的安排

(1)一个机架上的 S7-300PLC 模板的安排。

在 CPU 单元右边可以安装不超过八个模板(信号模板 SM、功能模板 FM、通信处理器 CP),能够插入的模板数受 S7-300PLC 背板总线取得的电流数值的限制:对 CPU313/314/314IFM/315/315-2DP/316,不超过 1.2A,CPU312IFM 不超过 0.8A。各个模板之间通过总线连接器互相连接,且模板固定安装在机架导轨上。在机架最后一块模板上无需配置总线连接器。

(2)多个机架配置的 S7-300 PLC 模板安排(不包括 CPU312IFM/313)。

模板的配置原则:接口模板(IM)总是位于 3 号槽、第一个信号模板的左边;每个机架上不能超过八个信号模板,信号模板总是位于接口模板的右边;能够插入的模板数受 S7-300PLC 背板总线取得的电流数值的限制。S7-300PLC 的扩展能力如图 4-6 所示。

接口模板的安排:如需将 S7-300 装在几个机架上,则需要接口模板。接口模板的作用是

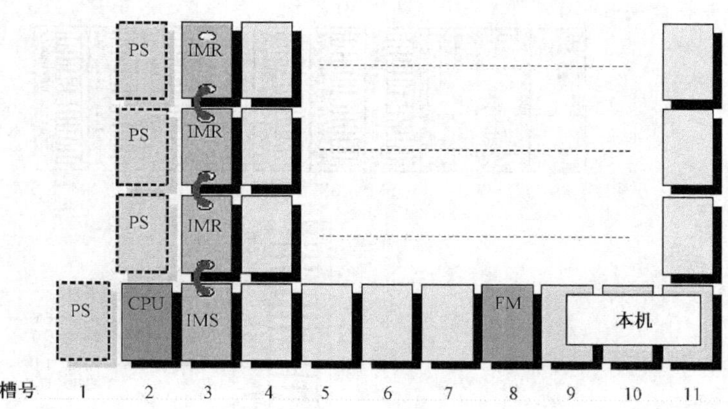

图 4－6 S7－300 的扩展能力

将 S7－300 背板总线从一个机架接到下一个机架。中央处理单元总是在 0 号机架上，IM360 接口模板应位于 0 号机架上，IM361 位于 1～3 号机架上。

3. 确定 S7－300 模板的地址

S7－300PLC 有两种编址方法：第一种方法是面向槽位编址的地址分配，此方法是 S7－300 缺省值编址方法，即确定模板起始地址取决于它所在的机架号和槽位号；第二种方法是面向用户的地址分配，即由用户自由分配。

1）模板的起始地址

信号模板起始地址（包括数字量模板和模拟量模板）见表 4－1。

表 4－1 信号模板的起始地址

机架	模板起始地址	槽号										
		1	2	3	4	5	6	7	8	9	10	11
0	数字量 模拟量	PS	CPU	IM	0 256	4 272	8 288	12 304	16 320	20 336	24 352	28 368
1①	数字量 模拟量	—			32 384	36 400	40 416	44 432	48 448	52 464	56 480	60 496
2①	数字量 模拟量	—			64 512	68 528	72 544	76 560	80 576	84 592	88 608	92 624
3①	数字量 模拟量	—			96 640	100 656	104 672	108 688	112 704	116 720	120 736	124② 752②

① 不适用于 CPU312IFM/313；

② 不适用于 CPU314IFM。

2）确定信号模板的地址

S7－300PLC 模块的编址如图 4－7 所示。模块的编址就是确定该模块在程序中所处的地址位置。

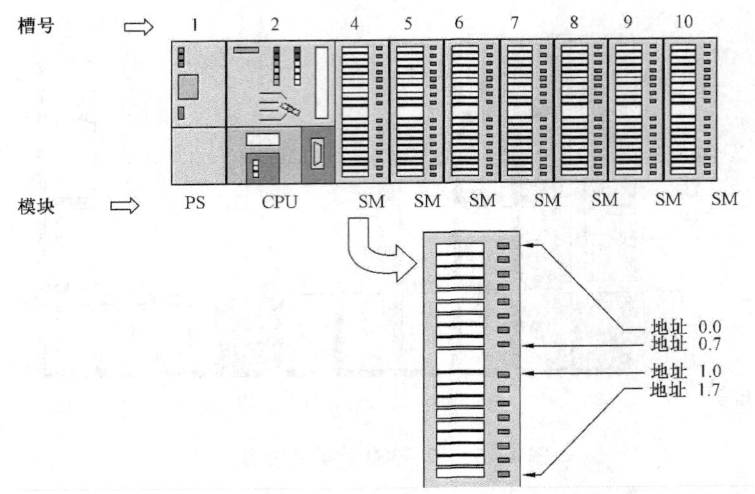

图 4-7 S7-300 模块的编址

确定数字量模板的地址:一个输入点或输出点的地址由字节部分和位部分组成,例如:

字节地址取决于其模板起始地址,位地址是印在其模板上的数码号。位地址的范围是0~7,共8位。

确定模拟量模板的地址:模拟量输入通道或输出通道的地址总是一个字地址,如果第一块模拟量模板插在第4号槽,则它的缺省起始地址为256,随后的模拟量模板的起始地址每一槽增加16。

例如:插在第4号槽的模拟量模板的通道地址:

输入通道:	输出通道:
通道0:地址256	通道0:地址256
通道1:地址258	通道1:地址258
⋮	⋮

面向用户编址的地址分配,即在CPU的地址范围内,可分配任何地址给任何模板。只有CPU315-2DP上允许这种地址分配,在进行硬件组态时加以配置,硬件配置时指定该模板的起始地址,这样可以减少地址的“空隙”,充分利用I/O的有效地址。

4. 中央处理单元 CPU

1) CPU 存储器复位

PLC的中央处理器(CPU)的面板如图4-8所示(给出了CPU314和CPU315-2D)。

用模式选择复位CPU存储器,其步骤是:将钥匙转动到STOP位置,转动钥匙到MRES位置并保持在这个位置(约3s)一直到STOP—LED再度点亮,CPU响应复位请求,在3s内必须

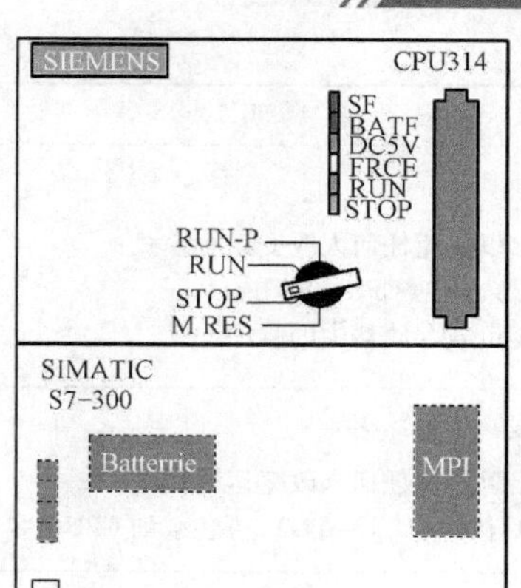

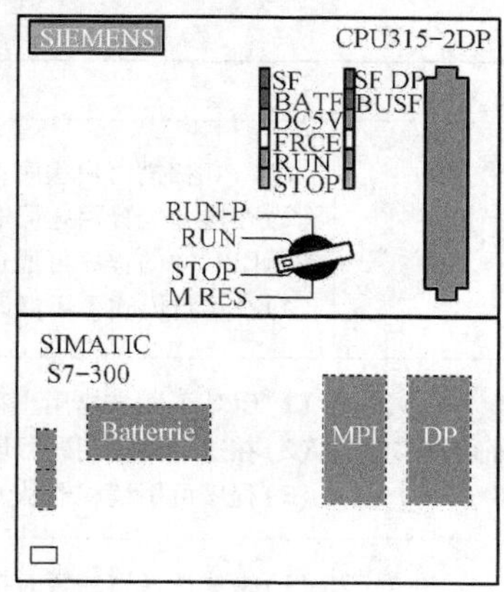

图 4－8　CPU 的面板图

将钥匙从 STOP 返回到 MRES 位置并保持在这个位置，一直到 STOP—LED 闪烁（频率为 2Hz）。当 CPU 完成复位后，STOP—LED 停止闪烁并保持点亮，CPU 完成复位。表 4－2 给出了存储器复位时 CPU 内部发生的事件。

表 4－2　存储器复位

事件	CPU313/314/315/315－2DP/316	CPU312IFM/314IFM
CPU 进行的活动	(1) CPU 删除 RAM 中和负载存储器中的整个用户程序（不包括 EPROM 负载存储器）； (2) CPU 删除后备存储器； (3) CPU 测试本身的硬件	
	如已插入存储器卡，则 CPU 将存储器卡中的有关内容复制到 RAM 提示：如 CPU 不能复制存储器卡的内容和请求存储器复位，则读诊断缓冲器的内容。	CPU 复制 EPROM 存储器中的内容到工作存储器
复位后存储器的内容	CPU 存储器初始化为“0”，如已插入存储器卡，则用户程序装回到 RAM 中	用户程序从 CPU 中集成的保持 EPROM 装回到 RAM

2）模式选择器、状态 LED 和测试功能

（1）模式选择器。

所谓 PLC 的操作模式及其运行方式，与 S7－300PLC 的模式选择器和 LED 是相同的，它们的目的和功能也是相同的。不同之处在于模式选择器和 LED 的位置以及它的数量的多少。S7－300PLC 的模式选择器的说明见表 4－3。

表 4－3　模式选择器

位置	含义	说　明
RUN－P	RUN—PROGRAM（运行—编程）模式	(1) CPU 扫描用户程序； (2) 在这个位置，钥匙不能取出； (3) 程序可用编程器（CPU→PG）从 CPU 读出；可装载到 CPU（PG→CPU）

续表

位置	含义	说　明
RUN	RUN(运行)模式	(1)CPU 扫描用户程序； (2)在这个位置钥匙可取出以避免任何人改变运行模式； (3)CPU 中的程序可通过 PG 读出(CPU→PG)； (4)在运行模式下不能改变负载存储器中的程序
STOP	STOP(停止)模式	(1)CPU 不能扫描用户程序； (2)在这个位置钥匙可取出以避免任何人改变运行模式； (3)程序可用编程器从 CPU 读出(CPU→PG)；可装载到 CPU(PG→CPU)
MRES	复位存储器	(1)模式选择器的暂时接触位置可复位 CPU 存储器； (2)当用模式选择器复位 CPU 存储器时必须遵守特定的顺序； (3)CPU312IFM、314IFM：当复位 CPU 存储器时，负载存储器中的内容仍保留不变

(2)状态和故障的 LED 含义。

状态和故障的 LED(发光二极管)的亮灭，基本上能反映出 PLC 的工作情况，为维护人员提供直接的判断依据。根据 LED 在 CPU 中出现的次序，状态和故障的 LED 叙述见表4－4。

表 4－4　状态和故障的 LED

LED	含义	说　明	
SF(红灯)	系统出错/故障	以下事件发生时点亮： 硬件故障；固件出错；编程出错；错误的参数分配；错误的算法；定时器出错；有缺陷的存储器卡(不包括 CPU312IFM/314IFM)；电池故障或电源通电时没有后备电池(不包括 CPU312IFM)；I/O 故障/出错(仅外部 I/O) 必须使用编程器读出诊断缓冲器的内容以决定出错/故障的实质	
BATF(红色) (不包括 CPU312IFM)	电池故障	如电池有以下情况时点亮： 有缺陷；没有插入；放电	注意：对于充电电池，CPU 不检查这些状态
5VDC(绿灯)	CPU 和 S7－300 总线用的 5VDC 电源	如内部 5VDC 电源正常时点亮	
FRCE	强制	当强制功能运行时点亮	
RUN	运行模式	当 CPU 再启动时以 2Hz 频率闪烁： (1)至少闪烁 3s，CPU 再启动时间可能短于 3s； (2)当 CPU 再启动时 STOP LED 也亮；当 STOP LED 灭时，输出被使能	
STOP	停止模式	(1)CPU 没有扫描用户程序时点亮； (2)CPU 申请存储器复位时，以 1s 的时间间隔闪烁	

(3)监控功能。

CPU 的硬件和操作系统提供各种各样的监控功能，SF LED 指示的任何错误及其产生原因均写到诊断缓冲区内。CPU 既可进入停止状态，也可通过故障或中断 OB 以响应用户程序。

表4－5给出了CPU的测试功能，通过一系列测试和信息数据的功能，CPU可以扫描CPU和相应信号模板的状态。

表4－5 CPU的测试功能

测试功能	应　用
监视变量	在规定点（循环开始/结束、从RUN→STOP转换时）监视所选择的过程变量（输入、输出、位存储器、定时器、计数器和数据）
修改变量	在规定点（循环开始/结束、从RUN→STOP转换时）修改所选择的过程变量（输入、输出、位存储器、定时器、计数器和数据），也就是说强制用户程序
强制	可以用暂时的值最多强制10个所选择的过程变量（S7－300只能是过程映像区的输入和输出），当不发生下列情况时，强制功能将保持： （1）当取消连接时； （2）如果CPU有后备电池，关断CPU电源时
状态块	监视和程序顺序有关的块，用来支持启动和故障诊断，状态块可以在指令执行期间监视寄存器内容，例如，充电电池、地址寄存器、状态寄存器、DB寄存器等
设置断点	可将用户程序中断执行，以实行一步一步地测试

（二）S7－300可编程控制器模板规范

1.电源模板

电源模板为整个S7－300PLC提供工作能源，电源模板主要有三种类型：PS－307（2A）；PS－307（5A）；PS－307（10A）。面板布置及接线如图4－9所示。它具有以下特性：

（1）输出电流2A、5A、10A。

（2）输出电压24VDC，防短路和开路保护。

（3）连接单相交流系统（输入电压120/230VAC，50/60Hz）。

（4）可靠的隔离特性，符合EN60 950。

（5）可用作负载电源；其中L端为24V直流电源正极，M端为24V直流电源负极。

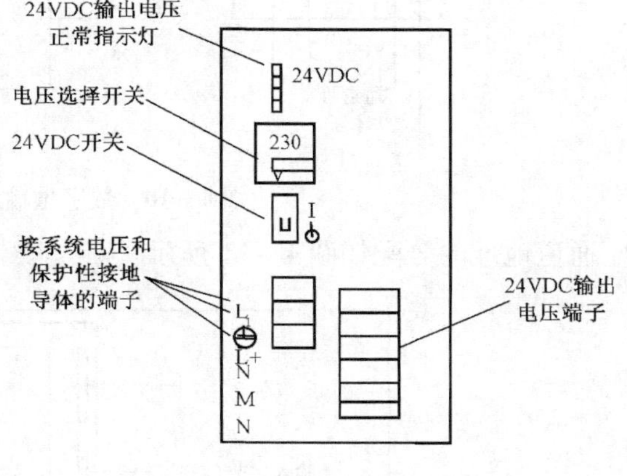

图4－9　电源模板

2.信号模板

1）数字量模板

数字量模板有很多种类，主要有数字量输入模板、数字量输出模板、继电器输出模板、数字量输入、输出模板，用于S7－300可编程控制器与传感器、变送器、负载、执行器相连，以完成和生产过程相联系的任务。

(1)数字量输入模板。

数字量输入模板包括:SM321:DI32×24VDC;SM321:DI16×24VDC;SM321:DI16×24VDC带过程和诊断中断;SM321:DI16×120VAC;SM321:DI8×120/230VAC;SM321:DI16×24VDC无源输入;DI32×120VAC。下面以SM321:DI32×24VDC为例加以介绍。

SM321:DI32×24VDC的特性:32个输入点,带隔离,32点为一组;额定输入电压24VDC;适用于开关和2/3/4/线BERO(接近开关)。

SM321:DI32×24VDC数字量输入模板的端子接线如图4-10所示。

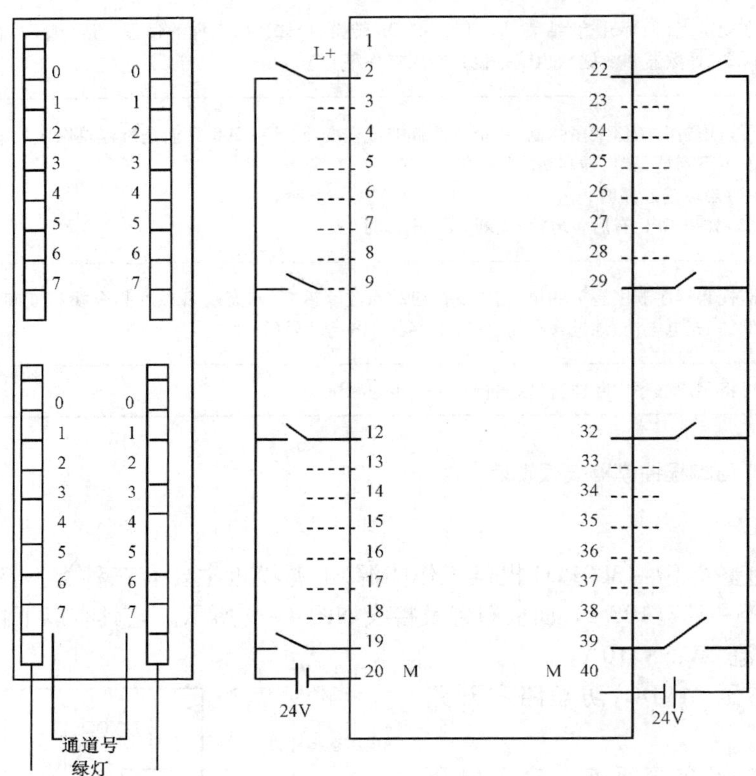

图4-10 数字量输入模板的端子接线

通道地址的分配如图4-11所示。

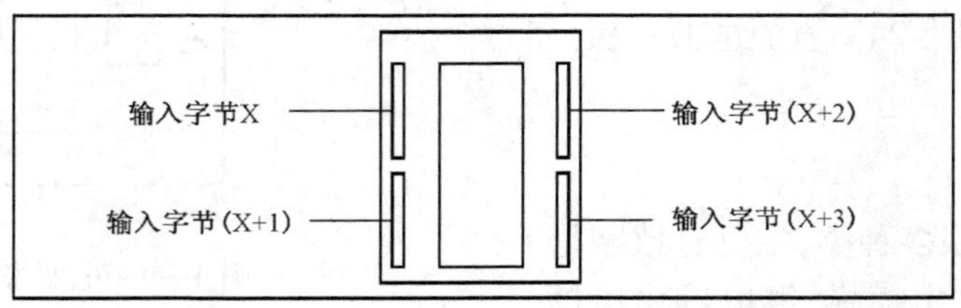

图4-11 通道地址分配

(2)数字量输出模板。

数字量输出模板包括:SM322:DO32 × 24VDC/0.5A;SM322:DO16 × 24VDC/0.5A;SM322:DO8 × 24VDC/0.5A 带诊断中断;SM322:DO8 × 24VDC/2A;SM322:DO16 × 120VAC/1A;SM322:DO8 × 120/230VAC/2A;SM322:DO32 × 120VAC/1.0A。下面以 SM322:DO32 × 24VDC/0.5A 为例加以介绍。

SM322:DO32 × 24VDC/0.5A 的特性:32 个输出点,带隔离,8 点为一组;额定负载电压 24VDC;适用于电磁阀、直流接触器和指示灯;0.5A 输出电流。

SM322:DO32 × 24VDC/0.5 数字量输出模板的端子接线如图 4-12 所示。

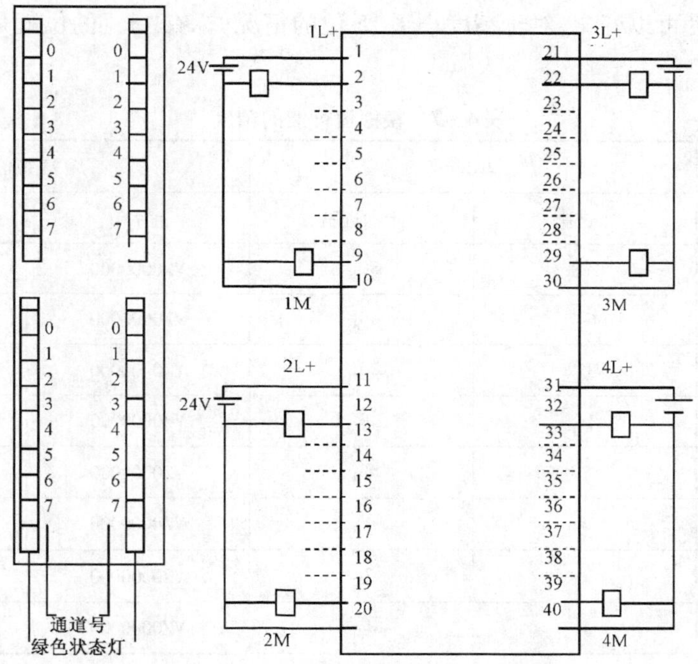

图 4-12 数字量输出模板的端子接线

通道地址分配与数字量输入模板相同。有关继电器输出模板和数字量输入/输出模板在此不予介绍,使用时可参照相应模板上的接线图。

2)模拟量模板

S7-300PLC 系统提供多种模拟量模板,包括模拟量输入模板、模拟量输出模板、模拟量输入/输出模板,以连接传感器、负载、执行器。

(1)模拟值的表示。

模拟量输入和输出值的表示:在 S7-300PLC 的所有模拟量模板中,模拟值是以同样形式的二进制表示,模拟量输入模板将模拟的过程信号转换成数字形式,模拟量输出模板将数字输出值转换成模拟信号。数字化的模拟值对具有相同标称范围输入和输出值来说都是一样的,模拟量的值用"2"的补码表示,表 4-6 说明了如何将数字量表示模拟量模板的模拟量值。

表 4-6 模拟值的表示

精度	模拟值															
位号	15	14	13	12	11	10	9	8	7	6	5	4	3	2	1	0
位加权	VZ	2^{14}	2^{13}	2^{12}	2^{11}	2^{10}	2^9	2^8	2^7	2^6	2^5	2^4	2^3	2^2	2^1	2^0

如果模拟值的精度少于 15 位,则模拟值在累加器里作左移调整之后才被输入,在未用到的幂次低的位则添入"0"。

模拟量输入测量范围的模拟值的表示方法:被测值的精度取决于模拟量模板和它的设定参数,模拟值的精度可以变化,对于精度小于 15 位的情况,标有"×"的位就是没有关系的位,见表 4-7。

表 4-7 模拟值可能的精度

以位数表示的精度(带符号位)	单位		模拟值	
	十进制	十六进制	高字节	低字节
8	128	80_H	VZ0000000	1×××××××
9	64	40_H	VZ0000000	01××××××
10	32	20_H	VZ0000000	001×××××
11	16	10_H	VZ0000000	0001××××
12	8	8_H	VZ0000000	00001×××
13	4	4_H	VZ0000000	000001××
14	2	2_H	VZ0000000	0000001×
15	1	1_H	VZ0000000	00000001

注:模拟值的符号总是在 15 位上,"0"表示+,"1"表示-。

各种被测参数的测量范围包括下面几类:

① 电压测量范围:±80mV、±250mV、±500mV、±1V、±2V 和 ±2.5V。

② 电压和电流的测量范围:电压 ±5V、±10V,电流 ±10mA、±3.2mA、±20mA;电压 1~5V,电流 0~20mA、4~20mA。

③ 电阻传感器的测量范围:150Ω、300Ω、600Ω。

④ Pt100 的标准温度范围。

⑤ Ni100 的标准温度范围。

⑥ K、J、N、E、L 型温度传感器的温度范围。

下面只给出电压测量范围、电压和电流测量范围及电阻型传感器的测量范围,对于其他种类的测量范围可参看相应的操作手册。

电压测量范围:±80mV、±250mV、±500mV、±1V、±2V 和 ±2.5V。被测值的数字化表示方法见表 4-8。

表 4-8 模拟量输入模板所测值的数字化表示方法(电压测量范围)

测量范围 ±80mV	测量范围 ±250mV	测量范围 ±500mV	测量范围 ±1V	测量范围 ±2.5V	单位		范围
					十进制	十六进制	
>94.071	>293.97	>587.94	>1.175	>2.9397	32767	$7FFF_H$	上溢
94.071 ⋮ 80.003	293.97 ⋮ 250.01	587.94 ⋮ 500.2	1.175 ⋮ 1.00004	2.9397 ⋮ 2.5001	32511 ⋮ 27649	$7FFF_H$ ⋮ $6C01_H$	超出范围
80.000 60.000 ⋮ -60.000 -80.000	250.00 187.50 ⋮ -187.50 -250.00	500.00 375.00 ⋮ -375.00 -500.00	1.000 0.750 ⋮ -0.750 -1.000	2.500 1.875 ⋮ -1.875 -2.500	27648 20736 ⋮ -20736 -27648	$6C00_H$ 5100_H ⋮ $AF00_H$ 9400_H	正常范围
-80.003 ⋮ -94.074	-250.01 ⋮ -293.98	-500.02 ⋮ -587.96	-1.00004 ⋮ -1.175	-2.5001 ⋮ -2.93398	-27649 ⋮ -32512	$93FF_H$ ⋮ 8100_H	小于范围
< -94.074	< -293.98	< -587.96	< -1.175	< -2.93398	-32768	8000_H	下溢

电压和电流测量范围:电压 1 ~ 5V、电流 0 ~ 20mA、4 ~ 20mA。被测值的数字化表示方法见表 4-9。

表 4-9 模拟量输入模板所测值的数字化表示方法(电压和电流的测量范围)

测量范围 1 ~ 5V	测量范围 0 ~ 20mV	测量范围 4 ~ 20mV	单位		范围
			十进制	十六进制	
>5.7036	>23.515	>22.810	32767	$7FFF_H$	上溢
5.7036 ⋮ 5.0001	23.515 ⋮ 20.0007	22.810 ⋮ 20.0005	32511 ⋮ 27649	$7FFF_H$ ⋮ $6C01_H$	超出范围
5.000 4.000 ⋮ 1.000	20.000 14.998 ⋮ 0.000	20.000 16.000 ⋮ 4.000	27648 20736 ⋮ 0	$6C00_H$ 5100_H ⋮ 0_H	正常范围
0.9999 ⋮ 0.2963	-0.0007 ⋮ -3.5185	3.9995 ⋮ 1.1852	-1 ⋮ -4864	$FFFF_H$ ⋮ $ED00_H$	小于范围
<0.2963	< -3.5185	<1.1852	-32768	8000_H	下溢

电阻型传感器的测量范围:150Ω、300Ω、600Ω。被测值的数字化表示见表 4-10。

表 4－10　模拟量输入模板(电阻型传感器)的测量值的数字化表示

测量范围 150Ω 左右	测量范围 300Ω 左右	测量范围 600Ω 左右	单位		范围
			十进制	十六进制	
>176.383	>325.767	>705.534	32767	$7FFF_H$	上溢
176.383 ⋮ 150.005	325.767 ⋮ 300.011	705.534 ⋮ 600.022	32511 ⋮ 27649	$7FFF_H$ ⋮ $6C01_H$	超出范围
150.000 112.500 ⋮ 0.000	300.000 225.000 ⋮ 0.000	600.000 450.000 ⋮ 0.000	27648 20736 ⋮ 0	$6C00_H$ 5100_H ⋮ 0_H	正常范围
(实际上负值是不可能的)			－1 ⋮ －4864	$FFFF_H$ ⋮ $ED00_H$	小于范围
—	—	—	－32768	8000_H	下溢

模拟量输出测量范围的模拟值的表示方法见表 4－11、表 4－12。

表 4－11 模拟量输出模板的模拟量输出范围的表示方法(电流输出范围)

输出范围 0～20mA	输出范围 4～20mA	输出范围 ±20mA	单位		范围
			十进制	十六进制	
0	0	0	>32511	$>7EFF_H$	上溢
23.515 ⋮ 20.0007	22.81 ⋮ 20.005	23.515 ⋮ 20.007	32511 ⋮ 27649	$7EFF_H$ ⋮ $6C01_H$	超出范围
20.000 ⋮ 0 0	20.000 ⋮ 4.000 3.9995 0	20.000 ⋮ 0 ⋮ －20.000	27648 ⋮ 0 ⋮ －6912 －6913 ⋮ －27648	$6C00_H$ ⋮ 0_H ⋮ $E500_H$ $E4FF_H$ ⋮ 9400_H	正常范围
		⋮ －23.515	－27649 ⋮ －32512	$93FF_H$ ⋮ 8100_H	小于范围
		0	<－32512	$<8100_H$	下溢

表 4-12 模拟量输出模板的模拟量输出范围的表示方法(电压输出范围)

输出范围 0~10V	输出范围 0~5V	输出范围 ±10V	单位		范围
			十进制	十六进制	
0	0	0	>32511	$>7EFF_H$	上溢
11.7589 ⋮ 10.0004	5.8794 ⋮ 5.0002	11.7589 ⋮ 10.0004	32511 ⋮ 27649	$7EFF_H$ ⋮ $6C01_H$	超出范围
10.0000 ⋮ 0 0	5.0000 ⋮ 1.0000 0.9999 0 0	10.0000 ⋮ 0 ⋮ -10.0000	27648 ⋮ 0 ⋮ -6912 -6913 ⋮ -27648	$6C00_H$ ⋮ 0_H ⋮ $E500_H$ $E4FF_H$ ⋮ 9400_H	正常范围
		10.0004 ⋮ -11.7589	-27649 ⋮ -32512	$93FF_H$ ⋮ 8100_H	小于范围
		0	< -32512	$< 8100_H$	下溢

(2)使用模拟量模板的基本原则。

① 模拟量输入通道的测量方法和测量范围的设定。对于 S7-300 模拟量模板的模拟量输入通道来说,可以用两种不同方法来设定它们的测量方法和测量范围,即使用模板上的量程模块和 STEP7,以及使用模拟量输入通道的接线。各个模拟量模板使用哪一种方法取决于该模板本身。下面叙述如何用量程模块来设定测量方法和测量范围。

如果模拟量模板有量程模块(它是插在模拟量模板上的),可以用改变模拟量模板上的量程模块的方位来改变测量方法和测量范围。要保证量程模块是在模拟量输入模板的左手边。因此,在安装模拟量输入模板之前要核实一下是否将量程模块设到另一种测量方法和测量范围内。拔出或插入量程模块时,请注意模拟量输入模板上的标记。模拟量模板上的标记、量程模块上的位置如图 4-13 所示。

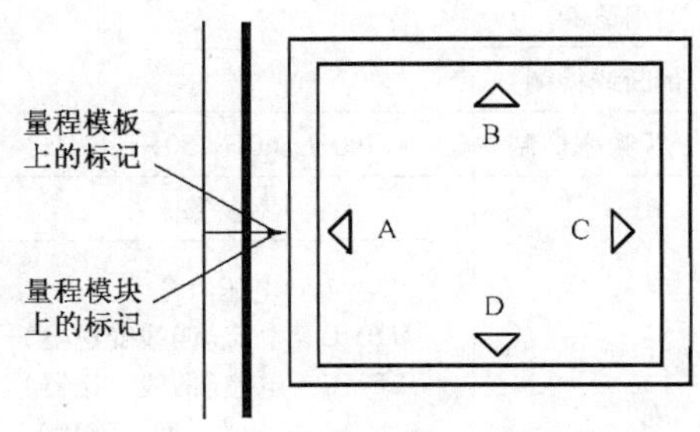

图 4-13 量程模块

量程模块的可能位置有:“A”、“B”、“C”和“D”。在模拟量模板说明的下面指出对于各类的测量和测量范围应该选用哪一种量程模块的位置,用于各种类型的测量和测量范围的设定也印在模拟量模板上。

测量范围的缺省设定值:在没有重新初始化模拟量输入模板的情况下,可以按各个量程模块的位置使用下述测量方法和测量范围,见表 4-13。

表 4 – 13　使用量程模块的模拟量输入模板 SM331:AI8 ×12 位的缺省设定值

量程模块的设定	测量方法	测量范围
A	电压	±1000mV
B	电压	±10V
C	电流 四线变送器	4 ~ 20mA
D	电流 两线变送器	4 ~ 20mA

② 模拟量模板的参数。可使用 STEP7 给模拟量模板设定参数,应该在 CPU 处于 STOP 状态时进行设定,当从 STOP 转换到 RUN 方式后,CPU 将这些参数转送到各个模拟量模板。另一种能改变某些参数的办法是在用户程序中调用系统功能 SFC55 ~ SFC57。将参数分成静态参数和动态参数两种,借助于 STEP7 可对模拟模板的特性编写程序。

用于输入通道:中断使能—限幅中断—诊断中断—测量。

用于输出通道:中断使能—诊断中断—替代值—输出。

表 4 – 14 给出了模拟量输入模板的参数一览表,并表示出哪些参数是静态的或动态的,作为整体,对一组通道或对每个通道对模板进行设置。

表 4 – 14　模拟量输入模板参数

<table>
<tr><td colspan="2" rowspan="2">参数</td><td colspan="2">SM331:AI2 ×12Bit 和 AI8 ×12Bit</td><td rowspan="2">参数
类型</td><td rowspan="2">范围</td></tr>
<tr><td>值域</td><td>缺省设置</td></tr>
<tr><td rowspan="2">使能</td><td>超限时过程中断</td><td rowspan="2">是/否</td><td rowspan="2">否</td><td rowspan="2">动态</td><td rowspan="2">模板</td></tr>
<tr><td>诊断中断</td></tr>
<tr><td rowspan="2">过程中断
触发器</td><td>上限值</td><td>32511 ~ –32512</td><td rowspan="2">—</td><td rowspan="2">—</td><td rowspan="2">通道</td></tr>
<tr><td>下限值</td><td>–32512 ~ 32511</td></tr>
<tr><td rowspan="2">诊断</td><td>组诊断</td><td rowspan="2">—</td><td rowspan="2">否</td><td rowspan="2">静态</td><td rowspan="2">通道或通道组</td></tr>
<tr><td>带断线检测</td></tr>
<tr><td rowspan="3">测量</td><td>干扰频率抑制</td><td>400Hz、60Hz、50Hz、10Hz</td><td>50Hz</td><td rowspan="3">动态</td><td rowspan="3">通道或通道组</td></tr>
<tr><td rowspan="2">测量类型</td><td>解除</td><td>U</td></tr>
<tr><td>U　电压
4DMU　电流(四线变送器)
2DMU　电流(两线变送器)
R – 4L　电阻(四线连接)
RTD – 4I　热电阻(线性,四线连接)
TC – I　热电偶(内部补偿)
TC – E　热电偶(外部补偿)
TC – LI　热电偶(线性,内部补偿)
TCLE　热电偶(线性,外部补偿)</td><td>—</td></tr>
<tr><td colspan="2">测量范围</td><td>对于可设置的输入通道测量范围,参见每个模板的描述</td><td>±10V</td><td></td><td></td></tr>
</table>

表4-15给出了模拟量输出模板的参数一览表,并表示出哪些参数是静态的或动态的,作为整体,对一组通道或对每个通道对模板进行设置。

表4-15 模拟量输出模板参数

参数		SM332:AO4×12Bit 和 SM332:AO2×12Bit		参数类型	范围
		值域	缺省设置		
使能	诊断中断	有/无	无	动态	模板
诊断	组诊断			静态	通道
CPU-STOP 响应		LWH 保持上一个值 ASS Outputs de-energized	—	动态	
输出	输出类型	排除	—		
		电压	U		
		电流	—		
	输出范围	对于可设置的输出通道测量范围,参见每个模板的描述	±10V		

③ 模拟量模板的诊断和中断。用诊断可以发现在模拟量处理过程中是否发生错误或发生了什么错误,当检测到一个错误时,模拟量输入模板提供“$7FFF_H$”的信号值,该值与参数赋值无关。

当用于诊断评估时,应区分可编程的和不可编程的诊断信息,对应可编程的诊断信息,只有对诊断进行使能编程后才能进行评估(在“组诊断”参数中)对应不可编程的诊断信息,不论是否进行了诊断使能设置,均可以始终进行评估。

只有评估的诊断信息才能触发下列功能:在模拟量模板上的组故障指示灯点亮;诊断消息传诵到CPU;触发诊断中断(只有通过参数使能诊断中断时才可以)。

如果对模拟量模板设置了诊断,就可以用STEP7读出详细的诊断信息。

对模拟量输入模板的诊断,表4-16给出了用于模拟量输入模板的可编程诊断信息。诊断信息被赋值到单个通道或整个模板。

表4-16 模拟量输入模板的诊断信息

诊断信息	SM331:AI2×12Bit	SM331:AI8×12Bit	诊断有效的对象	可组态
外部辅助电源消失	有	有	模板	不可以
组态、参数赋值错			—	—
共模错				
断线				
测量范围下溢				
测量范围上溢				

注:只有断线检测激活后才可以进行诊断。

表4-17给出了错误产生的原因和解决方法(模拟量输入模板必须进行正确的参数化,以便可以检测信息错误)。

表 4－17　模拟量输入模板的诊断信息和可能产生的错误以及解决方法

<table>
<tr><th>诊断信息</th><th colspan="2">可能的错误原因</th><th>解决方法</th></tr>
<tr><td>外部电源消失</td><td colspan="2">模板的负载电源 L＋消失</td><td>接好 L＋</td></tr>
<tr><td rowspan="2">组态、参数赋值错误</td><td colspan="2" rowspan="2">传送到模板的参数非法</td><td>检查量程模板</td></tr>
<tr><td>重新给模板赋值</td></tr>
<tr><td>共模错误</td><td colspan="2">输入(M －)和 U_{CM} 有电位差，测量电流(M_{ANA})的参考电位太高</td><td>连接 M－和 M_{ANA}</td></tr>
<tr><td rowspan="4">断线</td><td colspan="2">传感器连接的阻抗太高</td><td>使用不同类型的传感器或连接，例如，增加导线截面积</td></tr>
<tr><td colspan="2">模板和传感器开路</td><td>闭合电路</td></tr>
<tr><td colspan="2" rowspan="2">通道没有连接(开路)</td><td>去活通道组(“测量类型”参数)</td></tr>
<tr><td>连接通道</td></tr>
<tr><td rowspan="5">测量范围下溢</td><td rowspan="5">输入值下溢</td><td>测量范围 4～20mA，1～5V</td><td>—</td></tr>
<tr><td>传感器极性接反</td><td>检查端子</td></tr>
<tr><td>测量范围选择错误</td><td>配置其他的测量范围</td></tr>
<tr><td>其他测量范围</td><td>—</td></tr>
<tr><td>测量范围选择错误</td><td>配置其他的测量范围</td></tr>
<tr><td>测量范围上溢</td><td colspan="2">输入值上溢</td><td>配置其他的测量范围</td></tr>
</table>

对模拟量输出模板的诊断，表 4－18 给出用于模拟量输出模板的可编程诊断信息，其诊断信息被赋值到单个通道或整个模板。

表 4－18　模拟量输出模板的诊断信息

<table>
<tr><th>诊断信息</th><th>SM332：AO2×12Bit</th><th>SM332：AO8×12Bit</th><th>诊断有效的对象</th><th>可组态</th></tr>
<tr><td>外部辅助电源消失</td><td rowspan="4">有</td><td rowspan="4">有</td><td>模板</td><td>不可以</td></tr>
<tr><td>组态、参数赋值错</td><td rowspan="3">通道</td><td rowspan="3">可以</td></tr>
<tr><td>M 短路</td></tr>
<tr><td>断线</td></tr>
</table>

表 4－19 给出了错误产生的原因和解决方法(模拟量输入模板必须进行正确的参数化，以便可以检测信息错误)。

表 4－19　模拟量输出模板的诊断信息和可能产生的错误以及解决方法

<table>
<tr><th>诊断信息</th><th>可能的错误原因</th><th>解决方法</th></tr>
<tr><td>外部电源消失</td><td>模板的负载电源 L＋消失</td><td>接好 L＋</td></tr>
<tr><td>组态、参数赋值错误</td><td>传送到模板的参数非法</td><td>重新给模板赋值</td></tr>
<tr><td rowspan="2">M 短路</td><td>输出过载</td><td>消除过载</td></tr>
<tr><td>输出 QV 至 M_{ANA} 短路</td><td>消除短路</td></tr>
</table>

续表

诊断信息	可能的错误原因	解决方法
断线	执行器的阻抗太高	使用不同类型的执行器或连接,例如,增加导线截面积
	模板和执行器之间开路	闭合电路
	通道未用(开路)	去活通道组("测量类型"参数)

④ 模拟量输入模板 SM331:AI8×12Bit 的端子接线及性能(输入电阻取决于范围)。模拟量输入模板 SM331:AI8×12Bit 的端子接线如图 4-14 所示。模拟量模板 SM331:AI8×12Bit 有以下特性:八个输入通道,四个通道组;按组可设定被测值的精度(取决于积分时间的设定)。被测值的精度是所选定积分时间的正函数,换句话说,模拟输入通道的积分时间越长,被测值的精度越高;反之,其精度越低。

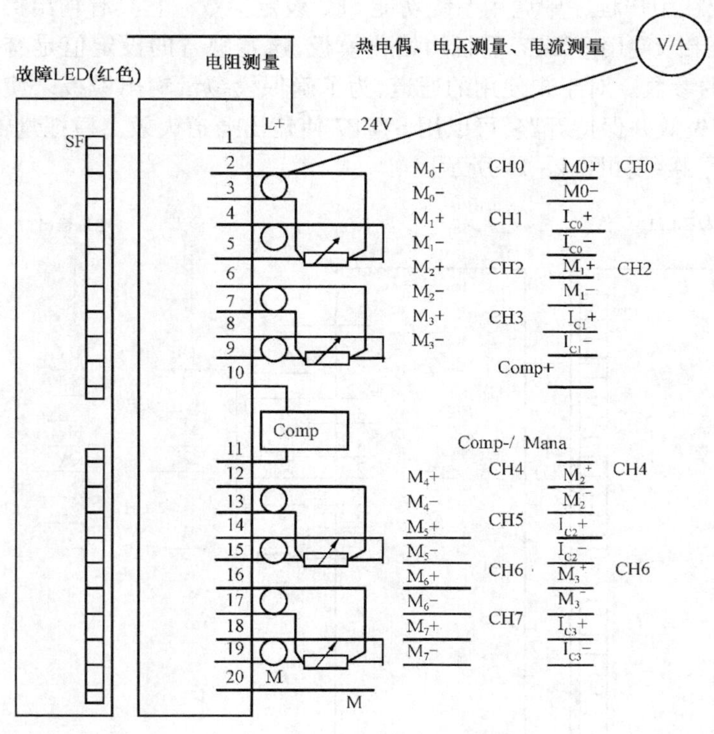

图 4-14 AI8×12Bit 的端子接线

⑤ 模拟量输入模板 SM331:AI8×12Bit 的设定。模拟量输入模板 SM331:AI8×12Bit 要通过模板上的量程模块和 STEP7 做必要的设定。其缺省设定包括积分时间、诊断、中断等缺省的设定。如果没有用 STEP7 重新初始化模板,就采用这些缺省设置。

该模板的通道按两路一组划分,每次只能给一组通道设定参数。每个通道组都配有一块量程模块,通道组的通道设置见表 4-20。

表 4-20 通道组的设置

通道	所属的通道组
通道 0	通道组 0
通道 1	
通道 2	道组 1
通道 3	
通道 4	通道组 2
通道 5	
通道 6	通道组 3
通道 7	

⑥ 模拟量输出模板 SM332:AO2×12Bit 的设定。模拟量输出模板的功能可按如下方法设定:通过 STEP7 或在用户程序中调用系统功能 SFC 设定参数。它具有输出类型、诊断、中断等缺省的设定值,如果未使用 STEP7 重新初始化模板,这些缺省的设定值是有效的。每个通道能独立设定自己的参数。对于未使用的通道,为了确保模拟量输出模板未使用的通道是不工作的,应该使它们失效并保持开路,可以用 STEP7 使输出通道失效。模拟量输出模板 SM332:AO2×12Bit 的端子接线如图 4-15 所示。

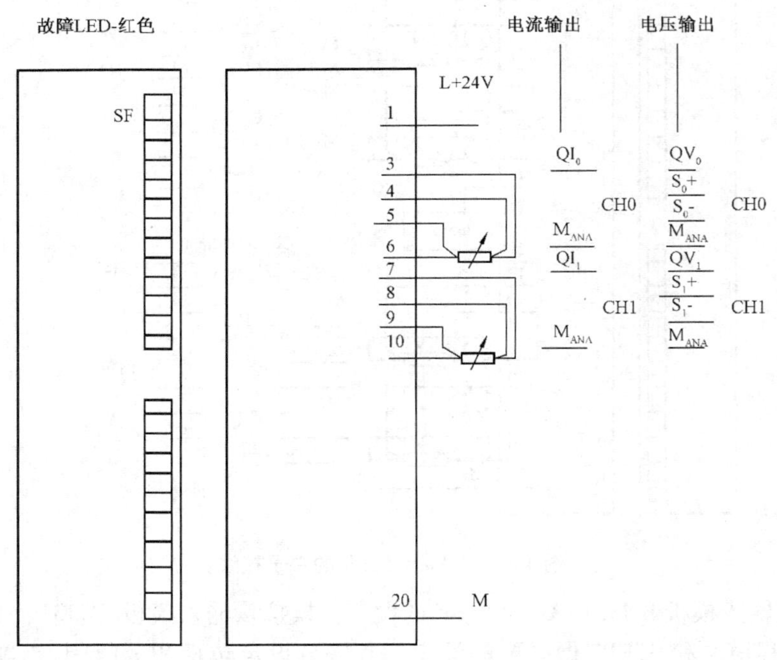

图 4-15 AIO2×12Bit 的端子接线

模拟量的输出包括电压输出和电流输出,使用 STEP7 工具,按通道组形式设定输出。表 4-21列出了模拟量输出模板 SM332:AO2×12Bit 的所有可能的输出范围。

表 4－21 模拟量输出模板的输出范围

所选定的输出类型	说明	输出范围
电压	在电压测量范围里可以查到数字化的模拟值	1～5V 0～10V ±10V
电流	在电流测量范围里可以查到数字化的模拟值	0～20mA 4～20mA ±20mA

缺省设置：模拟量模板的输出类型缺省设置成“电压”，输出范围为“±10V”，可不对此设置做改动。

断线检查：模拟量输出模板 SM332：AO2×12Bit 只对电流输出形式做断线检查。

短路检查：模拟量输出模板 SM332：AO2×12Bit 只对电压输出形式做短路检查。

替代值：可将 SM332：AO2×12BitCPU 的 STOP 操作方式的输出值设为：输出替代值（缺省：0mA/0V）或保持最后值。必须为输出范围 4～20mA 和 1～5V 设定替代值 $E500_H$ 以使输出保持断电。

（三）S7－300/M7－300 模板使用注意事项

在使用 S7－300/M7－300 模板时应该注意以下一些事项：

（1）具有诊断和中断的模板，其参数必须在 CPU 停机状态下设置参数，参数通过编程器传送并存储在 S7－300CPU 中，CPU 再将这些参数传送到模板。对于诊断鉴定，必须区分可组态和不可组态的诊断信息，在出现可诊断的组态信息“传感器电源”消失时，只有将诊断鉴定使能才可输出诊断信息（参数中“诊断：传感器电源消失”）。当出现不可组态的诊断信息时，不论参数如何设置，总是出现诊断信息。

（2）硬件组态时，模板上显示的号码称为订货号。组态时要与实际模板上的订货号完全一致，否则会造成 PLC 运行错误甚至停机。

（3）数字量输入/输出型模板的地址分配（混合型）如图 4－16 所示，输入和输出具有相同的地址。

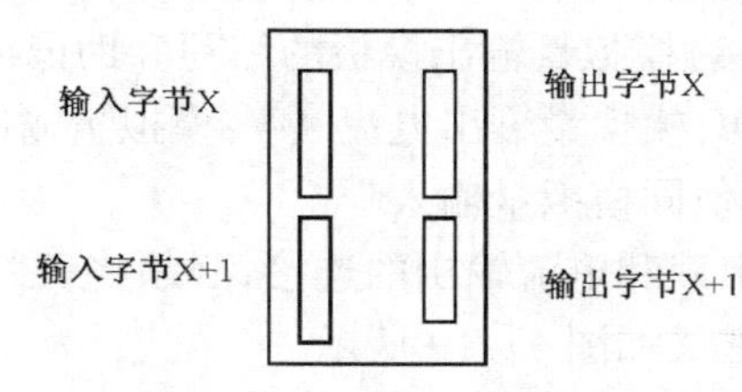

图 4－16 数字量输入/输出型模板的地址分配

（4）热电阻 PT100 的标准温度范围以及 K 型热电偶的温度范围所对应的数字量值如下：850.0～－200.0℃对应的十进制数字 8500～－2000，对应的十六进制数字为 2134H～F830H。1372～－270.0℃对应的十进制数字 13720～－2700，对应的十六进制数字为 3598H～F574H。

（5）模拟量输入模板的缩写和助记符：M＋：测量线＋；M－：测量线－；Mana：模拟量测量回路的参考电位；IC＋：恒电流导线＋；IC－：恒电流导线－；M：接地端子（CPU 上的）L＋：24V 直流电源端子；UCM：输入和 CPU 的端子 M 之间的电位差；UISO：Mana 和 CPU 的端子 M 之间的电位差；COMP＋：补偿端子＋；COMP－：补偿端子－。

（6）热电偶：热电偶的冷端补偿有两种补偿方式：内部补偿和外部补偿。外部补偿比内部补偿更精确。

外部补偿:使用补偿盒进行补偿,补偿盒必须配有一个带隔离的电源,如图 4 - 17 所示,与补偿盒相连的所有通道都必须使用同一种类型的热电偶。

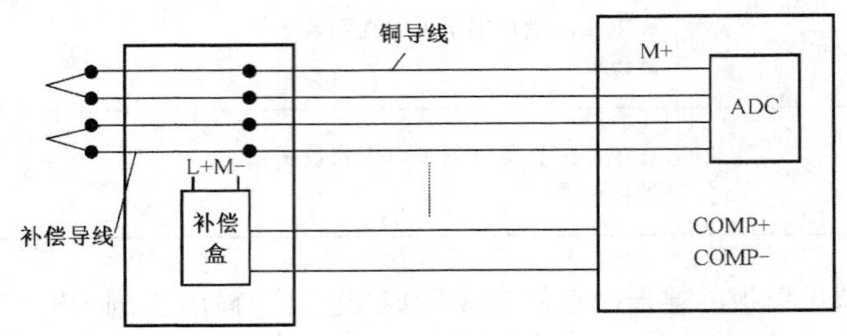

图 4 - 17 热电偶的冷端补偿

内部补偿:应该将补偿导线直接接到模拟量输入模板上,并且应将 COMP + 和 COMP - 短接,每一个通道组只能使用一种模板支持热电偶的类型。

(7)电阻型温度计即热电阻(如 PT100)以及电阻于模拟量输入模板的连接;

通过端子 IC + 和 IC - 将恒定电流送到热电阻,M + 和 M - 端子测得在电阻温度计上产生的电压,四线回路可以获得更高的测量精度。其连接方法如图 4 - 18 所示。

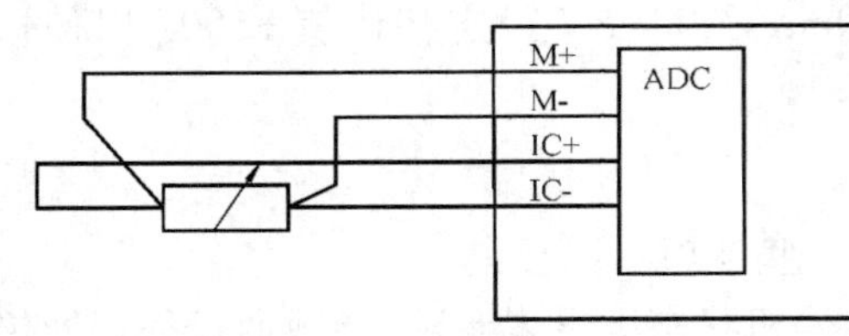

图 4 - 18 热电阻回路的连接

在两线或三线回路中,必须在 M + 和 IC + 之间以及在 M - 和 IC - 之间插入跨接线,这样将降低测量精度。

(8)模拟量输出模板的缩写和助记符:

QI:模拟量输出电流;QV:模拟量输出电压;S + :检测线 + ;S - :检测线 - ;RL:负载/执行器;其他同模拟量输入。

负载和电流输出的连接,必须将负载接在电流输出 QI 和模拟电路的参考点 Mana 上。其接线方式如图 4 - 19 所示。

负载和电压输出连接,可以采用两线回路和四线回路两种方式,将负载接到电压输出(不是所有的模板都可以有两种方式)。如图 4 - 20 所示为四线回路。

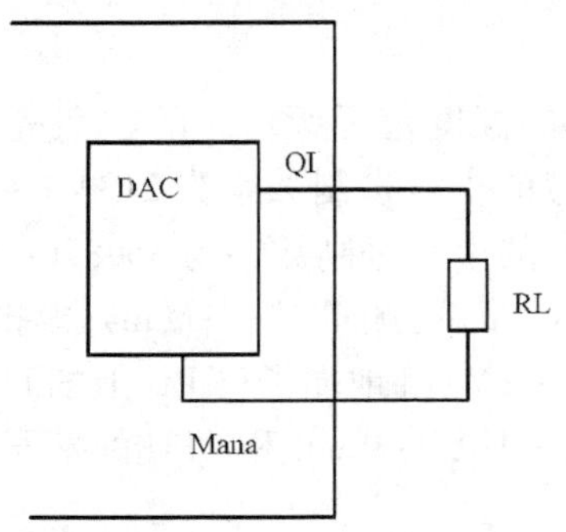

图 4 - 19 负载和电流输出连接

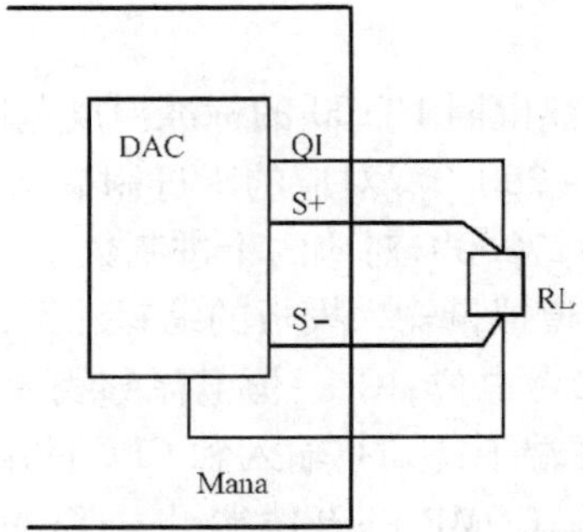

图 4 - 20 负载和电压输出连接

若采用两线回路连接，S+和S-可以保持开路，但是不能获得四线回路的精确度。

(四)PLC 维护注意事项

1. 更换 120V/230V 数字量输出模板上的熔断丝

数字量输出模板的每个通道组都有一个熔断丝，位于模板的左侧，其更换方法和步骤：CPU→STOP→断开负载电源→取出前连接器→取下模板→拆下熔断丝座→更换熔断丝。

2. 更换后备电池

更换后备电池的方法和步骤如图 4-21 所示。只能在电源接通时更换后备电池，否则内部用户存储器的数据将丢失。

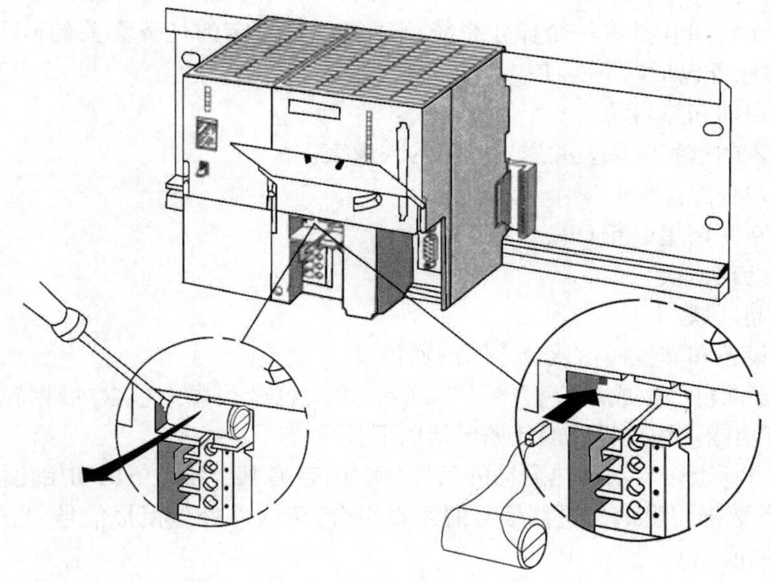

图 4-21 更换后备电池的方法

3. 存储器卡的插入

1) 存储器卡的作用

(1) 若存储程序在存储器卡上，则 CPU 断电时，即使无后备电池程序仍能保持。

(2) 可以扩展 CPU 负载存储器的容量。以下数据可以存储在存储区卡上：

① 用户程序，如块(OB、FB、FC/DB)；

② 控制 CPU 响应的参数；

③ 控制模板响应的参数。

2) 存储器卡插入的方法

(1) CPU→STOP；

(2) 注意卡上的标记对准 CPU 上的标记；

(3) 复位 CPU 存储器。

对于模拟量输入、输出混合型模板，它的输入、输出通道具有相同的起始地址，如 0 号机架

4 号槽上放置这种模拟量输入、输出模板,起始地址都为 256,即 PIW256/PQW256。

CPU3××IFM 型的中央处理器,它带有集成的输入、输出点,并且与 CPU 为一体,在硬件组态时应注意它们的地址是印在该模板上的,如 CPU314IFM:20 个 DI 点,I124.0~I126.3;16 个 DO 点,Q124.0~Q125.7;4 个 AI 点,字节地址是 128~135;一个 AO 点,字节地址是128~129。

(五)STEP7 的程序结构及编程方法

1. 设计程序结构的基础

1)CPU 中的程序

在一个 CPU 中,"操作系统"、"用户程序"这两种不同的程序总会被执行。

操作系统:每个 CPU 都有一个操作系统用于组织与特定的任务无关的 CPU 的功能和顺序。操作系统的任务包括以下各项:

(1)处理暖启动和热启动。

(2)刷新输入的过程映像表并送出输出的映像表。

(3)调用用户程序。

(4)检测中断并调用中断 OB。

(5)检测并处理错误。

(6)管理存储区域。

(7)与编程设备和其他通信伙伴之间的通信。

用户程序:必须自己生成用户程序并下载到 CPU,这个程序中包含处理特定的自动化任务所需要的所有功能。用户程序的任务包括以下各项:

① 指定在 CPU 上暖启动和热启动的条件(例如,带有某个特定值的初始化信号);

② 处理过程数据(例如,二进制信号的逻辑组合,读入并处理模拟信号,为输出指定二进制信号,输出模拟值);

③ 指定对中断的响应;

④ 处理程序在正常运行中的干扰。

2)用户程序中的块

在 S7 用户程序中有几种不同类型的块可以使用,即 OB、FB、SFB、FC 和 SFC。它们不仅包含数据部分而且还包含程序部分,因此也称为逻辑块。而数据块(DB)只包含数据部分,每种块类型所允许的块的数量及块的长度视 CPU 而定。块的类型见表 4-22。

表 4-22 块的类型

块	功能的简要描述
组织块(OB)	OB 决定用户程序的结构
系统功能块(SFB)系统功能(SFC)	SFB 和 SFC 集成在 S7CPU 中可以访问一些重要的系统功能
功能块(FB)	FB 是带有"存储区域"的块,可以自己编程这个区域
功能(FC)	FC 中包含经常使用的功能的例行程序

续表

块	功能的简要描述
背景数据块(背景 DB)	当一个 FB/SFB 被调用时,背景 DB 与该块相关联,它们可在编译过程中自动生成
数据块(DB)	DB 是用于存储用户数据的数据区,除了指定给一个功能块的数据,还可以定义可以被任何块使用的共享数据

(1)组织块和程序结构。

组织块是操作系统和用户程序的接口,它们由操作系统调用并控制循环和中断驱动的程序的执行以及可编程控制器如何启动,它们还处理对错误的响应,通过编程组织块可以指定 CPU 的反映。

① 线性化编程与结构化编程。可以将整个用户程序编写在 OB1 中(线性化编程)。只有编写简单程序并且需要较少存储区域时才建议使用这种方法。

将复杂的自动化任务分解为能够反映过程的工艺、功能或可以反复使用的小任务时,控制会更加容易,这些任务由相应的程序部分表示,即所谓的块(结构化编程)。其过程如图 4-22 所示。

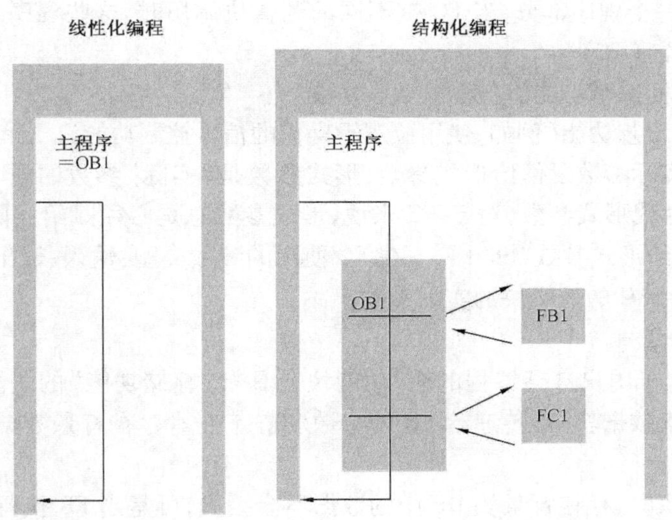

图 4-22　线性化编程与结构化编程

② 用户程序中调用的分层结构。为了使用户程序工作,组成用户程序的块(FB、FC)必须被调用,使用特殊的 STEP7 指令可以实现块调用,块调用的指令只能在逻辑块中编写和启动。块调用的顺序和嵌套深度即所谓的调用分层结构,可以嵌套调用的块的数量(嵌套深度)依据特定的 CPU 而定。图 4-23 所示为一个循环周期内块调用的顺序和嵌套深度。

创建块及调用块的顺序为从上到下,所以应从最上行开始创建;每个被调用的块应已经存在,即在块的一行中应按从右向左的顺序创建;最后创建的块是 OB1,即:

FC1→FB1 + 背景 DB1→DB3→SFC1→FB2 + 背景 DB2→OB1

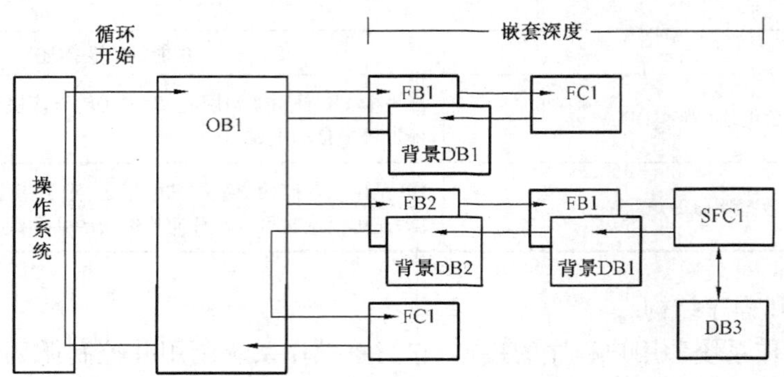

图4-23 一个循环周期内块调用的顺序和嵌套深度

(2)功能(FC)。

功能属于自己编程的块。功能是“无存储区”的逻辑块。它的临时变量存储在局域数据堆栈中,当FC执行结束后,这些数据就丢失了,要将这些数据永久存储,也可使用共享数据块。由于FC没有自己的存储区,所以必须为它指定实际参数,不能够为一个FC的局域数据分配初始值。

一个FC包含一个程序部分,当FC被不同的逻辑块调用时,这些程序总是被执行。可以为以下目的使用功能(FC):

①为调用块返回一个功能值(例如,数学功能);

②要执行一个工艺功能(例如,使用位逻辑操作的信号控制功能)。

编程时,应将实际参数赋值给形式参数,形式参数是“实际”参数的虚名称。当该功能调用时,用实际参数替代形式参数,对于FC来说,形式参数总是必须赋给实际参数(例如,将实际参数“I3.6”赋值给形式参数“Start”)。在FC使用的参数类型:输入、输出和输入/输出参数存作指针,指向调用FC的逻辑块的实际参数。

(3)功能块(FB)。

功能块(FB)属于用户自己编程的块,功能块是具有“存储功能”的块。用数据块作为功能块的存储器(背景数据块)。传递给FB的参数和静态变量存在背景数据块中,临时变量存在本地数据堆栈中。

当FB执行结束时,存在背景块DB中的数据不会丢失,可是当FB执行结束时,存在本地数据堆栈中的数据将丢失,但是存在背景块DB中的数据不会丢失。

FB中所含的程序总是当不同的逻辑块调用该FB时执行,它使得经常使用的功能、复杂功能的编程变得容易。每次功能的调用都将赋给一个背景数据块,用于传递参数。多次调用某一FB,可以有多个背景,用户可以用一个FB控制多台设备。

(4)背景数据块(DB)。

每次功能块调用时,都要求一个背景数据块分配给这次调用,用于传递参数。FB的实际参数和静态数据存在背景块DB中,在FB中定义的变量,决定背景数据块的结构,背景意味着一次功能调用。例如,如果在S7用户程序中某个功能块被调用了五次,则该块有五个背景。

在用户生成一个背景数据块之前，相应的 FB 必须已经存在，当用户生成背景数据块时，必须指定所属 FB 的序号。

用户可以将多个背景数据块分配给同一功能块（FB）。有关多重背景在此不予介绍。

（5）共享数据块（DB）。

与逻辑块不同，在数据块中没有 STEP7 的指令，它们用于存放用户数据，换句话说，数据块中存放用户程序工作时所需要的变量数据。共享数据块用于存放所有其他块都可以访问的用户数据。DB 的大小可以不同，用户可以用任意方式建立数据块的结构，以适合其不同的要求。

如果某个逻辑块（FB、FC 或 OB）被调用，则它可以临时占用局域数据区的空间（L 堆栈）。除了这个局域数据区以外，逻辑块还可以打开一个 DB 形式的存储区。与局域数据区中的数据不同，在 DB 中的数据当 DB 关闭时，（即相应的逻辑块结束时）不会被删除。

每个 FB、FC 或 OB 可从共享数据块中读取数据，或将数据写入共享 DB，当该 DB 退出时，这些数据保持在 DB 中。

2. S7 - 300CPU 的存储区域

S7 - 300PLC CPU 的存储器可以分为三个区域：载存储器、工作存储器和系统存储器。

S7 - 300 CPU 的系统存储器被分割为地址区域（表 4 - 23）。在用户程序中使用指令可以在相应的地址区域内直接对数据进行寻址。

表 4 - 23　地址区域

地址区域	通过以下单位访问	S7 记号（IEC）	功能描述
过程映像输入区	输入位 输入字节 输入字 输入双字	I IB IW ID	在扫描循环开始处，操作系统读取来自输入模板的输入信号并在该区域内记录这些数值，程序能够在它的循环处理中使用这些值
过程映像输出区	输出位 输出字节 输出字 输出双字	Q QB QW QD	在扫描循环过程中，程序计算输出值并将它们放在该区域，在扫描循环结束处，操作系统从这一区域读出计算的输出值并将其送至到输出模板
位存储器	存储位 存储字节 存储字 存储双字	M MB MW MD	该区域为用户程序中的中间计算结果（临时结果）提供存储区
定时器	定时器（T）	T	定时器是 LAD 编程的功能元素，该区域为定时器提供存储器，在这一区域中，时钟访问时间单元，由递减时间值来更新它们，定时器指令在此访问时间单元
计数器	计数器（C）	C	计数器是 LAD 编程的功能元素，该区域为计数器提供存储器，使计数器指令在此访问它们

续表

地址区域	通过以下单位访问	S7 记号(IEC)	功能描述
数据块	用“OPN DB”打开 数据位 数据字节 数据字 数据双字 用“OPN DI”:打开 数据位 数据字节 数据字 数据双字	DB DBX DBB DBW DBD DIX DIB DIW DID	数据块中包含程序需要的信息,它们可以被定义为由所有逻辑块通用(共享 DB)或分配给某个特定的 FB 或 SFB(背景 DB),如果需要同时打开两个不同的数据块的话,则能够用语句“OPN DB”打开一个,用语句“OPN DI”打开另一个
局域(本地)数据	局域数据位 局域数据 局域数据 局域数据	L LB LW LD	该区域包含在逻辑块(FB 或 FC)中使用的临时数据,这些数据也称为动态本地数据,它们用作中间暂存器,当逻辑块结束时,这些数据丢失,L 堆栈还为传送块参数以及记录来自梯形逻辑段的中间结果提供存储
外设(I/O) 区域 输入	外设输入字节 外设输入字 外设输入双字	PIB PIW PID	外设输入和输出区域允许直接访问中央的和分布式的输入和输出模板,这一区域使你的程序能够直接访问输入和输出模板(外设输入和输出信号)
外设(I/O) 区域 输出	外设输出字节 外设输出字 外设输出双字	PQB PQW PQD	

表 4-24 列出各种存储区的最大地址范围。有关 CPU 的可能的地址范围参见有关的 S7-300CPU手册,或与实际使用的 PLC 进行在线连接,通过编程查看模板信息中的参数数据。

表 4-24 存储区的最大地址范围

区域名称	通过以下单位访问	S7 记号(IEC)	最大地址范围
过程映像输入区	输入位 输入字节 输入字 输入双字	I IB IW ID	0.0~65535.7 0~65535 0~65534 0~65532
过程映像输出区	输出位 输出字节 输出字 输出双字	Q QB QW QD	0.0~65535.7 0~65535 0~65534 0~65532
位存储器	存储位 存储字节 存储字 存储双字	M MB MW MD	0.0~255.7 0~255 0~254 0~253

续表

区域名称	通过以下单位访问	S7 记号(IEC)	最大地址范围
定时器	定时器(T)	T	0~255
计数器	计数器(C)	C	0~255
数据块	用“OPN DB”打开 数据位 数据字节 数据字 数据双字 用“OPN DI:打开 数据位 数据字节 数据字 数据双字	DB DBX DBB DBW DBD DIX DIB DIW DID	 0.0~65535.7 0~65535 0~65534 0~65532 0.0~65535.7 0~65535 0~65534 0~65532
局域(本地)数据	局域数据位 局域数据 局域数据 局域数据	L LB LW LD	0.0~65535.7 0~65535 0~65534 0~65532
外设(I/O)区域输入	外设输入字节 外设输入字 外设输入双字	PIB PIW PID	0~65535 0~65534 0~65532
外设(I/O)区域输出	外设输出字节 外设输出字 外设输出双字	PQB PQW PQD	0~65535 0~65534 0~65532

3. S7－300 的寻址和数据类型

许多梯形逻辑指令同一个或多个地址(操作数)一起使用。这个地址表示一个常数或者指令执行逻辑操作寻找所需变量的地点。这个地点可以是一个位、一个字节、一个字或双字。可能的地址如下:

(1)常数、定时器值或计数器值或 ASCII 字符串。

(2)可编程控制器的状态字中的位。

(3)数据块和数据块区内的存储单元。

寻址包括立即寻址(输入一个常数作为地址)和直接寻址(输入一个变量作为地址)。图 4－24 所示为立即寻址和直接寻址的例子。

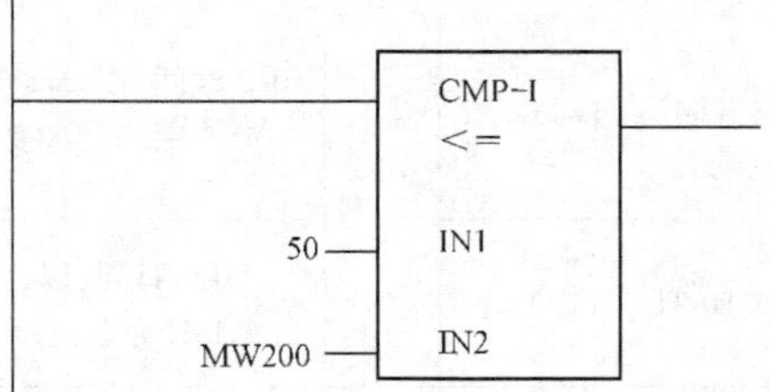

图 4－24 立即寻址和直接寻址的例子

方块的功能是比较两个输入参数(在本情况下是两个 16 位整数),看看第一个输入是否小于或者等于第二个输入参数,常数 50 被输入为输入参数 IN1,存储器中的一个存储单元存储器字 MW200 输入为输入参数 IN2。常数 50 是方块 IN1 使用的实际值,所以50是方块的立即地址。因为MW200指向存储区中的一个存储单元,该单元存有方块IN2的另一个值,所以MW200被认为是直接地址。MW200是存储单元,本身不是实际值。使用基本数据类型地址的立即寻址常数格式见表4-25。

表4-25 使用基本数据类型地址的立即寻址常数格式

类型和说明	位数	格式选项	范围和数字记数法(最小值、最大值)	举例
BOOL(位)	1	布尔文本	(真/假)	TRUE
BYTE(字节)	8	十六进制	B#16#0~B#16#FF	B#16#10 Byte#16#10
WORD(字)	16	二进制 十六进制 BCD 无符号十进制	2#0~ 2#1111-1111-1111-1111 W#16#0~W#16#FFFF C#0~C#999 B#(0,0)~B#(255,255)	2#0001-0000-0000-0000 W#16#1000 Word#16#1000 C#998 B#(10,20) Byte#(10,20)
DWORD(双字)	32	二进制 十六进制 无符号十进制	2#0~ 2#1111-1111-1111-1111-1111-1111-1111-1111 DW#16#0000-0000~DW#16#FFFF-FFFF B#(0,0,0,0)~B#(255,255,255,255)	2#1000-0001-0000-1000-1011-1011-0111-1111 DW#16#00A2-1234 Dword#16#00A2-1234 B#(1,14,100,120) Byte(1,14,100,120)
INT(整数)	16	带符号十进制	-32768~32767	1
DINT(双整数)	32	带符号十进制	L#-2147483648~L#2147483647	L#1
REAL(浮点数)	32	IEEE 浮点数	上限:±3.402823e+38 下限:±1.175495e-38	1.234567e+13
S5TIME(SIMATIC时间)	16	S5时间,以10ms为单位(缺省值)	S5T#0H-0M-0S-10MS~S5T#2H-46M-30S-10MS和S5T#0H-0M-0S-0MS	S5T#0H-1M-0S-10MS S5TIME#0H-1M-0S-0MS
TIME(时间)	32	IEC时间,以1ms为单位,带符号整数	T#-24D-20H-31M-23S-648MS~ T#24-20H-31M-23S-674MS	T#-0D-1H-1M-0S-0MS TIME#0D-1H-1M-0S-0MS
DATE(日期)	16	IEC日期,以1日为单位	D#1990-1-1~ D#2168-12-31	D#1994-3-15 DATE#1994-3-15
TIME-OF-DAY(日计时)	32	日计时,以1ms为单位	TOD#0:0:0.0~ TOD#23:59:59.9999	TOD#1:10:3.3 TIME-OF-DAY#1:10:3.3
CHAR(字符)	8		A,B等	E

1)地址的类型

梯形逻辑指令的地址能够表示下列各项目中的任何一项:

(1)要检查信号状态的位。

(2)要分配逻辑字符串的信号状态的位。

(3)要分配逻辑操作结果(RLO)的位。

(4)要设置或要复位的位。

(5)表明计数器要减去的数值或加上的数值。

(6)表明要使用的定时器的序号。

(7)边沿存储位,它存储先前的逻辑操作结果(RLO)。

(8)边沿存储位,它存储另一个地址先前的信号状态。

(9)包含梯形元素或方块要使用的数值的字节、字或双字。

(10)要打开或生成的数据块(DB 或 DI)的号码。

(11)要调用的功能(FC)、系统功能(SFC)、功能块(FB)或系统功能块(SFB)的号码。

(12)要跳转的标号。

作为地址的变量包含地址标识符和由地址标识符指明的存储区内的存储单元。地址标识符能够是下列两种类型中的一种:

① 表示下列两项内容的地址标识符:

——存储区,指令在这一存储区中寻找执行操作所需要的数值(数据对象)(例如,I 代表存储器的输入过程映像区);

——指令要执行所需数值(数据对象)的大小(例如,B 代表字节、W 代表字、D 代表双字)。

② 表示存储区但不表示在该区中数据对象尺寸的地址标识符(例如,标识符表明代表定时器的区域 T、代表计数器的 C 或代表数据块的 DB 或 DI,再加上定时器、计数器或数据块的号码)。

指针是标识变量的存储单元的装置,指针含有地址而不是数值。当对参数类型“指针”分配实际参数时提供存储器地址。STEP7 允许以指针格式输入指针,也允许简单地以地址形式(如 M50.0)输入指针。下面以一个指针格式的例子,用于存取从 M50.0 开始的数据:P#M50.0。

如果正在处理的一条指令,其地址标识符表示可编程逻辑控制器的存储区,并且数据对象的长度是字或双字的话,必须知道如下事实:存储单元总是规定为字节单元。这一字节存储单元是低字节号或高字节的号。例如,下面语句中的地址规定为存储区 M 中的四个连续字节,从字节 10(MB10)开始至字节 13(MB13)。

语句:

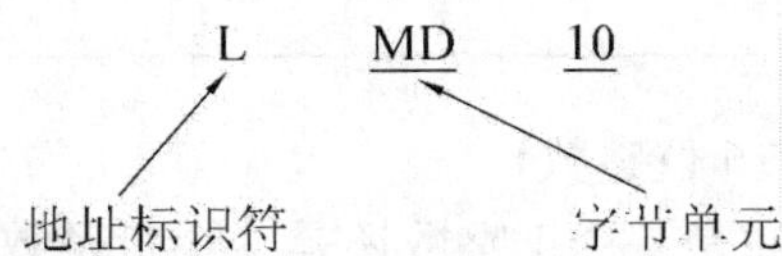

为了说明字节、字、双字的关系,下面以图形加以说明。在图 4-25 中表示出了下列长度

的数据对象。

(1)双字 DWORD,位存储器双字 MD10。

(2)字 WORD,位存储器字 MW10、MW11、MW12。

(3)字节 BYTE,MB10、MB11、MB12、MB13。

编程时一定注意地址的使用,否则会造成地址的冲突,引起数据混乱或控制任务不能正确完成。

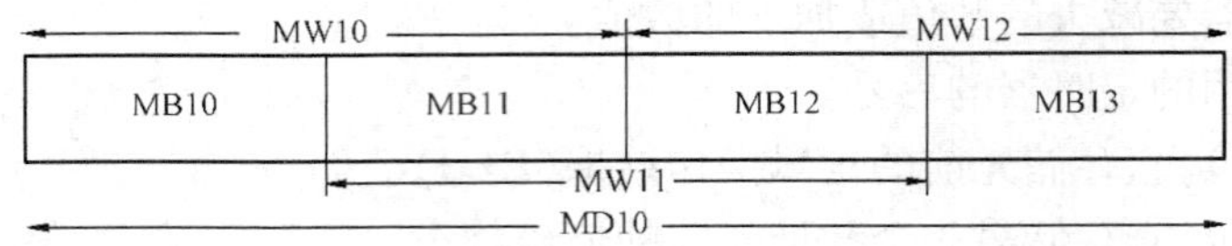

图 4-25 以字节为基准的存储器单元

2)数据类型和参数类型

用户程序中的所有的数据必须标有一个数据类型。可用的数据类型有 STEP7 提供的基本数据类型、通过组合基本数据类型已生成的复合数据类型、用来定义要传送给 FB 或 FC 参数的参数类型。

STEP7 的编程语言有语句表、梯形图和功能块图三种,它们的指令使用特定大小的数据对象。位逻辑指令使用位;装载和传送指令(STL)以及 Move(移动)指令(LAD 和 FBD)使用字节、字或双字。

一个位是一个二进制数字"0"或"1"。一个字节由 8 个位组成,一个字 16 位,一个双字 32 位。

数学指令也使用字节、字或双字。在这些字节、字或双字的地址中可以用各种格式编码,比如整数和浮点数。

当使用符号寻址时,定义符号并且要为这些符号指定一个数据类型。不同的数据类型由不同的格式选项和数字表示法。下面之介绍数字和常数的若干写法,表 4-26 列出了一些数字和常数的格式。

表 4-26 数字和常数的格式

格式	所占位的多少	数值的表示法
Hexadecimal	8、16、32	B#16#, W#16#, and, DW#16#
Binary	8、16、32	2#
IEC date	16	D#
IEC time	32	T#
Time of day	32	TOD#
Character	8	'A'

(1)数据类型 INT 的格式(16 位整数)。

一个整数有一个符号指示它是一个正整数还是一个负整数。一个整数(16 位)在存储器中所占空间为一个字,表 4-27 给出了一个整数的范围。图 4-26 给出一个整数的范围以及

整数 +44 的二进制码。

表 4 - 27 数据类型 INT 的格式(16 位整数)

格式	范围
整数(16 位)	-32768 ~ +32767

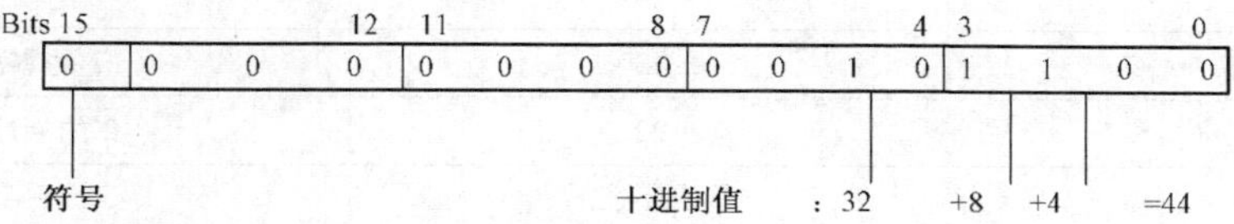

图 4 - 26 数据类型 INT 的格式(16 位整数)

一个双整数有一个符号指示他是一个正整数还是一个负整数。一个双整数(32 位)在存储器中所占空间为两个字。表 4 - 28 给出了一个双整数的范围。

表 4 - 28 数据类型 DINT 的格式(32 位整数)

格式	范围
整数(32)位	-2147483648 ~ +2147483647

在二进制系统中,整数的负值形式表示为这个整数的二的补码,你可以通过对一个整数的各位取反然后加 1 得到。

(2)数据类型 REAL 的格式(浮点数)。

浮点数格式的表达通式为

$$数值 = m \cdot b^{E}$$

其中,基数“b”和指数“E”是整数,尾数“m”是有理数。

这种数值表达方式的优点是在有限的空间内即可以表示一个非常大的数,也可以表示一个非常小的数,使用有限位数的尾数和指数,可以覆盖一个较宽范围内的数字。

缺点则在于对计算的精确度的限制,例如,当求两个数的和时,必须通过移动尾数使指数对阶,因此,只有具有相同指数的数值可以相加。浮点数的格式如图 4 - 27 所示。

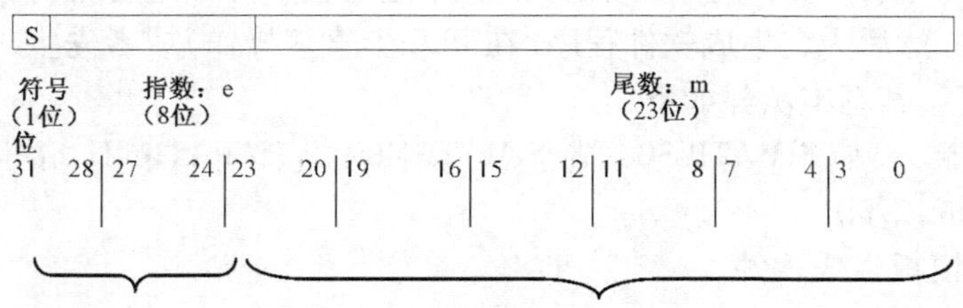

图 4 - 27 浮点数的格式

E = e - bias(偏移),增加一个常数(偏移 = +127)。

尾数 m 的整数部分不和余数存在一起,因为在有效数值范围内他总是等于 1。

表 4 - 29 表示一个浮点数格式数值的各个位。

图 4－29　浮点数格式数值的各个位

浮点数的组成元素	位号	数值
符号 S	31	
指数 e	30	2 的 7 次幂
…	…	…
指数 e	24	2 的一次幂
指数 e	23	2 的零次幂
尾数 m	22	2 的－1 次幂
…	…	…
尾数 m	1	2 的－22 次幂
尾数 m	0	2 的－23 次幂

使用三个组成部分 S、e 和 m,这种形式的数值可以由以下公式定义:

$$数值 = 1 \cdot m \cdot 2 的(e - bias)次幂 = 1.m \cdot 2^{E}$$

其中:e:1≤e≤254

bias:bias＝127,这里意味着指数不在另外需要一个符号。

符号 S:正数 S＝0;负数 S＝1。

浮点数的数值范围:使用以上所示的浮点数格式,有以下结果:

① 最小的浮点数＝1.0·2 的(1－127)次幂＝1.0·2 的(－126)次幂＝1.175495E－38

② 最大的浮点数＝2.0·2 的(254－127)次幂＝2.0·2 的(＋127)次幂＝3.402823E＋38

零值表示为 e＝m＝0;e＝255 和 m＝0 表示 infinite(无穷大)。

(六)创建并编辑项目及程序调试

1. 建立一个项目

生成一个项目的方法有两种,即利用助手和手动生成项目。手动生成项目的方法是:在项目管理器使用菜单命令 File＞New,项目生成的窗口如图 4－28 所示,生成的项目包括“MPI Subnet(MPI 网络)”对象。项目生成后,可以选择下述的任一方法进行编辑。

首先组态硬件,然后为它生成软件程序(在 PLC 上直接操作)或者先生成一个与组态的硬件无关的软件程序。其基本步骤如下:

(1)在项目中插入站(SIMATIC300 站、SIMATIC400 站、SIMATIC H 站等),如图 4－29 所示。(也可以后完成该步)。

(2)为可编程模板生成软件。

(3)组态硬件。

(4)一旦完成硬件组态,就可以将 M7 或 S7 与 CPU 联系起来。

配置硬件的具体步骤如下:

① 点击新的站,站中包含有对象“硬件”,如图 4－30 和图 4－31 所示。

② 打开对象“Hardware(硬件)”,“Hardware Configuration(硬件配置)”窗口显示出来。

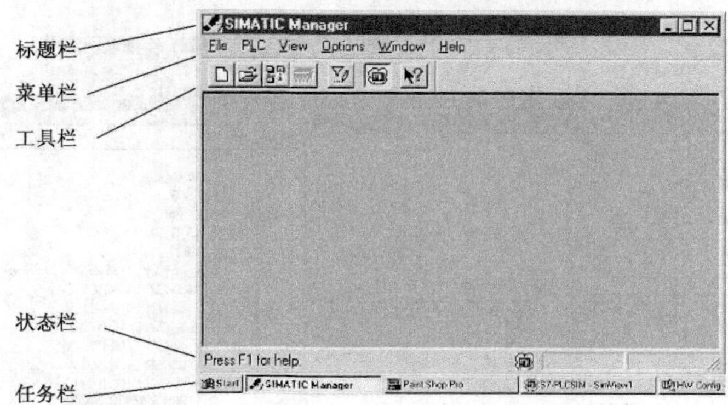

图 4－28　项目管理器窗口

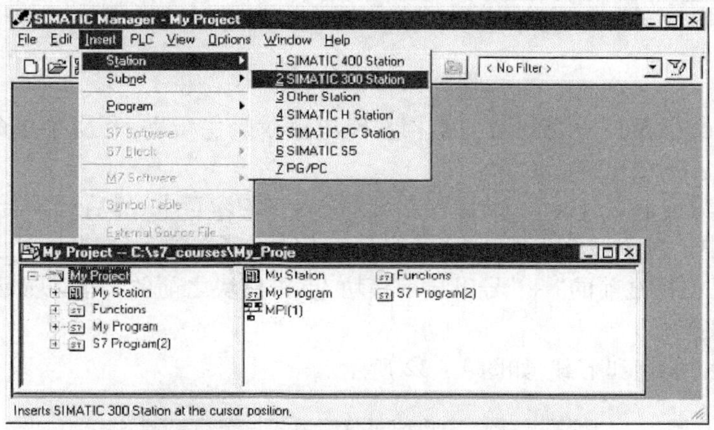

图 4－29　插入站窗口

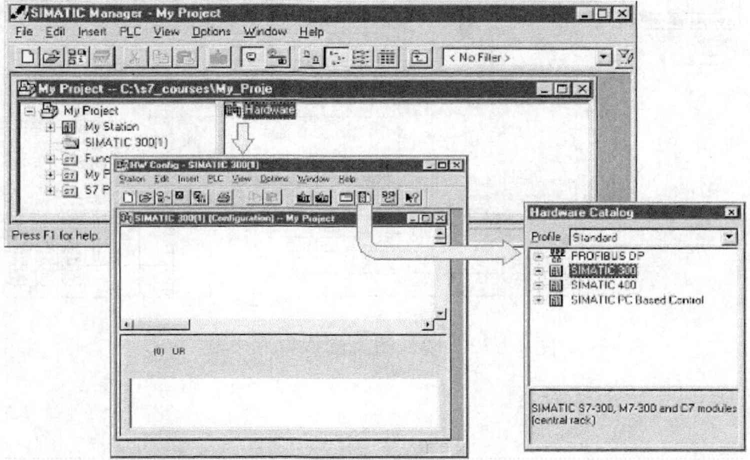

图 4－30　配置硬件

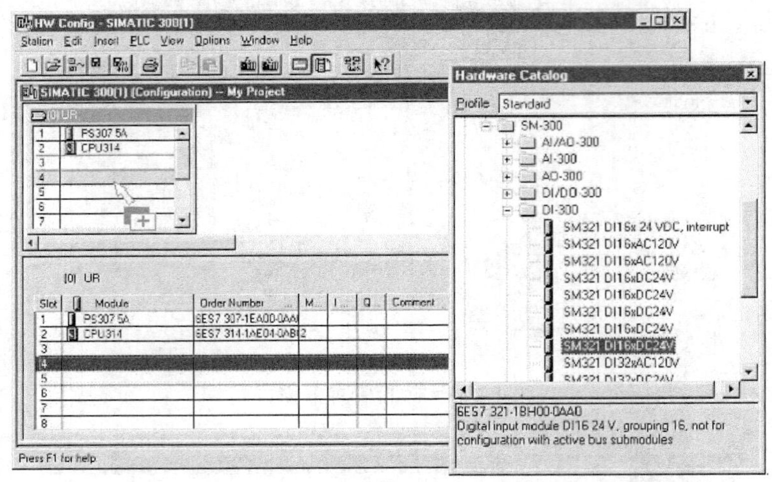

图 4-31　硬件配置图

③ 在“硬件配置”窗口中规划站的结构。模块目录提供帮助,利用菜单命令 View > Catalog 打开模块目录。

④ 首先从模块目录中选择一个机架(导轨)插入空的窗口中,然后选择若干模块并将其安放到机架的插槽中。每个站至少要配置一个 CPU 模块,若在项目窗口中,上述对象未显示出来,可以点击“站”图标之前的“+”号以显示模块,点击模块之前的小框以显示 S7 程序和对象“Connections(连接)”。

⑤ 硬件组态的保存和下载,如图 4-32 所示。

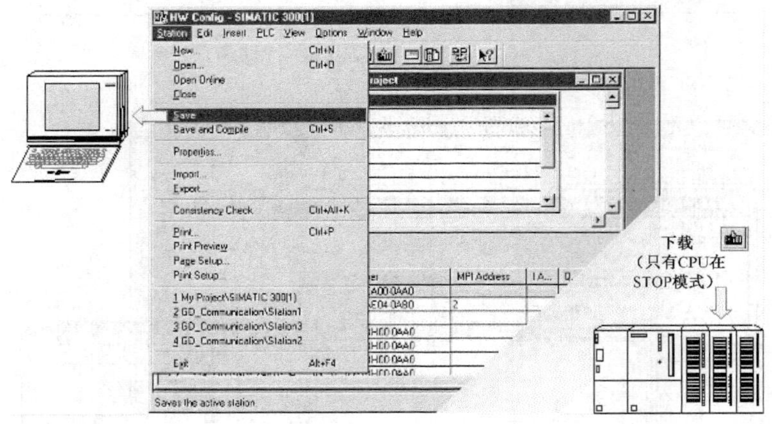

图 4-32　硬件组态的保存和下载

2. 程序块的生成

1)选择编程语言

在标准的 STEP7 软件包中包括 LAD、FBD、STL 这三种编程语言,也可以装入可选软件包的其他编程语言。各种编程语言的应用场合见表 4-30。

表 4－30 编程语言

编程语言	用户类	应用
语句表 STL	愿意用类似于机器码语言编程的用户	程序在运行时间和存储空间要求上最优
梯形逻辑 LAD	习惯电路图的用户	编写逻辑控制程序
功能块图 FBD	熟悉布尔代数逻辑图的用户	编写逻辑控制程序
SCL(结构控制语言)可选软件包	用高级语言,如 PASCAL 或 C 编程的用户	数据处理任务程序
S7 Graph 可选软件包	有技术背景,没有 PLC 编程经验的用户	对顺序过程的描述很方便
Hi Graph 可选软件包	有技术背景,没有 PLC 编程经验的用户	对异步非顺序过程的描述很方便
CFC 可选软件包	有技术背景,没有 PLC 编程经验的用户	适于连续过程的描述

如果程序块中没有错误,可将其在梯形逻辑、功能块图和语句表之间进行切换,如果有部分程序不能切换,则用语句表显示。

(1)梯形逻辑编程语言(LAD)。

图形编程语言梯形逻辑是在电路图表示法的基础上,在程序段中将电路图中的元素,如常开触点和常闭触点组合而成。一个逻辑块的程序部分由一段或多段程序组成。梯形逻辑程序是用增量编辑器生成,具体编辑方法可上机操作。

(2)功能块图编程语言(FBD)。

编程语言功能块图使用类似于布尔代数的图形逻辑符号来表示控制逻辑。一些复杂功能,诸如算术功能等,可直接用逻辑框表示。编程语言是用增量编辑器生成,具体编辑方法可上机操作。

(3)语句表编程语言(STL)。

编程语言的另一种表示法是语句表,它类似于机器码的一种文本语言。每条语句对应 CPU 处理程序中的一步,多条语句可组成一程序段。语句表编程语言类型包含在 STEP7 标准软件包中。用这种类型语言编辑程序既可以用增量编辑器,也可用 STL 源文件自由模式编辑器,再通过编译将其生成各类程序块。具体编辑方法可上机操作。

2)逻辑块的生成

(1)用 SIMATIC 管理器生成块的步骤:

打开项目中 S7 块的“Blocks”文件夹:

选择菜单命令:

FB(功能块)	Insert > S7 Block > Function Block
FC(功能)	Insert > S7 Block > Function
OB(组织块)	Insert > S7 Block > Organization Block
DB(数据块)	Insert > S7 Block > Data Block
UTD(用户定义的数据类型)	Insert > S7 Block > User－Defined Data Type
VAT(变量表)	Insert > S7 Block > Variable Table

(2)用增量编辑器生成块的步骤：

① 在编辑窗口，选择菜单命令 File > New，在随后的对话框中，选择一个块；

② 输入你要生成的逻辑块的名字，用“OK”确认。

所需要的块生成后，编辑器窗口打开。窗口的上半部分用于编辑变量声明表，下半部分包含你编的新块的程序部分。

(3)设置块属性的步骤：

打开 S7 程序的块文件夹；双击程序块或用菜单命令 Edit > Open Object 打开它；选择菜单命令 File > Properties，共有三个标签：General - Part1(常规第一部分)，General - Part2(常规第二部分)，在该特性页中输入块的名字、系列、版本和作者。在“Attributes”特性页中为系统属性输入数值。

3)数据块的生成

数据块和其他块一样在 SIMATIC 管理器和增量编辑器中生成，方法也相同。在“New Data Block”对话框中选择你想生成的数据块类型：

Data block(共享数据块)；

Data block referencing a user - defined data type(共享数据块)；

Data block referencing a function block(背景数据块)。

对于第三个选项，还必须选择一个该背景数据块所属的功能块。

数据块可用于存储块设备或生产线中可访问的数值。与梯形图、语句表、功能块图及逻辑块不同，数据块只有变量声明部分，没有程序指令部分。当用户打开数据块时，既可以用声明表形式显示，也可以用数据显示形式浏览数据块。用户可以用菜单命令 View > Declaration View 和 View > Data View 来切换两种显示状态。

数据显示状态：如果用户想修改数据，就应该用数据显示状态。在数据显示状态中，用户只能显示、输入或改变每个元素的实际值。在数据块的数据浏览中，复杂数据类型变量的各元素，分别用其全名列出。详细情况见表 4 - 31。

表 4 - 31　数据显示状态

栏	解　释
Address(地址)	STEP7 自动为变量分配并显示地址
Declaration (声明类型)	本栏只在背景数据块中显示，表明在功能块的变量声明表中各变量是如何声明的：输入参数(IN)；输出参数(OUT)；输入/输出参数(IN/OUT)；静态数据(STAT)
Name(名字)	在变量声明时给的符号，在数据浏览中用户不能编辑该域
Data Type (数据类型)	显示变量所声明的数据类型； 对于共享数据块，这里只列出基本数据类型，因为在数据浏览中，复杂数据类型变量或用户声明数据类型要分别列出元素； 对于背景数据块，也显示参数类型，对于用用户声明数据类型的参数(IN/OUT)，指针指向“实际值”栏中的数据类型
Initial Value (初始值)	用户为变量输入的初值，如果用户不想输入，则软件会根据所声明的数据类型给出缺省值； 如果用户没有给变量声明实际值，当数据块第一次存盘时，初值将用做实际值
Comment(文字注释)	输入的注释使变量文件化，用户在数据显示状态中不能编辑该域

声明表显示状态：可以浏览或确定共享数据块的数据结构，浏览与功能块相关的数据块的结构，与功能块相关的数据块的结构不能修改。要想修改它们，首先必须修改相应的 FB，然后再生成一个新的数据块。对于不能共享的数据块在声明表显示状态不能进行修改。详细情况见表 4－32。

表 4－32 声明表显示状态

栏	解 释
Address（地址）	当用户结束变量声明的输入时，STEP7 自动为变量分配并显示地址
Declaration（声明类型）	本栏只在背景数据块中显示，表明在功能块的变量声明表中各变量是如何声明的：输入参数（IN）；输出参数（OUT）；输入/输出参数（IN/OUT）；静态数据（STAT）
Name（名字）	这里输入给每个变量的符号名
Data Type（数据类型）	输入用户赋给变量的数据类型（BOOL、INT、WORD、ARRAY 等），变量可以有基本数据类型、复杂数据类型、用户声明数据类型
Initial Value（初始值）	这里可输入初值，如果用户不想输入，则软件会根据所声明的数据类型给出缺省值，如果用户没有给变量声明实际值，当数据块第一次存盘时，初值将用作实际值
Comment（文字注释）	输入对变量文档有帮助的注释，最多可以有 80 个字符

3. 建立在线连接进行 CPU 设置，以及下载和上载

1）建立在线连接进行 CPU 设置

要下装 S7 用户程序块、从 S7 可编程控制器上装程序到编程器和其他操作，需要在编程设备和可编程控制器之间建立在线连接；在线后可以进行测试用户程序、显示和改变 CPU 操作模式，为 CPU 设置时间和日期、显示模板的信息、比较在线和离线的块、诊断硬件等工作。

（1）通过在线的项目窗口建立在线连接。

① 激活所需的项目窗口；

② 选择菜单命令 View > Online 打开该项目的在线窗口；

③ 双击站以查看站中的可编程模板；

④ 双击你想要与之建立连接的模板。

（2）改变操作模式。

选择菜单命令 PLC > Operation Mode，当前模式显示在对话框中，点击适当的按钮转换操作模式，如果向某一操作模式的转换在当前情况下不允许，相应的按钮是无效的（显示为灰色）。

（3）显示并设置时间和日期。

选择菜单命令 PLC > Set Date and Time，在显示的对话框中可以读到所选模板当前的时间和日期，如果需要，可以在“Date”和“Time”栏中输入新的值，或者用缺省选项接受你的编程设备 PG 上的时间和日期。

2）下载和上载

（1）下载（PG→PC）。

下载时必须在编程设备和可编程控制器之间有一个连接（例如，多点接口 MPI）；必须可

以访问可编程控制器、下载的程序已无误的编译、CPU 必须在允许下载的工作模式(STOP 或 RUN_P)。RUN_P 模式表示这个程序将一次下载一个块,所以建议在下载前将 CPU 切换到 STOP 模式。

在下载用户程序之前,必须使 CPU 复位,保证没有旧块在 CPU 上。保存和下载目的是不同的,其区别见表 4 - 33。

表 4 - 33　保存和下载的区别

项目	保　存	下　载
菜单命令	File > Save File > Save as	PLC > Download
功能	编辑器中块的当前状态被保存在编程设备的硬盘上	编辑器中块的当前状态仅下载到 CPU 上
语法检查	运行语法检查,任何错误都将在对话框里被报告,错误的原因和位置也将显示出来,在下载或保存块前必须纠正这些错误,块将被编译成机器码或者保存下载	运行语法检查,任何错误都将在对话框里被报告,错误的原因和位置也将显示出来,在下载或保存块前必须纠正这些错误,块将被编译成机器码或者保存下载

用项目管理器下载。在项目管理器窗口选择要下载的用户程序或块,通过选择菜单命令 PLC > Download 将选中的对象下载到可编程控制器,也可以采用拖放方法:打开项目的一个离线窗口和一个在线窗口,在离线窗口选择要下载的对象并将它们拖至在线窗口。

(2)上载(PC→PG)。

上载块到编程设备上相应的项目中,在 SIMATIC 管理器中,用菜单命令 View > Online 打开项目的在线窗口,在线窗口中选择块文件夹或在块文件夹中选择块,选择菜单命令 PLC > Upload,所选对象被传送到编程设备的项目数据库中。另一种方法是从项目的在线窗口拷贝相应的块到项目的离线窗口。

4. 用变量表进行测试

当用变量表进行测试时,有如下功能:监视变量功能,可以在编程设备上显示用户程序中或 CPU 中的每个变量的当前值。

修改变量可以将固定值赋给用户程序中或 CPU 中的每个变量。使用程序状态测试功能也能立即进行一次数值修改。

使用外设输出并激活修改值功能,允许在停机状态下将固定值赋给用户程序中或 CPU 中的每个 I/O 输出。

强制变量功能给用户程序中或 CPU 中的每个变量赋予一个固定值,这个值是不能被用户程序覆盖的。

如果为监视和修改设置了相同的触发点,则监视值显示修改前的,因为监视功能在修改功能之前执行。要想监视修改值,应将监视触发点设在"Start of cycle",将修改触发点设在"End of cycle",触发点的位置如图 4 - 33 所示。

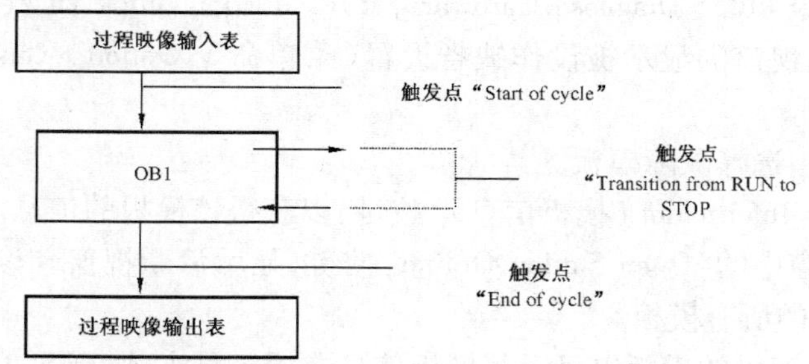

图 4 - 33 触发点的位置

5. S7 - 300 的硬件诊断和故障处理

1) 诊断硬件和故障诊断

可以通过观察诊断符号来判断一个模板是否有诊断信息。诊断符号可显示响应模板的状态,对于 CPU,还可显示操作模式。诊断符号可显示在在线项目窗口以及快速视窗(缺省设置)或调用“Diagnose Hardware(诊断硬件)”功能时的诊断视窗中。更详细的诊断信息显示在“Module Information(模板信息)”应用程序中,如图 4 - 34 所示,可以通过双击快速视窗或诊断视窗中的诊断符号启动该应用程序。

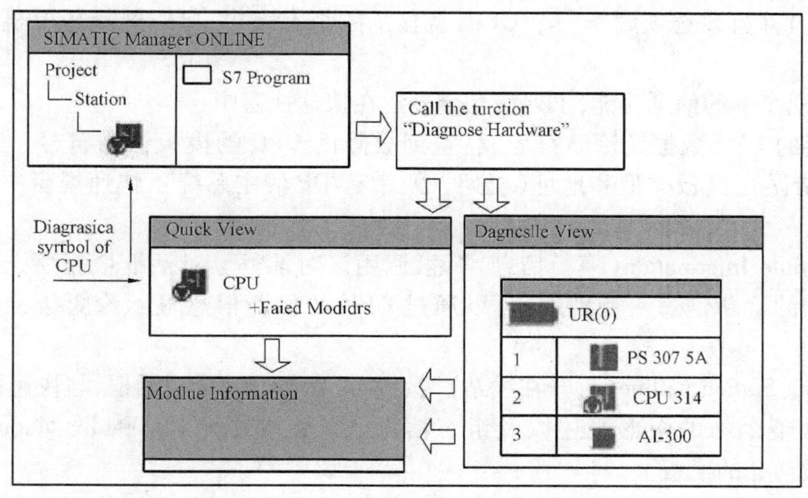

图 4 - 34 Diagnose Hardware 故障检定

通过 SETP7 软件检查的步骤如下:

(1)用菜单命令 View > Online,打开项目的在线窗口。

(2)打开所有的站,以便看到其中组态的可编程模板。

(3)查看哪个 CPU 显示了指示错误或故障的诊断符号。可以用 F1 键打开对诊断符号进行解释的帮助页。

(4)选择要检查的站。

(5)选择菜单命令 PLC > Module Information,为该站中的 CPU 显示模板信息。

(6)选择菜单命令 PLC > Diagnose Hardware,显示 CPU 的“quick view(快速视窗)”及本站中的故障模板。快速视窗的显示被设作缺省设置(菜单命令 Option > Customize,“View”选项卡)。

(7)在快速视察中选择故障模板。

(8)点击“Module Information(模板信息)”按键,以获得该模板的信息。

(9)点击快速视窗中的“Open Station Online”按键,显示诊断视窗。诊断视窗中包含了该站中按槽口顺序排列的所有模板。

(10)双击诊断视窗中的模板以显示其模板信息。用这种方式,还可以得到哪些没有故障因而没有显示在快速视窗中的模板信息。

不一定需要执行上述所有步骤,当得到所需的诊断信息后就可以停止。

2)诊断硬件(快速视窗)

(1)访问快速视窗功能。

快速视窗提供一种使用“Diagnosing Hardware(硬件诊断)”的快速方法,它所显示的信息比硬件组态中诊断视窗所显示的细节要少。当“Diagnosing Hardware”功能调用时,快速视窗作为缺省设置显示出来。在 SIMATIC 管理器中用菜单命令 PLC > Diagnose Hardwarl,调用快速视窗功能。可以在下列情况下使用菜单命令,如果在一个在线项目窗口中选中了一个模板或一个 S7/M7 程序,在“Accessible Nodes(可访问的网点)”窗口中选中了一个站(“MPI = . . . ”)并且该选项属于一个 CPU,从显示的组态表中,可以选择想要显示其模板信息的模板。

(2)快速视窗中的信息功能,下列信息会显示在快速视窗中:

在线连接的 CPU 数据及诊断符号、已查到故障的 CPU 的模板诊断符号(例如,诊断中断、I/O 访问错误)、模板类型和地址(机架、槽、带有 DP 的主系统)、快速视窗中的其他诊断选项。

点击“Module Information(模板信息)”键,调用该对话框。对话框依据所选模板的诊断能力显示详细的诊断信息。特别地,可以通过 CPU 的诊断信息显示诊断缓冲区中的各项内容。

使用“Open Station Online(打开在线站)”按键,可以打开一个对话框,与快速视窗相比,该对话框中包含整个站的图形概述以及组态信息。它集中在“CPU/Faulty Modules(CPU/故障)”列表中被切亮的模板上。

(3)诊断硬件(诊断视窗)。

调用诊断视窗(图 4 - 35),使用这种方法可以为机架上的所有模板打开“Modufe Information”对话框。诊断视窗(组态表)显示不同层的机架中站的实际结构,以及 DP 站及其模板。

注意:如果离线的组态表已经打开,可以使用菜单命令 Station > Open Online 打开组态表的在线视窗。根据模板的诊断能力的不同,在“Modufe Information”对话框中显示不同数量的选项卡。在“Accessible Nodes”窗口,只有哪些有自己的站地址(MPI 或 PROFIBUS 地址)的模板才能够看得见。从 SIMATIC 管理器的在线项目视窗中调用:

① 在 SIMATIC 管理器中,使用菜单命令 View > Online,与可编程控制器建立在线联系;

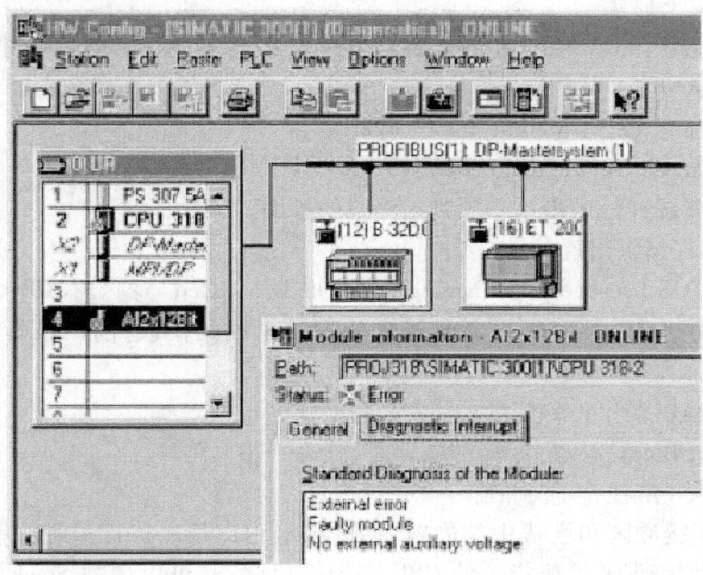

图 4-35 诊断窗口

② 选择一个站并双击打开；

③ 然后打开其中的"Hardware"对象，诊断视窗就打开了。

现在可以选择一个模板，使用菜单命令 PLC > Module Information 调用其模板信息。从 SIMATIC 管理器的离线项目视窗中调用，执行以下步骤：

① 从 SIMATIC 管理器的项目视窗中选择一个站并双击打开；

② 然后打开其中的"Hardware"对象，组态表就打开了；

③ 选择菜单命令 Station > Open Online；

④ 由模板（如 CPU）所决定的站组态及硬件组态诊断视窗就打开了，模板的状态由符号来指示，各种符号的含义可参考在线帮助、故障模板以及已经组态但找不到的模板分别列在不同的对话框中，在这个对话框中可以直接去找选中的模板（GO TO 键）；

⑤ 双击感兴趣的模板的符号，带有选项卡（依模板类型而不同）的对话框可以给出有关模板状态的详细分析。

从管理器的"Accessible Nodes"视窗中调用，执行以下步骤：

① 使用菜单命令 PLC > Display Accessible Nodes，在 SIMATIC 管理器中打开"Accessible Nodes"窗口；

② 在"Accessible Nodes"窗口选择一个站；

③ 选择菜单命令 PLC > Diagnose Hardware。

注意：在"Accessible Nodes"窗口，只有那些有自己的站地址的模块才能够看得见。诊断视窗中的信息功能与快速视窗相比，诊断视窗显示在线已有的整个站的组态，包括：机架组态；所有组态模板的诊断符号，从这里可以读每个模板的状态以及 CPU 模板的操作模式；模板类型、序号和地址细节，有关组态的注释；诊断视窗中另外的诊断选项；双击一个模板，可以显示该模板的操作模式。

3)在停机模式下诊断

(1)判断停机原因的基本程序,要判断 CPU 为什么进入“停机”模式,可按如下步骤进行:

① 选择已进入停机的 CPU;

② 选择菜单命令 PLC > Module Information;

③ 选择“Diagnostic Buffer(诊断缓冲区)”选项卡;

④ 可以从诊断缓冲区中最后一项判定停机的原因。

(2)如果有编程错误出现:

① 输入项“STOP because programming error OB bot loaded”意味着,CPU 已查到一个编程错误而且试图启动这个(不存在的)OB 块去处理这个编程错误,前一条指出了实际的编程错误;

② 选择与编程错误相关的信息;

③ 点击“Open Block”按钮;

④ 选择“Stacks(堆栈)”选项卡。

通过评估诊断缓冲区和堆栈中的内容,可以判定用户程序执行过程中引起故障的原因。例如,如果由于编程错误或停机指令使 CPU 进入停机状态,可以用“I Stack(中断堆栈)”、“L Stacks(局域堆栈)”和“Nesting Stack(嵌套堆栈)”按钮显示这些堆栈中的内容。堆栈内容提供哪些指令引起 CPU 进入停机的信息。

4)IM153 从站的诊断

表 4-34 给出了 IM153-1 上的状态和出错 LED;表 4-35 给出了 IM153-2 上的状态和出错 LED 指示状态及纠正的方法。

表 4-34 IM153-1 上的状态和出错 LED

LED			含 义	要纠正或避免错误
SF	BF	ON		
灭	灭	灭	IM153-1 没有加电,或 IM153-1 有硬件故障	接通电源模块或更换 IM153-1
*	*	亮	电压已供给 IM153-1	—
*	闪烁	亮	IM153-1 未正确参数化,DP 主站和 IM153-1 之间没有数据传送 原因: (1)组态和设置的 PROFIBUS 地址不正确; (2)总线故障	(1)检查 IM153-1; (2)检查组态和参数分配; (3)检查 IM153-1 上和 STEP7 项目中的 PROFIBUS 地址; (4)检查与波特率有关的电缆长度; (5)检查终端电阻设置
*	亮	亮	与 DP 主站无连接(波特率检测) 原因: PROFIBUS-DP 到 IM153-1 的总线通信已中断	检查总线组态; (1)检查是否正确插入总线连接器; (2)检查总线电缆与 DP 主站之间是否已经断开连接; (3)断开电源模块上的 24VDC 开关,然后重新接通

续表

LED			含　义	要纠正或避免错误
SF	BF	ON		
亮	闪烁	亮	ET200M 的组态设置与 ET200M 的实际设置不匹配	检查 PROFIBUS 地址和 ET200S 的组态，确定模块是否缺少或有故障，或者是插入了未组态的模块；检查组态（例如，使用 COMPROFIBUS 或 STEP7）
亮	灭	亮	无效的 PROFIBUS 地址 SM/FM 的 SF LED 也同时点亮；S7－300 模块中错误或有故障诊断； SM/FM 的 SF LED 没有亮起；IM153－1 有故障	(1) 在 IM153－1 上设置有效的 PROFIBUS 地址(1～125)； (2)通过诊断消息检查 SM/FM，更换 S7－300 模块或 IM153－1
灭	灭	亮	DP 主站与 ET200S 之间正在进行数据交换； ET200M 的预置组态和实际组态相符	—

注：* 为不适用。

表 4－35　IM153－2 上的状态和出错 LED

LED				含　义	要纠正或避免错误
SF	BF	ACT	亮		
灭	灭	灭	灭	IM153－2 没有加电，或 IM153－2 有硬件故障	接通电源模块或更换 IM153－2
*	*	*	亮	已给 IM153－2 加电，IM153－2 正在运行中	—
亮	灭	灭	灭	IM153－2 通电后的硬件复位中	—
亮	亮	亮	亮	通电后的硬件测试	—
亮	亮	灭	灭	正在运行操作系统更新	—
灭	闪烁 0.5Hz	灭	灭	操作系统更新已成功完成（取出 MMC 并接通 IM153－2）	—
亮	闪烁 0.5Hz	灭	灭	外部故障，例如，已删除了不合适的操作系统或 MMC	使用合适的用于更新的操作系统，更新期间不要取出 MMC
亮	闪烁 2Hz	灭	灭	内部故障，例如，在写入更新文件期间	重复更新过程，如果 LED 再次指示故障，则内部存储器故障
*	闪烁	灭	亮	IM153－2 未正确参数化，DP 主站和 IM153－2 之间没有数据传送 原因： (1) PROFIBUS 地址不正确； (2)总线故障	(1)检查 IM153－2； (2)检查组态和参数分配； (3)检查 IM153－2 上和 STEP7 项目中的 PROFIBUS 地址； (4)检查与波特率有关的电缆长度； (5)检查终端电阻设置

续表

LED				含义	要纠正或避免错误
SF	BF	ACT	亮		
*	亮	灭	亮	与DP主站无连接(波特率检测) 原因:通过PROFIBUS-DP到IM153-2的总线通信已中断	检查总线组态: (1)检查是否正确插入总线连接器、光缆; (2)检查电缆、光缆与DP主站的互联是否已经中断; (3)断开电源模块上的24VDC开关,然后重新接通
亮	闪烁	灭	亮	ET200M的组态设置与ET200M的实际设置不匹配	(1)检查ET200M的组态以确定模块是否缺少或有故障,或者是否插入了未组态的模块; (2)检查组态(例如使用COMPROFIBUS或STEP7)
亮	灭	灭	亮	无效的PROFIBUS地址; SM/FM的SF LED也同时点亮; S7-300模块中错误或有故障诊断; SM/FM的SF LED没有亮起; IM153-2有故障	(1)在IM153-2上设置有效的PROFIBUS地址(1~125); (2)通过诊断消息检查SM/FM,更换S7-300模块或IM153-2
*	灭	亮	亮	IM153-2参与了与DP主站和ET200M的I/O模块之间的数据交换,在冗余情况下,此IM153-2在ET200M中是激活的模块	—
*	灭	灭	亮	电压已供给IM153-2,在冗余情况下此IM153-2是激活的模块,即它不与I/O模块交换数据	—
闪烁 0.5Hz	灭	灭	亮	在冗余模块下此IM153-2是未激活的模块,并且不为波动切换做准备	将容错系统置于冗余状态

注:为不适用;在转换冗余模块后,SFLED继续闪烁20s。

(七)PLC系统设计

1. 系统设计

PLC控制系统是以程序形式来体现某控制功能的,大量的工作时间将用在软件设计,也就是程序设计上。程序设计对于初学者通常采用继电器系统设计方法中的逐步探索法,以步为核心,一步一步设计下去,一步一步修改调试,直到完成整个程序设计。由于PLC内部继电器数量大,其触点在内存允许的情况下可以重复使用,具有存储数量大、执行程序快等特点,对于初学者采用此法设计可缩短设计周期。PLC系统设计步骤如图4-36所示。

显然,要建立一个PLC控制系统,必须首先把系统需要的输入、输出数量确定下来。然后按需要确定各种控制动作的顺序和各个控制装置彼此之间的相互关系。确定控制上的相互关系后,就可进行编程的第二步——分配输入、输出设备。在分配了PLC的输入、输出点,内部

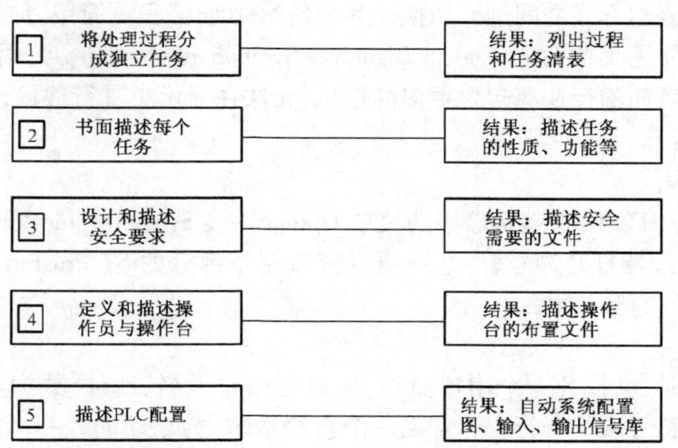

图 4－36　PLC 系统设计步骤

辅助继电器、定时器、计数器之后，就可以设计 PLC 程序，即画出梯形图。在画梯形图时，要注意每个从左母线开始的逻辑行必须终止于一个继电器线圈、定时器、计数器或其他指令。特别是具体接线、配线时更应引起注意。梯形图画好后，使用 STEP7 软件直接把梯形图输入计算机，并下装到 PLC 进行模拟调试、修改、下装，直至达到控制要求。这就是程序设计的整个过程。

2. 创建程序

1）建立符号表

（1）定义符号。

在 STEP7 程序中，可以寻址 I/O 信号、存储位、计数器、定位器、数据块和功能块，可以在程序中用绝对地址来访问这些。但是，如果使用符号地址，程序读起来会更容易（例如，参照工厂的代码系统），使用 Motor_A_On 或其他的标识符。用户程序中的地址则可通过这些符号来寻址。

（2）绝对地址。

一个绝对地址由一个地址标识符和一个存储地址组成（如，Q4. 0，I1. 1，M2. 0，FB21）。

（3）符号地址。

如果给绝对地址赋予符号名字，则用户程序的可读性会更好，故障诊断更容易。STEP 7 可自动地将符号地址转换成所需的绝对地址。如果要用符号名访问数组、结构、数据块局域数据、逻辑块以及用户定义的数据类型，必须首先将符号名赋给绝对地址，然后才能对这些数据进行符号寻址。例如，你可以将符号名 MOTOR_ON 赋给地址 Q4. 0，然后在程序指令中就可以使用 MOTOR_ON 寻址了。使用符号地址可以比较容易地辨别出程序中所用操作数与过程控制项目中的元素的对应关系。

（4）在符号名中不允许使用两个连续的下划线（如 MOTOR__ON）。

（5）编程支持。

在梯形图、功能块图及语句表这三种编程语言的表达方式中，可以使用绝对地址或符号来输入地址、参数和块名。使用菜单命令 View > Display > Symbolic Representation，可以在绝对地址和符号地址两种表达方式之间进行切换。为使符号地址编程更简单,你可以显示该符号的绝对地址及注释。使用菜单命令 View > Display > Symbol information,可激活此信息功能。这意味着语句表指令后面的行注释包含更多的信息,无法在显示中进行编辑,任何修改都需在符号表或声明表中进行。

(6)打开符号表。

通过选择 LAD/STL/FBD 编辑器中的菜单 Options - > Symbol Table 可以打开符号表。也可以从 SIMATIC 管理器打开符号表:选择项目窗口左手部分的 S7 Program(程序),并双击窗口右面的"Symbols"(符号)对象。

(7)表结构。

当打开符号表时,会打开一个附加窗口,该窗口由符号名、地址、数据类型和注释等列组成。每个符号占用符号表的一行。当定义一个新符号时,会自动插入一个空行。符号表的结构如图 4 - 37 所示。

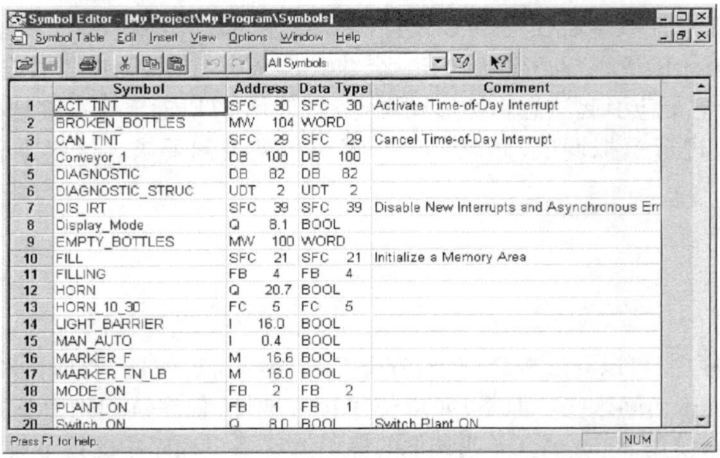

Symbol Editor - [My Project\My Program\Symbols]

Symbol Table Edit Insert View Options Window Help

All Symbols

	Symbol	Address	Data Type	Comment
1	ACT_TINT	SFC 30	SFC 30	Activate Time-of-Day Interrupt
2	BROKEN_BOTTLES	MW 104	WORD	
3	CAN_TINT	SFC 29	SFC 29	Cancel Time-of-Day Interrupt
4	Conveyor_1	DB 100	DB 100	
5	DIAGNOSTIC	DB 82	DB 82	
6	DIAGNOSTIC_STRUC	UDT 2	UDT 2	
7	DIS_IRT	SFC 39	SFC 39	Disable New Interrupts and Asynchronous Err
8	Display_Mode	Q 8.1	BOOL	
9	EMPTY_BOTTLES	MW 100	WORD	
10	FILL	SFC 21	SFC 21	Initialize a Memory Area
11	FILLING	FB 4	FB 4	
12	HORN	Q 20.7	BOOL	
13	HORN_10_30	FC 5	FC 5	
14	LIGHT_BARRIER	I 16.0	BOOL	
15	MAN_AUTO	I 0.4	BOOL	
16	MARKER_F	M 16.6	BOOL	
17	MARKER_FN_LB	M 16.0	BOOL	
18	MODE_ON	FB 2	FB 2	
19	PLANT_ON	FB 1	FB 1	
20	Switch_ON	Q 8.0	BOOL	Switch Plant ON

Press F1 for help. NUM

图 4 - 37 符号表的结构

(8)符号表中允许使用的地址和数据类型。

在整个符号表中只能使用一套助记符。在 Windows 管理器中使用菜单命令 Options > Customize,在"Language"选项中,可以在 SIMATIC(德语)和 IEC(英语)两套助记符之间进行切换。符号表中允许使用的地址和数据类型见表 4 - 36。

表 4 - 36 符号表中允许使用的地址和数据类型

IEC	SIMATIC	说 明	数 据 类 型	范 围
I	E	输入位	BOOL	0.0 ~ 65535.7
IB	EB	输入字节	BYTE、CHAR	0 ~ 65535
IW	EW	输入字	WORD、INT、S5TIME、DATE	0 ~ 65534
ID	ED	输入双字	DWORD、DINT、REAL、TOD、TIME	0 ~ 65532
Q	A	输出位	BOOL	0.0 ~ 65535.7

续表

IEC	SIMATIC	说 明	数 据 类 型	范 围
QB	AB	输出字节	BYTE、CHAR	0~65535
QW	AW	输出字	WORD、DINT、S5TIME、DATE	0~65534
QD	AD	输出双字	DWORD、DINT、REAL、TOD、TIME	0~65532
M	M	存储位	BOOL	0.0~65535.7
MB	MB	存储字节	BYTE、CHAR	0~65535
MW	MW	存储字	WORD、DINT、S5TIME、DATE	0~65534
MD	MD	存储双字	DWORD、DINT、REAL、TOD、TIME	0~65532
PIB	PEB	外设输入字节	BYTE、CHAR	0~65535
PQB	PAB	外设输出字节	BYTE、CHAR	0~65535
PIW	PEW	外设输入字	WORD、DINT、S5TIME、DATE	0~65534
PQW	PAW	外设输出字	WORD、DINT、S5TIME、DATE	0~65534
PID	PED	外设输入双字	DOWRD、DINT、REAL、TOD、TIME	0~65532
PQD	PAD	外设输出双字	DOWRD、DINT、REAL、TOD、TIME	0~65532
T	T	定时器	TIMER	0~65535
C	Z	计数器	COUNTER	0~65535
FB	FB	功能块	FB	1~65535
OB	OB	组织块	OB	1~65535
DB	DB	数据块	DB、FB、SFB、UDT	0~65535
DB	DB	数据块	DB、FB、SFB、UDT	0~65535
FC	FC	功能	FC	0~65535
SFB	SFB	系统功能块	SFB	0~65535
SFC	SFC	系统功能	SFC	0~65535
VAT	VAT	变量表		0~65535
UDT	UDT	用户定义数据类	UDT	0~65535

2)用户程序中的块

STEP 7 编程软件允许将整个用户程序写在 OB1 中(线性化编程),只有在为 S7-300/400 编写简单程序并且需要较少存储区域时,才建议使用这种方法。STEP 7 编程软件允许结构化用户程序,也就是说可以将程序分解为单个的、自成体系的程序部分。这样做有以下优点:

(1)大规模的程序更容易理解。

(2)可以对单个的程序部分进行标准化。

(3)程序组织简化。

(4)程序修改更容易。

(5)由于可以分别测试各个部分,查错更为简单。

(6)系统的调试更容易。

3)循环程序处理

循环程序处理是可编程控制器上程序执行的“普通”类型,这意味着操作系统在程序环(循环)中运行,并且在主程序的每一个环中调用一次组织块 OB1。OB1 中的用户程序因此也被循环执行。

3. 程序编制的基本方法

设计一个自动化项目的方法有很多,但是可用于任何项目的基本方法大致相同。

1)过程分割为任务和区域

一个自动化过程包括许多单个的任务,通过识别一个过程内的相关任务组,然后将这些组再分解为更小的任务,使最复杂的过程也能够被定义。在定义了要控制的过程之后,将项目分割成相关的组或区域。由于每组被分成小任务,所以控制过程在这一部分所要求的任务就不那么复杂了。

2)说明各个功能区域

当说明过程中的各个区域和任务时,不仅要定义每个区域的操作,而且要定义控制该区域的各种组件,包括每个任务的电的、机械的和逻辑的输入和输出;各个任务的互锁和相关。

3)列表输入、输出和输入/输出

在为每个要控制的设备写出物理说明后,为每个设备或任务区域划出输入和输出图。这个图相应于要编程的逻辑块。

4)建立安全要求

根据法定的要求及公共健康和安全政策,决定为确保过程安全还需要哪些附加组件,在描述中还应包括哪些安全组件对过程区域的任何影响。

确定哪些设备需要硬件接线电路以达到安全要求,通过定义,这些安全电路的操作独立于可编程控制器以外(虽然安全电路通常提供一个 I/O 接口以便与用户程序相配合)。通常要组态一个矩阵来连接每一个执行器,这些执行器都有它自己的紧急断开范围。这个矩阵是构建安全电路的电路图的基础。

设立安全机制可按如下要求进行:

(1)决定每个自动化任务之间逻辑的和机械的、电的互锁。

(2)设计电路使得属于过程的设备可以在紧急情况下手动操作。

(3)为过程的安全操作建立更进一步的安全要求。

5)描述所需要的操作员显示和控制

每个过程需要一个操作员接口,使得操作人员能够对过程进行干预。设计技术规范的部分包括操作员控制站的设计。

6)生成一个组态图

在制作了设计要求的文档后,还必须决定项目所需的控制设备的类型。通过决定使用什么样的模板也就指定了可编程控制器上的结构。生成一个组态图要指定以下各方面:CPU 类型;I/O 模板的类型及数量;物理输入和输出的组态。

(八)PLC系统设计编程应用实例

[实例1] 某装有包裹的临时仓库,其最大容量为100个包裹;通过传送带进出包裹,进货和出货各有一光电传感器,要求对仓储区的包裹情况即仓储区空、仓储区不空、仓储区大于50%、仓储区大于90%及仓储区满进行指示,工艺过程如图4-38所示。控制面板如图4-39所示。

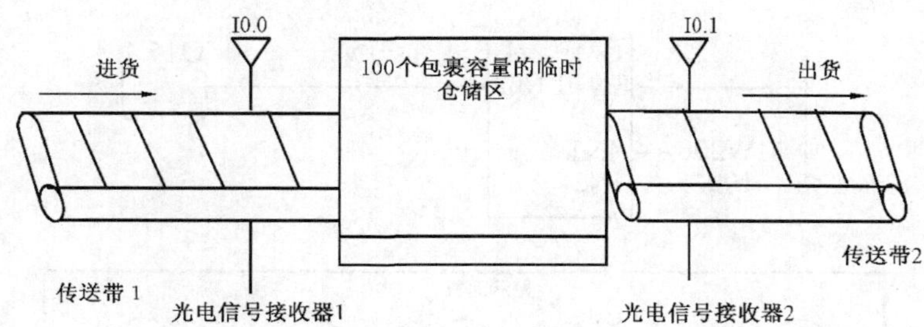

图4-38 临时仓库工艺过程

仓储区梯形图程序如下:

程序段1:

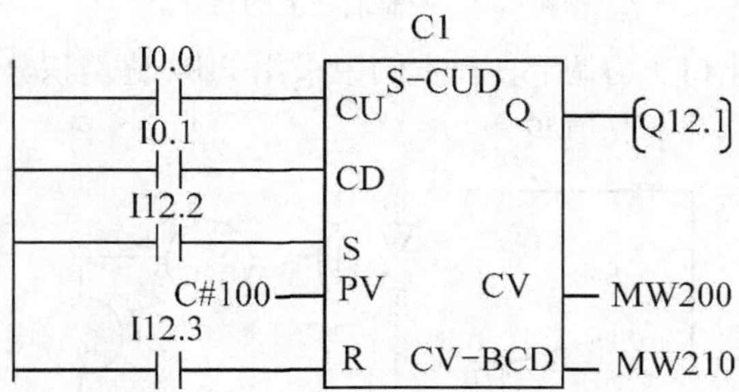

Q12.1 指示仓库区不空;

程序段2:

Q12.0 指示仓库区空;

程序段3:

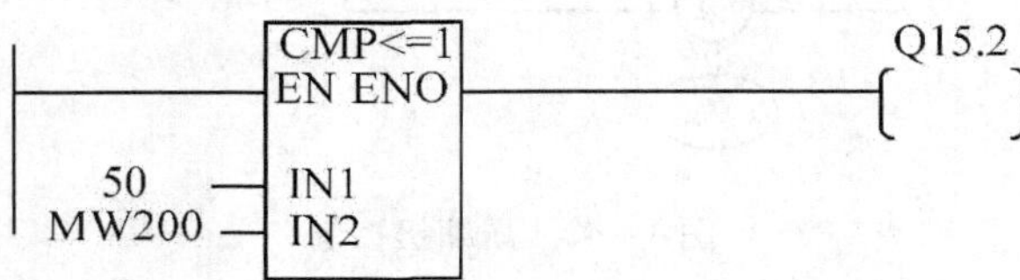

如果50小于等于计数值,仓库区装入50%;

程序段4:仓库区装入90%;

```
              CMP>=1                    Q15.3
       ——————EN  ENO————————————————————( )
 MW200 ——————IN1
 90    ——————IN2
```

程序段 5:仓库区装入 100%;

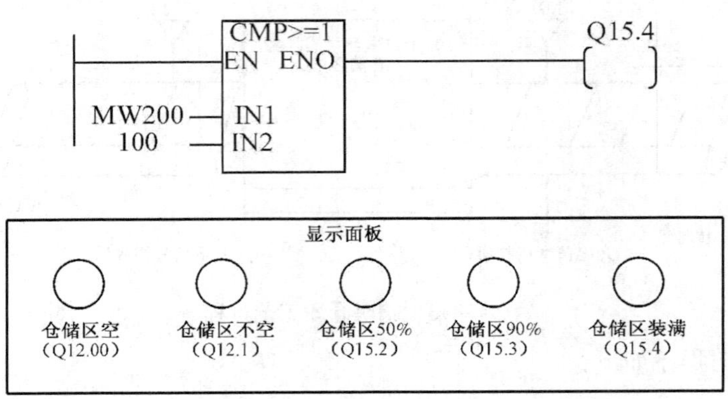

图 4-39 控制面板上的指示灯

[**实例 2**] 压缩机出口压力调节。在本例中采用 PID(比例积分微分)控制,压缩机部分和油箱部分的示意图如图 4-40 所示。

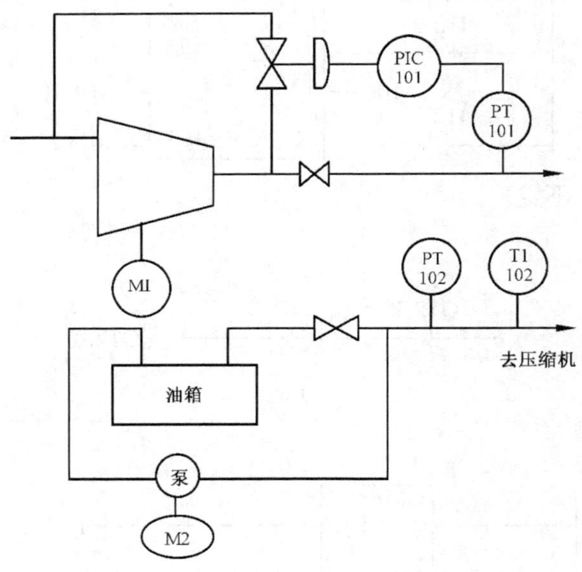

图 4-40 压缩机控制

整个控制系统的要求,即操作条件如下:

(1)自动调节部分的要求:压缩机出口压力调节:PT101:4~20mA,0~10MPa;PT102:4~20mA,0~0.2MPa;TI102:4~20mA,0~200℃;PIC101:4~20mA;要求压力稳定在 8MPa。

(2)报警部分的要求:油温度高报:40℃;油压低报:0.1MPa。

(3)连锁部分的要求:M2 启动 10s 后 M1 可以启动;M1 停止 5s 后 M2 可以停止;M2 停止 M1 立即停止。

设计操作台如图 4-41 所示。

○M1启动	○M2启动	○M1运行	○ M1油压低
○M1停止	○M2停止	○M2运行	○ M1油温高

图 4-41 操作台平面图

制作输入、输出表(I/O 表),见表 4-37。

表 4-37 输入、输出表

输 入		输 出	
M1 启动	I124.0	M1 运行	Q124.0
M1 停止	I124.1	M2 运行	Q124.1
M2 启动	I124.2	油压低	Q124.2
M2 停止	I124.3	油温低	Q124.3
—	—	M1 运行指示灯	Q124.4
—	—	M2 运行指示灯	Q124,5

压缩机控制梯形图程序如下:

OB 中的程序;

程序段 1:压缩机电动机控制

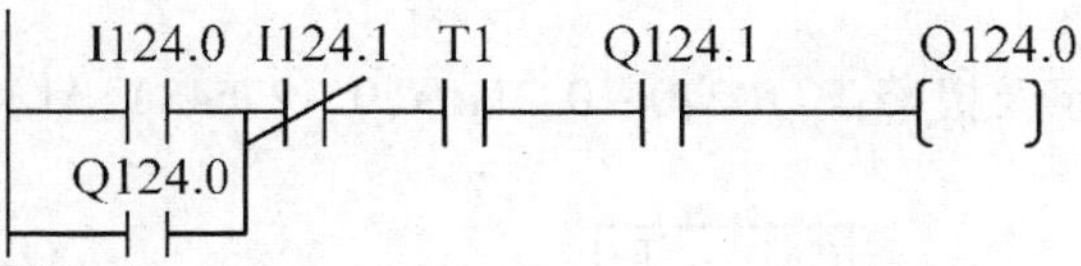

I124.0 I124.1 T1 Q124.1 Q124.0

Q124.0

程序段 2:油泵电动机的控制

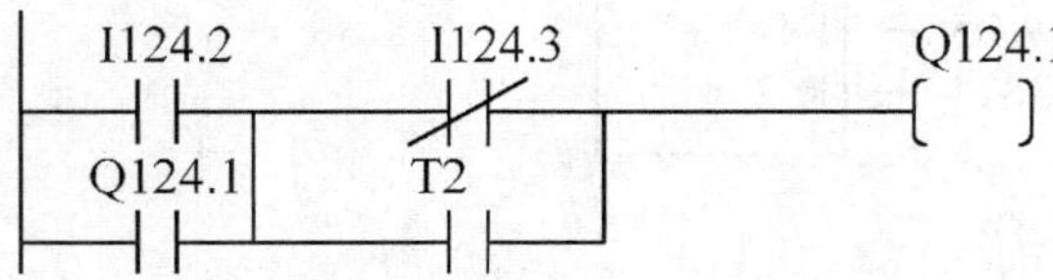

程序段 3:油泵开 10s 后压缩机可以启动

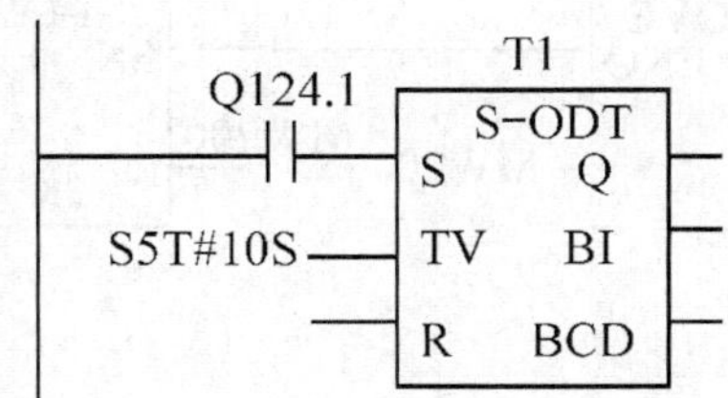

程序段4:压缩机停5s后油泵可以停

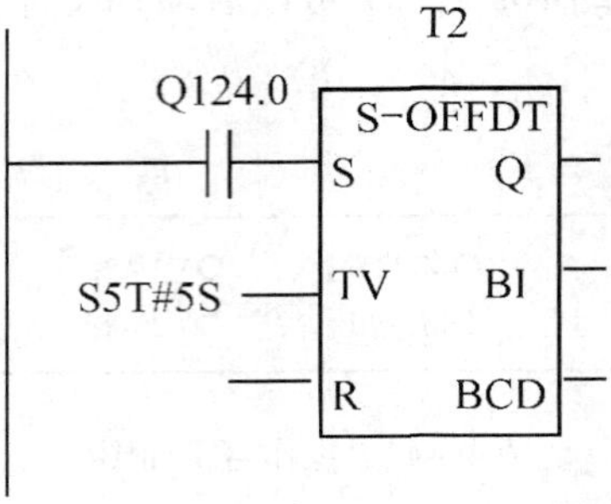

T2
Q124.0
S-OFFDT
S Q
S5T#5S TV BI
R BCD

程序段5:温度显示及报警:TI102:PT100 0~200℃,ALM=40℃

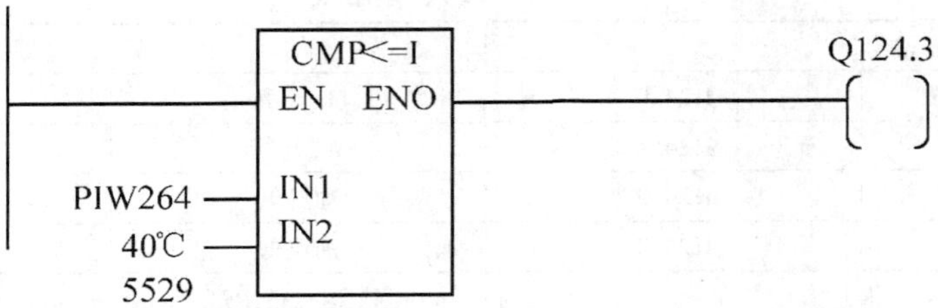

CMP<=I
EN ENO
Q124.3
PIW264 IN1
40℃ IN2
5529

程序段6:将温度值保存(整数转换为双整数32位)

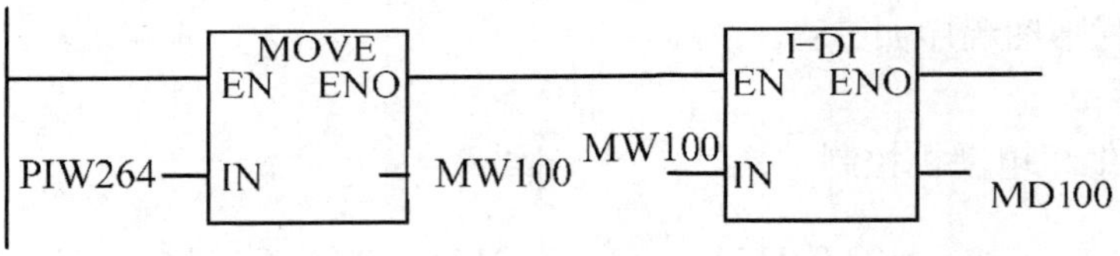

MOVE
EN ENO
PIW264 IN
MW100
I-DI
EN ENO
MW100 IN
MD100

程序段7:压力低显示及报警:PT102:0~0.2MPa(0~27648),ALM=0.1MPa

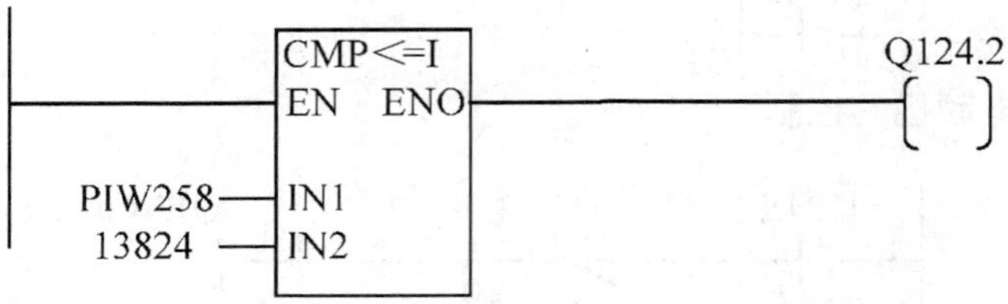

CMP<=I
EN ENO
Q124.2
PIW258 IN1
13824 IN2

程序段8:将压力值保存

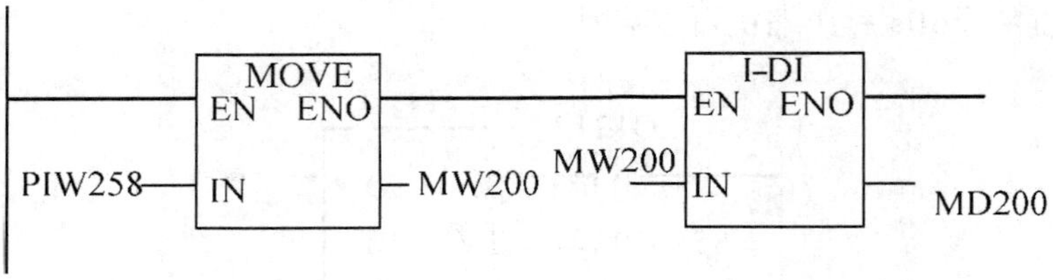

MOVE
EN ENO
PIW258 IN
MW200
I-DI
EN ENO
MW200 IN
MD200

程序段9:标度变换

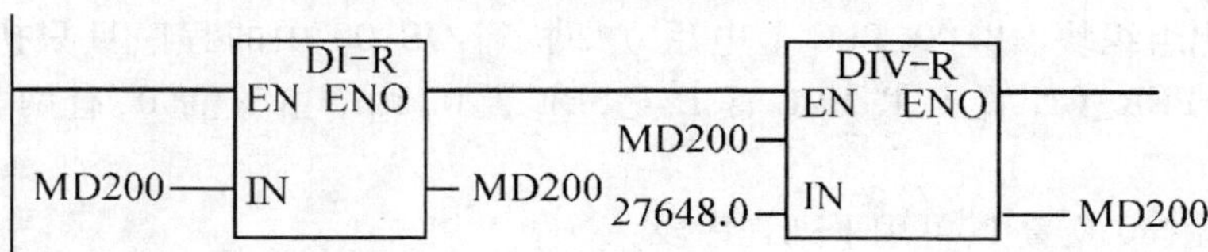

程序段 10:转换成工程量值

MUL-R
EN ENO
MD200
0.2
IN
MD200

程序段 11:电动机 M1、M2 的运行指示灯程序

Q124.0
Q124.4
Q124.1
Q124.5

压缩机出口压力闭环控制:连续控制的 PID 块 FB41 可以在 OB1 中调用,也可以在循环中断组织块 OB35 中调用。下面以在 OB35 中调用为例说明。

在 OB35 中调用 FB41、FB41 的背景数据块为 DB1(数据块可在调用时生成);(PIC101)OB35 中的程序:

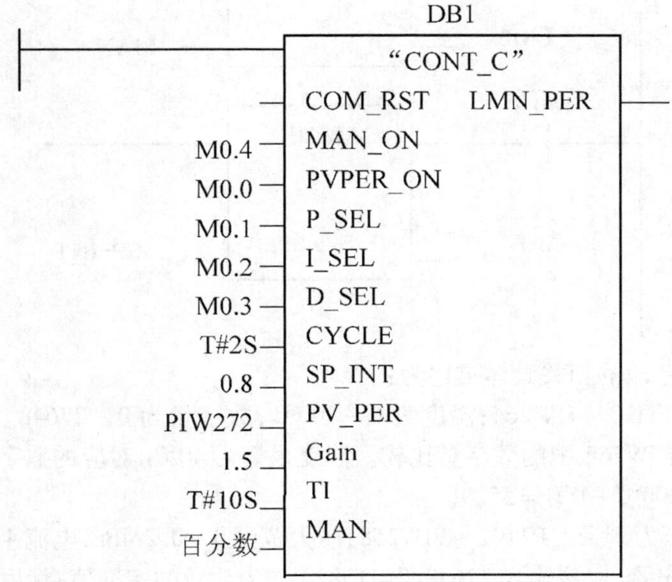

上电初始化组织块 OB100;PLC 上电后立即执行 OB100 中的程序且只执行一次;初始化程序中令:PVPER_ON 置 1,P_SEL 置 1,I_SEL 置 0,MAN_ON 置 0;有两种方法可对其设置:

方法 1:若让 M0.0 置 1,可用下列程序段:

M0.0
M0.1
M0.1

方法 2:利用赋值指令可以直接以字节或字的格式进行设置:

MOVE
B#16#07
MB0

注意:OB100 上电初始化组织块,上电后马上执行 OB100 的启动程序,立即对 MBO 赋值。对于西门子 PLC 的 PID 模块的手动、自动无扰动切换需要进行设置。设置方法如下:

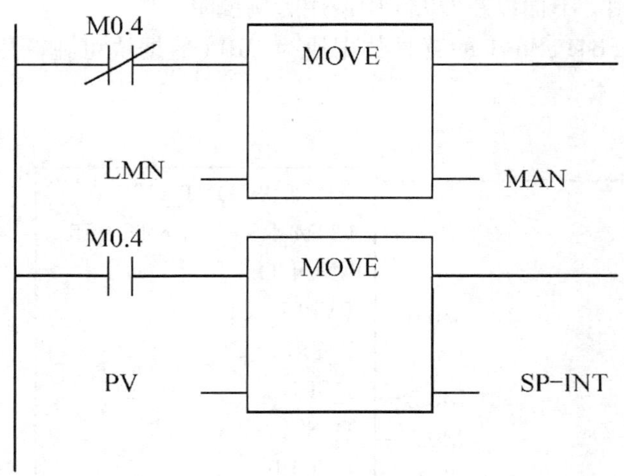

该例中对于程序段的相关具体描述为:

(1)温度测量。TI102→IW264;温度为 0 ~ 200℃,数字量为 0 ~ 27648,电流为 4 ~ 20mA,若实现比较,应该与 IW264 中的数字量比较。温度报警为 40℃,对应的数字量值应该为:

27648 ×40℃/200℃ -0℃ =5529。

(2)油箱出口压力测量。PT102 ~ PIW258;压力范围 0 ~0. 2MPa,电流 4 ~20mA,数字量为 0 ~27648;0. 1MPa 报警,应该输入 27648/2 =13824 作为比较的基准值;标度变换:输入整型数

(INT)→双整型数(DINT)→浮点数;(输入数/27648 - 0) × (0.2 - 0),最终转换为工程量值。

(3)出口压力控制。

有关 PID 块输入、输出参数的简要说明如下:

输入参数:

① MAN - ON:手动值 ON,为布尔型变量,缺省值为 TRUE;如果该变量被置位,自动控制回路被断开,手动值作为其操作值。

② PVPER - ON:外部过程变量为 ON,为布尔型变量,缺省值为 FALSE;如果过程变量从 I/O 读入,PV - PER 必须连接到 I/O,且该输入必须被置位。

③ P - SEL:比例作用激活,为布尔型变量,缺省值为 TRUE;在 PID 算法中,PID 作用能被单独的激活或去活,当该输入被置位,P 作用被激活。

④ I - SEL:积分作用激活,为布尔型变量,缺省值为 TRUE;在 PID 算法中,PID 作用能被单独的激活或去活,当该输入被置位,I 作用被激活。

⑤ D - SEL:微分作用激活,为布尔型变量,缺省值为 FALSE;在 PID 算法中,PID 作用能被单独的激活或去活,当该输入被置位,D 作用被激活。

⑥ CYCLE:采样时间,为时间型变量,范围大于 1ms,缺省值为 T#1S,在块被调用的时间必须是恒定的,为指定块被调用的时间间隔。

⑦ SP - INT:内给定值,为浮点数,范围是 -100% ~100%,内给定输入通常用来作一个专用的设定点。

⑧ PV - IN:过程变量输入,为浮点数,范围是 -100% ~100%,一个初始值或一个外部变量能被输入。

⑨ PV - PER:外部过程变量,为 WORD 型,默认值为 W#16#0000,I/O 形式的过程变量,在该点被连接到控制器。

⑩ MAN:手动值,为浮点数,范围是 -100% ~100%,手动值输入通常用来设置一个手动值(使用操作器接口功能)。

⑪ GAIN:比例增益,默认值为 2,实型数据。

⑫ TI:积分时间,大于等于 CYCLE,默认值为 T#20S。

⑬ TD:微分时间。

⑭ DEADB - W:死区宽度,浮点数 > =0.0(%),缺省值为 0.0,死区应用于误差,死区的宽度取决于死区的大小。

⑮ LMN - HLM:上嵌位,100(%),初始 100.0。

⑯ LMN - LLM:下嵌位, -100(%),初始 0.0。

⑰ PV - FAC:过程变量系数,初始为 1.0,过程变量的值乘以系数。

⑱ PV - OFF:过程变量偏置,过程偏置量加上过程变量。

输出参数:

① LMN:操作值,为浮点数,缺省值为 0.0。

② LMN - PER:外部的操作值,字型,默认值为 W#16#0000,该操作值以 I/O 的格式被接到控制器。

③ QLMN - HLM:到达操作值的高限,为布尔型,初始值为 FALSE,上限指示。

④ QLMN－LLM:到达操作值的低限,为布尔型,初始值为FALSE,下限指示。

⑤ LMN－P:比例成分。

⑥ LMN－I:积分成分。

⑦ LMN－D:微分成分。

⑧ PV:过程变量,实际的过程变量是从该点被输出。

⑨ ER:偏差信号,为浮点数,实际偏差在该点输出。

[实例3] 工业搅拌过程。两种配料(A、B)在一个混合罐中由搅拌器混合在一起,混合后的产品通过一个排料阀排出该罐。工业搅拌过程如图4－42所示。注意:罐液面测量开关共三个:罐满开关、最低液位开关、罐空开关。

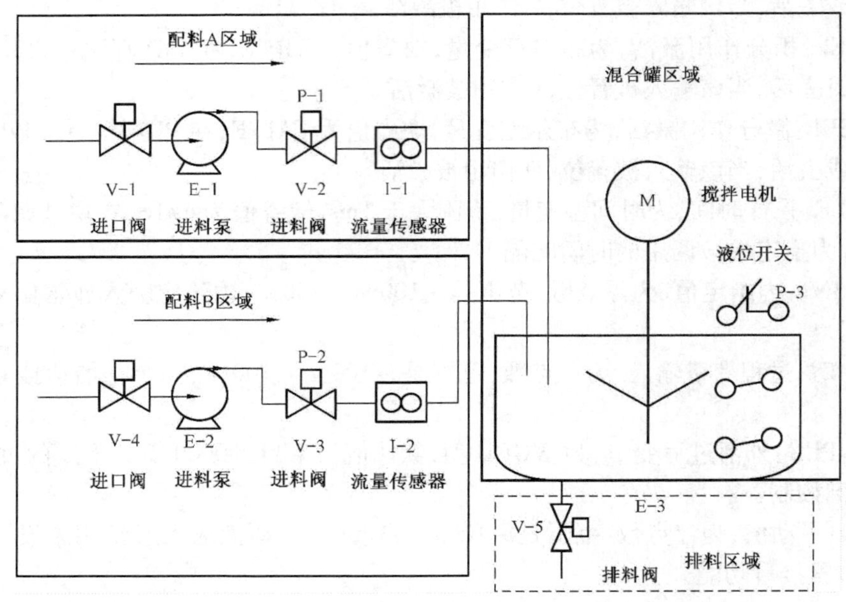

图4－42 工业搅拌过程

1)过程分解区域

(1)配料A、B区域。

① 当罐的液面传感器(常闭点)满时,进料泵的接通必须被锁定;

② 当排料阀打开时进料泵的启动必须被锁定;

③ 在启动泵最开始的1s内,必须打开进口阀和进料阀;

④ 在进料泵停止后(来自流量传感器的信号)阀门必须立即被关闭,以防配料从泵中泄漏;

⑤ 在泵启动7s内,流量传感器会报告溢出;

⑥ 当进料泵运行时,如流量传感器没有流量信号,进料泵必须被尽快断开;

⑦ 进料泵的启动次数必须进行计数(维护间隔)。

(2)混合罐区域。

① 当罐的液面传感器指示液面低于最低限(常开点)或排料阀打开时,搅拌电机的启动必

须被锁定；

② 搅拌电机在达到额定转速时要发出一个响应信号，如果在电机启动 10s 内还未接到该信号，则电机必须被立即断开；

③ 在混合罐中必须对搅拌电机启动次数计数(维护间隔)。

(3)排料区域。

① 罐内产品的排除由一个螺线管阀门控制，它由操作员控制，最迟在“罐空”信号产生时该阀必须被关闭；

② 当搅拌电机在工作，罐空时，打开排料阀必须被锁定。

操作站设置的控制面板如图 4－43 所示。为了设置控制过程的开关，使用“复位维护显示”开关，可以关掉电机的维护显示灯，复位相应的计数器；同时配置了指示过程状态的指示灯和紧急停车开关。

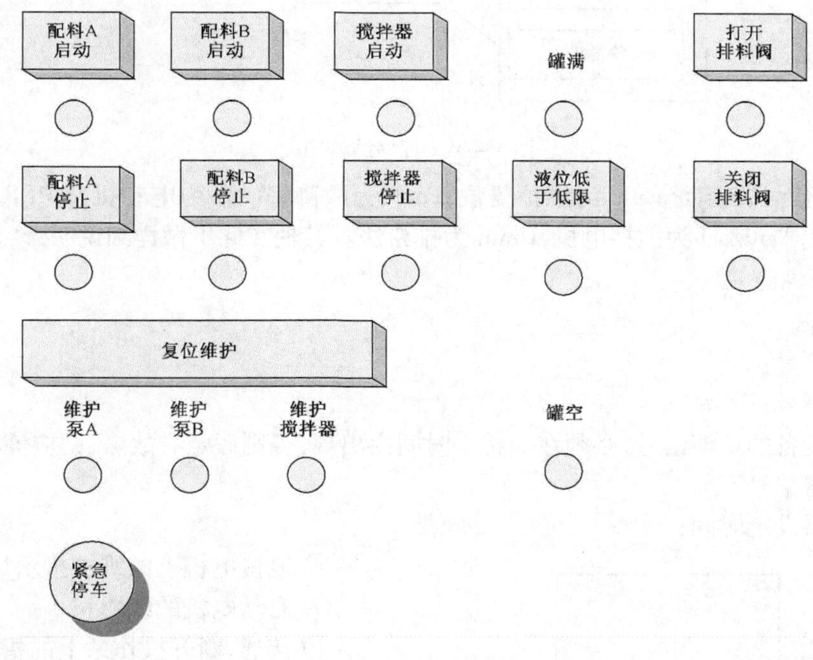

图 4－43　操作台面板

2)定义逻辑块

本例采用结构化编程方法，即采用结构化编程块的分层调用结构。DB1、DB2、DB3 分别为 FB1 提供背景数据块，存放他们的相关数据。

配料 A 进料泵、配料 B 进料泵与搅拌电机的控制由于要求一致，故采用同一功能块来实现，但提供三个不同的数据块。

配料 A、B 的进口阀、进料阀以及排料阀也共用一个 FC 来实现；其分层调用结构如图 4－44所示。

3)在符号表中定义符号

全局符号以“　”号表示。局域符号以“#”号表示；Start 为启动按钮，Stop 为停止按钮，Re-

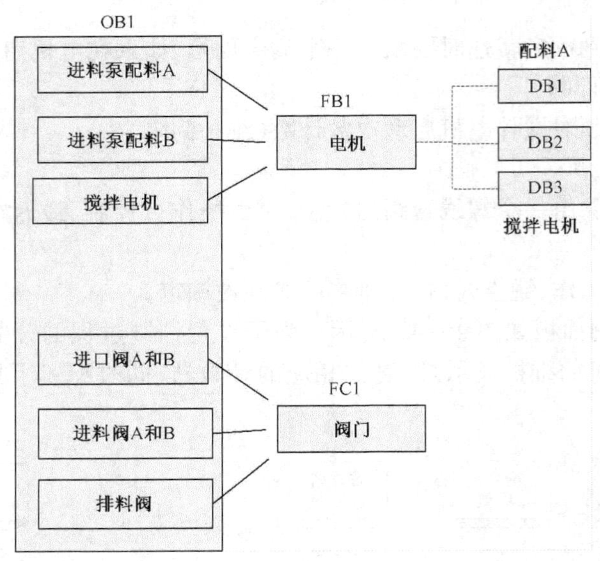

图 4-44 程序结构图

sponse 为响应信号,Reset_maint 为维护复位,Fault 为故障,Motor 为电动机,EMER_Stop_off 为紧急停车按钮,AgitatorJ 为搅拌电机,Drain 为排料法。其他在此不做详细说明,请自行分析。

4)生成电机的 FB

(1)要求:

① 启动信号;

② 停止信号;

③ 来自设备的反馈信号,必须在一特定时间内出现,否则假定有故障,则应停机;

④ 定时器编号:

⑤ 定时器设定时间;

⑥ 复位电机上的维护指示灯;

⑦ 启动电机的线圈;

⑧ 接通、断开操作站上的指示灯。

(2)FB 的输入、输出。

在功能块左侧的是输入参数或输入/输出参数,在功能块右侧的是输出参数,如图 4-45所示。

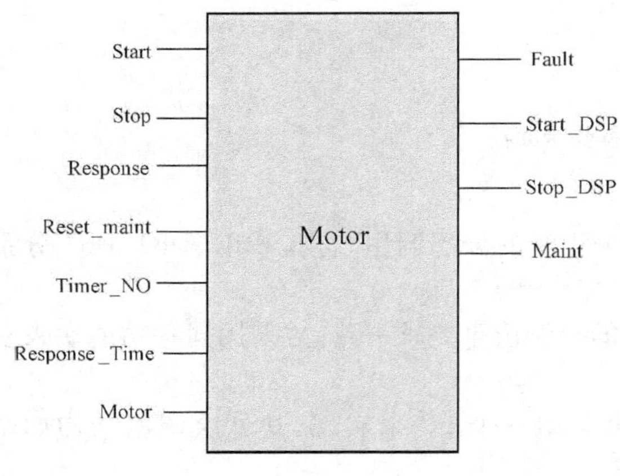

图 4-45 功能块的方框图

(3)作 FB 的变量声明(in 输入,out 输出,in_out 输入_输出,STAT 静态变量,Temp 临时变量,其中#Motor 是输入、输出参数)注意带有#号的变量为局域变量。

(4)为电机编制 FB。FB 的梯形图程序如下:

Network 1:启动、停止和锁存(具体的启动条件在 OB1 中编程)

#Start #Stop #Motor
#Motor

Network 2:启动监控

#Motor #Timer_no S_ODT
#Response_time TV
#Motor R

#Timer_NO #Response #Fault S
#Motor R

Network 3:启动指示灯和故障复位

#Response #Start_DSP
#Fault R

Network 4:断开指示灯

Network 5:启动计数器(累计接通电机的次数,若大于等于 50 次,维护指示灯亮,若复位维护按钮,计数器复位,维护指示灯灭

#Motor #Start_Edge
P
ADD_I
IN1
#Starts
1 IN2 OUT #Starts

Network 6:维护指示灯

#Maint
CMP ≥I
IN1
#Starts
50 IN2

Network 7:复位累计启动次数的计数器

#Reset-Maint #Maint
MOVE
0 IN OUT #Starts

注意生成背景数据块 DB1、DB2、DB3 时,可以在调用 FB1 时生成。

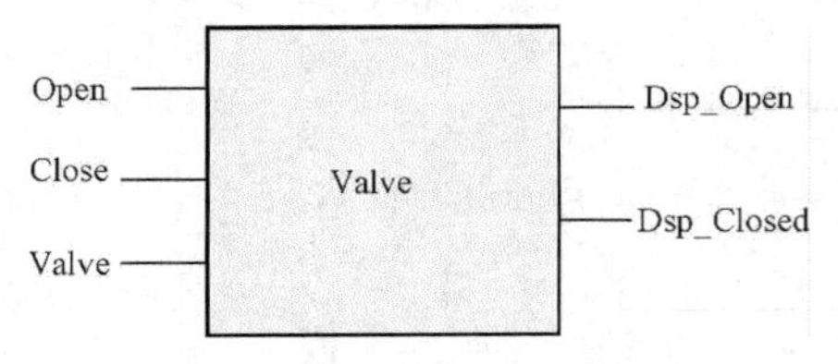

图 4-46 FC 方框图

5)生成阀门的功能 FC

(1)要求:

① 输入开关阀信号;

② 互锁允许阀门被打开,在 OB1 中实现互锁。

(2)指定输入和输出,其框图如 4-46 所示。

图 4-46 中变量 Valve 被指定为输入、输出参数。

FC 的梯形图程序如下:

Network1:打开、关闭和锁定

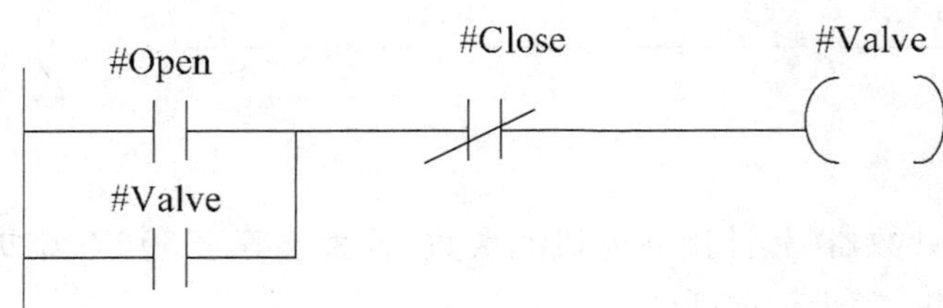

Network2:“显示”阀门打开

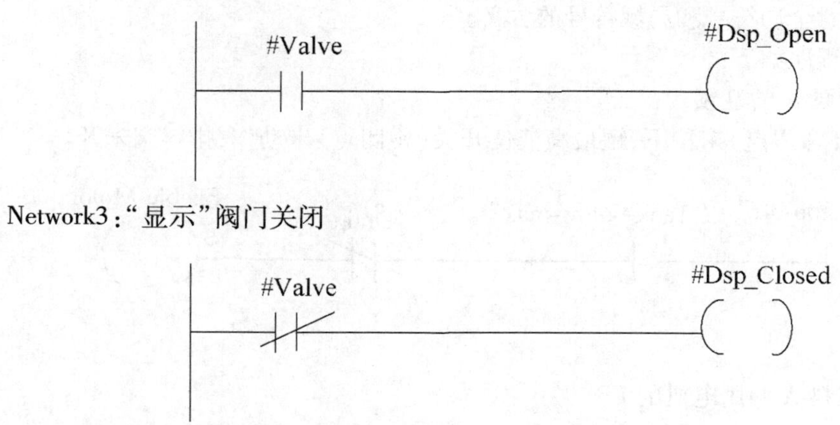

Network3："显示"阀门关闭

6）生成循环控制的组织块 OB1

OB1 的变量声明中前 20 个字节含 OB1 的启动信息，不能被修改，要声明的变量都是临时变量。生成 OB1 的程序框图如图 4-47 所示。

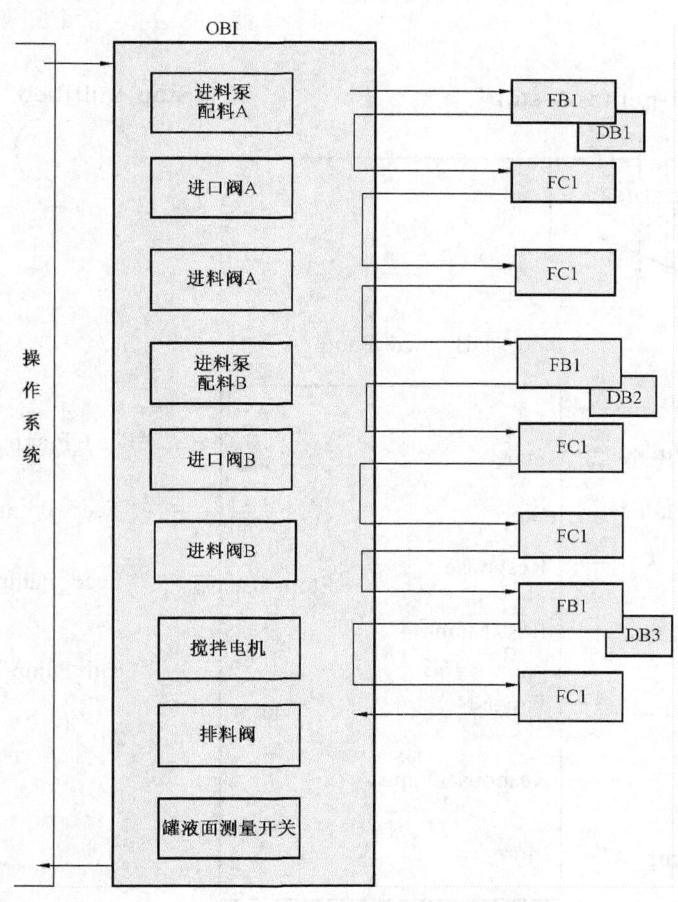

图 4-47　OB1 中的程序框图

OB1 编程要注意全局符号和局域符号的含义。

OB1 的梯形图程序如下:

Network1:进料泵 A 的互锁

紧急停车按钮(常闭点)未按下;罐最高液位开关(常闭点)未动作;排料阀未开。

"EMER-stop-off" "Tank-bolow-max" "Drain" #Enable-Motor

Network2:为配料 A 调用电机的 FB

"Feed-pump-A-Start" #Enable-Motor #Start-Fulfilled

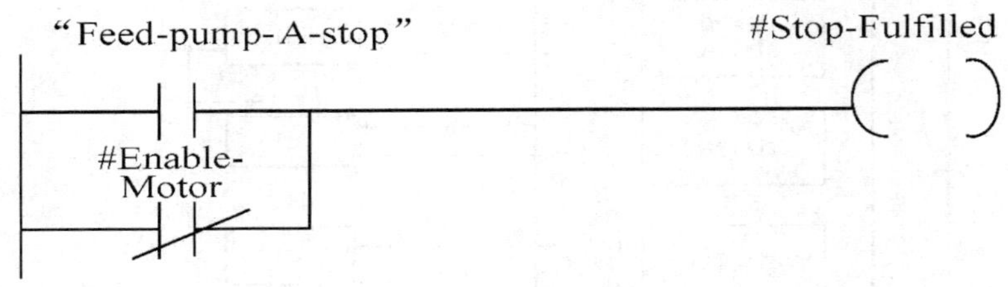

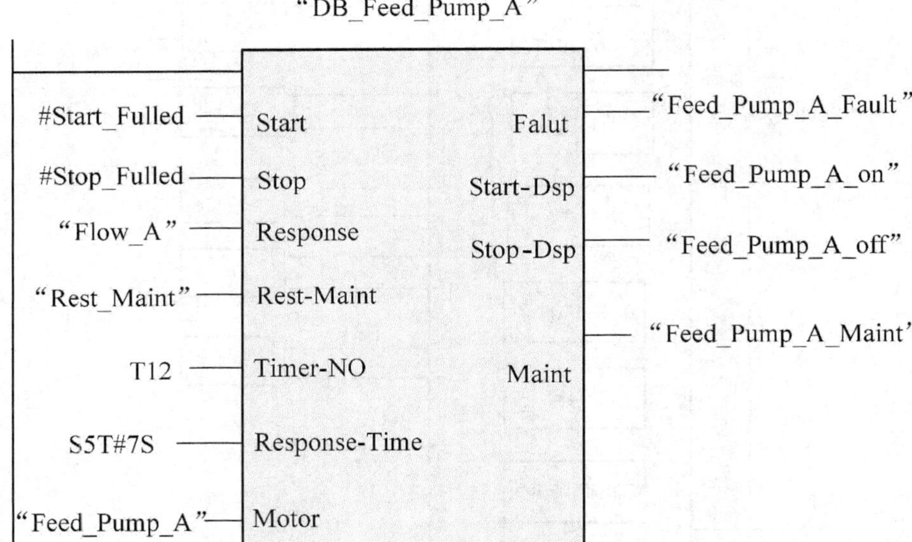

Network3：延迟配料 A 的阀使能（进口阀）

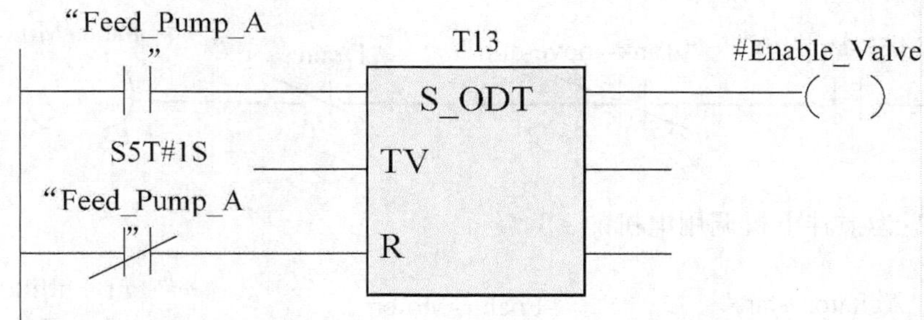

Network4：配料 A 的进口阀的控制

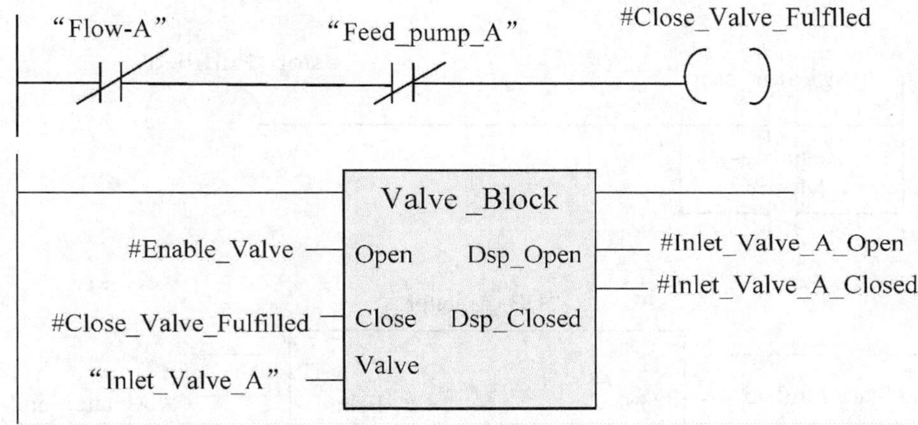

Network5：配料 A 的进料阀的控制

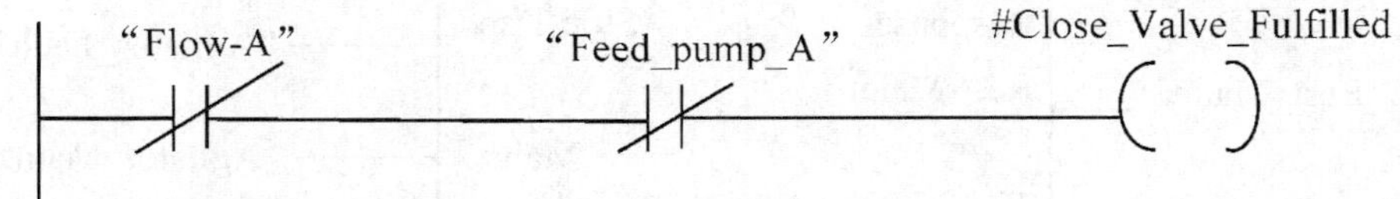

若无量或进料泵 A 不运行，则关闭进料阀，泵 A 启动 1s 后自动打开进料阀。

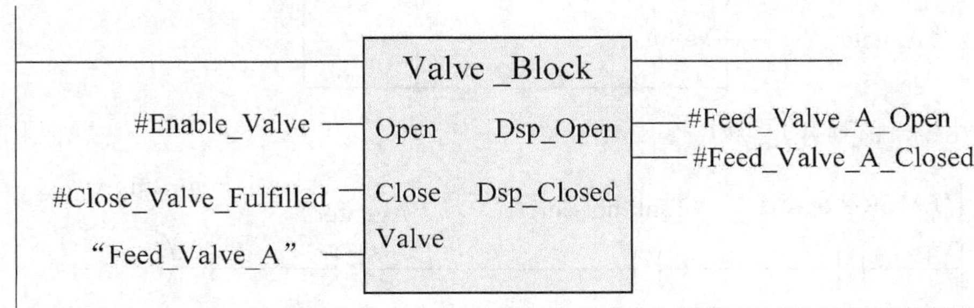

Network6 ~ Network10：配料 B 的控制同配料 A 相似，但相应的参数换成配料 B 的相关参数

Network11:搅拌器的互锁

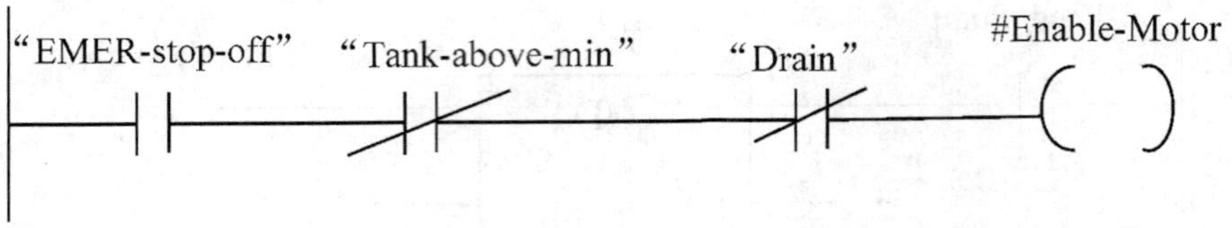

"EMER-stop-off" "Tank-above-min" "Drain" #Enable-Motor

Network12:为搅拌电机调用电机的 FB

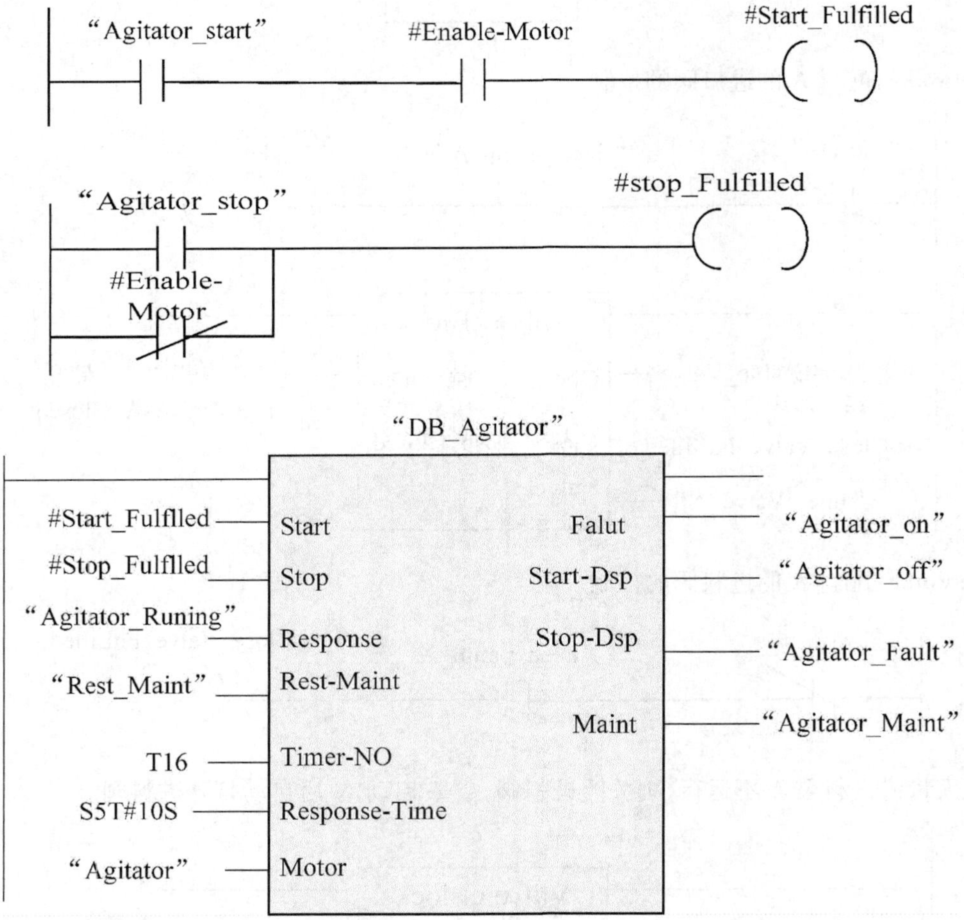

"Agitator_start" #Enable-Motor #Start_Fulfilled

"Agitator_stop" #Enable-Motor #stop_Fulfilled

"DB_Agitator"

输入	引脚	引脚	输出
#Start_Fulflled	Start	Falut	"Agitator_on"
#Stop_Fulflled	Stop	Start-Dsp	"Agitator_off"
"Agitator_Runing"	Response	Stop-Dsp	"Agitator_Fault"
"Rest_Maint"	Rest-Maint	Maint	"Agitator_Maint"
T16	Timer-NO		
S5T#10S	Response-Time		
"Agitator"	Motor		

Network13:排料阀的互锁

"EMER-stop-off" "Tank-not-empty" "Agitator" #Enable-Valve

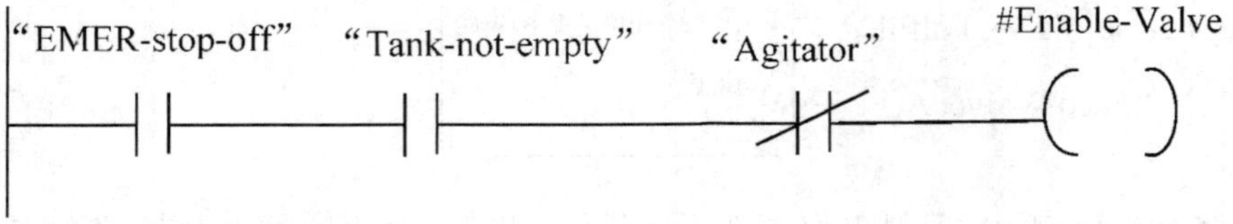

Network14:排料阀控制

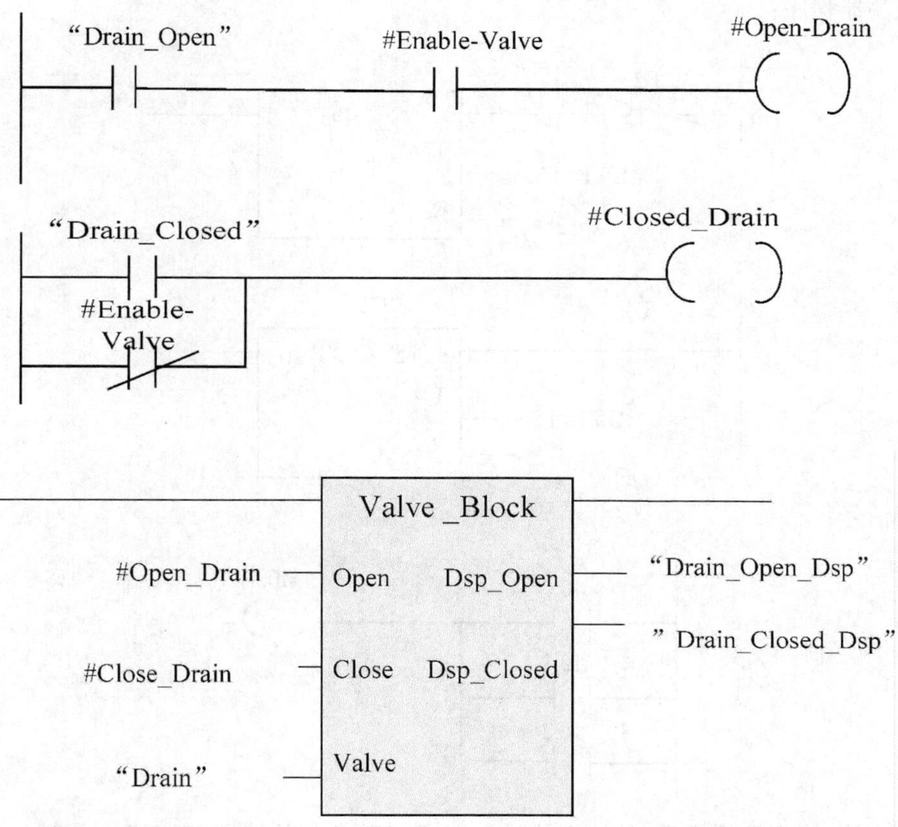

Network15:罐液面显示

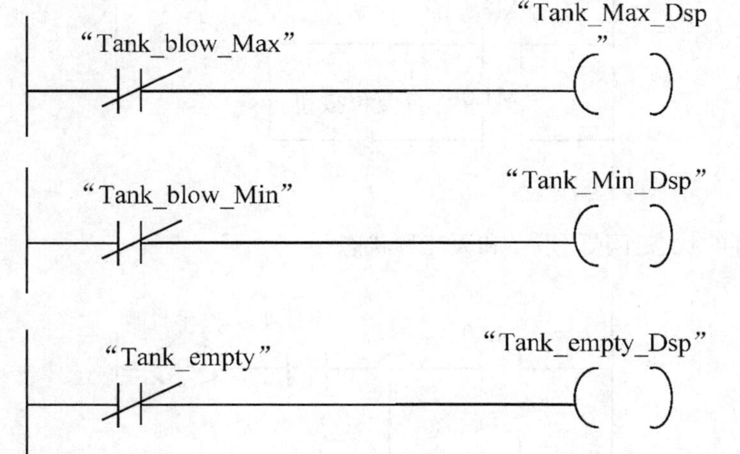

[实例4] 三路连锁信号。其中一路连锁动作,报警灯发出声光报警信号。报警灯以1s间隔闪烁,操作员按确认键后,若报警消失,灯灭。若报警仍然存在,报警灯变成平光。报警电路的梯形图程序如下:

秒振荡器程序：

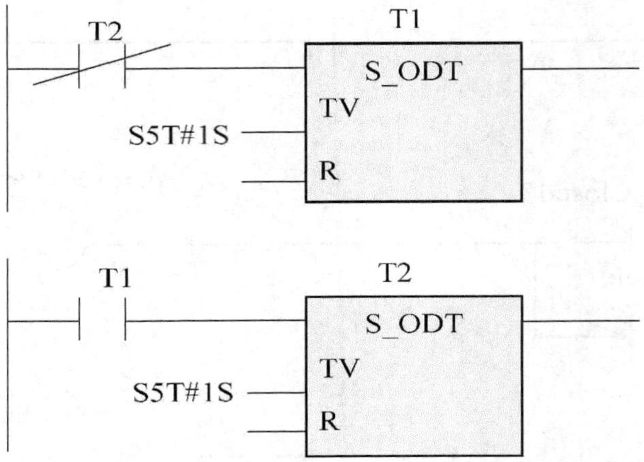

T2
T1
S_ODT
TV
S5T#1S
R

T1
T2
S_ODT
TV
S5T#1S
R

连锁信号：

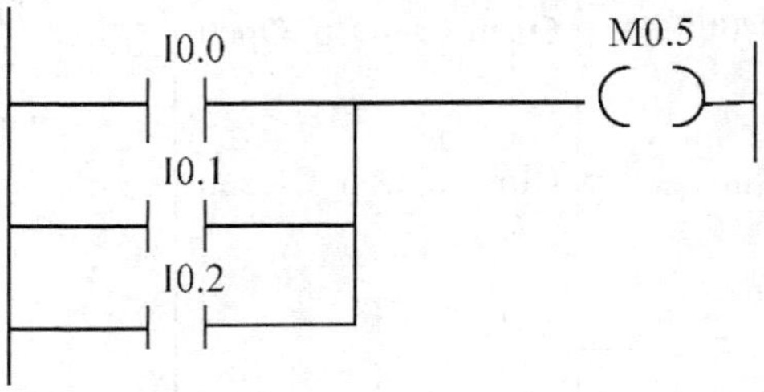

I0.0
M0.5
I0.1
I0.2

复位确认:按复位按钮后,若连锁信号存在,则 M1.0 仍然接通,否则 M1.0 断开

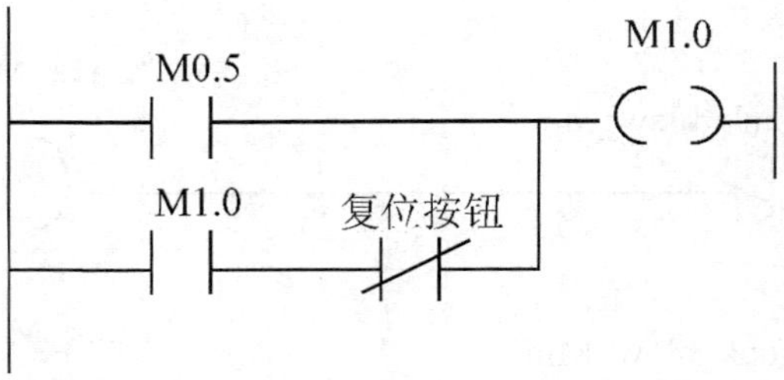

M1.0
M0.5
M1.0
复位按钮

报警指示灯的状态:闪烁、平光和灭三种状态

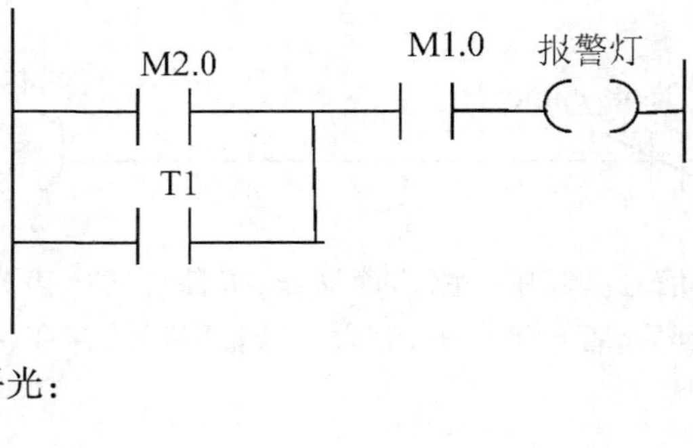

M1.0
报警灯
M2.0
T1

确定指示灯是否为平光：

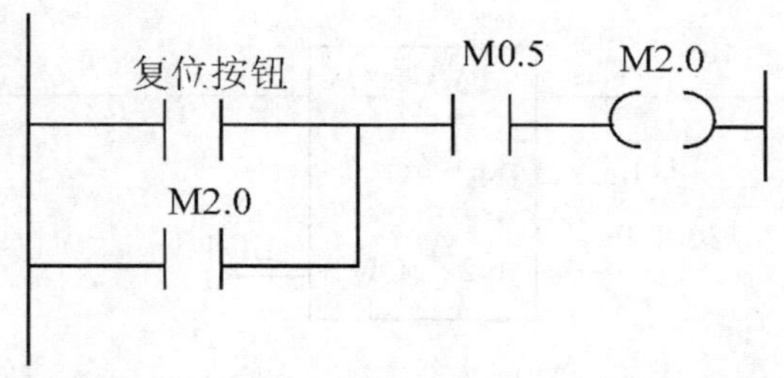

若其中两路动作时(即三取二)要求报警,请自行设计梯形图程序。

[实例5] 现场输入模拟信号4~20mA一路,量程为0~1000m^3/h,要求对其累加,当达到800m^3时,输出一路报警信号,请完成控制要求,并上机实际调试。

流量累计的梯形图程序如下:

启动/停止处理:

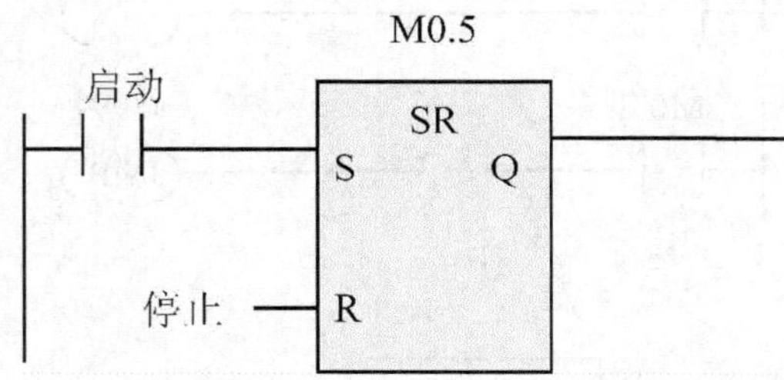

工程量单位转换:

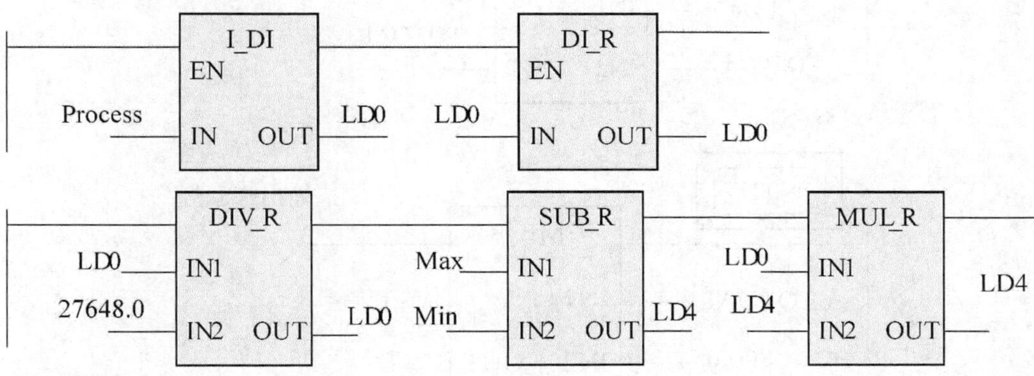

累加器复位:

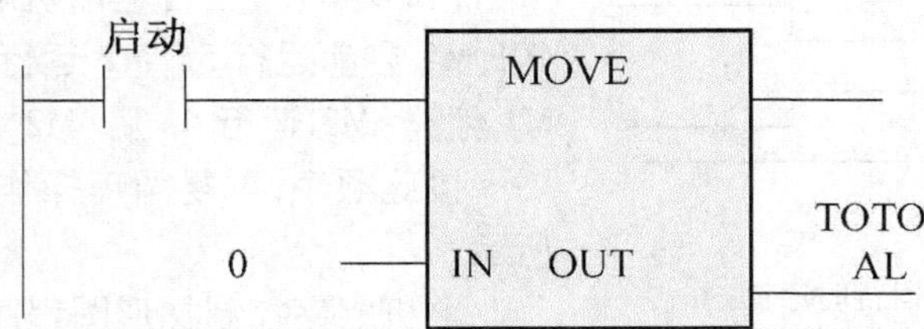

流量单位转换：

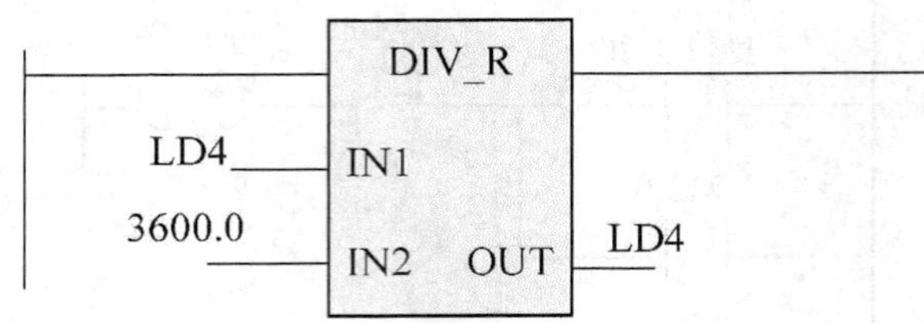

秒信号发生器：

M0.2 T1 (SE) S5T#1S
T1 M0.2 ( )
M0.2 N001 (JMP)

流量累加：

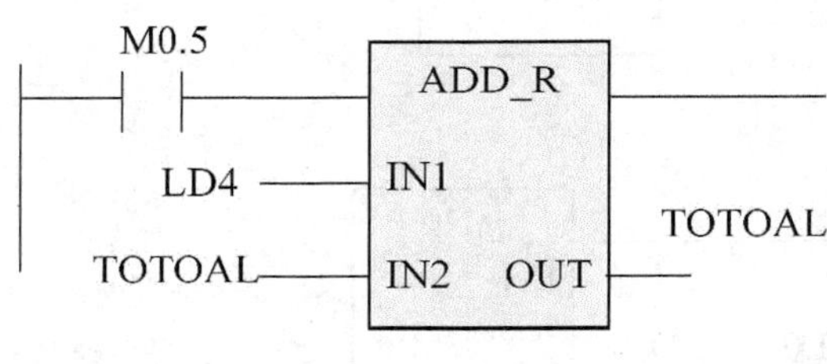

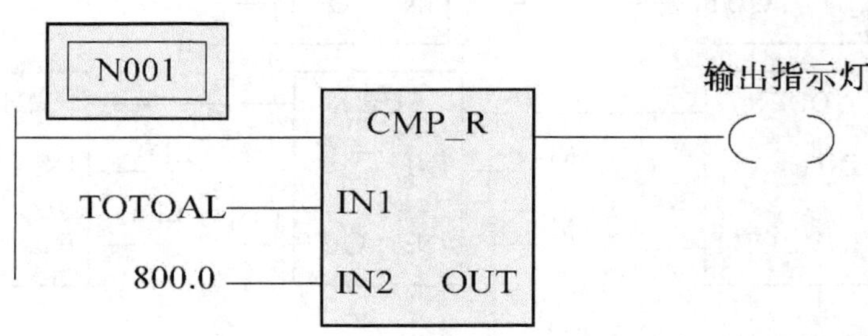

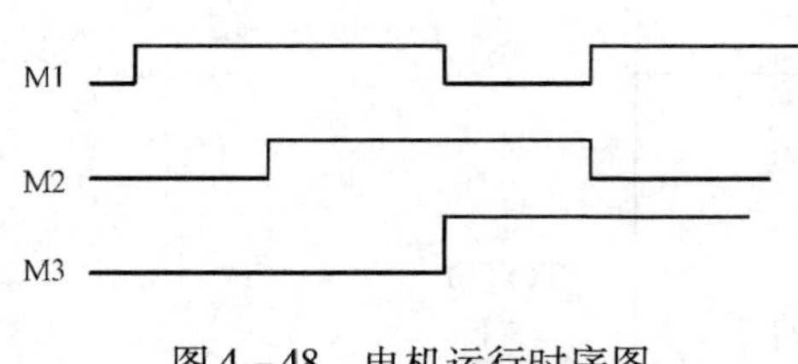

图 4-48 电机运行时序图

［**实例 6**］ 三台电动机顺序控制，将开关置于 ON，M1 启动运行 5s，M2 运行 5s 后，M3 启动运行，M1 停止；M3 运行 5s 后，M2 停止，M1 又启动运行……按此顺序，重复循环操作。其时序如图 4-48 所示。

电机顺序控制梯形图程序如下：

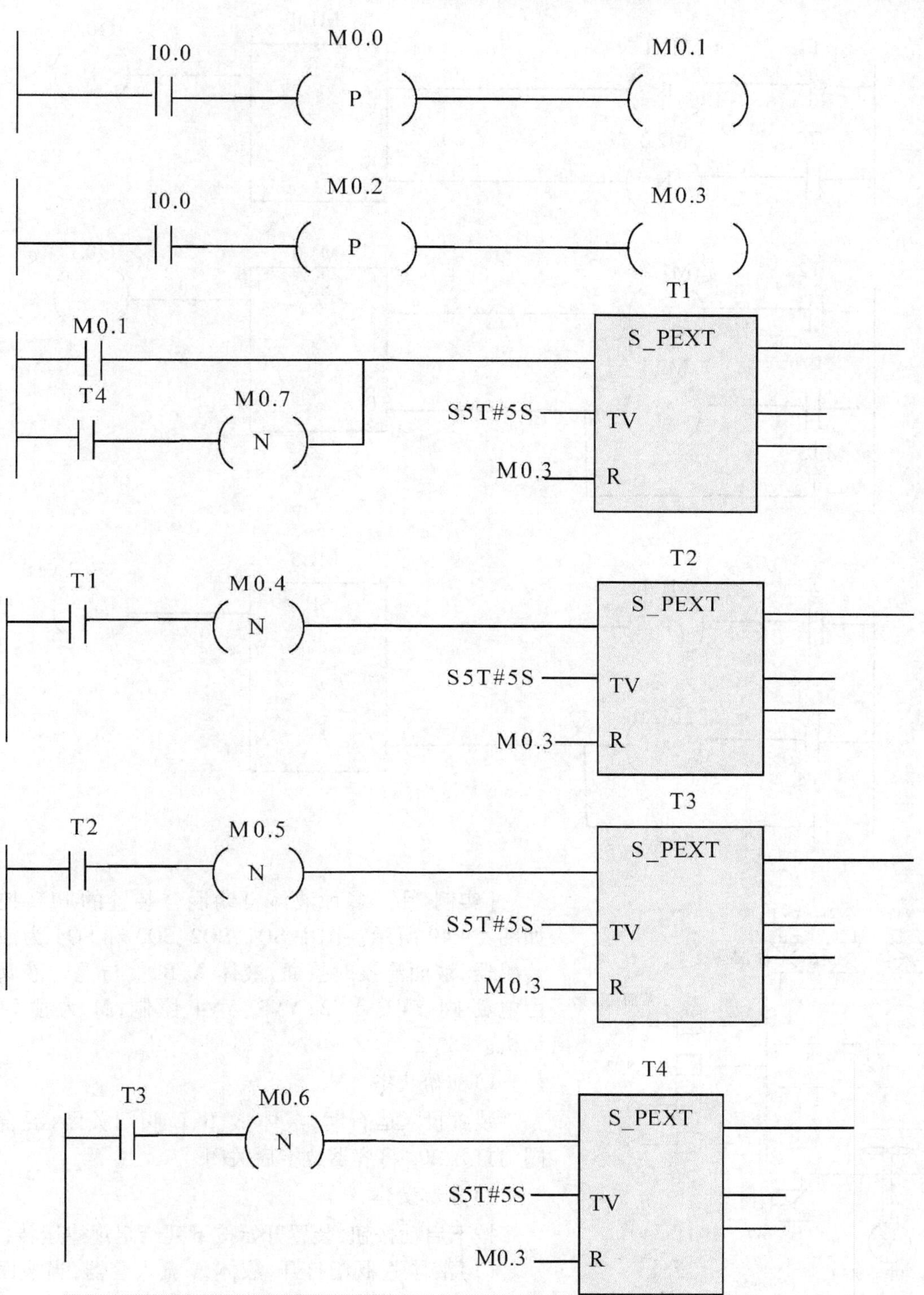
I0.0
M0.0
P
M0.1
I0.0
M0.2
P
M0.3
T1
M0.1
S_PEXT
T4
M0.7
S5T#5S
TV
N
M0.3
R
T2
T1
M0.4
S_PEXT
N
S5T#5S
TV
M0.3
R
T3
T2
M0.5
S_PEXT
N
S5T#5S
TV
M0.3
R
T4
T3
M0.6
S_PEXT
N
S5T#5S
TV
M0.3
R

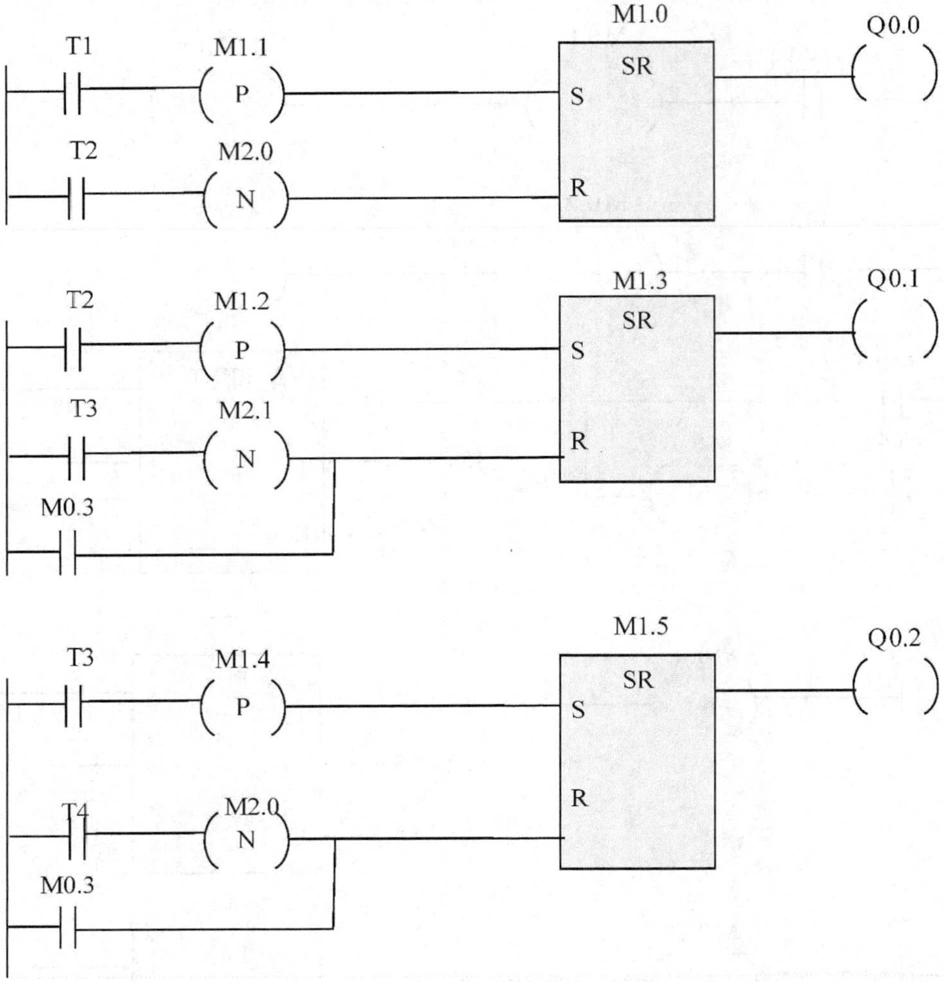

M1.0 Q0.0
T1 M1.1 SR
P S
T2 M2.0
N R

M1.3 Q0.1
T2 M1.2 SR
P S
T3 M2.1
N R
M0.3

M1.5 Q0.2
T3 M1.4 SR
P S
R
T4 M2.0
N
M0.3

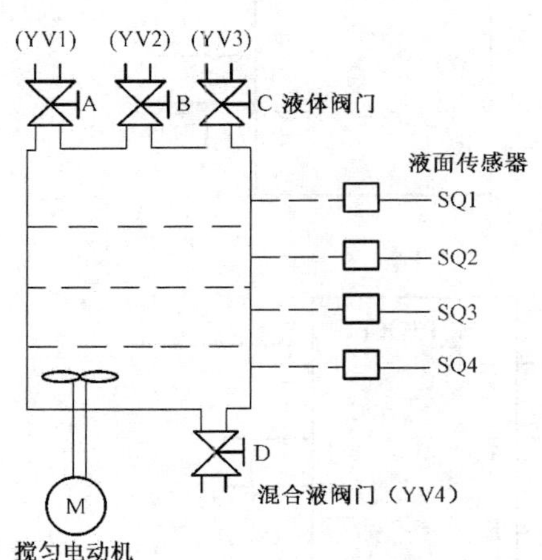

图 4－49　三种液体混合装置

[实例 7]　多种液体自动混合装置的 PLC 控制如图 4－49 所示。图中 SQ1、SQ2、SQ3 和 SQ4 为液面传感器，液面淹没时接通，液体 A、B、C 与混合液阀门由电磁阀 YV1、YV2、YV3、YV4 控制，M 为搅匀电动机。

1）初始状态

装置投入运行时，液体 A、B、C 阀门关闭，混合液阀门打开 20s 将容器放空后关闭。

2）启动操作

按下启动按钮，装置开始按下列给定规律运转：

(1)液体 A 阀门打开，液体 A 流入容器，当液面达到 SQ3 时，SQ3 接通，关闭液体 A 阀门，打开液体 B 阀门。

(2)当液面达到 SQ2 时,关闭液体 B 阀门,打开液体 C 阀门。

(3)当液面达到 SQ1 时,关闭液体 C 阀门,搅匀电动机开始搅拌。

(4)搅匀电动机工作 1min 后停止搅动,混合液阀门打开,开始放出混合液体。

(5)当液面下降到 SQ4 时,SQ4 由接通变断开,再过 20s 后,容器放空,混合液阀门关闭,开始下一周期。

3)停止操作

按下停止按钮后,要将当前的混合操作处理完毕后,再停止操作(停在初始状态)。物料混合梯形图程序如下:

Network 1:Title

Comment:

"SB1" "SB2" M0.0
M0.0

Network 2:Title

Comment:

M0.0 "YV1" "YV2" "YV3" "YV4" "MOTOR" "YV2" "YV1"
"YV1"

Network 3:Title

Comment:

"SQ3" "YV1" "YV3" "YV2"
"YV2"

Network 4:Title

Comment:

"SQ2" "YV2" "MOTOR" "YV3"
"YV3"

Network 5:Title

Network 6:Title

Comment:

"MOTOR" T1 (SD) S5T#1M

Network 7:Title

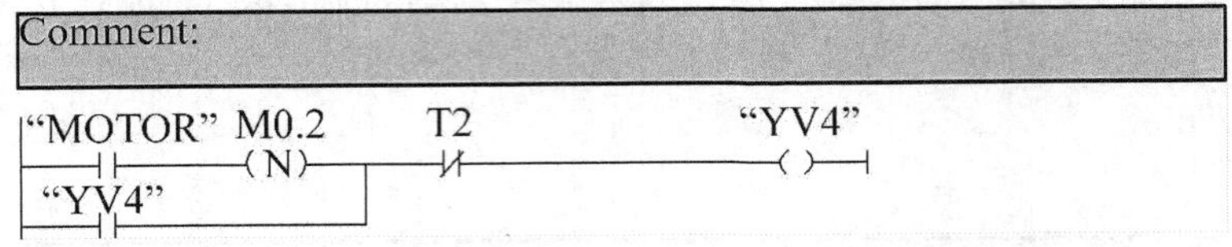

二、S7－400 可编程控制器

(一)概述

在现代工业的各个领域,要求拥有一种能够满足经济、环保、节能的高度自动化系统,具有冗余和故障安全功能的可编程控制器能满足此要求。H(高可靠性)系统,通过将发生故障的单元自动切换到备用单元从而实现系统的不中断工作。H 系统通过卡件的冗余实现系统的高可靠性。S7－400H 是西门子提供的最新冗余 PLC。

(二)S7－400H 的硬件

1. 硬件构成

S7－400H 自动化系统由下述各项组成。

1)机架

UR2－H 机架支持安装两个独立单元,其中每个单元有九个插槽,还可以在两个单独的机架上安装 S7－400H。为此,提供了机架 UR1 和 UR2。

2)中央处理单元

两个 CPU 代表 S7－400H 的核心组件。使用 CPU 后面板上的开关来设置机架号。将机架 0 中的 CPU 称为 CPU 0,将机架 1 中的 CPU 称为 CPU 1。

3)电源

要求为每个冗余 CPU(S7－400H 中两个单元中的每个单元)采用一个来自 S7－400 标准范围的电源模块。所提供的电源模块的额定输入电压为 24VDC 和 120/230VAC,输出电流为 10A 和 20A。为增大电源的有效性,也可以在每个单元中使用两个冗余电源。对于该组态,应该使用 PS 407 10 A R 电源模块,使额定电压为 120/230VAC,输出电流为 10A。

4)同步模块

用来耦合两个 CPU 的同步模块被安装在 CPU 中并通过光缆互联。

有两种类型的同步模块,一种用于 10m 以内的距离,另一种用于两 CPU 距离高达 10km 的场合。冗余系统要求使用相同类型的四个同步模块。

5)光缆

光缆用来互联同步模块,作为 CPU 之间的冗余连接,用它们来实现两个上层和两个下层同步模块分别互联。

6)有源背板总线

一个带有源背板总线的 ET 200M 分布式 I/O 设备,以及两个 IM153－2,一个数字量输入模块,SM321DI 16XDC24V,一个数字量输出模块,SM322 DO 16XDC24V。

2. 硬件安装

S7－400H 的硬件配置如图 4－50 所示,可按照下面的要求进行配置。

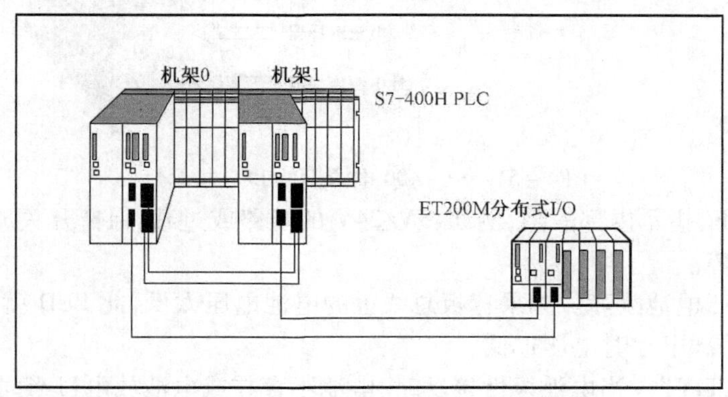

图 4－50　S7－400H 的硬件配置

(1)安装机架和电源模块。

(2)使用 CPU 后面板上的开关来设置机架号。CPU 会在上电后应用这些设置。机架号设置错误将阻碍在线访问,并在某些情况下阻碍 CPU 的运行。

(3)安装 CPU 的同步模块。

(4)连接光缆。

始终将 CPU 的两个上层和两个下层同步模块分别互联。敷设光缆,以防止它们受到任何损坏。始终分开敷设光缆,以增大其可用性并保护其免受因两条光纤电路故障所引起的双重故障。始终在接通电源或系统之前将光缆连接到 CPU,否则两个 CPU 都可能在主站模式中处理用户程序。

(5)安装 ET200M 分布式 I/O 设备。

(6)将 PG 连接到第一个冗余 CPU,即 CPU0。该 CPU 将成为 S7－400H 的主站。

(7)上电后执行高质量 RAM 测试约 3min。不能通过 MPI 接口访问 CPU,且 STOP LED 在该测试持续时间内一直闪烁。如果 CPU 装配了一个备用电池,则下次上电后将不进行测试。

3. 硬件状态和故障的 LED 含义

1)电源模件

电源模件为内部模板提供 5V 电压,供电频率从 48～64Hz 可以自动调整。S7－400 电源模件 LED 指示灯如图 4－51 所示。

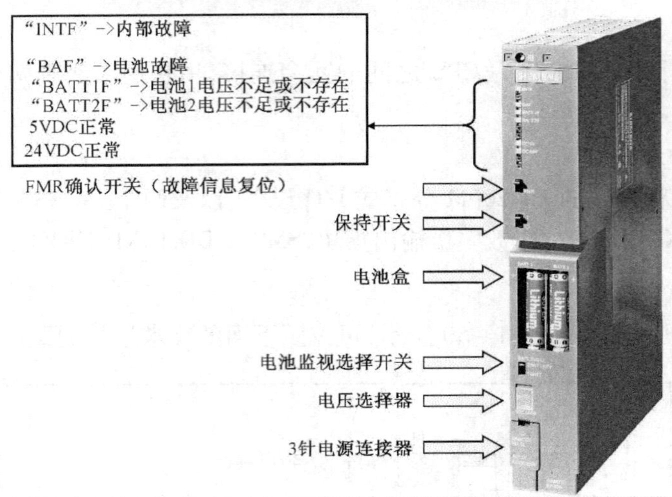

图 4-51 S7-400 电源模件 LED 指示灯

(1)LED"INTF"指示内部故障,例如,5V/24V 的短路或过载、保持开关放在"0",不允许对外部供电、电池故障。

(2)LED"BAF"电池故障。如果背板总线上的电池电压太低,此 LED 就变亮。例如,没有装电池或在没有外部电池时电压过低。

(3)LED"BATT1F"。当电池极性接反时、电池不存在或电池放电过半时,该 LED 就点亮。"BATT2F"BATT. INDIC 开关用来设置一个电池监视、两个电池监视或不监视电池。

(4)LED"5V/24VDC"。当 5V/24VDC 输出电压在允许的范围内时,该 LED 变亮。当短路或过载后恢复时该 LED 闪烁。

(5)FMR 开关。故障解除后用于确认和复位故障信息的开关。

(6)ON/OFF 保持开关。通过控制电路把输出电压(5/24VDC)切断,并且 LED 熄灭(由于进线电压没有切断,电源就处于待机模式)。

2)CPU 模件

CPU 模件 LED 指示灯如图 4-52 所示。S7-400CPU 有两种类型:一种是不带分布式 I/O 接口;另一种带分布式 I/O 接口。

CPU 模块各指示灯含义如下:

LED"INTF"——指示内部故障(用户程序错误)。

LED"EXTF"——指示外部故障(I/O 模板的故障)。

LED"FRCE"——指示输入、输出的强制。

三、西门子 PLC 工业网络通信

当被控制的点数用一台 PLC 不能完成时,就需要多台 PLC 来完成,那么就需要构成 MPI 网络或 PROFIBUS 网络以及以太网络,用以完成各个 PLC 站及上位机之间的通信。

(一)MPI 通信

MPI 称为多点接口(用于连接 CPU 的接口称为多点接口),带多点接口的 CPU 不需要附

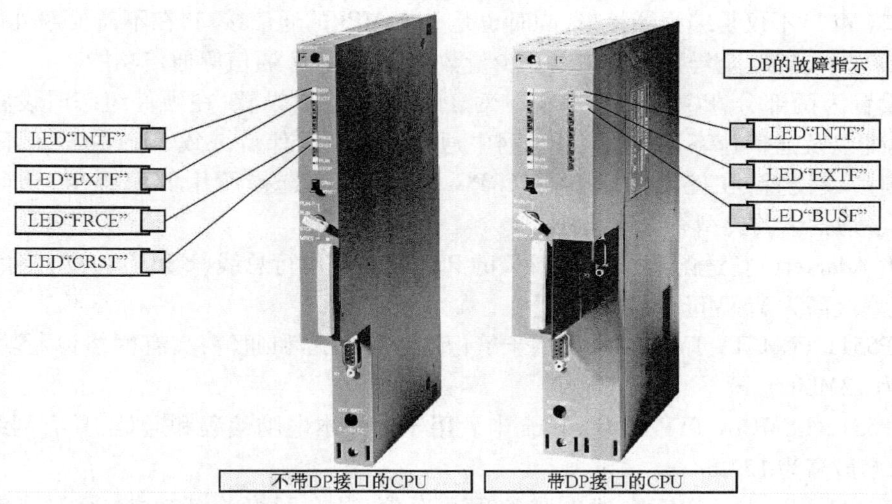

图 4－52 CPU 模件 LED 指示灯

加模板就能网络化。在组态 MPI 网络时应该理解节点和段的含义。

节点：凡能接入 MPI 子网的所有设备都称为节点。

段：在两个终端电阻之间的总线行称为段，一段包含 32 个节点。

子网中能连接的节点包括：编程器、操作员面板 OP、S7－300/M7－300 可编程控制器、S7－400/M7－400 可编程控制器、PG 编程器。在网络上能连接最多 126 个（可编址的）节点。

每一个节点分配一个 MPI 地址以及一个最高 MPI 地址，在节点建网之前通过编程器给每个节点单独分配 MPI 地址。下面给出 S7－300 允许的 MPI 地址：0—126，0 为 PG，1 为 0P，2 为 CPU。MPI 网络上各节点的地址必须是不同的，重复分配将造成网络紊乱。

在网络的各个节点互联之前必须为每一个节点分配 MPI 地址和最高 MPI 地址（最好在网络中所有节点的外壳上标明其地址），然后"排队"连接 MPI 网络中的所有节点。

若网络上运行的节点多于 32 个，必须通过 RS485 中继器以连接网络上的段，中继器的作用是放大总线行上数据信号。在段的第一个节点和最后一个节点接入终端电阻，终端电阻作用是起到抗浪涌的作用，并且上电和运行期间应该接通带有终端电阻的节点的电源。配置 MPI 网络需要以下网络组件：

（1）PROFIBUS 总线电缆：用于组建网络，是屏蔽的双绞线。

（2）总线连接器：连接节点到网络，用来将 PROFIBUS 总线电缆连接到 MPI 接口，这样可连接更多的节点，它有不带编程器插座和带编程器插座两种。

（3）终端电阻：如总线连接器装在段的起点或终点，必须激励终端电阻（将开关设置为 ON），如图 4－53 所示。

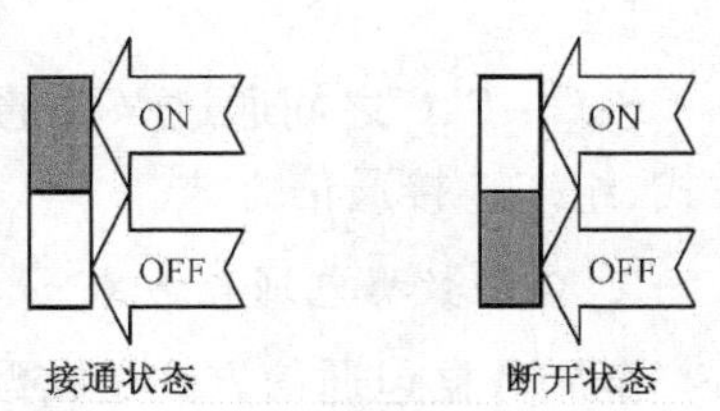

图 4－53 终端电阻

MPI（多点接口）通信方式的适用场合：通信速率要求不高（速率为 19.2kbit/s～12Mbit/s）、通信数据量要求不大的场合。

MPI 网络最多可连接 32 个节点。最大通信距离为 50m，通过中继器可以扩展长度。S7－200/300/400CPU 上的

RS485 接口(MPI)不仅是编程器接口,同时也是一个 MPI 的通信接口,在不需要额外硬件的情况下可以实现 PG/OP、全局数据通信以及少量数据交换的 S7 通信等通信功能。

MPI 设置为两部分:PG 侧和 PLC 侧。对于 PLC 侧参数设置,在硬件组态时设置 MPI 属性,包括地址以及通信速率,在整个 MPI 网中通信速率必须保持一致,MPI 站地址不能冲突。对于 PG 侧参数设置,在控制面板 Set PC/PG Interface 中选择所用的编程卡,访问点选择 S7ONLINE。通信卡的类型有以下几种:

(1)PC Adapter(PC 适配器)。连接 PC 的 RS232 口或串行总线(USB)口,没有网络诊断功能,通信速率最高为 1.5Mbit/s。

(2)CP5511 PCMCIA TYPE Ⅱ 卡。用于笔记本电脑编程和通信,具有网络诊断功能,通信速率最高为 12Mbit/s。

(3)CP5512 PCMCIA TYPE Ⅱ CardBus 卡。用于笔记本电脑编程和通信,具有网络诊断功能,通信速率最高为 12Mbit/s。

(4)CP5611 PCI 卡。用于台式电脑编程和通信,具有网络诊断功能,通信速率最高为 12Mbit/s。

(5)CP5613 PCI 卡。用于台式电脑编程和通信,具有网络诊断功能,通信速率最高为 12Mbit/s,并带有处理器,可保持大数据量通信的稳定性。

在 CP 通信卡的代码中,5 代表 PCMCIA 接口,6 代表 PCI 总线,3 代表有处理器。图 4-54 中给出了节点的 MPI 地址和终点电阻接通的位置实例。

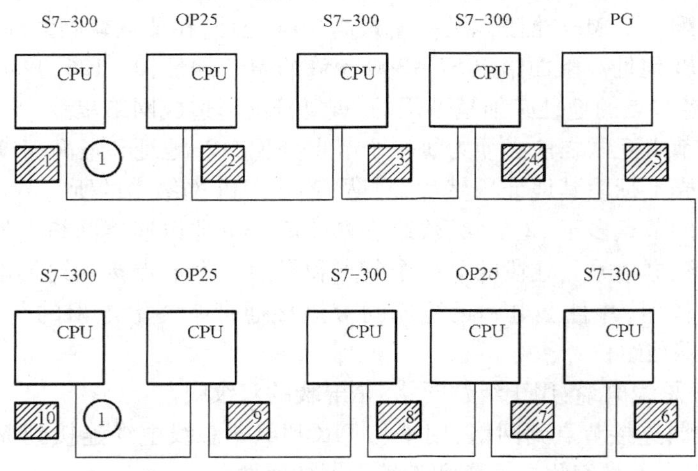

图 4-54 MPI 网络举例

PLC-PLC 之间通过 MPI 通信有三种通信方式,即全局数据包通信方式、无组态连接通信方式、组态连接通信方式。

1. 全局数据包通信方式

全局数据包通信方式是在配置 PLC 硬件的过程中组态所要通信的 PLC 站之间的发送区和接收区,不需要任何程序处理(无需编程)。该通信方式只适合 S7-300/400PLC 之间的互相通信。组态实例:第一步建立两个站,建立 MPI 网络并配置 MPI 的站地址和通信速率;第二步组态数据的发送区和接收区，Option→Define Global Data；第三步插入所有需要通信的 CPU，在每个 CPU 栏底下填上数据的发送区和接收区，如 DB1. DBB0：22，表示数据长度为 22 个字节。选择发送区和接收区，地址区可以为 DB、M、I、Q。S7－300 最大长度为 22 字节，S7－400 为 54 字节，发送区与接收区的长度必须一致。

注意：需要 GDS 文件，定义全局数据包，按照对话框提示来完成组态。

2. 无组态连接通信方式

无组态的 MPI 通信需要调用系统功能块 SFC65～SFC69 来实现。适合于 S7－300/400/200 之间的通信。无组态连接通信方式包括双边编程通信方式和单边编程通信方式两种。

1）双边编程通信方式

在通信的双方都需要调用通信块，一方调用发送块发送数据，另一方要调用接收块来接收数据，发送块是 SFC65（X_SEND），接收块是 SFC66（X_RCV）。该通信方式只适合 S7－300/400PLC 之间的互相通信。

［实例 1］ 创建两个站 CPU315－2DP、CPU416－2DP，MPI 站地址分别为 4 和 2，2 号站发送两包数据给 4 号站，4 号站判断后放在相应的数据区中。

编程：在 S7－400 的 OB35 中调用发送块 SFC65（位置在库—标准库—系统功能块下），参数说明如下：

REQ：发送请求，该参数为 1 时发送（M1. 1）。

CONT：为 1 时表示发送数据是连续的一个整体（TRUE）。

DEST_ID：对方 MPI 地址。

HEQ_ID：表示一数据包的标识符，标识符可以自定义。

SD：定义数据发送区，以指针的格式表示，发送区最大为 76 字节。

RET_VAL：发送状态字。

BUSY：通信进程，1 是表示正在发送，0 是表示发送完成。

注意：SFC69：释放连接，M1. 1 和 M1. 3 为 0 时，此时建立的连接并没有释放，必须调用 SFC69 来释放连接。

```
CALL "X_SEND"                       :SFC65
REQ: = M1. 1
CONT: = TRUE
DEST_ID: = W#16#4
REQ_ID: = DW#16#1
SD     : = P#DB1. DBX 0. 0 BYTE 76
RET_VAL: = MW2
BUSY: = M1. 2
CALL"X_SEND"                        :SFC65
REQ: = M1. 3
CONT: = TRUE
DEST_ID: = W#16#4
```

```
REQ_ID: = DW#16#2
SD      : = P#DB2. DBX 0. 0 BYTE 76
RET_VAL: = MW4
BUSY: = M1. 4
CALL"X_ABORT"                        :SFC69
REQ: = M1. 5
DEST_ID: = W#16#4
RET_VAL: = MW6
BUSY: = M1. 6
```

在 S7－300 的 OB1 中调用接收块 SFC66。

EN_DT:表示接收使能。

RET_VAL:表示接收状态字。

REQ_ID:为接收数据包的标识符。

NDA:为 1 时表示有新的数据包。

RD:接收区数据存放位置(指针格式)。

在 S7315_2DP CPU 的 OB1 中调用接收块 SFC66,具体程序代码为:

```
CALL"X_RCV"                          :SFC66
EN_DT: = M1. 1
RET_VAL: = MW2
REQ_ID: = MD4
NDA: = M1. 2
RD:   = P#DB1. DBX 0. 0 BYTE 76
L     MD     4
L     DW#16#1
= = D
=      M     1. 3
L     MD     4
L     DW#16#2
= = D
=      M     1. 4
A     M     1. 3
JCN     M1
CALL"BLKMOV"                         :SFC20(复制块)
SRCBLK: = P#DB1. DBX 0. 0 BYTE 76
RET_VAL: = MW10
DSTBLK: = P#DB2. DBX 0. 0 BYTE 76
M1:     A     M     1. 4
CALL"BLKMOV"
```

SRCBLK: = P#DB1. DBX 0. 0 BYTE 76

RET_VAL: = MW10

DSTBLK: = P#DB3. DBX 0. 0 BYTE 76

M2:   NOP   0

接收块只识别数据的标识符,而不管是哪一个 CPU 发送的,本例中,接收从 2 号站 CPU416 - 2DP 发送的两个包数据,当标示符为"1"且 M1. 3 为 1 时,复制接收区的数据到 DB2 的前76 字节中(调用 SFB20);当标示符为"2"且 M1. 4 为 1 时,复制接收区的数据到 DB3 的前 76 字节中(调用 SFB20)。

2)单边编程通信方式

只在一方编写通信程序,编写程序的一方的 CPU 作为客户机,无需编写程序的一方作为服务器,客户机调用 SFC 通信块访问服务器,SFC67(X_GET)用来将服务器指定数据区中的数据读回并存放到本地的数据区中,SFC68(X_PUT)用来将本地数据区中的数据写到服务器中指定的数据区。

该通信方式只适合 S7 - 300/400/200PLC 之间的互相通信;S7 - 300/400 的 CPU 可以同时作为客户机和服务器,S7 - 200 只能作为服务器。

[**实例 2**] CPU416 - 2DP 作为客户机,站地址为 2,CPU315 - 2DP 为服务器,站地址(MPI)为 4。

编程:CPU416 - 2DP 的 OB1 中调用 SFC68,把本地数据区的数据 DB1. DNB0 开始的连续 76 字节发送到 CPU315 - 2DP 的 DB1. DBB0 开始的连续 76 字节;调用 SFC67、CPU416 - 2DP 读出 CPU315 - 2DP 中的 DB1. DBB0 开始的连续 76 字节,放到本地 DB2. DBB0 开始的连续 76 字节中。

参数说明:DEST_ID:表示对方的 MPI 地址。

VAR_ADDR 表示对方(服务器)的数据区。

SD:表示本地数据区(数据源)。

RD:表示本地数据接收区。

数据区最大为 67 字节。

CALL"X_PUT":   SFC68

REQ: = M1. 1

CONT: = TRUE

DEST_ID: = W#16#4

VAR_ADDR: = P#DB1. DBX 0. 0 BYTE 76

SD: = P#DB1. DBX 0. 0 BYTE 76

RET_VAL: = MW2

BUSY: = M1. 2

CALL"X_GET"   :SFC67

REQ: = M1. 3

CONT: = TRUE

DEST_ID: = W#16#4

```
VAR_ADDR: = P#DB1. DBX 0. 0 BYTE 76
RET_VAL: = MW4
BUSY: = M1. 4
RD: = P#DB2. DBX 0. 0 BYTE 76
CALL"X_ABORT":                    SFC69
REQ: = M1. 5
DEST_ID: = W#16#4
RET_VAL: = MW6
BUSY: = M1. 6
```

3. 组态连接通信方式

在 MPI 网络上调用系统功能块通信,数据包长度最大 160 字节。该通信方式只适合 S7 - 300/400 以及该通信方式只适合 S7 - 400/400PLC 之间的互相通信。S7 - 400/400 之间通信时,S7 - 400 既可作为服务器也可作为客户机,S7 - 300/400 之间通信时 S7 - 300 只能作为服务器。下面以 S7 - 300/400 之间的组态连接为例,介绍组态连接通信方式。

1)硬件配置

所需的硬件为 CPU315 - 1DP、CPU416 - 2DP 和 MPI 电缆;同时创建两个站,分别为 STATION1(S7416 - 2DP),MPI 地址为 2,作为客户机;STATION2(CPU315 - 2DP),MPI 地址为 4,作为服务器。

假设 400 站把本地数据区 DB1. DBB0 开始的连续 20 字节写到 300 站 DB1. DBB0 开始的连续 20 字节中去,然后在读出 300 站的 DB1. DBB0 开始的连续 20 字节数据,并将其放到 400 本地数据区 DB2. DBB0 开始的连续 20 字节中去。

连接组态及参数设置的方法:首先进入网络组态窗口,如图 4 - 55 所示。

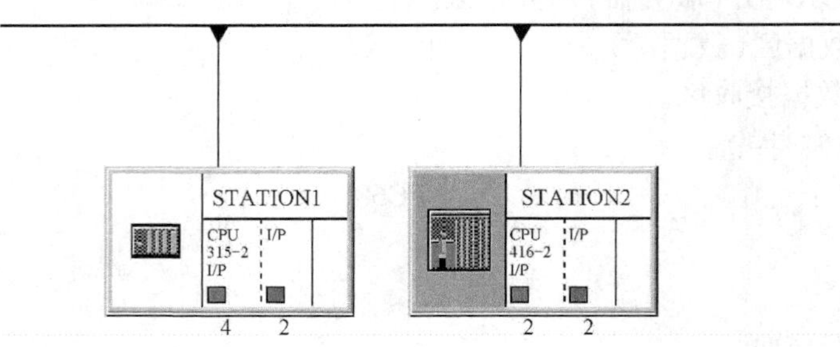

图 4 - 55 网络组态窗口

点击 STATION1 的 CPU416 - DP,在连接表中新建连接(插入新的连接),如图 4 - 56 所示。点击应用按钮建立连接,并查看连接表的详细属性,如图 4 - 57 所示。

组态完成以后编译存盘,并将连接组态分别下载到各自的 CPU 中。

2)编程

在 S7 - 400 站中调用通信系统功能块 SFB15(系统功能块中),将数据发送到 S7 - 300 站中,程序如下:

```
CALL"PUT",DB15
```

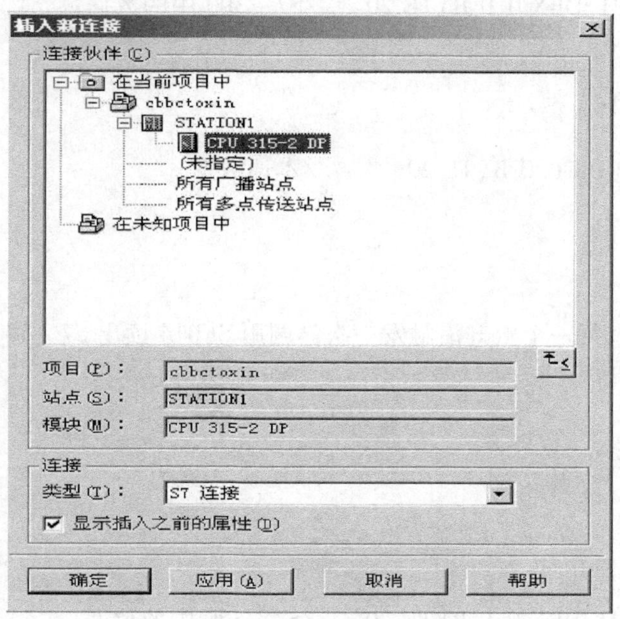

图 4－56　插入新的连接

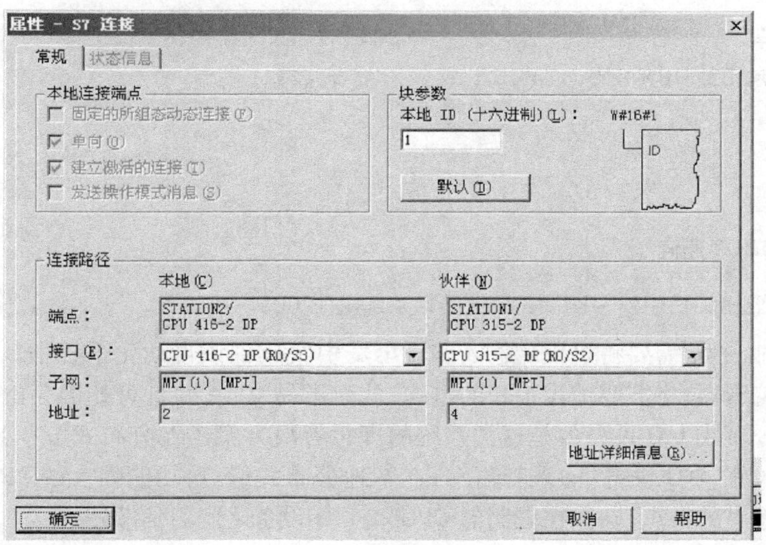

图 4－57　连接表属性

REQ：= M0.5
ID：= W#16#1　　　　　　　　　//连接 ID；
DONE：= M1.5
ERROR：= M1.6
STATUS：= MW6

```
ADDR_1: = P#DB1. DBX 0.0 BYTE 20    //S7 - 300 中的数据;
ADDR_2: =
ADDR_3: =
ADDR_4: =
SD_1: = P#DB1. DBX 0.0 BYTE 20      //本地数据;
SD_2: =
SD_3: =
SD_4: =
```

REQ 上升沿触发,每一个上升沿触发一次。调用 SFB14 读出 S7 - 300 的数据,程序如下:

```
CALL"GET",DB14
REQ: = M0.5
ID: = W#16#1
NDR: = M1.2
ERROR: = M1.3
STATUS: = MW4
ADDR_1: = P#DB1. DBX 0.0 BYTE 20    //S7 - 300 中的数据;
ADDR_2: =
ADDR_3: =
ADDR_4: =
RD_1: = P#DB2. DBX 0.0 BYTE 20      //本地数据;
RD_2: =
RD_3: =
RD_4: =
```

(二)PROFIBUS 通信

1. CPU 集成 PROFIBUS - DP 接口连接远程站 ET200M

组建系统时,通常需要将过程的输入和输出集中集成到该自动化系统中。如果输入和输出远离可编程控制器,将需要铺设很长的电缆,从而不易实现,并且可能因为电磁干扰而使得可靠性降低。分布式 I/O 设备便是这类系统的理想解决方案。在分布式 I/O 系统中,控制器 CPU 位于中央位置,I/O 设备(输入和输出)在本地分布式运行,功能强大的 PROFIBUS DP 凭借其高速据传输率的特点,确保在控制器 CPU 和 I/O 设备之间通信顺畅。

PROFIBUS DP 是基于 IEC61784 - 1:2002 Ed1 CP 3/1 标准使用“DP”传输协议(DP 是分布式 I/O 的德语缩写)的开放式总线系统。

物理上,PROFIBUS DP 是基于屏蔽双线的电气网络,或者是基于光纤的光学网络。“DP”传输协议可以在控制器 CPU 和分布式 I/O 设备之间实现快速周期性数据交换。

DP 主站将分布式 I/O 设备同控制器 CPU 相连。DP 主站通过 PROFIBUS DP 同分布式 I/O 设备交换数据并监视 PROFIBUS DP。

分布式 I/O 设备(= DP 从站)收集现场传感器和执行器数据,以便能够通过 PROFIBUS

DP 传输到控制器 CPU。在 ET200M 分布式 I/O 站中要使用接口模板 IM153。IM153 的面板如图 4－58 所示。

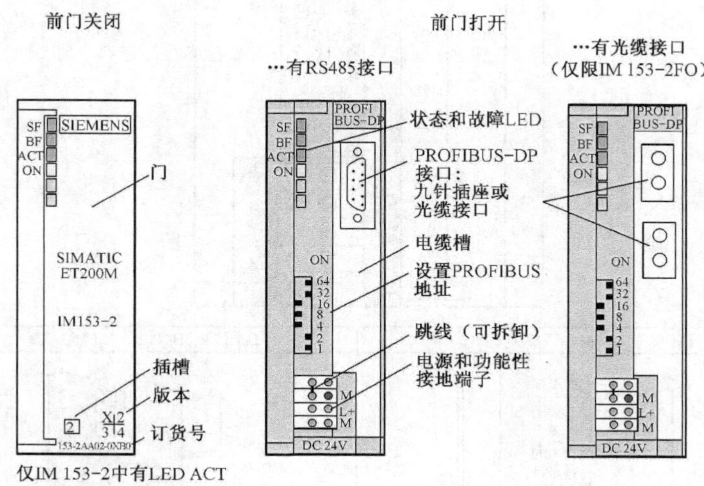

图 4－58 IM153/IM153－2FO 面板布置图

1）ET200M 的配置过程

（1）安装 ET200M。

首先将导轨安装在稳固的基板上，导轨上下留出至少 40mm 间隙；从左侧开始，将各个模块安装到导轨上，插入总线连接器（不适用于 PS307 和最后一个模块）→啮合→内旋转入→用螺钉拧紧。按照以下顺序进行操作：电源 PS307→接口模块 IM153－2→DI 模块 SM321→DO 模块 SM322。然后将接口模块 IM153－2 的 PROFIBUS 地址设置为 3。地址的设置如图 4－59 所示。

（2）ET200M 接线。

将导轨连接到保护性导体上，在导轨上使用所提供的 M6 螺钉来实现此目的。连接到保护性导体的导线最小横截面积为 $10mm^2$。

在将电源模块 PS307 通电或将电源线连接到电源之后，不得触摸带电的电线，确保在接线前，切断 ET200M 的电源。

打开 PS 和 IM 的前门，松开 PS307 上的张力消除部件，剥开电源线。如果需要，安装线端套管（适用于多股导线场合），然后连接到 PS307（图 4－60），拧紧张力消除部件，将跳线插入 PS307 和 IM153－2 并拧紧。检查 PS307 上电源电压选择开关是否正确设置成电源电压。

电源模块出厂时被设置为 230V AC 的电源电压。可按如下方式更改设置，用螺丝刀卸下防护盖，将开关设置为可用的电源电压，装上防护盖。

在 DP 主站（第二个 DP 接口）和 IM153－2 之间连接 PROFIBUS－DP 电缆。连接器的终端电阻必须启用。

打开 DI 和 DO 的前门，将前连接器移至接线位置，为此，将前连接器推入各个 DI 和 DO 直至啮合。在此位置，前连接器仍然从模块中凸出。在接线位置，已接线的前连接器不与相应的模块接触，将要插入前连接器的导线端剥去 6mm 的绝缘层，然后安装适当的线端套管。

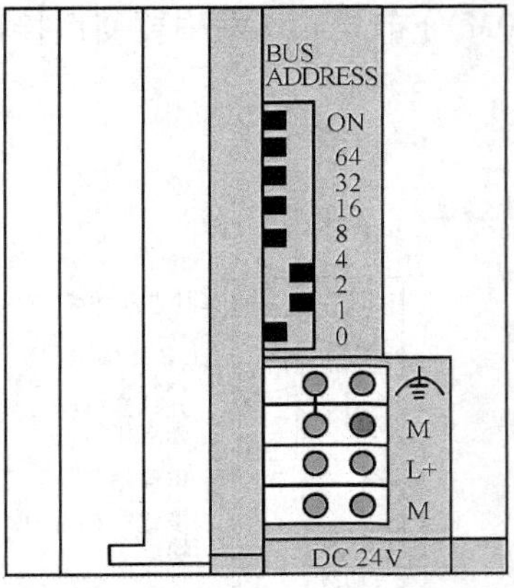

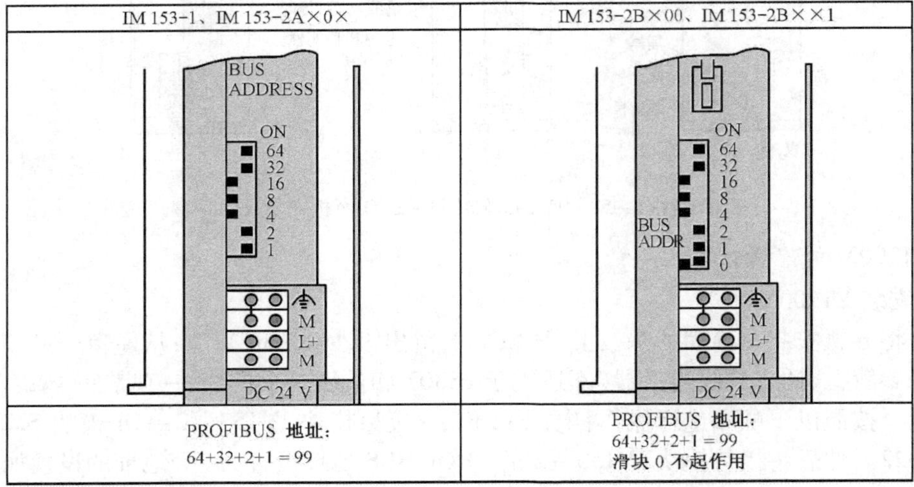

图 4-59 接口模块 IM153-2 的 PROFIBUS 地址设置

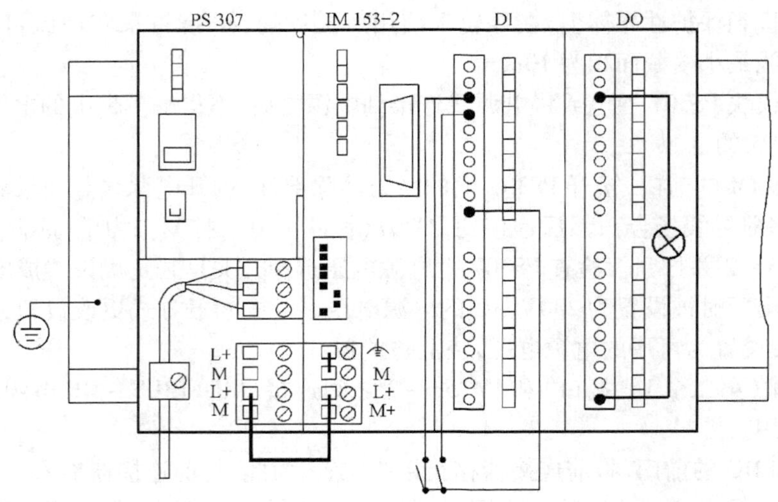

图 4-60 ET200M 接线图

按如下方式为 DI 的前连接器接线：端子 1：PS 的 L+；端子 20：PS 的 M；端子 3：按钮 1；端子 4：按钮 2；端子 10：按钮的空闲电缆端。

按如下方式为 DO 的前连接器接线：端子 1：PS 的 L+；端子 20：PS 的 M；端子 3 和 20：指示灯。

将导线向下引出前连接器，按下模块顶部的前连接器释放按钮，同时将前连接器推向模块直至释放按钮回复原位，关闭 PS、DI 和 DO 的前门。

(3)硬件投运。

使用编程设备电缆将编程设备连接到 DP 主站（MPI 接口）。确保接通连接器的终端电阻，将 PLC 选择模式开关设置为 STOP，将电源线连接到动力电源，接通 DP 主站的电源模块。PS 上的 4VDCLED 亮起。CPU 上的所有 LED 亮起，短时间后熄灭。SF LED、BATF LED 和 5V DC LED 持续亮起。STOP LED 快速闪烁 3s，然后持续亮起。插入备用电池，将备用电池连接器插入 CPU 电池盒的相应插槽中。连接器的凹口必须指向左侧，将备用电池插入 CPU 的电池盒中，关闭 CPU 前门，BATF LED 熄灭，片刻后 SF LED 也熄灭。启动编程设备，在 CPU315-2DP 上执行常规复位，即将模式开关旋向 MRES，保持模式开关在此位置，直至 STOP LED 在亮起两次后保持亮起（需 3s）。复位时必须在 3s 内再次将模式开关旋回 MRES，STOP LED 开始快速闪烁，CPU 执行常规复位，当 STOP LED 再次持续亮起后，CPU 就完成了常规复位。

2）在 SIMATIC 管理器中组态 ET200M

首先启动 SIMATIC 管理器，创建一个有 DP 主站（例如，CPU315-2DP）的新项目。除了 OB1 之外，还为项目创建 OB82；从硬件目录中将 IM153-2 添加到 PROFIBUS；将 IM153-2 的 PROFIBUS 地址设置为 3，将各个模块从硬件目录拖放到组态表上，如图 4-61 所示。

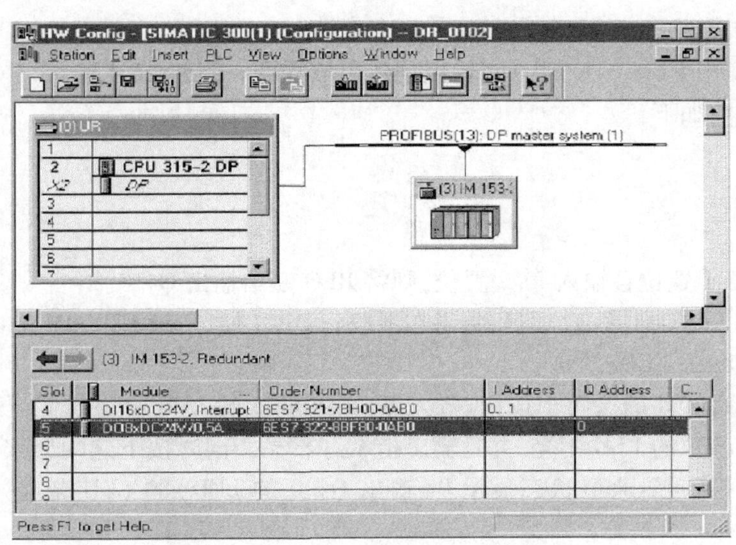

图 4-61　硬件组态表

(1)设置以下参数：

① 在 ET200M 的 DP 从站属性对话框中，接受默认设置，如图 4-62 所示。

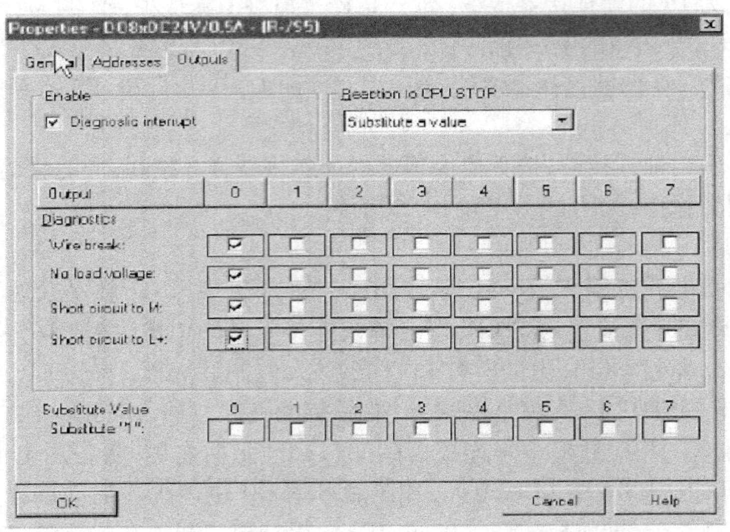

图 4-62 从站属性对话框

② 在组态表插槽 4 中 SM321 的 DP 从站属性对话框中,将诊断无"负载电压"设为"是";"诊断警报"设为"是"。

③ 在组态表插槽 5 中 SM322 的 DP 从站属性对话框进行相应设置。

(2)保存并编译组态。

(3)将组态装入 CPU315-2DP 中。

3)创建用户程序

在 OB1 中使用 LAD/STL/FBD 编辑器创建用户程序。例如,读入输入,并激活输出。

STL 语句说明如下:

```
AI   0.1
AI   0.2
=Q   4.0
```

如果输入 I0.1 置位且输入 I0.2 置位,则将 RLO 赋给输出 Q4.0。

在 SIMATIC 管理器中保存项目,将组态下载到 DP 主站,接通 ET200M 的电源,观察 DP 主站和 ET200M 的状态 LED。

交替按下 ET200M 的这两个按钮,输入 I0.1 和 I0.2 的 LED 交替点亮。通道状态显示 0(输出 Q4.0 的 LED)的 LED 不亮,并且输出指示灯不亮。同时按下这两个按钮,输入 I0.1 和 I0.2 的 LED 同时亮起。通道状态显示 0(输出 Q4.0 的 LED)的 LED 亮起并且输出指示灯亮起。

4)PROFIBUS DP 组态分布式 I/O 示例

使用分布式组态,可将输入、输出模块放置到离传感器和执行器很近的地方,从而减少接线量。用 PROFIBUS DP 来建立可编程控制器、I/O 模块和现场设备之间的连接。具体要求如图 4-63 所示。

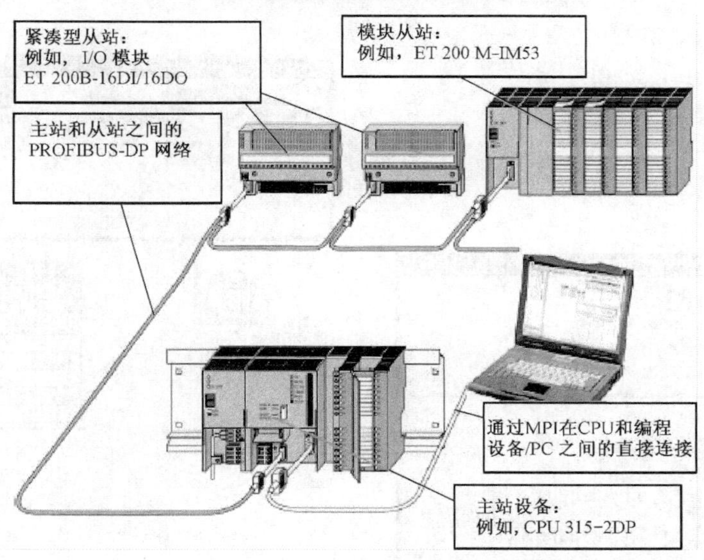

图 4－63　组态分布式 I/O 示例

（1）创建新项目。

首先从 SIMATIC 管理器开始。为简化操作过程，请先关闭所有打开的项目。创建一个新项目。在相应的对话框中选择 CPU 315－2DP（带有 PROFIBUS－DP 网络的 CPU）。并为该项目分配名称“GS－DP”（Getting Started－Distributed I/O）。如果想在此处创建自己的组态，请现在指定 CPU，需注意，CPU 必须能够支持分布式 I/O，如图 4－64 所示。

插入 PROFIBUS 网络，选择 GS－DP 文件夹。在右半窗口中击鼠标右键，然后插入 PROFIBUS 网络，如图 4－65 所示。

（2）组态站。

选择 SIMATIC 300 站文件夹并双击硬件。

“硬件配置”窗口打开。CPU 315－2 DP 已经显示在机架中。如有必要，使用菜单命令视图 > 硬件配置或工具栏中的相应按钮打开硬件目录。将电源模块 PS307 2A 拖放到插槽 1。

按照相同的方法，在插槽 4 和插槽 5 插入 I/O 模块 DI32 × DC24V 和 DO32 × DC24V/0.5A，如图 4－66 所示。

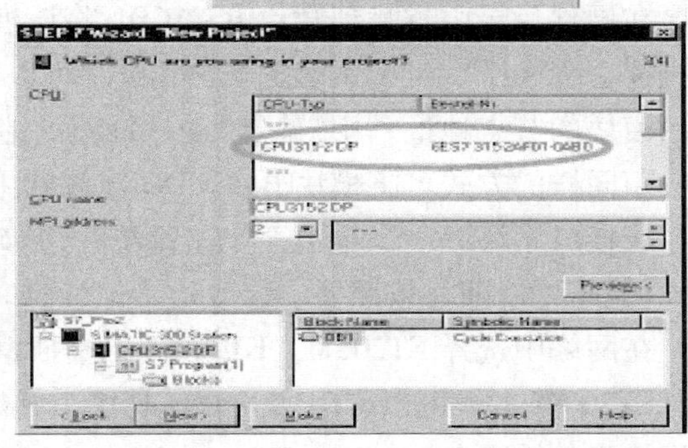

图 4－64　创建新项目

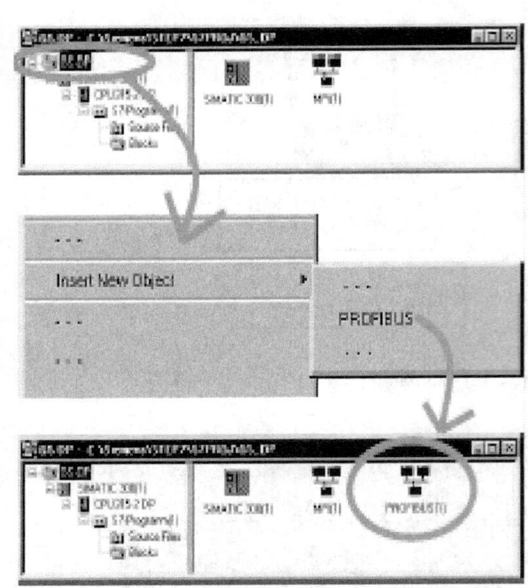

图 4 - 65　插入 PROFIBUS 网络

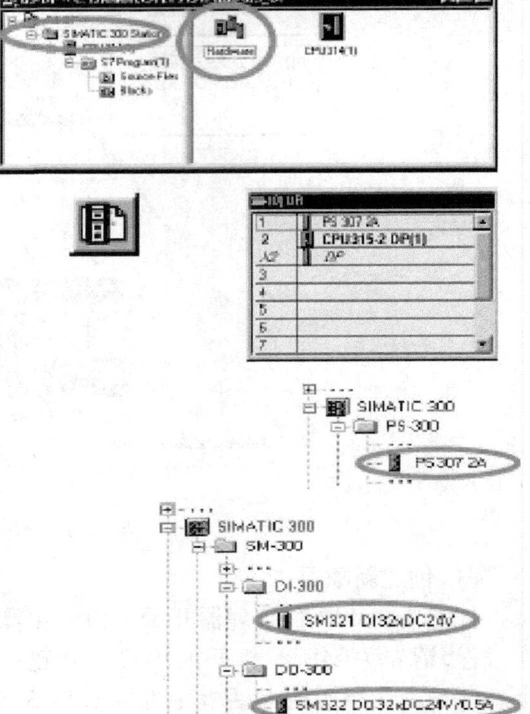

图 4 - 66　插入模板

(3)组态 DP 主站系统。

选择槽 2.1 中的 DP 主站,并插入 DP 主站系统。使用对话框中显示的建议地址。在“子网”域中选择“PROFIBUS(1)”,然后用确定应用设置,如图 4 - 67 所示。可以通过按住鼠标左键拖动放置在主站系统中的任意对象,来移动他们。

在硬件目录中查找到模块 B - 16DI,将该模块插入到主站系统(拖动对象到主站系统,直到光标变为一个“ + ”号时放开该对象)。可以在“属性”对话框的“参数”标签中修改您已插入的模块的节点地址。用“确定”确认推荐的地址,如图 4 - 68 所示。

用同样的方式可将模块 B - 16DO 拖放到主站系统,如图 4 - 69 所示。

将接口模块 IM153 拖放至主站系统并用“确定”再次确认站地址。在示例中,使用缺省站地址,但是可以随时按照要求修改这些地址,如图 4 - 70 所示。

在网络中选择 ET200M。ET200M 的空插槽显示在组态表的下部。此处选择插槽 4。

ET200M 本身可以有附加的 I/O 模块。例如,为插槽 4 选择模块 DI32 × DC24V,然后双击该模块将其插入。

应该始终确保在使用硬件目录时处于正确的文件夹中。例如,查找到 ET200M 文件夹,为 ET200M 选择模块,如图 4 - 71 所示。

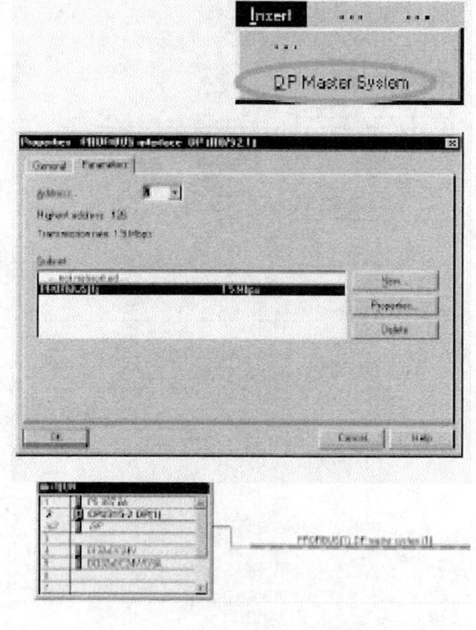

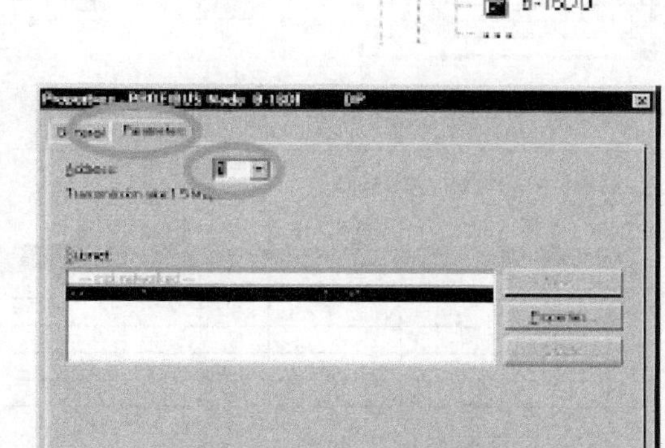

图4－67 插入 DP 主站系统

图4－68 配置模块 B－16DI

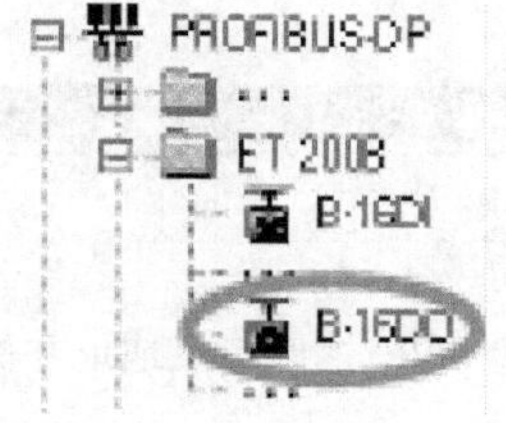

图4－69 配置模块 B－16DO

图4－70 配置接口模块 IM153

(4)修改节点地址。

在此示例中,不需要修改节点地址。但是在实际的项目开发过程中,经常需要修改节点地址。

依次选择其他节点,检查输入地址和输出地址。“配置硬件”应用程序已调整了所有地址,所以不会出现双重赋值的情况。

修改 ET200M 的地址:选择 ET200M 并双击 DI32 × DC24V(插槽4)。现在修改“属性”对话框的“地址”标签中的输入地址,将6改成12。用“确定”关闭对话框。

最后,保存并编译该分布式 I/O 组态。关闭窗口,如图4－72所示。

2. 通过 PROFIBUS－DP 连接智能从站(S7－400CPU 作为主站,S7－300 为从站)

下面以 CPU416－2DP 和 CPU315－2DP 为例加以说明。

先设置通信区接口,把 CPU416－2DP 集成的 DP 接口与 CPU315－2DP 接口连接,然后分别组态 S6－300 站和 S7－400 站,原则上先组态从站,后组态主站。

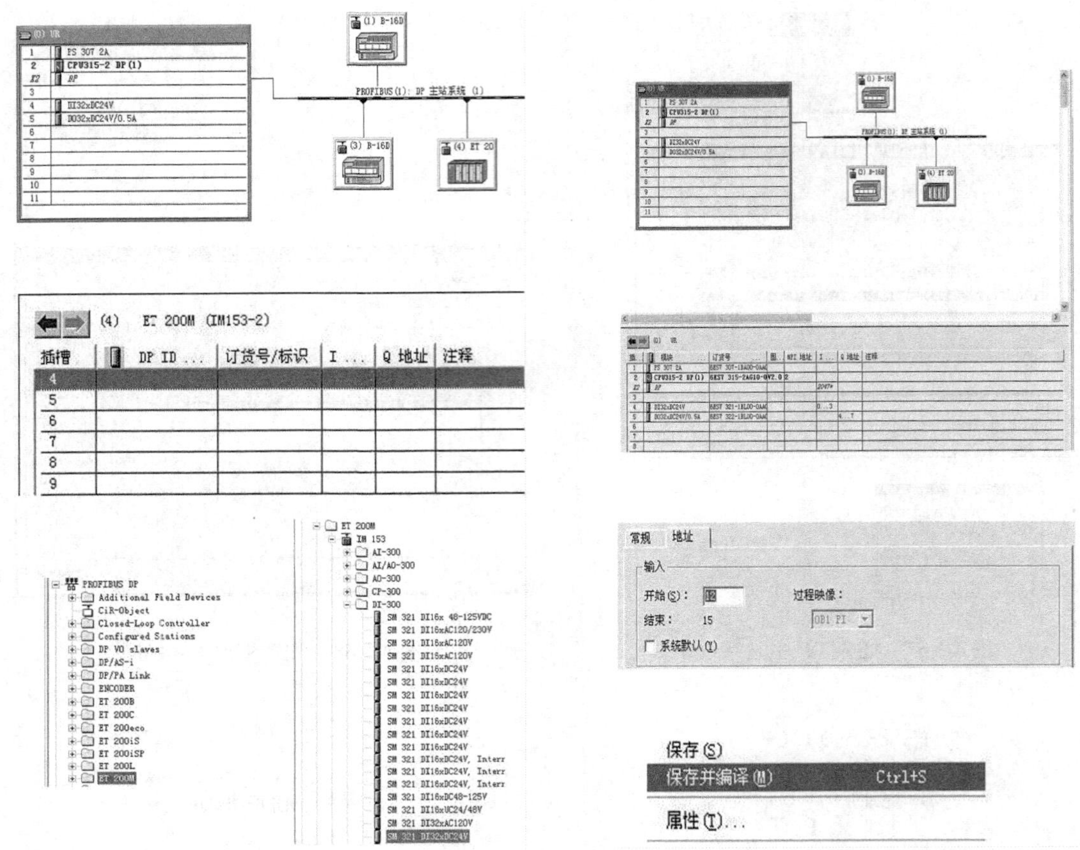

图 4-71 配置 ET200M

图 4-72 修改节点地址并保存

Consistency(数据的一致性)选择“Unit”,按“Unit”中定义的数据格式发送,即按字节或字发送;若选择“All”,表示是打包发送,每包最多 32 字节。

配置所需硬件和软件为 PROFIBUS-DP 主站 S7-400 CPU416-2DP、从站 S7-300 CPU315-2DP、MPI 网卡 CP5611 以及 PROFIBUS 总线连接器和电缆。

网络组态及参数设置方法如下所述。

1)组态从站

SIMATIC 300 Station:PROFIBUS 地址为 6,传输速率为 1.5Mbit/s,行规为 DP,网络设置如图 4-73 所示。

(1)在网络属性窗口,选择“工作模式”。选择“DP 从站”操作模式,如果其下的选择框被激活,则编程器可以对从站编程。换句话说,这个接口既可作为 DP 从站,同时还可以通过这个接口监控程序。诊断地址为 1022,为 PROFIBUS 诊断时,选择默认值即可。工作模式选择如图 4-74 所示。

(2)选择标签“组态”。新建一行通信的接口区,定义 S7-300 从站的通信接口区。

输入对应于 I 区,输出对应于 Q 区,如图 4-75 所示。建立通信接口区的方法如下:

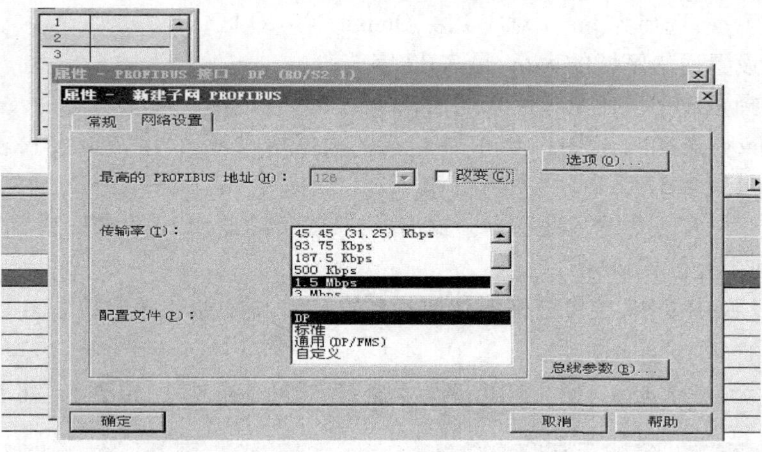

图 4－73 网络设置

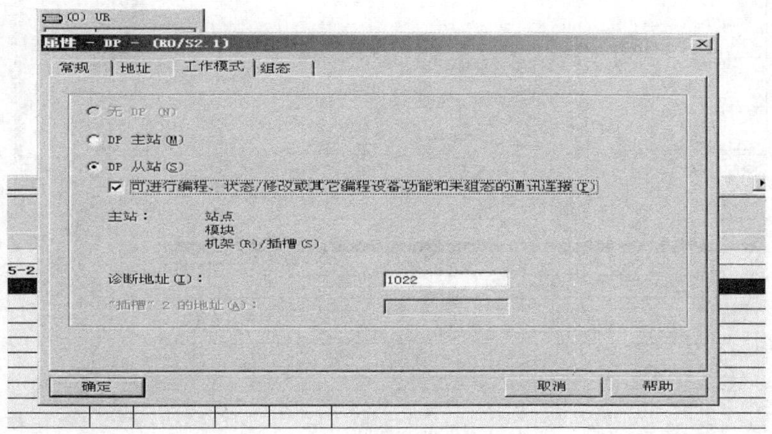

图 4－74 工作模式选择

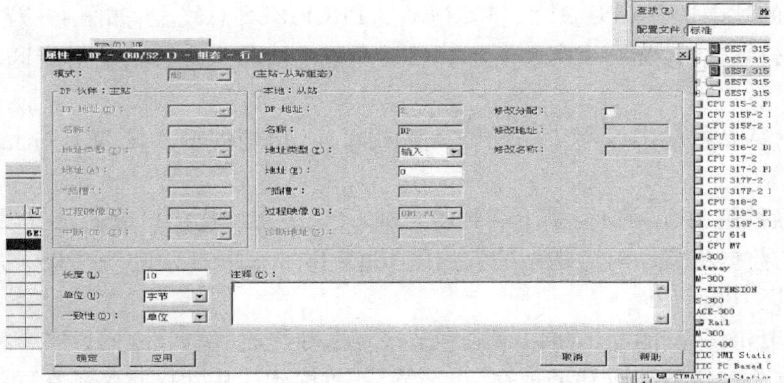

图 4－75 建立通信接口区

① Address type:选择为 Input 对应 I 区,Output 对应 Q 区;

② Length:设置通信区域的大小,最多 32 字节;

③ Unit:选择是按字节还是按字来通信;

④ Consistency:选择"Unit"按"Unit"中定义的数据格式发送(字节或字),若选择 All 表示是打包发送,每包最多 32 字节。

在本示例中,设置一个输入区和一个输出区,其长度均设为 10 字节。设置完成后,在组态标签中会看到两个通信接口区。

配置完成以后,用 MPI 接口分别下载到各自的 CPU 中初始化接口数据。

2)组态主站

S7-400 主站,插入 CPU416-2DP 设为主站,设置站地址为 2,如图 4-76 所示。

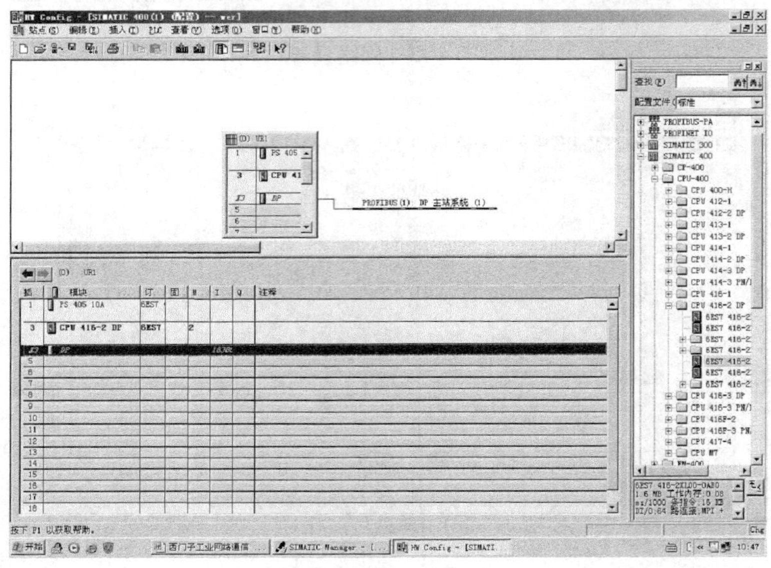

图 4-76 插入 CPU416-2DP

在已组态的站中选择 CPU_31X,将其拖动到 PROFIBUS 总线上,如图 4-77 所示。在从站属性对话框中建立连接,如图 4-78 所示。然后配置主站和从站通信的对应区域,如图 4-79 所示。

应该注意,从站的输出区与主站的输入区相对应,从站的输入区与主站上的输出区相对应,反之亦然。

配置完成后,用 MPI 接口分别下载到各自的 CPU 中初始化接口数据,在本示例中,主站的 QB0Q~QB9 的数据将自动对应从站的数据区 IB0~IB9,从站的 QB0Q~QB9 的数据将自动对应主站的数据区 IB0~IB9。

如果选择 Unit,数据的通信将以字或字节来发送和接收,例如,主站以字节格式发送 20 字节,从站将一字节一字节接收和处理这 20 字节,若数据到达从站接收区不在同一时刻,从站可能不在一个循环周期处理接收区的数据。如果想要保持数据的一致性(Consistency),在一个周期处理这些数据就要选择参数"All",通信数据 3 字节或大于 4 字节时,要调用 SFC15 给数

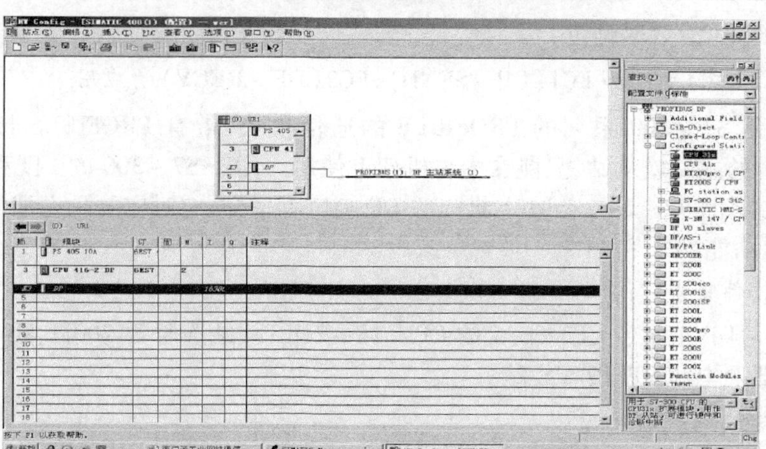

图 4－77　已组态的站

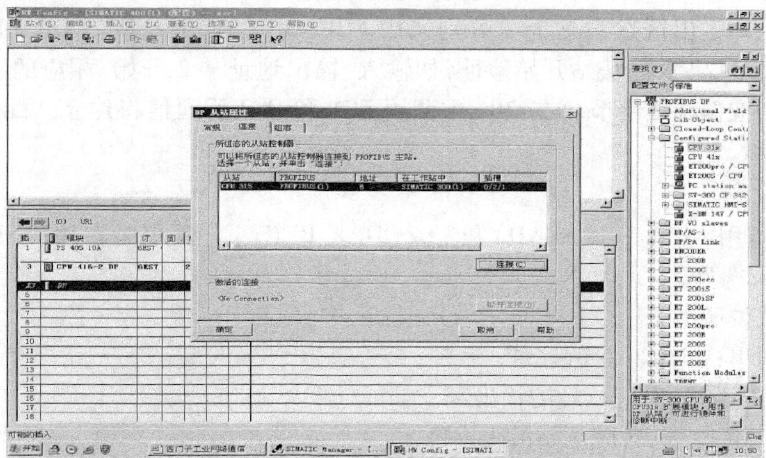

图 4－78　从站属性

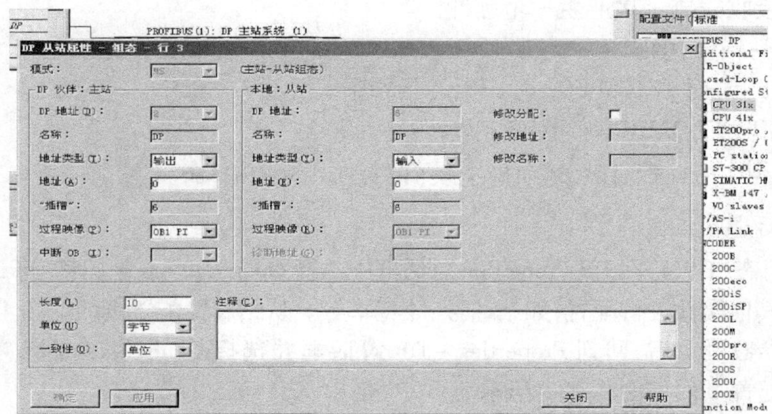

图 4－79　设置主从站数据交换区域

据打包,调用 SFC14 给数据解包。

3. CP342 - 5 作为主站和 FC1(DP - SEND)、FC2(DP - RECV)的应用

CP342 - 5 是 S7 - 300 系列的 FROFIBUS 的通信模块,带有 FROFIBUS 接口,可以作为 FROFIBUS - DP 的主站或从站,只能在中央机架上使用。由于 S7 - 300 的 I 区和 Q 区有限,通信时会有所限制,CP342 - 5 与 CPU 上集成的 DP 接口不一样,它对应的是虚拟的通信区,需要调用 CP 的通信功能 FC1 和 FC2。

1)硬件和软件需求

PROFIBUS - DP 主站带 CP342 - 5 的 CPU315 - 2DP;从站选用 ET200M、MPI 网卡、PROFIBUS 总线连接器及电缆 STEP7 V5.2。

2)网络组态及参数设置

组态主站常规进行,组态从站时,在硬件组态窗口中,依次选择 FROFIBUS DP→DP V0Slaves→ET200M,将其添加到网络上,并为其配置 2 字节输入和 2 字节输出。输入、输出地址均从 0 开始,ET200M 只是 S7 - 300 的虚拟地址映射区,而不占用 S7 - 300 实际 I/O 区。虚拟地址的输入区和输出区在主站上要分别调用 FC1(DP - SEND)、FC2(DP - RECV)进行访问。如果修改 CP342 - 5 的从站开始地址,如输入、输出地址从 2 开始,相应的 FC1、FC2 对应的地址区也要相应偏移 2 字节。在 OB1 中调用 FC1 和 FC2 后通信将建立。配置多个从站虚拟地址区将顺延。

3)编程

在 OB1 中调用 FC1(DP - SEND)和 FC2(DP - RECV)。调用时在库→SIMATIC_NET_CP→CP300→FC1 、FC2。

程序中参数说明如下:

(1)CPLADDR:CP342 - 5 的地址。

(2)SEND:发送区,对应从站的输出区。

(3)RRECV:接收区,对应从站的输入区。

(4)DONE:发送完成一次产生一个脉冲。

(5)NDR:接收完成一次产生一个脉冲。

(6)ERROR:错误代码。

(7)STATUS:调用 FC1 和 FC2 时产生的状态字。

(8)DPSTAUS:FROFIBUS 的状态字节。

4. 关于两个 CPU315 - 2DP 之间做主从(PROFIBUS - DP)的组态

1)先对从站进行组态

打开硬件组态(HW),在 DP Properties 对话框中选择 Operation mode 标签,将 DP 属性设为从站(Slave)并对其他属性进行配置,如站址号、波特率等。从站属性配置页面如图 4 - 80 所示。

确认所有参数设定后,回到 Properties - DP 对话框并选择 Configuration 标签,对通信数据区进行配置。配置页面如图 4 - 81 所示。

通过 NEW、EDIT、DELETE 标签可以添加、编辑和删除所需的数据配置。配置完成页面如图 4 - 82 所示。

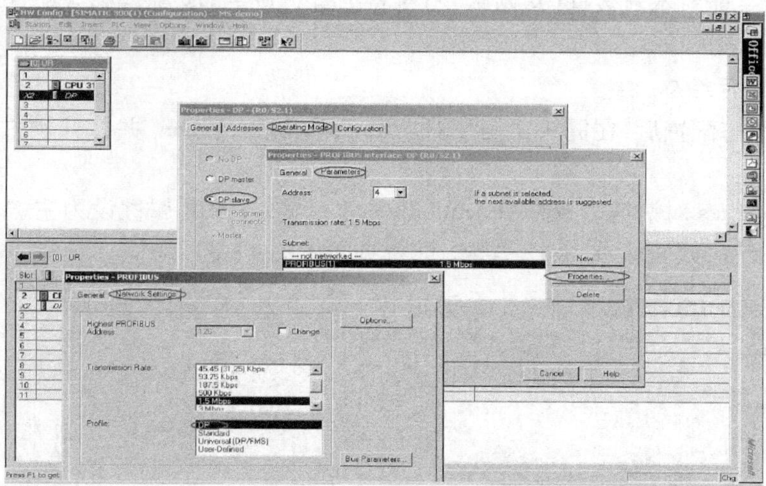

图 4－80 从站属性配置

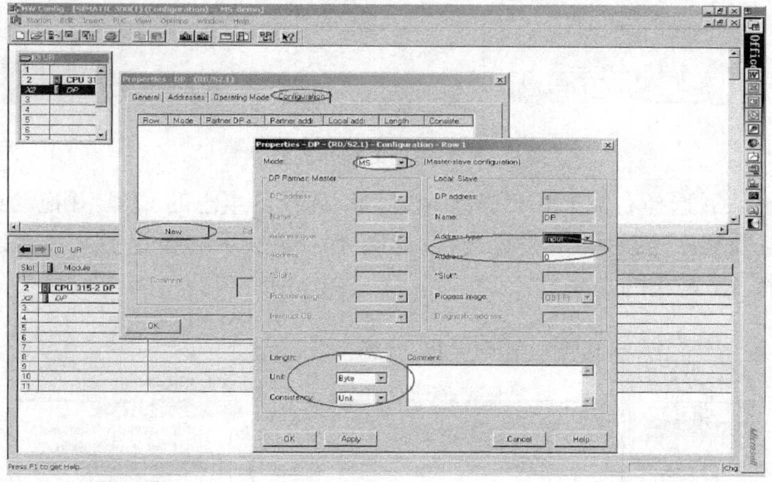

图 4－81 从站 Configuration 标签

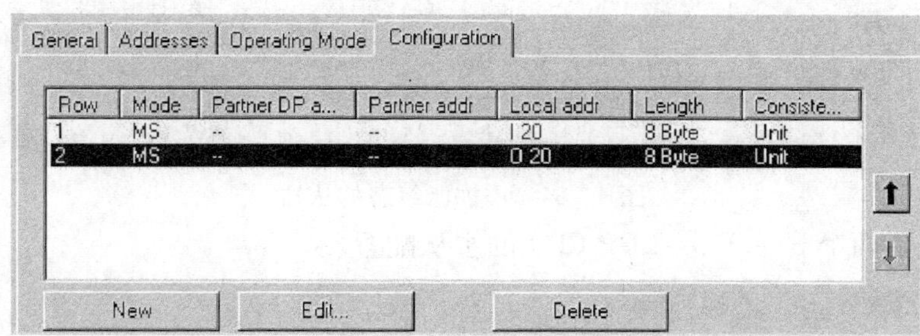

图 4－82 从站数据配置

注意,此时只能对本地数据(从站本身)进行配置。点击 OK 标签确认配置后,编译并存盘从站的组态。

2)对主站进行组态

结束从站组态配置后,在同一项目下插入作为主站的 Station,并打开硬件组态对其进行配置。

在 DP Properties 对话框中选择 Operation mode 标签, 将 DP 属性设为主(MASTER),并对其他属性进行配置,如站址号、波特率等。配置页面如图 4 - 83 所示。

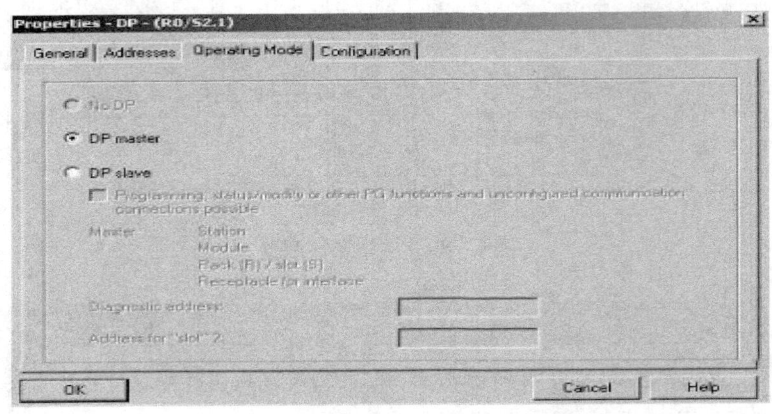

图 4 - 83 主站的操作模式选择

点击 OK 确认后选择右侧 PROFIBUS DP 目录,选择已组态的 CPU,并拖动到总线上,如图 4 - 84 所示。打开从站连接属性,进行连接,如图 4 - 85 所示。配置主从关系以及通信区域,如图 4 - 86 和图 4 - 87 所示。

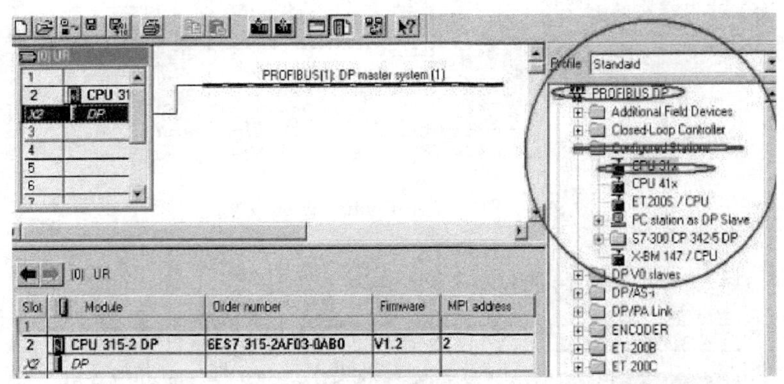

图 4 - 84 添加已组态的从站

至此,完成了两个 S7 - 315 - 2DP CPU 的主从配置。

(三)以太网通信

1. 两套 S7 - 300 之间的以太网解决方案

以 CP343 - 1 和 CP343 - IT 模块实现两套 S7 - 300 之间的以太网通信为例介绍如下。

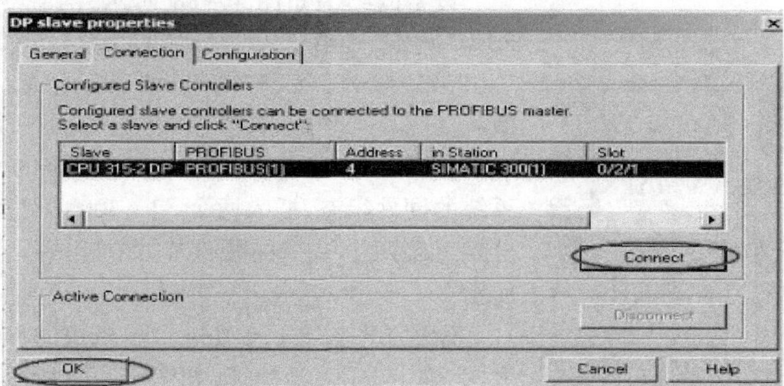

图 4－85　连接属性

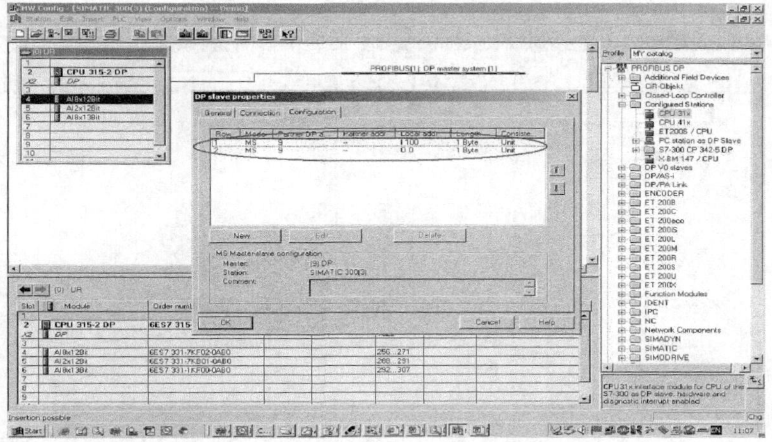

图 4－86　组态主从连接

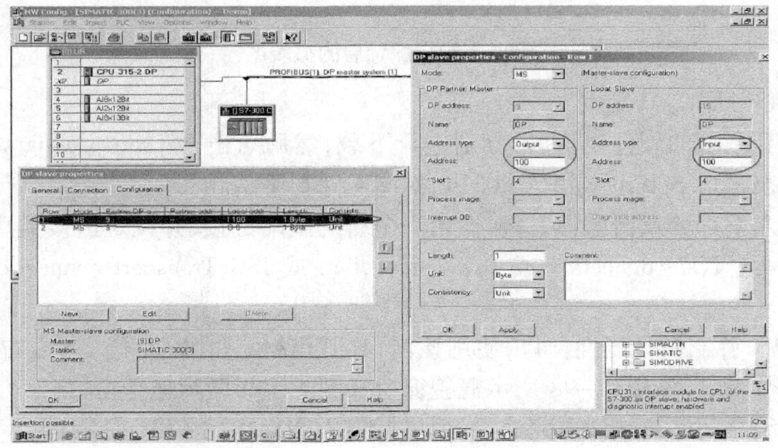

图 4－87　分配通信区域

图4－88 设备的结构图

设备的结构如图4－88所示，两套S7－300系统由PS307电源、CPU314C－2DP、CPU314C－2 PTP、CP343－1、CP343－1 IT、PC、CP5611、STEP7组成。配置完成后的概貌如图4－89所示。

打开SIMATIC Manager，根据系统的硬件组成，进行系统的硬件组态，插入两个S7－300的站，进行硬件组态，分别组态两个系统的硬件模块，如图4－90和图4－91所示。

设置CP343－1、CP343－IT模块的参数，建立一个以太网，确定MPI、IP地址，如图4－92所示设置CP343－1的MPI地址、如图4－93所示设置CP343－1的IP地址、如图4－94所示设置CP343－IT的MPI地址、如图4－95

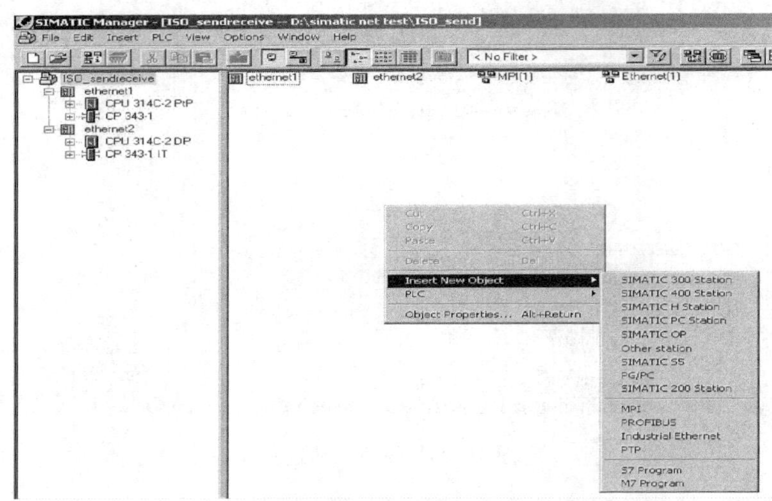

图4－89 配置后的概貌图

所示设置CP343－IT的IP地址。

组态完两套系统的硬件模块后，分别进行下载，然后点击Network Configration按钮，打开系统的网络组态窗口NetPro，选中CPU314，如图4－96所示。

在窗口的左下部分点击鼠标右键，插入一个新的网络链接，并设定链接类型为ISO－on－TCP connection或TCP connection或UDP connection或ISO Transport connection，如图4－97所示。

点击OK后，弹出链接属性窗口，使用该窗口的默认值，并根据该对话框右侧信息进行后面程序的块参数设定，如图4－98所示概貌窗口和图4－99所示地址窗口。

当两套系统之间的链接建立完成后，用鼠标选中图标中的CPU，分别进行下载，这里略去CPU314C－2DP的下载，如图4－100所示。

到此为止，系统的硬件组态和网络配置已经完成。下面进行系统的软件编制，在SIMATIC

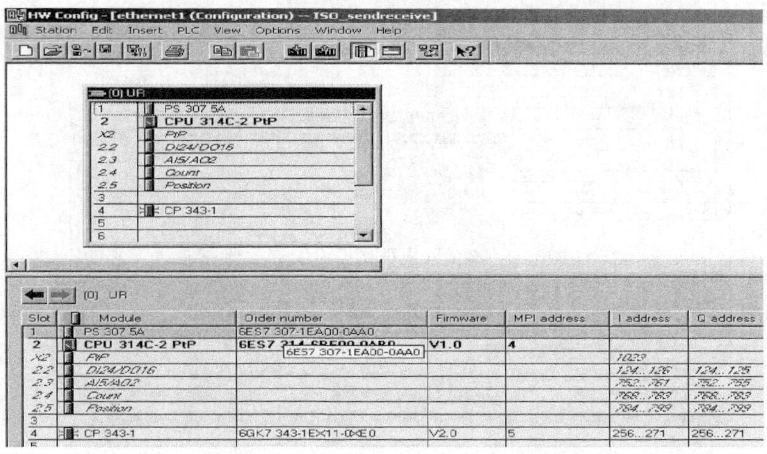

图 4 – 90　CPU314C – 2PtP 配置

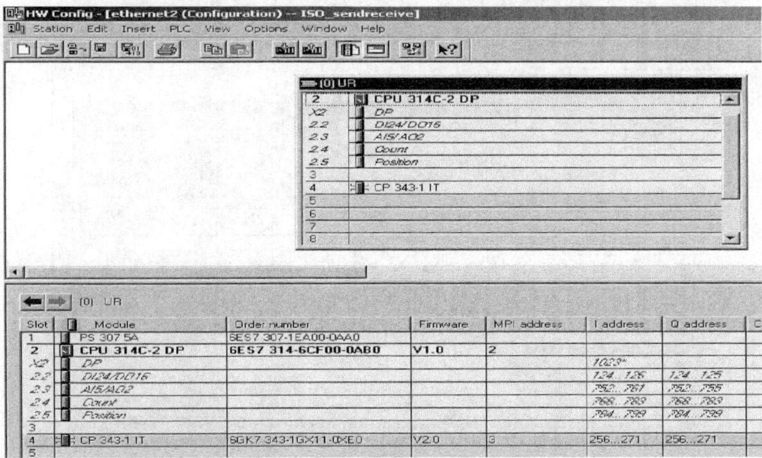

图 4 – 91　CPU314C – 2D 配置

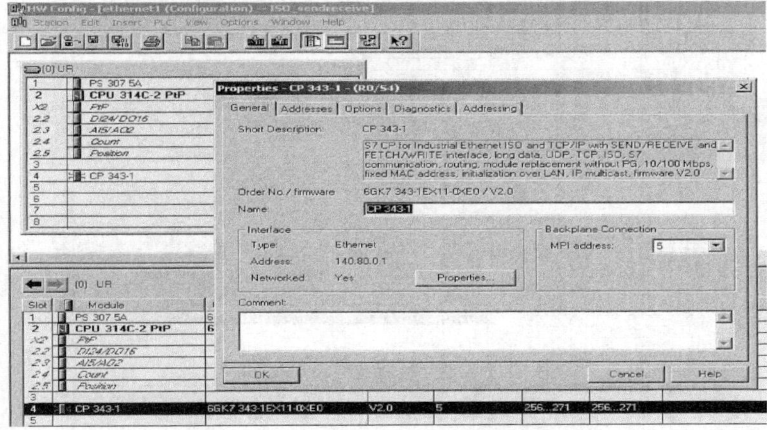

图 4 – 92　设置 CP343 – 1 的 MPI 地址

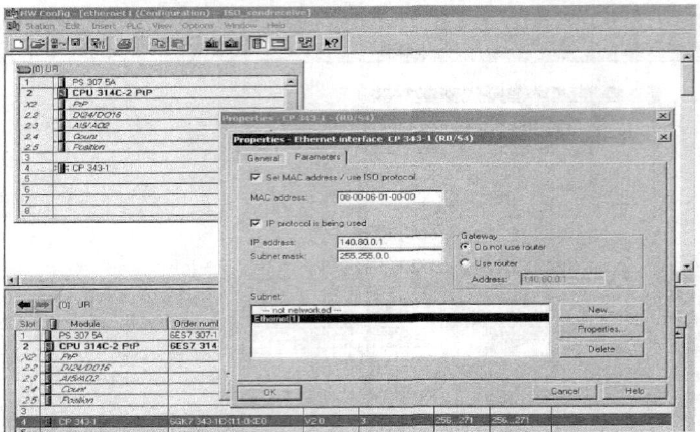

图 4 - 93　设置 CP343 - 1 的 IP 地址

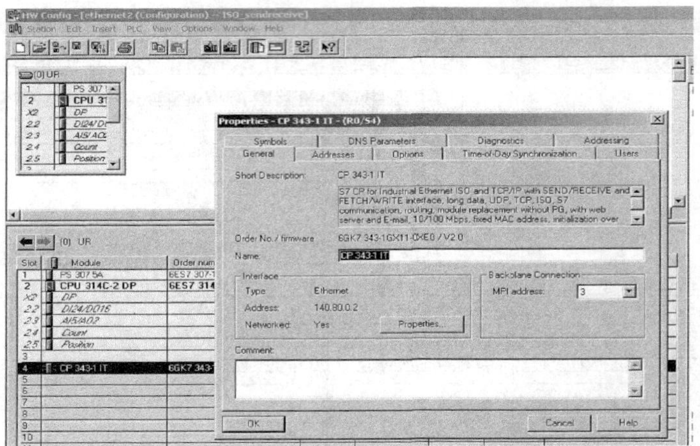

图 4 - 94　设置 CP343 - IT 的 MPI 地址

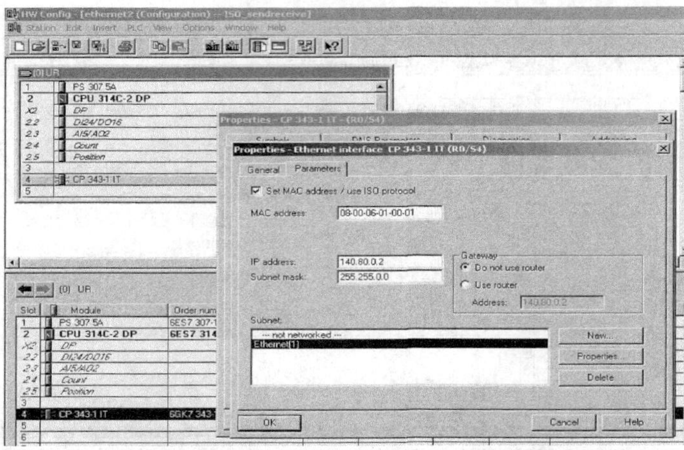

图 4 - 95　设置 CP343 - IT 的 IP 地址

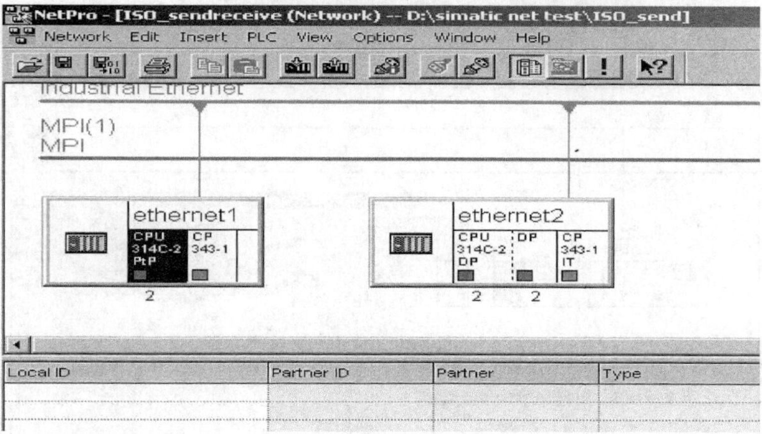

图 4－96　网络组态窗口

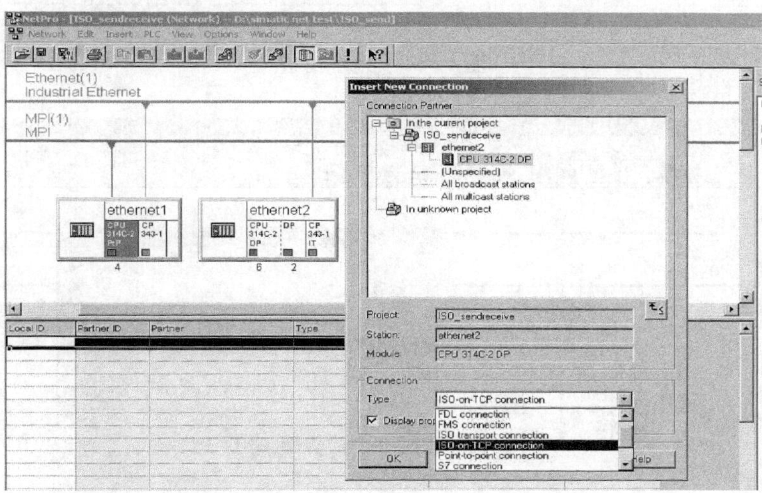

图 4－97　设定链接类型

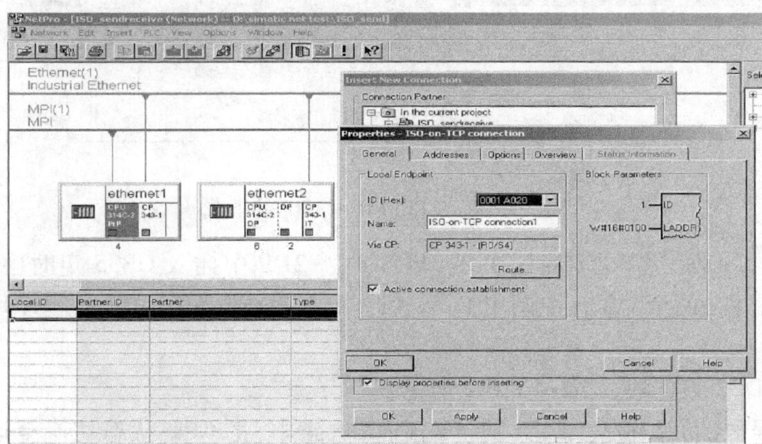

图 4－98　概貌窗口

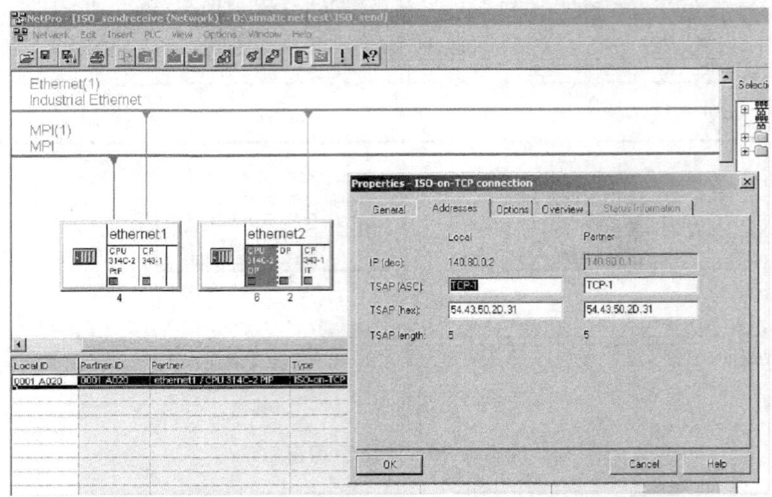

图 4－99　地址窗口

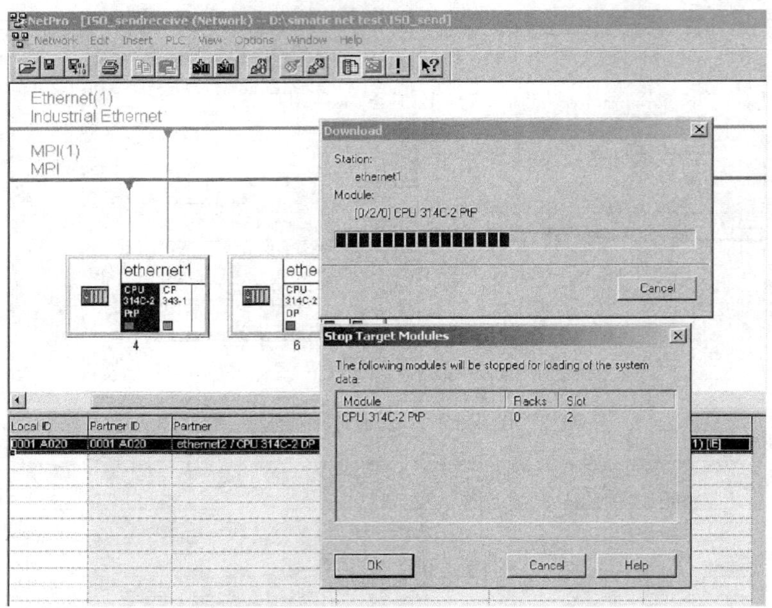

图 4－100　CPU314C－2PtP 的下载

Manager 界面中，分别在 CPU314C－2PtP、CPU314C－2DP 中插入 OB35 定时中断程序块和数据块 DB1、DB2，并在两个 OB35 中调用 FC5(AG_Send)和 FC6(AG_Recv)程序块，如图 4－101 所示。

创建 DB1、DB2 数据块，如图 4－102 所示。

两套控制程序已经编制完成，分别下载到 CPU 当中，将 CPU 状态切换至运行状态，就可以实现 S7－300 之间的以太网通信了。

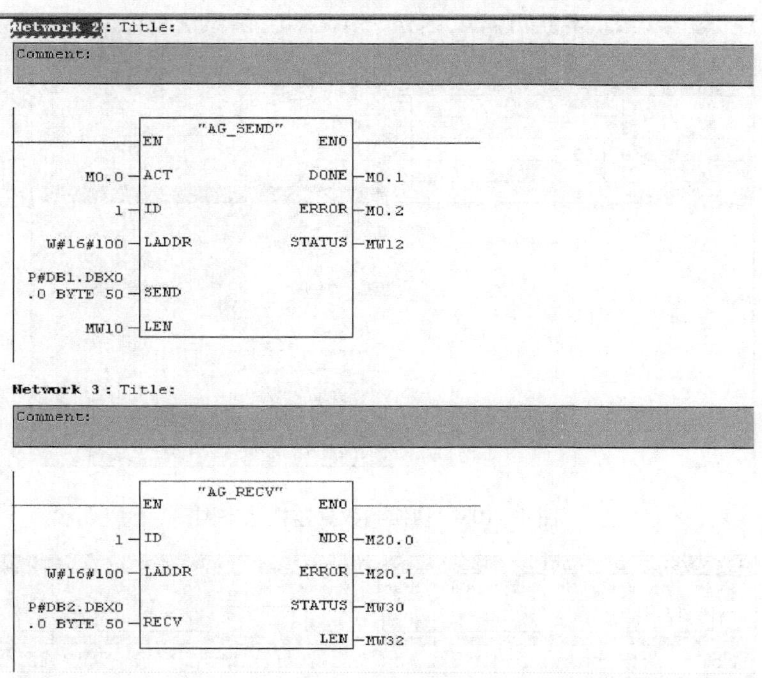

图 4-101 程序块图

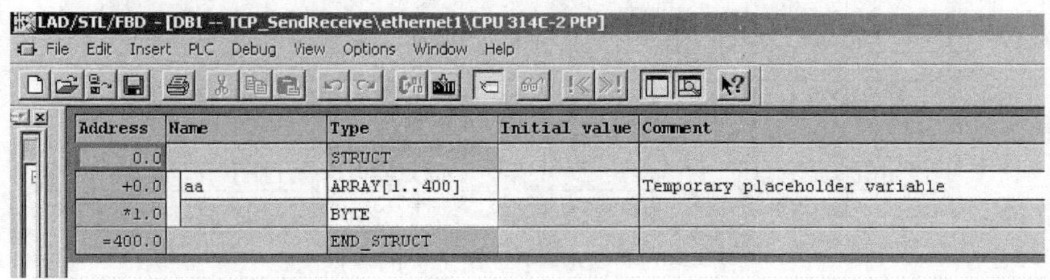

Address	Name	Type	Initial value	Comment
0.0		STRUCT		
+0.0	aa	ARRAY[1..400]		Temporary placeholder variable
*1.0		BYTE		
=400.0		END_STRUCT		

图 4-102 DB1、DB2 数据块的结构

若将 CPU314C-2DP 的 DB1 中的数据发送到 CPU314C-2PTP 的 DB2 中，选择 Data View，切换到数据监视状态，如图 4-103 所示。

CPU314C-2DP 的 DB1 中发送出去的数据如图 4-104 所示。

CPU314C-2PTP 的 DB2 中接收到的数据如图 4-105 所示。

2. S7-300/400 的以太网解决方案

局域网中的节点可以通过交换机或集线器来连接，交换机相互连接过程中的主干网，也可以是冗余的光纤环网。网络中的所有节点均可以相互访问。

1）硬件需求和软件需求

（1）CPU314C-2DP 和 CPU314C-2PTP。

（2）CP 341-1/CP341-1。

（3）PC（带以太网卡，如 CP1613）。

LAD/STL/FBD - [DB1 -- ISO_sendreceive\ethernet2\CPU 314C-2 DP]
File Edit Insert PLC Debug View Options Window Help
Address Name
0.0
+0.0 aa
*1.0
=100.0
Overviews Ctrl+K
Details
PLC Register
LAD Ctrl+1
STL Ctrl+2
FBD Ctrl+3
Data View Ctrl+F4
Declaration View Ctrl+5
Display with
Zoom In Ctrl+Num+
Minimize Ctrl+Num-
Zoom Factor...
Toolbar
Breakpoint Bar
Status Bar
Column Width...
Display Columns... F11
Update View F5

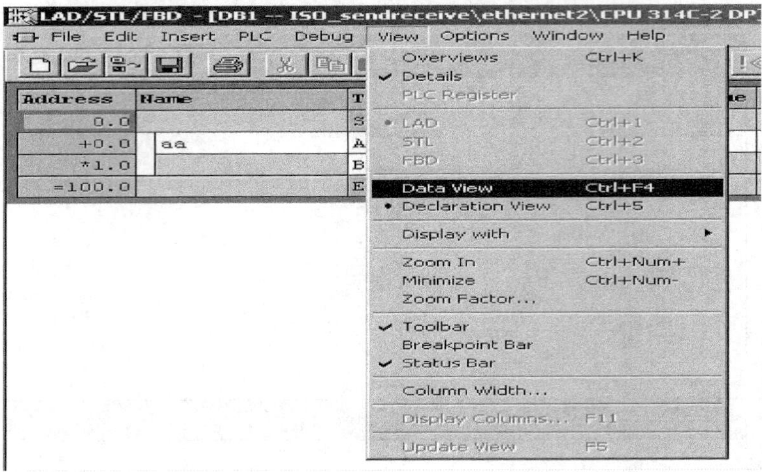

图 4－103 切换到数据监视状态图

LAD/STL/FBD - [@DB1 -- ISO_sendreceive\ethernet2\CPU 314C-2 DP ONLINE]
File Edit Insert PLC Debug View Options Window Help
Address Name Type Initial value Actual value Comm
0.0 aa[1] BYTE B#16#0 B#16#01 Temp
1.0 aa[2] BYTE B#16#0 B#16#02
2.0 aa[3] BYTE B#16#0 B#16#03
3.0 aa[4] BYTE B#16#0 B#16#04
4.0 aa[5] BYTE B#16#0 B#16#05
5.0 aa[6] BYTE B#16#0 B#16#06
6.0 aa[7] BYTE B#16#0 B#16#07
7.0 aa[8] BYTE B#16#0 B#16#08
8.0 aa[9] BYTE B#16#0 B#16#09
9.0 aa[10] BYTE B#16#0 B#16#10
10.0 aa[11] BYTE B#16#0 B#16#11
11.0 aa[12] BYTE B#16#0 B#16#00

图 4－104 DB1 中发送出去的数据

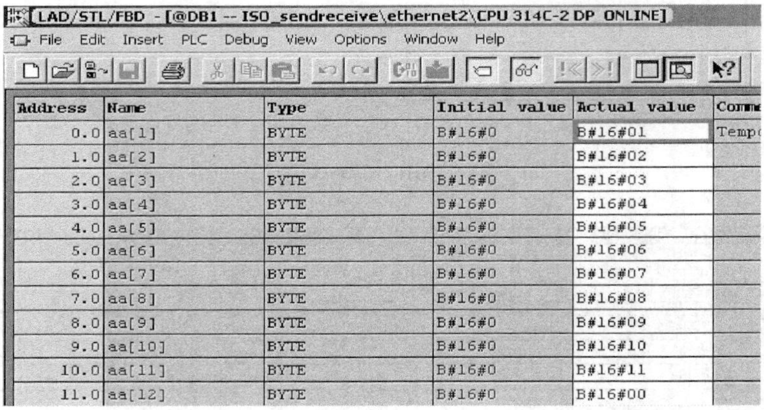

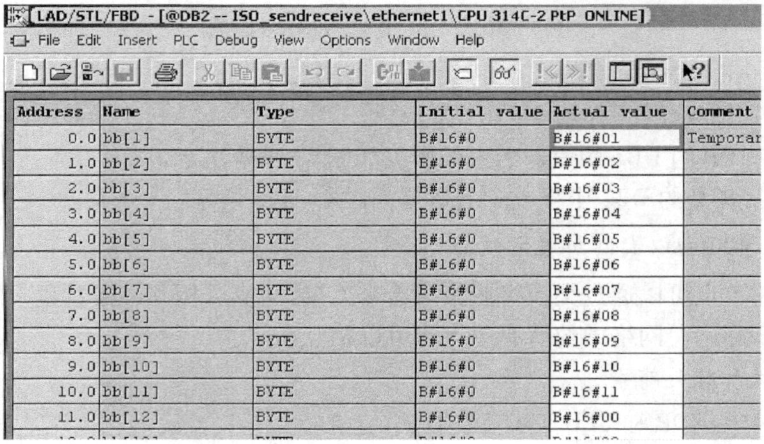

LAD/STL/FBD - [@DB2 -- ISO_sendreceive\ethernet1\CPU 314C-2 PtP ONLINE]
File Edit Insert PLC Debug View Options Window Help
Address Name Type Initial value Actual value Comment
0.0 bb[1] BYTE B#16#0 B#16#01 Temporar
1.0 bb[2] BYTE B#16#0 B#16#02
2.0 bb[3] BYTE B#16#0 B#16#03
3.0 bb[4] BYTE B#16#0 B#16#04
4.0 bb[5] BYTE B#16#0 B#16#05
5.0 bb[6] BYTE B#16#0 B#16#06
6.0 bb[7] BYTE B#16#0 B#16#07
7.0 bb[8] BYTE B#16#0 B#16#08
8.0 bb[9] BYTE B#16#0 B#16#09
9.0 bb[10] BYTE B#16#0 B#16#10
10.0 bb[11] BYTE B#16#0 B#16#11
11.0 bb[12] BYTE B#16#0 B#16#00

图 4－105 DB2 中接收到的数据

(4)以太网交换机 OSM 或 ESM。

(5)STEP7 V5.3。

2)S7 通信网络组态及参数设置

(1)新建项目。

CPU314C－2DP,插入 CP343－1IT,注意应该查看 CP 模板所支持的协议,因为不同的版本的模板功能会有所区别。

(2)网络组态。

设置 CP343－1IT 的属性,新建"Ethernet(1)",因为要使用 S7 协议,故 CP 模板的 IP 地址和 MAC 地址可以同时设置。

用同样的方法建立另一个 S7－300 站,连接到同一个 Ethernet(1)上。

打开"Net Pro"设置网络参数,选中 CPU,在连接列表中建立新的连接(右键插入新的连接),在连接选项中,选择建立 S7"connection",设置连接属性。"General"属性中块参数 ID＝1,这个参数在后边编程中会用到。通信双方的其中一个站为客户端,激活 Establish an active connection;另一个站为服务器端(Ptp),在相应属性中不激活该选项。One－way 表示单边通信,如选择该项,需调用"PUT/GET"进行单边通信。

编译存盘后,这样硬件组态和网络组态就完成了。

(3)软件编程。

通信的双方都需要编程,调用 BSEND/BRCV(FB12/FB13)以及 USEND/URCV(S7400)。

注意 ID 和 R_ID 要对应。ID 为网络组态时确定,R_ID 在编程时由用户定义,相同 R_ID 的发送、接收功能块才能正确接收数据。

(4)下载程序及组态信息。

第三节　GE 系列 90－70 可编程控制器

一、90－70 PLC 是先进的可编程控制器,是 GE FANUC 系列 90 家族中高性能、大规模的系列

90－70 PLC 的外观如图 4－106 所示。其主要性能如下:

图 4－106　GE 系列 90－70 PLC 系统

(1)单槽的 CPU 模块,在 CPU 模块中有两个主要处理器:一个是用于处理一些模拟量或特殊功能控制处理器;另一个是布尔运算协处理器,用于执行高速的开关量控制。

(2)所有型号 CPU 模块具有浮点运算功能。

(3)系统机架采用标准 VME 总线结构,可安装超过 300 家的第三厂家 VME 标准模块。

(4)系列 90 – 70PLC I/O 容量最大为开关量 12288 点,模拟量 8192 点。

(5)CPU 的内存从 512k 字节到 6M 字节。

(6)具有高密度 32 点的 AC 或 DC 输入、输出模块。

(7)简易模块卡子,可以防止错误安装 I/O 模块。

(8)具有标准的硬件方式,可响应开关量或模拟量中断输入,可处理 64 个事故中断和 16 个时间中断。

(9)方便的系统和模块自诊断功能,极易故障排除。

(10)在 CPU 模块内,有电池支持的内部日历和时钟。

(11)具有 Genius 分布式 I/O 模块子系统和 field control 系统配置,且可构成双总线的系统冗余配置。

(12)对于特殊应用需要,可构成完全同步的 CPU 热备冗余配置。

(13)系列 90 – 70PLC 还可以构成用于 ESD 的双重化和三重化 GMR 系统配置。

(14)系列 90 – 70PLC 具有功能很强的编程及组态软件,除采用一般的梯形图逻辑编写外,可有 C、SFC、STATELOGIC 等多种编程语言。

二、GE 系列 90 – 70PLC 硬件基本组成及性能

(一)典型的系列 90 – 70PLC 系统配置

GE 系列 90 – 70PLC 硬件基本组成如图 4 – 107 所示。

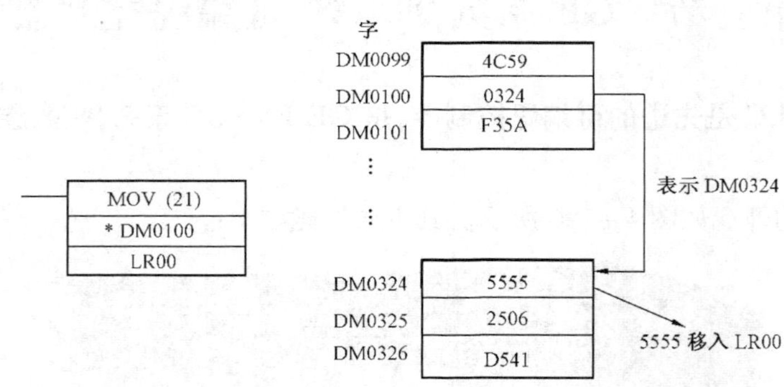

图 4 – 107 GE 系列 90 – 70PLC 硬件基本组成

(1)九种类型的 CPU 模块家族。

(2)八种底板框架可供选择。

(3)电源模块。

(4)总线扩展模块包括:(BUS TRANSMITTER)总线传输模块、总线接收模块、(BUS RECEIVER)远程 I/O 扫描模块。

(5)机架安装型开关量模拟量 I/O 模块。

(6)分布式的 GeniusI/O 系统、现场控制系统。

(7)可编程协处理模块(PCM)。

(8)高速计数器模块。

(9)Genius 总线控制模块。

(10)TCP/IP Ethernet 通信处理器模块。

(11)I/O Link 接口模块可连接 GE Fanuc 和 Fanuc。

(12)第三方 VEM 模块。

注:所有从 BTM 到 BRM 集成连接卡件电缆最长 50in,所有机架要求同一接地(最多八个机架)。

(二)GE 系列 90-70PLC 模块性能

1.90-70 PLC CPU 模块功能

(1)CPU 模块上具有三态位置开关,可选择 CPU 不同工作状态:RUN/ENABLE、RUN/DISABLE、STOP。

(2)CPU 模块顶部有六个指示灯,指示 CPU 模块现行操作状态及使用哪个串口进行通信。例如:OKLED 指示灯:指示 CPU 工作是否正常。

RUN 指示灯:指示 CPU 工作状态。

ENABLE 指示灯:指示 PLC 系统输出是否有效。

(3)后备电池连接。存储器保护开关对于 CPU780/781/788/914/924/915/925/增加了存储器保护开关,这样可对用户程序和配置参数进行锁定而防止错误修改。

(4)CPU 模块内部提供看门狗功能(Watchdogtime):监控时间为 10~2550ms,一般缺省为 200ms。

(5)CPU 模块具有两个 15 针串行通信接口,提供 RS-422、RS-485 串行接口,可与一些专用编程器或 IBM Computer 或兼容机连接。通过 RS-232、RS-422 转换器也可以进行 RS-232 方式的通信。另外还有一个 RS232 RJ45 编程口。

(6)对用户程序有密码保护锁定功能。

(7)编程软件包可对系统配置或内部参数进行软件设置。

(8)CPU 基本参数在模块前盖板上均标明。

2.I/O 机架

系列 90-70PLC 具有两种类型的机架:系列 90-70 标准机架和 VME 机架。

(1)标准系列 90-70 机架可安装所有 IC697PLC 模块。具有五槽和九槽两种规格(其中九槽机架分为前板安装和后板安装两种),在第一机架的最左边位置的槽位上安装电源或电源连接(有些场合一个电源模块支持两个机架同时工作)。在安装系列 90-70PLC 系统时,机架需有正确的物理安装位置。

(2)在系列 90-70PLC 系统中,经常是多机架系统结构。因此需要给机架设置机架号,一般的 CPU 机架总是 0 机架。而扩展 I/O 机架号,通过设置框架底板上的四个二进制码跳线来确定。四个跳线对应的是 1、2、4、8 位,二进制为 0 或 1,这样每位置数的总和,即是设置的机架号。举例如图 4 - 108 所示。在 90 - 70PLC 系统机架号为 0 ~ 7。

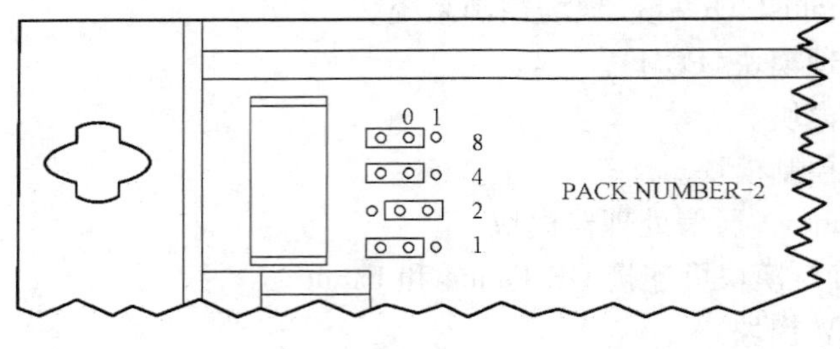

图 4 - 108 I/O 机架及连接

(3)在机架安装时,还需要考虑安全接地、屏蔽及干扰等要求。

3. VME 机架

(1)系列 90 - 70 的 VME 机架,可以安装第三方的 VME 模板和系列 90 - 70PLC 的全部 CPU 模块及 I/O 模块(冗余配置情况外)。VME 机架提供 17 槽位,这样可以非常方便地在 GE FANUC 系列 90 - 70PLC 系统中配置第三方的 VME 模板(第三方的 VME 模板选择必须参考手册 The User's Guide to Integration of 3rd party VME Modules)。

(2)机架上安装第三方 VEM 模块所需空间为 0. 8in(标准 IC697 模块所需空间为 1. 6in)。

(3)安装 AC 或 DC 电源模块,也可使用外接电源适配器。有时一个电源模块可支持两个机架工作,但受到机架上安装模块数量及功耗的限制。电源安装在机架最左边的位置上。

4. 电源模块

(1)系列 90 - 70PLC 的电源模块,具有很宽的供电范围和各种型号供用户选择。安装简单,可插在机架最左边的槽位上。电源模块通过一扩展电缆支持两个机架工作。系列 90 - 70 电源,坚固的结构设计,可使其在满负荷情况下能渡过一个周期的掉电。系列 90 - 70 电源内部还具有过压和过流功能及承载供电网的电压变化。

(2)系列 90 - 70 电源除可内部供给 + 5VCD 外,还可以共给 + 12VCD 用于 VME 模块。用户不需要另配其他直流电源。

5. 电源模块扩展连接电缆

在系列 90 - 70 系统配置中,电源模块的选择可采用一种经济的配置方法:一个电源模块同时支持两个机架工作。但对这种配置有一定的限制。

(1)对于第二机架,在系统中仅需 + 5V 电源,且两个机架的总功耗不能超过电源模块的功率容量。

(2)第二个机架上的电流小于 5. 2A。

(3)第二个机架上从第二槽到第九槽只能安装一般的开关量、模拟量模块。

(4)两个机架之间的最大距离为 1m(电缆长度为 1m),电源模块扩展连接电缆有九针 D 型接头,且在订货中配有第二机架上电源空槽位的盖板。当采用直流电源模块时,注意将 PSA 模块安装在第一机架电源槽位上,如图 4 - 109 所示。

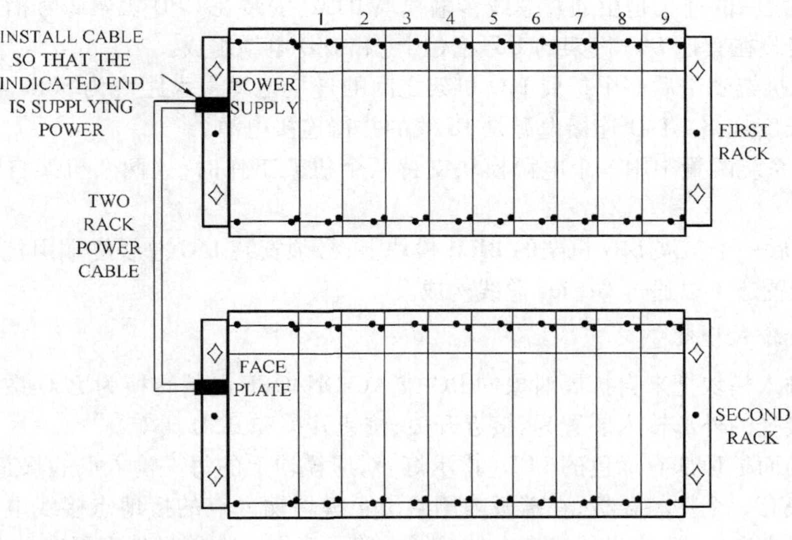

图 4－109 电源模块扩展连接

6. I/O 机架连接电缆

（1）在系列 90－70 系统配置中，常具有扩展 I/O 机架。通常 CPU 机架为 0 号机架，扩展 I/O 机架为 1～7 号机架，如图 4－110 所示。

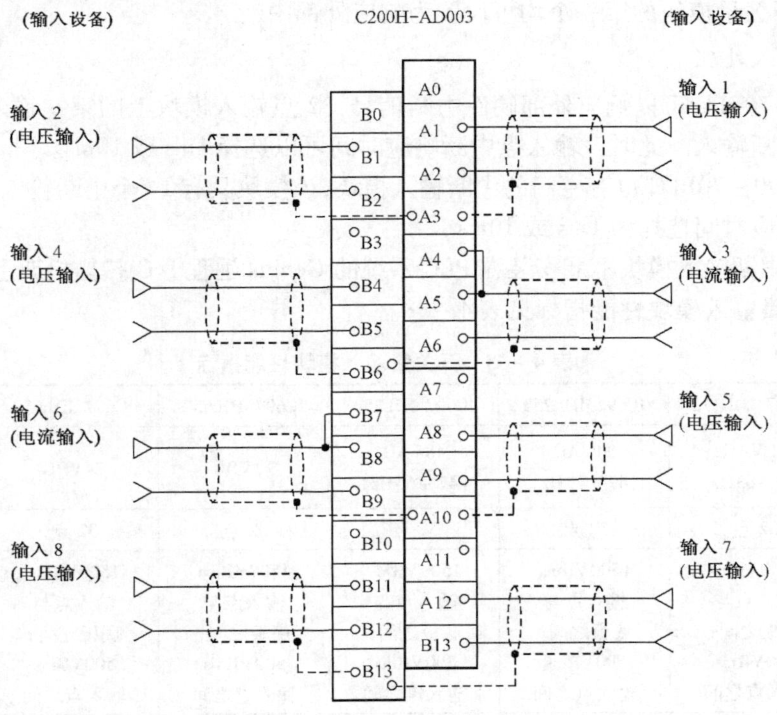

图 4－110 扩展 I/O 机架的配置

(2)机架之间的连接是由通过总线传输模块 BTM(安装在 CPU 机架 2 号槽位)、总线接收模块 BRM(安装在其他 I/O 机架的 1 号槽位上)和 I/O 电缆组成。

(3)CPU 机架到最后一个扩展 I/O 机架之间的连接电缆最大距离为 50in。I/O 连接电源具有不同的长度规格。I/O 连接电源是 18 线的并行连接电源。

(4)当在系统配置中用一个电源模块支持两个机架工作时,这两个机架自己的最大距离不超过 1m。

(5)在最后一个扩展 I/O 机架的 BRM 模块上,必须安装 I/O 总线终端阻抗适配器。扩展 I/O 机架的配置还可以通过 Genius 总线构成。

7. 开关量输入模块

开关量输入模块把来自扩展对象的 DC 或 AC ON/OFF 电信转换为 PLC 系统内部的信号电平。它所接受的外部输入装置为:接近开关、按钮开关和 BCD 码等。

在模块的面板顶部有绿色的 LED(指示灯)对应模块上的每一输入点的状态。

输入模块有一个塑料盖板,在盖板内侧给出了模块输入点的接地点接线电路示意图。在盖板外表面有空白标签,给出了输入点的接线电路示意图。在盖板外表面有空白标签,可以对输入端给出必要说明。输入模块可任意安装在机架上,其地址取决于在机架上的位置,用户可用 GE Fanuc 的编程软件包给模块组态地址。

(1)系列 90 - 70 输入模块一个很重要的特点是输入响应时间通过软件可选择,而不需要跳线。

(2)DC 开关量模块的第一个均可设置为响应外部中断。

8. 中断输入处理

系列 90 - 70PLC 可以响应外部硬件中断信号:32 点输入模块上的第一输入点,可以被组态响应外部中断输入。此时该输入点中断响应时间可以选择 1ms 或 10ms。

(1)系列 90 - 70PLC 也有专门的中断输入模块,该模块具有 14 个中断输入点,2 个模块组态点。中断响应时间选择为 1ms 或 10ms。

(2)注意中断输入模块不能安装在 PLC 系统的 Genius 远程 I/O 扫描机架上。

(3)开关量输入模块性能指标见表 4 - 38。

表 4 - 38 开关量输入模块性能指标

模块型号	IC697MDL252	IC697MDL253	IC697MDL254	IC697MDL652	IC697MDL650	IC697MDL653
工作电压指标	12VAC (47 ~ 63Hz)	24VAC (47 ~ 63Hz)	48VAC (47 ~ 63Hz)	12VDC	24VDC	24VDC
输入点数	32 点	32 点	32 点	32 点	32 点	32 点
绝缘条件	1500VRms 输入点与底板之间;500VRms 输入点之间	1500VRms 输入点与底板之间;500VRms 输入点之间	1500VRms 输入点与底板之间;500VRms 输入点之间	1500VRms 输入点与底板之间;500VRms 输入点之间	1500VRms 输入点与底板之间;500VRms 输入点之间	1500VRms 输入点与底板之间;500VRms 输入点之间
输入电流	10mA(标准)	10mA(标准)	—	4.7mA	10mA	10mA

续表

模块型号	IC697MDL252	IC697MDL253	IC697MDL254	IC697MDL652	IC697MDL650	IC697MDL653
输入阻抗	1.12kΩ	2.6kΩ	10.3kΩ	1.12kΩ	2.4kΩ	2.4kΩ
输入特性						
ON 状态电压	7.5~15VRms (47~63Hz)	13.5~30VRms (47~63Hz)	33~56VRms (47~63Hz)	7.5~15V	13~30V	13.5~30V
OFF 状态电压	0~2.55VRms (47~63Hz)	0~5VRms (47~63Hz)	0~10VRms (47~63Hz)	0~2.5V	-3~5V	0~5V
ON 状态电流	6~15mA	6~15mA	3~7mA	6~15mA	5.5~15mA	6~15mA
OFF 状态电流	0~2.5mA (在2.5V输入时最小电流2mA)	0~2mA (在5V输入时最小电流2mA)	0~2mA (在5V输入时最小电流2mA)	0~2.5mA (在2.5V输入时最小电流2mA)	0~2.5mA	0~2mA (在5V输入时最小电流2mA)
滤波延时	20ms(标准)	20ms(标准)	20ms(标准)	1ms或10ms	1ms或10ms	1ms或10ms
5VDC机架总线的电流消耗	0.30A	0.30A	0.30A	0.30A	0.30A	0.30A

(4)开关量输入模块特点见表4-39。

表4-39 开关量输入模块特点

模块型号	IC697MDL1651	IC697MDL1671
工作电压指标	5VDC	24VDC
绝缘条件	1500VRms 输入点与底板之间	1500VRms 输入点与机架之间; 500VRms 每个输入点之间
输入电压范围	-3~7VDC	-3~30VDC 输入电流10mA
输入阻抗	5.9kΩ(±5%)	2.6kΩ(标准)
输入特性		—
ON 状态电压	-3~0.5V	正逻辑:13.5~30V,负逻辑:-3~13.5V
OFF 状态电压	2~7V	正逻辑:-3~5V,负逻辑:-5~30V
ON 状态电流	1.7mA	6~15mA
OFF 状态电流	1.1mA	0~2mA
滤波延时	1ms或10ms	1ms或10ms 中断输入信号特性:最小脉冲宽度 1ms滤波选择,10ms滤波选择,11msON和OFF
5V总线的电流消耗	0.30A	0.30A

(5)开关量输入模块电气连接如图4－111所示。

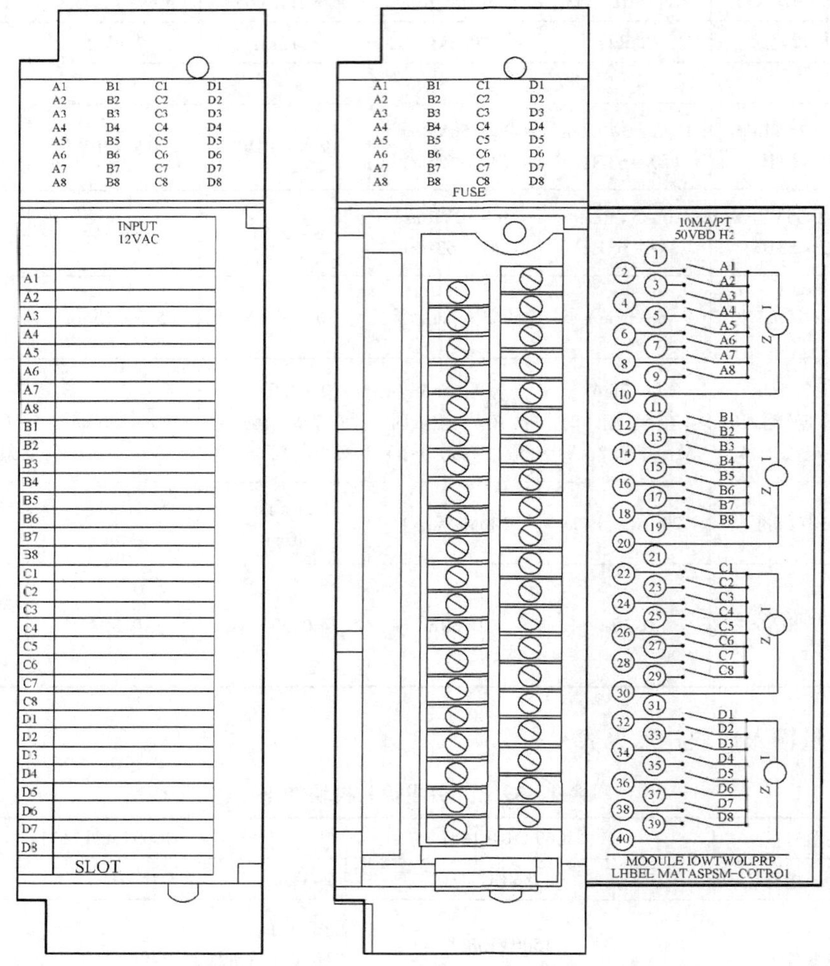

图4－111　开关量输入模块电气连接图

9. 开关量输出模块

(1)开关量输出模块是将PLC内部的电平信号换为外部控制对象所需的ON/OFF信号。可连接的外部装置为:接触器、中间继电器、BCD码显示、指示灯等。

在模块的面板顶部有绿色的指示灯(LED)对应模块上的每点的输出状态。

(2)输出模块有一塑料盖板,在盖板内侧给出了模块输出点的接线电路示意图。在盖板外侧表面有空白标签,可以对输出给出必要说明。

(3)输出模块可任意安装在机架槽位上,其地址取决于在机架上的位置,用户可用GE Fanuc的编程软件包模块组态地址。

(4)输出模块具有晶体管、继电器和可控硅多种规格电气指标输出,可连接几乎所有类型的负载,且模块输出用熔断丝保护。

(5)系列90－70PLC开关量输出模块,有用户组态缺省条件下的输出状态,当PLC系统发生故障时，输出模块的状态为缺省状态：

① 输出模块保持现有的输出状态；

② 输出状态为 OFF。

(6)开关量输出模块性能指标见表 4－40。

表 4－40 开关量输出模块性能指标

模块型号	IC697MDL340	IC697MDL341	IC697MDL350	IC697MDL740
工作电压指标	120VCA	120/240VCA	120VCA	24VCA 或 48VDC
输出点数	16 点(每 4 点一公共端)	12 点公共端独立	32 点(每 8 点～公共端)	16 点(每 4 点～公共端)
绝缘条件	1500V 输出点与机架底板之间;500VRms 每个输出点之间	1500V 输出点与机架底板之间;500VRms 每个输出点之间	1500V 输出点与机架底板之间;500VRms 每个输出点之间	1500V 输出点与机架底板之间;500VRms 每个输出点之间
输出电压范围	85～132V (47～63Hz)	85～264VAC (47～63Hz)	85～132V (47～63Hz)	20～60VDC
输出电流	2A 每点最大电流 4A 每组最大电流	2A 每点最大电流 16A 每模块最大电流	0.5A 每点最大电流 2A 每组最大电流	2A 每点最大电流 4A 每组最大电流
输入特性				
浪涌电流	20A 最大/每 20ms 周期	20A 最大/每 20ms 周期	10A 最大/每 20ms 周期	20A 最大/每 20ms 周期
漏电压	3V 最大	1.5V 最大	3V 最大	0.8V 最大
ON 状态响应时间	1ms 最大	1ms 最大	1ms 最大	2ms 最大
OFF 状态响应时间	1/2 扫描周期	1/2 扫描周期	1/2 扫描周期	1/2 扫描周期
输出漏电流	1.5mA 最大	3mA 最大/120VAC 6mA 最大/240VAC	1.5mA 最大	1mA 最大
5V 总线的电流消耗	0.25A	0.25A	0.5A	0.15A

(7)开关量输出模块电气连接如图 4－112 所示。

10. 模拟量输入、输出模块

(1)模拟量输入模块。

模拟量输入模块把来自过程的模拟量信号转换为 PLC 可处理的数字量信号。

(2)模拟量输入模块包括：

① 8 通道输入模块(基本转换模块)；

② 16 通道电压、电流扩展模拟输入模块。

(3)模拟量输入模块接收单向或双向的最大 ±10V 电压模拟输入和 0～20mA 或 4～20mA 的电流模拟输入。

(4)每个通道的模拟量输入在 PLC 内部均可以用软件组态，完成用户需要的工程值标定转换，高低超限报警及故障诊断等功能。

(5)8 通道基本转换模块，具有快速的数据响应速度，可插接在 PLC 系统机架任意槽位上。模块地址取决于安装的位置，用户可通过编程软件包组态地址。模块的面板顶部有两个

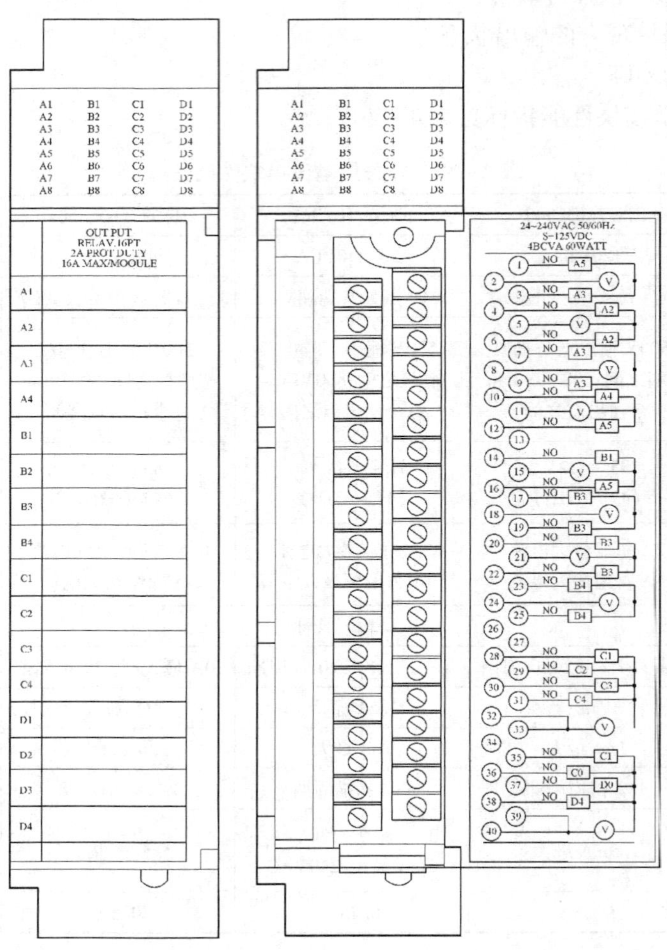

图 4－112　开关量输出模块电气连接图

指示灯。上面的灯为(Board OK)指示模块通过系统诊断,工作状态正常。下面的灯为(PORT OK)指示连接的模块输入扩展模块的扩展总线工作正常。模块有一塑料盖板,内侧注有模块输入电气接线示意图。

(6)16 通道基本扩展模拟输入受基本转换模块的支持,不可单独使用。外部模拟输入信号通过扩展模块、扩展总线传输到基本转换模块上,PLC 才可以处理该信号。因此,扩展模块必须和基本转换模块安装在同一机架上。扩展模块安装在基本转换模块右边的机架槽位上(最好连续安装)。一个基本转换模块最多可支持七个扩展模块,即可以组成 120 点的模拟输入。

在扩展模块面板顶部有一指示灯,指示模块工作是否正常,模块也有一塑料盖板模拟量输入。

(7)模块性能指标(基本转换输入模块,扩展输入模块)见表 4－41。

表 4－41 模块性能指标（基本转换输入模块、扩展输入模块）

物理条件	操作温度 0～60℃ 储藏温度 －40～85℃ 温度 5%～95% 振动 0.1g 5～10Hz，0.5G10～200Hz	精确度（线性）	在由负到正的全量程范围内 ±0.02%
输入信号范围	±10V 4～20mA（0～20mA）	精确度（温度）	$\pm 5\times10^{-6}$/℃（基本模块） $\pm 15\times10^{-6}$最大/℃（电压扩展模块） $\pm 30\times10^{-6}$最大/℃（电流扩展模块）
分辨率	缺省值为 16 位 在电压情况下 312.5MV/LSB 在电流情况下 0.5mA/LSB	输入阻抗	直流电压输入：>10MΩ 交流阻抗：20kΩ，47Ms 电流输入：250Ω
精确度（计量）	模块出厂设定全量程转换比率为 10V～±2mV（基本转换模块）； 在 25℃最大误差为：全量程为 ±0.01%；测量程为 ±0.01% 基本模块电流值：全量程为 ±0.05%； 测量程为 ±0.1% 扩展模块电压值：全量程为 ±0.03%；测量程为 ±0.02%； 扩展模块电流值：全量程为 ±0.07%；测量程为 ±0.1%	共模抑制	电压范围内：峰值信号必须在 －13～＋13V 之间，对应于模拟公共端
		灵敏度	在共模信号限制的情况下一般为 70DBCMRR
		输入信号互相干扰	对于基本模块的高速模拟输入相邻的输入通道，一般有 0.04% 的偏差（一般忽略不计），对于扩展输入模块，近邻输入之间的影响几乎没有
转换速率	对于基本输入模块：所有八个通道的数据更新时间最大为 2.4～2.8ms，对于扩展模块：在基本输入模块的每一扫描内，每一个扩展模块数据更新时间为 44.8×*N*ms（*N*＝配置的扩展模块数）	输入保护	输入信号与机架之间是绝缘的，每一输入通道之间具有过压保护脉冲状态；共模抑制环为 1000V 峰值时对输入没有影响，共模抑制环为 2500V 时不会损坏输入，但影响通道的输入数据；静电干扰：15kVESD 持续过压：在 1min 内 120VAC 或 125VDC 的错误允许更长时间将损坏输入电流限流电阻，影响输入状态
功率消耗（机架）现场端	对于基本转换输入模块最大 4W（±5V），对于扩展输入模块最大 2W（±5V），无功率消耗		

（8）模拟量输入模块电气接线如图 4－113 所示。

11. 高密度模拟量输入模块

GE Fanuc 提供高密度的基于 VME－BUS 的模拟量模块，用于各种过程控制，如流量、温度和压力。模块有 12、16 位分辨率，并通过 PLC 直接存取，在 CPU 内，模拟量有自身的存储器，并且每扫描一次，数据自动刷新，也直接从梯形图内存取数据。所有模块均由软件组态。

12. 模拟量输出模块

（1）模拟量输出模块把 PLC 内部的数字信号转换成被过程对象所需的模拟量信号。模拟量输出模块有四个通道，可由用户软件灵活组态成电压或电流输出值。

（2）电压输出范围：－10～＋10V。

（3）电流输出范围：0～22.5mA（4～20mA）。

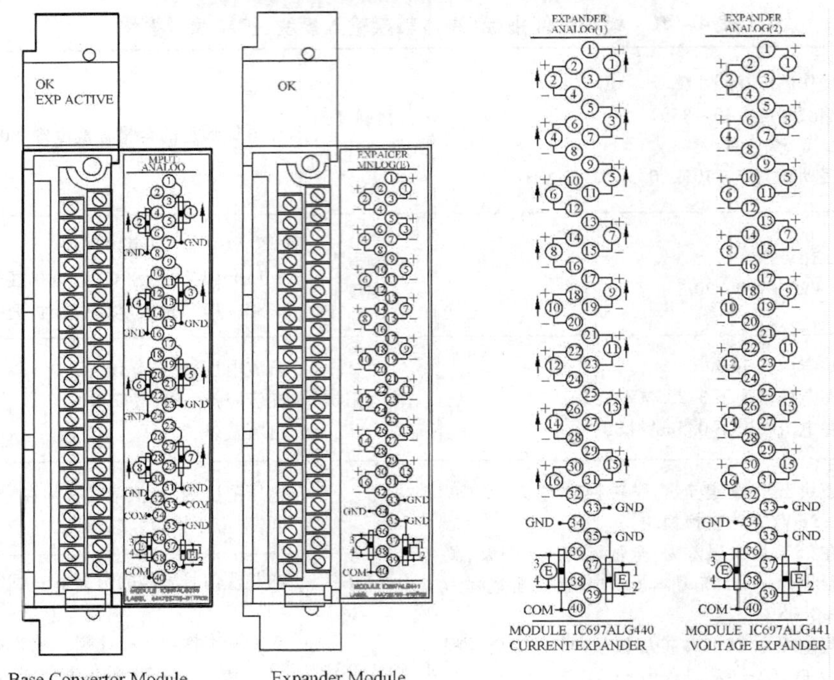

图 4-113 模拟量输入模块电气接线图

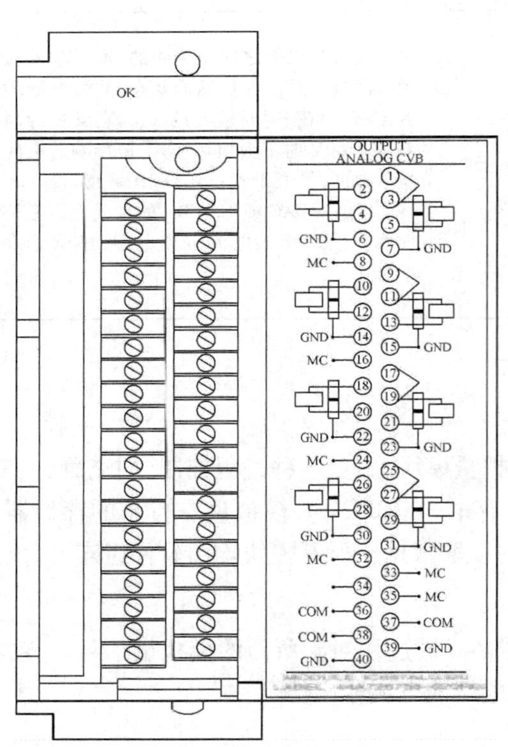

图 4-114 模拟量输出模块电气接线图

(4)模拟量输出模块的地址由所安排机架槽位所定。用户用编程软件包对模块地址组态和做其他设定。

(5)输出模块面板顶部有指示灯(Board OK)指示模块工作是否正常,模块前部有塑料盖板,内侧注有模块输出电气连接示意图。

(6)模拟量输出模块电气接线如图 4-114 所示。

13. 总线传输模块(BTM)

(1)总线传输模块是 GE Fanuc 系列 90-70PLC 机架总线扩展模块,它提供了总线扩展接口和高性能并行编程器接口。

(2)在 PLC 系统配置中,安装在主 CPU 机架上的 BTM 模块可以最多扩展连接 7 个 I/O 机架(一般 BTM 模块安装在主 CPU 机架上,紧靠 CPU 模块的第二个槽位上)。

(3)BTM 模块有两个接口,顶部的接口可连接外围编程装置。底部的接口连接总线接收模块(BRM 一般安装在扩展 I/O 机架上)。

(4)BTM 模块有三个绿色指示灯模块指示接口工作是否正常。

14. 总线接收模块(BRM)

(1)总线接收模块是系列 90 - 70PLC I/O 总线扩展接口模块,它具有 I/O 总线的接口。

(2)总线接收模块 BRM 必须安装在扩展 I/O 机架的左边第一个槽位上。第一个扩展 I/O 机架的 BRM 模块与 CPU 机架上 BTM 模块相连(通过并行 I/O 电缆)。

向下可以与第二个扩展 I/O 机架上的 BRM 相连,构成扩展 I/O 机架配置,最多可有七个扩展 I/O 机架。

(3)在系统配置中,I/O 总线信号必须在总线端点终止。因此,最后一个 I/O 扩展机架必须在其 BRM 模块底部接口上,按总线端点阻抗适配器。

(4)BRM 模块有三个绿色指示灯,指示模块和接口工作是否正常。

总线接收模块还具有保持最后状态的功能,既当模块发生故障,不能与 CPU 通信联系时,它可以支持机架上的输出模块,保持其现有的状态。

15. 通信协成处理模块(CCM)

(1)通信协成处理模块(CCM)是系列 90 - 70PLC 的智能通信模块,有 12MHz80C186 微处理器。它提供了两个 RS422/RS485 或 RS232 的串行通信接口,支持三种通信协议。

① SNP/SNP - X 通信协议系列 90 - 70PLC 的串行通信协议(主、从方式)。

② CCM 协议为通信控制协议(主、从或对等方式)。

③ RTUMODBUS 协议(仅为从站方式)。

此三种协议可在两个通信接口上灵活状态配置,有九种可能的组合方式:CCM/CCM、CCM/RTU、RTU/RTU、SNP/CCM、SNP/RTU、CCM/SNP、RTU/SNP、SNP/SNP。

(2)通信接口的速率最大为 19.2kbps。

通信协成处理模块可以通过机架总线高速操作 PLC 内存中的数据,可实现不同 CPU 之间的通信。

(3)模块有三个状态指示灯(LED),指示模块和通信接口工作是否正常。前面板上有一个按键开关,可以初始化通信过程。

(4)通信协成处理模块(CCM)的参数可由编程软件组态。

16. 编程协成处理模块(PCM)

(1)编程协成处理模块(PCM)是 PLC CPU 的协成处理器模块。通过编程它可以完成接口操作实时计算、数据存储、数据通信的功能。

(2)PCM 模块是一个智能模块,它具有 12MHz80C186 微处理器,具有 128k 字节的 CMOS 内存且有最大 512k 字节的扩展内存,可运行 Mega Basic 和 C 语言编程,具有双任务功能,相当于一个 1BM AT 计算机的功能。PCM 模块的编程和参数设定由软件或 1BM PC 兼容机完成。

(3)PCM 模块具有如下特点:

① 两个 RS - 422/RS - 485 或 RS - 232 串行接口;

② 实时日历时钟与 PLC 完全同步;

③ 通过 PLC I/O 总线高速存取 PLC 内存数据;

④ 支持 CCM 通信协议;

⑤ 有三个状态指示灯,指示模块和接口工作状态;

⑥ 有一个 Reset/Restart 键,初始化 PCM 模块参数;

⑦ 通信接口最大传输速率为 19.2kbps;

⑧ PCM 模块内存有协议锂电池后备支持。

(4) 该模块具有通常块的物理环境条件,符合 JIS、UL、CSA、NEMA/IEEE、VDE、FCC、VME。

17. 高速计数器模块(HSC)

(1)高速计数器模块(High - speed Counter)是系列 90 - 70PLC 智能模块,可以直接处理高达 200kHz 的高速脉冲信号。HSC 模块具有简单的信号连接方式。

(2)可连接的信号包括:

① 涡轮流量仪;

② 速度表检测;

③ 材料处理;

④ 位置控制。

(3)HSC 模块具有如下特点:

① 可选择五种计数方式;

② 可接收四个高速计数输入;

③ 一个模块状态指示灯(OK LED);

④ 模块参数由软件组态设定。

18. 字符显示协成处理器模块(ADC)

(1)字符显示协成处理器模块(ADC)是系列 90 - 70PLC 的一个智能协成处理器模块,可与外部操作终端构成系统字符显示系统。运行字符显示软件具有系统的显示、报表、报警的功能。

(2)ADC 模块具有如下特点:

① ADC 模块必须配置 CIMPLICTTY30 - ADC 软件开发使用;

② ADC 可接的外部操作界面终端是 GE Fanuc OIT、终端或 WorkmasterII 和 IBM PC 兼容机;

③ ADC 模块具有两个 RS - 232 和 RS - 422、RS - 485 通信接口,具有 19.2kbps 的传输速率;

④ ADC 模块有一个按键开关,查看初始化模块参数;

⑤ 模块需要锂电池后备支持。

19. Ethernet 网络扩展器模块

(1)系列 90 - 70PLC 的 Ethernet 网络扩展器模块是 GE Fanuc 工厂网络系统家族中的一员,该网卡的软、硬件设计为控制器系统内部网络连接,以及将多家厂商的控制系统集成在网络上,提供一个高可靠、高性能的途径。该模块直接安装在系列 90 - 70PLC 机架上(仅占一个槽位)。

(2)Ethernet 网络扩展器模块主要特点如下：

① 该网络控制器模块可支持 MMS、SRTP 两种数据传输协议，传输速率为 10Mbps；

② 模块具有标准 15 针的 AUI 接口，传输媒介电缆为 10Base5、10BaseT、10BaseF 或 10Br－oad36 型可选；

③ 其完全符合 IEEE802.3 标准；

④ 网络通信软件安装在模块的存储器上，易于配置和更新，存储器需要有锂电池后备支持；

⑤ 模块具有很强的通信站管理及网络诊断功能，有四个指示灯，指示模块的工作状态；

⑥ 在用不同媒介和网络协议的配置中，其网络站数及通信距离均有相应的指标；

⑦ GE Fanuc 新的 Ethernet 模块支持 TCP/IP。

20. 冗余通信模块(RCM)

(1)冗余通信模块(RCM)支持 CPU 双机热备冗余系统配置，提供了在系统配置中两个 CPU 单元之间的通信，使主 CPU 单元和辅 CPU 单元能完全同步地分享和操作 I/O 模块(在系统配置中冗余的 I/O 模块是 Genius I/O 总线上的远程 I/O)。

(2)这里当主 CPU 模块或系统发生故障时，通过 RCM 模块及其他辅助模块，可以完全同步地进行 CPU 模块的切换，此时辅助(热备)CPU 模块支持系统不间断地继续工作。

① 在系列 90－70PLC 系统，只有 CGR772、CGR935 模块支持 RCM 模块，构成双机热备冗余系统；

② RCM 模块必须安装在 CPU 机架上，并且紧邻 CPU 模块；

③ 安装 RCM 模块的 CPU 冗余机架之间距离最大为 7.5m，由专用电缆连接；

④ RCM 模块有五个指示灯 BOARD OK、LOCAL READY、LOCAL ACTIVE、REMOTE READY、REMOTE ACTIVE，指示模块和冗余系统的工作状态；

⑤ RCM 模块有一个按键开关，可以手动地切换冗余系统的主、辅 CPU 工作状态。

21. Cenius I/O 总线控制模块(GBC)

(1)Cenius I/O 总线控制模块 GBC 支持系列 90－70PLC 和 Genius I/O 模块之间的相互通信。

(2)GBC 模块为一个智能模块，含有 Inte l80186 主处理器，6306 微处理器支持 Cenius I/O 总线的通信，并且有内藏存储器和 Genius I/O 总线接口、系统总线接口。为了保证通信的安全可靠，有监控时间定时器保护每一个 Genius I/O 链。GBC 模块的参数由编程软件组态设定。

(3)GBC 模块可安装在机架上的任意槽位上。在系列 90－70PLC 系统配置中，最多可安装 31 块 GBC 模块。每一个 GBC 模块支持 Cenius 总线最多可连接 30 个 Genius I/O 模块。

(4)GBC 模块有三个指示灯指示模块和总线的工作状态。有一个九针 HHM(手持式监视器)接口和 Genius 总线接口端子。

22. 远程 I/O 扫描器模块

(1)远程 I/O 扫描器模块(Remote I/O Scanner)是一个智能模块，它安装在系列 90－70 的机架上,通过CeniusI/O总线构成分布式的远程I/O系统配置。

(2)远程I/O扫描器模块上有两个微处理器:一个是80186微处理器支持在远程机架上的系统配置、编程及I/O扫描;另一个64180微处理器支持Genius通信。在模块上有一个共同存储器,存储远程I/O系统数据等。

(3)远程I/O扫描器模块在远程I/O机架上支持系列90-70的开关量、模拟量输入、输出模块及PCM、GDC、ADC等特殊模块。远程I/O扫描器模块和BTM、BRM模块可共同构成远程扩展I/O机架配置,最多可扩展连接七个扩展I/O机架,总共支持1024点开关量输入、输出或64个模拟量输入、输出通道。

(4)远程I/O扫描器模块有三个状态指示灯,指示模块及通信接口工作是否正常。另外它还提供了三个通信接口:

① RS422、RS485串行通信接口连接编程器装置;

② 九针HHM接口;

③ Genius总线连接端子。

23.状态逻辑处理器模块(SLP)

(1)状态逻辑处理器模块(SLP)提供机床和过程控制用的实时、多任务控制功能,具有计算、数据采集、仿真、数据通信和回路控制的功能。

(2)SLP模块含有12MHz80C186的微处理器,本身内藏2k字节的、由电池后备支持的内存,且可选择扩展内存。它可以采用自然的英语控制语句编程(ECLISP软件包)及其梯形图方式编程。

(3)SLP模块最大可支持1024点输入和1024点输出的控制及256个工作任务,同时还有很强的系统诊断功能。

(4)硬件上SLP模块具有的特点:

① RS-422、RS-485和RS-232通信接口;

② 一个OK状态指示灯;

③ 一个Restart/Reset按键开关。

(三)90-70PLC通信网络系统的结构性能

90-70PLC通信网络系统具有极强性能,适用于不同场合及用户要求的GE通信网络系统。

GE PLC通信系统主要由MAP、Ethernet、Genius LAN、CCM、SNP串行通信协议、RTU协议及I/OLINK等构成。PLC具有相应的特殊通信模块,配置灵活,可实现多台GE Fanuc各种系列PLC相互通信。

GE Fanuc PLC还提供了通信接口及相应的协议,可以与各种DCS系统,第三方的PLC(Honeywell、AB、Modicon、Siemens等)之间进行通信。用户采用相应的监控软件及操作平台,可组成整个工厂级的集中管理局部网、车间级实时控制网及操作员本地控制的三级或多级的网络结构,完全满足现代工厂企业管理控制的网络配置要求。

90-70PLC通信网络系统结构如图4-115所示。

1. MAP、MMS Ethernet、TCP/IP Ethernet网络

系列90-70PLC支持MAP和MMS-Ethernet TCP/IP Ethernet网络通信。系列90-

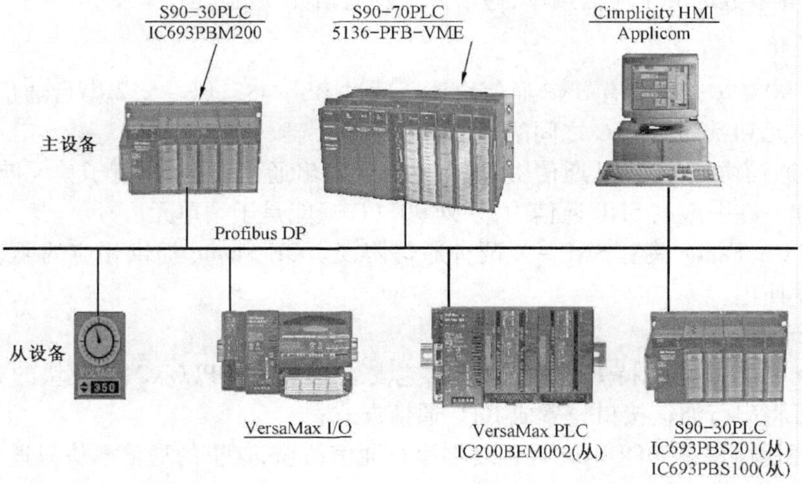

图 4-115 90-70PLC 通信网络系统结构

70PLC 具有专门的直接安装在机架上的网络接口模块,构成高速的 GE Fanuc 局部网络,该网络可以称为 GE Fanuc PLC 工厂管理层网,可以实现 GE Fanuc 各系列 PLC、CNC 或计算机(小型机/个人计算机/工作站)及其他具有 MAP/Ethernet 接口的装置之间的通信。

2. Genius 通信

(1) Genius 通信是 GE Fanuc 最具有特色的 PLC 网络通信方式。系列 90-70PLC 通过专门的 Genius 总线控制模块(GBC),可灵活构成各种满足用户要求的系统配置。

(2) Genius 总线控制模块(GBC)支持 GE Fanuc Genius LAN 局部网络,该网络为令牌总线网,有 Global data 和 Datagram 两种数据传输方式。每层网上最多可连接 31 个设备,设备之间的最大通信距离为 7500in。传输速度为 153.6kbps。在系列 90-70PLC 系统上可安装多个(最多 32 个) GBC 模块,即系列 90-70PLC 可支持多层的 Genius LAN。

(3) 系列 90-70PLC 通过 GBC 模块可扩展其 PLC 的 I/O 控制容量,扩展可由 GBC Remote I/O Scanner 和系列 90™-70I/O 机架成。

(4) 系列 90-70PLC 通过 GBC 模块和专门的 Genius I/O 模块,构成高速、高可靠、诊断功能极强、节省配线的远程 I/O 分布式就地控制结构。

3. CCM 通信

(1) 在系列 90-70PLC 通信系统中,有一种 GE Fanuc 特有的 PLC 通信协议,即 CCM 通信协议,它通过 RS-422、RS-485 或 RS-232 串行通信接口,可实现 GE Fanuc 各系列 PLC 之间的相互通信。

(2) CCM 通信协议可构成两种通信操作方式:

① Peer-Peer 方式:实现两个设备单元之间点对点的通信;

② Master-Slave 方式:实现一个主单元和多个子站单元之间的通信。

(3) CCM 通信协议是基于 ANSI 标准 X3.28 异步字符传输协议。字符格式为八位二进制或 ASCⅡ格式,校验位可选。CCM 通信协议可支持最多 256 个单元之间的通信。其通信速率、通信距离等参数取决于通信接口、通信方式及通信介质的选择。

4. SNP 通信

(1)系列 90－70PLC 具有 SNP 通信协议。通过 RS－485、RS－232 串行通信接口,可以完成计算机主单元和系列 90PLC 之间的通信。

(2)SNP 通信协议为主、从通信协议,由主单元发出通信请求,所有子单元响应通信请求,完成通信过程。在一般的 SNP 通信中,系列 90PLC 只能是子站单元。

(3)目前 GE Fanuc 具有 SNP－X 两种通信协议。GE Fanuc 提供相应的驱动软件和源程序供用户开发使用。

① RTU 通信:

a. GE Fanuc PLC 还支持 RTU 通信协议,它安装在系列 90PLC CMM 模块的 EPROM 上,通过软件组态可将串行通信接口设置成 RTU 通信方式;

b. RTU 通信协议是 MODBUS 远程终端串行通信协议,这里的通信模块只适合于从站操作方式;

c. 用户可在 PCM 模块上用 C、Mega Basic 程序实现 RTU 主通信协议,完成 RTU 通信操作。

② I/O Link 通信:

a. I/O Link 是 GE Fanuc 专有的一种速度很高的通信网络,可通过一根波特率为 1.5M 光纤电缆以主、从方式传送定量数据;

b. 在 I/O Link 网上不仅可连接 GE Fanuc PLC 产品,而且可连接 CNC 产品,最大可连接的工作站为 16 个,每个工作站之间的距离为 10m,采用光纤适配器可扩展到 100m。

(四)系统调试和检查

1. 可编程控制器进行系统调试应具备的条件

(1)有关仪表电缆、电气电缆均已安装、检查合格。

(2)已制定详细的调试计划、调试步骤和调试报告格式。

(3)有关电气专业的设备已具备接收和输出信号的条件。

(4)有关可编程控制器的现场检测仪表和执行机构已安装调试合格。

(5)有关工艺参数的整定值均已确认。

2. 可编程控制器系统的上电检查

系统上电检查应包括电源部分、CPU 卡、通信卡、存储器卡、I/O 卡、编程器。在进行软件调试前,所有硬件应进行上电检查。上电检查应在设备安装、系统电源电缆接线、接地系统、供电系统按设计要求施工完毕并检查合格,盘内配线符合接线图要求,各路电源正负极之间无短路现象,正负极对地电阻符合接地标准要求后进行。上电检查应符合以下要求:

(1)CPU 卡件上电后,卡件上对应状态指示灯应正常。

(2)存储器卡件上电后,电源指示灯、状态指示灯应正常。

(3)其他卡件上电后,电源指示灯、状态指示灯应正常。

(4)将编程器与 CPU 连接,自诊断编程器应显示状态正常,使用编程器测试功能检查可编程控制器系统的状态,调出梯形图或程序清单,并进行检查、核对。

3. I/O 检查应符合的规定

(1)可编程控制器系统的I/O检查在系统上电完毕后进行,I/O检查分为模拟量输入、数字量输入、模拟量输出、数字量输出回路检查。

(2)对模拟量输入回路,应按I/O地址分配表,在相应的端子排上用精密信号发生器加入相应的模拟量信号,同时用编程器检查可编程控制器系统所采集到的数值,根据软件内部设定的量程来检查模拟量输入回路的精度是否符合工艺操作的要求。对带有显示装置CRT的系统,应按CRT上的显示值来检查可编程控制器系统的精度。

(3)对模拟量输出回路,可根据软件内部设置的PID参数或其他运算控制方式,满足输出模块的条件,检查模拟量输出回路相应端子的信号。

(4)对于数字量输入回路,可根据I/O地址表,在相应端子上短接,以检查数字量输入DI卡相应地址发光二极管的变化,同时可用编程器检查相应地址的0、1状态变化。

(5)对于数字量输出回路,可根据I/O地址表,使用一般可编程控制器系统具有的强制(FORCE)输出功能,通过对应输出地址的强制开和关,观察相应地址的发光二极管的变化,并从对应端子检查0、1状态变化。

4. 冗余形式的可编程控制器系统的检查

设计成中央处理器(CPU)冗余形式的可编程控制器系统,调试中应检查主CPU和备用CPU的切换。切断主CPU电源或按备用CPU请求“运行”开关,备用CPU自动切换成为主CPU,系统正常。

5. 冗余电源的检查

检查冗余电源互备性能,分别切换各电源箱主回路开关,确认主、副CPU运行正常;I/O卡件状态指示灯保持不变。

6. 冗余I/O卡实验应符合的要求

(1)选择互为冗余、地址对应的输入点、输出点,输入卡施加相同的状态输入信号,输出卡分别连接状态指示登记表,利用编程器在线检测功能,检查对应的I/O卡。

(2)分别拔插互为冗余的输入卡,检查输出状态指示表及输出逻辑保持不变。

(3)分别拔插互为冗余的输出卡,检查输出状态指示表及输出逻辑保持不变。

(4)通信冗余试验时,应分别插拔互为冗余的通信卡或除去冗余通道电缆,系统运行应正常。硬件复位后,相应卡件的状态指示灯应自动恢复正常。

7. 检查备用电池保护功能

分、合CPU卡电源开关,确认内存中程序未丢失,取出备用电池,5min后,内存程序不丢失。

8. 对编程器和系统功能的检查

用带有专用通信电缆的编程器,对编程器和系统进行功能检查时,系统应能实现操作手册上说明的所有功能。

(1)可编程控制器系统逻辑功能确认,应使用编程器测试(TEST)功能,设定输入条件,根据梯形图程序文件观察输出地址变化是否正确,以确认系统的逻辑功能。对没有测试功能的可编程控制器系统,可通过短接相应地址的端子,模拟输入逻辑条件,输出地址应与梯形图程序文件中所描述的一致。

(2)在可编程控制器系统检查中,对模拟量输入、输出回路,模拟信号应在现场仪表输入,并观察有关的工艺报警指示和现场执行机构的动作是否符合梯形图或应用软件中的描述和实际工艺要求。对报警回路,应在现场输入模拟信号引起现场仪表动作,观察报警显示。对紧急停车回路,应按梯形图、因果关系表或应用软件中的描述,在现场输入模拟停车信号,观察停车机构是否正确动作。对所有连锁回路,应按模拟连锁的工艺条件,检查连锁动作的正确性。

(3)对于有开、停顺序图的可编程控制器系统,应按照开停顺序图要求模拟工艺开停条件,并结合工艺操作手册,检查可编程控制器系统的顺控逻辑。

9. 系统软件及应用软件备份

系统软件及应用软件备份应包括下列内容:

(1)操作系统软件备份。

(2)梯形逻辑控制软件备份。

(3)流程图组态备份。

10. 系统安装注意事项

(1)可编程控制器系统设备出库运输时应防止剧烈冲击与振动。装卸作业场地应平整、坚固,并具有足够的作业空间。

(2)在设备吊装与搬运过程中,应保持平稳。应使用吊装车或铲车进行作业,不得使用斜度大于10°的滑梯、滑板进行人工装卸。开箱检验应在制造厂代表在场的情况下会同监理、业主代表共同进行,检验后应签署检验记录。

(3)设备开箱前,应检查外包装是否完整。开箱后,应检查内部包装是否破损、有无积水,防潮、防水及防振等措施是否齐全,防倾斜、防振动标志是否异常。

设备开箱后,应按层次顺序打开包装,严禁猛烈敲打。

(4)检查资料齐全。软件媒体外包装完好无损。检查系统硬件配置图、盘内平面布置图、盘内接线图、I/O 地址分配表、题型逻辑图、功能模块逻辑图或应用程序文件清单、因果表、启动停车顺序图、编程器使用手册或系统操作手册等。

(五)系统检修维护与故障处理

1. 系统检修维护

利用 Logic Developer – PLC 软件执行以下操作:

启动 PLC,在浏览窗口的工程师签中,右击对象 Target,指向在线命令 Online Commands 或离线命令 Offline Commands,然后选择启动 PLC Start PLC。目标 PLC 执行其程序。

(1)停止 PLC,在浏览窗口的工程师签中,右击对象 Target,指向在线命令 Online Commands 或离线命令 Offline Commands,然后选择停止 PLC Stop PLC。PLC 停止对话框出现,提示是否允许、禁止 PLC 输出。

(2)选择一个选项。

(3)单击 OK,目标 PLC 停止执行其程序。

2. 系统故障处理

(1)故障表。PLC 和 I/O 故障表显示了由 PLC 的 CPU 或模块登录的故障信息。这些信息常用于确定 PLC 的硬件或软件的哪个部分出了问题。浏览故障表,计算机与 PLC 必须处于在线状态。

(2)查看故障表报告。在浏览窗口的工程师签中,右击想要查看的对象 Target,选择诊断 Diagnostics。故障表报告窗口如图 4 – 116 所示。

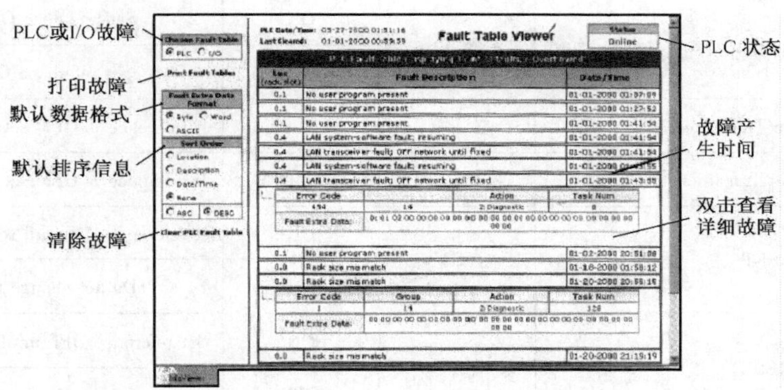

图 4 – 116 故障报表

(六)系统编程与组态实例

1. GE PLC 梯形图指令集

GE PLC 梯形图指令集见表 4 – 42。

表 4 – 42 GE PLC 梯形图指令集

<table>
<tr><th>Type of Contact</th><th>Display</th><th>Contact Passes Power to Right</th></tr>
<tr><td>Normally – open contact
Normally – closedcontact</td><td>–| |–
–|/|–</td><td>When reference is ON
When reference is OFF</td></tr>
<tr><td>Positivetransitioncontact
Negativetransitloncontact</td><td>–|↑|–
–|↓|–</td><td>If reference goes ON
If reference goes OFF</td></tr>
<tr><td>Faultcontact
No fault contact</td><td>– FAULT| –
– NOFLT| –</td><td>If reference has point fault
If reference has no point fault</td></tr>
<tr><td>High alarm contact
Low alarm contact</td><td>– HIALR| –
– LOALR| –</td><td>If reference exceeds high alarm
If reference exceeds low alarm</td></tr>
<tr><td>Continuationcontact</td><td>< + > – –</td><td>If the preceding continuation coil is set ON</td></tr>
</table>

续表

Type of Coil	Display	Powor to Coll	Result
Coil(normally open)	-()-	ON	Set reference ON
		OFF	Set reference OFF
Negated	-(/)-	ON	Set reference OFF
		OFF	Set reference ON
Retentive	-(M)-	ON	Set reference ON. retentive
		OFF	Set reference OFF. retentive
NegatedRetentive	-(/M)-	ON	Set reference OFF. retentive
		OFF	Set reference ON. retentive
Positive Transition	-(↑)-	OFF→ON	If reference is OFF, set it ON for one sweep
Negative Transition	-(↓)-	ON→OFF	If reference is OFF, set it ON for one sweep
SET	-(S)-	ON	Set reference ON until reset OFF by -(R)-
		OFF	Do not change the coil state
RESET	-(R)-	ON	Set reference OFF until set ON by -(S)-
		OFF	Do not change the coil stare
Retentive SET	-(SM)-	ON	Set reference ON until reset OFF by -(RM)- retentive
		OFF	Do not change the coil state
Retentive RESET	-(RM)-	ON	Set reference OFF until set ON by -(SM)- retenteve
		OFF	Do not change the coil state
Continuationcoil	---< + >	ON	Set next continuation contact ON
		OFF	Set next continuation contact OFF

2. 程序实例

[实例1] 设计一个报警电路,要求是:某工艺设备为保证其安全,采用压力开关监测其某一点压力值,分别为PSH01、PSH02、PSH03,当发生高报警时报警灯以2s频率闪,蜂鸣器发出响声,当按下确认按钮后,报警条件存在灯常亮,蜂鸣器消音,报警消失后灯灭。本实例梯形图程序如下:

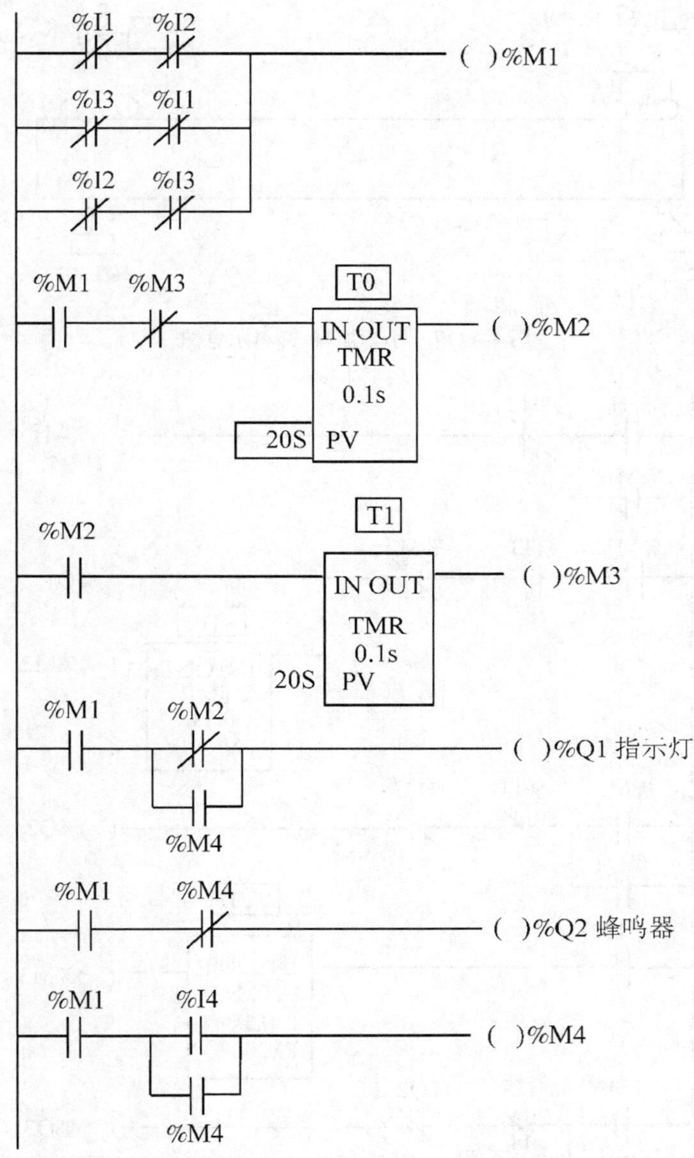

(1)%I1、%I2、%I3、%I4 分别为 PSH01、PSH02、PSH03 确认按钮。

(2)%M1、%M2、%M3、%M4 为内部保持输出线圈(为内部保持工作位)。

(3)%Q1、%Q2 为输出线圈(DO)点;T0、T1 为延时计时器时基 0.1s,每一个计时器占用连续三个寄存器变量。

[实例 2] 设计一逻辑控制器,小车在原位加料,YV－101 为加料阀,15s 后加料停止,小车向右行驶,右行至行程开关 SQ2 时停止,进行卸料卸料阀 YV－102 动作,停车卸料时间为 10s 后,小车左行至行程开关 SQ1 处停止,再次加料,如此循环,如图 4－117 所示。

要求:左行不允许右行反之。

小车加料、卸料梯形图程序如下:

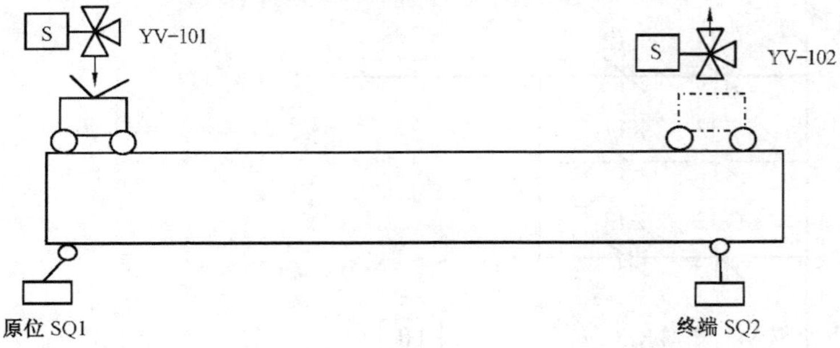

图 4-117 小车加料、卸料示意图

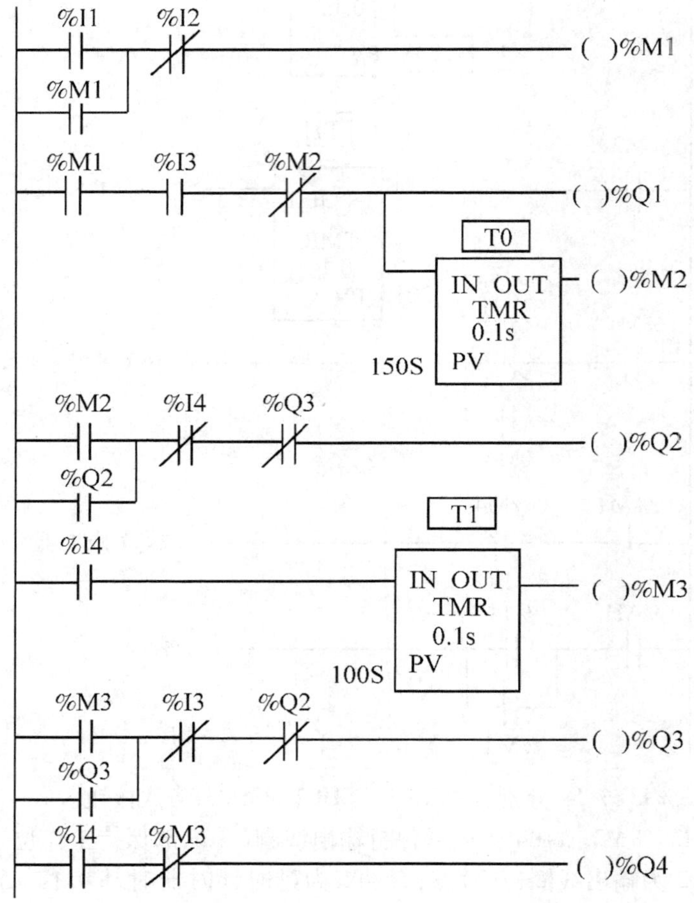

(1)%I1 为启动按钮;%I2 为停止按钮。

(2)%I3 为原位行程开关 SQ1;%I4 为终端行程开关 SQ2。

(3)%Q1 为加料阀 YV-101;%Q2 为右行电动机。

(4)%Q3 为左行电动机;%Q4 为卸料阀 YV-102。

[实例 3] 用单按钮实现电动机启动、停止。

用单按钮实现电动机启动、停止的梯形图程序如下：

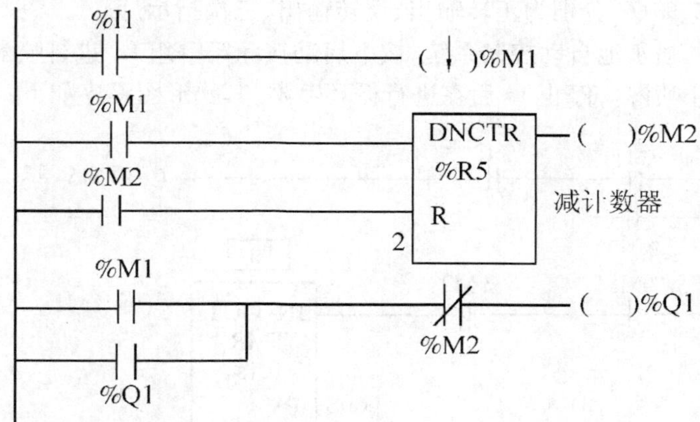

(1)%I1 为操作按钮；%Q1 为电动机。

(2)DNCTR 减计数器，每个占用三个连续寄存变量。

[实例4] 一台电动机按下启动按钮后，电动机正转10s，然后停止5s，最后反转20s，此项动作反复三次后停止，要求三次都要有指示灯，任意时刻按下停止按钮程序停止。

电动机控制梯形图程序如下：

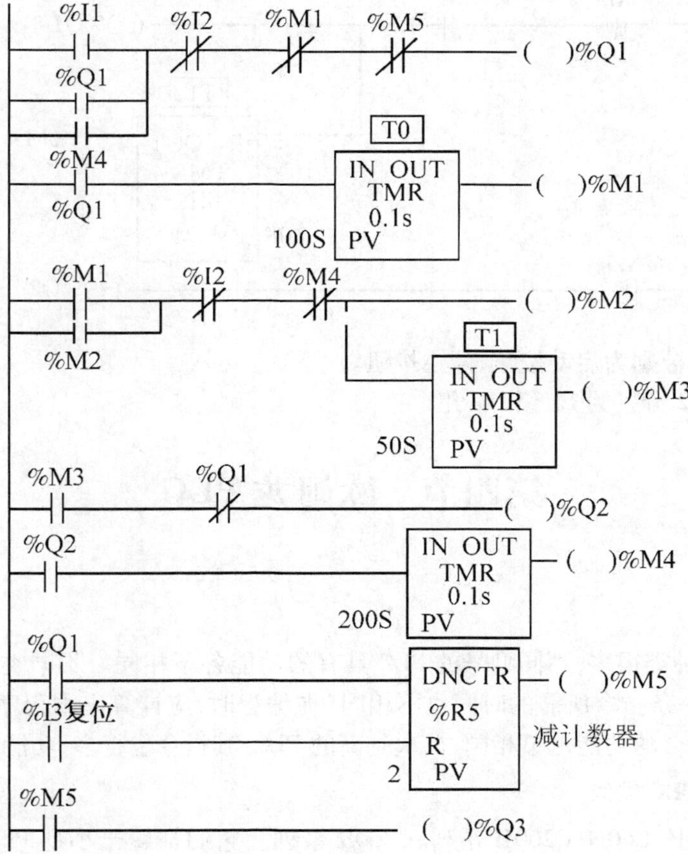

(1)%I1、%I2、%I3 分别为启动按钮、停止按钮、复位按钮。

(2)%Q1、%Q2、%Q3 分别为正转输出、反转输出、三次指示灯。

[实例5] 有一喷水池自动控制系统,按下启动按钮第一组 L1 进行喷淋 4s 后,第二组 L2 进行喷淋 2s 后,停止喷淋。停止 1s 后在进行循环喷淋,其梯形图程序如下:

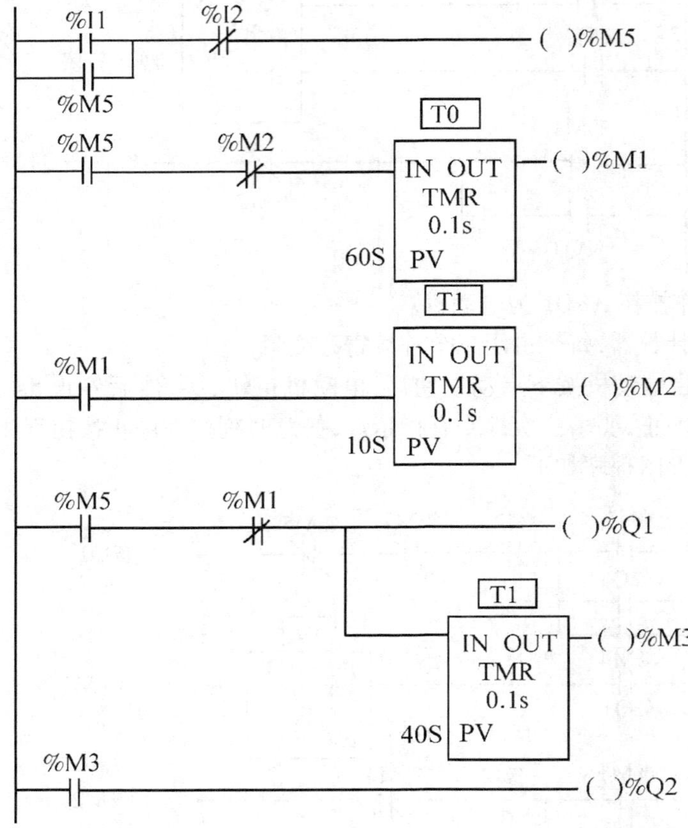

(1)%I1、%I2 分别为启动按钮、停止按钮。

(2)%Q1、%Q2 分别为 L1 组、L2 组。

第四节 欧姆龙 PLC

一、概述

OMRON PLC 种类很多,不同型号的 PLC 具有的功能各不相同。不同类型的 PLC,I/O 的点数不同,完成同一条指令所需的时间也不相同(在编程时,应计算出本程序完成一个扫描周期所需的时间),指令的功能也不相同,档次越高的 PLC,其指令也越多、功能越完善。

(一)OMRON PLC 类型

(1)C20H、C40H、C60H、C200H 系列、C200α 系列。它们都属于小型 PLC,一般 I/O 比为

3∶2,例如 C40,I:24 点,O:16 点。

(2)CS1 PLC 属于中型 PLC:I/O 点共 5120 点,它是在 C200H 的基础之上发展起来的。

(3)CS1 – H 系列:双机热备(硬件热备,1∶1冗余)这种 CS1 – Duplex 的可编程控制器的可靠性更高。

(4)系列 CVM1D PLC 的容量更大,相当于西门子 S7 –400 可编程控制器,属于大型 PLC。

(二)OMRON PLC 采用模块化结构

模块又称单元、卡件、SLOT 或模板。目前较好的 PLC 都采用模块化结构,如电源单元、CPU 单元、I/O 单元、链接单元、智能单元、通信单元等。将这些单元根据实际控制要求的需要插在机架(RACK)上,根据需要可连接扩展单元、远程 I/O 单元等,可以组成 PLC Link 等系统。常用的模板主要有下述几类。

1. 基本 I/O 单元(数字量输入、输出单元)

基本 I/O 单元完成电平转换和光电隔离等功能,如 OC225:数字量输出单元(交流 220V 供电);ID212:数字量输入单元(交流 220V 供电)。

I/O 模板的供电方式分为直流 24V 或交流 220V、110V。接线时应注意模板电压的要求,以免接错而损坏模板。

2. 特殊功能单元

它本身具有独立的 CPU,这是与基本单元的区别,它与主 CPU 的通信是通过连接继电器区进行通信的,同时还要用到 IR 专用继电器区以及 DM 数据存储区。

一般在使用时无需单独去编制程序,但是它们要占用机架的地址。有关参数的设置可由其上的开关和相应的设定器进行设定。常用的智能单元有:

(1)A/D 单元:(模拟量输入单元)A/D001、A/D002、A/D003、A/D004。

(2)D/A 单元:(模拟量输出单元)D/A001、D/A002、D/A003、D/A004。

(3)PID 单元:PID001、PID002、PID003。

(4)温度控制单元等共 13 种类型。

3. 其他单元

其他单元包括 Bus 单元、串行通信单元、以太网单元、HUB 集线器单元等。

二、C200HG PLC 组成以及基本配置和存储区分配

(一)C200H PLC(HX、HG、HE)的组成以及基本配置

1. C200H PLC 的组成

OMRON C200H(HX/HG/HE)PLC 系列属于小型 PLC,具有远程 I/O 系统,I/O 点数可扩展至 1792 点。

C200H 系列 PLC 采用模块化、总线式结构,整个系统以 CPU 单元为核心。CPU 单元包括系统电源、微处理器、存储系统、控制逻辑、总线接口及其他接口电路等,是系统的主模块。其编程器通过接口与 CPU 单元相连接。另外,CPU 单元还提供了独立的用户程序存储单元,以利于用户程序的方便安装和更换。C200H PLC 的 I/O 系统均采用模块化结构,I/O 模块的多

少视应用需要而定，所有的I/O模块均通过标准的总线SYSBUS与CPU单元相连接。其结构框图如图4－118所示。

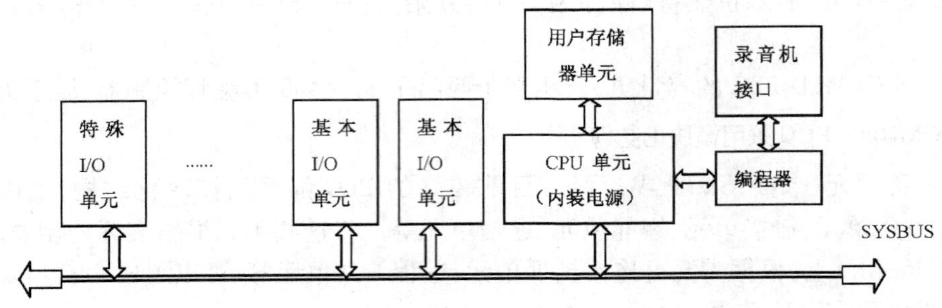

图4－118 C200H PLC结构框图

2. C200H PLC的基本配置

1）系统特点

一个提供系统总线和模块插槽的安装机架（母板）、一个CPU单元、一个用户存储器单元、一个编程器及若干个基本I/O单元或特殊I/O单元。其中安装机架有四种规格（三槽、五槽、八槽、十槽），CPU单元共有四种型号（CPU33、CPU43、CPU53、CPU63），I/O单元的最大个数视安装机架的槽数而定。

当用户所需要的I/O单元较多时，C200H还提供了两种I/O扩展方式：一种是在CPU单元所在的安装机架上用电缆连接I/O扩展机架，最多可连接两个扩展机架，且为串联方式，两机架之间最大距离为10m，但CPU与最远的扩展机架之间的距离不能超过12m，扩展机架上不需安装CPU单元，但需安装扩展电源单元以给机架供电；另一种扩展方式是采用远程I/O系统，将扩展机架用双绞线或其他通信电缆与主机架或其他扩展机架相连，这种连接方式需要在每个机架中增加一个远程I/O单元。每个CPU单元最多可配置两个远程I/O主单元，一个系统中最多可配置五个远程I/O从单元。

C200H PLC是一种紧凑型的模块化PLC，适应性强，应用灵活，在相同的尺寸中具有最高的I/O密度。虽然它属于小型PLC，但提供了较快的处理速度和大型PLC的功能。其特点如下：

（1）最大I/O点数，用八点的模块最多可达240点，用高密度的16点模块最多可达480点。当采用远程I/O扩展方式时，最多可达1792点。

（2）处理速度，基本指令执行时间为0.75μs/条，复杂指令执行时间一般为2.25μs/条。

（3）指令存储容量，最大为6.6k字。C200H PLC具有内存保护功能，具有一个带有联机电池的且易于更换的内存模块和一个写入保护开关，以防程序被误改。

（4）数据存储容量，具有1000字（16位/字）读/写存储器和1000字（16位/字）只读存储器。

（5）指令系统共145条指令，其中基本指令12条，复杂指令133条。该指令系统除了支持梯形图逻辑之外，还可执行较复杂的算术、逻辑运算，以及浮点除法、平方根、微分运算、子程序调用和中断等功能。例如，数据操作有位、四位、字节、字、通道或是块等几种操作。四则运算可按四位BCD码或八位BCD码和四位二进制码的形式执行。C200H PLC甚至可将输出转换成七段显示码或将16进制数转换为ASCII码形式。

(6)编程方式。使用简易编程器时只能用助记符命令语句表编程,使用图形编程器或通用编程器时,可采用梯形图及高级语言编程。

(7)内部定时器和计数器。系统提供了512个内部定时器、计数器,可供用户编程使用。

(8)安装机架。安装机架具有三槽、五槽、八槽和十槽四种规格,以适应不同应用规模的要求。

(9)I/O系统,C200H PLC的I/O系统相当完善,其基本I/O单元配置系统时采用模块化结构,可任意混合输入和输出单元。输入类型有开关量、模拟量和脉冲量三种,输出类型有继电器、晶体管、晶闸管、模拟量和脉冲量多种形式。此外,它还具有多种特殊I/O单元及智能I/O单元,如远程I/O主、从单元可用来组成远程I/O系统;PLC连接单元可实现PLC之间的通信联网;模拟输入单元和模拟输出单元可实现多路模拟量的输入、输出;多点I/O单元可实现多路I/O信号的输入、输出;温度传感器单元可以实现对热电偶、热电阻等多种测温元件的连接输入;位置控制单元可实现对步进电动机或伺服电动机的控制;高速计数单元,如连接编码器,可对50kcps的高速脉冲进行计数;语音单元可实现语音的输入、输出;PID单元可实现单回路闭环调节等。

(10)通信联网能力。C200H PLC可与其他C系列PLC通过网络相连,实现主—从通信,也可使用Host Link与上位计算机通信,用于编程的软件也可在上位机上使用,还可与其他C系列的外部设备进行通信。所使用的通信接口有RS-232C、RS-422等,通信介质为电缆或光纤。

(11)抗干扰能力。C200H PLC的电源系统具有完善的滤波和隔离能力,具有较强的抗干扰性能,使用时不需配备隔离变压器,在I/O通道上也有完善的信号隔离与调理、保护电路,具有良好的抗电子噪声和电磁干扰的能力,为其稳定、可靠的运行提供了保障。它还具有在线修改用户程序的功能,显然,这一部分用户程序也应存入RAM中。由于PLC一般不设磁盘机、磁带机,为防止突然断电时RAM中的内容丢失,一般采用具有备用电池SRAM或E2PROM来代替RAM。

2)PLC的输入、输出通道

PLC的输入、输出系统是过程状态与参数输入到PLC以及PLC实现控制信号输出的通道。它提供了各种操作电平和驱动能力的输入、输出接口模板,以实现被控过程与PLC I/O接口之间的电平转换、电气隔离、串、并转换、A/D与D/A转换等功能。根据它们所实现的功能不同,可将I/O通道分为以下几种:

(1)模拟量输入通道(AI)。被控过程中各种连续性的物理量,如温度、压力、压差、应力、位移、速度、加速度以及电流、电压等,只要有在线检测仪表将其转换为相应的电信号,均可送入模拟量输入通道进行处理。一般输入的电信号有毫伏级电压信号、4~20mA或0~10mA电流信号,以及0~5V、0~10V、1~5V电压信号等。

(2)模拟量输出通道(AO)。在控制被控对象的某些参数时,往往需要输出连续变化的模拟信号来驱动执行机构进行调节。如控制各种直行程或角行程电动执行机构的行程,通过调速装置控制各种电动机的转速,或者通过电—气转换器或电—液转换器来控制各种气动或液动执行机构等,均可通过模拟量输出通道来实现。模拟量输出通道一般是输出4~20mA电流信号,但根据执行机构的需要也可输出0~10mA的电流信号或1~5V、0~5V的电压信号。

(3)开关量输入通道(SI)。用来输入各种限位开关、继电器或电磁阀门的启闭状态、各种开关及手动操作按钮的开关状态等。输入信号一般为0~24V或0~5V直流电压信号,但有时也可输入交流电压信号或干触点。

(4)开关量输出通道(SO)。用于控制电磁阀门、继电器、指示灯、声、光报警器等,一般只具有开、关两种状态的设备。根据所用器件的不同,一般有继电器输出、晶体管输出和晶闸管输出等多种形式,一般输出0~24V或0~5V直流电压信号,有时根据需要也可输出交流电压信号。

(5)脉冲量输入通道(PI)。现场仪表中的转速表、频率表、涡轮流量计、涡街流量计、罗茨式流量计等输出的测量信号均为脉冲信号,脉冲量输入通道就是为输入这一类测量信号而设置的。

3)操作模式(PLC的工作方式)

PLC共有三种操作模式,下列操作模式适用于CPU单元,这些模式可控制整个用户程序并对所有任务有效。

(1)编程模式。

在编程模式下程序不执行,RUN指示器不点亮。这种模式用于程序编辑或用于如下所列执行程序的准备工作:登记I/O表;改变PLC设置或其他设定;传送和检查程序;强制置位和复位检查接线及位分配。

在这种模式下,所有循环和中断任务不执行(INI),即处于停止状态。在PROGRAM模式下运行I/O刷新。有关I/O刷新内容,参见操作手册。

即使程序未运行(例如,在PROGRAM模式下)CPU单元刷新I/O,在对I/O单元、特殊I/O单元或CPU总线单元任何部分存储器分配的状态改变前,先确定绝对安全。任何单元数据分配的任何变化,可能在与负载连接的单元导致不可预料的运行。下列中的任何操作可能导致存储器状态改变:

① 从编程装置向CPU单元传送I/O存储器数据;

② 由编程装置改变存储器中的当前值;

③ 由编程装置强制置位和复位;

④ 从存储器卡或EM文件存储器传送I/O存储器文件到CPU单元;

⑤ 从主计算机或网络中的其他PLC传送I/O存储器。

(2)MONITOR(监视)模式。

当程序在MONITOR模式下执行时,下列操作由编程工具完成,RUN指示器点亮,此模式被用于测试运行和其他调整。

① 在线编辑;

② 强制置位和复位;

③ 改变I/O存储器中数值。

在这种模式下,用于启动执行的循环任务被逐一登记(启动执行的任务由CX-Programmer在程序特性中登记),且它们由TKON(820)使其成为可执行任务。当程序执行到它们的任务编号时,就执行这些任务。如果中断条件出现,中断任务将执行。

(3)RUN(运行)模式。

这种模式用于一般程序执行。RUN指示器点亮,在这种模式下,一些编程工具对于类似在线编辑、强制置位和复位、I/O存储器数值改变操作是不允许的,但另外一些编程工具对类似于程序执行状态监视(监视程序和 I/O 存储器)是允许的。一般系统运行用此模式,任务执行与在 MONITOR 模式下一样。

(二)C200H PLC 的基本模件单元

1. 电源单元

电源单元的种类较多,它为 CPU 机架和扩展机架供电,电源单元允许交流或直流输入。电源的类型见表 4-43。

表 4-43 电源的类型

型 号	供电电压	备 注
C200HW-PA204	100~120VAC 200~240VAC	—
C200HW-PA204S		提供 24V 输出端子
C200HW-PA20R		与运行输出触点配备
C200HW-PD204	24VDC	—

电源单元如图 4-119 所示(图中给出的是 C200HW-PA204S 电源;当电源提供 5V 电压时电源指示器被点亮;各种电源单元的端子接线如图所示)。

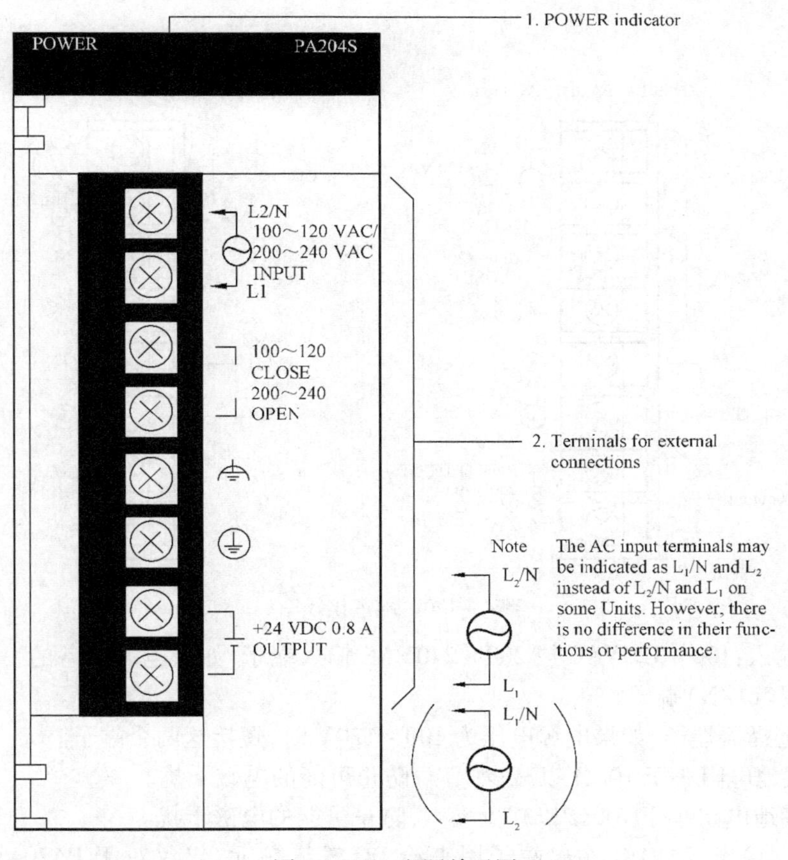

图 4-119 电源单元图

电源电压 100 ~ 120V、200 ~ 240V，PA204S 无 24VDC 输出端子。电源为整个 PC 供电，在此应该注意以后提到的 PC 是指 PLC，而 PG 是指编程器。

外部连接端子的作用如图 4 - 120 所示。

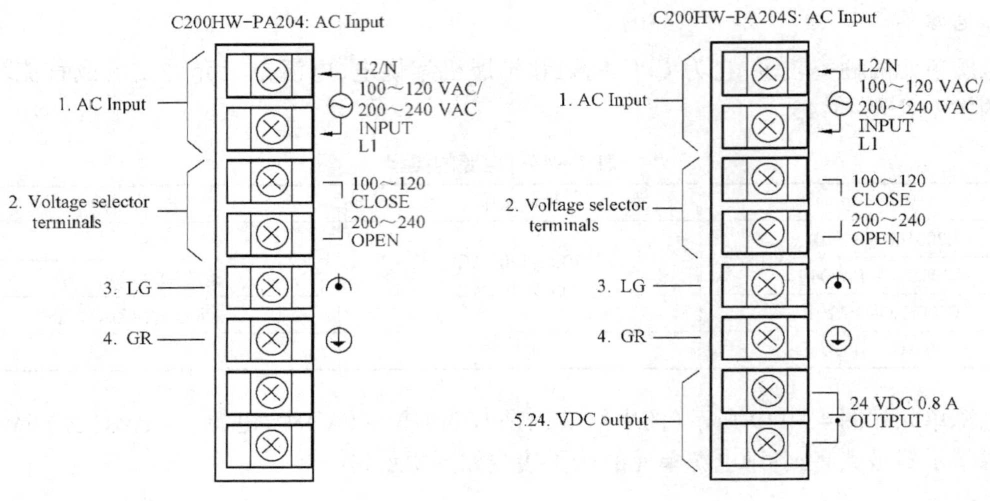

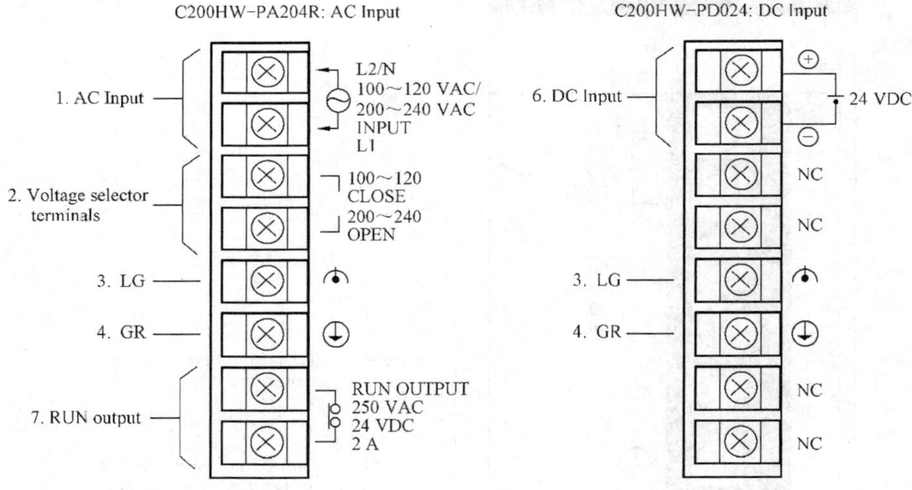

图 4 - 120　端子接线图

(1)交流输入:100 ~ 120VAC 或 200 ~ 240VAC 输入端子，如果电源设备的一相接地，连接接地相到 L2/N(L1/N)端子。

(2)电压选择器端子:如果电源电压为 100 ~ 120V 时，短接这两个端子。

(3)LG:接地电阻小于 100Ω 以减少噪声，防止可能的电磁干扰。

(4)GR:接地电阻小于 100Ω 以减少噪声，防止可能的电磁干扰。

(5)24VDC 输出:24VDC 输出端子用来给 DC 输入单元，仅仅对于 PA204S，对于 5V 或 24V 总电源消耗必须小于 30W。

(6)DC 输入:提供 24VDC 输入端子。

(7)运行输出(PA204R):在此不予介绍。

2. 背板机架

欧姆龙 PLC 有两种类型的机架:CPU 机架(主机架)和 I/O 扩展机架,机架上配有总线,机架可以安装 CPU 单元、电源单元、基本 I/O 单元、特殊 I/O 单元等。但扩展机架上无需安装 CPU 单元。各种类型的机架以及槽数见表 4-44。

表 4-44 各种类型的机架以及槽数

	型 号	槽 数		型 号	槽 数
CPU 机架	C200HW-BC031	3	I/O 机架	C200HW-BI031	3
	C200HW-BC051	5		C200HW-BI051	5
	C200HW-BC081	8		C200HW-BI081	8
	C200HW-BC101	10		C200HW-BI101	10

C200HW-BC101 型(不同型号的 PLC 槽数不一样,分为三槽、五槽、八槽、十槽四种)机架共十槽。槽号决定了外部 I/O 的地址,槽号的分配如图 4-121 所示;

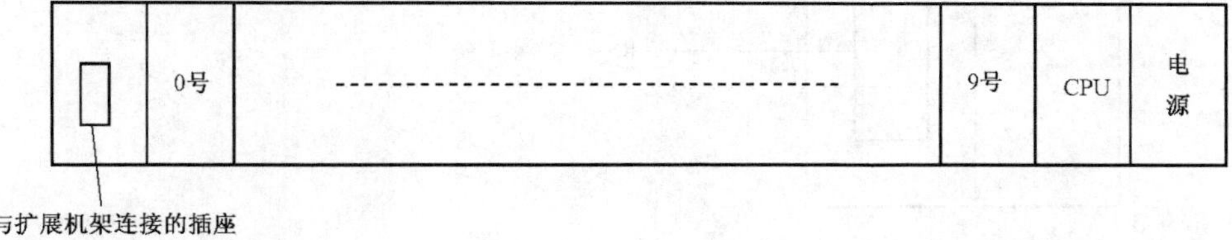

图 4-121 槽号的分配

3. CPU 单元

CPU 单元是 PLC 的核心部分,其种类很多。同一种型号的 CPU 单元,其类型也不同,如 C200HG 的 CPU 单元,其类型有 CPU33、CPU43、CPU53、CPU63。

1)CPU 单元的技术指标

不同类型的 CPU,其参数数据是不同的。下面只介绍 C200HG-CPU63 型号的 CPU,在进行硬件组态时,编程器的 PG 文件下可以配置其类型,其技术指标如下:

(1)用户程序存储器 15.2k 字。

(2)数据存储器 6k 字(DM)。

(3)扩展数据存储器 6k 字(EM)。

(4)指令处理时间 0.15μs。

(5)支持的 I/O 最大实用点数 1184 点。

(6)扩展机架数三个。

(7)组-2 高密度 I/O 单元最大个数 16 个。

(8)特殊 I/O 单元最大数量 16 个。

(9)具有 RS-232、时钟(RTC)、通信板等。

2)CPU 单元的面板

CPU 单元的面板布置如图 4－122 所示,其各部分的作用如下:

(1)状态 LED 指示灯的功能作用如图 4－122 所示。

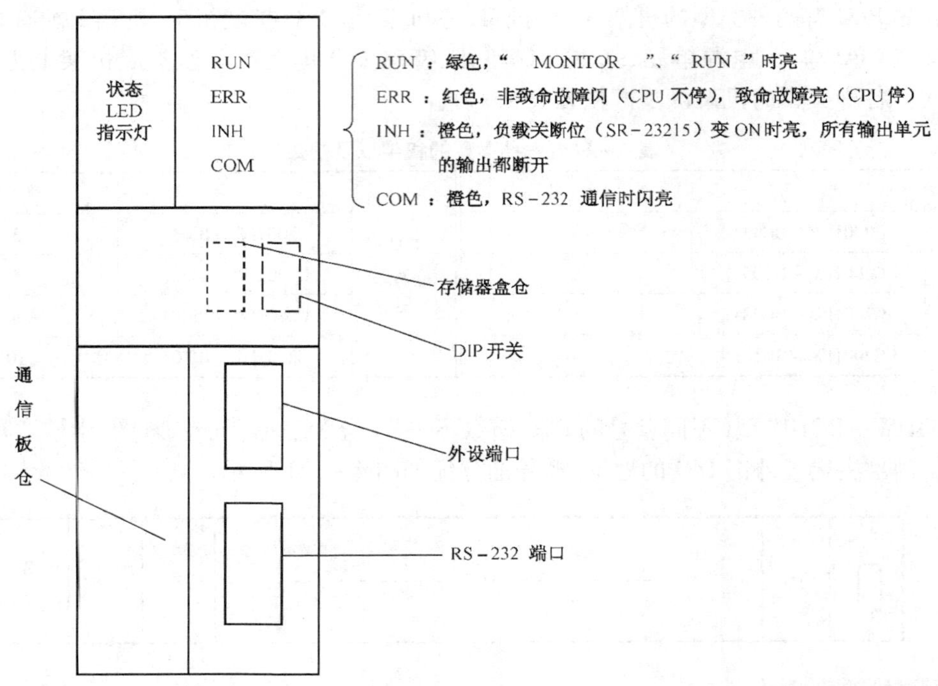

图 4－122 CPU 单元的面板

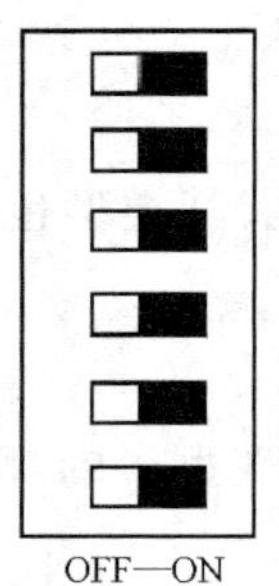

图 4－123 DIP 开关

(2)DIP 开关。DIP 开关如图 4－123 所示,DIP 开关的设置可按表 4－45 的要求进行具体设置(PLC 在出厂时所有脚都设为 OFF)。

(3)存储器盒仓。盒仓内增加内置 RAM 的容量。有两种盒仓:E^2PROM 可以直接读写用户存储器(UM)和 I/O 数据,不需后备电源;EPROM 存储器盒仓:程序需要通过 PROM 写入器写入,它不能存储 I/O 数据。

(4)通信板。通过通信板端口可以与 SYSMAC LINK、SYSMAC NT 系统通信。

表 4－45 DIP 开关设置

1	ON	禁止写入用户程序存储器
	OFF	允许写入用户程序存储器
2	ON	存储器盒中的内容自动读入(通电时)
	OFF	存储器盒中的内容不自动读入(通电时)

续表

3	ON	编程器以英文显示信息
	OFF	编程器以日文显示信息
4	ON	允许扩展指令设置
	OFF	禁止扩展指令设置(为缺省设置)
5	ON	通信端口设置:起始位 1,数据长度 7,偶校验,停止位 2,9600bps
	OFF	通信端口设置:RS-232 与 PC 的标准设置被默认
6	ON	编程器用于扩展终端模式,AR0712:ON
	OFF	编程器用于标准模式,AR0712:OFF

4. 标准 I/O 单元

C200HG PLC 有两种类型的 I/O 单元,一种是基本 I/O 单元,另一种是智能 I/O 单元(具有 CPU)。基本 I/O 单元主要是数字量输入单元和数字量输出单元。

1)基本 I/O 单元

输入单元:DC 输入单元:CH200H-ID212,24VDC,16 点。

AC 输入单元:CH200H-IA212,200~24VAC,8 点。

AC/DC 输入单元:CH200H-IM212,24VAC/DC,16 点。

输出单元:继电器输出单元:C200H-OC225,2A,250VAC/24DC(阻性负载),16 点。

晶体管输出单元:C200H-OD213,2.1A,24V,16 点。

双向可控硅输出单元:C200H-OA221,1A,250V,8 点。

I/O 指示器(LED):指示器显示各 I/O 的 ON/OFF 状态,指示器的布置随 I/O 单元型号而不同。I/O 指示器如图 4-124 所示(16 点 I/O 单元,有 16 个发光二极管指示该点的状态)。

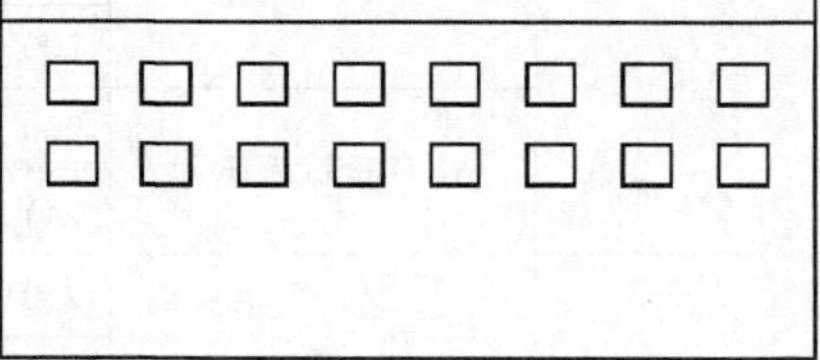

图 4-124 I/O 指示器

OMRON PLC 的标准模块及接线如图 4-125(输入单元)和图 4-126(输出单元)所示;各种 C200H PLC 输入、输出单元见表 4-46。

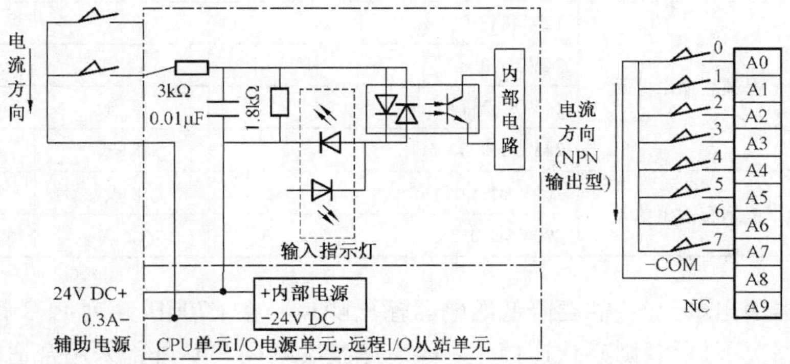

图 4-125 输入单元接线图

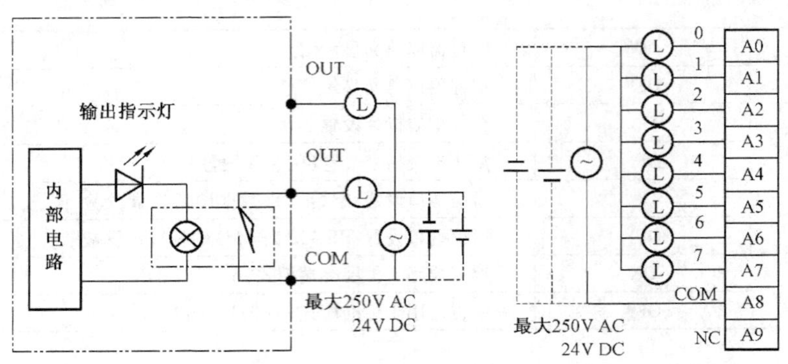

图 4-126 输出单元接线图

表 4-46 C200H PLC 输入、输出单元一览表

名称		规格	点数	型号
输入单元	DC 输入单元	12~24VDC	8 点	C200H-ID211
		24VDC	16 点	C200H-ID212
	无电压输入单元	NPN 输出型(负公共端)	8 点	C200H-ID001
		PNP 输出型(正公共端)	8 点	C200H-ID002
	AC 输入单元	100~120VAC	8 点	C200H-IA121
		100~120VAC	16 点	C200H-IA122
		200~240VAC	8 点	C200H-IA221
		200~240VAC	16 点	C200H-IA222
	AC/DC 输入单元	200~240VAC	8 点	C200H-IM211
		24VAC/DC	16 点	C200H-IM212
输出单元	继电器输出单元	250VAC/24VDC,2A	8 点	C200H-OC221
		250VAC/24VDC,2A	12 点	C200H-OC222
		250VAC/24VDC,2A 独立触点	5 点	C200H-OC223
		250VAC/24VDC,2A 独立触点	8 点	C200H-OC224
	晶体管输出单元	12~48VDC,1A	8 点	C200H-OD411
		24VDC,0.3A	12 点	C200H-OD211
		24VDC,2.1A	8 点	C200H-OD213
		24VDC,0.8A	8 点	C200H-OD214
	晶闸管输出单元	200VAC,1A	8 点	C200H-OA221
		200VAC,0.3A	12 点	C200H-OA222

采用继电器输出单元时,需要降低继电器输出噪声。在 C200H 系列 PLC 符合 EMC 规程的一般标准的情况下,负载则必须连接一个噪声滤波器或在 PLC 外部采用合适的预防措施。

为满足标准要采取的防范措施,随负载侧设备、按线和机器配置变化。例如,如果包括 PLC 在内的整个系统,其负载开关切换频率小于每分钟五次,则不需要采取预防措施;如果包括 PLC 在内的整个系统，其负载开关切换频率大于每分钟五次，则需要采取预防措施。

2）特殊 I/O 单元

最多由 16 个特殊 I/O 单元，包括 PLC Link 单元，可以安装在 CPU 机架、扩展 I/O 机架和从站机架的任何槽内，分配给特殊 I/O 单元的 I/O 号为 IR100 ~ IR199、IR400 ~ IR459 和 DM1000 ~ DM2599。

3）C200HG PLC 标准模块

（1）CPU：C200HE - CPU11（I/O，640 点，DM4k 字）
CPU32（I/O，880 点，DM6k 字）
CPU42（I/O，880 点，DM6k 字）
C200HG - CPU33（I/O，880 点，DM12k 字）
CPU44（I/O，880 点，DM12k 字）
CPU53（I/O，1184 点，DM12k 字）
CPU63（I/O，1184 点，DM12k 字）
C200HH - CPU34（I/O，880 点，DM24k 字）
CPU43（I/O，880 点，DM24k 字）
CPU54（I/O，1184 点，DM24k 字）
CPU64（I/O，1184 点，DM24k 字）

（2）CPUI/O 底板：C200HW - BC031（3 槽）
BC051（5 槽）
BC081（8 槽）
BC101（10 槽）

（3）电源单元：
C200HW - PA204：100 ~ 120VAC、200 ~ 240VAC
PA204S：100 ~ 120VAC、200 ~ 240VAC（带 24VDC 输出端子）
PD204：24VDC

（4）I/O 单元

在输入单元中，I 表示输入，A 表示交流，D 表示直流；INT01 表示中断输入单元（C200HS - INT01），M 表示交直流输入（IM212）。

在输出单元中，OA 表示晶闸管输出单元，OC 表示继电器输出单元，OD 表示晶体管输出单元。

（5）特殊 I/O 单元：

特殊 I/O 单元主要有：高密度 I/O 单元、高速计数器单元、位置控制单元、模拟量输入单元（A/D）、模拟量输出单元（D/A）、温度传感器单元、ID 传感器单元、PID 控制单元等 13 种。

（三）C200H PLC 存储区域分配

研究存储区分配是学习 PLC 的关键问题，不同类型的 PLC 存储区的分配是不同的，在这一点上应该引起注意。

存储系统由系统程序存储器、用户程序存储器和数据存储器三个部分组成。其中系统程序存储器和用户存储器分别用来存放系统程序和用户程序;数据存储器用来存放I/O点的状态、中间运算结果、系统运行状态、指令执行的结果。存储区分配见表4-47。

表4-47 存储区分配

区 域	尺 寸	范 围
内部辅助继电器区域1(IR)	3776bits	IR00~IR235
专用继电器区域1(SR)	312bits	SR236~SR255
专用继电器区域2(SR)	704bits	SR256~SR299
内部辅助继电器区域2(IR)	3392bits	IR300~IR511
暂存继电器区域(TR)	8bits	TR00~TR07
保持继电器区域(HR)	16006bits	HR00~HR29
辅助继电器区域(AR)	448bits	AR00~AR27
链接继电器区域(LR)	1024bits	LR00~LR63
定时/计数区域(TC)	512计数/定时	TC00~TC511
数据存储区(DM)	3776words	DM0000~DM6143读/写
	1000words	DM0000~DM0999普通
	2600words	DM1000~DM2599特殊I/O单元区域
	3400words	DM2600~DM5999普通
	31words	DM6000~DM6030历史列表
	44words	DM6100~DM6143链接测试(保留)
固定DM区域	512words	DM6144~DM6599只读
	512words	DM6600~DM6655PLC设置
扩展EM区域	6144words	EM0000~EM6143

1. IR(内部继电器)区域

IR(内部继电器)区域既可用作控制I/O点的数据,也可以用作内部处理和存储数据的工作位。I/O位为对外输入、输出使用;工作位为内部使用(中间继电器)。他们可以按字或按位存取,如OUT IR007,是按字输出,对应的位是IR00700~IR00715;OUT IR00701是第007通道的第一位输出。

注意:

(1)在写地址时,IR两字不用输入。

(2)在CXP软件下,地址写成IR7.00~7.15。

IR区由字IR000~IR235(IR区域1)、IR300~IR511(IR区域2)两部分组成,IR区域2要比IR区域1执行指令的时间稍微长一些。

输入位使用:可以直接输入外部信号至PC,并在编程中不用考虑次序,每个输入位可以根据需要被任意次调用。

输出位使用:输出位用于输出程序执行结果,并在编程中不用考虑次序,每一位输出位仅能用于一条控制其状态的指令。

机架字分配:I/O字根据槽位置分配给CPU机架和扩展机架,见表4-48。每个槽分配一个 I/O 字(CH 通道),三槽机架只能使用最前面的三个字,五槽机架只能使用最前面的五个字,八槽机架只能使用最前面的八个字,分配给不用的或不存在的槽的字可以用作工作字(工作位),即中间继电器。

表 4-48 机架地址分配

机架	槽 1	槽 2	槽 3	槽 4	槽 5	槽 6	槽 7	槽 8	槽 9	槽 10
CPU	IR000	IR001	IR002	IR003	IR004	IR005	IR006	IR007	IR008	IR009
扩展机架 1	IR010	IR011	IR012	IR013	IR014	IR015	IR016	IR017	IR018	IR019
扩展机架 2	IR020	IR021	IR022	IR023	IR024	IR025	IR026	IR027	IR028	IR029
扩展机架 3	IR300	IR301	IR002	IR303	IR304	IR305	IR306	IR307	IR308	IR309

注:分配给某单元的字如果不用,则在编程中可以用作工作字或工作位,即中间继电器。

2. SR(专用继电器)区域

SR(专用继电器)区域包括标志位和控制位,用来监视 PC 操作、存取、时钟脉冲以及显示错误信息。

字地址:SR236 ~ SR299;位地址 SR237.00 ~ 29915。它们分为两个区域:

SR 区域 1:SR23600 ~ SR25507;

SR 区域 2:SR25600 ~ SR29915。

存取 SR 区域 2 的基本指令执行时间要比 SR 区域 1 长些,除非特殊声明。其标志功能见表 4-49。

表 4-49 SR 区标志功能表

通道	位	功能
	00	当几个远程 I/O 单元同时出错时,将各单元状态写至不同的标志位
	01 02	不用
	03	远程 I/O 故障标志
	04 05 06	远程 I/O 次单元故障标志(0 ~ 4 号)光传输 I/O“H”或“L”单元故障标志(04 位)
	07	不用
	08 09	远程 I/O 主单元故障标志(B0 ~ B1)
	10 11 12 13 14 15	光传输 I/O 单元故障标志(00 ~ 31 号)

通道	位	功能
	05	
	06	1 号槽位安装型 Host Link 单元故障标志
	07	0 号槽位安装型 Host Link 单元重新启动标志
	08	CPU 安装型 Host Link 单元故障标志
	09	CPU 安装型 Host Link 单元重新启动标志
	10 11	不用
	12	数据保持标志
	13	0 号槽位安装型 Host Link 单元重新启动标志
	14	不用
	15	输出禁止继电器

续表

<table>
<tr><th>通道</th><th>位</th><th>功能</th><th>通道</th><th>位</th><th>功能</th></tr>
<tr><td rowspan="14">253</td><td rowspan="6">00
01
02
03
04
05
06
07</td><td rowspan="6">FAL 代码输出区</td><td rowspan="6">254</td><td>00</td><td>1min 时钟脉冲</td></tr>
<tr><td>01</td><td>0.02s 时钟脉冲</td></tr>
<tr><td>02
03
04
05
06</td><td>不用</td></tr>
<tr><td>07</td><td>步进启动标志,第一次扫描时为 ON</td></tr>
<tr><td>08
09
10
11
12
13
14</td><td>不用</td></tr>
<tr><td>15</td><td>特殊 I/O 单元故障标志</td></tr>
<tr><td>08</td><td>电池失效报警</td><td rowspan="8">255</td><td>00</td><td>0.1s 时钟脉冲</td></tr>
<tr><td>09</td><td>扫描时间报警</td><td>01</td><td>0.2s 时钟脉冲</td></tr>
<tr><td>10</td><td>I/O 检查错误报警</td><td>02</td><td>1.0s 时钟脉冲</td></tr>
<tr><td>11</td><td>0 号槽位安装型 Host Link 单元故障标志</td><td>03</td><td>错误(ER)标志</td></tr>
<tr><td>12</td><td>远程 I/O 故障标志</td><td>04</td><td>进位(CY)标志</td></tr>
<tr><td>13</td><td>常“ON”继电器</td><td>05</td><td>大于(GR)标志</td></tr>
<tr><td>14</td><td>常“OFF”继电器</td><td>06</td><td>等于(EQ)标志</td></tr>
<tr><td>15</td><td>复位标志经电后,第一次扫描时为 ON</td><td>07</td><td>小于(LE)标志</td></tr>
</table>

标志位一般为 OFF,只有在预定条件出现时,才置为 ON。

并非所有的 SR 字及位都可由用户改写,若在编程中用到它们,应检查每个字或位的功能。

在系统中,当使用 PC Link 单元时,247 ~ 250 号通道用于监控 32 台 PC Link 单元的运行状态。监控不需要的通道可用作工作区。在没有特殊规定的情况下,在指定条件发生前各标志位一直处于 OFF 状态,条件发生后系统使其置位为 ON 状态。再启动位通常是 OFF,但是当用户再次 ON,然后 OFF 一次时,它将再次启动特定的网络。

(1)数据保持标志 25212。当数据保持标志位 25212 是 ON 时,I/O 位、工作位和联网位当前的运行状态被保持。然而只有当 PLC 是在 MONITOR 或 RUN 方式运行时这个标志才是有效的。当启运 RUN 方式时,使得数据保持标志 OFF,从而清除了状态数据。这个标志通常为 OFF,但是可以用 OUT 把它置为 ON。

(2)负载关断控制 25215。负载关断控制位也就是输出禁止标志。当负载关断标志位 25215 是 ON 时,到输出单元去的所有输出被禁止,并且 CPU 前面板上的 OUTINHB 指示灯亮。当负载关断标志位是 OFF 时,输出单元恢复正常。负载关断标志通常是 OFF,但是可以用

OUT 把它置为 ON。当发生电源故障时，负载关断标志保持电源故障以前它所具有的状态。

(3)故障号输出区 25300～25307。此区用于故障诊断，由 FAL 或 FALS 指令改变该区的内容。FAL 或 FALS 完成一个两位 BCD 码表示的 FAL 编码输出(用于出错诊断)，它输出到这个八位的区中。当一个报警输出发生时，例如，电池故障所引起的报警，这时系统也输出一个 FAT 号到这个区。通过执行 FAL00 操作或通过一个编程器故障读出操作，可以把这个区复位。

(4)电池报警标志 25308。当电池报警标志位 25308 是 ON 时，表示 CPU 备用电池的供电电压已经降低。CPU 前面板上的报警指示灯亮。

(5)扫描时间出错标志 25309。当扫描时间超过 100ms 时，扫描时间出错标志位 25309 为 ON，并且 CPU 前面板上的报警指示灯亮。

除非扫描时间超过最大极限，否则系统仍继续执行，但计时可能变得不准确。

(6)I/O 校验出错标志 25310。当安装在 CPU 机架和 I/O 扩展机架上的 I/O 单元数目与已经登记的 I/O 表不符时，则 I/O 校验出错标志位 25310 置为 ON。

(7)第一次扫描标志 25315。当用户的程序执行启动时，第一次扫描标志位 25315 置为 ON，一次扫描以后置为 OFF。

(8)指令执行出错标志 ER25503。如果试图执行一个具有非法数据的指令就会把 ER 标志位 95503 置为 ON，指令错误的一般原因是所需的 BCD 码数据是非 BCD 码运算数据或者是一个间接寻址的 DM 通道不存在。当 ER 标志是 ON 时不执行当前指令。

(9)算术运算标志 25504～25507。进位标志 CY 当一个算术运算的结果中有一个进位时，或者当一个旋转或移动指令把一个“1”移到 CY 中时，则 CY 标志位 25504 为 ON。分别使用 STC 和 CLC 来设置和清除这个标志，任何指令在使用 CY 以前必须使用 CLC 指令。

等于标志 EQ：当 CMP(比较)的结果指出两个操作数相等时，或当一个算术运算的结果是零时，EQ 标志位 25506 为 0N。

大于标志 GT：当 CMP(比较)的结果指出两个四位的操作数的第一个比第二个大时，GR 标志位 25505 为 ON。

小于标志 LE：当 CMP(比较)的结果指出两个四位的操作数的第一个比第二个小时，LE 标志位 25507 为 0N。

(10)时钟脉冲标志 2500～25401 及 25500～25502。C200H PLC 系统为用户提供了五种周期的时钟脉冲，分别由这五个位来产生，对应关系见表 4－50。

表 4－50　时钟脉冲位

继电器号	25400	25401	25500	25501	25502
脉冲周期	1min	0.02s	0.1s	0.2s	1.0s

每个时钟位在额定脉冲时间的第一个半周期内是 ON，在后半周期是 OFF。换句话说，每个时钟脉冲发生器标志都具有 1∶1 的占空系数。注意：由于 0.1s 和 0.2s 时钟脉冲分别有 50ms 和 100ms 的 ON 时间，所以如果扫描时间太长，则 CPU 将不可能精确地读出脉冲。

(11)步进启动标志 25407。当用 STEP 启动一个步进执行时，步进启动标志位 25407 为 ON 一个扫描周期。

(12)专用 I/O 标志。下面所讲到的 SR 标志和位的使用情况取决于 PLC 系统的特定结构。当 PLC 系统的组成中包括 PC Link 单元、远程 I/O 单元、Host Link 单元时,就使用这些标志和位。更详细的说明,请参考有关特殊单元的系统手册。

当有关的特殊类型单元没有连到系统上时,下列的位可以作为工作位。

远程 I/O 错误标志 251 通道,一个完整的通道(251)被用作远程 I/O 单元出错标志。每个位的功能如下所述。对于进一步的细节请参考相应的远程 I/O 系统手册。

位 00:如果在一个以上的远程 I/O 单元中有多重错误,通过调整这一位 ON 和 OFF,就可以把错误读出来。

位 01 和 09:不用(不能使用)。

位 03:指出在一个远程 I/O 单元中或一个光纤传送 I/O 单元中已发生一个错误。

位 04:指出光纤传输 I/O 单元有故障。如果指定的单元"H"(高)通道位有故障,这一位是 ON;如果"L"通道位单元有故障,这一位是 OFF。

位 05 和 06:指出机架号(0 ~ 3)错误地安装了光纤传送 I/O 单元。

位 07:指出错误发生在远程 I/O 主控单元中。

位 08 ~ 15:取决于单元错误的性质,位 08 ~ 15 将示出下列情况之一:

① 在远程 I/O 主控单元号(B0 ~ B7)中发生错误;

② 在光纤传输 I/O 单元通道号(00 ~ 31)中发生 I/O 错误;

③ 在 I/O 链接单元通道号(00 ~ 01)中发生 I/O 错误。

Host Link 错误标志 25206、25311、25200,如果 PLC 上的一个上位机联网单元中发生一个错误,则上位机联网错误标志就置为 ON。C2OOH 有两个槽位安装型上位机联网单元错误标志,一个用于指示机架上安装的上位机联网单元 1#的错误(位 25206),另一个用于指示 0#单元的错误(位 25311),CPU 上安装上位机联网单元的错误(位 25208)。

Host Link 再启动标志 25207、25213、25209,将上位机联网再启动标志置为 ON,然后再置为 OFF,就可以再次启动有一个错误的上位机联网单元。C2OOH 有两种上位机联网再启动标志,一种用于再启动一个机架上安装的上位机联网单元,另一种用于再启动一个 CPU 上安装的上位机联网单元。对于 C200H 有两种机架安装上位机联网再启动标志,一种再启动 Host Link 单元 1#(位 25207),另外一个再启动 Host Link 单元 0#(位 25313),CPU 安装型 Host Link 单元再启动标志是 25209。

特殊 I/O 单元错误标志,当特殊 I/O 单元、Host Link 单元或远程 I/O 主站单元中任何一个发生错误时,特殊 I/O 单元错误标志运行为 ON。

3. 保持继电器区(Holding Relay Area)

保持继电器区简称为 HR 区,其地址范围为 HROO ~ HR99,位地址为 HR0000 ~ HR9915,HR 位可按任意次序使用并和普通位一样用于程序,可用于各种数据的存储和操作。当系统操作方式改变或电源发生故障时,HR 区的通道保持它们的状态。

4. 暂存继电器区(Temporary Relay Area)

暂存继电器区简称为 TR 区,只有八个二进制位,寻址范围为 TROO ~ TRO7。

TR 区用于存储程序分支点上的数据,对于有许多输出分支点的程序这是很有用的,但是在那个地方就不能使用 IL 和 ILC(分支指令)了。

在一个程序段内(即源于梯形图左边母线的一个独立分支),同一个 TR 号不允许重复。而同一个 TR 号可以再次用于不同的程序段中。与 IR 和 SR 区不同,TR 位只能与 LD 和 OUT 一起使用。

5. 辅助继电器区(Auxiliary Relay Area)

辅助继电器区简称为 AR 区。其寻址范围为 AROO ~ AR27。AR 区的一部分通道是用户可写区,寻址范围为 AR07 ~ AR22。其功能和用法与 HR 区相同,其余通道(AROO ~ ARO6 及 AR23 ~ AR27)是用户不可写的,其状态由系统程序置位,其功能和作用与 SR 区相同,见表 4 – 51。AR 区的数据具有断电保护功能。

表 4 – 51 AR 区系统标志表

通道	位	功 能	备 注
00	00	单元 0 错误标志	特殊 I/O 单元错误标志: (1)特殊 I/O 单元编号重复; (2)CPU 不能正常刷新特殊 I/O 单元
	01	单元 1 错误标志	
	02	单元 2 错误标志	
	03	单元 3 错误标志	
	04	单元 4 错误标志	
	05	单元 5 错误标志	
	06	单元 6 错误标志	特殊 I/O 单元错误标志: (1)特殊 I/O 单元编号重复; (2)CPU 不能正常刷新特殊 I/O 单元
	07	单元 7 错误标志	
	08	单元 8 错误标志	
	09	单元 9 错误标志	
	10、11	不用	
	12	I/O 安装型 Host Link 单元 1 错误标志	
	13	I/O 安装型 Host Link 单元 0 错误标志	
	14	远程 I/O 主单元 1 错误标志	
	15	远程 I/O 主单元 0 错误标志	
01	00	单元 0 重新启动标志	特殊 I/O 单元重新启动标志
	01	单元 1 重新启动标志	
	02	单元 2 重新启动标志	
	03	单元 3 重新启动标志	
	04	单元 4 重新启动标志	
	05	单元 5 重新启动标志	
	06	单元 6 重新启动标志	
	07	单元 7 重新启动标志	
	08	单元 8 重新启动标志	
	09	单元 9 重新启动标志	
	10 ~ 13	不用	
	14	远程 I/O 主单元 1 重新启动标志	
	15	远程 I/O 主单元 0 重新启动标志	

续表

通道	位	功 能	备 注
02	00	单元 0 错误标志	远程 I/O 从单元错误标志： (1)远程 I/O 从单元编号重复； (2)起始传输错误(SR 区的错误标志表示操作时间错误)
	01	单元 1 错误标志	
	02	单元 2 错误标志	
	03	单元 3 错误标志	
	04	单元 4 错误标志	
	05 ~ 15	不用	
03	00	光传输 I/O 单元 0“L”错误标志	光传输 I/O 单元错误标志指示通道重复设定
	01	光传输 I/O 单元 0“H”错误标志	
	02	光传输 I/O 单元 1“L”错误标志	
	03	光传输 I/O 单元 1“H”错误标志	
	04	光传输 I/O 单元 2“L”错误标志	
	05	光传输 I/O 单元 2“H”错误标志	
	06	光传输 I/O 单元 3“L”错误标志	
	07	光传输 I/O 单元 3“H”错误标志	
	08	光传输 I/O 单元 4“L”错误标志	
	09	光传输 I/O 单元 4“H”错误标志	
	10	光传输 I/O 单元 5“L”错误标志	
	11	光传输 I/O 单元 5“H”错误标志	
	12	光传输 I/O 单元 6“L”错误标志	
	13	光传输 I/O 单元 6“H”错误标志	
	14	光传输 I/O 单元 7“L”错误标志	光传输 I/O 单元错误标志指示通道重复设定
	15	光传输 I/O 单元 7“H”错误标志	
04	00	光传输 I/O 单元 8“L”错误标志	
	01	光传输 I/O 单元 8“H”错误标志	
	02	光传输 I/O 单元 09“L”错误标志	
	03	光传输 I/O 单元 09“H”错误标志	
	04	光传输 I/O 单元 10“L”错误标志	
	05	光传输 I/O 单元 10“H”错误标志	
	06	光传输 I/O 单元 11“L”错误标志	
	07	光传输 I/O 单元 11“H”错误标志	
	08	光传输 I/O 单元 12“L”错误标志	
	09	光传输 I/O 单元 12“H”错误标志	
	10	光传输 I/O 单元 13“L”错误标志	
	11	光传输 I/O 单元 13“H”错误标志	
	12	光传输 I/O 单元 14“L”错误标志	
	13	光传输 I/O 单元 14“H”错误标志	
	14	光传输 I/O 单元 15“L”错误标志	
	15	光传输 I/O 单元 15“H”错误标志	

续表

通道	位	功能	备注
05	00	光传输 I/O 单元 16“L”错误标志	光传输 I/O 单元错误标志指示通道重复设定
	01	光传输 I/O 单元 16“H”错误标志	
	02	光传输 I/O 单元 17“L”错误标志	
	03	光传输 I/O 单元 17“H”错误标志	
	04	光传输 I/O 单元 18“L”错误标志	
	05	光传输 I/O 单元 18“H”错误标志	
	06	光传输 I/O 单元 19“L”错误标志	
	07	光传输 I/O 单元 19“H”错误标志	
	08	光传输 I/O 单元 20“L”错误标志	
	09	光传输 I/O 单元 20“H”错误标志	
	10	光传输 I/O 单元 21“L”错误标志	
	11	光传输 I/O 单元 21“H”错误标志	
	12	光传输 I/O 单元 22“L”错误标志	
	13	光传输 I/O 单元 22“H”错误标志	
	14	光传输 I/O 单元 23“L”错误标志	
	15	光传输 I/O 单元 23“H”错误标志	
06	00	光传输 I/O 单元 24“L”错误标志	光传输 I/O 单元错误标志指示通道重复设定
	01	光传输 I/O 单元 24“H”错误标志	
	02	光传输 I/O 单元 25“L”错误标志	
	03	光传输 I/O 单元 25“H”错误标志	
	04	光传输 I/O 单元 26“L”错误标志	
	05	光传输 I/O 单元 26“H”错误标志	
	06	光传输 I/O 单元 27“L”错误标志	
	07	光传输 I/O 单元 27“H”错误标志	
	08	光传输 I/O 单元 28“L”错误标志	光传输 I/O 单元错误标志指示通道重复设定
	09	光传输 I/O 单元 28“H”错误标志	
	10	光传输 I/O 单元 29“L”错误标志	
	11	光传输 I/O 单元 29“H”错误标志	
	12	光传输 I/O 单元 30“L”错误标志	
	13	光传输 I/O 单元 30“H”错误标志	
	14	光传输 I/O 单元 31“L”错误标志	
	15	光传输 I/O 单元 31“H”错误标志	
23	00 ~ 15	用 BCD 码记录电源断电次数，如果需要，可用修改当前值的办法将计数器复位为 0000，下次给电再重计数	

续表

通道	位	功　能	备　注
24	00 ~ 12	不用	
	13	I/O 安装型 Host Link 单元 1 连接确认标志(每次扫描时刷新)	
	14	I/O 安装型 Host Link 单元 0 连接确认标志(每次扫描时刷新)	
	15	CPU 安装型外围(Host Link 单元)连接确认标志	
25	00 ~ 15	FALS 故障代码	
26	00 ~ 15		最大扫描时间: (1)用 BCD 码存储最大扫描时间(000.0 ~ 999.9ms); (2)从运行开始记录最大扫描时间,每个扫描周期刷新一次
27	00 ~ 15		当前扫描时间:用 BCD 码记录当前扫描时间(000.0 ~ 999.9ms),在 RUN 方式下,每个扫描周期刷新一次

6. 链接继电器区(Link Relay Area)

链接继电器区简称为 LR 区,其寻址范围为 LROO ~ LR63。在一个使用 PLC Link 单元的系统中,LR 区的一部分用于系统的数据通信(细节请参考 PLC 联网系统手册)。PLC 链接单元所不需要的那些 LR 区的部分,可以与 IR 区一样作为内部数据的存储和处理。

当电源故障时,或当编程方式改变时,或当它被一个 IL—ILC 支路复位时,LR 区的数据不保持。

7. 定时器/计数器区(Timer/Counter Area)

定时器/计数器区简称为 TC 区,寻址范围为 000 ~ 511,为用户提供了 512 个定时器/计数器。TC 区是一个独立的数据区,使用 TIM、TIMH(FUNl5)、CNT 和 CNTR(FUNl2)来存储计时器和计数器数据。这个区只能以通道为单位使用,它们用来存储计时器/计数器(TIM/CNT)的设定值(SV)和当前值(PV)。TIM/CNT 的编号是三位数字。要指定一个计时器或计数器,先输入 TIM 或 CNT 的三位数 TC 编号(例如,TIMOOI 或 CNTl26)。对于 TIMH 和 CNTR,先输入与功能码 FUN 对应的编号。

一旦一个特定的 TC 编号已经被指定,其他任何计时器和计数器就不能再次使用同一个编号。例如,如果一个程序中已经指定了 TIMO10,随后使用了 CNTOl0,这就将产生一个错误。

计时器/计数器区在电源故障期间保持计时器和计数器的设定值(SV),但是不保持计时器的当前值(PV),而保持计数器的当前值(PV)。

8. 数据存储区(Data Memory Area)和 UM 区

数据存储区简称为 DM 区,用于内部数据的存储和处理,并只能以 16 位的通道为单位来使用。在电源故障期间 DM 区保持其数据。

DM 通道号范围从 0000 ~ 1999,但仅 DM 通道 0000 ~ 0999 可以用于写操作。这个区不能用于具有位操作的指令中,例如,LD、OUT、AND 和 OR。而 DMlOOO ~ DM1999 通道为只读区,它们是为特殊 I/O 单元提供的参数区,由系统程序或编程器写入,其使用方法详见各单元使用手册。DM 区和 UM 区结构如图 4 - 127 所示。

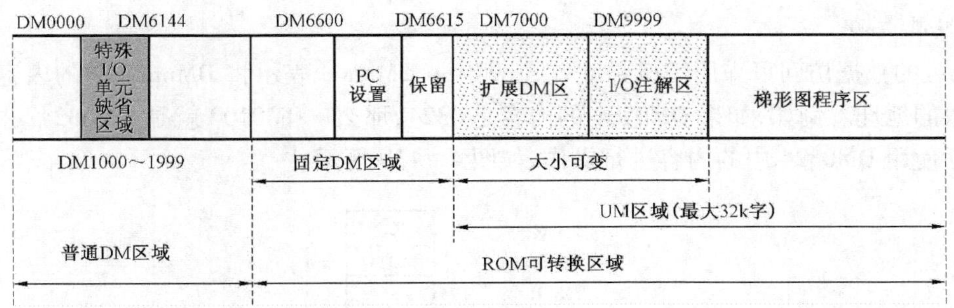

图 4 - 127　DM 区和 UM 区结构

其中普通 DM:可以自由用于运算和编程指令,DM 只能按字存取,当使用特殊 I/O 单元时,DM1000 ~ DM1999 分配给特殊 I/O 单元;DM 区域分配情况见表 4 - 52。

表 4 - 52　DM 区域分配情况

地　址	用户读/写	用　途
DM0000 ~ DM0999	读/写	普通 DM 区
DM1000 ~ DM1999		特殊 I/O 单元区域
DM2000 ~ DM5999		普通 DM 区
DM6000 ~ DM6030		历史记录
DM6100 ~ DM6143		保留
DM6144 ~ DM6599	只读	系统设置
DM6600 ~ DM6655	只读	PC 设置
DM7000 ~ DM9999	只读	扩展 DM 区

下面对其含义加以说明:

PC 设置:包括控制 PC 运行的各种设置。

保留:该区域为系统使用保留,它不能由用户存取。

I/O 注释:用于存储 I/O 注释,它可以和程序一起存储。

三、PLC 的寻址问题

PLC 的寻址就是确定其使用的地址,不同类型的 PLC,地址分配方法是不同的,OMRON PLC 有字地址和位地址两种。

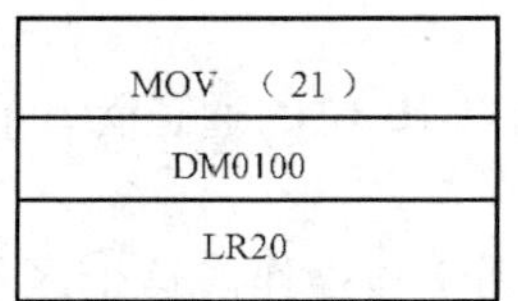

图 4-128 传送指令

梯形程序是用于存储用户编制的梯形图程序，编程时应该注意寻址问题。

1. 直接寻址

传送指令如图 4-128 所示。指令 MOV(21)把 DM0100 作为第一个操作数。把 LR20 作为第二个操作数，则当该指令执行时将 DM0100 的内容移入 LR20。若 DM0100 的内容为 30，则执行该指令后，LR20 中的内容为 30。

2. 间接寻址

DM 区的数据访问可采用间接寻址方式，即用 * DMnnnn 表示将 DMnnnn 中的内容作为实际操作数的地址。例如，如果 DM0100 的内容是 0324，那么 * DM0100 就是 DM0324，并且程序指令实际使用 DM0324 中的内容进行操作，如图 4-129 所示。

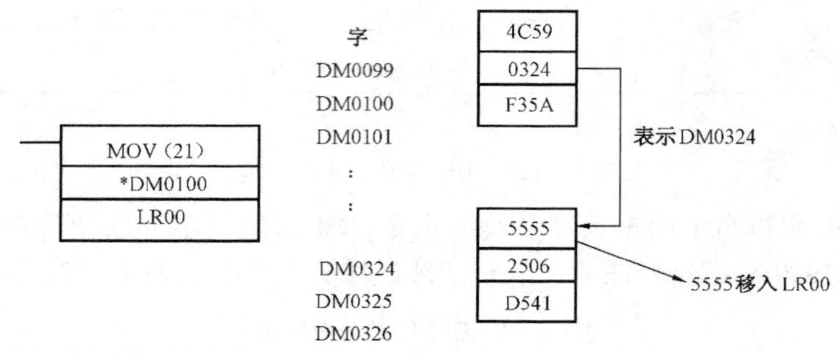

图 4-129 间接寻址

也就是说，操作数的内容不是实际所用数据，它的内容是另一个 DM 字的地址，该地址中的内容才真正的用于指令。

四、特殊 I/O 单元及 PID 指令的具体应用

C200H PLC 特殊功能单元是具有 SYSBUS 标准总线接口的智能模块，有自己的 CPU、存储器和控制逻辑，可以独立地完成控制功能，并能与 PLC 单元的主 CPU 进行数据交换，减轻了主 CPU 的负担。特殊 I/O 单元可以放在 PLC 各种机架的任意插槽内。

特殊 I/O 单元与主 CPU 的数据交换是通过主 PLC 的 IR 继电器区和 DM 数据区进行的，一个 PLC 系统最多允许安装 16 个特殊 I/O 单元，IR 继电器区和 DM 数据区的分配是通过特殊 I/O 单元的单元号来进行的。单元号就是单元的地址，它与单元所在的槽位以及安装机架的地址无关，它是通过单元面板上的旋转开关来设定的，可以选择单元号为 0 ~ F，分别对应于旋转开关的 16 个位置。

IR 区通道数最多 16 个，通常每个单元占用有限的几个 IR 和 DM 通道，余下的 IR 和 DM 通道仍然可以供用户程序使用。下面只介绍 AD003、DA003、PID002 这三种特殊 I/O 单元。

(一)特殊 I/O 单元的 IR 区分配以及 DM 数据区分配

在大多数 C200HX/HG/HEPC 中,CPU 机架或扩展 I/O 机架上的任何槽最多可以安装 16 个特殊 I/O 单元,每个特殊 I/O 单元根据它的单元号(0 ~ F)分配有十个字,见表 4 - 53。

表 4 - 53 特殊 I/O 单元 IR 区分配

单元号	I/O 字	PC 限制
0	IR100 ~ IR109	无
1	IR110 ~ IR119	
2	IR120 ~ IR129	
3	IR130 ~ IR139	
4	IR140 ~ IR149	
5	IR150 ~ IR159	
6	IR160 ~ IR169	
7	IR170 ~ IR179	
8	IR180 ~ IR189	
9	IR190 ~ IR199	
A	IR400 ~ IR409	C200HE - CPU□□ - E C200HG/HE - CPU3□ - E/4□ - E 中不能使用
B	IR410 ~ IR419	
C	IR420 ~ IR429	
D	IR430 ~ IR439	
E	IR440 ~ IR449	
F	IR450 ~ IR459	

按 PC 设置中字 DM6602 设置的值,DM 区域的 1000 个字分配给特殊 I/O 单元,DM6602 设置值决定特殊 I/O 单元数据区域设置成 10 单元还是 16 单元,以及数据读/写 DM 区(DM1000 ~ DM2599)还是只读 DM 区(DM7000 ~ DM8599),见表 4 - 54。

表 4 - 54 特殊 I/O 单元 DM 区分配

单 元	地 址
0	DM1000 ~ DM1099 或 DM7000 ~ DM7099
1	DM1100 ~ DM1199 或 DM7100 ~ DM7199
2	DM1200 ~ DM1299 或 DM7200 ~ DM7299
3	DM1300 ~ DM1499 或 DM7300 ~ DM7399
4	DM1400 ~ DM1499 或 DM7400 ~ DM7499
5	DM1500 ~ DM1599 或 DM7500 ~ DM7599
6	DM1600 ~ DM1699 或 DM7600 ~ DM7699
7	DM1700 ~ DM1799 或 DM7700 ~ DM7799
8	DM1800 ~ DM1899 或 DM7800 ~ DM7899

续表

单　元	地　　址
9	DM1900 ~ DM1999 或 DM7000 ~ DM7999
A	DM2000 ~ DM2099 或 DM8000 ~ DM8099
B	DM2100 ~ DM2199 或 DM8100 ~ DM8199
C	DM22000 ~ DM2299 或 DM8200 ~ DM8299
D	DM2300 ~ DM2399 或 DM8300 ~ DM8399
E	DM2400 ~ DM2499 或 DM8400 ~ DM8499
F	DM2500 ~ DM2599 或 DM8500 ~ DM8599

DM6602:00 ~ 07 位不用。

08 ~ 15 含义如下:

00:C200 兼容的 RAM 方式(缺省)数据可以改写,但不可以转换到 ROM(只读);DM1000 ~ DM2599 用作特殊 I/O 单元区域。

01:C200 兼容的 ROM 方式 1:启动时,DM7000 ~ DM7999 的内容传到 DM1000 ~ DM1999 并使用 DM1000 ~ DM1999(可用作常规 DM)。

02:DM 线性方式 1:DM7000 ~ DM7999 用作特殊 I/O 单元区域。

11:C200 兼容的 ROM 方式 2:启动时,DM7000 ~ DM8599 的内容传到 DM1000 ~ DM2599 并使用 DM1000 ~ DM2599。

12:DM 线性方式 2:DM7000 ~ DM8599 用作特殊 I/O 单元区域。

DM7000 ~ DM2599 可用常规 DM。

DM7000 ~ DM8599 可以存入 ROM。

C200H - AD003、C200H - DA003、C200H - DA004、C200H - MAD01 单元的信号范围和输入、输出点数见表 4 - 55。

表 4 - 55　模拟量输入、输出范围以及最大点数

项目		C200H - AD003	C200H - DA003	C200H - DA004	C200H - MAD01
模拟输入	最大输入点数	8			2
	输入信号范围	-10 ~ 10V 0 ~ 10V 1 ~ 5V 4 ~ 20mA			-10 ~ 10V 0 ~ 10V 1 ~ 5V 4 ~ 20mA
模拟输出	最大输出点数		8	8	2
	输出信号范围		-10 ~ 10V 0 ~ 10V 1 ~ 5V	4 ~ 20mA	-10 ~ 10V 0 ~ 10V 1 ~ 5V 4 ~ 20mA

(二)C200H－AD003、C200H－DA003 模拟量输入、输出单元

AD00、DA003 模拟量输入、输出单元可以把模拟量转换成数字量或反之，即完成 A/D 转换。IR 区、DM 区地址以及单元号开关设置如图 4－130 所示。

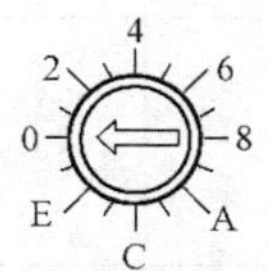

Unit number switch

Switch setting	Unit number	IR words	DM words
0	Unit 0	IR 100～IR 109	DM 1000～DM 1099
1	Unit 1	IR 110～IR 119	DM 1100～DM 1199
2	Unit 2	IR 120～IR 129	DM 1200～DM 1299
3	Unit 3	IR 130～IR 139	DM 1300～DM 1399
4	Unit 4	IR 140～IR 149	DM 1400～DM 1499
5	Unit 5	IR 150～IR 159	DM 1500～DM 1599
6	Unit 6	IR 160～IR 169	DM 1600～DM 1699
7	Unit 7	IR 170～IR 179	DM 1700～DM 1799
8	Unit 8	IR 180～IR 189	DM 1800～DM 1899
9	Unit 9	IR 190～IR 199	DM 1900～DM 1999
A	Unit A	IR 400～IR 409	DM 2000～DM 2099
B	Unit B	IR 410～IR 419	DM 2100～DM 2199
C	Unit C	IR 420～IR 429	DM 2200～DM 2299
D	Unit D	IR 430～IR 439	DM 2300～DM 2399
E	Unit E	IR 440～IR 449	DM 2400～DM 2499
F	Unit F	IR 450～IR 459	DM 2500～DM 2599

图 4－130 IR 区、DM 区地址以及单元号开关设置

1. C200H－AD003 模拟量输入单元的接线

C200H－AD003 模拟量输入单元的指示器中指示灯亮灭的含义见表 4－56。操作模式开关的设置见表 4－57。C200H－AD003 模拟量输入单元的参数见表 4－58。

表 4－56 C200H－AD003 模拟量输入单元的指示器

LED 指示器	指示	操作状态
RUN(绿色)	亮	操作在正常模式
	闪烁	操作在调整模式
	不亮	不正常(单元操作停止)
ERROR(红色)	亮	错误发生，错误代码被存储在字 n＋9 的 08～15 位
	不亮	上述以外的情况

表 4－57 操作模式

脚号				模式
1	2	3	4	
OFF	OFF	OFF	OFF	普通模式
ON	OFF	OFF	OFF	调整模式

表 4-58 模拟量输入单元的参数

项目		C200H-AD003	
		电压输入	电流输入
模拟量输入号		8	
输入信号范围		0~10V -10~10V 1~5V	4~20mA
输入信号最大值		±15V	±30mA
输入阻抗		1MΩ	250Ω
分辨率		1/4000(全范围)	
转换的输出数据		16 位二进制数	
精度	(23±2)℃	全范围的±0.2%	全范围的±0.4%
	0~55℃	全范围的±0.4%	全范围的±0.6%
转换时间		1.0s/点	
隔离		在端子和 PC 之间	
外部连接		28 点端子板(M3 螺钉)	
电源消耗		100mA,5V 100mA,26V	
尺寸		34.5mm×130mm×128mm(W×H×D)	
质量		450g	

C200H-AD003 模拟量输入单元的接线端子排的接线如图 4-131 所示。输入接线举例如图 4-132 所示。

信号	端子	端子	信号
Current input 2 (+)	B0	A0	Current input 1 (+)
Voltage input 2 (+)	B1	A1	Voltage input 1 (+)
Voltage input 2 (-)	B2	A2	Voltage input 1 (-)
Current input 4 (+)	B3	A3	COM (analog 0 V)
Voltage input 4 (+)	B4	A4	Current input 3 (+)
Voltage input 4 (-)	B5	A5	Voltage input 3 (+)
COM (analog 0 V)	B6	A6	Voltage input 3 (-)
Current input 6 (+)	B7	A7	Current input 5 (+)
Voltage input 6 (+)	B8	A8	Voltage input 5 (+)
Voltage input 6 (-)	B9	A9	Voltage input 5 (-)
Current input 8 (+)	B10	A10	COM (analog 0 V)
Voltage input 8 (+)	B11	A11	Current input 7 (+)
Voltage input 8 (-)	B12	A12	Voltage input 7 (+)
COM (analog 0 V)	B13	A13	Voltage input 7 (-)

图 4-131 C200H-AD003 模拟量输入单元的端子排列

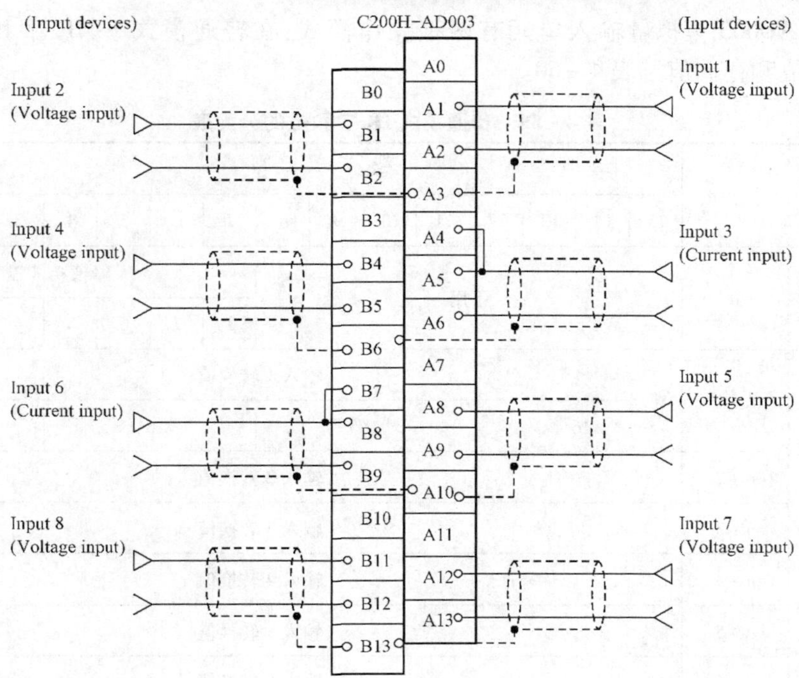

图 4－132　输入接线举例

2. C200H－AD003 模拟量输入单元的 IR 和 DM 区域

单元号设置的位置所对应的 IR69 区字地址分配情况如图 4－133 所示。

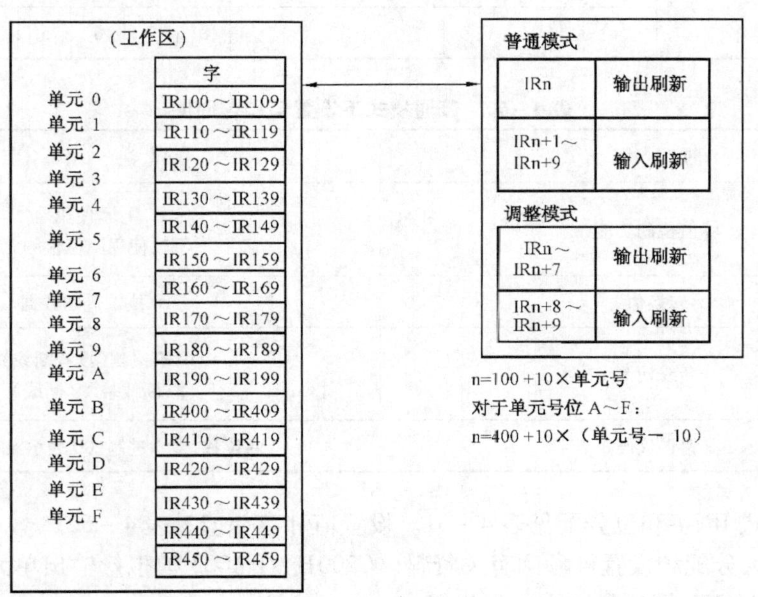

图 4－133　单元号设置的位置所对应的 IR 区字地址

C200H－AD003 模拟量输入单元有两种操作模式:在普通模式下,IR 字和位分配见表 4－59。设置值和存储值见表 4－60。

表 4－59　普通模式 IR 字和位的分配表

<table>
<tr><td rowspan="2">I/O</td><td rowspan="2">字</td><td colspan="16">位</td></tr>
<tr><td>15</td><td>14</td><td>13</td><td>12</td><td>11</td><td>10</td><td>9</td><td>8</td><td>7</td><td>6</td><td>5</td><td>4</td><td>3</td><td>2</td><td>1</td><td>0</td></tr>
<tr><td rowspan="2">输出
(CPU 到单元)</td><td rowspan="2">n</td><td colspan="8" rowspan="2">不用</td><td colspan="8">峰值功能输入</td></tr>
<tr><td>8</td><td>7</td><td>6</td><td>5</td><td>4</td><td>3</td><td>2</td><td>1</td></tr>
<tr><td rowspan="8">输入
(单元到 CPU)</td><td rowspan="2">n＋1</td><td colspan="16">输入 1 转换值</td></tr>
<tr><td colspan="4">16^3</td><td colspan="4">16^2</td><td colspan="4">16^1</td><td colspan="4">16^0</td></tr>
<tr><td>n＋2</td><td colspan="16">输入 2 转换值</td></tr>
<tr><td>n＋3</td><td colspan="16">输入 3 转换值</td></tr>
<tr><td>n＋4</td><td colspan="16">输入 4 转换值</td></tr>
<tr><td>n＋5</td><td colspan="16">输入 5 转换值</td></tr>
<tr><td>n＋6</td><td colspan="16">输入 6 转换值</td></tr>
<tr><td>n＋7</td><td colspan="16">输入 7 转换值</td></tr>
<tr><td rowspan="3"></td><td>n＋8</td><td colspan="16">输入 8 转换值</td></tr>
<tr><td rowspan="2">n＋9</td><td colspan="8">错误代码</td><td colspan="8">输入断线检测</td></tr>
<tr><td colspan="4">16^1</td><td colspan="4">16^0</td><td>8</td><td>7</td><td>6</td><td>5</td><td>4</td><td>3</td><td>2</td><td>1</td></tr>
</table>

表 4－60　普通模式下设置值和存储值

项　目	注　释
峰值检测功能	0:不使用 1:使用峰值检测
转换值	16 位二进制数据
断线检测	0:不检测(没有断线) 1:断线检测(断线)
错误代码	两位数,十六进制(00 表示没有错误)

在调整模式 IR 字和位分配见表 4－61。设置值和存储值见表 4－62。

有关 DM 区分配和设置可参阅有关资料。C200H－DA003 模拟量输出单元的配置方法基本与 C200H－AD003 模拟量输入单元相似。

表 4－61　调整模式 IR 字和位的分配表

<table>
<tr><th rowspan="2">I/O</th><th rowspan="2">字</th><th colspan="16">位</th></tr>
<tr><th>15</th><th>14</th><th>13</th><th>12</th><th>11</th><th>10</th><th>9</th><th>8</th><th>7</th><th>6</th><th>5</th><th>4</th><th>3</th><th>2</th><th>1</th><th>0</th></tr>
<tr><td rowspan="2">输出
（CPU 到单元）</td><td rowspan="2">n</td><td colspan="8" rowspan="2">不用</td><td colspan="8">调整输入</td></tr>
<tr><td colspan="4">16^1</td><td colspan="4">16^0</td></tr>
<tr><td rowspan="11">输出
（CPU 到单元）</td><td>n＋1</td><td colspan="8">不用</td><td colspan="2">不用</td><td>清除</td><td>设置</td><td colspan="2">不用</td><td>比例</td><td>偏移</td></tr>
<tr><td>n＋2</td><td colspan="16">不用</td></tr>
<tr><td>n＋3</td><td colspan="16">不用</td></tr>
<tr><td>n＋4</td><td colspan="16">不用</td></tr>
<tr><td>n＋5</td><td colspan="16">不用</td></tr>
<tr><td>n＋6</td><td colspan="16">不用</td></tr>
<tr><td>n＋7</td><td colspan="16">不用</td></tr>
<tr><td rowspan="2">n＋8</td><td colspan="16">调整的转换值</td></tr>
<tr><td colspan="4">16^3</td><td colspan="4">16^2</td><td colspan="4">16^1</td><td colspan="4">16^0</td></tr>
<tr><td rowspan="2">n＋9</td><td colspan="8">错误代码</td><td colspan="8">输入断线检测</td></tr>
<tr><td colspan="4">16^1</td><td colspan="4">16^0</td><td>8</td><td>7</td><td>6</td><td>5</td><td>4</td><td>3</td><td>2</td><td>1</td></tr>
</table>

表 4－62　调整模式下设置值和存储值

项　目	说　明
被调整的输入	设置被调整的输入，最左边的数字填入 2，最右边的数字填入 1～9
偏置（偏置位）	当该位为 ON，调整偏置数值
比例（比例位）	当该位为 ON，调整比例数值
设置（设置位）	设置调整值并写入到 EEPROM
清除（清除位）	清除调整的值
调整的转换值	调整后的转换值以 16 位二进制数据存储
断线检测	0：没有断线 1：断线
错误代码	两位数：十六进制（00 表示没有错误）

（三）PID 控制指令及应用

PID（－）指令对于 C200H 系列 PLC 来说属于扩展指令，下面对 PID（－）和 SCL（－）指令加以介绍。

PID（－）梯形符号如下：

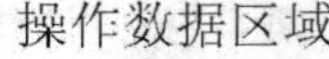

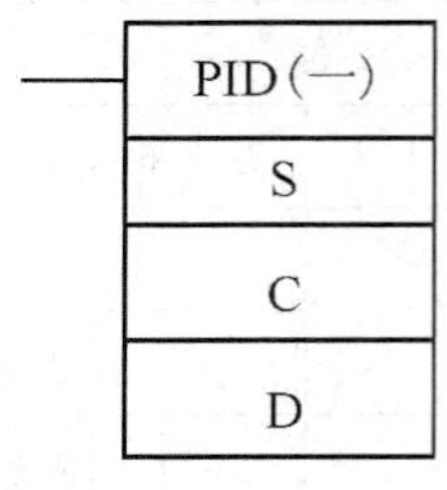

说明:PID(－)指令根据指定参数进行PID控制,指令从输入字S的内容获取指定的二进制数据的输入值,按照设定参数进行PID控制,运算结果存放到D中。

PID参数范围从(C～C+32),PID参数结构见表4－63。

表4－63 PID参数结构

字	15～12	11～08	07～04	03～00
C	设定值(SV)			
C+1	比例度(P)			
C+2	TiK＝积分时间Ti/采样周期γ			
C+3	TdK＝微分时间/采样周期γ			
C+4	采样周期γ			
C+5	2－PID参数α			PID正/反设定
C+6	0	输入范围	时间单位	输出范围
C+7～C+33	工作区域(不能被程序直接存取)			

注意:

(1)用C+2和C+3中所设定的值和C+6中设定的时间单位可以计算实际积分和微分时间。

(2)通常2－PID参数设定值为000,相应的α为0.65。

PID参数的设定见表4－64,即控制字C的设定。

表4－64 PID参数的设定

项目	内容	设定范围
设定值(SV)	受控过程的目标值	二进制数据(与指定输入范围位数相同)
比例度(P)	比例控制范围/整个控制范围	0001～9999(四位BCD码)(0.1%～999.9%,单位0.1%)
TiK	该值越大,积分作用减小,时间单位参数决定设定方法	0001～8191(四位BCD数)(9999为无积分控制) 1～8191s:当时间单位＝0和1 0.1～819.1s:当时间单位＝8 0.1～81.9s:当时间单位＝9

续表

项目	内容	设定范围
TdK	该值越大,微分作用越强,时间单位参数决定设定方法	0001～8191(四位 BCD 数)(0000 为无微分控制) 1～8191s:当时间单位=0 和 1 0.1～819.1s:当时间单位=8 0.1～81.9s:当时间单位=9
采样周期 γ	执行 PID 运算的周期	0001～9999(四位 BCD 数)0.01～99.99S,单位 0.01s
PID 正/反设定	确定比例控制的方向	(一位 BCD 码)0:反向;1:正向
2－PID 参数 α	输入滤波系数,通常使用 0.65(即设定值 000),当系数接近 0 时,滤波作用减弱	000:α=0.65 若设定为 100～199,根据设定值低两位数决定:α=000～0.99(三位 BCD 数)
输入范围	输入数据的位数	0:8 位;1:9 位;2:10 位;3:11 位;4:12 位;5:13 位;6:14 位;7:15 位;8:16 位
时间单位	指定积分、微分参数设定方法	0,1,8,9(1 位 BCD 码) 0 和 1:时间设定(1s/单位) 8:时间设定(100ms/单位) 9:时间设定(10ms/单位)
输出范围	输出数据的位数	与输入设定的范围相同

下面举一个实际控制的例子来说明如何实现 PID 闭环控制,这个例子给出了使用比例、积分、微分 PID(－)指令的 PID 控制程序。控制过程原理如图 4－134 所示。

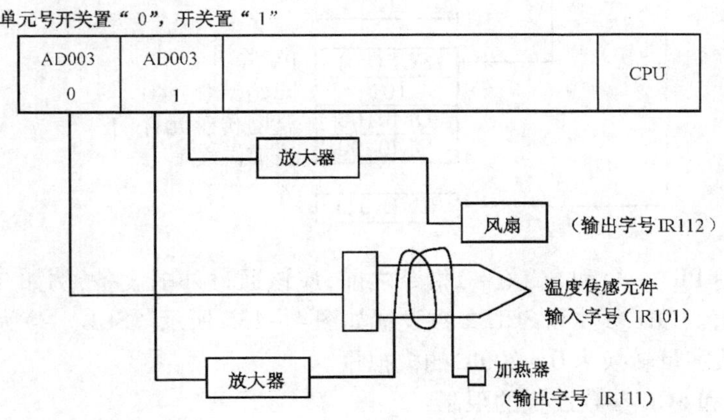

图 4－134 控制过程原理图

注意:风扇和加热器不能直接与模拟量输出单元连接,需要一个放大器(即电流放大器);程序编制如下:

(1)设定目标值(二进制 0000 ~ 0FFF)存入 DM0000。

(2)输入温度传感器的当前值 PV(二进制 0000 ~ 00FAO)至 IR101 字的 00 ~ 11 位中。

(3)根据程序中的第一条 PID(-)指令,输出加热器的运算值在 IR111 字的 00 ~ 11 位。

(4)根据程序中的第二条 PID(-)指令,在 IR112 通道号的 00 ~ 11 位输出风扇的运算值。

(5)用 SLC(-)指令将温度传感器的当前值 PV(二进制 000 ~ FFF)转换成温度数据 0 ~ 200℃并输出到 DM0200。

PID 控制梯形图程序如下:

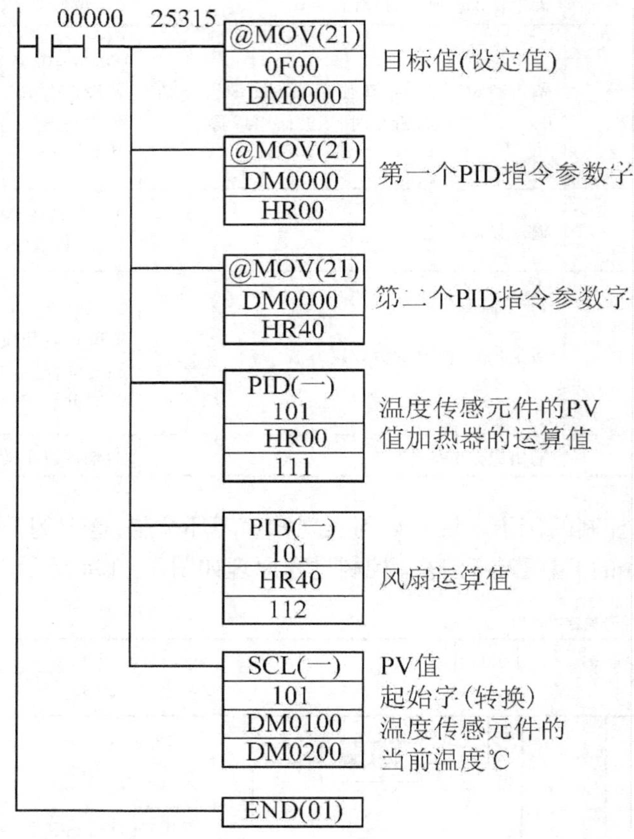

注意:在使用 PID(-)和 SCL(-)指令之前,应该通过外围设备,例如,编程器或 SSS(中文版)输入设定值。PID 参数和 SCL 参数设置如图 4 - 135 所示。SCL(-)为线性比例转换指令,把 0 ~ 4000 数字量转换为 0 ~ 200℃的模拟量。

对 PID 参数和 SCL 参数设置的限制:

(1)P1 和 P1 + 2 必须是 BCD 数据。

(2)P1 ~ P1 + 3 必须在同一数据区。

(3)P1 和 P1 + 3 不能设置成相同的数值。

SCL 指令的作用:SCL(-)或@ SCL(-)指令用于把四位十六进制数线性的转换为四

DM0100	0000	AY
DM0101	0000	AX
DM0102	0200	BY
DM0103	0FFF	BX

	加热器			风扇
HR00	(DM0000)	目标值 HR	HR40	(DM0000)
HR01	0080	比例带	HR41	0060
HR02	0200	积分时间 /采样周期	HR42	0150
HR03	0100	微分时间 /采样周期	HR43	0100
HR04	0001	采样周期	HR44	0001
HR05	0000	α－PID 参数，正反标志	HR45	0001
HR06	040 4	I/O 范围和时间单位设置	HR46	0004

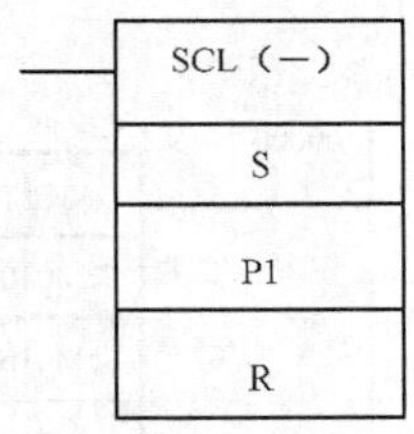

S：源字
IR SR AR DM HR TC LR

P1：参数起始字
IR SR AR DM HR LR

R：结果字
IR SR AR DM HR LR

图 4－135 PID 参数和 SCL 参数设置

位 BCD 码数，并将结果存入 R 中[按(P1，P1＋1)和(P1＋2，P1＋3)定义的线性关系]，结果按四舍五入取整。如果结果小于 0，那么 0000 写入 R，如果结果大于 9999，那么 9999 写入 R。

表 4－65 给出了参数的范围和功能(Y 表示 BCD 数，X 表示十六进制数)。

表 4－65 参数的范围和功能

参 数	功 能	范 围	注 释
P1	BCD 点 1(AY)	0000～9999	
P1＋1	十六进制点 1(AX)	000～FFF	不可设 P1＋1＝P1＋3
P1＋2	BCD 点 2(BY)	0000～9999	
P1＋3	十六进制点 2(BZ)	000～FFF	不可设 P1＋3＝P1＋1

图 4－136 给出了源字 S 根据(AY，AX)和(BY，BX)点定义线性关系转换至结果字 R 的直线图。

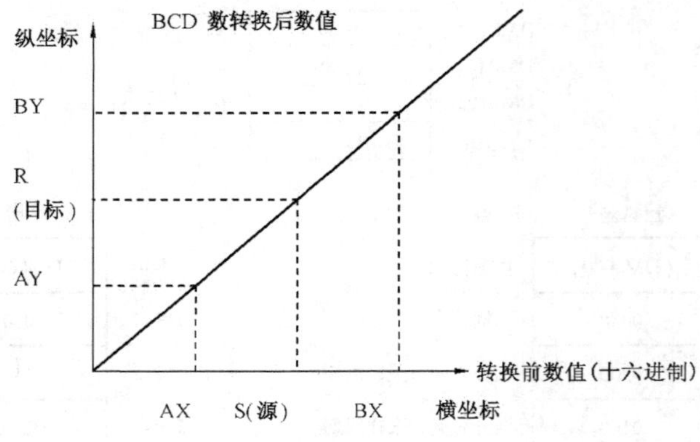

图 4 - 136 转换直线图

计算时,首先将所有数据转换成 BCD 码,然后用下面的计算公式计算结果,即

$$结果 = BY - [(BY - AY)/(BX - AX) \cdot (BX - S)]$$

例如,DM0100(0100)中的十六进制数根据 DM0150 ~ DM0153 中的参数转换成 BCD 码数,然后把转换结果(0512)写入 DM0200,如图 4 - 137 所示。

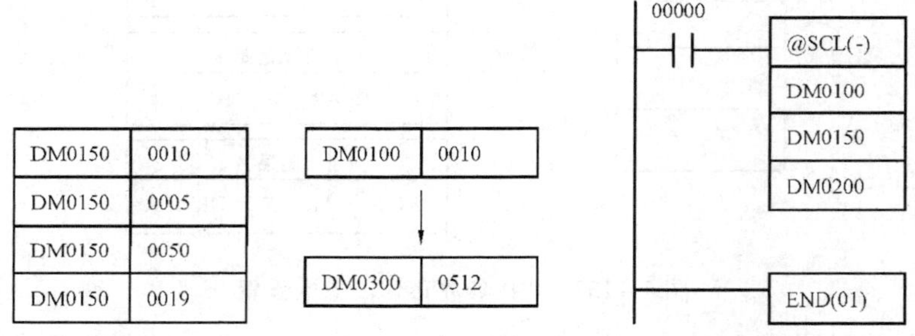

图 4 - 137 设置及梯形图

按上述计算公式做如下计算:

$$结果 = 50 - [(50 - 10)/(25 - 5) \times (25 - 256)] = 512$$

注意:AX、BX 为十六进制数,应该转换成十进制数。

(四)C200H - PID01/02/03 单元

1. 开关设置

PID 单元面板上的开关设置包括:单元号设置;工作方式设置;输入类型设置;操作功能设置。

1)单元号设置(SW2 - 1)

PID 单元号设置开关确定单元的编号,同一台 PLC 上的单元编号不能重复使用,例如,AD001 编号为 1,PID001 的编号也为 1,结果发生错误。单元号开关设置方法同 AD/DA。

2）工作方式设置（SW2－1 或 SW2－2）

（1）对 SW2－1：

ON：PID 参数为命令设置方式，IR 的内容为参数设置命令。

OFF：IR 存储器的内容为预先设定的 PID 参数。

（2）对 SW2－2：

ON：PID 参数由 C200H CPU 设定。

OFF：PID 参数由数据设定器设定。

3）输入类型（SW202）

SW2－2 是一个具有十个位置的旋转开关，每个开关都对应于两路不同输入的类型，见表 4－66。

表 4－66　两路输入类型

开关编号	回路 1	回路 2	开关编号	回路 1	回路 2
0	4～20mA	4～20mA	5	4～20mA	0～5V
1	1～5V	1～5V	6	4～20mA	0～10V
2	0～5V	0～5V	7	1～5V	0～5V
3	0～10V	0～10V	8	1～5V	0～10V
4	4～20mA	1～5V	9	0～5V	0～10V

4）操作功能设置（SW2－3）

操作功能设置是由一个六位置的 DIP 开关来实现，其功能见表 4－67。

表 4－67　操作功能设置

脚　号	功　能	关（OFF）	开（ON）
6	回路 2 输入近似	直线	平方根近似
5	回路 1 输入近似	直线	平方根近似
4	回路 2	允许	不允许使用
3	SP 写模式	E^2PROM 和 RAM	RAM
2	控制动作	反向	正向
1	控制方法	PID 控制	开、关控制

各项设置说明如下：

（1）输入近似：设置每个回路是直线或平方根近似。

（2）回路 2：使用回路 2 时，将开关设置到“允许”，只使用回路 1 时，将开关设置到“不允许”，仅使用回路 2 是不可能的。

注意：当不使用回路 2 时，开关始终在 ON 位置，当回路 2 不接传感器时，例如，开关设置 OFF，则出现出传感器错误。

(3)SP 写模式:该设置选择 SP 存储,例如,频繁的写设置为 ON。

(4)控制动作:

反向:当测量 PV 低于设定 SP,输出增加。

正向:当测量 PV 高于设定 SP,输出增加。

(5)控制方式:选择控制方式是 PID 控制还是开关控制。

2. PID 单元的功能

(1)两个 PID 回路独立控制,具有独立的输入、输出以及 PID 参数和报警功能参数。

(2)数据设定和程序控制连接操作方式。数据设定器操作:两路 PID 控制参数、手动操作、PV 值以及报警状态等都可由数据设定器设置或显示,设定参数写入 PID 单元的 EPROM 中,掉电不丢失。数据设定器由数码显示以及若干个操作按钮和状态指示灯组成,通过连接电缆直接与 PID 单元相连,便于调试阶段的参数整定。

(3)参数自整定(AT 自动调整)。可以通过"数据设定器"或"C200H CPU"来启动该功能,完成参数自整定。

(4)先行 PID 控制和开、关控制。选择开关控制方式时,由 PID 控制单元输出为 ON 的时间(即 ON/OFF 占空比)。控制循环周期由 PID 周期确定。

(5)数值滤波。时间常数范围为 0 ~ 100s。

(6)定标。完成 A/D 转换值与实际量程值的标度转换功能,通过定标上限和定标下限两个参数来完成。

(7)报警功能。

(8)PID 单元还提供了八组 PID 参数、设定值以及报警参数组,供用户选择或程序调试使用。

3. PID 单元数据区分配

PID 单元占用 IR 区的 in0 ~ in9 十个通道,n 为单元号,而不占用 DM 数据区的通道,这些通道可供用户程序使用。根据 PID 参数设置方式不同(即参数预设定方式和参数命令方式)PID 的 IR 区分配和功能也不同。由 SW2 - 1 的位置决定。下面只说明参数预设定方式的 IR 区分配(SW2 - 1 置 OFF 位置),见表 4 - 68 和表 4 - 69。

表 4 - 68 参数预设定方式 IR 区分配表

<table>
<tr><th rowspan="2">I/O</th><th rowspan="2">字</th><th colspan="16">位</th></tr>
<tr><th>15</th><th>14</th><th>13</th><th>12</th><th>11</th><th>10</th><th>09</th><th>08</th><th>07</th><th>06</th><th>05</th><th>04</th><th>03</th><th>02</th><th>01</th><th>00</th></tr>
<tr><td rowspan="6">输出</td><td rowspan="2">n</td><td colspan="16">回路 1SP</td></tr>
<tr><td colspan="4">0 ~ 9, F</td><td colspan="4">0 ~ 9</td><td colspan="4">0 ~ 9</td><td colspan="4">0 ~ 9</td></tr>
<tr><td rowspan="2">n + 1</td><td colspan="16">回路 2SP</td></tr>
<tr><td colspan="4">0 ~ 9, F</td><td colspan="4">0 ~ 9</td><td colspan="4">0 ~ 9</td><td colspan="4">0 ~ 9</td></tr>
<tr><td rowspan="2">n + 2</td><td colspan="4" rowspan="2">回路 1 执行组号</td><td colspan="4" rowspan="2">回路 2 执行组号</td><td colspan="2">回路 1</td><td colspan="2">回路 2</td><td colspan="4" rowspan="2"></td></tr>
<tr><td>手动</td><td>运行</td><td>手动</td><td>运行</td></tr>
</table>

续表

<table>
<tr><th rowspan="2">I/O</th><th rowspan="2">字</th><th colspan="16">位</th></tr>
<tr><th>15</th><th>14</th><th>13</th><th>12</th><th>11</th><th>10</th><th>09</th><th>08</th><th>07</th><th>06</th><th>05</th><th>04</th><th>03</th><th>02</th><th>01</th><th>00</th></tr>
<tr><td rowspan="4">输入</td><td rowspan="2">n+3</td><td colspan="16">回路1PV</td></tr>
<tr><td colspan="4">0~9,F</td><td colspan="4">0~9</td><td colspan="4">0~9</td><td colspan="4">0~9</td></tr>
<tr><td rowspan="2">n+4</td><td colspan="16">回路2PV</td></tr>
<tr><td colspan="4">0~9,F</td><td colspan="4">0~9</td><td colspan="4">0~9</td><td colspan="4">0~9</td></tr>
<tr><td rowspan="19">输入</td><td rowspan="2">n+5</td><td colspan="16">回路1SP</td></tr>
<tr><td colspan="4">0~9,F</td><td colspan="4">0~9</td><td colspan="4">0~9</td><td colspan="4">0~9</td></tr>
<tr><td rowspan="2">n+6</td><td colspan="16">回路2SP</td></tr>
<tr><td colspan="4">0~9,F</td><td colspan="4">0~9</td><td colspan="4">0~9</td><td colspan="4">0~9</td></tr>
<tr><td rowspan="2">n+7</td><td colspan="4" rowspan="2">回路1执行组号</td><td colspan="4" rowspan="2">回路2执行组号</td><td colspan="4" rowspan="2">0</td><td rowspan="2">0</td><td rowspan="2">0</td><td colspan="2">SW2</td></tr>
<tr><td>2</td><td>1</td></tr>
<tr><td rowspan="2">n+8</td><td colspan="16">回路1状态数据</td></tr>
<tr><td>0</td><td>传感器错误</td><td>0</td><td>0</td><td>0</td><td>手动</td><td>运行</td><td>0</td><td>0</td><td>0</td><td>控制输出</td><td>自动调节</td><td>0</td><td>报警1</td><td>报警2</td><td></td></tr>
<tr><td>n+9</td><td colspan="16">回路2状态数据</td></tr>
<tr><td rowspan="10">n+8
回路1
n+9
回路2</td><td colspan="4">15</td><td colspan="4"></td><td colspan="7">不用置0</td><td rowspan="10">回路1和回路2状态数据</td></tr>
<tr><td colspan="4">14</td><td colspan="4">传感器错误</td><td colspan="7">当传感器不连接或传感器线路断开或输入数据超出范围,该位置1</td></tr>
<tr><td colspan="4">13~10</td><td colspan="4"></td><td colspan="7">不用置0</td></tr>
<tr><td colspan="4">08</td><td colspan="4">手动</td><td colspan="7">手动输出方式时置成ON</td></tr>
<tr><td colspan="4">07~05</td><td colspan="4"></td><td colspan="7">不用</td></tr>
<tr><td colspan="4">04</td><td colspan="4">控制输出</td><td colspan="7">当控制输出时该位置1</td></tr>
<tr><td colspan="4">03</td><td colspan="4">自动调节</td><td colspan="7">自动调节期间该位置1</td></tr>
<tr><td colspan="4">01</td><td colspan="4">报警1</td><td colspan="7" rowspan="2">当数据在报警范围内时该位置1</td></tr>
<tr><td colspan="4">00</td><td colspan="4">报警2</td></tr>
</table>

注:n=100+10×单元号

表4-69 IR位功能

<table>
<tr><th rowspan="2">I/O</th><th colspan="2">地址</th><th rowspan="2">数据项</th><th rowspan="2">数据内容</th></tr>
<tr><th>字</th><th>位</th></tr>
<tr><td rowspan="6">输出</td><td>n</td><td>15~00</td><td>回路1SP</td><td rowspan="2">把回路1、回路2的SP值设置成四位BCD码,置最高位符号位(F即符号),其值通过Wd(n+1)用于组号设置并可被直接写入RAM</td></tr>
<tr><td>n+1</td><td>15~00</td><td>回路2SP</td></tr>
<tr><td rowspan="4">n+2</td><td>15~12</td><td>回路1执行组号</td><td rowspan="2">回路1、回路2的执行组号设置成1位BCD码数据,在范围1~8内设置执行组号,超出该范围,执行组号返回原值</td></tr>
<tr><td>11~08</td><td>回路2执行组号</td></tr>
<tr><td>07</td><td>回路1手动</td><td>表示回路1手动输出方式,置1时进入手动输出方式</td></tr>
<tr><td>06</td><td>回路1运行</td><td>表示回路1运行、停止,置1时操作开始,置0时操作停止</td></tr>
</table>

续表

<table>
<tr><th rowspan="2">I/O</th><th colspan="2">地址</th><th rowspan="2">数据项</th><th rowspan="2">数据内容</th></tr>
<tr><th>字</th><th>位</th></tr>
<tr><td rowspan="3">输出</td><td rowspan="3">n+2</td><td>05</td><td>回路2手动</td><td>表示回路2手动输出方式,置1时进入手动输出方式</td></tr>
<tr><td>04</td><td>回路2运行</td><td>表示回路2运行、停止,置1时操作开始,置0时操作停止</td></tr>
<tr><td>03~00</td><td></td><td>不采用置0</td></tr>
<tr><td rowspan="10">输入</td><td>n+3</td><td>15~00</td><td>回路1PV</td><td rowspan="2">输出四位BCD码表示的回路1、回路2的PV值,最高的符号位F表示负</td></tr>
<tr><td>n+4</td><td>15~00</td><td>回路2PV</td></tr>
<tr><td>n+5</td><td>15~00</td><td></td><td rowspan="2">输出四位BCD码表示的回路1、回路2的SP值,最高的符号位F表示负</td></tr>
<tr><td>n+6</td><td>15~00</td><td></td></tr>
<tr><td rowspan="5">n+7</td><td>15~12</td><td>回路1执行组号</td><td rowspan="2">以一位BCD码形式输出当前回路1和回路2执行组号</td></tr>
<tr><td>11~08</td><td>回路2执行组号</td></tr>
<tr><td>07~02</td><td></td><td>不用,每位置0</td></tr>
<tr><td>01</td><td>SW2-2</td><td>输出SW2-2的开关状态ON/OFF(设置方向)
0:数据设定器
1:C200H PC</td></tr>
<tr><td>00</td><td>SW2-1</td><td>输出SW2-1的开关状态ON/OFF(转换存储内容)
0:固定
1:正常</td></tr>
</table>

注:n=100+10×单元号

五、OMRON PLC的通信与扩展

OMRON PLC可以实现I/O扩展、连接系统、串行通信和网络系统。

(一)OMRON PLC的扩展

1. I/O扩展

OMRON PLC提供了两种I/O扩展方式。

(1)采用扩展I/O总线技术,用扩展I/O连接电缆将I/O扩展机架连接至CPU单元所在的安装机架上,此种连接最多可连接两个扩展机架至一个CPU机架上,且为串联方式。两机架之间最大距离为10m,但CPU与最远的扩展机架之间的距离不能超过12m。扩展机架上不需要安装CPU单元,但需要安装扩展电源单元以给机架供电。

(2)采用远程I/O系统,将扩展机架用双绞线或光纤等通信介质与主机架或其他扩展机架相连,这种连接方式需要在每个机架中增加一个远程I/O单元,采用的是串行通信技术,每个CPU单元最多可配置两个远程I/O主单元,一个系统中最多可配置五个远程I/O从单元。

远程I/O扩展方式通常采用RS-485通信接口,电缆总长度不应超过200m,在需要更长的通信距离或干扰比较大的场合,可采用通信适配器或光纤通信来加以解决。

I/O扩展方式为用户扩展系统的规模和I/O点数、合理布置系统、减少布线和I/O信号电缆的数量及长度提供了一种经济而有效的解决方案。

2. 连接系统

OMRON PLC 提供的连接系统,即 SYSMAC Link 系统是 OMRON PLC 的一种专用网络系统,由上位机连接(Host Link)系统、PLC 连接(PLC Link)和 I/O 连接(I/O Link)三级系统组成。

SYSMAC Link 系统为用户提供了一种方便快捷的系统互联与集成的方法。通过 Host Link 系统,PLC 系统中的 PLC 可以很方便地与上位机进行连接和信息交换,一方面可以通过上位机对与其相连的 PLC 进行编程组态、监视各 PLC 的运行状态,还可以给各 PLC 发布相应的控制和操作命令。另一方面,PLC 系统中的各种 I/O 状态和实时数据可以实时地传送给上位机,与上位机中的控制程序协同工作。通过 Host Link 系统,上位机可作为整个 PLC 系统的工程师站和操作员站。

PLC Link 系统为 OMRON PLC 之间的互联和协同提供了快捷有力的支持。PLC Link 系统是一个 N 型令牌总线网,长达 2kB 的信息能以 2Mbit/s 的速度传送,以组成 PLC 控制网络。每台 PTC 能够安装两个或多个 PLC Link 单元,构成多个 PLC Link 网络,以实现系统冗余或组成多级网络系统。每个 PLC Link 单元可连接多达 62 个 PLC。

在远程 I/O 系统中,通过连接一个 I/O Link 单元到光纤远程 I/O 主单元来建立 I/O 链路,为大规模分布式控制系统设计 I/O 链路,并在多个 PLC 之间实现光纤数据交换。

3. 串行通信

PLC CPU 单元或专用串行通信单元提供了 RS-232C 或 RS-422A/485 通用串行通信接口。通过串行通信接口可连接编程器、ASCII 设备、显示终端、打印机和条码输入设备等外部设备,还可以连接 PLC、上位计算机及其他具有标准通信接口的设备。在指令系统和软件方面,提供了专用通信指令,借助系统软件所提供的标准通信协议与所连接的设备进行信息交换。同时 OMRON PLC 还提供了 BASIC 语言编程和通用通信协议宏功能,使用户可以根据所连设备的要求来编制通信程序或创建专用的通信协议,实现与所连设备的通信和信息交换。

从理论上说,通过串行通信,OMRON PLC 可以实现与所有具有 RS-232C 或 RS-422A/485 接口的设备实现互联和信息交换。

每台 PLC 能支持多达 16 个串行通信单元和一个串行通信板,每个单元或板提供两个端口,因此能连接多达 34 个串行通信设备,通信速率可高达 38.4kbit/s,信息长度可达 1000B。另外,通过调制解调器(Modem)连接,串行通信还可实现 PLC 的远程编程、监控及远程维护。

(二)远程 I/O 系统

采用 OMRON PLC 提供的 I/O 扩展技术和相应产品,可构成经济、实用的远程 I/O 系统。这里将以 OMRON C200H PLC 为例,介绍远程 I/O 系统的特点和组成方法。图 4-138 所示为远程 I/O 主站与子站模块。

1. 系统特点和基本部件

采用远程 I/O 系统可实现电线型和光线型分散控制,并且优化系统的结构和节省配线。其特点如下:

(1)将远程 I/O 主站模块(电线型)连接远程 I/O 子站模块(电线型),用一个 CPU 程序就可以进行包括远程操作的分散控制,如图 4-139 所示。

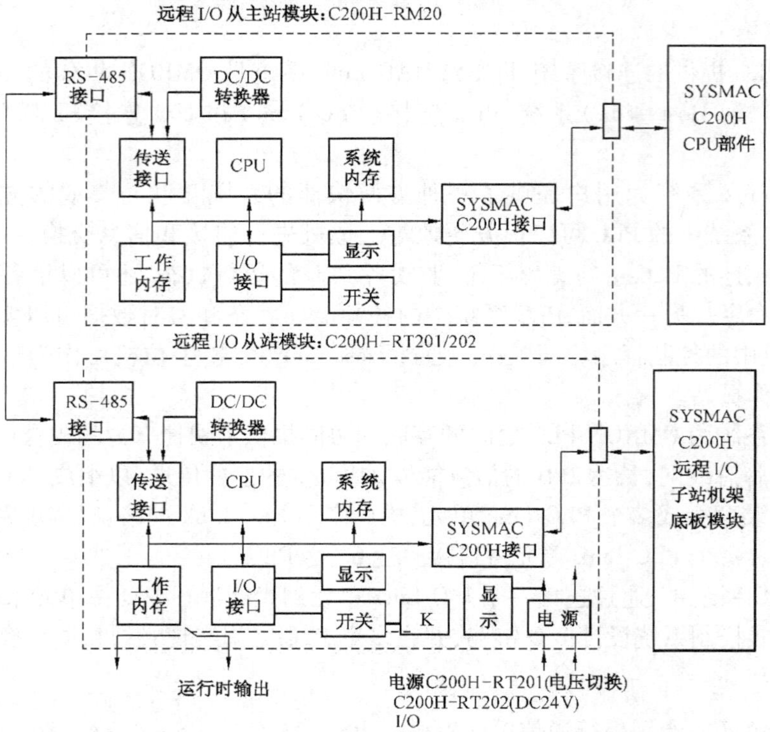

远程I/O从主站模块:C200H-RM20

RS-485
接口
DC/DC
转换器
传送
接口
CPU
系统
内存
SYSMAC
C200H接口
工作
内存
I/O
接口
显示
开关
SYSMAC
C200H
CPU部件

远程I/O从站模块:C200H-RT201/202

RS-485
接口
DC/DC
转换器
传送
接口
CPU
系 统
内存
SYSMAC
C200H接口
工作
内存
I/O
接口
显示
开关
K
显
示
电 源
SYSMAC
C200H
远程I/O
子站机架
底板模块
运行时输出
电源C200H-RT201(电压切换)
C200H-RT202(DC24V)
I/O

图 4-138 远程I/O主站与子站模块

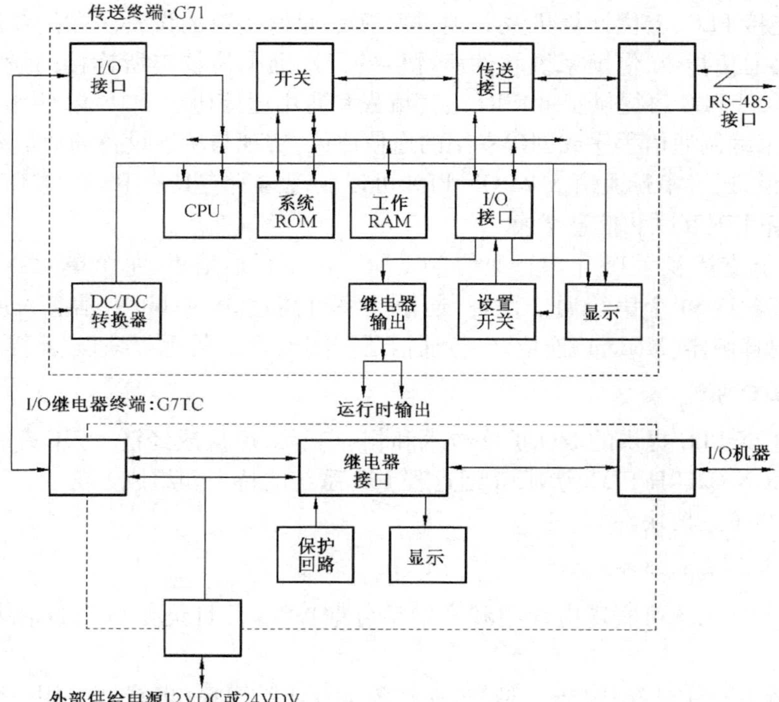

图 4-139 传送终端+I/O继电器终端

(2)将远程 I/O 主站模块(电线型)连接传送终端 + I/O 继电器终端,或者传送 I/O 终端,就可以进行以 16 点为单位的分散控制。

(3)如果使用传送 S32 - RSl 模块、S3D9 传感器就可与远程 I/O 主站模块连接。

(4)通信线采用两芯电缆,能够节省配线,传输距离总长能够延长到 200m。

(5)采用连接适配器可将电线连接扩展到光缆连接,可以适应有较强电磁干扰的场合。

2. 远程 I/O 的系统构成

远程 I/O 的系统构成如图 4 - 140 所示。

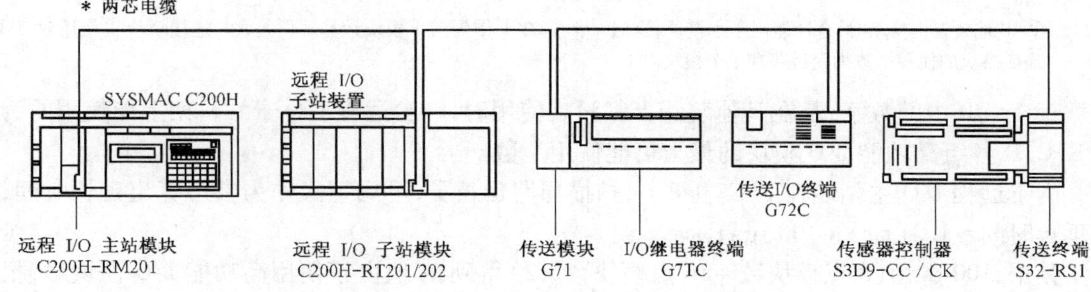

图 4 - 140 远程 I/O 的系统构成

1)各种模块的最大连接个数

(1)远程 I/O 主站模块最多能安装两个(包括光型),在扩展 I/O 机架上也能安装远程I/O 主站模块。

(2)远程 I/O 机架最多允许个安装五个,有光线型时,数量相应减少。在有两个远程 I/O 主站的情况下,两个机架所连接的 I/O 子站机架的总和也不能超过五个。

(3)传送终端和传送 I/O 终端,占有 1CH/个,合计最多能连接 32 个。

(4)传送模块占有 2CH/个,最多能连接 16 个。

2)各种模块的连接方法

(1)为了连接远程 I/O 子站、传送终端、传送 I/O 终端、传送模块,必须用远程 I/O 主站。

(2)从远程 I/O 主站开始,串联连接远程 I/O 子站、传送终端、传送 I/O 终端、传送模块。

(3)各模块可以混合串接,不必顺序连接。

(4)各种模块的最大使用数如上所述。如与光线型远程 I/O 并用时,模块数就相应减少。

(5)能在远程 I/O 子站机架上安装的模块,仅为输入、输出模块和高功能 I/O 模块。

(6)CPU 模块用 C2OOH - CPUO2 时,不能使用远程 I/O 主站模块。

(7)在远程 I/O 子站上使用多点输入、输出模块时,远程 I/O 主站只能用 C2OOH - RM2O1/ RM00l - PVl 模块。

(8)高功能 I/O 模块使用个数的限制见表 4 - 70。

表4-70 高功能I/O模块使用个数的限制

A	B	C	D
高速计数器,位置控制(NC111/112),ASCII,模拟量输入、输出模块的可能使用个数	多点输入、输出模块的可能使用个数	温度传感器模块的可能使用个数	位置控制(NC211)模块的可能使用个数
合计四个模块	合计八个模块	合计六个模块	合计两个模块

注:① 在混合使用A、B、C、D组的模块时,必须是同时满足下面两个式子的组合:3A+B+2C+6D≤12. A+B+C+D≤8。

② 其他装置也使用时,合计能用十个模块,这时一个NC211作为两个模块计算。但是,PC连接模块也使用时,PC连接模块的使用个数加上后要在十个模块以下。

表4-70中的数字,是在其他装置上都没有使用时,一台远程I/O子站机架上能使用的为A、B、C、D各组高功能I/O模块的最大可能使用个数。

由于远程I/O主站装在PLC主机上,扫描周期延长了,可用下式作为参考算出延长时间,即延长时间≈1.3(ms)+100(μs)+α。

其中,100μs由(8点模块数+16点模块数×2)得到,α值由于使用高功能I/O模块时,根据高功能I/O的使用方法,数据量有所不同,因此有:

$$\alpha = 200(\mu s) \times (\text{高功能I/O区域使用CH数})$$

3. 不同型号CPUI/O模块的连接方法

C200H远程I/O子站机架也能和C500远程I/O主站模块连接,和其他SYSMAC机架连接的C200H远程I/O子站机架,与C500远程I/O子站机架的连接条件相同。也就是说,装在远程I/O子站机架上的输入、输出模块为自由定位、自由通道。另外,高功能I/O模块不能安装,这点与远程I/O主站模块是C200H的情况不相同。C200H输入、输出模块为1CH/模块。表4-71列出了不同型号CPU所能连接的各种模块的最大数量。

表4-71 不同型号CPU所能连接的各种模块的最大数量

项目	C120(F)	C500(F)	C2000	C1000H C2000H
对应一台PLC的远程I/O主站使用数	4个模块		8个模块	8个模块
对应一个远程I/O主站模块的远程I/O子站数	2台		2台	8台
对应一台PLC的远程I/O子站常使用数	8台		16台	16台
对应一个远程I/O主站模块的传送终端和传送I/O终端的合计数	16台	32台		
	传送终端,传送I/O终端占有1CH/1台			
对应一个远程I/O主站模块的传送模块最大使用数	8台	16台		
	传送模块占有2CH/1台			
对应一个远程I/O主站模块的连接使用CH数	16CH(256点)	32CH(512点)		

C200H 远程 I/O 子站机架与其他型号 CPU 机架相连接时,C2OOH 远程 I/O 子站模块的种类开关应设定在非 C200H 的位置上。

其他类型的非 C200H 远程 I/O 子站也可以和 C200H 远程 I/O 主站机架相连接,此时不同的远程 I/O 子站可能等同于一台或多台 C200H 远程 I/O 子站,视其类型而定,但最终不能超过五个等同 C200H 远程子站机架。

六、程序调试以及硬件的正确使用

(一)PLC 硬件的正确使用

(1)在安装单元时,总是连接到接地电阻不大于 100Ω 的地线上。如不这样,将可能导致电击。

(2)在短接电源单元的 GR 和 LG 端子时,必须安装一个不大于 100Ω 接地电阻的接地。

(3)在着手做下列任一项工作前,总是将加在 PLC 上的电源关断(OFF)。否则,可能引起误动作或电击:

① 安装或拆卸电源单元、I/O 单元、CPU 单元、内部板子或其他任何单元;

② 装配各单元;

③ 设定 DIP 开关或旋转开关;

④ 连接系统电缆或电线;

⑤ 连接或断开连接器。

(4)CPU 单元内的用户程序和参数区数据后备在内置式快闪存储器中。当后备操作进行时,CPU 单元前面的 BKUP 指示灯会点亮。当 BKUP 指示灯点亮时,不要断开 CPU 单元的电源。如果断开的话,则数据将不被后备。

(5)CJ 系列 CPU 单元在出厂时已装有电池,内部时钟已设定时间。它如同 CS 系列 CS1 CPU单元一样,在使用前不必清除存储器内容或设置时钟。

(6)当第一次使用 CS 系列 CPU 单元时,安装随单元提供的 CS1W - BAT1 电池,并且在开始编程前,用编程装置清除所有存储区。使用内部时钟时,将电池安装好后接通电源,并用编程装置或利用 DATE(735)指令设置时钟。时钟在时间未设置前是不启动的。

(7)当 CPU 单元出厂时,PLC 已经设置好。CPU 单元将由手持编程器上的开关设置从操作模式开始。当手持编程器未连接,CPU 单元将从程序模式开始,但 CS1 - H、CS1D、CJ1、CJ1 - H 或 CJ1M CPU 单元从运行模式开始,并立即开始操作。在没有确认安全的情况下,不要随意允许操作开始。

(8)当用编程装置(手持编程器或 CX - Programmer)生成一个 AUTOEXEC IOM 文件以在启动期间自动传送数据时,将第一个写地址置在 D20000,并确保数据的量不超出 DM 区。当在启动时从存储器卡读数据文件时,数据会被写入 CPU 单元 D20000 起的数据区,即在生成 AUTOEXEC IOM 文件时设置了另外地址。此外,如果数据量超出 DM 区(使用 CX - Programmer 时是可能的),则剩余数据会被写到 EM 区。

(9)在接通控制系统电源前总是先接通 PLC 电源。如果 PLC 电源是在接通控制电源后接通的话,则可能导致控制系统信号暂时出错。因为 PLC 电源接通时,在直流输出单元和其他单元的输出端子上会瞬时变为 ON。

(10)为了在出现内部电路故障而引起输出单元的输出保持 ON 的情况下保证安全,用户必须采取故障安全措施。这种情况可能发生在继电器、晶体管或其他元件上。

(11)为了保证在信号线断开、瞬时电源中断或其他原因引起信号不正确、丢失或异常情况下的安全,用户必须采取故障安全措施。

(12)用户必须在外部电路中(不在可编程序控制器内)设置连锁电路、限位电路和其他安全措施。

(13)在传送数据时不要断开 PLC 电源,特别是在读或写存储器卡时不要断开电源。此外,在 BUSY 指示灯点亮时也不要取出存储器卡。如要取出存储器卡,应先按存储器卡开关,等 BUSY 指示灯熄灭,然后取出存储器卡。

(14)如果 I/O 保持位变成 ON,则 PLC 从 RUN 或 MONTOR 模式切换为 PROGRAM 模式时,PLC 的输出不会变 OFF,而会保持其原先的状态,应确保这种情况发生时外部负载不会产生危险。当操作因致命错误停止时,包括 FALS(007)指令产生的结果,输出单元的所有输出全都变为 OFF,并且仅有内部输出状态维持。

(15)CPU 单元中的 DM、EM 和 HR 区的内容都由电池后备。如果电池电压下降,数据可能丢失。在程序中提供预防措施,如果电池电压下降,使用电池出错标志(A40204)再初始化数据或采取其他行动。

(16)当 PLC 用 200 ~240V 交流电供电时,总是把电源单元上电压选择端子处金属跳接线去除(除非电源单元具有很大电压范围),如果用 200 ~240V 交流电供电,而金属跳接线仍接着,那么将损坏产品。

(17)采取适当措施保证提供具有额定电压和频率的指定电源。特别注意供电不稳定的地方,不正确的电源可能导致失灵。

(18)当进行耐压试验时,不要连接功能地端子,否则可能引起燃烧。

(19)确保端子螺钉和电缆连接器螺钉均按有关手册所规定的力矩拧紧,否则可能会引起失灵。

(20)接线时,保留粘在单元上的标签,撕去标签后如有异物落入单元会引起失灵。为确保合适的散热效果,在完成全部接线后撕去标签。

(21)接线时使用压接端子,不要把多股线直接连到端子上,这样的连接可能引起燃烧,应正确连接所有接线。

(22)通电前,对所有接线和开关设置进行双重检查,错误的接线会导致燃烧。

(23)安装单元应在彻底检查其端子板和连接器后进行。

(24)确认端子板、内存单元、扩展电缆和其他具有固定装置的设备被正确固定好,否则将导致失灵。

(25)在开始操作前,应检查开关设置、DM 区的内容及其他准备工作。不正确的设置和数据在启动操作时可能导致不可预料的动作。

(26)用户程序在单元中正式运行前必须做检查,否则将导致不可预料的运行。在着手下列任何一项工作前,应确认在系统中是否会发生不利影响,否则将可能导致不可预料的动作。

① PLC 的操作模式;

② 对存储器中的某一位强置置位和复位；

③ 改变设定值的当前值。

(27)在把DM区、HR区的内容及其他恢复运行所需的数据传送到新的CPU单元后再恢复运行，否则将可能导致不可预料的动作。

(28)不要拽拉或弯折电缆超过其允许的限度。其中任何一种行为都可能导致电缆断裂。不要在电缆或其他接线上堆放物品，否则可能导致电缆断裂。不要使用商用个人计算机RS－232C电缆，应使用本手册中列出的专用电缆或按手册规格制作电缆。使用商用电缆可能危及外部设备或CPU单元。千万不要将CPU单元上RS－232C口上的引脚6(5V电源)与其他设备连接，除非设备上用了NT－AL001或CJ1W－C1F11适配器，否则会损坏外部设备或CPU单元。

(29)当更换零件时，务必确认新零件的额定值是否正确，否则可能导致失灵或燃烧。

(30)在接触单元前，为使人体所聚积的静电放电，务必先接触接地金属物，否则可能导致误动作或损害。

(31)在运输或存储电路板时，为防止受静电影响，应使用抗静电材料将其包上，并注意保持适当的储存温度。

(32)不要裸手接触各电路板或电路板上的零件、有尖刺的引线和其他部件，否则可能引起伤害。

(33)对于CJ系列PLC、电源单元、CPU单元、I/O单元和CPU总线单元顶部的滑扣必须完全卡入扣住(直到它的卡入部位)，否则这些单元将不能正常工作。

(34)对于CJ系列的PLC，务必将端盖安装到PLC最右端的单元上，没有安装端盖的PLC将不能正常运行。

(35)如果不合适的数据连接表和参数被设置，可能导致不可预料的运行。即使已经设置了合适的数据连接表和参数，在启动或停止数据连接前仍需确认控制系统不会受到有害的影响。

(36)当路由表从编程装置传送到CPU单元，CPU总线单元将被重新启动。重新启动这些单元需要读新路由表并使它有效，在允许CPU总线单元复位前，确认系统不会受到有害的影响。

(二)程序传送、试运行操作和调试

1. 程序传送

当CPU单元在PROGRAM模式时，使用编程工具将程序、PLC设置、I/O内存数据和I/O注释传输到CPU单元。

CX－Programmer的程序传输过程如下：

(1)选择PLC、TRANSFER，然后TO PLC，将显示“下载选项对话框”。

(2)从下面内容中选择传输的选项：程序、PLC设定、I/O表、符号、注释和程序索引。

注：仅当I/O表和注释在CPU地址中的存储卡中存在时，才可以被选定。

(3)点击OK按钮。使用以下的任一种方法可以传输数据。

① 当电源接通时，自动传输。当电源接通时，存储卡中的AUTOEXEC OBJ文件将被读入

到 CPU 单元(DIP 开关上的引脚 2 必须为 ON)。

② 操作期间程序替换,当 CPU 单元正在工作时,用程序将 AR 区中的开始位置 ON 替换,现存的程序文件可被在辅助区域规定的程序文件所替换。

2. 试运行操作

1)强制置位、复位

编程工具可以指定强制置位(ON)或复位(OFF),将 IR 区域、辅助区域、HR 区域和定时器、计数器完成标志位。强制状态将比程序或 I/O 刷新时的状态输出具有更高的优先权。这个状态不能通过指令重写,在它被编程设备清除以前,不管程序或外部输入的状态,它将被存储。

在试运行操作期间,使用强制置位、复位操作进行强制输入和输出或在调试期间强制一定的条件。

既可在 MONITOR(监视)也可在 PROGRAM(编程)方式下,执行强制置位、复位操作,但不能在 RUN(运行)方式下执行。

注意:同时使强制状态保持位和 IOM 保持位变为 ON,当转变操作方式时,能保持强制置位或复位的状态。

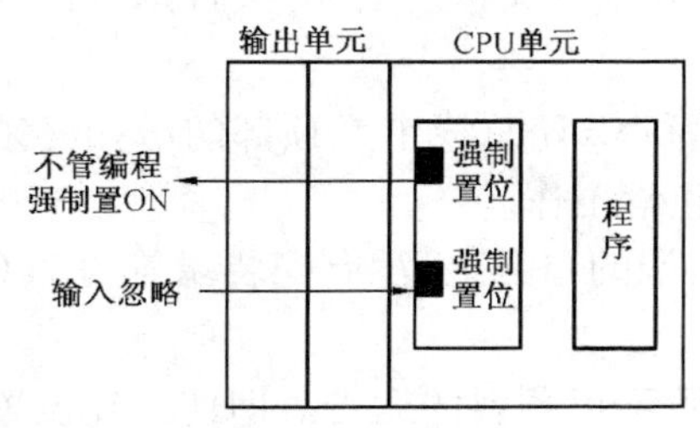

图 4-141 强制置位、复位

使强制状态保持位和 IOM 保持位变为 ON,并在初启设定 PLC 设置时,设定强制状态保持位,保持强制状态保持位的状态。当电源断开时,保持已经强制置位或复位的状态,如图 4-141 所示。

编程工具的操作:

(1)为强制置位、复位选择位。

(2)选择强制置位或复位。

(3)清除强制状态(包括同时清除所有强制状态)。

2)微分监视

当 CPU 单元检测到由编程工具设定的位已从 OFF 转变到 ON 或从 ON 转变到 OFF,在微分监视完成标志中将指明结果。当为微分监视设定的条件满足时,标志将变为 ON。编程工具将在屏幕上监控和显示这些结果。

CX-Programmer 编程工具的操作:

(1)点击微分监视选定位。

(2)从 PLC 菜单点击微分监视,将显示微分监视对话框。

(3)点击上升或下降。

(4)点击开始按钮,当检测到指定的变化时,蜂鸣器将响起,并且计数值将递增。

(5)点击停止按钮,停止微分监视。

3)在线编辑

当 CPU 单元是在 MONITOR 或 PROGRAM 方式时,直接从编程设备的 CPU 单元中使用在线编辑功能来增加或改变部分程序。手持编程器一次在一条指令中增加或改变,CX-Programmer 一次可以编辑一个或多个程序部分。因此,这个功能适用于程序的小修改,从而不用停止 CPU 单元运行。对于不同的编辑任务,可以同时从两台以上计算机运行的 CX - Programmer(也可以从一个手持编程器)在线编辑。

当在 MONITOR 方式下对 CPU 单元中程序在线编辑,周期将增加一到几个周期时间。

从 CX - Programmer 执行在线编辑:

(1)显示将被编辑的程序部分。

(2)选择将被编辑的指令。

(3)选择程序,在线编辑开始。

(4)编程指令。

(5)选择程序,在线编辑和传送改变,指令将被检查,如果没有错误,他们将被传输到 CPU 单元。指令将在 CPU 单元中重写,这个时候将增加周期。

仅在证实延长的周期不影响操作后,才继续在线编辑。如果周期太长时,输入信号可能不能输入。

临时禁止在线编辑,可以在一个循环中禁止在线编辑,确保在那个循环中机器控制的响应特性。通过编程设备的在线编辑将在一个循环中禁止,在这个循环期间接收到的任何在线编辑要求将被保持到下一个循环。通过使在线编辑禁止位变为 ON 和将在线编辑禁止位确认器设定到可以禁止在线编辑。当完成这些设定,并接收到在线编辑要求后,在线编辑将为等待状态,并且在线编辑等待标志变为 ON。

在线编辑禁止位变为 OFF 时,将执行在线编辑,在线编辑处理标志变为 ON,并且在线编辑等待标志将显示 OFF。当在线编辑完成后,在线编辑处理标志变为 OFF。

当在线编辑正在执行期间,使在线编辑禁止位变为 ON,可以临时禁止在线编辑。同样,在线编辑等待标志将为 ON。在第一个在线编辑要求处于等待状态期间,如果收到第二个要求,将不记录第二个要求并将产生一个出错。在线编辑也可以禁止,用于防止随机在线编辑。如上所述,通过使在线编辑禁止位变为 ON 和将在线编辑禁止位确认器设定到可以禁止在线编辑。

用编程设备允许在线编辑,如果不能从程序允许在线编辑,可以用 CX - Programmer 允许在线编辑。

如果用手持编程器执行在线编辑,在线编辑等待状态不能清除,手持编程器被锁住,并不能操作。这种情况下,将 CX - Programmer 连接到另一个串行端口并使在线编辑禁止位变为 OFF,执行在线编辑,手持编程器将重新允许操作。

在线编辑处于等待状态时,如果继续操作,CX - Programmer 可能离线。如果这种情况发生,将计算机重新连接到 PLC,并使在线编辑禁止位变为 OFF。

输出关断(负载关断位),如果通过 OUT 指令或用编程工具使输出 OFF 位变为 ON,所有输出单元的所有输出将变为 OFF(这也适用于 CJ1M CPU 单元中的脉冲输出或内置通用输出应用),在 CPU 单元前面的 INH 指示器将点亮。不管电源是断开还是接通,输出 OFF 位的状态将保持。

4)数据跟踪

数据跟踪功能使用下列计时方法的任何一种,对指定 I/O 存储器数据进行采样,它将采样数据存储在跟踪内存中,随后可用编程工具检查这些数据。指定采样时间(10 ~ 2550ms,以

10ms 为单位),每一个采样周期,当执行跟踪存储器采样指令(TRSM)时,可在 I/O 存储器中指定最多 31 位和六个字对其采样。跟踪内存容量是 4000 字。

数据跟踪基本步骤:

(1)当使用 CX – Programmer 设定参数并在采样命令开始执行后,采样将开始。

(2)当采样触发条件满足后,采样数据(步骤 1 以后)将被跟踪,稍延迟后数据将被存储在跟踪存储器中。

(3)跟踪存储器数据将被采样,跟踪结束。

注:延迟值定义了从跟踪开始位变为 ON,在采样到跟踪内存的数据中有多少个采样周期的偏移量。跟踪设定范围见表 4 – 72。数据跟踪波形如图 4 – 142 所示。

表 4 – 72 跟踪设定范围

采样字的号	设定范围	采样字的号	设定范围
0	–1999 ~ 2000	4	–665 ~ 666
1	–1332 ~ 1333	5	–570 ~ 571
2	–999 ~ 1000	6	–499 ~ 500
3	–799 ~ 800		

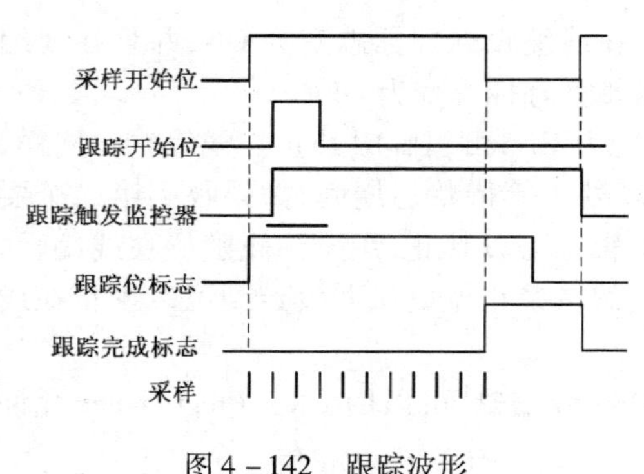

图 4 – 142 跟踪波形

使用以下步骤执行跟踪:

(1)使用 CX – Programmer 设定跟踪参数:采样数据的地址、采样周期和触发条件。

(2)使用 CX – Programmer 或使采样开始位置 ON 开始采样。

(3)使跟踪触发条件有效。

(4)结束跟踪。

(5)使用 CX – Programmer 读出跟踪数据。

① 从 PLC 菜单选择“数据跟踪”。

② 从执行菜单选择“选择”。

③ 从执行菜单选择“执行”。

④ 从执行菜单选择“读”。

以下跟踪可以执行:

定时数据跟踪:定时数据跟踪将以固定时间间隔对数据采样。以 10ms 为单位,指定采样时间为 10 ~ 2550ms。在用户程序中不要使用 TRSM 指令,并确保设定的采样周期大于 0。

单循环数据跟踪:在整个周期所有任务完成后,单循环数据跟踪将对 I/O 刷新数据采样,在用户程序中不要使用 TRSM 指令,并确保设定的采样周期大于 0。

通过 TRSM 数据跟踪:当执行跟踪存储器采样指令(TRSM)时,执行一次采样。在一个程序中使用两次以上 TRSM 指令时,在跟踪触发条件满足以后,每执行一次 TRSM 指令就采样一次。

七、PLC 的应用举例

下面列举一些简单的例子来说明程序的编制方法。

［**实例 1**］ 自动送料与装车控制系统。

系统由三台输送机和装料斗组成,其原理如图 4 - 143 所示,输送机由电动机 M1、M2 和 M3 驱动,料斗开启与关闭由 K2 控制,汽车开到位,S2 接通,绿灯 L2 灭,红灯 L1 亮,输送机 M1 启动,间隔 2s,M2、M3 依次启动,再经 2s 料斗 K2 通电开启,向汽车装料,车厢装料已满,开关 S2 断开,料斗关闭,输送机 M3 停止,间隔 2s 依次停输送机 M2 和 M1。过程返回到初始状态,绿灯 L2 亮,红灯 L1 灭,输送机 M1、M2、M3 停止,料斗 K2 断电关闭。

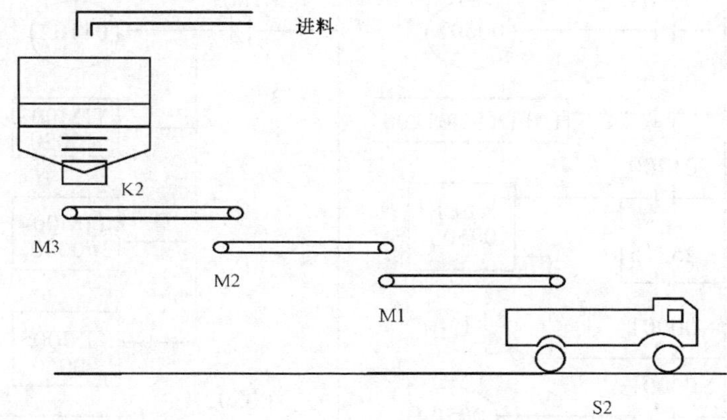

图 4 - 143 输送机和装料系统

过程分析:

(1)刚刚上电时,25315 第一次扫描为 ON,以后为 OF,KEEP00503 使得 00503 变为“1”,绿灯 L2 亮,结果常闭 00502 为 OFF,L2 红灯灭,即为初始状态。

(2)汽车开到位,S2(00001)为 ON,结果 KEEP00503 复位,即绿灯 L2 灭,常闭 00502 通电,红灯 L1 亮。

(3)汽车到位,00001 为 ON:01103 通电;启动定时器 TIM000:2s;启动定时器 TIM001:4s;启动定时器 TIM002:6s;DIFD01000 不动作。

(4)01103 通,KEEP00506 通并自保结果,M3 启动。

2s 后 00505 通,M2 启动自保;再过 2s,00504 通,M1 启动自保;再过 2s,00500 通,启动料斗。

(5)料满(车走):00001 为 OFF,结果 DIFD01000 产生一个脉冲,01001 通电自保:

01102 通,KEEP00500 复位,料斗停;TIM003 定时 2s 后 00504 停 M;TIM004 定时 4s 启动;时间到停 00505;TIM005 定时 6s 启动;时间到停 00506。

当 00506 停时,DIFD01200 产生脉冲使得 00503 为 ON,绿灯 L2 灭,回到初始状态。

送料装车系统 I/O 地址分配见表 4 - 73。

表 4－73 送料装车系统 I/O 地址分配表

输入	输出
S2 00001 汽车开到位(ON),料已经装满(OFF)	K2 00500 L1 00502(红灯) L2 00503(绿灯) M1 00504 M2 00505 M3 00506

自动送料与装车控制系统梯形图程序如下：

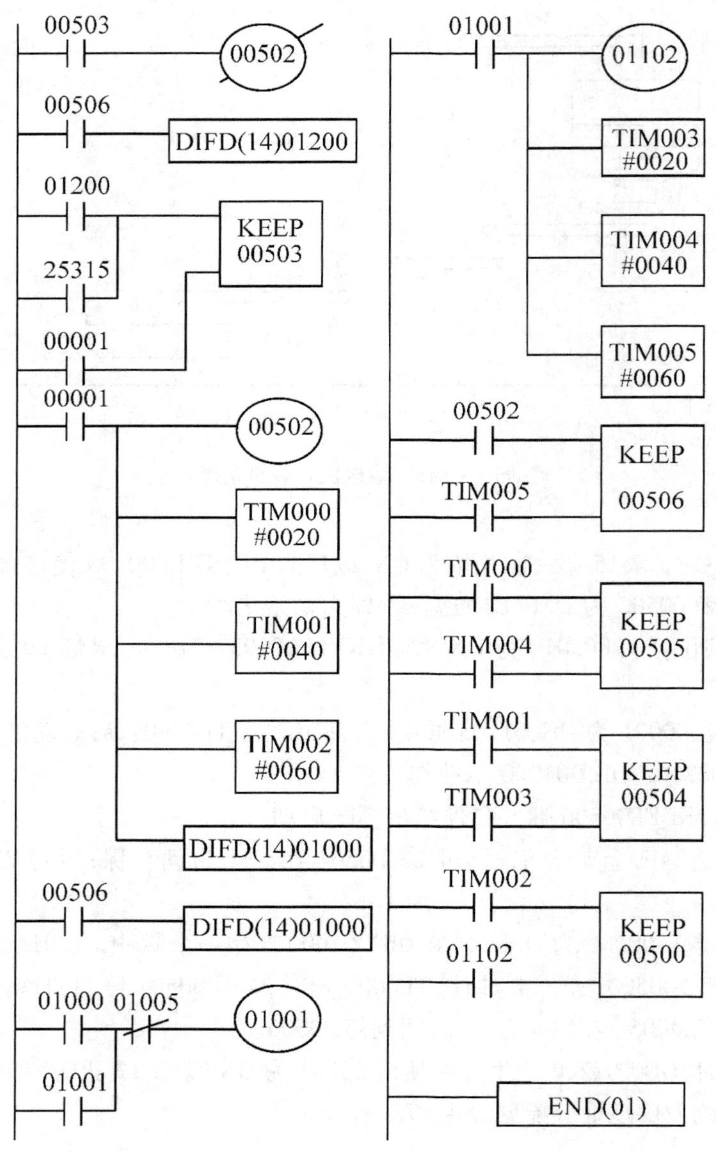

[实例2] OMRON PLC 在液体搅拌器上的应用。

一个两种液体的混合搅拌装置如图4－144所示，其中H、I、L为液面传感器，当液面达到传感器的位置后，传感器送出ON信号，低于传感器位置时，传感器为OFF状态。X1、X2、X3为三个电磁阀，分别送出液体A和液体B，放出搅拌好的混合液。M为搅拌电动机。

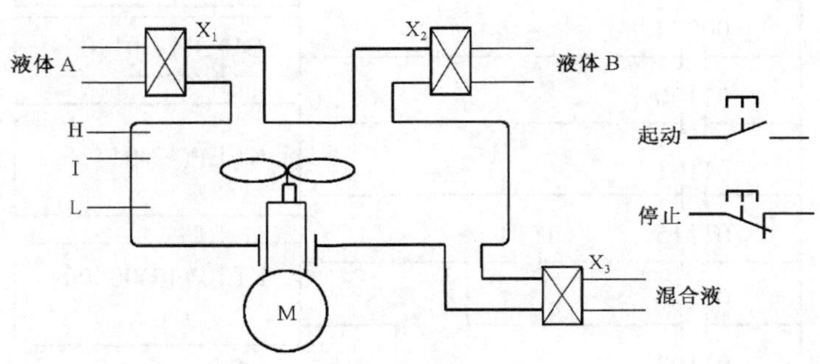

图4－144 混合搅拌装置示意图

初始状态以及操作工艺：启动搅拌器之前，容器是空的，各阀门关闭（X1＝X2＝X3＝OFF），传感器H＝I＝L＝OFF，搅拌电动机M＝OFF。搅拌器开始工作时，先按下启动按钮，阀门X1打开，开始放入液体A，当液面经过传感器L时使得L＝ON，并继续注入液体A，直至液面达到I时，I＝ON使得X1＝OFF，X2＝ON，即关闭阀门X1，停送液体A，打开阀门X2，开始送入液体B。液面达到H时，关闭阀门X2，启动搅拌电动机M，即X2＝OFF，M＝ON。开始搅拌20s，搅拌均匀后停止搅拌，即M＝OFF，打开阀门X3，即X3＝ON开始放出混合液体，当液面低于传感器L，即L＝OFF，经延时2s，容器中的液体放空，关闭阀门X3，即X3＝OFF，自动开始下一个操作循环。若在工作中按下停止按钮，搅拌器不立即停止工作，只有当前混合操作处理完毕后，才停止操作，即停止在初始状态上。

混合搅拌装置输入、输出表见表4－74。

表4－74 输入、输出表

输　入	输　出
00000 搅拌器启动上升沿有效	00500 电磁阀 X1 开
00001 搅拌器停止上升沿有效	00501 电磁阀 X2 开
00002 液面检测 H 上升沿有效	00502 电磁阀 X3 开
00003 液面检测 I 上升沿有效	00508 搅拌电动机 M 启动
00004 液面检测 L 下降沿有效	—

混合搅拌装置梯形图程序如下：

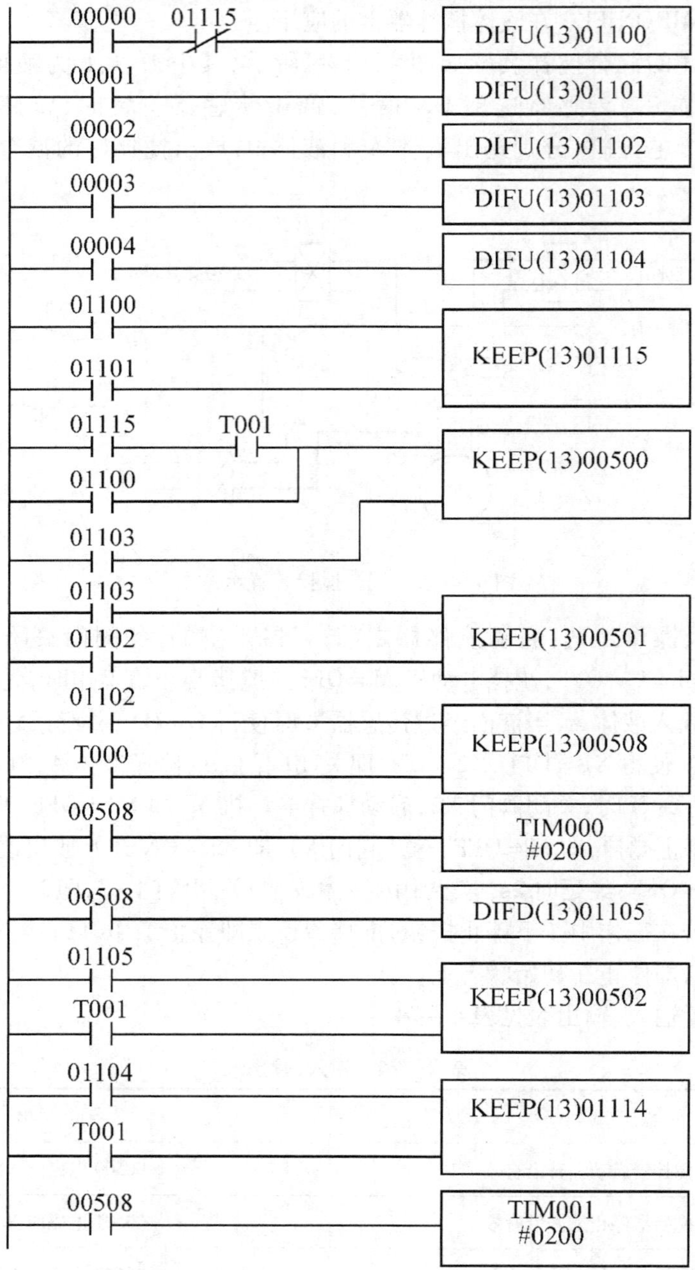

过程分析：

(1)00000 通→01100 通→00500 通并保持,X1 开启,液位开始上升→0004 通→01114 通并自保。

(2)00004 通→液位上升到 I 位置 00003 通→01103 通→00500 复位→X1 关闭。

(3)01103 通→00501 通并且自保,打开 X2,继续上升→液位上升到 H 时→00002 通,液位 01102 通,00501 复位→X2 关闭。

01102 通→00508 通并自保，启动搅拌器→启动定时器 TIM000，20s 后→T000 通→00508 复位，搅拌电机停→01105 通→00502 通并自保→X3 开，排除液体，液面下降，到 L 时，00004 由通到断→01104 通→01114 通并自保→启动 TIM001，2s 后→TIM001 通→01114 复位→00502 复位，X3 关闭。

［实例 3］ 设计离心泵自动启、停连锁线路。

要求：根据离心泵的工作原理启动前必须先开启回水阀 SV1 和排气阀 SV2，让管线中的水回入泵内，把泵内空气排除，待泵体内充满水后，再把回水阀和排气阀关闭，同时启动离心泵的拖动电动机，当电动机达到额定转速时，再开启出水阀 EV，结束泵的启动过程，如图 4－145所示。

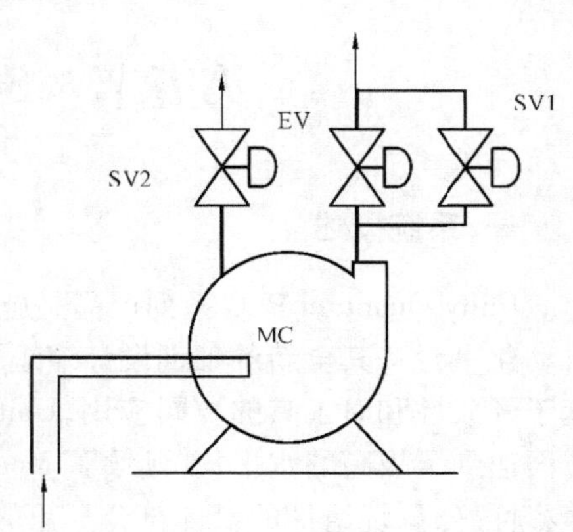

图 4－145 离心泵的原理图

离心泵的输入、输出表见表 4－75。

表 4－75 输入、输出表

输入		输出	
SB1(00000)	启动按钮	SV1(00100)	回水阀
SB2(00001)	停止按钮	SV2(00101)	排气阀
PS(00002)	压力接点	MC(00102)	电动机
S1(00003)	行程开关 1	EV(000103)	排水阀
S2(00004)	行程开关 2	—	—

离心泵自动启、停连锁线路梯形图程序如下：

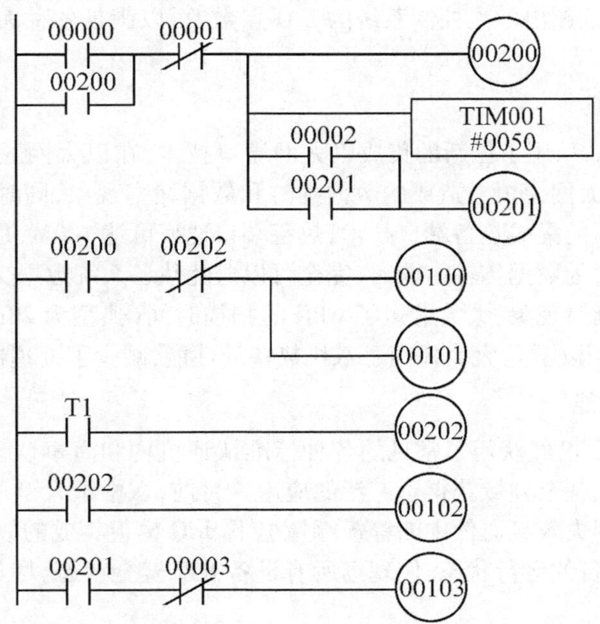

第五节 Schneider可编程控制器

一、系统概述

Unity Quantum PLC系列产品是施耐德电气自动化的核心产品,它是新一代的软件和硬件自动化平台。其全新的独创设计缩短了开发时间,处理器的灵活性可以实现更高的运行性能。基于开放性和对工具的协同应用,Unity Quantum PLC在应用程序开发、控制系统运行及维护方面达到了极高的水平,并延续了Modicon一贯的设计思想,产品不仅质量高、性能可靠,而且兼容性好,系统组件的设计符合真正的工业等级,满足国内、国际的安全标准。系统易配置、易接线、易维护、隔离性好、结构坚固、抗腐蚀,可适应恶劣的工业环境。所有部件均可带电插拔。该系列产品广泛应用于交通、能源、冶金、化工等各大自动控制领域。

二、系统构成与特点

Unity Quantum自动化平台以其卓越性能、全系列、兼容的控制产品为控制需求提供最恰当的解决方案。Unity Quantum提供的是按系统要求配置的模板化结构,即系统由机架、电源、CPU、I/O模块及特殊模块等构成。因此,能为中、大型控制系统配置Quantum自动化平台,以满足最高性能的应用要求。

Unity Quantum PLC自动化平台具备下述特点。

(一)强大的控制功能

Unity Quantum PLC的CPU主频最高可达Pentium II 266MHz,是传统PLC的4~15倍以上,可以满足各种大型、复杂控制系统的控制要求;控制I/O能力为:开关量可达65535点;模拟量可达60000点,远远超出常见控制系统的I/O点数,可以满足各种大型、复杂控制系统的控制要求。

(二)更快的实时响应

Unity Quantum PLC采用了创新的集成以太网端口技术,在以太网通信中,完全可以避免通信过程中在机架、以太网模板上造成的数据延时和数据堵塞现象,同时,还减少了处理器模板的负担。采用了创新的集成热备端口技术,热备端口速率可达100M,是传统速率的10倍以上,可以实现大量、实时的数据传输。同时,完全可以避免热备系统数据交换过程中在机架、热备模板上造成的数据延时现象,大大缩短了CPU的扫描时间(典型为20ms以下)和热备系统切换时间(典型为20ms以下),大大提高了双机热备的性能,减少了处理器模板的负担。

(三)安全、可靠的性能

Unity Quantum PLC已经获得了常见的各种标准认证机构和海事认证机构颁发的认证证书,在中国的各个行业、各个领域获得了广泛的应用。目前,在中国大型PLC市场占用率年年排在第一位。在处理器失效或通信中断等极端情况下,I/O模板集成的故障状态预置功能,通过启、停或调节现场设备的运行状态,使现场所有设备处于安全状态,尽量减少或避免用户的事故损失。

（四）全面的故障诊断功能

Unity Quantum PLC 在无需编程或参数设置的情况下，还集成了硬件诊断、软件诊断、操作日志诊断、IE 浏览器诊断、系统变量诊断五种功能，在无需编程、参数设置或任何专用的硬件或软件的情况下，即可对整个控制系统实现全面的状态、数据监视和诊断功能，大大降低了用户的故障诊断时间和维护成本。

（五）易于维护

Unity Quantum PLC 所有的模板（包括电源和 CPU 模板）都支持任意安装，所有的模板（包括电源和 CPU 模板）都支持带点插拔功能。因此，如果模板发生故障时，在几秒钟之内即可完成故障模板的更换，大大节约了用户的停车时间，减少了用户的事故损失。

（六）完善的 I/O 模板

Unity Quantum PLC 提供了完善的、全面的 I/O 模板，可以满足各种控制系统的控制要求；还提供了各种智能模板，如计数器、伺服、ASCII 码通信、中断、SOE 模板，可以满足各种智能控制要求。

（七）特殊应用功能

Unity Quantum PLC 提供了本征安全型模板，在安全性等级要求很高或容易发生爆炸的场合，依然可以正常使用，不会因为在给现场设备供电的过程中导致现场设备发生爆炸等现象发生；带保护涂层的模板，在潮湿、容易发生霉变、有化学烟雾、有机溶剂、多粉尘的恶劣环境中，依然可以正常工作，保证了控制系统的正常运行。

（八）强大的通信功能

Unity Quantum PLC 的处理器模板上集成了多种通信端口，如 USB、Modbus、Modbus Plus、Ethernet 或热备的光纤端口，在无需增加用户成本的情况下，即可是实现 PLC 与各种现场设备、仪表、PLC、变频器、软启动器、智能马达保护器、上位计算机、触摸屏等设备的数据通信功能；支持多种现场总线和网络协议的通信功能，如 Modbus、Modbus Plus、Modbus TCP/IP、Ethernet/IP、Profibus DP、InterBus、AS－i、ASCII 码等多种通信协议。利用网关还可以实现施耐德产品与其他任何厂家协议的无缝转换功能。集成的 Modbus、Modbus Plus、Modbus TCP/IP 协议既是国际标准、又是国家标准，同时这些协议免费公开，便于与任何厂家的 PLC、DCS 及其他产品进行数据交换，甚至支持利用高级编程语言进行编程，实现数据交换功能，大大方便了 PLC 产品的兼容性。

（九）简单易用的编程软件

Unity Quantum PLC 的编程软件 Unity Pro 软件，采用纯中文的、图形化的编程方式，将大大提高了软件的易用性，降低了对用户维护工程师的要求，是目前最简单的编程软件，方便了维护工程师的日常维护工作；集成了离线仿真功能，大大缩短维护工程师的调试时间，提高了程序修改的可靠性。

Unity Pro 软件集成了自定义函数功能块的开发功能，大大节省了编程时间，同时，减少了维护工程师的维护工作量。

三、系统硬件、软件配置及功能介绍

Quantum 自动化解决方案有多种形式。单机架控制系统最大 2592 个 I/O 点,多站点控制系统可配置网络服务功能,最大 64000 个 I/O 点,在通信选件的支持下具有至工厂级和现场总线网络的连接性,支持超过八个工业标准的网络,从 Ethernet 到 ASCII。由于使用了先进的英特尔 CPU,Quantum 的逻辑解算时间和 I/O 吞吐速率非常大,足以满足高速处理命令要求。应用程序的存储容量从 2MB 到 4MB,而一些型号的 CPU,其存储能力通过 PCMCIA 卡可扩展到 7MB。所有型号的 CPU 都配有浮点协处理器芯片,能够在最佳速度下完成过程运算和数学计算工作,从而增强了过程控制的完整性和质量性。

(一)双机热备系统组成

双机热备系统是由安装在两个不同机架上的“主机”和“备机”组成,如图 4-146 所示。“主机”和“备机”的硬件配置完全相同,由电源、CPU、RIO 通信适配器、以太网模板等组成。双机热备系统的最核心的模板为 CPU 模板,型号为 140CPU67160。该模板除了完成所有的控制功能以外,同时利用光纤完成“主机”和“备机”之间的实时数据交换功能。光纤通信链路的通信速率可达 100M。

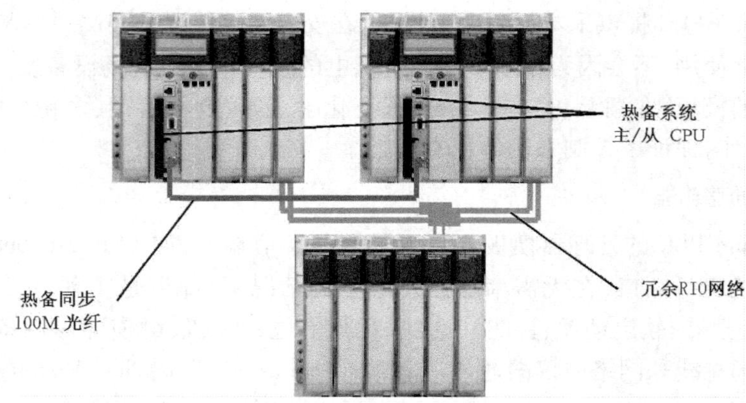

图 4-146　双机热备系统示意图

(二)工作原理

双机热备系统正常工作时,由“主机”采集现场所有设备的实时数据,解算所有控制程序,并将控制指令传输到所有输出模板中,完成对现场设备的所有控制功能。“备机”在“主机”运行的过程中,实时读取“主机”中的全部数据,并实时监测“主机”的运行状态。当“主机”上的机架、电源、CPU、RIO 通信适配器中的任一模板或附件出现故障时,“备机”升级为“主机”,完成对现场设备的所有控制功能。当“主机”上的故障模板或附件更换完毕后,则承担“备机”的角色,继续完成对“主机”状态的实时监测功能。

双机热备系统中的“主机”和“备机”之间的切换是完全自动实现的,同时又是平稳、无缝的切换。切换对于过程而言是透明的,系统对过程的监控不会中断,并且不会因为发生硬件故障而受到不利影响。因此,使用 Unity Quantum PLC 的双机热备系统可以减少停机时间,从而

提高生产效率。

(三)通信速率

传统的双机热备系统一般都采用独立的热备模板或同步模板用于完成热备系统的数据交换,因此,导致了双机热备的数据交换速率较低,实时性差等缺点。

施耐德电气公司的Unity Quantum PLC的双机热备系统为了避免上述缺点,采用了创新的集成热备端口的CPU:140CPU67160。该产品集成了光纤的热备端口用于完成“主机”和“备机”间的数据交换,由于可以从“主机”CPU中读取实时数据并传输“备机”,因此,实时性较好。同时,该端口的通信速率可达100M,与传统的热备模板或同步模板的热备端口相比,通信速率提高了十倍甚至几十倍。

(四)扫描时间和切换时间

传统的双机热备系统由于采用热备模板或同步模板用于完成热备系统的数据交换,因此,CPU除完成所有控制程序的解算功能外,同时还承担着将数据通过热备模板或同步模板传输到“备机”的功能。因此,传统的双机热备系统的CPU扫描时间一般为解算程序的时间与热备模板或同步模板间数据传输时间的叠加,一般为100ms以上。同时导致双机热备系统的切换时间较长。

而施耐德电气公司的热备CPU,即140CPU67160集成了热备端口,利用CPU本身完成所有控制程序的解算;利用CPU上的协处理器完成“主机”和“备机”间的数据传输功能。同时,这两种功能互不影响。因此,采用Unity Quantum PLC的双机热备系统的扫描时间大大缩短,只有20ms左右,系统切换时间也在20ms左右。

(五)参数设置

Unity Quantum PLC的双机热备系统将系统的性能发挥到极致,即完成双机热备系统时,无需设置任何参数、编写任何程序,只需利用一根光纤连接两个热备的CPU后,即可实现双机热备系统的全部纯硬件的自动切换功能。

(六)地址自动切换

双机热备系统还提供了多种通信方式,如Modbus、Modbus Plus和Ethernet方式,用于完成外部设备、监控计算机、PLC之间的数据交换。施耐德电气公司的双机热备系统为了避免双机热备系统在自动切换过程中导致通信中断,双机热备系统还支持Modbus、Modbus Plus和Ethernet地址的自动切换,即双机热备系统在切换过程中,永远保持设定的地址与“主机”的对应通信端口地址一致,这样可以保证双机热备系统在切换过程中,始终可以从“主机”中读取全部实时数据,保证了控制系统的可靠、稳定运行和实时的数据交换。

(七)Unity Quantum安全型PLC

Modicon Quantum安全系统产品是经过TüV Rheinland认证的SIL3级产品,符合IEC 61508《电气、电子可编程电气安全系统的功能安全》和IEC 61511《流程工业领域安全仪表系统的功能安全》。因此,Modicon Quantum安全产品提供了最佳解决方案,可以确保关键工业过程的安全性,尤其是石油天然气、石化、能源和关键基础设施等领域。例如,常用的应用领域有:火气检测系统(F&G)、紧急停车系统(ESD)、燃烧管理系统(BMS)、锅炉保护系统(BPS)。

安全系统的目的是尽量避免发生故障,并在出现故障的时候尽全力将整个系统转入故障安全状态。为了确保设施的安全功能,就必须接受生产设施的停运时间,这将对经济效益产生影响。而且这些可能出现的过程中断还会给设施本身以及人员带来风险。因此,设计系统的时候所需要克服的一个困难就是如何同时确保安全性和可用性,如何在出现故障的时候也能保持设备的正常生产操作。

在安装完毕以后,系统应该具有双重优势,也就是同时保证安全性和可用性,且不会对其中任何一个方面产生不利影响。

Modicon Quantum 在热备冗余系统方面设计了一种专用的处理器,该处理器将新式安全功能与最出色的热备技术结合起来,提供了大规模的全集成冗余功能:处理器冗余、电源冗余、带有集成选择系统的 I/O 冗余、远程 I/O 机架连线的冗余、人机接口监控系统的冗余。

无论是在开发、安装或操作阶段,都可在具有高度可用性并且没有任何特殊限制的安全系统中受益。

采用 Modicon Quantum 安全型 PLC 时,可以实现的控制系统有:单机控制系统、双机热备控制系统、单机、I/O 冗余控制系统、双机热备、I/O 冗余控制系统。

(八)单机控制系统

单机控制系统是指采用单独的一个 CPU 完成整个系统的控制功能,所有的 I/O 模板采用 LIO(本地 I/O)或 RIO(远程 I/O)方式进行连接。

单机控制系统的组成和逻辑控制示意图如图 4-147 所示。

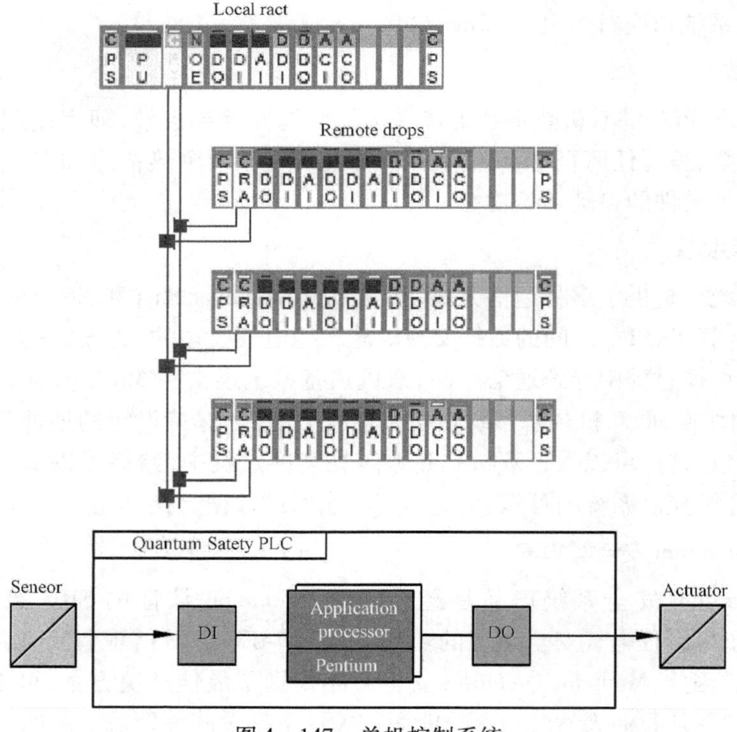

图 4-147 单机控制系统

输入信号经过由两个处理器组成的 CPU 模板进行表决后，将输出信号经输出模板送到外部执行机构，完成所有控制功能。

（九）双机热备控制系统

双机热备控制系统是指采用一套双机热备系统完成整个系统的控制功能，所有的 I/O 模板采用 RIO（远程 I/O）方式进行连接。实现双机热备系统时是在两个独立的机架上安装两套完全相同的电源、CPU 和通信模板。

双机热备控制系统的组成和逻辑控制示意图如图 4 – 148 所示。正常情况下，输入信号经过由两个处理器组成的主站 CPU 模板进行表决后，将输出信号经输出模板送到外部执行机构，完成所有控制功能。

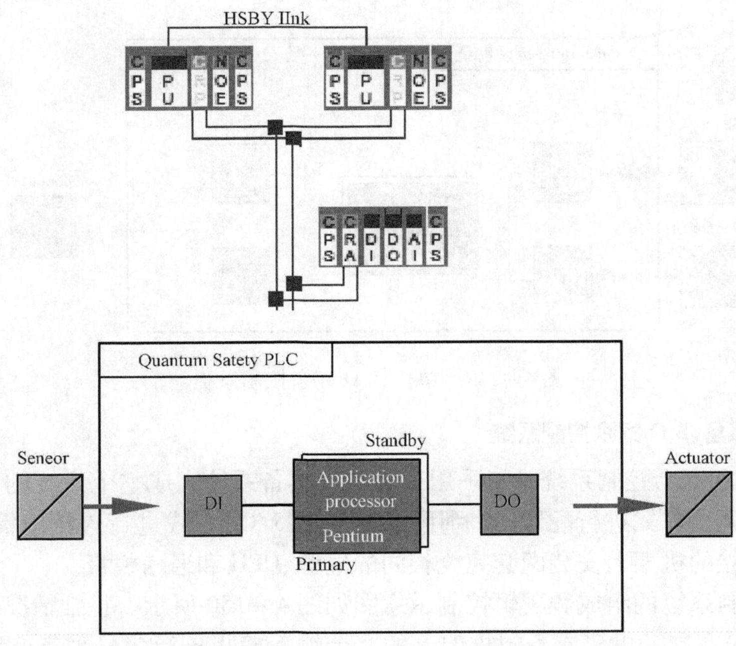

图 4 – 148 双机热备控制系统

当主站上电源、CPU、通信模板或机架任一组件出现故障时，双机热备系统将发生自动切换，由备用站上的 CPU 接管所有控制权限，并完成所有控制功能。采用双机热备控制系统时，将可以提高系统的可靠性。

（十）单机、I/O 冗余控制系统

单机、I/O 冗余控制系统是指采用单独的一个 CPU 完成整个系统的控制功能，所有的 I/O 模板采用冗余方式进行配置，并利用 RIO（远程 I/O）方式进行连接。单机、I/O 冗余控制系统的组成和逻辑控制示意图如图 4 – 149 所示。冗余输入的 I/O 信号利用分布在同一机架或不同机架上的冗余输入模板进行信号采集，经过由两个处理器组成的 CPU 模板进行表决后，将输出信号利用分布在同一机架或不同机架上的冗余输出模板传输到外部执行机构，完成所有控制功能。

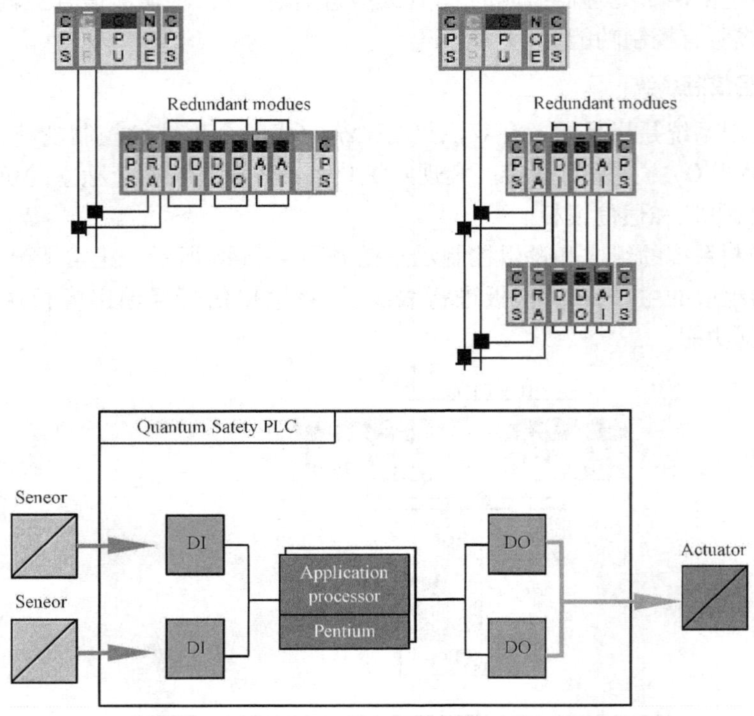

图 4 - 149 单机、I/O 冗余控制系统

(十一)双机热备、I/O 冗余控制系统

双机热备、I/O 冗余控制系统是指采用一套双机热备系统完成整个系统的控制功能,所有的 I/O 模板采用冗余方式进行配置,并利用 RIO(远程 I/O)方式进行连接。实现双机热备系统时是在两个独立的机架上安装两套完全相同的电源、CPU 和通信模板。

双机热备控制系统的组成和逻辑控制示意图如图 4 - 150 所示。正常情况下,冗余输入的 I/O 信号利用分布在同一机架或不同机架上的冗余输入模板进行信号采集,经过由两个处理器组成的主站 CPU 模板进行表决后,将输出信号利用分布在同一机架或不同机架上的冗余输出模板传输到外部执行机构,完成所有控制功能。

当主站上电源、CPU、通信模板或机架任一组件出现故障时,双机热备系统将发生自动切换。由备用站上的 CPU 接管所有控制权限,并完成所有控制功能。采用双机热备、I/O 冗余控制系统时,将组成可靠性最高、稳定性最好的控制系统。

四、系统网络结构及数据通信技术

Unity Quantum 系统支持多种网络总线协议,包括 MBP、S908、Profibus DP、Modbus TCP 等。Quantum 控制站同 I/O 之间连接的方式有本地 I/O、分布式 I/O、远程 I/O 三种方式,其中远程 I/O 采用 S908 专用现场总线网络,通过 140CRP93200 和 140CRA93200 专用模板实现连接,使得分散的控制点能够可靠地传送到 CPU,进行快速的处理和反应。

图 4 - 151 为 Unity Quantum 双机热备系统通过 S908 工业现场总线连接方式图。

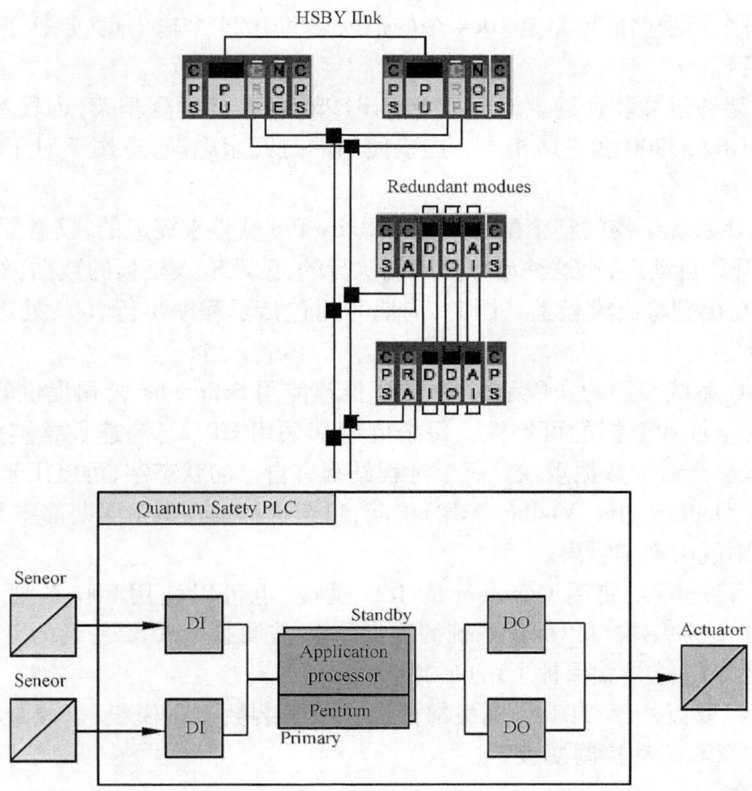

图 4-150　双机热备、I/O 冗余控制系统

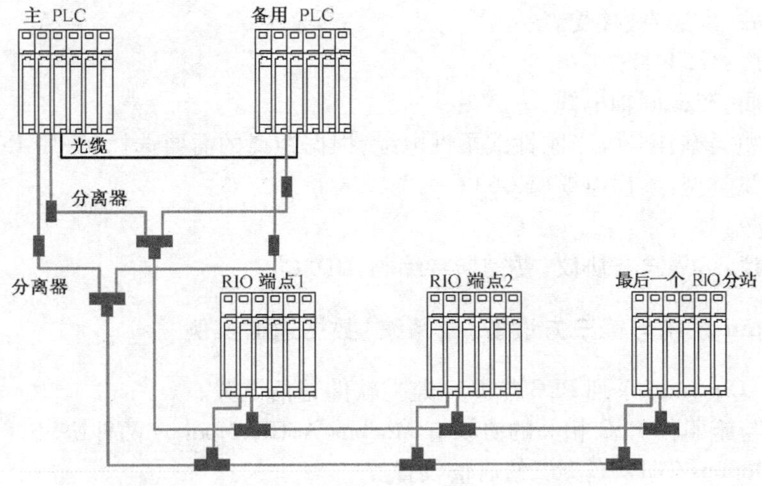

图 4-151　Unity Quantum 双机热备系统通过 S908 工业现场总线连接

RIO 总线连接方式特点如下：

(1)S908 远程 I/O 系统体系结构包括了同轴电缆的干缆和无源分支器,然后通过分支电缆接远程站。每个远程站的容量是 1024 个的输入点和 1024 个输出点(包括了数字量、模拟量和特殊应用模板)。

(2)本地基架通过加装远程主站模板 140CRP93200 连接远程基架,远程基架通过加装远程从站模板 140CRA93200 和主站相连。连接使用的是冗余电缆,适用于对于冶金、石化等高可靠性和高干扰的场合。

(3)远程 I/O 系统结构的整个配置是通过 Unity Pro 软件来完成的,仅需配置而不需编程。所有的检测由 CPU 自动进行,这种动作是周期执行的:读取输入模板的数据,然后执行用户程序,最后把数据写出到输出模板上。因此,周期时间包括了程序执行、I/O 处理和其他服务的完成。

(4)远程 I/O 系统使用的介质是同轴电缆(推荐使用 Schneider 公司提供的同轴电缆),它保证了传送的安全性和数据的可靠性。每个周期都采用 HDLC(高速数据链路控制)的帧控制,一旦发现错误,会命令数据重发。每个远程站都有自己的状态字,可以用于程序,也可以通过网络(Modbus、Modbus Plus、Modbus TCP)访问,每个远程站在每个周期都要通过状态位声明自己的存在,否则就出现了错误。

(5)远程站不光可以使用 Quantum 的 I/O 模板,也可以使用 800 系列老模板(884 和 984PLC 的模板),这种结构可以保证系统的逐步升级,先更换 CPU 保持老的 I/O 模板,然后再用新 I/O 替换老 I/O,这样就保护了用户的投资。

(6)除了远程模板外,所有 I/O 模板都可以在线安装数字量模板、模拟量模板、高速计数器模板、本安型模板、运动控制模板等。

(7)总线性能:

① 无中继器的最远距离:同轴电缆 4500m;

② 分支电缆的最大长度:30m;

③ 访问方式:发送者、接受者;

④ 传输速度:1.544M;

⑤ 传输介质:75Ω 同轴电缆;

⑥ 主干电缆类型:刚性、半刚性或柔性电缆,根据距离的需要选择(采用 RG11、RG6 等);

⑦ 分支电缆类型:柔性电缆(RG6);

⑧ 远程站数:31 个;

⑨ 使用协议:可靠自有协议(曼彻斯特编码,HDLC)。

五、Quantum 系统与第三方设备(或系统)数据通信实例

[实例 1] Quantum 系列 PLC 与 IFix 监控软件通信设置。

在 iFIX 中与施耐德 PLC 相关的协议有 Modbus ASCII、Modbus 两种协议。

(1)利用 Modbus TCP/IP 协议的通信设置。

启动 iFIX 软件,如图 4-152 所示。

iFIX 软件启动后,画面显示如图 4-153 所示。

(2)系统配置。

图 4-152 iFIX 软件启动画面

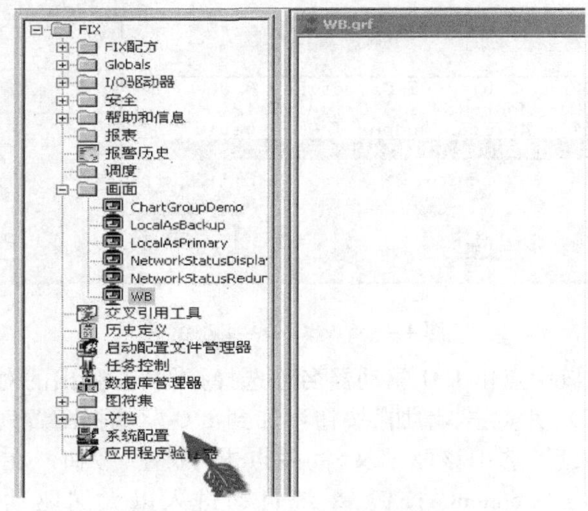

图 4-153 iFIX 软件配置和编程画面

在 iFIX 软件配置和编程画面中，双击系统配置目录，弹出对话框，如图 4-154 所示。

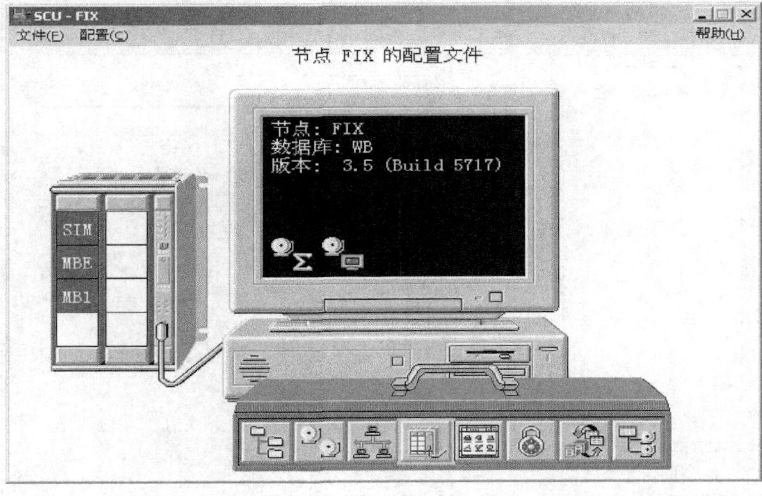

图 4-154 系统配置窗口

在系统配置窗口中,点击 SCADA 组态按钮,则 SCADA 组态窗口显示如图 4 - 155 所示。

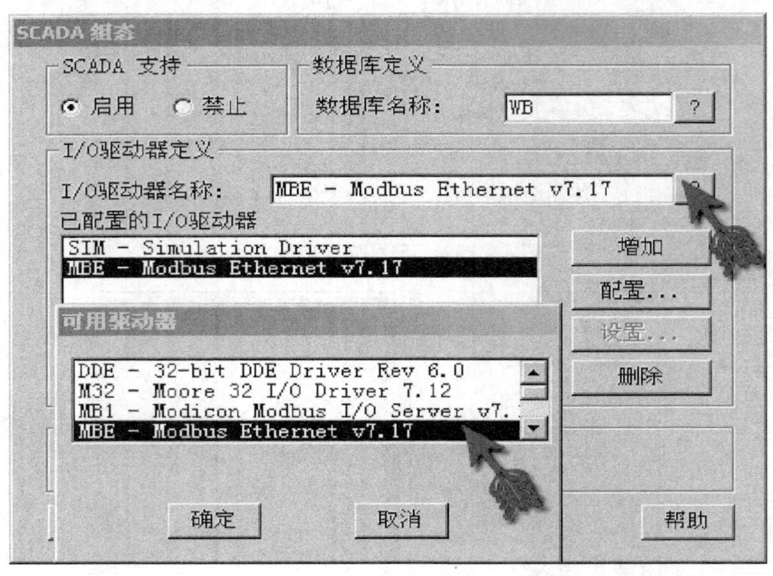

图 4 - 155　SCADA 组态窗口

在 SCADA 组态窗口中点击 I/O 驱动器名称选择按钮,在弹出的对话框中选择相应的以太网驱动程序名(MBE),并点击“增加”按钮添加到 I/O 驱动器配置列表中。确认以太网驱动程序名称添加到列表后,选中该驱动文件,并点击“配置”按钮。在弹出的对话框中选择 Use Local Server,并点击“Connect”按钮,系统自动进入以太网驱动配置工具窗口,如图 4 - 156所示。

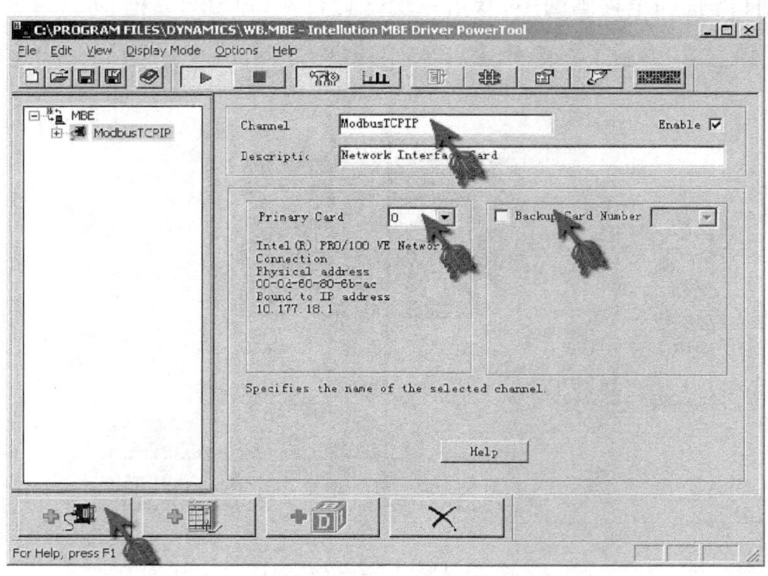

图 4 - 156　通道设置窗口(可以理解为协议)

在通道设置窗口中主要设置的通信参数有：

① 首先点击左下角“Add Channel”按钮，在设置窗口中输入相应的通道名称；

② 定义主通信卡的卡号；

③ 如果有备用通信卡（即冗余通信时有用），选中并设置备用通信卡；

④ 选中 Enable 选择框，则驱动文件开始驱动当前通道；

设置完通信参数后，点击“Add Device”按钮，系统自动进入设备设置窗口，如图 4－157 所示。

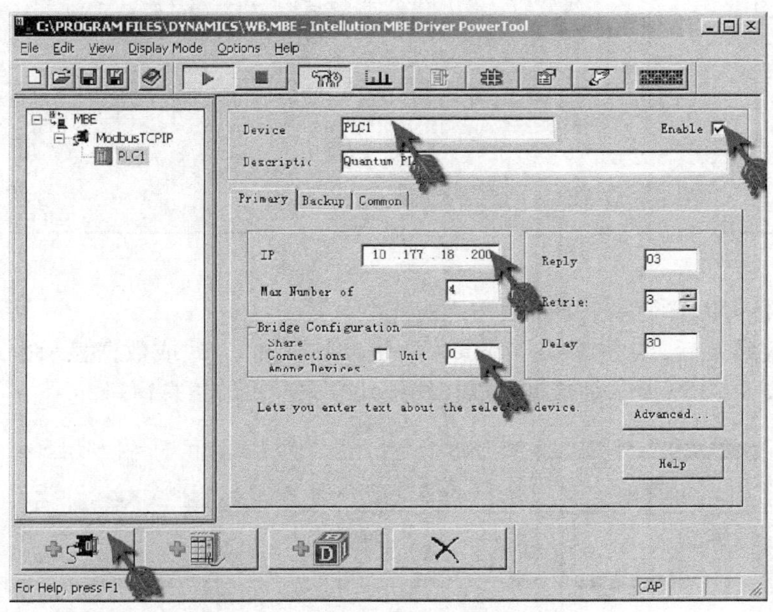

图 4－157 设备设置窗口

在设备设置窗口中，需要设置的参数有：

① 输入设备名称和描述；

② 输入设备的 IP 地址；

③ 定义链接到同一驱动的设备最大数；

④ 如果以太网是通过网关等设备进行链接时，需要设置映射地址；

⑤ 如果有备用通信卡，相应设置上述所有参数；

⑥ 选中 Enable 选择框，则驱动文件开始驱动当前设备。

设置完设备参数后，点击“Add Data Block”按钮，系统自动进入数据块设置窗口，如图 4－158 所示。

在数据块设置窗口中，需要设置的参数有：

① 输入数据块名称和描述；

② 输入数据块的起始地址和终止地址（地址必须为六位）、数据块对应的数据类型；

③ 定义主卡、副卡的刷新数据的时间；

④ 选中 Enable 选择框，则驱动文件开始驱动当前数据块；

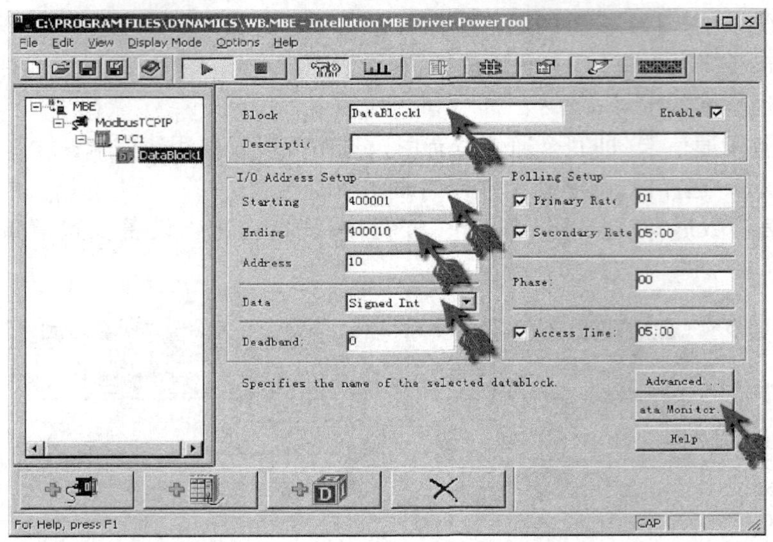

图 4－158　数据块设置窗口

⑤ 一个设备可以有很多个数据块与之对应。

数据块设置结束后，点击“Data Monitor”按钮，以统计的方式或数据显示方式看到该数据的相关信息。图 4－159 所示为数据块以在线统计方式显示的信息窗口。

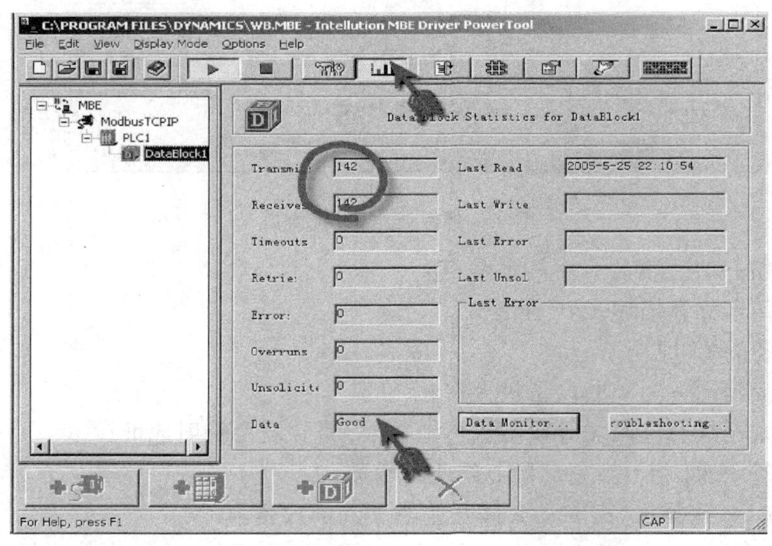

图 4－159　数据块监视窗口

确认数据通信成功后，点击保存按钮，保存相关设置信息，并点击 Options －＞Setup 菜单，在弹出的窗口中选择 Default Configuration 按钮，在 Default Configuration 中输入该配置文件名称，在每次启动 iFIX 后，系统自动加载该配置文件，保证通信正常，如图 4－160 所示。

(3)数据库标签定义。

上述所有与通信相关的配置全部设置结束后，即可以进行数据库标签定义(即定义每一

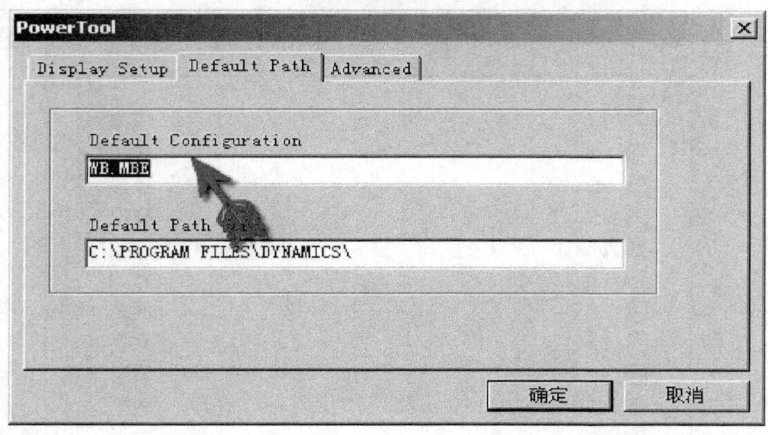

图 4－160　配置加载设置窗口

个与通信相关的变量)。在 iFIX 编辑环境下,双击数据库管理器目录,即可打开数据库管理器设置窗口,如图 4－161 所示。

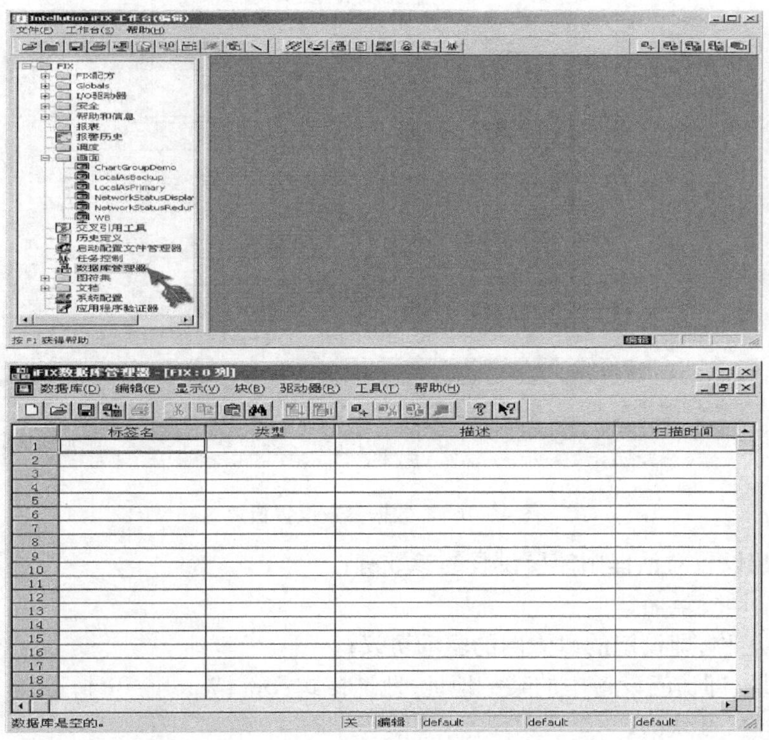

图 4－161　数据库管理器设置窗口

在数据库管理器设置窗口中的输入区域上双击,即可打开数据块类型选择窗口,如图 4－162所示。在数据块类型选择窗口中需要设置相关的通信数据类型。

选择需要的数据块类型后点击确定,即可弹出相应数据的设置窗口,如图 4－163 所示。

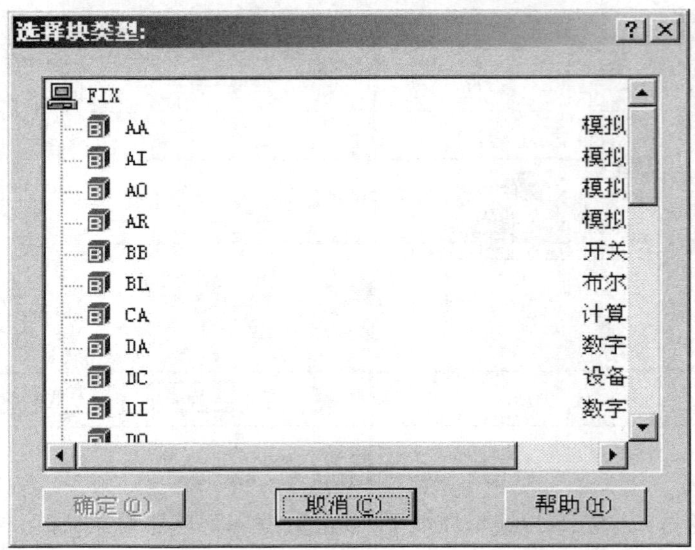

图 4-162 数据块类型选择窗口

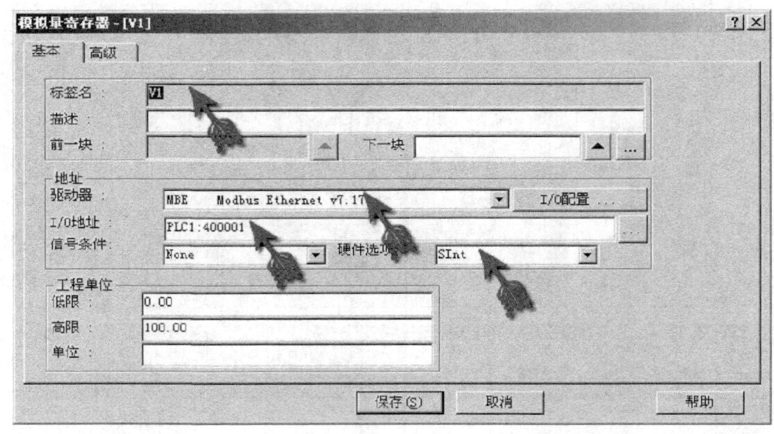

图 4-163 数据参数设置窗口

在数据参数设置对话框中需要设置的参数有:

① 标签名,即变量名;

② 驱动器名称,即设定的以太网的驱动协议;

③ I/O 地址,即访问设备中的某一地址,地址格式:Dev:Word[:Bit];

④ 信号条件,可默认;

⑤ 硬件选项,即选择数据的类型;

⑥ 工程单位:定义该数据对应的工程制数据的数据范围。

(4)软件编程。

在数据库管理器中将标签定义好后,即可进行编程。首先新建一个画面,在画面中放置一个控件。在控件上双击,即可打开控件的相关动画参数设置窗口。选择相应的动画方式,链接相关的变量。将 iFIX 置于运行方式,即可看到相关的数据动画显示,如图 4-164 和图 4-165 所示。

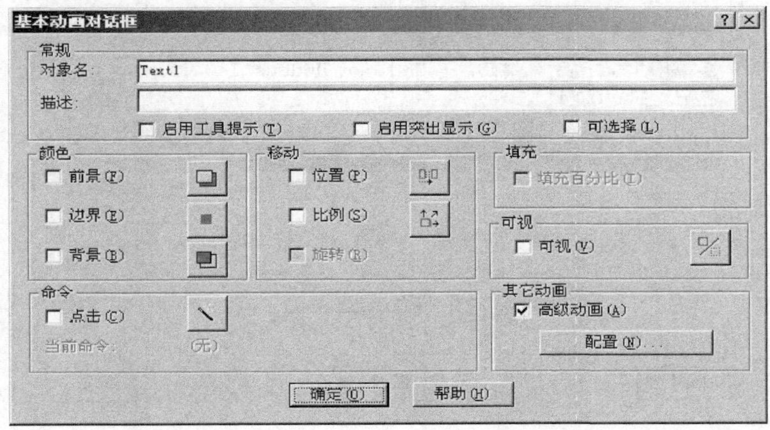

图 4-164　控件动画设置窗口

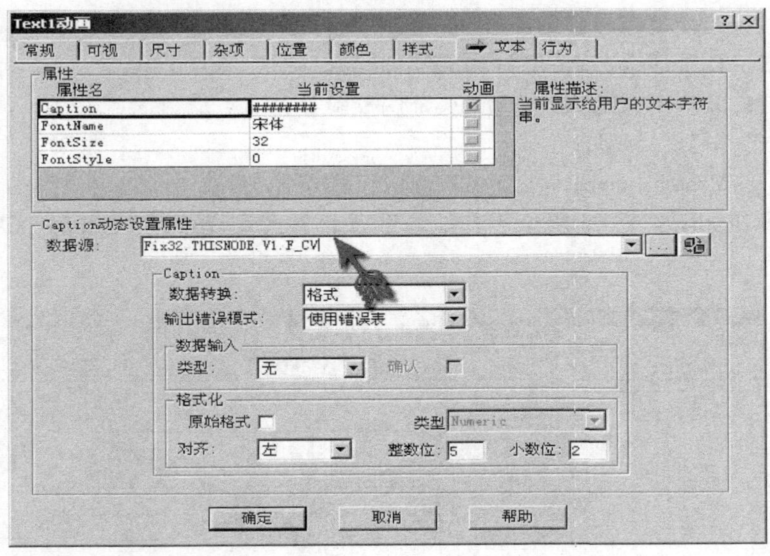

图 4-165　数据链接窗口

(5)利用 Modbus 协议的通信设置。

Modbus 方式与 Modbus TCP/IP 方式的通信设置、软件编程设置类似,只不过需要注意在使用 Modbus 方式通信时,在 SCADA 组态窗口中点击 I/O 驱动器名称,选择按钮,在弹出的对话框中选择相应的 Modbus 驱动程序名(MBE),并点击"增加"按钮添加到 I/O 驱动器配置列表中。确认 Modbus 驱动程序名称添加到列表后,选中该驱动文件,并点击"配置"按钮。在弹出的对话框中选择 Use Local Server,并点击"Connect"按钮。系统自动进入 Modbus 驱动配置工具窗口,如图 4-166 所示。

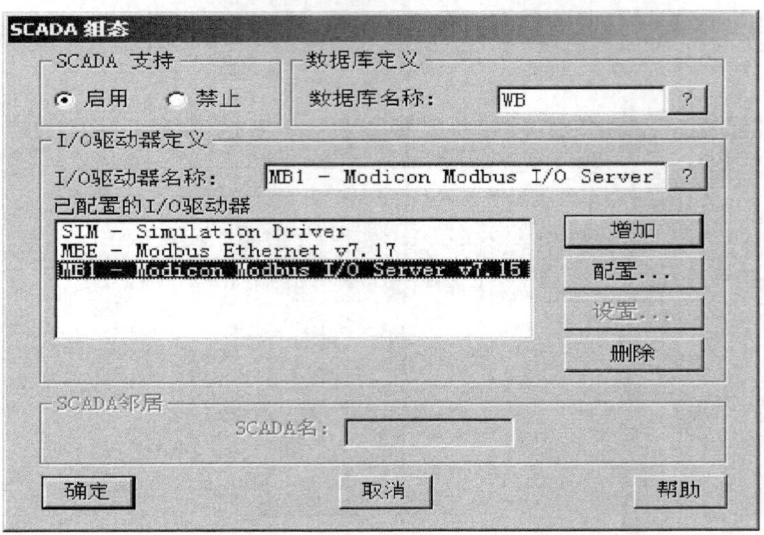

图 4-166　SCADA 组态窗口

在进入 Modbus 驱动配置工具窗口中,常见的 Modbus 通信参数设置主要有:

① 通信端口:选择端口号;

② 通信模式:直接连接、数传电台、调制解调器;

③ 通信参数:波特率、数据位、停止位、奇偶校验等;

④ 通信方式:RTU、ASCII;

⑤ 通信类型:Master、Slave;

参数设置窗口如图 4-167 所示。其他参数及软件编程操作与 Modbus TCP/IP 设置完全相同。

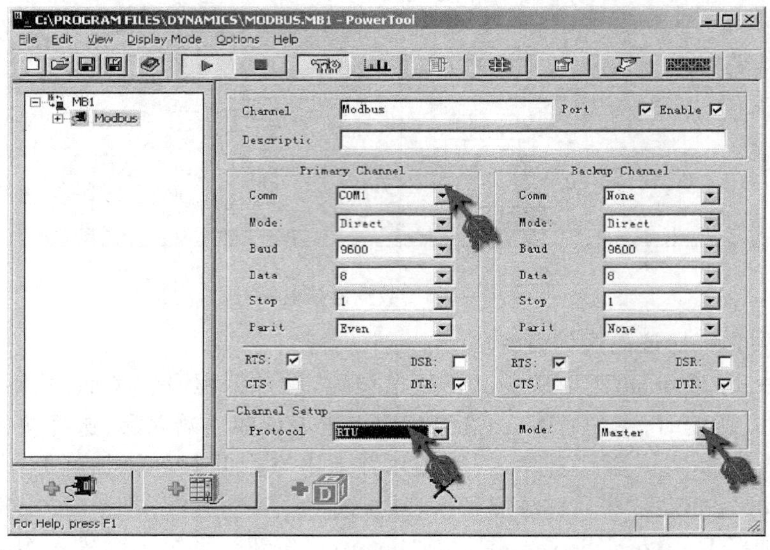

图 4-167　Modbus 参数设置窗口

(6)通信注意事项。

① 由于在 PLC 中,能够读写的中间变量地址的个数与程序中使用的地址的最大值相关。因此,在监控软件中调用时,必须注意这个限制(尤其在 iFIX 中,数据块中定义的数据量最少为2);

② 在 Intouch 软件中,根据 PLC 型号的变化,地址的长度必须做相应的调整,在组态王和 iFIX 中不作调整,但是组态王中的地址为五位,iFIX 中地址必须为六位;

[实例 2] Quantum 系统通过 PTQ－PDP－MV1 实现 DP 通信。

PTQ－PDP－MV1 是 Prosoft 公司为 Schneider electric 公司配套生产 DP 通信模板,其目的是期待 140CRP81000 DP 模块,在 Unity Quantum 平台下,可在 Unity Pro 直接组态。其操作步骤如下:

(1)先安装好 Prosoft Configuration Builder(以下简称 PCB),注意从 Prosoft 网站上下载最新的软件,否则 PCB 不予 download。

(2)通过 Prosoft Configuration Builder 双击 Default Module,进入选择框,选择 PTQ 的 PTQ－PDP－MV1,按"OK",确认工,如图 4－168 所示。

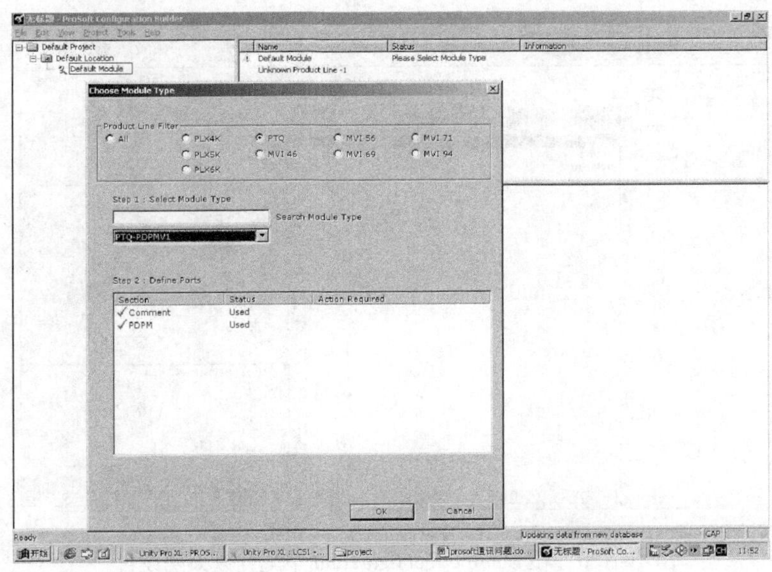

图 4－168 PTQ－PDP－MV1 设置

(3)在 PDP－MV1/PTQ Profibus Master DPV1 中,设定主站参数:

设置 Slot Number 为"5"(PTQ 模块插在第五个槽中),Input Data Size 默认为 768,Output Data Size 默认为 768,设置 Input Start Register 为"1000",设置 Output Start Register 为"3000",Input Byte Swap 默认为"NO"(根据具体情况可设为 YES),Output Byte Swap 默认为"NO"(根据具体情况可设为 YES),Hot－Standby Start Register 默认为"0",如图 4－169 所示。

(4)在 Ethernet configuration 中配置以太网设置,可利用以太网来下载 PCB 配置,如图 4－170所示。

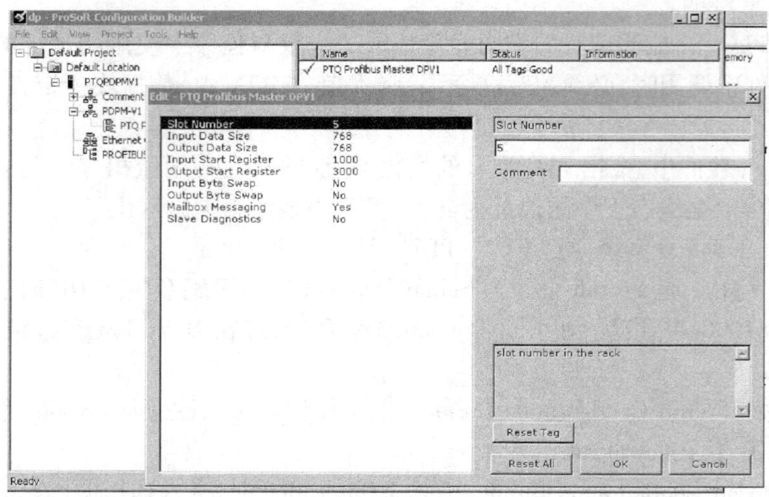

图 4 - 169 在 PDP - MV1 中设定主站参数

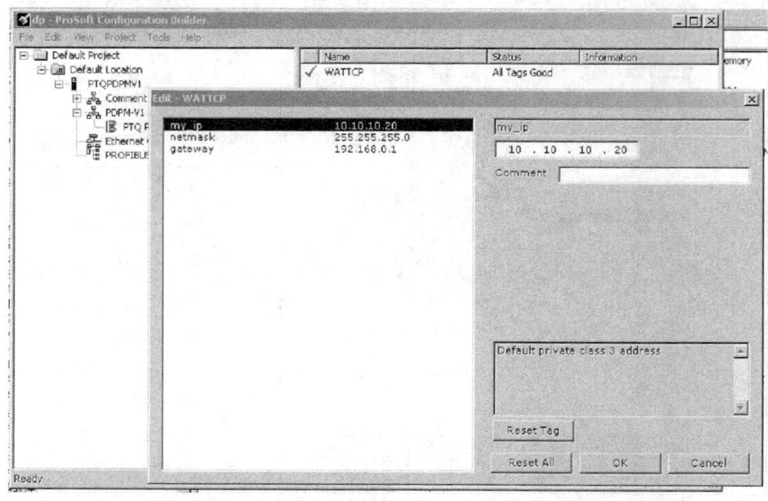

图 4 - 170 在 Ethernet configuration 中配置以太网设置

(5)双击 profibus dp,进入 master setup 设置框,双击 configure profibus,进入 prosoft configuration for profibus 框,在菜单 Tools/Install new GS * . files,安装 ATV71 gsd 文件,如图 4 - 171所示。

(6) 在 prosoft configuration for profibus 中配置 profibus dp 的 master 和 slave,注意 DP 的地址和速率设置,master DP 的地址和速率设置如图 4 - 172 所示。

slave DP 的地址和速率设置如图 4 - 173 所示。

(7)保存 prosoft configuration for profibus 的设置,点击 show concept map,导出 * . dty 到 concept/dfb 目录下,注意 * . dty 的唯一性。

(8)设置为 ATV71 变频器 DP 地址、通信方式、通信卡、命令通道等参数。注意 DP 必须与

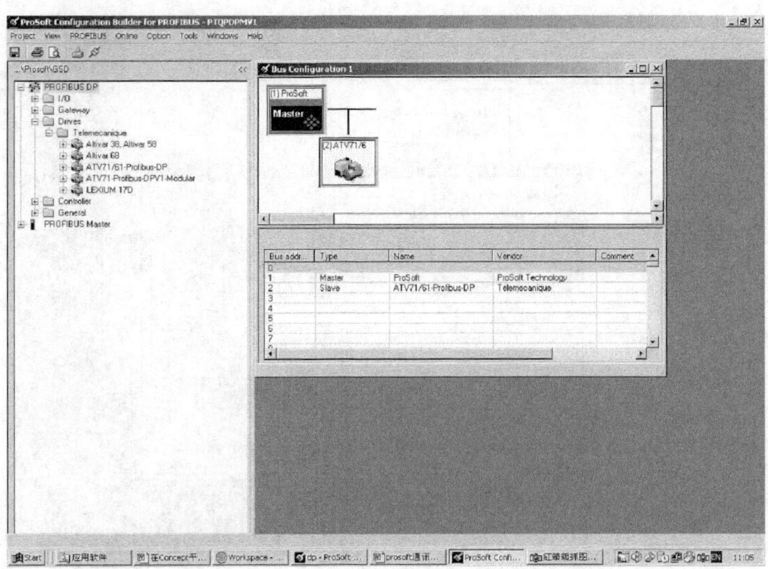

图 4-171　安装 ATV71 gsd 文件

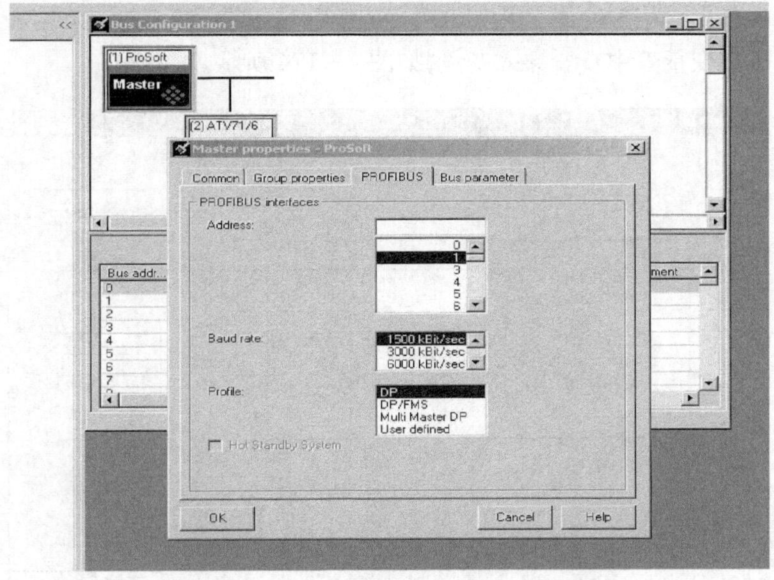

图 4-172　master DP 的地址和速率设置

PCB 的设置一致。

(9)将所有配置下载至 PTQ-PDP-MV1 模块中,注意第一次用串口下载,以后可用以太网下载。至此,PCB 方面已完成组态。192.168.0.100 默认地址。

(10)利用 concept convert 工具、import SETCRC.ASC 和 SETOPMD.ASC 两文件,注意除第一个框选"NO"外,其他选"YES"。

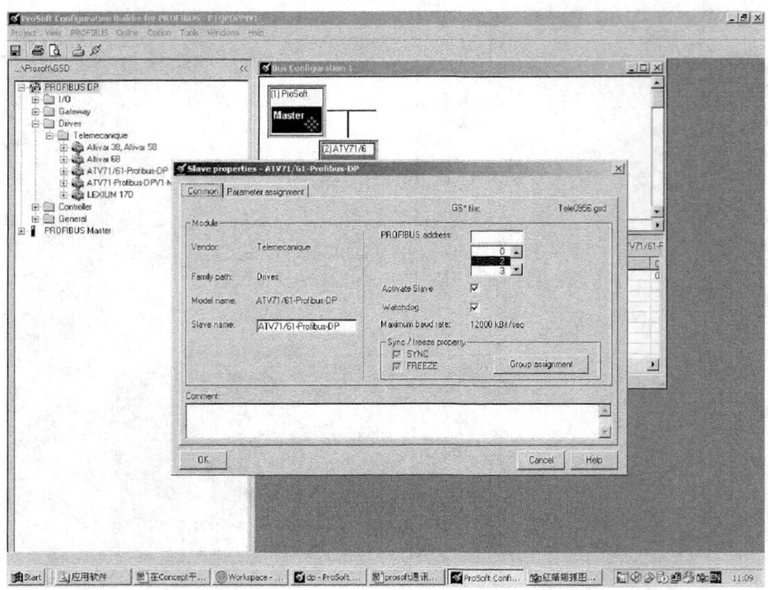

图 4－173　slave DP 的地址和速率设置

(11)在 concept 2.6 下组态,注意 PTQ 的槽位与 PCB 中一致。Import PTQ－PDP－MV1. txt 变量,可在变量表中查看导入变量,如图 4－174 所示。

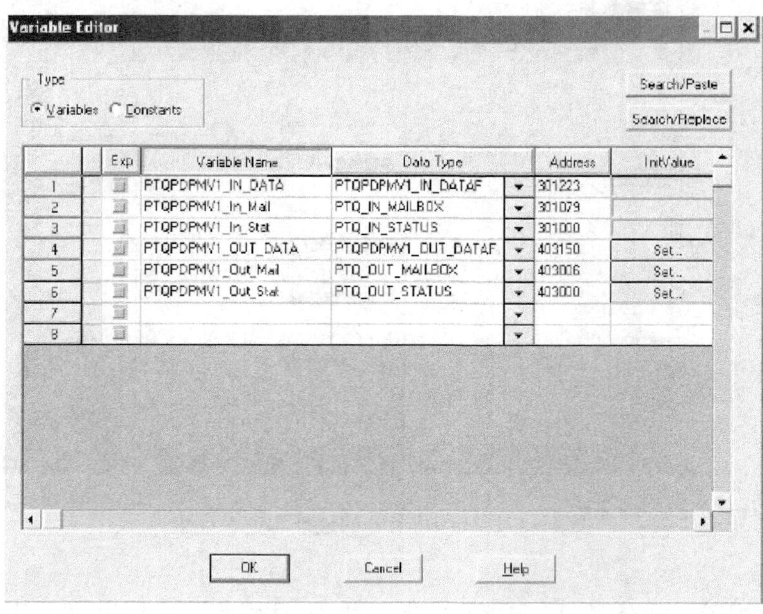

图 4－174　变量表中查看导入变量

(12)Concept 编程,利用 FBD,从功能块中选出 SETCRC 和 SETOPMD 功能块,连接参数时,注意选择变量中的变量,其他新建,如图 4－175 所示。

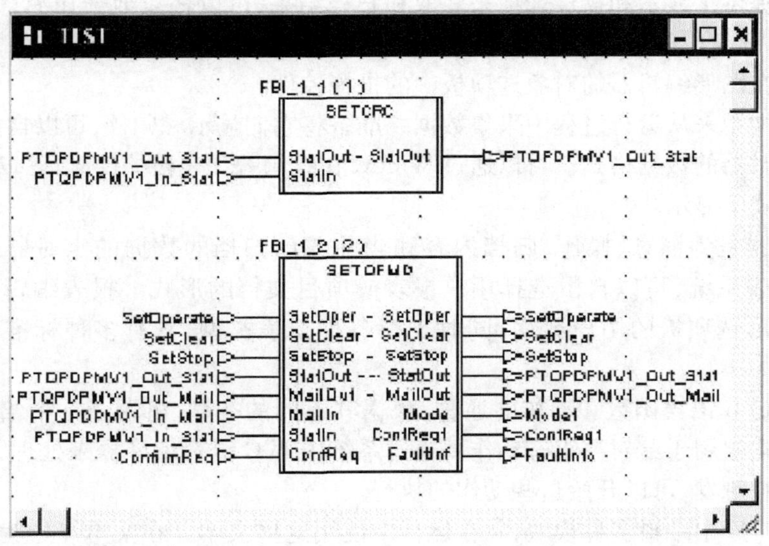

图 4－175　Concept 编程

(13)编译调试。ATV71 imput data 从 3X1223 开始，ATV71 imput data 从 4X3150 开始，而且前面四个 word 保留，这样 3X1227、3X1228 为状态及频率反馈，4X3154、4X3155 为命令字和频率设定。

第六节　组 态 软 件

一、SIEMENS WinCC 软件简介

WinCC 是在生产和过程自动化中解决可视化和控制任务的工业技术中性系统。它提供了适用于工业的图形显示、消息、归档以及报表的功能模板。高性能的过程耦合、快速的画面更新以及可靠的数据使其具有高度的实用性。

除了这些系统功能外，WinCC 还提供了开放的界面，用于用户解决方案。这使得将 WinCC 集成入复杂、广泛的自动控制解决方案成为可能。可以集成通过 ODBC 和 SQL 方式的归档数据访问，以及通过 OLE2.0 和 ActiveX 控件的对象和文档的链接。

WinCC 是基于 Windows NT 32 位操作系统。Windows NT 具有的抢先多重任务的特性确保了对过程事件的快速反应，并提供了多种防止数据丢失的保护。Windows NT 同样提供了安全方面的功能。WinCC 软件本身是 32 位的应用程序，开发使用调制解调器、面向对象的软件编程技术。

图形编辑器是一种用于创建过程画面的面向矢量的作图程序，也可以用包含在对象和样式选项板中的众多的图形对象来创建复杂的过程画面；可以通过动作编程将动态添加到单个图形对象上；系统向导提供了自动生成的动态支持并将他们链接到对象；也可以在库中存储自己的图形对象。

报警记录提供了显示和操作选项来获取和归档结果,可以任意地选择消息块、消息级别、消息类型、消息显示以及报表。系统向导和组态对话框在组态期间提供相应的支持,显示消息可以使用包含在图形编辑器的对象选项板中的报警控件。

变量记录被用来从运行过程中采集数据并准备将它们显示和归档,可以自由地选择归档、采集和归档定时器的数据格式。可以通过 WinCC 在线趋势和表格控件显示过程值,并分别在趋势和表格形式下显示。

报表编辑器是为消息、操作、归档内容和当前或已归档的数据的定时器或事件控制文档的集成的报表系统,可以自由选择用户报表或项目文档的形式。报表编辑器提供了舒适的带工具和图形选项板的用户界面,同时支持各种报表类型,具有多种标准的系统布局和打印作业。

全局脚本是 C 语言函数和动作的通称,根据其不同的类型,可用于一个给定的项目或众多项目中。脚本被用于给对象组态动作并通过系统内部 C 语言编译器来处理,全局脚本在过程执行的运行中触发,可以开始这些动作的执行。

可以在文本库中编辑多种模块,并在运行中使用这些文本。在文本库中为组态的文本定义了外语输出文本,随后输出在选择的运行语言中。

用户管理器用于分配和控制用户的单个组态和运行系统编辑器的访问权限。每当建立了一个用户,就设置 WinCC 功能的访问权力并独立地分配给此用户,至多可分配 999 个不同的授权。用户授权可以在系统运行时分配。

(一)WinCC V6.0 组态

1. 项目类型

客户机:用户项目中被永久分配到服务器的客户机能被用于多用户的项目或一个分布式的系统。

多客户机:WINCC V5.0 中一个多客户机可以访问多达六个服务器的数据,多客户机不是服务器项目的组件。

服务器:多客户机的多用户项目的服务器。冗余服务器组也能代表一个服务器的功能分区。各种服务器在指定的过程区域中承担不同的任务,技术分区不同的服务器承担全部必需的指定区域的任务。

2. 创建项目

在下面的实例中,将介绍如何创建一个多客户项目及如何生成和装载数据包。

[实例 1] 创建一个项目类型为"多用户项目"的服务器项目,并在服务器上创建所需要的画面归档或变量,如图 4-176 所示。

(1)用"服务器数据"功能生成数据包供多客户机使用,如图 4-177 所示。

(2)在某个多客户机上创建一个新项目(装载指令),如图 4-178 所示。

(3)在多客户机上,用"装载指令"(服务器数据)导入数据包,此步骤也可以在运行方式下进行。如果服务器上数据包被改变,则要重复步骤(1)至(3)。这样服务器项目的数据就可以在多客户机上使用了,如图 4-179 所示。

注意:缺省情况下,服务器数据包被储存在文件"\\ServerProjectName\ComputerName\

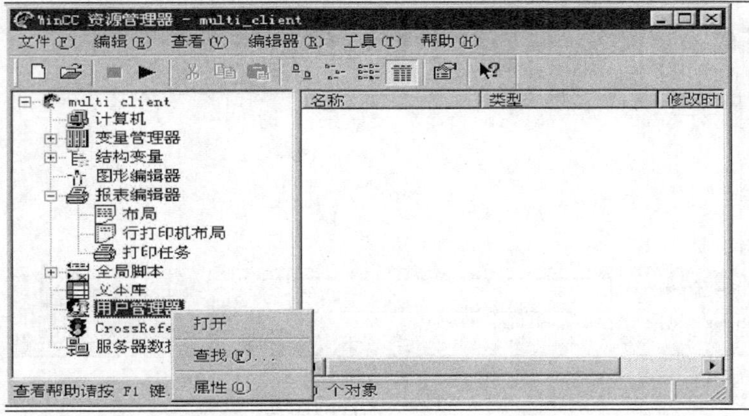

图 4－176　多用户项目的创建

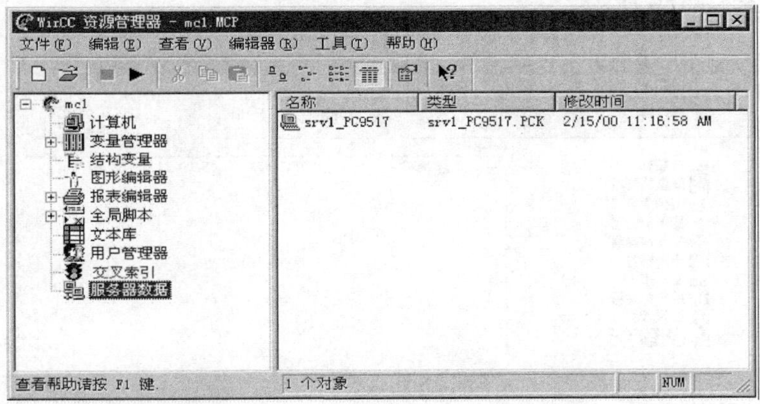

图 4－177　生成多用户客户机

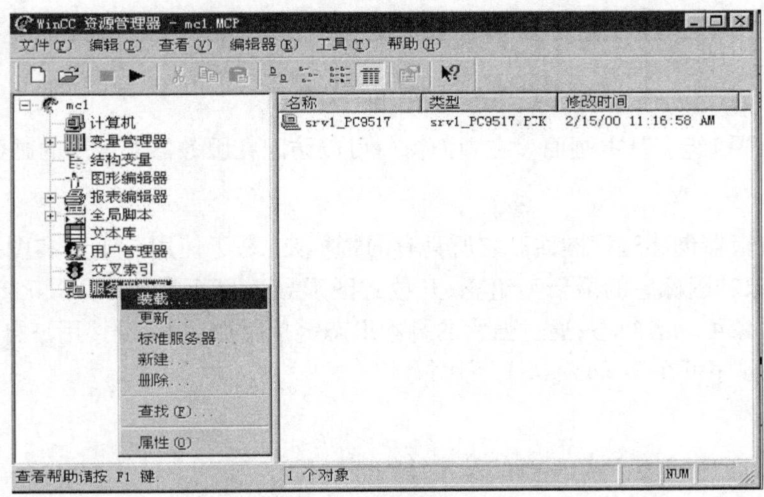

图 4－178　装载指令

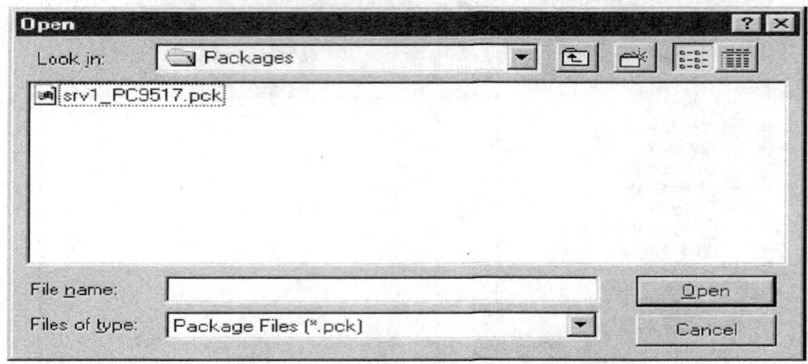

图 4-179　文件的路径

Packages\ProjectName_ComputerName. pck. ”在装载过程中,还可以访问储存在任何数据介质上的数据包,如图 4-180 所示。

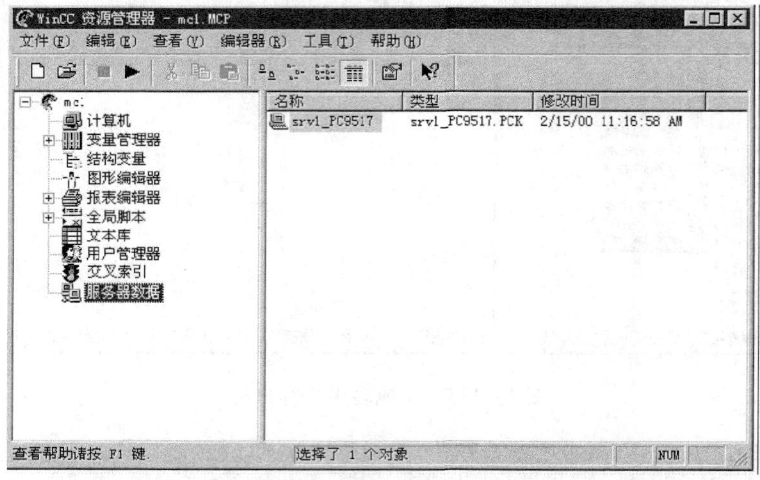

图 4-180　访问数据包

(4)为多客户机组态基本画面。在画面窗口可以访问在服务器上组态的画面。

3. 组态画面

使用图形编辑器创建过程画面。它所具有的特征是:易于使用与工具和图形选项板的接口;带有集成对象和图标库的最新型组态;开放式图形导入界面支持 OLE2. 0 接口;在动态向导帮助下画面对象可动态组态;通过强大的脚本组态链接附加功能;链接用户自己创建的图形对象;32 位应用程序可在 Windows NT 下执行。

4. 组态消息

(1)使用系统向导创建消息系统的基本结构。

(2)按用户要求组态消息块。

(3)组态消息系统。

(4)设置数据归档类型。

(5)在图形编辑器中组态 WinCC 报警控制系统,以在运行时显示消息。

5. 显现过程数据

变量记录被用来设置一个连续归档的数据格式;设置采集和归档定时器;组态过程值归档和压缩归档。组态变量记录:

(1)设置连续归档的数据格式。

(2)组态用户要求的采集和归档定时器。

(3)组态所需要的过程值归档。

(4)组态所需要的压缩归档。

(5)如有必要在图形编辑器中组态 WinCC 在线趋势控件,以在趋势方式中显示过程值。

(6)如有必要在图形编辑器中组态 WinCC 在线表格控件,以在表格方式中显示过程值。

(二)集成 WinCC 和 STEP 7

为了简化 WinCC 和 STEP 7 间的工作,可采用一些特殊功能。梯形环跳转、从梯形环跳转返回、诊断硬件、变量选择对话框将一个已存在的 WinCC 项目集成到一个 STEP 7 项目里。

梯形环跳转:使用梯形环跳转功能,可以从 WinCC 运行方式直接跳转到相关网络(FUP-KOP AWL),到属于过程变量的 STEP 7 图标,可以用来快速、容易地进行错误诊断。梯形环跳转功能通过动态向导在一个在 WinCC 里创建的对象上组态。例如,在一个画面中插入“按钮”窗口对象,启动动态向导并从标准动态中选择梯形环跳转功能,然后在动态向导的引导下完成下列三项:选择动态、选择触发器、设置选项。对于一个按钮,合适的触发应是单击鼠标左键或单击鼠标右键,如图 4－181 所示。

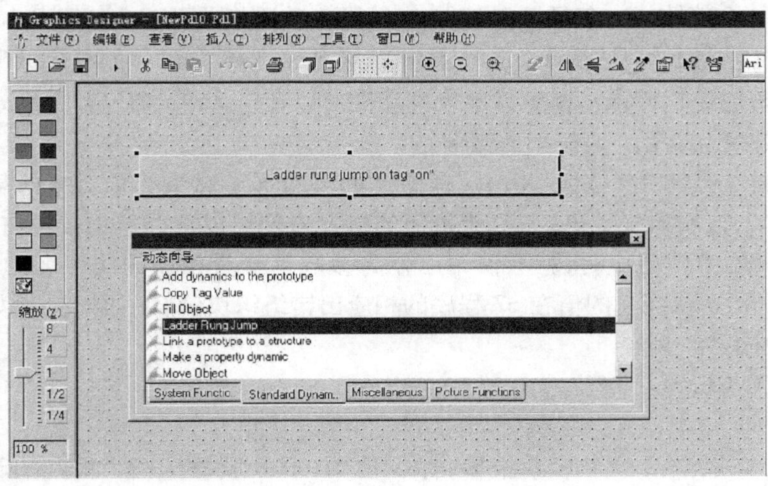

图 4－181 动态链接中的梯形环跳转

在 STEP 7 里梯形环跳转的组态规则。为了使信息能在 WinCC 中使用,必须遵守 STEP 7 项目组态规则:为了能在梯形环跳转时找到正确的程序,STEP 7 项目里的程序必须具有唯一的名称。由于 STEP 7 总是给其程序分配相同的名称[S7 – Programm(1)],所以这些程序名称必须由配置程序改变。

如果 WinCC 没有制定跳出指令,就不能从 STEP 7 返回到 WinCC。梯形环跳转返回功能使相应的 WinCC 变量的使用可以在一个 STEP 7 图标上显示。通过 STEP 7 和 WinCC 交叉索引表建立 STEP 7 图标和 WinCC 变量的关系。可以制定各种从梯形环跳转返回条件。

(1)WinCC 变量的一次使用:使用 WinCC 交叉索引表(交叉索引),WinCC 可以确定在哪个画面里使用了相关变量,如果此变量只在一个画面里使用,那么这个画面就是要返回的画面。

(2)WinCC 变量的多次使用:使用 WinCC 交叉索引表(交叉索引),WinCC 可以确定在哪个画面里使用了相关变量,如果此变量在几个画面里都被使用,就会出现一个选择对话框以选择返回到哪个画面里。

(3)在画面窗口中使用 WinCC 变量:梯形环跳转功能也可以在其待显示画面被包含在基本画面的一个画面窗口中的项目里使用。

诊断硬件功能允许用户在运行时通过某个对象的一个可组态事件直接启动诊断。如果此事件发生,就会启动相关 PLC 的 STEP 7“诊断硬件”功能。要使用此功能还必须满足要求:

(1)包含此功能启动画面的 WinCC 项目和 STEP 7 项目必须在同一台计算机里。

(2)WinCC 项目必须作为 STEP 7 项目的一个子文件夹建立(STEP7Project \ wincproj \ WinCCProject)。

(3)S7 变量必须映射到 WinCC 变量。在当前项目中,定义触发此功能的事件,例如,单击鼠标左键一个按钮。

(4)所选择的 WinCC 变量要被连接到一个(用户)定义的当前对象的属性,例如,连接到按钮的背景色。此属性由根据变量值改变 WinCC 变量的内容控制。如果在运行中相关对象的触发事件发生了(例如,一个鼠标左键单击),就会激活相关 PLC 的 STEP 7“诊断硬件”功能。“诊断硬件”功能允许从 WinCC 运行系统直接跳转到相关 PLC 的相应 STEP 7 功能。这样可以快速容易地进行错误诊断。诊断硬件功能可以在一个 WinCC 标准函数的帮助下在一个图形编辑器对象上组态。请按如下操作:

在画面中插入窗口对象按钮,将所选择的 WinCC 变量连接到当前对象的某个属性上(由用户定义)(例如,按钮的背景色)。对于按钮的触发事件可以选择单击鼠标右键或单击鼠标左键。当所选择的事件动作时,就会使用已作为参数与变量相连的属性名称调用标准函数(GetHWDiag)。所选择变量的值在 S7 程序的相应出错组织块(OB)中设定,例如,对于诊断报警,要在 OB82 中设定,即:

```
L#OB82_EV_CLASS
T MB 100
```

在上例中,如果激活一个诊断报警,标识位 M100.0 就被置位,如果清除报警,标识位 M100.0 就被复位。如果这时 WinCC 对象由于变量改变而被更新,就可以进行跳转,例如通过单击鼠标右键跳转到 STEP 7 的“诊断硬件”功能并查看 PLC 中所发生错误的详细情况。如要返回 WinCC,只要关闭 STEP 7 程序“诊断硬件”或使用组合键 <ALT> + <TAB>(切回到 WinCC)就可以了,如图 4 – 182 所示。

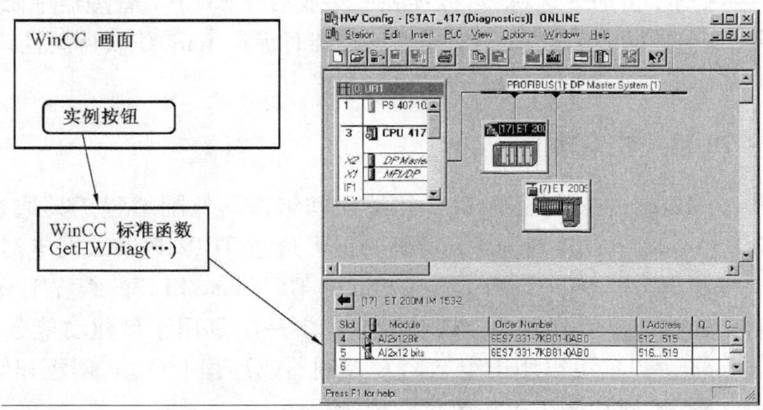

图 4－182　启动诊断示意图

变量选择对话框:变量选择对话框通过一个选择窗口来显示来自不同数据源的变量或图标,例如,将它们连接到图形编辑器的画面对象上。

STEP 7 图标(SIMATIC S7)的数据传送就是用来显示这些图标并将它们合并到 WinCC 数据记录中。使用过滤器功能可以缩小变量或图标的选择范围以提高搜索效率,如图 4－183 所示。

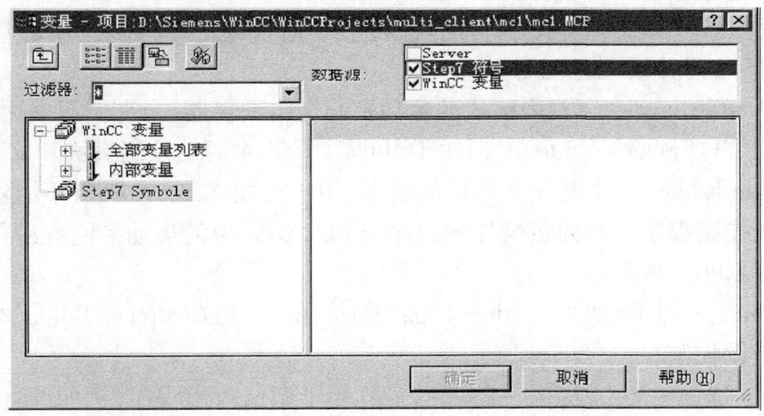

图 4－183　数据过滤器

要将一个已存在的 WinCC 项目集成到 STEP 7 项目里,可按下列步骤进行:

(1)在 STEP 7 项目中,添加一个操作员站并将其名称改变成已存在的 WinCC 项目名称。

(2)已存在的 WinCC 项目的所有文件必须被复制并保存到 STEP 7 项目路径“wincproj\WinCC Project Path”里。

[**实例**]　STEP 7 项目被命名为 ABC,WinCC 项目被命名为 XYZ。安装和项目路径为缺省设置。

源文件 C:\Siemens\WinCC\WinCCProjects\XYZ\...

目标文件 C:\Siemens\STEP 7\S7proj\ABC\wincproj\XYZ\...

如果希望取一个不同的 OS 名称,可以在完成集成后在 STEP 7 管理器中修改。STEP 7 中的压缩应用程序(打包器)也可以在 STEP 7 项目归档时保存 WinCC 项目而且只需很小的存储空间。

二、GE 90 - 70 系统软件功能

(1)GE 提供了 ME 软件来实现对 PLC 的编程和组态。外围编程工具通过标准的 RS - 232 或 RS - 485、RS - 422 串行接口与 PLC 相连,也可通过 TCP/IP 以太网卡对连接在以太网上的 PLC 进行编程和组态。Logic Developer - PLC 是 GE Fanuc PLC 的编程工具,属于 Machine Edition 系列自动化软件中一部分。这个软件提供了多种工具用于创建功能强大的 PLC 控制程序。Logic Developer - PLC 可以用于组态 PLC 控制器或远程 I/O 站,创建和修改 PLC 逻辑,上载和下载 PLC 工程,监视和调试正在执行的控制程序。

Logic Developer - PLC 的性能特点:

① Hardware Configuration (HWC):硬件配置工具,用于组态 GE PLC 的机架式系统或远程 I/O 系统。

② LD Editor:一个智能的,基于图形的梯形图开发工具,用户可以自己定义开发界面和运行环境。

③ IL Editor:一个便于使用,自由格式的文本编辑器,用于创建语句表控制逻辑,用户可以自己定义格式规则和颜色代码,从而使程序更加易读。

④ C 功能块 AND C 程序:独立执行的代码,用 C 语言进行编写,在 Logic Developer - PLC 之外,然后进行预编译并被工程调用。

⑤ PLC Motion Editor:一个自由格式的运动控制文本编辑器,允许用户使用自己喜欢的风格进行程序开发,PLC Motion Editor 专门用于 IC693DSM314 运动控制模块开发。

⑥ Local logic Editor:一个基于文本的编辑器,用于开发在 IC693DSM314 运动控制模块中执行的本地逻辑控制程序。本地逻辑控制程序和 PLC CPU 中的运动控制程序是同步执行的,但是独立于 PLC CPU.

⑦ CAM Editor:一个辅助工具用于 Logic Developer - PLC Motion Editor,特别用于开发 IC693DSM314 运动控制。

⑧ Logic Developer - PLC:提供一整套的工具用于调试应用程序,例如,不停机下载程序、在线修改参数、数据监视表格。

⑨ Logic Developer - PLC:提供了强大诊断工具,如故障表、交叉变量表用于维护 PLC 程序,解决出现的故障。

(2)上位机常用组态软件是 FIX、IFIX、INTOUCH 和 CIMPLICITY HMI 监控软件。下面以 INTOUCH 为例做简单介绍。

使用 INTOUCH 可以创建强大的、功能齐全的应用程序,充分利用 Micrisoft Windows 的关键功能,包括 ActiveX 控件、OLE 图形和网络等。INTOUCH 可以通过添加自定义 ActiveX 控件、向导、常规对象以及创建 INTOUCH Quick Script 等来进行充分地扩展。

INTOUCH 包括三个主要程序:它们是 INTOUCH 应用程序管理器、Windows Maker 和 Window Viewer。此外,INTOUCH 还包括诊断程序 Wonderware Logger。

Window Maker 一个开发环境，在这个开发环境中可以使用面向对象的图形来创建富于动画感的触控式显示窗口。这些显示窗口可以连接到工业 I/O 系统和其他 Microsoft Windows 应用程序。Window Viewer 是用于显示在 Window Maker 中创建的图形窗口在运行时的环境。WinViewer 执行 INTOUCH QuickScript 执行历史数据的记录和报告、处理报警记录和报告，并且可以充当 DDE 和 Suite Link 通信协议的客户机和服务器。

GE CIMPLICITY HMI 监控软件是基于 MICSOFT WINDOWS XP 环境的功能强大的人机界面软件。不论是对离散的还是连续的生产过程，都能够很容易地创建操作员接口、数据采集、监视与控制应用。CIMPLICITY HMI 是一个基于客户服务器的结构的软件，它包括服务器和浏览站 CIMPLICITY HMI 在使用时，又划分为开发系统和运行系统，CIMPLICITY HMI 根据目标对象的不同，按控制点数又划分为 50（不能联网）、75、150、300、700、35000 和无限 I/O 点的服务器。CIMPLICITY HMI 提供了强大的功能。其主要功能特点是：CimView 和 CimEdit；报警浏览器；点控制面板；基本控制机制；数据库登录；DDE 接口；历史数据分析器；服务器冗余 Web View 等。

思 考 题

1. 通过本章的学习，试总结这几种 PLC 所使用的上位机监控软件的共同点。
2. 通过本章的学习，试评价所介绍的几种 PLC 性能的优劣。
3. 考虑 PLC 如何与当前流行的网络技术相结合的可行性。
4. 西门子 PLC 的复位功能何时使用？
5. 可以采用哪几种通信方式对 GE 90 - 70 进行编程？
6. 试总结这几种 PLC 在线和离线方式的功能差别。
7. WINCC 软件包含哪些功能以及如何安装 WINCC 软件？
8. 如何安装 WINCC 授权？授权的作用是什么？